Konrad Bachmann

BIOLOGIE
für Mediziner

Dritte, neubearbeitete und ergänzte Auflage

Mit 336 zum Teil farbigen Abbildungen

Springer-Verlag
Berlin Heidelberg New York Tokyo

Prof. Dr. KONRAD BACHMANN
Universiteit van Amsterdam
Hugo de Vries-Laboratorium
Vakgroep Bijzondere Plantkunde
Kruislaan 318
NL-1098 SM Amsterdam

1. Auflage   1976
1. Nachdruck 1981
2. Auflage   1982
1. Nachdruck 1985
3. Auflage   1986

ISBN-13:978-3-540-16378-7   e-ISBN-13:978-3-642-71119-0
DOI: 10.1007/978-3-642-71119-0

CIP-Kurztitelaufnahme der Deutschen Bibliothek
Bachmann, Konrad:
Biologie für Mediziner / Konrad Bachmann
3., neubearb. Aufl.
Berlin, Heidelberg, New York, Tokyo: Springer 1986
ISBN-13:978-3-540-16378-7

2131/3130-543210

Vorwort zur dritten Auflage

Die Entwicklungen der letzten Jahre in Biologie und Medizin haben eine durchgreifende Überarbeitung der zweiten Hälfte dieses Buches unvermeidlich gemacht. Die Immunologie ist jetzt in einem eigenen Kapitel zusammengefaßt. Sie dient auch als Beispiel dafür, wie ererbte genetische Information in individuell angepaßte Funktionen umgesetzt wird. Das hat eine Zusammenfassung des Stoffes anderer Kapitel ermöglicht. Neue Resultate der Humangenetik sind dabei so weit wie möglich berücksichtigt worden. Schließlich hat die Flut von Veröffentlichungen zum Darwin-Jahr eine Neufassung der Kapitel über Evolution notwendig gemacht. Bei alledem ist Bewährtes, auch wegen der Beziehung zum Gegenstandskatalog, so wenig wie möglich angetastet worden. Allen, die mir mit Hinweisen und Kritik geholfen haben, sei hier herzlich gedankt. Ich würde es besonders begrüßen, wenn noch mehr Fachkollegen kritisch zu einer sachlich einwandfreien und ausgewogenen Darstellung ihres jeweiligen Spezialgebietes beitragen würden. Den Mitarbeitern des Springer-Verlags möchte ich für die Betreuung auch dieser Auflage danken.

Amsterdam, im Januar 1986 KONRAD BACHMANN

Vorwort zur ersten Auflage

Die Approbationsordnung für Ärzte von 1970 macht einen praxisbezogenen, straff gefaßten Unterricht in den Grundlagen der Biologie zum fest vorgeschriebenen Bestandteil des vorklinischen Studiums. So lobenswert diese Absicht ist, so schwierig ist ihre Durchführung. Das liegt auch daran, daß die bundesweite Einheitlichkeit der Prüfungen eine Festlegung des vorgeschriebenen Fachwissens in einem Lernzielkatalog erfordert. Jede Auswahl einzeln aufgeführter Lernstoffe, die neben vielem anderen in wenigen Semestern eingepaukt werden müssen, erschwert aber ein Verständnis des theoretischen Zusammenhanges und der Relevanz eines Faches. Für die Biologie ist das besonders schädlich. Schließlich ist die Biologie das grundlegende theoretische Fach, auf dem die angewandte Wissenschaft der Medizin fußt. Es ist kein Zufall, daß viele Fortschritte der biologischen Grundlagenforschung heute aus den Labors medizinischer Fakultäten stammen. Die Biologie ist kein Nebenfach für Mediziner. Die Medizin ist ein Teil der Biologie.

Das vorliegende Lehrbuch versucht, anhand der vorgeschriebenen Lernziele, die Biologie in ihrem theoretischen Zusammenhang darzustellen. Es soll den Studenten von den Grundlagen des Faches an die medizinischen Probleme heranführen und einen nahtlosen Übergang zu den medizinischen Spezialfächern schaffen. In erster Linie ist es also für den Medizinstudenten im ersten und zweiten Fachsemester geschrieben, der wohl am meisten davon profitieren kann, wenn er es von vorn bis hinten durchliest und dabei Zettel und Bleistift und gelegentlich einen Taschenrechner griffbereit hält. Für diesen Leser sind auch zwei Kapitel eingefügt, in denen die biochemischen Grundbegriffe kurz dargestellt werden, die im folgenden Text laufend wiederkehren. Bei einer fortlaufenden Lektüre brauchen die zahlreichen Hinweise auf Zusammenhänge zu vorausgehenden oder folgenden Abschnitten nicht beachtet zu werden.

Der Leser, der das Buch als Nachschlagewerk über einzelne Themenkreise benutzt, sollte sich am Inhaltsverzeichnis über die Gliederung des Stoffes orientieren. In biologischen Systemen bestehen so viele Zusammenhänge zwischen den verschiedenen Komponenten und Funktionen, daß jede Gliederung einzelne Themenkreise auseinanderreißen muß. Wer unabhängig vom fortlaufenden Text einzelne Themen verfolgen möchte, kann die eingeklammerten Hinweise auf Abschnitte anderer Kapitel als Wegweiser benutzen. Dem fortgeschrittenen Leser sollte der Text eine

Grundlage zum Studium der Spezialliteratur bieten. Bei der Fülle des behandelten Stoffes habe ich auf Literaturhinweise ganz verzichtet. Jeder Fachdozent wird gerne die neuesten Übersichtsartikel und Bücher empfehlen. Dort, wo die Fachliteratur überwiegend auf Englisch abgefaßt ist, sind im Text die wichtigsten englischen Fachausdrücke angegeben.

Viele Kollegen haben mir bei der Arbeit geholfen. Besonders möchte ich allen danken, die Bilder zur Verfügung gestellt haben. Viele der Abbildungen sind hier zum ersten Mal veröffentlicht worden, einige eigens für diesen Text angefertigt. Frau I. Vocke hat die meisten Zeichnungen angefertigt, von ihr stammen auch alle Beschriftungen. Einzelne Kapitel des Textes sind in ihrer ersten Fassung von Kollegen durchgesehen worden. Ihre Leistung kann nur der schätzen, der die erste Fassung kennt. Für das Lesen größerer Abschnitte danke ich Herrn Prof. Dr. H. Bujard, Herrn Dipl.-Biol. M. Hermes, Herrn Dr. R. Rathenberg und Herrn Prof. Dr. E. Schnepf.

Vor allem möchte ich aber dem Springer-Verlag danken, der mir bei der Abfassung des Manuskriptes völlige Freiheit gelassen hat. Die Mitarbeiter des Verlages, insbesondere Herr Dr. Harald Wiebking, haben das Werk von den ersten Plänen bis zur Fertigstellung in vorbildlicher Weise betreut.

Allen, die mir geholfen haben, möchte ich meinen Dank aussprechen. Mehr als sonst gilt für dieses Buch, daß seine Vorzüge nur zum Teil ein Verdienst des Autors, aber alle Fehler allein die des Autors sind.

Heidelberg, im April 1976   Konrad Bachmann

Inhaltsverzeichnis

5. Die Physiologie von Membranen

6. Membransysteme

7. Filamente und Tubuli

8. Nukleinsäuren

9. Nukleinsäure-Code und Proteinsynthese

10. Sonderstellung der DNA

11. Mikroorganismen

12. Bakteriengenetik

17. Das Genom der Eukaryonten

18. Humangenetik

19. Cytogenetik

20. Das Immunsystem

21. Die Entwicklung der Tiere

22. Der Mechanismus der Entwicklung

23. Gentechnologie

1 Biologische Systeme

1.01 Die Sonderstellung der Biologie

Die Biologie ist eine exakte Naturwissenschaft. Sie unterscheidet sich von Physik und Chemie dadurch, daß sie nicht universelle Gesetzmäßigkeiten erforscht, sondern die Gesetzmäßigkeiten eines ganz bestimmten Prozesses, nämlich des Lebens, so wie wir es auf der Erde vorfinden. Grundlegende Eigenschaft des Lebens ist das Fortbestehen komplexer Strukturen dadurch, daß sie identische Kopien von sich anfertigen, bevor sie durch die statistischen thermodynamischen Zerfallsprozesse zerstört werden. Man kann sich viele Systeme mit dieser Eigenschaft vorstellen, aber wir kennen nur dieses eine, das ganz bestimmte Moleküle (Nukleinsäuren) identisch repliziert und dazu minimal eine sehr komplizierte Grundstruktur (die lebende Zelle) benötigt.

Dabei trägt diese Beschränkung auf ganz bestimmte Molekülklassen noch am geringsten zur Einmaligkeit biologischer Abläufe bei. Selbst der Kopiervorgang (die Replikation) schützt nämlich keineswegs vollständig vor statistischem Zerfall. Es können Strukturen beginnen zu zerfallen, bevor sie kopiert werden, und der Kopiervorgang selbst unterliegt thermodynamischen Gesetzen, die besagen, daß bestenfalls richtig kopiert werden kann, oft aber fehlerhaft. Anstatt identischer Kopien werden also oft leicht veränderte entstehen, deren Replikation dann automatisch in Konkurrenz mit der der ursprünglichen Strukturen tritt. Diese Konkurrenz beruht darauf, daß die molekularen Vorstufen, aus denen die Kopien gefertigt werden, nur in beschränkter Anzahl vorhanden sind. Es ist selbstverständlich, daß diejenigen Strukturen länger fortbestehen werden, die geschickter an Baumaterial herankommen und das dann häufiger zu wirklich identischer Replikation verwenden. Allein aus der Existenz eines Mechanismus zur Replikation folgt also, daß die replizierenden Strukturen im Laufe der Zeit immer wieder durch ähnliche ersetzt werden, die sich besser replizieren können: Evolution ist ein unvermeidbares Nebenprodukt des Lebensprozesses.

Wir werden alle diese recht abstrakten Überlegungen in den folgenden Kapiteln einzeln untersuchen und dokumentieren müssen. Sie sollen hier den Prozeß vorstellen, um den es in der Biologie geht, und sie sollen die Besonderheit der Biologie aufzeigen. Während nämlich die Evolution der lebendigen Systeme eine selbstverständliche Folge ihrer Replikationsprozesse ist, läßt sich über den bestimmten historischen Ablauf dieser Evolution beinahe gar nichts voraussagen. Lebende Organismen, wie wir sie heute sehen, Tiere, Pflanzen, Bakterien, sind Produkte eines historischen Vorgangs, dessen Verlauf nur einer unter vielen möglichen ist. Einmalige Vorgänge sind aber prinzipiell nicht der Gegenstand wissenschaftlicher Forschung. Ziel und Aufgabe der Naturwissenschaft ist es ausschließlich, allgemeine wiederholbare Vorgänge so weit zu verstehen, daß ihre Reaktion auf eine gezielte Manipulation voraussagbar wird. In der Biologie ist es oft schwierig festzustellen, was denn nun eigentlich ein wiederholbarer Vorgang ist und was auf einer einmaligen historischen Zufallsentscheidung beruht. Ein Beispiel soll dieses Problem illustrieren: Beim Menschen liegt das Herz asymmetrisch auf der linken Seite. Ist das Ausdruck eines allgemeinen funktionellen Zusammenhanges oder hätte es in der Evolution genausogut auf der rechten Seite fixiert werden können? Im ersten Fall gibt es für den Biologen etwas zu erklären, im zweiten nicht.

In der Biologie besteht immer die Gefahr, daß man die historische Komponente biologischer Systeme übersieht und geschäftig nach einer funktionellen Erklärung für einen historischen Zufall sucht. Wir müssen in der Biologie bewußt darauf achten, daß wir innerhalb der Spielregeln naturwissenschaftlicher Arbeit bleiben. Die sind ganz einfach.

1.02 Ziele und Methoden

Aufgabe und Ziel der Naturwissenschaft ist es, für wiederholbare Vorgänge eine Erklärung zu finden, die Voraussagen darüber ermöglicht, wie diese Vorgänge auf gezielte Beeinflussung reagieren. Die wissenschaftliche Erklärung ist ein Denkmodell des Vorgangs, eine *Theorie*.

Theorien abstrahieren die wirkliche Welt zu Systemen. Systeme bestehen aus Komponenten und den Wechselbeziehungen zwischen diesen Komponenten. Es läßt sich sehr viel über unser Planetensystem aussagen, wenn man es zu einem System von Massenpunkten abstrahiert, zwischen denen Kräfte wirken. Entsprechend läßt sich ein Gas als ein System durcheinanderfliegender und zusammenprallender Kugeln beschreiben. In beiden Fällen werden absichtlich viele Details, die sich an den Planeten oder an einem Gas beobachten lassen, nicht beachtet. Innerhalb der Grenzen, die man sich durch absichtliche Vereinfachung gesetzt hat, sagt die Theorie aber die Reaktionen des wirklichen Objektes voraus.

Theorien entstehen aus Hypothesen, Hypothesen aus Beobachtungen. Um einen Vorgang zu erklären, muß man ihn oft genug anschauen und messen. Dabei wird man ihn anfangs mehr oder weniger spielerisch beeinflussen, um ein Gefühl für seine Reaktionen zu bekommen. Der wichtige Schritt von der Beobachtung zur Theorie ist das Aufstellen einer *Hypothese*. Eine Hypothese ist eine ungeprüfte Theorie. Wie man zu einer Hypothese kommt, ist gleichgültig. Das Aufstellen einer Hypothese ist der kreative Schritt bei der Forschung. Eine Hypothese muß wie eine Theorie Voraussagen über Reaktionen des wirklichen Objekts machen, die im *Experiment* nachgeprüft werden können. Was die Wissenschaft grundlegend auszeichnet, ist dieses *Messen der geistigen Leistung an der Wirklichkeit*. Wertmaßstab für eine Theorie ist, wie viele nicht offensichtliche Konsequenzen sie mit welcher Genauigkeit voraussagt. Die Bewertung ausschließlich durch den Vergleich mit der Wirklichkeit gibt wissenschaftlichen Theorien ihre *Objektivität*. Daß dieser Ansatz funktioniert, daß wir damit auf dem Wege sind, *ein einziges widerspruchsfreies Weltbild* zu erhalten, daß wir dadurch in der Lage sind, die Welt um und in uns immer gezielter und vorhersagbarer zu beeinflussen, das sehen wir täglich. Daß wissenschaftlicher Fortschritt nicht automatisch alle Probleme des menschlichen Daseins löst, sondern viele erst recht zuspitzt, ist für viele von uns immer noch unerwartet und unverständlich.

Die moderne Medizin fußt zum größten Teil auf wissenschaftlichen Erkenntnissen. Der praktizierende Arzt wendet Theorien an, ohne sich dessen immer bewußt zu sein, gelegentlich, ohne die Theorie zu verstehen, die er anwendet. Die wissenschaftliche Basis hat der Medizin lange gefehlt. Auch Behandlungsmethoden ohne wissenschaftliche Basis (z.B. Akupunktur) können erfolgreich sein. Der Vorteil der wissenschaftlichen Basis ist, daß man Erfahrungen nach einem theoretischen Konzept verwerten kann und nicht auf blindes Probieren angewiesen ist. Die Einführung des Arztes in die theoretischen Grundlagen seines Faches soll dem einzelnen Arzt die Möglichkeit geben, an dieser Entwicklung teilzunehmen. Ohne wissenschaftliches Verständnis kann er durchaus ein handwerklich fähiger Arzt sein, er wird aber die Verantwortung für seine Arbeit nur teilweise mittragen können.

1.03 Ökosysteme

Der Ansatz, das Untersuchungsobjekt als *System einfacherer Komponenten* darzustellen, führt zu einer *hierarchischen Ordnung* biologischer Theorien. Die *Zelle* wird als ein System von *Organellen* analysiert, die ihrerseits aus *Molekülaggregaten* bestehen. Der *Organismus* besteht aus einer oder vielen *Zellen*. Im letzten Fall bilden die Zellen *Gewebe* und die Gewebe *Organe*. Organismen existieren nicht einzeln. Sie treten als *Populationen* verwandter Individuen auf. Populationen verschiedener Arten existieren zusammen (vergesellschaftet) im *Ökosystem*. Wenn wir jede Organisationsebene aus der nächst tieferen erklären, können wir letztendlich jede auf die Gesetzmäßigkeiten der physikalischen Chemie der Moleküle zurückführen.
Wir können mit der Analyse biologischer Systeme auf jeder Ebene beginnen. Schauen wir uns einmal ein gewohntes Ökosystem mit den Augen des Biologen an. Typisch für Mitteleuropa ist der Laubwald. Wälder ähnlicher Art finden

sich in einem unterbrochenen Gürtel rund um die nördliche Halbkugel (Abb. 1.01). Offensichtlich hängt ihre Ausbreitung sehr stark von physikalischen Faktoren der Umwelt ab: Sonneneinstrahlung, Temperatur, Regenfall und Bodenqualität sind die wichtigsten. Wie in jedem System beginnen wir mit der Bestandsaufnahme der Komponenten. Was ist vorhanden und wieviel davon? Die Komponenten im System sind die Organismen. Unsere erste Aufgabe ist, sie zu ordnen und zu sortieren. Tausende verschiedener Pflanzen- und Tierarten bilden den Wald. Diese Arten voneinander abzugrenzen und sie nach ihrer Ähnlichkeit und ihrem Verwandtschaftsgrad in Gruppen zusammenzufassen ist die Aufgabe des Systematikers. Mit seiner Hilfe können wir die Organismenvielfalt entwirren. Dabei stoßen wir sofort auf eine wichtige Frage: warum gibt es so viele Arten? Genügt nicht eine Art Laubbaum anstatt der vielen verschiedenen, die wir bei einer genaueren Bestandsaufnahme finden, eine Spechtart anstatt drei oder vier, einige wenige Insektenarten anstatt mehrerer hundert? Beim Sammeln und Katalogisieren fällt außerdem auf, daß verschiedene Arten in sehr verschiedenen Anzahlen vorkommen. Graben wir sorgfältig einen Quadratmeter Waldboden auf und sieben und sammeln die Organismen darin, dann finden wir auf dieser kleinen Fläche Hunderttausende von Individuen einer Art und nur

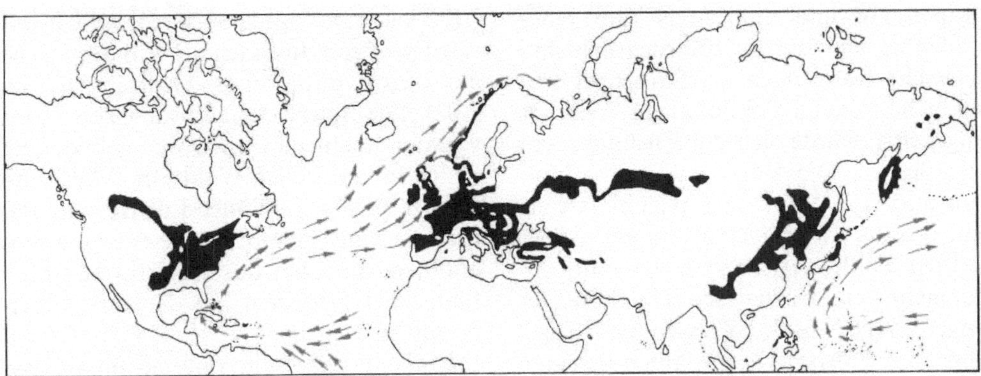

Abb. 1.01. Verbreitung sommergrüner Laubwälder auf der nördlichen Halbkugel. Rot: warme Meeresströme

Tabelle 1-1. Häufigkeit verschiedener Tiergruppen bezogen auf 1 m² Waldboden

Protisten	$5 \cdot 10^8$	Tausend-füßler	$1,2 \cdot 10^4$
Nematoden	$1 \cdot 10^7$	Insekten-larven	$5 \cdot 10^2$
Räder-tierchen	$5 \cdot 10^5$	Regen-würmer (allein)	$2 \cdot 10^2$
Milben	$3 \cdot 10^5$	Spinnentiere	$6 \cdot 10^1$
Urkerbtiere	$2 \cdot 10^5$	Hirsche	$2 \cdot 10^{-6}$
Bärtierchen	$1 \cdot 10^5$	Füchse	$5 \cdot 10^{-7}$
Ringel-würmer (alle)	$2,5 \cdot 10^4$		

gelegentlich eins von einer anderen (Tabelle 1-1). Eine weitere Beobachtung, die wir beim Sammeln machen, ist die Vergesellschaftung verschiedener Arten. Einige Raupen kommen nur auf bestimmten Bäumen vor, unter Steinen finden wir Tausendfüßler, Spinnen, Schnecken, Regenwürmer und Käfer. Andere Käfer und Spinnen finden wir nur an Baumstämmen. Die verschiedenen Organismen des Waldes sind also nicht zufällig zusammengewürfelt. Es herrscht Ordnung im System, die darauf hindeutet, daß zwischen seinen Komponenten Beziehungen bestehen.

Eine ganz offensichtliche Beziehung zwischen den verschiedenen Arten, die den Wald bevölkern, ergibt sich daraus, daß jede Art das Futter der anderen darstellt *(Nahrungskette)*. Raupen fressen an den Blättern eines Baumes, Vögel fressen die Raupen ab, und ein Vogel fällt einer Wildkatze zum Opfer. Offensichtlich sind viel mehr Raupen da als Singvögel und viel mehr Vögel als Wildkatzen. Wäre es umgekehrt, würde sich der Zustand nicht lange halten. Die Vögel würden verhungern und von Wildkatzen dezimiert werden. Daraus erklärt sich schon ein großer Teil der Zahlenverhältnisse. Es muß immer mehr Beute vorhanden sein als Beutefänger. Alle insektenfressenden Vögel bauen ihre Körper aus verdauten Insekten auf. Dabei entsteht keineswegs aus einem Gramm Insekt ein Gramm Vogel, und die

Umwandlung von Blättern in Raupen geht mit noch geringerer Ausbeute vor sich. Tonnen von Blättern ergeben einige Kilogramm Raupen, aus denen einige Gramm Vögel entstehen. Und damit sehen wir, daß es ein großes Stück Wald braucht, um eine Wildkatze zu ernähren. Die Organismen des Waldes sind untereinander durch Nahrungsbeziehungen verbunden, deren Ausgangsbasis die Bäume darstellen.

Die Bäume bilden die Ernährungsgrundlage aller Organismen im Wald, weil sie als grüne Pflanzen organische Substanzen aus anorganischen aufbauen. Die grundlegende chemische Reaktion ist dabei die Synthese von Zuckern aus Kohlendioxyd und Wasser. Die notwendige Energie dazu wird dem Sonnenlicht entnommen (Photosynthese).

Durch die Photosynthese der grünen Pflanzen wird Energie in Form von komplexen organischen Molekülen in das System eingeführt. Der Abbau der Zucker zu Kohlendioxyd und Wasser setzt dann die gespeicherte Energie wieder frei. Die pflanzenfressenden Tiere *(Herbivoren)* bauen Pflanzenmaterial ab und gewinnen dadurch Energie zum Aufbau ihrer eigenen Körper. Fleischfresser *(Carnivoren)* leben von Pflanzenfressern, und Carnivoren höherer Ordnung fressen andere Carnivoren. Solche Nahrungsketten sind untereinander verbunden *(Nahrungsnetz)*. Frißt eine Wildkatze eine Maus, dann ist sie ein Carnivor erster Ordnung, frißt sie eine Spitzmaus, die selbst als Carnivor von Insekten lebt, dann ist sie ein Carnivor zweiter Ordnung (Abb. 1.02). Die Spitze der Nahrungskette wird von den höchsten Carnivoren gebildet, zu denen im deutschen Wald Greifvögel und Füchse gehören. Wölfe, Luchse und Bären, die eine entsprechende Stellung einnahmen, sind bei uns ausgerottet. Ihren Platz im Ökosystem hat der Jäger übernommen.

Die Weitergabe von Energie im Ökosystem folgt dem ersten Hauptsatz der Thermodynamik: *Energie kann nicht neu ent-*

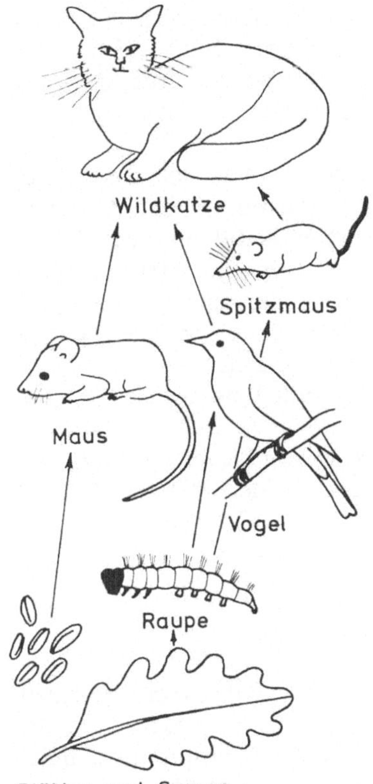

Abb. 1.02. Ein einfaches Nahrungsnetz

stehen, sondern nur umgewandelt werden, und dem zweiten Hauptsatz: *Bei der Umwandlung geht jeweils ein Teil der Energie als Wärme verloren.* Die Anwendung dieser allgemein gültigen Feststellungen auf den Sonderfall biologischer Systeme macht eine kurze Diskussion der chemischen Energetik nötig.

1.04 Chemische Energetik

Wasser ist eins der häufigsten und wichtigsten Moleküle in biologischen Systemen und soll als Beispiel dienen. Ein Wassermolekül besteht aus zwei Wasserstoffatomen und einem Sauerstoffatom (H_2O). Jedes der Wasserstoffatome hat ein freies negativ geladenes Elektron. Diese beiden Elektronen bilden zusammen mit den sechs Elektronen in der äußersten Elek-

tronenschale des Sauerstoffatoms eine volle Achterschale um das Sauerstoffatom. Das Wassermolekül kann in zwei geladene Teilchen *(Ionen) dissoziieren,* wenn eines der Wasserstoffatome als positiv geladenes *Proton* sein Elektron in der Elektronenhülle des Sauerstoffs hinterläßt, das dann als negativ geladenes *Hydroxyl-Ion* vorliegt:

$$H_2O \rightleftarrows OH^- + H^+.$$

Die beiden entgegengesetzt geladenen Ionen ziehen einander an; die Wasserbildung aus den Ionen ist also viel häufiger als die Wasserdissoziation. Der Vorgang ereignet sich statistisch, aber die ungemein hohe Anzahl von Teilchen in einem Milliliter Wasser ($3{,}34 \times 10^{22}$) läßt dennoch sehr genaue Bestimmungen der durchschnittlichen Anteile der verschiedenen Reaktionspartner zu. Bei normalem Druck und normaler Temperatur stellt sich ein *Gleichgewicht* zwischen Wasserbildung und Wasserdissoziation ein, bei dem nur ein geringer Bruchteil der Wassermoleküle dissoziiert vorliegt. Die *Gleichgewichtskonstante* erhält man, indem man die Gleichgewichtskonzentration (in Mol/l) aller Reaktionsprodukte miteinander multipliziert und durch die entsprechend ausmultiplizierten Gleichgewichtskonzentrationen der Ausgangsstoffe teilt. Dabei rechnet man mit *Stoffmengen,* also Molekülzahlen, oder praktischer mit *Molen* ($1\,\text{Mol} = 6{,}024 \times 10^{23}$ Moleküle). Im Falle der Wasserdissoziation ist die Gleichgewichtskonstante

$$K = \frac{[OH^-][H^+]}{[H_2O]} = 1{,}8 \times 10^{-16}.$$

Der geringe Anteil an Reaktionsprodukten zeigt, daß das Gleichgewicht ganz auf der Seite undissoziierten Wassers ist. Die Konzentration des Wassers ändert sich bei der Dissoziation praktisch nicht. Sie ist 55,3 Mol/Liter. Man kann sie also mit der Gleichgewichtskonstante zusammenfassen und das *Ionenprodukt* des Wassers folgendermaßen schreiben:

$$[OH^-][H^+] = K[H_2O]$$
$$= 1,8 \times 10^{-16} \times 55,3 = 10^{-14}.$$

Um diese oft gebrauchten Werte in handlichere Form zu bringen, kann man sie logarithmieren

$$\log[OH^-] + \log[H^+] = (-7) + (-7) = -14.$$

Zusätzlich definiert man noch eine neue Größe, den pH-Wert.

$$-\log[H^+] = pH,$$

um das negative Vorzeichen loszuwerden. Reines Wasser hat einen pH-Wert von 7. Wegen des geänderten Vorzeichens sinkt der pH, wenn die Wasserstoffionenkonzentration steigt (in saurer Lösung).
Um andere als die Gleichgewichtskonzentrationen aufrecht zu erhalten, muß dem System *Energie* zugeführt werden. Umgekehrt kann *Energie gewonnen* werden, *wenn das System aus einem Zustand fern vom Gleichgewicht dem Gleichgewicht zustrebt.* Als ΔG^0 wird die Energiemenge bezeichnet, die aufgenommen oder abgegeben wird, wenn ein Gemisch aus gleichen Stoffmengen der Anfangs- und Endprodukte das Gleichgewicht erreicht. Diese „*freie Enthalpie*" oder „*freie Energie*" der Reaktion unter Standardbedingungen von Druck und Temperatur ist durch die folgende Beziehung mit der Gleichgewichtskonstanten verbunden:

$$\Delta G^0 = -RT \ln K,$$

wobei R die Gaskonstante (etwa 2 cal/°K·Mol) ist, T die absolute Temperatur in Grad Kelvin (°K) und $\ln K$, der natürliche Logarithmus zur Basis e ($\log K \cdot 2,302 = \ln K$).
Für die Ionisierung des Wassers können wir abschätzen

$$\Delta G^0 = -(2\,\text{cal}\,°K^{-1}\,\text{Mol}^{-1}$$
$$\cdot 300\,°K \cdot 2,3\,(-15.74))$$
$$= +21.721\,\text{cal/Mol}$$
$$= 22\,\text{kcal/Mol}.$$

Das positive Vorzeichen bedeutet dabei, daß der Reaktion $H_2O \rightarrow H^+ + OH^-$ Energie zugeführt werden muß, damit sie abläuft *(endergonische Reaktion)*. Betrachtet man dagegen die Wasserbildung aus Ionen, dann ändert sich das Vorzeichen vom Logarithmus der Gleichgewichtskonstanten und damit auch das der freien Energie. Gleiche Mengen Ionen und Wasser erreichen spontan den Gleichgewichtszustand, bei dem Wasser im Überschuß vorliegt.
Wasserbildung aus Ionen ist ein *exergonischer Prozeß*.
Ionisierung ist nicht die einzige biologisch wichtige Reaktion des Wassers. Die Bildung von Wasser aus Wasserstoff und Sauerstoff

$$H_2 + {}^1/_2 O_2 \rightarrow H_2O$$
$$\Delta G^0 = -68,4\,\text{kcal/Mol}$$

ist exergonisch. Trotzdem geschieht nichts, wenn man die beiden Gase bei Zimmertemperatur vermischt. Zündet man die Mischung mit einem Funken, dann entsteht mit einem Knall Wasser, weshalb das Gemisch den Namen „Knallgas" erhalten hat. Gibt man Platinschwamm als *Katalysator* hinzu, läuft die Reaktion bei Zimmertemperatur ab. Es bildet sich Wasser, und Energie wird frei.
Eine grundlegende Reaktion zur Energiegewinnung in der Zelle ist die Oxidation von Glucose (Dextrose, Traubenzucker)

$$C_6H_{12}O_6 + 6O_2 \rightarrow 6CO_2 + 6H_2O$$
$$\Delta G^0 = -686\,\text{kcal/Mol}.$$

Hierbei wird eine sehr große Energiemenge frei. Trotzdem kann man Traubenzucker in Papier eingepackt umhertragen, ohne sich zu verbrennen. Selbst mit einem Streichholz läßt er sich nicht anstecken. Schmiert man zuvor etwas Zigarettenasche darauf, dann läßt sich ein Würfel Traubenzucker anzünden, und er verbrennt unter Abgabe von Wärmeenergie. Man kann, wenn man will, Traubenzucker als Heizmaterial verwenden.

Traubenzucker und Knallgas reagieren nicht spontan, weil sie die niedrige Energiestufe des Gleichgewichts nur über den Umweg einer höheren „*Aktivierungsenergie*" erreichen können. Wird diese Aktivierungsenergie beispielsweise durch den Funken bei der Knallgasreaktion zugeführt oder wird sie durch die katalytische Wirkung der Zigarettenasche bei der Zukkerverbrennung herabgesetzt, dann läuft die Reaktion ab. *Katalysatoren* wirken dadurch, daß sie die Aktivierungsenergie einer Reaktion herabsetzen. Sie *beschleunigen die Reaktion, aber auch katalysiert läuft sie nur bis zum Gleichgewichtszustand.*

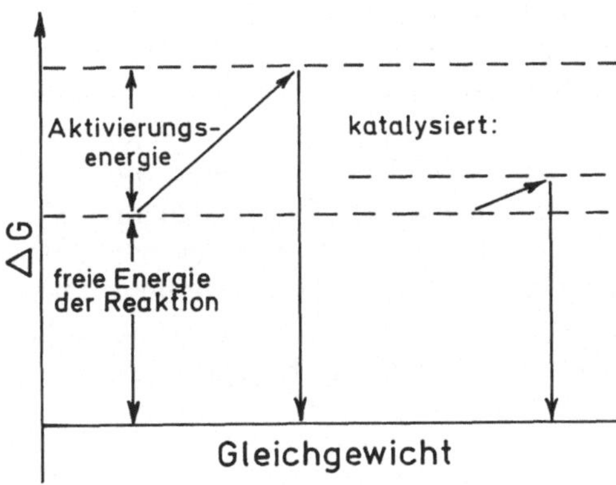

Die Katalyse ist ein Grundprinzip biologischer Reaktionen. Die Katalysatoren biologischer Prozesse sind *Enzyme*. Die Enzyme einer Zelle bestimmen, welche Reaktionen in der Zelle ablaufen, indem sie diese Reaktionen sehr viel wahrscheinlicher machen als alle anderen. *Das Enzymmuster der Zelle und die besonderen Eigenschaften dieser Enzyme bestimmen den Charakter der Zelle.*

1.05 Offene Systeme, Fließgleichgewicht

Läuft eine Reaktion bis zum Gleichgewichtszustand ab, dann kann ihr keine weitere Energie entzogen werden. Ein biologisches System in diesem Zustand ist tot. Eine Grundeigenschaft lebender Systeme ist, daß sie ihre energieliefernden Reaktionen nicht das Gleichgewicht erreichen lassen. Die freie Energie bei verschiedenen Konzentrationen der Reaktionspartner ist

$$\Delta G = \Delta G^0 + RT \ln \frac{[\text{Endprodukte}]}{[\text{Ausgangsprodukte}]}.$$

Im Gleichgewicht gilt $\Delta G = 0$.

Die Reaktion läuft fortwährend, wenn neu gebildete Endprodukte aus der Reaktion entfernt werden und neue Anfangsprodukte hinzugefügt werden. Endprodukte können dadurch entfernt werden, daß sie selbst weiter reagieren, also Anfangsprodukte einer folgenden Reaktion werden. Auf diese Weise werden Reaktionen in biologischen Systemen zu *Reaktionsketten* angeordnet (18.11). Im Idealfall brauchen sich dabei die Konzentrationen nirgendwo zu ändern, wenn ein gleichbleibender Strom von Anfangsprodukten (Nahrungsstoffen, Sonnenenergie) in das System einfließt und ein gleichbleibender Strom von Endprodukten (Exkretionsprodukte, Ernte) entfernt wird:

Ein solcher Gleichgewichtszustand ohne Erreichen des Gleichgewichts chemischer Reaktionen wird *Fließgleichgewicht* oder *stationärer Zustand* (engl. steady state) genannt. Näherungsweise befindet sich der menschliche Körper im Fließgleichgewicht. Wir sehen heute so aus wie vor einer Woche, obwohl einige Kilogramm Material durch unseren Stoffwechsel geflossen sind. Fließgleichgewichte können natürlich nur in *offenen Systemen* auftreten, also in Systemen, bei denen Material und Energie zugeführt werden und abfließen. *Alle biologischen Systeme sind offene Systeme.*
Der durch Enzyme in ganz bestimmte Schritte zerlegte Abbau von Nahrungsstoffen bringt einen weiteren Vorteil. Er

vermeidet, daß die gesamte Energie der Nahrungsstoffe in einem großen Schritt als Wärme verpulvert wird, wodurch sich die Zelle aufheizen würde. Es entsteht Wärme bei biologischen Reaktionen. Unsere Körperwärme beruht auf einem thermostatisch kontrollierten Heizungssystem, das die Wärmeentwicklung von Reaktionen, besonders in den Muskeln, ausnutzt. *Allgemein sind biochemische Reaktionen aber so angelegt, daß ein Minimum an Wärme entsteht und ein großer Teil der gespeicherten Energie von einer Reaktion auf die andere übertragen wird.* So sind die Schritte der Abbaureaktion von Nahrungsstoffen mit Aufbaureaktionen (Synthesen) gekoppelt oder werden in elektrische oder mechanische Energie umgesetzt.

Um beispielsweise Glucose zu Glucose-6-Phosphat umzusetzen, muß das Molekül an einer bestimmten Stelle (der 6-Position) mit einer Phosphatgruppe verbunden werden. Die Reaktion ist endergonisch und benötigt 3 kcal/Mol. Mit einem geeigneten Enzymsystem kann die Phosphatgruppe einem anderen Molekül, dem *Adenosin-triphosphat (ATP)* entnommen und auf die Glucose in der richtigen Position übertragen werden. Die Spaltung des ATP ist exergonisch mit -7 kcal/Mol. Durch Kopplung erhalten wir eine Reaktion, die energetisch möglich ist und eine freie Energie von -4 kcal/Mol hat.

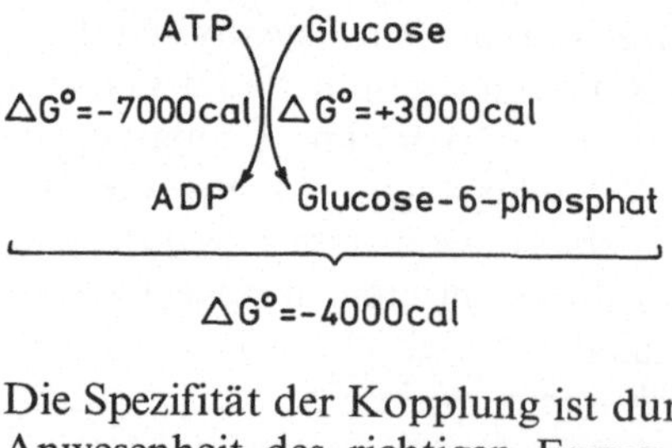

$$ATP \diagdown \diagup Glucose$$
$$\Delta G^{\circ}=-7000\,cal \quad \Delta G^{\circ}=+3000\,cal$$
$$ADP \diagup \diagdown Glucose\text{-}6\text{-}phosphat$$
$$\Delta G^{\circ}=-4000\,cal$$

Die Spezifität der Kopplung ist durch die Anwesenheit des richtigen Enzyms gesichert.

ATP (Abb. 1.03) spielt eine wichtige Rolle im Stoffwechsel. Die Energie vieler Abbaureaktionen wird direkt oder indirekt mit der Synthese von ATP gekoppelt. Dieses ATP kann dann die Energie durch

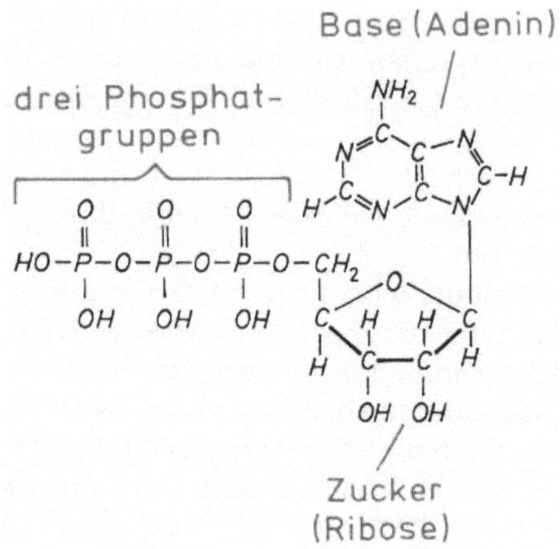

Base (Adenin)
drei Phosphat-
gruppen
NH_2
O O O
$HO-P-O-P-O-P-O-CH_2$
OH OH OH
Zucker
(Ribose)

Abb. 1.03. Adenosintriphosphat (ATP)

Kopplung mit einer Synthesereaktion wieder abgeben. Die beim vollständigen Abbau der Glucose zu Wasser und Kohlendioxyd freiwerdenden 686 kcal/Mol werden in 38 ATP umgesetzt. Bei einer freien Energie von 7 kcal/Mol pro ATP werden also 266 kcal von einer maximalen Ausbeute von 686 kcal erhalten. Diese Ausbeute von 40% ist bedeutend höher als zum Beispiel die Energieausbeute im Automotor.

1.06 Energiebilanz im Ökosystem

Biologische Systeme sind offene Systeme, ihre Gleichgewichtszustände sind Fließgleichgewichte. Die Energetik biologischer Systeme wird demnach als Eingangsenergie, Energiefluß und Ausgangsenergie bestimmt. Die Eingangsenergie von Ökosystemen ist die eingestrahlte Sonnenenergie, von der ein Teil von den grünen Pflanzen absorbiert und bei der Photosynthese in chemische Energie umgesetzt wird. Die chemische Energie der neusynthetisierten Kohlenhydrate wird teilweise veratmet. Um die Pflanze am Leben zu erhalten, muß sie einen Energiestrom aufrechterhalten, bei dem laufend Energie verloren geht. Das ist der *Grundstoffwechsel*. Ein Teil der absorbierten Energie wird in neu synthetisiertem Pflanzenmaterial festgelegt. Die Pflanzen

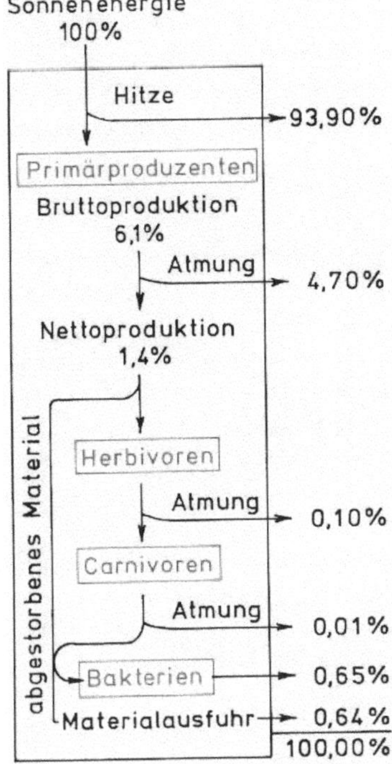

Abb. 1.04. Energieumsatz in einem Ökosystem im Fließgleichgewicht. Der Größenordnung nach gelten diese Zahlen für die meisten Ökosysteme

wachsen und vermehren sich. Die Neusynthese von Pflanzenmaterial stellt die *Nettoproduktion* des Systems dar. Das ist die chemische Energie, die von den Primärkonsumenten, den Herbivoren, übernommen werden kann. Aber nur ein kleiner Teil der Pflanzenmasse des Ökosystems wird von Tieren gefressen. Weitaus mehr bleibt bestehen, stirbt dann ab und wird von Bakterien und anderen Fäulnisorganismen veratmet. Bei den Herbivoren wiederholt sich die Aufteilung der übernommenen Energie in Grundumsatz und Neuproduktion. Auf jeder Ebene geht ein Teil der Energie verloren (Abb. 1.04). Es bildet sich also eine *Pyramide der Biomasse,* mit einer breiten Basis, die der Neuproduktion von Pflanzen entspricht, einer zweiten Stufe für Herbivoren, einer dritten für die Sekundär-Konsumenten usw. Je nach der Größe der Organismen entspricht dieser *Massenpyramide* auch eine *Zahlenpyramide.*

Tabelle 1-2. Nettoproduktion in verschiedenen Ökosystemen (Tonnen/km²/Jahr)

	Als Kohlenstoff	Als Gesamtmasse
Arktische Tundra	—	50
Fichtenwald	—	325
Birkenwald	—	555–800
Buchenwald	225	650–1300
Kulturlandschaften	160–862	1600–2000
Steppe	48	120–520
Wüste	6	—
Offenes Meer	50–420	130
Küstenzonen	100–560	—
Flußmündungen	bis 800	—

Eine der wichtigsten Zahlen dabei ist die Nettoproduktion, die sich aus den klimatischen und Bodenbedingungen und aus der Effizienz des Ökosystems andererseits ergibt.

Die genaue Bestimmung der Nettoproduktion verschiedener Systeme ist deshalb wichtig, weil von ihr die *Belastungskapazität* des Systems durch Konsumenten abhängt. Der Mensch als wichtiger Konsument muß unbedingt die Kapazität seiner Nahrungsquellen abschätzen können. Werte für die Nettoproduktion verschiedener Ökosysteme sind in der Tabelle 1–2 zusammengefaßt.

Bei der Bewirtschaftung von Ökosystemen kommt es darauf an, die Nettoproduktion zu erhöhen. Dabei sind klimatische Faktoren, Bodenqualität und Effizienz des Systems beeinflußbar. Man bewässert, man düngt und man züchtet ertragreiche Pflanzensorten.

1.07 Stabilität biologischer Systeme

Am Beispiel des Laubwaldes haben wir die *Komplexität biologischer Systeme* demonstriert. Der Energiefluß allein erklärt einen Teil dieser Komplexität. Konsumenten und Fäulnisorganismen erhöhen den Energiefluß im System und tragen zu seiner *Effizienz* bei. Die Bäume nutzen nur einen Teil der einströmenden Licht-

Abb. 1.05. Querschnitt durch den Laubwald am Waldrand. Die Belaubung richtet sich nach den Lichtverhältnissen

energie. Zur größeren Ausnutzung der Energie bildet sich im Wald eine Schichtung, bei der die Baumkronen die obere Lage bilden, darunter stehen Büsche, unter diesen Kräuter, zuunterst Moos (Abb. 1.05). In jeder tieferen Schicht sind die Pflanzen an eine geringere Lichtintensität angepaßt. Entsprechend dieser räumlichen Gliederung gibt es eine zeitliche Gliederung. Die Bäume verlieren im Winter die Blätter. Noch bevor die neuen Blätter im Frühjahr austreiben, wachsen sehr schnell Rasen von Frühjahrskräutern, die einen großen Teil ihres Wachstums beim Belauben der Bäume bereits abgeschlossen haben. Entsprechend gegliedert sind die Konsumenten. Viele Schmetterlingsraupen nutzen nur eine Pflanzenart als Futter, kleinere Vögel sind für den Fang kleinerer Insekten spezialisiert, größere nehmen entsprechend größeres Futter. Die Vielfältigkeit zusammenwirkender Organismen garantiert nicht nur eine *hohe Ausnutzung* der Energie, sie trägt auch zur *Stabilität* des Systems bei. Rodet man einen Teil des Waldes und läßt ihn brach liegen, dann setzen Regulationsvorgänge ein, die denen der Wundheilung analog sind. Es kommt zu einer geordneten *ökologischen Sukzession*. Am Beginn der Sukzession breiten sich sehr schnell kleinere Unkräuter über die gerodete Fläche aus, denen anspruchsvollere Arten folgen. Nach einigen Jahren wachsen Büsche auf dem Brachfeld und nach Jahrzehnten oder Jahrhunderten ist die Fläche wieder mit dem angestammten Wald als *Klimaxvegetation* bedeckt (Abb. 1.06). Wichtig ist dabei, daß die Sukzession von einem System mit wenigen Arten, aber sehr hoher Individuenzahl zu einem System mit vielen Arten und geringerer Individuenzahl fortschreitet. Extrem perfektioniert ist in dieser Hinsicht der tropische Regenwald, dessen Artenreichtum für jeden eindrucksvoll ist, der an die Wälder nördlicher Zonen gewöhnt ist. Schon vom Flugzeug aus bietet der Regenwald nicht die ununterbrochene Fläche gleichmäßigen Grüns, die man von

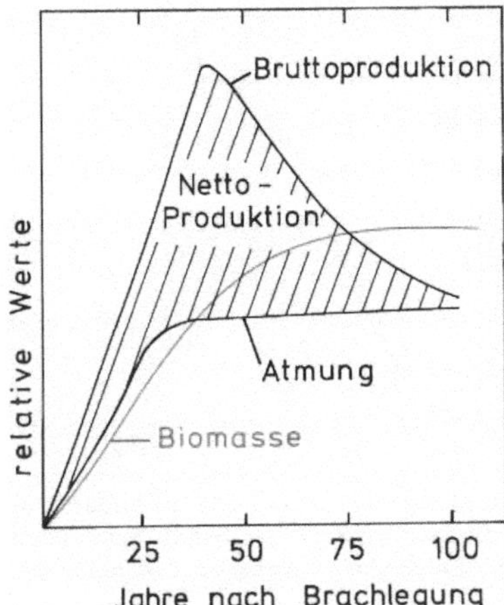

Abb. 1.06. Energieumsatz und Massenzunahme bei der ökologischen Sukzession nach Brachlegung eines Stückes Laubwald: Anstreben des Fließgleichgewichts. (Nach Odum)

europäischen Wäldern gewohnt ist, sondern ein scheckiges Durcheinander der verschiedensten Grüntöne und Kronenformen.

Ganz im Gegensatz zur Komplexität der natürlichen Ökosysteme steht die Einheitlichkeit künstlich bebauten Landes. Das Ziel hier ist, *eine einzige Art mit hoher Effizienz zu erhalten.* Das wird um den Preis *mangelnder Stabilität* erreicht. Felder sind anfällig für Klimaeinflüsse: Hagel und Dauerregen können eine Ernte verderben, während sich natürlich gewachsenes Grasland erholt. Einheitliche Wälder können durch die Vermehrung einer einzigen Insektenart zerstört werden, während Mischwälder davon sehr viel seltener betroffen sind. *Fließgleichgewichte höherer Komplexität sind energetisch bevorzugt,* und man muß Energie aufwenden, um ein künstliches Ein-Komponenten System vom natürlichen Gleichgewicht fernzuhalten.

Die ökologische Sukzession ist ein Beispiel dafür, wie ökologische Systeme einem Gleichgewichtszustand zustreben und ihn regulieren können. Modellsysteme können im Labor angesetzt und ausgemessen werden, sie können mit mathematischen Modellen verglichen wer-

den, und sie können in der Natur wiedererkannt werden.

Grundlegend für die Theorie solcher Systeme ist die Analyse des Wachstums einer einheitlichen Population. Sie beruht auf zwei charakteristischen Faktoren, der *maximalen Wachstumsrate* der Art und der *maximalen Kapazität* des Systems. Ohne begrenzende Faktoren wie Nahrungsangebot, Größe des Lebensraums, Vertilgung durch Feinde, Krankheiten und Witterungseinflüsse hängt die Zuwachsrate einer Population dN/dt von der jeweiligen Populationsgröße N ab. Je mehr Individuen Nachkommen haben können, desto schneller wächst die Population:

$$\frac{dN}{dt} = rN.$$

Dabei ist r die *maximale Wachstumsrate,*

$$r = dN/(Ndt),$$

die von Geburts- und Sterberate, also von Wurfgröße, Generationsdauer und Lebenserwartung, abhängt. Im Idealfall wächst die Population exponentiell

$$N_t = N_0 e^{rt}.$$

Je größer die Population wird, desto mehr wird sie dem Einfluß von Faktoren ausgesetzt, die der Populationsgröße eine obere Grenze setzen. Von der Population her gesehen ist das die *maximale Populationsdichte,* vom System her die *maximale Kapazität* für Individuen der Art. Sie wird durch den Buchstaben K symbolisiert. Damit ergibt sich für das Wachstum der Population die Zuwachsrate

$$\frac{dN}{dt} = rN\,\frac{(K-N)}{K}.$$

Ausgehend von einer kleinen Gründerpopulation wird die Population eine exponentielle Wachstumsphase durchlaufen und dann asymptotisch die Maximaldichte erreichen (Abb. 1.07). In Laborpopulationen läßt sich das leicht demonstrieren (Abb. 1.08). In der Natur wird solch

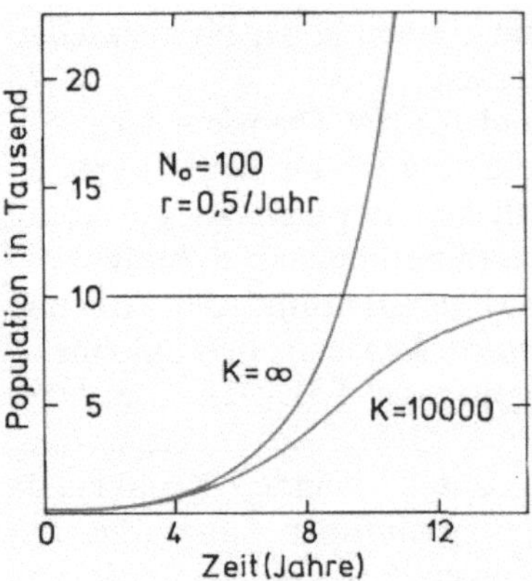

Abb. 1.07. Graphische Darstellung der exponentiellen Wachstumsfunktion ohne und mit festgelegter Kapazität

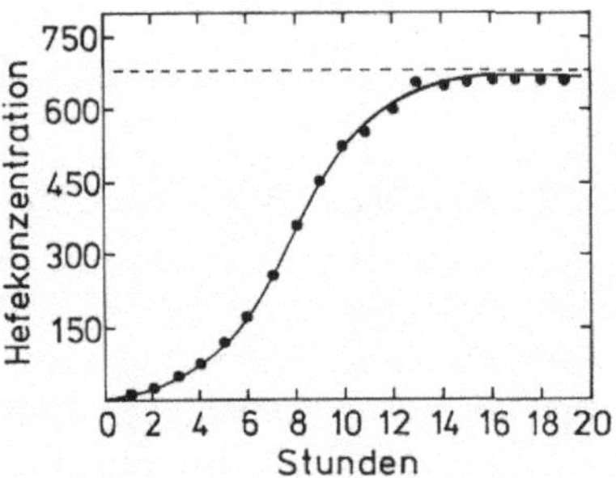

Abb. 1.08. Wachstum einer Hefepopulation in einer Kulturflasche. (Nach Pearl)

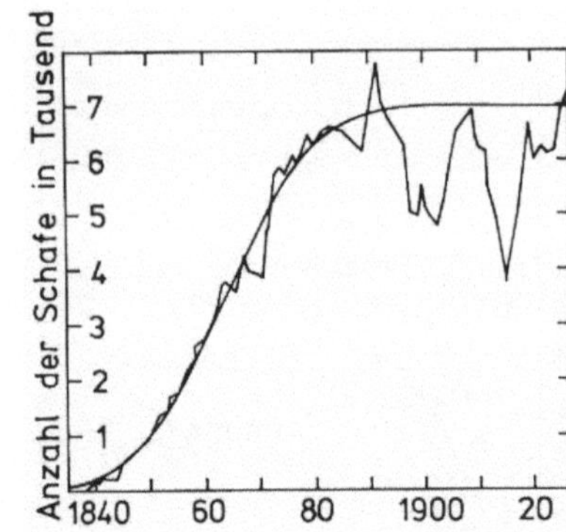

Abb. 1.09. Zunahme einer Schafherde in Südaustralien. Beachte die starken Zufallsschwankungen nach Erreichen der Gleichgewichtsmenge. (Nach Davidson, 1938)

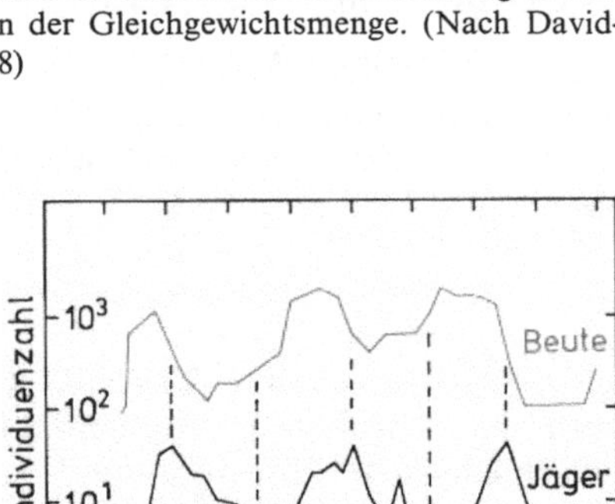

Abb. 1.10. Korrelierte Populationsschwankungen bei Jäger und Beute. Laborversuch mit zwei Milbenarten. (Nach Huffaker)

ein Wachstum gelegentlich bei der Einführung neuer Arten beobachtet (Abb. 1.09).

Die Gleichgewichtssituation ist selten durch völlige Konstanz der Populationsgröße gekennzeichnet. Die Populationsgröße unterliegt *statistischen Schwankungen (Fluktuationen)*, die Regulationsprozesse auslösen, wenn sie nur genügend groß werden. In besonderen Fällen kommt es durch Regulationsprozesse zu *periodischen Schwankungen (Oszillationen)* in der Populationsgröße. Ein mathematisch berechnetes Beispiel betrifft die *Abhängigkeit zwischen Raubtier und Beute*. Auf die Zunahme der Beute folgt eine Zunahme der Raubtierart, wodurch die Beutepopulation bald dezimiert wird. Daraufhin nimmt die Raubtierpopulation ab und läßt eine Erholung der Beutepopulation zu. Unter gewissen Umständen kommt es dabei zu voraussagbaren Oszillationen. Im Labor hat man solche Oszillationen in gemischten Kulturen von Pantoffeltierchen beobachtet, die Hefezellen fressen, und bei zwei Milbenarten, von denen die eine auf Apfelsinen lebt und der anderen als Beute dient (Abb. 1.10). Ein oft zitiertes Beispiel aus der Natur ist das Verhältnis von Luchsen zu Hasen im nördlichen Kanada, das sich an der jährlichen Pelzausbeute der Hudson Bay Company ablesen läßt (Abb. 1.11).

Sowohl Konstanz der Population wie regelmäßige Oszillationen setzen eine Stabilität des Ökosystems voraus, die im Normalfall auf dem Zusammenspiel sehr vieler Faktoren beruht. Fehlen die nötigen

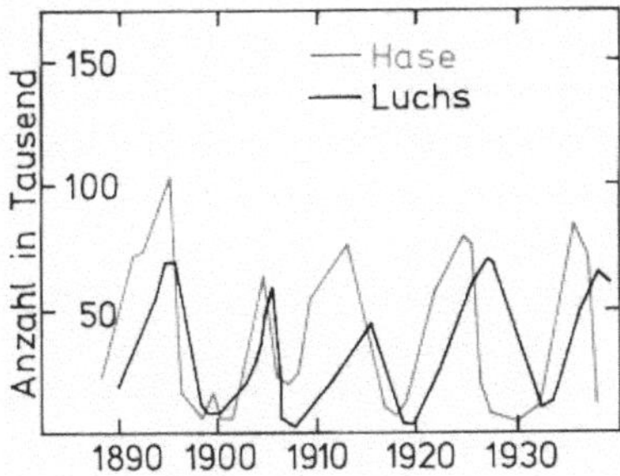

Abb. 1.11. Korrelierte Populationsschwankungen bei Jäger und Beute. Hasen und Luchse im nördlichen Kanada. (Nach McLulich, 1937)

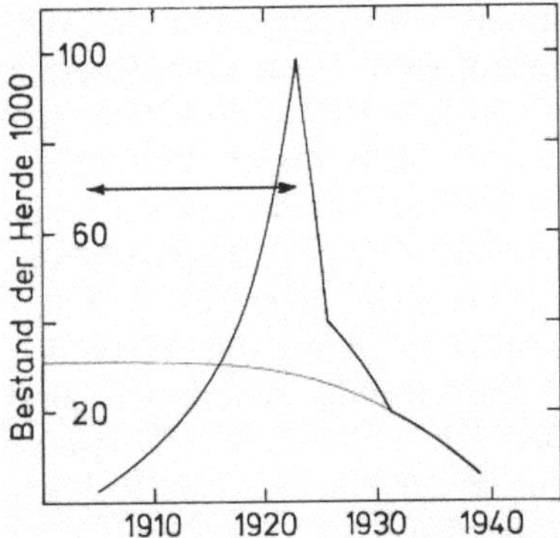

Abb. 1.12. Zunahme und Zusammenbruch einer Hirschpopulation auf dem Kaibab-Plateau in Arizona. Von 1904–1923 wurden systematisch Kojoten, Wölfe und Pumas abgeschossen. Rot: Kapazität

Kontrollen, dann kann die Änderung eines einzigen Faktors zum Zusammenbruch des Systems führen. Die Vernichtung aller großen Raubtiere im mitteleuropäischen Wald macht die Populationskontrolle der Wildbestände durch Jäger notwendig. Sonst würden die Wildbestände derart zunehmen, daß sie bald die Kapazität des Systems überschreiten würden: sie würden die Pflanzen schneller fressen als sie nachwachsen könnten. Auf der Kaibab-Hochebene nördlich des Grand Canyon in den USA ist durch Abschuß der Raubtiere von 1904–1923 ein derartiger Überschuß an Wild entstanden, daß die Pflanzendecke weitgehend vernichtet wurde und daraufhin in zwei aufeinanderfolgenden Wintern 60% des Wildbestandes verhungerte (Abb. 1.12).

Ein Verständnis der Gleichgewichtszustände in Ökosystemen ist von größter praktischer Bedeutung. Künstliche Eingriffe in Ökosysteme werden immer häufiger und drastischer. Die Größenordnung der Eingriffe läßt sich an zwei aktuellen Vorschlägen erkennen: Es wird daran gedacht, den Atlantik mit dem Pazifik durch einen Kanal zu verbinden, der im Gegensatz zum Panamakanal auf der Höhe des Meerwasserspiegels liegen soll, also möglicherweise freien Austausch von Arten zwischen den beiden Ozeanen zulassen könnte. Es ist vorgeschlagen worden, den Regenwald des Amazonasbeckens abzuholzen, um das Gebiet in Ackergelände zu verwandeln. Schließlich ist die Menschheit eine Population, die den gleichen Gesetzen unterliegt wie jede andere. Erst in den letzten Jahren beginnt man aber, die ökologischen Grundlagen der menschlichen Bevölkerung systematisch zu untersuchen.

Alle biologischen Systeme zeigen Gleichgewichtszustände mit konstanten oder oszillierenden Parametern, alle biologischen Systeme zeigen Wachstum, und alle können bei Überbelastung oder bei Ausfall von Kontrollfunktionen zusammenbrechen. Die Körpertemperatur des Menschen ist annähernd konstant, genaue Messungen zeigen, daß sie regelmäßig im Tageszyklus schwankt. Krebs kann als Zusammenbruch des Organismus wegen Ausfall eines Prozesses verstanden werden, der das Zellwachstum kontrolliert. Den physiologischen Gleichgewichtszuständen entsprechen psychologische. Die Betrachtung von System-Charakteristika ist zentral in Biologie und Medizin.

2 Kohlenhydrate und Lipide

2.01 Biochemisch wichtige Elemente

Die Funktionen des lebenden Organismus beruhen auf chemischen Reaktionen. Rund 2000 enzym-katalysierte Reaktionen spielen dabei eine Rolle. Eine große Anzahl kleiner organischer Moleküle tritt als Substrate für Enzymreaktionen und als Endprodukte auf, die der Organismus je nach Art und Bedeutung der betreffenden Moleküle entweder weiterverarbeitet oder ausscheidet. Die Enzyme selbst sind große Proteinmoleküle aus Tausenden von Einzelatomen. Ohne eine Kenntnis der Chemie des Organismus ist es unmöglich, biologische Vorgänge zu verstehen. Worauf es dabei ankommt, sind Reaktionsgleichgewichte, Reaktionskopplungen, molekulare Spezifität und Energieübertragung. Irgendwann muß jeder Biologe einmal sehr viele Molekülstrukturen kennenlernen, und so manchen schreckt die ungeheure Mannigfaltigkeit verwechselbar ähnlicher Strukturen. Wir brauchen keine systematische Einführung in die Stoffwechselbiochemie, um die Grundprinzipien der Biologie zu verstehen. Im Augenblick genügt ein vereinfachter, kurzer Überblick über die wichtigsten Stoffklassen in lebenden Organismen, denen wir im folgenden immer wieder begegnen werden. Sobald man erkennt, welche Rolle biochemische Reaktionen im Organismus spielen, wird es viel leichter, die einzelnen Reaktionen im Zusammenhang zu verstehen, man wird immer öfter zum Biochemielehrbuch greifen, um Einzelheiten nachzuschauen, und wird erstaunlich schnell ein Gefühl für biochemische Formeln und Reaktionen bekommen.

Die große Vielfalt biochemischer Reaktionen im Organismus ist nämlich keinesfalls unendlich. Es sind ihr sogar recht enge Grenzen gesetzt. Zweitausend Enzymreaktionen sind gar nicht so viel, wenn es darum geht, einen komplizierten Organismus in seiner Funktion zu verstehen. Ganz am Ende dieser Einführung werden wir das Verhältnis zwischen Mannigfaltigkeit der Formen und Sparsamkeit der Mittel, zwischen bizarrem Wunderwerk und ultrakonservativen Methoden erkennen. Im Grunde genommen sind nämlich fast alle biologischen Vorgänge Konsequenzen der Chemie von Kohlenstoffverbindungen.

Nur wenige Elemente machen die Masse biologischer Systeme aus, vor allem Kohlenstoff (C), Wasserstoff (H), Sauerstoff (O), Stickstoff (N), Schwefel (S) und Phosphor (P). Viele andere Elemente kommen in Organismen vor, einige spielen in besonderen Fällen eine wichtige Rolle, wie Vanadium oder Jod in einigen Meerestieren. Meist aber kommen andere Elemente, auch wenn sie lebensnotwendig sind, nur in sehr geringen Mengen vor. Wasser spielt natürlich eine hervorragende Rolle. Einige Quallen bestehen zu 98% aus Wasser, und im Durchschnitt beruhen etwa 75% des Gewichts lebender Gewebe auf dem Gewicht des Wassers.

Wasser ist ein ganz besonderes Molekül. Wir haben bereits gesehen, daß es Ionen bilden kann, aber auch im nicht-ionisierten Wassermolekül sind die elektrischen Ladungen nicht völlig gleichmäßig verteilt. Der Sauerstoff ist ein wenig elektronegativ, der Wasserstoff ein wenig positiv. Dieser *Dipoleffekt* genügt, um Wassermoleküle schwach aneinanderzubinden. Die große Anzahl solcher Bindungen macht sich im Verhalten von Wasser, seiner großen Wärmekapazität, dem hohen Gefrierpunkt und hohen Schmelzpunkt und der Volumenausdehnung beim Einfrieren bemerkbar.

Die elektrische Polarität der Wassermoleküle bewirkt auch, daß elektrisch geladene Moleküle (Ionen) leicht wasserlöslich sind. Wasser lagert sich an Ionen an. Die meisten Salze sind in wäßriger Lösung weitgehend ionisiert. Zu den Ionen, die in der Zelle eine große Rolle spielen, gehören Natrium (Na^+), Kalium (K^+), Calcium (Ca^{++}), Magnesium (Mg^{++}), Mangan (Mn^{++}), Eisen (Fe^{++} und Fe^{+++}), Chlorid (Cl^-), Sulfat (SO_4^{--}) und Phosphat (PO_4^{---}).

Eisen spielt unter anderem eine Rolle in der Zellatmung. Die Oxidation von Nahrungsstoffen geschieht meist durch Entzug von Wasserstoff, der über eine Serie gekoppelter Reaktionen stufenweise auf tiefere Energieebenen gebracht wird, wobei ATP (1.04, 6.10) entsteht. In dieser Reaktionskette, der Atmungskette, wird der Wasserstoff durch Entzug eines Elektrons zu H^+ oxidiert. Das Elektron wird durch eine Reihe eisenhaltiger Proteine, die Cytochrome, auf Sauerstoff übertragen. Dabei wird das Eisen der Cytochrome abwechselnd zu Fe^{+++} oxidiert und zu Fe^{++} reduziert. Durch diese schrittweise Übertragung von Elektronen des Wasserstoffs auf Sauerstoff entsteht bei der vollständigen Verbrennung von Glucose und anderen Nahrungsmolekülen Wasser.

2.02 Kohlenstoff

Biochemie ist weitgehend Kohlenstoffchemie. Das beruht vor allem auf der Eigenschaft der vierwertigen Kohlenstoffatome, sich leicht aneinander binden zu lassen, wodurch Kohlenstoffketten und kohlenstoffhaltige Ringe entstehen, die das Kohlenstoffskelett organischer Moleküle darstellen.

Die vier Bindungen haben die Geometrie eines Tetraeders. Zeichnet man eine un-

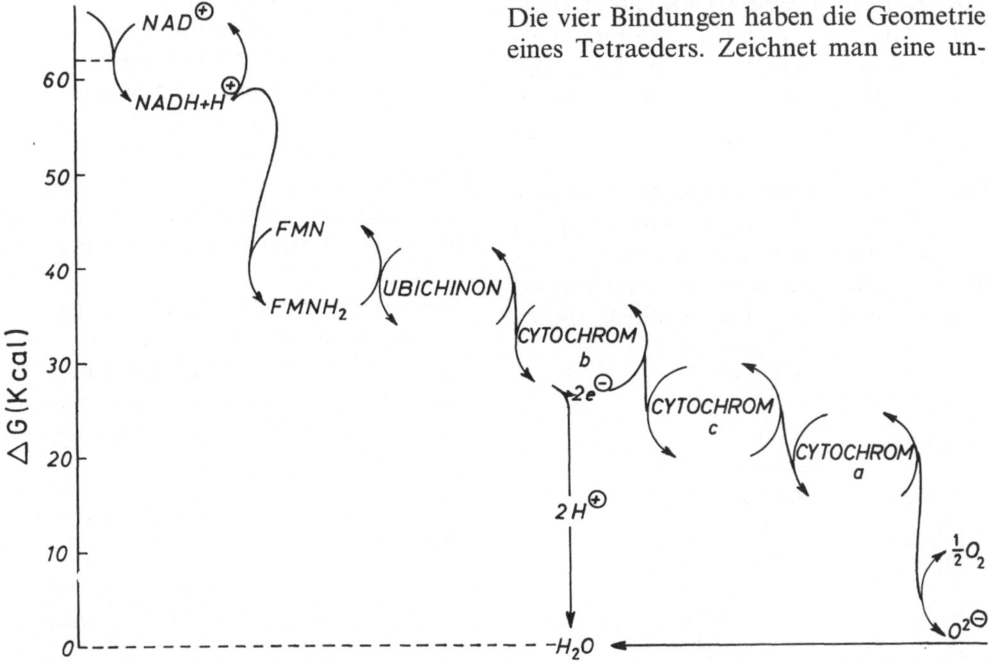

Abb. 2.01. Oxidation des Wasserstoffes in der Atmungskette. Wasserstoff wird von Substratmolekülen auf NAD^+ (oder direkt auf Flavinnukleotide analog dem FMN) übertragen. Die schrittweise Oxidation liefert genug Energie für die Synthese von 3 ATP

verzweigte Kette aus Kohlenstoffatomen in einer Ebene, dann hat jedes Kohlenstoffatom zwei freie Bindungen, die nach vorn und hinten aus der Ebene herausragen.

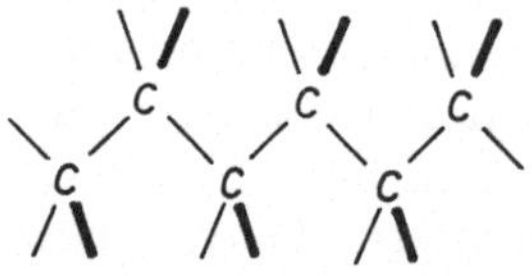

Diese Bindungen sind bei Kohlenwasserstoffen durch Wasserstoffatome abgesättigt. Kohlenwasserstoffe sind sehr reaktionsträge. Anders ist das, wenn Doppelbindungen $>C=C<$ oder Dreifachbindungen $-C\equiv C-$ im Molekül vorliegen. Solche *ungesättigten* Kohlenstoffketten können Wasserstoff oder Wasser anlagern.

Das Kohlenstoffskelett eines organischen Moleküls ist ein derart selbstverständlicher Teil seiner Struktur, daß man es oft abgekürzt schreibt, indem man die Symbole für die Skelettkohlenstoffe fortläßt. Außerdem kann man oft vorkommende Gruppen abgekürzt schreiben, z.B. eine Kohlenwasserstoffkette als $CH_3-CH_2-CH_2-CH_2-CH_3$. Weitere Vereinfachungen werden wir laufend einführen, solange ein Teil des Moleküls als selbstverständlich angenommen werden kann.

Die freien Bindungen des Kohlenstoffskeletts können auch funktionelle Gruppen tragen. Dabei kann man formal die Hydroxyl-, Carbonyl-, und Carboxylgruppen in einer Serie von Oxidationen anordnen:

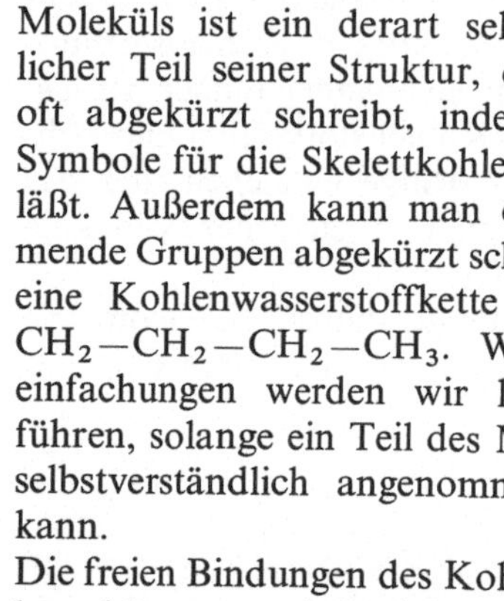

Die Oxidation beruht dabei in der Regel auf Entzug von Wasserstoff (nach Anlagerung von Wasser). Die Reaktionen werden durch Enzyme katalysiert, die *Dehydrogenasen* heißen. Enzyme werden nach der Reaktion benannt, die sie katalysieren. Die Namen der Enzyme tragen die Endung *-ase*. Oxidation durch Entzug von Wasserstoff ist *„Dehydrogenierung"*. Sie wird durch Dehydrogenasen katalysiert. Dehydrogenasen können den Wasserstoff an die Atmungskette weiterreichen. Dann kommt es zur völligen Veratmung des Substratwasserstoffs. Bei Sauerstoffmangel und bei Organismen, die ohne Sauerstoff leben, kann die Oxidation nicht bis zum Wasser fortgeführt werden. Die Endprodukte solcher *Gärungsprozesse* sind dann Alkohole oder Carbonsäuren. So entsteht Äthylalkohol durch Vergärung von Zuckern durch Hefe, Milchsäure bei Sauerstoffmangel in Muskeln. Solche Prozesse sind allgemein bekannt. Viele Mikroorganismen vergären Substrate, was zu nützlichen Zwecken wie der Herstellung von Sauerkraut, Schweizer Käse, Bier und Wein ausgenutzt wird. Aber auch gewisse höhere Organismen können zeitweilig oder immer ohne Sauerstoff leben und gehören entsprechend zu den *fakultativ oder obligat anaeroben* Organismen. Dazu gehören Organismen im Bodenschlick von Gewässern und Parasiten wie der im Darm lebende Spulwurm *(Ascaris)*.

Neben diesen Oxidationen spielt die *Veresterung* von alkoholischen Hydroxylgruppen eine große Rolle. Dabei kann der Alkohol mit einer Carbonsäure oder mit einer anorganischen Säure reagieren.

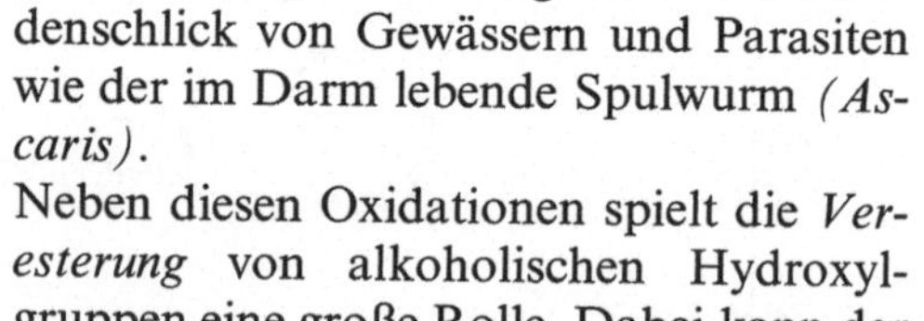

ATP (Abb. 1.03) enthält eine Esterbindung zwischen einer Hydroxylgruppe des

Zuckerrings und Phosphorsäure. In der Zelle wird oft aus der Spaltung von Estern Energie gewonnen. Die Reaktionen werden durch *Esterasen* katalysiert. Da bei der Reaktion Wasser angelagert wird, ist die Esterspaltung eine hydrolytische Reaktion. Esterasen gehören zu den hydrolytischen Enzymen oder *Hydrolasen*.

Von den Reaktionen der Aldehyde werden wir die Bildung von Halbacetalen und Acetalen bei der Zuckerchemie antreffen (2.03). Die Reaktion einer Carbonylgruppe mit einem Alkohol führt zum Halbacetal. An den Halbacetal kann unter Wasserabspaltung ein weiterer Alkohol angelagert werden. Das Reaktionsprodukt ist ein Acetal. Die Spaltung eines Acetals ist also eine Hydrolyse.

Aldehyd   Halbacetal   Acetal

Carbonsäuren können dissoziieren und Salze bilden:

Eine weitere wichtige funktionelle Gruppe ist die *Aminogruppe* — NH_2. Auch diese Gruppe kennen wir aus dem ATP. Aminogruppen können Protonen anlagern, reagieren also basisch.

Nicht alle Kohlenstoffskelette sind Ketten. Häufig treten auch *Ringe* auf. Ungesättigte Kohlenstoffringe, wie der Benzolring, bilden das Grundskelett *aromatischer Verbindungen*. Aber auch gesättigte Ringe und besonders *heterozyklische Ringe*, also Ringe, die Stickstoff- oder Sauerstoffatome enthalten, spielen eine Rolle. Das ATP, das sich bereits als ideales Demonstrationsbeispiel für ein biologisches Molekül erwiesen hat, enthält gleich zwei heterozyklische Ringsysteme, den N-haltigen Doppelring des Purins und einen Fünferring mit einem O-Atom, der einem zum Furanring geschlossenen Zuckermolekül entspricht.

2.03 Zucker

Zucker sind *Kohlenhydrate*. Die Grundformel für Kohlenhydrate ist $C_n(H_2O)_n$, wobei n für Zucker ein Kohlenstoffskelett von 3 bis 8 Atomen bedeutet. Die Summenformel besagt beinahe gar nichts über die vielseitige Chemie der Zucker. Einige Substanzen, wie Milchsäure, haben zwar die richtige Summenformel, sind aber keine Zucker. Wir können die Definition dadurch einschränken, daß wir als Zucker Polyalkohole betrachten, bei denen eine Hydroxylgruppe zur Carbonylgruppe dehydriert worden ist.

Ein Polyalkohol mit einem Skelett aus drei C-Atomen ist Glycerin.

Glycerin   Glycerin-aldehyd   Dihydroxy-aceton   Milchsäure

Aus Glycerin können zwei Zucker entstehen, von denen einer ein Aldehyd, der andere ein Keton ist. Beide haben dieselbe Summenformel, sind also *Isomere*. Die Möglichkeit, isomere Zucker mit derselben Summenformel zu bilden, macht die Zuckerchemie zum Alptraum des Nicht-Chemikers, der sich nur dadurch vor Verzweiflung retten kann, daß er sich die geläufigen Formeln der wichtigsten Zucker in ihrer üblichen Darstellung einprägt. Mit etwa zehn Formeln kommt man dabei vorerst recht weit.

Die Nomenklatur der Zucker beruht auf verschiedenen Eigenschaften. Eine grobe Einteilung erfolgt nach der Kettenlänge. In der folgenden Darstellung kommen nur Zucker mit 3, 5 oder 6 C-Atomen vor, die dementsprechend *Triosen, Pentosen* und *Hexosen* heißen. Glycerinaldehyd und Dihydroxyaceton sind Triosen. Nach der funktionellen Gruppe unterscheidet man *Aldosen* und *Ketosen*. Glycerinaldehyd ist eine Aldose, Dihydroxyaceton eine Ketose.

Die nächste Überlegung wird komplizierter. Formal können wir sowohl das erste wie das dritte C-Atom des Glycerins zum Aldehyd oxidieren. Da das Glycerin völlig symmetrisch ist, sollten wir denselben Zucker erhalten. Das ist auch der Fall. Trotzdem sollten wir allgemeiner Übereinkunft nach Aldosen immer mit der am höchsten oxidierten Gruppe, also der Aldehydgruppe, nach oben aufzeichnen. Durch die Oxidation eines der C-Atome am Ende der Kette besitzt das mittlere C-Atom vier verschiedene Substituenten an seinen vier Bindungen. Wegen der tetraedrischen Anordnung der Bindungen erhält man verschiedene Moleküle, je nachdem, wie diese vier Substituenten verteilt sind.

Orientieren wir das Molekül so, daß die Aldehydgruppe nach oben hinten aus der Zeichenebene weist, dann kann die Hydroxylgruppe am mittleren C-Atom entweder vorn links oder vorn rechts aus der Zeichenebene hervortreten.

D- Glycerinaldehyd   L-

Jede andere Kombination der vier Substituenten kann durch Drehung im Raume mit der einen oder der anderen Form des Moleküls zur Deckung gebracht werden. Die beiden dargestellten Formen sind spiegelbildlich symmetrisch zueinander. Sie sind *Spiegelbildisomere*.

Chemisch unterscheiden sich Spiegelbildisomere kaum. Ihr Hauptunterschied ist, daß eine reine Lösung eines Spiegelbild-

isomers die Schwingungsebene plan-polarisierten Lichtes ändert. Der Drehsinn hängt dabei von der jeweiligen Form des Isomers ab; man unterscheidet eine D-Form und eine L-Form. Biologisch spielt Spiegelbildisomerie wegen der hohen Spezifität der Enzyme eine große Rolle, die die Isomeren voneinander unterscheiden können.

Zucker mit größerer Kettenlänge können sich so falten, daß Reaktionen zwischen Substituenten innerhalb desselben Moleküls stattfinden können. Dabei kommt es zum Ringschluß zwischen der Carbonylgruppe und einer drei oder vier C-Atome entfernten Hydroxylgruppe. Die Reaktion entspricht der Bildung eines Halbacetals (2.02) zwischen den beiden Gruppen desselben Moleküls. Es entstehen fünf- oder sechsgliedrige heterozyklische Ringe, die *Furanose*form oder die *Pyranose*form des Zuckers.

D-Ribose

β-D-Ribofuranose

Schauen wir uns noch einmal die Struktur von ATP (Abb. 1.03) an. Wir erkennen jetzt, daß ATP ein Molekül der Aldopentose Ribose enthält, das durch Ringschluß zwischen den C-Atomen in Position 1 und 4 einen Furanosering gebildet hat. Nun können wir die Formel von ATP auswendig.

Übrigens wird die Lage der Substituenten am ersten C-Atom durch den Ringschluß fixiert. Vorher war die Bindung zwischen den C-Atomen 1 und 2 frei drehbar, jetzt liegt sie in der Ebene des Ringes fest. Damit erhalten wir zwei Formen des Ringes:

eine, bei der die OH-Gruppe nach oben zeigt, wenn der Ring mit dem O-Atom nach hinten flach daliegt, die β-Form, eine andere mit der OH-Gruppe nach unten, die α-Form.

Am Beispiel des Riboseringes wollen wir die Klassifizierung der Zucker zusammenfassen:

Kettenlänge (Pentose), Lage der Carbonylgruppe (Aldose), Stellung der Hydroxylgruppen zueinander (Ribose), Stellung der Hydroxylgruppe am vorletzten C-Atom (D-Form), Ringschluß (Furanose), Orientierung der Substituenten am C-Atom 1 nach Ringschluß (β-Form).

2.04 Oligosaccharide

Die Alkoholgruppen der Zucker können Esterbindungen eingehen (wie beim ATP). Eine weitere wichtige Reaktion ist die *Glykosid*bildung. Sie entspricht der Bildung eines Acetals aus der Halbacetalform des Zuckers. Beim Ringschluß hat die Carbonylgruppe eine intramolekulare Halbacetalbindung gebildet. Die OH-Gruppe, die nun am Carbonyl-C-Atom steht, kann mit einer weiteren Alkoholgruppe reagieren. Auch die zweite Alkoholgruppe kann einem Zuckermolekül angehören. Dann entsteht ein *Disaccharid*.

Der gewöhnliche Zucker aus Zuckerrohr oder Zuckerrüben ist das Disaccharid Saccharose (engl. sucrose), das aus zwei Hexosen besteht, der Aldohexose Glucose in Pyranoseform und der Ketohexose Fructose in Form eines Furanoseringes.

Der Furanosering ist sehr viel weniger stabil als der Pyranosering, den freie Fruc-

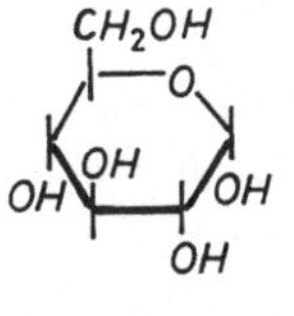

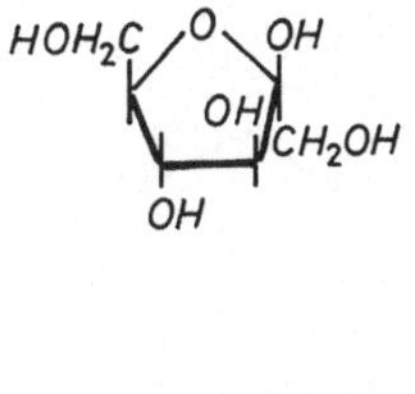

tose bildet. Deshalb spaltet sich die Glykosidbindung im Rohrzucker sehr leicht. Enzyme, die Glykosidbindungen spalten, lagern dabei Wasser an. Die *Glykosidasen* sind also eine Untergruppe der Hydrolasen. Ihre Spezifität beschränkt sich nicht nur auf einzelne Zucker, sondern läßt sie auch nur entweder α- oder β-Bindungen spalten. Der Rohrzucker kann also ein Substrat für zwei verschiedene Glykosidasen sein. Wir spalten ihn mit einer α-Glucosidase, von Hefezellen wird er mit einer β-Fructofuranosidase gespalten.

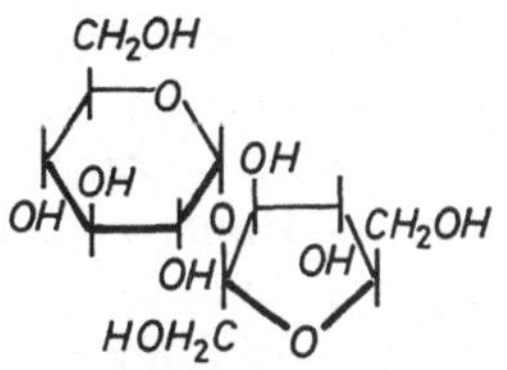

Entsprechend den Disacchariden gibt es Trisaccharide aus drei Zuckerresten ·und kompliziertere Verbindungen, die allgemein *Oligosaccharide* heißen. Sie enthalten üblicherweise 2 bis 15 Zuckerreste. Die Kombinationsmöglichkeiten von Zuckern steigen bald in astronomische Bereiche. Zu all den verschiedenen Isomeren der Einzelzucker kommen nun die verschiedenen Verknüpfungen; dabei kann jede Bindung α- und β-Formen kombinieren. Ein Zuckerring kann gleichzeitig mehrere Glykosidbindungen eingehen. Damit entstehen nicht nur lineare, sondern auch verzweigte Ketten und ganze Gebüsche aus Zuckermolekülen.

2.05 Polysaccharide

Polysaccharide sind Moleküle, die aus der glykosidischen Verbindung sehr vieler Zuckerreste bestehen.

Dabei können durch Einbau sehr vieler Zuckerreste riesige Moleküle aus Tausenden von Atomen entstehen. Moleküle mit Molekulargewichten von einigen Tausend bis einigen Millionen Molekulargewichtseinheiten nennt man *Makromoleküle. Allen Makromolekülen ist gemeinsam, daß sie ein Grundgerüst aus ähnlichen*

Komponenten haben, die durch einen spezifischen Bindungstyp verknüpft sind. Polysaccharide bestehen aus Zuckern und Zuckerderivaten, die durch glykosidische Bindungen verknüpft sind. So kompliziert die Biochemie der Makromoleküle sein mag, man kann in jedem Fall durch Bestimmung von Zahl und Art der Komponenten und durch spezifische Spaltung des Hauptbindungstyps ein Makromolekül grob charakterisieren.

Das ist nicht nur für den Forscher befriedigend, sondern auch theoretisch bedeutsam. Mit einigen Prinzipien der Makromolekülstruktur werden wir am Ende dieser Einführung sehr vertraut sein.

Polysaccharide sind Speichermoleküle aus Zuckern, die im Energiestoffwechsel gebraucht werden, oder sie stellen Strukturelemente des Organismus dar.

Stärke in Pflanzen und Glykogen bei Tieren sind Speicherformen von Glucose. Die Glucosemoleküle sind zwischen den Kohlenstoffatomen 1 und 4 α-glykosidisch verknüpft. Verzweigungen treten durch α1→6-Bindungen auf.

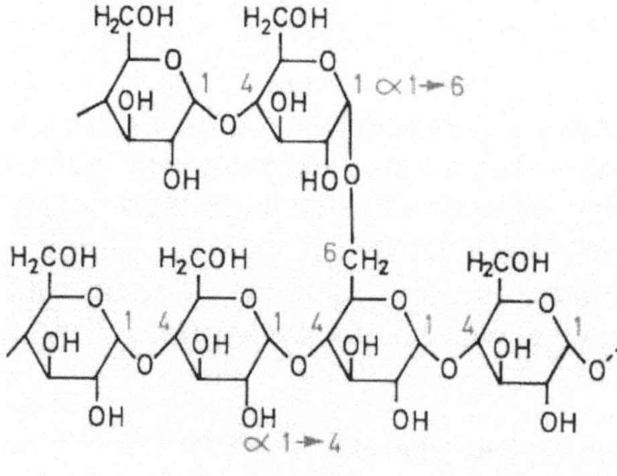

Glykogen

Stärke und Glykogen unterscheiden sich durch die Anzahl der Glucoseeinheiten im Molekül und die Anzahl der Verzweigungen. So ist die Amylose der Stärke ein

unverzweigtes Molekül aus 250–300 Glucoseringen. Der verzweigte Anteil der Stärke, das Amylopektin, besteht aus mehreren tausend Glucoseresten mit Verzweigungen an etwa jedem fünfundzwanzigsten Rest. Glykogen ist ähnlich wie Amylopektin gebaut, aber noch stärker verzweigt und kann etwa 10^5 Glucosereste enthalten (Glykogen der Leber). Dabei ist die Struktur verschiedener Moleküle wahrscheinlich innerhalb gewisser Grenzen variabel, so daß jedes Glykogenmolekül von jedem anderen in Einzelheiten des Aufbaus verschieden ist. Für ein Speichermolekül reicht das aus. Daß überhaupt Energie aufgewendet wird, um Makromoleküle aus Zuckern aufzubauen, beruht auf verschiedenen Vorteilen der Makromolekülstruktur. Durch die Bindung werden Glucosemoleküle dem Reaktionsgleichgewicht entzogen. Über Abbau und Aufbau der Speichermoleküle läßt sich also das Angebot von Glucose in der Zelle kontrollieren (Abb. 5.12). Dabei spielen nicht nur Reaktionsgleichgewichte eine Rolle. Die Anzahl und Größe gelöster Substanzen in der Zelle beeinflußt auch ihren Wasserhaushalt (5.02). Durch die kontrollierte Einlagerung von Zucker in der Form inaktiver Makromoleküle macht sich die Zelle vom äußeren Angebot an Zuckern unabhängig. Der Organismus erreicht eine innere Konstanz gegenüber der Variabilität der Umwelt. Unter dem Namen *Homöostase* werden wir diesem Prinzip immer wieder begegnen.

Als Struktur- oder Gerüstsubstanzen kommen Polysaccharide meist zusammen mit anderen Molekülklassen vor. Pflanzenzellen sondern um die Zellmembran eine *Zellwand* ab, die zum größten Teil aus *Cellulose* besteht. Cellulose ist ein unverzweigtes Molekül aus Glucoseresten, die zwischen den C-Atomen 1 und 4 β-glykosidisch verknüpft sind.

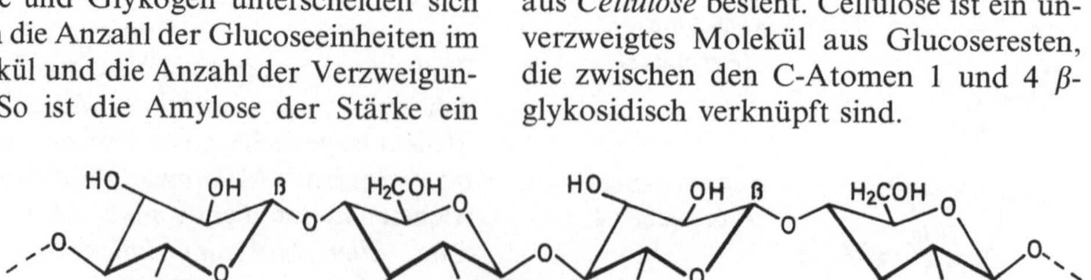

Cellulose

Amylasen, weit verbreitete Enzyme, die die $\alpha 1 \to 4$-Bindung von Stärke und Glykogen spalten, greifen die $\beta 1$-4-Bindung von Cellulose *nicht* an. Dabei spielen wohl nicht nur die Bindungen, sondern auch die jeweiligen Strukturen der Makromoleküle eine Rolle. Wir können so lange an einem Stück Brot kauen, bis durch enzymatische Spaltung der Stärke durch die α-Amylase des Speichels schließlich süßschmeckende Zucker im Mund entstehen. Bei einem Stück Papierhandtuch wird uns das nicht gelingen. Schnecken besitzen eine *Cellulase* und fressen (unpräparierte) Papierhandtücher genauso gern wie Salatblätter. In verfaulendem Holz wird die Cellulose durch Mikroorganismen abgebaut. Mikroorganismen im Verdauungssystem ermöglichen es auch vielen Tieren, Zucker aus Cellulose zu gewinnen. Wiederkäuer nutzen das aus, und Termiten können ohne Mikroorganismen im Darm nicht überleben. Dabei liefert jeweils das große Tier dem Mikroorganismus eine regulierte Umgebung und sorgt für die Erhaltung der Art, während es selbst von der Verdauungsaktivität der Mikroorganismen profitiert. Ein derart gegenseitiges Ergänzen der Ansprüche von verschiedenen Arten, die zusammen beide eine höhere Überlebenschance haben als allein, nennt man *Symbiose.*

zwei N–acetyl–Glucosamin, ß 1 ← 4

Chitobiose

Chitin besteht aus $\beta 1 \to 4$ verknüpften N-Acetyl-Glucosamineinheiten. Als Gerüstsubstanz spielt es eine Rolle in der Zellwand vieler Pilzarten und im Außenskelett der Gliederfüßler (Stamm Arthro-

Abb. 2.02. Polysaccharide als Strukturelemente. Links Stachel einer Kaktee (*Opuntia microdasis*): Cellulose; rechts Fühler eines Käfers (*Oedemera femorata*): Chitin. (Rasterelektronenmikroskop, Aufn. R. Schill, Heidelberg)

poda), die mehr als die Hälfte aller Tierarten stellen (Abb. 2.02).

N-Acetyl-Glucosamin ist auch sonst nicht selten als Struktureinheit von Polysacchariden (Bakterienzellwand, 11.05). Obwohl es nicht die Summenformel $C_n(H_2O)_n$ hat, ist es deutlich ein von der Glucose abgeleitetes Kohlenhydrat.

Wir können N-Acetyl-Glucosamin dazu benutzen, kompliziertere Polysaccharide

Durch die regelmäßig auftretenden Carboxylgruppen reagiert Hyaluronsäure als Säure.

Sehr viel stärkere Säuren sind solche Polysaccharide, die Schwefelsäuregruppen enthalten. Sie sind im histologischen Präparat bereits bei niedrigem *pH* mit basischen Farbstoffen nachweisbar (6.05). Zu ihnen gehört das *Chondroitinsulfat* des Knorpelgewebes.

Chondroitinsulfat

vorzustellen. *Hyaluronsäure* ist ein wichtiger Bestandteil der Grundsubstanz des Bindegewebes. Sie besteht aus sehr langen Ketten, in denen N-Acetyl-Glucosamin mit Glucuronsäure abwechselt, wobei die Bindung vom C-Atom 1 der Glucuronsäure (β) zum Atom C-Atom 3 des N-Acetyl-Glucosamins geht.

Hyaluronsäure

Auch Glucuronsäure ist ein von Glucose abgeleitetes „Kohlenhydrat", das nicht der allgemeinen Summenformel entspricht. *Hyaluronsäure* und ihre Spaltung durch *Hyaluronidase* spielt eine Rolle in verschiedenen physiologischen Prozessen.

2.06 Fette

Eine wichtige Charakteristik lebender Systeme ist, daß dieselben Substanzen, die dem Energiefluß dienen, auch die Struktur des Systems aufbauen. Im Prinzip sind Strukturaufbau und Energiefluß zwei Aspekte desselben Vorgangs. Reine Strukturmoleküle wie Chitin sind nur Extreme einer weiten Skala. Chitin wird zwar nach Gebrauch nicht resorbiert, sondern abgeworfen, aber die Chitinsynthese ist eng mit dem Energiestoffwechsel gekoppelt. Ob Glucose zur Energiegewinnung abgebaut oder zu Struktursubstanzen umgewandelt wird, richtet sich nach dem Bedarf. Man kann zwar ein Auto ohne Benzin im Tank abstellen und durch Nachfüllen von Benzin wieder aktivieren, aber ein lebender Organismus kann nicht abgestellt werden. Führt man ihm keine Nahrung zu, dann beginnt er, Strukturen abzubauen und in den Energiestoffwechsel einzuführen. Abstellen des Energiestoffwechsels bedeutet irreversible Zerstörung des Systems, kurz Tod. Seltene Ausnahmen, z.B. die Lagerung von eingefrorenen Zellen, bestätigen die Regel.

Auch die Lipide zeigen diese enge Verknüpfung von Energiestoffwechsel und Struktur. Sie spielen bei beidem eine wichtige Rolle.

Die Lipide sind eine große Klasse verschiedenartigster Moleküle. Gemeinsam ist ihnen die Unlöslichkeit in Wasser und die Löslichkeit in bestimmten organischen Lösungsmitteln wie Benzol, Äther, Chloroform und Methanol. Die besonderen Eigenschaften der Lipide lassen sich gut an den Fetten demonstrieren.

Fette sind Glycerinester von Fettsäuren. Wir kennen Glycerin als dreiwertigen Alkohol. *Fettsäuren* sind Carbonsäuren mit langen Kohlenwasserstoffketten. Dabei können alle Bindungen zwischen den Kohlenstoffatomen Einfachbindungen sein *(gesättigte Fettsäuren)* oder es können Doppelbindungen auftreten *(ungesättigte Fettsäuren)*.

Palmitinsäure
(gesättigte Fettsäure)

Ölsäure
(einfach ungesättigte Fettsäure)

Ein, zwei oder drei Fettsäuren können mit einem Glycerinmolekül verestert sein. Man spricht von Monoglyceriden, Diglyceriden und Triglyceriden. Natürliche Fette sind Gemische verschiedener Triglyceride.

Triglycerid

Fettmoleküle sind keine Informationsträger. Fette wirken statistisch über die durchschnittlichen Anteile verschiedener Fettsäuren in den Triglyceriden des Gemisches. Besonders wichtig ist dabei die Korrelation zwischen dem durchschnittlichen Sättigungsgrad der Fettsäureketten und dem Schmelzpunkt des Gemisches. Je mehr Doppelbindungen, desto tiefer der Schmelzpunkt. Dabei liegen die Schmelzpunkte natürlicher Fette gerade im physiologischen Bereich. Einige Fette sind bei Zimmertemperatur flüssig (Öle), andere sind fest. Für viele Zwecke genügt es, die Doppelbindungen im Fett zu titrieren (zum Beispiel durch Anlagerung von Jod); die schwierige Trennung der Einzelkomponenten bringt oft keine zusätzliche physiologische Information, die den Aufwand rechtfertigt.

Fette sind ausgezeichnete Reservestoffe. Dabei spielen ihre chemischen und physikalischen Eigenschaften eine Rolle. Chemisch wichtig ist der hohe Energiegehalt von Fetten im Verhältnis zu ihrem Gewicht. 1 g Fett enthält etwa 9,3 kcal/g. Der entsprechende Wert für Kohlenhydrate und Proteine liegt bei 4,1 kcal/g. Fette werden also dort eingesetzt, wo große Energiemengen auf längere Zeit mit möglichst wenig Gewichtszunahme (oder geringer Dichte) gelagert werden. Das ist zum Beispiel der Fall bei Tieren, die nur gelegentlich, aber dann sehr viel fressen. Haie und viele Spinnen sind Beispiele dafür. Fettreserven erlauben es einigen Insekten, nach dem Larvenstadium kein Futter mehr zu sich zu nehmen. Fettreserven werden von Walen und Zugvögeln gespeichert, die periodisch lange Wanderungen mit großem Energieaufwand und wenig Nahrung unternehmen; und Fett ist die Energiequelle für Tiere im Winterschlaf. Es wird dadurch verständlich, daß viele Tiere unter Energieaufwand Kohlenhydrat- oder Proteinfutter in Fettreserven umbauen. Dazu kommt, daß Fett besondere mechanische Eigenschaften und eine geringe Wärmeleitfähigkeit hat. Fett ist an vielen Stellen des menschlichen Körpers als elastisches Kissen eingelagert, zum Beispiel in der Fußsohle, und Fett dient warmblütigen Tieren wie Walen, Robben und Pinguinen als Isolation gegen Wärmeverlust im kalten Meerwasser.

2.07 Glycerinphosphatide und Sphingolipide

Triglyceride sind *Neutralfette*. Sie enthalten keine ionisierbaren Gruppen. Ihre physikalischen Eigenschaften sind besonders durch die langen CH_2-Ketten der Fettsäurereste bestimmt. Fette sind nicht wasserlöslich.

Ganz andere Moleküleigenschaften haben die *Phosphatidsäure* und ihre Derivate. Bei der Phosphatidsäure sind zwei Hydroxylgruppen des Glycerins mit Fettsäuren verestert, die dritte mit Phosphorsäure. Der Phosphorsäurerest hat zwei freie OH-Gruppen, von denen bei den Glycerinphosphatiden eine mit einem weiteren Alkohol verestert ist.

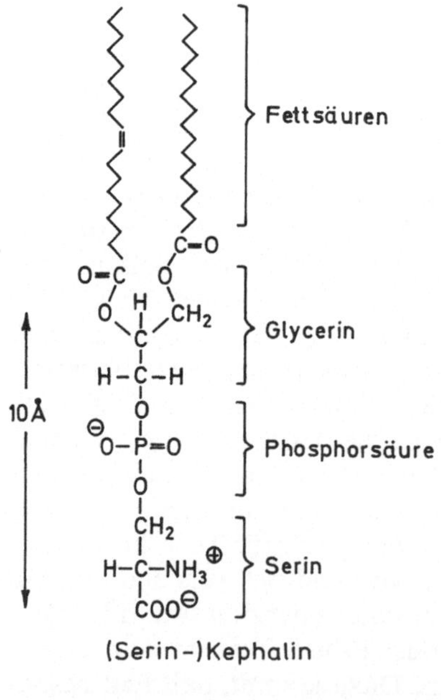

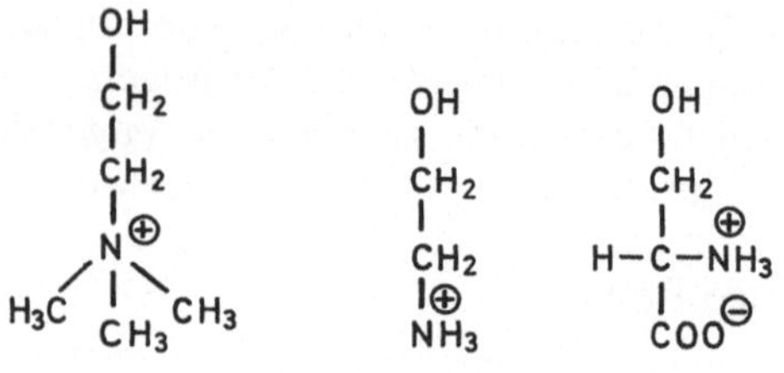

Cholin   Äthanolamin   Serin

Dieser Alkohol kann Cholin sein (bei Lecithinen), Äthanolamin oder Serin (bei Kephalinen).

Fettsäuren

Glycerin

Phosphorsäure

10 Å

Serin

(Serin-)Kephalin

Diese drei Alkohole sind ganz besondere Moleküle. Alle drei enthalten ein positiv geladenes Stickstoffatom, Serin außerdem eine Carboxylgruppe. Serin mit Hydroxyl-, Amino- und Carboxylgruppe wird uns bald wiederbegegnen.

Durch diese Veresterung mit Phosphorsäure und einem Amin-Alkohol erhalten die *Glycerinphosphatide* eine deutliche Polarität. Auf der einen Seite tragen sie wasserunlösliche, hydrophobe Fettsäureketten, auf der anderen die ionisierbaren Gruppen von Phosphorsäure und Amin, die Wasser anlagern können und damit hydrophil sind. Ähnlich sind die *Sphingolipide* gebaut, die anstatt des dreiwertigen Alkohols Glycerin einen Amino-Dialkohol mit einer langen Fettsäurekette, das *Sphingosin,* enthalten.

Sphingosin

Sphingosin enthält bereits eine hydrophobe CH_2-Kette. Durch Bindung einer Fettsäure an die Aminogruppe und Veresterung der endständigen Hydroxylgruppe mit einem hydrophilen Rest erhalten wir Moleküle, die genauso polar hydrophil-hydrophob sind wie die Glycerinphosphatide. Der hydrophile Rest ist Phosphorylcholin bei Sphingomyelinen, ein Zucker bei Cerebrosiden und eine Kette aus mehreren Zucker-Derivaten bei den *Gangliosiden*. Die Ganglioside kommen besonders in Membranen im Gehirn vor. Krankheiten, die zum großen Teil auf dem (erblichen) Ausfall von Enzymen zum Abbau von Gangliosiden im Gehirn beruhen, werden wir als „lysosomale Ablagerungskrankheiten" kennenlernen (6.08).

All diese Substanzen werden als Gemisch aus Zellen isoliert, und ihre Vielfalt ist noch größer als die der Neutralfette. Wieder hilft es, summarisch die Eigenschaften des Gemisches zu bestimmen, den Sättigungsgrad der Fettsäuren, den Stickstoff- und Phosphorgehalt, die zentralen und die endständigen Alkoholkomponenten, Kohlenhydratanteile etc. Glücklicherweise kommen wir bei der Biologie dieser Lipide bereits sehr weit, wenn wir sie als längliche Moleküle mit zwei hydrophoben Fettsäureschwänzchen und einem hydrophilen Kopf betrachten. Von zentraler biologischer Bedeutung ist ihr Verhalten in wäßrigen Lösungen.

In wäßriger Lösung lagert sich Wasser um die hydrophilen Köpfchen der Glycerinphosphatide und Sphingolipide an. Die Fettsäureketten sind wasserunlöslich. Ist eine Lipidphase vorhanden, zum Beispiel

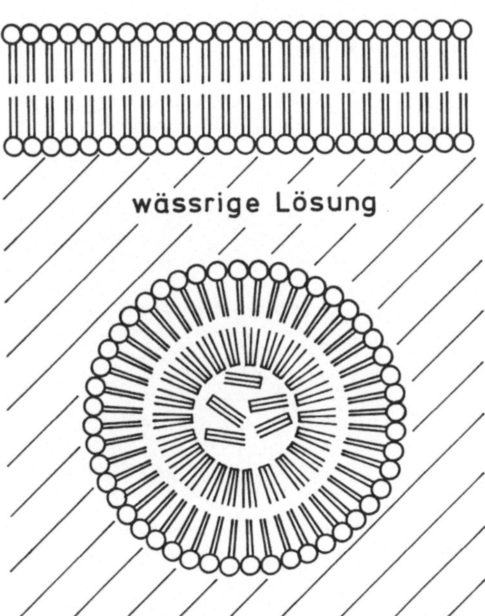

Abb. 2.03. Verhalten von Phospholipiden in wäßriger Lösung. Auf der Lösungsoberfläche bildet sich ein Lipidfilm, bei hoher Lipidkonzentration eine Doppellage, wie hier. In der Lösung bilden sich Tropfen um Neutralfette

Fetttröpfchen als Emulsion im Wasser, dann werden die hydrophoben Enden der Moleküle in die Lipidphase eindringen, die hydrophilen Enden werden sich in die Wasserphase hinausstrecken (Abb. 2.03). In rein wäßriger Lösung bilden die hydrophoben Enden ihre eigene Lipidphase, indem sie sich aneinanderlagern. Auf diese Weise entstehen in Lösungen von polaren Lipiden Membranen. Membranen dieser Art kann man im Labor herstellen. Sie sind Doppellagen aus Lipidmolekülen, innen hydrophob, außen hydrophil. Diese einfache Struktur gehört zu den wichtigsten, die es gibt. Wir werden uns sehr genau mit ihr auseinandersetzen müssen.

2.08 Steroide und Carotinoide

Bisher haben wir den Eindruck gewonnen, als seien die einzelnen Lipidmoleküle und ihre genaue Struktur unwichtig, solange nur das Gemisch gewisse Durchschnittseigenschaften hat. Ob das richtig ist, wird die zukünftige Forschung zeigen. Ganz falsch ist es wenigstens für die Neutralfette sicher nicht.

Es gibt aber Lipide, bei denen die genaue Struktur des einzelnen Moleküls ausschlaggebend für seine Funktion ist. Chemisch sind diese Lipide grundsätzlich von den bisher besprochenen verschieden. Aber auch die *Steroide* und *Carotinoide* haben Lipidcharakter durch hydrophobe Regionen im Molekül. So ist das Steroid *Cholesterin* ein typisches Membranlipid und gleichzeitig der Ausgangsstoff für die Synthese vieler *Steroidhormone*.

Zwei willkürlich herausgegriffene Beispiele sollen besondere Funktionen der Steroide und Carotinoide illustrieren.

Cortisol ist ein Hormon, das in der Nebennierenrinde synthetisiert wird und in den Kohlenhydratstoffwechsel und den Natriumhaushalt regulierend eingreift.

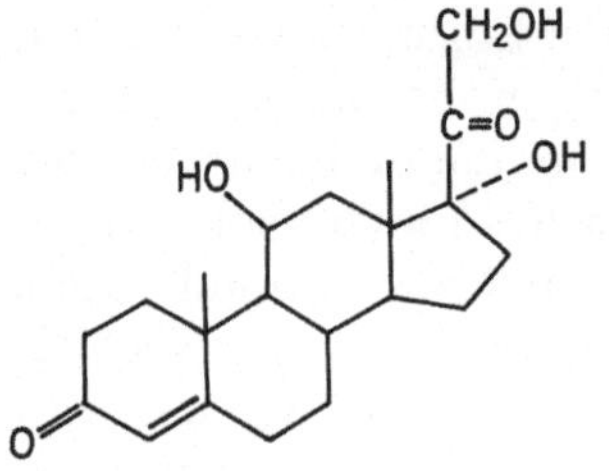

Cortisol

Hormone sind Stoffe, die der Kommunikation zwischen Zellen dienen. Dazu wird das Hormon von einer Zelle ausgeschieden und mit dem Blutkreislauf durch den Körper verteilt. Spezifische sensitive Zellen, die *Zielzellen* (engl.: target cells), sprechen auf das Hormon an und reagieren mit einer Umstellung ihres Stoffwechsels. Der Hormonbegriff ist für verschiedene Biologen verschieden weit definiert. Wir werden später einen lokalisierten chemischen Kommunikationsvorgang zwischen Zellen kennenlernen, bei dem *Transmittersubstanzen* eine hormonähnliche Rolle spielen (5.06). Wie oft in der Biologie, ist es leichter, den Vorgang zu verstehen, als das breite Spektrum ähnlicher Dinge durch spitzfindige Definitionen in abfragbare Brocken zu zerhacken. Die Steroide sind eine der Stoffklassen, die als Hormone wirken können. Später werden wir die beiden anderen, die *Peptidhormone* und die *biogenen Amine,* kennenlernen.

Retinal, der Aldehyd des Vitamins A, spielt bei Wirbeltieren eine Rolle bei der Übertragung des Lichtreizes in einen Nervenimpuls im Auge.

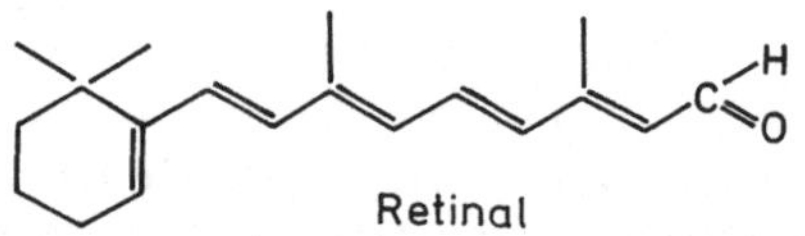

Retinal

Beide Moleküle sind also an Prozessen der Informationsübertragung beteiligt, ihr Lipidcharakter spielt bei beiden nur eine sekundäre Rolle.

3 Aminosäuren und Proteine

3.01 Aminosäuren

Wir haben Serin als Alkoholkomponente der Kephaline kennengelernt. Außer der alkoholischen Hydroxylgruppe trägt Serin auch eine Carboxyl- und eine Aminogruppe, und zwar beide am gleichen, endständigen C-Atom. Serin kann also als Alkohol, als Säure und als Base reagieren.

Es gibt eine Reihe verschiedenster kleiner organischer Moleküle, die an einem endständigen C-Atom zugleich eine Carboxylgruppe, eine Aminogruppe und ein Wasserstoffatom tragen. Sie unterscheiden sich voneinander in der vierten Position, die z.B. beim Serin den „Rest" $-CH_2-OH$ trägt. Solche Moleküle mit der allgemeinen Formel

$$\begin{array}{c} HO \diagdown \quad \diagup O \\ C \\ | \\ CHNH_2 \\ | \\ R \end{array}$$

heißen *Aminosäuren.* Bei höherem *pH* (geringer H^+-Konzentration) liegen sie als Säuren vor, bei niedrigem *pH* als Basen. Dazwischen findet sich ein *pH*-Wert, der *isoelektrische Punkt,* bei dem die Aminosäure als „Zwitterion" gleichmäßig ionisiert elektrisch neutral vorliegt.

$$\begin{array}{ccc} COOH & COO^\ominus & COO^\ominus \\ | & | & | \\ CHNH_3^\oplus & CHNH_3^\oplus & CHNH_2 \\ | & | & | \\ R & R & R \end{array}$$

$$\xrightarrow{\qquad\qquad pH \qquad\qquad}$$

Komplizierter wird es, wenn auch die Restgruppe noch eine ionisierbare Gruppe enthält. Man spricht dann von *sauren* oder *basischen Aminosäuren,* wobei der Zusatz diese dritte ionisierbare Gruppe bezeichnet.

Zur Charakterisierung der Aminosäuren bezeichnet man das zweite C-Atom des Kohlenstoffskeletts, also das C-Atom, das die Aminogruppe trägt, als das α-C-Atom und zählt die folgenden C-Atome der Restgruppe als β, γ, δ, ε usw. Damit ist Serin eine β-Hydroxyaminosäure. Fast alle natürlich vorkommenden Aminosäuren sind α-Aminosäuren, die, wie hier beschrieben, die Aminogruppe am α-C-Atom tragen. Nur die α-Aminosäuren interessieren uns hier.

Die zentrale Stellung des α-C-Atoms zeigt sich daran, daß es vier verschiedene Substituenten trägt. Eine Ausnahme dabei macht *Glycin,* dessen „Restgruppe" ein Wasserstoffatom ist. Aus der Zuckerchemie wissen wir, daß „asymmetrische C-Atome" eine Spiegelbildisomerie zulassen. Wie bei den Zuckern projizieren wir die Raumstruktur der Aminosäuren so in die Bildebene, daß das am höchsten oxidierte C-Atom (hier die Carboxylgruppe) nach oben zeigt und die Nachbar-C-Atome des asymmetrischen C-Atoms aus der Zeichenebene nach hinten weisen. Die Form, bei der dann die charakteristische reaktive Gruppe (hier die NH_2-Gruppe) nach links vorn gerichtet ist, ist die *L-Form,* während bei der *D-Form* die Aminogruppe rechts vorn aus der Zeichenebene zeigt.

$$\begin{array}{cc} COOH & COOH \\ | & | \\ H-C-NH_2 & NH_2-C-H \\ | & | \\ R & R \\ D\text{-}Form & L\text{-}Form \end{array}$$

Der Unterschied ist wieder biologisch wichtig. Soweit nicht besonders darauf hingewiesen wird, ist in der Biologie immer die L-Form einer Aminosäure gemeint.

Zwanzig verschiedene Aminosäuren sind die Grundbausteine aller Proteine. Diese zwanzig Aminosäuren sind derart wichtig für das Verständnis biologischer Vorgänge, daß man ihre Strukturen auswendig lernen sollte. Hat man die Strukturformel im Kopf, dann kann man die Strukturformeln von Molekülen, die aus Tausenden von Atomen bestehen, handlich zu Papier bringen, indem man Aminosäurereste durch je drei Buchstaben, die eine Abkürzung des Namens darstellen, einzeichnet. Das genügt in vielen Fällen, wo es auf einzelne Atome nicht ankommt. Die Restgruppen der zwanzig wichtigsten Aminosäuren sind chemisch sehr verschieden. Nach ihren chemischen Eigenschaften lassen sie sich in Gruppen einteilen. Diese Einteilung hilft beim Verständnis der Funktion der Aminosäuren. Sie hilft auch beim Auswendiglernen der Strukturen (Abb. 3.01).

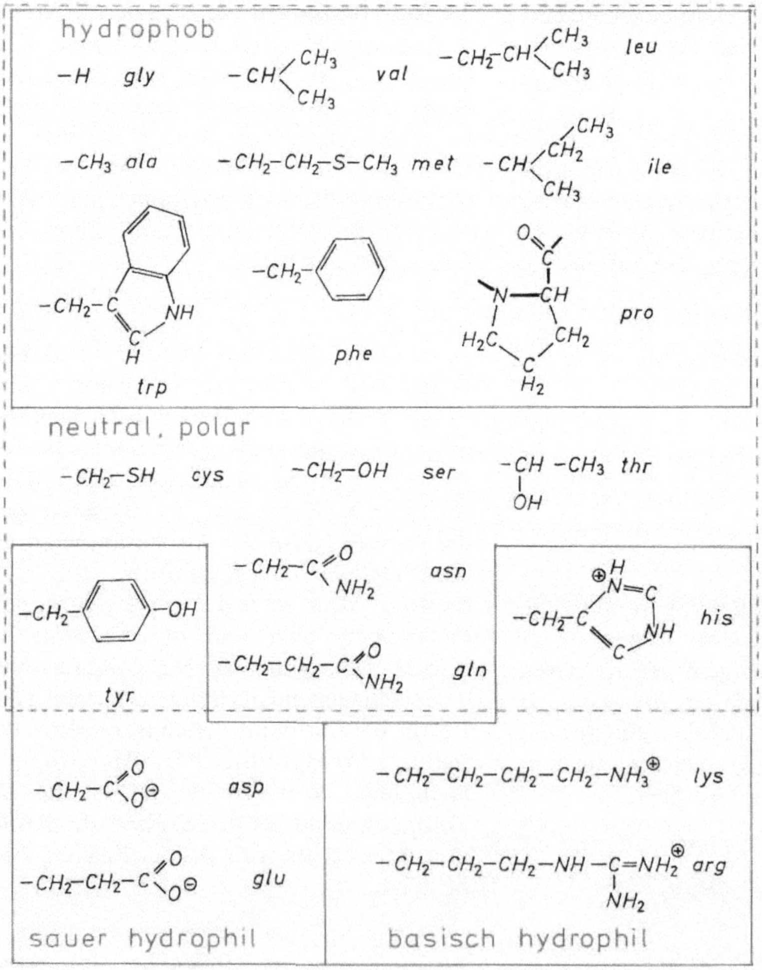

Abb. 3.01. Seitenketten der wichtigsten Aminosäuren aus Proteinen, bei Prolin das gesamte Molekül, so wie es im Protein eingebaut vorliegt. Die Einteilung in geladene und nicht geladene (gestricheltes Kästchen), in deutlich hydrophile, neutral aber polare, und deutlich hydrophobe Seitengruppen hängt in gewissen Grenzen von der jeweiligen Umgebung der Seitengruppe ab

Ganz generell können die Seitengruppen von Aminosäuren *hydrophil* oder *hydrophob* sein, *Glycin, Alanin, Valin, Leucin* und *Isoleucin* sind einfache *hydrophobe Aminosäuren* mit zunehmender Komplexität der Seitenkette. Alle ihre Seitenketten sind relativ kurz. Valin mit drei, Leucin und Isoleucin mit vier C-Atomen in der Seitenkette weisen je eine Verzweigung darin auf. Auch Prolin und Phenylalanin sind *hydrophob*. Die Seitenkette von *Prolin* ist zwischen dem δ-C-Atom und der Aminogruppe am α-C-Atom zum *Ring* geschlossen. Ein Ringschluß, der das α-C-Atom einschließt, liegt nur bei Prolin vor. *Phenylalanin* enthält einen *aromatischen Ring*. Zusammen mit den polaren Aminosäuren Tyrosin und Tryptophan bildet es die Gruppe der *aromatischen Aminosäuren*. Die hydrophilen Aminosäuren tragen zum Teil *ionisierbare Seitengruppen*, zum Teil nicht ionisierbare reaktive Gruppen (Hydroxyl-, Sulfhydryl-, Säureamidgruppe, Indolring). Zu den letzteren gehören *Tyrosin*, das sich von Phenylalanin durch eine OH-Gruppe unterscheidet, und *Tryptophan*, das einen heterozyklischen, N-haltigen, Doppelring, den *Indolring*, trägt. *Serin* kennen wir schon als Aminosäure mit alkoholischer Seitengruppe. *Threonin* trägt eine zusätzliche Methylengruppe ($-CH_2-$). *Cystein* und *Methionin* sind schwefelhaltig. Cystein trägt die *Sulfhydrylgruppe* $-SH$. *Asparagin* und *Glutamin* sind Säureamide der beiden sauren Aminosäuren *Asparaginsäure* und *Glutaminsäure*. Für die Proteinsynthese sind sie aber selbständige Aminosäuren im Gegensatz zu seltenen Aminosäuren, die sekundär am Protein durch Reaktion der Seitengruppe entstehen.

Die *sauren Aminosäuren* sind einfach gebaut. Von den *basischen Aminosäuren* ist *Lysin* mit einer Aminogruppe am ε-C-Atom die einfachste. *Arginin* und *Histidin* sind komplizierter gebaut. Arginin trägt eine Guanidinogruppe, Histidin einen N-haltigen Imidazolring, der schwach basisch reagiert. Schwach bedeutet dabei, daß Histidin gerade im physiologisch wichtigen mittleren *pH*-Bereich Protonen abgeben oder aufnehmen kann.

3.02 Peptide

Die wichtigste Funktion der Aminosäuren ist ihre Rolle als Bausteine von Makromolekülen, den *Polypeptiden* oder (wenn sie sehr groß sind) *Proteinen*. Wie bei den Polysacchariden beruht auch bei den Polypeptiden die Makromolekülstruktur auf einer ganz spezifischen Verknüpfung der Komponenten. Aminosäuren können durch *Peptidbindungen* zu langen Ketten verbunden werden. Dabei ist die Caboxylgruppe am α-C-Atom einer Aminosäure mit der Aminogruppe der folgenden verknüpft:

$$H_2N-CH-C\overset{O}{\underset{R_1}{\diagdown_{OH}}} + H_2N-CH-C\overset{O}{\underset{R_2}{\diagdown_{OH}}}$$

$$\downarrow$$

$$H_2N-CH-C\overset{O}{\underset{R_1}{\diagup}}-N-CH-C\overset{O}{\underset{H\ \ R_2}{\diagdown_{OH}}}$$

Ein *Dipeptid* besteht aus zwei Aminosäuren, eine dritte verlängert die Kette zum *Tripeptid*. Man spricht von Peptiden bei Ketten aus 2 bis etwa 50 Aminosäuren, von Proteinen bei längeren Ketten.

Wie lang die Peptidkette auch ist, sie hat immer einen deutlichen Anfang und ein deutliches Ende, weil an der ersten Aminosäure der Kette die α-Aminogruppe, an der letzten die α-Carboxylgruppe nicht in die Peptidbindung eingeht. Man spricht vom *N-terminalen* und *C-terminalen Ende* der Kette. Alle Polypeptide bestehen aus einer unverzweigten linearen Kette aus Aminosäuren. Sie sind alle durch die *Reihenfolge der Aminosäuren* vom N-terminalen zum C-terminalen Ende, die *Aminosäuresequenz*, bestimmt. Das ist durch den Mechanismus der Peptidbindung bei der

Proteinsynthese in der Zelle bedingt. Dieser Reaktion werden wir später ein ganzes Kapitel widmen müssen. Sie ist grundlegend wichtig für die Biologie. Besonders wichtig daran ist, daß durch die *Verknüpfung bestimmter Aminosäuren* Moleküle mit hohem *Informationsgehalt* entstehen. Der Informationsgehalt der Proteine reguliert alle Lebensvorgänge. Ursprung, Erhaltung, Übertragung, Umsetzung, Abwandlung und Kontrolle dieses Informationsgehaltes sind Grundthemen der Biologie.

Rein chemisch betrachtet ist die Reaktion, wie wir sie hier geschrieben haben, endergonisch und unwahrscheinlich. In wäßriger Lösung liegen die reagierenden undissoziierten Gruppen praktisch nicht vor. Es ist kein Problem, im Labor Proteine zu spalten, aber es ist eine Leistung, im Labor ein Polypeptid mit vorgegebener Reihenfolge der Aminosäuren herzustellen. Die Spaltung einer Peptidbindung geschieht durch Anlagerung von Wasser. Auch die *Peptidasen (Proteinasen, Proteasen)* gehören wie die Esterasen und die Glykosidasen zu den *Hydrolasen.*

Peptide der verschiedensten Größenordnungen spielen bei verschiedenen Reaktionen eine Rolle. Unter anderem wird der Informationsgehalt relativ kleiner Peptide zur Kommunikation zwischen verschiedenen Organen ausgenutzt. Sie wirken als *Hormone.* Im Gegensatz zu den Steroidhormonen, die Lipidcharakter haben, sind die *Peptidhormone* hydrophil. Das äußert sich in einem völlig verschiedenen Wirkungsmechanismus, auf den wir später zurückkommen werden (5.11). Hier sollen uns die Peptidhormone als Beispiele zur Diskussion der *Peptidstruktur* dienen.

In der Neurohypophyse (dem Hypophysenhinterlappen) kommen zwei Hormone mit sehr verschiedenen Wirkungen vor. *Oxytocin* fördert die Uteruskontraktionen bei der Geburt, *Vasopressin* fördert die Rückresorption von Wasser in der Niere und steigert den Blutdruck. Beide Hormone sind Peptide aus neun Aminosäu-

ren. Die Sequenz der Aminosäuren zeigt auffällige Übereinstimmungen:

Oxytocin:

$H_2N \cdot Gly \cdot Leu \cdot Pro \cdot Cys \cdot Asn \cdot Gln \cdot Ile \cdot Tyr \cdot Cys$

Vasopressin:

$H_2N \cdot Gly \cdot Lys \cdot Pro \cdot Cys \cdot Asn \cdot Gln \cdot Phe \cdot Tyr \cdot Cys$

Nur an zwei Stellen finden wir Unterschiede. Der Austausch von Isoleucin und Phenylalanin ist dabei weniger auffallend. Eine hydrophobe Aminosäure wird gegen eine andere (etwas größere, aromatische) ausgetauscht. Leucin und Lysin unterscheiden sich in der Ladung. Dieser Ladungsunterschied spielt sicher eine große Rolle im Unterschied der Wirkungen der beiden Peptide.

Es ist leicht, Unterschiede zu sehen und zum Anlaß für weitere Forschung zu nehmen. Wie wir sehen werden, kostet es aber die Organismen Energie, biologische Strukturen unverändert zu erhalten. Es lohnt also oft, auch das zu untersuchen, was sich zwischen verschiedenen verwandten Strukturen nicht unterscheidet. Bei Vasopressin und Oxytocin ist es wichtig, daß die beiden Cysteinreste und der Prolinrest nicht ausgetauscht werden. *Cystein* und *Prolin* sind wichtig für die Struktur von Peptiden.

Prolin ist die einzige Aminosäure, die das α-C-Atom in einen Ring einschließt. Dadurch wird die Beweglichkeit der Peptidketten eingeschränkt. Wie die Kette auch immer gefaltet ist, sie muß bei jedem Prolinrest einen *Knick* haben.

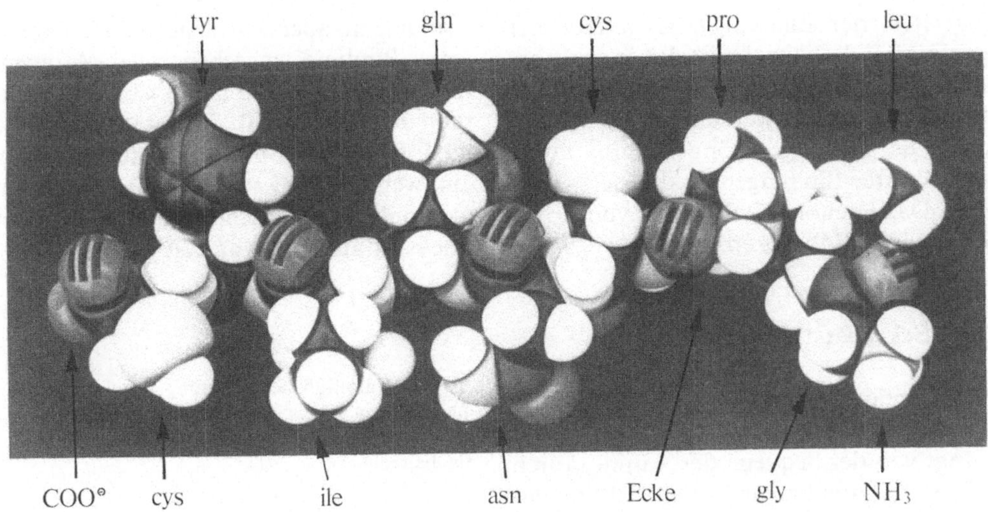

Abb. 3.02. Molekülmodell von Oxytocin: Primärsequenz. Selbst bei dieser unnatürlich gestreckten Darstellung bildet der Prolinrest eine Ecke. (Aufn. M. Hermes)

Cystein hat die Seitenkette CH_2-SH. Benachbarte Sulfhydrylgruppen können zu *Disulfidbrücken* $(S-S)$ oxydiert werden.

$$HN-\underset{O=C}{\overset{}{CH}}-CH_2-S-S-CH_2-\underset{NH}{\overset{C=O}{CH}}$$

Das geschieht sehr leicht, wenn zwei Cysteinreste so in einer Proteinkette eingebaut sind, daß sie durch Biegung der Kette zusammenkommen können. Es entsteht dann eine Schleife im Proteinmolekül. Treten Disulfidbrücken zwischen Cysteinresten zweier Peptidketten auf, dann werden die Ketten zusammengebunden. Das ist der Fall bei dem Peptidhormon *Insulin,* dem ersten Protein, dessen Aminosäuresequenz aufgeklärt werden konnte (Sanger, 1954). Insulin besteht aus zwei Ketten. Eine mit 21 Aminosäureresten enthält vier Cysteinreste, die andere mit 30 Aminosäureresten zwei. Die kürzere Kette enthält eine Schleife und ist außerdem mit zwei Disulfidbindungen an die längere Kette gebunden. Disulfidbrücken spielen eine große Rolle bei der Struktur vieler Proteine (Abb. 3.08).
Aus der Sequenz der Aminosäuren eines Proteins können wir bereits Voraussagen

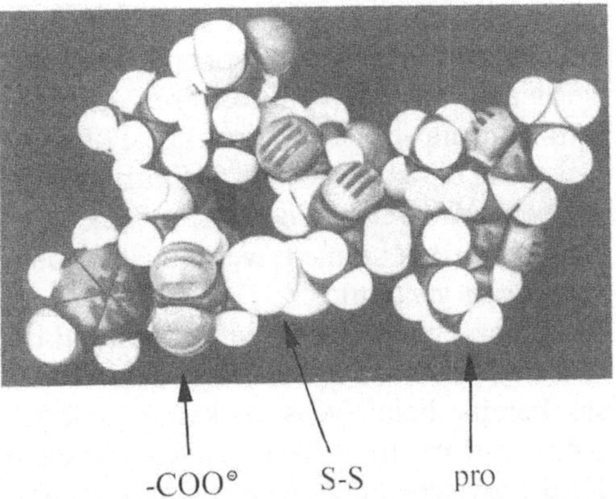

Abb.3.03. Molekülmodell von Oxytocin: durch die Bildung einer Disulfidbrücke zwischen den beiden Cysteinresten schließt sich das Molekül zur Schleife. (Aufn. M. Hermes)

machen, wie die Peptidkette zusammengelegt sein kann. Wir nennen die Aminosäuresequenz die *Primärstruktur* des Proteins.
Die Peptidbindung legt die Atome $NH-CO$ in einer Ebene fest.

$$\underset{H}{\overset{O}{\underset{|}{\overset{\parallel}{C}-N}}}$$

Der Rest der Bindungen ist (außer bei Prolin) frei drehbar. Es ist daher unwahrscheinlich, daß Peptidketten lange, gerade Moleküle sind. Sie werden sich falten, und einige der Faltungen können durch intramolekulare Bindungen stabilisiert werden. Dazu gehört die Bildung von kovalenten Disulfidbrücken.

3.03 Sekundärstrukturen

Die dreidimensionale Struktur eines Proteinmoleküls, seine *Tertiärstruktur,* hängt von der Sequenz der Aminosäuren ab. Bei der dreidimensionalen Faltung des Proteins spielen die Seitenketten der Aminosäuren eine wichtige Rolle. Es gibt aber Konfigurationen von Proteinketten, die weitgehend unabhängig von der Art der Seitenketten sind, weil sie durch Bindungen zwischen den Gruppen stabilisiert werden, die allen Aminosäuren gemeinsam sind und das Rückgrat der Polypeptidketten bilden. Diese Konfigurationen, die bei vielen verschiedenen Proteinen gefunden werden können, werden *Sekundärstrukturen* genannt.

Besonders wichtig für Sekundärstrukturen sind *Wasserstoffbrücken.* Wir haben sie bereits beim Wasser kennengelernt. Dort sind es die schwachen elektrischen Kräfte zwischen den leicht positiv geladenen Wasserstoffatomen und dem leicht negativ geladenen Sauerstoffatom eines anderen Moleküls. Eine Wasserstoffbrücke bildet sich zwischen einem kovalent gebundenen Wasserstoffatom mit einer geringen positiven Ladung und einem kovalent gebundenen Atom mit einer geringen negativen Ladung aus. In der Biologie interessieren uns besonders Wasserstoffbrücken, bei denen der Wasserstoff kovalent an Sauerstoff oder an Stickstoff gebunden ist. Sauerstoff und Stickstoff sind auch die wichtigsten negativen Atome bei Wasserstoffbrücken.

Die Wasserstoffbrücke ist eine stärkere Bindung als die hydrophoben Interaktionen, die wir schon bei Lipiden kennengelernt haben, aber schwächer als eine kovalente Bindung zwischen zwei Atomen. Ihre Bindungsstärke hängt von der Richtung der Bindung ab. Die stärksten Wasserstoffbrücken-Bindungen treten dann auf, wenn das Wasserstoffatom direkt auf das negativ geladene Sauerstoff- oder Stickstoffatom gerichtet ist (Abb. 3.04).

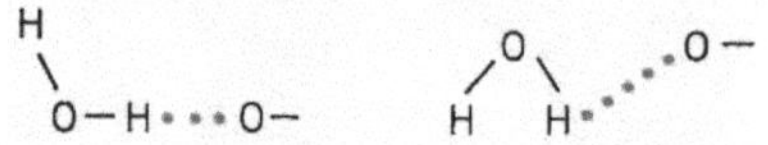

Abb. 3.04. Einfluß der Richtung der Bindung auf die Bindungsstärke bei Wasserstoffbrücken. Die linke Anordnung führt zu einer stärkeren Bindung als die rechte

Bei den Sekundärstrukturen von Proteinen treten Wasserstoffbrücken zwischen dem Wasserstoff der NH-Gruppe und dem Sauerstoff der $C=O$-Gruppe im Rückgrat der Proteinketten auf.

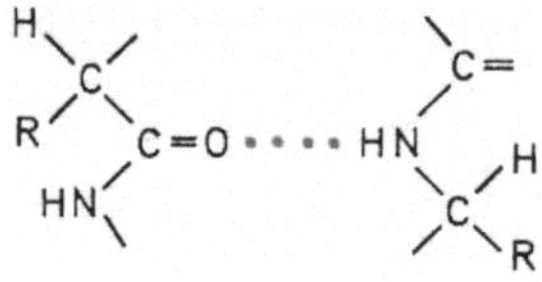

Es gibt mehrere Möglichkeiten, Proteinketten so zu falten, daß in regelmäßigen Abständen NH- und CO-Gruppen einander gegenüber liegen. Zwei dieser Konfigurationen sind typisch für die Sekundärstruktur vieler Proteine.

Proteinketten können nebeneinander liegen, so daß es zur regelmäßigen Ausbildung von Wasserstoffbrücken kommt.

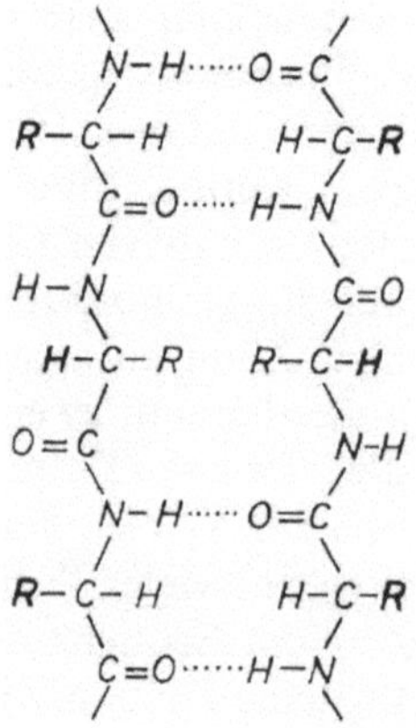

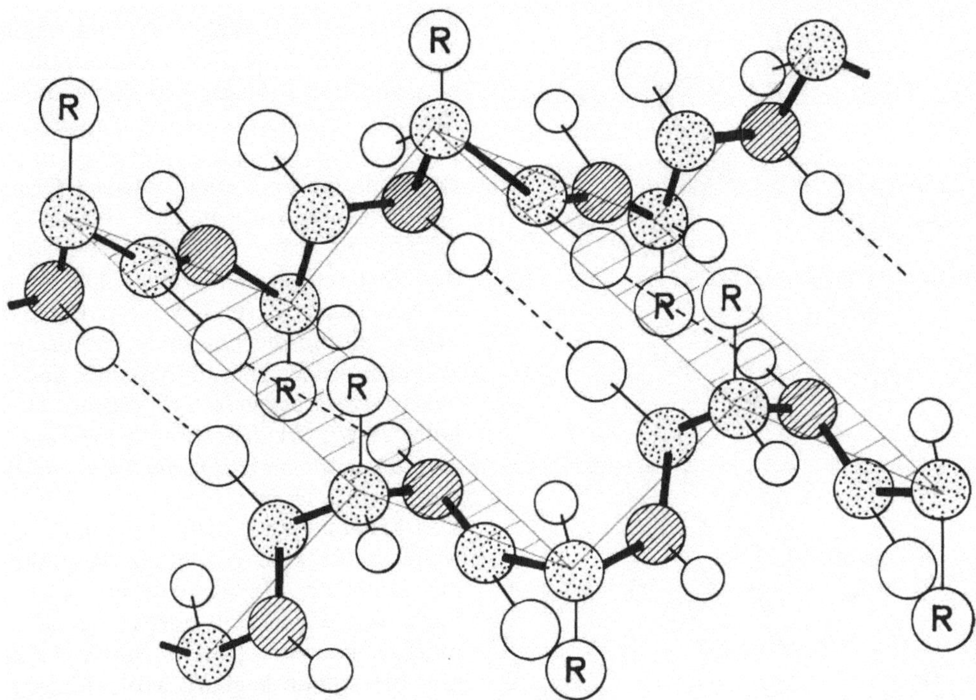

Abb. 3.05. Perspektivische Darstellung einer antiparallelen Faltblattstruktur

Da die CO—NH-Bindungen immer in einer Ebene liegen, muß diese Konfiguration einem gefalteten Papierstreifen ähneln, bei dem die α-C-Atome abwechselnd unten und oben in den Falten zu liegen kommen. Die Seitenketten stehen dann abwechselnd unten und oben aus den Falten heraus (Abb. 3.05). Nur so sind sie einander nicht im Wege. Diese *Faltblattstruktur* (engl. pleated sheet) kann sich also zwischen allen Proteinketten unabhängig von der Sequenz ausbilden. Die Ketten können dabei *parallel* oder *antiparallel* laufen.

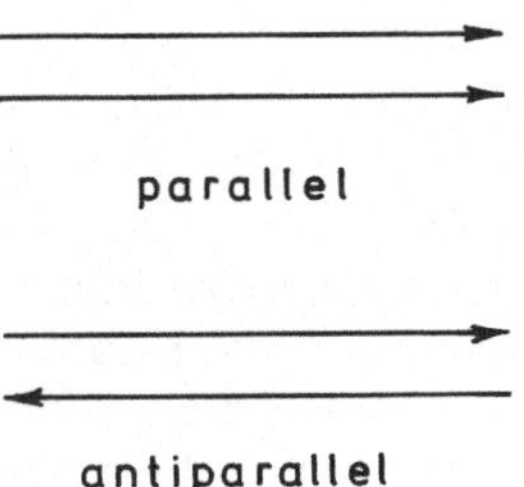

Es kann sich auch eine Proteinkette haarnadelförmig zurückwenden und *innerhalb des Moleküls* ein *antiparalleles Faltblatt* ausbilden.

Eine andere häufig vorkommende Sekundärstruktur entsteht, wenn man sich die Peptidkette als *Helix* um einen Zylinder aufgewunden vorstellt. Es gibt verschiedene Möglichkeiten, solche Helices zu bilden, so daß die Struktur durch Wasserstoffbrücken stabilisiert werden kann. Die häufigste ist die α-Helix. Das ist eine Helix mit einer Ganghöhe von 5,4 Å und 3,7 Aminosäureresten pro Windung. Jede Aminosäure nimmt an zwei Wasserstoffbrücken teil, so daß jede Windung mit der nächsthöheren und nächsttieferen verbunden ist. Die Seitenketten stehen aus dem Helixzylinder nach außen ab. Damit ist die α-Helix eine sehr stabile Struktur (Abb. 3.06). Nur Prolinreste dürfen nicht in der Sequenz vorkommen.

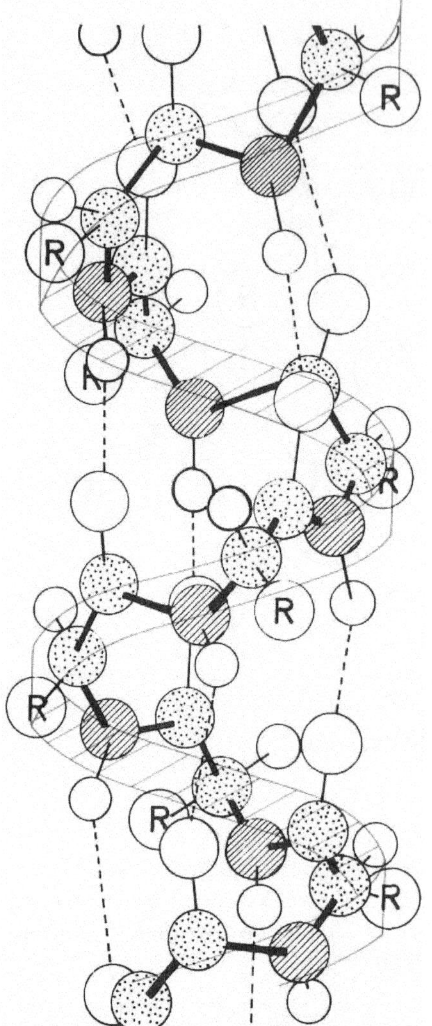

Abb. 3.06. Peptidkette in α-Helix-Konfiguration

Die Ringstruktur des Prolins erlaubt nicht die richtigen Bindungswinkel für die α-Helix-Struktur.

3.04 Tertiärstrukturen

Polypeptidketten sind weniger stabil in gestreckter Form als in gefalteten Strukturen, bei denen stabilisierende Bindungen auftreten. Am Molekülmodell kann man solche Strukturen ausprobieren und wird dabei sehen, daß es stabilere und weniger stabile gibt. Eine der Konfigurationen wird die stabilste sein und damit die natürliche *Tertiärstruktur* des Proteins. Es scheint auch wirklich so zu sein, daß jede Polypeptidkette in einer einzigen Grundkonfiguration vorliegt, daß also die *Primärstruktur einer Polypeptidkette allein ihre Tertiärstruktur bestimmt.* Das ist ein befriedigender Befund. Er erspart zusätzliche Faltungsmechanismen, beruft sich auf chemische Thermodynamik und — das ist ganz besonders aufregend — erlaubt es, *die dreidimensionale Information eines Proteinmoleküls in einer linearen Sequenz zu codieren.*

Das bedeutet aber nicht, daß man ohne weiteres für eine bestimmte Peptidkette die stabilste Tertiärstruktur angeben kann. Auf jeden Fall hilft es, soviel wie möglich über die Tertiärstruktur zu wissen, bevor man beginnt, Molekülmodelle zu falten. Die Proteinchemie besitzt ein umfangreiches Arsenal an Methoden, die Aufschluß darüber geben, welche Dimensionen das gefaltete Molekül hat, wieviel davon als α-Helix vorliegt, welche Cysteinreste mit welchen Disulfidbrücken bilden usw. Die weitaus beste Methode zur Aufklärung von Tertiärstrukturen, ist die *Röntgenstrukturanalyse.* Sie beruht darauf, daß Röntgenstrahlen an einem Kristallgitter gebeugt werden. Hat man also ein Protein, das man sauber kristallisieren kann, dann kann man diese Kristalle als Beugungsgitter benutzen. Strukturteile, die im Kristall regelmäßig wiederholt auftreten, verursachen Intensitätsmaxima und -minima im Beugungsdiagramm, aus denen sich berechnen läßt, wie sie räumlich angeordnet sind. Durch den Einbau von elektronendichten Metallatomen an bestimmten Stellen des Proteinmoleküls kann man Markierungen setzen. Der Vergleich zwischen Modell und Beugungsdiagramm erlaubt eine immer feinere Analyse, die in einigen Fällen so weit gediehen ist, daß man die Koordinaten jedes einzelnen Atoms im Molekül kennt (Abb. 3.08). 1958 hat Kendrew auf diese Weise die dreidimensionale Grundstruktur des Myoglobins aufgeklärt, dessen Atomkoordinaten inzwischen bekannt sind (Abb. 3.09).

Bei der Bildung der Tertiärstruktur spielen natürlich auch Interaktionen zwischen den Seitenketten der Aminosäuren eine Rolle. Dazu gehören *Ionenbindungen* zwischen sauren und basischen Seitengruppen und hydrophobe Bindungen, wie wir sie von Lipiden kennen. Analog der Bildung von Tröpfchen und Membranen aus Lipiden, werden bei Proteinen in wäßriger Lösung geladene Gruppen bevorzugt an der Oberfläche des Proteinmoleküls stehen, hydrophobe werden im Innern des Moleküls zusammentreten. Natürlich können sich diese Gruppen nicht frei aussortieren. Sie sind ja alle Teile derselben Kette. Wir sehen jetzt, wie sich eine bestimmte Tertiärstruktur bevorzugt vor allen anderen bilden kann.

Wir sehen aber auch, daß die Tertiärstruktur von Proteinen sehr anfällig gegen äußere Einflüsse ist. Wenn ein Protein aus wäßriger Salzlösung in Alkohol überführt wird, wenn durch Erhitzen Wasserstoffbrücken gebrochen werden, wenn der pH des Lösungsmittels sich ändert oder gewisse organische Moleküle wie Harnstoff oder Detergentien zugesetzt werden, dann löst sich die Tertiärstruktur auf. Das Protein wird *denaturiert*. Proteine können vorsichtig und *reversibel denaturiert* werden; viel häufiger ist allerdings irreversible Zerstörung der Tertiärstruktur. In einem gekochten Ei sind so viele Bindungen gelöst und dann zufällig neu gebildet worden, wobei natürlich in der konzentrierten Lösung auch verschiedene Proteinmoleküle miteinander Bindungen eingegangen sind, daß es praktisch unmöglich ist, alle richtigen Tertiärstrukturen wiederzuerhalten.

Die Beeinflußbarkeit der Tertiärstruktur spielt bei der Wirkung vieler Proteine, besonders der Enzyme, eine Rolle. Jedes Enzym hat einen pH-Wert, bei dem es am besten wirkt. Bei Enzymen, die außerhalb der Zelle wirken, kann das pH-Optimum recht extrem liegen. Von den Verdauungsenzymen hat Trypsin ein pH-Optimum bei pH = 8, Pepsin bei pH = 2. Enzyme in der Zelle haben meist pH-Optima um pH = 7.

Alle Proteine sind sensitiv gegen hohe Temperaturen. Etwa ab 40° C gefährdet die thermische Bewegung des Moleküls die Stabilität vieler schwacher Bindungen. Es gibt aber auch hitzebeständige Enzyme.

3.05 Skleroproteine

Am stabilsten sind solche Proteine, die durch ganz regelmäßige Bindungen und oft auch durch eine recht eintönige Aminosäuresequenz feste Strukturen bilden. Das sind die *Skleroproteine*. *Keratin* in Haaren, Hufen, Nägeln, Federn, dem soliden Horn des Nashorns und der Hornscheide der Kuh, *Kollagen* im Bindegewebe und *Seidenfibroin* von Schmetterlingskokons und Spinnennetzen gehören dazu.

Keratin (α-Keratin) ist auf der α-Helix-Struktur aufgebaut. In der Schafwolle findet man Protofibrillen mit einem Durchmesser von 70 Å, die aus zusammengewundenen Seilen bestehen, von denen jedes aus zwei bis drei α-Helices besteht. *Seidenfibroin* (β-Keratin) hat Faltblattstruktur mit antiparallelen Ketten. Glattes Haar kann durch Feuchtigkeit, Wärme und mechanischen Zug von der kompakteren α-Keratin-Struktur in die längere β-Keratin-Form überführt werden.

Kollagen hat eine ziemlich regelmäßige Aminosäuresequenz. Etwa zwei Drittel der Aminosäuren sind Prolin (oder das am γ-C-Atom hydroxylierte Molekül Hydroxyprolin), ein Drittel ist Glycin. Das regelmäßige Auftreten von Prolin-Knicken im Molekül von Kollagen gibt der Kette eine steile Spiralform. Drei solcher Spiralen sind im *Tropokollagen* zu einem Seil verflochten, das durch Wasserstoffbrücken stabilisiert ist. Tropokollagenmoleküle lagern sich nebeneinander pha-

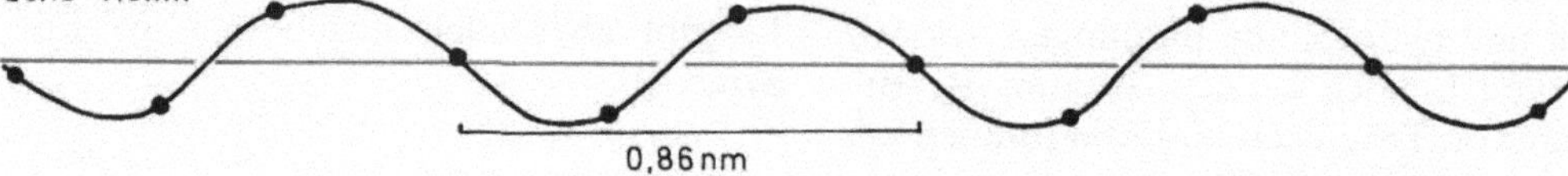

Die Primärsequenz von Kollagen ist reich an Prolinresten. Nur das Skelett der Kette mit den α−C−Atomen ist eingezeichnet. Die Kette bildet eine linksgewundene Helix:

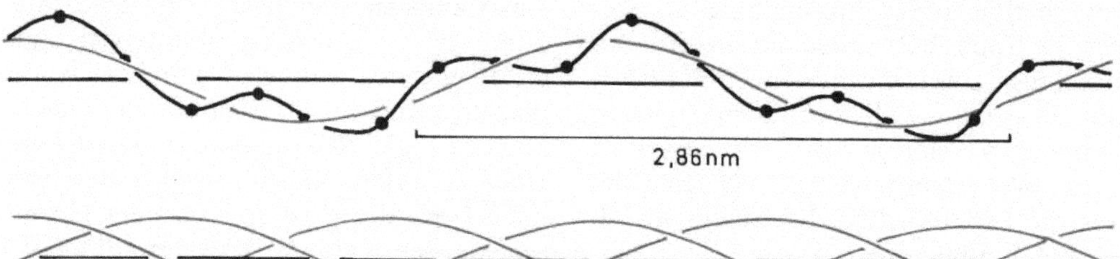

Diese Helix ist einer von drei Strängen einer rechtsgewundenen Superhelix:

Eine Superhelix mit 1,4nm Durchmesser und 280nm Länge bildet ein

Tropokollagenmolekül

Tropokollagenmoleküle lagern sich um ein Viertel verschoben nebeneinander an

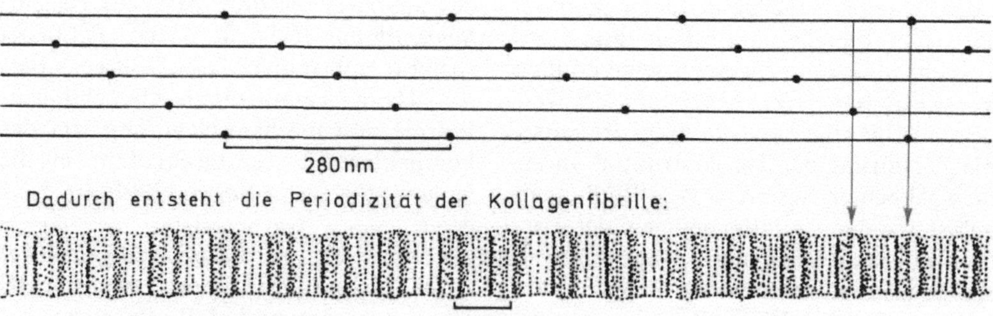

Dadurch entsteht die Periodizität der Kollagenfibrille:

Abb. 3.07. Aufbau des Kollagens von der Primärsequenz bis zur mikroskopisch sichtbaren Fibrille

senverschoben, aber so regelmäßig an, daß man unter dem Elektronenmikroskop eine periodische Streifung an Kollagenfibrillen erkennen kann (Abb. 3.07).

Für Skleroproteine gilt dasselbe wie für Strukturpolysaccharide. Ihre Stabilität muß gewährleistet sein. Deshalb sind Enzyme, die sie abbauen, relativ selten. Keratin der Körperoberfläche von Wirbeltieren wird abgeschürft oder im Stück gehäutet, genauso wie Chitin der Körperoberfläche von Arthropoden. Bei Klapperschlangen bleibt bei jeder Häutung ein festes Keratinstück am Schwanzende hängen. Vibriert die Schlange in hoher Erregung ihren Schwanz, wie es viele Schlangen tun, dann rasseln die hohlen Keratinringe gegeneinander.

Gelegentlich ist es nötig, ein Strukturprotein enzymatisch abzubauen. Dafür gibt es spezielle Enzyme, die zur Gruppe der Serin-Proteasen gehören.

3.06 Globuline, Enzyme

Unregelmäßiger gebaut aber sehr viel interessanter sind Eiweißmoleküle, die auf den ersten Blick wie ungeordnete Knäuel aussehen. Sie werden Sphäroproteine oder *globuläre Proteine* genannt, aber der Name besagt nicht viel. Die Albumine und Globuline des Blutplasmas, besonders auch die γ-Globuline, die als *Antikörper* spezifische Erkennungsreaktionen durchführen (20.07), gehören dazu. Aber auch viele Proteine im Innern der Zelle, vor allem die *Enzyme,* haben dieselben Strukturprinzipien. Die *Globine, Myoglobin* und *Hämoglobin,* die im Muskel und im Blut Sauerstoff transportieren, *Lysozym,* ein Enzym aus dem Hühnerei, das Bakterienzellwände verdaut, die Verdauungsenzyme *Trypsin, Chymotrypsin* und die *Immunoglobuline* gehören zur Zeit zu den bestuntersuchten globulären Eiweißen. Sie werden daher immer wieder als illustrierende Beispiele herangezogen. Ein Teil ihrer Proteinketten kann regelmäßige Sekundärstruktur zeigen. Im Myoglobinmolekül sind 120 der 153 Aminosäurereste an α-Helix-Regionen beteiligt, bei Lysozym 37 von 129. Außerdem bilden fünf Aminosäuren von Lysozym mit fünf anderen eine Faltblattstruktur. Faltblattstrukturen spielen eine große Rolle in der Tertiärstruktur von Trypsin und verwandten Verdauungsenzymen.

Die *katalytische Wirkung* von Enzymen beruht ganz allgemein darauf, daß sie die Aktivierungsenergie von Reaktionen herabsetzen, indem sie die reagierenden Moleküle in der richtigen Orientierung zusammenbringen.

Dazu enthält die Tertiärstruktur des Enzymmoleküls ein *aktives Zentrum,* an dem das Substrat gebunden wird. Das aktive Zentrum ist eine „Tasche" im Proteinmolekül, in die das Substrat so genau hineinpaßt, daß es durch Bindungen an die Aminosäurereste in der Wand der Tasche reversibel gebunden werden kann (Abb. 3.08). Diese Bindungen sind oft Nebenvalenzen, zum Beispiel hydrophobe Wechselwirkungen oder Wasserstoffbrücken. Es kann aber auch zu Ionenbindungen zwischen ionisierten Gruppen am Substratmolekül und ionisierten Gruppen an Aminosäureresten in der Bindungstasche kommen.

Die genaue Struktur der Bindungstasche ist grundlegend wichtig für die katalytische Funktion des Enzymmoleküls. Wir werden im folgenden mehrmals untersuchen müssen, was geschieht, wenn einzelne Aminosäuren in der Primärsequenz eines Proteins gegen andere ausgetauscht werden. Es ist klar, daß das aktive Zentrum eines Enzyms ganz besonders anfällig gegen Aminosäurenaustausch ist (20.09). Wird die Struktur der Bindungsstelle auch nur geringfügig geändert, dann paßt das Substrat entweder überhaupt nicht mehr hinein oder es wird weniger gut gebunden. Gelegentlich führt eine Änderung der Bindungstasche auch dazu, daß ein anderes, ähnliches Substrat gebunden werden kann. Dann ändert sich nicht die katalytische Wirkung, sondern die Substratspezifität des Enzyms. Auch ohne Änderungen der Struktur der Bindungsstelle, also im normalen Enzymmolekül, können gelegentlich falsche Moleküle gebunden werden, die dem Substrat ähnlich sind. Einige dieser *Substratanaloge* werden fester als das natürliche Substrat gebunden und blockieren dann das Enzym. Sie wir-

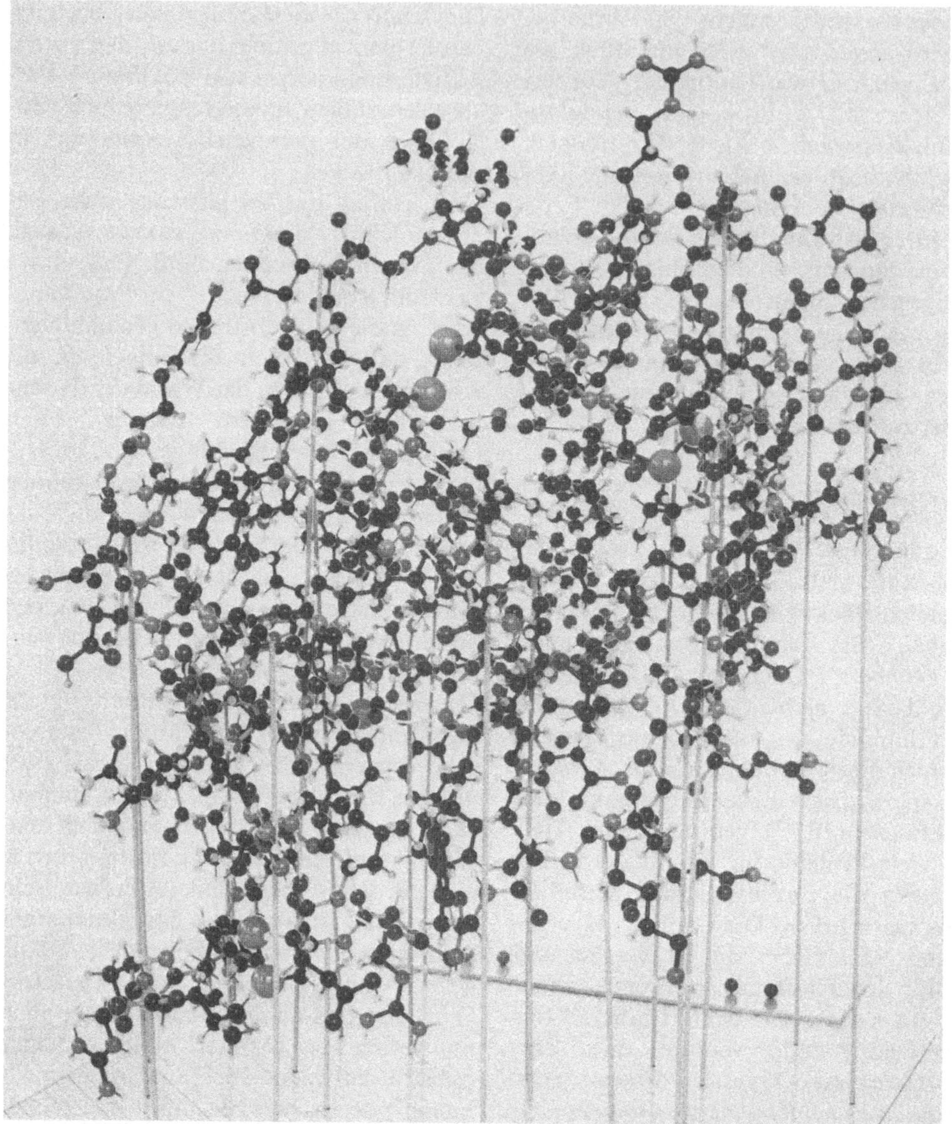

Abb. 3.08. Dreidimensionales Modell des Lysozym-Moleküls (nach D.C. Phillips). Man erkennt einzelne Seitengruppen und die Lage der vier intramolekularen Disulfidbrücken. Die Substrat-Bindungstasche ist als Kerbe oben am Molekül erkennbar

ken als *Hemmstoffe*. In der Regel kann eine solche Hemmung rückgängig gemacht werden, wenn sehr viel mehr Substrat als Hemmstoff vorliegt. Die Enzymwirkung hängt dann von den relativen Mengen und den relativen Bindungsstärken der beiden Molekülsorten ab, die um die Bindungsstelle konkurrieren *(kompetitive Hemmung)*.

Ein Beispiel dafür ist die Succinat- (= Bernsteinsäure-) Dehydrogenase. Ihr natürliches Substrat ist Bernsteinsäure.

$$\begin{array}{ccc} COO^{\ominus} & & COO^{\ominus} \\ | & & | \\ CH_2 & \xrightarrow{\ H_2\ } & CH \\ | & & \| \\ CH_2 & & HC \\ | & & | \\ COO^{\ominus} & & COO^{\ominus} \end{array}$$

Succinat   Fumarat

Die folgenden ähnlichen Moleküle können von diesem Enzym gebunden werden:

$$COO^{\ominus} \quad CH_2 \quad COO^{\ominus}$$

Malonat   Oxalacetat   Pyrophosphat   Oxalat

Die Bindung des Substrats ist nur der erste Schritt bei der Enzymreaktion. Der eigentliche Reaktionsmechanismus von Enzymen soll uns hier nicht interessieren. Er stellt ein zentrales Thema der Biochemie dar und wird dort ausgiebig abgehandelt. Die Reaktionsmechanismen verschiedener Enzyme variieren so sehr, daß es nicht möglich ist, ein sinnvolles allgemeines Schema zu geben. Wir wollen deshalb hier nur einige Aspekte erwähnen, die für unsere Diskussion wichtig sind.

Wir haben bereits gesehen, daß es Gruppen von Enzymen gibt, die dieselbe Reaktion katalysieren, aber verschiedene Substrate binden. Dazu gehören die Dehydrogenasen, die ihren Substraten Wasserstoff entziehen, und die Kinasen, die eine Phosphatgruppe von ATP auf das Substrat übertragen. Bei diesen Enzymgruppen ändert sich der eine Reaktionspartner (das spezifische Substrat) von Enzym zu Enzym, während der andere derselbe bleibt. Bei allen Kinasen ist das ATP, bei vielen Dehydrogenasen NAD$^{\oplus}$ (Nicotinamid-Adenin-Dinukleotid).

Dadurch, daß alle Kinasen vom Angebot an ATP in der Zelle abhängen und viele Dehydrogenasen vom Angebot an (oxydiertem) NAD$^{\oplus}$, wird der Zellstoffwechsel verknüpft und stabilisiert. Diese „zweiten Substrate", die maßgeblich an der Enzymwirkung beteiligt sind, werden bisweilen (von der Reaktion her) als „Co-Substrate" oder (vom Enzym her) als „Coenzyme" bezeichnet. Neuere Erkenntnisse über die Enzymwirkung machen die genaue Definition des Ausdrucks „Coenzym" nicht ganz so einfach, wie es einmal schien. Es gibt ein ganzes Spektrum von Interaktionen zwischen dem Proteinanteil von Enzymen und den Nicht-Protein-Molekülen, die an der Enzym-Reaktion teilnehmen. Dabei sind verschiedene dieser Moleküle verschieden stark an den Proteinanteil gebunden und werden während der Reaktion verschieden stark verändert. Einige erfahren nur eine kurze reversible Änderung, zum Beispiel durch Annahme und sofortige Weitergabe einer übertragenen Gruppe, andere werden erst in einer weiteren Reaktion mit einem anderen Enzym wieder regeneriert.

Nicht-Protein-Moleküle, die an ein bestimmtes Proteinmolekül gebunden sind, werden *prosthetische Gruppen* genannt.

3.07 Globine

Myoglobin im Muskel und *Hämoglobin* in den Erythrocyten sind Transportmoleküle für Sauerstoff. Als prosthetische Gruppen enthalten sie *Häm-Ringe,* komplexe Ringstrukturen, in deren Mitte ein Fe^{++}-Ion liegt.

Häm

Der Häm-Ring liegt in einer Bindungstasche im Molekül (Abb. 3.09). Es ist für prosthetische Gruppen typisch, daß sie an Protein gebunden anders reagieren als frei in Lösung. Die Bindung von molekularem Sauerstoff an das Fe^{++} des Häms hängt von seiner Lage in der Bindungstasche ab, und die Bindungsstärke ist verschieden im

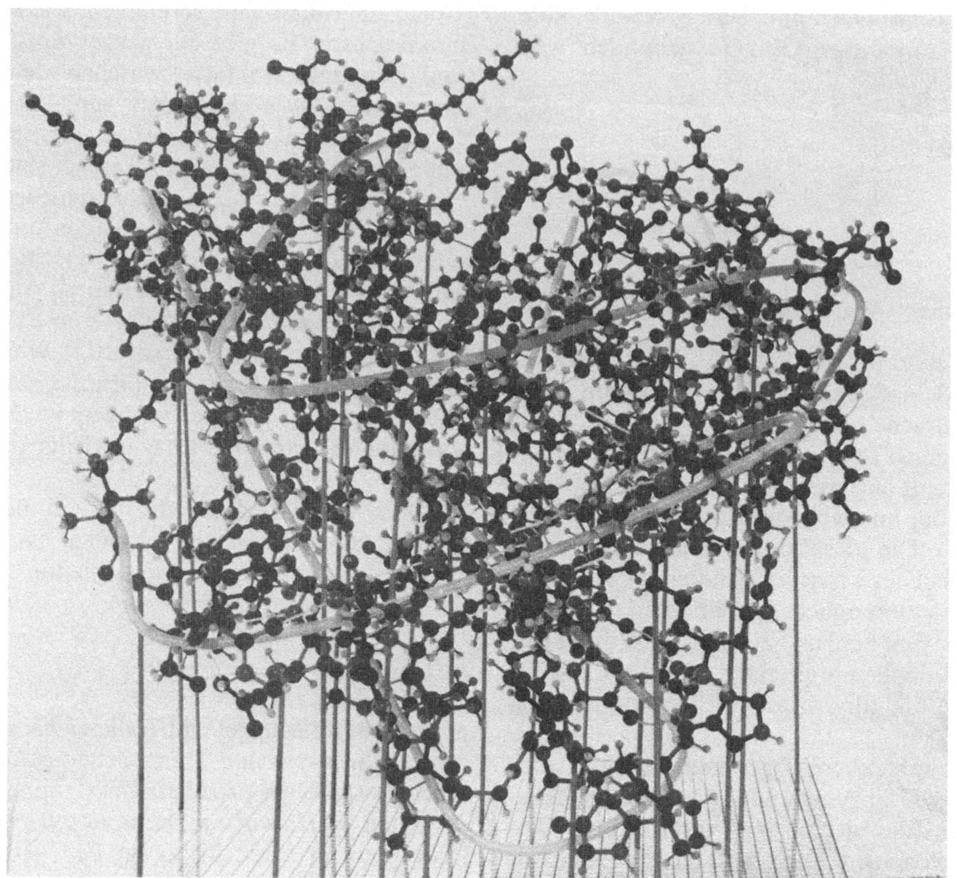

Abb. 3.09. Raumstruktur des Myoglobins vom Wal (nach J.C. Kendrew). α-Helix-Anteile sind durch weiße Bänder markiert. Der Häm-Ring mit dem zentralen Eisenatom ist in Seitenansicht in der Bindungstasche oben in der Mitte sichtbar

Myoglobin und in verschiedenen Hämoglobinen.

Die physiologische Wirkung dieser Moleküle beruht darauf, daß sie bei hohem Sauerstoffgehalt im Medium Sauerstoff anlagern und bei niedriger Sauerstoffkonzentration Sauerstoff abgeben. Hämoglobin nimmt in der Lunge Sauerstoff auf und gibt ihn in den Geweben ab. Myoglobin hat eine größere Affinität für Sauerstoff als die Hämoglobine. Bei einer Sauerstoffkonzentration, bei der nur noch 20% der Hämoglobin-A-Moleküle Sauerstoff tragen, ist Myoglobin zu 80% mit Sauerstoff gesättigt. Myoglobin kann also Sauerstoff von Hämoglobin übernehmen (Abb. 3.10).

Das ist aber nur eine grobe Beschreibung eines besonders raffiniert ausgebildeten molekularen Transportsystems. Die *Sauerstoffbindungskurve* von Myoglobin ist eine Hyperbel. Das ist die normale Form, die man für eine solche Bindungskurve erwarten sollte. Die Bindungskurve für Hämoglobin ist S-förmig. Der Unterschied ist darin begründet, daß *Myoglobin eine einzelne Proteinkette* mit einem Häm ist, während *Hämoglobin aus vier Ketten* mit je einem Häm besteht (Abb. 3.11). Beim Hämoglobin hängt die Sauerstoffaffinität der einzelnen Hämgruppen davon ab, ob die anderen Gruppen im Molekül bereits Sauerstoff gebunden haben oder nicht.

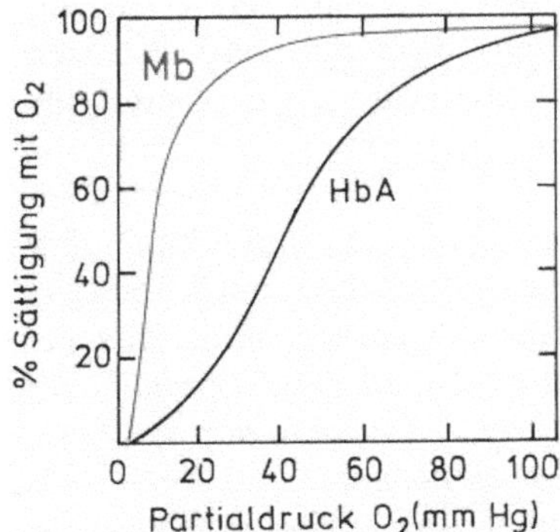

Abb. 3.10. Sättigungskurven für Myoglobin (Mb) und Hämoglobin A (Hb A)

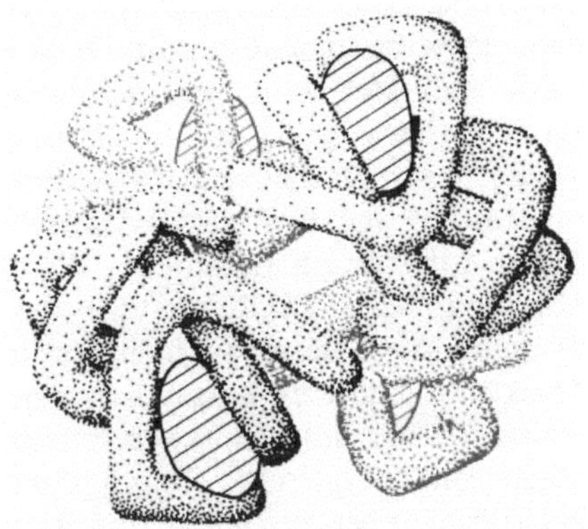

Abb. 3.11. Die Quartärstruktur von Hämoglobin. Vier myoglobinähnliche Proteinuntereinheiten mit je einer Häm-Gruppe (schraffiert) bilden das Molekül. α-Ketten schwarz, β-Ketten rot

Das typische Hämoglobin des Erwachsenen, Hämoglobin A (Hb A), besteht aus zwei α- und zwei β-Ketten. Diese Ketten sind einander ähnlich und ähneln auch dem Myoglobin, besonders in ihrer Tertiärstruktur, die bei allen Globinen einen hohen Anteil (etwa 75%) von Aminosäuren in acht α-Helix-Regionen enthält. Myoglobin enthält 153 Aminosäuren in der Primärsequenz, die Hb α-Kette 141, die Hb β-Kette 146. Die Primärsequenzen von α- und β-Kette können so aneinandergelegt werden, daß sie an 61 Stellen denselben Aminosäurerest aufweisen. Wir werden später (17.11) auf die Evolution der Aminosäuresequenzen der Globine noch genauer eingehen.

Die vier Ketten des Hämoglobins liegen in einer ganz bestimmten Konfiguration zusammen. Dabei sind die beiden α-Ketten und jeweils eine α-Kette und eine β-Kette durch Ionenbindungen zwischen sauren und basischen Aminosäureresten aneinandergebunden. Die beiden β-Ketten sind durch einen Spalt getrennt, in dem sich positiv geladene Seitengruppen beider Ketten gegenüberstehen. In diesen Spalt können sich negativ geladene Moleküle einlagern, bei Säugern 2,3-Diphospho-Glycerinsäure (DPG), bei Vögeln Inosit-Hexaphosphat.

$$HO\diagdown C \diagup^O$$
$$HC-O-P\diagup^{O}_{O}$$
$$HC-O-P\diagup^{O}_{O}$$
$$H$$

Diphosphoglycerinsäure

Durch Einlagerung dieser Moleküle wird der Abstand zwischen den β-Ketten fixiert. Das beeinflußt (erniedrigt) die Sauerstoffaffinität des gesamten Moleküls. Das Molekül ist nämlich nicht starr, sondern verformbar. Die Veränderungen am Hämoglobin können mit einem Hebelmechanismus verglichen werden, der die Bindungstaschen erweitert und verengt. Lagert ein Häm Sauerstoff an, dann wird das Eisenion um etwa 0,07 nm senkrecht zur Ebene des Hämrings verlagert und stößt damit gegen das Histidin, das die dem Sauerstoff gegenüberliegende Valenzbindung am Eisen einnimmt. Dadurch verschieben sich die vier Ketten gegeneinander, und die übrigen Bindungstaschen werden erweitert. Die Verformung einer Bindungsstelle um 0,07 nm wird also auf Hämgruppen übertragen, von denen die nächste 2,5 nm entfernt liegt. Wenn wir diese Verformung mit einem Hebelmechanismus vergleichen, dann wirkt die Einlagerung von DPG zwischen die β-Ketten wie ein Keil, der die Annäherung dieser Ketten und damit das Öffnen der Bindungstaschen verhindert. DPG hilft also bei der Abgabe von Sauerstoff im Gewebe.

3.08 Quartärstruktur und Allosterie

Das Prinzip dieses Regelmechanismus ist von grundlegender Bedeutung. Zwei Eigenschaften dieses Systems finden wir bei vielen Proteinen wieder, die *Quartärstruktur* und die *allosterische Beeinflussung von Bindungsstärken.*

Primär-, Sekundär- und Tertiärstruktur von Proteinen sind Eigenschaften der einzelnen Polypeptidketten. Lagern sich mehrere Proteine zu einem funktionellen Molekül zusammen, dann bestimmt die Art der zusammengelagerten Ketten und die Form ihrer Zusammenlagerung die Quartärstruktur. Die einzelnen Proteine, die jeweils aus einer Polypeptidkette bestehen, nennt man die Untereinheiten (engl.: subunits) des Moleküls. Hämoglobin A hat vier Untereinheiten und eine Quartärstruktur, die man abgekürzt als $\alpha_2\beta_2$ schreiben kann. Später werden wir unter anderem das Enzym *RNA-Polymerase* mit einer Quartärstruktur aus fünf Untereinheiten kennenlernen (8.09) und die *Milchsäuredehydrogenase,* die aus vier Untereinheiten besteht, die gleich oder verschieden (A und B) sein können (17.10). Sehr viele Proteine, insbesondere Enzyme, bestehen aus mehreren Untereinheiten, und in den meisten Fällen beeinflußt die Bindung eines Substrats an der Bindungsstelle einer Untereinheit die Bindungsstärken an den anderen Bindungsstellen *(allosterischer Effekt).*

Beim Hämoglobin ist dieser allosterische Effekt noch recht einfach, weil alle vier Bindungsstellen das gleiche „Substrat", nämlich O_2, binden. Das ist keineswegs nötig. In vielen Fällen haben die Untereinheiten Bindungsstellen für verschiedene Substrate. Dann beeinflußt die Bindung eines Substrats die Affinität des Moleküls für das andere Substrat. Das ist die Grundlage *allosterischer Regelmechanismen.* Alle Regelmechanismen der Zelle beruhen auf allosterischen Effekten.

Ein einfaches Beispiel dafür ist die *Rückkoppelungshemmung,* die eine wichtige Rolle im Stoffwechsel von Bakterien und Pflanzen spielt. Bakterien und Pflanzen können viele Moleküle synthetisieren, die heterotrophe Organismen ihrer Nahrung entnehmen. Liegen genügend dieser Moleküle in der Zelle vor, dann kann ihre Synthese abgestellt werden, auch wenn die Enzyme dafür vorhanden sind. Das geschieht dadurch, *daß das Produkt der Reaktion das erste Enzym in der Synthesekette allosterisch hemmt.*

Die Tryptophansynthese bei Bakterien ist eins von vielen Beispielen dafür (Abb. 3.12). Sie beginnt damit, daß aus Chorismat und Glutamin (unter Freisetzung von Pyruvat und Glutaminsäure) Anthranilat gebildet wird. In mehreren weiteren Schritten wird dann aus Anthranilat Tryptophan synthetisiert. Das Enzym zur Anthranilat-Synthese ist durch Tryptophan allosterisch hemmbar. Wird Tryptophan an eine Bindungsstelle des Enzyms gebunden, dann verformt sich das Molekül so, daß es katalytisch unwirksam wird. Ein allosterischer Effekt muß nicht unbedingt ein Hemmeffekt sein. In einigen Fällen *erleichtert* die Bindung eines „Effektors" an eine Bindungsstelle die Bindung eines anderen Moleküls durch eine andere Untereinheit desselben Proteins.

Man kann die Rolle allosterischer Effekte in der Zelle kaum überschätzen. Durch allosterische Effekte werden Proteine mehr als nur Katalysatoren für biochemische Reaktionen. Ein allosterisches Protein ist ein *Regelelement* im Regelgefüge des Zellstoffwechsels. Die Beeinflussung eines Bindungsvorganges durch einen anderen erlaubt eine „Wenn — Dann" — Schaltung. Bei der Anthranilat-Synthetase ist die folgende Regelung einprogrammiert: „Wenn viel Tryptophan vorhanden ist, dann werden keine Vorstufen zu seiner Synthese gebildet." Wir werden solchen Schaltungen laufend wieder begegnen (5.04–5.11, 12.03 usw.). Allosterische Proteine können Nachrichten in der Zelle und zwischen Zellen vermitteln. Der Grundvorgang dabei ist immer die

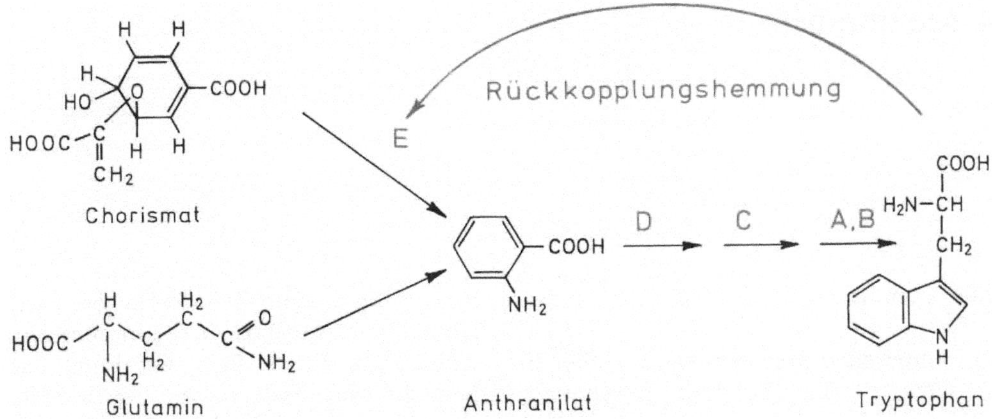

Abb. 3.12. Schema der Rückkoppelungshemmung bei der Tryptophansynthese von Bakterien und höheren Pflanzen

gegenseitige Beeinflussung von verschiedenen Bindungsstellen, durch die ein Vorgang mit einem chemisch völlig verschiedenen verknüpft werden kann.

3.09 Glykoproteine

Viele Proteine bestehen aus mehr als Aminosäuren. Oft werden an die Polypeptidketten *prosthetische Gruppen gebunden,* wie wir das bei Enzymen und Globinen gesehen haben. Prosthetische Gruppen können fest (kovalent) oder locker (durch Nebenvalenzen) an Proteine gebunden sein. So haben die *Lipoproteine* mehr oder weniger Neutralfette, Cholesterin und Phospholipide an die Eiweißkette gebunden. *Glykoproteine,* die einen Kohlenhydratanteil besitzen, sind sehr häufig. Sie können bis zu 85% aus Kohlenhydraten bestehen. Beim *Ovalbumin* des Hühnereis (Molekulargewicht 45 000) liegt eine glykosidische Seitenkette vor, das *Speichelmucin* der Submaxillardrüse des Schafs (MW 1×10^6) enthält 800 Zuckerreste pro Molekül. 9 verschiedene Monosaccharide können am Aufbau der Glykoproteine beteiligt sein. Alle liegen als Pyranoseringe vor. Fünf davon formen glykosidische Bindungen mit spezifischen Aminosäureresten, wozu Threonin, Serin und Hydroxyprolin gehören.

Die Länge der Seitenkette ist von einem bis zu 15 Monosacchariden, wobei Verzweigungen auftreten können. Zwei bestimmte Monosaccharide (L-Fucose oder N-acetyl-Neuraminsäure) bilden immer das Ende der Kette. Trotz dieser einschränkenden Regeln sind die Variationsmöglichkeiten der Saccharidanteile riesig. Selbst das Ovalbumin eines einzigen Hühnereies von einer Henne aus einem reinrassigen Inzuchtstamm zeigt variable Saccharidanteile.

Bei einer derartigen Variabilität ist der *Informationsgehalt* der Saccharidanteile meist gering. Trotzdem spielen Glykoproteine eine Rolle als Erkennungszeichen, besonders zwischen Zelloberflächen. Die *Blutgruppensubstanzen* an der Oberfläche von Erythrocyten (18.09) sind Glykoproteine. Andere Glykoproteinmoleküle der Zellmembran dienen der *Wachstumsregulation* von Zellpopulationen. Ganz besonders dort, wo der Saccharidanteil sehr hoch ist, haben die Glykoproteine aber eine rein physikalische Wirkung. Das ist der Fall bei den *Schleimmucinen,* bei denen durch die gegenseitige Abstoßung der negativ geladenen hydrophilen Neuraminsäurereste ein hoch visköser Schleim entsteht. Glykoproteine im Blut antarktischer Fische dienen als *Frostschutzmittel,* die das Einfrieren des Blutes verhindern.

4 Membranen

4.01 Vom Molekül zur Zelle

In biologischen Systemen werden alle Eigenschaften der Moleküle ausgenutzt. Dasselbe Molekül kann im Stoffwechsel abgebaut werden, kann zu einer Synthese benutzt werden, kann an der Bildung einer Struktur teilnehmen, kann der Aufrechterhaltung des Wassergleichgewichts dienen, kurz, ein Molekül hat in der Zelle selten eine einzige Funktion. Mehr als einzelne Moleküleigenschaften bestimmen Regelvorgänge das Schicksal der Moleküle im Organismus. Je spezifischer das Molekül eingesetzt wird, desto strenger ist dieser Einsatz geregelt. Das gilt ganz besonders für Moleküle, die der Informationsvermittlung bei Kontrollprozessen dienen.

Auch Prozesse, die spontan ablaufen können, unterliegen solcher Kontrolle.

Bei allen Molekülklassen haben wir Beispiele dafür gesehen, daß sich Einzelmoleküle zu Molekülaggregaten zusammensetzen können, die Teile der Zellstruktur sind. Lipide in wäßriger Lösung bilden Tropfen (Mizellen) und Membranen (Abb. 4.01), Kohlenhydrate bilden Fasern, Proteine bilden Fasern (Mikrofilamente, Mikrofibrillen) oder Klumpen (Partikel) (Abb. 4.02). Welche dieser Strukturen in einer Zelle vorliegen, hängt einmal vom Angebot an bestimmten Molekülen ab, die die Zelle aufnimmt oder herstellt, zum anderen von Regelprozessen, die die Strukturbildung begünstigen oder verhindern.

Die Tendenz zur Bildung über-molekularer Aggregate liegt in den Molekülstrukturen. Dadurch läßt sich die physikalisch-chemische Analyse der Lebensvorgänge von der Molekülebene auf die Ebene der Zelle und des Organismus weiterführen. Man spricht gerne davon, daß sich diese oder jene Struktur spontan bildet. Spontan bedeutet dabei, ohne Einsatz von Energie und unter Ausnutzung des Informationsgehaltes der Einzelteile. So setzen sich Proteinmoleküle spontan zu Fasern zusammen, Lipidmoleküle zu Membranen usw. Es bedarf bei spontaner Zusammensetzung (engl.: self assembly) keiner Maschinerie zur Synthese der Struktur. Dennoch kann sich aus den fasernbildenden Proteinuntereinheiten keine Faser bilden, wenn nicht pH, Ionenkonzentration und Konzentration der Untereinheiten stimmen. Die Struktur aller Makromoleküle hängt direkt oder indirekt von der Proteinsynthese ab, und die Proteinsynthese ist ein Vorgang, bei dem mit einer komplizierten Maschinerie Information übertragen wird.

Abb. 4.01. Grundstrukturen, die sich aus Membranen bilden. Aufsicht und Querschnitt. Die Durchmesser dieser Strukturen liegen in der Größenordnung von 10–100 nm

Abb. 4.02. Grundstrukturen, die sich aus Protein-Untereinheiten bilden. Der Durchmesser der Untereinheiten liegt in der Größenordnung von 5–10 nm

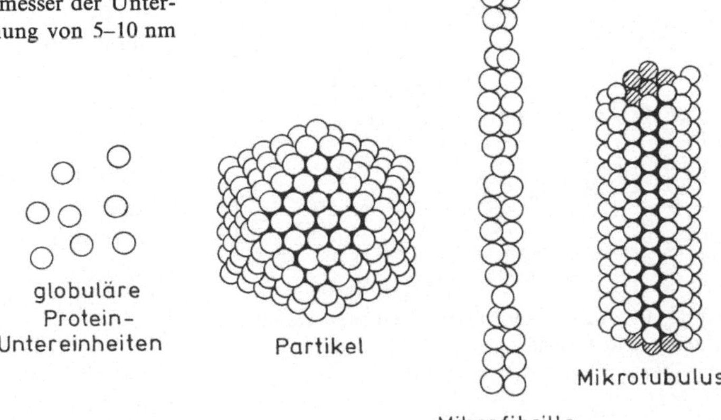

Nur gegen diesen Hintergrund von Regulation und Informationsübertragung darf man den spontanen Charakter der Entstehung von Zellstrukturen betrachten. Biologische Systeme funktionieren zwar von selbst und sind physikalisch-chemisch erklärbar; sie sind aber keineswegs selbstverständlich, und zumindest zur Zeit kann niemand aus physikalisch-chemischen Ansätzen die Einzelheiten von Lebensvorgängen voraussagen.

Mit dieser Einschränkung können wir die bereits besprochenen Molekülaggregate auf ihre Rolle bei der Ausbildung von Zellstrukturen untersuchen.

4.02 Die Elementarmembran

Wegen ihrer geringen Dicke sind die Membranen der Zelle im Lichtmikroskop nicht sichtbar, auch wenn ihre Lage durch optische Tricks gelegentlich aufgezeigt werden kann. Ob an den Grenzflächen der Zelle wirklich immer und überall spezielle Strukturen vorliegen, war lange Zeit nicht gewiß. Ihre Existenz ist zuerst durch physiologische Versuche nachgewiesen worden. Gesehen hat man die Membran erst in den fünfziger Jahren, als elektronenmikroskopische Techniken zur Anwendung kamen. Seit Anfang der siebziger Jahre hat die Membranforschung besonders große Fortschritte gemacht.

Davson und Danielli haben bereits 1935, lange vor der Einführung des Elektronenmikroskops, ein physikalisch-chemisches Membranmodell entwickelt, das in den Grundzügen noch heute gilt. Damals war schon bekannt, daß die Hauptkomponenten von biologischen Membranen Lipide sind, besonders Phospholipide und Proteine.

Durch ihre Polarität als teils hydrophile, teils hydrophobe Moleküle haben Phospholipide in wäßriger Lösung die Tendenz, sich in Doppellagen anzuordnen, bei denen die hydrophoben Fettsäureketten jeder Lage nach innen gegeneinander gerichtet sind, während die hydrophilen Enden in die wäßrige Lösung hineinragen (2.07). Den Moleküldimensionen entsprechend ist eine Doppellage von Phospholipidmolekülen etwa 5 nm dick. Hydrophile Proteinmoleküle können sich außen an die hydrophilen Enden der Phospholipide ansetzen und durch Ionenbindungen zwischen polaren Aminosäuren und den polaren Enden der Lipide fest gebunden werden. Dieser Proteinbelag auf beiden Seiten würde die Membran auf eine Gesamtdicke von 6 bis 10 nm erweitern (Abb. 4.03).

Dieses Membranmodell von Davson und Danielli zog die relativen Anteile von Protein und Lipiden in Membranen in Betracht und brachte die Moleküle in die physikalisch vernünftigste Anordnung.

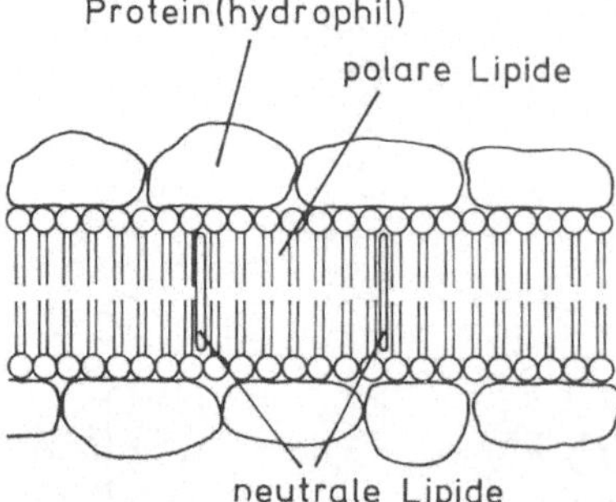

Abb. 4.03. Aufbau der biologischen Membran nach Davson und Danielli

Im Elektronenmikroskop waren Membranen anfangs nur in dünnen Schnitten durch Gewebe sichtbar, die zur Verstärkung des Kontrastes mit elektronendichten Schwermetallsalzen vorbehandelt worden waren. Einige Schwermetallsalze lagern sich an hydrophile Strukturen an. In Schnittpräparaten erscheint die Membran als ein Paar paralleler dunkler Linien mit einem helleren Zwischenraum. Die Dicke dieser Struktur ist 8–9 nm (Abb. 4.04).

Das elektronenmikroskopische Bild bestätigt das Davson-Danielli-Modell. Die äußeren dunklen Linien entsprechen den hydrophilen, proteinbelegten Seiten der Membran; die hellere Mittellinie entspricht den hydrophoben Enden der Lipide.

Diese Struktur wird als *Elementarmembran* (engl.: unit membrane) bezeichnet. Man muß bei dieser Terminologie etwas vorsichtig sein. Oft genug kommen in der Zelle Hüllen aus zwei Elementarmembranen vor, von denen eine die andere umgibt. Solche Hüllen finden wir um den Zellkern (Abb. 10.05) und um Mitochondrien (6.10). Man spricht dann von einer Doppelmembran (10.06), und das gibt Anlaß zu Mißverständnissen. Jede einzelne Elementarmembran hat im Elektronenmikroskop eine Doppelstruktur durch die beiden hydrophilen Oberflächen. Eine *Elementarmembran* erscheint also im Querschnitt als drei Linien: dunkel-hell-dunkel. Eine *Doppelmembran* hat demnach die Querschnittstruktur: dunkel-hell-dunkel, heller Zwischenraum, dunkel-hell-dunkel.

Die Elementarmembran ist wirklich eine Einheit. Versucht man, sie in zwei Lagen aufzuspalten, dann geraten die hydrophoben Lipidanteile an die Oberfläche, und die Membran zerfällt in wäßriger Lösung. Die Stabilität der Elementarmembran ist durch ihre hydrophil-hydrophobe Orientierung gegeben. Gegen Lipid-Lösungsmittel ist die Membran anfällig.

Allerdings ist die Membranstruktur in *tiefgefrorenem* Zustand so stabil, daß sie zwischen den beiden Lipidlagen gespalten werden kann. Das wird bei der *Gefrierätz-* und *Gefrierbruch-Methode* (engl.: freeze etching, freeze fracturing) ausgenutzt. Das tiefgefrorene Präparat wird gespalten, die Oberflächen werden mit Kohle bedampft und der Abguß der Membranoberfläche wird im Elektronenmikroskop betrachtet (Abb. 6.03). Man erhält auf diese Weise Bilder der Membranoberflächen, auch der Innenober-

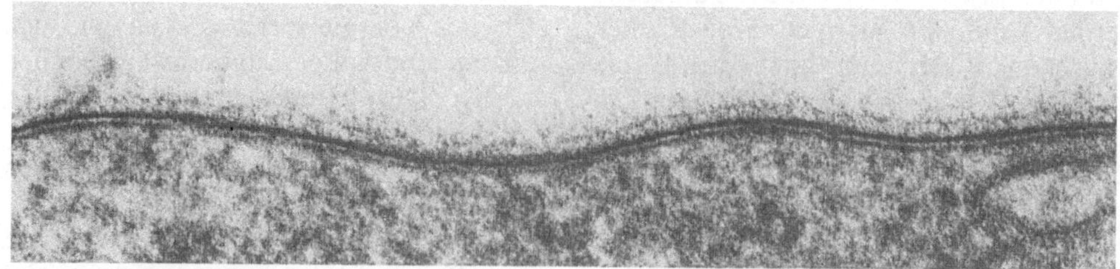

Abb. 4.04. Plasmamembran der Amöbe *Vampyrella* im elektronenmikroskopischen Querschnitt, Vergrößerung 185000 ×. Beachte die verschiedene Dichte der beiden osmiophilen Lagen. Die äußere Lage (oben) ist reich an Glykoproteinen, deren Kohlenhydratanteile eine fusselig erscheinende Schicht (Glykokalyx) bilden. (Aufn. K. Hausmann, Berlin)

fläche einer Lipidschicht, die sehr viel mehr über die Membranstruktur aussagen als Querschnittpräparate (Abb. 5.09).

Eine Membran ist auch stabil, wenn sie flüssig ist, das heißt oberhalb des Schmelzpunktes der Membranlipide. Die Lipide sind in ihrer hydrophil-hydrophoben Orientierung gefangen, sie können sich, selbst als Flüssigkeit, nur seitwärts in der Fläche der Membran gegeneinander verschieben. In der Zelle scheinen die Membranlipide wirklich zum Teil als Flüssigkeit vorzuliegen. Die Membran ist also keine starre Struktur, sondern ein proteinhaltiger Lipidfilm. Diese Beobachtung ist eine der Verbesserungen am Davson-Danielli-Modell, mit der sich weitere wichtige Eigenschaften der Membran erklären lassen.

4.03 Verschiedene Membranen

Jahrzehntelang war die Membranforschung eines der uneinheitlichsten Gebiete der Biologie. Physiologen untersuchten das Verhalten von Membranen in lebenden Zellen, ohne die Membranstruktur zu kennen; Biochemiker isolierten Membranbestandteile und zerstörten dabei die Membranstruktur. Für den Uneingeweihten war es beinahe unmöglich, im Membrankonzept des Physiologen und dem des Biochemikers oder Elektronenmikroskopikers verschiedene Aspekte ein und derselben Struktur zu erkennen. Wir werden die Membranphysiologie im folgenden Kapitel behandeln, uns aber vorerst mit der Membranstruktur befassen.

Die biochemische Untersuchung von Membranen hatte lange Zeit mit zwei gewaltigen Hindernissen zu rechnen. Einmal sind Membranen dünn und haben wenig Volumen im Verhältnis zum Rest der Zelle. Membranen sauber zu isolieren, ohne eine Menge unerwünschte Cytoplasmabestandteile daran kleben zu haben, ist gar nicht leicht. Hat man dann Membranen isoliert und zerlegt sie in ihre chemischen Bestandteile, verliert man das Wichtigste an der Membran, nämlich

den Zusammenhang ihrer Moleküle. Obendrein sind viele Membranbestandteile hydrophob und weder gewillt, sich in wäßrigen Lösungen aufzulösen, noch gewillt, in wäßriger Lösung zu funktionieren.

Nur die vollständige Membran, möglichst noch an oder in der Zelle, kann endgültige Antworten auf Probleme der Membranbiologie geben.

Die chemische Analyse biologischer Membranen hat sich hauptsächlich auf einige wenige Membransysteme beschränkt, die technisch leicht zu handhaben waren.

Das Haustier der Membranbiologen ist das *rote Blutkörperchen* (die *Erythrocyte*) von Säugetieren. Eine degeneriertere Zelle kann man sich kaum vorstellen. Voll ausgereift hat sie nicht einmal mehr einen Zellkern. Was das bedeutet, wird uns erst später völlig klar werden. Die Säugetier-Erythrocyte ist ein scheibenförmiger Membransack, der ein sorgfältig ausgewogenes Medium enthält, in dem rote Hämoglobinmoleküle Sauerstoff aufnehmen und abgeben können. Mit geeigneten Methoden kann man die Membran für Hämoglobin durchlässig machen, ohne sie zu zerstören. Dann läuft der Erythrocyteninhalt aus, und es bleibt die leere, bleiche Membran über, die im englischen Sprachgebrauch „Geist" (ghost) genannt wird. An solchen Membranpräparaten ist viel biochemische Forschung getrieben worden.

Andere oft benutzte Systeme zur Untersuchung von Membranen sind Zellen, die ungewöhnlich viele Membranbestandteile haben. Dazu gehört die *Myelinscheide* von Axonen, den langen Fortsätzen von Nervenzellen. Die Myelinscheide entsteht dadurch, daß sich eine Begleitzelle, die *Schwannsche Zelle,* um das Axon herumrollt und dabei Lage auf Lage dichtgepackter Membran niederlegt (Abb. 4.05; 4.06). Die Funktion der Myelinscheide werden wir im nächsten Kapitel kennenlernen.

Membranen spielen auch eine wichtige Rolle bei der Aufnahme von Lichtenergie.

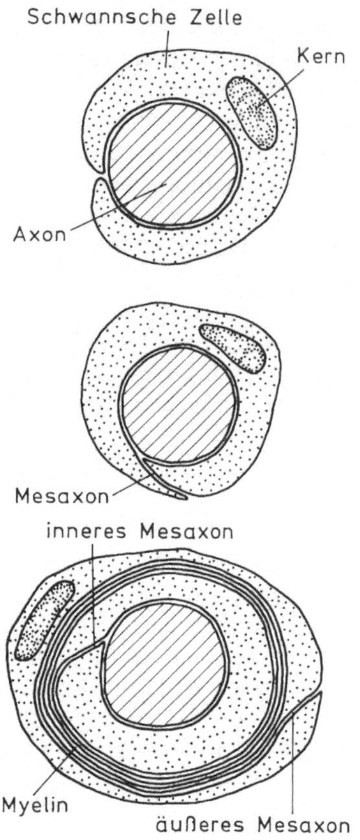

Abb. 4.05. Zur Entstehung der Myelinscheide. Querschnitt durch Axon und Schwannsche Zelle während der Bildung des Myelins

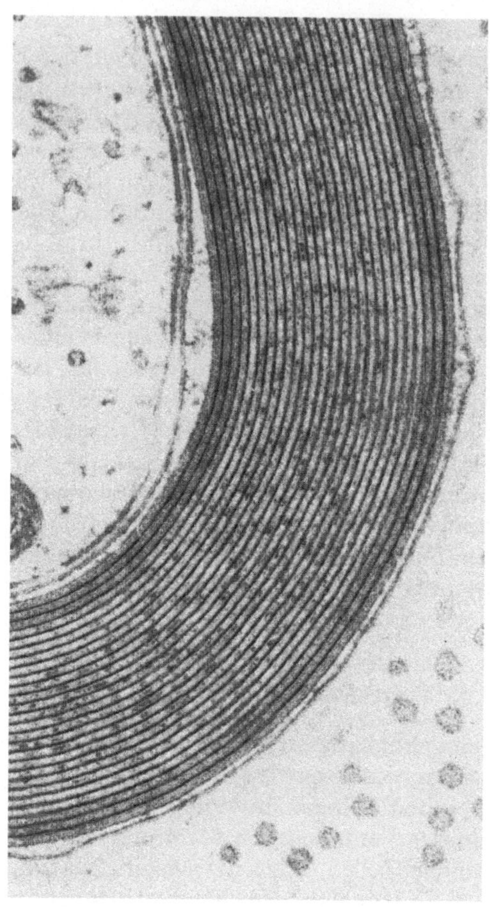

Abb. 4.06. Querschnitt durch die Myelinscheide. B-Faser im Grenzstrang, Spitzhörnchen (*Tupaia*). Die deutliche Periodik entspricht jeweils zwei gegeneinanderliegenden Elementarmembranen. Vergrößerung 50000×. (Aufn. W.G. Forßmann, Heidelberg)

Die absorbierenden Moleküle sind sowohl in den *Chloroplasten* der Pflanzen als auch in den *Retina*-Sinneszellen des Auges in Membranen eingebaut. Die Stäbchen und Zapfen der Retina sind stark modifizierte Zellen, die in *ein inneres und ein äußeres Segment* aufgeteilt sind (Abb. 4.07). Das innere Segment ist der eigentliche Zellkörper. Das äußere Segment hat die Struktur einer stark modifizierten Geißel (7.10), die mit Hunderten von dicht übereinandergestapelten, flachen Membranscheiben angefüllt ist. Diese Scheiben lassen sich einigermaßen gut isolieren und untersuchen.

Zellen sind nicht nur von einer äußeren Membran, dem *Plasmalemma,* umgeben. Auch im Cytoplasma finden sich verschiedene Membransysteme. Die Membranen der Chloroplasten, Mitochondrien und des Zellkerns gehören dazu. Wird eine Zelle aufgebrochen und vorsichtig homogenisiert, dann zerfallen diese Membranen in Stücke, die sich zum großen Teil zu Vesikeln abrunden, damit die Kontinuität der hydrophoben Lipidschicht gewahrt bleibt. Diese Vesikel können durch Zentrifugieren von anderen Zellbestandteilen getrennt und gesäubert werden. Sie werden *Mikrosomen* genannt. Mikrosomen sind also künstlich hergestellte Vesikel. In der Zelle gibt es keine Mikrosomen. Die Mikrosomen bilden sich haupt-

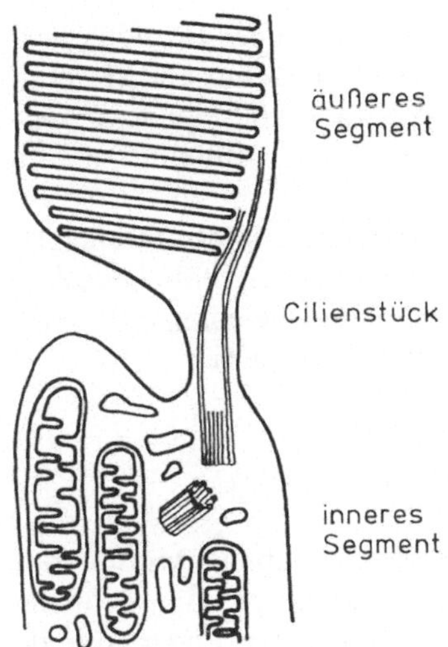

Abb. 4.07. Aufbau der Stäbchenzelle der Retina. Das lichtabsorbierende Pigment liegt in den Membranen der flachen Zisternen im äußeren Segment

sächlich aus dem *endoplasmatischen Retikulum* (6.04). Weil Mikrosomen abgeschlossene, intakte Membranen enthalten, werden sie oft zur Untersuchung von Membranfunktionen herangezogen.

Schließlich hat man auch sehr intensiv mit den Membranen von *Mitochondrien* (6.10) gearbeitet; nicht, weil sie leicht zu handhaben sind, sondern weil sie physiologisch wichtig sind.

Diese klassischen Membransysteme werden im folgenden mehrfach erwähnt werden.

4.04 Membranbestandteile

Die Hauptbestandteile von Membranen sind Lipide und Proteine.

Die *Lipidbestandteile* von Membranen sind variabel. Es kann als Verallgemeinerung gelten, daß die Membransysteme im Cytoplasma hauptsächlich Phospholipide enthalten, während die äußere Membran (das Plasmalemma) Phospholipide, neutrale Lipide und Glykolipide enthält. Die Erythrocytenmembran (ein Plasmalemma) enthält 30% Cholesterin in der Lipidfraktion. Kaltadaptierte Tiere enthalten Membranlipide mit tieferem Schmelzpunkt als warmadaptierte Tiere oder Tiere mit konstanter Körpertemperatur (Homöotherme).

Noch viel variabler sind die *Proteinanteile* von Membranen. Schließlich beruhen die spezifischen Membranfunktionen zum großen Teil auf den spezifischen Membranproteinen.

Membranproteine können an Hand ihrer Funktionen nachgewiesen werden. Am Beispiel von Transportproteinen der Membran werden wir das noch sehen. Sie können auch nach ihren physikalischen Eigenschaften (Molekülgröße, Löslichkeit, elektrische Ladung) aufgetrennt werden. Eine geeignete Methode dazu ist die Gelelektrophorese.

Bei der *Elektrophorese* werden Proteinlösungen auf ein Trägermedium aufgetragen. Das Trägermedium ist oft Stärke oder Acrylamidgel. Es sollte mit den Proteinen nicht reagieren und das Lösungsmittel mit den gelösten Proteinen aufsaugen können. Man füllt dazu das Medium als Säule in ein Glasrohr oder als flache Lage zwischen zwei Glasplatten und gibt die Proteinlösung von oben hinzu (vertikale Elektrophorese), oder man legt das Medium flach in einen Trog und trägt die Lösung an einer Stelle auf (horizontale Elektrophorese, Abb. 4.08). In beiden Fällen wird eine elektrische Spannung angelegt. Geladene Teilchen in der Lösung, z.B. Proteinmoleküle, wandern dann entlang dem Spannungsgefälle durch das Medium. Ihre Wanderungsgeschwindigkeit und -richtung hängt vor allem von der Ladung des Moleküls, aber auch von seiner Größe (seinem Molekulargewicht und seiner Form) ab.

Eine ähnliche Methode ist die *Chromatographie,* bei der keine elektrische Spannung angelegt wird. Die Lösung läuft durch ein Trägermedium, und die gelösten Komponenten können nach verschiedenen Kriterien getrennt werden. Bei der *Adsorptionschromatographie* werden die gelösten Stoffe desto länger zurückgehalten, je stärker sie an das Trägermedium

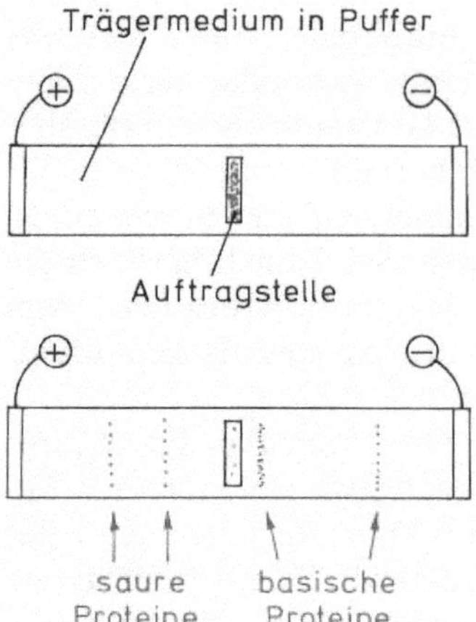

Abb. 4.08. Elektrophorese von Proteinen. Ein Gemisch gelöster Proteine wird in eine Vertiefung im Trägermedium gegeben. Wird Spannung angelegt, dann wandern die verschiedenen Proteine je nach ihrer Ladung zur Anode oder zur Kathode (vgl. Abb. 24.05)

adsorbiert werden. Bei der *Gelfiltration* besteht das Trägermedium aus porösen Granula, die gelöste Stoffe der Größe nach auftrennen: große Moleküle umfließen die Granula und wandern schnell mit der Lösung, kleinere Moleküle wandern durch die Granula und werden dadurch verlangsamt.

Verschiedene Varianten beider Methoden kann man standardisieren und eichen. Sie werden *analytisch* zur Trennung von Molekülkomponenten und *präparativ* zur Gewinnung chemisch einheitlicher Fraktionen benutzt. Zur Analyse unterbricht man die Wanderung der Moleküle und stellt fest, wie weit die einzelnen Komponenten gelaufen sind. Zur präparativen Reindarstellung läßt man die Lösung ganz durch das Medium durchlaufen und fängt sie in einzelnen *Fraktionen* in Reagenzgläsern ab.

Mit solchen Methoden kann man die Proteinkomponenten von Membranen trennen. Dabei zeigt es sich, daß die Erythrocytenmembran verschiedene Proteinkomponenten enthält.

Ein Drittel der *Proteine der Erythrocytenmembran* haben ein Molekulargewicht von 220000–255000. Die Hauptkompo-

nente dieser Fraktion ist das Protein *Spectrin*. Ein weiteres Drittel hat ein Molekulargewicht von etwa 90000, der Rest Molekulargewichte von 70000 bis zu 12500.

Ganz anders sind die Membranscheiben der *äußeren Segmente* der Stäbchenzellen gebaut. Sie enthalten eine einzige Proteinkomponente, das *Rhodopsin*.

4.05 Die Lage der Proteine

Nach dem Davson-Danielli-Modell der Elementarmembran liegen die Proteine den geladenen Enden der Phospholipide außen an und bilden die dunkle (osmiophile) Schicht des elektronenmikroskopischen Bildes. Diese Vorstellung ist inzwischen am weitesten modifiziert worden.

Es gibt zwar Proteine, die der Lipidschicht der Membran angelagert sind, aber selbst diese Proteine sind selten nur durch elektrische (Ionen-)Bindungen an die Membran gebunden. Zudem ist die Anzahl der Proteinmoleküle in vielen Membranen zu gering, als daß es zur Ausbildung einer geschlossenen äußeren und inneren Proteinschicht kommen könnte.

Außen angelagerte Membranproteine sind relativ leicht von der Membran ablösbar. Dazu gehört die ATPase der inneren Mitochondrienmembran und das Spectrin der Erythrocytenmembran.

Einige Membranproteine sind aber tief in die Lipidschicht der Membran eingesenkt oder gehen sogar ganz durch die Lipidschicht hindurch. Man kann solche Proteine daran erkennen, daß man entweder nur im Außenmedium oder nur im Cytoplasma radioaktive Markierung anbringt und dann bestimmt, welche Proteine nach der einen oder der anderen oder nach beiden Vorbehandlungen in markierter Form vorliegen.

Das Rhodopsin der Stäbchenzellen hat einen Durchmesser von 4,2 nm und ist teilweise in die Lipidschicht der Membran eingebettet. Die Cytochromoxidase der inneren Mitochondrienmembran ist ein gestrecktes Molekül von 8,5 nm Länge, das die gesamte Lipidschicht durchdringt und auf beiden Seiten herausragt (17.03; Abb. 6.14).

4.06 Verankerung in der Lipidschicht

Um stabil in die Lipidschicht eingebaut zu werden, muß das Protein *hydrophobe Regionen* im Molekül besitzen, also Stellen, an denen hydrophobe Seitengruppen nach außen stehen. Ein hydrophiles Protein lagert Wasser an und wird aus der hydrophoben Lipidschicht herausgestoßen.

Die Zusammensetzung von Membranproteinen zeigt dementsprechend auch einen hohen Anteil an hydrophoben Seitengruppen. Im Durchschnitt enthalten im Cytoplasma gelöste Proteine 47% hydrophile und 53% hydrophobe Aminosäurereste. Bei Cytochromoxidase ist das Verhältnis hydrophil:hydrophob 37:63, bei Rhodopsin 36:64, bei dem Folch-Lees-Protein der Myelinscheide 29:71, Mitochondrienmembranen enthalten eine Komponente mit einem Molekulargewicht von 10000, bei der 80% aller Aminosäurereste hydrophob sind.

Die Membranproteine, bei denen außer der Art und Anzahl der Aminosäuren auch ihre Sequenz bekannt ist, zeigen, daß die hydrophoben Seitengruppen nicht zufällig in der Sequenz verteilt sind. Cytochrom b_5 besitzt einen hydrophilen Kopfteil, aus dem ein 60 Aminosäuren langer hydrophober Schwanzteil hervorragt. Man kann sich das Molekül mit dem hydrophoben Fortsatz in der Lipidschicht der Membran verankert vorstellen. In der Erythrocytenmembran liegen Glykoproteine vor, die zwei hydrophile Enden haben, zwischen denen ein hydrophobes Verbindungsstück aus 30 Aminosäuren sitzt. Das Molekül sitzt in der Membran, so daß die beiden hydrophilen Enden aus der Lipidschicht herausragen. Das Ende, das aus der Zellmembran nach außen hervorsteht, trägt die Zuckerkomponente (Abb. 4.09).

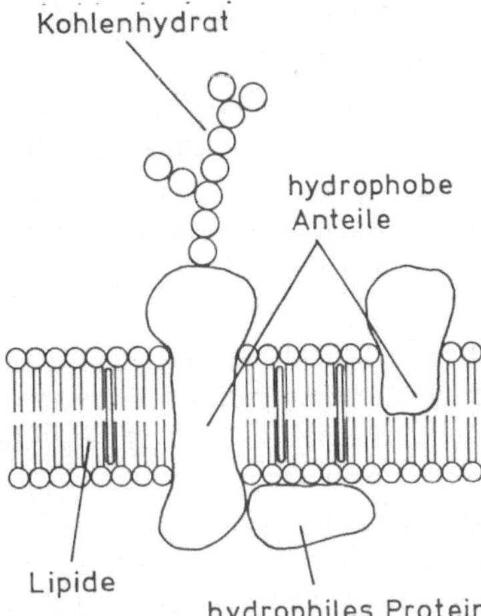

Abb. 4.09. Neuere Vorstellung von der Anordnung der Proteine in der Elementarmembran. Cytoplasma-Seite unten

Mehr noch als das ursprüngliche Davson-Danielli-Modell erlaubt die Verankerung der Proteine in der Membran eine asymmetrische Verteilung der Proteinkomponenten zwischen Innen- und Außenseite. Das zeigen schon die Glykoproteine des Plasmalemmas, deren Zuckerreste immer nach außen gerichtet sind (Abb. 4.04, 4.09). Von den Proteinen der inneren Mitochondrienmembran sitzt die ATPase an der Innen-(Matrix-)Seite, Cytochrom c an der Außen-(Intracristaraum-)Seite (Abb. 6.14). Auch die Membranen der Schwannschen Zelle sind asymmetrisch gebaut. Bei der Bildung der Myelinscheide rollt sich die Schwannsche Zelle so um das Axon, daß die Membranen abwechselnd mit den inneren und den äußeren osmiophilen Schichten gegeneinander liegen. Die Periodizität des Myelins im elektronenmikroskopischen Querschnittsbild zeigt abwechselnd dichtere und weniger dichte osmiophile Schichten, die den aneinanderliegenden Außen- und Innenseiten dieser Membran entsprechen (Abb. 4.06).

4.07 Die Membran als Flüssigkeit

Die hydrophoben Interaktionen zwischen den Fettsäureketten der Membranlipide sind sehr schwache Bindungen. Die hydrophil-hydrophobe Polarität einer Unzahl parallel angeordneter Moleküle gibt der Membran eine große Stabilität in der Innen-Außen-Richtung. Senkrecht dazu, also entlang der Membranfläche, ist die Stabilität sehr viel geringer.

Man kann sich das an einem Modell veranschaulichen. Schüttet man Glaskugeln auf ein Tablett aus, dann liegt die Schicht aus Kugeln durch ihr Gewicht fest auf dem Tablett. Man kann aber leicht die Kugeln in der Fläche durcheinanderbewegen. Die Stabilität der Schicht ist größer als die Stabilität der Lage einzelner Kugeln in der Fläche. Vergleichbar damit ist die Lage der Membranlipide zueinander. Man hat davon gesprochen, daß die Membran flüssig ist. Natürlich ist sie nur eine *zweidimensionale Flüssigkeit.*
Wir sind auf diese Beobachtung noch einmal besonders zurückgekommen, weil sie wichtige physiologische Konsequenzen hat. Nicht nur die Lipide der Membran können sich umeinander bewegen, auch die Membranproteine liegen nicht fest, sondern schwimmen in der Lipidschicht.
Die Beweglichkeit der Membranproteine spielt bei verschiedenen Prozessen an der Zelloberfläche eine Rolle. Zu den Proteinen der Membranaußenseite gehören *Rezeptoren* für chemische Signale (Peptidhormone, biogene Amine, Prostaglandine). Bei der Übermittlung des chemischen Signals zur Zellinnenseite kommt es auf die Verbindung zwischen dem Rezeptorprotein der Außenseite und einem Enzym auf der Innenseite der Membran (der Adenylatcyclase, 5.11) an. Beweglichkeit von Membranproteinen spielt auch bei der elektrischen Kopplung von Zellen durch „gap junctions" eine Rolle (5.08). Bei verschiedenen Vorgängen an der Membran kommt es darauf an, daß mehrere Rezeptoren gleichzeitig gebunden werden. Das ist zum Beispiel der Fall für *Lektine,* Moleküle, die Zellen zur Teilung anregen (19.02). Lektine können

auch die Membranen verschiedener Zellen zusammenkleben und dadurch die Zellen agglutinieren. Die Agglutination funktioniert nur dann, wenn die Lektin-Rezeptoren der agglutinierten Zellen frei beweglich sind.
Auch Viren können Zellen agglutinieren. Die Agglutination von Zellen durch das *Sendai-Virus* (ein Parainfluenza-Virus) wird im Labor dazu benützt, Zellen zur *Fusion* zu bringen. Bei einem Teil der agglutinierten Zellen verschmelzen die Membranen, und es entsteht eine Zelle, die die Kerne und das Cytoplasma der beiden fusionierten Zellen enthält (somatische Hybridenzelle). Nicht nur Zellen derselben Art verschmelzen miteinander. Man hat in Gewebekulturen Zellen des Menschen mit Mäusezellen verschmolzen, Schildkrötenzellen mit Goldhamsterzellen und Menschenzellen mit Mückenzellen. In jedem Fall, und das ist daran für den Augenblick wichtig, bilden die verschiedenen Zellmembranen dabei eine einzige Membran. Markiert man die Membranproteine einer Art vor der Verschmelzung (zum Beispiel mit fluoreszierenden Farbstoffen), dann kann man nach der Verschmelzung die Membranproteine der einen Zelle durch die gesamte Membran der Fusionszelle wandern sehen. Als flüssige Phasen bleiben die Membranen der fusionierten Zellen nicht scharf voneinander abgesetzt.
Die Beweglichkeit von Proteinen und Lipiden in der Membran ist nicht unbeschränkt. Es gibt in Membranen auch feste, kristalline Stellen. Je nach Art der Membran ergibt sich ein unterschiedlicher Anteil an solchen Stellen. Ihre Festigkeit beruht auf der Wechselwirkung zwischen Membranproteinen.

Durch die Vernetzung von Proteinen werden auch Lipide im Umkreis solcher Proteine festgelegt. Diese unbeweglichen Lipide werden als „*Grenzlipide*" bezeichnet. In der inneren Membran der Mitochondrien liegen 30% der Membranlipide als Grenzlipide fest lokalisiert vor.

5 Die Physiologie von Membranen

Membranen entstehen, wenn hydrophob-hydrophil polare Moleküle in einem wäßrigen System auftreten. Wir wissen schon, daß die speziellen synthetischen Mechanismen einer Zelle den Zellmembranen besondere Eigenschaften durch Angebot ganz bestimmter Lipide und Proteine verleihen können. Natürlich müssen wir uns diese synthetischen Mechanismen noch genauer anschauen. Inzwischen können wir aber bereits am Beispiel der biologischen Membranen ein grundlegend wichtiges Prinzip demonstrieren, nämlich *daß jede Struktur,* nicht nur die des einzelnen Moleküls, *einen Einfluß auf ihre Umgebung hat und funktionelle Veränderungen bewirkt.*

Struktur bedeutet Ordnung, und man braucht Energie, um Ordnung aufrechtzuerhalten. Ist aber erst einmal ein System da, das einen Energiefluß ausnutzen kann, dann kann (und wird) spontan Ordnung entstehen, und sie wird weitere ordnende Prozesse bewirken.

5.01 Diffusion

Eine Membran ist zu allererst eine Barriere. Mechanisch taugt sie nicht besonders viel. Jede Zelle, die mechanisch abgesichert sein will, befestigt sich mit einem inneren Skelett oder umgibt die Außenseite der Membran mit einer festen Zellwand. Die Membran wirkt vielmehr als molekulare Barriere.

Kleine Moleküle in einem Lösungsmittel sind in ständiger thermischer Bewegung. Je höher die Temperatur, desto höher ihre kinetische Energie. Dabei stoßen sie mit Molekülen des Lösungsmittels und mit anderen gelösten Molekülen zusammen.

Solche Stöße können zu chemischen Reaktionen führen. Meist werden die Moleküle voneinander abprallen und nur ihre Bewegungsrichtung ändern. Je höher die Konzentration gelöster Moleküle ist, desto öfter werden sie aneinandergeraten, je geringer die Konzentration, desto weiter können sie sich bewegen, bevor sie von einem anderen Molekül gleicher Art abprallen. Es entsteht also wieder ein Prozeß, der von Temperatur und Konzentration abhängt, genau wie die Reaktionskinetik. Dieser Prozeß wird dazu führen, daß sich in einer Lösung die Konzentration der Moleküle ausgleicht. Makroskopisch sieht das so aus, als würden die gelösten Moleküle *von Gegenden hoher Konzentration in Gegenden niederer Konzentration abwandern.* Diese Molekülwanderung entlang einem Konzentrationsgefälle heißt *Diffusion.* Auch die Diffusion ist ein Vorgang, der *von einem Zustand hoher Energie zu einem Zustand niedrigerer Energie führt.*

Liegen auf den beiden Seiten einer Membran verschiedene Konzentrationen eines Stoffes vor, dann diffundieren die Moleküle des gelösten Stoffes durch die Membran, wenn die Membran für den Stoff durchlässig ist. Die Durchlässigkeit oder *Permeabilität* der Membran wird zu einer wichtigen funktionellen Eigenschaft. Im einfachsten Fall, bei völliger Durchlässigkeit der Membran, gleichen sich die Konzentrationen auf beiden Seiten aus. *Um ein Konzentrationsgefälle aufrechtzuerhalten, muß Energie geliefert werden.* Wir können analog zur freien Energie von

Reaktionen eine freie Energie der Diffusion ΔG_D berechnen, die anstatt vom Mengenverhältnis der Reaktionspartner vom Verhältnis der Konzentrationen innen (C_i) und außen (C_a) abhängt:

$$\Delta G_D = -RT \ln \frac{C_i}{C_a}.$$

Die energetische Betrachtung ist deshalb wichtig, weil an Zellmembranen chemische Energie zur Aufrechterhaltung von Konzentrationsgefällen ausgenutzt wird. Der Definition nach ist ein Transport aus der Zelle spontan (negative freie Energie), wenn die Innenkonzentration höher ist als die Außenkonzentration.

5.02 Osmose

Biologische Membranen sind durchlässig für Wasser, mehr oder weniger durchlässig für kleinere Ionen und beinahe völlig undurchlässig für erstaunlich viele normale Stoffwechselprodukte wie z.B. Zucker oder Aminosäuren. *Eine Membran, die Lösungsmittel frei durchläßt und gelöste Moleküle zurückhält,* nennt man *semipermeabel.* Für das System Zucker/Wasser ist die Zellmembran annähernd semipermeabel. Sind also in der Zelle mehr Zuckermoleküle gelöst als außerhalb, dann ist die relative Konzentration des *Wassers* innen geringer als außen. Weil die Membran nur Wasser durchläßt, ist nur die Wasserkonzentration interessant. Wasser wird also entlang seinem Konzentrationsgefälle in die Zelle einfließen. Damit wird sich die Zelle ausdehnen, wenn sie kann, oder es wird der hydrostatische Druck (der Wasserdruck) in der Zelle steigen. Das letztere geschieht zum Beispiel in Pflanzenzellen, die von einer festen Zellwand umschlossen sind und deshalb ihre Form nur in geringem Umfang verändern können.

Ein Gleichgewicht entsteht, wenn der hydrostatische Druck gerade so viel Wasser nach außen zwingt, wie durch Diffusion nach innen gelangt. Diesen Druck nennt man den *osmotischen Druck.* Er hängt von der Konzentration (Anzahldichte) der gelösten Teilchen in der Zelle und natürlich von der Temperatur ab.

$$P_{osm} = c\,RT.$$

Man kann mathematische Exaktheit durch Anschaulichkeit ersetzen und sich vorstellen, daß die thermische Bewegung *der gelösten (Zucker-)Teilchen* einen Druck auf die Membran ausübt, die sie

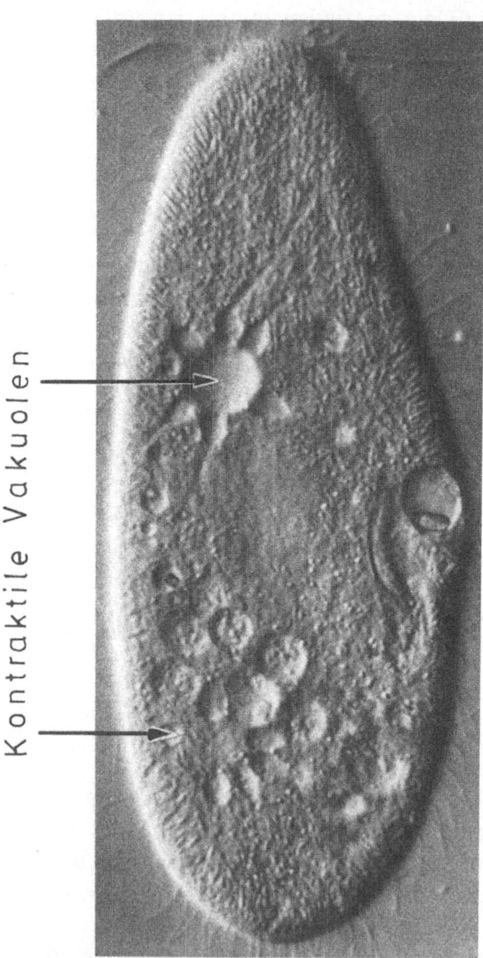

Abb. 5.01. Pantoffeltierchen (*Paramecium caudatum*), Lebendaufnahme (Differential-Interferenz-Kontrast). Vergrößerung 850 ×. Die Pfeile zeigen die beiden pulsierenden Vakuolen. Die obere Vakuole ist kurz vor der Entleerung. Sie wird von deutlich sichtbaren Ampullen beliefert, auf die lange Sammelkanäle aus dem Cytoplasma zulaufen. (Aufn. K. Hausmann, Berlin)

einschließt. Dieser Druck wäre dann natürlich von Temperatur und Konzentration abhängig. Die Gaskonstante R sorgt wie üblich für eine quantitative Umrechnung. Daß wir nun einen Druck in Kalorien pro Kubikzentimeter messen, ist nur eine Konsequenz unserer Vorliebe für Kalorien als Energieeinheit in der Biologie.

Osmotische Prozesse spielen eine große Rolle in der Biologie. Auch für viele Ionen ist die Permeabilität biologischer Membranen so gering, daß wir die Membran als semipermeabel für wäßrige Lösungen von Ionen ansehen können. Im allgemeinen ist die Konzentration gelöster Teilchen in der Zelle (ihr osmotischer Wert) sehr viel höher als im Süßwasser und etwas geringer als im Meerwasser. Kein Wunder, daß Flußfische mehr urinieren als Meeresfische. Sie müssen aktiv das spontan eindringende Wasser ausscheiden. Meeresfische haben Schwierigkeit, genügend Wasser in ihren Geweben zu halten. Sie scheiden aktiv Salz aus. Einzeller im Süßwasser haben spezielle Organellen, die *pulsierenden Vakuolen* (Abb. 5.01) um einströmendes Wasser aus der Zelle zu entfernen.

5.03 Das Gibbs-Donnan-Gleichgewicht

Makromoleküle sind groß und unbeweglich. Sie spielen osmotisch kaum eine Rolle. Stärke und Glykogen sind deshalb bessere Ablagerungsformen für Kohlenhydrate als gelöste Zucker. Auch Proteine sind fixiert in der Zelle. Nur sind die Proteine der Zelle elektrisch nicht neutral. Unter normalen Bedingungen liegt in der Zelle ein Überschuß an negativ geladenen Seitengruppen vor. Die Zellproteine (und die Nukleinsäuren, Kap. 8) wirken also als *fixierte Anionen* und bewirken einen *elektrischen Spannungsunterschied* (ein elektrisches Potential) zwischen Cytoplasma und Außenmedium. Das hat erstaunliche Konsequenzen.

Bewegliche Ionen werden die negativen Proteinladungen ausgleichen. Es werden zum Beispiel Kaliumionen (K^+) in die Zelle einströmen und Chlorionen (Cl^-) ausströmen. Wieder können wir eine freie Energie berechnen, die diesmal vom Spannungsunterschied an der Membran abhängt:

$$\Delta G = zFE.$$

Die Spannung E wird zweckmäßigerweise in mV (10^{-3} Volt) gemessen, z ist die elektrische Wertigkeit des einzelnen Teilchens (-1 für Cl^-, $+1$ für K^+, $+2$ für Mg^{++}). Die Konstante ist diesmal die Faradaykonstante F, die elektrische Molukulareffekte auf Molmengen umrechnet. Ihre Größe ist

$$F = 23{,}068 \; \text{cal} \; \text{mV}^{-1} \; \text{Mol}^{-1}.$$

Nun sind dem Ladungsausgleich durch die beweglichen Ionen dadurch Grenzen gesetzt, daß die ungleiche Ionenverteilung zwar elektrische Neutralität anstrebt, aber ein Konzentrationsgefälle verursacht. Ionen, die die Zelle entlang dem elektrischen Gefälle verlassen, werden dem Konzentrationsgefälle entlang in die Zelle diffundieren. Die freie Energie für den Konzentrationsausgleich ist wie oben angegeben,

$$\Delta G_D = -RT \ln \frac{C_i}{C_a}.$$

Im energetischen Gleichgewicht wird sich ein Kompromiß zwischen elektrischem und Konzentrationsgefälle einstellen, bei dem die beweglichen Ionen ungleich verteilt bleiben *(Gibbs-Donnan-Gleichgewicht)*; und die Ladungsdifferenzen werden zu einer Membranspannung führen:

$$zFE = -RT \ln \frac{C_i}{C_a}.$$

Dies ist ein interessantes Gleichgewicht, denn es kann eintreten ohne Ausgleich der Ladungsverteilung ($E \neq 0$) und ohne Konzentrationsausgleich ($C_i \neq C_a$; $\ln C_i/C_a \neq 0$). Durch Auflösung der Gleichung nach E erhalten wir den Wert der Membranspannung in Abhängigkeit von Ionenkonzentrationen, Ionenladungen und Temperatur:

$$E = \frac{RT}{zF} \ln \frac{C_a}{C_i}.$$

Dies ist die *Nernst-Gleichung*, die natürlich nicht nur für biologische Membranen gilt. Man kann Modellsysteme aus porösen Tontöpfen, elektrisch geladenen Schwämmen, farbigen Ionenlösungen und elektrischen Batterien bauen, mit denen man alle Parameter der Gleichung willkürlich verändern kann, und sieht, wie die jeweiligen Gleichgewichtszustände der Nernst-Gleichung entsprechen.

Um zu prüfen, wie weit dies alles auf biologische Membranen zutrifft, brauchen wir ein System, das sich einigermaßen leicht handhaben läßt. Große Eizellen eignen sich recht gut für solche Messungen, aber das bei weitem beste System sind die *Riesenaxonen* der Tintenfische. Aus triftigen biologischen Gründen gibt es bei Tintenfischen Nervenzellen mit sehr langen, sehr dicken Fortsätzen *(Neuriten oder Axonen)*, aus denen man Stücke herauspräparieren kann, die bis zu einem Millimeter im Durchmesser dick und mehrere Zentimeter lang sind. Ins Innere des Axons kann man Mikroelektroden einführen, man kann die Ionenkonzentration im Außenmedium ändern, und mit einigem Geschick kann man sogar das Cytoplasma durch Ionenlösungen ersetzen. Damit hat man eine schlauchförmige biologische Membran, an der sich alle gewünschten Messungen durchführen lassen.

Im natürlichen Zustand ist das Cytoplasma des Tintenfischaxons, wie das beinahe aller lebenden Zellen, gegenüber dem Außenmedium negativ. Wir können eine *Membranspannung* (Membranpotential) bestimmen, deren Wert etwa 70 mV beträgt:

$$E_M = -70 \text{ mV}.$$

Gleichzeitig können wir die Verteilung verschiedener Ionen zwischen Cytoplasma (innen) und Blut (außen) messen. Dabei erhalten wir die folgenden Werte:

	Seewasser	Tintenfischblut	Tintenfischaxon
K^+	10 mM	20 mM	400 mM
Na^+	460 mM	440 mM	50 mM
Cl^-	540 mM	560 mM	40 – 150 mM

Zur leichteren Berechnung der Werte können wir die Konstanten der Nernst-Gleichung zusammenfassen und Zehnerlogarithmen einführen. Bei Zimmertemperatur ($T = 300°$ K) gilt dann:

$$E = \frac{RT}{zF} \ln \frac{C_a}{C_i} = \frac{59}{z} \lg \frac{C_a}{C_i} \text{ [mV]}.$$

Wir sehen sofort, daß das Vorzeichen der Spannung von der Ionenladung z und von der Ionenverteilung abhängt. Eine negative Spannung kompensiert die Ionenverteilung dann, wenn negativ geladene Ionen (z negativ) außen häufiger sind als innen ($\lg C_a/C_i$ positiv) oder positiv geladene Ionen (z positiv) innen häufiger als außen ($\lg C_a/C_i$ negativ). Mathematik und gesunder Menschenverstand kommen zum gleichen Ergebnis.

Daß die lebendige Zelle besondere Eigenheiten hat, zeigt schon eine oberflächliche Betrachtung der Tabelle. Eine Berechnung der elektrischen Potentiale (der Spannung) für die einzelnen Ionensorten führt zu folgendem Ergebnis

$$E_{K^+} = \frac{59}{+1} \lg \frac{20}{400} = 59 \cdot (-1,3)$$
$$= -77 \text{ mV}$$

$$E_{Na^+} = \frac{59}{+1} \lg \frac{440}{50} = 59 \cdot 0,94 = +56 \text{ mV}$$

$$E_{Cl^-} = \frac{59}{-1} \lg \frac{560}{95} = -59 \cdot 0,77$$
$$= -45 \text{ mV}.$$

Die gemessene Membranspannung von
-70 mV entspricht also etwa dem Kaliumpotential, ist sogar dem Vorzeichen
nach von dem Natriumpotential verschieden und ist sehr viel höher als das Chlor-
potential. Zumindest für die Natriumionen liegt also sicher kein Gibbs-Donnan-
Gleichgewicht vor.
Die Erklärung der elektrischen Vorgänge
an biologischen Membranen beruht zum
großen Teil auf Experimenten von A.L.
Hodgkin, A.F. Huxley und B. Katz in den
fünfziger Jahren. Viele Einzelheiten sind
noch nicht aufgeklärt, aber die bisherigen
Ergebnisse zeigen deutlich, wie die speziellen Eigenschaften der Moleküle in der
Membran eine passive Ionenverteilung in
ein aktiv regulierbares elektrisches System
verwandeln.

5.04 Membranpotential und Natrium-
pumpe

Zur Herleitung des Gibbs-Donnan-
Gleichgewichtes haben wir stillschwei-
gend angenommen, daß die Membran frei
permeabel für bewegliche Ionen ist. Die
Untersuchung des osmotischen Verhal-
tens von Zellen beruht auf der Annahme,
daß die Membran impermeabel für Ionen
ist. Die zweite Annahme kommt der
Wahrheit sehr viel näher. *Die elektrischen
Effekte an Membranen beruhen darauf,
daß die Permeabilität der Membran für alle
Ionen sehr gering ist, aber für die einzelnen
Ionensorten große Unterschiede zeigt.* Zum
Beispiel ist die geringe Permeabilität für
Kaliumionen immer noch hundert mal so
hoch wie die für Natriumionen.
Daraus erklärt sich, warum die Kalium-
ionenverteilung der Membranspannung
weit besser entspricht als die der Natriumionen. Jeweils das am freiesten bewegliche
Ion entspricht in seiner Verteilung der
Membranspannung am ehesten. Ändert
man die Ionenkonzentration im Außenmedium, dann kann man experimentell
ausmessen, daß die Membranspannung
der Kaliumspannung recht genau folgt:

$$E_M \sim E_{K^+}.$$

Die Rolle der anderen Ionen hängt von
ihren Permeabilitätswerten ab und man
kann unter Berücksichtigung weiterer Ionensorten die Nernst-Gleichung für Kalium zu komplizierteren Gleichungen erweitern, die das Verhalten der Membranspannung dann beliebig genau beschreiben.
Trotzdem ist die Membran für Natrium
ein wenig permeabel, und Natrium sollte
sowohl seinem Konzentrationsgefälle
nach wie auch seinem elektrischen Gefälle
nach in die Zelle eindringen:

$$\Delta G_{Na^+} = zF(E_M - E_{Na}) = 23,068 \ (-70-56)$$
$$= -2,9 \ \text{kcal/Mol}.$$

Die Permeabilitätsschranke verzögert
zwar die Einstellung des Gleichgewichts,
könnte sie aber auf die Dauer nicht verhindern. Sehr alte Axonen in sehr alten
Tintenfischen und Menschen haben aber
immer noch eine ungleiche Natriumver-
teilung. Das beruht auf dem Grundprinzip biologischer Systeme, die Einstellung
chemischer Gleichgewichte durch Ener-
giezufuhr zu verhindern. Was dazu gebraucht wird, ist ein Mechanismus, der
Energie von einer exergonischen Reaktion
auf eine endergonische Reaktion überträgt und die beiden Reaktionen koppelt.
In der Zellmembran liegt dafür eine
Na$^+$ — K$^+$-abhängige ATPase vor. Das ist
ein Enzymsystem, das die Energie einer
ATP-Spaltung dazu ausnutzt, drei Natriumionen nach außen und gleichzeitig
zwei Kaliumionen nach innen zu transportieren. Das System ist ein Teil der
Membran und hat spezifische Rezeptor-
stellen für Na$^+$ und K$^+$. Im physiologischen Fachjargon spricht man von der
Natrium-Kalium-Pumpe (engl.: sodium-
potassium pump).

5.05 Aktionspotential und Erregungs-
leitung

Biologische Membranen halten nicht nur
durch selektive Permeabilität und aktiven

Ionentransport Membranpotentiale aufrecht. Viele Membranen, darunter die von Axonen, können auch ihre Membranpotentiale ändern. *Membranen, in denen elektrische chemische oder mechanische Reize zu Permeabilitätsänderungen führen, werden erregbare Membranen genannt.* Sinneswahrnehmungen, die Eigenschaften des Nervensystems und beinahe alle biologischen Bewegungserscheinungen beruhen auf solchen Permeabilitätsänderungen.

Auch hierfür ist das Riesenaxon der Tintenfische ein schönes Beispiel. Erniedrigt man die Membranspannung künstlich durch Anlegung einer Spannung von $-70\,\mathrm{mV}$ auf $-65\,\mathrm{mV}$ (geringe *Depolarisierung*), dann kehrt die Membranspannung auf den Ruhewert von -70 mV zurück, sobald man die angelegte Spannung entfernt. Erreicht die Depolarisierung aber einen *Schwellenwert,* der zwischen -60 und -50 mV liegt, dann geschieht etwas sehr Dramatisches. Die Permeabilität für

Natrium steigt in weniger als einer Millisekunde weit über die für Kalium an, nimmt dann wieder ab, während die Kaliumpermeabilität noch steigt, aber dann auch wieder auf den Normalwert zurückgeht, so daß nach etwa drei Millisekunden die Permeabilitätsänderungen vorüber sind (Abb. 5.02). Diese kurzen Permeabilitätsänderungen, während der nur eine sehr geringe Anzahl Ionen die Membran passieren, genügen aber, das Membranpotential vorübergehend erst beinahe völlig dem Natriumpotential (etwa $+55$ mV), dann beinahe völlig dem Kaliumpotential (etwa -75 mV) anzugleichen. Es folgt also einer sprunghaften *Depolarisierung* eine sprunghafte *Hyperpolarisierung,* bevor das Ruhepotential wieder erreicht wird. Diese plötzliche *Potentialänderung* nennt man ein *Aktionspotential* (engl.: action potential, oder kurz: spike). Eine geringe Dosis von *Acetylcholin* bewirkt die gleichen Permeabilitätsänderungen. Acetylcholin wird sehr schnell durch das Enzym Acetylcholin-Esterase abgebaut. Der Effekt von Acetylcholin entspricht also einer kurzzeitigen Depolarisierung.

Die Höhe des Aktionspotentials bewirkt, daß angrenzende Stellen der Membran bis über den Schwellenwert hin depolarisiert werden. Da eine eben erregte Stelle an der Membran einige Millisekunden braucht, bis sie wieder erregt werden kann *(Refraktärzeit),* läuft die Depolarisierung vom Ausgangsort fort das Axon entlang. Obwohl also Zellen recht schlechte elektrische Leiter sind, kommt es durch fortlaufende Depolarisierung zur Weitergabe von elektrischen Impulsen. Diese Erregungsleitung ist dadurch gekennzeichnet, daß eine hinreichend starke Depolarisierung zu einem voll ausgebildeten Aktionspotential führt *(Alles-oder-Nichts-Verhalten).* Ohne das würde die Spannung sehr bald auf Null sinken. Man kann also ein Axon nur mit Einschränkungen mit einem elektrischen Kabel vergleichen. Schon allein in der Leitungsgeschwindigkeit unterscheidet sich die Erregungsleitung im Axon von der Leitung im Kupfer-

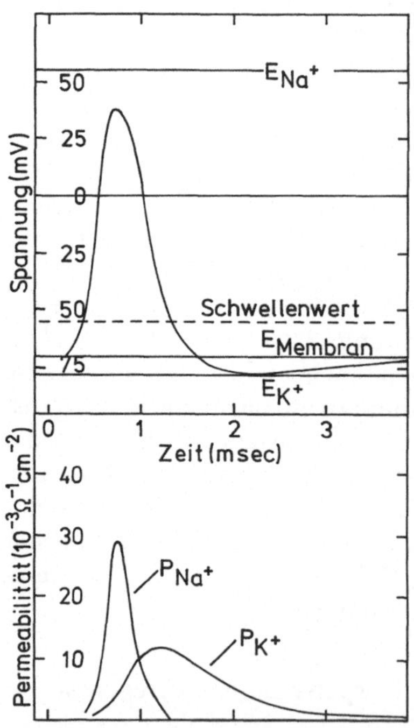

Abb. 5.02. Entstehung des Aktionspotentials durch Änderungen der Membranpermeabilität für Kalium und Natrium. (Nach Hodgkin und Huxley, 1952)

draht, die mit sehr hoher Geschwindigkeit vor sich geht. Der Innenwiderstand eines Axons sinkt mit steigendem Durchmesser. Dadurch steigt die Leitungsgeschwindigkeit von etwa 1 m/s bei dünnen Axonen auf 40 m/s bei sehr dicken wie dem Riesenaxon des Tintenfisches.

Wir müssen uns daran gewöhnen, daß in lebendigen Systemen jedes Grundprinzip in vielen Varianten vorliegt. Jeweils viele Varianten aufzuzählen, überschreitet die Aufgabe eines einführenden Textes. Gelegentlich sollten wir aber einige wenige Varianten anschauen. In biologischen Systemen ist erlaubt, was funktioniert und konkurrenzfähig ist. Es sollte daher nicht überraschen, wenn Aktionspotentiale in den Muskeln von Seepocken auf der Permeabilität für Ca^{++} anstatt auf der für Na^+ beruhen. (Eine Seepocke ist eine Version des Bauplans von Hummer und Garnele. Bizarr, aber sie funktioniert auf ihre Weise). Einige algenartige Wasserpflanzen (Characeen) produzieren Aktionspotentiale durch den Austritt von Cl^- anstatt den Einfluß von Na^+.

Die Wirbeltiere haben schließlich durch einen Trick die Leitungsgeschwindigkeit erhöht, der von der Membranstruktur ganz ungewöhnlichen Gebrauch macht. In myelinierten Nerven wickeln sich Satellitenzellen (Schwannsche Zellen) so eng um das Axon, daß es schließlich dick in eng aneinanderliegende Membranen gehüllt ist, die die *Myelinscheide* darstellen (4.03). Der hohe Lipidgehalt der fest gepackten Membranen bewirkt einen hohen elektrischen Widerstand. Nur zwischen je zwei aufeinanderfolgenden Schwannschen Zellen ist die Myelinscheide an den *Ranvierschen Schnürringen* unterbrochen. Die Länge der Myelinsegmente und die Dicke des Axons sind so aufeinander abgestimmt, daß die Depolarisierung von einem Ranvierschen Schnürring zum nächsten springen kann (Abb. 5.03). Diese *saltatorische Erregungsleitung* ist sehr viel schneller als die Leitung in myelin-freien Nerven. Leitungsgeschwindigkeiten von beinahe 100 m/sec werden bei

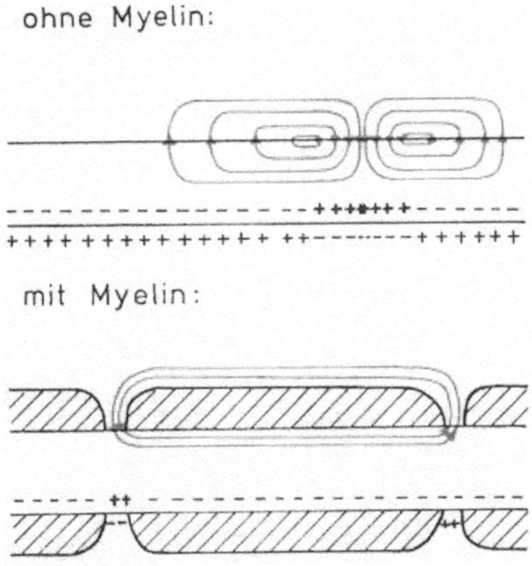

Abb. 5.03. Örtliche Ströme (rot) und Spannungen entlang eines marklosen und markhaltigen (myelinierten) Axons während der Leitung eines Aktionspotentials

Axonen mit einen Durchmesser 25 µm erreicht, der bei myelinfreien Axonen gerade eine Geschwindigkeit von 4 m/sec zuläßt.

5.06 Die Synapse

Zellen können miteinander elektrisch verbunden sein, so daß eine Depolarisierung der einen Zelle sich direkt auf die andere Zelle ausbreitet. Die verbindende Struktur, den *Nexus* (engl. „gap junction"), werden wir uns weiter unten anschauen (5.08). Typisch für die Nervenleitung ist, daß das elektrische Signal nicht direkt von einer Zelle zur anderen weitergegeben wird. Das elektrische Signal wird vielmehr in ein chemisches Signal umgesetzt. Dadurch werden Stärke, zeitlicher Ablauf und Spezifität des Signals modulierbar. Die Berührungsstelle zwischen einer Nervenzelle und der Zelle, die sie innerviert, ist die *Synapse*.

Synapsen haben im elektronenmikroskopischen Bild eine typische Struktur (Abb. 5.04). Das Axon der „sendenden" („präsynaptischen") Zelle ist am Ende in einen Endknopf verbreitert, der der Membran der innervierten („postsynaptischen") Zelle flach anliegt. Allerdings

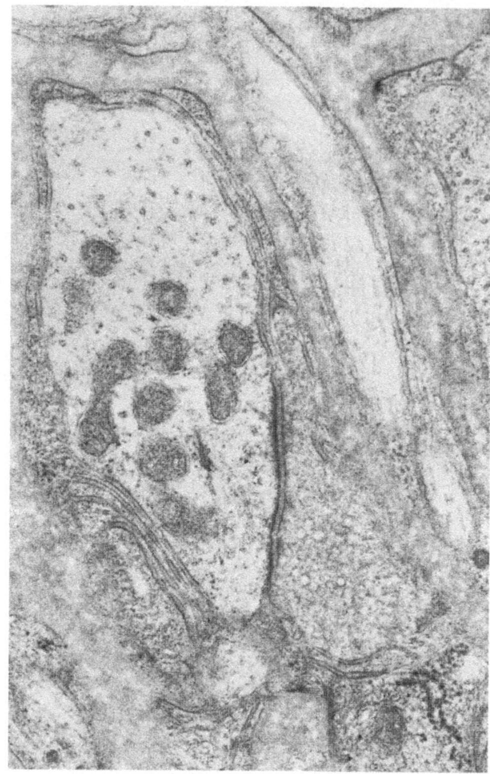

Abb. 5.04. Chemische Synapse im Ganglion cervicale superior des Spitzhörnchens (*Tupaia*). Vergrößerung 18000×. (Aufn. W.G. Forßmann, Heidelberg)

Abb. 5.05. Biogene Amine

verbleibt zwischen der *präsynaptischen* und der *postsynaptischen Membran* immer ein deutlicher Abstand von etwa 20–50 nm, der *synaptische Spalt*.

Das verdickte Ende des *präsynaptischen Axons* enthält *membrangebundene Vesikel* mit einem Durchmesser von 20–50 nm im Cytoplasma *(synaptische Vesikel)*. Diese Vesikel enthalten eine *Transmittersubstanz,* die typisch für die jeweilige Synapse ist. Transmittersubstanzen können verschiedene kleine Moleküle sein, sogar typische α-Aminosäuren wie *Glycin* und *Glutaminsäure,* und Aminderivate von Aminosäuren *(biogene Amine),* wie *γ-Aminobuttersäure* (aus Glutaminsäure), *Dopamin, Norepinephrin* und *Epinephrin* aus dem Tyrosinstoffwechsel (18.11), *Serotonin* aus dem Tryptophan-

stoffwechsel und das Serinderivat Cholin (2.07), verestert als *Acetylcholin* oder *Succinylcholin* (Abb. 5.05; 5.06).

Biogene Amine entstehen durch die Decarboxylierung (Abgabe von CO_2 aus der Carboxylgruppe) von Aminosäuren. Die Decarboxylierungsprodukte und ihre Derivate sind oft pharmakologisch aktiv. Sie dienen der Kommunikation zwischen Zellen als Transmitter an der Synapse oder als Hormone.

Erreicht ein Aktionspotential das Ende des präsynaptischen Axons, dann verschmelzen die synaptischen Vesikel mit der präsynaptischen Membran und setzen die Transmittersubstanz in den synaptischen Spalt frei (Abb. 5.07). Ähnliche Membranverschmelzungen werden wir im folgenden Kapitel noch genauer kennenlernen. Die elektrische Information, die als Serie von Aktionspotentialen die chemische Synapse erreicht, wird dort durch die Entleerung von mehr oder weniger synaptischen Vesikeln in einen Konzentrationsanstieg von Transmitter im synapti-

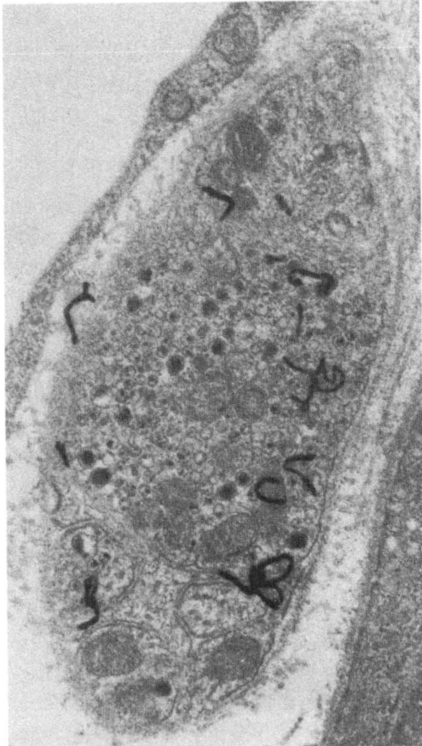

Abb. 5.06. Autoradiographischer Nachweis von Norepinephrin (Noradrenalin) als Transmittersubstanz. *β*-Strahlen aus radioaktiv (^{3}H-)markiertem Norepinephrin belichten eine photographische Emulsion und hinterlassen elektronendichte Spuren (schwarze Kringel). Vergrößerung 20000 ×. (Aufn. W.G. Forßmann, Heidelberg)

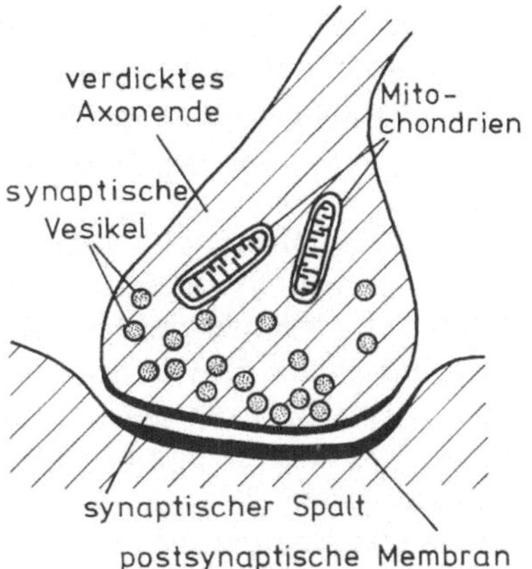

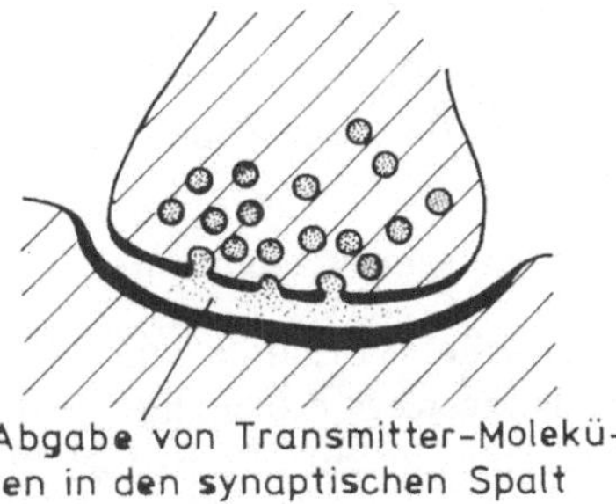

Abb. 5.07. Schema der chemischen Synapse

schen Spalt umgesetzt. Das bedeutet, daß an der chemischen Synapse ein Zeitverlust von wenigstens einer halben Millisekunde entsteht und daß der digitale Charakter der Information (einzelne gleich große Aktionspotentiale, Entleerung gleich großer Vesikel an der Membran) sich leicht verwischt, wenn nicht dafür gesorgt wird, daß das chemische Signal schnell abgeschaltet werden kann. Dazu dienen Enzyme, die Transmittersubstanzen im synaptischen Spalt sehr schnell abbauen. Ein bekanntes Beispiel ist *Cholinesterase,* durch die Acetylcholin gespalten wird.

Rezeptorproteine an der postsynaptischen Membran, die den Transmitter binden und eine Reaktion an der postsynaptischen Membran auslösen, *bestimmen die*

Spezifität der Informationsübertragung. Die präsynaptische Zelle verursacht nur, daß etwas geschieht. Was geschieht, hängt von der Reaktion der postsynaptischen Zelle ab. Synaptische Reizung kann zu Depolarisation und Aktionspotentialen führen, sie kann eine Muskelzelle zur Kontraktion veranlassen, sie kann Nerven- oder Muskelzellen inhibieren, also nicht auf Reizung durch andere Axonen ansprechen lassen, oder sie kann eine Drüse zu Synthese und Ausscheidung ihres Produktes bringen. Die Verknüpfungen koordinieren die Funktionen eines vielzelligen Organismus.

Die Darstellung der Steuermechanismen im Organismus ist Aufgabe der Physiologie. Wir sehen jetzt, daß sich die beiden kompliziertesten Funktionen des Organismus, Stoffwechsel und Reizbarkeit, aus den Strukturen und Interaktionen seiner

Moleküle herleiten lassen. Ein Energiefluß durch ein offenes System und molekulare Mechanismen zum Abfangen und Übertragen der Energie sind die Grundprinzipien lebender Systeme. Die Spezifität der Reaktionskopplung haben wir an endergonischen Synthesereaktionen und Membranfunktionen gesehen. Sie beruht in jedem Fall auf dem Informationsgehalt von Proteinsequenzen. Speicherung, Weitergabe und Ausnutzung von Information charakterisieren lebende Systeme. Wir werden uns genau anschauen müssen, wie der Informationsgehalt in Proteinsequenzen festgelegt wird. Vorerst glauben wir ungeprüft, daß die Zelle ganz bestimmte Proteine synthetisieren kann, und verfolgen die Rolle der Proteine bis hin zum Gesamtaufbau der Zelle.

5.07 Transportmechanismen

Elektrische Vorgänge an Nervenzellen sind keineswegs die einzigen Membraneffekte, bei denen Transport durch die Membran und Signalübermittlung in die Zelle eine Rolle spielen. An allen Membranen aller Zellen spielen sich solche Vorgänge ab, und jeder physiologische Prozeß beruht letztendlich auf Vorgängen an Zellmembranen. Im folgenden wollen wir einige Grundvorgänge beim Membrantransport und bei der Signalübermittlung durch Membranen kurz betrachten. Selbst ganz gewöhnliche Diffusion entlang eines Konzentrationsgradienten in die Zelle bedarf genauerer Untersuchung. Es ist nämlich keineswegs klar, wie hydrophile Moleküle, besonders Ionen, überhaupt durch eine Membran diffundieren können, die aus einer doppelten Lipidlage besteht.
Schon genaue Messungen der Kinetik solcher Diffusionsprozesse zeigen, daß es sich oft um *„erleichterte Diffusion"* (engl.: facilitated diffusion) handelt, bei der spezielle Membranbestandteile entweder als Diffusionskanäle oder als Träger (engl.: carriers) der diffundierenden Moleküle den Durchtritt durch die Lipidschicht er-

möglichen. Das zeigt sich daran, daß solche Transportsysteme gesättigt werden können: nur bis zu einer bestimmten Konzentration nimmt die Diffusionsgeschwindigkeit mit dem Konzentrationsgefälle zu. Wenn alle Träger oder Poren gleichzeitig belegt sind, läuft die Diffusion mit einer konstanten Maximalgeschwindigkeit ab, auch wenn die Außenkonzentration weiter gesteigert wird. Außerdem sind solche Vorgänge spezifisch: die Kinetik ist verschieden je nachdem, welches Molekül durch die Membran diffundiert.
Bei der Charakterisierung solcher Vorgänge haben *Antibiotika* geholfen. Antibiotika sind Stoffe, die von Bakterien oder Pilzen im Erdreich synthetisiert werden und gegen den Stoffwechsel konkurrierender Bakterien- oder Pilzarten gerichtet sind (11.08). Die chemische Kriegsführung zwischen Mikroorganismen bedient sich einer ganzen Anzahl verschiedener Molekülsorten, die in die verschiedensten Phasen des Zellstoffwechsels eingreifen. Zwei Gruppen von Antibiotika, die von Bakterien produziert werden und sich gegen die Zellwände von Pilzen richten, interessieren uns hier. Das sind *Tunnelproteine* und *Ionophoren*.
Das Modell für ein *Tunnelprotein* ist *Gramicidin A,* ein Peptid, das sich in die Membranen von Pilzzellen einbauen kann und dort eine Helix-Konfiguration annimmt, die im Inneren eine hydrophile Pore von 1,6 nm Durchmesser bilden kann. Dasselbe Peptid kann sich durch eine Verschiebung der Wasserstoffbrükken-Bindungen zu einer Faltblattstruktur umlegen. Dann enthält es keine zentrale Pore. Einbau eines solchen Peptids in die Membran entspricht also dem Einbau einer (verschließbaren) Pore, durch die kleine Ionen durchtreten können. Eine ganze Reihe verschiedener Antibiotika zeigt diesen Effekt. Nicht alle sind Peptide, einige sind cyklisch gebaut. Gemeinsam ist ihnen eine Porenstruktur mit hydrophober Außenseite und hydrophiler Innenseite (Abb. 5.08).

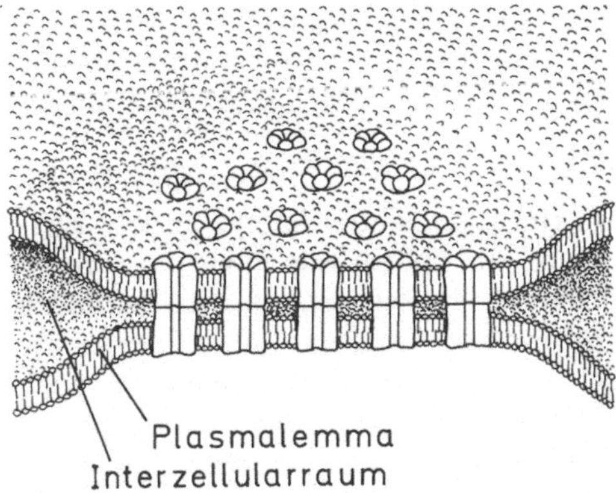

Abb. 5.08. Schematischer Aufbau eines Nexus (gap junction) zwischen den Membranen zweier Zellen

Auch die *Ionophoren* sind cyklische Antibiotika. Sie bilden aber keine Poren aus, sondern „Taschen" oder „Käfige", deren Außenseiten hydrophob sind, während die Innenseiten Ionen binden können. Die Bindung der Ionen beruht bei *Monactin* auf Sauerstoffatomen, die einen geringen negativen Ladungsüberschuß haben.

Abb. 5.09. Nexus (gap junction). Aufblick auf die Zellmembran. Vergrößerung 50 000 ×. (Originalpräparat und Aufn. J. Metz und W.G. Forßmann)

Materialaustausch untereinander ermöglicht, ist der *Nexus* (engl.: gap junction). Er stellt zugleich einen Kontakt zwischen zwei Zellen her (15.04), erlaubt den freien Austausch kleinerer Moleküle und koppelt damit die Zellen auch elektrisch. Die Grundstruktur beim Nexus ist eine Pore mit einem Durchmesser von 16–20 Å, die von sechs gleichen Untereinheiten gebildet wird, die ganz durch die Elementarmembran durchreichen. Die Porenkomplexe zweier Zellen verbinden sich untereinander so, daß die Poren ununterbrochen vom Zytoplasma der einen Zelle zum Zytoplasma der anderen Zelle reichen (Abb. 5.08). Viele solcher durchgehenden Porenkomplexe sammeln sich an einer Kontaktstelle zwischen zwei Zellen an und bilden eine ziemlich regelmäßige Struktur mit einem mittleren Porenabstand von etwa 8 nm zwischen Hunderten von Porenkomplexen (Abb. 5.09). Gap junctions bilden sich nach der Berührung zweier Zellen aus, die Materialaustausch aufnehmen. Dabei kann man verfolgen, wie die Porenkomplexe sich in die Membran einlagern und dann in der (flüssigen) Lipidschicht umherschwimmen, bis sie sich an einer Stelle zu einem Nexus und

In ihnen liegt das negative gebundene Ion wie in seiner Hydrathülle. Die genauen Abmessungen des „Innenraums" des Moleküls gestatten nur die Bindung ganz bestimmter Ionen. Monactin bindet Kalium. Die Ionophor-Moleküle sind selektiv. Ihre hydrophobe Außenseite erlaubt ihnen, durch die Lipidmembran zu diffundieren. Dabei können sie Ionen mitnehmen. Sie erhöhen also die Permeabilität der Membran.

5.08 Der Nexus (Gap Junction)

Die wichtigste Membrandifferenzierung, die den Zellen höherer Organismen einen

einer Verbindung zwischen den beiden Zellen sammeln.

Der Name Gap Junction (Verbindung auf Abstand) rührt daher, daß die jeweiligen Enden der Porenkomplexe der beiden Zellen nach außen über die Lipidschicht der Membran herausragen. Dadurch werden die beiden Membranen am Nexus auf einen konstanten Abstand von etwa 4 nm auseinandergehalten.

Moleküle mit einem Molekulargewicht bis etwa 10000 können durch den Nexus ausgetauscht werden. Das schließt beinahe alle wichtigen Makromoleküle aus. Zum Nachweis der Koppelung zweier Zellen injiziert man entweder fluoreszierende Moleküle in eine Zelle und beobachtet, in welche benachbarten Zellen sie diffundieren, oder man prüft, ob die Zellen elektrisch gekoppelt sind.

5.09 Aktiver Transport

Schon mit der Natriumpumpe (5.04) haben wir einen Transportmechanismus über die Zellmembran kennengelernt, bei dem Moleküle auch gegen ein hohes Konzentrationsgefälle befördert werden. Solch ein Transportmechanismus verbraucht Energie. Es ist *aktiver Transport*. Oft ist ATP die Energiequelle für aktiven Transport, und die entsprechenden Transport-Enzyme in der Membran sind gleichzeitig ATPasen. Oft wird die energiereiche Phosphatgruppe vom ATP direkt auf das transportierte Molekül übertragen. Enzyme, die die endständige Phosphatgruppe von ATP auf andere Moleküle übertragen, nennt man *Kinasen*. So wird Glucose bei dem Transport in die Zelle durch *Hexokinase* phosphoryliert. Dieses Enzym bindet zwar den ähnlichen Zucker Mannose, transportiert ihn aber nicht. Selbst die ATP-Synthese kann mit einem Transportvorgang beginnen, bei dem aus Adenin Adenosin-5-Monophosphat (AMP) entsteht. Die nötige Enerige und das Ribose-5-Monophosphat werden dabei durch Spaltung und Gruppenübertragung aus 5-Phosphoribose-1-Pyrophosphat erhalten. Das gruppenübertragende Enzym heißt Phosphoribosyltransferase.

Aktiven Transport hat man außer für Ionen, für Glucose und einige andere Zucker und für Nukleotide auch für Aminosäuren nachgewiesen. Nicht bei allen Transportenzymen wird die Energie direkt aus ATP gewonnen. Es kann auch ein Transportmechanismus mit einem anderen gekoppelt sein, der einem Konzentrationsgefälle folgt und damit eine hohe negative freie Energie hat. Wir werden entsprechend komplizierte Transportprozesse bei der ATP-Bildung an der inneren Mitochondrienmembran wiederfinden (6.10).

Typisch für Transportenzyme, wie für alle Enzyme überhaupt, ist ihre Spezifität. Entsprechend finden sich für die verschiedenen Transportenzyme auch spezifische Hemmstoffe. Oft sind das Moleküle, die in die Bindungsstelle des Enzyms passen und die Bindung des natürlichen Substrats verhindern, ohne transportiert zu werden. Da es sich bei allen diesen Transportvorgängen aber um komplizierte allosterische Umlagerungen handelt, sind auch andere Hemmungsmechanismen möglich. Ein paar der klassischen Hemmstoffe sind *Strophantidin* (*Ouabain*), das den Kalium-Rezeptor der Kalium-Natriumpumpe hemmt, *Curare,* das einen Acetylcholinrezeptor hemmt und *Atropin* der Tollkirsche, das für einen anderen Acetylcholinrezeptor spezifisch ist. Eine große Anzahl spezifischer Hemmstoffe hat bei der Aufklärung der Transportprozesse an der inneren Mitochondrienmembran eine Rolle gespielt.

5.10 Signalübermittlung: Calmodulin

Schon bei der Nervenzelle haben wir Transportvorgänge kennengelernt, bei denen die Übertragung eines Signals über die Zellmembran eng mit dem Transportmechanismus gekoppelt ist. Wir stellen uns den Grundvorgang dabei als das reversible Öffnen einer Membranpore vor, die vorübergehend die Permeabilität der Membran bedeutend erhöht. Die Permeabilitätsänderung kann durch elektrische Stimulation oder chemisch hervorgerufen werden. So nehmen wir an, daß die Bindung von Acetylcholin an den entsprechenden Rezeptor auf der Außenseite der postsynaptischen Membran zur Öffnung einer Membranpore führt. Das Acetylcholin wird dabei nicht transportiert, sondern ein Ionenfluß bestimmt die Reaktion der stimulierten Zelle. Wir haben schon oben (5.06) festgestellt, daß die Rezeptorspezifität bestimmt, welche Zelle stimuliert wird, aber die Reaktion in der Zelle wird durch den Stoffwechsel dieser Zelle bedingt. Ein und dieselbe Zelle kann verschiedene Rezeptoren für stimulierende und hemmende Signale haben. Diese Rezeptoren reagieren mit einem Umsetzungsmechanismus in der Zelle, der das Signal an den Stoffwechsel weitergibt.

Es gibt einige typische intrazelluläre Umsetzungsmechanismen, die immer wieder vorkommen. Die Substanzen, die dabei eine Rolle spielen, vermitteln den Stimulus einer extrazellulären Botensubstanz, zum Beispiel den eines Neurotransmitters, eines Peptidhormons oder eines biogenen Amins an den Zellstoffwechsel. Sie werden deshalb „zweite Boten" (engl.: *second messenger*) genannt.

Calciumionen sind ein weit verbreiteter „second messenger". Üblicherweise sind intrazelluläre Calcium-Konzentrationen sehr gering (10^{-6} bis 10^{-7} M) und liegen etwa um den Faktor 1000 unter der extrazellulären Konzentration. Eine Erhöhung der intrazellulären Calciumkonzentration wird (wahrscheinlich in allen) Zellen höherer Pflanzen und Tiere durch spezifische Calcium-bindende Proteine registriert, von denen *Calmodulin* das wichtigste ist. Calcium-aktiviertes Calmodulin bindet sich an verschienene Enzyme der Zelle, die dadurch aktiviert (oder in einigen Fällen inaktiviert) werden. Wie viele bisher besprochene molekulare Regelme-

chanismen und noch mehr im folgenden, ist auch das ein wichtiges Beispiel für allosterische Regelung (3.08). Die Bedeutung allosterischer Regelmechanismen kann nicht überschätzt werden. Beispiele für Aktivierung durch Calmodulin werden wir im folgenden Abschnitt kennenlernen.

Bei der Regelung der Kontraktion im Skelettmuskel (7.05) werden wir das Protein Troponin kennenlernen, das eine ganz ähnliche Aufgabe hat.

5.11 Signalübermittlung: Adenylat-Cyclase

Spielt bei der Rolle des Calciums als „second messenger" der Molekültransport noch eine wichtige Rolle, so wird bei der Signalübertragung durch zyklisches Adenosin-Monophosphat (cAMP) das Signal nur noch in Form einer allosterischen Konformationsänderung durch die Membran weitergegeben. Dieses System scheint in Pflanzen ganz zu fehlen, spielt aber bei der Wirkung von Peptidhormonen, biogenen Aminen und Prostaglandinen bei Tieren und beim Menschen eine wichtige Rolle.

Beim Adenylat-Cyclase-System wird durch die Bindung des Hormons an seinen spezifischen Rezeptor auf der Zelloberfläche der Rezeptor dazu gebracht, das Enzym Adenylat-Cyclase zu aktivieren, das an der Innenseite des Plasmalemmas eingebettet ist (Abb. 5.10). Daß dabei die Beweglichkeit von Rezeptoren und Cyclase in der Membran eine Rolle spielt, haben wir schon erwähnt (4.07). Die Adenylatcyclase katalysiert den Abbau von ATP zu einem Adenosin-Monophosphat, bei dem die (am 5′-Kohlenstoff des Zukkers) verbleibende Phosphatgruppe mit einer OH-Gruppe des Moleküls (am 3′-Atom des Zuckerrestes) verestert wird (Abb. 5.11). Die Phosphatgruppe ist also gleichzeitig mit zwei OH-Gruppen am Zuckerrest des Adenosin-Monophosphates verestert (Phosphodiester) und bildet

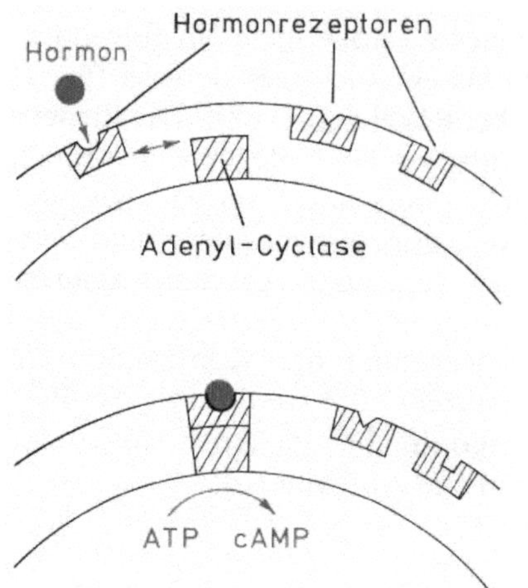

Abb. 5.10. Schema zur Wirkungsweise von Peptidhormonen und biogenen Aminen

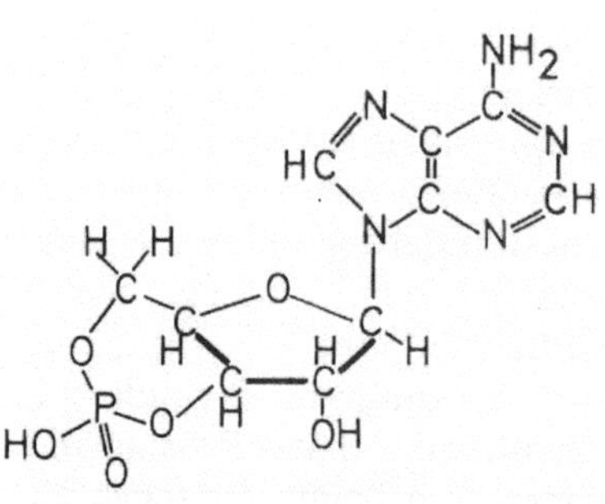

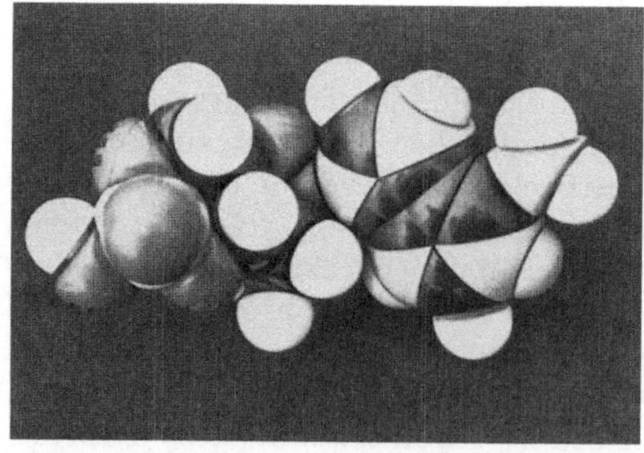

Abb. 5.11.   Zyklisches   Adenosin-Monophosphat
(cAMP), Strukturformel und Molekülmodell

unter Einschluß von drei C-Atomen des
Zuckerrestes einen Ring: sie ist zyklisiert.
Auch ohne eine systematische Einführung
in die Struktur von Nukleotiden, die weiter unten folgt (8.03), läßt sich die Reak-

tion von ATP (Abb. 1.03) zu cAMP anhand der Abbildungen verstehen.
Dieses cAMP wirkt als „second messenger", indem es im Cytoplasma eine *Protein-Kinase* aktiviert. Wir kennen Kinasen
als Enzyme, die eine Phosphatgruppe von
ATP auf das Substrat übertragen (5.09).
Protein-Kinasen phosphorylieren die Se-
rin- oder Threonin-Gruppen von Proteinen. Die Aktivierung der Protein-Kinase
findet statt, wenn sich cAMP an eine regulatorische   Untereinheit   des   Enzyms
bindet (Abb. 5.12). Diese regulatorische
Untereinheit dissoziiert vom Enzym ab,
das dadurch aktiviert wird. Die aktivierte
Protein-Kinase greift dann regelnd in den
Stoffwechsel ein, indem sie zelluläre Enzyme durch Phosphorylierung aktiviert
oder inaktiviert.
Ein gut untersuchtes Beispiel macht das
deutlich (Abb. 5.12). Beim Glykogenabbau in der Leber greift die Protein-Kinase
gleich doppelt ein: über die Aktivierung
einer Phosphorylase-Kinase aktiviert sie
die Phosphorylase, die Glykogen zu Glu-
cose-1-Phosphat abbaut, und sie inaktiviert die Glykogen-Synthase, die aus aktivierten   Glucose-Resten   Glykogen   aufbaut.
Bei allen Regelvorgängen ist es auch wichtig zu verstehen, wie sie abgeschaltet werden. Bei der cAMP-Wirkung geschieht
das durch Abbau des cAMP. Fehlt
cAMP, dann werden die phosphorylierten
Proteine durch Phosphatasen dephospho-
ryliert, und der hormoninduzierte Effekt
hört auf.
cAMP wird durch Phosphodiesterase zu
5′-AMP (dem AMP, das wir schon kennen) abgebaut (Abb. 5.13). Dieser Abbau
wird durch *Coffein* und *Theophyllin* gehemmt. Die Wirkung von Kaffee beruht
zum großen Teil darauf, daß Adrenalin-
Effekte länger anhalten.
Das Adenylat-Cyclase-System und der im
vorigen Abschnitt besprochene Calcium-
Effekt beeinflussen einander. So wird
beim Glykogenabbau die Phosphorylase-
Kinase nicht nur durch die cAMP-ge-
steuerte Protein-Kinase aktiviert. Ihre Ak-

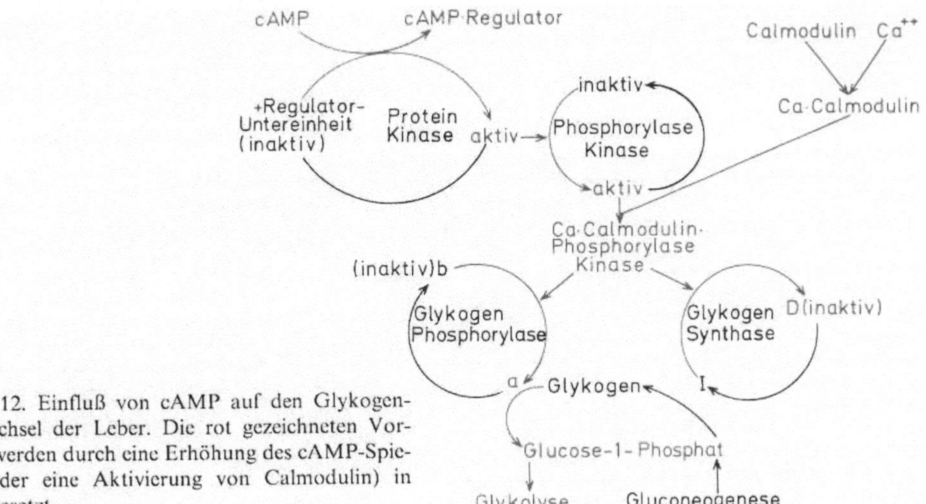

Abb. 5.12. Einfluß von cAMP auf den Glykogenstoffwechsel der Leber. Die rot gezeichneten Vorgänge werden durch eine Erhöhung des cAMP-Spiegels (oder eine Aktivierung von Calmodulin) in Gang gesetzt

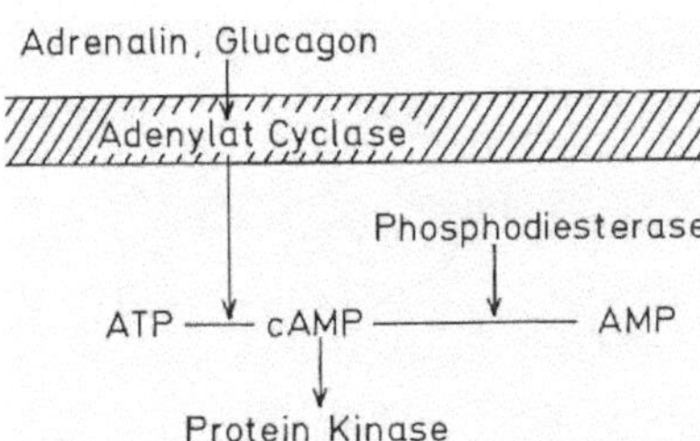

Abb. 5.13. Regelung des cAMP-Spiegels

tivität wird auch durch die Bindung von Calcium-aktiviertem Calmodulin gesteigert (Abb. 5.12).

Calcium-aktiviertes Calmodulin aktiviert auch die Adenylat-Cyclase und (bei sehr viel höherer Calcium-Konzentration) die Phosphodiesterase. Auf diese Weise steigert Calmodulin die cAMP-Synthese, wenn wenig cAMP da ist, und den cAMP-Abbau, wenn das System voll läuft.

Die Komplexität des gesamten Regelvorgangs ist enorm. Wichtig für uns hier ist, wie grundlegend Vorgänge an der Zellmembran den Stoffwechsel der Zelle beeinflussen.

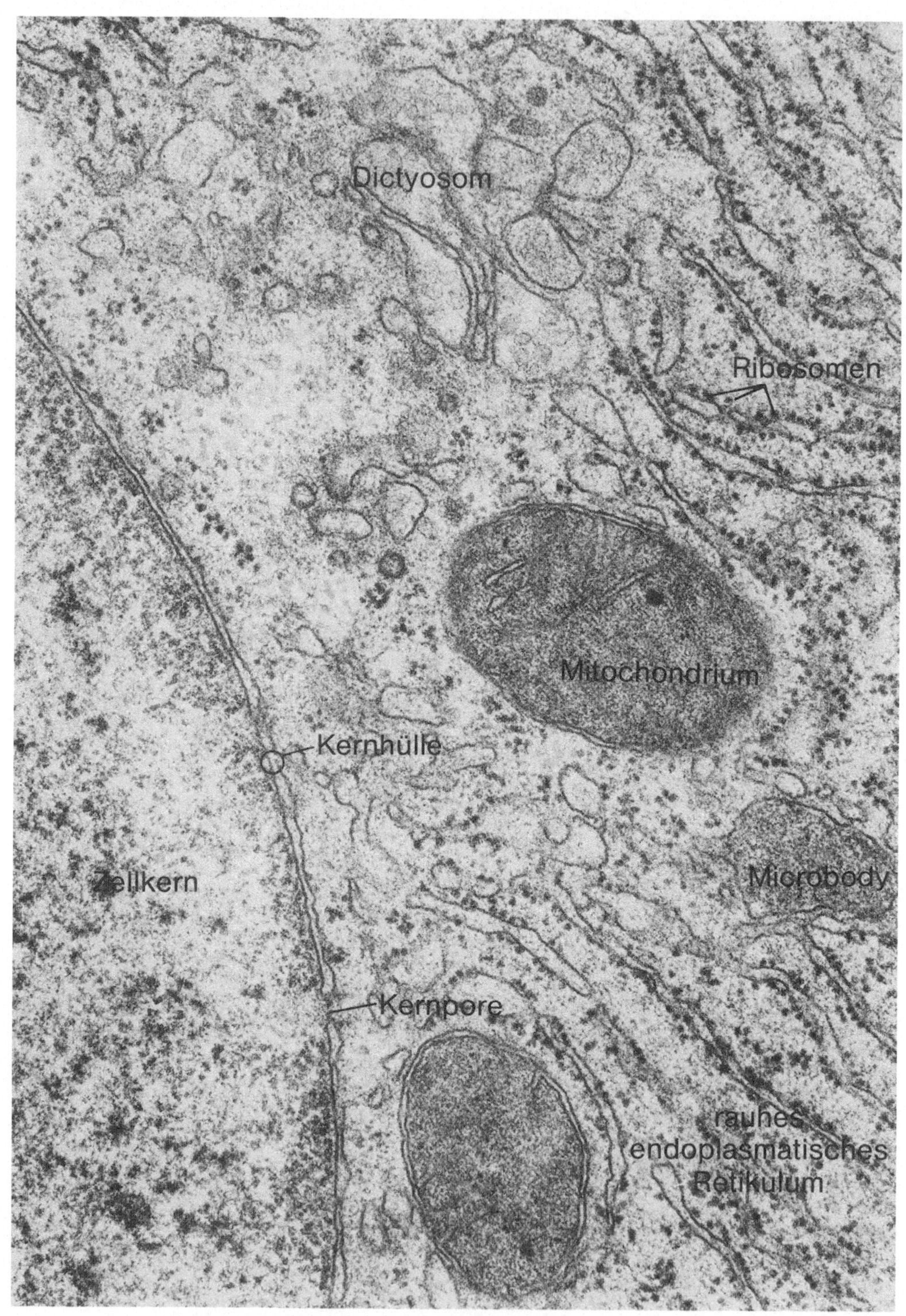

Abb. 6.01. Übersicht über die Membransysteme der typischen Eukaryontenzelle. Maus, Leber. Vergrößerung 77000 ×. (Aufn. K. Hausmann, Berlin)

6 Membransysteme

6.01 Procyten und Eucyten

Schon bei der Besprechung der Membranstruktur und der Vorgänge, die an Membranen ablaufen, haben wir verschiedene Membransysteme und membranumschlossene Organellen erwähnt. In diesem Kapitel wollen wir uns diese Membransysteme systematischer anschauen.

Es gibt zwei Grundtypen der Zellstruktur, die sich deutlich unterscheiden, die *Procyten (Protocyten)* und die *Eucyten*. Organismen, die aus Procyten bestehen, werden als *Prokaryonten* in dem *Reich Monera* zusammengefaßt. Die Einteilung der Organismen in fünf Reiche werden wir im Kap. 11 kennenlernen. Zu den Monera gehören die *Bakterien* und die *Blaugrünen Algen*, also sehr wichtige Organismengruppen. Wir werden uns später mit den Einzelheiten der Struktur und Funktion von Procyten noch eingehend befassen müssen. Beinahe alles, was in diesen Einführungskapiteln über Zellstruktur gesagt wird, bezieht sich aber auf *Eucyten*, die Zellen von Eukaryonten, zu denen *Protisten (eukaryontische Einzeller)*, *Pilze*, *Pflanzen* und *Tiere* gerechnet werden.

Obwohl bei der Unterscheidung von Procyten und Eucyten oft die Anordnung des genetischen Materials hervorgehoben wird, ist der auffallendste Unterschied zwischen den beiden Zelltypen die Komplexität ihrer Membransysteme. Beide Zelltypen sind natürlich außen von einer Membran, dem Plasmalemma, umgeben. Das Plasmalemma ist definitionsgemäß die äußere Begrenzung des Cytoplasmas aller Zellen.

Bei den Procyten ist das Plasmalemma entweder die einzige Membran der Zelle, oder es kommen zusätzlich flache Membransäckchen in der Zelle vor *(Thylakoide)*. Einige Procyten können geradezu mit Membranen vollgestopft erscheinen. Das ist vor allem bei den Zellen der Blaualgen oft der Fall (11.03). Die Organisation des Membransystems ist aber immer einfach.

Bei den Eucyten ist das ganz anders. Sie enthalten zumindest zwei, wenn nicht drei, voneinander unabhängige Membransysteme. Zuerst einmal ·ist da das Membransystem, das mit dem Plasmalemma in Verbindung steht. Dazu gehören die Membranen des *Endoplasmatischen Retikulums*, die *äußere Membran der Kernhülle*, der *Golgi-Apparat* und die verschiedenen *Vesikel*. Wir werden diese Strukturen noch genauer kennenlernen. Unabhängig davon sind die Membranen von *Mitochondrien* und *Plastiden* (z.B. Chloroplasten der Pflanzen). Mitochondrien und Plastiden haben *zwei Membransysteme*: ein äußeres und ein inneres. Es ist wahrscheinlich, daß ein Mitochondrion und ein Plastid je einer ganzen Procyte entsprechen. Ursprünglich könnten diese Strukturen einmal als symbiotische Prokaryontenzellen in das Cytoplasma der Eucyte geraten sein. Das müßte vor mehreren Milliarden Jahren geschehen sein. Dennoch haben Mitochondrien und Plastiden erstaunlich viele Procyten-Eigenschaften (6.10, 17.03).

Die *Prokaryonten-Hypothese* des Ursprungs von Mitochondrien und Plastiden erklärt am besten, wieso die Eucyte mehrere unabhängige Membransysteme enthält. Nach dieser Hypothese entsprechen die inneren Membranen von Mitochondrien und Plastiden dem Plasmalemma der Procyte. Die äußeren Membranen sind Vesikel, in denen die Procyte liegt. Völlig geklärt sind die Beziehungen zwischen den Membransystemen noch nicht. Diese Überlegungen greifen vielem voraus, was wir erst später besprechen wollen. Sie sollen helfen, an verschiedenen Stellen besprochene Themen im Zusammenhang zu sehen.

6.02 Innen und Außen

Das Plasmalemma hat zwei Seiten: innen und außen. Wir haben schon erwähnt, daß die osmiophilen (im Elektronenmikroskop dunklen) Schichten, die das Plasmalemma innen und außen begrenzen, verschiedene Proteinanteile besitzen. Besonders wichtig sind dabei die *Glykoproteine,* deren Kohlenhydratanteile nach außen weisen. Die Glykoproteinschicht wird gelegentlich als *Glykokalix* bezeichnet (Abb. 4.04). Die Innen-Außen-Struktur aller Membranen ist asymmetrisch.

Die Außenseite des Plasmalemmas steht mit der Umgebung der Zelle in Berührung, die Innenseite mit dem Cytoplasma. Diese Orientierung bleibt immer bestehen. Alle dynamischen Prozesse, durch die Teile des Membransystems in andere Teile übergehen, laufen so ab, daß die cytoplasmatische Seite der Membran dem Cytoplasma zugewandt bleibt. Es ist unmöglich, von der cytoplasmatischen Seite irgendeiner Zellmembran zur Außenseite irgendeiner anderen Zellmembran zu gelangen, ohne durch eine der Membranen durchzudringen. Diese Überlegung ist wichtig, und wir wollen sie an einem Beispiel erläutern.

Ein häufiger Vorgang an Membranen ist die Abknospung membrangebundener Vesikel aus der Fläche der Membran. Die Membran dellt sich an einer Stelle ein, bildet ein Bläschen, das sich völlig von der Membran ablöst und die Membran verläßt. Dieser Vorgang kann zur Bildung von Vesikeln führen, die nach innen ins

Cytoplasma oder nach außen aus der Zelle freigesetzt werden. Je nach der Richtung schließt eine Vesikel entweder ein wenig vom Außenmedium ein und transportiert es in die Zelle oder sie schließt ein Stück Cytoplasma ein, das nach außen transportiert wird.

Bei der Freisetzung von pathogenen Viren werden wir einen solchen Transport nach außen kennenlernen. Das Viruspartikel, das frei im Cytoplasma vorlag, verläßt die Zelle in eine Membran eingeschlossen, die als *Virushülle* eine Rolle bei der Reaktion zwischen Virus und Zellmembran spielt (14.03, 14.04).

6.03 Cytosen

Die Freisetzung von Vesikeln nach außen ist ein seltener Vorgang, während die Bildung von Vesikeln, die in das Cytoplasma abgegeben werden, sehr weit verbreitet ist. Sie stellt einen Mechanismus dar, größere Partikel, von großen Proteinmolekülen bis zu kleinen Futtertieren, in das Cytoplasma zu transportieren. Diese Partikel bleiben dabei von der Grundsubstanz des Cytoplasmas immer durch eine Membran getrennt.

Umgekehrt können membrangebundene Vesikel im Cytoplasma an das Plasmalemma stoßen und mit dem Plasmalemma verschmelzen. Dadurch öffnet sich die Vesikel nach außen und gibt ihren Inhalt an das Außenmedium frei (Abb. 5.07).

Die Transportvorgänge von außen nach innen und von innen nach außen, bei denen das transportierte Material im Cytoplasma in Vesikeln vorliegt, nennt man *Cytosen. Endocytose* ist die Aufnahme von Material aus dem Außenmedium in Vesikeln, *Exocytose* die Abgabe von Material an das Außenmedium durch Verschmelzen von Vesikeln mit der Membran.

Kleinere Partikel, zum Beispiel Proteinmoleküle, die das Plasmalemma nicht passieren können, werden an der Oberfläche (Glykoproteinschicht) adsorbiert und durch Endocytose aufgenommen *(Pinocytose,* Abb. 6.02*)*. Größere Partikel werden vom Plasmalemma umgeben und in einer Vesikel in das Cytoplasma eingebracht *(Phagocytose)*.

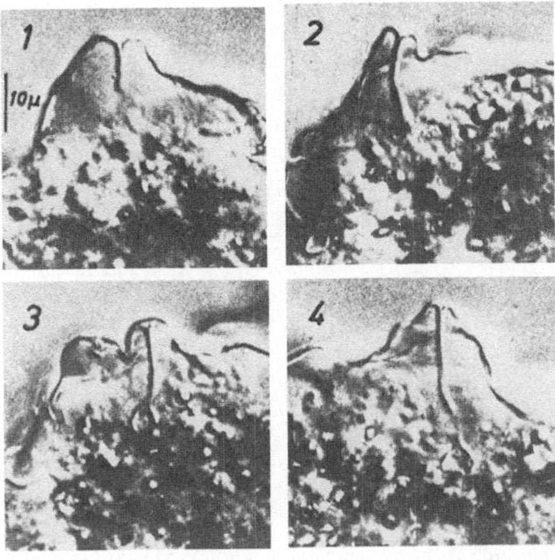

Abb. 6.02. Pinocytose. Eine Proteinlösung wird an der Oberfläche einer Amöbe aufgenommen. Da unter dem Plasmalemma eine relativ feste Ectoplasma-Schicht liegt, wird ein langer Endocytose-Kanal ausgebildet *(1,2)*, an dessen Ende im flüssigen Endoplasma eine Pinocytose-Vesikel gebildet wird *(3)*, die sich dann loslöst *(4)*. (Nach Braatz-Schade und Stockem, 1973)

Es ist auch möglich, daß Flüssigkeiten auf der einen Seite der Zelle durch Endocytose aufgenommen werden, dann durch das Cytoplasma wandern und auf der anderen Seite durch Exocytose abgegeben werden *(Cytopempsis)*. Auf diese Weise kann eine Lösung von einer Seite einer Zellage (eines Epithels) zur anderen transportiert werden, ohne dabei mit dem Grundcytoplasma in Berührung zu kommen.

Phagocytose ist die typische Methode der Nahrungsaufnahme bei vielen niederen Tieren. Einzeller nehmen Nahrungspartikel durch Phagocytose auf. Amöben umfließen ihre Nahrung, um sie in große Vesikel, die *Nahrungsvakuolen,* aufzuneh-

men. Andere Einzeller, deren Membran von einer starren äußeren Wand umgeben ist oder bei denen eine Versteifung, die *Pellicula,* unter dem Plasmalemma liegt, haben bestimmte Oberflächenregionen, an denen die Membran in Vesikeln Nahrung aufnehmen oder aus Vesikeln verdaute Reste abgeben kann.

Verdauung von Nahrungspartikeln in der Zelle nach Aufnahme durch Phagocytose ist typisch für Einzeller und einfach gebaute Vielzeller (Schwämme, Hohltiere). Vielzeller ersetzen solche *intrazelluläre Verdauung* durch *extrazelluläre Verdauung* im Darm. Beide Methoden interessieren uns hier, weil sie von Cytosen Gebrauch machen. Bei intrazellulärer Verdauung wird die Nahrung durch Endocytose in das Cytoplasma gebracht, bei extrazellulärer Verdauung werden die Verdauungsenzyme durch Exocytose aus der Zelle transportiert (Abb. 6.03).

Obwohl höhere Tiere die intrazelluläre Verdauung aufgenommener Nahrung ganz aufgegeben haben, nutzen sie Phagocytosemechanismen aus. Sie werden bei der Abwehr eingedrungener Fremdkörper eingesetzt. Bei der *Entzündung,* die bei solchen Abwehrreaktionen auftritt, spielt die Phagocytose von Fremdkörpern und von abgestorbenen Zellen eine wichtige Rolle. Als phagocytisch aktive Zellen treten dabei die weißen Blutkörperchen auf, von denen die *neutrophilen* und *eosinophilen Granulocyten* als kleine Phagocyten *(Mikrophagen)*, die *Monocyten* und *Histiocyten* als große Phagocyten *(Makrophagen)* auftreten.

Die Cytosen sind Aufnahme- und Abgabemechanismen. Sie allein erklären noch nicht den Verdauungsvorgang phagocytisch aufgenommener Nahrungspartikel, die ja im Cytoplasma immer noch von einer Membran umgeben sind. Auch die Quelle des Materials, das durch Exocytose aus der Zelle abgesondert wird, kennen wir noch nicht. Dazu müssen wir uns die Membransysteme in der Zelle genauer anschauen.

Abb. 6.03. Sekretion von Verdauungsenzymen im Pankreas der Ratte. Mehrere Zellen eines Acinus liegen um einen zentralen Hohlraum, das Acinus-Lumen. Die Membran an der Oberfläche der Zellen streckt fingerförmige Fortsätze (Microvilli) in das Lumen hinein. Die Zellen sind am oberen Rand miteinander verkittet. Jede Anheftungszone erscheint als dünne Leiste (Zonula occludens) auf der Oberfläche der Zelle. Ein System solcher Zonulae ist deutlich auf der Oberfläche der unteren Zellen sichtbar. Oben und links sind Zellen aufgebrochen. Im Cytoplasma und an der Oberfläche der Zellen sind Sekretvesikel (Exocytose-Vesikel) sichtbar. Vergrößerung 18 000 ×. (Gefrierbruch-Methode. Elektronenmikroskopisches Präparat J. Metz und W.G. Forßmann)

6.04 Das Endoplasmatische Retikulum

Das zentrale Membransystem in der Eucyte ist das Endoplasmatische Retikulum, kurz ER. Zellen mit viel ER können sehr viel mehr Membrananteile im ER enthalten als im Plasmalemma (Abb. 6.04), andere Zellen können beinahe frei davon sein. Endoplasmatisches Retikulum wird bei Bedarf synthetisiert, und an der Menge und Art des endoplasmatischen Retikulums kann der physiologische Zustand der Zelle abgelesen werden.

Wie alle Membransysteme der Zelle hat das ER eine Innenseite und eine Außenseite. Die Membranen können als Röhren mit einem Durchmesser von 50–100 nm angeordnet sein *(tubuläres ER)*. Dann läßt sich die dem Cytoplasma zugewandte Seite deutlich vom Innern der Röhre, dem Lumen, unterscheiden. Sie können auch flache Membransäcke bilden *(Cisternen)*, die 40–50 nm weit sind und dicht gestapelt das Cytoplasma ausfüllen können. Auch hier kann man im elektronenmikroskopischen Bild das Lumen der Cisternen vom Cytoplasma unterscheiden, das zwischen den Cisternen liegt. Nirgendwo geht das Lumen des ER ins Cytoplasma über.

Viele Syntheseprozesse, einige Ablagerungsprozesse und bisweilen auch Abbauprozesse finden am ER statt. Die Enzyme für diese Prozesse sind mit den Membranen des ER verbunden oder fest in diese Membranen eingebaut. Wir haben schon erwähnt, daß beim Aufbrechen (Homoge-

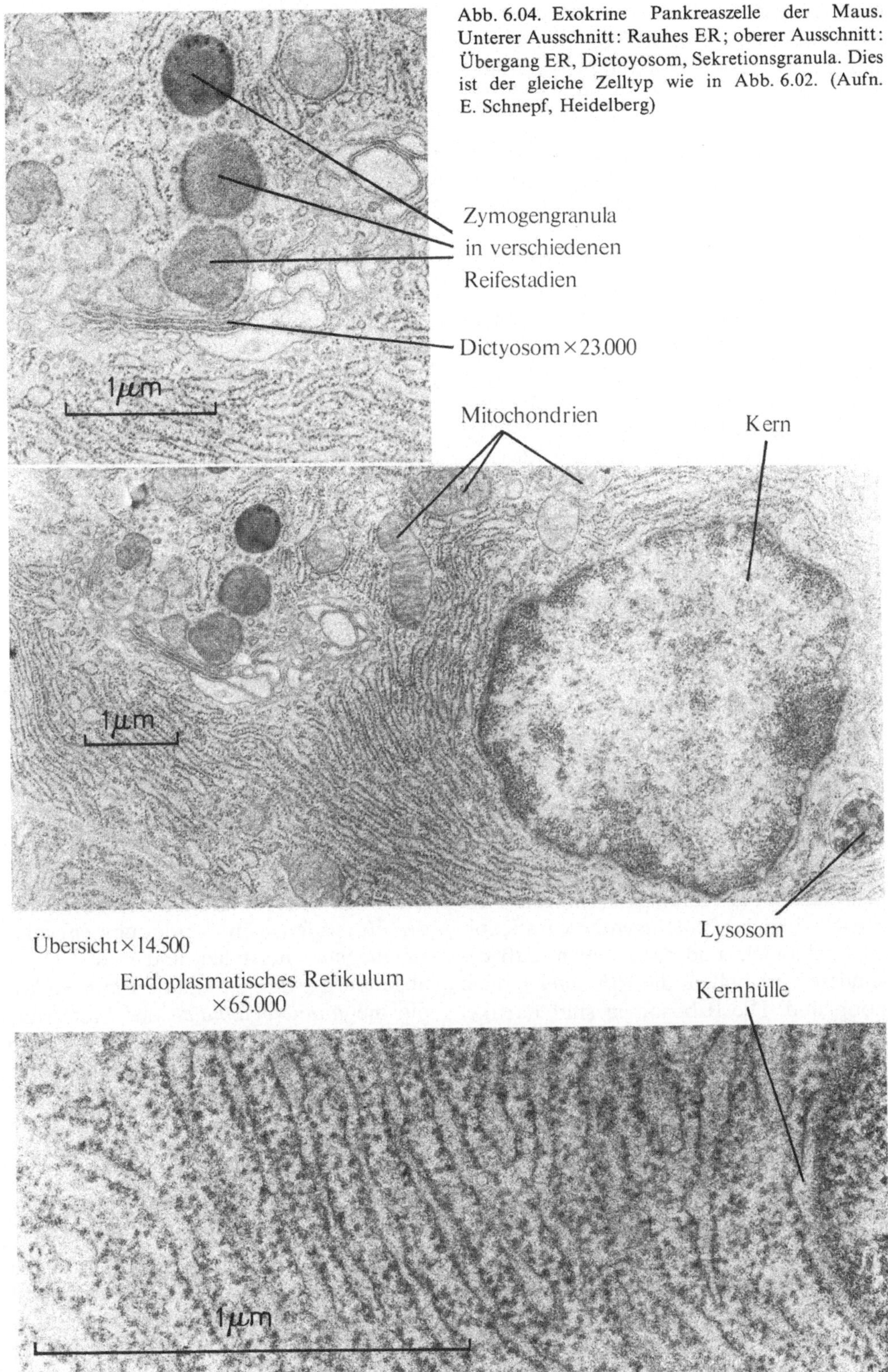

Abb. 6.04. Exokrine Pankreaszelle der Maus. Unterer Ausschnitt: Rauhes ER; oberer Ausschnitt: Übergang ER, Dictoyosom, Sekretionsgranula. Dies ist der gleiche Zelltyp wie in Abb. 6.02. (Aufn. E. Schnepf, Heidelberg)

nisieren) der Zelle aus den Membransystemen, vor allem aus dem ER, Vesikel entstehen, die bei der Trennung (Fraktionierung) der Zellbestandteile als *Mikrosomenfraktion* gereinigt werden können (4.03). Viele Untersuchungen über die Synthesereaktionen des ER sind an isolierten Mikrosomen vorgenommen worden.

Um die Reaktion in der intakten Zelle zu untersuchen, kann man der Zelle radioaktiv markierte Substrate verabreichen. Die Radioaktivität läßt sich dann im elektronenmikroskopischen Bild nachweisen (Autoradiographie, Abb. 5.06; Kap. 10.03). Fixiert man die Zellen zu verschiedenen Zeiten nach Zugabe des radioaktiven Substrats, dann läßt sich der zeitliche Verlauf von Aufnahme, Einbau und Absonderung des Substrats in der Zelle verfolgen. Mit radioaktivem Prolin hat man auf diese Weise die Synthese und Ausscheidung von Kollagen untersucht, mit radioaktiven Zuckern die Synthese und Ausscheidung von Polysacchariden und mit radioaktivem Cholesterin die Synthese von Steroidhormonen.

Proteine, Fette und Steroide werden am Endoplasmatischen Retikulum synthetisiert. Die Proteinsynthese nimmt dabei eine Sonderstellung ein. Ihre zentrale Stellung in der Biologie haben wir schon mehrmals angedeutet. Wir werden die Einzelheiten der Proteinsynthese im Kapitel 9 behandeln und dabei sehen, daß besondere Organellen, die *Ribosomen,* dazu nötig sind. Die Ribosomen sind Partikel mit einem Durchmesser von 14–18 nm, also der zwei- bis dreifachen Dicke einer Elementarmembran. In Procyten findet die Proteinsynthese an Ribosomen frei im Cytoplasma statt. In Eucyten gibt es freie Ribosomen; viele sitzen während der Proteinsynthese am ER. Im elektronenmikroskopischen Querschnittsbild sind sie als rundliche Partikel, die der cytoplasmatischen Seite des ER aufsitzen, deutlich zu erkennen (Abb. 6.04, 6.05). Mit Ribosomen besetztes Endoplasmatisches Retikulum heißt *granuläres* oder

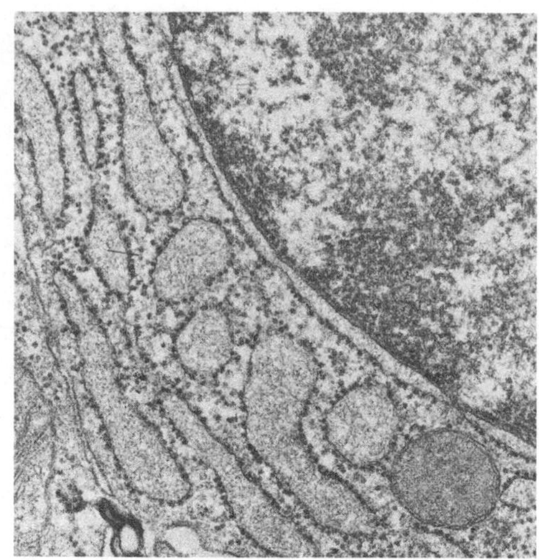

Abb. 6.05. Plasmazelle aus dem Duodenum der Katze, Ausschnitt. Die Zisternen des rauhen ER sind durch abgelagerte Immunoglobuline ausgeweitet. Rechts oben der von einer Doppelmembran begrenzte Zellkern. Vergrößerung 35000×. (Aufn. W.G. Forßmann, Heidelberg)

rauhes ER. ER ohne Ribosomen heißt *agranuläres* oder *glattes ER.* Da Proteinsynthese quantitativ eine größere Rolle spielt als die Synthese von Fett oder Steroiden und außerdem in viel mehr Zelltypen stattfindet, ist rauhes ER sehr häufig. Einige Zelltypen, die große Mengen von Proteinen herstellen, sind dicht mit rauhem ER gepackt. Beispiele dafür sind die *exokrinen Pankreas-Zellen* (Abb. 6.04), die Vorstufen von Verdauungsenzymen *(Zymogene)* herstellen und in den Darm absondern (Abb. 6.03), und *Plasmazellen,* die die *Immunoglobuline* des Blutserums (Antikörper) synthetisieren (20.05, Abb. 6.05).

6.05 Histochemie

An dieser Stelle können wir kurz auf die histochemische Anfärbung von Zellen hinweisen. Farbreaktionen mit Zellbestandteilen machen die Zelle im lichtmikroskopischen Schnittpräparat sichtbar. Viele spezifische Reaktionen sind so abgewandelt worden, daß sie zu einem sichtba-

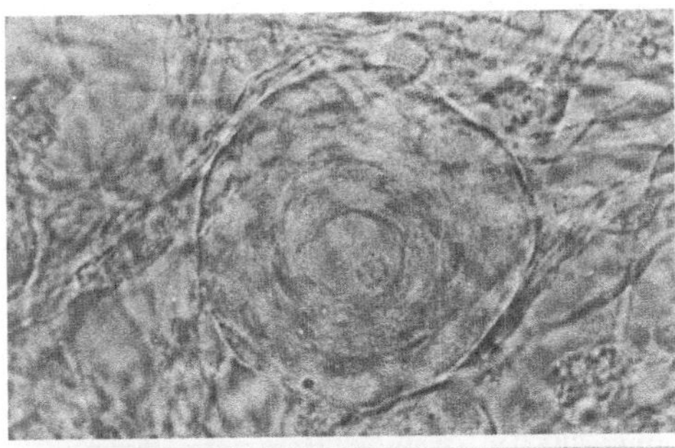
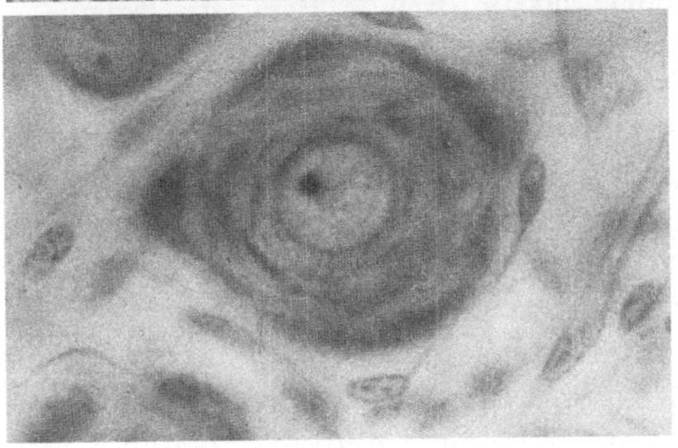

Abb. 6.06. Nervenzelle (Neuron) vom Hühnchen in Gewebekultur. Oben die lebendige Zelle im Phasenkontrastmikroskop, unten histochemisches Präparat mit Toluidinblau angefärbt. Stark gefärbte (basophile) Strukturen sind die Zellkerne der Begleitzellen, der Nukleolus (Kernkörperchen) im Kern des Neurons und Nissl-Schollen (rauhes ER) im Cytoplasma des Neurons. Vergrößerung 650×. (Aufn. N. Paweletz, Heidelberg)

ren, gefärbten Produkt führen. Das erlaubt im histologischen Präparat eine Lokalisierung verschiedener Substanzen oder Enzymaktivitäten in Zellen und in geeigneten Fällen sogar eine feinere Lokalisierung innerhalb der Zelle.

Histologische Präparate, wie sie routinemäßig hergestellt werden, benutzen oft die unterschiedliche Ladung saurer und basischer Bestandteile der Zelle, um die wichtigeren Klassen der Makromoleküle in der Zelle zu unterscheiden. Saure Bestandteile der Zelle färben sich mit basischen (kationischen) Farbstoffen an und werden mit einem unnötigen, aber gebräuchlichen Ausdruck *basophil* genannt. Typische basische Farbstoffe sind *Hämatoxylin, Methylenblau, Toluidinblau* (Abb. 6.06) und *Azurblau*. Basische Bestandteile der Zelle färben sich mit sauren (anionischen) Farbstoffen und werden nach dem typischen sauren Farbstoff für Routinefärbungen, *Eosin, eosinophil* genannt. *Orange G* ist ein anderer viel verwendeter saurer Farbstoff.

Die *sauren Mucopolysaccharide* (2.05) in Grundsubstanzen und die *Nukleinsäuren* (Kap. 8) sind die hauptsächlichen *basophilen* Bestandteile der Zelle. Je nach dem pH-Wert können die *Proteine* der Zelle entweder als Basen oder als Säuren reagieren. Im chemisch fixierten Präparat unter gewöhnlichen Färbebedingungen reagiert die Mehrzahl der Proteine schwach *eosinophil*. Da die typischen basischen Farbstoffe blau sind, während Eosin gelblichrot aussieht, entsteht bei Routinefärbungen ein Bild der Zelle, bei der der Zellkern blau, das Cytoplasma leicht rot und die meisten extrazellulären Grundsubstanzen leicht bis stark blau gefärbt sind.

Rauhes endoplasmatisches Retikulum ist mit Ribosomen besetzt, die im Gegensatz zur Mehrzahl der cytoplasmatischen Bestandteile basophil reagieren. *Cytoplasmatische Basophilie* deutet daher auf eine große Menge rauhes ER und aktive Proteinsynthese hin. Tatsächlich enthält das Cytoplasma von Plasmazellen im typischen histologischen Präparat einen blaugefärbten Stoff neben dem Kern; und das Cytoplasma der exokrinen Pankreaszellen und vieler anderer Drüsen ist so stark basophil, daß es violett erscheint. Dieses basophile *Ergastoplasma* entspricht also einem Cytoplasma voll rauhem ER.

6.06 Glattes ER

Glattes und rauhes ER sind nicht grundsätzlich verschieden. Ausgehungerte Ratten, denen wieder Futter angeboten wird, bauen zuerst glattes ER in den Leberzellen auf, aus dem später rauhes ER wird. Wodurch ER zur Synthese von Proteinen oder zur Synthese anderer Stoffe determiniert wird, ist noch nicht klar. Weil diese

Determination mit dem Einbau von verschiedenen Proteinen in die ER-Membran korreliert ist, kann sie ein komplizierter Prozeß sein. Vielleicht ist es auch nur das unterschiedliche Angebot verschiedener einbaubarer Proteine, das die Synthesen am ER bestimmt.

Glattes ER im Darm nimmt an der *Fettsynthese* teil. Fette werden im Darm zu Glycerin und Fettsäuren abgebaut und in dieser Form in die Zelle transportiert. Im ER der Zellen der Darmwand *(Mucosa)* werden dann wieder Triglyceride synthetisiert und als membranumschlossene *Fett-Tropfen* abtransportiert. Am glatten ER findet auch die Synthese von *Steroidhormonen* statt. Das ist in der *Nebennierenrinde* bei der *Cortisol-Synthese* und in den *Interstitialzellen des Hodens* bei der *Testosteron-Synthese* untersucht worden.

Die Syntheseprodukte des Endoplasmatischen Retikulums werden gelegentlich im Lumen der Cisternen gespeichert. In Plasmazellen ist das Lumen des rauhen ER durch die gespeicherten Immunoglobuline oft stark aufgebläht (Abb. 6.05). Ähnliches findet sich bei der Fettspeicherung im Lumen des glatten ER.

Eine besondere Form des glatten ER liegt in *Muskelzellen* vor. Es wird dort *Sarkoplasmatisches Retikulum* (SR) genannt. Die Membranen des SR enthalten eine Pumpe für Calcium-Ionen, die die Ca^{++}-Konzentration im Inneren der Cisternen auf das 1400fache der Außenkonzentration hochpumpen kann. Die SR-Membran ist erregbar. Wird sie zum Beispiel elektrisch stimuliert, dann steigt die Ca^{++}-Permeabilität sprunghaft an, und Ca^{++}-Ionen werden in das Cytoplasma der Muskelzelle, das Sarkoplasma, freigesetzt. Auf die Bedeutung dieses Vorgangs bei der Muskelkontraktion werden wir im folgenden Kapitel zurückkommen (7.05).

6.07 Der Golgi-Apparat

Verwandt mit dem Endoplasmatischen Retikulum, aber deutlich davon abgesetzt, ist der *Golgi-Apparat*. Seine Grundstruktur ist das *Dictyosom*. Ein einziges Dictyosom oder sehr viele davon können, je nach Zelltyp, den Golgi-Apparat der Zelle ausmachen.

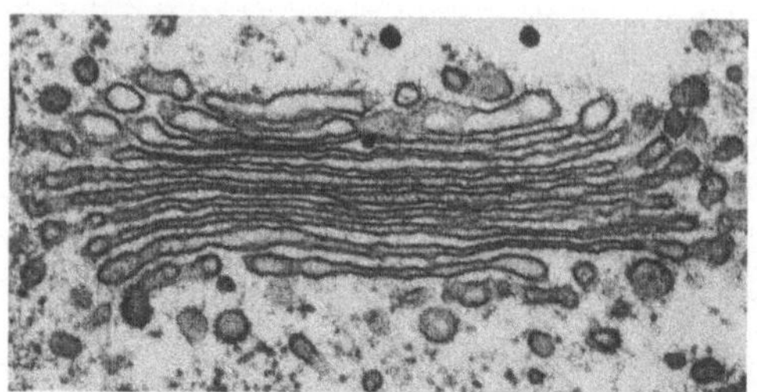

Abb. 6.07. Dictyosom einer einzelligen Alge. Vergrößerung 70000 ×. (Aufn. K. Hausmann, Berlin)

Ein Dictyosom ist ein Stapel flacher *Membrancisternen (Sacculi),* die etwa 20 nm weit sind und in 20–30 nm Abstand nebeneinander liegen (Abb. 6.05, 6.07). Typische Dictyosomen bestehen aus 4 bis 7 Cisternen. In einigen Zelltypen (so bei Einzellern) können es sehr viel mehr sein.

Der Golgi-Apparat spielt eine zentrale Rolle bei der *Kompartmentalisierung* in der Zelle, besonders bei der von Proteinen, die entweder außen in das Plasmalemma eingebaut werden oder in Vesikeln, durch Membranen vom Grundcytoplasma getrennt, in der Zelle liegen. Diese Proteine werden am Rauhen Endoplasmatischen Retikulum synthetisiert und dort direkt in das Lumen eingeschleust oder in die Membran eingebaut. Schon dabei werden die Proteine zugeschnitten und chemisch verändert. So tragen diese Proteine am Anfang der Kette eine Reihe hydrophober Aminosäuren (engl. „leader"), die beim Transport des neu synthetisierten Proteins durch die ER-Membran benötigt werden. Diese Leader-Sequenz wird dann abgeschnitten. Von den vielen möglichen chemischen Veränderungen, die aus einer Kette von Aminosäuren ein funktionierendes Protein machen, finden die ersten auch schon im ER statt. So wird dort allen Glykoproteinen erst einmal ein Standard-Oligosaccharid an die

Glykosylierungsstellen angesetzt, das erst später, und zwar im Golgi-Apparat, zu den verschiedenen Oligosacchariden umgebaut wird, die spezifisch für die einzelnen Glykoproteine sind.

Die Dictyosomen haben eine deutliche Polarität und innere Kompartimentierung. Die dem ER zugewandten Cisternen an der *cis*- (diesseitigen) *Fläche* des Dictyosoms empfangen die Proteine in *Primärvesikeln,* die vom ER abknospen und mit den Cisternen der cis-Fläche verschmelzen. Die der Zelloberfläche zugewandten Cisternen an der *trans*- (jenseitigen) *Fläche* des Dictyosoms geben die fertig veränderten Proteine in verschiedenen Sorten von Vesikeln ab. Jedes Dictyosom ist also von einer Wolke verschiedener Vesikel umgeben (Abb. 6.07).

War man sich vor einigen Jahren noch ziemlich sicher, daß die Cisternen aus Primärvesikeln an der cis-Fläche gebildet werden und die Cisternen der trans-Fläche sich in Vesikel auflösen, daß also die Cisternen langsam durch das Dictyosom durchwandern und sich zusammen mit den Proteinen dabei chemisch verändern, so zeichnet sich jetzt eine andere Dynamik des Golgi-Apparates ab, die (vielleicht zu starr) folgendermaßen aussieht (Abb. 6.08):

Jedes Dictyosom enthält drei Kompartimente, *cis, medial* und *trans,* aus jeweils einer oder mehreren Cisternen mit verschiedenen Membranen, die einen verschiedenen Satz Modifizierungs-Enzyme haben. Die Proteine erreichen eine der cis-Cisternen in Primärvesikeln, werden dort verändert, gehen in einer neuen Art Vesikel zu einer der medial-Cisternen weiter, wo sie für dieses Kompartiment spezifische Veränderungen erfahren, werden dann in wieder einer neuen Art Vesikel zur letzten Umbau-Station in eine trans-Cisterne verfrachtet, die sie in endgültigen Vesikeln (membran-bildende Vesikel, Lysosomen, Sekretionsvesikel) verlassen. Jedes Kompartiment behält seine spezifischen Enzyme. Die Vesikel, die es am Rande erhält oder abknospt, sind enzym-

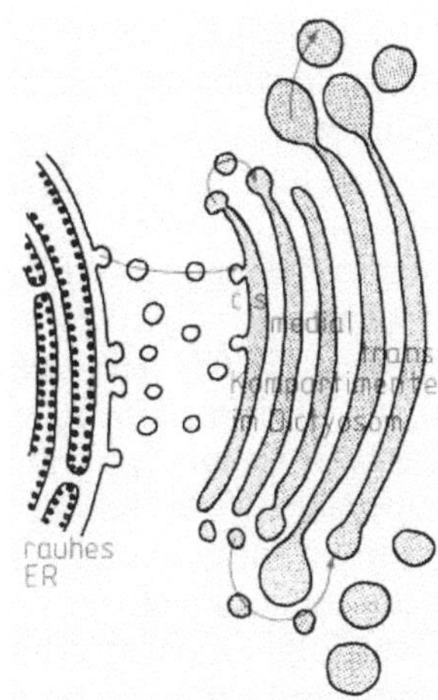

Abb. 6.08. Schema des Membranflusses durch ein Dictyosom. Eine Membran soll das cis-Kompartment, je zwei sollen das mediale bzw. trans-Kompartment bilden. Vom rauhen ER zum cis-Kompartment werden Proteine in Primärvesikeln transportiert, zwei andere Arten Vesikel transportieren um jeweils ein Kompartment weiter, bis schließlich das trans-Kompartment Vesikel absondert, die entweder direkt ins Plasmalemma eingebaut werden (für Membranproteine), als Lysosomen im Plasma verbleiben (intrazelluläre Verdauung) oder als Sekretionsvesikel zur Exocytose bereit stehen (extrazelluläre Verdauung, Transmitterfunktionen, Abscheiden von Mukopolysacchariden)

lose Verpackungen, die jeweils mit nur einem, dem folgenden, Dictyosom-Kompartiment verschmelzen können.

Erstaunlich an dieser fabrikmäßigen Fertigung ist, daß auch innerhalb eines Dictyosoms in einer Zelle zig verschiedene Proteine spezifisch verändert werden und von den trans-Cisternen, in wenigstens drei verschiedene Sorten Vesikel verpackt, abgegeben werden. Ein Golgi-Enzym muß also nicht nur seine spezifische Reaktion (Glykosylierung, Phosphorylierung etc.) ausführen können, es muß auch das Protein erkennen, an dem es diese Reaktion vornimmt. Dabei hilft die Kompartmentalisierung. Ein Oligosaccharid, das im cis-Kompartment phosphoryliert wird, ist damit für den Einbau weiterer spezifischer Zuckerreste im medianen Kompartment blockiert. Aber das cis-Kompartment muß wissen, an welchen Proteinen es Oligosaccharid-Büschel phosphoryliert und welche es unverändert weitergibt.

Es ist uns heute möglich, Information über die Aminosäuresequenz von Proteinen in Zellen einzuschleusen und die Zellen damit zur Synthese dieser Proteine zu bringen (23.07). Die richtige weitere Fertigung der Proteine hängt noch vom jeweiligen Golgi-Apparat ab. Die Aufklärung seiner detaillierten Funktion ist deshalb gerade zur Zeit ein sehr aktuelles Forschungsgebiet.

Der Golgi-Apparat erhält laufend Membran und gibt laufend Membran ab. Zwischendrin werden diese Membranen spezifisch mit Proteinen bestückt und damit „repariert". Auf diese Weise hat der Golgi-Apparat eine *zentrale Rolle im Membranfluß der Zelle.*

6.08 Lysosomen

Die Substanzen, die, in Vesikel eingeschlossen, im Cytoplasma vorliegen und durch Exocytose nach außen abgegeben werden, sind sorgfältig vom Grundcytoplasma abgesondert. So sind die Verdauungsenzyme in der exokrinen Pankreaszelle für die Zelle selbst gefährlich. Die Zelle ist doppelt gegen ihre Wirkung gesichert. Die Verdauungsenzyme sind nicht nur in Vesikel eingeschlossen, sie liegen auch in den Vesikeln als *inaktive Zymogene* vor, die erst im Darm durch Abspaltung eines Teils der Proteinkette in die aktiven Enzyme umgewandelt (aktiviert) werden. Auch die Glykoproteine der Zelloberfläche und die Polysaccharide der pflanzlichen Zellwand gehören nicht in das Grundcytoplasma. Genau dasselbe gilt für die Transmitter-Substanzen in Nervenzellen, die in synaptischen Vesikeln vorliegen.

Wie Verdauungsenzyme bei der intrazellulären Verdauung innerhalb der Zelle wirken können, ohne die Zelle selbst zu zerstören, ist mit der Entdeckung der *Lysosomen* und ihrer Rolle bei der Verdauung in der Zelle aufgeklärt worden. Die Entdeckungsgeschichte der Lysosomen ist ein schönes Beispiel für die Entwicklung wissenschaftlicher Konzepte, wie wir sie ganz zu Anfang skizziert haben. Beobachtungen führen zu Hypothesen, Hypothesen zu Theorien, und Theorien fließen in das Gesamtkonzept der Wissenschaft ein.

Die Beobachtung, die zur Entdeckung der Lysosomen führte, wurde bei der Fraktionierung aufgebrochener Zellen durch *differentielle Zentrifugation* gemacht. Verschiedenen Biochemikern fiel auf, daß die Aktivitäten von hydrolytischen Enzymen in der Zelle manchmal in der Mitochondrienfraktion nachweisbar waren, manchmal gar nicht, manchmal erst, wenn die Fraktion grob behandelt wurde. Zu diesen Enzymen gehörten *saure Phosphatase, β-Glucuronidase* und weitere *Hydrolasen* verschiedenster Art, die nur zwei Eigenschaften gemeinsam hatten: sie waren Hydrolasen, also Verdauungsenzyme, die unter Wasseranlagerung Molekülbindungen lösten, und sie hatten die höchste Aktivität bei niedrigem pH.

1955 postulierte De Duve, daß diese Enzyme in membranumschlossenen Vesikeln vorlägen, die bei Routinefraktionierung zum großen Teil mit den Mitochondrien zusammen abzentrifugiert würden. Grobe Behandlung der Fraktion, zum Beispiel in hypotonischem Medium, ließe die Membran platzen und setze die hydrolytischen Enzyme frei. Diese hypothetischen Vesikeln wurden von De Duve *Lysosomen* genannt. Auf Grund dieser Hypothese wurde vorausgesagt, daß die Lysosomen, die noch niemand gesehen hatte, verschieden groß sein mußten, etwa zwischen 0,13 und 0,80 µm im Durchmesser. Die Lysosomen konnten an Hand der typischen Enzyme, der *Leitenzyme,* der Fraktion angereichert werden, besonders mit Hilfe der Aktivität der sauren Phosphatase. Präparationen solcher Fraktionen für das Elektronenmikroskop enthielten wirklich elektronendichte Vesikeln, die von einer Elementarmembran umschlossen waren und einen Durchmesser von 0,25–0,50 µm hatten.

Die Lysosomen haben sich inzwischen als besonders interessante Zellorganellen erwiesen. Sie entstehen am Golgi-Apparat und sind dicht mit Hydrolasen vollgepackt. 36 Enzymaktivitäten sind in Lysosomen nachgewiesen worden. Es gibt kaum etwas in der Zelle, das nicht von lysosomalen Enzymen abgebaut werden kann, und im Gegensatz zu den Zymogenen in den Zymogengranula liegen die lysosomalen Enzyme in aktiver Form in den Lysosomen vor. Mit Lysosomen ist nicht zu spaßen, und nicht umsonst haben wir betont, daß in der Zelle Innen und Außen bei Membransystemen streng getrennt sind.

Wir können jetzt verstehen, wie intrazelluläre Verdauung funktioniert. Daß die Nahrungspartikel bei der Phagocytose innerhalb von Vesikeln und vom Grundcytoplasma getrennt vorliegen, ist kein Nachteil, sondern Notwendigkeit. Mit einer solchen Phagocytose-Vesikel kann ein Lysosom (ein *primäres Lysosom*) verschmelzen. Dabei werden die lysosomalen Enzyme auf den Inhalt der Phagocytose-Vesikel losgelassen und in diesem *sekundären Lysosom* oder *Phagolysosom,* also außerhalb des Grundcytoplasmas, findet die intrazelluläre Verdauung statt (Abb. 6.09). Erst die Abbauprodukte werden durch Transport durch die Membran aus dem Phagolysosom in das Grundcytoplasma aufgenommen. Dabei wird das Phagolysosom oft kleiner. Unverdauliche Reste werden durch Exocytose aus der Zelle befördert (Abb. 6.10).

Für Terminologiefanatiker sei darauf hingewiesen, daß gerade diese interessante Variation der Exocytose noch keinen besonderen Namen besitzt. Die Stelle allerdings, an der eine Öffnung der Pellicula beim Pantoffeltierchen den Austritt unverdaulicher Nahrungsreste durch Exocytose zuläßt, hat einen Namen. Sie heißt Cytopyge.

Lysosomen verdauen nicht nur zellfremdes Material, das durch Phagocytose auf-

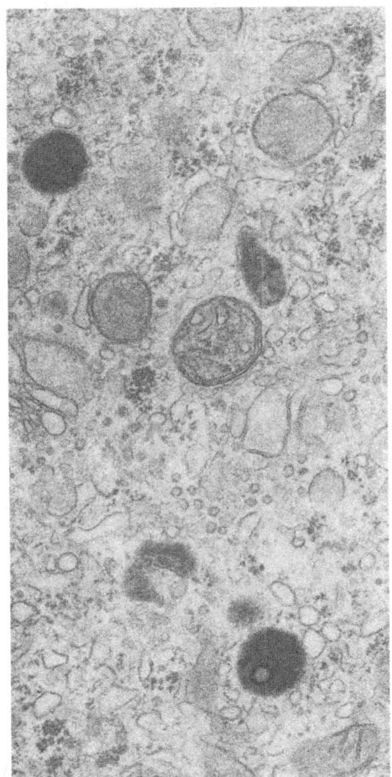

Abb. 6.09. Lysosomen in der Leber der Maus. Im mittleren Lysosom wird ein Mitochondrion verdaut. Die dunklen Flecke sind Fett-Tropfen, die Haufen dunkler Körnchen sind abgelagertes Glykogen. Vergrößerung 21 000 ×. (Aufn. E. Schnepf)

genommen worden ist (Heterolysosomen), sie werden auch zum Abbau zelleigenen Materials eingesetzt (griechisch: *Autolysosomen,* englischer Laborslang: suicide bags). Sie dienen dem Abbau zelleigener Organellen oder dem Abbau der gesamten Zelle. Solche Vernichtung körpereigener Zellen oder Organellen ist keineswegs selten. Sie ist im Entwicklungsprogramm vieler Organismen eingeplant. So wird bei der Entwicklung des Menschen die Hand als paddelförmige Fläche angelegt, aus der durch Absterben und Resorption von Zellstreifen die Finger ausgeschnitten werden (Abb. 21.12). Man kann solchen *programmierten Zelltod* an jeder Kaulquappe beobachten, die sich in der Metamorphose zum Frosch umwandelt. Innerhalb er-

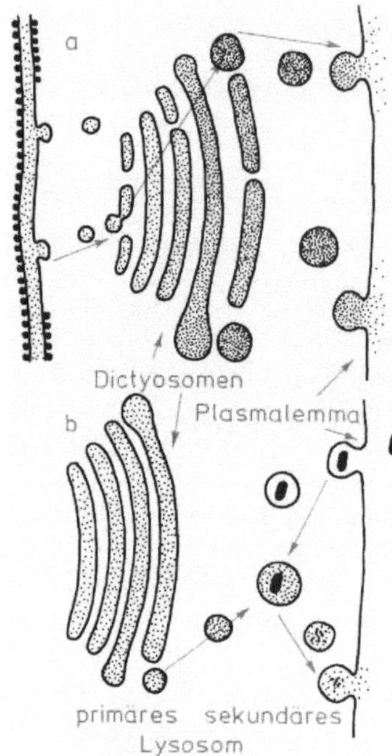

Abb. 6.10. Zusammenfassung der hauptsächlichen Membranumwandlungen in der Zelle. Oben: Sekretion. Entstehung des Dictyosoms aus Primärvesikeln, die vom ER stammen, Abgabe von Sekretionsvesikeln und Exocytose. Unten: intrazelluläre Verdauung. Entstehung primärer Lysosomen am Dictyosom, Verschmelzen mit Nahrungsvakuolen zu sekundären Lysosomen (Heterolysosomen), Verdauung, Exocytose der unverdaulichen Reste

staunlich kurzer Zeit, oft im Laufe eines Tages, wird der gesamte Schwanz der Kaulquappe abgebaut.

Bei Abbauvorgängen im Gewebe können unverdauliche Reste oft nicht durch Exocytose abgeschoben werden. Sie bleiben in der Zelle liegen. Abbauprodukte von Lipiden sammeln sich auf diese Weise als *Alterspigment (Lipofuszin)* in Zellen an. Ähnliches geschieht, wenn bestimmte lysosomale Enzyme (zum Beispiel durch erblichen Ausfall der Gene dafür) fehlen. Dann wird der lysosomale Abbau blockiert, und es sammeln sich mit halbverdauten Fragmenten vollgestopfte Lysosomen in der Zelle an. Besonders gefährlich ist das im Nervensystem, wo große Mengen verbrauchter Membran (z.B. aus dem

Myelin) von Lysosomen abgebaut werden. Wenn Lysosomen ablagern anstatt abzubauen, kann das zu schweren Schäden führen. Eine große Anzahl von Krankheiten, besonders Erbkrankheiten, wird dadurch erklärt. Die bekannteste dieser *lysosomalen Ablagerungs-Krankheit* (engl.: lysosomal storage diseases) ist die Tay-Sachs-Krankheit, die auf einem defekten Gen für N-acetyl-Hexosamninidase B beruht, wodurch es zur Ablagerung des Gangliosides G_{M2} im Zentralnervensystem kommt (2.07).

Übrigens sind die Lysosomen nicht die einzigen Vesikel mit Enzymen zur intrazellulären Verdauung. Ähnliche Vesikel mit Oxidationsenzymen (*Uricase, Katalase,* D-Aminosäureoxidase) werden *Peroxysomen* genannt. Sie liegen als membrangebundene Organellen mit Durchmessern von 0,3–1,5 µm in Leber- und Nierenzellen vor. Die Enzyme in Peroxysomen sind oft kristallin angeordnet. Ähnliche Organellen, also membrangebundene Packungen bestimmter Enzymgruppen, werden mit den Peroxysomen als *Microbodies* (Abb. 6.01) klassifiziert. Sie treten besonders dort auf, wo ein bestimmtes Enzymangebot vorgefertigt zur späteren Verwendung vorliegen soll.

Sie alle gehören zum Membransystem der Zelle, das durch Membranfluß verbunden ist. Zu diesem System gehören das Plasmalemma, das Endoplasmatische Retikulum, der Golgi-Apparat und eine Vielfalt vesikulärer Strukturen.

6.09 „Coated Vesicles"

Die verschiedenen Vesikel der Zelle sind selbst im elektronenmikroskopischen Bild einander so ähnlich, daß man höchstens aus ihrer Größe, ihrem Vorkommen in bestimmten Zelltypen und der Strukturierung ihres Inhalts feststellen kann, was für eine Funktion eine bestimmte Vesikel hat. Die wichtigen molekularen Unterschiede in der Zusammensetzung ihrer Membran und in ihrem Inhalt sind nicht

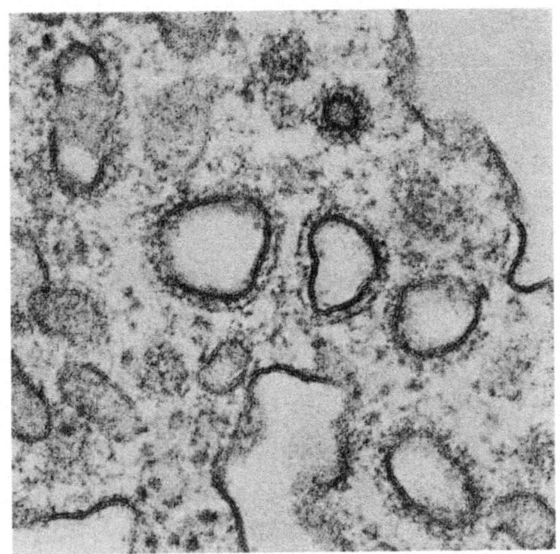

Abb. 6.11. „Coated Vesicles" in einem einzelligen Geißeltierchen. Vergrößerung 80000 ×. (Aufn. K. Hausmann, Berlin)

sichtbar. Eine Gruppe von Vesikeln fällt allerdings deutlich dadurch auf, daß ihre Membran auf der dem Cytoplasma zugekehrten Seite („außen" von der Vesikel gesehen) mit einer strukturierten Proteinschicht bedeckt ist, die viel dicker ist als die Membran selbst (Abb. 6.11). Das sind die „coated vesicles" (bedeckte oder eingekleidete Vesikel).

Die Proteinschicht besteht aus verschiedenen Proteinen, unter denen *Clathrin* das bestcharakterisierte ist. Jeweils drei Clathrin-Polypeptide (MW 180000) und drei Moleküle eines kleineren Proteins (MW 35000) legen sich zu dreiarmigen Komplexen zusammen, den sogenannten Triskelions. Diese Triskelions formen ein korbartiges Netzwerk aus ziemlich regelmäßigen Sechs- und Fünfecken um die Außenseite der Vesikel. Jeder Triskelion-Arm trägt zu zwei Seiten einer Netzmasche bei, an denen er parallel zu anderen solchen Armstücken liegt (Abb. 6.12). Dieses Körbchen verleiht der Vesikel nicht nur Festigkeit, es spielt auch eine Rolle bei der Begrenzung der Membranflecken, aus denen durch Endocytose die Vesikel entsteht. Solche Flecken, die sich gerade nach innen eindellen, sind als

„coated pits" an der Zelloberfläche sichtbar.

Diese Art Vesikel nimmt an *spezifischer Rezeptor-abhängiger Endocytose* teil, aber es ist noch nicht klar, wie zwischen Endocytoseprozessen an „glatten" und an „coated" Vesikeln unterschieden wird. Einige Rezeptoren, so der für (in der Zelle wirksames) Insulin, müssen erst ihren Liganden (also Insulin) binden, bevor sie sich in „coated pits" versammeln und endocytotisch aufgenommen werden. Auch der Transport von Cholesterin in die Zelle wird über „coated vesicles" geregelt. Cholesterin wird im Blutstrom in kleinen membran-gebundenen Partikeln (etwa wie in Abb. 2.03) transportiert, dem LDL („low density lipoprotein", Lipoprotein mit geringer spezifischer Dichte). Jedes LDL-Partikel ist mit zwei spezifischen Proteinmolekülen eines Proteins markiert, das von dem LDL-Rezeptor gebunden wird. Das gebundene LDL wird in „coated vesicles" endocytotisch aufgenommen, die in der Zelle ihren Proteinmantel verlieren, dann zu größeren „glatten" Vesikeln verschmelzen und schließlich durch Verschmelzen mit einem Lysosom in die intrazelluläre Verdauung eingeschleust werden, bei der das Cholesterin freigesetzt wird. Die LDL-Rezeptoren bleiben dabei in ihrer Vesikelmembran sitzen und werden von den Resten der glatten Vesikel wieder an die Zelloberfläche gebracht. Auch die Clathrin-Körb-

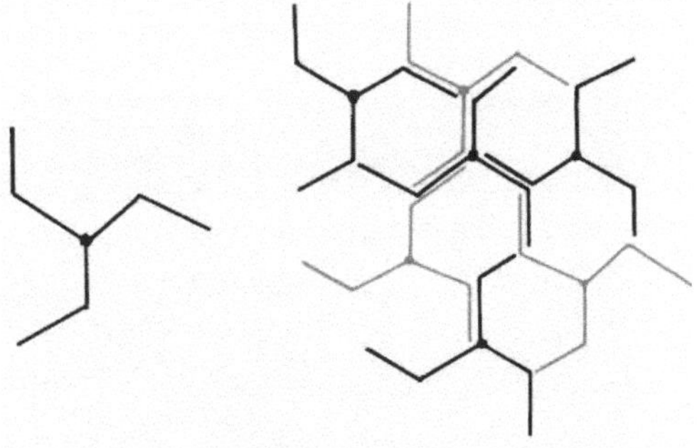

Abb. 6.12. Einzelne Clathrin-Triskelions (links) legen sich zu einem korbartigen Netzwerk (rechts) um eine „coated vesicle" zusammen

chen-Moleküle finden ihren Weg an die (Innenseite der) Zelloberfläche. Damit sind diese Moleküle nun wieder bereit, eine „coated vesicle" zum Einfangen weiterer LDL-Partikel zu bilden.

6.10 Mitochondrien

Völlig verschieden von diesem Membransystem sind die *Mitochondrien,* membrangebundene Organellen, die in verschiedener Häufigkeit und Größe im Grundcytoplasma jeder Zelle gefunden werden (Abb. 6.01, 6.04). Sie unterscheiden sich schon allein dadurch von allen anderen Zellorganellen, daß sie von zwei Elementarmembranen umgeben sind, durch die zwei innere Kompartimente umschlossen werden (Abb. 6.13, 6.14).

Die *äußere Mitochondrienmembran* umgibt das Organell, das rundlich oder länglich und etwa 0,2 bis 1 µm im Durchmesser und 3–10 µm lang ist. In einigen Algen-Zellen findet sich nur ein einziges Mitochondrion, typische Zellen höherer Organismen enthalten einige hundert. Mit einer guten Optik kann man Mitochondrien gerade eben im Lichtmikroskop als Körnchen oder Fädchen erkennen. Sie sind keineswegs einheitlich und starr, sondern können anschwellen und abschwellen oder in mehrere Stücke zerfallen; mehrere kleine Mitochondrien können auch zu einem längeren fusionieren. Außerdem sind sie in vielen Zellen in reger Bewegung.

Bei alledem bleiben aber die beiden Mitochondrien-Kompartimente immer von allen anderen Zellkompartimenten durch die Mitochondrienmembranen abgetrennt. Im Gegensatz zur äußeren Membran ist die *innere Mitochondrienmembran* stark gefaltet und besitzt eine große Oberfläche. Treten die Falten als flache Blätter in den Innenraum vor, spricht man von *Cristae* der Mitochondrien (Abb. 6.13, 6.14), sind sie röhrenförmig, dann werden sie *Tubuli* genannt. Die innere Mitochondrienmembran trennt also den Innenraum der Mitochondrien, den *Matrixraum,* vom Raum zwischen den beiden Membranen, dem *Intracristaraum.* Wie stark die Oberfläche der Innenmembran vergrößert ist, hängt unter anderem vom Zustand der Zelle ab, besonders von ihren Energieanforderungen.

Mitochondrien sind Organellen des Energiestoffwechsels. In ihnen geht die Veratmung von Substraten zu Kohlendioxid und Wasser vor sich. Wir haben diesen Vorgang schon mehrmals erwähnt und dabei gesehen, daß es sich um eine kom-

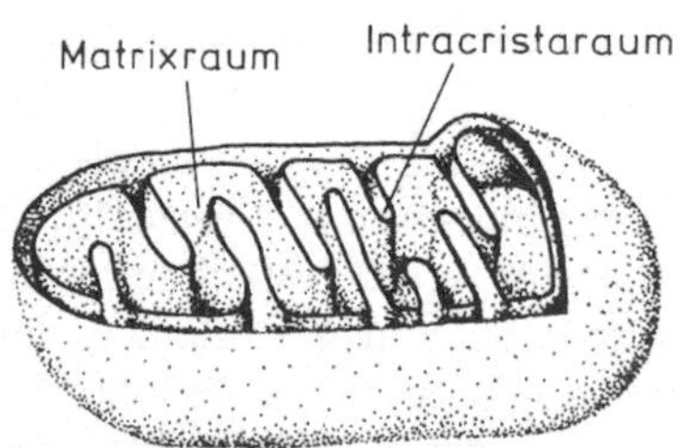

Abb. 6.13. Mitochondrion, Schema der beiden Membranen

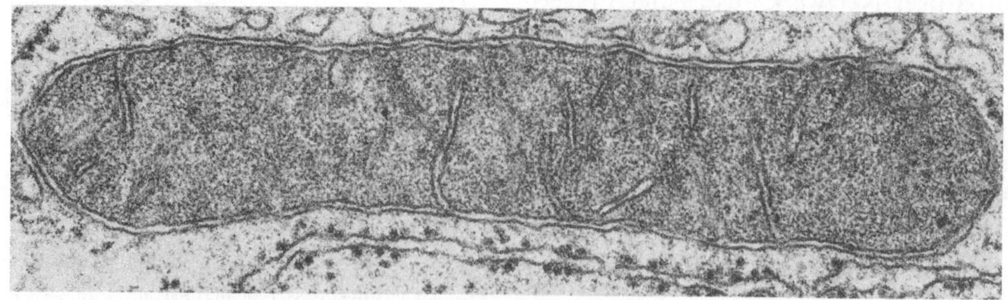

Abb. 6.14. Mitochondrion aus einer Leberzelle der Maus. Vergrößerung 80000×. (Aufn. K. Hausmann, Berlin)

plizierte Serie von Teilreaktionen handelt, bei denen die chemische freie Energie zum großen Teil auf ATP übertragen wird (Abb. 2.01). Zur effektiven Energiekoppelung müssen auch die entsprechenden Enzymsysteme gekoppelt sein. Das besorgt die Struktur der inneren Membran.

Die Energieübertragung verläuft vom Matrixraum, in dem Kohlendioxid und Wasserstoff von Substraten gewonnen werden, zum Intracristaraum, in den ATP ausgeschieden wird. Dazu müssen Substratmoleküle und die wasserstofftragenden Coenzyme, die bei Reduktionsreaktionen im Grundzytoplasma entstehen, durch beide Membranen in den Matrixraum gelangen. Das doppelte Membransystem ist beinahe impermeabel für viele wichtige Substrate, die nur durch aktiven Transport ins Innere gelangen können. Die Abbauprodukte vom Stoffwechsel der Zucker, Fette und Aminosäuren werden im Matrixraum in einen Zyklus von acht Reaktionen eingeschleust, den *Zitronensäurezyklus* oder *Krebs-Zyklus* (Abb. 6.15). Die zyklische Reaktion liefert zwei CO_2 aus Decarboxylierungen und 8 Wasserstoffatome aus Dehydrogenierungen. Im Krebszyklus wird das Substrat also ohne Sauerstoff durch Entzug von Wasserstoff oxidiert.

Die Reaktion kann formal geschrieben werden als

$$C_6H_8O_7 + 2H_2O = C_4H_4O_5 + 2CO_2 + 4H_2.$$

Zitronensäure   Oxalessigsäure

Sie wird zyklisch dadurch, daß aus Oxalessigsäure durch Anlagerung von Essigsäure Zitronensäure regeneriert wird.

$$C_4H_4O_5 + C_2H_4O_2 = C_6H_8O_7.$$

Diese Summenformeln sind nur eine grobe Bilanz des Zyklus. Essigsäure wird nicht frei, sondern gebunden an die SH-Gruppe des Carbonsäure-übertragenden *Coenzym A* (CoA – SH) in die Reaktion eingeführt. Man kann also die Aufgabe

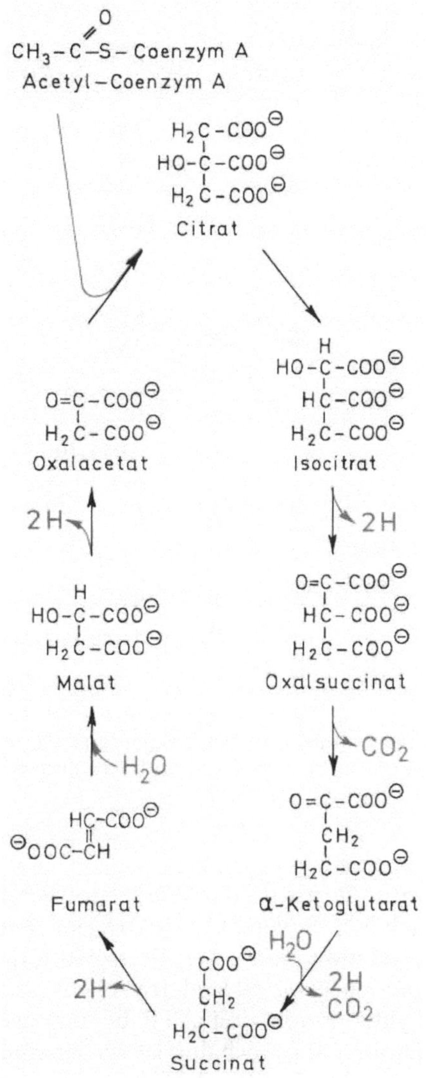

Abb. 6.15. Der Krebs-Zyklus

des Krebszyklus darin sehen, Acetyl-Coenzym A abzubauen:

$$CH_3 - C{\overset{O}{\underset{SCoA}{}}} \quad + \; 3H_2O$$

$$= 2CO_2 \; + \; 4H_2 \; + \; HSCoA.$$

Auch der Wasserstoff tritt nicht frei auf, sondern in der Form reduzierter Coenzyme (Abb. 6.16), von denen er an das *Elektronentransport-System der inneren Mitochondrienmembran* weitergegeben

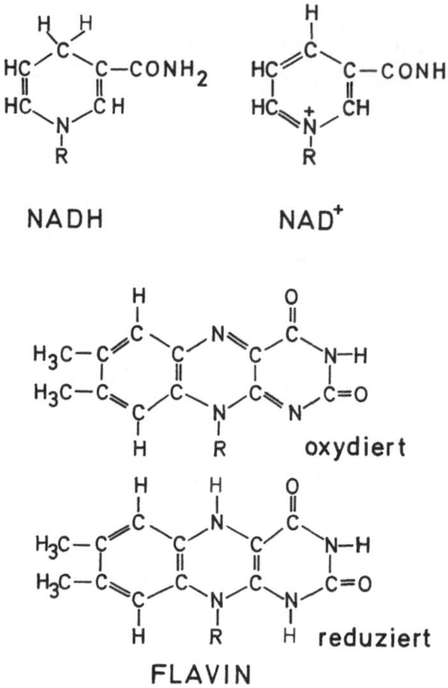

NADH   NAD$^+$

oxydiert

reduziert

FLAVIN

Abb. 6.16. Coenzyme der Zellatmung. Die entscheidenden Strukturen, Nikotinamid und Flavin, sind jeweils im reduzierten und oxidierten Zustand abgebildet

wird. Dort wird der Wasserstoff letztendlich auf Sauerstoff übertragen. Bei der Oxidation von zwei Wasserstoffatomen werden etwa 60 kcal freigesetzt, die zur Synthese von drei ATP benutzt werden (Abb. 2.01). Auch dies ist wieder eine sehr summarische Beschreibung eines recht komplizierten Vorganges, der ein hervorragendes Beispiel für die Wechselwirkungen von Transport, Stoffwechsel und Energieumsatz an Membranen ist. Das direkte Resultat des Elektronentransportes durch die innere Mitochondrienmembran ist nämlich ein Transport von Protonen (H$^+$) aus der Mitochondrienmatrix in den Intracristaraum. Dadurch entsteht ein Konzentrationsgefälle über die innere Mitochondrienmembran. Der Rückfluß der Protonen entlang diesem Gefälle in den Matrixraum ist mit der Synthese von ATP gekoppelt. Dies sind die Grundzüge der „chemo-osmotischen" Theorie von Mitchell, mit der die Kopplung von Zellatmung (Oxidation des Wasserstoffes) und ATP-Synthese erklärt wird.

Die Einzelheiten dieses Vorgangs sind noch nicht geklärt, und die folgende Darstellung ist zumindest vereinfacht. Trotzdem lohnt es sich, einen derart grundlegenden Prozeß etwas genauer anzuschauen (Abb. 6.17).

Reduziertes Nicotinamid-Adenin-Dinukleotid (NADH, Abb. 6.16) und ein freies Proton aus der Matrix bringen zusammen zwei Protonen und zwei Elektronen (also zwei Wasserstoffe) an ein Membran-Protein, an das Flavin-Mononukleotid (FMN, Abb. 6.16) als Wasserstoffakzeptor gebunden ist. Das Flavoprotein ist wahrscheinlich ein Protonenkanal durch die Membran, durch den die beiden Protonen von FMN nach außen geschleust werden, während die beiden Elektronen auf ein „Eisen-Schwefel-Protein" übertragen werden, dessen aktives Zentrum Eisen- und Schwefel-Atome in einer Konfiguration enthält, die reversibel die Ladung eines Elektrons aufnehmen kann. Die Elektronen sind damit wieder zur Matrix-Seite der Membran zurückgeflossen, wo sie zusammen mit zwei Protonen aus dem Matrixraum zwei Moleküle Ubichinon („Coenzym Q", Abb. 6.18) reduzieren. Ubichinon ist nicht an ein Protein gebunden, sondern in der Lipidphase der Membran gelöst und darin beweglich. Ein Molekül Ubichinon wird durch ein Elektron aus dem Eisen-Schwefel-Protein vom Chinon zum Semichinon reduziert, ein weiteres Elektron erhält es von Cytochrom b und wird dadurch mit einem weiteren Proton aus dem Matrixraum zum Hydrochinon reduziert. Die beiden ursprünglichen Elektronen haben jetzt jedes zur Reduktion eines Ubichinon-Moleküls beigetragen. Dazu haben die beiden Ubichinon-Moleküle jedes noch ein Elektron von Cytochrom b übernommen und zusammen vier Protonen aus dem Matrixraum gebunden. Diese vier Protonen werden an der anderen Seite der Membran in den Intracrista-Raum abgegeben. Da-

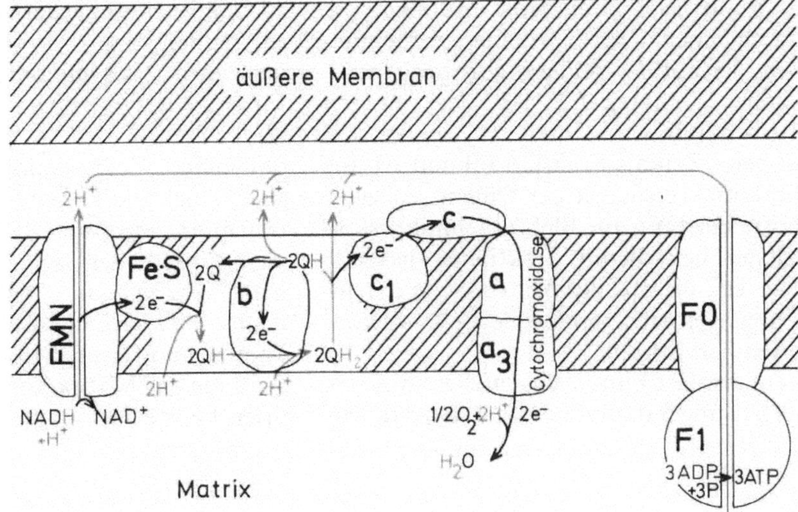

Abb. 6.17. Schematische Darstellung von Protonenfluß, Elektronenfluß und ATP-Synthese an der inneren Mitochondrienmembran. Die Lage der einzelnen Komponenten in der Membran ist annähernd richtig, ihre Anordnung und besonders die relative Anzahl ist (wahrscheinlich grob) vereinfacht. Dennoch trifft die Reaktionsstöchiometrie wahrscheinlich zu

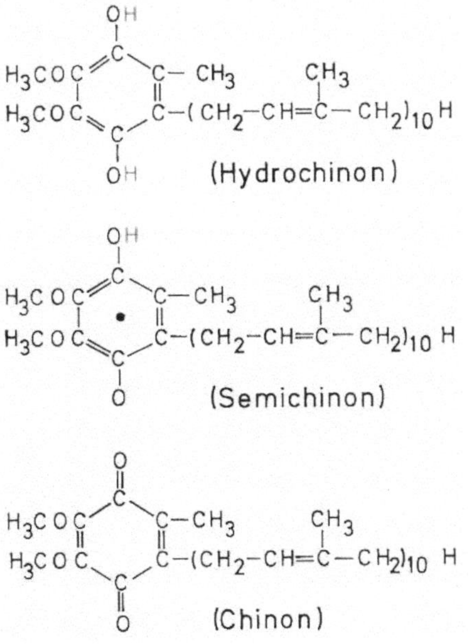

diert und gehen in den Zyklus zurück. Im ganzen sind sechs Protonen aus dem Matrixraum in den Intracristaraum transportiert worden.

Die Cytochrome sind Häm-haltige Proteine, bei denen das zentrale Eisenatom des Hämringes reversibel zu Fe^{+++} oxidiert werden kann. Über diese Eisenatome werden die Elektronen von Cytochrom c_1 an Cytochrom c weitergegeben, das der Außenseite der Membran angelagert ist. Sie durchqueren dann zum dritten und letzten Mal die Membran durch den Cytochrom-Oxidase-Komplex (Cytochrom a–a_3) und werden schließlich an der Matrix-Seite der Membran zur Reduktion von Sauerstoff verwandt. Bei dem dreimaligen Transport durch die Membran ist ihre Energie zum Transport von drei Paaren Protonen verwandt worden. Durch diesen Protonentransport wird ein Konzentrationsunterschied aufrechterhalten, der zum Antrieb verschiedener Reaktionen in der inneren Mitochondrienmembran dient. Die wichtigste davon ist die Synthese von einem Mol

Abb. 6.18. Ubichinon (Coenzym Q) in drei verschiedenen Oxidationszuständen

bei werden zwei Elektronen an Cytochrom b zurückgegeben, zwei werden auf Cytochrom c_1 übertragen. Damit sind die beiden Moleküle Ubichinon wieder oxy-

ATP für jede zwei Mol Protonen, die durch einen Transportkanal zurückfließen, der mit der ATPase gekoppelt ist.

Diese Membran-ATPase der inneren Mitochondrienmembran ist schon seit längerer Zeit als Fraktion F0 und F1 aus Fraktionsversuchen der frühen sechziger Jahre bekannt. Im Elektronenmikroskop entsprechen diesen Fraktionen gestielte Partikel, die aus der Matrix-Seite der inneren Membran geschwollener Mitochondrien hervoragen.

Bereits in der Einführung zu diesem Kapitel haben wir darauf hingewiesen, daß Mitochondrien möglicherweise aus Procyten entstanden sind, die vor einigen Milliarden Jahren als Symbionten in Eucyten zur Effizienz des Energiestoffwechsels beigetragen haben und im Laufe der Zeit zu obligaten Zellbestandteilen geworden sind. Auch die Kopplung von Protonentransport und ATP-Synthese ist bis in viele Einzelheiten zwischen beiden Systemen vergleichbar. Wir werden später noch einmal auf diese Beziehung zurückkommen und dann die DNA und Proteinsynthese im Matrixraum von Mitochondrien besprechen (17.03).

7 Filamente und Tubuli

7.01 Struktur und Bewegung

Dem aufmerksamen Leser des vorhergehenden Kapitels wird nicht entgangen sein, daß sich Membransysteme in der Zelle umherbewegten, Membranen sich einstülpten, Vesikeln sich abschnürten, Golgicisternen im flüssigen Grundcytoplasma ordentlich Form und Abstand einhielten, und all das anscheinend ohne mechanischen Halt und ohne nachweisbare gerichtete Energieübertragung. Viele der Bewegungsvorgänge beim Membranfluß sind wirklich noch nicht völlig aufgeklärt, aber auch hier beginnt sich eine allgemeingültige Erklärung anzubahnen.

Daß die Membran außer ihrem inneren Zusammenhalt mechanisch wenig leistet, haben wir schon mehrmals betont. Die Membranen einzelliger Organismen haben in der Regel ein zusätzliches mechanisches Stützskelett. Solche Skelette können verschiedenster Art sein. Die Pellicula einzelliger Tiere und pflanzliche Zellwände haben wir schon erwähnt. Aber auch Zellen ohne dauerhafte Stützstrukturen und ohne festen Halt im Gewebeverband sind nicht passive Tropfen. Amöboide Zellen können aktiv ihre Form verändern, und sie bewegen sich gerichtet fort. Zellen teilen sich und leisten dabei von innen her mechanische Arbeit. Zelloberflächen haben oft auch ohne äußere Unterstützung eine komplizierte, festgelegte Form.

Das mechanische Unterstützungssystem im Inneren der Zelle und alle Bewegungsvorgänge beruhen auf Proteinstrukturen, die als lange Kabel durch das Cytoplasma ziehen. Gut charakterisiert sind die Mikrofilamente aus Aktin (Abb. 7.09) und die Mikrotubuli aus Tubulin (Abb. 7.02,

7.14). Der Durchmesser der Mikrofilamente beträgt etwa 60 Å, der der Mikrotubuli 240 Å (24 nm). Eine Reihe verschiedener Proteinfilamente mit Durchmessern von etwa 80 bis 100 Å werden als „intermediäre Filamente" zusammengefaßt (Tabelle 7-1, Abb. 7.17).

Wie in vielen Fällen ist es auch hier leichter gewesen, extrem modifizierte Systeme zu untersuchen als die einfacheren. Alle unsere Gedanken über Bewegungsvorgänge in Zellen orientieren sich an den Vorgängen im quergestreiften Muskel. Dort liegen so große Mengen von Proteinfilamenten geordnet vor und entwickeln derartig starke Kräfte, daß es möglich war, ausgehend von mechanischen, physiologischen und biochemischen Grobmessungen die molekularen Prozesse aufzuklären.

7.02 Das Sarkomer

Muskelzellen sind extrem modifizierte Zellen. Sie sind morphologisch und physiologisch auf den Kontraktionsmechanismus ausgerichtet, und alle ihre Organellen sind, zumindest in ihrer Anordnung, von dieser Modifizierung betroffen. Muskelzellen entstehen durch Verschmelzung embryonaler Vorläuferzellen. Allgemein werden embryonale Vorläuferzellen *Blasten* genannt, die von Muskeln *Myoblasten*. Wir wollen als Zelle eine Einheit definieren, die von einem Plasmalemma umgeben ist und neben anderen Zellorganellen einen oder mehrere Zellkerne enthält. Nach dieser Definition wird aus mehreren Zellen, den Myoblasten, durch Verschmelzung der Membranen eine Zelle,

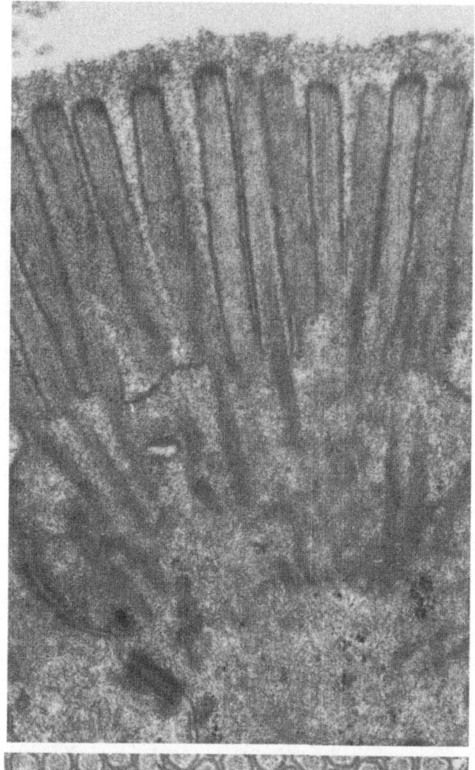

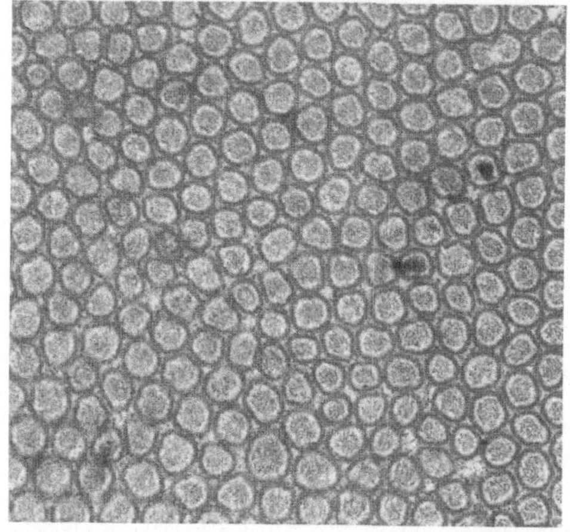

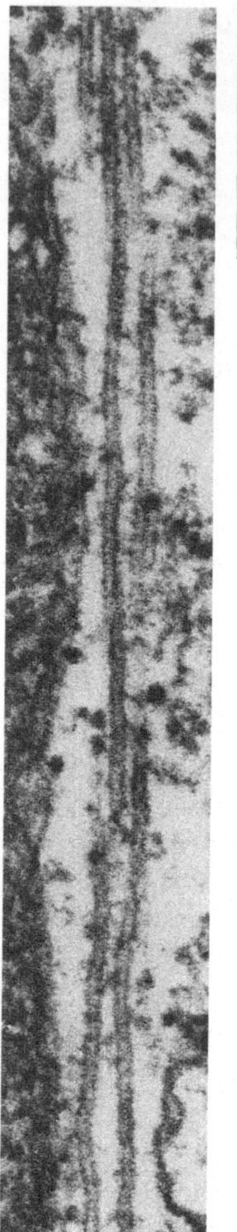

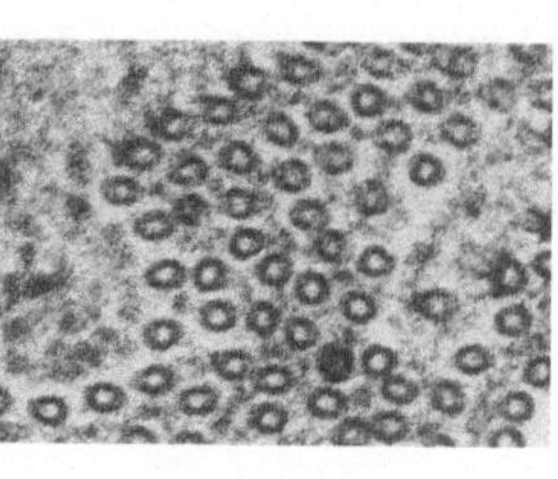

Abb. 7.02. Mikrotubuli im Cytoplasma, Längs- und Querschnitt. Vergrößerung 52000×. (Aufn. K. Hausmann, Berlin)

Abb. 7.01. Mikrofilamente, Zelloberfläche im Duodenum der Katze. Bündel von Filamenten aus dem Cytoplasma unterstützen die Struktur der fingerförmigen Membranausstülpungen (Mikrovilli). An den Haftstellen (hier als Macula adhaerens = Desmosom ausgebildet) zwischen zwei Zellen, links im Bild, sitzen Tonofibrillen an. Beachte auch die Glykoproteinlage („enteric surface coat") auf der Oberfläche. Unten: Querschnitt durch die Mikrovilli. Vergrößerung 15000×. (Aufn. W.G. Forßmann)

die *Muskelfaser*. Vielkernige Zellen dieser Art, besonders wenn sie sehr umfangreich werden, nennt man *Syncytien*.

Die Zellkerne in Muskelzellen und ihre Mitochondrien liegen entlang der Seite der Zelle unter dem Plasmalemma (Abb. 7.06, 7.07), das bei Muskelzellen *Sarkolemma* genannt wird. Sie sind randständig, weil die Masse des Cytoplasmas aus einem fibrillären System besteht, das schon im Lichtmikroskop eine regelmäßige Längsstreifung und eine periodische Querstreifung aufweist. Einzelheiten der

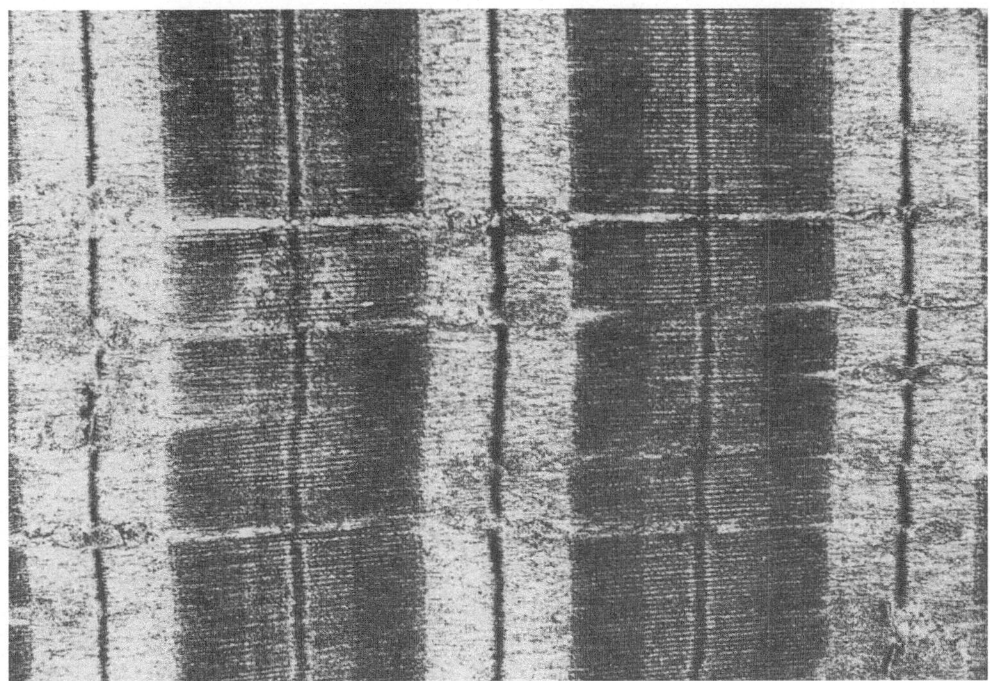

Abb. 7.03. Kontraktile Elemente im quergestreiften Muskel. Frosch, Sartorius. Gestreckt, in der Mitte der H-Bande eine dunklere M-Linie. Vergrößerung 25 000×. (Aufn. E. Zebe, Münster)

Längsstreifung sind zwar im Lichtmikroskop nicht zu erkennen, aber die *Querstreifung* ist mit einer Periode von etwa 2 µm bei geeigneter Präparation dennoch deutlich sichtbar. Dieses Querstreifungsmuster ändert sich bei der Kontraktion des Muskels.

Das lichtmikroskopische Bild wird viel leichter verständlich, wenn man seine molekulare Grundlage versteht. Wir werden daher das Querstreifenmuster aus dem elektronenmikroskopischen Bild herleiten, wie es von A.F. Huxley und H.E. Huxley 1953 interpretiert worden ist.

Die Grundeinheit des Querstreifenmusters ist das *Sarkomer,* das entlang der Längsachse der Zelle von je einer *Z-Scheibe* begrenzt wird (Abb. 7.03, 7.04). Im Längsschnitt durch die Faser ist die Z-Scheibe eine dünne *Z-Linie.* Von den Z-Linien aus reichen *dünne Fibrillen (Aktin-Filamente)* etwa 1 µm in das Sarkomer hinein. Im voll gestreckten Sarkomer bleibt zwischen den Enden der dünnen

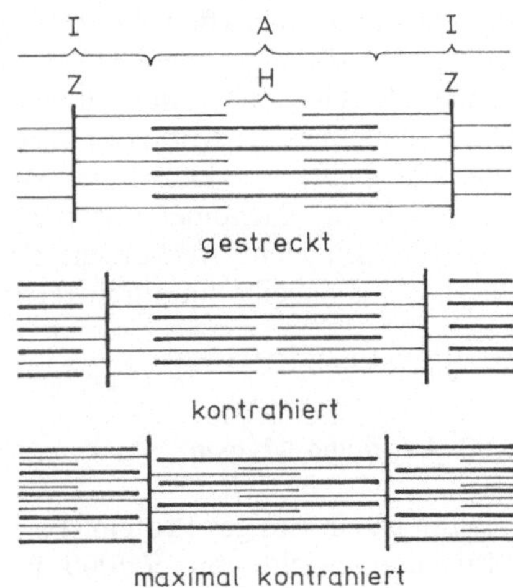

Abb. 7.04. Schema des Sarkomers

Filamente ein Zwischenraum von 1 µm die *H-Bande.*

Parallel zu den dünnen Fibrillen liegen in der Mitte des Sarkomers *dicke Fibrillen (Myosin-Filamente)* von etwa 1,5 µm

Länge, deren Enden auch in voll gestrecktem Zustand auf beiden Seiten die Enden der Aktin-Filamente überlappen. Die Länge der Myosin-Filamente entspricht der *A-Bande* des Querstreifenmusters, die in gestrecktem Zustand von der H-Bande unterbrochen wird. Vom Ende der Myosin-Filamente eines Sarkomers zum Beginn der Myosinfilamente des folgenden Sarkomers wird die *I-Bande* gemessen, die also von der Z-Scheibe unterbrochen wird.

Bei der Kontraktion des Sarkomers bewegen sich die Z-Scheiben aufeinander zu. Hierbei überlappen sich Aktin- und Myosinfilamente immer mehr. Die A-Banden behalten dabei ihre Länge, denn die Myosinfilamente verkürzen sich nicht. Auch die Aktinfibrillen behalten ihre volle Länge. *Das Querstreifungsmuster ändert sich also nur durch den verschiedenen Überlappungsgrad der Fibrillen,* und mit zunehmender Kontraktion verkürzen sich die H-Banden (Myosin, nicht von Aktin überlappt) und die I-Banden (Aktin, nicht von Myosin überlappt).

Bei starker Kontraktion können in der Mitte des Sarkomers sogar die Aktinfilamente der beiden Seiten überlappen. Dann entsteht in der Mitte des Sarkomers eine sehr dichte (dunkle) Zone. Maximal kann sich das Sarkomer auf die Länge der Myosinfilamente verkürzen, die nicht durch die Z-Scheibe hindurchtreten können.

7.03 Aktin und Myosin

Myosin ist ein riesiges Protein. Es hat ein Molekulargewicht von 500 000 und besteht aus zwei Polypeptidketten mit je etwa 2000 Aminosäureresten und kleineren Proteinanteilen. Myosin ist ein gestrecktes Molekül, 120 nm lang und 2 nm im Durchmesser, an dessen Ende ein verdickter Kopf (20×5 nm^2) sitzt. Der Kopfteil kann als *schweres Meromyosin* (heavy meromyosin, HMM) leicht enzymatisch vom gestreckten leichten Teil

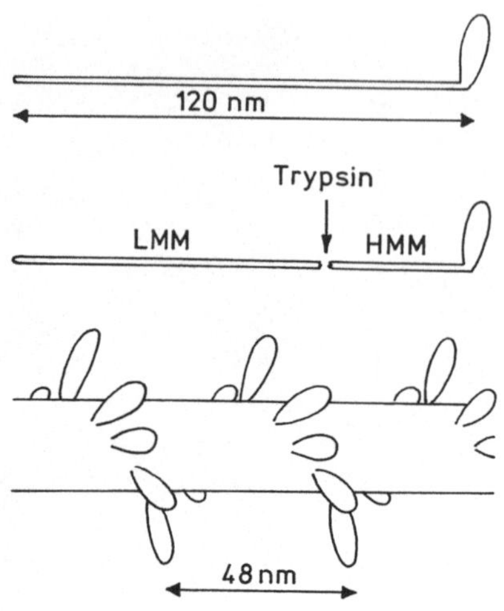

Abb. 7.05. Myosin: Einzelmolekül und dickes Filament

(light meromyosin, LMM) getrennt werden. Kopfteile allein haben *ATPase-Aktivität* und können sich unter geeigneten Umständen an Aktinfilamente binden. Der Kopfteil ist der aktive Teil des Myosinmoleküls. Er ist durch den gestreckten Teil im dicken Myosinfilament verankert. Dabei liegen die gestreckten Myosinteile parallel nebeneinander und die Kopfteile stehen im Längsabstand von 5,3 nm seitlich aus dem dicken Filament heraus, jeder um 45° um die Achse des Filaments von seinen Nachbarn versetzt. Das dicke Filament streckt also nach allen Seiten hin Myosin-Köpfe gegen benachbarte dünne Aktinfilamente vor (Abb. 7.05).

Noch eine Eigenschaft der dicken Myosinfilamente ist wichtig. Sie bestehen aus zwei Sätzen von Myosinmolekülen, einem rechten und einem linken, deren gestreckte Teile in der Mitte überlappen. Die beiden Enden des dicken Filaments haben also *entgegengesetzte Polarität.* Auf der linken Seite zeigen die Kopfenden der Myosinmoleküle nach links, auf der rechten nach rechts. Das ist deshalb wichtig, weil jede Hälfte des Myosinfilaments mit einem anderen Satz dünner Aktinfilamente in Verbindung tritt. Die Aktinfilamente, von denen ein Satz aus der linken, einer aus der rechten Z-Scheibe hervortritt, haben auch entgegengerichtete Polarität, so daß die überlappenden Teile der Filamente jeweils aufeinander abgestimmt sind.

Die dünnen *Aktinfilamente* sind völlig anders aufgebaut als die Myosinfilamente. Aktin ist ein rundliches (globuläres) Molekül mit einem Durchmesser von 6,5 nm und einem Molekulargewicht von 46 000. Diese Untereinheiten, globuläres *G-Aktin,* aggregieren bei entsprechender Salzkonzentration spontan zu Filamenten *(F-Aktin),* die aus je zwei verdrillten Ketten hintereinander liegender G-Aktinmoleküle bestehen.

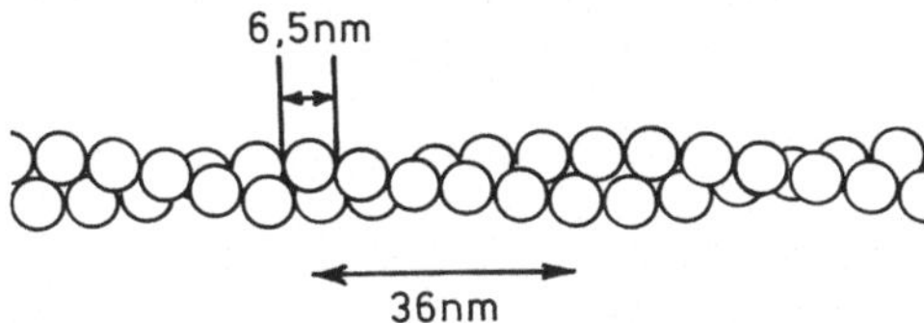

F-Aktin ist die Grundstruktur der dünnen Filamente. Den F-Aktin-Ketten angelagert sind Moleküle von *Tropomyosin* und *Troponin.* Tropomyosin, mit einem Molekulargewicht von 70 000, ist ein gestrecktes Molekül (45×2 nm^2) aus zwei verdrillten α-Helix-Ketten. Tropomyosinmoleküle liegen hintereinander auf jeder der beiden Aktinketten des dünnen Filaments. Jedes Tropomyosinmolekül erstreckt sich über 7 Aktinmoleküle. Je ein globuläres Troponinmolekül aus drei Untereinheiten sitzt am Beginn eines Tropomyosinmoleküls.

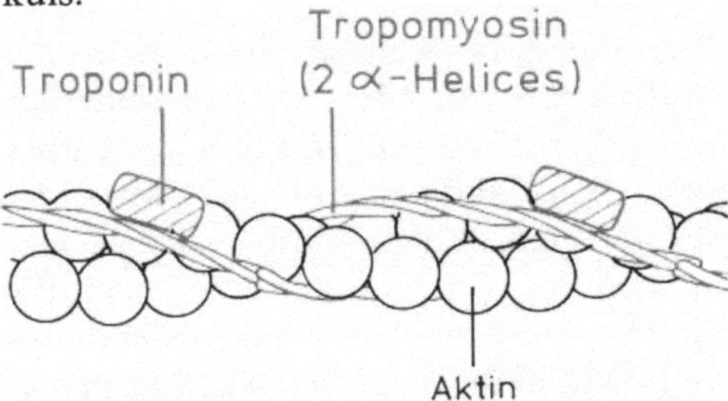

Während die Kraftentwicklung bei der Muskelkontraktion durch Interaktionen zwischen Aktin und Myosin entsteht, kommt Troponin und Tropomyosin die Rolle eines Schaltelements zu, das von Calciumionen aktiviert, die Bindung

ATP-geladener Myosinenden an das Aktin zuläßt.

7.04 Die Kontraktion

Zentral beim Kontraktionsvorgang sind Wechselwirkungen zwischen den Kopfteilen der Myosinmoleküle, die aus den dicken Filamenten hervorstehen, und Aktinmolekülen, die die Untereinheiten der dünnen Filamente bilden.

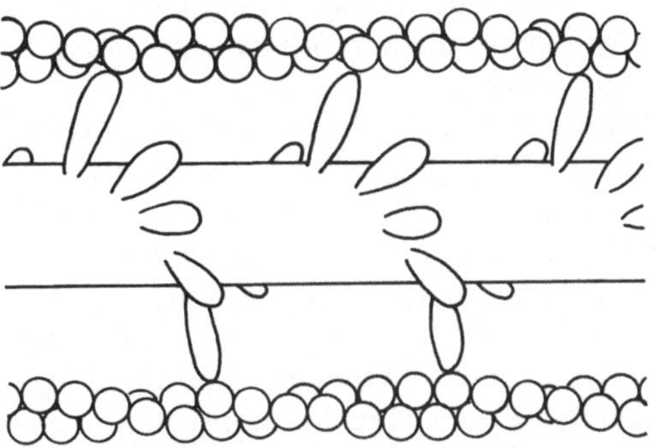

Der Einfachheit halber wollen wir die Abkürzung HMM für den Kopfteil des Myosins benutzen.

HMM kann sich fest an Aktin binden. Als Querbrücken zwischen dicken und dünnen Filamenten können diese Verbindungen in besonders guten elektronenmikroskopischen Aufnahmen gesehen werden. Bei der chemischen Fraktionierung werden Aktin und Myosin oft in gebundener Form als Aktomyosin isoliert. Diese starre Bindung kann keine Zugkraft entwickeln.

Die Energie der Kontraktion stammt von ATP, das im Muskel von einer großen Anzahl von Mitochondrien produziert wird. Muskelzellen haben einen hohen Sauerstoffbedarf. Myoglobin in Muskelzellen bindet Sauerstoff, der von Hämoglobin bei niederen Sauerstoffkonzentrationen im Medium abgegeben wird (3.07). Bei Sauerstoffmangel entsteht ATP mit geringer Ausbeute durch Zuckervergärung zu Milchsäure. Ansammlung von Milchsäure führt zu Muskelkater.

ATP wird von HMM gebunden und zu ADP und Phosphat hydrolysiert. *Zwei aktive Komplexe* müssen vorliegen, damit es zur Kontraktion kommt. *Aktin muß von Calcium über Troponin-Tropomyosin aktiviert sein, Myosin muß von ATP aktiviert sein.* Wenn sich der aktivierte Myosin-ATP-Komplex an aktiviertes Aktin bindet, kommt es zur *ATP-Spaltung und zur Abwinkelung von HMM gegen Aktin und LMM.* Die HMM-Querbrücke wirkt also wie ein Hebel, der Aktin- und Myosinfilamente um etwa 10 nm gegeneinander verschiebt. Diese molekulare Hebelwirkung ist die Grundlage der Muskelkontraktion.

Nach der ATP-Spaltung sitzt das Myosin festgebunden am Aktin. Erst wenn sich ein weiteres ATP-Molekül an das HMM anlagert, kommt es zur Spaltung der Bindung, und es entsteht ein neuer aktiver Myosin-ATP-Komplex, der nun mit einem anderen Aktin eine Bindung eingehen und dieses neue Aktin um 10 nm verschieben kann. Fehlt ATP, bleibt die Bindung zwischen Aktin und Myosin bestehen. Dann ist der Muskel starr. Eine solche Starre entsteht nach dem Tode, wenn im Muskel kein ATP mehr synthetisiert wird. Das ist der *Rigor mortis.*

Eine raffinierte *Regelung* sorgt dafür, daß im lebenden Muskel immer ATP in der richtigen Konzentration zur Verfügung steht. Ganz zu Anfang (1.04) haben wir erfahren, daß die freie Energie einer Reaktion vom Mengenverhältnis der Reaktionspartner abhängt:

$$\Delta G = \Delta G^0 + RT \ln \frac{[\text{Endprodukte}]}{[\text{Ausgangsprodukte}]}.$$

Wenn ATP-Produktion im Stoffwechsel und ATP-Verbrauch bei der Kontraktion die einzigen Reaktionen des ATP im Muskel wären, würden gewaltige Schwankungen im Verhältnis von ATP zu ADP auftreten, und damit würde sich die freie Energie der Reaktion laufend ändern. Im lebenden Muskel sind aber die Konzentrationen von ATP, ADP und AMP unter allen Umständen annähernd gleich. Dies ist wieder ein Beispiel für *Homöostase:*

hier *die Aufrechterhaltung gleicher Konzentrationen bei unterschiedlichem Angebot und Bedarf.*

Zwei Reaktionen im Muskel kontrollieren das Gleichgewicht. Einmal gibt es im Muskel das Enzym *Myokinase,* das folgende Reaktion katalysiert

$$2\,\text{ADP} \rightleftarrows \text{ATP} + \text{AMP}.$$

Zum anderen liegt im Muskel ein von Adenosin völlig verschiedenes Molekül vor, das eine energiereiche Phosphatbindung bilden kann. Das ist bei höheren Tieren *Kreatin* (bei niederen Tieren die Aminosäure Arginin). *Kreatin-Kinase* katalysiert die folgende Reaktion

$$\text{Kreatin} + \text{ATP} \rightleftarrows \text{Kreatinphosphat} + \text{ADP}.$$

Diese Reaktionen sind natürlich alle abhängig von den Konzentrationen der Reaktionspartner. Das System ist so fein abgestimmt, daß bei hoher ATP-Konzentration die energiereiche Bindung auf Kreatin übertragen wird, das wie eine Autobatterie die Energie reversibel speichert. Die Myokinase-Reaktion kann bei hohem ADP-Gehalt die ATP-Synthese des Stoffwechsels umgehen und stellt einen Kurzschlußmechanismus zur ATP-Regeneration dar.

7.05 Kopplung von Erregung und Kontraktion

Über die ATP-Konzentration wird die Kontraktion von der Myosin-Seite her kontrolliert. Zur Kontraktion wird aber außer dem aktiven Myosin-ATP-Komplex auch ein aktives Aktin benötigt. Aktin wird von Calciumionen aktiviert, die mit Troponin reagieren. Von jedem Troponin-Molekül wird das Aktivierungssignal über Tropomyosin auf sieben Aktine weitergeleitet. Das geschieht, indem sich das lange Tropomyosinmolekül tiefer in die Rille zwischen den beiden Aktinketten schiebt und die Aktinmoleküle zur Reaktion mit Myosin freigibt.

Es ist diese Kontraktionskontrolle von der Aktinseite her, die bei der Erregung des Muskels zur Kontraktion führt.

Zum Verständnis der Kopplung zwischen Reizung der Muskelzelle und Kontraktion (engl.: excitation-contraction coupling) müssen wir einiges wiederholen, was wir in den vorhergehenden Kapiteln besprochen haben. Langsam beginnen wir dabei, Einzelprozesse zu komplizierten Funktionen zusammenzusetzen.
Nervenimpulse verschiedener Art erreichen den Muskel. Auch auf der Ebene der Zellinteraktionen finden wir überall fein ausbalancierte Kontrollprozesse. Die Nervenenden, die den Muskel erreichen, können stimulierend oder hemmend (inhibierend) wirken. Die Mehrzahl der Synapsen am Muskel (engl.: neuromuscular junctions) sind chemische Synapsen, bei denen Transmittermoleküle aus synaptischen Vesikeln in den synaptischen Spalt ausgeschüttet werden und mit Rezeptormolekülen am Sarkolemma reagieren. Die Reizung des Muskels führt zur Depolarisation des Sarkolemmas. Das Sarkolemma ist wie die Axon-Membran erregbar. Das bedeutet, daß sich Aktionspotentiale über die Membran ausbreiten.

Dort, wo im Sarkoplasma der Muskelzelle die Z-Scheiben der Sarkomere sitzen, stülpt sich das Sarkolemma fingerförmig ein bis hin zu den kontraktilen Fibrillen (Abb. 7.06). Diese Membraneinstülpungen sind die Transversal-Tubuli (T-System). Die T-Tubuli berühren Cisternen des Endoplasmatischen Retikulums.

Wir haben schon erwähnt (6.06), daß das ER in Muskelzellen, das Sarkoplasmatische Retikulum, spezialisiert ist. Es bildet glatte Cisternen, die den kontraktilen Apparat umspinnen (Longitudinal-Lakunen, L-System) (Abb. 7.07).
Die SR-Membranen transportieren aktiv Calciumionen aus dem Sarkoplasma in das Cisternenlumen (Abb. 7.08). Da Calcium die Muskelkontraktion aktiviert, bewirkt der Calciumtransport des Sarkoplasmatischen Retikulums eine Inaktivierung des Aktins. Erreicht aber über die T-Tubuli ein Aktionspotential die SR-Membranen, dann werden sie depolarisiert, ihre Permeabilität für Calcium steigt, Calcium wird aus den Cisternen freigesetzt und kann von Troponin gebunden werden. Dann gibt das Tropomyosin Aktin frei, so daß es den aktiven Myosin-ATP-Komplex binden kann, und es kommt zur Kontraktion. Es sind also die Regulierung der Calcium-Konzentration sowie das Gleichgewicht zwischen Calciumtransport in die SR-Cisternen und Calciumfreigabe aus den Cisternen, die die Verbindung zwischen der Reizung des Muskels und der Kontraktion herstellen.

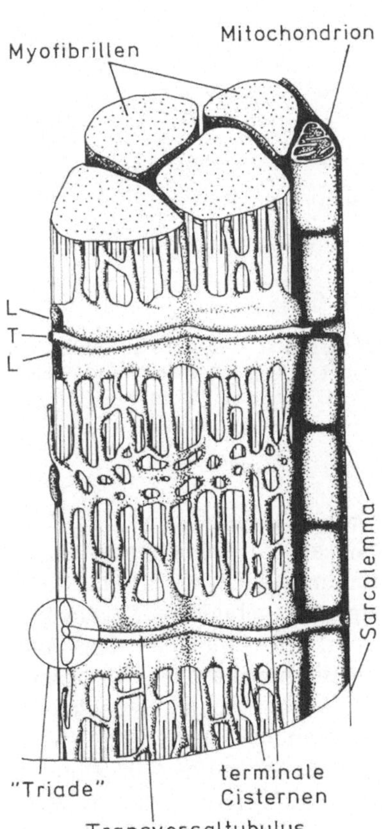

Abb. 7.06. T-Tubuli und Sarkoplasmatisches Retikulum

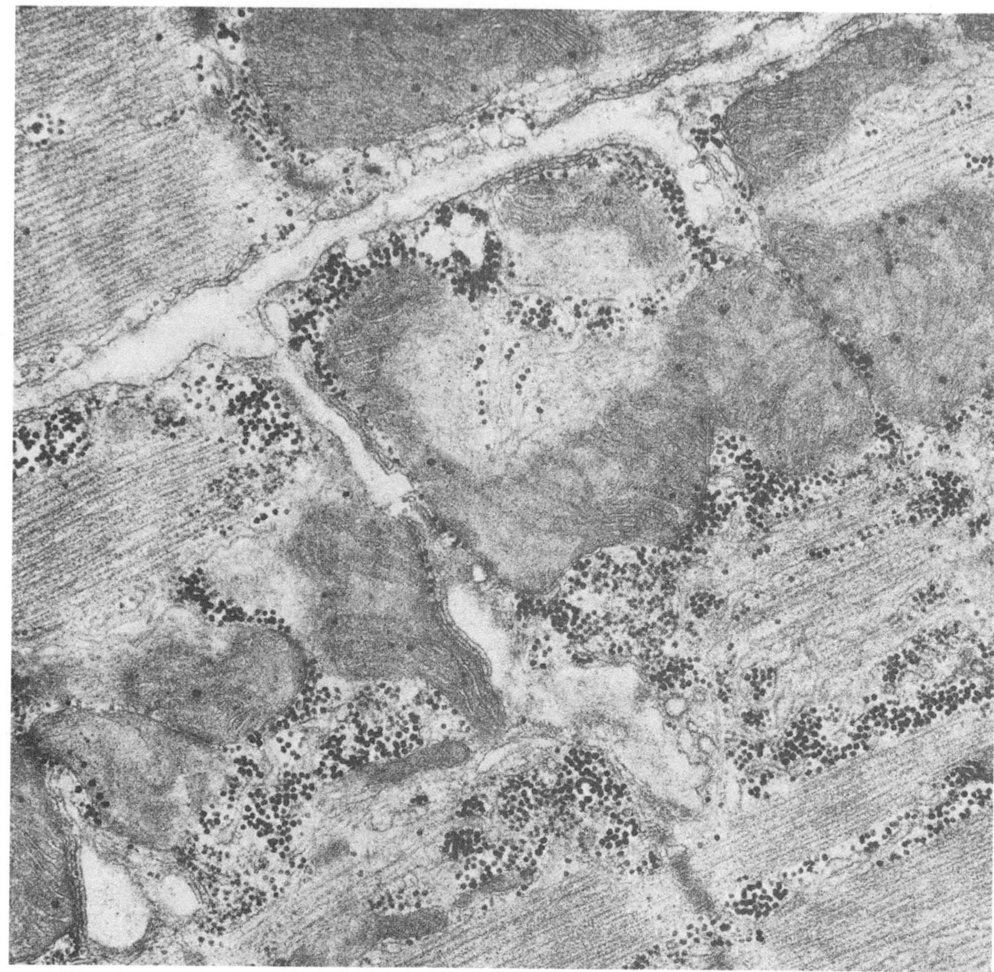

Abb. 7.07. Herzmuskel, Meerschweinchen. Der Schnitt geht parallel zur Zelloberfläche und reicht wegen der Wölbung der Zelle verschieden tief. Angeschnitten sind Mitochondrien, T- und L-System und der kontraktile Apparat. Die dunklen Punkte im Cytoplasma sind Glykogengranula. Vergrößerung 30 000 ×. (Aufn. E. Weihe und W. Hatschu, Heidelberg)

7.06 Ein wenig Immunologie

Zur Darstellung von Strukturproteinen in der Zelle kann man die Spezifität des Immunsystems ausnutzen. Darauf beruhen die Darstellungen von Aktin (Abb. 7.09), Tubulin (Abb. 7.14) und Keratin und Vimentin (Abb. 7.17) in diesem Kapitel.

Zur Darstellung des Aktins in Abb. 7.09 ist man zum Beispiel von gereinigtem Aktin ausgegangen, das man aus dem Hühner-Kaumagen gewonnen hat. Dieses Aktin wurde einem Kaninchen injiziert. Das Immunsystem des Kaninchens hat das Hühneraktin als Fremdsubstanz (Antigen) erkannt und ganz spezifische Antikörper dagegen gebildet: Kaninchen-Anti-Hühneraktin-Antikörper. Das sind Proteine mit Bindungstaschen, die präzise das injizierte Aktin binden. Wie solch ein spezifisches Protein synthetisiert wird, werden wir sehr viel später (20.09) untersuchen. Die Antikörper gehören einer Fraktion von Proteinen im Blut an, die Immunoglobulin G (IgG) genannt wird (20.07). Alle IgG-Moleküle sind am C-

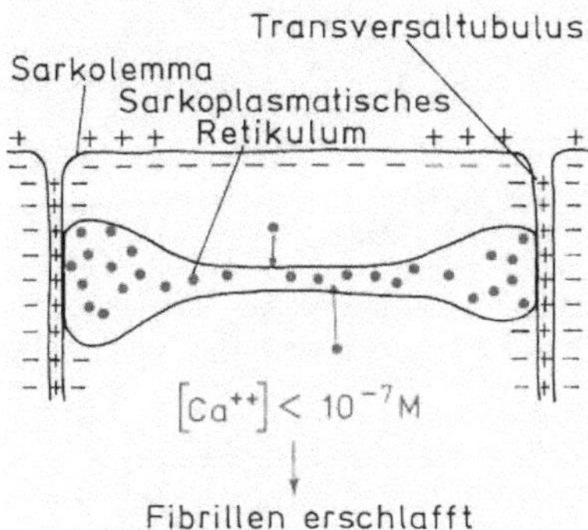

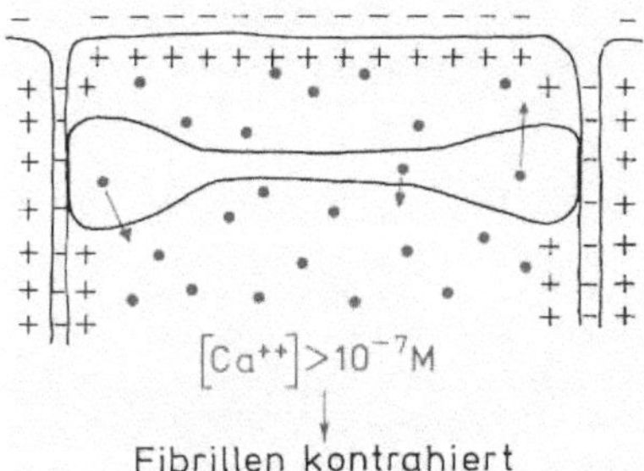

Abb. 7.08. Schema der Calciumregulation im Sarkoplasmischen Retikulum

terminalen Ende sehr ähnlich, unterscheiden sich aber durch die Spezifitäten ihrer Bindungstaschen am N-terminalen Ende. Anti-Hühneraktin-Antikörper bindet nicht nur Hühneraktin, sondern mehr oder weniger alle Aktine. Es würde auch Kaninchen-Aktin binden, obwohl es im Kaninchen synthetisiert worden ist. Nur liegt Aktin im Cytoplasma der Zellen und ist deshalb normalerweise von keinerlei Interesse für das Immunsystem. Die Zellen in Abb. 7.09 sind aus Zellkulturen. Die Epithelzelle stammt aus einer Kultur von Rattenkänguruh-Zellen, der Fibroblast aus dem Tumor eines Gerbils (Wüstenrennmaus). Damit der Anti-Aktin-Antikörper mit ihren Aktinfibrillen reagieren konnte, sind die Zellen mit Formalin fixiert und mit einem Detergens extrahiert worden. Durch das Detergens sind die Lipidmembranen zerstört, durch das Formalin die Proteine dort ausgefällt

worden, wo sie in der Zelle gerade lagen. Von allen diesen Proteinen bindet sich der Anti-Aktin-Antikörper nur an die Aktine und markiert sie damit spezifisch. Die Lage des gebundenen Antikörpers wird jetzt mit einer zweiten Antikörper-Reaktion sichtbar gemacht: an die freien C-terminalen Enden des Kaninchen-Antiaktins wird Ziegen-Antikaninchen-IgG-Antikörper gebunden, der mit einem fluoreszierenden Farbstoff markiert ist. Unter dem Mikroskop leuchtet der Anti-Kaninchen-IgG-Antikörper auf, markiert damit die Lage des Kaninchen-Antikörpers und indirekt die des Aktins, woran der Kaninchen-Antikörper sitzt („indirekte Immunfluoreszenz").
Die Tatsache, daß ein Antikörper ein Antigen sein kann, stiftet gelegentlich eine Menge Verwirrung. Ein Antigen ist jede Substanz, die vom Immunsystem als fremd oder eigen (20.04) erkannt wird. Als fremd kann eine synthetisch hergestellte Chemikalie erkannt werden, die zum ersten Mal überhaupt in einen lebenden Körper gelangt, es kann ein Bakterium oder ein Virus sein, es kann aber auch Antikörper aus einem anderen Körper sein. Es kann sogar körpereigenes Material als körperfremd angesehen werden, das in der Regel nicht mit dem Immunsystem in Berührung kommt, wenn es, zum Beispiel im Verlauf einer Viruserkrankung, im Erwachsenen vom Immunsystem getestet und dann nicht als eigen erkannt wird (14.06).

7.07 Andere Bewegungssysteme

Kein anderer Bewegungsvorgang ist so genau aufgeklärt worden wie die Muskelkontraktion. Nirgendwo sonst liegen so viele kontraktile Elemente so hoch geordnet beieinander. Das liegt daran, daß die Muskelzellen bei Vielzellern auf den Bewegungsvorgang hin spezialisiert worden sind. Ohne den Zellverband des Vielzellers sind sie nutzlos. Ursprünglich einmal müssen Zellen Bewegungsmechanismen zusätzlich zu allen anderen Zellfunktionen entwickelt haben. Bei sehr vielen Zelltypen, nicht nur bei einzelligen Organismen, haben sich Mechanismen erhalten, die es der einzelnen Zelle ermöglichen, sich fortzubewegen.

Einige dieser Mechanismen sind sehr mysteriös. Offenbar bewegen sich blaugrüne Algen, Kieselalgen (Diatomeen) und einige einzellige Parasiten durch Schleimabsonderung aus düsenartigen Öffnungen. Genaues ist darüber aber noch nicht bekannt.

Die beiden typischen Bewegungsvorgänge von Einzellern sind die *amöboide Bewegung* und die *Bewegung durch Geißeln oder Cilien*. Bei beiden spielen *Mikrofilamente* und *Mikrotubuli* die wichtigste Rolle.

Nicht jede Bewegung ist Fortbewegung. Tierzellen, die sich teilen, kugeln sich dazu oft ab und schnüren sich dann mit einer ringförmigen Teilungsfurche in der Mitte durch (Cytokinese). Vor der Teilung besorgen Bewegungsvorgänge in der Zelle die gleichmäßige Verteilung des genetischen Materials (Mitose, 10.08). In vielen Zelltypen (besonders auch bei Pflanzen) strömt das Cytoplasma in der Zelle. Schließlich werden wir sehen, wie wichtig Zellbewegungen, sowohl Formänderungen wie Fortbewegung, für die Entwicklung der Tierembryonen sind (21.03). Auch diese Bewegungsvorgänge beruhen auf Mikrofilamenten und Mikrotubuli.

Mikrofilamente kommen in allen Zellen vor, entsprechend enthalten alle Zellen Aktin (Abb. 7.09). Bei einigen Amöben und bei Blutplättchen kann Aktin 15% des gesamten Zellproteins ausmachen, bei Leberzellen sind immerhin 2% des Zellproteins Aktin. Aktine sind in allen Zelltypen und in allen Organismen sehr ähnlich. Alle haben Molekulargewichte um 45000, alle binden Muskel-HMM und alle können leicht und reversibel zu Mikrofilamenten aggregieren, die den Doppelschrauben der dünnen Filamente im Muskel ähnlich sehen. Allerdings werden in der Zelle Synthese und Abbau von Mikrofilamenten durch verschiedene Pro-

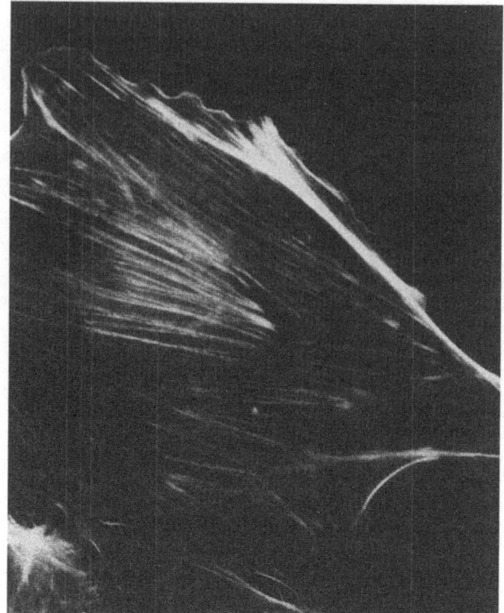

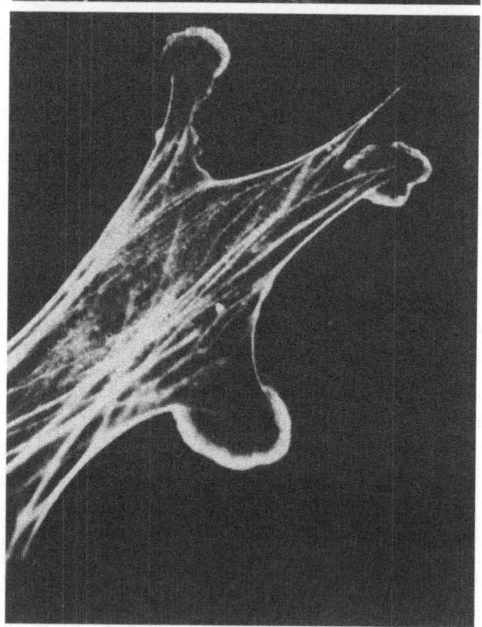

Abb. 7.09. Aktinfibrillen, dargestellt durch indirekte Immunofloureszenz. Oben: Epithelzelle, nicht beweglich. Aktin liegt in Form von dicken Kabeln („stress fibers") vor, die stets gerade verlaufen. Unten: kriechender Fibroblast. Neben Aktinkabeln sieht man intensive Fluoreszenz in den drei ausgebildeten Frontlamellen. (Aufn. B. Jockusch)

teine kontrolliert. Ein *Profilin* genanntes Protein verhindert die Zusammenlagerung von Aktinen, aktinbindendes Protein (z.B. *Filamin* in glatten Muskelzellen) fördert die Bildung von Mikrofilamenten.

Die Mikrofilamente liegen in der Regel im „cortikalen Bereich" der Zelle unter dem Plasmalemma. Bei unbeweglichen Zellen ziehen sie als straffe Faserbündel durch die Zelle und geben dem Cytoplasma mechanischen Halt (engl.: stress fibers; Abb. 7.09). In beweglichen Zellen bilden sie ein Maschenwerk von Fasern (Abb. 7.09). In allen Fällen sind die Aktinfibrillen in der Zelle (zum Beispiel an der Membran) verankert. Bei dieser Verankerung spielt α-*Aktinin* eine Rolle, ein Protein, das auch in den Z-Scheiben im Muskel und an der Spitze der Microvilli (Abb. 7.01) zur Anheftung von Mikrofilamenten dient.

Auch Myosin-Moleküle sind häufig, wenn auch lange nicht so universell verbreitet wie Aktine. Aktin ohne Myosin kann die Zelle allein durch seine Polymerisation zu starren Fibrillen zum Ausstrecken von Fortsätzen bringen. Myosin scheint immer zusammen mit Aktin zu wirken. Alle Myosine verschiedener Zelltypen und verschiedener Organismen können Aktin binden und ATP spalten. In anderer Hinsicht sind sie variabler als Aktine. Myosinfibrillen in Nicht-Muskel-Zellen sind in der Regel nicht so dick wie in Muskelzellen und sind nicht leicht von Aktinfibrillen zu unterscheiden.

Aktin-Myosin-Reaktionen, ähnlich der im Muskel aber ohne denselben hohen Ordnungsgrad, spielen bei vielen Zellbewegungen eine Rolle. Ein typischer solcher Vorgang ist die amöboide Bewegung ganzer Zellen.

7.08 Amöboide Bewegung

Es ist gar nicht so leicht, amöboide Bewegung von anderen Zellbewegungsvorgängen abzugrenzen. Typisch ist für die amöboide Bewegung, daß die Zelle Fortsätze in der Bewegungsrichtung ausstreckt, denen der Zellkörper nachfolgt. Diese Fort-

sätze können fingerförmig sein *(Pseudopodien)* (Abb. 7.11) oder flach und breit am Zellrand hervorfließen *(Lobopodien)*. Sie können lang und dünn sein und haben dann in der Regel ein inneres Stützskelett aus Microtubuli *(Axopodien)*, oder sie können zarte, gefältelte Ränder (Frontlamellen, engl.: ruffled edges) am Rande der Zelle bilden (Abb. 7.09, 7.10). In allen Fällen zeigt auch die Ultrastruktur der Bewegung Unterschiede in den Einzelheiten des Vorgangs, aber prinzipiell sind all diese Bewegungsvorgänge vergleichbar, und auch die Bewegungsvorgänge in der Zelle (Plasmaströmung) haben einen ähnlichen Grundmechanismus, bei dem Aktin und Myosin eine Rolle spielen.

Am dramatischsten ist die typische amöboide Bewegung von Einzellern oder von frei beweglichen Körperzellen. Sie ist schnell genug, so daß man sie unter dem Mikroskop beobachten kann. Wie sich die Einzelzelle für eine bestimmte Bewegungsrichtung entscheidet, ist noch weitgehend ungeklärt, aber wenn eine Zelle eine bestimmte Richtung eingeschlagen hat, dann sieht man es ihr an (Abb. 7.11). In der Bewegungsrichtung streckt sie einen Fortsatz aus, ein *Pseudopodium:* am Hinterende schrumpft sie sichtbar ein. In der Mittelachse der Zelle strömt Cytoplasma nach vorn und reißt freibewegliche Zellorganellen wie Mitochondrien, die kontraktile Vakuole, Nahrungsvakuolen und kristalline Einschlüsse mit. Auch größere Organellen wie der Zellkern werden gelegentlich von dem Strom aufgelesen und vorgeschwemmt.

Es wird also bei der amöboiden Bewegung der gesamte Zellinhalt umgelagert. Dabei erkennt man schon am Strömungsmuster, daß die Bewegung hauptsächlich in dünnflüssigen, zentralen Cytoplasma (dem Plasmasol) vor sich geht, um das das festere Cytoplasma (Plasmagel) wie eine Röhre liegt (Abb. 7.12). Diese Röhre wird am Hinterende verflüssigt, nimmt am Strom nach vorn teil, und am Vorderende wird dem Plasmasol Wasser entzogen und die Plasmagelröhre verlängert. Das Was-

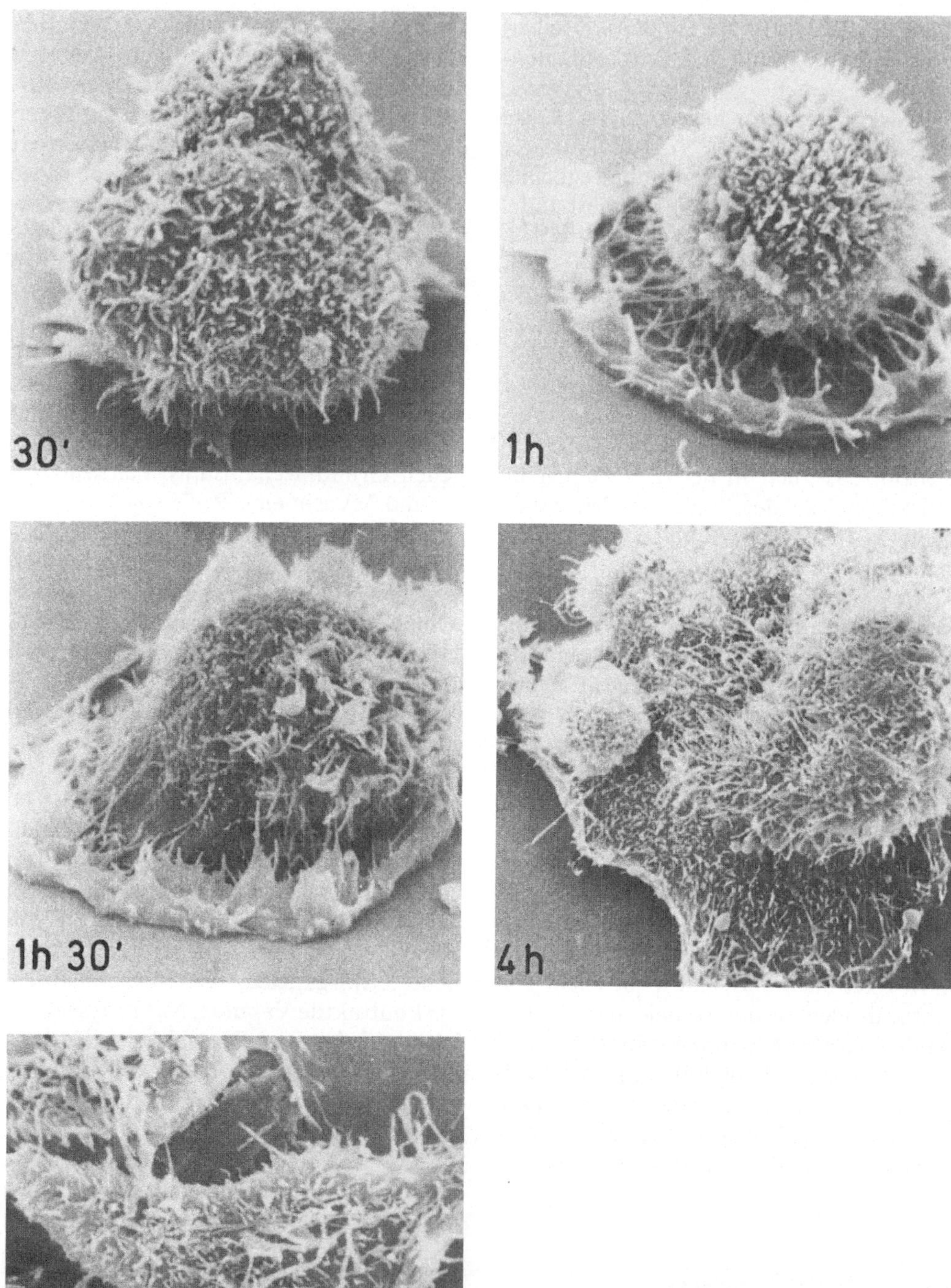

Abb. 7.10. Krebszellen (Stamm HeLa) breiten sich in Gewebekultur auf einer Glasfläche aus. Beachte die Ausbildung vieler Mikrovilli auf der Zelloberfläche und die feinen Cytoplasmaränder, die zuerst vorgeschoben werden. Vergrößerung 1 500 ×. (Rasterelektronenmikroskop; Aufn. N. Paweletz, Heidelberg)

ser, das dabei übrig bleibt, verdünnt das Cytoplasma an der Spitze des Pseudopodiums zur *hyalinen Kappe*.

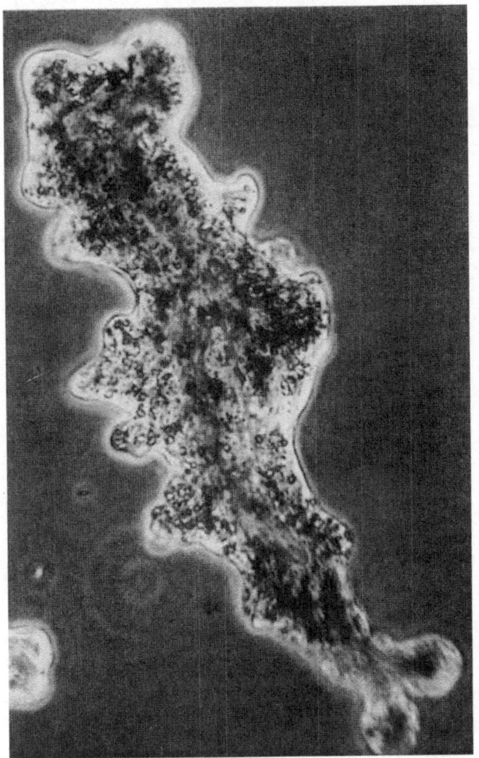

Abb. 7.11. Amöbe (Amoeba proteus), die im Bild nach links oben fließt. Vergrößerung 250 ×. (Aufn. K. Hausmann, Berlin)

Bei all diesen Umlagerungen spielen Abbau und Synthese von Molekülen eine untergeordnete Rolle. Hauptsächlich sind es Umlagerungen vorhandener Komponenten und Verschiebungen im Wasserhaushalt der Zelle.

Lange Zeit hat man sich darüber gestritten, ob die Kraftentwicklung bei diesem Bewegungsvorgang als Schubkraft vom Hinterende her oder als Zugkraft am Vorderende auftritt. Beides ist nicht ganz richtig. Offensichtlich beruht die Kraftentwicklung auf der Gleitbewegung von Aktomyosinfilamenten im festen Plasmagel. Im Gegensatz zur Muskelkontraktion haben die Filamente in der amöboiden Zelle keine feste Gestalt. Zusammen mit der allgemeinen Materialumlagerung werden auch die Filamente des kontraktilen Apparats in ihre Proteinuntereinheiten zerlegt und aus diesen wieder neu aufgebaut.

Von all diesen internen Umschichtungen bleibt auch das Plasmalemma nicht unberührt. Bei der Einschmelzung des Hinterendes wird dort auch das Plasmalemma abgebaut, und zwar durch Endocytose von Membranvesikeln. Diese Membranvesikel am Hinterende können auch als Pinocytosevakuolen dienen, und Fortbewegung und Pinocytose können gekoppelt

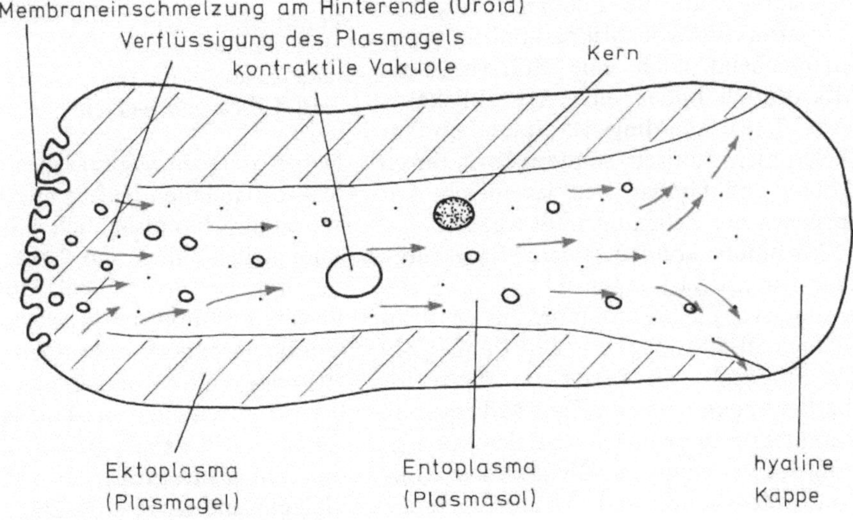

Abb. 7.12. Schema zur amöboiden Bewegung

sein. Entsprechend entstehen bei der Bewegung am Vorderende der Amöbe Phagocytosevesikel, wenn die Amöbe ein größeres Nahrungspartikel umfließt. In einer nahrungsreichen Umgebung kugelt sich die Amöbe ab und nimmt Pinocytosevakuolen über die gesamte Oberfläche auf (Abb. 6.02). Bei der Regeneration der Membran spielt natürlich der Golgiapparat eine Rolle. Fertige Membran mit voll ausgebildeter Glykoproteinschicht kann in Form von Transportvesikeln vom Golgiapparat gebildet und durch Exocytose in das Plasmalemma eingebaut werden.

7.09 Mikrotubuli

Mikrotubuli gleichen Mikrofilamenten darin, daß sie aus Proteinuntereinheiten, *Tubulin,* zusammengesetzt sind. Wie Filamente stehen Tubuli im Gleichgewicht mit dissoziierten Untereinheiten, und kleine Änderungen im physiologischen Zustand der Zelle können dazu führen, daß sich Tubuli bilden oder daß sie in frei gelöste Untereinheiten zerfallen.

Die Tubulinuntereinheiten setzen sich aber so zusammen, daß sie in einer flachen Spirale die Außenwand einer hohlen Röhre von 20–30 nm Durchmesser bilden (Abb. 7.13). Diese Röhrenform ist sehr viel stabiler als die Filamentform. Die Hauptfunktion von Mikrotubuli ist dementsprechend auch eine Stützfunktion. Mikrotubuli bilden eine Art Zellskelett (Abb. 7.14). Allerdings ist dieses Tubulinskelett nicht statisch, sondern kann durch Abbau und Umbau den jeweiligen Ansprüchen der Zelle angepaßt werden.

Mikrotubuli können starre Strukturen unterstützen. Sie können aber auch bei Bewegungsvorgängen zusammen mit Mikrofilamenten auftreten. Es sind dann wohl die Filamente, an denen die Kraft für die Bewegung entsteht. Den Mikrotubuli kommt eher eine Funktion bei der Ausrichtung der Bewegung zu. Die jeweilige Rolle von Mikrotubuli und Mikrofilamenten bei der Bewegung des Spindelapparates

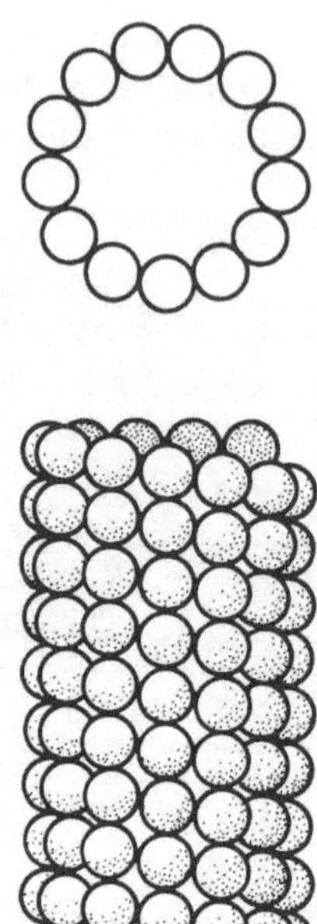

Abb. 7.13. Schema des Aufbaus eines Mikrotubulus, Aufblick und Seitenansicht

während der Mitose (10.08; Abb. 7.14) ist noch nicht völlig geklärt. Bei der experimentellen Untersuchung von Mikrotubuli wird viel von *Giften* Gebrauch gemacht, *die die Assoziation von Tubulinuntereinheiten verhindern. Colchicin, Colcemid* und *Vinblastin* werden häufig dazu benutzt. Auf die Blockierung der Mitose durch Colchicin werden wir noch zurückkommen.

7.10 Cilien und Geißeln

Neben dem Bewegungsapparat, der auf Mikrofilamenten beruht und bei dem Mikrotubuli hauptsächlich Stützelemente sind, stellen Cilien und Geißeln einen Bewegungsapparat dar, bei dem Stütz- und Bewegungsfunktion in einem tubulären Gerüst integriert sind. Der Unterschied zwischen Cilium und Geißel (Flagellum) betrifft dabei nicht die Ultrastruktur.

Cilien sind kurze (2–10 µm) Zellfortsätze, die immer in großer Anzahl auftreten, Geißeln sind lange (100–200 µm) Zellfortsätze, die einzeln, zu zweit oder selten in

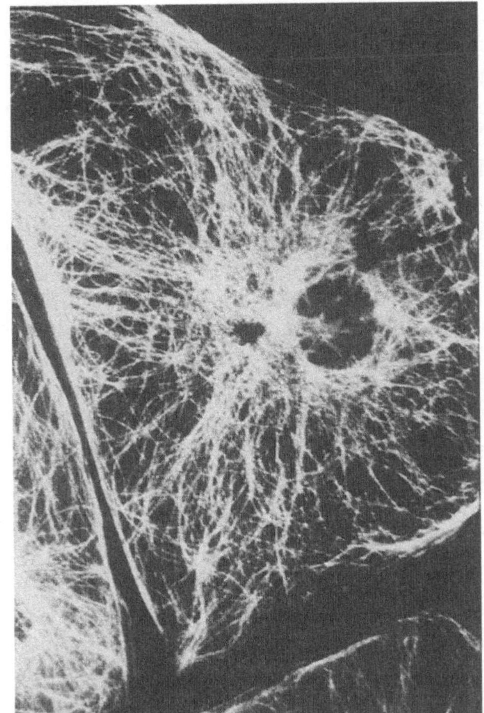

Abb. 7.14. Mikrotubuli, dargestellt durch indirekte Immunofluoreszenz mit Antitubulin. Oben: Epithelzelle in Interphase, unten: derselbe Zelltyp in Mitose. (Aufn. B. Jockusch)

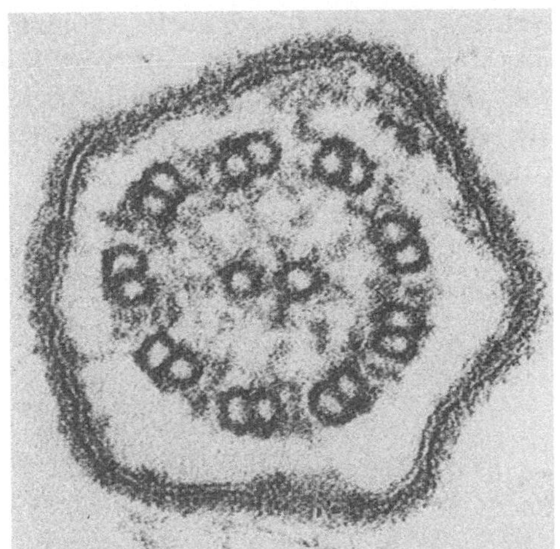

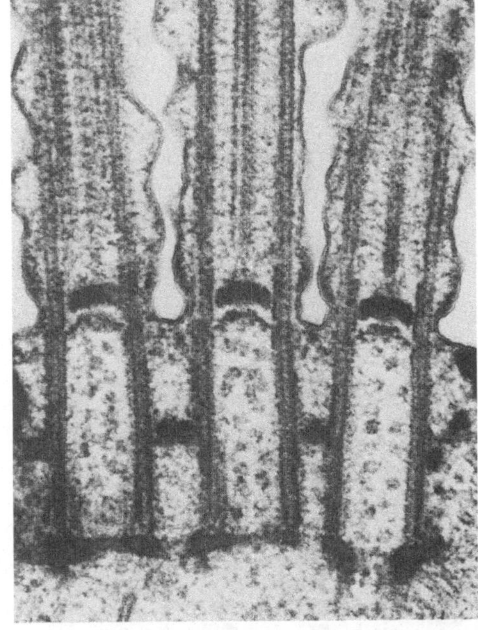

Abb. 7.15. Cilien im elektronenmikroskopischen Bild. Oben: Querschnitt (Vergrößerung 275000 ×), unten: Längsschnitt des Cilienansatzes mit Basalkörpern (Vergrößerung 85000 ×). Im unteren Bild ist besonders deutlich sichtbar, daß die Membran um das Cilium zum Plasmalemma gehört. (Aufn. K. Hausmann, Berlin)

großer Anzahl auftreten. Das trifft auf ihr Vorkommen in Einzellern zu, wo die cilientragenden Wimpertierchen (Phylum Ciliophora, Abb. 5.01) und die geißeltragenden Geißeltierchen (Flagellaten, Phylum Mastigophora) biologisch deutliche Unterschiede aufweisen. Es ist auch der Fall bei Vielzellern, wo besonders die Spermien in der Regel begeißelt sind, und wo Cilien nicht der Fortbewegung der Zelle, sondern der Bewegung des Außenmediums über eine Zellschicht dienen.

Im Durchmesser gleichen sich Cilien und Geißeln. Beides sind 200 nm breite, zylindrische Strukturen. Es sind Ausstülpungen aus der Zelle, die in ihrer ganzen Länge vom Plasmalemma umgeben sind (Abb. 7.15). In diesem Plasmalemmaschlauch liegt ein *Achsenfaden* (Axonem), der eine ganz bestimmte Ultrastruktur hat, die bei allen Eukaryontengruppen nur ganz geringe Variationen aufweist (Abb. 7.16, 7.17).

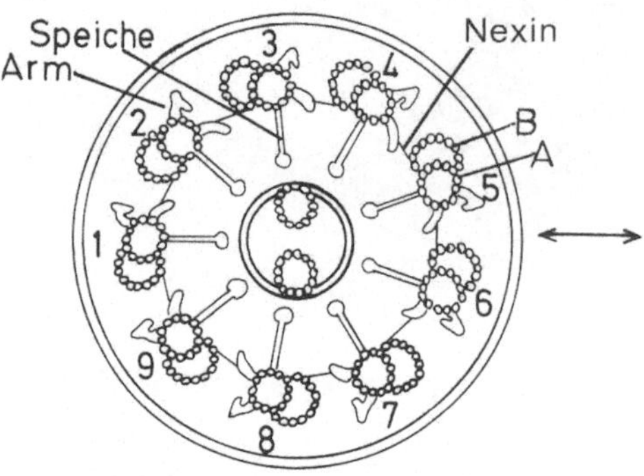

Abb. 7.16. Schematischer Querschnitt durch ein Cilium. Blickrichtung von der Zelle zur Cilienspitze, der Doppelpfeil zeigt die Schlagrichtung an

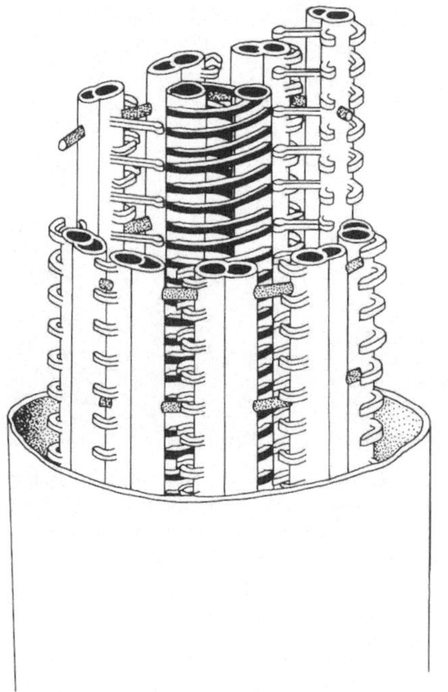

Abb.7.17. Räumliches Schema der Cilienstruktur, das die periodische Abfolge von Strukturen zeigt, wie sie im Querschnitt nicht zu sehen ist. Besonders die „Nexin"-Verbindungen von einem Mikrotubulus zum nächsten (gepünktelt) sind nicht in allen Querschnitten sichtbar. Die Darstellung verdeutlicht die starre Kabelstruktur des Achsenfadens innerhalb der Membran

In der Mitte des Achsenfadens verlaufen zwei Mikrotubuli. Diese beiden zentralen Mikrotubuli sind oft in engem Kontakt und gewöhnlich von einer gemeinsamen Scheide umgeben. Im Kreis um diese beiden zentralen Mikrotubuli verlaufen entlang der gesamten Länge des Achsenfadens *neun „Doppelmikrotubuli"*. Die ganze Struktur ist sehr regelmäßig angelegt. Die Ebene, die den Achsenfaden zwischen den beiden Zentraltubuli in zwei Hälften spaltet, ist die *Schlagebene* des Ciliums. In dieser Ebene krümmt sich das Cilium bei der Bewegung. Die Schlagebene schneidet durch einen der randständigen Doppel-Mikrotubuli, der als Nr. 1 gezählt wird, und verläuft zwischen den Doppelmikrotubuli 5 und 6.

Blickt man auf den Querschnitt des Ciliums von der Zelle her in Richtung auf die Spitze, dann tragen die randständigen Doppeltubuli je zwei Protein-*„Arme"*, die jeweils an einer der beiden Röhren, dem A-Tubulus, sitzen und im Uhrzeigersinn auf den folgenden Doppeltubulus zeigen. Außer diesen „Dynein-Armen" sendet der A-Tubulus sprossenartige Verbindungsstäbe zum B-Tubulus der (im Uhrzeigersinn) folgenden Doppelröhre und „Speichen" zu den Zentraltubuli. Der gesamte Achsenfaden bildet also ein sehr regelmäßiges, stabiles und starres Gerüst. Erst in letzter Zeit beginnt man zu verstehen, wie sich dieses Gerüst bewegt. Schon seit längerer Zeit ist bekannt, daß die Bewegungsenergie durch ATP-Spaltung gewonnen wird. Die ATPase-Aktivität ist im Protein *(Dynein)* der „Arme" lokalisiert worden. Auch ohne das Plasmalemma ist der Achsenfaden beweglich. Man muß ihm dann allerdings ATP von außen zuführen. Im Normalzustand wird in dem geringen Plasmavolumen zwischen Achsenfaden und Plasmalemma eine hohe ATP-Konzentration aufrechterhalten. Auch Geißeln, die von der Zelle abgeschnitten worden sind, können normale Geißelbewegungen durchführen. Offensichtlich ist der Bewegungsvorgang im Achsenfaden allein lokalisiert.

Mit einem technischen Trick hat man nachweisen können, daß auch beim Achsenfaden, ganz ähnlich wie bei Mikrofilamenten, die Bewegung auf dem Aneinandervorbeigleiten der Tubuli beruht. Dazu hat man Cilien in verschiedenen Beugungszuständen schnell fixiert und den Querschnitt der äußersten Spitzen im Elektronenmikroskop untersucht. Je nach dem Bewegungszustand waren entweder alle neun Doppeltubuli getroffen oder nur einige davon, deren Enden bei dem Gleitvorgang über die Enden der gegenüberliegenden Tubuli herausgerutscht waren. Das Cilium war jeweils zur gegenüberliegenden Seite hin abgebogen.

Isoliert man Axoneme ohne Plasmalemma, dann kann man nach leichter Vorverdauung der Proteine und Zugabe von ATP eine Verlängerung auf beinahe die neunfache Ausgangslänge erhalten. Offensichtlich gleiten die Mikrotubuli in diesem Fall aneinander entlang, bis nur noch kurze Überlappungsstücke bleiben.

Ebenso wichtig wie die Frage nach dem Mechanismus der Cilienbewegung ist die Frage nach der Koordination des Cilienschlages. Felder von Cilien bewegen sich weder synchron noch ungeordnet. Für jedes einzelne Cilium besteht die Bewegung aus einem aktiven Schlag und einer Rückführung in die Ausgangslage, bei der dem Medium nur minimaler Widerstand geboten wird. Die Energetik der Cilienbewegung gleicht also der eines Flügelschlages. Die verschiedenen Bewegungsphasen verlaufen in Wellen über die Zelloberfläche *(metachrone Bewegung)*. Nach neueren Untersuchungen läßt sich diese Koordination der Bewegung durch Aktionspotentiale erklären, die über die Zelloberfläche laufen. Die Membrandepolarisationen beeinflussen den Cilienschlag wahrscheinlich über das Ionengleichgewicht bei Enzymreaktionen.

Die Sensitivität von Cilien gegenüber Aktionspotentialen dürfte auch der Grund dafür sein, daß eine große Anzahl verschiedener *Rezeptorzellen* der Sinnesorgane auf der Cilienstruktur aufgebaut ist..

Allerdings ist die Grundstruktur des Ciliums in vielen Fällen so weit abgeändert, daß nur eine genaue elektronenmikroskopische Untersuchung den gemeinsamen Ursprung *(die Homologie)* dieser Zelltypen aufklären kann. Die Rezeptorzellen der Retina, die wir ihrer einfach gebauten Membranen wegen bereits erwähnt haben (Abb. 4.07), sind in ein inneres und ein äußeres Segment aufgeteilt. Das innere Segment entspricht einer normalen Zelle. Die Einschnürung zwischen innerem und äußerem Segment entspricht dem Ansatz eines Achsenfadens, der allerdings bald im äußeren Segment verstreicht und unbeweglich ist. Die Cilienstruktur der Rezeptorzellen kann selbst bei Tiergruppen nachgewiesen werden, die Cilien sonst völlig aufgegeben haben. Es ist also eine sehr alte Adaption, die deutlich auf die Bedeutung der Membran bei der Cilienstruktur allgemein hinweist. Der Achsenfaden allein ist zwar die Bewegungsstruktur, die Regulation der Bewegung obliegt aber der Membran.

7.11 Centriolen

Verfolgt man den Achsenfaden eines Ciliums oder Flagellums in die Zelle hinein, dann trifft man auf die eigenartigste aller Zellorganellen (Abb. 7.16). Kurz unter der Zelloberfläche hören die Zentraltubuli auf, aber die neun randständigen Doppeltubuli setzen sich als *Dreifachtubuli* fort. Der dritte Tubulus erscheint an der Seite der „Arme". Diese Dreifachtubuli bilden eine zylindrische Struktur von 150–200 nm Durchmesser und etwa 500 nm Länge, den *Basalkörper* (engl.: basal body). Die Mitte des Basalkörpers erscheint anfangs leer. In der unteren Hälfte enthält er eine *Speichenstruktur*.

Alle Cilien und Flagellen entspringen aus einem Basalkörper. Werden sie abgeschoren, dann werden sie vom Basalkörper her neu gebildet. Bei Zellen, die erst im Laufe ihrer Entwicklung Geißeln ausbilden, wie beim Spermium während der Spermioge-

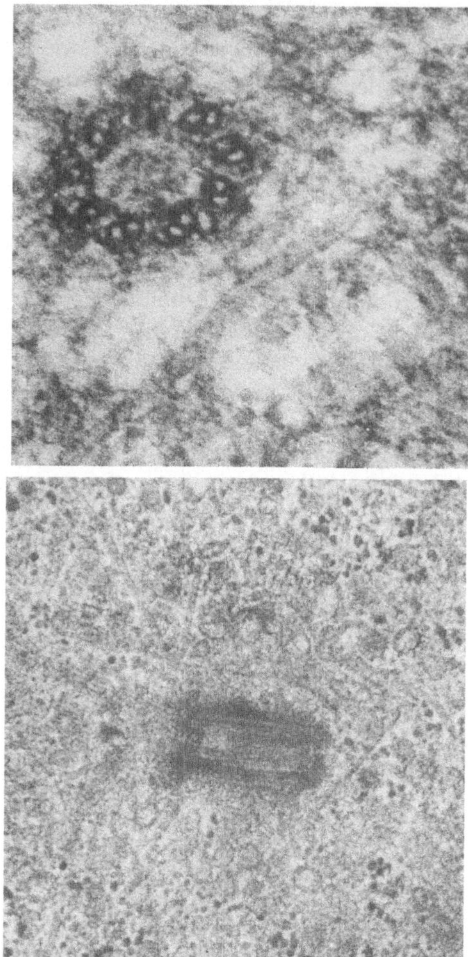

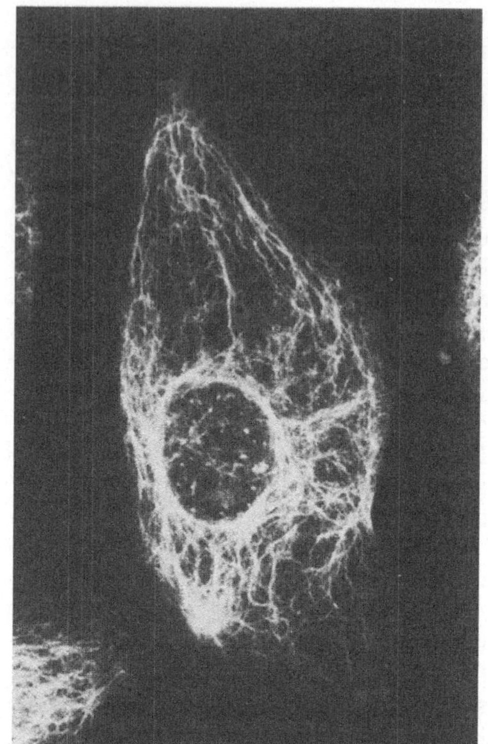

Abb. 7.18. Centriolen. Oben Querschnitt (HeLa-Krebszelle, Vergrößerung 70 000 × ; Aufn. N. Paweletz, Heidelberg), unten Längsschnitt (A-Zelle der Pankreas-Insel beim Spitzhörnchen, Vergrößerung 25 000 × ; Aufn. W.G. Forßmann, Heidelberg). In beiden Fällen sind Mikrotubuli im Cytoplasma sichtbar

nese (22.04), formt sich der Achsenfaden der Geißel vom Basalkörper her.

Basalkörper, die frei in der Zelle liegen, heißen *Centriolen* (Abb. 7.18). Die doppelte Terminologie rührt daher, daß man seit jeher Basalkörper als winzige Granula an der Cilienbasis und Centriolen als Granula in den Zentren des Spindelapparats bei der Mitose von Tierzellen gesehen hat. Erst elektronenmikroskopische Untersuchungen haben gezeigt, daß die beiden Strukturen identisch sind.

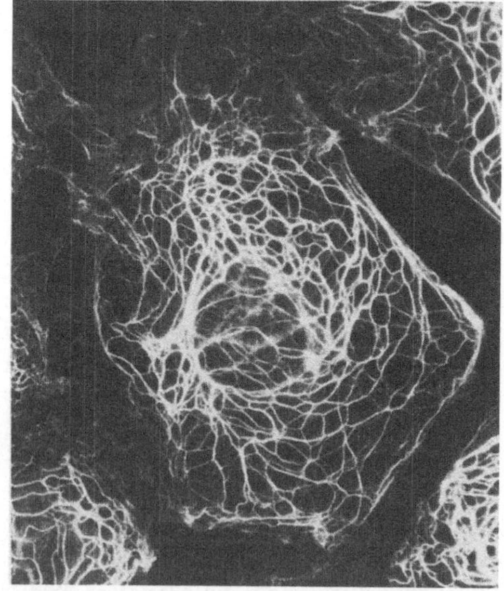

Abb. 7.19. Intermediäre Filamente, Immunfluoreszenzdarstellung. Der Zelltyp ist derselbe wie in Abb. 7.09 oben und in Abb. 7.14: Nierenepithel vom Rattenkänguruh in Gewebekultur (PtK-2 Zellen). Oben Vimentin, unten Cytokeratin. Beachte, daß die verschiedenen Cytoskelettelemente gleichzeitig in einer Zelle vorkommen. (Aufn. W. Franke)

Tabelle 7-1. Proteine, aus denen „intermediäre Filamente" bestehen. Übersicht nach Lazarides, 1980 (Nature *283*, 249)

Protein	Molekulargewicht (Kilodalton)	Filament-Durchmesser	Typisches Vorkommen
Keratine	40–65	80 Å (Tonofilamente)	Epithelzellen (Desmosomen)
Desmin	50	100 Å	Muskelzellen
Vimentin	52	100 Å (Kopolymerisierung mit anderen Proteinen)	Muskelzellen, Epithelzellen
Neurofilament-Proteine	68 150 200	100 Å	Neuronen
Saures Protein der Glia-Filamente (GFA)	51	80 Å	Gliazellen

Auch das Centriol beim Spindelapparat ist das Zentrum eines Systems von Mikrotubuli (10.08). Es liegt nahe, Centriolen allgemein als Organisationszentren für die Aggregation von Tubulin-Einheiten zu Mikrotubuli zu betrachten. Mikrotubuli kommen regelmäßig in der Nähe von Centriolen vor (Abb. 7.18). Welche Rolle Centriolen bei diesem Vorgang spielen, ist aber noch nicht bekannt.

Noch mysteriöser ist der Ursprung der Centriolen überhaupt. Centriolen entstehen als kleine *Procentriolen* oder *Tochtercentriolen* am Unterende bestehender Centriolen, aber nicht als Verlängerung, sondern verblüffenderweise an der Seite und meist im rechten Winkel zum Muttercentriol. In einigen Zellen werden sie auch völlig neu synthetisiert, ohne daß vorher ein Centriol vorhanden war. Praktisch ist das alles nicht so aufregend. Den Biologen interessiert es aber sehr, ob und wie hier Informationsübertragung um die Ecke stattfindet.

7.12 Intermediäre Filamente

Neben Mikrofilamenten und Microtubuli kommen in Zellen eine ganze Anzahl anderer Filamente vor. Einige davon sind auf bestimmte Zellen oder bestimmte Zellorganellen beschränkt, andere sind weit verbreitet. Alle diese Filamente haben gemeinsam, daß ihr Durchmesser zwischen dem der Mikrofilamente (60 Å) und dem der Mikrotubuli (240 Å) liegt. Einige, wie die Tonofilamente der Desmosomen (Abb. 15.11), haben Durchmesser von etwa 80 Å, typische „intermediäre Filamente" haben einen Durchmesser von etwa 100 Å. Tabelle 7-1 gibt eine Übersicht über verschiedene wichtige Typen dieser Filamente. Dabei sind nur typische Vorkommen genannt. In vielen Zelltypen kommen mehrere dieser Filamente nebeneinander vor (Abb. 7.19). Vimentin tritt möglicherweise nur als zusätzlicher Bestandteil anderer, vor allem von Desmin-Fibrillen auf.

Ein Beispiel für die Funktion dieser Fibrillen ist die Rolle von Vimentin und Desmin in Muskelzellen. Sie lagern sich darin um den Außenrand der Z-Scheiben an und verzurren die Z-Scheiben paralleler Sarkomere so, daß alle Sarkomere der Muskelzelle im gleichen Register liegen. Einmal bindet das die kontraktilen Elemente in eine funktionierende Einheit zusammen, zum anderen dient es der geometrisch richtigen Verbindung zwischen Membranen (T-Tubuli, 7.05) und kontraktilen Elementen. Die Umordnung dieser Fibrillen von einem welligen Netzwerk, das die ganze Zelle durchzieht, zu einer spezifischen Verbindung der Z-Scheiben ist ein dramatischer Vorgang, bei dem bestimmt weitere regulierende Proteine mitwirken.

8 Nukleinsäuren

8.01 Informationsgehalt

Wir haben jetzt eine Zwischenstation in unserer Analyse biologischer Vorgänge erreicht. Das Anliegen der vorhergehenden Kapitel war es, die Komplexität biologischer Strukturen auf ihre molekulare Grundlage zurückzuführen. Dabei haben wir uns darauf beschränkt, die Strukturen und Funktionen einzelner Zellen abzuleiten. Die Struktur der Zelle liefert den Apparat, an dem Stoffwechsel, Wachstum, Reizaufnahme, Erregungsleitung und Kommunikation durch chemische Substanzen und Bewegungsvorgänge stattfinden. Wir haben in jedem Fall dort die Analyse abgebrochen, wo die Organphysiologie ansetzt.

Trotz vieler Lücken in der Argumentation und in den Befunden können wir sagen, daß im Prinzip die typisch biologischen Vorgänge im Organismus ohne zusätzliche Annahmen aus den physikalisch-chemischen Eigenschaften der Moleküle erklärbar sind. Die Transportvorgänge an der Zelloberfläche und der Stoffwechsel der Zelle sorgen dafür, daß die richtigen Moleküle in der Zelle vorliegen. Zellen sind konservativ und wählerisch. Sie sortieren die Moleküle in ihrer Umgebung in verwendbare und nicht verwendbare. Das ist eine grundlegend wichtige Beobachtung. Biologische Strukturen sind so konstruiert, daß sie ihre komplexe Ordnung gegen die ungeordnete Umgebung abschirmen. Verschiedene Ausdrücke bezeichnen diesen Zustand: *Homöostase* ist die Aufrechterhaltung eines geordneten Zustands bei wechselnden Umwelteinflüssen. *Informationsgehalt* ist der Grad der Unwahrscheinlichkeit eines Systems, verglichen mit dem wahrscheinlichsten Zustand seiner Komponenten, nämlich ihrer zufälligen Verteilung.

Das Wort *Information* klingt mysteriös, wenn es mit Wahrscheinlichkeit einer Struktur in Verbindung gebracht wird. Bei Information denkt der Laie an eine Nachricht. Der Übergang vom gewohnten Informationsbegriff zum physikalisch-chemischen Informationsbegriff ist aber gar nicht so kompliziert. Der Informationsgehalt einer Struktur ist proportional zur Länge der Nachricht, die sie beschreibt. Ein Beispiel soll das erklären. Adenosintriphosphat (ATP) ist ein relativ kompliziertes kleines Molekül. Man kann es sehr kurz mit der Formel

$$C_{10}O_{13}N_5P_3H_{16}$$

beschreiben. Das ist eine kurze Nachricht mit wenig Informationsgehalt. Sie betrifft nur die Komponenten des Systems (die Atome im Molekül) und beschreibt, welche da sind und wieviel von jedem. Sie genügt nicht, um die Struktur von ATP zu beschreiben. In der Symbolik des Chemikers ist die ATP-Struktur mit der 13stelligen Summenformel nicht genau genug beschrieben. Man kommt der Struktur schon näher, wenn man die Summenformel in die Formeln für die Struktur der stickstoffhaltigen Base, die Struktur des Zuckers Ribose und die drei Phosphatgruppen zerlegt. Dann erhält man

$$NH_2(C_5N_4H_2)(C_5H_8O_4)(P_3O_9H_4).$$

Die Formel benötigt jetzt 27 Symbole; die Nachricht ist länger und der Informationsgehalt höher. Aber ATP ist noch nicht exakt beschrieben. Die voll ausgeschriebene Strukturformel benötigt

47 Atomsymbole und 55 Bindungsstriche, also 102 Symbole. Dabei haben wir auch noch einen Trick angewandt und sind zu einer flächigen Schreibweise übergewechselt. Die Beziehung zwischen Nachrichtenlänge und Informationsgehalt der Struktur sollte aber klar geworden sein.

Das Beispiel ist mehr als eine Spielerei. Es zeigt auch, daß Information von einer Form in eine andere übertragen werden kann, wie hier die Information im Molekül in die Information chemischer Symbolik. Der Informationsgehalt hängt auch vom Empfänger ab. Verschiedene Empfänger teilen das System verschieden fein in Komponenten auf. Die chemische Symbolik ist ein Code für die Molekülstruktur. Ein Chemiker kann den Code verstehen und an Hand der Symbole ATP synthetisieren. Die gelegentlich zitierte Feststellung, ein Mensch sei etwa achtzig Mark wert, weil er aus 12 kg Kohle, 7 kg Wasserstoff, 44 kg Sauerstoff, 2 kg Stickstoff, 700 g Phosphor und 1 kg Calcium bestünde, beruht auf dem Trugschluß, daß die Elemente allein schon ein biologisches System ausmachen. Das Wichtige am Menschen als biologisches System ist aber die Anordnung dieser Elemente, also der Informationsgehalt des chemischen Systems.

8.02 Kontinuität des Lebendigen

Jedes biologische System hat einen immens hohen Informationsgehalt. Es gibt mathematische Abschätzungen darüber. Mit einem relativ einfachen Ansatz läßt sich berechnen, daß der Informationsgehalt einer Eizelle dem einer Bibliothek mit einer Million Bänden entspricht. Das ist ebenso eindrucksvoll wie nutzlos, weil diese Abschätzung des Informationsgehalts die wichtigsten Faktoren biologischer Information außer acht lassen mußte. Auf jeden Fall ist der Informationsgehalt so hoch, daß die Synthese eines Menschen, ja selbst einer einzigen Zelle, aus den Elementen ohne *Informationsübertragung* unmöglich ist.

Um nicht zu tief in die Theorie einzusinken, können wir ohne weitere Ableitungen und Beweise feststellen, *daß alle biologischen Strukturen aus anderen biologischen Strukturen durch Informationsübertragung entstehen.* Das hat der Franzose Raspail schon 1825 mit der Formulierung „Jede Zelle entsteht aus einer Zelle" festgestellt. Daraus folgt auch, daß alles Leben auf der Erde verwandt sein muß. Das Lebendige erhält sich durch eine *Kontinuität der lebenden Substanz.* Die Diskussion dieser Kontinuität der Information in lebenden Systemen trotz dauernden Stoffwechsels ist von nun ab das Grundthema unserer Betrachtung der Biologie.

Dabei stoßen wir sofort auf ganz praktische chemische Fragen. Proteinmoleküle sind die Überträger des Informationsgehalts in der Zelle. Immer wieder sind wir zum Schluß gekommen, daß die Ordnung von Struktur und Funktion der Zelle auf spezifischen Proteinen beruht. Wir haben aber noch nichts darüber gesagt, woher diese spezifischen Proteine kommen. Auch das muß physikalisch-chemisch erklärbar sein.

Proteine werden in der Zelle abgebaut oder ausgeschieden. Die durchschnittliche Lebensdauer eines Proteinmoleküls ist relativ kurz. Spätestens beim Tode des Individuums scheiden seine Proteine aus der Kontinuität aus. Proteine müssen also laufend neu synthetisiert werden. Dazu wird Energie benötigt, um Peptidbindungen zwischen Aminosäuren zu schließen, und Information, damit die richtigen Aminosäuren in der richtigen Reihenfolge eingebaut werden. Die Tertiärstruktur, also die Funktionsstruktur des Proteinmoleküls, bildet sich spontan aus. Sie ist eindeutig durch die Reihenfolge des Einbaus einzelner Aminosäuren in die Primärsequenz festgelegt. Das ist eine enorm wichtige Beobachtung. *Da die Information über das funktionierende Protein in der linearen Primärsequenz festgelegt ist, genügt eine eindimensionale (lineare) Informationssequenz zur Festlegung der Proteinstruktur.*

Genauso wichtig ist eine weitere Feststellung: *Die Grundkomponente des Informationssystems ist die Aminosäure. Nur zwanzig verschiedene Grundkomponenten treten auf, nur einige Hundert pro Molekül.*

Diese beiden Beobachtungen werden oft zu wenig betont. Ihre Bedeutung kann man abschätzen, wenn man die Arbeit des Röntgenstruktur-Chemikers betrachtet. Seine Aufgabe ist es, die *Atomkoordinaten jedes Atoms* in dreidimensionalen Proteinmolekülen festzustellen (Abb. 3.08, Abb. 3.09). Dazu muß er einigen Tausend Komponenten, von denen fünf verschiedene vorkommen (C, H, N, O, S), je drei Dimensionen zuordnen. Für den Röntgenstruktur-Chemiker hat dasselbe Molekül einen sehr viel höheren Informationsgehalt als für die Zelle. Kein Wunder, daß seine Beschreibung des Hämoglobin-Moleküls sehr viel komplizierter ist als die der Zelle und daß die Zelle ein Proteinmolekül in wenigen Minuten zusammensetzen kann.

Die Kontinuität biologischer Systeme beruht nicht auf der Kontinuität ihrer Proteine. Die physikalisch-chemische Kontinuität biologischer Systeme beruht auf Molekülen, die den Code für die Proteine in einer relativ einfachen linearen Sequenz enthalten. Das sind die *Nukleinsäuren.* Das grundlegende Experiment, das den Beweis dafür erbracht hat, ist von O.T. Avery, C.M. McLeod und M. McCarty 1944 durchgeführt worden. Wir werden es erst später besprechen können (12.09). Dieses Experiment stellt einen Wendepunkt in der Geschichte der Biologie dar und leitet eine Periode biologischer Forschung ein, die mit der Aufklärung des genetischen Codes (1960–1965) abschließt. Die Resultate dieser Forschungsperiode sind das Fundament der gesamten Biologie. Sie sind das Thema dieses und des folgenden Kapitels.

8.03 Nukleotide

Nukleinsäuren sind lange Makromoleküle. Wie alle Makromoleküle werden sie durch die Art und Anzahl ihrer Bausteine und durch den Bindungstyp charakterisiert, der die Bausteine verknüpft (2.05). Die Bausteine der Nukleinsäuren sind *Nukleotide.* Der *Bindungstyp* ist die *Phosphodiester-Bindung.* Die Struktur einer Nukleinsäure ist durch die lineare Sequenz ihrer Nukleotidbausteine festgelegt.

Nukleotide sind kompliziert gebaut. Sie enthalten eine stickstoffhaltige (heterozyklische) Base, die an einen Zuckerrest (eine Pentose) gebunden ist. Der Zuckerrest ist mit Phosphorsäure verestert. *Die unveresterte Verbindung aus Base und Pentose heißt Nukleosid.* Ein Nukleotid ist ein *Nukleosid-Phosphosäureester* oder kurz ein *Nukleosidphosphat.*

Base — Pentose — Phosphat

Nukleosid

Nukleotid

ATP (Abb. 1.03) ist ein Nukleotid. Es enthält die Base Adenin (6-Amino-Purin) und die Pentose Ribose als Ribofuranose-Ring. Die Ringatome der Purin-Base werden mit den Zahlen 1–9 gezählt, die Kohlenstoffatome des Zuckers mit den Zahlen 1′ bis 5′. Die Bindung zwischen Purin-Base und Zucker erfolgt unter Wasserabspaltung zwischen dem N-Atom 9 der Base und dem C-Atom 1′ des Zuckers. Das Nukleosid aus Adenin und Ribose heißt Adenosin. Die Ribose ist am C-Atom 5′ mit einer Kette aus drei Phosphatgruppen verestert. ATP ist Adenosintriphosphat.

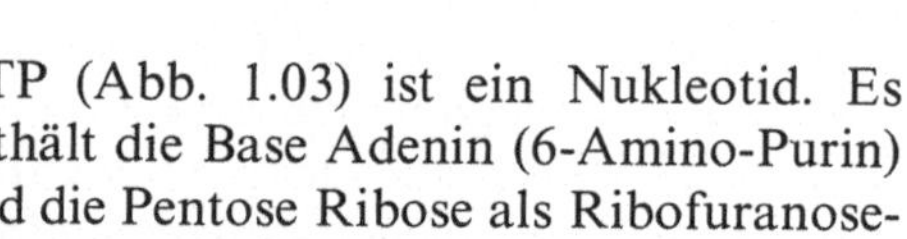

Nur zwei Zucker kommen in den Nukleotiden der Nukleinsäuren vor. Ribo(furano)se ist der Zucker von Ribonukleotiden. 2-desoxy-Ribo(furano)se, die durch Reduktion am C-Atom 2′ der Ribose entsteht, ist der Zucker von Desoxy-Ribonukleotiden.

Eine Nukleinsäure aus Ribonukleotiden heißt *Ribonukleinsäure* (engl.: ribonucleic acid, *RNA*). Eine Nukleinsäure aus Desoxyribonukleotiden heißt *Desoxyribonukleinsäure* (engl.: deoxyribonucleic acid, *DNA*).

Mit wenigen Ausnahmen sind Nukleinsäuren entweder reine DNA oder reine RNA, und die Funktionen von DNA und RNA sind streng geschieden. *DNA ist das Molekül zur Informationsspeicherung, RNA das Molekül zur Informations-Umsetzung.* Zwei Gruppen von Basen kommen in Nukleinsäuren vor: Purine und Pyrimidine.

Der Purinring ist ein stickstoffhaltiger Doppelring aus 9 Atomen, der Pyrimidinring entspricht dem Sechserring des Purins.

Pyrimidin   Purin

Zwei Purinbasen kommen in Nukleinsäuren vor, Adenin und Guanin.

Adenin   Guanin

Drei Pyrimidinbasen kommen in Nukleinsäuren vor: Uracil, Thymin und Cytosin.

Uracil   Thymin   Cytosin

Adenin und Guanin kommen in DNA und RNA vor. Die Pyrimidinbasen von DNA sind Thymin und Cytosin, die Pyrimidinbasen von RNA sind Uracil und Cytosin. Thymin ist 5-Methyl-Uracil.

Entsprechend finden wir die folgenden *Nukleoside,* wobei der Zuckerrest der jeweiligen Nukleinsäureart entspricht:

$$
\begin{aligned}
\text{Adenosin} &= \text{A (RNA)} \\
\text{Desoxy-Adenosin} &= \text{dA (DNA)} \\
\text{Guanosin} &= \text{G (RNA)} \\
\text{Desoxy-Guanosin} &= \text{dG (DNA)} \\
\text{Uridin} &= \text{U (RNA)} \\
\text{Desoxy-Thymidin} &= \text{dT (DNA)} \\
\text{Cytidin} &= \text{C (RNA)} \\
\text{Desoxy-Cytidin} &= \text{dC (DNA)}
\end{aligned}
$$

Wenn die Art des Zuckerrests keiner besonderen Erwähnung bedarf, vor allem wenn man nur über DNA spricht, läßt man oft das „d" bei Desoxynukleosiden fort.

Die Bindung zwischen Base und Zucker erfolgt unter Wasserabspaltung zwischen dem N-3 von Pyrimidinbasen oder dem N-9 von Purinbasen und dem C-1′ des Furanoserings.

Durch enzymatische Spaltung von Nukleinsäuren erhält man die entsprechenden *Nukleotide,* die eine Phosphatgruppe am 5′-Atom des Zuckers tragen. Sie werden als *Nukleosid-Monophosphate* bezeichnet und entsprechend als AMP, dAMP, GMP etc. abgekürzt. Diese Nukleotide werden auch Adenylsäure, Guanylsäure etc. genannt. Gelegentlich kommen in Nukleinsäuren andere Basen und andere Nukleoside der genannten Basen vor. Solche seltenen Basen sind sogar ein regelmäßiger und wichtiger Bestandteil einiger Nukleinsäuren. Oft sind sie als Äquivalente der gewöhnlichen Basen eingebaut. Wir werden bei Gelegenheit solche seltenen Basen erwähnen.

8.04 Die Primär-Struktur von Nukleinsäuren

Die Nukleotide sind in Nukleinsäuren zu langen Ketten verknüpft, indem die Phosphatgruppe am 5′-C-Atom des Nukleo-

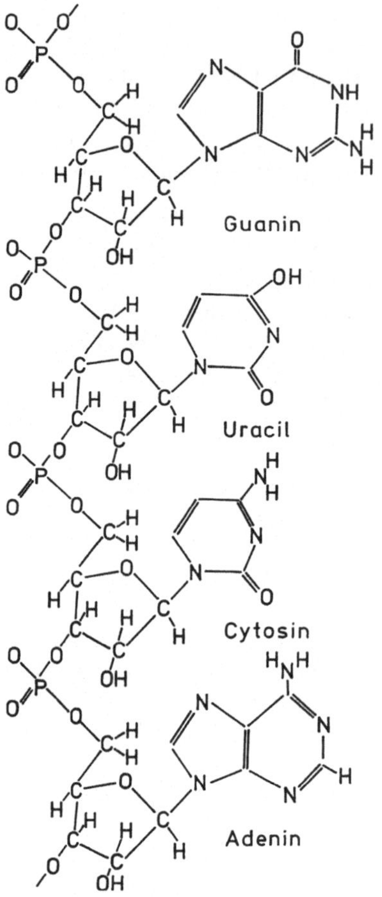

Guanin

Uracil

Cytosin

Adenin

Abb. 8.01. Ausschnitt aus einer RNA-Kette

dem verschiedene Basengruppen abstehen. Wie die Primärsequenz eines Proteins durch die Reihenfolge der Aminosäurereste bestimmt ist, so ist die Nukleinsäuresequenz durch die Reihenfolge der Basen bestimmt. Durch die Phosphatgruppen im Rückgrat des Moleküls reagieren Nukleinsäuren als Säuren. Sie bilden Salzbindungen mit Kationen aus. In der Zelle sind die Phosphatgruppen häufig durch basische Seitengruppen von Proteinen neutralisiert.

8.05 Die Sekundärstruktur der DNA

Bei der Bestimmung des relativen Anteils der verschiedenen Basen im Nukleinsäuremolekül hat Chargaff eine Regelmäßigkeit erkannt, die für DNA, nicht aber für RNA zutrifft. In der Regel gilt für DNA [T]=[A] und [G]=[C]. Die DNA im Zellkern des Menschen enthält 30% T, 30% A, 20% G und 20% C. Bei dem Bakterium *Escherichia coli* findet man 24% T, 24% A, 26% G und 26% C. Diese Äquivalenz des Anteils je einer Purinbase (A, G) mit einer Pyrimidinbase (T, C) hat nichts mit der Reihenfolge der Basen in der Nukleinsäurekette zu tun, sondern erklärt sich aus der *Sekundärstruktur der DNA*. Sie beruht auf der Doppelstruktur des DNA-Moleküls, die 1953 von Watson und Crick zuerst vorgeschlagen wurde. Außer der Chargaffschen Äquivalenzregel erklärt das Watson-Crick-Modell der DNA auch die Ergebnisse der Röntgenstrukturanalyse von Wilkins und Franklin, die darauf hinwiesen, daß DNA unabhängig von ihrer Herkunft eine schraubig gewundene Struktur mit ganz bestimmten gleichbleibenden Dimensionen hat. Seit 1953 ist das Watson-Crick-Modell durch eine große Anzahl anderer Beobachtungen bestätigt worden.

Nach Watson und Crick ist DNA ein Doppelmolekül. Es besteht aus zwei Polynukleotidketten, die sich gegenläufig zusammengelagert um eine gemeinsame Achse winden (Abb. 8.03). Dadurch ent-

tids eine zweite Esterbindung mit der OH-Gruppe am 3'-C-Atom des vorhergehenden Nukleotids eingeht (Abb. 8.01). Durch diese doppelte Veresterung der Phosphatgruppen *(Phosphodiesterbindung)* erhält das Nukleinsäuremolekül eine Polarität. Es beginnt mit einer 5'-Phosphatgruppe und endet mit einer unveresterten 3'-OH-Gruppe. Die Nukleinsäurekette hat ein 5'- und ein 3'-Ende und eine 5'→3'-Richtung, genau wie eine Proteinkette ein N-terminales und ein C-terminales Ende hat. Wie die Proteinkette eine Hauptachse mit Peptidbindungen hat, von der verschiedene Seitenketten abstehen, so hat die Nukleinsäurekette ein *Rückgrat* aus Phosphatgruppen und Zuckern mit Phosphodiester-Bindungen, von

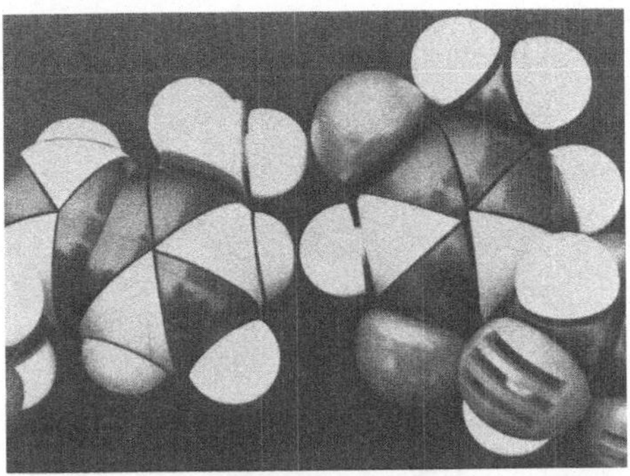

Abb. 8.02. Molekülmodell eines Basenpaares Adenin-Thymin. Die beiden Basen bilden eine flächige Struktur. (Aufn. M. Hermes)

steht eine Schraubenstruktur, eine *Doppelhelix*. In der Doppelhelix liegt jeweils einem A der einen Kette ein T der anderen und einem G ein C gegenüber.

$$3' \xleftarrow{\hspace{6cm}} 5'$$

A T T C G A G T A C C
· · · · · · · · · · ·
T A A G C T C A T G G

$$5' \xrightarrow{\hspace{6cm}} 3'$$

Dadurch, daß jeweils eine schmale Pyrimidinbase einer breiten Purinbase gegenüberliegt (Abb. 8.02), besteht ein konstanter Abstand zwischen den beiden Ketten. Der Durchmesser des schraubig gewundenen Moleküls beträgt 2 nm.

Zwischen den gepaarten Basen kommt es zur Ausbildung von Wasserstoffbrücken. Wir haben schon bei der Struktur von Proteinen gesehen, daß Wasserstoffbrücken und andere schwache Bindungen sehr stabile Strukturen bilden können, wenn sie in großer Menge in regelmäßigen Abständen vorkommen.

Die Wasserstoffbrückenbindungen zwischen den Basen sind spezifisch. Zwischen A und T treten zwei, zwischen G und C drei Wasserstoffbrücken auf.

G-C-Paare sind also stabiler gebunden als A-T-Paare. Diese Beobachtung wird später für die experimentelle Untersuchung von DNA wichtig.

In der Doppelhelix liegen die Basenpaare senkrecht zur Achse der Helix wie Platten

mit der Ringfläche übereinander (Abb. 8.03, 8.04). Dadurch bilden sich hydrophobe Bindungen, Stapelkräfte (engl.: stacking forces) zwischen den Basen aus, auf denen die große Stabilität der Doppelhelix beruht (Abb. 8.05). Auf Interaktionen zwischen benachbarten Basenpaaren beruht es auch, daß die Ringstruktur der Basen in der Doppelhelix weniger Ultraviolettlicht absorbiert als die freier Basen einer Einzelkette. An der Zunahme der Absorption von ultraviolettem Licht bei einer Wellenlänge von 260 nm läßt sich z.B. die Aufspaltung der Doppelhelix in Einzelketten bei hoher Temperatur beobachten (Schmelzen der Doppelhelix, Abb. 8.06).

Die beiden Ketten sind so umeinander gewunden, daß eine Windung 10 Basenpaare umfaßt. Die Dicke der Basenpaare ist 0,34 nm, die Ganghöhe der Windungen also 3,4 nm. Die folgenden Zahlen werden wir später zum Abschätzen von Größenordnungen bei DNA benötigen: Jedes Nukleotidpaar hat eine Helixlänge von 0,34 nm, ein Molekulargewicht von durchschnittlich 670 und ein wirkliches Gewicht von durchschnittlich $1{,}11 \times 10^{-21}$ g. DNA-Mengen werden oft in Picogram (1 pg $= 10^{-12}$ g) angegeben. 1 pg DNA enthält 9×10^8 Basenpaare und ist etwa 31 cm lang bei einem Helixdurchmesser von 2 nm.

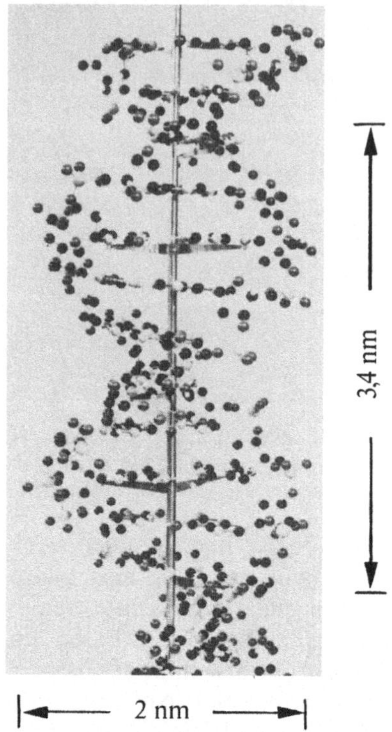

Abb. 8.03. Seitenansicht der DNA-Doppelhelix. Von der Seite betrachtet erscheinen die Basenpaare als flache Platten

Abb. 8.04. Seitenansicht der DNA-Doppelhelix. Raumfüllendes Modell mit den richtigen Atomradien. Die Basenpaare liegen direkt übereinander ohne Zwischenraum. Dadurch kommt es zu Interaktionen zwischen aufeinanderfolgenden Basenpaaren, die als Stapelkräfte die Helixstruktur stabilisieren

Das Bakterium *E. coli* enthält ein DNA-Molekül mit einem Molekulargewicht von 2×10^9. Dieses Molekül enthält $3,2 \times 10^6$ Nukleotidpaare und ist 1,1 mm lang, also 500mal so lang wie das ganze Bakterium. DNA ist immer sehr stark gefaltet und eng verpackt (10.06, 10.07). In jedem Zellkern einer Körperzelle des Menschen sind etwa 7 pg DNA. Die gesamte Helixlänge beträgt also mehr als 2 m pro Zellkern. Diese DNA verteilt sich auf 46 Moleküle (eins pro Chromosom), wenn bei solchen Dimensionen der Molekülbegriff überhaupt sinnvoll ist.

8.06 RNA

Der Zuckerrest der Nukleotide von RNA ist Ribose. RNA enthält kein Thymin, dafür aber Uracil. RNA-Moleküle kommen einzeln vor, also nicht als Doppelhelix-Strukturen. Die langen verknäuelten Einzelketten vieler RNA-Moleküle sind an Proteine gebunden, wobei die Anlagerung basischer Proteinseitenketten an die sauren Phosphatgruppen der RNA eine Rolle spielt. Spezielle Ribonukleoprotein-Partikel werden wir als Ribosomen und RNA-Viren kennenlernen.

RNA hat verschiedene Funktionen. Dementsprechend gibt es verschiedene RNA-Typen, von denen wir im folgenden Ribosomen-RNA (r-RNA), Transfer-RNA (t-RNA), Messenger-RNA (m-RNA) und heterogene Kern-RNA (hn-RNA) kennenlernen werden. Jeder RNA-Typ hat seine Eigenheiten. Deshalb können wir uns bei der allgemeinen Charakterisierung von RNA auf die wenigen Sätze am Anfang dieses Abschnitts beschränken.

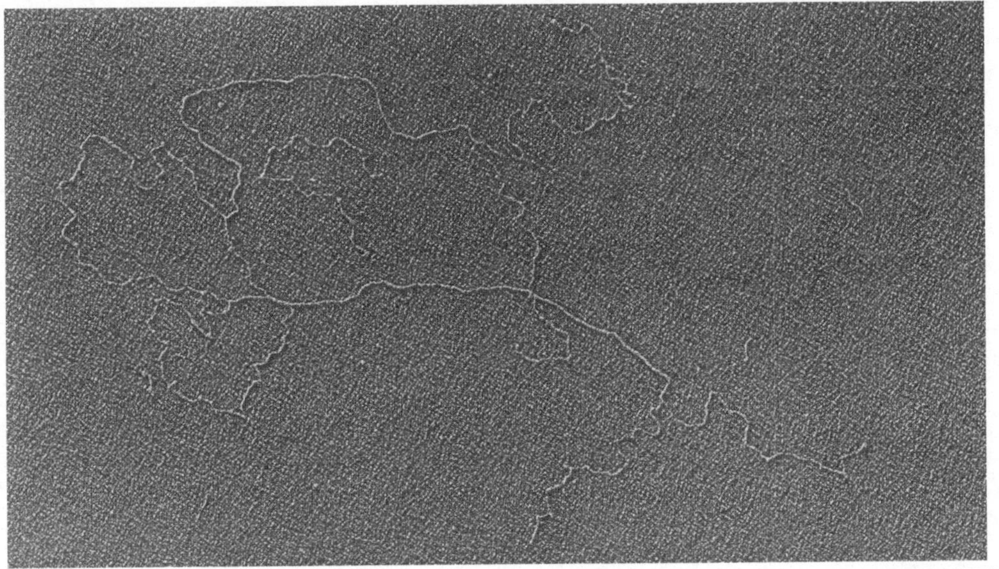

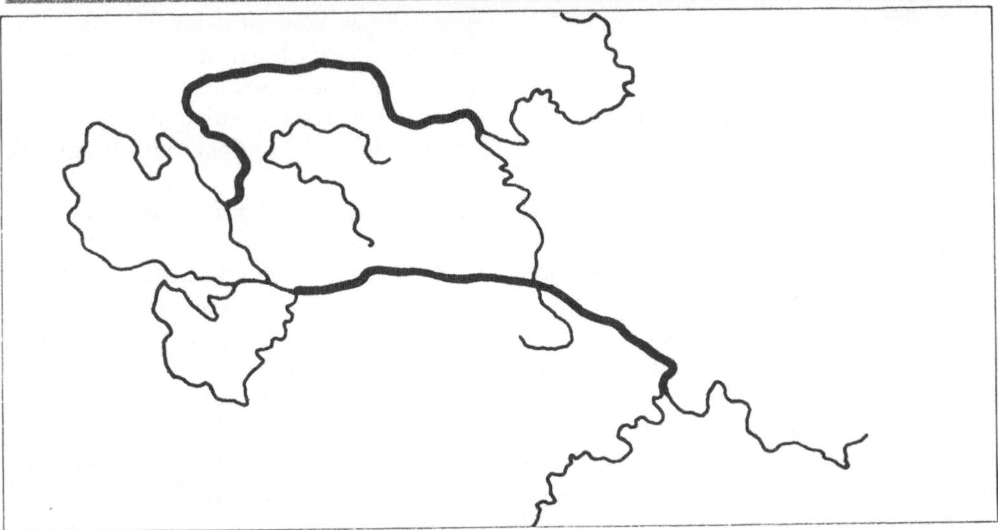

Abb. 8.05. DNA (aus dem Bakteriophagen T 3), teilweise zu
Einzelketten „denaturiert". Doppelhelixanteile sind sehr viel
starrer und stabiler als die Einzelketten. Vergrößerung 30 000 ×.
(Aufn. H. Bujard, Heidelberg)

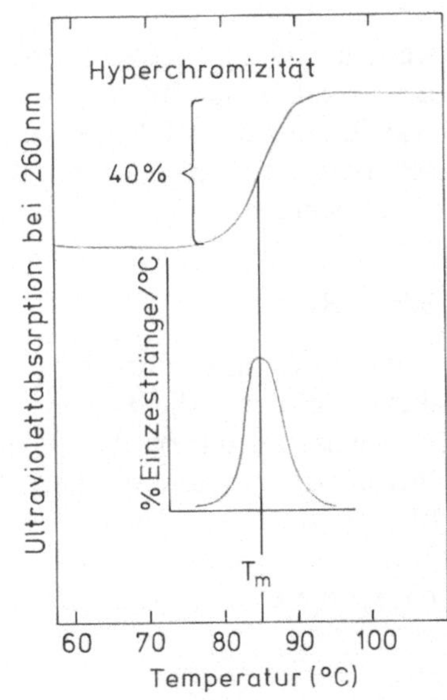

Abb. 8.06. Denaturierung von Doppelhelix-DNA zu Einzelsträngen
durch hohe Temperatur („Schmelzen" der Helix). Die Entstehung
der Einzelketten kann an der Zunahme der Ultraviolett-Absorption
verfolgt werden. Diese DNA hat einen ziemlich scharfen mittleren
Schmelzpunkt (T_m) bei 85° C

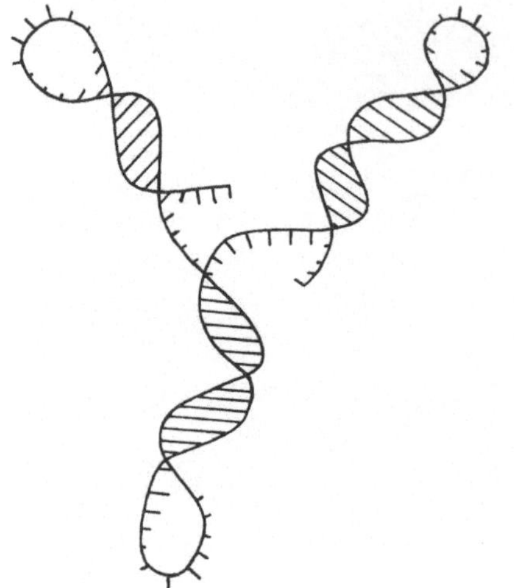

Abb. 8.07. Ein RNA-Molekül mit internen Doppelhelixregionen

Selbst für diese wenigen Aussagen gibt es Ausnahmen. Besonders wichtig ist dabei, daß RNA zwar in der Regel nicht als Doppelhelix vorliegt, aber im Molekül *interne Doppelhelix-Strukturen* bei vielen RNA-Arten vorkommen (Abb. 8.07). Dazu muß auf eine Basensequenz im selben Molekül die Sequenz folgen, die mit der ersten Sequenz Basenpaarungen eingehen kann. Das wird oft in RNA gefunden. Ob die entsprechenden Sequenzen auch im RNA-Molekül in der Zelle gepaart sind, muß in jedem Falle bewiesen werden. Es ist aber ziemlich sicher, daß die meisten möglichen Paarungen dieser Art wirklich vom RNA-Molekül gebildet werden und eine Rolle bei der Funktion des Moleküls spielen.

Am Beispiel der t-RNA sollen die Eigenschaften von RNA-Molekülen demonstriert werden.

8.07 t-RNA

Wir werden das ganze folgende Kapitel dazu benötigen, die Beziehung zwischen Nukleinsäure-Information und Protein-Information zu untersuchen. Im Augenblick können wir uns auf eine einfache Teilantwort beschränken. Für die Proteinsynthese wird jede Aminosäure an eine spezifische RNA gebunden, die außerdem eine Erkennungssequenz aus drei Nukleotiden für die betreffende Aminosäure enthält (das Anti-Codon). Die Aminosäure wird also durch die RNA markiert. Die RNA überträgt die Aminosäure aus der Lösung verschiedener Aminosäuren im Cytoplasma (dem *Aminosäure-Pool*) in das Protein-synthetisierende System. Solche RNAs heißen Überträger- oder *Transfer-RNA,* kurz *t-RNA.*

Für jede der 20 verschiedenen Aminosäuren muß es also eine t-RNA geben. In der Zelle kommen sogar mehr als 20 verschiedene t-RNAs vor. Außerdem hat jeder Organismus seinen artspezifischen Satz von t-RNAs. Die t-RNAs bilden also eine Klasse von Molekülen. Um eine t-RNA zu bezeichnen, muß der Organismus angegeben werden, aus dem sie stammt, die Aminosäure, die sie bindet, und möglicherweise noch eine Kennzahl, wenn in diesem Organismus mehrere t-RNAs dieselbe Aminosäure binden.

Trotz der möglichen Vielfalt haben alle t-RNAs viele Gemeinsamkeiten. Holley hat 1965 die Basensequenz der ersten t-RNA (Alanin-t-RNA aus Hefe) aufgeklärt (Abb. 8.08). Das war die erste Sequenzanalyse einer Nukleinsäure überhaupt. Inzwischen sind eine ganze Reihe t-RNAs (und andere Nukleinsäuresequenzen) in ihrer Basenabfolge bekannt.

t-RNA ist ein kleines kompaktes Nukleinsäuremolekül aus 70–90 Nukleotiden mit einem Molekulargewicht um 27000. Selbst bei starken Zentrifugationskräften (10^5 g) bleibt t-RNA aus aufgebrochenen Zellen löslich im Überstand. „Klein" bezieht sich dabei auf andere Nukleinsäuren. Die Aminosäure, an der die t-RNA sitzt, ist natürlich sehr viel kleiner (MG etwa 150). Sie hängt am 3'-C-Atom des letzten (3'-) Nukleotids der t-RNA.

In der Sequenz von t-RNA findet man außer den erwarteten RNA-Basen unverhältnismäßig viele außergewöhnliche *seltene Basen,* zum Beispiel auch Thymin, hier an Ribose gebunden als Ribothymi-

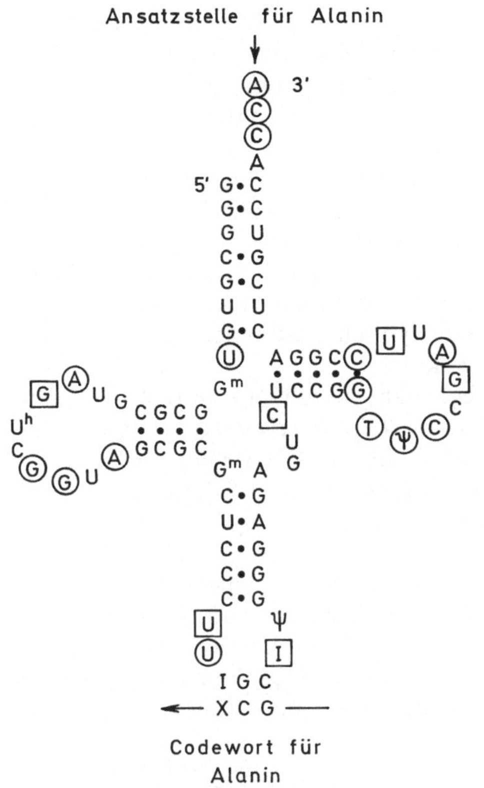

Abb. 8.08. t-RNA für Alanin aus Hefe (nach Holley). Basen, die in allen t-RNAs an den betreffenden Stellen vorkommen, sind mit einem Ring markiert. Quadrate bezeichnen Stellen, an denen immer entweder ein Purin oder ein Pyrimidin steht. Weitere Einzelheiten sind im Text erläutert

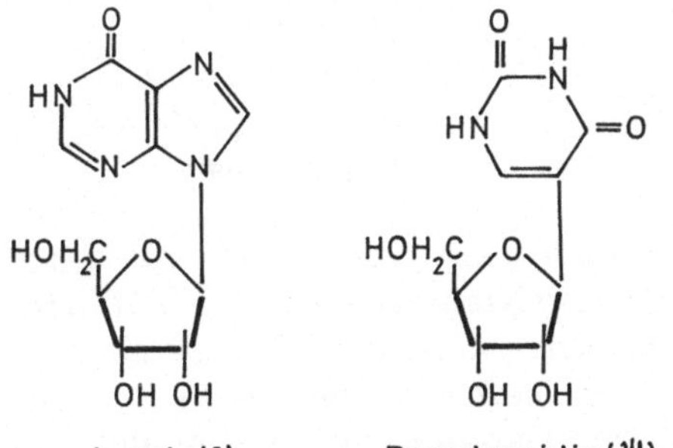

din. Einige der seltenen Basen sind methylierte Formen bekannter Basen (Thymin ist 5-Methyl-Uracil), Inosin (I) ähnelt Guanosin, im Pseudo-Uridin (ψ) ist die Ribose nicht an das N-3 des Uracils, sondern an das C-5 gebunden.

Alle bisher bekannten t-RNA-Sequenzen lassen sich leicht vergleichen (homologi-sieren). Sie alle enthalten an 15 Positionen identische Nukleotide. Weitere 6 Positionen werden bei allen Sequenzen jeweils von einem Purin- oder einem Pyrimidin-Nukleotid besetzt. Zu den *konstanten Positionen* gehört die Nukleotidfolge pCpCpA am 3'-Ende der Kette. Die Buchstaben p sollen dabei die 5'-Phosphatgruppe andeuten. An das 3'-Adenosin wird die Aminosäure gebunden.

Die Regelmäßigkeiten der Primärsequenz von t-RNAs deuten auf *Regelmäßigkeiten in der Kettenfaltung (Sekundärstruktur)* hin. Bei allen t-RNAs lassen sich wenigstens vier Regionen finden, die *interne Basenpaarungen* eingehen können. Dazu gehören das 5'-Ende und das 3'-Ende. Zwischen diesen Enden werden etwa sieben Basenpaare gebildet, wobei die letzten vier Basen des 3'-Endes ungebunden herausstehen. Diese interne Helix, an der das Aminosäure-bindende Ende des Moleküls exponiert ist, bildet eine Art Stiel, an dessen anderem Ende drei oder vier weitere gepaarte Regionen mit internen Basenpaarungen stehen. Man hat diese Sekundärstruktur mit einem Kleeblatt verglichen (*„Kleeblattstruktur"* der t-RNA).

Diese Basenpaarungen sind nicht zufällig. Alle Enden von Helix-Schleifen scheinen nämlich exponiert besonders wichtige Basenfolgen zu enthalten. So enthält die mittlere Schleife eine Folge von drei Nukleotiden, das *Anticodon,* die zur Übertragung von Information bei der Proteinsynthese dienen. Zwischen dieser Schleife und dem 3'-Ende des Moleküls enthält eine seitliche Schleife exponiert die Basenfolge pTpψpC, die allen t-RNAs gemeinsam ist und eine unspezifische Bindungsstelle darstellt.

Röntgenstrukturanalysen kristallisierter t-RNA haben gezeigt, daß die Basenpaarungen der Kleeblattstruktur wirklich in der Sekundärstruktur von t-RNA vorliegen. Die Sekundärstruktur ist außerdem in eine Tertiärstruktur gefaltet, bei der die beiden seitlichen Schleifen übereinander liegen (Abb. 8.09). Das t-RNA-Molekül hat die Form eines Hakens, an dessen

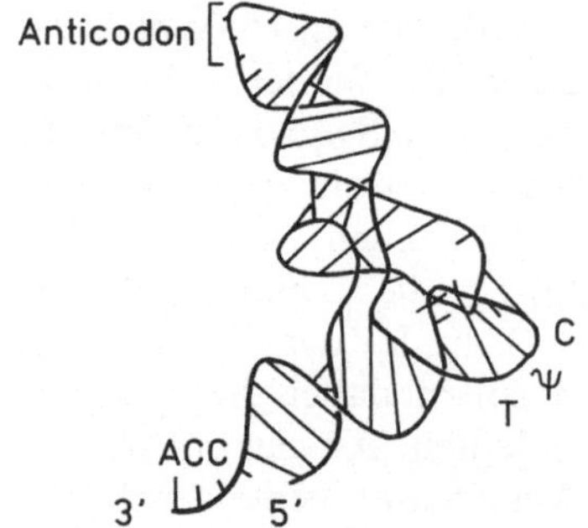

Abb. 8.09. Tertiärstruktur einer kristallisierten t-RNA. (Nach Kim, 1974)

einem Ende die Aminosäure, am anderen das Anticodon liegt.

8.08 Informationsübertragung

Der Informationsgehalt von Nukleinsäuren beruht auf ihrer Nukleotidsequenz. Die Basen der Nukleotide können spezifische Wasserstoffbrückenbindungen zu jeweils einer anderen Basenart eingehen. Darauf beruht die Informationsübertragung von einer Nukleinsäure auf eine andere.

Eine Nukleinsäure mit festgelegter Basenfolge wird als komplementärer Einzelstrang zu dem Einzelstrang einer bereits vorhandenen Nukleinsäure synthetisiert, der bei der Synthese als Matrize (engl.: template) dient. Die neu synthetisierte Nukleinsäure ist nicht identisch mit dem Matrizemolekül, sondern besitzt die *komplementäre Basenfolge.* Um eine Nukleinsäurekette identisch nachzubilden (replizieren), muß also zuerst ein Komplementärstrang gebildet werden. Bei der Synthese am Komplementärstrang entsteht wieder die ursprüngliche Basenfolge

A A T G C A T G G T A
↓
T T A C G T A C C A A
↓
A A T G C A T G G T A

Die Synthese geht dabei so vor sich, daß Nukleosidtriphosphate (energiereich) sich durch Basenpaarung über Wasserstoffbrücken an die Matrize anlagern. Enzy-

matisch wird unter Abspaltung von Pyrophosphat eine Phosphodiesterbindung zwischen dem freien 3'-Ende eines schon eingebauten Nukleotids und dem verbleibenden 5'-Phosphat des nächsten Nukleotids geschlossen.

Im Prinzip kann jede Nukleinsäure eine Matrize zur Synthese einer jeden anderen abgeben. Die spezifischen Enzymsysteme sind aber unterschiedlich häufig. Es gibt daher typische und seltene Nukleinsäuresynthesen.

Regelmäßig wird DNA an DNA synthetisiert *(DNA-Replikation).* Regelmäßig wird RNA an DNA-Matrizen synthetisiert *(Transkription).* Diese RNA wird dann benutzt und abgebaut. Neue RNA entsteht wieder an der DNA-Matrize. RNA-Synthese an einer RNA-Matrize *(RNA-Replikation)* und DNA-Synthese an einer RNA-Matrize (reverse Transkription) sind Ausnahmefälle in wenigen Systemen (besonders Viren).

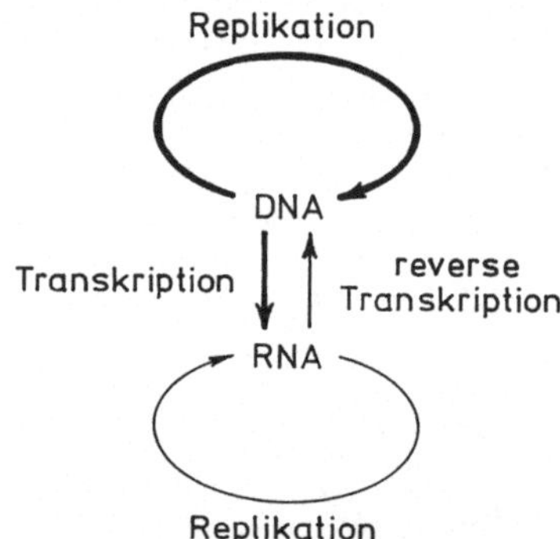

Diese Informationsübertragung von einer bestehenden Nukleinsäurekette als Matrize auf eine neu synthetisierte Nukleinsäure ist die Grundlage der biologischen Kontinuität. Eine Nukleinsäure mit bestimmter Sequenz wird in jedem Fall als komplementäre Kopie einer bereits vorhandenen Nukleinsäure hergestellt.

Ob zwei Nukleinsäurestränge einander Base um Base komplementär sind, läßt sich relativ einfach feststellen. Komplementäre Einzelstränge gehen miteinander Basenpaarungen ein, wenn sie in Lösung aneinanderstoßen. Je mehr Basen hintereinander fehlerlos gepaart sind, desto stabiler ist der gebildete Doppelstrang. Wir haben bereits gesehen, daß auch perfekt gepaarte Doppelstränge wie die DNA-Doppelhelix bei höherer Temperatur (etwa zwischen 80 und 100° C) voneinander durch thermische Bewegung getrennt werden (Abb. 8.06). Mischt man Einzelstränge bei relativ hoher Temperatur, dann werden sie durch thermische Bewegung zusammenstoßen und auseinandergerissen. Bei Temperaturen zwischen 60 und 80° C werden nur solche Einzelstränge Doppelhelix-Strukturen bilden, die sich auf lange Strecken durch spezifische Basenpaarung binden, also genau komplementär sind. Die Reaktion beruht auf zufälligen Basenpaarungen. Je mehr verschiedene Sequenzen vorliegen, desto länger wird es dauern, bis sich nach vorübergehenden Paarungen weniger Basen endlich die stabilsten Paarungen zwischen genau komplementären Strängen bilden. Die Reaktion kann Stunden bis Tage benötigen. Sie ist aber ein eindeutiger und wichtiger Nachweis für komplementäre Sequenzen. Unter anderem dient sie zum Nachweis der Komplementarität zwischen neusynthetisierter RNA und der DNA der Zelle (23.06).

8.09 Transkription

Die Synthese von RNA-Ketten an einer DNA-Matrize entspricht dem Umschreiben einer Buchstabenfolge in eine andere Buchstabenfolge, wobei die Buchstaben beider Informationen sich eins zu eins entsprechen. Sie wird deshalb als *Transkription* (Abschreiben) bezeichnet.

Zum Transkriptionssystem gehört eine *DNA-abhängige RNA-Polymerase*. Dieses Enzym ist kompliziert gebaut. Bei *E. coli* besteht es zum Beispiel aus mehreren Protein-Untereinheiten: $(\alpha_2\beta\beta')\sigma$.

Jedes der beiden Alphaproteine hat ein Molekulargewicht von etwa 40 000, β (Beta) 150 000, β' 160 000 und σ (Sigma) 80 000. Die σ-Einheit ist leicht vom Rest des Proteins abtrennbar, verhält sich also

wie ein zusätzlicher dissoziierbarer Proteinfaktor. Auch ohne den Sigma-Faktor kann die Polymerase sich an DNA binden. Die Bindung ist aber unspezifisch. Der Sigmafaktor ist nötig, um eine spezifische Bindung an *Startstellen (Promotoren)* im langen DNA-Molekül zu ermöglichen. Die DNA enthält Signale für den Beginn der Transkription. Es wird also nicht das ganze DNA-Molekül von einem Ende zum anderen transkribiert, sondern nur bestimmte, im Augenblick benötigte Teile der Information.

Die Struktur der Promotor-Regionen unterscheidet sich bei Prokaryonten und Eukaryonten. Die Polymerase wird bei Prokaryonten etwa 35 Nukleotidpaare vor der ersten transkribierten Base (zum 5′Ende hin, „stromauf") eingefädelt. Etwa 10 Nukleotidpaare vor dem Transkriptionsbeginn liegt eine kurze Sequenz, die eine Variation von

5′ TATAATG 3′
3′ ATATTAC 5′

darstellt. Nach dem Entdecker wird diese Sequenz oft „Pribnow-Box" genannt. Sie dient der Polymerase, den richtigen Transkriptionsbeginn zu finden. Wir werden uns später mit verschiedenen Tricks zum Anstellen und Abstellen der Transkription befassen (12.01). Dabei werden wir Mechanismen zur positiven Kontrolle der Transkription kennenlernen. Diese Mechanismen greifen etwa 30 bis 70 Nukleotidpaare vor dem Transkriptionsbeginn an, also vor dem Aufspringpunkt der Polymerase.

Bei Eukaryonten ist die entsprechende DNA-Region umfangreicher. Regulationssequenzen sitzen schon 150 Nukleotidpaare vor dem Transkriptionsbeginn, eingefädelt wird etwa 80 Nukleotidpaare davor, und der Pribnow-Box, die bei Prokaryonten im Abstand von einer DNA-Windung vor Transkriptionsbeginn liegt, entspricht die „TATA-Box" etwa drei Windungen vor der ersten transkribierten Base. Diese Sequenz ist nicht nach ihrem Entdecker, sondern nach der Basenfolge

5′ T-A-T-A-(A oder T)-A-(T oder A) 3′ benannt.

Im Reagenzglas *(in vitro)* transkribiert *E. coli*-RNA-Polymerase DNA-Einzelstränge aller Art, auch solche, die in der lebenden Zelle nicht vorkommen oder nicht transkribiert werden. In der Zelle wird von der doppelsträngigen DNA immer nur ein Strang transkribiert. Die DNA-Helix besteht also aus einem *Informationsstrang* und einem komplementären *Unsinnstrang*. Dabei bezieht sich das Wort „Unsinn" nur auf die Transkription. Der Unsinnstrang enthält als Matrize die Information zur Synthese des Informationsstranges. Er ist also unentbehrlich.

Übrigens kann im selben DNA-Molekül einmal der eine, an einer anderen Stelle der andere Strang die Matrize zur RNA-Synthese bilden. Da die RNA-Synthese immer vom 5′-Ende durch Anlagerung von Nukleosidphosphat an das noch freie 3′-Ende erfolgt, ändert sich bei Strang-

$$\left.\begin{array}{c} \text{ATP} \\ \text{GTP} \\ \text{UTP} \\ \text{CTP} \end{array}\right\} \xrightarrow[\text{DNA—Matrize}]{\text{RNA—Polymerase}} \text{RNA} + (PP)_n$$

wechsel auch die Ableserichtung, da die beiden DNA-Stränge gegenläufig angeordnet sind.

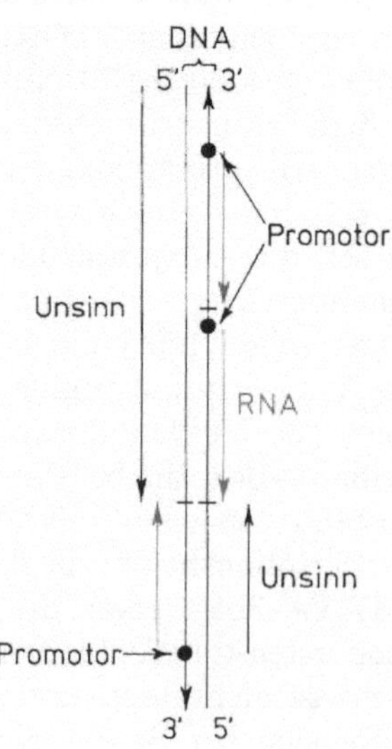

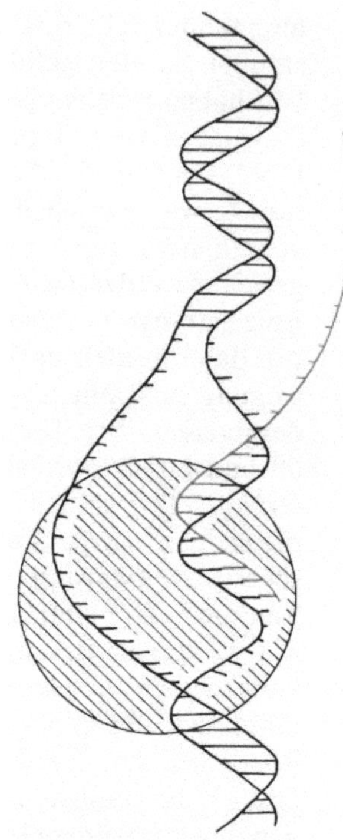

Abb. 8.10. Transkription. RNA-Polymerase (schraffierter Kreis) läuft an der DNA (nach unten) entlang, windet dabei die Doppelhelix auf und synthetisiert einen komplementären RNA-Strang (rot), der durch die spontane Wiederherstellung der Doppelhelix freigedrängt wird

Untersuchungen an Bakterien lassen folgende Verallgemeinerung zu:

Die RNA-Polymerase transkribiert in der Zelle jeweils einen der beiden DNA-Stränge und fängt dabei an einem Startpunkt an. Bei der Reaktion werden alle vier Nukleosidtriphosphate benötigt. Die Auswahl des richtigen Nukleotids beruht auf Basenpaarung mit der DNA-Matrize. Die Phosphodiesterbindung wird unter Abspaltung von Pyrophosphat gebildet, und die RNA-Kette wächst am 3′-Ende.

Damit es zur Basenpaarung an einer DNA-Kette kommen kann, muß die doppelsträngige DNA in Einzelketten gespalten werden. Diese Spaltung geschieht durch *stellenweises Aufwinden der Doppelhelix,* während die RNA-Polymerase am DNA-Molekül entlangläuft (Abb. 8.10).

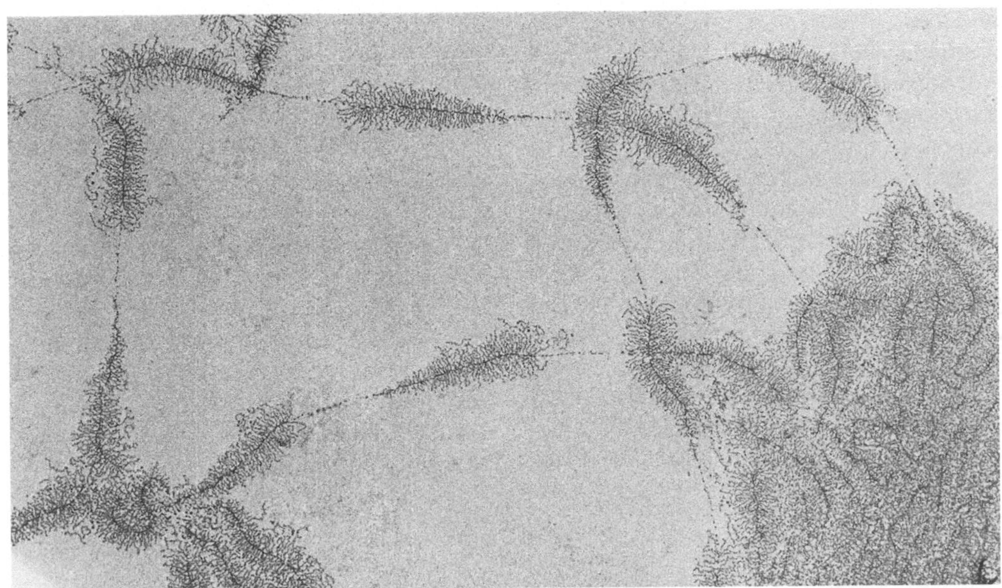

Abb. 8.11. Transkription bei der Alge *Acetabularia major*. Entlang der DNA-Achse sitzen periodisch Transkriptionseinheiten, zwischen denen nicht transkribierte „Spacer"-DNA liegt. Die Transkriptionseinheiten werden maximal transkribiert. Eine Polymerase sitzt hinter der anderen. Während die Polymerase an der DNA entlangläuft, verlängert sich die RNA-Kette. An der Kettenlänge kann man die Ableserichtung erkennen. Die neu synthetisierte RNA wird sofort an Proteine gebunden und dadurch aufgewickelt und verkürzt. Selbst die längsten RNA-Ketten erscheinen daher kürzer als die Transkriptionseinheit. Mit den Daten aus Abschnitt 8.05 kann bestimmt werden, wieviel Nukleotidpaare pro Transkriptionseinheit und pro Spacer vorliegen und welchen Abstand die Polymerasen einhalten. Vergrößerung 11 700×. (Aufn. M. Trendelenburg und W. Franke)

Bei *E. coli* werden bei 37° C etwa 43 Nukleotide pro Sekunde in die wachsende RNA-Kette eingebaut. Entsprechend muß die DNA mit etwa 4 Umdrehungen pro Sekunde aufgewunden werden.
Die neu synthetisierte RNA bildet anfangs Doppelstrangstücke mit dem Informationsstrang der DNA. Die RNA scheint sich spontan von der DNA zu lösen, die wieder Doppelhelixstruktur bildet. Solange die beiden DNA-Ketten im richtigen Register nebeneinander liegen, geht die Bildung der Doppelhelixstruktur spontan und schnell vor sich.
Entsprechend dem Startpunkt muß die Polymerase auch den Transkriptionsendpunkt signalisiert bekommen. Auch hier spielen spezifische Nukleotidsequenzen (17.06) und möglicherweise spezifische Proteinfaktoren eine Rolle.

Im Prinzip ist dieser Transkriptionsmechanismus der gleiche für alle RNA-Arten in allen Organismen. Die seltenen Basen der t-RNA, zum Beispiel, entstehen durch Modifizierung normaler Basen, nachdem diese in das RNA-Molekül eingebaut worden sind. Entsprechende Enzyme dafür sind gefunden worden.
Zur Modifikation neu synthetisierter RNA-Moleküle gehört auch enzymatisches *Zurechtschneiden* (engl.: processing). Für alle RNA-Arten hat man nachgewiesen, daß die neu synthetisierten Ketten länger sein können, wahrscheinlich sogar immer länger sind als das fertige Molekül. Diese *Vorläufer* (engl.: *precursor*) werden dann auf die richtige Länge zugeschnitten (17.06, 17.07). In vielen Fällen werden auch mehrere funktionell verschiedene RNA-Moleküle zusammen als

ein langer Precursor synthetisiert *(polyci-stronische Transkription)*. Auch in diesem Fall müssen die fertigen Moleküle erst aus der langen Kette ausgeschnitten werden. Schließlich müssen wir erwähnen, daß die RNA-Synthese nicht nur Informations-übertragung bedeutet, sondern auch *Vervielfältigung* der Information. Sobald ein Polymerase-Molekül am Startpunkt begonnen hat RNA zu synthetisieren und sich auf der DNA weiterbewegt hat, kann die nächste Polymerase ansetzen. Aktiv transkribierte DNA-Stücke können also in regelmäßigen Abständen mit Polymerase-Molekülen besetzt sein, von denen die vorderen bereits lange, beinahe fertige RNA-Ketten tragen, während die hinteren nahe am Startpunkt erst kurze Polynukleotidstücke synthetisiert haben. Dieses Bild der Transkription, das auf einer großen Anzahl verschiedener Versuche beruht, kann mit einer Methodik, die O.L. Miller ausgearbeitet hat, direkt im Elektronenmikroskop sichtbar gemacht werden (Abb. 8.11). Auch die abstraktesten Experimentalbiologen freuen sich, wenn sie das Ergebnis ihrer Messungen und Berechnungen sichtbar vor Augen geführt bekommen und in allen Einzelheiten bestätigt finden.

9 Nukleinsäure-Code und Proteinsynthese

9.01 Die Idee des Codes

Die Untersuchung von Vererbungsmechanismen steht seit Beginn dieses Jahrhunderts im Mittelpunkt der Biologie. Bis in die vierziger Jahre hatte man eine umfangreiche Theorie darüber aufgebaut, die auf der Existenz von vererbbaren Grundeinheiten beruhte, die Johannsen (1909) „Gene" genannt hatte. Sehr viel war darüber bekannt. Man wußte, wo die Gene in der Zelle liegen mußten, man glaubte sie sogar in besonderen Fällen unter dem Mikroskop zu sehen (16.08). Beadle und Tatum hatten die Wirkung von Genen beim Brotschimmel *(Neurospora)* untersucht und festgestellt, daß die erbliche Veränderung einzelner Gene (Mutation) zu Defekten in einzelnen Enzymen führte. Ihre „Ein-Gen-ein-Enzym-Hypothese" besagt, daß jedes bestimmte Enzym von einem einzelnen Gen kontrolliert wird. Was ein Gen chemisch war, wußte niemand. Es konnte aus Proteinen bestehen oder aus Nukleinsäuren. Nukleinsäuren hielt man für langweilige regelmäßige Abfolgen von vier Basen und konnte sich nicht vorstellen, wie sie als Gene wirken sollten. Über Proteine wußte man mehr und hoffte daher, daß Gene Protein seien. Dann zeigten Avery, McLeod und McCarty 1944, daß sie mit isolierter DNA vererbbare Eigenschaften von einer Bakterienzelle auf eine andere übertragen konnten (Transformation, 12.09). Es mußte also DNA (Gene) Protein (Enzyme) kontrollieren können. Das Doppelhelix-Modell für DNA von Watson und Crick (1953) zeigte, daß DNA keineswegs so langweilig war, wie man vorher gedacht hatte. Die Regelmä-

ßigkeiten der Basenzusammensetzung beruhen auf der Doppelstruktur. Jede einzelne Kette konnte durchaus eine interessante Nachricht in der Form von Basensequenzen enthalten. Damit waren die Grundlagen für eines der aufregendsten Kapitel der Biologie gegeben, die Aufklärung des genetischen Codes (1954–1965).

Ein Physiker, Gamow, formulierte das Problem 1954. Die Aminosäuresequenz eines Proteins baut sich aus 20 Symbolen, den Aminosäuren, auf. Die Basensequenz der DNA enthält nur vier Symbole. Eine direkte Korrespondenz Base-Aminosäure ist damit ausgeschlossen. Mehrere Basen müssen ein Wort bilden, das der Aminosäure entspricht. Dazu sind Worte aus zwei Basen (AA, AT, GC…) zu kurz. Sie erlauben nur $4^2 = 16$ verschiedene Kombinationen. Für zwanzig Aminosäuren reicht das nicht. Ist jedes Code-Wort drei Basen lang (ein Triplett, AAA, ATA, GCC…), dann können $4^3 = 64$ verschiedene Worte gebildet werden. Das würde nicht nur ausreichen, es würde sogar zu viel sein.

9.02 Die Struktur des Codes

Ist ein wissenschaftliches Problem erst einmal präzise formuliert und hängt von seiner Lösung viel ab, dann dauert es meist nicht lange, bis es gelöst wird. Es zeigte sich bald, daß der Code in der DNA durch direktes Umschreiben *(Transkription)* in eine komplementäre Basenfolge von „Boten-RNA" (messenger-RNA: mRNA) umgesetzt wird. RNA, nicht DNA selbst, wird dann bei

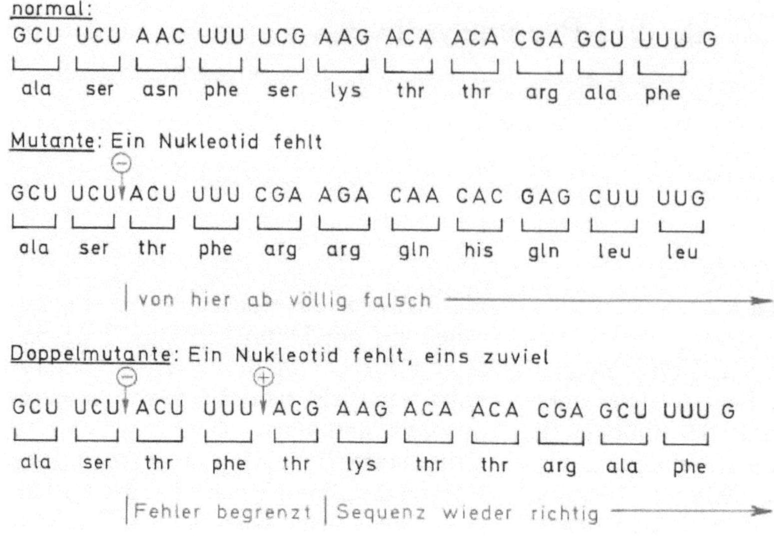

Abb. 9.01. Leseraster-Mutationen. Einfluß von Ausfall und Einschub einzelner Basenpaare auf die Proteinsequenz, wenn der Code keine Worttrennungen enthält

der Übersetzung *(Translation)* zur Codierung der Aminosäuresequenz von Proteinen eingesetzt. Im Prinzip kann daher auch RNA allein genetische Information tragen, solange ein Mechanismus vorliegt, der von RNA komplementäre RNA-Stränge abliest. Das ist bei einigen Viren der Fall. Der Code, der experimentell analysiert wurde, war hauptsächlich der RNA-Code. Wir kennen die Regeln, nach denen der DNA-Code in den RNA-Code transkribiert wird.

Nachdem S. Brenner schon 1957 festgestellt hatte, daß in Proteinen jede beliebige Aminosäure jeder anderen folgen kann, war es deutlich, daß die Codeworte nicht überlappten. Sonst würden die letzten Basen in einem Code-Wort die ersten des folgenden sein. Das würde die Abfolge von Aminosäuren stark einschränken.

Recht detaillierte Information über die Struktur des Codes erhielt man durch chemische Veränderung von DNA oder RNA. Treten bei der Replikation der Erbinformation (meist also bei der DNA, bei einigen Viren nach der RNA) Fehler auf, dann werden diese auch vererbt und beeinflussen dann auch die *Expression* der

Information in RNA- und Protein-Synthese. Solche Fehler werden *Mutationen* genannt, die Organismen, die sie enthalten, *Mutanten*. Faktoren, die solche Fehler induzieren, wirken *mutagen*, eine mutagene Substanz ist „ein Mutagen".

Crick gelang es mit dem Mutagen *Proflavin* (einem Acridinfarbstoff) bei dem Bakteriophagen T4, einem DNA-Virus, das sich in *E. coli* vermehrt, Mutanten herzustellen, bei denen einzelne Nukleotide fehlten oder überzählig waren. Es zeigte sich, daß dadurch die gesamte codierte Nachricht durcheinandergebracht wird, während die Kombination von einem fehlenden und einem zugefügten Nukleotid nur eine lokale Störung verursachte (Abb. 9.01). Aus solchen Experimenten wurde es deutlich, *daß der Code von festen Startpunkten aus in direkt aufeinanderfolgenden Dreiergruppen, Tripletts, von Nukleotiden abgelesen wird.* Ausschlaggebend für das richtige Ablesen ist also das genaue *Leseraster* (engl. „reading frame"). Verschiebung um ein oder zwei Nukleotide macht das richtige Ablesen aller folgenden Tripletts unmöglich. Nur Anfang und Ende einer Code-Sequenz (der Information für ein bestimmtes Pro-

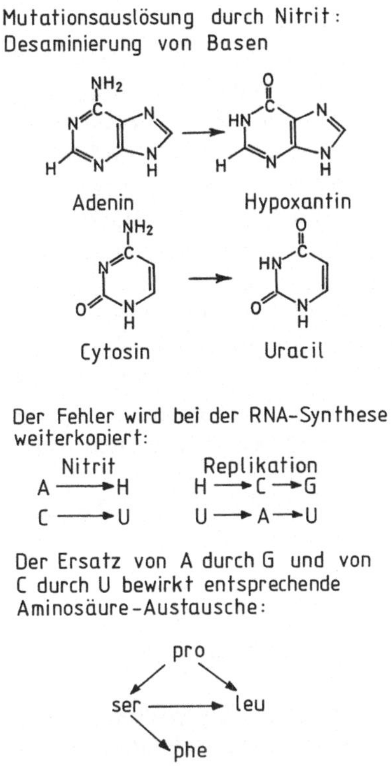

Mutationsauslösung durch Nitrit:
Desaminierung von Basen

Adenin   Hypoxantin

Cytosin   Uracil

Der Fehler wird bei der RNA-Synthese
weiterkopiert:

Nitrit   Replikation
A ——→H   H —→C—→G
C ——→U   U —→ A—→U

Der Ersatz von A durch G und von
C durch U bewirkt entsprechende
Aminosäure-Austausche:

pro

ser ——→ leu

phe

Abb. 9.02. Chemische Mutagenese mit Nitrit verändert die Nukleinsäure-Basen durch Desaminierung. Am einen Strukturprotein des Tabakmosaik-Virus ließ sich zeigen, daß diese Mutagenese zu ganz bestimmten Aminosäure-Austauschen führt. Die Code-Worte für diese Aminosäuren mußten sich also durch den Ersatz von A durch G und von C durch U unterscheiden (Abb. 9.03)

tein) sind durch „Interpunktion" festgelegt.

Außerdem zeigten diese Experimente, daß beinahe alle der 64 möglichen Tripletts für Aminosäuren codieren. Es mußte also *mehrere Codeworte für eine Aminosäure* geben: der Code war *degeneriert*. Für die Informationsübertragung bedeutet das, daß man zwar aus der Nukleotidsequenz eindeutig die Aminosäuresequenz konstruieren kann, *nicht* aber aus der bekannten Aminosäuresequenz eines Proteins die *bestimmte* Nukleotidsequenz dafür in einem Organismus. Das ist die erste Stufe der *Unumkehrbarkeit des Informationsflusses* DNA-RNA-Protein.

Erste Information über die Beziehung der Codeworte untereinander erhielt man durch *gezielte Mutagenese* mit salpetriger Säure (Nitrit) am RNA-Erbmaterial des Tabak-Mosaik-Virus (TMV, 13.01), dessen einziges Strukturprotein leicht den Ersatz einer bestimmten Aminosäure durch eine andere auf Grund eines veränderten Nukleotids erkennen ließ (Abb. 9.02).

9.03 Die Aufklärung des Codes

Bei diesen Experimenten benutzte man die Maschinerie der Zelle, um zu sehen, welche Effekte künstlich erzeugte Fehler in der codierten Information auf die Proteinsynthese haben. Bald gelang es, Proteinsynthese im Reagenzglas in einem zellfreien Extrakt aus *E. coli* ablaufen zu lassen. Nirenberg und Matthaei konnten ihrem Extrakt radioaktive Aminosäuren zusetzen, aus denen radioaktive Proteine synthetisiert wurden. Diese waren leicht zu finden. Sie konnten ihrem *E. coli*-Extrakt auch fremde RNA als „Messenger" zusetzen, zum Beispiel TMV-RNA, die dann den Einbau von Aminosäuren in Polypeptide steigerte.

Inzwischen hatte S. Ochoa ein Enzym isoliert, das aus ribo-Nukleotiden RNA synthetisierte. Dazu brauchte es keine DNA als Matrize. Die künstliche RNA war entsprechend je nach Angebot an Nukleotiden statistisch zusammengewürfelt und ohne sinnvolle Sequenz. Gab man dem Enzym nur eine Art Nukleotid, zum Beispiel Uridin-5′-diphosphat, dann erhielt man poly-U, also eine RNA mit Uracil als einziger Base.

Nirenberg und Matthaei gaben poly-U zu ihrem zellfreien System. Daraufhin wurde von allen Aminosäuren nur der Phenylalanin-Einbau gesteigert, und das synthetisierte Produkt war ein Polypeptid aus Phenylalaninresten. Die Zuordnung des Codewortes UUU zur Aminosäure Phenylalanin (1961) war ein Höhepunkt der Code-Forschung.

Schwierigkeiten machte hauptsächlich die Reihenfolge der Basen in den Tripletts. Eine künstliche RNA mit 5 Teilen U zu einem Teil C fördert den Einbau von Phenylalanin (UUU und UUC), Leucin (CUU und CUC), Serin (UCU und UCC) und Prolin (CCU und CCC) in relativen Mengen, die den Anteil von U und C im Codewort statistisch errechnen ließen, aber sie ließ keine Entscheidung zwischen den Codons UCU, UUC und CUU zu. Übrigens wird diese Code-Zuordnung durch die Nitrit-Mutanten des letzten Abschnitts bestätigt, die aber auch keinen Aufschluß über die Reihenfolge der Basen geben.

Zwei experimentelle Verbesserungen erlaubten es, die Reihenfolge der Basen im Codewort zu bestimmen. Einmal lernte Nirenbergs Arbeitsgruppe eine Menge über den Mechanismus der Proteinsynthese. Man fand heraus, daß Aminosäuren über ein Adaptormolekül (t-RNA) an ein Ribosom gebunden werden. Die Bindung hängt davon ab, welches Triplett der m-RNA an diesem Ribosom vorliegt. An Stelle einer m-RNA genügt aber ein einzelnes Triplett. Tripletts bestimmter Reihenfolge lassen sich chemisch synthetisieren. Anstelle des Einbaus in Proteine wurde jetzt die Kopplung bestimmter Aminosäuren an Ribosomen untersucht, die mit bekannten Basentripletts markiert waren. Auf diese Weise konnten 50 der 64 Codeworte aufgeklärt werden. Ein Resultat dieser Versuche war die Beobachtung, *daß die Tripletts in einer ganz bestimmten Richtung gelesen werden.* AAG (Lysin) ist verschieden von GAA (Glutaminsäure). *Die Richtung zeigt dabei vom 5'-Ende zum 3'-Ende des Tripletts.*

Der letzte Schritt zur Aufklärung des Codes beruht auf der bedeutenden Leistung des Chemikers Khorana, der es fertigbrachte, künstliche RNAs mit bekannter Basensequenz herzustellen, die zur Peptidsynthese benutzt werden konnten. Gab man zum Beispiel eine RNA mit der Sequenz

CUA CUA CUA CUA.............

als Messenger, dann erhielt man drei verschiedene Polypeptide: Poly-Leucin (CUA), Poly-Tyrosin (UAC) und Poly-Threonin (ACU). Es fehlte der künstlichen RNA also der Startpunkt. Hatte die Synthese aber erst einmal begonnen, dann lief sie in Dreiergruppen weiter von 5'-Ende der künstlichen RNA zum 3'-Ende. Entsprechend wird eine RNA der Sequenz UCUCUCUC..... als Polypeptid mit abwechselnden Serin-(UCU) und Leucin-(CUC) Resten gelesen.

Im Jahre 1966 war der Code aufgeklärt (Tabelle 9-1).

9.04 Die Universalität des Codes

Eine der wichtigsten Eigenschaften des Codes ist dabei beinahe nebenher gefunden worden. Das ist seine *Universalität.* Dieselben Codeworte stehen bei allen Organismen für dieselben Aminosäuren. TMV und *E. coli* benutzen denselben Code (Abb. 9.03). In der Natur wird der Code von TMV durch die Übersetzungsmechanismen von Tabakpflanzen abgelesen. Der Übersetzungsmechanismus von Kaninchen-Reticulocyten, den Vorstufen der Erythrocyten, übersetzt RNA in die gleichen Aminosäuresequenzen wie der von Bakterien und Tabakpflanzen. Die Identität des Codes bei allen Organismen

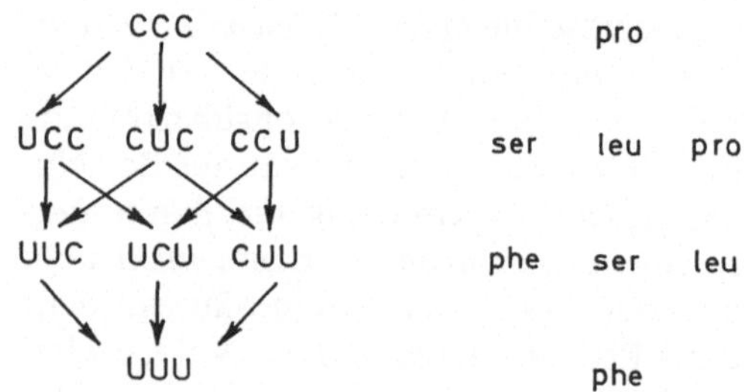

Abb. 9.03. Aminosäure-Austausche bei Nitrit-induzierten Mutanten vom Tabakmosaikvirus lassen sich anhand von Code-Zuordnungen erklären, die an Bakterien aufgeklärt worden sind

Tabelle 9-1. Der genetische Code (RNA-Code). Die Code-Zuordnungen werden gefunden, wenn man zuerst links das 5′-Nukleotid, dann oben das mittlere und rechts das 3′-Nukleotid sucht (Beispiel: pCpApG:Gln)

	U	C	A	G	
U	Phe	Ser	Tyr	Cys	U
	Phe	Ser	Tyr	Cys	C
	Leu	Ser	*ochre*	*opal*	A
	Leu	Ser	*amber*	Trp	G
C	Leu	Pro	His	Arg	U
	Leu	Pro	His	Arg	C
	Leu	Pro	Gln	Arg	A
	Leu	Pro	Gln	Arg	G
A	Ile	Thr	Asn	Ser	U
	Ile	Thr	Asn	Ser	C
	Ile	Thr	Lys	Arg	A
	Met[a]	Thr	Lys	Arg	G
G	Val	Ala	Asp	Gly	U
	Val	Ala	Asp	Gly	C
	Val	Ala	Glu	Gly	A
	Val	Ala	Glu	Gly	G

[a] Dient am Anfang der Proteinkette als Startercodon (und veranlaßt den Einbau von Formyl-Methionin bei Bakterien); *amber, ochre* und *opal* verursachen als „Unsinn"- oder „Terminator"-Codons Kettenabbruch

ist inzwischen durch Stichproben an Hunderten von Arten belegt. Eine einzige Ausnahme ist gefunden worden, und die ist sehr interessant (17.03).

Die Universalität des genetischen Codes ist keineswegs selbstverständlich. Es gibt keinen zwingenden Grund, weshalb gerade die Basensequenz UUU für Phenylalanin codieren sollte. Daß sie es bei allen Organismen tut, führt zwangsläufig zu dem Schluß, *daß alle Organismen einen gemeinsamen Ursprung haben und durch die Kontinuität der Nukleinsäuren ein einheitliches zusammengehöriges System bilden.* Die Aufklärung des genetischen Codes und der Nachweis seiner Universalität ist der Höhepunkt der biologischen Forschung. Die kontinuierliche Informationsübertragung im gesamten System des Lebendigen ist die Grundlage der Evolutionstheorie, und allein durch den Evolutionsgedanken geht die Biologie über physikalisch-chemische Denkansätze hinaus. Alle Lebensvorgänge lassen sich physikalisch-chemisch erklären, wenn die Informationsübertragung von Nukleinsäuren auf Nukleinsäuren (Transkription) und auf Proteine (Translation) berücksichtigt wird.

9.05 Der Code

Die Zuordnung von Basentripletts und Aminosäuren ist keineswegs zufällig. 61 der 64 Tripletts stehen für eine Aminosäure. Nur Tryptophan und Methionin werden durch je ein Codewort bestimmt, Leucin, Serin, Arginin durch sechs verschiedene. Drei Codeworte sind Satzzeichen. UAA, UAG und UGA codieren für keine Aminosäure. Sie verursachen Kettenabbruch (9.11).

Die verschiedenen Codeworte für eine bestimmte Aminosäure unterscheiden sich hauptsächlich in der dritten Position. Offensichtlich sind die beiden ersten Buchstaben des Codewortes wichtiger als der dritte.

Eine wichtige Beobachtung, die für die Diskussion von Evolutionsvorgängen Bedeutung hat, ist die ungleiche Verteilung von hydrophoben und hydrophilen Aminosäuren im Code. UC-reiche Codons codieren für hydrophobe, AG-reiche Codons für hydrophile Aminosäuren. Dadurch wird der Code konservativ: Fehler in der Transkription oder Mutationen der DNA werden so wenig wie möglich auf die Proteinkette übertragen. Man kann errechnen, daß 23,4% aller Basensubstitutionen zu einem Codewort führen, bei dem die codierte Aminosäure dieselbe bleibt *(synonyme Mutanten)*, 3,7% aller Basensubstitutionen führen zum Kettenabbruch. 72,9% aller Basensubstitutionen ersetzen eine Aminosäure durch eine andere, aber nur 21,5% ändern dabei die Ladung der Seitenkette. Diese Flexibilität erlaubt es auch, bevorzugt G—C-Paare oder A—T-Paare in die DNA desselben

Gens einzubauen, ohne dadurch die Aminosäuresequenz des Proteins zu beeinflussen. So kann die Sequenz der β-Kette des Hämoglobins in Basensequenzen umgeschrieben werden, bei denen der G—C-Gehalt zwischen 39% und 66% schwankt: Obwohl also der Code für alle Lebewesen der gleiche ist (Universalität des Codes), erlaubt er bevorzugte Zuordnungen gewisser Codeworte bei verschiedenen Arten (Tabelle 9-2).

Tabelle 9-2. Anteil von G—C-Paaren in der DNA verschiedener Bakterienarten. (Nach Sueoka, N.: In „The Bacteria" hrg. von Gunsalus und Stanier **5**, 422, Academic Press, 1964)

Welchia perfringens	26%
Micrococcus pyogenes	30%
Proteus mirabilis	36%
Haemophilus influenzae	40%
(Mensch)	40%
Escherichia coli	52%
Pseudomonas fragii	60%
Micrococcus lysodeikticus	72%
Streptococcus griseus	74%

9.06 Translation: Ribosomen

Der genetische Code ist eine abstrakte Umsetzung von Nukleotid-Sequenzen in Aminosäuresequenzen. Die Aufklärung des Codes ist intellektuell befriedigend, aber allein genügt sie nicht. Ein Code ist nichts wert, wenn er nicht übersetzt werden kann. Mit der Lösung des Codeproblems wurde die Frage nach dem Mechanismus der Übersetzung in der Zelle aktuell.

Der Translationsmechanismus muß zwei Ansprüchen Genüge leisten. Er muß spezifisch und fehlerlos Information übertragen, und er muß in den Stoffwechsel passen. Für den Chemiker ist Translation die Synthese von Peptidbindungen nach einem genau vorgegebenen Schema. Neben aller Spezifität verlangt diese Synthese eine Menge Energie und die vorzugsweise Knüpfung einer sehr unwahrscheinlichen chemischen Bindung.

Der Translationsmechanismus ist entsprechend aufwendig. Man sieht es einer Zelle an, wenn sie Proteine synthetisiert. Es ist unmöglich, die Struktur der Zelle zu diskutieren, ohne dabei auf den Translationsapparat zu stoßen. Im ganzen verlangt die Proteinsynthese etwa 90 Arten Proteine, etwa die Hälfte davon sind Enzyme. Sie verlangt etwa 40 Arten RNA, 20 Aminosäuren, ATP, GTP, das Peptid Glutathion und einige Ionen, z.B. Mg^{++}, in bestimmten Konzentrationen. Dieser Apparat ist nur zum Teil frei in Lösung. Zentral für sein Funktionieren sind komplex strukturierte Organellen, die *Ribosomen*. Diese Ribosomen liegen bei Bakterien frei im Cytoplasma. Bei höheren Organismen (Eukaryonten) sind sie während der Synthese vieler Proteine an das Endoplasmatische Retikulum gebunden (Rauhes ER). *Bakterienribosomen* sind auch in der Größe von denen höherer Organismen verschieden. Bakterienribosomen sind kleiner und sedimentieren deshalb in der Ultrazentrifuge langsamer.

Makromoleküle und kleine Organellen werden oft durch ihr Verhalten in der Ultrazentrifuge charakterisiert. Wie schnell sie bei sehr hohen Zentrifugalkräften aussedimentieren, ist dabei eine Funktion von Masse, Dichte und Form des sedimentierenden Partikels. Die Sedimentationskonstante steigt im allgemeinen mit steigendem Molekulargewicht, aber nicht linear:

$$S = \frac{MD(1 - \rho_L/\rho_P)}{RT},$$

wobei M das Molekulargewicht, D die Diffusionskonstante der Partikel in der Lösung, R die Gaskonstante, T die absolute Temperatur und ρ_L und ρ_P die Dichte von Lösungsmittel bzw. Partikel sind. Die Sedimentationskonstante S wird in *Svedberg-Einheiten* gemessen ($1\,S = 10^{-13}$ sec). Bakterienribosomen haben eine Sedimentationskonstante von 70 S, Ribosomen höherer Organismen von 80 S. Alle Ribosomen bestehen aus zwei Untereinheiten.

Entzieht man Ribosomen Magnesiumionen (Mg^{++}), dann zerfallen sie in eine kleine und eine große Untereinheit

Bakterien:
$$70\,S \xrightarrow{\;-\,\text{Mg}^{++}\;} 30\,S + 50\,S.$$

Höhere Organismen:
$$80\,S \xrightarrow{\;-\,\text{Mg}^{++}\;} 40\,S + 60\,S.$$

Die beiden Untereinheiten sind mehr oder weniger kugelig. Auch das gesamte Ribosom hat annähernd Kugelform. Damit addieren sich zwar die Molekulargewichte der Untereinheiten, da sich aber das Sedimentationsverhalten nicht linear mit dem Molekulargewicht verändert, sedimentiert das Gesamtpartikel mit einem Sedimentationskoeffizienten, der weniger ist als die Summe der Koeffizienten der Untereinheiten.

Chemisch bestehen die Ribosomen von *E. coli* zu etwa 36% aus Proteinen und zu 64% aus RNA. Die *50 S-Untereinheit* enthält ein *großes RNA-Molekül (23 S,* etwa 3200 Nukleotide) und ein *sehr kleines (5 S,* 115 Nukleotide), *die 30 S-Untereinheit* enthält nur *ein RNA-Molekül (16 S,* 1541 Nukleotide). Die 23 S und die 16 S RNA, aber nicht die 5 S-RNA werden zusammen synthetisiert. Sie werden gemeinsam als *ribosomale RNA (r-RNA)* bezeichnet. Jedes Ribosom enthält 55 verschiedene Proteinmoleküle. Davon gehören 34 der 50 S-, 21 der 30 S-Untereinheit an. Diese Proteine haben ein durchschnittliches Molekulargewicht von etwa 25000, also etwa 220 Aminosäuren in der Kette. 52 der 55 Proteine sind basisch. Basische Seitengruppen vieler ribosomaler Proteine reagieren also wohl mit den sauren Phosphatgruppen der RNA. Das Ribosom kann demnach als ein riesiges Nukleoproteinmolekül aufgefaßt werden. Dem entspricht auch, daß sich 30 S-Untereinheiten unter geeigneten Bedingungen aus den isolierten Proteinen und der RNA spontan innerhalb etwa 15 Minuten wiederbilden. Diese *spontane Zusammenlagerung* (engl.: *self assembly*) ist typisch für Nukleinsäure-Protein-Komplexe (oder Nukleoproteine) dieser Größenordnung. Sie stellt einen wichtigen Schritt von der chemischen Organisationsebene des Makromoleküls zur biologischen Organisationsebene des Organells dar.

9.07 Aktivierung der Aminosäure

Das Ribosom ist die strukturelle Basis der Proteinsynthese, die Maschine, an der die *Translation (Übersetzung* der Nukleinsäuresequenz in die Polypeptidsequenz) stattfindet. Die Nukleinsäuresequenz, die übersetzt wird, ist die m-RNA. Sie wird an die kleinere 30 S-Untereinheit des Ribosoms gebunden. Das Ergebnis der Translation ist die Peptidkette. Sie wird an der großen 50 S-Untereinheit gebildet. Das Verbindungsstück zwischen beiden ist die t-RNA, die an beiden Untereinheiten des Ribosoms anliegt (Abb. 9.04). Die t-RNA enthält als Kennzeichen im Nukleinsäure-Code das *Anticodon,* das spezifisch mit der m-RNA reagiert. Sie ist auch spezifisch für eine Art Aminosäure. Damit ist die t-RNA das eigentliche Molekül zur Code-Übersetzung. Die beiden spezifischen Erkennungen sind räumlich und zeitlich getrennt.

Bevor sich die t-RNA an ein Ribosom anlagert, bindet sie eine Aminosäure an den Riboserng des endständigen 3'-Adenosins. Die Carboxylgruppe der Aminosäure wird dabei an das C 3' gebunden, so daß nur die Aminogruppe frei ist.

Alle t-RNAs gehen dieselbe Bindung ein, jede mit der Aminosäure, für die sie spezifisch ist. Die Spezifität kann also nicht am 3'-Ende der t-RNA liegen. Sie beruht auf der Tertiärstruktur des gesamten t-RNA-Moleküls. *Für jede Art t-RNA gibt es ein Enzym, das eine Aminosäure und die dazugehörige t-RNA erkennt und die Aminosäure an die t-RNA bindet.* Diese Enzyme, die für die Spezifität des Codes am Aminosäureende verantwortlich sind, heißen *Aminoacyl-t-RNA-Synthetasen.*

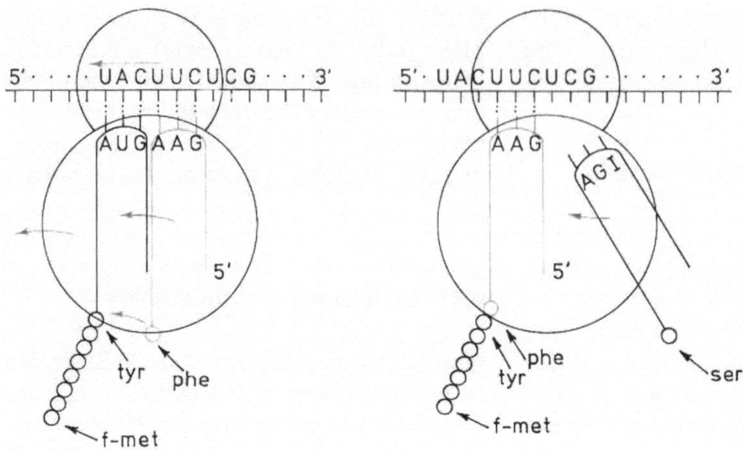

Abb. 9.04. Schematische Darstellung der Kettenverlängerung bei der Proteinsynthese

Die Reaktion zwischen t-RNA und Aminosäure leistet mehr als spezifische Erkennung. Ihre Summenformel ist

$$\text{Aminosäure} + \text{ATP} + \text{tRNA} \xrightarrow[\text{Enzym}]{\text{Mg}^{++}}$$

Aminosäure-tRNA + AMP + PP.

Es wird also ein ATP gespalten. Die Energie der ATP-Bindung wird dabei auf die Bindung zwischen der Aminosäure und dem Riboserest am 3'-Ende der t-RNA übertragen. *Damit erhält die Carboxylgruppe der Aminosäure die nötige Energie, um eine Peptidbindung einzugehen.* Die Aminosäure wird *aktiviert.*

9.08 Synthese der Peptidbindung

Aktivierte Aminosäuren, also t-RNAs, die ihre spezifische Aminosäuregruppe tragen, lagern sich an einer Bindungsstelle, der *Aminoacyl-Stelle* der 50 S-Untereinheit des Ribosoms an. Alle Arten t-RNA passen an diese Stelle. Fest gebunden wird aber jeweils nur die, die Wasserstoffbrückenbindungen zur m-RNA an der 30 S-Untereinheit desselben Ribosoms eingehen kann. Über einer freien Aminoacyl-Stelle steht ein Codon-Triplett der m-RNA. Eine t-RNA kann nur dann

Wasserstoffbrücken zu dem Codontriplett ausbilden, wenn sie ihm die komplemenntären Basen gegenüberstellt. Dazu trägt jede t-RNA exponiert an einem Ende ein *Anticodon.*
Phenylalanin wird zum Beispiel durch das Codewort (5') UUC (3') an der m-RNA signalisiert. Wir erwarten, daß die Phenylalanin-t-RNA die Basensequenz (3') AAG (5') als Anticodon enthält. Man hat aus Hefe eine Phenylalanin-t-RNA isoliert, die an der Anticodonstelle diese Basensequenz aufweist. Das Guanin ist dabei methyliert. *Modifizierte Basen* finden sich oft an der dritten Position des Anticodons. Einige davon können wohl *mit mehreren Basen Wasserstoffbrücken eingehen.* Damit könnte eine t-RNA mehrere Codeworte erkennen, die sich nur in der dritten Position unterscheiden. Es würden dann weniger als 64 verschiedene t-RNA-Arten gebraucht. Wieviele es wirklich gibt, hat noch niemand festgestellt.
Wenn die richtige t-RNA an der Aminoacyl-Stelle des Ribosoms anliegt, ist sie am einen Ende mit Wasserstoffbrücken an die m-RNA gebunden und trägt am anderen Ende die entsprechende Aminosäuregruppe. Benachbart dazu liegt an einer zweiten Bindungsstelle, der *Peptidylstelle,* die vorhergehende t-RNA. Die Aminosäure an ihrem 3'-Ende ist bereits an die

wachsende Proteinkette gebunden. Nun folgt die Bildung der neuen Peptidbindung. Dabei wird die aktivierte Carboxylgruppe am Ende der Peptidkette von der endständigen Ribose der t-RNA an die NH_2-Gruppe der neuen Aminosäure übertragen. Gleichzeitig löst sich die nun freie t-RNA von der Peptidylstelle und die t-RNA, die nun die Peptidkette trägt, springt von der Aminoacyl- zur Peptidylstelle über. Auch die m-RNA an der 30 S-Untereinheit verschiebt sich dabei. Die Aminoacylstelle ist somit frei. Über ihr liegt ein neues Codon. Die nächste t-RNA kann sich anlagern.

Die Energie für diese Verschiebung wird von einem GTP geliefert, und eine Reihe von Proteinfaktoren (Elongationsfaktoren) katalysieren die verschiedenen Schritte.

9.09 Anfang und Ende der Peptidkette

Wir können uns nun vorstellen, wie sich die Peptidkette verlängert. Der Mechanismus beruht darauf, daß die Struktur des Ribosoms für die richtige räumliche Anordnung vom Carboxyl-Ende der Peptidkette, vom freien NH_2-Ende der nächsten Aminosäure, von der m-RNA und der t-RNA sorgt. Wenn die richtige Anordnung vorliegt, kommt es zu Bindung und Verschiebung, so daß der Anfangszustand für die nächste Peptidbindung geschaffen wird.

Die m-RNA kann dabei zugleich an mehreren Ribosomen anliegen, die bei jeder Anlagerung einer Aminosäure um drei Nukleotide weiter dem 3′-Ende zulaufen. Nahe dem 5′-Ende tragen sie kürzere Peptidketten, nahe am 3′-Ende längere. Ketten zusammenhängender Ribosomen kann man im Elektronenmikroskop erkennen. Sie sind unter dem Namen *Polyribosomen* oder *Polysomen* beschrieben worden (Abb. 9.05). Um m-RNA von den anderen RNA-Arten der Zelle zu trennen, isoliert man am besten Polysomen. Die hochmolekulare RNA der Polysomen ist leicht von der löslichen t-RNA und der ganz anderen r-RNA zu trennen. Da sie von Polysomen stammt, kann man sicher sein, daß es m-RNA ist, die zur Proteinsynthese dient.

Der *Start der Proteinsynthese ("Initiation")* ist bei Bakterien intensiv untersucht worden. Die Codesequenz aller m-RNAs beginnt mit dem Triplett AUG. Dieses Triplett codiert für Methionin. Es gibt aber in der Bakterienzelle zwei verschiedene t-RNAs für dieses Codon, von denen eine nur bei der Initiation benutzt wird. Diese t-RNA bindet ein Methionin, das dann am Stickstoff der NH_2-Gruppe durch einen Formyl-(Ameisensäure-)Rest blockiert wird. Damit wird die Richtung der Proteinsynthese vorgegeben: die erste Aminosäure trägt das (vorübergehend geschützte) NH_2-Ende des Proteins und wird durch Übertragung ihrer Carboxylgruppe auf die Aminogruppe der zweiten Aminosäure zum Anfang der Kette. An die freie 30 S-Untereinheit, die bereits die N-formyl-Methionin-t-RNA trägt, wird dann die m-RNA angelagert. Natürlich kommt es dabei zur Basenpaarung zwischen dem Anticodon der t-RNA und

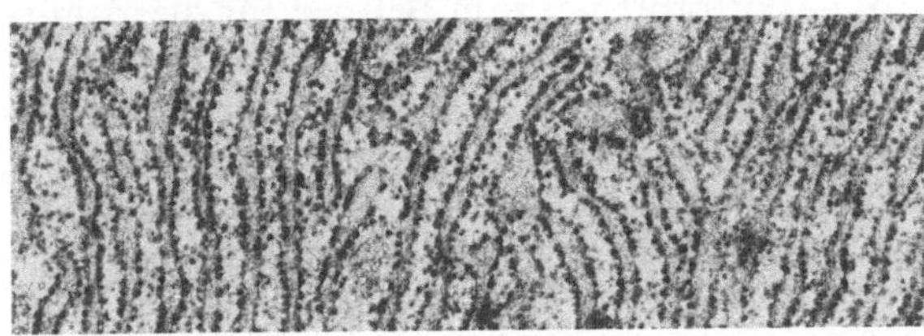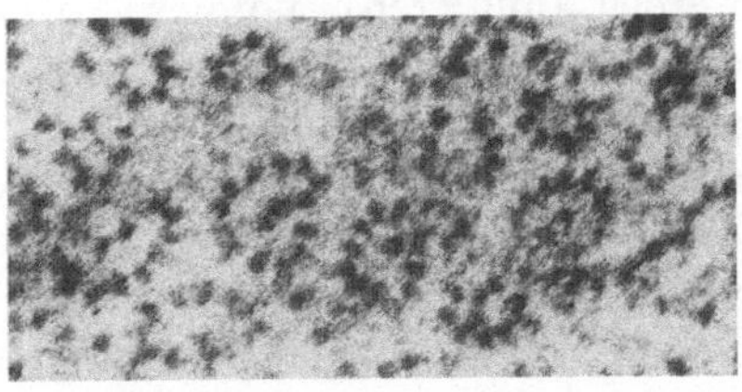

Abb. 9.05. Proteinsynthese im exokrinen Pankreas der Ratte. Links: rauhes ER im Schnitt, rechts im Aufblick, um die Polysomen zu zeigen. Vergrößerung: links 35000×, rechts 100000×. (Aufn. K. Hausmann, Berlin)

dem AUG der m-RNA. Diese Bindung sorgt dafür, daß die m-RNA im richtigen Leseraster eingefädelt wird. Das AUG der codierenden Sequenz ist aber nicht der (5'-)Anfang der m-RNA. Ihm voran läuft eine kurze, nicht translatierte Sequenz, die bei der Bindung der m-RNA an die 30 S-Untereinheit eine Rolle spielt. Dabei kommt es zur Paarung zwischen Basen am 3'-Ende der 16 S-RNA (die ja in der kleinen Untereinheit liegt) und dazu komplementären Basen nahe dem 5'-„Anfang" der m-RNA. Das 3'-Ende der 16 S-RNA hat die Sequenz …ACCUCCUUA. Entsprechend sind in den Vorlaufsequenzen der m-RNAs komplementäre Basenfolgen, die man leicht an der Häufung von G und A erkennt („Shine-Dalgarno-Sequenzen"). Bei dieser Bindung von „f-met"-t-RNA und m-RNA an die 30 S-Untereinheit spielen lösliche Proteinfaktoren (Initiationsfaktoren) und GTP eine Rolle. Bei der Bindung dieser beladenen 30 S-Untereinheit an die 50 S-Untereinheit kommt es unter GTP-Spaltung zur Umlagerung der t-RNA auf die Peptidylstelle. Dann ist das Ribosom in der Startposition. Die nächste Aminosäure kann eingebaut werden.

Die Peptidkette ist fertig, wenn ein *Unsinn*-Codon (engl.: nonsense-codon) in der m-RNA auftritt. Das ist eins der Codons UAA („ochre"), UAG („amber") oder UGA („opal"). Keine t-RNA erkennt diese Codons. Auch bei der Freisetzung der Polypeptidkette spielen wieder spezifische Proteinfaktoren eine Rolle.

Die Aminosäure Tyrosin wird durch die Tripletts UAU und UAC codiert. Sollten diese oder ähnliche Codons falsch kopiert werden (mutieren), können Unsinn-Codons entstehen. Solche Mutationen sind schlimm. Tyrosin wird dann nicht durch eine falsche Aminosäure ersetzt, sondern die Synthese der Polypeptidkette wird vorzeitig abgebrochen. 3,7% aller Mutationen führen zum Kettenabbruch. Schlimm wäre es auch, wenn das Gen für t-RNA im Anticodon mutiert, so daß zum Beispiel Tyrosin-t-RNA ein Unsinn-Co-

don für ein Tyrosin-Codon hält. Das kommt vor. Dann geht die Synthese der Proteinkette über das signalisierte Ende hin weiter.

9.10 Processing von Proteinen

Wir haben in diesem Kapitel bisher hauptsächlich die Verhältnisse bei *E. coli* beschrieben. Bei Eukaryonten sind all diese Vorgänge sehr ähnlich, aber jeweils ein bißchen komplizierter. Das beginnt damit, daß bei Bakterien an einer m-RNA bereits Protein synthetisiert werden kann, bevor die m-RNA selbst voll synthetisiert ist: während die RNA-Polymerase noch an der DNA entlang läuft, um das Ende der m-RNA zu synthetisieren, sitzen am (5'-)Anfang der m-RNA schon Ribosomen und synthetisieren Proteine. Bei Eukaryonten sind Transkription und Translation durch die Kernmembran streng getrennt, und die m-RNA wird erst durch verschiedene „Processing"-Schritte aus dem Primärtranskript hergestellt (17.06).

Auch die Proteinsynthese ist umständlicher. So wird in der Eukaryontenzelle streng zwischen Proteinen für das Grundcytoplasma unterschieden, die an freien Polysomen im Cytoplasma synthetisiert werden, und Proteinen, die in Membranen eingebaut oder eingeschlossen oder nach außen abgegeben werden und am Endoplasmatischen Retikulum entstehen. Der Zelle wird der Unterschied zwischen beiden Proteinsorten durch die Proteine selbst signalisiert. Bei der Synthese beginnt die Aminosäure-Sequenz für Exportproteine, zum Beispiel für die Zymogene des exokrinen Pankreas, mit einer Abfolge von hydrophoben Aminosäuren, die durch die Lipidschicht des ER hindurchtreten und damit das Ribosom, an dem sie eben entstanden sind, ans ER binden. Diese „Signalsequenzen" haben direkt nichts mit der späteren Funktion des Proteins zu tun. Sie werden schon im Lumen des ER abgeschnitten. Sie dienen nur

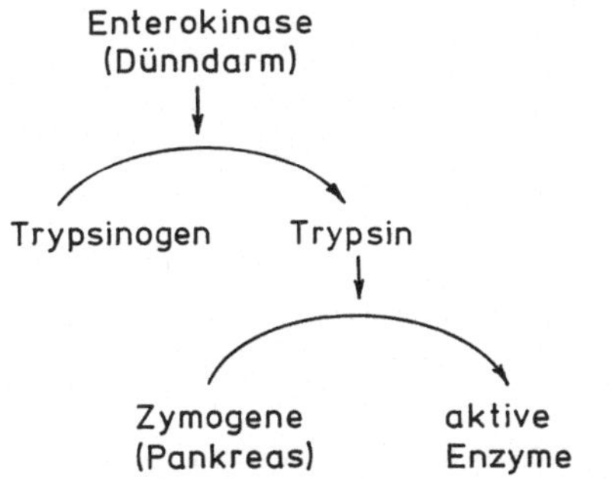

Abb. 9.06. Kaskadenregelung der Verdauungsenzyme

dazu, das Ribosom an — und das Protein in — das ER zu befördern.

Die Zymogene sind die inaktiven Vorstufen der Verdauungsenzyme. Sie werden nicht nur ins ER, dann in den Golgi-Apparat und schließlich in Sekretionsvesikel eingeschlossen, sie werden auch erst im Darm in die aktiven Verdauungsenzyme umgewandelt. Das geschieht durch begrenzte Proteolyse, also durch das spezifische Ausschneiden eines Stückes der Proteinkette (Abb. 9.06).

Solche begrenzte Proteolyse zur Aktivierung potentiell gefährlicher Proteine finden wir bei vielen Zellprozessen. Oft ist sie in einer noch viel komplizierteren „Kaskadenschaltung" (Abb. 9.07) angeordnet als bei den Zymogenen. Damit wird ein potentiell gefährlicher Prozeß präzis regelbar: er findet nur statt, wenn er soll, aber dann schnell und effektiv. Zwei solcher Prozesse sind die Blutgerinnung (18.07) und die Zell-Lyse durch das Complementsystem (Abb. 20.12).

Proteolyse ist nicht die einzige Veränderung, die an Proteinen stattfindet. Wir haben schon gesehen, welche Rolle der Golgi-Apparat bei der chemischen Modifizierung von Proteinen spielt (6.07). Diese Modifizierung beginnt aber oft schon im ER. Die Bildung von Disulfidbrücken, die Oxidation von Prolinresten zu Hydroxy-Prolin, die Acetylierung, Glykosylierung und Phosphorylierung sind typische solche Modifikationen.

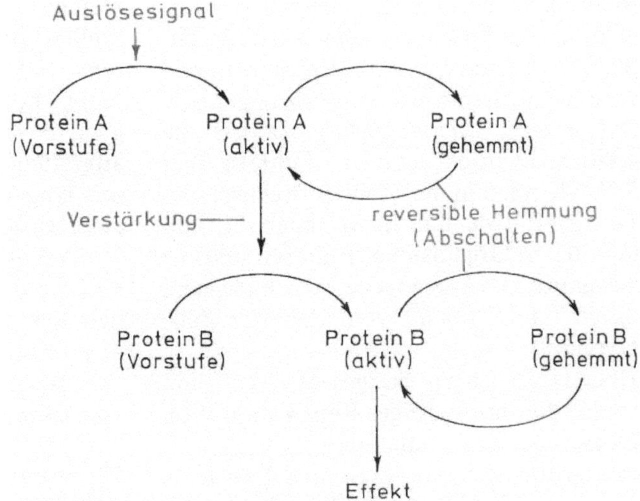

Abb. 9.07. Schema der Aktivierung von Proteinen durch Ausschneiden von Peptiden. Protein A ist eine Protease. Auch der „Auslöser" und Protein B können Proteasen sein. Die aktivierten Proteine werden reversibel inaktiviert

10 Sonderstellung der DNA

10.01 DNA-Reparatur

Wir haben in den ersten sieben Kapiteln dieser Einführung alle wichtigen Strukturen und Funktionen der Zelle analysiert, ohne dabei DNA zu erwähnen. Die Funktionen lebender Organismen beruhen auf der Spezifität von Proteinen. Die DNA der Zelle enthält die Information über die Proteine der Zelle. Die Information ist in der DNA gelagert und wird durch die DNA weitergegeben. Die DNA nimmt in der Zelle eine einzigartige Sonderstellung ein.

Das zeigt sich schon daran, daß der Stoffwechsel der DNA vom Zellstoffwechsel so weit getrennt ist, wie das in einem System überhaupt geht, das auf gekoppelten Reaktionen beruht. Im Grunde genommen hat die DNA gar keinen Stoffwechsel. Als Information tragendes Molekül wird sie *so wenig wie möglich angetastet und so weit wie möglich geschützt.* Sie greift nicht direkt, sondern indirekt über RNA-Kopien in den Zellstoffwechsel ein, sie wird im Idealfall nicht abgebaut, und in höheren Organismen (Eukaryonten) ist das ganze DNA-bezogene Molekülsystem durch eine *Kernhülle* vom Rest der Zelle getrennt.

Aber DNA ist ein riesiges Molekül, und allein die notwendige Replikation von DNA vor der Zellteilung beansprucht eine große Menge Energie und Bausteine aus dem Zellstoffwechsel. Wir werden sehen, daß DNA-Replikation und Zellstoffwechsel bei Eukaryonten nicht nur räumlich getrennt sind, sondern auch zeitlich.

Das soll nicht bedeuten, daß zwischen Replikationszyklen die DNA der Zelle inert vorliegt. Die DNA-Information muß vor zufälligen Änderungen geschützt werden. Ein Teil dieses Schutzes liegt in der stabilen Struktur der Doppelhelix und ihren mechanischen Eigenschaften. Als chemisches Molekül unterliegt aber auch DNA äußeren Einflüssen. Die verschiedensten Faktoren, von thermischer Bewegung über energiereiche Strahlen zu chemischen Substanzen, die mit DNA reagieren, können sie abändern und Fehler in der gelagerten Information hervorrufen. Solche Fehler nennt man *Mutationen,* die Faktoren, die sie hervorrufen, *Mutagene.* Auf die Gesamtlänge des Moleküls bezogen, treten Mutationen *statistisch und selten* auf. Eine Feinanalyse kleiner Regionen der DNA zeigt, daß bei genügend kleiner Einteilung der DNA durchaus Stellen auftreten, an denen Mutationen sehr viel häufiger sind als an anderen (engl.: hot spots), und daß gewisse Mutagene bevorzugt gewisse Basensequenzen angreifen. Nur sind keine dieser Sequenzen lang und spezifisch genug, daß man eine gezielte Beeinflussung bestimmter DNA-Informationen durch Mutagene nachweisen oder gar experimentell vornehmen kann.

Die Zelle ist auf das Auftreten von Mutationen vorbereitet. Die DNA wird laufend von Enzymsystemen abgetastet, die nach fehlerhaften Stellen suchen. Fehler, die erkannt und repariert werden können, sind vor allem Brüche in den Phosphodiesterbindungen (*Einzelstrangbrüche* in der Doppelhelix) und schwache Stellen in der Helix, die durch falsche Basenpaarung entstehen.

Ein besonders gut untersuchter Reparaturmechanismus spielt nach Ultraviolettbestrahlung der DNA eine Rolle. Wir haben bereits gesehen, daß DNA Ultraviolettlicht absorbiert (8.05). Die absorbierte Energie führt zu Reaktionen zwischen benachbarten Pyrimidinringen derselben Kette, besonders Thyminen, und es kommt zur chemischen Bindung zwischen den Ringen. Es entstehen fest gebundene *Thymin-Dimere*.

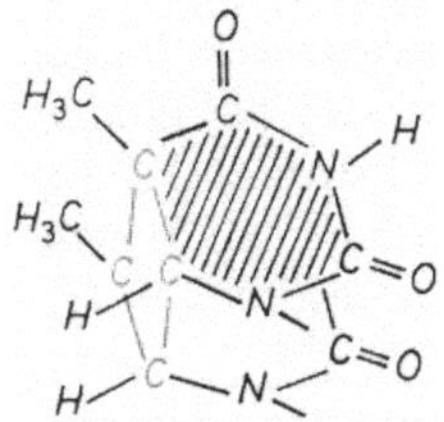

Durch diese Verbindung von *benachbarten Basen derselben Kette* wird die Doppelhelixstruktur leicht verändert. Es ist wahrscheinlich diese Strukturveränderung, die von den Reparaturenzymen erkannt wird.

Die Reparatur geht in vier Schritten vor sich (Abb. 10.01). Zuerst wird neben der Fehlerstelle durch eine *Endonuclease* ein Schnitt in den fehlerhaften Strang eingeführt. Endonucleasen hydrolysieren Phosphodiester-Bindungen innerhalb des Moleküls. Nachdem die Endonuclease ein

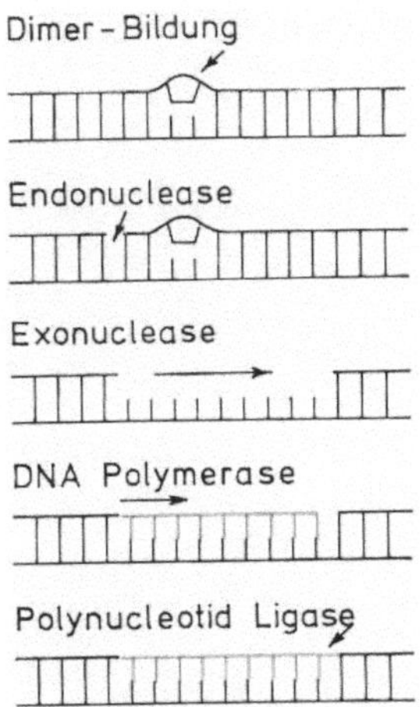

Abb. 10.01. Reparatur von DNA nach Dimer-Bildung

freies Ende hergestellt hat, entfernt eine *Exonuclease* von diesem Ende her eine Reihe Basen aus dem defekten Strang, darunter auch das zum Dimer gebundene Paar benachbarter Thymine. Eine Exonuclease entfernt Basen vom Ende des Moleküls her, in diesem Fall von dem Strangende her, das die Endonuclease mitten im Strang freigelegt hat. Die beiden Nucleasen hinterlassen ein freies 3'-Ende und ein 5'-Ende, zwischen denen dem ungeschädigten Strang kein zweiter Strang gegenüber liegt. Vom 3'-Ende her baut nun eine *DNA-Polymerase* komplementär zum ungeschädigten Strang Basen ein, darunter auch zwei unverbundene benachbarte Thyminreste dort, wo der Dimer entfernt worden ist. Da die Polymerase 5'-Nukleosidtriphosphate an das 3'-Ende der Kette anbaut, kann sie zwar das ausgeschnittene Stück völlig mit den richtigen Basen füllen, kann aber nicht die 3'-5'-Bindung am Ende der Einbaustelle schließen. Diese Bindung wird wie ein Einzelstrangbruch durch *DNA-Ligase (Polynukleotid-Ligase)* geschlossen.

Dieser Reparatur-Mechanismus ist bei *E. coli* genau untersucht worden. Das Vorkommen ähnlicher Mechanismen bei höheren Organismen und beim Menschen ist dadurch angezeigt, daß es erbliche Fehler im Reparaturmechanismus gibt, die wahrscheinlich auf Mutationen in den Reparaturenzym-Genen beruhen. *Xeroderma pigmentosum* ist eine erbliche Hautkrankheit, bei der es zu stellenweiser Atrophie der Epidermis, übermäßiger Keratinablagerung und verstärkter Pigmentierung der basalen Zellschicht der Epidermis kommt. Leberfleck-artige Flecken treten gehäuft auf und können verschmelzen. Die Patienten sind besonders empfindlich gegen Ultraviolettlicht, auch das Ultraviolett im Sonnenlicht. Hautkrebs tritt mit zunehmendem Alter häufiger auf. Bei normalen Individuen werden Ultraviolett-induzierte Schäden der DNA in Epidermiszellen zum größten Teil repariert. Dauernde starke Besonnung kann aber auch bei normalen Individuen die

Reparatur-Mechanismen überfordern, und es häufen sich Beobachtungen, die eine Korrelation zwischen Besonnung der Haut und der Häufigkeit von Hautkrebs bestätigen. Daß dabei keine scharfe Grenze zwischen Personen mit erblichem Ausfall von Reparaturenzymen und den Normalen besteht, zeigt die Beobachtung, daß genetische Verschiedenheiten gegen Sonneneinstrahlung auch bei der normalen Bevölkerung vorliegen. Präzis definierte Erbkrankheiten sind nur eine extreme Klasse in dem weiten Spektrum genetischer Variabilität, das in der Bevölkerung vorliegt (24.06).

10.02 Semikonservative Replikation

Die Reparatur von DNA nach Thymin-Dimer-Bildung ist nur ein Beispiel für eine große Anzahl enzymatischer Mechanismen, die für das unveränderte Fortbestehen der DNA-Information sorgen. Mit erstaunlich wenigen Ausnahmen werden die Basensequenzen einer Zelle exakt erhalten und genau kopiert bei der Zellteilung an beide Tochterzellen weitergegeben.

Auch für die DNA-Replikation gilt das allgemeine Schema der Informationsübertragung: *ein neuer Strang wird komplementär zu einem bestehenden Strang synthetisiert.* Daß dabei jeweils ein ganzer Strang der Doppelhelix bestehen bleibt, an dem in ganzer Länge ein völlig neuer Komplementärstrang hergestellt wird, haben Meselson und Stahl (1958) gezeigt. Sie haben Bakterien mit dem schweren Stickstoffisotop ^{15}N aufwachsen lassen. Da alle DNA-Basen stickstoffhaltig sind, wird so viel schwerer Stickstoff eingebaut, daß die DNA eine höhere spezifische Dichte hat als DNA, die mit ^{14}N aufgebaut wurde.

In einem *Dichtegradienten,* den man zum Beispiel in der Ultrazentrifuge mit einer Lösung von Cäsiumchlorid (CsCl) herstellen kann, können DNA-Moleküle mit verschiedener Dichte . voneinander getrennt werden. Wählt man die Ausgangsdichte der CsCl-Lösung so, daß sie etwa der mittleren Dichte der DNA (ca. 1,70 g/cm³) entspricht, dann entsteht nach langer Zentrifugation bei hoher Umdrehungszahl (z.B. 60 Std bei 30 000 Upm) ein Gradient in der CsCl-Lösung, in dem die Makromoleküle entsprechend ihrer

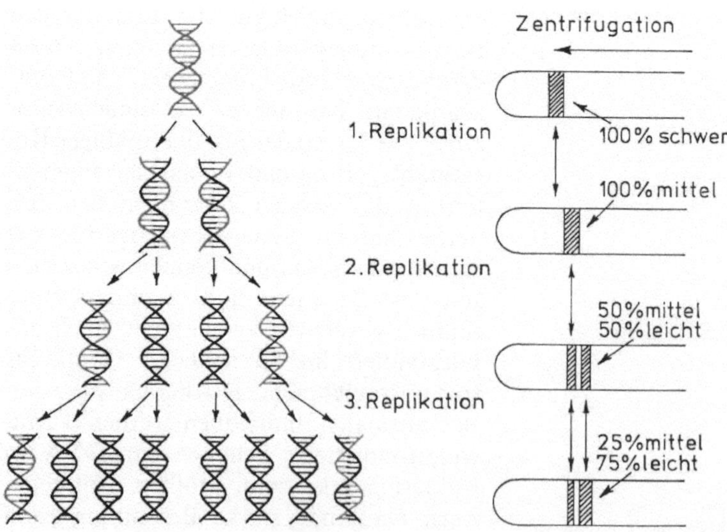

Abb. 10.02. Semikonservative Replikation. Schema des Experiments von Meselson und Stahl

Dichte in einer begrenzten Zone liegen, die bei Ultraviolett-Absorptionsmessungen entlang des Gradienten als eine stark absorbierende Bande nachweisbar ist.

DNA in CsCl:

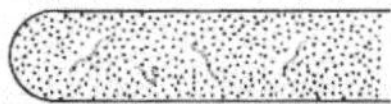

nach der Zentrifugation:

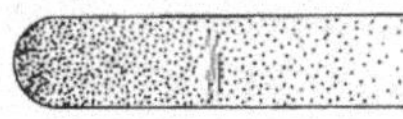

Die DNA aus Bakterien, die in ^{15}N aufgewachsen sind, bildet eine solche Bande, deren Dichte man bestimmen kann. Bakterien, die nach dem ^{15}N-Einbau eine Generation in ^{14}N aufgewachsen sind, enthalten DNA mit geringerer Dichte (Abb. 10.02). Nach einer weiteren Generation in ^{14}N erhält man zwei Banden: eine, die der DNA-Dichte der vorigen Generation entspricht, eine mit der Dichte von DNA, die nur ^{14}N enthält. In den folgenden Generationen nimmt der Anteil an dieser DNA zu, ohne daß die Bande mit mittlerer Dichte völlig verschwindet.

Dieses Muster kann nur auftreten, wenn die ursprünglich dichten (^{15}N-)Ketten in ganzer Länge bestehen bleiben und jeweils als Matrize für die Synthese einer ganzen neuen (^{14}N-) Kette dienen. Je eine Kette der Doppelhelix entstammt also einem Molekül der vorhergehenden Zellgeneration. Diese Synthese, bei der jeweils ein Strang der Doppelhelix der nächsten Zellgeneration erhalten bleibt, heißt *semi-konservativ*.

10.03 Der Replikationsmechanismus

Beide Stränge der Doppelhelix bilden bei der DNA-Replikation also jeweils die Matrize für die Synthese eines neuen Stranges. Für die Informationsübertragung ist das ein praktischer und effizienter Mechanismus. Chemisch stellt er uns aber vor verschiedene Probleme.

Einmal ist die DNA eine Doppelhelix, bei der die beiden Ketten nebeneinander *(plektonemisch)* um die Helixachse gewunden sind. Die beiden Ketten können nicht auseinandergezogen werden. Sie sind miteinander verdrillt, und eine Kettentrennung verlangt ein Aufwinden der Doppelhelix. Dazu muß nicht die ganze Kette auseinander gewunden werden. Es genügt, wenn gelegentlich Brüche in einem der beiden Stränge entstehen, die eine freie Drehung dieses Strangs erlauben. Enzyme, die Phosphodiester-Bindungen spalten und Einzelstrangbrüche (engl.: nicks) verursachen, sind von Bakterien bekannt. Zum Schließen von Kettenbrüchen haben wir bereits das Enzym Polynukleotidligase kennengelernt.

Ein weiteres Problem entsteht durch die *Gegenläufigkeit der Stränge.*. Wenn die Stränge reißverschlußartig aufgewunden werden, kann eine DNA-Polymerase der fortlaufenden Gabelung eines Strangs folgen und in 5′-3′-Richtung einen komplementären Strang synthetisieren. Eine 3′-5′-Synthese unterscheidet sich chemisch grundsätzlich von einer 5′-3′-Synthese. Ein Enzym, das neue Nukleotide an das 5′-Ende des Strangs anlagert, ist nicht bekannt. Nun wissen wir aber vom Meselson-Stahl-Experiment, daß bei der DNA-Replikation komplementäre neue Stränge zu *beiden* Strängen der Doppelhelix gebildet werden. Dieses Problem wurde durch Arbeiten von Okazaki aufgeklärt. Okazaki fand, daß die Synthese nur an einem Strang kontinuierlich fortläuft. Am anderen (3′-)Strang werden Stücke des Tochterstranges jeweils in 5′-3′-Richtung synthetisiert. Diese etwa 1 000 Nukleotide langen *Okazaki-Fragmente* werden erst später durch Polynukleotid-Ligase zu kontinuierlichen Strängen verbunden.

Damit ist prinzipiell der fortlaufende Replikationsprozeß erklärt. Wie im Falle der RNA-Synthese muß aber auch bei der Replikation von DNA geklärt werden, an welcher Stelle des Moleküls sie beginnt.

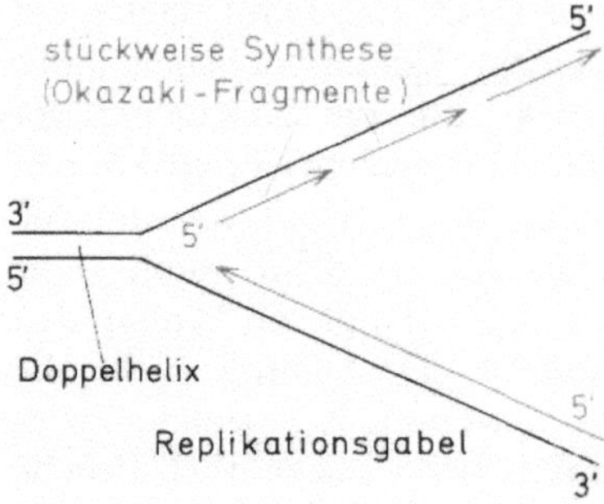

Bakterien und einige Viren enthalten ihre genetische Information in einem einzigen *ringförmig geschlossenen* DNA-Molekül. Mit verschiedenen Methoden hat man bei einigen dieser ringförmig geschlossenen DNA-Moleküle nachgewiesen, daß die DNA-Replikation an einer Stelle des Rings beginnt, und zwar immer an derselben. Es ist wahrscheinlich, daß an diesem Startpunkt eine Endonuclease durch einen Einzelstrangbruch einen freien Drehpunkt in das Molekül einführt, der das Entwinden der beiden Stränge erlaubt.

Wenn die DNA-Replikation mitten in einer Doppelhelix beginnt, dann treten zwei *„Replikations-Gabeln"* auf. Die Doppelhelix kann von der Startstelle her nach rechts oder nach links weiter auseinandergewunden und repliziert werden. In vielen Fällen scheint die DNA-Synthese vom Startpunkt aus *nach beiden Seiten zu verlaufen*. Bei einem ringförmigen Molekül schreitet dann die Synthese fort, bis sich die Replikationsgabeln treffen. Dann liegen zwei DNA-Ringe vor, die jeweils einen Strang des alten Rings und einen neu synthetisierten enthalten.

Nicht bei allen ringförmigen DNA-Molekülen verläuft die Synthese in beide Richtungen vom Startpunkt. In einigen Fällen hat man eine Replikation nachgewiesen, die nach einer Seite um den Ring zum Startpunkt zurück verläuft. Einen derartigen Synthesemechanismus (das „Rolling Circle"-Modell) werden wir beim F-Faktor (12.10) kennenlernen.

Die Methoden zur Untersuchung replizierender DNA-Moleküle sind eindrucksvoll. In der Zelle sind ringförmige DNA-Moleküle immer stark verknäuelt. Kleinere Ringe lassen sich vorsichtig aufspreizen und nach geeigneter Vorbehandlung direkt unter dem Elektronenmikroskop beobachten. Schon bei DNA aus *E. coli* ist das nicht mehr möglich. Der DNA-Ring von *E. coli* hat eine Länge von 1,1 mm. Unter dem Elektronenmikroskop sieht man bestenfalls dichte Verknäuelungen, die kleinen Ausschnitten aus der gesamten DNA entsprechen.

Cairns hat es fertig gebracht, mit Tritium (^{3}H) radioaktiv markierte DNA-Moleküle aus *E. coli* voll auszuspreizen. Überschichtet man solche Moleküle mit photographischer Emulsion im Dunkeln, dann wird die Emulsion durch die β-Strahlung aus dem eingebauten Tritium im Laufe einiger Wochen über der Doppelhelix belichtet. Im entwickelten Präparat sieht man unter dem Mikroskop Bilder von Ringen mit Replikationsgabeln. Von der Möglichkeit, radioaktiv markierte Strukturen mit photographischer Emulsion zu bedecken und dadurch Photographien der radioaktiven Markierung zu erhalten *(Autoradiographie)*, wird in der Biologie häufig Gebrauch gemacht (6.04, 10.07, Abb. 5.06).

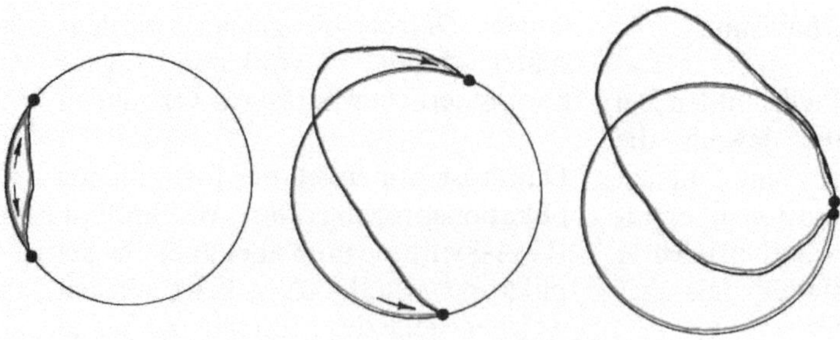

10.04 DNA-Replikation und die Membran

Bei aller technischen Raffinesse ist das Bild der DNA-Replikation in Bakterien doch noch vereinfacht. Das beruht darauf, daß die Experimente zum größten Teil mit isolierter DNA vorgenommen worden sind. Im löblichen Bestreben, das System experimentell zu vereinfachen, hat man wahrscheinlich eine der wichtigsten Komponenten fortgelassen: die Membran.

DNA-Replikation bei Bakterien ist in der Regel mit Zellteilung gekoppelt. Die DNA-Replikation sorgt dafür, daß jede der Tochterzellen genau die gleiche genetische Information wie die Ausgangszelle hat. Um einseitiges Kausal-Denken zu verhindern, soll darauf hingewiesen werden, daß man genausogut sagen kann, die Zellteilung sorge dafür, daß jedes DNA-Molekül ein eigenes „Kompartment" für seine physiologische Aktivität erhält. So oder so, die Tochtermoleküle geraten in Tochterzellen und werden durch Zellmembranen getrennt. DNA-Replikation, Membransynthese und Trennung der Tochtermoleküle sind gekoppelte Vorgänge.

Die DNA-Moleküle von Bakterien sitzen an der Membran. Die Ansatzstelle ist oft eine gewundene Einstülpung der Zellmembran, das *Mesosom*. Es ist wahrscheinlich so, daß wenigstens ein Teil der Replikationsenzyme gebunden als Membranbestandteile am Mesosom vorliegen. Das trifft besonders für den Startpunkt der Replikation zu. Durch Teilung des Ansatzpunktes der DNA und Neusynthese von Membran zwischen den Ansatzpunkten der beiden DNA-Moleküle, die durch die Replikation entstehen, ist dann auch die Trennung der Tochtermoleküle und ihr Transport in die Tochterzellen erklärbar. Die Bakterienzelle wächst in die Länge, die Ansatzpunkte der DNA-Moleküle werden durch Membransynthese zwischen ihnen in die beiden Hälften der Zelle geschoben. Zuletzt kommt es zwischen ihnen zur Einschnürung und Zweiteilung der Zelle.

Wir dürfen nicht vergessen, daß das stark verknäuelte DNA-Molekül von *E. coli* etwa 500mal so lang ist wie die ganze Zelle. Die exakte Replikation, die Aussortierung der Tochtermoleküle und ihr Transport in die beiden Hälften der wachsenden Zelle ist ein mechanisches Problem, von dem das Überleben der Bakterien abhängt.

10.05 DNA bei Eukaryonten

In den vorhergehenden Kapiteln haben wir schon öfter den Unterschied in der Zellstruktur zwischen Bakterien und höheren Organismen betont. Bakterien und blaugrüne Algen (Cyanophyta) sind Prokaryonten, andere Einzeller, Pilze, Pflanzen und Tiere sind Eukaryonten. Die Zellen der Prokaryonten, die Procyten, sind sehr viel einfacher gebaut als die der Eukaryonten, die Eucyten. Den Procyten fehlt ein Endoplasmatisches Retikulum. Ihre Ribosomen sind kleiner (70 S) als die der Eucyten (80 S) und liegen frei im Cytoplasma. Procyten haben keine membrangebundenen Organellen, besonders keine Mitochondrien. Besonders auffällig *bei Eucyten* ist aber die *Organisation der DNA*. Dazu gehört ihre *Assoziation mit basischen Proteinen*, die Tatsache, daß sie *von einer doppelten Membran, der Kernhülle*, umschlossen ist und daß sich *Transportmechanismen für die DNA in der Zellteilung* entwickelt haben *(Kinetochoren, Spindel, Centriole)*, die möglicherweise in Beziehung zum Bewegungsmechanismus der Zelle überhaupt stehen. Geißeln und Cilien von Eucyten (7.10) sind völlig verschieden von den Geißeln der Bakterien (11.05). Bei blaugrünen Algen kommen gar keine Geißeln vor.

Nur um der Idee vorzubeugen, irgendetwas in der Biologie sei von irgendetwas anderem grundsätzlich und absolut verschieden, soll darauf hingewiesen werden, daß es bei den Prokaryonten große Unterschiede zwischen Bakterien und blaugrünen Algen gibt und daß die Struktur von

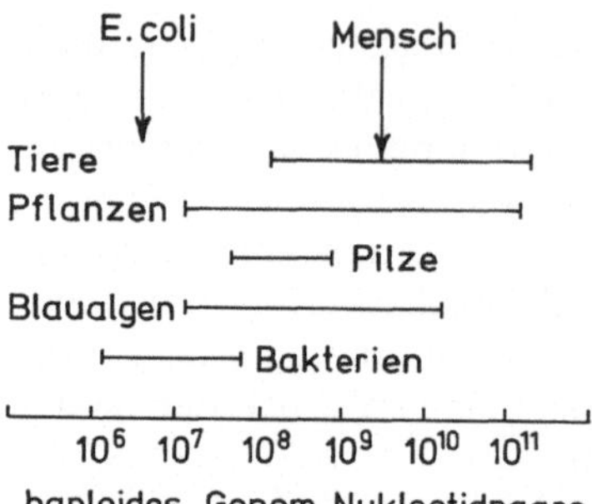

Abb. 10.03. DNA-Menge im Genom. Jede Art hat eine ganz bestimmte Menge DNA im Genom, aber zwischen verschiedenen Arten variieren die Mengen über mehrere Größenordnungen. Die auffallend hohen DNA-Mengen in den Zellen einiger blaugrüner Algen lassen sich noch nicht erklären

DNA-Verpackung, Kern und Transportmechanismus bei Eukaryonten ein weites Spektrum von beinahe prokaryonter Organisationsform bis zur typisch eukaryonten Organisationsform zeigt. Auch die DNA-Menge im Genom überlappt zwischen Prokaryonten und Eukaryonten (Abb. 10.03). Besonders bei den Pilzen, von denen die meisten wenig differenzierte Zellkolonien bilden oder einzellig sind, sind die Kerne klein, und der DNA-Gehalt ist meist nur eine Größenordnung höher als der von Bakterien. Erst bei höheren Pflanzen und Tieren sind Genomgrößen (DNA-Mengen) zwischen 1 000- und 10 000mal der von Bakterien die Regel. Die Gesamtlänge der DNA-Doppelhelix-Moleküle in jeder Körperzelle des Menschen beträgt etwa 2 m.
Allein eine solche Menge DNA in einen einzigen Zellkern zu verpacken, verlangt besondere Mechanismen. Schließlich muß die DNA-Information trotz aller Verpackung noch transkribierbar sein. So viel DNA fehlerlos zu replizieren und sauber bei der Zellteilung auf die Tochterzellen zu verteilen verlangt einen umfangreichen Apparat, der einen großen Teil der Zelle in Anspruch nimmt und auch im Lichtmikroskop deutlich sichtbar ist. Die biochemische Apparatur zur Informationsübertragung stellt den größten Teil der mikroskopisch sichtbaren Strukturen

in typischen Zellen dar. Dazu gehört das Proteinsynthese-System und das DNA-System.

10.06 Zellkern und Chromatin

Der Kern der Eukaryonten ist von einer Hülle umgeben, die aus zwei Elementarmembranen von 7–8 nm Dicke und einem Zwischenraum, dem perinukleären Raum, von 10–70 nm Weite besteht (Abb. 6.01, 6.05). Die äußere Membran gehört zum Endoplasmatischen Retikulum. Sie ist auf ihrer cytoplasmatischen Seite oft mit Ribosomen besetzt, und der perinukleäre Raum steht mit dem Lumen des ER in Verbindung.
Die Kernhülle ist von zahlreichen *Poren* durchsetzt, die einen Durchmesser von

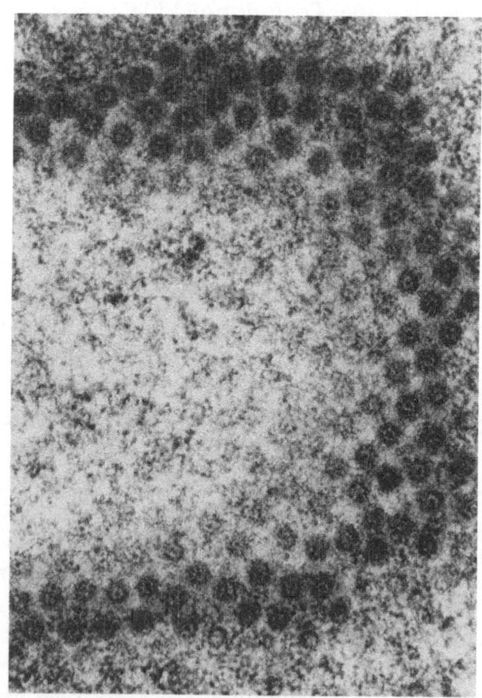

Abb. 10.04. Kernhülle, tangential geschnitten, um die Lage und Struktur der Poren zu zeigen. Die Hülle dieses sehr spezialisierten Makronukleus des Ciliaten *Pseudomicrothorax* unterscheidet sich nicht wesentlich von anderen Kernhüllen. Vergrößerung 30 000 ×. (Aufn. K. Hausmann, Berlin)

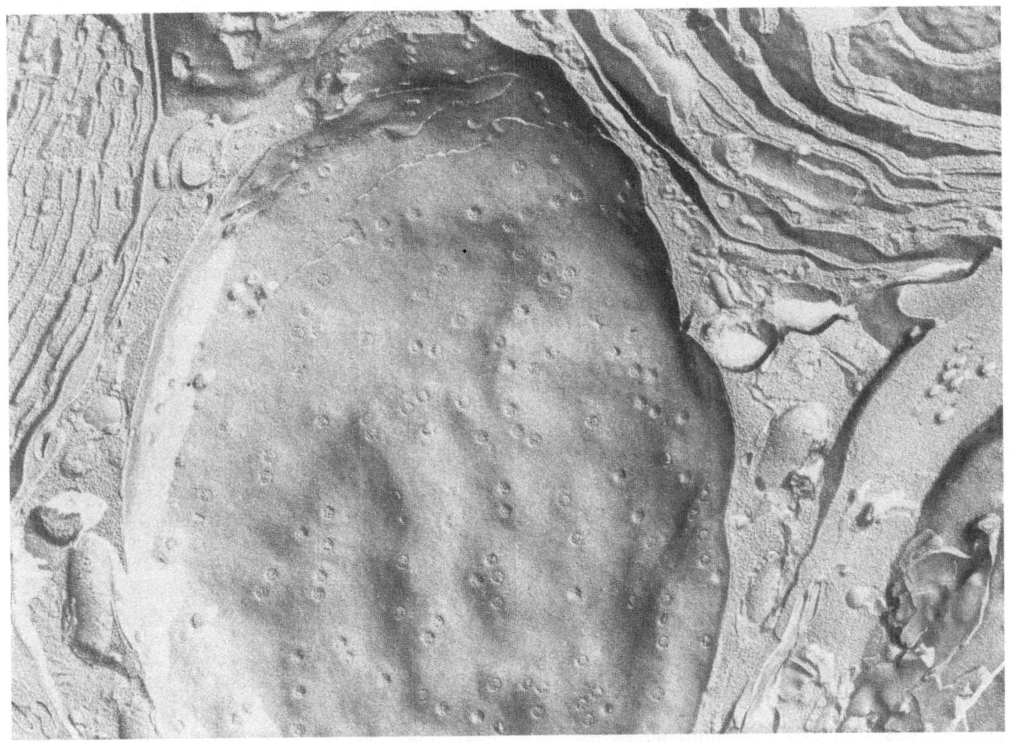

Abb. 10.05. Aufblick auf die Innenseite der Kernhülle. Pankreas, Spitzhörnchen (*Tupaia*). Am oberen Ende ist die innere Membran der Hülle zum Teil herausgebrochen. Im Cytoplasma rechts und links oben sind Zisternen des ER angebrochen. Vergrößerung 12000 ×. (Gefrierbruch-Methode, Elektronenmikroskop. Aufn. W.G. Forßmann)

70 nm (40–100 je nach Art) haben (Abb. 10.04, 10.05). Am Rande dieser Poren verschmelzen äußere und innere Membran der Hülle, so daß die Poren zwischen dem Kerninneren (Karyoplasma) und dem Cytoplasma vermitteln. Die Poren sind aber nicht einfach Löcher im Kern. Ein Porenapparat aus acht gleichen Protein-Komplexen, die eine Öse (Anulus) um den Rand der Pore bilden, und einem zentralen Granum kann im elektronenmikroskopischen Bild erkannt werden (Abb. 10.04). Welche Rolle der Porenapparat physiologisch beim Materialaustausch zwischen Kern und Cytoplasma, besonders auch beim Processing und Export der mRNA (17.06) spielt, wird zur Zeit untersucht.

Die DNA im Kern von Eukaryonten liegt stets in Verbindung mit Proteinen vor. In histologischen Präparaten koaguliert ein großer Teil des Kerninhalts zu fädigen Strukturen oder Klumpen, die das *Chromatin* darstellen. Chemisch besteht Chromatin zu etwa einem Drittel aus DNA und zu zwei Drittel aus Protein. RNA macht nur etwa 5% des Chromatins aus. Der Proteinanteil des Chromatins besteht aus zwei grundsätzlich verschiedenen Fraktionen, den basischen Proteinen (in der Regel als *Histone*) und den *Nicht-Histon-Proteinen*.

Die *Histone* sind ganz eigenartige Proteine. Sie enthalten einen sehr hohen Anteil an Arginin und Lysin, also Aminosäuren mit basischen Seitengruppen. Es liegt nahe, daß die basischen Seitengruppen der Histone die sauren Phosphatgruppen der DNA absättigen. Ihnen kommt daher eine zentrale Rolle bei der Organisation und Verpackung der DNA im Kern der Eucyte zu. In allen untersuchten Geweben ist das Verhältnis von DNA-Menge zu Histon-Menge recht genau 1:1. Eine genauere Analyse der Histone zeigt, daß im Chromatin fünf Histon-Klassen vorkommen. Da die Terminologie der Histone aus historischen Gründen ziemlich kompliziert ist, sollen die Eigenschaften der Histone in der folgenden Tabelle zusammenfassend dargestellt werden.

Zu den besonderen Eigenschaften der Histone gehört ihre stammesgeschichtliche

Tabelle 10-1

Alter Name	Neuer Name	Molekulargewicht	Bemerkungen
f1	H1	21 000	hoher Lysingehalt
f2a2	H2A	14 500	mittlerer Lysingehalt
f2b	H2B	13 800	mittlerer Lysingehalt
f3	H3	15 300	hoher Arginingehalt
f2a1	H4	11 300	hoher Arginingehalt

Stabilität. Histon H4 aus Erbsen und aus Kalbsthymus ist praktisch identisch. Nur zwei Aminosäurereste der Sequenz sind ausgetauscht. Selbst diese Austausche sind sehr konservativ: Isoleucin gegen Valin und Arginin gegen Lysin. Die Evolutionsrate von Histon 4 liegt mit etwa 0,2 Austauschen pro hundert Aminosäureresten pro hundert Millionen Jahre selbst weit unter der des sehr konservativen Cytochrom C aus der Atmungskette ($4,7\%$ Austausche pro 10^8 Jahre). Offensichtlich ist jede Aminosäure an ihrer Stelle der Primärsequenz unabdinglich für die Rolle des Proteins. Auffallend an den Aminosäuresequenzen der Histone ist auch ihre Asymmetrie. Die beiden Hälften der Primärsequenz haben sehr verschiedene Aminosäurezusammensetzungen. Histone haben die Eigenschaft, miteinander und mit DNA spontan zu komplexeren Strukturen zusammenzutreten. Dabei sind die Histon-Histon-Assoziationen recht spezifisch, während Histone mit aller Art doppelsträngiger DNA Assoziationen bilden, auch mit DNA aus Bakterien oder Viren, die im Normalfall nie mit Histon auftritt. Die Verbindung zwischen Histonen und DNA ist dabei

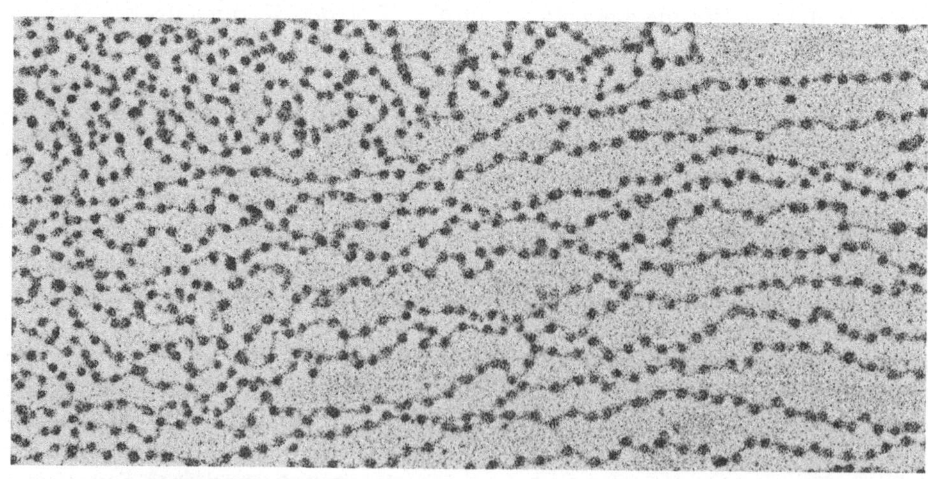

Abb. 10.06. Inaktives Chromatin: DNA an Nukleosomen aus Histon. Das Chromatin ist aus seiner kompakten Form in lose Stränge zerschüttelt, dann auf ein Objektnetzchen für das Elektronenmikroskop abzentrifugiert und zur Kontrastierung mit Metallen bedampft worden. Vergrößerung 90 000 ×. (Aufn. U. Scheer)

immer dieselbe. Sie scheint die *Grundstruktur des Chromatins* darzustellen (Abb. 10.06).

Je zwei Moleküle der vier Histone H2a, H2b, H3 und H4 lagern sich zu einer Proteinkugel von etwa 7 nm Durchmesser zusammen, um deren Außenseite etwa 210 Basenpaare der Doppelhelix gewunden sind. Dadurch entsteht aus der Doppelhelix eine verkürzte Struktur, die einer Perlenkette ähnelt, wobei die Histonkugeln (Nukleosomen) die Perlen darstellen. Histon H1 ist an die flexible DNA-Verbindung zwischen je zwei Perlen angelagert.

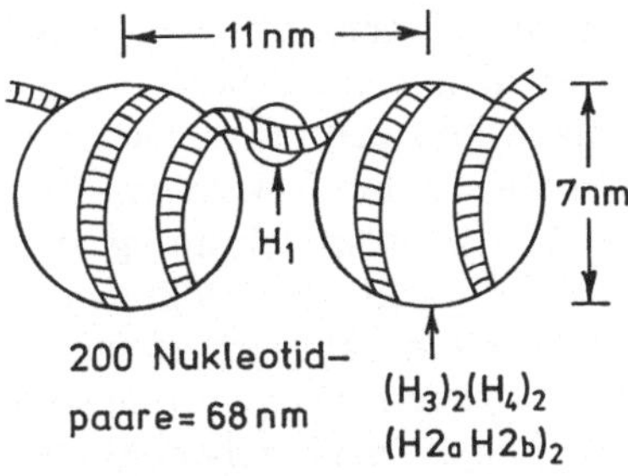

Durch diese Assoziation werden sowohl die Histone wie die DNA gegen äußere Einflüsse zum Teil geschützt. Außer der Stabilisierung einer Grundstruktur für das Chromatin hat die Assoziation zwischen DNA und Histon wohl vor allem einen Einfluß auf die Transkribierbarkeit der DNA. DNA ohne Histon wird im Reagenzglas unspezifisch in RNA transkribiert. Die Transkriptionsrate sinkt, wenn Histone angelagert werden. An vorsichtig isoliertem Chromatin aus Zellen, die Hämoglobin synthetisieren, kann im Reagenzglas Hämoglobin-m-RNA transkribiert werden. Chromatin aus Zellen, in denen Hämoglobin nicht hergestellt wird, läßt diese Transkription nicht zu. Die Histone dienen also wohl als *unspezifische Transkriptions-Blockierung*. Nur dort, wo aktiv DNA zur Transkription freigegeben wird, wird RNA synthetisiert. Ein solcher Mechanismus ist von großer Bedeutung in Organismen, bei denen aus einem umfangreichen Genom in jeder Zelle nur ein

ganz geringer Teil zur Transkription benötigt wird.

Die *Nicht-Histon-Proteine* werden gelegentlich auch saure Proteine genannt. Sie stellen aber ein breites Spektrum verschiedenster Proteine dar, von denen einige durchaus einen Überschuß aus basischen Aminosäuregruppen haben. Im Gegensatz zu den Histonen variieren sie in Art und Menge von Zelltyp zu Zelltyp im selben Organismus und von einer Art zur anderen. Allgemein läßt sich zur Zeit wenig darüber sagen. Sie spielen zum Teil eine Rolle bei der geregelten Freigabe von Genen zur Transkription.

Offensichtlich ist Chromatin ein dynamisches DNA-Protein-System. Im Verhältnis zu seiner grundlegenden Bedeutung bei der Steuerung des Zellstoffwechsels ist noch viel zu wenig Sicheres darüber bekannt. Das wird sich wohl in nächster Zeit ändern. Eine große Bedeutung werden dabei sicher die Reaktionen zwischen Proteinen und DNA erhalten, die bisher vor allem am Beispiel der Transkriptionskontrolle bei Bakterien und Viren untersucht werden. Die Bakteriensysteme werden wir später genauer untersuchen (12.02).

10.07 Chromosomenstruktur

Chromosomen sind Strukturen, die nach der DNA-Replikation und vor der Zellteilung im Kern als Transportform des Chromatins auftreten. Aus Bequemlichkeit werden oft die DNA-Moleküle von Bakterien als *Bakterienchromosom* bezeichnet. Das ist eine harmlose Verallgemeinerung, die nicht stört. Chromosomen in Eucyten sind aber viel größer, viel komplizierter gebaut und nur insoweit mit dem DNA-Molekül eines Bakteriums zu vergleichen, als die Gesamtheit der Chromosomen eines Kerns auch die gesamte Kern-DNA, also das gesamte *Genom* enthält. Das Wort Genom ist übrigens ursprünglich für den Chromosomensatz einer Zelle geprägt worden. Heute wird es öfter für die Gesamtheit der Kern-DNA verwendet.

Chromosomen sind also eine Art Gepäck, fest verschnürtes Chromatin mit einem Griff, einer Ansatzstelle für den Transportmechanismus. Diese Ansatzstelle ist das *Centromer*.

Unter dem Lichtmikroskop sind Chromosomen ordentliche Gebilde. Sie sind länglich, stab- bis fadenförmig, von Bruchteilen eines µm bis einige µm lang. Das Centromer teilt das Chromosom in zwei Arme. Sind beide Arme gleich lang (Centromer in der Mitte), spricht man von *metacentrischen* Chromosomen, liegt das Centromer nahe dem Ende, spricht man von *acrocentrischen* (oder telocentrischen) Chromosomen. *Submetacentrische* Chromosomen haben ungleich lange Arme. Außer dem Centromer sieht man oft *sekundäre Einschnürungen,* die in der Regel den *Nukleolenbildungsorten* entsprechen. An diesen Stellen liegen die Gene für ribosomale RNA, deren Genprodukte typischerweise im Kern einen deutlich sichtbaren RNA-haltigen Körper, den *Nukleolus,* bilden.

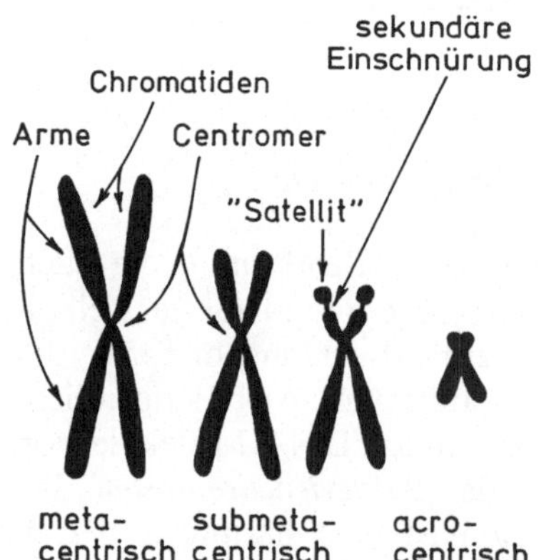

Da die sichtbaren Chromosomen nach der Chromatin-Verdopplung teilungsfertig auftreten, sind sie Doppelstrukturen, die aus zwei aneinanderliegenden *Chromatiden* bestehen. Jede Chromatide stellt ein vollständiges Tochterchromosom dar, das in eine der beiden Tochterzellen gelangt.

Unter dem Elektronenmikroskop bei höherer Auflösung werden die Chromosomen zunehmend unordentlicher. Sicher liegt das auch an den Präparationstechniken. Selbst sehr sorgfältig isolierte Chromosomen sehen aus wie völlig verfilzte Wollknäuel aus fibrillärem Material. Die Fibrillendicke ist etwa 23 nm. Auch Fibrillen mit etwa 10 nm Dicke sind beobachtet worden. Die letzten könnten der Perlenstruktur des Chromatins entsprechen, die 23 nm-Fibrillen sind wohl eine aufspiralisierte Form davon.

Über Art und Mechanismus der Aufspiralisierung der Chromosomen ist wenig bekannt. Daß die dichte Packung des Chromatins in Chromosomen auf *Spiralstruktur* beruht, ist aber sicher. Selbst unter dem Lichtmikroskop kann man nach geeigneter Vorbehandlung erkennen, daß das gesamte Chromosom schraubig aufgewunden ist. Die Dichte der Packung der DNA im Chromosom läßt sich an einem Beispiel demonstrieren. Das Chromosom Nr. 1 des Menschen (nach Übereinkunft das längste im Chromosomensatz) enthält etwa 7,3 cm DNA-Doppelhelix. Durch die Perlenstruktur des Chromatins wird die Länge auf 1:6 bis 1:7 verkürzt. Die Gesamtlänge der elektronenmikroskopisch darstellbaren Fibrillen ist etwa 600 µm. Das entspricht einer Verkürzung von 1:122. Das Chromosom kann sich auf 3,7 µm Länge verkürzen. Das endgültige *Packungsverhältnis* (engl.: packing ratio) der DNA wird also 1:19000.

Zwei Beobachtungen geben Hinweise auf die Anordnung der DNA in Chromosomen. J.H. Taylor hat die DNA während der Replikation radioaktiv markiert und die Markierung autoradiographisch über mehrere Zellteilungen verfolgt. Die Chromosomen, die sich nach der Markierungsperiode aus dem Chromatin kondensieren, sind dicht markiert (Abb. 10.07). In der folgenden Generation nimmt die Markierung durch die Neusynthese unmarkierter DNA ab. Dabei zeigt jedes Chromosom die Markierung einer der beiden Chromatiden. Die andere Chromatide ist

Markierung der DNA in der
Interphase (S-Phase)
Mitose:

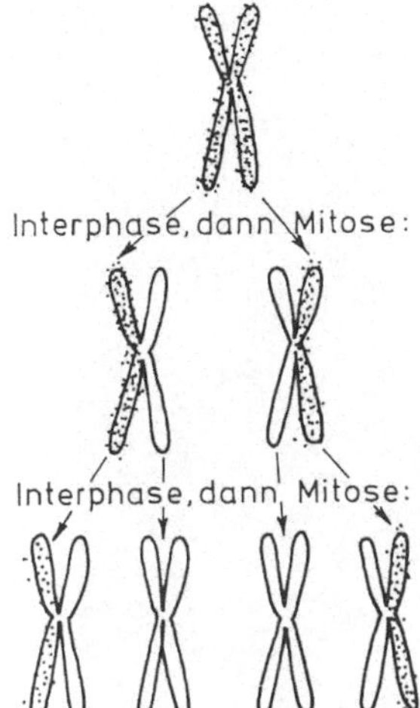

Abb. 10.07. J.H. Taylors Experiment zur Darstellung der semikonservativen Replikation der Chromosomen. Schema

völlig unmarkiert. Dieses Ergebnis entspricht den Beobachtungen von Meselson und Stahl an ^{15}N-markierter DNA. *Die Replikation von Chromosomen verläuft se-*

mikonservativ. Das deutet darauf hin, daß *jede der Chromatiden eines Chromosoms ein einziges Molekül DNA enthält.*

Obwohl die DNA in den Chromosomen wohl als ein einziges Molekül pro Chromatide vorliegt, zeigen die dicht aufspiralisierten Chromosomen auch deutliche *Querstrukturen,* die sich besonders nach bestimmten Vorbehandlungen als Querbanden demonstrieren lassen. Drei *Bänderungstechniken* werden routinemäßig zur Markierung von Chromosomen angewandt:

C-Banden (Abb. 10.08) entstehen, wenn Chromosomen mit alkalischen Lösungen oder bei hoher Temperatur vorbehandelt und dann für längere Zeit bei etwa 60° gehalten werden, bevor sie mit einer Farblösung nach Giemsa angefärbt werden. Diese Chromosomenregionen finden sich vor allem um das Centromer und entsprechen dem *konstitutiven Heterochromatin,* Regionen mit kondensierter DNA, die nicht transkribiert wird.

G-Banden (Abb. 19.01) treten auf, wenn Chromosomen vor der Giemsafärbung mit Proteasen (Trypsin oder Pronase)

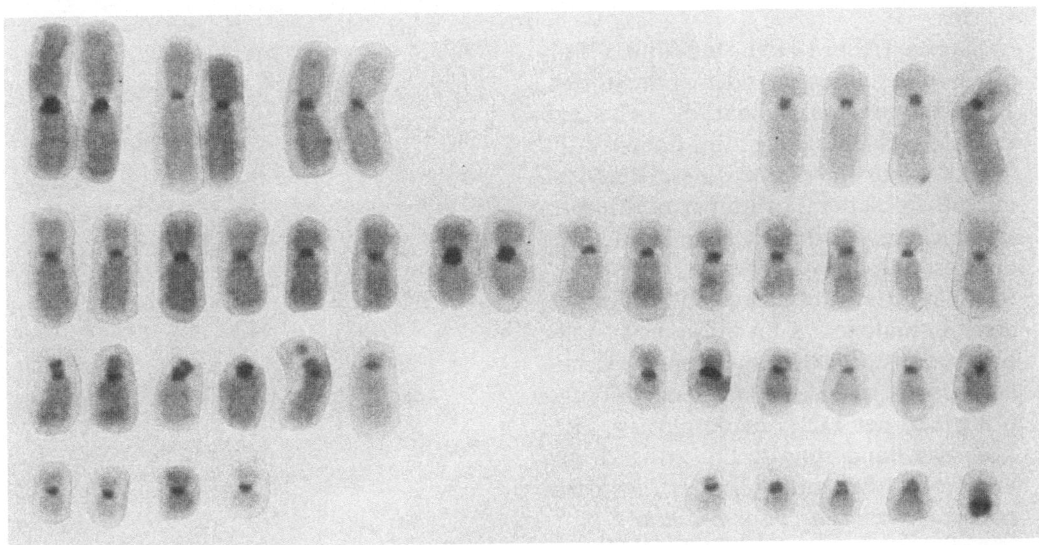

Abb. 10.08. Chromosomensatz des Menschen (s. auch 19.02). Darstellung der C-Banden. Angefärbt sind das konstitutive Heterochromatin der Centromer-Region, die Regionen, in denen die Gene für ribosomale RNA liegen (kurze Arme der drei Chromosomenpaare der D-Gruppe, dritte Reihe links, und der zwei Paare der G-Gruppe, unten rechts) und das Y-Chromosom (letztes der G-Gruppe). (Aufn. W. Vogel)

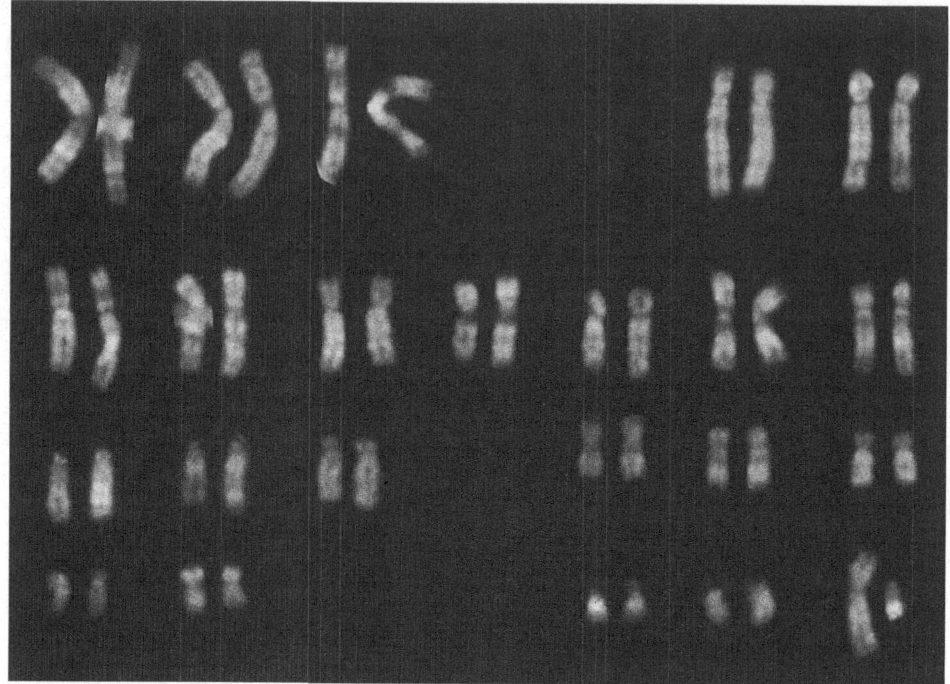

Abb. 10.09. Chromosomen des Menschen. Darstellung der Q-Banden. Besonders deutlich ist die Fluoreszenz des Y-Chromosoms. Das X-Chromosom, das der Größe nach zur C-Gruppe (zweite Reihe) gehört, ist hier neben dem Y-Chromosom abgebildet. (Aufn. W. Vogel)

oder heißen Salzlösungen vorbehandelt werden.

Q-Banden (Abb. 10.09) sind durch Färbung mit fluoreszierenden Farbstoffen, z.B. Quinacrin, darstellbar, die sich spezifisch an DNA-Regionen mit hohem A-T-Gehalt anlagern. Werden diese Regionen mit ultraviolettem Licht bestrahlt, dann leuchten die gefärbten Q-Banden hellgelb oder grün auf.

Mit allen drei Methoden läßt sich an jedem homologen Chromosom dasselbe Bandenmuster mehr oder weniger detailliert darstellen. Auf welchen Faltungsprinzipien der DNA es beruht, ist nicht klar. Die Bänderungstechniken sind aber von größter Bedeutung bei der *Identifizierung von einzelnen Chromosomen.*

10.08 Mitose

Die Chromosomen sind eng aufspiralisierte Transportformen des Chromatins.

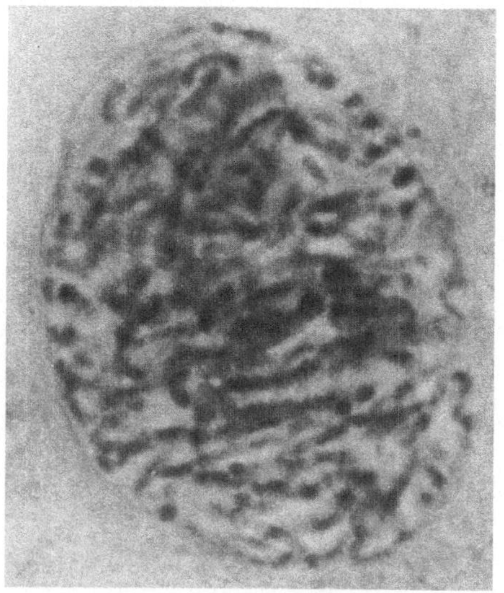

Abb. 10.10. Prophasekern der Kaiserkrone (*Fritillaria imperialis*). Die Chromosomen beginnen, sich aufzuspiralisieren, und werden als fädige Strukturen sichtbar. Vergrößerung 1000×. (Aufn. R. Bachmann, München)

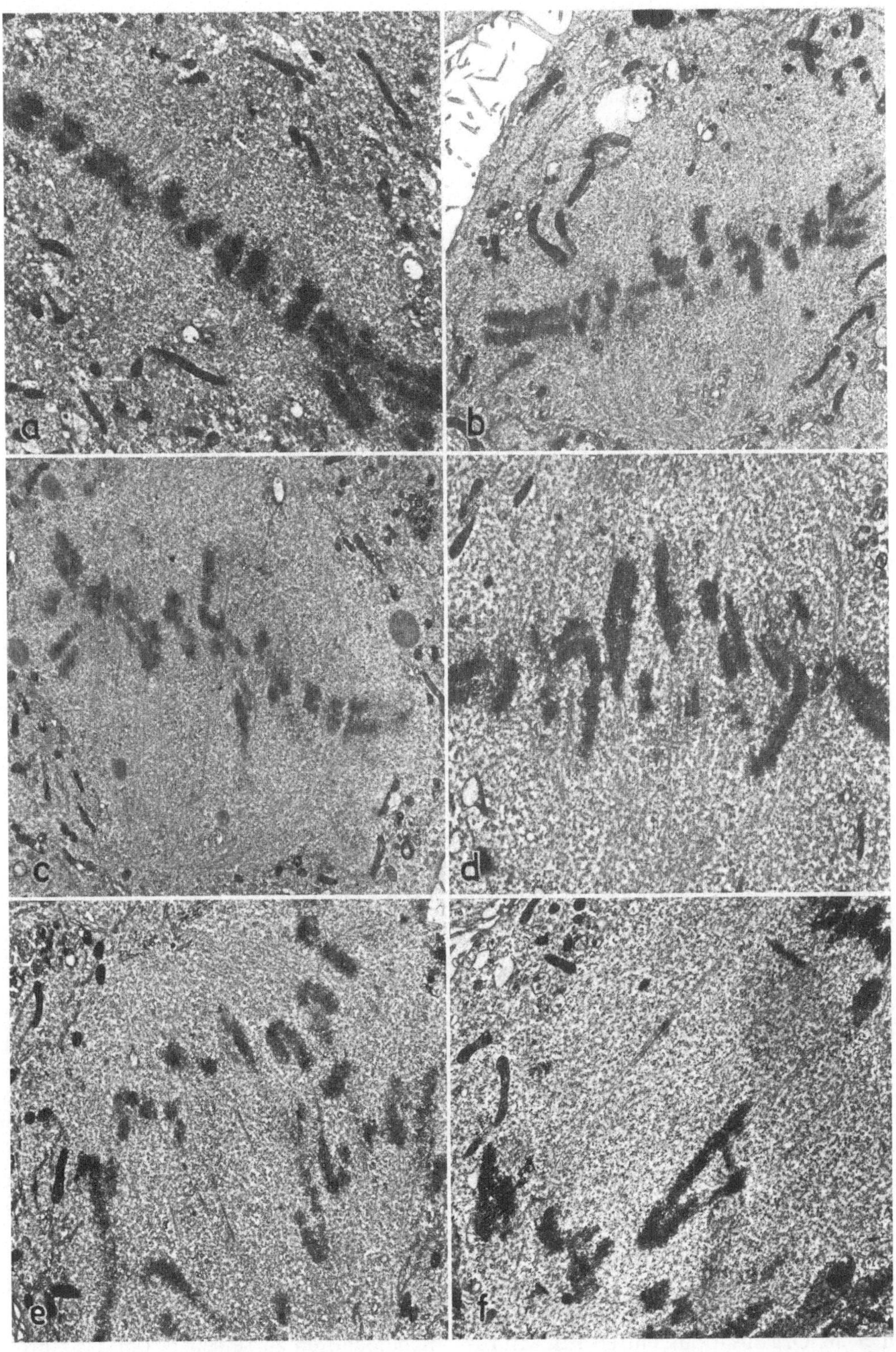

Abb. 10.11. Mitose von Krebszellen (Stamm HeLa). a–c Metaphase, d–f Anaphase. Beachte die Bündel von Mikrotubuli (Mitosespindel). Schnittebene immer etwa senkrecht zur Äquatorialplatte. Vergrößerung 5000×. (Elektronenmikroskop; Aufn. N. Paweletz)

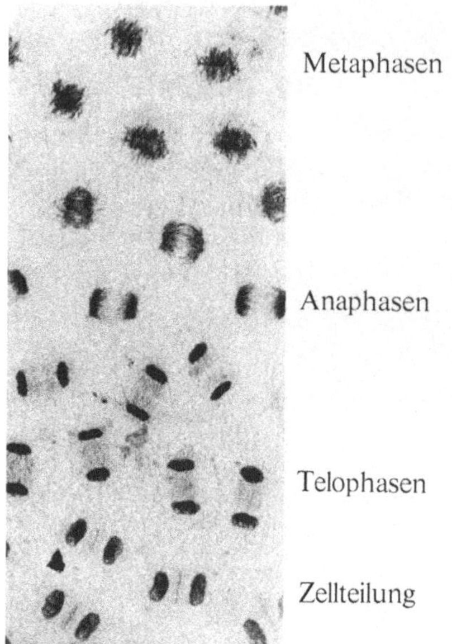

Abb. 10.12. Mitose bei einer Pflanze (*Fritillaria imperialis*). Vergrößerung 100 ×. (Aufn. R. Bachmann)

Der Vorgang, durch den sie geteilt und gleichmäßig auf die Tochterzellen verteilt werden, ist die *Mitose*. Vom ersten Anzeichen für die Aufspiralisierung des Chromatins bis zur Entspiralisierung der getrennten Chromosomensätze dauert die Mitose ein bis zwei Stunden. Der kontinuierliche Mitose-Vorgang wird zur einfacheren Beschreibung in mehrere ineinander übergehende Stadien eingeteilt.

In der *Prophase* (Abb. 10.10) erscheinen die Chromosomen als lange Fäden. Das Chromatin wird knäuelig. Während sich die Chromosomen weiter verkürzen, läßt sich erkennen, daß jedes Chromosom bereits verdoppelt ist und aus zwei parallelen Chromatiden besteht.

In der *Metaphase* (Abb. 10.11, 10.12) verdichten sich die Chromosomen maximal. Die Kernmembran wird abgebaut (höhere Tiere und Pflanzen). Die beiden Centriolen wandern schon vorher an gegenüberliegende Pole der Zelle (Tiere) und dienen hier als Organisationszentren für Mikrotubuli, die *Spindelfasern* (Abb. 7.14). Die Mikrotubuli der Spindelfasern entstehen durch Zusammenlagerung von vorher frei im Cytoplasma verteilten Tubulin-Untereinheiten. Ihre Assoziation ist reversibel. Einige der Spindelfasern ziehen von Pol zu Pol durch die ganze Zelle, andere ziehen vom Pol zum Centromer einzelner Chromosomen und sitzen dort an den *Kinetochoren* an. Bei Säugetieren sind diese Kinetochoren runde Scheiben von etwa 230 nm Durchmesser und 80 nm Dicke. Am Centromer des Chromosoms liegt jeder Chromatide seitlich ein Kinetochor an. Durch die Ausbildung der Spindel und die Bindung von Spindelfasern an die Kinetochoren kommt es dazu, daß die Metaphasechromosomen in der Mittelebene der Zelle zwischen den beiden Polen in einer kranzförmigen Anordnung, der *Äquatorialplatte,* zu liegen kommen. Alle Chromosomen sind so orientiert, daß sie *in der Äquatorialebene liegen und die beiden Chromatiden mit ihren seitlich anliegenden Kinetochoren jede einem der beiden Zellpole zugewandt sind.*

In der *Anaphase* (Abb. 10.11, 10.12) werden die beiden Chromatiden jedes Chromosoms durch die Zugbewegung der Spindelfasern getrennt und den gegenüberliegenden Polen zugeführt. Vieles an der Mechanik und Ultrastruktur des Mitoseapparates ist noch unbekannt. Es ist wahrscheinlich, daß die Spindelfasern wie die Mikrotubuli der Cilien und die Mikrofilamente im Muskel gegeneinander gleiten. Zusätzlich werden wohl die Mikrotubuli zum Pol hin abgebaut.

Die *Chromosomenzahl ist für jeden Organismus konstant* aber von Art zu Art ziemlich verschieden (Tabelle 10-2). Wenige Eigenschaften des Organismus sind so konstant und so leicht zu bestimmen, und wenige sind weniger relevant für sein Wohlergehen. Das liegt daran, daß es zwar für die präzise Verteilung der genetischen Information von grundsätzlicher Bedeutung ist, das gesamte Chromatin sauber abzupacken und jede Packung mit Kinetochoren zu versehen. Ob das Chromatin in wenige große oder viele kleine Einheiten verpackt wird, ist dabei weniger wichtig.

Tabelle 10-2. Chromosomenzahlen einiger Organismen

Pferdespulwurm (*Parascaris equorum*)	2×	2=	4
Schimmelpilz (*Aspergillus niger*), haploid			2
Mücke (*Culex pipiens*)	2×	3=	6
Brotschimmel (*Neurospora crassa*), haploid			7
Taufliege (*Drosophila melanogaster*)	2×	4=	8
Erbse (*Pisum sativum*)	2×	7=	14
Zwiebel (*Allium cepa*), diploid (2n=2x)	2×	8=	16
Zwiebel, tetraploide Zuchtrasse (2n=4x)	2×	16=	32
Mais (*Zea mays*)	2×	10=	20
Erdkröte (*Bufo bufo*)	2×	11=	22
Lanzettfisch (*Branchiostoma lanceolatum*)	2×	12=	24
Alligator (*Alligator mississippiensis*)	2×	16=	32
Maus (*Mus musculus*)	2×	20=	40
Mensch (*Homo sapiens*)	2×	23=	46
Rind (*Bos taurus*)	2×	30=	60
Hund (*Canis familiaris*)	2×	40=	80
Schleimpilz (*Physarum polycephalum*), haploid			ca. 90
Schachtelhalm (*Equisetum arvense*)	2×113=		226
Einsiedlerkrebs (*Eupagurus ochotensis*)	2×127=		254
Farn (*Ophioglossum vulgatum*)			500–520

Fehler bei der Verpackung führen zur Fehlverteilung der Chromosomen. Ganz gleich ob der Organismus 46 Chromosomen hat (Mensch) oder 14 (Erbse), es darf bei der Anaphasebewegung keines zurückbleiben oder falsch transportiert werden. Die exakte Aufrechterhaltung (irgend-)einer konstanten Zahl ist also von größter Bedeutung.

In der *Telophase* beginnen die Chromatiden, die nun die unreduplizierten Chromosomen der Tochterzellen darstellen, sich zu entspiralisieren und die Kerne der Tochterzellen zu bilden. Eine Kernhülle bildet sich um die Tochterkerne aus. Die Chromosomen entspiralisieren sich zwar

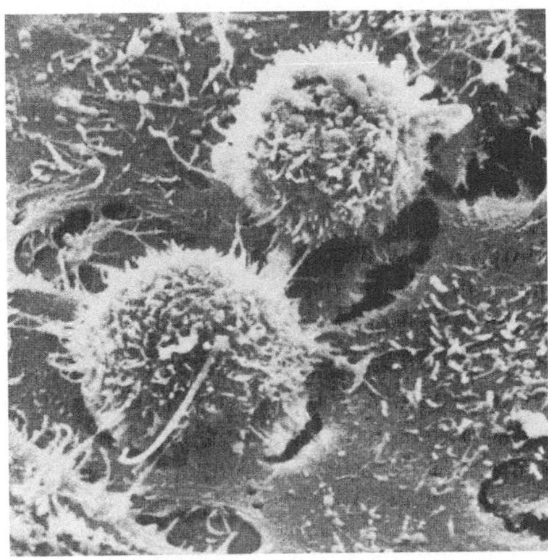

Abb. 10.13. Zellteilung, Krebszellen (HeLa) in Gewebekultur. Zwischen den beiden abgekugelten Zellen ist noch eine dünne Verbindung erkennbar. Vergrößerung 1500×. (Rasterelektronenmikroskop; Aufn. N. Paweletz)

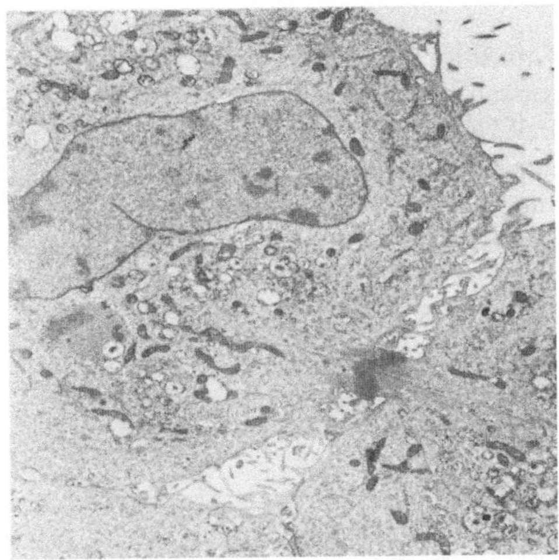

Abb. 10.14. Zellteilung. Krebszellen (HeLa). Die Zellen haben sich durch Einschnüren der Zellmembran voneinander getrennt. Zusammengedrängt in der Mitte liegen noch Reste der Spindel als Flemming-Körper. Der Kern in der linken Zelle hat bereits eine Hülle, und die Chromosomen sind völlig entspiralisiert. Vergrößerung 5000×. Elektronenmikroskop; Aufn. N. Paweletz)

und können im Chromatin nicht mehr einzeln erkannt werden, ihre Längsstruktur bleibt aber bestehen. Wahrscheinlich sind die Chromosomenenden *(Telomere)* an die Kernmembran gebunden.

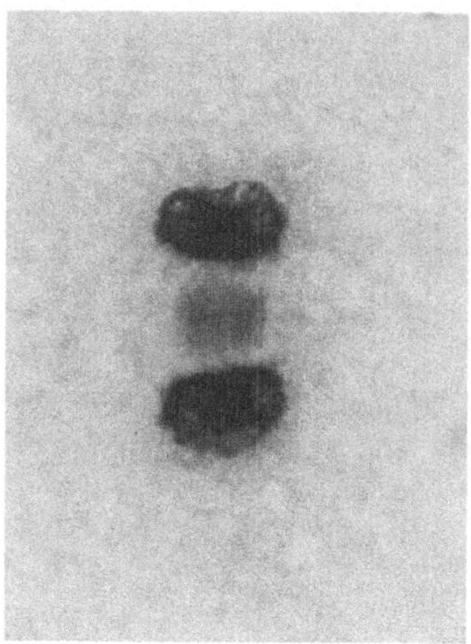

Abb. 10.15. Zellteilung bei einer Pflanze (*Fritillaria*). In der Mitte der Spindel wird zwischen den beiden Tochterkernen eine neue Zellwand synthetisiert. Vergrößerung 1 000×. (Aufn. R. Bachmann, München)

Tabelle 10-3. Zeitdauer in Stunden der Stadien des Zellzyklus

	G1	S	G2	M
Schleimpilz (*Physarum polycephalum*) Plasmodium	0	3	4	0,7
Bohne (*Vicia faba*), Meristem der Wurzelspitze	4	9	3,5	2
Maus, Lebertumor (Hepatom), Gewebekultur	10	9	4	1
Mensch, Carcinom, Gewebekultur	8	6	4,5	1

Nun folgt in der Regel, aber nicht obligatorisch, die *Zellteilung* oder *Cytokinese*. Bei Tieren findet sie durch Einschnürung der Zellmembran in der Äquatorialebene statt (Abb. 10.13, 10.14), bei Pflanzen durch Synthese einer doppelten Quermembran in der Äquatorialebene (Abb. 10.15).

10.09 Der Zellzyklus

Die Chromosomen treten bereits verdoppelt als parallele Chromatidenpaare in die Mitose ein. Die Synthese des Chromatins, besonders auch der DNA, findet also vorher statt. Die Chromatinreplikation beansprucht den Gesamtstoffwechsel der Zelle. Sie findet in einer Phase statt, während der die Zelle wenig anderes tut. Diese *Synthese-Phase (S-Phase)* teilt das Leben der Zelle zwischen zwei Mitosen in eine *erste Wachstumsphase (G1)* mit unverdoppeltem Chromatin und eine *zweite Wachstumsphase (G2)* mit verdoppeltem Chromatin. Der gesamte Zeitraum zwischen zwei Mitosen (G1+S+G2) heißt *Interphase*.

Obwohl höhere Organismen tausend bis zehntausend mal so viel DNA enthalten wie Bakterien, brauchen sie nur etwa 20mal so lang, die DNA zu replizieren. Der Zeitplan des Zellzyklus ist bei Geweben mit hoher Teilungsrate untersucht worden. Tabelle 10-3 bringt Beispielwerte.

Eine Abhängigkeit der Synthesezeit von der DNA-Menge zeigt sich bei den schnell wachsenden Meristemen der Wurzelspitzen von Pflanzen. Hier gilt nach J. Van't Hof folgende Regel für die Dauer des Zellzyklus

$$\text{Zykluszeit} = 9,27 \text{ h} + (0,18 \text{ h}/10^{-12} \text{ g DNA}) \cdot \text{DNA-Menge}.$$

Die relativ schnelle DNA-Synthese beruht darauf, daß DNA gleichzeitig von vielen festgelegten Startpunkten aus repliziert wird. Bei dieser allgemeinen Synchronie machen nur die schon erwähnten *heterochromatischen* Chromatin-Segmente eine Ausnahme. Ihre DNA wird in der Regel erst nach der Replikation der DNA des *Euchromatins* repliziert.

Zelltypen mit längerer Lebenszeit verlängern nicht die Syntheseperiode, sondern die G 1 (selten die G 2)-Phase. Die Replikation der Zell-DNA bedarf also eines Signals, das die S-Phase einleitet. Ebenso gibt es molekulare Signale, die die Spiralisierung des Chromatins und damit die Mitose einleiten.

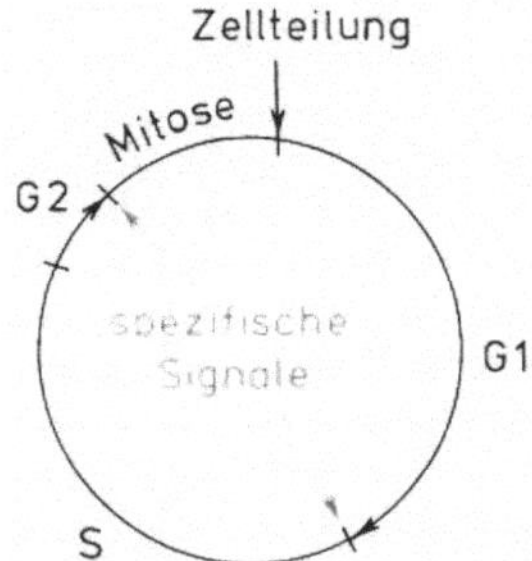

Da diese Signale für die Wachstumskontrolle von großer Bedeutung sind und offensichtlich bei der Transformation von normalen zu Krebszellen abgeändert sind, werden sie zur Zeit eingehend erforscht (19.11).

10.10 Meiose: das Prinzip

Der Grundvorgang bei der Sexualität der höheren Organismen ist die Verschmelzung zweier Zellen, die beide ihr genetisches Material beisteuern. Das Verschmelzungsprodukt, die *Zygote*, ist eine Zelle, die zwei Chromosomensätze enthält. Anders ausgedrückt liegen im Chromosomensatz der Zygote von *jedem Chromosom zwei homologe Kopien* vor. Die Zygote ist *diploid*. Die Chromosomen sind nicht unbedingt identisch. Sie enthalten zwar die gleichen Gene, können sie aber in verschiedenen Formen, *Allelen*, enthalten. Dadurch wird die Zygote und alle Zellen, die durch Mitosen aus ihr entstehen, genetisch sehr viel flexibler als eine Zelle, in der jedes Chromosom nur einmal vorliegt, eine *haploide* Zelle. Die genetischen Konsequenzen des diploiden Zustandes werden wir in späteren Kapiteln behandeln. Hier soll uns nur der Teilungsmechanismus interessieren, durch den der haploide Zustand wieder hergestellt wird. Ohne eine solche *Reduktionsteilung* würde sich die Chromosomenzahl mit jedem Sexualvorgang verdoppeln.

Der Teilungsmechanismus, der aus einer diploiden Zelle haploide Zellen entstehen läßt, heißt *Meiose*. Eine *meiotische Teilung* kann unmittelbar auf die Zygotenbildung folgen. Dann ist die Zygote die einzige diploide Zelle im Lebenszyklus des Organismus. Haploide und diploide Phasen können auch regelmäßig im Lebenszyklus miteinander abwechseln, wenn asexuelle Fortpflanzung nach einer Meiose mit sexueller Fortpflanzung alterniert. Bei höheren Pflanzen und Tieren ist die diploide Phase zugunsten der haploiden ausgedehnt. Der Organismus ist diploid, und erst kurz vor der Zygotenbildung werden spezielle haploide Zellen, die *Gameten*, durch Meiose erzeugt.

Die Meiose erfüllt mehrere Aufgaben auf einmal, und es ist vielleicht am einfachsten, wenn wir uns zuerst auf den Reduktionsmechanismus beschränken, durch den haploide Zellen entstehen. Dazu vergleichen wir Mitose und Meiose.

Bei der Mitose einer diploiden Zelle verhalten sich die jeweiligen homologen Chromosomen völlig unabhängig voneinander. Jedes Chromosom hat sich vor der Mitose verdoppelt, und bei der Teilung werden die Tochterchromatiden auf die beiden Tochterkerne gleichmäßig verteilt.

Auch vor der Meiose kommt es zur Chromosomenverdoppelung, und die meiotischen Chromosomen bestehen genauso aus Tochterchromatiden wie die mitotischen. *Nur legen sich bei der Meiose zusätzlich die beiden homologen Chromosomen aneinander*, so daß Gebilde aus vier Chromatiden (zwei Chromosomen zu je zwei Chromatiden) entstehen, die *Tetraden*. Auch hier wird letzten Endes aus jeder Chromatide ein Chromosom. Es folgen bei der Meiose zwei Teilungen aufeinander, bei denen zuerst jeweils ein homologes Chromosom mit seinen zwei Chromatiden in die Tochterzellen gelangt (Reduktionsteilung) und dann die Chromatiden getrennt werden.

Kompliziert wird die Meiose dadurch, daß sich die beiden homologen Chromosomen nicht nur aneinander lagern, sondern auch noch *Chromatidenstücke austauschen*. Schon bei der ersten Teilung gelangt also nicht jeweils ein ursprüngliches

Chromosom in die Tochterzellen, sondern ein Chromosom, das Chromatidenstücke mit dem anderen ausgetauscht hat.

Durch diesen *Stückaustausch* (engl.: *crossing-over*) wird bei der Bildung der haploiden Gameten der Genbestand umkombiniert (*Rekombination*). In der diploiden Zelle liegt ein Chromosomensatz vom Vater, einer von der Mutter vor. Bei der Meiose werden die homologen Chromosomen nicht nur ohne Rücksicht auf ihre väterliche oder mütterliche Herkunft verteilt, es werden auch in den einzelnen Chromosomen väterliche und mütterliche Stücke kombiniert.

10.11 Meiose: Prophase I

Die Paarung der homologen Chromosomen und ihre Verteilung auf zwei Tochterzellen reduziert die Chromosomenzahl von diploid zu haploid. Das geschieht in der ersten meiotischen Teilung, die damit die eigentliche Besonderheit der Meiose darstellt. Zentral dabei ist die Prophase I, die oft sehr lange dauert. Formell wird sie in fünf Stadien eingeteilt: *Leptotän, Zygotän, Pachytän, Diplotän* und *Diakinese* (Abb. 10.16).

A. Leptotän (Leptonema). Hier werden die Chromosomen auf die Homologen-Paarung vorbereitet. Auf ihrer gesamten Länge erhalten sie ein Proteingerüst, das später zur Bildung des *synaptinemalen Komplexes* als laterales Element beiträgt. Außerdem sind die Chromosomenenden in diesem Stadium deutlich an der Kernmembran befestigt. Diese Befestigungsstellen können an der Kernmembran entlangwandern, so daß in vielen Fällen alle Chromosomenenden an einer Seite des Kerns zusammenkommen. Die Chromosomen falten sich von dieser Seite aus wie ein Blumenstrauß in den Kern hinein („Bukettstadium"). Schon in diesem Stadium sind die Chromosomen repliziert und bestehen aus zwei „Schwesterchromatiden". Diese liegen aber jeweils so eng

Abb. 10.16. Schema der ersten meiotischen Prophase am Beispiel einer Zelle mit zwei Chromosomenpaaren

beisammen, daß jedes Chromosom nur als ein einzelner langer Faden erkennbar ist. Das bleibt so, bis im Diplotän und in der Diakinese die homologen Chromosomen und die Schwesterchromatiden auseinanderweichen.

B. Zygotän (Zygonema). Die eigentliche Paarung der homologen Chromosomen findet nun statt. Die molekularen Mechanismen dieser Paarung sind noch nicht voll verstanden. Das Problem liegt darin, daß sich die Chromosomen präzise Punkt um Punkt an Hand ihrer DNA-Sequenzen paaren, selbst wenn sie sich dazu drehen und wenden müssen. Das kann zum Beispiel geschehen, wenn Stücke eines Chromosomes verkehrt herum eingebaut sind (Inversion). Dann schlägt sich der Partner in eine Schleife, um dennoch präzise paaren zu können (25.06). Diese Paarung ist so präzise, daß jedes Basenpaar auf einer der vier beteiligten Chromatiden in nächste Nähe des genau homologen Basenpaares bei den drei anderen Chromatiden zu liegen kommt. Die DNA-Sequenz spielt dabei sicher eine Rolle, nur bleibt die Frage, welche. Zwischen den beiden homologen Chromosomen bildet sich jetzt nämlich ein Proteingerüst aus, das sie auf etwa 120 nm Abstand hält. Das ist der *synaptinemale Komplex,* der wie ein Reißverschluß die beiden vorgebildeten lateralen Proteinachsen parallel zueinander zusammenzieht. Im elektronenmikroskopischen Bild ähnelt er ein wenig einer sehr langen Leiter, bei der Quersprossen die beiden lateralen Elemente miteinander verbinden. Allerdings sind die Chromosomen jetzt deutlich kürzer als ihre Gesamt-DNA. Diese kann also in Schleifen von der Proteinachse abstehen und in genauen Kontakt kommen. Diese Verbindung der Chromosomen im Zygotän verläuft ziemlich zügig und leitet zum sehr viel längeren Stadium über, in dem die beiden homologen Chromosomen voll gepaart nebeneinander liegen.

C. Pachytän (Pachynema). Verschiedene Autoren trennen die Prophasestadien je nach dem Organismus, mit dem sie arbeiten, etwas anders. Allgemein ist es wahrscheinlich vernünftig, den Paarungsvorgang selbst als Zygotän von dem voll gepaarten Zustand als Pachytän abzusetzen. Dann müßten wir die sehr lange Phase bei der Eireifung, in der an den gepaarten Chromosomen sehr viel RNA synthetisiert wird (22.03), dem Pachytän zurechnen, obwohl er in der Literatur gewöhnlich als Zygotän bezeichnet wird. Die beiden Chromosomen liegen jetzt eng gepaart nebeneinander als *Bivalenten* („zweiwertige Strukturen"), entsprechen aber, weil sie bereits repliziert sind und jeweils aus zwei Chromatiden bestehen, vier Keimzellen-Chromosomen. Sie sind daher auch schon *Tetraden,* werden meist aber erst als Tetraden bezeichnet, wenn die vier Chromatiden einzeln sichtbar sind. Genetisch sind Tetrade und Bivalent identisch.

Spätestens hier kommt es nun zu den Chromosomen-Rekombinations-Vorgängen, die das einfache Bild „erst Reduktion der Chromosomen, dann nur noch Chromatidentrennung" durcheinanderbringen. Bei den gepaarten Chromosomen treten regelmäßig (wahrscheinlich sogar durch spezielle Mechanismen gefördert) Chromosomenbrüche an homologen Stellen von zwei nebeneinander liegenden Chromatiden auf, die dann häufig überkreuz repariert werden, also zwischen Chromatiden, die bei der Trennung der Chromosomen später nach verschiedenen Seiten gezogen werden.

D. Diplotän (Diplonema). Die Chromosomen haben inzwischen ihren Ansatz an der Kernmembran gelöst, und die Chromatiden beginnen sich zur Teilung aufzuspiralisieren. Der synaptinemale Komplex zerfällt. Jetzt zeigt sich deutlich, wo ein Crossover stattgefunden hat. Beim Aufspiralisieren der Chromosomen zieht sich jede Chromatide nach ihrem zugehörigen Centromer hin zusammen. Die noch immer gepaarten Schwesterchromatiden ziehen also zur selben Seite. Hat ein Crossover stattgefunden, dann geht eine Chromatide in eine Nicht-Schwester-Chromatide über. Diese wird dann aus ihrem Verband herausgezogen. Man beginnt also, deutlich vier Chromatiden zu sehen (Tetrade), die aber nicht mehr iden-

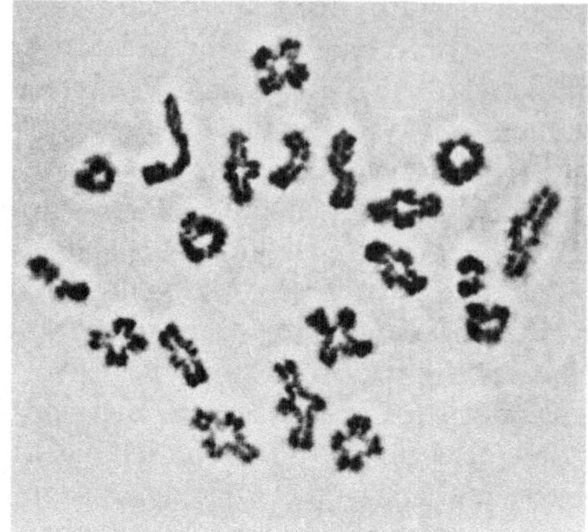

Abb. 10.17. Diakinese, Maus. Die Chiasmata der zwanzig Tetraden sind terminalisiert. (Aufn. R. Rathenberg)

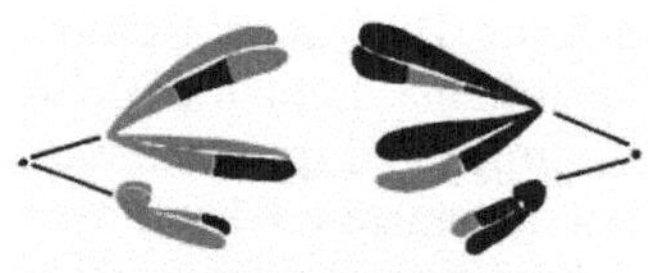

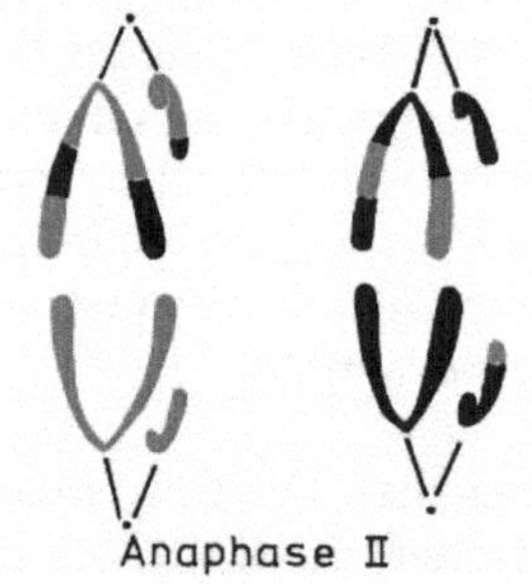

Abb. 10.18. Zufallsverteilung der rekombinierten Chromosomen bei den meiotischen Teilungen. Sieben andere Kombinationen der Chromosomen in den vier haploiden Zellen sind möglich

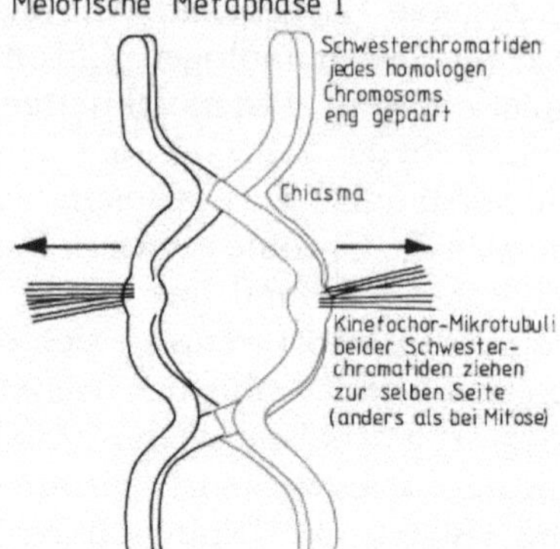

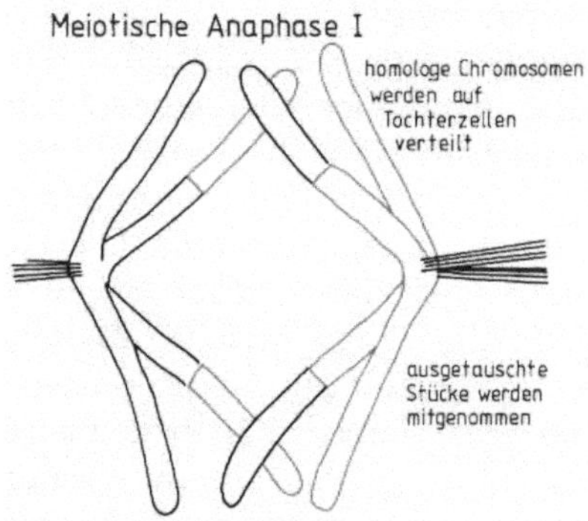

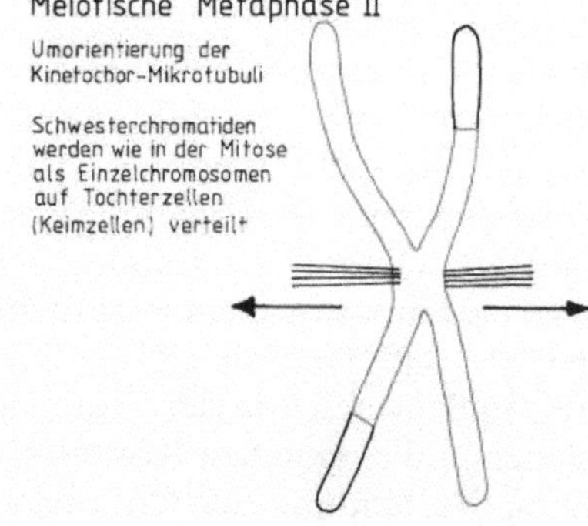

Abb. 10.19. Schema des Unterschieds zwischen Meiose I und II. Für Meiose I sind die Chiasmata unterminalisiert eingezeichnet, um die verschiedenen Verbindungen zwischen den Chromatiden zu demonstrieren

tisch mit den ursprünglichen Chromatiden der beiden Chromosomen sind. Stücke distal vom Crossover werden von der anderen Seite her eingezogen. Damit überkreuzen sich die Chromatiden distal von der Stelle, wo ein Crossover stattgefunden hat. Die Überkreuzungsstelle ist ein *Chiasma.* Je mehr sich die Chromatiden verdicken und zusammenziehen, desto weiter verschieben sich die Chiasmata gegen die Chromosomenenden hin. Chiasmata werden *terminalisiert.*

E. Diakinese. Dies ist das Übergangsstadium zur Metaphase I. Die genaue Stadientrennung ist einigermaßen willkürlich. Was man sieht, ist, daß letztendlich die vorher gepaarten Chromosomen nur noch an den Spitzen der Arme zusammenhängen, in denen Crossover stattgefunden hat. Oft bilden die aneinanderhängenden Enden der vier Chromosomenarme eine Kreuzfigur (Abb. 10.17).

Die Metaphase I unterscheidet sich dann grundsätzlich von einer mitotischen Metaphase dadurch, daß die Kinetochor-Mikrotubuli der beiden Schwesterchromatiden nach derselben Seite ziehen. Am Centromer werden jetzt die beiden homologen Chromosomen voneinander getrennt und so verdoppelt, wie sie in die Meiose-Paarung eingegangen sind. Die Metaphase I macht diese Paarung rückgängig. Allerdings werden die beiden Chromosomen jetzt auch in verschiedene Tochterzellen eingebracht. Dadurch und durch den Austausch zwischen Chromati-

den außerhalb des Centromers ist also trotz des Zyklus von erst Paarung, dann Trennung das Endresultat grundsätzlich verschieden vom Ausgangsstadium.

Die zweite meiotische Teilung ist dann eine normale Mitose ohne Prophase (Abb. 10.18). Dazu müssen allerdings die Kinetochor-Mikrotubuli der Schwesterchromatiden erst aus ihrer besonderen meiotischen Parallel-Lage in die typische mitotische Lage gedreht werden, in der sie nach entgegengesetzten Seiten ziehen, um die Chromatiden, nun als (unreplizierte, normale) Chromosomen, in die Tochterzellen zu bringen. Abbildung 10.19 faßt diese Unterschiede noch einmal schematisch zusammen. Das Resultat der Meiose sind dann vier haploide Zellen: Aus jeweils zwei verdoppelten Chromosomen wird jeweils ein (Meiose I) unverdoppeltes (Meiose II) Chromosom.

11 Mikroorganismen

11.01 Die Zelle als Organismus

Das Thema der bisherigen Kapitel war die Zelle. Die Zelle ist die Grundeinheit der biologischen Organisation. Die Einheit biologischer Organisation, die sich in der Umwelt behauptet, ist das Individuum, der Organismus. Viele Organismen bestehen aus einer Zelle. Es ist erst eine spätere Entwicklung, daß sich Zellen zu vielzelligen Organismen vereinigen, bei denen die Funktion der Einzelzelle dem Überleben des Organismus untergeordnet ist. Die Zellen eines vielzelligen Organismus können sich die Aufgaben des Organismus teilen. Sie können jede einzeln auf wenige Funktionen spezialisiert sein, solange der Gesamtorganismus alle nötigen Funktionen zum Überleben und zur Fortpflanzung behält.

Bei einzelligen Organismen ist das nicht möglich. Hier muß die Einzelzelle zusätzlich zu den zellulären Grundfunktionen alle organismischen Funktionen übernehmen. Die Zelle des Einzellers muß vor allem nach außen hin geschützt sein. Oft ist deshalb das zarte Plasmalemma von einer widerstandsfähigen Zellwand umgeben. Der Einzeller muß ferner einen vollständigen Stoffwechsel zur Ausnutzung von Nährstoffen für Wachstum und Vermehrung besitzen. Er muß an seine Umwelt angepaßt *(adaptiert)* sein und möglichst zusätzliche Adaptionsmechanismen besitzen, die ihn Schwankungen der Umweltfaktoren in normalem Umfang überstehen oder ausnutzen läßt. Dazu gehören periodische oder statistisch häufige Änderungen von Umweltfaktoren. Viele Einzeller haben obendrein als Adaption an extreme Umweltbedingungen die Fähig-

keit, widerstandsfähige *Sporen* mit einer besonders dicken Zellwand zu bilden, in denen das Cytoplasma auf einen Minimalstoffwechsel herabgeregelt ist.

Andererseits haben Einzeller die Fähigkeit, sich unter günstigen Umständen sehr schnell zu vermehren. Die dabei spontan auftretenden Mutationen im genetischen Material sind ein Preis, der für die *hohe Vermehrungsrate* gezahlt wird. Da schädliche Mutationen schnell ausgemerzt werden und gelegentliche nützliche sich entsprechend schnell ausbreiten, paßt sich zum Beispiel die Evolutionsrate von Bakterien auch kurzzeitigen Umweltänderungen an. *Sexuelle Vorgänge*, die zum Austausch von genetischem Material führen, gibt es bei den meisten *eukaryontischen* Einzellern.

Die Überlebensstrategie von Einzellern ist es also, sich der Umwelt anzupassen. Sie können wenig dazu tun, sich eine passende Umwelt zu schaffen. Es ist eine statistische Strategie, bei der große Individuenzahlen eingesetzt werden, von denen unter allen Umständen einige überleben sollen.

Es ist aber auch eine erfolgreiche Strategie. Mikroorganismen kommen überall vor: je besser die Umwelt, desto mehr. Sie sitzen im Staub, fallen aus der Luft, leben auf allen Oberflächen und schwimmen in allen Gewässern. Obwohl sie erst nach der Erfindung des Mikroskops im 17. Jahrhundert beobachtet werden konnten, waren ihre Aktivitäten schon längst bekannt. Nahrung verdirbt, ansteckende Krankheiten breiten sich aus, Traubensaft vergärt zu Wein und Milch zu Käse aufgrund von Stoffwechselaktivitäten von Mikroorganismen.

Ihre Erforschung, die Mikrobiologie, ist von Anfang an ein praktisch orientiertes Fach gewesen, aber in den letzten fünfzig Jahren haben die Biologen gemerkt, daß die Biologie der Mikroorganismen auch für den Grundlagenforscher faszinierend ist. Wir haben bereits gesehen, wie weit sich heute die Zellbiologie an den Resultaten der Mikrobiologie orientiert.

11.02 Biologische Systematik

Wir werden im folgenden die Eigenschaften von Mikroorganismen vor allem am Beispiel der *Bakterien* untersuchen. Zu den Mikroorganismen gehören aber noch eine ganze Anzahl anderer Gruppen einzelliger Organismen und Organismen, die vielzellige Verbände wenig spezialisierter Zellen bilden.

Die moderne Systematik der lebenden Organismen geht auf Carl v. Linnée (1707–1778) zurück. Er führte die *binomiale Nomenklatur* ein, nach der jede Art Organismus mit einem Doppelnamen bezeichnet wird, der im Idealfall gut lateinisch sein soll. Dabei bezeichnet der groß geschriebene erste Name die *Gattung*, der kleingeschriebene zweite die *Art*. In diesem Text genügt es uns oft, den Gattungsnamen zu zitieren. Wenn nur ein wissenschaftlicher Name angegeben ist, ist das immer der Gattungsname. Arten werden also zu Gattungen zusammengefaßt, Gattungen zu *Familien,* Familien zu *Ordnungen,* Ordnungen zu *Klassen,* Klassen zu *Stämmen (Phyla)* bei Tieren und *Abteilungen (Divisionen)* bei Pflanzen, Stämme und Divisionen bilden *Reiche.* Alles Lebendige wurde lange Zeit zwei Reichen zugeordnet, den *Pflanzen* (Plantae) oder den *Tieren* (Animalia).

Der Begriff der *Art* läßt sich bei höheren Organismen einigermaßen gut definieren (24.08, 25.08). Was eine Gattung, Familie, Ordnung oder Klasse ist, ist dem Empfinden des Spezialisten überlassen. Für Linnée war das Systematisieren nichts anderes als eine saubere Darstellung natürlicher Ordnung. Seine Nachfolger mußten erkennen, daß die Natur nicht so pedantisch ist, wie das 18. Jahrhundert glaubte. Die Erkenntnis einer dynamischen Evolution des Lebendigen hat der Systematik eine theoretische Basis gegeben, die vielen Systematikern mehr Ärger bereitete, als sie ihnen geholfen hat. Mit jeder neuen Erkenntnis wurde weiter am System geflickt, bisweilen mußten große Teile des

Tabelle 11-1. Das System der Organismen (vereinfacht)

Reich Monera
   Phylum Schizophyta (Bakterien, Tabelle 11-2)
   Phylum Cyanophyta (Blaugrüne Algen)

Reich Protista
   Phylum Euglenophyta (Photosynthese, begeißelt)
   Phylum Chrysophyta (Kieselalgen)
   Phylum Pyrrhophyta (Dinoflagellaten)
   Phylum Sporozoa (alle parasitisch, unbeweglich oder kriechend)
   Phylum Zoomastigina (heterotroph, begeißelt)
   Phylum Sarcodina (Amöben, amöboide Bewegung)
   Phylum Ciliophora (Wimpertierchen, Bewegung durch Cilien)

Reich Fungi
   Phylum Myxomycophyta (Schleimpilze)
     Ordnung Myxomycetales (syncytiale Schleimpilze)
     Ordnung Acrasiales (zelluläre Schleimpilze)
   Phylum Eumycophyta (echte Pilze)
     Klasse Phycomycetes (Algenpilze)
     Klasse Ascomycetes (Ascus-Pilze)
     Klasse Basidiomycetes (Ständerpilze)

Reich Plantae
   Phylum Rhodophyta (Rotalgen)
   Phylum Phaeophyta (Braunalgen, Tange)
   Phylum Chlorophyta (Grünalgen)
   Phylum Charophyta (Armleuchteralgen)
   Phylum Bryophyta (Moose)
   Phylum Lycopodophyta (Bärlappe)
   Phylum Arthrophyta (Schachtelhalme)
   Phylum Pterophyta (Farne)
   Phylum Coniferophyta (Nacktsamer, Nadelhölzer)
   Phylum Anthophyta (Bedecktsamer, Blütenpflanzen)

Reich Animalia
   (Tabelle 15-1)

Systems völlig verworfen und neu geordnet werden.

Der Beitrag der Mikrobiologie zur Systematik ist es, die zwei Reiche ins Wanken gebracht zu haben. So gibt es zwei Gruppen Schleimpilze, die vegetativ als einkernige (Ordnung Acrasiales) oder vielkernige (O. Myxomycetales) Amöben leben, aber gelegentlich sporentragende Fruchtkörper, wie Pilze, bilden. Die Geißeltierchen, die wahrscheinlich die Ausgangsgruppe für alle höheren Pflanzen und Tiere bilden, wurden lange Zeit doppelt gebucht und zwar mit verschiedener Klassifizierung ein und derselben Art im Pflanzen- und Tierreich. Es gibt keine natürlichen Reiche. Die systematische Großeinteilung der lebenden Organismen ist weitgehend willkürlich.

11.03 Monera, Fungi, Protista

R.H. Whittaker hat 1969 den Vorschlag gemacht, die Organismen in fünf Reiche einzuteilen. Auch sein System ist willkürlich. Die Einteilung entspricht aber den natürlichen Beziehungen der Gruppen recht gut und ist sehr praktisch. Sie hat sich schnell international durchgesetzt (Abb. 11.01, Tabelle 11-1).

Whittaker hat die Mikroorganismen aus dem Tier- und Pflanzenreich herausgenommen und drei neuen Reichen zugeordnet, den *Monera*, *Fungi* und *Protista*.

Zu den *Monera* gehören alle Prokaryonten, also hauptsächlich *Bakterien* und *Blaugrüne Algen* (Cyanophyceen). Gemeinsam ist beiden Gruppen die prokaryontische Zellstruktur. Sie sind Einzeller oder wenig differenzierte Zellverbände. Ihre Vermehrung ist in der Regel asexuell durch Zellteilung.

Die *Blaugrünen Algen* (Abb. 11.02) gehören zu den häufigsten Organismen. Sie absorbieren Sonnenenergie und benutzen sie zur Photosynthese von Kohlenhydraten. Im Gegensatz zu eukaryontischen grünen Pflanzen, bei denen die absorbierenden Pigmente (Chlorophyll a und b) in membrangebundenen Organellen, den Chloro-

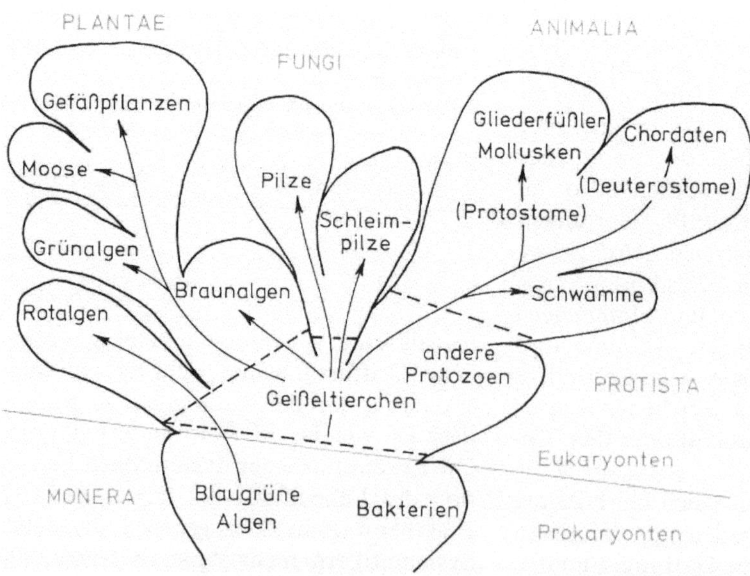

Abb. 11.01. Stammbaum der Organismen, grob vereinfacht. Die gestrichelten Linien entsprechen der Einteilung in fünf Reiche. Nach der alten Einteilung gehören die Plantae, Fungi, Monera und einige Protozoen zu den Pflanzen

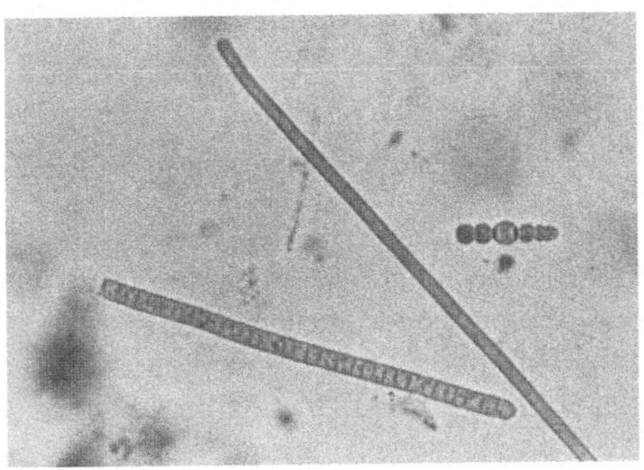

Abb. 11.02. Blaugrüne Algen aus dem Süßwasser. Fädige Kolonien aus Einzelzellen. Die mittlere Kolonie ist beweglich und kriecht nach links oben

plasten, vorliegen, sind die energieübertragenden Pigmentsysteme bei Blaugrünen Algen nicht von einer besonderen Hülle umgeben, sondern liegen an Membranen gebunden im Cytoplasma der Zelle. Nur Chlorophyll a kommt bei ihnen vor. Der Blauton der Zellen rührt von dem Pigment *Phycocyanin* her. Sie alle haben eine Zellwand und sind oft zusätzlich von schleimigen Kapseln umgeben. Den Blaugrünen Algen und einigen Bakterien ist gemeinsam, daß sie gelösten Stickstoff in organische Verbindungen einbauen können. Dadurch spielen sie eine bedeutende Rolle im *Stickstoffkreislauf in Ökosystemen.*

Auf die Bakterien werden wir später in diesem Kapitel noch genauer eingehen.

Das Reich *Fungi* enthält alle Pilze, von den eigenartigen Gruppen der Schleimpilze bis hin zur Klasse der Basidiomyceten, von denen einige die großen huttragenden Fruchtkörper entwickeln, die auch der Laie als Pilze erkennt. Der Fruchtkörper ist so weit differenziert, daß er bei der Systematik der Pilze eine große Rolle spielt. Der eigentliche Pilzorganismus besteht aber, wenn er nicht einzellig ist, wie Bäckerhefe, aus schlauchartigen Auswüchsen, den *Hyphen* (Abb. 11.03), die durch Querwände in Zellen geteilt sind oder lange vielkernige ungeteilte Schläuche sein können. Das Geflecht der Hy-

phen, das *Mycel,* ist die vegetative Form eines Pilzes.

Pilze sind eine ganz eigenartige Gruppe und sicher nicht primitiv. Sie sind nämlich, wie Tiere, *heterotroph,* das heißt, sie absorbieren organische Nahrungsstoffe. Obwohl sie morphologisch den Pflanzen nahestehen, kann kein Pilz organische Nahrungsstoffe aus einfachen anorganischen Molekülen synthetisieren, wie das die autotrophen Pflanzen tun. Die einfache morphologische Struktur der Pilze erlaubt ihnen aber nur in seltenen Sonderfällen aktiv Beute zu fangen. In der Regel sind sie *Saprophyten,* also Organismen, die tote Organismen oder organische Ausscheidungen zersetzen.

Die weitaus größte Anzahl der Pilze spielt eine wichtige Rolle im Ökosystem, in dem sie abgefallenes Laub und tote Pflanzen und Tiere verdauen und damit organische Moleküle in den Boden einführen. Pilze nehmen aber organische Nahrung auf, wo sie können, sitzen also auch an oder in lebenden Organismen und können dadurch *pathogen* (krankheitserregend) werden. Da sie auch biochemisch auf ein weites Spektrum von Substraten eingestellt sind, können einige Arten auch Haut und Haare befallen und deren Keratin verdauen. Pilzkrankheiten werden allgemein *Mykosen* genannt. Von den Hautmykosen ist besonders der Fußpilz (*Trichophyton interdigitale*) bekannt. Mykosen treten häufig bei schweißiger, schmutziger oder verletzter Haut auf. Pilzsporen können auch eingeatmet werden und zu Mykosen der Atemwege führen, die sich dann weiter im Körper ausbreiten können.

Kranke, unterernährte und geschwächte Personen sind besonders anfällig für Pilzkrankheiten. Zum Beispiel kommt die Hefe *Candida albicans* in vielen Menschen vor, ohne den Organismus nachweisbar zu schädigen. Gelegentlich verursacht sie aber sehr unangenehme örtliche Infektionen, besonders in den Anal- und Vaginalschleimhäuten.

Die *Protista* bilden das dritte Reich der Mikroorganismen. Zu ihnen zählen alle typischen Einzeller des Tier- und Pflanzenreichs, die hiermit doppelter Buchführung entgehen. Alle sind Eukaryonten, die meisten Einzeller, einige zeitweise oder immer Kolonien aus wenig differenzierten Zellen. Abgesehen von diesen gemeinsamen Eigenschaften zeigen die Protisten nahezu die gesamte biochemische Variabilität des Tier- und Pflanzenreiches. Protisten sind keineswegs primitiv. Viele von ihnen sind derart kompliziert gebaut, daß die Grundstruktur der Zelle durch eine Vielzahl von spezialisierten Organellen überlagert ist. Besonders die Wimpertierchen (Phylum Ciliophora) stellen eine eigenständige hoch spezialisierte Organismenform dar (Abb. 5.01).

Zwei Charakteristika dienen der Grobeinteilung der Protisten. Einmal werden sie anhand ihres Stoffwechsels in pigmentierte, photosynthetische (also autotrophe) Protisten und in heterotrophe Protisten eingeteilt. Zum anderen kann man die verschiedenen Phyla an ihrer Bewegungsweise unterscheiden. Es gibt begeißelte Protisten, Protisten mit vielen Cilien, solche, die Gleitbewegungen durchführen, Protisten mit amöboider Bewegung und unbewegliche.

Die *autotrophen Protisten* spielen eine ungemein wichtige Rolle als *Primärproduzenten* in der Nahrungskette im Meer. Von ihnen hängt letztlich die Produktivität des Meeres als Nahrungsquelle auch für den Menschen ab. Wie wir gesehen haben, geht bei der Weitergabe von chemischer Energie auf jeder Ebene ein großer Teil der Energie verloren. Unsere Hauptnahrung aus dem Meer sind Fische. Die Energie, die von den Protisten fixiert worden ist, wird über mehrere Stufen, besonders kleine Krebstiere und kleinere Fische, an die Speisefische weitergegeben. Es wäre also sehr viel effizienter, die autotrophen Protisten direkt zu menschlicher Nahrung zu verarbeiten. Sie hätten vor höheren Pflanzen den Vorzug, mit mikrobiologischen Methoden in großer Dichte im Wasser kultivierbar zu sein. Experimente dazu sind im Gange.

11.04 Symbiose und Parasitismus

Für den Mediziner sind die heterotrophen Protisten von besonderem Interesse. Die meisten von ihnen leben von Bakterien, einige von faulendem organischem Material. Wie bei allen heterotrophen Organismen beziehen aber auch bei den Protisten einige ihre organische Nahrung aus lebenden höheren Organismen. Die Beziehung zwischen dem vielzelligen Wirt und den heterotrophen Mikroorganismen, die ihn bevölkern, kann verschiedene Formen annehmen. Wenn die Mikroorganismen den Wirtsorganismus bevölkern, ohne daß sie einen merkbaren Einfluß auf ihn haben, spricht man von *Kommensalismus*.

Kommensalismus ist ein labiler Zustand, der leicht in *Symbiose oder Parasitismus* umschlagen kann. Eine *Symbiose* zwischen Organismen zweier verschiedener Arten dient beiden Arten. Typische mikrobiologische Symbiosen sind die Beziehungen zwischen vielen Tierarten und den darmbewohnenden Bakterien und Protisten. Viele Pflanzenfresser sind für die teilweise Verdauung der pflanzlichen Zellwände auf Mikroorganismen angewiesen. Wiederkäuer haben ihrem Magen geradezu eine Kulturkammer für Bakterien und Ciliaten vorgeschaltet, den Pansen. Die Mikroorganismen im Pansen können sich bei konstanter Temperatur, konstantem *pH* und laufender Nahrungszufuhr reichlich vermehren. Sie vergären die pflanzliche Cellulose zu organischen Säuren (Essigsäure, Propionsäure, Buttersäure). Diese Säuren werden vom Wirtsorganismus resorbiert. Vom Überschuß der Population der Mikroorganismen, der in den Magen übertritt, bezieht der Wirt Protein.

Parasitismus ist eine Assoziation von Organismen verschiedener Arten, bei denen der Wirtsorganismus vom Parasiten geschädigt wird. Mehr als dreißig Protistenarten können Parasiten des Menschen sein. Einige davon verursachen schwere Krankheiten, die tödlich verlaufen können. Alle vier heterotrophen Protisten-

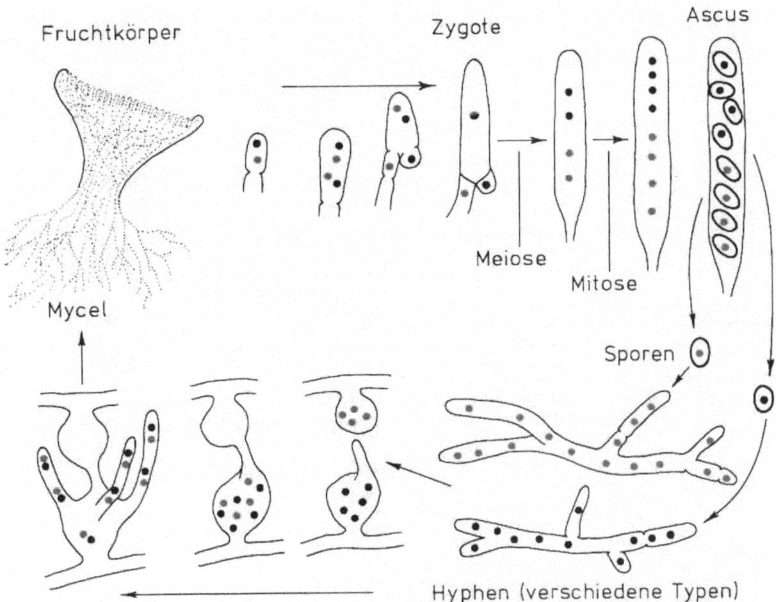

Abb. 11.03. Lebenszyklus des Brotschimmels (*Neurospora crassa*), eines Ascomyceten. Die Bildung von haploiden Ascosporen durch Meiose direkt nach der Zygotenbildung macht die Analyse von Rekombinationsvorgängen bei Ascomyceten besonders einfach

gruppen enthalten Parasiten des Menschen.

Parasiten profitieren davon, im Wirtsorganismus ideale Eigenschaften zum Überleben vorzufinden. Da sie auf eine große Anzahl von Funktionen verzichten können, die sie zum Überleben in freier Natur benötigen, ist die Struktur gut angepaßter Parasiten sehr reduziert. Im Vergleich mit freilebenden Arten fehlen ihnen Mechanismen zur Einhaltung des osmotischen Gleichgewichtes, sie haben reduzierte Wandstrukturen, einen hoch spezialisierten Stoffwechsel, und sie können unbeweglich sein. Extrem ausgebildet sind diese Vereinfachungen bei dem Phylum *Sporozoa*, das ausschließlich aus Parasiten besteht, die sogar meist *intrazelluläre* Parasiten sind.

Im Gegensatz zu ihrer reduzierten Morphologie ist der Vermehrungszyklus von Parasiten oft sehr komplex (Abb. 11.04). Je stärker sie auf den Wirt angewiesen sind, desto wichtiger ist es für sie, Mechanismen zur Infektion weiterer Wirtsorganismen zu besitzen. Die Parasiten des Verdauungstrakts werden durch infizierten Stuhl übertragen. Oft sind es nicht die aktiven vegetativen Formen, sondern abgekapselte Sporen, die außerhalb des schützenden Wirtsorganismus überleben.

Parasiten der Gewebe werden in der Regel mit Blut übertragen. Sie sind darauf angewiesen, daß ein blutsaugendes Insekt oder ein Blutegel *(Überträger, Zwischenwirt)* sie vom Blute eines Wirtsorganismus auf einen weiteren überträgt. Beinahe alle blutsaugenden Tiere scheiden in die Beiß- oder Stichwunde einen Speichel ab, der die Blutgerinnung verhindert. Mit diesem Speichel werden einzellige Blutparasiten übertragen.

Der Vermehrungszyklus des Parasiten ist oft der Physiologie des Wirts und des Überträgers genau angepaßt. Dadurch wird eine hohe Effizienz bei der Übertragung gesichert. Die genaue Anpassung bedingt natürlich eine hohe Wirtsspezifität. Auch die *Überträger* sind in der Regel ganz bestimmte Arten, auf deren Stoffwechsel die Parasiten eingestellt sind.

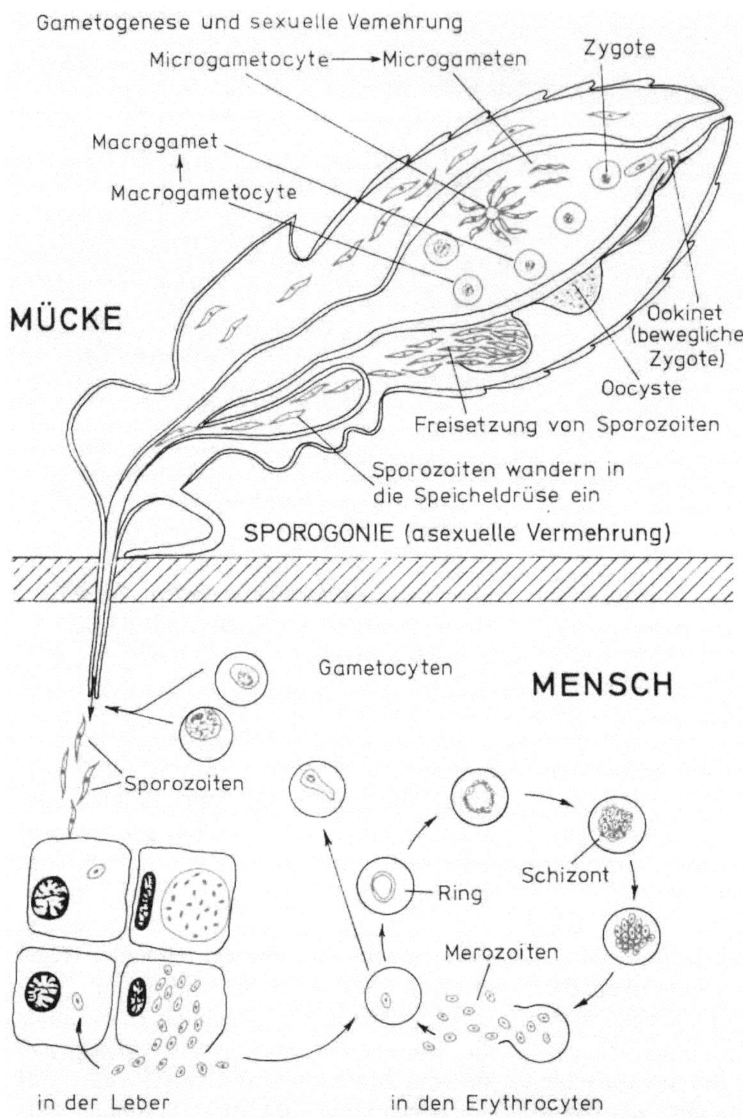

Abb.11.04. Lebenszyklus des Malariaparasiten (*Plasmodium*), eines Sporozoen. Die extrem vereinfachte Morphologie und der komplexe Lebenszyklus sind typisch für Parasiten. In Wirt und Zwischenwirt dient eine umfangreiche asexuelle Vermehrung dazu, die Übertragungschancen zu erhöhen. Die sexuelle Phase ist mit der Übertragung gekoppelt, wenn die Vermischung genetisch verschiedener Stämme am wahrscheinlichsten ist

11.05 Bakterien: Morphologie

Der größte Teil der krankheitserregenden (pathogenen) Mikroorganismen gehört zu den Bakterien, auf die wir hier etwas genauer eingehen wollen.

Bakterien sind im allgemeinen so klein, daß Einzelheiten ihrer Struktur unter dem Lichtmikroskop nur mit Hilfe besonderer Darstellungsmethoden beobachtet werden können. Nur die Form der Zelle kann einigermaßen leicht festgestellt werden. Schon der Entdecker der Bakterien, A. van Leeuwenhoek (1632–1723) hat die drei Haupttypen beschrieben und abgebildet. Kugelförmige Bakterien *(Kokken)*,

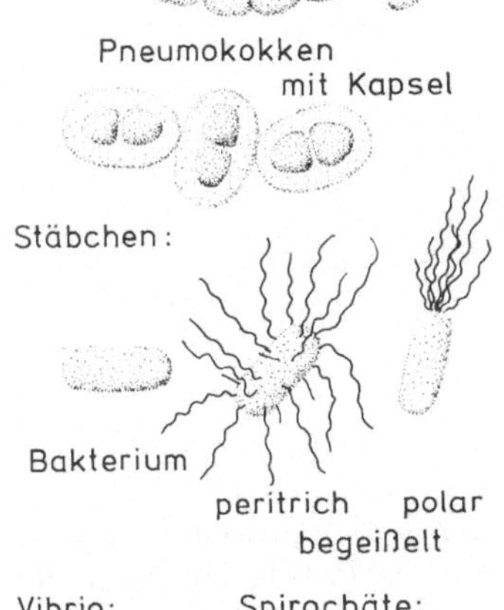

Abb. 11.05. Bakterien: verschiedene Zellformen

stäbchenförmige Bakterien (eigentliche *Bakterien* und *Bazillen*) und schraubig gewundene Bakterien *(Spirillen)* stellen jeweils Gruppen verwandter Arten dar (Abb. 11.05). Die Kokken haben in der Regel Durchmesser von etwa 1 µm, die Stäbchen eine Länge von 1,5–5,0 µm bei einer Breite von 0,8 µm. Die Spirillen können kurz, plump und kommaförmig sein oder bis zu 8 µm lange, aber sehr dünne Schrauben darstellen.

Auch die Zusammenlagerung der einzelnen Bakterienzellen ist diagnostisch von Bedeutung. Kokken, die in Haufen zusammenliegen, werden *Staphylokokken* genannt, liegen Kokkenzellen hintereinander in Ketten, spricht man von *Streptokokken*.

Bakterien werden unter dem Lichtmikroskop meist nach Abtötung, chemischer

Fixierung und spezifischer Anfärbung betrachtet. Von den verschiedenen Färbungen ist die Methode nach Gram besonders wichtig. Mit ihr lassen sich die Bakterien in *grampositive* und *gramnegative* Organismen einteilen. Die Einteilung beruht auf Unterschieden in der Struktur der Zellwand und ist mit grundlegenden biologischen Unterschieden zwischen den beiden Färbetypen korreliert.

Grundstrukturen der Bakterienzellwand sind die *Mureine* (Abb. 11.06), die aus einem Disaccharid aus N-Acetyl-Glucosamin (NAG) und N-Acetyl-Muraminsäure (NAM) und kurzen Peptidketten bestehen.

Das Disaccharid bildet lange Ketten. Jeder N-Acetyl-Muraminsäurerest trägt eine kurze Peptidkette, in der Lysin oder die verwandte Aminosäure Diamino-Pimelinsäure, D-Glutaminsäure und D-Alanin vorkommen.

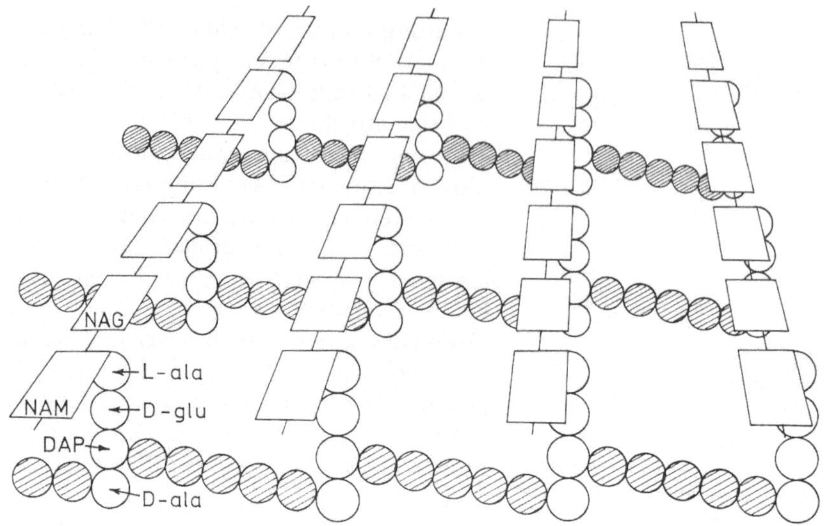

Abb. 11.06. Aufbau der Mureinschicht der Bakterienzellwand. (Nach Weidel)

D-Aminosäuren werden sonst in lebenden Systemen kaum je gefunden. Die Peptid-seitenketten an den Muraminsäureresten sind durch Peptidketten (z.B. aus 5 Glycin-Resten) miteinander verbunden.
Die Mureine werden durch das Enzym *Lysozym* gespalten, das die glykosidische Bindung zwischen NAM und NAG hydrolysiert.
In der grampositiven Zellwand sind die Mureine der Hauptbestandteil. Zusätzlich können *Teichonsäuren* vorkommen. Teichonsäuren bestehen aus phosphorylierten Polyalkoholen (Glycerin oder Ribitol), die durch Phosphodiesterbindungen vernetzt sind. *Gramnegative Zellwände* sind komplizierter aufgebaut. Über der Mureinschicht sitzen verschiedene *Lipopolysaccharide* und *Lipoproteine*. Die Zellwände gramnegativer Bakterien sind dadurch auch vor dem Angriff durch Lysozym geschützt.
Manche Bakterien scheiden schleimige Substanzen aus, die sich besonders bei Wachstum auf festem Nährboden als *Schleimkapseln* um das Bakterium anhäufen. Das schleimige Material ist bei verschiedenen Arten chemisch verschieden. Bei Pneumokokken (*Diplococcus pneumo-*

niae) besteht der Schleim aus aufgequollenen hochpolymeren Polysacchariden. *Bacillus anthracis*, der Milzbrandbazillus, scheidet ein Polypeptid aus D-Glutaminsäure ab. Die Kapselsubstanzen wirken im Wirbeltierkörper als *Antigene*. Sie werden als fremdartige Moleküle erkannt und durch speziell gegen sie gerichtete *Antikörper-Proteine* ausgefällt (20.04). Die Antigen-Antikörper-Reaktion ist sehr spezifisch. Blutseren mit spezifischen Antikörpern gegen einzelne Bakterienstämme *(Antisera)* können zur Identifikation dieser Stämme benutzt werden. Auf Mutanten mit veränderter Kapselstruktur werden wir im nächsten Kapitel zu sprechen kommen.
Neben der Zellform und der Zellwandstruktur unterscheiden sich Bakterien auch durch verschiedene Beweglichkeit. Die Fortbewegung von Bakterien beruht auf *Geißeln*, aber diese Geißeln sind von denen der Eukaryonten völlig verschieden. Sie sind polymere Strukturen aus einer einzigen Proteinuntereinheit, dem *Flagellin* (Abb. 11.07). Es fehlt ihnen also die tubuläre 9+2-Struktur der Eukaryontengeißeln. Sie sind sehr viel dünner (30–50 nm) und nicht von der Zellmembran

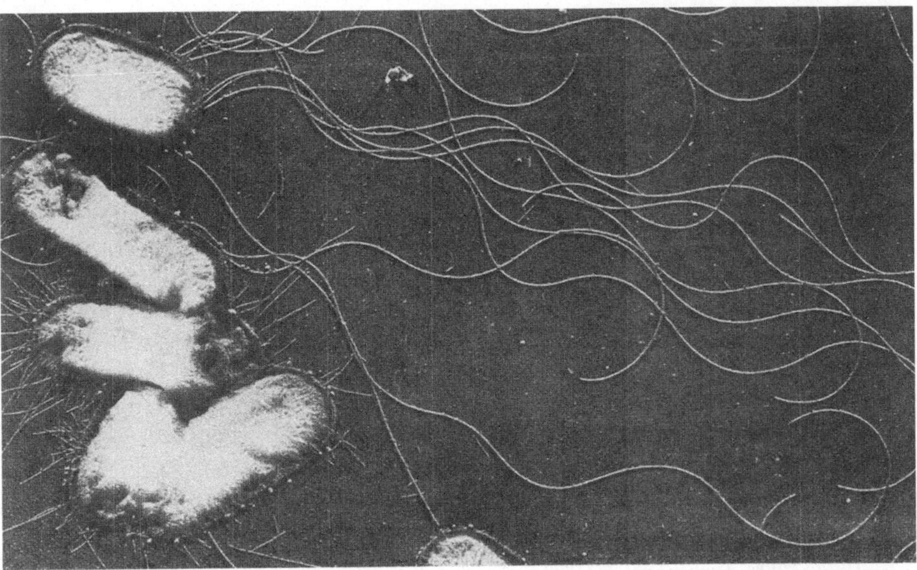

Abb. 11.07. *Escherichia coli.* Die Zellen tragen Fimbrien (kurze gerade Fortsätze) und Bakteriengeißeln. Beachte, daß die Krümmung eine festliegende Charakteristik der unbewegten Bakteriengeißel ist. Vergrößerung 13000×. (Aufn. H. Bujard, Heidelberg)

umgeben. Die Bewegungsweise der Bakteriengeißeln ist einmalig bei Lebewesen, denn sie ist der einzige Vorgang, bei dem es zu einer kontinuierlichen Drehbewegung wie bei der Achse eines Rades kommt. Ein sehr komplizierter Apparat am Ansatzpunkt der Geißel reguliert den Umsatz von chemischer Energie in eine Drehung des Geißelansatzes innerhalb einer Öse in der Membran. Mit geeigneten Färbemethoden läßt sich die Begeißelung eben gerade im Lichtmikroskop sichtbar machen, besonders wenn viele Einzelgeißeln einen Geißelschopf bilden. Die Zahl und Ansatzstelle der Geißeln helfen bei der Unterscheidung von Bakteriengruppen.

11.06 Bakterien: Stoffwechsel

Die Morphologie der Bakterienzellen erlaubt in beschränktem Umfang, die Bakterien in größere Gruppen (Ordnungen und Familien) einzuteilen (Tabelle 11-2). Die erstaunliche Vielfalt der Bakterienarten beruht aber auf physiologischen Unterschieden. Zur Diagnose von Bakterienarten gehören deshalb auch physiologische Untersuchungen, besonders Stoffwechsel-Tests. Solche Stoffwechseltests sind in der medizinischen Bakteriologie inzwischen zu diagnostischen Zwecken standardisiert worden. Selbst die Vielfalt der unterschiedlichen Reaktionen, die im klinischen Labor getestet werden, gibt aber nur ein vereinfachtes Bild all der spezialisierten Stoffwechselvorgänge, mit denen Bakterien sich an alle möglichen Umweltbedingungen angepaßt haben.

Grundvorgänge jedes Stoffwechsels sind *katabolische Reaktionen*, also Reaktionen, bei denen komplexe organische Moleküle abgebaut werden. Dieser Abbau liefert die Energie für Synthesereaktionen *(anabolische Reaktionen)* und für die mechanischen und chemischen Leistungen des Organismus.

Wir haben gesehen, daß bei höheren Organismen Substrate, vor allem Kohlenhydrate, oxydiert werden, indem ihnen Wasserstoff entzogen wird. Der Wasserstoff wird von den oxydierenden Enzymen, den Dehydrogenasen, auf ihre Coenzyme übertragen. Bei der Glykolyse, dem Ab-

Tabelle 11-2. Das System der Bakterien (vereinfacht)

Phylum Schizophyta

Ordnung Eubacteriales

Familie Micrococcaceae
(grampositive Kokken)
Micrococcus, Staphylococcus

Familie Lactobacillaceae
(grampositive Kokken)
Streptococcus, Diplococcus

Familie Neisseriaceae
(gramnegative Kokken)
Neisseria

Familie Enterobacteriaceae
(gramnegative Stäbchen)
*Escherichia, Proteus, Salmonella,
Shigella, Serratia*

Familie Brucellaceae
(gramnegative Stäbchen)
*Haemophilus, Pasteurella, Yersinia,
Brucella*

Familie Bacteroidaceae
(gramnegative Stäbchen)
*Bacteroides, Fusobacterium, Strepto-
bacillus*

Familie Corynebacteriaceae
(grampositive Stäbchen)
Corynebacterium, Listeria

Familie Bacillaceae (grampositive Stäbchen,
Sporenbildner)
Bacillus, Clostridium

Ordnung Pseudomonadales

Familie Pseudomonadaceae
(gramnegative Stäbchen)
Pseudomonas

Familie Spirillaceae
(gramnegative Spirillen)
Vibrio, Spirillum

Ordnung Spirochaetales (alle spiralig)

Familie Treponemataceae
Treponema, Leptospira

Familie Spirochaetaceae
Spirochaeta

bau von Glucose und Fructose, ist das Coenzym der Dehydrogenasen $NAD^{\oplus}$, das zu $NADH + H^{\oplus}$ reduziert wird. Bei der aeroben Atmung gibt das reduzierte $NAD^{\oplus}$ seinen Wasserstoff an die Atmungskettenenzyme ab, die ihn mit hoher Energieausbeute auf Sauerstoff übertragen. Bei Eukaryonten findet diese Übertragung in den Mitochondrien statt.

Auch viele Bakterien können Substrate aerob veratmen. Die Atmungskettenenzyme sind bei ihnen in der Zellmembran eingebaut. Zahlreiche Bakterien sind aber auch *fakultativ oder obligat anaerob*. Fakultativ anaerobe Bakterien stellen ihren Stoffwechsel bei Abwesenheit von Sauerstoff auf anaerobe Reaktionen um. Obligat anaerobe Bakterien können nur in Abwesenheit von Sauerstoff überleben. Für sie ist Sauerstoff ein Gift.

Zu den anaeroben Reaktionen gehören *anaerobe Atmung* und die *Gärung*. Anaerobe Atmung benutzt Atmungskettenenzyme. Der Wasserstoff wird aber nicht auf Sauerstoff, sondern auf andere anorganische Moleküle übertragen. Das können zum Beispiel Nitrat (NO_3^-) oder Sulfat (SO_4^{--}) sein, die schrittweise zu Stickstoff bzw. Schwefelwasserstoff (H_2S) reduziert werden.

Bei der *Gärung* wird Wasserstoff an Abbauprodukte der organischen Substrate abgegeben und auf diese Weise $NAD^{\oplus}$ wiedergewonnen (Abb. 11.08). Die Endprodukte von Gärungen sind meist organische Säuren (Milchsäure, Propionsäure, Ameisensäure, Buttersäure, Essigsäure) oder Äthylalkohol. Gärungsvorgänge im Muskel des Menschen bei Sauerstoffmangel reduzieren Pyruvat (Brenztraubensäure) zu Lactat (Milchsäure). Bei der alkoholischen Gärung (Hefe, einige Bakterien) wird Pyruvat erst zu Acetaldehyd decarboxyliert. Der Acetaldehyd wird dann zu Äthylalkohol reduziert.

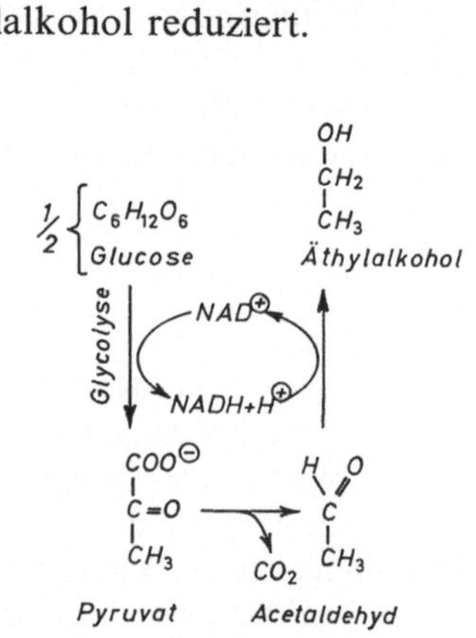

Abb. 11.08. Schema der alkoholischen Gärung

Die Endprodukte von Gärungsvorgängen sind noch immer komplexe Moleküle. Mit ihnen scheidet der Mikroorganismus auch chemische Energie aus, die bei völliger Veratmung der Substrate zu Kohlendioxyd und Wasser gewonnen werden könnte. Schließlich liefert bei der aeroben Atmung die Atmungskette den größten Teil der gewonnenen Energie als ATP. Gärungen sind deshalb sehr viel weniger effizient als aerobe Atmung.

11.07 Adaption des Stoffwechsels

Der Stoffwechsel der Bakterien ist durch die Enzyme festgelegt, die von der DNA des Bakteriums codiert werden. Die Vielfalt der Stoffwechselvorgänge von Bakterien beruht also zum großen Teil auf der Vielfalt der Enzymmuster der verschiedenen Bakterienarten. Jede Bakterienart hat ein bestimmtes Stoffwechselmuster. Deshalb sind Stoffwechselmuster, zum Beispiel die Reaktion auf anaerobe Bedingungen und das spezifische Gärungsendprodukt, diagnostisch wichtig.

Der jeweilige Stoffwechsel einer Bakterienart kann sich aber in gewissen Grenzen an die Umweltbedingungen anpassen. Dazu dienen Kontrollvorgänge, durch die Enzymreaktionen je nach Bedarf an- oder abgestellt werden. Solche Kontrollprozesse können auf verschiedenen Ebenen wirksam sein. Eine langsame, relativ grobe Kontrolle der Transkription von DNA regelt die Anzahl der Enzymmoleküle, die in der Zelle vorliegen (12.03). Eine Feinkontrolle wirkt sehr viel schneller, indem sie vorhandene Enzyme aktiviert oder blockiert. Im ersten Fall wird bei Bedarf eine m-RNA für das Enzym hergestellt, die als Matrize für die Proteinsynthese dient. Bis die Enzyme synthetisiert sind, können Minuten bis Stunden vergehen. Die Regelung der Aktivität vorhandener Enzyme bedarf dagegen keiner Transkription und Translation. Sie ist entsprechend schneller.

Die Mechanismen, durch die der Bakterienstoffwechsel reguliert wird, sind recht genau untersucht worden. Da sie auch als Modellsysteme für die Erklärung der Stoffwechselregulation bei höheren Organismen dienen, müssen wir sie später genauer untersuchen. Wichtig ist dabei, besonders im Vergleich mit der Stoffwechselregulation im vielzelligen Organismus, daß bei Bakterien Stoffwechselprodukte die Regelung einleiten. Beim Angebot eines neuen Substrats, z.B. von Lactose statt Glucose, wird der Abbau des Substrats durch die Synthese der nötigen Enzyme eingeleitet. Beim Angebot eines fertigen Stoffwechselendprodukts, z.B. Tryptophan, wird die Synthese dieses Produkts abgeschaltet. Das geschieht entweder durch Hemmung der Enzyme, die die Synthese einleiten (schnelle Feinkontrolle) oder durch Blockierung der Transkription der m-RNA für die Enzyme der Synthese-Reaktion (langsame Grobkontrolle).

Unter besonderen Umweltbedingungen kann der Stoffwechsel der Bakterien bei der Bildung von Sporen auf ein Minimum herabreguliert werden.

Viele Mikroorganismen können *Sporen* bilden, die von einer besonders widerstandsfähigen Zellwand umgeben sind. Sporenbildung ist ein extremer Mechanismus zum Überdauern ungünstiger Umweltbedingungen. Bei Pilzen und Protisten ist die Sporenbildung häufig mit der Fortpflanzung verbunden. Sporen sind

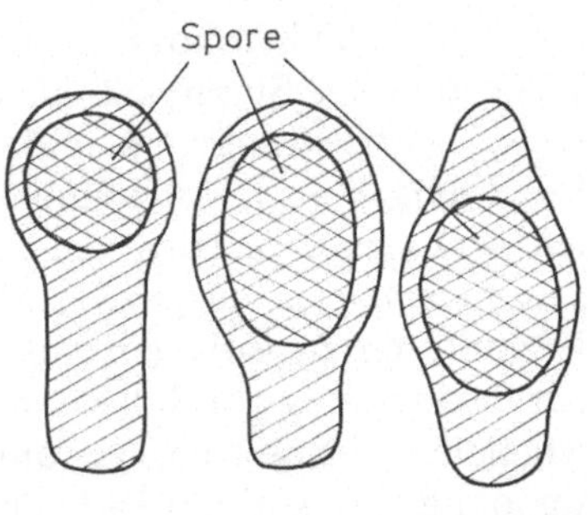

Abb. 11.09. Morphologie von sporenhaltigen Bakterienzellen

widerstandsfähige Zellen, die leicht weit verbreitet werden können. Bei Bakterien sind Sporen resistene Dauerformen, die die Bakterien-DNA und wenig Cytoplasma in einer festen Wand enthalten. Sie werden innerhalb der Bakterienzelle durch Abkapselung eines Teils des Zellinhaltes gebildet. Sporenbildung bei Bakterien ist auf die Familie Bacillaceae beschränkt, für die Sporenbildung und die Morphologie der Sporen diagnostische Eigenschaften sind (Abb. 11.09).

11.08 Antibiotika

Die Überlebensstrategie von Mikroorganismen besteht nicht nur aus Adaptionen an die physikalischen und chemischen Umweltfaktoren und aus ihren Beziehungen zu vielzelligen Organismen. Verschiedene Arten freilebender Mikroorganismen, die um Nahrung und Lebensraum konkurrieren, greifen sich auch gegenseitig direkt an. Da ihre Physiologie zum großen Teil aus Stoffwechseladaptionen besteht, ist ein Angriff auf Stoffwechselvorgänge die geeignetste Methode dazu. Von verschiedenen Pilz- und Bakterienarten werden Stoffe abgesondert, die bestimmte Stoffwechselvorgänge anderer Arten spezifisch vergiften. Diese Stoffe werden *Antibiotika* genannt (Tabelle 11-3). Antibiotika wurden 1928 von Fleming entdeckt. Er beobachtete, daß eine Kolonie des Schimmelpilzes *Penicillium notatum,* die als Verunreinigung in einer Kultur von Staphylokokken wuchs, das Wachstum der Staphylokokken hemmte. Diese Beobachtung fand anfangs wenig Beachtung. Als es aber während des zweiten Weltkrieges gelang, die aktive Substanz *(Penicillin)* in großen Mengen aus Pilzkulturen zu isolieren und erfolgreich zur Bekämpfung von Infektionen bei Verwundeten einzusetzen, gewann die Anwendung von Antibiotika in der Therapie bakterieller Infektionen zunehmend an Bedeutung. Systematisch wurden Bodenbakterien und Bodenpilze auf Antibiotika

Tabelle 11-3. Wirkungsweise einiger Antibiotika

A. Verhinderung der Zellwandsynthese, Abtötung von Bakterien während der Zellteilung. Wirken hauptsächlich auf grampositive Bakterien: Penicillin, Cephalosporine, Enduracidin, Prasinomycin, Bacitracin

B. Beeinflussung des Transports durch die Plasmamembran:
Polypeptide (nephrotoxisch, neurotoxisch): Polymyxine, Gramicidin, Tyrocidin, Valinomycin, Polyene (wirksam gegen Pilze, nephrotoxisch): Amphotericine, Nystatin, Candicin

C. Hemmung der DNA-Replikation: Phleomycin, Bleomycin, Mitomycine, Porfiromycine

D. Hemmung der Transkription: Actinomycine, Chromomycine, Rifamycine, Cordycepin, Streptolygidin

E. Hemmung der Translation:
Puromycin (verursacht Kettenabbruch bei Pro- und Eukaryonten).
Aminoglycoside (nephrotoxisch): Streptomycine (binden an 30 S-Untereinheit bei Prokaryonten und Mitochondrien, verhindern Kettenbeginn); Kanamycin (hemmt einen Transferfaktor); Neomycin.
Tetracycline (breite Wirkung, vorwiegend bakteriostatisch)
Chloramphenicol (bindet an 50 S-Untereinheit von Prokaryonten und Mitochondrien; wirkt nicht auf 80 S-Ribosomen, breite Wirkung, aber stark toxisch: aplastische Anämie)
Lincomycine (binden an 50 S-Untereinheit, wirken auf grampositive)
Sparsomycin
Makrolide (Erythromycin) (wirken auf grampositive)
Cycloheximid (wirkt nur auf Eukaryonten)

hin untersucht, und aus den Arten, die anwendbare Antibiotika freisetzten, wurden im Labor durch geeignete Selektionsmethoden besonders produktive Stämme herangezüchtet. Auf diese Weise ist zum Beispiel die Produktion von Penicillin pro Pilzmasse in 12 Jahren auf das Tausendfache gesteigert worden.
Die große Bedeutung der Antibiotika beruht auf ihrer Spezifität. Sie greifen spezifisch in Stoffwechselvorgänge von Bakterien ein, sind daher in der Regel für den Menschen ungiftig. Die Wirkungsmechanismen der einzelnen Antibiotika sind aber sehr verschieden, und es ist nötig

für jedes einzelne festzustellen, ob es Nebenwirkungen auf den Menschen hat. Zu diesen Nebenwirkungen gehören besonders Schädigungen der Nieren bei Verabreichung hoher Dosen einiger Antibiotika und *allergische* Reaktionen. Allergische Reaktionen treten bei einer zweiten Eingabe eines Antigens auf, gegen das bereits früher Antikörper gebildet worden sind (20.14). Die Reaktion ist dann in einigen Fällen beim zweiten Mal sehr viel heftiger als beim ersten Mal. Sie kann zu schweren Krankheitssymptomen und sogar zum Tode führen. Antigene, die allergische Reaktionen auslösen, *Allergene,* können die verschiedensten Substanzen sein wie Pollen von Gräsern, Fasern, Tierhaare und Pilzsporen. Von den Antibiotika verursacht besonders Penicillin oft allergische Reaktionen.

Auch die jeweilige Bakterienart muß bei der Behandlung von Infektionen mit Antibiotika beachtet werden. Es gibt kein Antibiotikum, das gegen alle Bakterienarten gleich wirksam ist. Jedes Antibiotikum hat seiner Wirkungsweise entsprechend ein verschieden breites Wirkungsspektrum. Penicilline, die die Vernetzung der Mureine bei der Zellwandsynthese verhindern, wirken vor allem gegen grampositive Bakterien und nur, während sie wachsen und Zellwandmaterial synthetisieren. Nicht wachsende Bakterien werden von Penicillinen nicht abgetötet. Penicilline wirken also *bakteriostatisch* (wachstumshemmend), nicht *bakterizid* (keimabtötend). Auch *Breitspektrumantibiotika,* die in die Enzymsynthese eingreifen, wirken in therapeutisch anwendbarer Dosierung nur bakteriostatisch.

Wichtig für die vernünftige Anwendung von Antibiotika ist ein Verständnis der Genetik und Evolution der Bakterien. Wir werden im folgenden Kapitel noch darauf eingehen. Im Augenblick soll nur betont werden, daß in der Natur die Antibiotika den Pilzen und Bakterien, die sie ausscheiden, nur so lange helfen, wie Antibiotika-sensitive Stämme vorkommen. Wie alle Überlebensstrategien ist auch das Ausscheiden von Antibiotika nur beschränkt erfolgreich. Es führt zu einem natürlichen Gleichgewicht zwischen den Konkurrenten. Jede Strategie hat ihre Gegenstrategie. Die Gleichgewichte beruhen nur darauf, daß die Strategien hinreichend erfolgreich zur gemeinsamen Erhaltung beider Arten sind. Wie wir sehen werden, hat gerade der große Erfolg bei der therapeutischen Anwendung der Antibiotika auch zu einer Eskalation bei der Evolution der Bakterien geführt, die heutzutage den anhaltenden Nutzen der Antibiotika in Frage stellt (12.12).

11.09 Bakterien als Krankheitserreger

Das Wechselspiel der Überlebensstrategien verschiedener Organismenarten führt zu einer durchschnittlichen Konstanz der Individuenzahlen verschiedener Arten. Potentiell kann jede Art sich exponentiell vermehren. Das Verhältnis von exponentieller Vermehrung zu durchschnittlicher Stabilität der Populationen haben wir im ersten Kapitel untersucht. Wir haben dabei gesehen, daß Zufallsfluktuationen und regelmäßige Oszillationen um den durchschnittlichen Individuenbestand auftreten können. Diese Fluktuationen hängen unter anderem von den Zeitkonstanten der Wachstumsfunktionen ab. Da Bakterien eine besonders kurze Generationszeit haben, können sie günstige Umstände schnell zu exponentiellem Populationswachstum ausnutzen. Die krankheitserregenden Eigenschaften von Bakterien beruhen zum großen Teil auf Episoden plötzlicher Populationszunahme.

Clostridien, die Erreger von Gasbrand und Tetanus, sind Bakterien, die überall vorkommen. Man kann sie aus Erde, Straßenstaub oder Fäkalien isolieren. Sie sind strikt anaerob. Praktisch jede Verletzung im Freien führt zu einer Kontamination mit Clostridien. Erst wenn die Clostridien tief in das Gewebe gelangen und sich in traumatisch verändertem Gewebe unter anaeroben Bedingungen vermehren können, kommt es aber zur explosiven Zunahme der Clostridienpopulationen, zur entsprechenden Zunahme von Toxinen, die das Gewebe auflösen, und zu Gasbrand. Auch der Erreger des Wundstarrkrampfs, *Clostridium tetani,* muß sich unter anaeroben Bedingungen vermehren können, bevor er das Toxin ausscheidet, das als Nervengift wirkt und zu Krämpfen, Muskelstarre und Tod durch Ersticken führt.

Auch *Epidemien,* das plötzliche gehäufte Auftreten von Krankheiten in einer Bevölkerung, beruhen auf der übermäßigen Zunahme der Erregerpopulation unter günstigen Umständen. *Yersinia pestis* (früher *Pasteurella pestis*), der Erreger der Pest, ist der bedeutendste Erreger einer bakteriellen Infektionskrankheit in der Geschichte der Menschheit. Pestbakterien sind vor allem für Nagetiere pathogen. Sie haben ein breites Spektrum von Wirtsarten, zu dem unter anderem alle Nagetiere, zum Beispiel die Ratte, und auch der Mensch gehören. Der Gleichgewichtszustand eines pathogenen Bakteriums, das an Wirtsorganismen gebunden ist, ist sein *endemisches Auftreten.* Ein Teil der Wirtspopulation erkrankt, und die Krankheit tritt dauernd mit einer gewissen Häufigkeit in der Population auf. Das Gleichgewicht wird über die Populationsdichte der Wirtsart geregelt. Nimmt die Populationsdichte zu, dann steigt die Häufigkeit der Infektion, mehr Wirtsorganismen sterben ab und die Populationsdichte der Wirtsart sinkt bis auf die Gleichgewichtsdichte.

Die dichte Ansiedlung von Menschen und Ratten in mittelalterlichen Städten hat gelegentlich zur plötzlichen Zunahme der Pest geführt. Der Erreger wird durch Flohbisse von Ratte auf Mensch übertragen. Er führt zur Infektion von Lymphknoten, inneren Blutungen, Vereiterung und durch Toxinwirkung zu zentralnervösen Störungen. Die Krankheit führt rasch zum Tode. Kommt es vorher zu einer Infektion der Lungen über den Blutkreislauf, dann wird blutiger, bakterienreicher Speichel ausgeschieden, der äußerst ansteckend wirkt.

In der Regel haben bakterielle Infektionskrankheiten eine *Inkubationszeit* zwischen dem Eintritt des Krankheitserregers und dem Auftreten äußerlich sichtbarer Krankheitssymptome. Die Schnelligkeit unserer Transportmittel erlaubt es heute, daß bereits infizierte Überträger einer Krankheit die Krankheit weit verschleppen können, bevor eine lokale Epidemie auftritt. Dies führt gelegentlich zu weltweiten Epidemien, *Pandemien.* Pandemien treten mit ziemlicher Regelmäßigkeit bei Cholera auf, die durch *Vibrio cholerae* verursacht wird. Cholera hat eine Inkubationszeit von 2–5 Tagen. Die Vibrionen vermehren sich im Dünndarm und geben ein Toxin ab, das in die Kommunikation über die Zellmembran eingreift. Choleratoxin wird spezifisch von einem Rezeptor gebunden, der die Adenylat-Cyclase aktiviert und dadurch die Sekretion von isotonischer Flüssigkeit in den Darm bewirkt. Bei jeder guten Mahlzeit werden etwa zwei Liter solcher Flüssigkeit in den Darm abgegeben und später rückresorbiert. Bei Cholera wird die Sekretion nicht abgestellt, und es werden pro Tag bis zu 10 Liter Flüssigkeit ausgeschieden. Wegen der großen Wasser- und Salzverluste kann die Krankheit tödlich verlaufen.

Epidemien und besonders Pandemien spielen zur Zeit bei bakteriell verursachten Krankheiten eine relativ geringe Rolle im Vergleich mit Epidemien von Virus-Krankheiten (14.05).

Die weltweite Abnahme von bakteriellen Infektionskrankheiten beruht auf verschiedenen Faktoren, die alle Anwendungen mikrobiologischer Forschung der letzten hundert Jahre sind. Dazu gehören die Verbesserung von sanitären Einrichtungen, hygienische Behandlung von Nahrungsmitteln, Ausrottung tierischer Parasiten, Einführung von Schutzimpfungen und nicht zuletzt die Einführung von Antibiotika zur Therapie von Infektionskrankheiten. Besonders Syphilis und Tu-

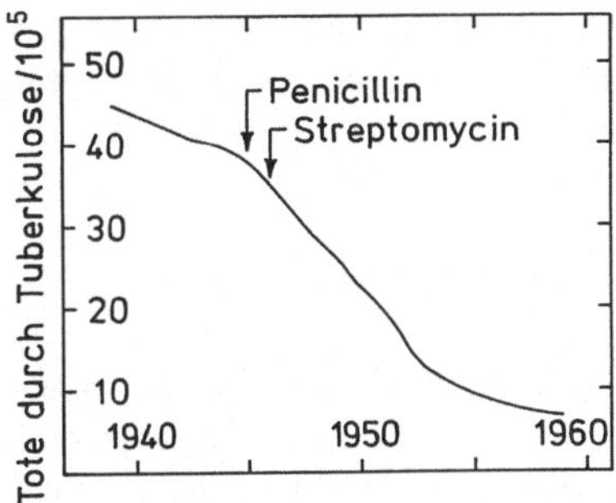

Abb. 11.10. Abnahme der Todesrate durch Tuberkulose nach Einführung von Antibiotika. Die Pfeile zeigen an, wann Penicillin und Streptomycin allgemein eingeführt wurden. (Nach Dobzhansky)

berkulose sind durch Antibiotika-Behandlung stark zurückgegangen (Abb. 11.10).

Dieser Erfolg darf aber nicht zu leichtfertig hingenommen werden. Keine der Infektionskrankheiten ist völlig ausgerottet worden. Der Erfolg ist nur die Verschiebung des Gleichgewichts zwischen Wirt und Erreger zu Gunsten des Wirts. Er beruht auf der Aufrechterhaltung einer umfangreichen Technologie, die durchaus nicht auf Dauer garantiert ist. Gerade Bakterienpopulationen können sich in kürzester Zeit erholen und ausbreiten. Die Gefahr weltweiter Seuchen ist keineswegs gebannt und steigt mit dem Anstieg der Bevölkerungsdichte.

11.10 Sterilisation und Desinfektion

Die Technologie zur Überwachung und Kontrolle von Bakterienpopulationen spielt eine wichtige Rolle in weiten Bereichen des täglichen Lebens. Die Kontrolle von Bakterien in der ärztlichen Praxis ist nur ein Teil davon. Wir wollen hier nur kurz einige Grundbegriffe dieser Technologie vorstellen.

Als *Sterilisation* bezeichnet man in der Mikrobiologie die Abtötung aller Mikroorganismen. Lösungen und Geräte können sterilisiert und steril abgefüllt oder verpackt werden. Je nach den Gegebenheiten kann man durch Hitze, Filtra-

tion, Chemikalien oder Bestrahlung sterilisieren.

Hitzesterilisation ist die einfachste und sicherste Sterilisationsmethode, die überall dort angewandt wird, wo das zu sterilisierende Material die Erhitzung aushält. Entsprechende Sterilisationsapparate gehören zur Grundausrüstung aller steril arbeitenden Laboratorien.

Man unterscheidet zwischen Sterilisation mit trockener und mit feuchter Hitze. Bei *Trockensterilisation* wird im thermostatisch geregelten Wärmeofen bei 160–180° C für 15 bis 30 Minuten sterilisiert. *Feuchtsterilisation* durch Auskochen tötet vegetative Bakterienformen, Protozoen und Pilze ab. Sporen, besonders Bakteriensporen, können längeres Kochen überleben. Deshalb wird Feuchtsterilisation im *Autoklaven* bei einer Atmosphäre Überdruck vorgenommen. Bei diesem Druck ist die Siedetemperatur des Wassers 120° C. Sterilisiert wird in Autoklaven nach Austreiben der Luft in gesättigtem Wasserdampf bei 120° C für 10–30 min.

Die Hitzesterilisation beruht hauptsächlich auf irreversibler Denaturierung von Eiweißen. Kälte sterilisiert nicht. Die Aufbewahrung von Lösungen in Kühlschränken verlangsamt die Vermehrung von Mikroorganismen, bringt sie aber selten zum völligen Stillstand und tötet Mikroorganismen nicht ab.

Lösungen, die hitzeempfindlich sind, zum Beispiel eiweißhaltige Lösungen, können nicht hitzesterilisiert werden. Solche Lösungen können durch *Filtration* von Bakterien gereinigt werden. Filter mit einer Porengröße, die Bakterien zurückhält, werden aus Ton, Glas, Membranen oder Asbest hergestellt. Wegen der geringen Porengröße wird unter Druck filtriert. Natürlich muß das Auffanggefäß vorsterilisiert werden. Wir werden später sehen, daß die Entdeckung von Viren auf der Durchlässigkeit von Bakterienfiltern für die Erreger gewisser Krankheiten beruhte. Viele Viren können nämlich Bakterienfilter passieren.

Chemische Sterilisierung mit Äthylenoxyd oder Formaldehydgas wird zur Sterilisation medizinischer Geräte angewandt. Einmalgerät (Petrischalen, Kanülen, Pipetten) aus Plastik, das nicht hitzebeständig ist, wird oft durch *ionisierende Strahlen,* besonders tiefenwirksame Gammastrahlen des radioaktiven Kobalts, sterilisiert. Auch *Ultraviolettstrahlen* wirken sterilisierend, haben aber geringe Tiefenwirkung. Sie werden vor allem zur Sterilisierung von Oberflächen (Operationsräume, sterile Laborräume) benutzt.

Die Wirkung des ultravioletten Lichts entspricht meist einer *Desinfektion* mehr als einer Sterilisation. Desinfektionsmittel können wachstumshemmend (bakteriostatisch) oder keimtötend (bakterizid) wirken. Desinfektionen eliminiert einige Bakterienarten, hemmt das Wachstum anderer und ist im Gegensatz zur Sterilisation immer nur eine zeitweilig wirksame Maßnahme.

Eine große Anzahl verschiedener *Desinfektionsmittel* haben sich für verschiedene Zwecke als geeignet erwiesen.

Von den *Halogenen* wird Chlor vor allem zur Wasseraufbereitung, Jod in verschiedenen Formen zur oberflächlichen Hautsterilisation angewandt. Auch *Schwermetallsalze* wie Silbernitrat oder Quecksilberverbindungen sind wirksam. Viele Quecksilberverbindungen sind aber auch für den Menschen toxisch.

Alkohole (75% Äthanol, auch Propyl- und Isopropylalkohol), *Aldehyde* (Formaldehyd) und *Phenole* sind oftgebrauchte Desinfektionsmittel. Karbolsäure (Phenollösung) wurde schon 1867 von Lister verwendet.

Quarternäre Ammoniumbasen (Invertseifen) haben beschränkte Anwendungsmöglichkeiten. *Äthylenoxyd* $(CH_2)_2O$ wird zur Kaltsterilisation medizinischer Geräte benutzt. *β-Propiolacton* in 0,2–0,5prozentiger Lösung wirkt auf sämtliche Mikroorganismen letal und inaktiviert auch Viren.

Säuren und *Laugen* werden vor allem zur Desinfektion von Stallböden in der Veterinärmedizin verwendet.

11.11 Die Kultur von Bakterien

Bakterien können im Lichtmikroskop gesehen werden. Das Lichtmikroskop gibt Aufschluß über Größe und Gestalt und nach geeigneter Vorbehandlung auch über Begeißelung und Färbbarkeit. Man kann Bakterien also in lichtmikroskopischen Präparaten einzeln *auszählen.* Die sorgfältig geeichten Zählkammern sind dieselben, wie sie auch zum Auszählen von Zellen, zum Beispiel im Blut, benutzt werden. Unter dem Lichtmikroskop erkennt man aber nicht, ob die Bakterien leben oder abgestorben sind. Werden verschmutzte Proben ausgezählt, wie zum Beispiel oft bei der mikrobiologischen Wasseranalyse, dann ist es häufig schwierig, Bakterien von Schmutzpartikeln zu unterscheiden.

Zur Bestimmung von Bakterienmengen wird deshalb routinemäßig eine andere Methode angewandt. Dazu wird eine kleine Menge der bakterienhaltigen Lösung auf der Oberfläche eines gallertigen Nährmediums verstrichen. Zur Verfestigung des Mediums wird in der Regel Agar (15 g pro Liter Medium) benutzt. Agar ist ein Polysaccharid, das aus Rotalgen gewonnen wird. Beim Abkühlen verfestigt sich die Lösung. Der Vorteil von Agar ist, daß relativ wenige Bakterienarten den Agar abbauen und dadurch verflüssigen können. Das Medium wird entweder in schräg gelegte Reagenzgläser eingegossen, so daß sich eine breite Oberfläche bildet, oder in *Petrischalen,* flache runde Schalen aus Glas oder durchsichtigem Plastik mit übergreifendem Deckel. Zum Auszählen verwendet man zweckmäßigerweise Petrischalen.

Einzelne Bakterien, die auf der Oberfläche des festen Mediums zu liegen kommen, wachsen im Lauf der Zeit zu *Kolonien* aus (Abb. 11.11). Jede Kolonie be-

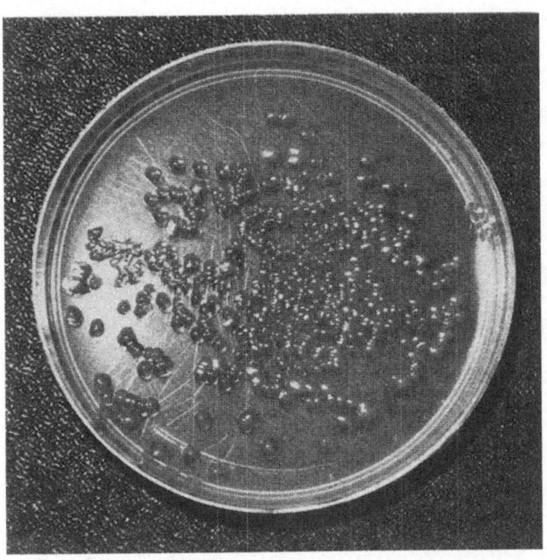

Abb. 11.11. Kolonien von *E. coli* auf Agar. (Aufn. M. Hermes)

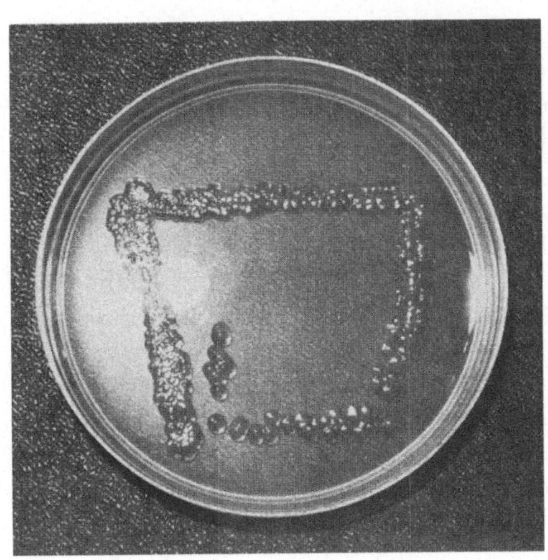

Abb. 11.12. Verdünnen eines Abstriches durch mehrfaches Abstreichen. (Aufn. M. Hermes)

steht aus den Nachkommen eines einzelnen Bakteriums, die durch aufeinanderfolgende Teilungen entstanden sind. Alle Bakterien einer einzelnen Kolonie sind genetisch identisch. Wie jede Population genetisch identischer Individuen stellt also die Bakterienkolonie einen *Klon* dar. Durch Auszählen der Kolonien kann die Anzahl der ursprünglich auf die Agarplatte aufgetragenen lebenden Bakterien („koloniebildende Einheiten") bestimmt werden.

Dabei ist zu beachten, daß die Bakterien in genügend hoher Verdünnung aufgetragen werden müssen, um sauber getrennte einzelne Kolonien auf dem Agar zu bilden. Geht man von einer Bakterienlösung mit unbekannter Konzentration (unbekanntem *Bakterientiter*) aus, ist es zweckmäßig, Proben aus einer Reihe *fortlaufend verdünnter Lösungen* auf Agarplatten aufzutragen. Dadurch erhält man auch verläßlichere Daten. Die Kolonienzahl pro Agarplatte sollte proportional der Verdünnung abnehmen. Etwa 100 bis 300 Kolonien pro Agarplatte sind gut auszählbar und lassen eine statistisch sinnvolle Rückrechnung auf den Ausgangstiter zu, der üblicherweise als Anzahl von Bakterien pro ml Lösung ange-

geben wird. Einzelne Kolonien erhält man zwar durch gleichmäßiges Auftragen einer verdünnten Bakteriensuspension auf die Agaroberfläche, in der Praxis will man aber Bakterien oft in Abstrichen nachweisen, die man aus dem Gewebe, einer Stuhlprobe oder einer Bodenprobe mit einer sterilen Platinöse entnommen hat. Solche Abstriche werden zuerst durch Überstreichen auf den Agar gebracht. Mit einer neuen sterilen Öse oder einem sterilen Glasstäbchen streicht man dann quer zum ersten Ausstrich über den Agar. Der neue Strich enthält sehr viel weniger Bakterien als der erste. Von ihm aus kann man noch einmal quer abstreichen und sollte auf der dritten Strichserie dann nur noch einige Bakterien haben, die zu isolierten Kolonien aufwachsen (Abb. 11.12). Die Ausplattierung von Bakterien auf feste Nährböden hat verschiedene Vorteile. Nur lebende, teilungsfähige Bakterien bilden auf Agar Kolonien. In den meisten Fällen ist man auch nur an der Anzahl der lebenden Bakterien in bakterienhaltigen Proben interessiert. Die Form der Kolonien, die von verschiedenen Bakterienarten oder verschiedenen Stämmen gebildet wird, ist ein diagnostisches Merkmal. Besonders nützlich ist aber die genetische Einheitlichkeit der Kolonien. Sie erlaubt die *Selektion von Mutanten* und sie ist der Ausgangspunkt für die Herstellung von *Reinkulturen.*

Mischt man zum Beispiel dem Medium Antibiotika bei, dann werden nur die Bakterien Kolonien bilden, die gegen das Antibiotikum resistent sind. Geht man von einem einheitlich Antibiotikum-sensitiven Stamm aus, dann lassen sich durch Ausplattieren auf Antibiotikum-haltigem Agar zur Resistenz mutierte einzelne Bakterien auszählen. Solche Selektionsmethoden werden im folgenden Kapitel eine Rolle spielen.

11.12 Populationswachstum

Von der Agarplatte lassen sich einzelne Kolonien ablesen und auf eine neue Agarplatte ausstreichen oder in flüssiges Nährmedium übertragen. Die übertragenen Bakterien sind genetisch identisch. Die neue Kultur enthält daher einen einheitlichen Bakterienstamm. Sie ist eine *Reinkultur.*

Flüssigkeitskulturen haben den Vorteil vor Plattenkulturen, daß man im flüssigen Medium sehr viel mehr Bakterien anzüchten kann. Diese Bakterien liegen natürlich nicht in Kolonien beieinander. Erst nach Isolierung einer Kolonie in Reinkultur geht man daher in flüssiges Medium über.

Da Bakterien sich mit kurzer Generationszeit durch Zweiteilung fortpflanzen, steigt die Dichte der Bakterien im Medium exponentiell an. Bei einer Generationszeit von 20 min entstehen aus jeder Zelle nach 1 Std 8, nach 2 Std 64, nach 3 Std 512 Bakterien und so fort. Nach n Teilungsschritten (Generationszeiten) ist eine Anfangsmenge von N_0 Bakterien auf

$$N = 2^n N_0$$

angewachsen. Zur leichteren Berechnung können wir diese Gleichung umformen

$$N/N_0 = 2^n$$

$$\lg(N/N_0) = n \lg 2.$$

Tabelle 11-4. Kulturlösungen für die Aufzucht von *E. coli*

Minimalmedium	Vollmedium
0,02 M Glucose	10 g Pepton oder Trypton
0,04 M Na_2HPO_4	5 g NaCl
0,02 M KH_2PO_4	2 g Na-Citrat
0,009 M NaCl	1,3 g Glucose
0,02 M NH_4Cl	1 Liter Wasser
0,001 M $MgSO_4$	(15 g Agar)
0,0001 M $CaCl_2$	

Diese Gleichung entspricht der *exponentiellen Wachstumskurve,* die wir im ersten Kapitel kennengelernt haben. Auch bei Bakterien ist natürlich das Wachstum nicht unbegrenzt. Nur können hier wegen der kurzen Generationszeit günstige Umweltbedingungen schnell zu exponentiellem Wachstum ausgenutzt werden.

E. coli kann in einer Nährlösung wachsen, in der außer Salzen, denen die Bakterien u.a. Stickstoff, Phosphor und Schwefel entnehmen, nur ein organischer Bestandteil als *Energie-* und *Kohlenstoffquelle* enthalten ist (Tabelle 11-4). Glucose ist eine ideale Kohlenstoffquelle. Ein solches Medium wird *Minimalmedium* genannt. Man kann ihm weitere Nährstoffe zusetzen, besonders Aminosäuren, Nukleotide und Vitamine. Die Bakterien werden dann die Eigensynthese des zugesetzten organischen Moleküls einstellen und das Molekül direkt aufnehmen und ausnutzen.

Anstatt die teuren Zusätze einzeln einzuwägen, reichert man das Medium mit einem Hydrolysat aus Casein (Milchprotein) oder Fleischextrakt an. Solche enzymatisch vorverdauten Extrakte enthalten alle nötigen Substrate für die Syntheseleistungen der Bakterien. Sie kommen als *Pepton* oder *Trypton* in den Handel. Ein Medium, das derart angereichert ist, wird Vollmedium genannt. Der Zuwachs der Bakterienpopulation in *Vollmedium* bei geeigneter Temperatur geht mit minimaler Verdoppelungszeit vor sich, bei *E. coli* also etwa mit einer Verdoppelung alle 20 min.

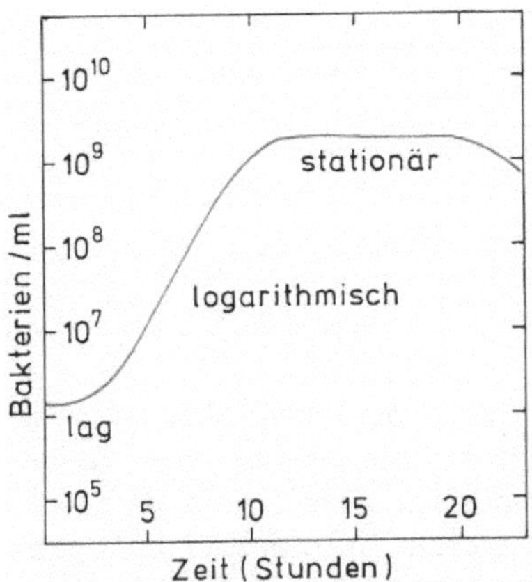

Abb. 11.13. Wachstum einer Bakterienpopulation

Beimpft man ein steriles Medium mit einer kleinen Anfangspopulation von Bakterien, dann beginnt das Wachstum relativ langsam (Abb. 11.13). Die Bakterien müssen sich erst auf die Ausnutzung des jeweiligen Mediums umstellen, bevor sie sich mit maximaler Effizienz fortpflanzen. Diese erste Phase wird mit dem englischen Ausdruck als *lag-Phase* bezeichnet. Sie geht kontinuierlich in die Phase exponentiellen Wachstum über, bei der die Population bei logarithmischer Auftragung linear zunimmt. Die *exponentielle Phase* wird auch die logarithmische oder *log-Phase* genannt. Während der log-Phase steigt die Bakteriendichte im Medium auf einen enorm hohen Titer. Die Suspension wird deutlich trübe. Erst bei einem Bakterientiter von $2–3 \times 10^9$ Bakterien/ml kommt das Populationswachstum zum Stillstand.

In dieser dritten, der *stationären Phase* teilen sich die Bakterien weiter, aber mit längerer Generationszeit. Außerdem sterben etwa so viele Bakterien ab, wie durch Tei-

lung neu entstehen. Selbst das beste Medium kann einen höheren Titer nicht unterstützen. Es reichern sich durch den Stoffwechsel der Bakterien Exkretionsprodukte an, und die Bakterien konkurrieren um Nährstoffe. Läßt man die Kultur länger stehen, dann kommt es zum langsamen Absterben der Population.

Wir können berechnen, wie lange es dauert, bis die Bakterienkultur den Endtiter von 2×10^9 Bakterien/ml erreicht. Beginnen wir mit 10^3 Bakterien/ml und errechnen die Anzahl der nötigen Teilungsschritte:

$$\lg(2 \times 10^9/10^3) = n \lg 2$$

$$\lg(2 \times 10^6)/\lg 2 = n$$

$$n = (6 + \lg 2)/\lg 2$$

$$n = 6{,}30/0{,}30 = 21.$$

Bei 20 min je Teilungsschritt wird der Endtiter also bereits nach sieben Stunden erreicht. Im Labor setzt man Bakterienkulturen zweckmäßigerweise am Abend an und läßt sie über Nacht anwachsen (*Übernachtkulturen*).

Im Hinblick auf die Populationsdaten im ersten Kapitel ist diese Berechnung besonders aufschlußreich. Bakterienpopulationen können innerhalb weniger Stunden Maximaldichte erreichen. Die typische Generationszeit höherer Organismen ist zehn- bis hunderttausendmal so lang wie die von Bakterien. Dieser Unterschied ist grundlegend für die verschiedenen Evolutionsstrategien der beiden Gruppen. Er erklärt auch, wieso derart verschiedene Organismen sich bei der Konkurrenz um Nahrung und Lebensraum die Balance halten können.

12 Bakteriengenetik

12.01 Transkriptionseinheiten und Gene

Genetik ist die Wissenschaft von der Weitergabe der Erbinformation. Wir haben inzwischen die molekularen Grundlagen dieser Informationsübertragung kennengelernt. Im Prinzip genügen zwei Sätze, um die Genetik der Bakterien zu beschreiben. Die Erbinformation ist bei Bakterien in einem einzigen Molekül DNA pro Zelle festgelegt. Das Molekül wird durch komplementäre Synthese von DNA-Strängen an den vorhandenen Strängen weitergegeben.

Wir wissen auch, daß die fortlaufende Nukleotidsequenz der DNA durch Start- und Stopsignale für die Transkription in diskrete Informationseinheiten gegliedert ist. In der Regel sind diese Transkriptionseinheiten so deutlich voneinander abgesetzt, daß Veränderungen der Nukleotidsequenz (Mutationen) der DNA sich nur als Veränderungen einer einzelnen Transkriptionseinheit bemerkbar machen. Die Erbinformation ist also in deutlich voneinander abgesetzte („diskrete") Einheiten gegliedert, die unabhängig voneinander mutieren und im Organismus zum Ausdruck kommen. Solche Einheiten entsprechen dem, was in der Genetik der Vielzeller als *Gen* bezeichnet wird. Ein Gen ist ursprünglich eine hypothetische Erbeinheit, die sich dadurch nachweisen läßt, *daß sie mutieren, also in verschiedenen Formen (Allelen) auftreten kann, und daß sie einen spezifischen Effekt auf den Organismus hat, der in Generation nach Generation zum Ausdruck kommt.*

Es wäre schön, wenn man die Transkriptionseinheiten auf dem DNA-Molekül mit den Genen der klassischen Genetik gleichsetzen könnte. Das ist aber nur beschränkt möglich. Der Grund dafür ist, daß die genetische Information nicht ganz so einfach organisiert ist, wie es nach der bisherigen Beschreibung erscheint. Eine genaue Untersuchung der Transkriptionsregulation wird das zeigen.

12.02 Das lac-Operon

In keinem Organismus und in keiner Zelle werden alle Transkriptionseinheiten gleichmäßig transkribiert. Es bestehen immer Unterschiede in der Effizienz der Transkription zwischen verschiedenen Einheiten, und es gibt immer Transkriptionseinheiten, die vom Entstehen bis zur Teilung einer Zelle überhaupt nicht transkribiert werden.

Läßt man *E. coli* auf Glucose wachsen und ersetzt plötzlich die Glucose durch Lactose im Medium, dann werden die Bakterien vorübergehend die Vermehrung einstellen, eine lag-Periode durchmachen und dann wieder mit dem exponentiellen Wachstum beginnen. In der Zwischenzeit haben sie ihren Stoffwechsel auf Lactose-Abbau umgestellt.

Lactose ist ein Disaccharid aus Galactose und Glucose, die in 1,4-β-Bindung verknüpft sind.

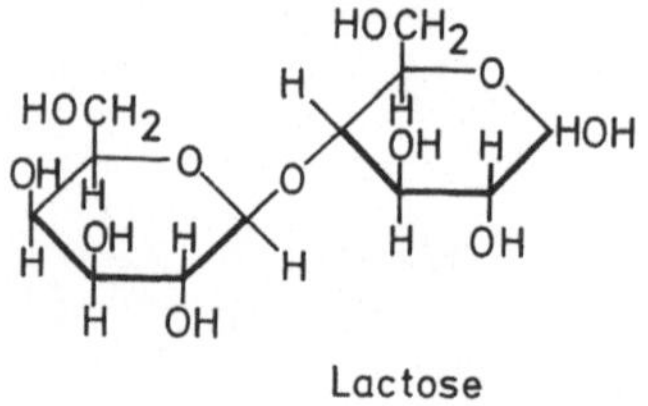

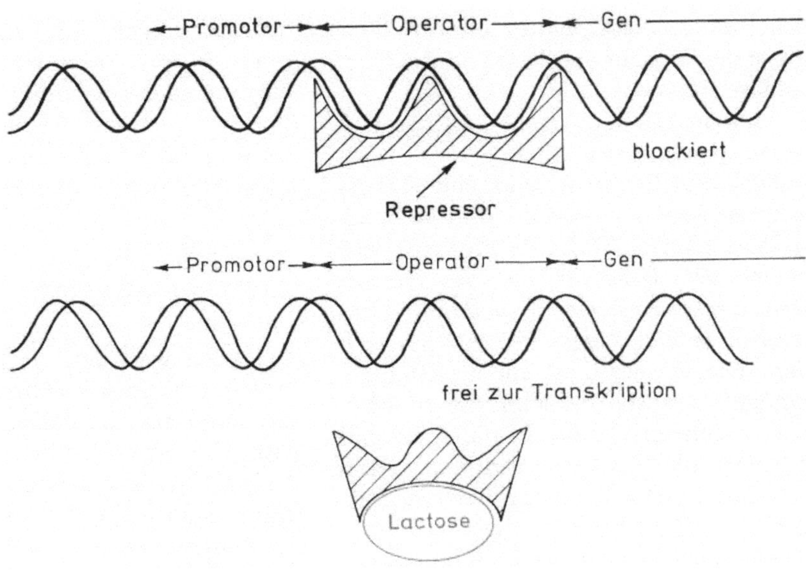

Abb. 12.01 Schematische Darstellung der allosterischen Inaktivierung eines Repressor-Moleküls

Die Bindung wird durch das Enzym β-Galactosidase gespalten. Bakterien, die auf Glucose wachsen, enthalten keine β-Galactosidase. Offensichtlich wird das β-Galactosidase-Gen nicht transkribiert. Erst wenn genügend Lactose im Medium angeboten wird, beginnen die Transkription des β-Galactosidasegens und die Synthese des Enzyms. *Das Enzym wird* durch Angebot seines Substrats *induziert*.

Der Mechanismus dieser Kontrolle ist mit genetischen Methoden aufgeklärt worden, die wir erst im Laufe dieses Kapitels kennenlernen werden. Wichtig für die Aufklärung des Induktionsmechanismus war die Entdeckung von Mutanten, die β-Galactosidase laufend, auch ohne Induktion, synthetisieren. Solche Mutationen liegen nicht im β-Galactosidase-Gen selbst, sondern außerhalb der Basensequenz, die für das Enzymprotein codiert. Dabei handelt es sich um zwei verschiedene DNA-Abschnitte.

Einer davon, das *Regulator-Gen*, codiert für ein *Repressor-Protein*, das sich an den anderen, die *Operatorsequenz*, bindet. Der Operator liegt zwischen dem Promotor des β-Galactosidase-Gens und dem Gen selbst. Da laufend kleine Mengen Repressor-Protein vom Regulator-Gen synthetisiert werden, ist der Operator in der Regel durch den Repressor blockiert. Die RNA-Polymerase kann dann nicht mit der Transkription des Gens beginnen.

Das Repressor-Protein ist ein kompliziert gebautes Molekül. Es besteht aus vier Untereinheiten und hat zwei verschiedene Bindungsstellen. Eine der Bindungsstellen ist spezifisch für die DNA-Sequenz des Operators, die andere bindet Lactose und ähnliche Moleküle mit einer β-Galactosid-Bindung. Wichtig ist, daß die beiden Bindungsstellen nicht unabhängig voneinander sind. Wird ein β-Galactosid an die entsprechende Bindungsstelle des Repressors gebunden, dann verformt sich der Repressor allosterisch und kann den Operator nicht mehr binden (Abb. 12.01).

Damit ist der Regulationsmechanismus im Prinzip erklärt. Liegt keine Lactose in der Zelle vor, dann bindet sich ein Repressor-Molekül an den Operator des β-Galactosidase-Gens, und die Transkription ist blockiert.

Ist aber Lactose in der Zelle, dann bindet der Repressor Lactose und kann sich nicht mehr an den Operator anlagern. Damit ist der Weg zur Synthese von β-Galactosidase frei.

Schon sehr früh hat man beobachtet, daß β-Galactosidase nicht allein geregelt wird. β-Galactosid-Permease und eine Transacetylase werden gleichzeitig mit β-Galactosidase geregelt. Diese Regelung ist sehr einfach. *Die Gene für alle drei Enzyme liegen direkt nebeneinander und werden zusammen in eine lange m-RNA transkribiert.* Die Permease ist ein membrangebundenes Transportmolekül für β-Galactoside. Gelangt Lactose in die Zelle und induziert die Permease-Synthese, dann wird dadurch der Transport weiterer Lactose in die Zelle beschleunigt.

Dieses ganze System wirkt relativ langsam. Selbst unter idealen Bedingungen dauert es Stunden, bis sich eine Zellpopulation auf Lactoseabbau umgestellt hat. Erst muß genügend Lactose in die Zellen geraten, um die Repression des Operators aufzuheben, dann müssen RNA und Proteine synthetisiert werden. Die Schwerfälligkeit des Systems hat ihre Vorteile. Nur wenn genügend Lactose angeboten wird, wird die aufwendige Maschinerie in Gang gesetzt. Der Vorteil dieses Regulationsmechanismus liegt ja gerade darin, Proteinsynthese einzusparen. Induzierte Enzyme werden selten gebraucht, aber dann in großer Menge. Enzyme, die immer gebraucht werden, zeigen diesen Regelmechanismus nicht. Sie sind *konstitutiv*, also immer vorhanden.

Eine Serie funktionell verwandter Gene, die zusammen transkribiert werden, also einen gemeinsamen Promotor haben, *und deren Transkription gemeinsam geregelt wird, wird ein Operon genannt.* Nach den beiden Franzosen F. Jacob und J. Monod wird der Regelmechanismus auch als *Jacob-Monod-Modell* bezeichnet.

Bei *negativer Kontrolle* wird die Transkription des Operons *durch ein Repressor-Protein unterbunden*, das sich spezifisch am Operator des bestimmten Operons bindet. Diese Bindung kann allosterisch über eine zweite Bindung am Repressor-

Protein geregelt werden. Bei *negativer Kontrolle mit Substratinduktion* ist das Substrat einer katabolischen Reaktion der *Effektor*, der, am Repressor gebunden, den Repressor vom Operator löst und *die Transkription des Operons zuläßt.*

12.03 Operon-Kontrolle

Nur wenn man den Grundmechanismus der Kontrolle des *lac*-Operons verstanden hat, sollte man den folgenden Abschnitt lesen. Das *lac*-Operon ist nämlich nur ein Beispiel für verschiedene ähnliche Kontrollmechanismen, die gerade durch ihre Ähnlichkeit den Anfänger verwirren können.

A. Negative Kontrolle bei katabolischen Reaktionen (Abb. 12.02). Das ist der Regulationsmechanismus, den wir eben besprochen haben. Der Lactoseabbau ist eine *katabolische* Reaktion und von dem Angebot des *Substrats* abhängig. Das Substrat *inaktiviert den Repressor*. Nur wenn es da ist, lohnt sich die Induktion der Enzyme zu seinem Abbau.

B. Negative Kontrolle bei anabolischen Reaktionen. Bei Synthesereaktionen ist es umgekehrt. *Synthesereaktionen* sind auf das *Endprodukt* eingestellt. Nur wenn es *fehlt*, lohnt sich die Induktion der Enzyme zu seiner Synthese. Wird das Endprodukt von außen geliefert, dann lohnt sich seine Synthese nicht, und die Enzyme dafür können blockiert werden. Operons für anabolische Reaktionen stehen deshalb unter der Kontrolle des *Endprodukts*. Das Endprodukt *aktiviert den Repressor*. Nur wenn sich das Endprodukt an den Repressor ansetzt, kann er sich an den Operator binden. Die Tryptophan-Synthese bei *E. coli* ist ein Beispiel dafür.

C. Positive Kontrolle. Bei positiver Kontrolle fehlt der Repressor. Nicht das Abstellen der Synthese, sondern das *Anstel-*

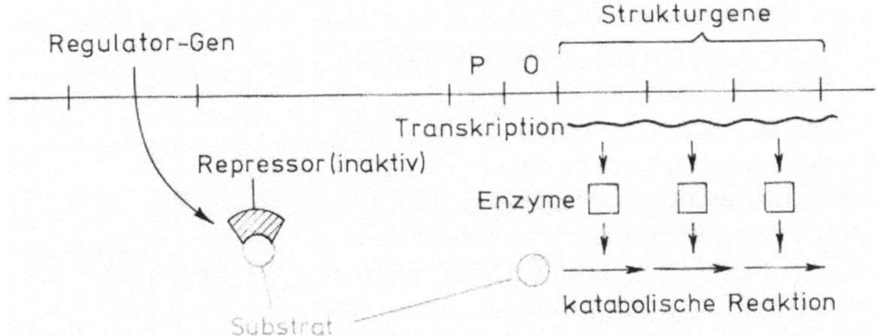

Abb. 12.02. Induktion katabolischer Enzyme durch Inaktivierung des Repressors. Das Substrat hebt die negative Kontrolle auf

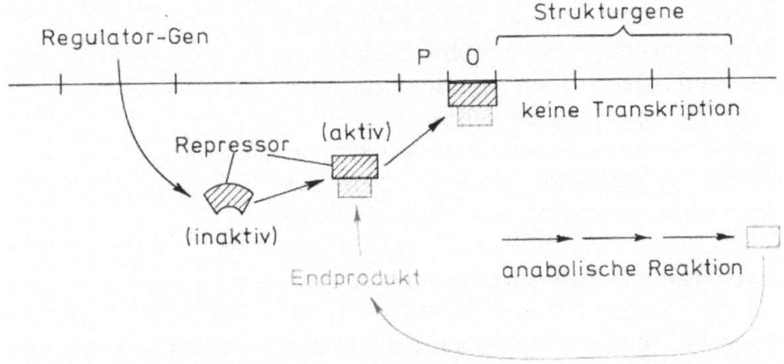

Abb. 12.03. Blockierung anabolischer Enzyme durch Aktivierung des Repressors. Das Endprodukt fördert die negative Kontrolle

len wird geregelt. Ohne besondere Regulation bindet sich die RNA-Polymerase nicht an den Promotor. Die Bindung wird erst bei Induktion eines *Aktivator-Proteins* durch das Substrat möglich. Wie der induzierte Aktivator die Transkription aktiviert, ist noch nicht bekannt. Möglicherweise bindet er sich an die RNA-Polymerase. Der Arabinose-Abbau bei *E. coli* wird so geregelt.

D. Positive Kontrolle durch cAMP. Die Induktion des *lac*-Operons durch Lactose ist nicht ganz so elegant, wie sie auf den ersten Blick erscheint. Es ist zwar sparsam, nur dann die Enzyme für den Lactose-Abbau zu aktivieren, wenn Lactose vorhanden ist, aber wenn obendrein auch genügend Glucose angeboten wird, lohnt sich der zusätzliche Lactose-Abbau nicht. In der Anwesenheit von Glucose wird auch wirklich das *lac*-Operon *kaum transkribiert, auch wenn Lactose vorhanden ist* und den Repressor inaktiviert. Allein die Inaktivierung des Repressors gestattet also die Transkription nicht. Zusätzlich findet eine *positive Kontrolle* statt, bei der ein *Proteinfaktor* eine Rolle spielt. Dieses Protein (CAP, catabolism activating protein = CRP, cAMP receptor protein) wirkt auch allosterisch. Es gestattet die Transkription nur dann, wenn es *zyklisches AMP* (cAMP, 5.11) gebunden hat. Bei Glucosemangel steigt die cAMP-Konzentration in der Bakterienzelle. Dadurch wird CAP aktiviert. Das aktivierte CAP kann die Transkription *aller katabolischen Operons* fördern, solange sie nicht durch einen Repressor blockiert sind. Zweierlei muß also zusammenkommen, damit ungewöhnliche Substrate katabolisch abgebaut werden. *Glucose muß fehlen* (cAMP-

CAP-Effekt) *und ein alternatives Substrat* (z.B. Lactose) muß da sein (Substratinaktivierung des Repressors).

Wir sehen hier, wie überall in der Biologie, daß ein prinzipiell einfacher Kontrollmechanismus durch geschickte Abwandlung zu sehr komplizierten, sehr effizienten Kontrollsystemen aufgebaut werden kann. Die Grundkomponente dieser Regelmechanismen ist jeweils ein allosterisch regelbares Protein (Repressor, Aktivator, CAP). Alle Kontrollmechanismen am Operon beruhen auf variablen Bindungsstärken. Daß dabei DNA-Protein-, Protein-Protein-, und Protein-Kleinmolekül-Bindungen nebeneinander auftreten zeigt, wie vielfältig die Kombinationsmöglichkeiten sind. Schon jetzt wollen wir darauf aufmerksam machen, daß das Konstruktionsprinzip komplexer biologischer Systeme darin besteht, relativ wenige Grundmechanismen in den verschiedensten Kombinationen miteinander zu koppeln. Wenn wir das an praktischen Beispielen einsehen, wird es viel leichter, die Mechanismen der Evolution zu verstehen.

12.04 Was ist ein Gen?

Das Operonmodell zeigt, wie schwierig es ist, den Begriff des Gens eindeutig auf der Ebene der DNA zu definieren. Die *Transkriptionseinheit* im Operon wird bei der Proteinsynthese in eine Reihe verschiedener Proteine umgesetzt. Ist sie ein Gen oder eine Serie von Genen?

Das *Regulator-Gen* codiert für ein Repressor-Molekül, das nur im Regulationssystem an der DNA eine Rolle spielt. Trotzdem kann man es auch als Gen bezeichnen.

Der *Operatorregion* entspricht kein Genprodukt. Trotzdem kann sie mutieren. Es gibt Mutationen am Operator, die die Bindung des Repressors verhindern. Das Operon wird dann immer (konstitutiv) transkribiert. Als funktionelle Einheit, die

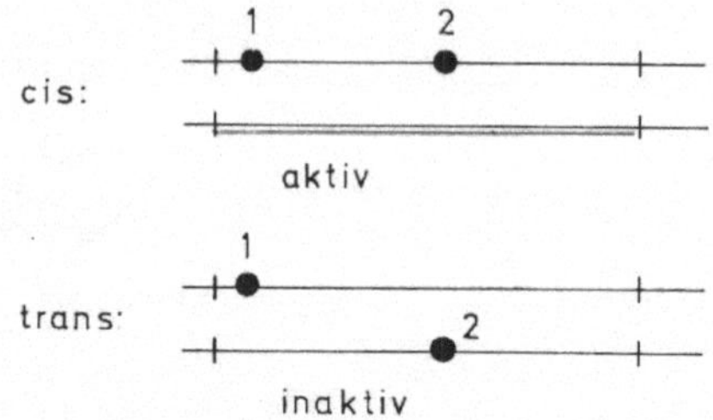

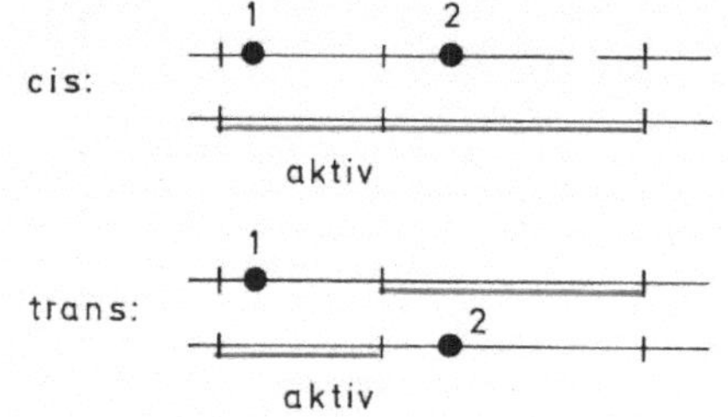

Abb. 12.04. Schema zum Cis-Trans-Test

mutieren kann, entspricht also auch der Operator einem Gen.

Wie so oft in der Biologie beruhen die Definitionsschwierigkeiten darauf, daß ein fest eingebürgerter klassischer Begriff nicht eindeutig auf neue Konzepte übertragbar ist. Eine Zeitlang hat man deshalb in Analogie zu den Elementarteilchen in der Physik eindrucksvolle Namen eingeführt. Auf der DNA gab es Codons, Mutons, Scripons, Regulons (Einheiten für Codierung, Mutation, Transkription und Regulation) und dazu Operons und Cistrons. Von alledem sind die Codons (9.07), die Operons und die Cistrons geblieben. Was ein *Cistron* ist, kann man mit einem komplizierten genetischen Test feststellen, dem *Cis-Trans-Test* (Abb. 12.04). Er beruht darauf, daß zwei verschiedene Mutationen im diploiden Zustand zusammengebracht werden, einmal auf demselben Chromosom (cis), einmal jede auf einem der beiden (trans). Das Resultat entscheidet darüber, ob die Mutationen im selben oder in verschiedenen Cistrons liegen. Der Test definiert eine *funktionelle Einheit, die mutieren kann.*

Ein Cistron ist also ein sauber definiertes Gen. Allerdings macht sich kaum jemand die Mühe, Cis-Trans-Tests durchzuführen. Auf Treu und Glauben *wird heute ein Stück DNA ein Cistron genannt, das der Codesequenz für eine Polypeptidkette, für eine t-RNA oder für eine r-RNA entspricht.* Werden mehrere Cistrons zusammen transkribiert, dann spricht man von einer *polycistronischen* m-RNA. Das Wort Cistron ist praktisch identisch mit dem Wort *Strukturgen,* das als Gegenstück zu Regulationssequenzen (z.B. Promotor und Operator) gebraucht wird.

12.05 Mutation als Zufallsprozeß

Die klassische Definition einer Mutation ist eine Änderung einer Eigenschaft des Organismus, die plötzlich und spontan auftritt und erblich weitergegeben wird. Die genetische Einheit, die mutieren kann und daher für die veränderte Funktion verantwortlich ist, ist das Gen. Auf der molekularen Ebene ist die Einheit, die mutieren kann, ein Basenpaar. Mutationen im engeren Sinne sind die Änderung, der Verlust oder die Einfügung eines Basenpaares.

Eine Mutation ist also ein Fehler in der Basensequenz. Als zufälligen Fehler haben wir die Mutation schon bei der Besprechung von Reparaturmechanismen und bei der Aufklärung des genetischen Codes kennengelernt. Wir haben auch gesehen, daß durch physikalische oder chemische Einflüsse die Fehlerrate erhöht werden kann. Dabei ist es nicht möglich, spezielle Gene zu mutieren. Eine Mutation ist in der Regel ein statistisches Ereignis.

Bei der Besprechung des Codes haben wir gesehen, daß er eine gewisse Flexibilität in der Auswahl von Basenpaaren erlaubt. Durch Ausnutzung dieser Flexibilität könnte ein Organismus in gewissen Grenzen die Mutationsrate regulieren. Zum Beispiel kann durch Vermeiden von T-reichen Sequenzen die Anfälligkeit gegen Ultraviolettstrahlung vermindert werden oder durch Anhäufung von G-C-Paaren, die durch drei Wasserstoffbrücken verbunden sind, die Temperaturstabilität der DNA erhöht werden. Gerade Bakterien scheinen von der Flexibilität des Codes Gebrauch zu machen. Weit mehr als bei Eukaryonten variiert bei ihnen das Verhältnis von G-C- zu A-T-Paaren von einer Art zur anderen (Tabelle 9–2). Wir wissen, daß in kurzen Sequenzen die Mutationshäufigkeit sehr verschieden sein kann. Über die Gesamt-DNA des Organismus gemittelt, selbst über einzelne Cistrons gemittelt, ist die Mutationshäufigkeit für verschiedene Mutationen bei Bakterien (und Eukaryonten) einigermaßen konstant. Daß sie bei Messungen über 5 Zehnerpotenzen zwischen 10^{-5} und 10^{-10} pro Generation schwankt, ist zum Teil eine Definitionssache. Es kommt darauf an, ob wir nach der Mutation einer Funktion suchen, die durch mehrere Gene bedingt ist, oder nach einer genau umschriebenen Mutation in einem Basentriplett. Diese Extreme (z.B. auxotrophe Mutanten und Rückmutationen) werden wir uns noch genauer ansehen.

Die Frage, ob gewisse Mutationen spezifisch dann induziert werden, wenn sie nützlich sind, oder ob Mutationen zufällig entstehen, ist eine andere Formulierung desselben Problems. Nach dem eben Gesagten müssen wir schließen, daß es keinen erdenklichen Mechanismus gibt, mit dem von der Umwelt oder vom Bakterium eindeutig entschieden werden kann, welches Triplett es gerne an welcher Stelle wie ändern würde.

Lange bevor man so viel Einsicht in den molekularen Mechanismus von Mutationsprozessen hatte, haben Luria und Delbrück (1943) ein Experiment durchgeführt, mit dem sie die Zufälligkeit von Mutationsereignissen bewiesen haben. Da dieses Experiment die Abfolge von Hypothese, Experiment und Bestätigung auf klassische Weise demonstriert, wollen wir es ausführlich besprechen.

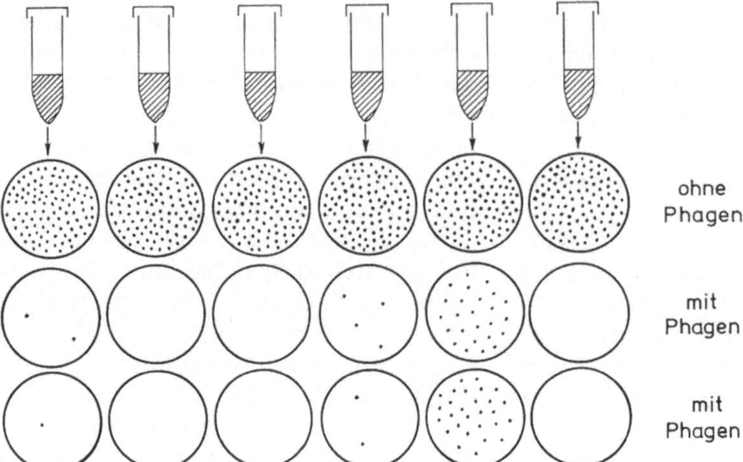

Abb. 12.05. Der Fluktuationstest nach Luria und Delbrück. Aus jedem Testansatz (hier nur sechs gezeichnet) werden drei Platten ausgestrichen, eine zum Nachweis des Wachstums (Kontrollansatz), zwei zur Bestimmung der Häufigkeit resistenter Kulturen (Parallelansätze zur Bestimmung des experimentellen Fluktuation in den einzelnen Ansätzen. Diese Fluktuation muß klein sein im Verhältnis zur Fluktuation von einem Ansatz zum anderen)

12.06 Der Fluktuationstest

Phagen lösen Bakterien auf (13.02). Durch Mutation können Bakterien resistent gegen Phagen werden. Luria und Delbrück testeten die Hypothese, daß solche Mutationen ungerichtet und zufällig sind. Diese Hypothese läßt Voraussagen zu, die sich experimentell nachprüfen lassen. Einmal sollten Mutationen zur Phagen-Resistenz auch in Kulturen entstehen, die nicht mit Phagen in Kontakt kommen. Sie sollten also *ungerichtet*, nicht als Antwort auf die Phageninfektion entstehen. Außerdem sollten sie *zufällig* entstehen. Setzt man also sehr kleine Kulturen mit sehr wenigen Bakterien an, dann sollte gelegentlich eine Mutation sehr früh entstehen, sehr viel öfter recht spät, wenn die Anzahl von Bakterien in der Kultur um einige Zehnerpotenzen gestiegen ist. Beginnt man mit 10 Bakterien pro Kultur und mutiert zufällig eins bei der ersten Teilung, dann sollten am Ende 10% aller Bakterien Resistenz gegen Phagen aufweisen. Bei einer durchschnittlichen Mutationshäufigkeit von 10^{-6} müßte man aber erwarten, daß eine Mutation bei den ersten 10 Bakterien nur in einem unter 10^5 Ansätzen beobachtet wird. Mit jedem Teilungsschritt steigt die Zahl der Bakterien und damit die Chance, daß eins mutiert. Nach 6 Std, also 18 Teilungsschritten, ist der Bakterientiter auf $2,6 \times 10^6$ angestiegen. Nun kann man in vielen Ansätzen mindestens ein mutiertes Bakterium erwarten. Streicht man jetzt aus jedem Ansatz eine Probe auf eine Agarplatte und besprüht die Platte dicht mit Phagen, so daß nur resistente Kolonien aufwachsen können, dann sollte auf vielen Platten keine resistente Kolonie gefunden werden, auf einigen einige resistente und ganz selten einmal viele, nämlich dort, wo zufällig eine Mutation früh eingetreten ist. Die Voraussage ist also, daß *von Ansatz zu Ansatz eine große Fluktuation in der Häufigkeit resistenter Kolonien auftritt* (Abb. 12.05). Würde die Mutation erst auf der Agar-Platte unter Einfluß der Phagen entstehen, also gerichtet und nicht zufällig, dann sollte *jede Agar-Platte etwa die gleiche Anzahl resistenter Kolonien aufweisen*. Schließlich haben wir ja aus jedem Ansatz eine gleiche Probe entnommen. Zur Kontrolle können wir aus jedem Ansatz eine Probe auf eine Agar-Platte ohne Phagen verstreichen. Dann sollte überall die gleiche Anzahl Kolonien aufwachsen. Luria und Delbrück haben dieses Experiment durchgeführt und die erwartete Fluktuation gefunden. Es ist seitdem oft wiederholt und für verschiedene Mutationen bestätigt worden. So kann man die Kolonien auch auf Agar ausstreichen, dem Antibiotika beigemischt sind, und sich davon überzeugen, daß auch Mutationen zur Resistenz gegenüber Antibiotika auf Zufallsmutationen beruhen. Wie wir bald sehen werden, sollte man sich dabei vorher davon überzeugen, ob der Kulturansatz wirklich nur sensitive Bakterien enthält.

12.07 Typen von Mutationen

Ursprünglich haben wir Mutationen als *Fehler* im Code eingeführt. Mutationen zur Phagen- oder Antibiotika-Resistenz sind auch Code-Fehler, aber sie sind für das Bakterium unter gewissen Umständen lebenswichtig. Die Möglichkeit, daß Code-Fehler dem Überleben einer Art dienen können, ist ein zentrales Thema der Evolution. Wir müssen uns deshalb verschiedene Typen von Mutationen schon hier am Beispiel der Bakterien genauer anschauen.

Typischerweise führt der Ersatz eines Nukleotidpaares durch ein anderes zum Ersatz einer Aminosäure durch eine andere in einem Protein. Wegen der Degeneration des Codes (9.02) braucht das nicht der Fall zu sein. Viele Mutationen sind sicher *stille Mutationen* (engl.: silent mutations), die sich nur durch Sequenzanalyse von Nukleinsäuren nachweisen lassen. Auch der Ersatz einzelner Aminosäuren durch andere kann harmlos sein und die Funktion des Proteins wenig oder gar nicht ändern. Andere Aminosäuresubstitutionen, besonders die, bei denen es zur Änderung der Ladung einer Seitenkette kommt, können zum *Ausfall der Funktion des Proteins* führen. Dasselbe geschieht bei Mutationen, die zu *vorzeitigem Kettenabbruch* führen.

Je mehr Proteine an dem normalen Ablauf eines Prozesses beteiligt sind, desto anfälliger wird er gegen Mutationen. Die Synthese vieler lebenswichtiger Moleküle beruht auf einer Kette ineinandergreifender Reaktionen. Wir haben bereits gesehen, daß die Synthese von Tryptophan aus Glutamin und Chorismat durch die Produkte von fünf Genen katalysiert wird (3.08). Alle fünf können an sehr vielen Stellen mutieren. Die Mutation von Bakterien, die Tryptophan synthetisieren können, zu solchen, die Tryptophan aus dem Medium aufnehmen müssen, ist also ein relativ häufiger Vorgang. Obwohl viele Bakterienstämme in einem Minimalmedium wachsen können, das Glucose als einzige Energie- und Kohlenstoffquelle enthält, kann man immer wieder Stämme isolieren, die das eine oder andere organische Molekül nicht selbst synthetisieren können, sondern von außen aufnehmen müssen. Solche Mutanten nennt man *Mangelmutanten* oder *auxotrophe*. Sie haben eine große Rolle bei der Aufklärung von Stoffwechselprozessen gespielt. Da Mangelmutanten in Minimalmedien nicht wachsen können und schließlich absterben, sind sie potentiell *Letalmutanten*. Dazu gehören alle Mutanten, die auf Grund ihrer Mutation nicht überleben. Mehr als bei höheren Organismen ist bei Bakterien die *Letalität einer Mutante von der Umgebung abhängig*. Das trifft auch auf Mutanten zu, bei denen die Proteinfunktion nicht verlorengegangen, sondern verändert worden ist. Ein Beispiel dafür bietet wieder die Tryptophansynthese. 5-Methyl-Tryptophan kann wie Tryptophan die Anthranilat-Synthetase allosterisch hemmen (3.08). Es stellt also die Tryptophansynthese ab, ohne Tryptophan im Stoffwechsel zu ersetzen. Damit ist es ein tödliches Gift für *E. coli*. Durch eine Mutation der Hemmstelle wird aber das Bakterium insensitiv und kann weder durch Tryptophan noch durch 5-Methyl-Tryptophan gehemmt werden. Es verliert einen Regulationsmechanismus, überlebt aber in einem Medium, durch das es sonst vergiftet würde. Eine solche Mutation muß sehr spezifisch sein. Sie wird entsprechend seltener gefunden als eine Tryptophan-Mangelmutante.

Ganz strenge Ansprüche werden an *Rückmutationen* gestellt, also Mutationen, die eine Mutante wieder in die Normalform überführen. Dazu muß in der Regel nicht nur genau dasselbe Basenpaar mutieren, es muß auch zu einem ganz spezifischen anderen Basenpaar werden. Am Beispiel der Nitritmutanten haben wir gesehen, daß bei bestimmten Mutagenen bestimmte Mutationen häufiger sind als andere. Die Chancen für eine Rückmutation sind also ganz besonders gering.

12.08 Selektion für Resistenzgene

Wenn eine Mangelmutante auf Mutationen in verschiedenen Genen beruhen kann, dann wird sie durch eine Anhäufung mehrerer Mutationen in mehreren dieser Gene immer unwiderruflicher zur Mangelmutante. Umgekehrt kann die Resistenz gegen ein Antibiotikum auf Mutationen in mehreren Genen beruhen. Durch multiple Mutationen wird ein Bakterienstamm oft resistenter gegen ein Antibiotikum, verträgt also immer höhere Konzentrationen. Das hat große klinische Bedeutung.

Setzt man zum Beispiel sensitive *E. coli* einer Konzentration von 500 µg/ml Penicillin aus, dann sterben beinahe alle Bakterien ab (Abb. 12.06). Weniger als eines in 10^8 überleben eine derartige Konzentration. Nimmt man diese Überlebenden, dann kann man feststellen, daß ihre Resistenz auf Mutation beruht. Sie halten alle eine Penicillinkonzentration von 500 µg/ml aus. Setzt man die Mutanten nun einer entsprechend höheren Konzentration aus, dann überlebt wieder ein sehr geringer Anteil durch weitere Selektion. Für viele Antibiotika kann man durch *stufenweise*

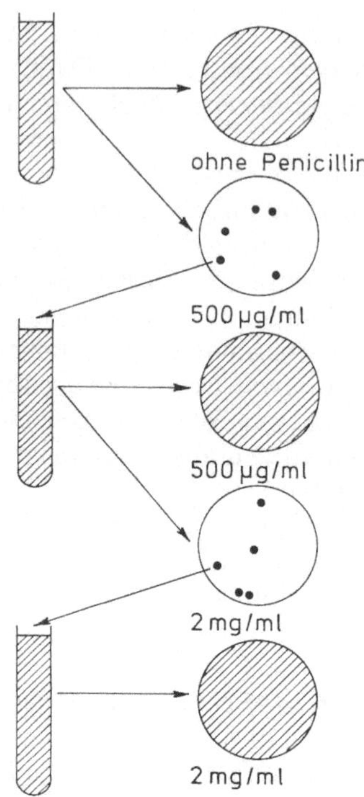

Abb. 12.06. Stufenweise Selektion für zunehmende Penicillin-Resistenz

Selektion schließlich völlig resistente Bakterienstämme erhalten.

Verschiedene Mechanismen wirken bei dieser Resistenz zusammen. Oft handelt es sich dabei um Mutationen der Angriffstelle des Antibiotikums. So beruht Streptomycinresistenz hauptsächlich auf Mutationen im Gen für das Protein 10 der 30 S-Untereinheiten der Ribosomen. Auch Mutationen der Permeasen, also der Transportproteine, die das Antibiotikum in die Zelle transportieren, spielen dabei eine Rolle. Schließlich beruht die Resistenz gegen gewisse Antibiotika auf Abbaumechanismen. Wir werden darauf noch zurückkommen.

Die stufenweise Selektion immer stärker resistenter Stämme entspricht dem, was oft in der medizinischen Praxis geschieht, wenn Antibiotika in zu kleinen Dosierungen in unregelmäßigen Abständen eingenommen werden. Es darf nicht vergessen werden, daß die Konzentration des Anti-

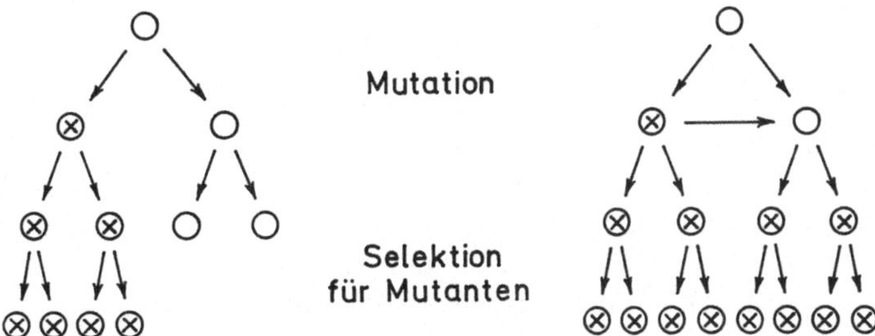

Abb. 12.07. Horizontale und vertikale Weitergabe genetischer Information

biotikums am Ort der Infektion oft sehr viel geringer ist als die verabreichte Dosis und daß das Antibiotikum im Laufe der Zeit ausgeschieden wird. Vergleiche der Resistenz isolierter Stämme mit Blutspiegeln von Antibiotika haben ergeben, daß Dosierungen von 1 g Streptomycin 2–3mal täglich oder 1,0–1,5 g Chloramphenicol 4mal täglich nötig wären, um auch mäßig sensitive Bakterien zu erfassen.

Besonders unsinnig erscheint in diesem Zusammenhang der Zusatz von Antibiotika zum Viehfutter als Vorbeugemittel gegen Infektion. 1970 sollen in Deutschland für 150 Millionen DM Antibiotika in der Landwirtschaft verwendet worden sein. Dies führt zu einer laufenden Selektion für resistente Stämme.

Es ist schwierig, dieser Situation beizukommen, die mehr als biologische Überlegungen zu ihrer Lösung erfordert. Von den verschiedenen biologischen Vorschlägen zur sinngemäßen Anwendung von Antibiotika ist einer leicht verständlich. Es wird empfohlen, zwei nicht verwandte Antibiotika gleichzeitig einzusetzen. Die Chance, daß in einer Population zwei Mutationen unabhängig voneinander entstehen, entspricht dem Produkt der Häufigkeiten der Einzelmutationen. Bei einer Mutationsrate von 10^{-6} ist die Chance für eine Doppelmutation 10^{-12}. Daß auch diese Methode ihre biologischen Grenzen hat, von pharmakologischen und anderen Gesichtspunkten ganz abgesehen, werden wir sehr bald erfahren (12.12). Wie in den meisten Fällen, in denen man versucht hat, ein biologisches

System zu überlisten, hat das System eine Gegenstrategie erfunden, die den anfänglichen Sieg in eine endgültige Niederlage umzukehren droht.

12.09 Parasexualität, Transformation

Drastische Adaptionen von Bakterienstämmen an die Umwelt durch Mutation, also durch Veränderung des Erbguts, helfen nur wenigen Zellen. Ist die Umwelt so feindlich, daß nur bestimmte Mutanten überleben, dann geht ein großer Teil der Population zugrunde, und das Populationswachstum muß von neuem beginnen. Das liegt daran, daß die Erbinformation mit neu synthetisierter DNA nur vertikal von einer Generation zur nächsten weitergegeben wird. Viel effizienter wären Mechanismen, durch die Erbinformation horizontal in derselben Generation von einem Bakterium an ein anderes weitergegeben wird (Abb. 12.07). Ein solcher Mechanismus muß auf der Übertragung von DNA zwischen Bakterien beruhen.

Verschiedene solche Mechanismen sind gefunden worden. Bei allen wird DNA übertragen. Damit ähneln sie ein wenig der Sexualität höherer Organismen. Im einzelnen bestehen Unterschiede, die wir verstehen werden, wenn wir Sexualvorgänge bei Eukaryonten besprechen (15.06). Man spricht bei Bakterien von *parasexuellen* Vorgängen. Daß genetische Information von einem Bakterium an ein anderes weitergegeben werden kann, ist seit 1928 bekannt. Damals fand Griffith, daß abgetötete Zellen eines virulenten Stammes von *Diplococcus pneumoniae* nicht virulent sind, aber zusammen mit einem nicht virulenten Stamm injiziert, zum Tode der Versuchstiere führen. Irgend etwas aus den toten virulenten Zellen muß also die nicht virulenten Zellen zu virulenten *transformieren*. Worauf diese Transformation beruht war lange Zeit unbekannt. Einmal transformiert bleiben die Pneumokokken virulent und geben die Virulenz an ihre Nachkommen weiter. Das transformierende Prinzip war also eine, oder die, genetisch aktive Substanz. Die beiden Pneumokokkenstämme können auch in Reinkultur auf Agar unterschieden werden. Die Virulenz beruht auf einer Kapselsubstanz, die Kolonien des virulenten Stammes ein glattes, glänzendes Aussehen verleiht. Die nicht virulente Mutante stellt diese Kapselsubstanz nicht her. Ihre Kolonien haben ein rauhes Aussehen.

Avery, MacLeod und McCarty benutzten die Pneumokokkentransformation 1944 zu einem klassischen Experiment, mit dem sie zeigten, daß DNA, nicht Protein, die genetische Information weitergibt. Sie isolierten sehr saubere DNA- und Proteinfraktionen von glatten virulenten Pneumokokken und inkubierten den rauhen, nicht virulenten Stamm mit der DNA oder mit den Proteinen. Reine DNA, und nur DNA, ist das transformierende Prinzip, mit dem Virulenz vererbbar auf den nicht virulenten Stamm übertragen werden kann (Abb. 12.08).

Dieses Experiment, eins der wichtigsten in der Geschichte der Genetik, ist leicht in jedem Labor nachzumachen. Der genetische Teil ist einfach und eindeutig. Sehr viel umständlicher ist die Frage nach der physiologischen Bedeutung. Transformation durch die DNA abgestorbener Bakterien scheint auch in natürlichen Bakterienpopulationen vorzukommen. Aber von allen untersuchten Bakterienarten läßt sich nur etwa ein halbes Dutzend transformieren. Das Problem ist, wie die DNA in eine Bakterienzelle gelangt. Zur

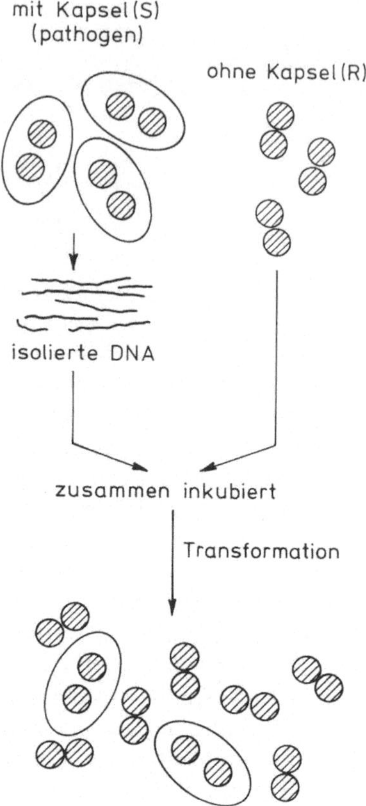

Abb. 12.08. Schema zum Transformationsexperiment von Avery, MacLeod und McCarty

Aufnahme der DNA muß sich die Membran der Bakterien verändern. Nicht alle Zellen eines transformierbaren Stammes können transformiert werden. Die Kompetenz dazu tritt erst in der stationären Wachstumsphase auf, breitet sich dann aber schlagartig durch die Population aus.

12.10 Konjugation

So wichtig die Transformationsprozesse für die Molekulargenetik sind, mit richtiger Sexualität haben sie wenig zu tun. Man hat einen anderen parasexuellen Prozeß gefunden, der richtiger Sexualität schon viel näher kommt, indem man ein Selektionsexperiment für sexuelle Bakterien angesetzt hat.

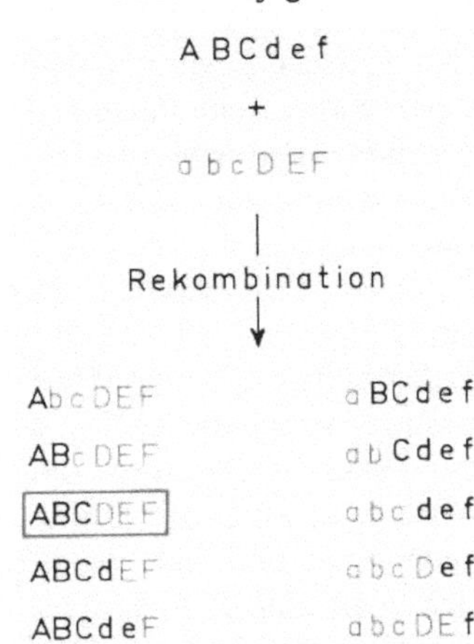

Abb. 12.09. Rekombination zwischen DNA-Molekülen zweier Bakterienstämme mit je drei Mangelmutanten sollte gelegentlich zu Rekombinanten mit normalen Allelen für alle sechs Gene führen, die auf Minimalmedium wachsen können

Die Grundidee dabei war die folgende: Sexuelle Systeme beruhen darauf, daß die genetische Information zweier Individuen zusammengebracht wird, damit durch stückweise Austausche neue Kombinationen von Genen erzeugt werden können. Dazu muß wenigstens für kurze Zeit mindestens ein Teil des genetischen Materials in derselben Zelle doppelt vorliegen. Für viele höhere Organismen, auch für den Menschen, ist das der Normalzustand der Zelle. Jede unserer Körperzellen enthält jedes Chromosom doppelt. Körperzellen sind *diploid*. Der Normalzustand für Prokaryonten ist es, die genetische Information nur einmal in jeder Zelle zu besitzen. Prokaryonten sind *haploid*. Ein diploider oder gar ein gelegentlicher und teilweiser diploider Zustand bei Bakterien ist schwer nachzuweisen. Sollte er aber zum *Merkmalsaustausch,* zur *Rekombination* führen, dann läßt sich das Resultat leicht darstellen.

Lederberg hat dazu ein Experiment entworfen, das auf der Existenz von Mangelmutanten beruht. Mangelmutanten (12.07) müssen ein Substrat aus dem Medium aufnehmen. Es fehlt ihnen eine normale Enzymaktivität zur Synthese des Substrats. Gelegentlich kann eine Mangelmutante durch Rückmutation wieder unabhängig vom Angebot des Substrats werden. Lederberg hat multiple Mangelmutanten hergestellt. Die Chance für gleichzeitige multiple Rückmutationen ist dann vernachlässigenswert. Im Experiment hat Lederberg reziproke Stämme zusammengebracht. Jeder hatte drei Mangelmutanten, für die der andere Stamm die Normalallele besaß. Keiner der Stämme konnte auf Minimalmedium ohne Zusatz spezieller Substrate wachsen. Sollte aber Rekombination vorkommen, dann müßte man gelegentlich Bakterien finden, bei denen die drei Normalallele des einen Stammes mit den drei Normalallelen des anderen Stammes kombiniert auftreten. Solche Rekombinanten würden auf Minimalmedium wachsen (Abb. 12.09).

Rekombinanten wurden wirklich gefunden. Sie deuten auf eine Art Sexualität hin. Daß der Mechanismus aber ganz anders als bei höheren Organismen ist, wurde bald deutlich. *Rekombination ist bei höheren Organismen ein reziproker Prozeß.* Bei einer Kreuzung von AB mit ab treten genausoviele (oder wenige) Ab-Nachkommen auf wie aB. *Für Bakterien gilt das nicht. Die Weitergabe ist nur in einer Richtung.* Es sah danach aus, als ob das Männchen (wenn es männliche Bakterien gibt) dem Weibchen einige Gene überließ. Ein richtiger Austausch fand nicht statt. Schlimmer noch war die Beobachtung, daß Männchen Gene an Männchen weitergeben konnten und daß Weibchen nach der Übertragung von Genen zu Männchen wurden. Vorsichtshalber spricht man also von Fertilen (F$^+$), die Gene und einen Fertilitätsfaktor (F) an andere Fertile oder an nicht Fertile (F$^-$) weitergeben. Selbst das führt zu Problemen. Gewisse Stämme geben Gene mit besonders großer Häufigkeit weiter (high frequency recombination, Hfr), ohne dabei den Fertilitätsfaktor zu übertragen. Lange Zeit war die Erforschung von Rekombinationsprozessen bei Bakterien eins der verworrensten Gebiete der Genetik.

Des Rätsels Lösung beruht darauf, daß der F-Faktor ein *Plasmid* ist.

Plasmide sind ringförmige Moleküle aus doppelsträngiger DNA, die unabhängig vom Bakterienchromosom in der Zelle vorkommen. Das Bakterienchromosom hat eine Länge von etwa 1 100 µm, der F-Faktor von etwa 32 µm (MG$=6,2\times10^{7}$). Jedesmal, wenn die DNA des Bakteriums bei einer Zellteilung neu synthetisiert wird, wird auch die DNA des F-Faktors verdoppelt und weitergegeben. Gelegentlich geht der F-Faktor verloren. Dann entstehen F^{-}-Bakterien.

Bakterien, die den F-Faktor tragen, können zu anderen Bakterien Brücken ausbilden, die *Sex-Pili,* und sich so verbinden, daß DNA übertragen werden kann (Konjugation). Die DNA, die übertragen wird, ist eine Einzelstrangkopie der F-Faktor-DNA. Ihre Synthese beginnt damit, daß eine spezifische Endonuklease an einer Stelle des F-Plasmids einen Einzelstrangbruch verursacht. An das freigesetzte 3′-Ende werden dann weitere Basen angesetzt, wobei der ringförmig geschlossene andere Strang die Matrize liefert. Das geht natürlich nur, wenn das 5′-Ende des aufgeschnittenen Stranges für das wachsende 3′-Ende an der Matrize Platz macht. Vom 5′-Ende her wird also bei dieser Synthese Einzelstrang-DNA freigesetzt. Das ist die DNA, die bei der Konjugation vom F^{+}- auf das F^{-}-Bakterium übertragen wird. Solche DNA-Synthese, bei der ein Einzelstrang von einem zirkulären doppelsträngigen DNA-Molekül „abgerollt" wird, nennt man DNA-Synthese nach dem „Rolling Circle"-Modell. Dieser Vorgang erklärt die Übertragung der Fertilität, aber nicht die Übertragung von Genen des Bakterienchromosoms.

Gelegentlich integriert sich der F-Faktor in das Bakterienchromosom (Abb. 12.10). Er wird dann weiterhin mit dem Chromosom gleichzeitig synthetisiert und bei der Zellteilung weitergegeben. Außerdem behält er die Eigenschaft, Konjugation einzuleiten. Dabei kommt es zu den gleichen Vorgängen wie bei der Übertragung des

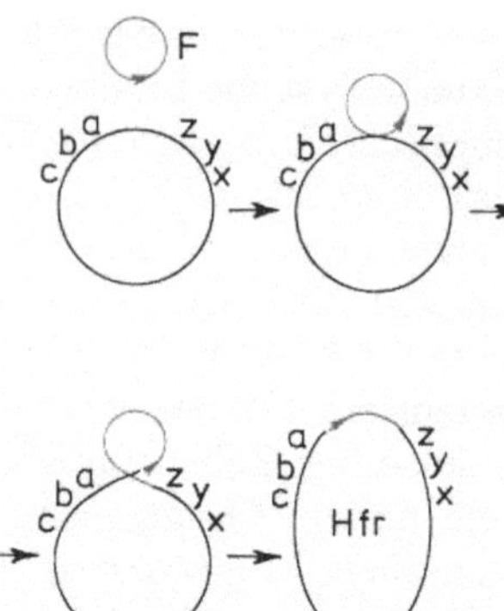

Abb. 12.10. Wenn sich ein F-Plasmid in das Bakterienchromosom einbaut, entsteht ein Hfr-Bakterium

freien F-Plasmids, aber das Resultat ist verschieden. Unter dem Einfluß des F-Faktors werden Sex-Pili zu einem anderen Bakterium ausgebildet, die beiden Bakterien verbinden sich, und bei der DNA-Synthese wird ein Tochtermolekül in das andere Bakterium übertragen.

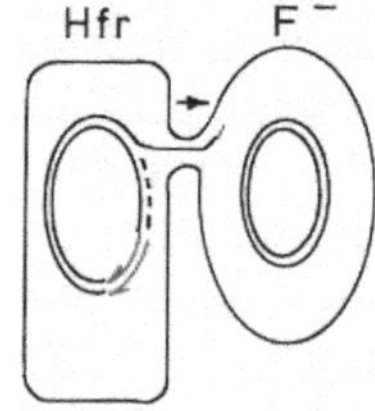

Dabei tritt die Bruchstelle immer nahe am Hinterende des integrierten F-Faktors auf. Er zieht die Bakterien-DNA nicht hinter seiner nach, sondern er muß das gesamte Bakterienchromosom vor sich her schieben, um in das andere Bakterium zu gelangen. Bei der relativen Länge von Bakterienchromosom und F-Faktor ist es nicht überraschend, wenn in der Regel nicht das ganze Chromosom übertragen wird, sondern die DNA vorher abbricht. Bakterienstämme mit einem F-Faktor, der in das Chromosom integriert ist, nehmen also häufig an Genübertragung und Rekombination teil, übertragen aber selten den Fertilitätsfaktor. Dies sind die Hfr-Stämme.

Die sukzessive Übertragung der Bakteriengene kann dazu ausgenutzt werden,

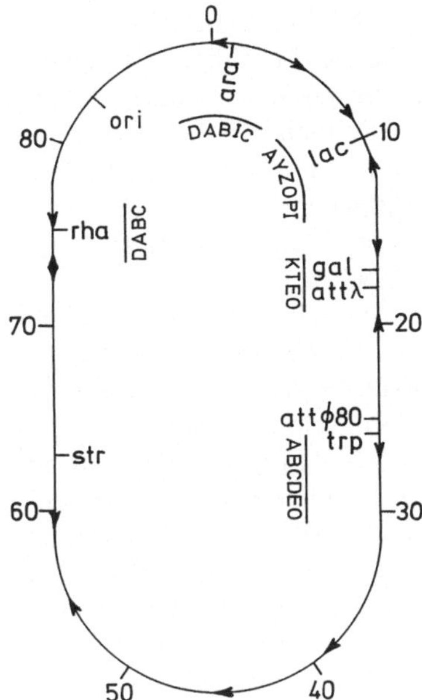

Abb. 12.11. Genkarte des Chromosoms von *E. coli*. Nur einige wenige von einigen hundert kartierten Genen sind eingetragen. Die Operons für Arabinose, Lactose, Galactose und Rhamnose sind katabolische Operons, das Tryptophan-Operon codiert für die Enzyme einer anabolischen Reaktionskette. Die großen Buchstaben geben jeweils die Struktur des Operons wieder (*lac*: Regulator, I; Promotor; Operator; drei Strukturgene, Z, Y, A). *att*-Gene sind Ansatzstellen temperenter Phagen (13.06), *str* ist Streptomycin-Resistenz. *ori* ist der Replikationsstartpunkt (10.03). Zahlen geben Minuten für die DNA-Weitergabe bei der Konjugation an, Pfeile auf der Linie die Enden und Weitergabe-Richtungen für verschiedene Hfr-Stämme

ihre Anordnung auf dem Bakterienchromosom festzustellen. Dazu wird ein Hfr-Stamm mit einem F⁻-Stamm vermischt. Der Hfr-Stamm wird mit der Konjugation beginnen. Nach verschiedenen Zeiten wird die Kultur in einen Mixer geschüttet und kurz aber heftig verrührt. Das genügt, die Bakterienpaare auseinanderzubrechen und die Konjugation zu stoppen. Mit entsprechenden Selektionsmethoden kann dann festgestellt werden, welche Gene bereits übertragen worden waren. Je nachdem, wie lange man wartet, bevor die Konjugation gestoppt wird, findet man Gene, die das Vorderende des übertragenen DNA-Stücks markieren und zu-

sätzlich immer mehr der folgenden Gene. Auf diese Weise kann die Reihenfolge der Gene auf dem Chromosom von *E. coli* festgestellt werden. Man kann sich eine Genkarte herstellen (Abb. 12.11).

Solche Kartierungsversuche führten zum Ergebnis, daß bei verschiedenen Hfr-Stämmen verschiedene Gene zuerst übertragen werden. Das bedeutet, daß der F-Faktor sich an verschiedenen Stellen des Bakterienchromosoms integrieren kann. Jeweils die Gene, die seinem Hinterende am nächsten liegen, sind dann die ersten, die bei der Konjugation übertragen werden. Diese Beobachtung hat auch die Annahme bestätigt, daß das Bakterienchromosom einen in sich geschlossenen Ring darstellt. Das hatte man vorher schon aus Rekombinationshäufigkeiten geschlossen. Wir werden später sehen, wie man aus Rekombinationshäufigkeiten die Lage verschiedener Gene zueinander erkennen kann. Inzwischen hat man das ringförmige Bakterienchromosom auch sichtbar gemacht (10.03).

12.11 F′-Transduktion

So wie gelegentlich ein freies F-Plasmid in das Bakterienchromosom integriert werden kann, wobei ein Hfr-Chromosom entsteht, kann die integrierte F-DNA auch das Hfr-Chromosom wieder verlassen (Abb. 12.12). Wie bei der Integration bedarf es dazu zweier Bruchstellen in der DNA, die dann jeweils wieder zu einem geschlossenen Kreis verbunden wird. Der genaue Mechanismus soll uns hier nicht interessieren. Er ist wahrscheinlich bei al-

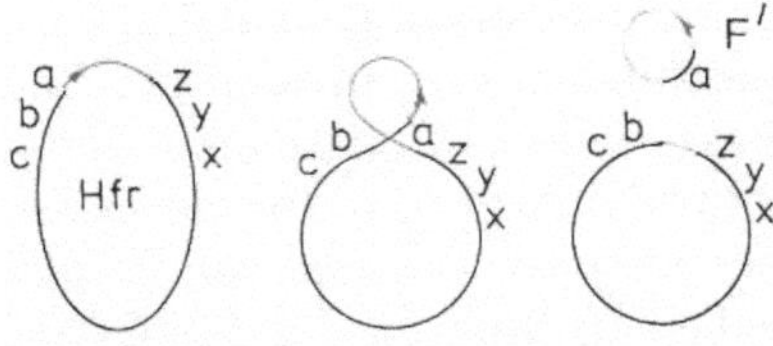

Abb. 12.12. Wenn der F-Faktor ein Hfr-Chromosom verläßt, kann er Bakteriengene mitnehmen und wird zum transduzierenden F′-Plasmid

len Rekombinationsvorgängen zwischen zwei doppelsträngigen DNA-Molekülen derselbe. In der Regel verläuft die Reparatur von Doppelstrangbrücken so, daß die Bruchstelle ohne Verlust an Basenpaaren exakt verheilt. Nur ganz selten lassen sich Fehler nachweisen.

Bei einem langen, ziemlich stark aufgeknäuelten Molekül, wie dem Chromosom von *E. coli,* treten Strangbrüche und Verheilung unter Verlust ringförmiger Stücke bestimmt hier und da auch im normalen Chromosom auf. Da dadurch Gene verloren gehen, sollten solche *Deletionen* in der Regel zum Tode der Zelle führen. Stämme mit kleinen Deletionen werden in vielen Laboratorien für verschiedene Zwecke benutzt. Der F-Faktor enthält keine Gene, die für das Bakterium lebensnotwendig sind. Er kann daher ohne Schaden für das Bakterium aus dem Chromosom herausgeschnitten werden, auch auf die Gefahr hin, daß er als freies Plasmid leichter verloren geht.

Die Bruchstellen müssen nicht einmal ganz genau an den Enden der F-DNA sein. Häufig liegen sie so, daß ein Stück Bakterien-DNA mit in das Plasmid gerät. Ein solches Plasmid, das zum größten Teil aus der F-Faktor-DNA besteht und dazu noch ein paar Bakteriengene enthält, ist ein F′-Faktor. Genauso wie es verschiedene Hfr-Chromosomen gibt, je nachdem, wo sich der F-Faktor integriert, gibt es verschiedene F′-Plasmide, je nachdem welche Gene des Bakterienchromosoms sie enthalten.

Ein F′-Faktor verhält sich im Grunde genommen wie ein F-Faktor. Er löst Konjugation aus und überträgt seine F′-DNA auf ein anderes Bakterium. Nur nimmt der F′-Faktor ein paar Bakteriengene mit, die mit dem Chromosom des Empfänger-Bakteriums rekombinieren können. Dadurch ist der F′-Faktor ein *transduzierendes Plasmid. Transduktion* ist die Weitergabe von Stücken des Bakterienchromosoms, die durch Rekombination in ein Plasmid inkorporiert worden sind. Das Plasmid braucht nicht der F-Faktor zu

sein. Jede DNA, die nicht zum Bakterienchromosom gehört, aber von einem Bakterium in ein anderes gelangen kann, kann sich gelegentlich ins Bakterienchromosom einbauen und unter Mitnahme von Bakteriengenen wieder herausgeschnitten werden. Dann wird sie zu transduzierender DNA.

Konjugation ist nicht für alle Bakterien nachgewiesen worden. Sie scheint nur bei den Enterobacteriaceen vorzukommen. Auch Rekombinationsvorgänge spielen bei Bakterien offenbar nur eine relativ geringe Rolle. Ihre kurzen Generationszeiten und ihre großen Populationszahlen reichen im allgemeinen aus, drastischen Umweltänderungen mit Mutationen zu widerstehen. Die Mutationen werden dabei selten durch die Umweltänderung induziert. In keinem Fall wird eine spezifische Mutation gerichtet auf die Umweltansprüche verursacht. Höchstens steigt die gesamte Mutationsrate. Rein statistisch genügt aber das Angebot verschiedenster Mutationen, damit irgendwo in der Population wenigstens einige Individuen zufällig auch der unvorhergesehensten Selektion entgehen können. Aus diesen kann dann recht schnell wieder eine stattliche Population entstehen.

Wir haben uns die parasexuellen Vorgänge bei *E. coli* hier so ausführlich angeschaut, weil sie ein Modell für Vorgänge darstellen, die in letzter Zeit immer wichtiger für die theoretische und die klinische Medizin werden.

12.12 Resistenz-Plasmide

Seit der Mitte der fünfziger Jahre wird immer häufiger beobachtet, daß Bakterienstämme in Krankenhäusern sehr schnell resistent gegen neu eingeführte Antibiotika werden. Diese Resistenz kann nicht auf Mutationen beruhen. Isoliert man einen resistenten Stamm von einem Patienten und läßt ihn im Reagenzglas zusammen mit einem nicht resistenten Stamm aufwachsen, dann wird der nicht resistente Stamm innerhalb weniger Stunden resistent. Es handelt sich also um eine horizontale Weitergabe der Resistenz von einem Bakterium zum anderen. Zusätzlich wird oft multiple Resistenz übertragen.

1971 wurde zum Beispiel das neue Antibiotikum Gentamycin in Kliniken eingeführt. Innerhalb weniger Monate traten viele gentamycinresistente Stämme auf. Diese Stämme waren zusätzlich resistent gegen Chloramphenicol, Ampicillin und Sulfonamid, obwohl sie aus gentamycinbehandelten Patienten isoliert worden waren. Diese infektiöse Antibiotikaresistenz ist derart weit verbreitet, daß inzwischen einige Stämme von Darmbakterien, die Enteritis und Typhus verursachen, gegen alle bekannten Antibiotika resistent sind.

Daß es sich bei dieser Resistenz um Faktoren handelt, die auf Plasmiden lokalisiert sind, hat sich mit einem Trick nachweisen lassen. Man hat die Resistenz auf das Bakterium *Proteus mirabilis* übertragen, das einen relativ geringen Gehalt an G—C-Paaren in der chromosomalen DNA hat (36% G—C, 64% A—T). Damit hat die DNA von *Proteus* eine relativ geringe Dichte. DNA aus infizierten *Proteus*-Zellen kann im Dichtegradienten in der Ultrazentrifuge (10.02) untersucht werden. Dann läßt sich von der leichteren Hauptfraktion eine kleine Nebenfraktion trennen, deren DNA etwas dichter ist. Diese Fraktion enthält *zirkuläre doppelsträngige DNA* mit Molekulargewichten von 10^6 bis 10^8 je nach Plasmid (zum Vergleich: der F-Faktor hat ein Molekulargewicht von $6{,}2 \times 10^7$). Diese Plasmide übertragen die multiple Antibiotikaresistenz. Sie werden oft als *R-Faktoren* bezeichnet.

Bakterielle Plasmide können verschiedenartige Gene tragen. Hauptsächlich sind das Gene für Antibiotica- und Schwermetall-Resistenz. Aber auch das Gen, das einige *E. coli*-Stämme schweren Durchfall bei neuinfizierten Reisenden in tropischen Ländern hervorrufen läßt (,,Montezumas

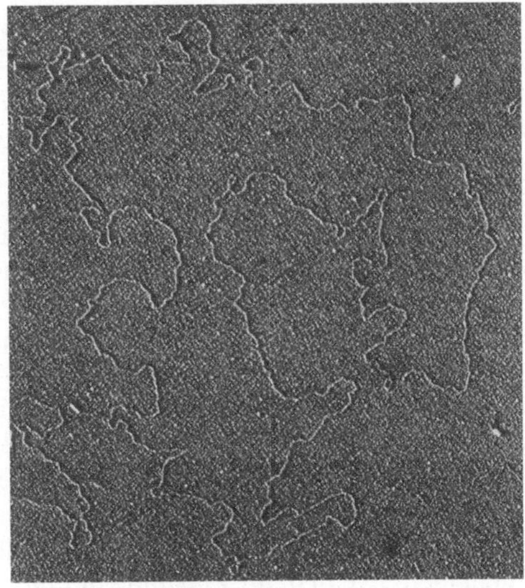

Abb. 12.13. Ein Plasmid aus *E. coli*. Dieses Plasmid trägt Information für Hämolysin und ist durch Konjugation transferierbar. Vergrößerung 50000×. (Aufn. H. Bujard)

Rache" in Mittelamerika), sowie Gene bei anderen Bakterien für Milchvergärung, Kohlenwasserstoffabbau (bakterieller Abbau von Ölverschmutzung) und andere Funktionen liegen auf Plasmiden.

Viele dieser Plasmide haben keine Transferfaktoren. Sie werden bei der Zellteilung an die Tochterzellen weitergegeben, können auch Plasmiden mit Transferfunktionen bei der Konjugation nachfolgen oder durch Phagen-Transduktion weitergegeben werden. Typischerweise liegt jedes Plasmid in einer bestimmten Anzahl von Kopien in der Wirtszelle vor. Das kann eines pro Zelle sein, in einigen Fällen aber auch über 100. Diese Zahl unterliegt einem Kontrollmechanismus, der — ebenso wie die Plasmidreplikation überhaupt — noch nicht völlig geklärt ist. Er beruht auf einer Gruppe gekoppelter Gene (engl. ,,replication drive unit"), die unabdinglich für die Existenz des Plasmids ist. Dagegen können spezielle Funktionen wie die Resistenzgene relativ leicht aus dem Plasmid verloren oder in ein Plasmid aufgenommen werden. Das liegt daran, daß solche Gene auf besonderen DNA-Abschnitten, den Transposons, liegen. *Transposons* sind DNA-Sequenzen, die sich unabhängig von dem regulären Rekombinationsmechanismus an verschiedenen Stellen in DNA-Moleküle einbauen können (vgl. 17.12). Dafür benötigen sie also weder die Enzyme für „legitime" Rekombination noch sind sie auf gemeinsame Basensequenzen mit der DNA angewiesen, in die sie sich einbauen. Transposons können damit von einer Stelle in DNA zu einer anderen „springen" und damit auch von einem Plasmid in ein anderes in derselben Zelle überwechseln. Dabei werden Resistenzgene auf dem Transposon mit übertragen. Es überrascht deshalb nicht mehr, wenn heute Plasmide mit mehr Resistenzgenen (bis zu 10) gefunden werden als zur Zeit ihrer Entdeckung vor 25 Jahren. Unter dem starken Selektionsdruck durch Antibiotica haben die Plasmide Resistenzgene akkumuliert.

Das Reservoir, aus dem Resistenzplasmide in Krankenhäuser eingewandert sind, dürften Bodenbakterien sein. Schließlich sind Antibiotica in der Natur die chemischen Waffen von Bodenpilzen und Bodenbakterien. Auch Schwermetallentgiftung ist für Bodenorganismen wichtig. Dort werden wohl auch die spezifischen Abwehrmechanismen entstanden sein. Die Spezifität der Plasmidenresistenz deutet auf eine lange Evolution. Plasmidenresistenz beruht oft auf direkter Entgiftung des Antibioticums. Zum Beispiel wird Streptomycin adenyliert, so daß es sich nicht mehr an die 30S-Untereinheit des Ribosoms anlagern kann. Im Gegensatz dazu beruhen chromosomale Mutationen zur Antibiotica-Resistenz in der Regel darauf, daß die Struktur im Bakterium, an der das Antibioticum angreift, durch eine zufällige Mutation der Angriffsstelle dem Antibioticum entzogen wird. Chromosomale Streptomycin-Resistenzmutanten verändern die Struktur der 30S-Untereinheit. Damit bedeutet chromosomal bedingte Resistenz in der Regel eine Schädigung des Bakteriums, die sich nur unter starkem Selektionsdruck durchsetzen kann. Plasmide helfen normalen Bakterien besser zu überleben.

13 Viren: Phagen

13.01 Definition

Das letzte Kapitel hat gezeigt, daß die Parasexualität von Bakterien ein Vorgang ist, der weniger mit richtiger Sexualität zu tun hat als mit Infektion durch genetisches Material. Bei richtiger Sexualität verschmelzen zwei ganze haploide Zellen zu einer diploiden Zygote. Bei Bakterien kommt es selten einmal zur Übertragung eines ganzen Chromosoms. Meist wird ein Stück DNA übertragen. Dementsprechend fehlt auch ein meiotischer Mechanismus. Wieweit ein Resistenzfaktor zum genetischen Material einer Bakterienart gerechnet werden kann, ist nicht ganz klar. R-Faktoren verhalten sich wie eigenständige DNA-Stücke, die Zellen zu ihrer Vermehrung ausnutzen. Selbst wenn sie aus dem Genmaterial von Bakterien entstanden sind, gehören sie nicht mehr unbedingt dazu. Auch ohne R- und F-Faktoren sind Bakterien vollständige Organismen.

Diese Überlegungen sollen beim Verständnis von Viren helfen. Was Viren sind, ist leichter zu sagen, als ihnen einen Platz in der Hierarchie biologischer Systeme einzuräumen.

Ein Virus ist ein Stück genetischer Information, das aus DNA oder RNA bestehen kann. Es gibt also *DNA-Viren* und *RNA-Viren*. Bei allen Viren liegt die Nukleinsäure in einer *Proteinhülle,* dem Capsid. Das Hüllprotein wird durch die Virus-Nukleinsäure codiert. Außer einem oder mehreren Cistrons für das Hüllprotein enthält das Virus-Genom wenige Gene, die meist für Enzyme zur Replikation der Virus-Nukleinsäure codieren. Je nach Typ können Viren von drei bis 150 Gene enthalten. Viren sind *subzelluläre Partikel,* die für ihre Vermehrung auf den Stoffwechsel einer Zelle angewiesen sind, in die sie eindringen müssen. Im allgemeinen zeigen Viren eine eng umschriebene *Spezifität für bestimmte Wirtszellen.* Es gibt Viren, die auf spezielle Pflanzenzellen angewiesen sind, Viren für Tierzellen, darunter Viren des Menschen, und es gibt Viren, die bestimmte Bakterienarten infizieren. Es ist wahrscheinlich, daß es kaum einen Organismus gibt, für den nicht eine oder mehrere Virusarten existieren.

In vielen Fällen wird die Wirtszelle durch das Virus geschädigt oder abgetötet. Dadurch werden viele Viren zu *Krankheitserregern.* Als Krankheitserreger sind sie auch entdeckt worden.

Bei einer Erkrankung von Tabakblättern, die zum Absterben von Zellarealen auf den Blättern führt und dadurch im 19. Jahrhundert der holländischen Tabakindustrie großen Schaden zugefügt hat, wurde lange vergeblich nach einem Erreger gesucht. Die abgestorbenen Zellareale (Nekrosen) treten mosaikartig auf den Blättern auf. Mit dem Saft der erkrankten Pflanzen konnte die *Tabak-Mosaik-Krankheit* übertragen werden, aber im Mikroskop war kein Organismus sichtbar, und selbst Saft, der durch Porzellanfilter abfiltriert worden war, in denen Bakterien steckenbleiben, infizierte noch Blätter (Iwanowski). Auch eine ganz andere Krankheit, die Maul- und Klauenseuche des Viehs, konnte durch ein Filtrat aus den Pusteln, die sich am erkrankten Tier bilden, übertragen werden (Löffler und Frosch). Man sprach von einem *filtrierbaren Virus* (Gift), das die Krankheitssymptome erzeugte. So hat sich der Name eingebürgert.

Der Engländer Twort fand 1915, daß sich eine Reinkultur von Staphylokokken spontan auflöste und daß die Lyse ansteckend auf weitere Kulturen wirkte. Unabhängig davon beobachtete der Kanadier d'Hérelle 1917, daß Ausscheidungen eines Patienten, der eine Ruhrinfektion überstanden hatte, *Shigella*-Bakterien lysierten. Das lysierende Agens konnte auf weitere Kulturen übertragen werden, ohne daß sich Verdünnungseffekte zeigten. Offensichtlich war es vermehrungsfähig. Im Mikroskop war es nicht sichtbar. D'Hérelle nannte sein Präparat *Bactériophage*. Die Bezeichnung *Phage* ist heute allgemein üblich für Bakterienviren.

Phagen, Pflanzenviren und Viren tierischer Zellen zeigen viele Gemeinsamkeiten. Ob sie aber eine Gruppe verwandter Partikel darstellen, ist sehr fraglich. Jedenfalls kann man vom Studium eines jeden Virus sehr viel über alle Viren lernen, und es ist vernünftig, alle genetisch aktiven Nukleinsäurepartikel dieser Art als Viren zusammenzufassen.

Das *Tabak-Mosaik-Virus* (TMV, Abb. 13.01) wird oft als typisches einfaches Virus vorgestellt. Dabei stört uns vorerst, daß sein genetisches Material RNA und nicht DNA ist. Die RNA ist ein einziges Molekül aus etwa 6400 Nukleotiden. Das Hüllprotein des TMV ist ein globuläres Protein mit einer Aminosäuresequenz aus 158 Aminosäuren, die durch 474 Nukleotide codiert werden. Außer dem Hüllprotein kann die RNA also noch etwa 10 Proteine codieren. Wahrscheinlich sind es weniger. Dabei handelt es sich sicher um Enzyme zur Replikation der Virus-RNA. Das vollständige TMV-Partikel ist ein 300 nm langes Stäbchen mit einem Durchmesser von 18 nm. Die RNA liegt im Inneren des Stäbchens, dessen Wand aus 2130 Hüllproteinmolekülen *(Capsomeren)* besteht. Die Proteinmoleküle sind spiralig (helikal) angeordnet. Die RNA läuft durch eine Rille, die aus Bindungstaschen nebeneinanderliegender Hüllpro-

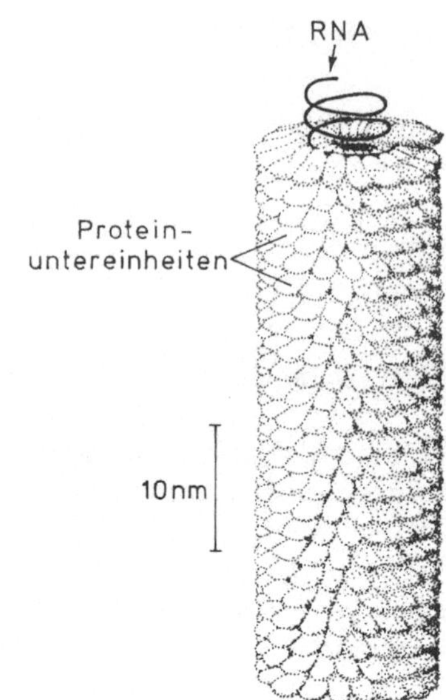

Abb. 13.01. Struktur des Tabak-Mosaikvirus-Partikels. An einem Ende sind Protein-Untereinheiten fortgelassen, um die spiralige Lage des RNA-Moleküls im Virus-Partikel anzudeuten

teinmoleküle besteht. Die RNA folgt also im Inneren der Proteinspirale.

Zwei Beobachtungen am TMV sind typisch für Viren. Einmal genügt die RNA, um Tabakblätter zu infizieren, wobei vollständige Viruspartikel entstehen. Die RNA ist also genetisches Material und enthält die Information für das Hüllprotein. Zum anderen lassen sich TMV-Partikel im Reagenzglas in RNA und Hüllproteine zerlegen. Aus je einem RNA-Molekül und einigen tausend (gleichen) Proteinuntereinheiten bilden sich dann spontan normale TMV-Partikel. Dieser spontane Zusammenbau eines Ribonukleoproteinpartikels (self-assembly) ähnelt dem spontanen Entstehen von 30S-Untereinheiten des Ribosoms aus 16S-RNA (1600 Nukleotide) und 21 (verschiedenen) Proteinen.

TMV-Partikel können rein dargestellt, kristallisiert und als *Kristalle* aufbewahrt werden. Aber nur in lebenden Tabakzellen können sie sich vermehren. Das macht die biochemische Arbeit mit TMV umständlich. Phagen, die sich in genetisch definierten reinen Bakterienkulturen vermehren können, haben sehr viel mehr zur Aufklärung der Physiologie von virusinfizierten Zellen beigetragen.

13.02 Phagen. Reproduktion von T_4

D'Hérelles Beobachtung gab Anlaß zu großen Hoffnungen. Man nahm an, ein züchtbares natürliches Gegenmittel gegen Bakterieninfektionen gefunden zu haben. Sehr bald stellte sich aber heraus, daß die klinische Bedeutung von Phagen sehr gering ist. Dafür gibt es viele Gründe. Phagen werden im Körper nicht wie kleine Moleküle verteilt. Mit einer Länge von etwa 150 nm sind sie zu groß dazu. Es ist also schwierig, sie an den Infektionsherd heranzubringen. Zusätzlich werden sie im Körper inaktiviert. Selbst wenn sie die Bakterien erreichen, helfen sie meist wenig. Sie sind spezifisch für einzelne Bakterienarten oder -gruppen, sie wirken am besten auf aktive Bakterienkulturen, die sich gut vermehren. Außerdem haben wir am Beispiel des Luria-Delbrück-Experiments (12.06) schon gesehen, daß Bakterien zur Resistenz gegen Phagen mutieren können.
Trotzdem sind Phagen häufig. Man findet sie nicht nur in den Darmausscheidungen kranker Menschen und Tiere. Sie können auch regelmäßig aus Abwasser isoliert werden.
Die große Bedeutung von Phagen beruht darauf, daß sie leicht im Labor gehandhabt werden können und daß man gelernt hat, genetische Experimente mit Phagen durchzuführen. Als Modellsysteme spielen sie in der Genetik und in der Virologie eine derart grundlegende Rolle, daß wir uns etwas genauer mit ihnen beschäftigen müssen.
Mit dem Elektronenmikroskop kann man Phagen sehen. Elektronenoptische und biochemische Untersuchungen haben ge-

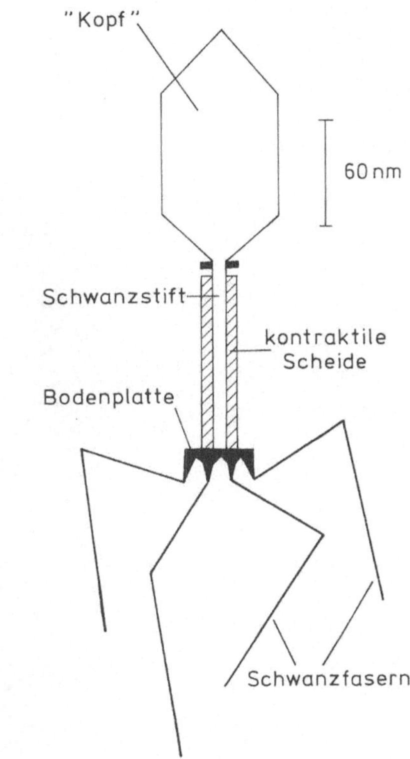

Abb. 13.02. Schema des Phagen T_4 von *E. coli*. Bei dieser Vergrößerung würde das DNA-Molekül im Phagenkopf etwa 45 m lang sein!

zeigt, daß es verschiedene Phagentypen gibt. Sie unterscheiden sich durch ihre Nukleinsäure, ihre Größe und ihre Gestalt. Phagenspezialisten bezeichnen die verschiedenen Phagen mit seltsamen Buchstaben und Zahlen, die man möglichst geläufig aussprechen muß, um mitreden zu dürfen.
Doppelsträngige DNA finden wir bei den Phagen T_1 bis T_7, und λ (Lambda) und P_1 von *E. coli* und bei P_{22} von *Salmonella*. Dabei enthält die DNA von T_2, T_4 und T_6 an Stelle von Cytosin die Base *Hydroxymethylcytosin*, an die zusätzlich ein oder mehrere Glukosereste α-glykosidisch gebunden werden. Diese *geradzahligen T-Phagen* (engl.: *T-even phages*) sind eingehend untersucht worden. Sie sind sehr kompliziert gebaut (Abb. 13.02, 13.03).

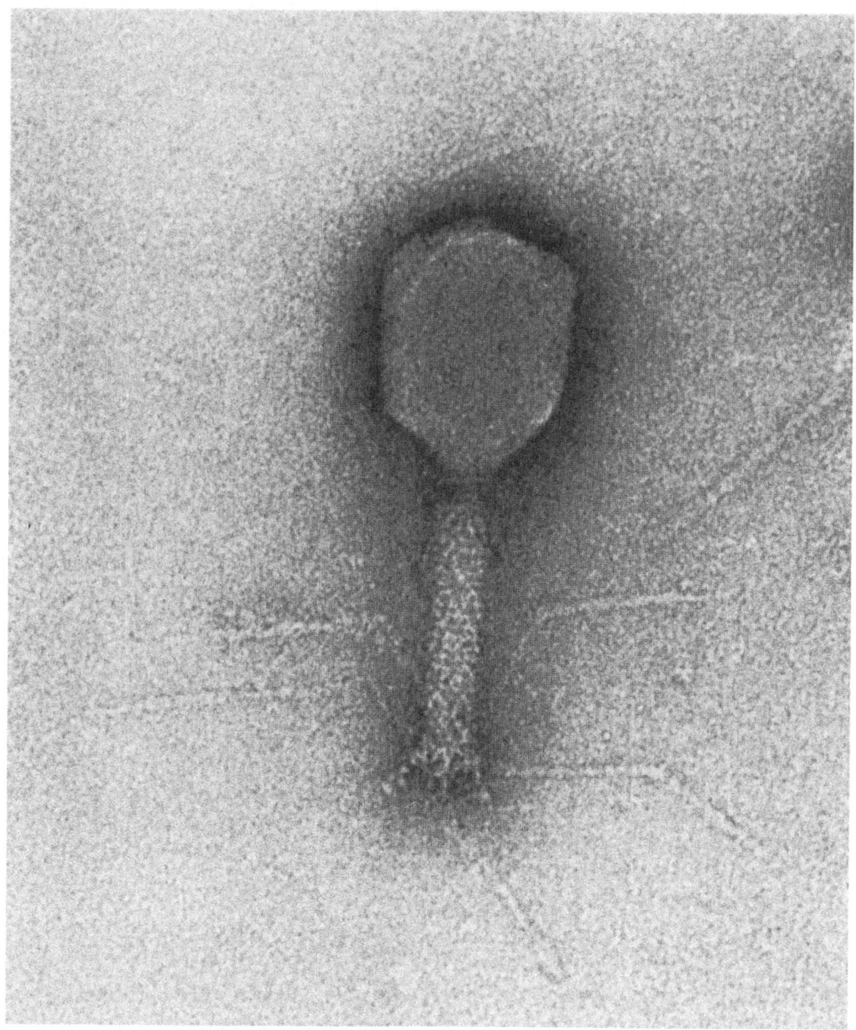

Abb. 13.03. T$_4$. Vergrößerung 370000×. (Aufn. B. Ten Heggeler, Basel)

Die DNA von T$_4$ ist ein Molekül von 68 µm Länge. Dieses Molekül ist von einem Hüllprotein umgeben, dessen Untereinheiten eine regelmäßig gebaute Kapsel, den *Phagenkopf*, bilden. Der Kopf ist 95 nm lang und 65 nm breit. Die DNA liegt also dicht gepackt im Kopf vor. Am unteren Ende des Kopfes sitzt ein *Schwanzstück*, das typisch für die großen DNA-Phagen ist und bei den geradzahligen T-Phagen zur eigentümlichsten Struktur eines Phagen überhaupt wird. Der Schwanz ist 95 nm lang und besteht aus einem *Zentralkanal*, der von einer weiteren *Proteinhülle* umgeben ist. Nahe dem Kopf schließt eine *Kragenplatte* diese Schwanzhülle ab, am anderen Ende eine *Endplatte*, die *Zackenaufsätze* und 150 nm lange geknickte *Schwanzfasern* trägt.
Gibt man solche Phagen zu einer dichten Kultur von Bakterien im Reagenzglas und mißt die Wachstumskurve der Phagenpopulation, dann erhält man ein eigenartiges Ergebnis. Während der ersten 10–20 min (abhängig von Phagentyp) nach der Zugabe von Phagen sind die Phagen ver-

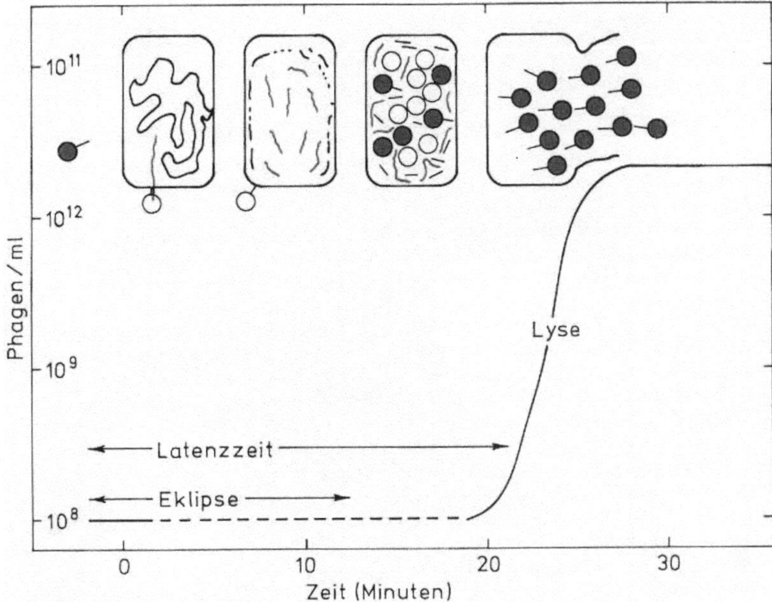

Abb. 13.04. Vermehrungskurve von Phagen. Darüber grob schematisch die Vorgänge in der infizierten Zelle

schwunden. Infektive Phagen werden weder in der Lösung noch in den Bakterien gefunden. Diese ersten Minuten sind die *Eklipse*periode. Während der folgenden 10–20 min kann man in den Bakterien eine ansteigende Anzahl von Phagen nachweisen, wenn man die Zellen aufbricht. Läßt man die Zellen ungestört, dann steigt der Phagentiter am Ende dieser 20–40 min langen Inkubationszeit schlagartig an. Für jeden anfangs zugegebenen Phagen findet man jetzt plötzlich 100–200 Stück. Die Phagen vermehren sich also in der Zelle, gehen dabei durch ein Stadium, das sich vom freien Phagenstadium unterscheidet, und brechen plötzlich in so großer Menge aus der berstenden Zelle hervor, daß eine Vermehrung durch Zweiteilung völlig ausgeschlossen ist (Abb. 13.04).

Hershey und Chase haben 1952 ein Experiment durchgeführt, das als weiterer Beweis der genetischen Eigenschaften von DNA neben dem Experiment von Avery gilt. Sie haben T₄ auf Bakterien angezüchtet, die mit radioaktivem Schwefel (^{35}S)

und Phosphor (^{32}P) markiert waren. Phosphor wird in großer Menge in die Phagen-DNA eingebaut, Schwefel in die Proteine. Nachdem sie derart markierte Phagen erhalten hatten, infizierten sie damit unmarkierte Bakterien und konnten nachweisen, daß nur die Phagen-DNA in die Bakterien eindringt. Die Proteinhülle bleibt zurück.

Der Phage T₄, den wir hier als Beispiel anführen, hat übrigens einen ganz eigenartigen Mechanismus zur Übertragung der DNA in die Zelle. Dieser Mechanismus ist auf die kompliziert gebauten Phagen beschränkt, gibt aber ein hübsches Modell für einen ganz einfachen Bewegungsvorgang ab und wird deshalb häufig zitiert. Nachdem der Phage sich mit Schwanzfasern und Endplatte an die Oberfläche der Bakterienzellwand angelagert hat, wird ein Kontraktionsprozeß der Schwanzhülle ausgelöst. Die vielen engen Hüllringe legen sich in wenige weite Ringe um, und die Schwanzhülle verkürzt sich entsprechend.

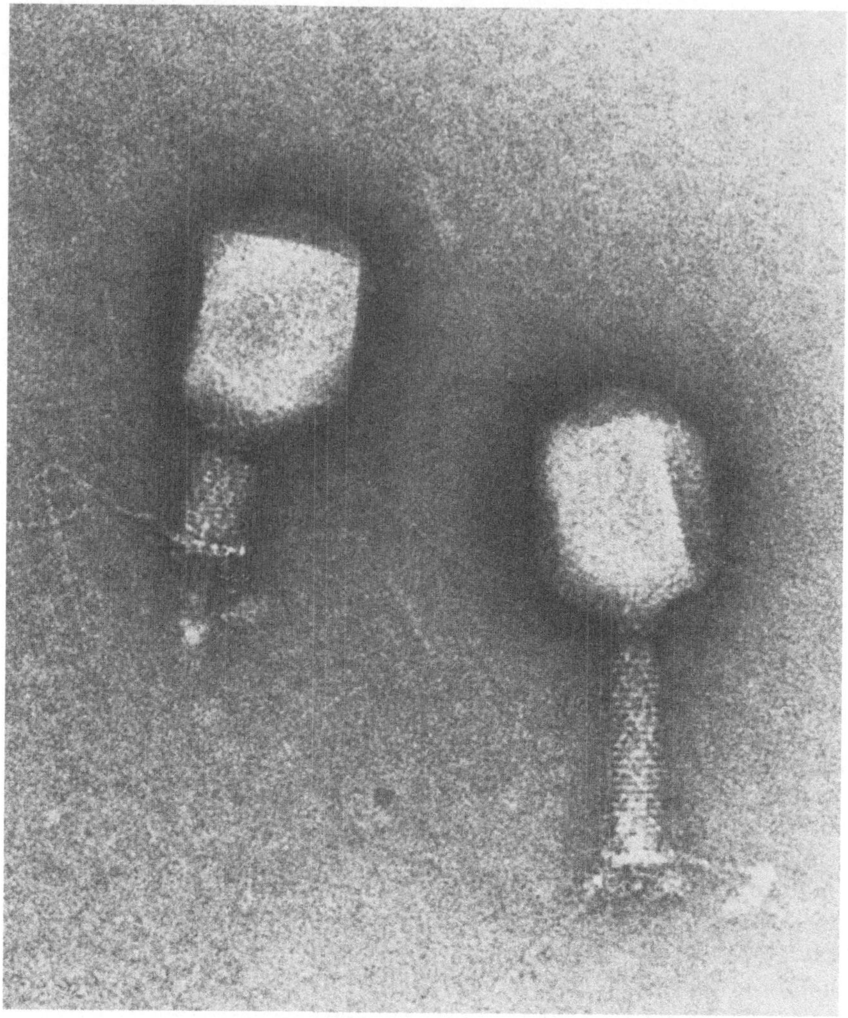

Abb. 13.05. Kontraktion der Schwanzhülle bei T_4. Rechts normal, links kontrahiert. Vergrößerung 370000×. (Aufn. B. Ten Heggeler, Basel)

Dadurch wird der Zentralkanal durch die Zellwand des Bakteriums getrieben. Durch diesen Zentralkanal tritt die DNA aus dem Phagenkopf in das Bakterium über (Abb. 13.05).

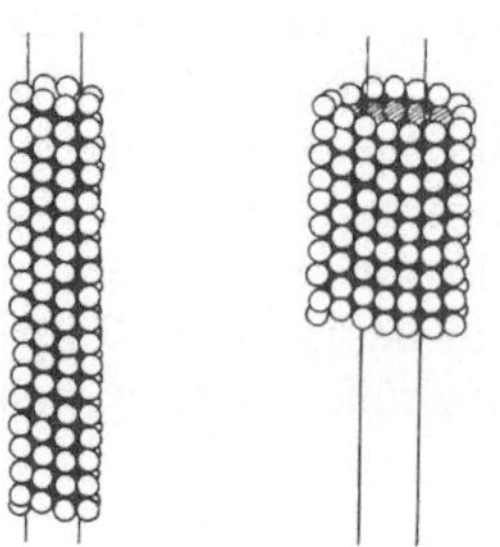

Die Phagen-DNA diktiert von nun an die Synthesemechanismen der Bakterienzelle. Im Elektronenmikroskop kann man erkennen, daß zwei Minuten nach der Infektion die Bakterien-DNA gegen die Zellwand hin verlagert wird. Nach 10 min ist die Bakterien-DNA verschwunden und Vakuolen mit Phagen-DNA erscheinen. Nach 14 min sieht man die ersten Phagenpartikel im Cytoplasma der infizierten Zelle.

13.03 Die Synthese von T$_4$

Die biochemischen Vorgänge bei einer Phageninfektion können im Prinzip als Modell für alle lytischen Virusinfektionen dienen. Wir können sie in drei Stufen einteilen:

1. Die Wirtszelle wird auf phagenspezifische Funktionen umgestellt. Das geschieht durch *Abstellen der wirtsspezifischen DNA-, RNA- und Protein-Synthese.* Außerdem werden Mechanismen blokkiert, die zellfremde DNA in der Bakterienzelle erkennen und abbauen.

2. *Phagenspezifische Proteine werden synthetisiert,* die zur Transkription von Phagengenen und zur Replikation der Phagen-DNA notwendig sind.

3. Dann beginnt die Transkription einer neuen Serie von Phagengenen, den „*späten Genen*". Ihre Produkte sind *Proteine, aus denen sich das Viruspartikel aufbaut,* Proteine, die bei diesem Aufbau eine Rolle spielen, und Proteine, die für das Ausschleusen des Virus aus der Zelle notwendig sind.

T$_4$ ist ein großer Phage, der über hundert Gene enthält und entsprechend luxuriös vorgeht. Schon am Mechanismus der DNA-Übertragung haben wir das gesehen. Er besitzt eine ganze Anzahl „früher" Gene. Hat die RNA-Polymerase des Bakteriums erst einmal angefangen, einen Teil der Phagen-DNA in m-RNA zu transkribieren, dann wird die RNA-Polymerase so modifiziert, daß sie spezifische Phagen-Promotoren erkennt. Der Phage hat das Bakterien-Enzym zum „Phagen-Enzym" umgebaut. Im Laufe der Synthese wird es weiter geändert.

Die Synthese von Phagen-Proteinen an Phagen-m-RNA findet natürlich auf Bakterien-Ribosomen statt. Es gibt aber Anzeichen dafür, daß Genprodukte von T$_4$ selbst die Ribosomen verändern, bis sie Phagen-m-RNA besser binden als die des Bakteriums.

Durch den enzymatischen Abbau der Bakterien-DNA schließt der Phage die Neusynthese von Bakterien-RNA endgültig aus. Die glucosylierten Hydroxymethylcytosin-Reste in der Phagen-DNA schützen sie vor Abbau. Cytidinnukleotide in der Zelle werden teilweise abgebaut, zu Vorstufen der Phagen-DNA umgebaut, in Phagen-DNA eingebaut und anschließend glucosyliert. Auch die Thymidinsynthese wird durch Phagenenzyme umgestellt. Alle Phagenenzyme für diese Reaktionen gehören zu den ersten, die nach der Infektion synthetisiert werden.

Der Mechanismus, durch den die späten Gene angeschaltet werden, beruht im Prinzip auf einem Umbau der RNA-Polymerase, die dann eine neue Gruppe Promotoren erkennt. Bei T$_4$ gibt es sogar zwei Gruppen späterer Gene, die nacheinander aktiviert werden. Selbst bei T$_4$, der wohl das am sorgfältigsten untersuchte Virus ist, sind aber die genauen molekularen Mechanismen dieser Umschaltprozesse noch unverstanden.

Eine ähnliche Einteilung in frühe und späte Gene findet man bei allen größeren Phagen und darüber hinaus wohl allgemein bei Viren. Die Einzelheiten sind verschieden. T$_7$, zum Beispiel, hat nur fünf frühe Gene unter der Kontrolle der Bakterien-Polymerase. Das Gen Nr. 1 dieser frühen Klasse codiert für eine T$_7$-spezifische RNA-Polymerase. Im Prinzip erreichen alle diese Systeme dasselbe: eine Umstellung der Proteinsynthese auf phagenspezifische Proteine und eine genaue zeitliche Abfolge dieser Synthese.

Zwischen dem Ende der Eklipseperiode und der Lyse der Bakterienzelle (Abb. 13.04) können im Inneren der Zelle Phagenpartikel nachgewiesen werden. Einige davon sind vollständige infektive Phagen, andere sind Teile davon: Phagenköpfe, Zentralkanäle mit Endplatten mit oder ohne Schwanzhülle, und Schwanzfasern. Die neu synthetisierten Teilstücke setzen sich zum Teil spontan, zum Teil unter dem Einfluß enzymatischer Proteine zu vollständigen Phagen zusammen. Dabei lagern sich die Proteinkomponenten in einer genau bestimmten Reihenfolge aneinander. Besonders auffallend ist, daß zuerst die Proteinhülle des Kopfteils gebildet wird. Dann erst tritt die DNA in den Kopf ein. Anders als bei TMV und Ribosomen steuert bei T_4 also nicht die Nukleinsäure die Zusammenlagerung der Proteinuntereinheiten des Partikels.

13.04 Phagenmutanten, Rekombination

Um genetische Experimente durchzuführen, muß man die Nachkommen einzelner Individuen untersuchen. Bei Phagen ist das erstaunlich leicht. Anstatt die Phagen in einer Bakteriensuspension im Reagenzglas zu züchten, trägt man eine stark verdünnte Phagensuspension auf eine Agarplatte auf, die dicht mit Bakterien besät ist. Beginnen einzelne Phagen mit einem Zyklus von Lyse und Weiterinfektion, dann entsteht ein Loch im Bakterienrasen, aus dem die Nachkommen eines Phagenpartikels isoliert werden können. Solche Löcher hat bereits d'Hérelle beobachtet, der ihnen den Namen *taches vierges* zulegte. *Plaques* ist weniger poetisch, aber kürzer und heutzutage allgemein gebräuchlich. Solche Plaques wachsen nicht endlos weiter. Unter kontrollierten Bedingungen haben sie eine ganz bestimmte Größe und Form. Gelegentlich findet man Plaques mit scharfen Rändern, die von Phagen herrühren, die einen besonders schnellen Lyse-Zyklus haben. Isoliert man die Phagen aus solch einer Plaque und sät sie auf einen neuen Bakterienrasen aus, dann erhält man wieder große Plaques. Die schnelle Lyse (engl.: rapid lysis, r) ist also eine erbliche Veränderung des Phagen, eine Mutation.

Bakterien können mutieren, so daß sie resistent gegen Phagen werden. Die Mutation verändert die Ansatzstelle des Phagen an der Zellwand. Trägt man eine große Menge Phagen auf eine Kultur von phagenresistenten Bakterien auf, dann findet man gelegentlich Plaques, die von Phagenmutanten herrühren, die auch in resistente Bakterien eindringen. Bakterien und ihre Phagen haben also eine gemeinsame Evolution. Jede genetische Strategie findet ihre Gegenstrategie.

Diese beiden Arten von Phagenmutationen, *Plaque-Morphologie* (r-Mutanten) und *Wirtsstamm-Mutanten* (h-Mutanten, engl.: host range) sind am einfachsten zu verstehen, und wir werden uns auf diese Mutanten beschränken.

Durch geeignete Selektionsmethoden kann man Phagen erhalten, die auf resistenten Bakterien wachsen (h) und darauf große Plaques erzeugen (r). Solche Phagen lysieren außer resistenten auch sensitive Bakterien. Trägt man sie auf einen Bakterienrasen auf, der aus *resistenten und sensitiven* Bakterien besteht, dann erzeugen sie ihre mutantenspezifischen großen Plaques. Ein Phage ohne diese Mutationen (der *Wildtyp* r^+h^+) erzeugt auf einem gemischten Bakterienrasen aus sensitiven und resistenten Bakterien kleine Plaques (r^+), die trübe aussehen, weil in ihnen nur sensitive Bakterien lysiert werden (h^+), während resistente überleben.

Wir können uns hier an die Schreibweise der Phagengenetik gewöhnen, weil sie der Schreibweise der Tier- und Pflanzengenetik entspricht. Das hochgesetzte Zeichen „+" bedeutet, daß das Gen nicht mutiert vorliegt, daß man also seinen charakteristischen Mutationseffekt, dem es den Namen verdankt, nicht sehen kann.

Die Doppelmutante rh kann auch durch *Rekombination* erhalten werden. Infiziert man eine Bakterienkultur mit einer großen Menge Phagen, die die eine oder andere Mutation tragen, also mit $r h^+$ und r^+h, wartet die Lyse der Bakterien ab und trägt die Nachkommen der infizierenden Phagen in großer Verdünnung auf einen Mischrasen aus sensitiven und resistenten Bakterien auf, dann findet man unter vielen $r h^+$ (große, trübe Plaques) und r^+h (kleine, klare Plaques) auch einige r^+h^+ (kleine, trübe Plaques) und rh (große, klare Plaques) (Abb. 13.06). Isolation und Weiterinfektion beweisen, daß alle vier Typen genetisch stabil sind. Die beiden infizierenden Stämme haben also Gene ausgetauscht.

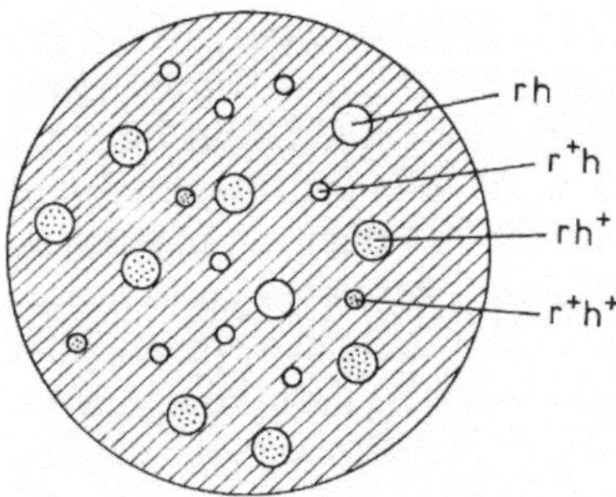

Abb. 13.06. Rekombination bei Phagen. In der Nachkommenschaft von Phagen, die entweder eine r-Mutation oder eine h-Mutation tragen und sich in derselben Zelle vermehren, treten rekombinante rh- und r^+h^+-Phagen auf, die sich an der Ausbildung der Plaques erkennen lassen

Wie bei der Rekombination von Bakterien müssen dazu die DNAs beider Stämme in einer Zelle gemeinsam vorliegen. Das geschieht, wenn dieselbe Bakterienzelle gleichzeitig von Phagen der beiden zugegebenen Stämme infiziert wird. Durch DNA-Brüche und Verheilungen zwischen zwei Molekülen entsteht dann DNA, die zum Teil von einem, zum Teil vom anderen Phagenstamm herrührt (*Cross-over:* „Überkreuzen" von Genen).

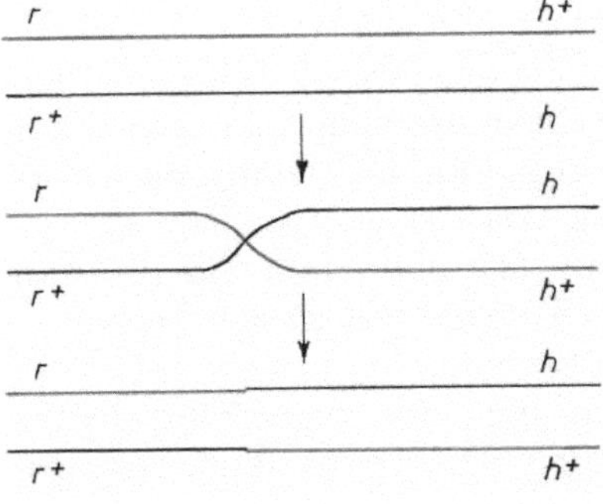

Ähnliches haben wir bei Bakterien kennengelernt. Es kann immer dann geschehen, wenn homologe DNA-Stücke, also DNA-Stücke, die gleiche Gene enthalten, zusammen in eine Zelle gelangen. Der genaue Mechanismus, der dafür sorgt, daß der Austausch zwischen DNA-Molekülen mit Strangbrüchen zu zwei Molekülen ohne fehlende oder überzählige Basen-

paare führt, soll uns hier nicht interessieren. Dafür wollen wir am Beispiel der Phagenrekombination sehen, wie man aus den Rekombinationshäufigkeiten auf die Reihenfolge der Gene im DNA-Molekül schließen kann.

13.05 Genkartierung durch Rekombination

Wenn Rekombination auf zufälligen Brüchen in zwei benachbarten DNA-Molekülen beruht, dann sollten Gene, die nahe beieinander liegen, seltener rekombinieren als Gene, zwischen denen ein längerer DNA-Abschnitt im Durchschnitt häufiger bricht. Andererseits können zwei Gene so weit auseinanderliegen, daß häufig *mehrere Brüche* zwischen ihnen auftreten. Dann hängt es davon ab, ob die Anzahl der Brüche gerade oder ungerade ist. Bei einer *geraden Anzahl Brüche kommen weit entfernte Gene auch nach der Rekombination auf demselben DNA-Stück zusammen.* Wir sehen also, daß bei benachbarten Genen die Rekombinationshäufigkeit mit der Entfernung steigt, daß sie aber bei weit entfernten Genen 50% nicht übersteigen kann.

Aus Rekombinationshäufigkeiten kann man also auf den relativen Abstand von Genen schließen. Nehmen wir an, wir hätten die folgenden Cross-over-Häufigkeiten bestimmt:

a b 1,96%   b d 7,39%
b c 4,75%   c d 2,91%
a c 6,53%   a d 9,06%

Aus diesen Werten läßt sich eindeutig eine lineare Reihenfolge der Gene ableiten. a und b liegen eng benachbart, b liegt zwischen a und c, c liegt zwischen b und d.

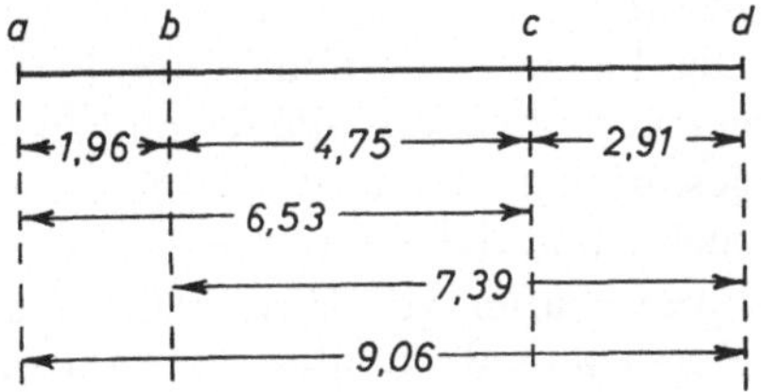

Lange bevor man wußte, daß Gene Teile von DNA-Molekülen sind, hat man auf diese Weise bei höheren Organismen gezeigt, daß die Gene in einer unverzweigten Kette im genetischen Material vorliegen. Bei *E. coli* kann man die Reihenfolge der Übertragung von Genen bei der Konjugation zum Erstellen einer Genkarte ausnutzen. Man kann aber auch bei *E. coli* eine Rekombinationskarte aufstellen. Dabei wird sich herausstellen, daß die lineare Genkarte zum Ring geschlossen ist. Gene, die nach der einen Seite hin weit entfernt sind, liegen bei einer Kartierung in der anderen Richtung nahe beieinander. Auch viele Phagen haben ringförmige Genkarten. Das ist deshalb erstaunlich, weil DNA, die aus Phagenköpfen isoliert wird, linear und nicht ringförmig ist. Sie hat deutlich zwei Enden. Phagen-DNA schließt sich nach der Infektion im Bakterium zum Ring. Der Bruch, der zu zwei freien Enden im Molekül führt, kann bei einigen Phagen, z.B. T_2 und T_4, an verschiedenen Stellen in der Phagen-DNA auftreten. Dann liegen verschiedene Gene an den freien Enden, aber die Reihenfolge aller Gene bleibt dieselbe. Jeder einzelne Phage hat also den gesamten Genbestand in derselben Reihenfolge, nur ist der Anfang jeweils verschieden:

ABCDEF, BCDEFA, CDEFAB usw.

Eine solche DNA heißt *zyklisch permutierte* DNA.

13.06 Lysogenie, temperente Phagen

Das Verhalten von T_2 und T_4 ist typisch für virulente Phagen. Sie dringen in eine Bakterienzelle ein, stellen sie auf die Synthese von Phagen um und lysieren sie schließlich. Viele Phagen sind lange nicht so brutal.

Der Phage λ (Lambda) von *E. coli* zeigt ein Verhalten, das die Virologen anfangs gestört hat, bis Lwoff es genauer untersuchte und dabei auf eine der wichtigsten Eigenschaften von Viren stieß. λ erschien plötzlich und spontan in Kulturen von Bakterien, die bis dahin ganz normal gelebt und sich geteilt hatten. Durch Ultraviolettbestrahlung konnte Lwoff die Zahl der Bakterien, die plötzlich lysierten und λ freisetzten, stark erhöhen. Solche Bakterien sind *lysogen*. Sie verhalten sich normal, bis sie zur Lyse induziert werden oder (ganz selten einmal) spontan lysieren. Nicht nur λ bei *E. coli* zeigt solches Verhalten. Es gibt andere lysogene Bakterienstämme und andere Phagen, die aus lysogenen *E. coli* nach plötzlicher Lyse austreten können.

Infiziert man *E. coli* mit λ-Phagen, dann kann ein Lyse-Zyklus eintreten, der dem von T_2 oder T_4 entspricht. Die Bakterien können aber auch lysogen werden. Lysogene Bakterien haben besondere Eigenschaften. Unter anderem können sie nicht von weiteren Phagen derselben Art infiziert werden, wohl aber von anderen. Es gibt einen Stamm von *Staphylococcus*, der gleichzeitig für fünf verschiedene Phagen lysogen ist.

Der Phage liegt in der lysogenen Zelle in einer Form vor, die für die Zelle vorteilhaft ist. Er ist ein *temperenter Phage* im Gegensatz zum *virulenten Phagen*. In der Bakterienzelle wird die *DNA des temperenten Phagen* ringförmig geschlossen, dann wird sie *in das Bakterienchromosom integriert*. Bei der DNA-Synthese werden Bakterienchromosom und Phagen-DNA verdoppelt und an die Tochterzellen weitergegeben. Das ist ganz analog dem F-Faktor im Hfr-Bakterium (12.10). Ein temperenter Phage verhält sich wie ein integriertes Plasmid.

Genetische Elemente wie λ oder der F-Faktor, die entweder ins Bakterienchromosom integriert sein können oder im Cytoplasma liegen, wurden früher *Episomen* genannt. Da eine große Anzahl Plasmide nie ins Chromosom integriert werden können, werden sie durch diese Terminologie unnötig von ähnlichen Elementen unterschieden. Das Wort Episom hat heute nur noch historische Bedeutung.

Der Phage λ integriert sich immer an einer bestimmten Stelle ins Bakterienchromosom. Darin unterscheidet sich λ vom F-Faktor und von Phagen wie P2, die sich an vielen verschiedenen Stellen einbauen können. Phagen wie λ oder $\varphi 80$, die eine bestimmte Stelle am Bakterienchromosom als einzig möglichen Einbaupunkt haben, verhalten sich damit wie Bakteriengene. Man kann die Position von λ in Hfr-Konjugationsexperimenten kartieren. Das geht besonders leicht, weil eine Konjugation zwischen lysogenem Hfr und nicht lysogenem F^- zur Lyse der F-Zelle führt (*zygotische Induktion* des Phagen). Das Gen, in das λ sich integriert, heißt *att λ* (attachment, Berührungsstelle zwischen Phagen-DNA und Bakterienchromosom). Es liegt nahe beim *gal*-Operon, das die Gene für Galactose-Abbau codiert (Abb. 12.11).

Temperente Phagen, die als Teile des Bakteriengenoms im lysogenen Bakterium vorliegen, werden *Prophagen* genannt.

13.07 Die Induktion von temperenten Phagen

Temperente Phagen sind für uns wichtig, weil auch pathogene Viren höherer Organismen sich in die DNA der Wirtszelle einbauen können. Besonders bei krebserregenden *(onkogenen)* Viren ist das der Fall. Das Verhalten von λ in der Bakterienzelle ist also ein Modellsystem für einen medizinisch wichtigen Vorgang.

Schon bei der Besprechung des *lac*-Operons (12.02) haben wir gesehen, daß ein Genom für Repressoren codieren kann, die die Transkription von Genen in diesem Genom unterdrücken. Genau dasselbe finden wir bei λ, und die beiden Systeme sind auch gleichzeitig und parallel zueinander aufgeklärt worden. λ enthält ein Gen c_1, dessen Genprodukt ein Repressor-Protein ist. Dieses Repressor-Protein blockiert zwei Operatoren (den „linken" und den „rechten") für frühe Gene (Abb. 13.07). Wenn λ als Prophage in das Bakteriengenom eingebaut wird, wird am c_1-Gen des Prophagen m-RNA für den Repressor synthetisiert. Dieser

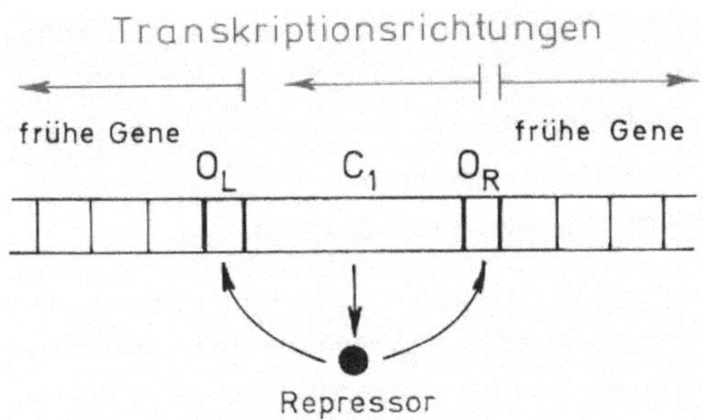

Abb. 13.07. Ausschnitt aus der Genkarte des Phagen λ, der das Regulationsgen c_1 und die beiden Operatoren O_L und O_R zeigt, die durch das Genprodukt von c_1 blockiert werden

Repressor liegt dann im Cytoplasma der Bakterienzelle vor und blockiert die weitere Transkription des eingebauten Prophagen. Es wird genügend Repressor synthetisiert, so daß bis zu zwanzig λ-Genome, mit denen die Zelle später infiziert wird, sofort blockiert werden können. Damit ist die Zelle immun gegen Infektion durch Phagen, die sie bereits als Prophage enthält.

Bei der Konjugation zwischen einem lysogenen und einem nicht lysogenen Bakterium gelangt der Prophage in eine Zelle, in deren Cytoplasma kein Repressor für diesen Phagen vorliegt. Es kann dann zur Transkription des Phagen und zur Lyse des Bakteriums kommen. Wir haben diesen Vorgang als zygotische Induktion kennengelernt. Bei der Zellteilung, im Gegensatz zur Konjugation, wird auch das repressorhaltige Cytoplasma geteilt und dadurch die Lyse verhindert.

Ob Lyse eintritt oder nicht, hängt bei einem temperenten Phagen also davon ab, was schneller geht. Wird der Phage transkribiert, bevor sich genügend Repressor im Cytoplasma der infizierten Zelle angesammelt hat, dann kommt es zur Lyse. Steigt die Konzentration des Repressors schnell genug an, um die weitere Transkription aller vorhandenen Phagengenome zu blockieren, dann ist das Bakterium lysogen und immun.

Die Induktion von temperenten Phagen zur Lyse durch physikalische Faktoren (z.B. Ultraviolettlicht) beruht wahrscheinlich auf einer Inaktivierung der Repressor-Proteine.

13.08 Phagen-Transduktion

Der Einbau eines Phagen-Plasmids in das Chromosom ist reversibel. Aus dem Prophagen kann wieder ein Plasmid werden. Der Vorgang ist analog dem Übergang von Hfr zu F′. Auch der Prophage kann sich so auskoppeln, daß er ein Stück Bakterien-DNA mitnimmt und ein Stück Phagen-DNA zurückläßt. Bei Phagen mit fester Einbaustelle, wie bei λ, wird dabei immer in derselben Chromosomenregion Bakterien-DNA aufgelesen. Da λ nahe bei *gal* liegt, überträgt λ ziemlich oft die Gene der *gal*-Region. Damit ist λ ein *transduzierender Phage. Transduktion* von Genen *durch Phagen* ist ganz analog der Transduktion von Genen durch F′-Faktoren, vom Mechanismus des Eindringens in die Wirtszelle abgesehen. Phagen-Transduktion ist also ein weiterer parasexueller Mechanismus für die Bakterien. Die Transduktion von λ, die auf eine bestimmte Genregion eingeschränkt ist, nennt man *spezielle Transduktion*. Phagen, die sich wie der F-Faktor an verschiedenen Stellen anlagern und damit verschiedene Gene transduzieren können, sind *uneingeschränkte* oder *allgemein transduzierende Phagen.*

Allgemeine Transduktion kann man mit dem Phagen P22 demonstrieren, der *Salmonella typhimurium*, den Erreger des Mäusetyphus, infiziert. Induziert man einen streptomycinresistenten Stamm dazu, seine Phagen freizusetzen, und infiziert mit diesen Phagen einen Salmonellenstamm, der streptomycinsensitiv und auxotroph für Arginin ist (also Arginin im Medium braucht), dann findet man unter den neu infizierten Bakterien einige wenige, die entweder streptomycinresistent oder argininunabhängig geworden sind. Die Phagen haben also das eine oder andere Gen transduziert, je nachdem neben welchem sie im Ausgangsstamm eingebaut waren.

Keiner der Phagen hat beide Gene mitgebracht.

13.09 Phagen mit einsträngiger Nukleinsäure

Lytische Phagen und temperente Phagen wie T_2 und λ sind Modellorganismen für alle Viren geworden. In vieler Hinsicht sind sie aber hochspezialisierte Formen. Insbesondere der Schwanzmechanismus der geradzahligen T-Phagen ist eine Eigenart dieser Gruppe. Es gibt ganz andere Phagen. Der winzig kleine Phage $\Phi X174$ (Phi Ix 174) ist ein DNA-Phage, der ein einsträngiges DNA-Molekül aus etwa 5000 Nukleotiden enthält (T_2 enthält 200000 Basenpaare). Die ΦX-DNA ist in eine Proteinhülle (das Capsid) eingeschlossen, deren zwölf Proteinuntereinheiten ein Ikosaeder mit einem Durchmesser von 25 nm bilden (Abb. 13.08).

Zwei andere Phagengruppen wurden entdeckt, als man in den Abwässern von New York nach Phagen suchte, die F^+ oder Hfr-Bakterien, aber keine F^- infizierten. Die beiden Phagen f1 und f2 sind spezifisch für die Proteine des Konjugationspilus, an die sie sich ansetzen. Von dort aus infizieren sie die pilustragenden Bakterien. f1 und f2 sind völlig verschiedene Phagen. Man hat seither in aller Welt Phagen gefunden, die f1 oder f2 ähnlich sind.

Die f1-Gruppe (f1, fd, M13, F12 u.a.) enthält einsträngige DNA von etwa 4100 Nukleotiden Länge. Wie $\Phi X174$ enthalten sie etwa acht Gene. Die Proteinhülle ist nicht rundlich, sondern ein 850 nm langer dünner Faden. Im Gegensatz zu allen bisher besprochenen Phagen führt eine f1-Infektion nie zur Lyse. Die infizierten Bakterien scheiden große Mengen f1-Phagen aus, vermehren sich aber dabei weiter.

Die f2-Gruppe (f2, MS2, fr, R17, M12, $Q\beta$ u.a.) enthält kugelige Phagen mit einem Durchmesser von etwa 25 nm. Sie enthalten einsträngige RNA von etwa 3300 Nukleotiden Länge. Das f2-Genom

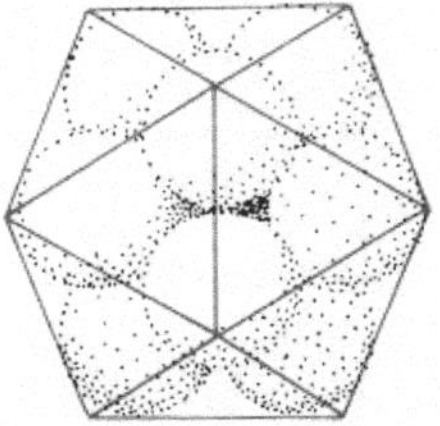

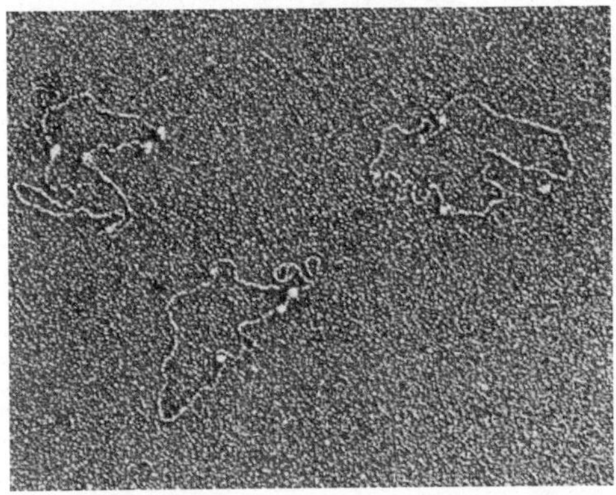

Abb. 13.08. Capsid des Phagen ΦX174. 12 Hüll-proteinkomplexe bilden ein Ikosaeder. Diese Geometrie ist typisch für die Capside vieler Viren, auch solche, die aus sehr viel mehr Untereinheiten bestehen

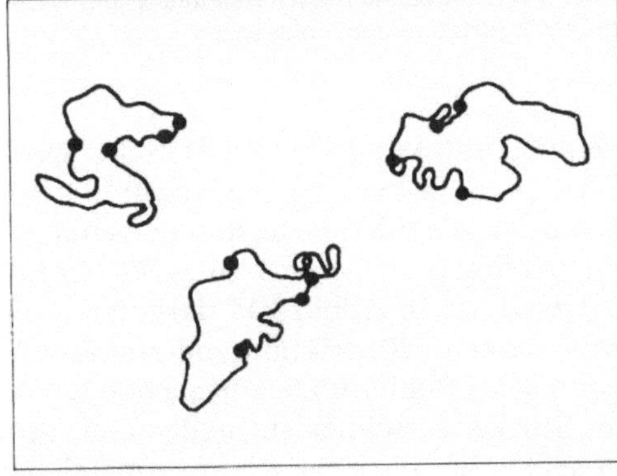

Abb. 13.09. Doppelsträngige DNA des Phagen fd mit ansitzenden RNA-Polymerase-Molekülen. Anhand dieser Moleküle kann die relative Lage der Promotoren kartiert werden. Vergrößerung 38 000×. (Aufn. H. Bujard)

enthält drei Gene. Zwei davon codieren für Hüllprotein. Eins der Hüllproteine kommt 180mal im Capsid des Phagen vor, das andere nur einmal. Das seltene Hüllprotein ist ein Molekül, das dem Phagen beim Erkennen der Sex-Pili des Wirtsbakteriums hilft.

13.10 Einsträngige Genome

Die Entdeckung von Zinder und Loeb, daß f2 ein RNA-Genom hat, machte es zum ersten Mal möglich, zu untersuchen, wie RNA überhaupt als Genom wirken kann. Die RNA-Viren von Pflanzen (TMV; TYV, ein Virus, das Rübenblätter gelb verfärbt, u.a.) sind nicht leicht in der Pflanze zu untersuchen. Ein Phage von *E. coli* kann im Labor viel leichter gehandhabt werden.

Bei den *RNA-Phagen* liegt im fertigen Phagenpartikel ein RNA-Strang vor, der als m-RNA für Phagenproteine dient. Solch ein RNA-Strang wird $\oplus$-Strang genannt. Eines der ersten Proteine, das vom $\oplus$-Strang codiert wird, ist eine *Replicase*, die den $\oplus$-Strang als Matrize zur Synthese des komplementären $\ominus$-Stranges benutzt. Dieser $\ominus$-Strang wird zur Synthese weiterer $\oplus$-Stränge benötigt. Gleichzeitig wird vom $\oplus$-Strang *Hüllprotein* hergestellt, das nach einiger Zeit die Synthese von Replicase reprimiert und schließlich zur Verpackung von $\oplus$-Strängen und, zusammen mit einem *Reifungsprotein,* zur Freisetzung von Phagenpartikeln dient (vgl. Abb. 14.05).

Auch bei *einsträngigen DNA-Phagen* wie ΦX174 wird aus der einsträngigen DNA zunächst eine doppelsträngige replikative Form hergestellt, die nun sowohl zur Synthese von phagenspezifischer m-RNA als auch für die Herstellung von neuen $\oplus$-Strängen als Matrize dient (Abb. 13.09). Die DNA-Synthese geht nach dem „Rolling circle"-Modell (12.10) vor sich, so daß eine ganze Reihe von $\oplus$-Strängen von einem einzigen $\ominus$-Ring abkopiert werden können. Ganz Ähnliches werden wir bei pathogenen Viren noch genauer kennenlernen (14.04). Diese Phagen dienen also einmal als leicht zu untersuchende Modellsysteme für die medizinisch wichtigen pathogenen Viren des Menschen. Weil sie so einfach gebaut sind, stellen sie auch ein ideales Material zur experimentellen Untersuchung von Transkription und Translation dar.

13.11 Restriktions-Endonukleasen

Bisher haben wir erst einen Mechanismus gesehen, mit dem Bakterien sich gegen Phagen wehren können. Sie können die Ansatzstelle des Phagen auf ihrer Oberfläche durch Mutation so verändern, daß der Phage sie nicht mehr erkennt. Dazu ist eine entsprechend große Vermehrung nötig, und jede Mutation hilft nur gegen einen Phagentyp. Dem einzelnen Bakterium hilft dieser Mechanismus nichts. Bakterien haben aber auch einen Mechanismus, sich direkt gegen einen eindringenden Phagen zu wehren. Der ist deshalb so interessant, weil die dazu nötigen Enzyme praktisch erst die moderne Gentechnologie möglich gemacht haben.

Das einzige Gemeinsame aller eindringenden Phagen ist, daß sie Nukleinsäure in die Bakterienzelle bringen. Diese Nukleinsäure muß als fremd erkannt werden, um gezielt abgebaut werden zu können. Bestimmte Endonukleasen, die *Restriktions-Endonukleasen*, sind, zumindest mit fremder *DNA*, dazu imstande. Diese Restriktionsenzyme erkennen kurze Sequenzen in der DNA, 4 bis 6 Nukleotidpaare lang, also kurz genug, daß sie in jedem längeren Stück DNA mit hoher statistischer Wahrscheinlichkeit vorkommen. Jedes bestimmte Restriktionsenzym bindet sich an „seine" spezifische Sequenz und schneidet die DNA an dieser Stelle durch beide Stränge. Große DNA-Moleküle werden auf diese Weise in kleine Stücke zerschnipselt.

Die verschiedenen Restriktionsendonukleasen werden mit einer Abkürzung des Bakterienstammes bezeichnet, in dem sie vorkommen. Mehrere solche Enzyme in einem Stamm werden durch römische Zahlen unterschieden. So ist „Hind III" das Enzym Nr. 3 aus *Haemophilus influenzae* Stamm d und „Eco RI" das Restriktionsenzym Nr. 1 aus *E. coli* Stamm R. Abbildung 13.10 zeigt die Erkennungssequenz und die Schnittstellen von Eco RI. Wegen der Symmetrie der komplementären DNA-Stränge können wir

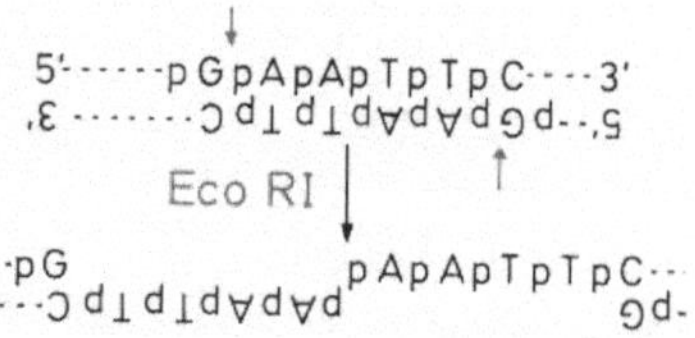

Abb. 13.10. Die Endonukleasereaktion des Restriktionsenzyms EcoR I: Die Sequenz GAATTC wird so geschnitten, daß in beiden Strängen überstehende Einzelstränge entstehen

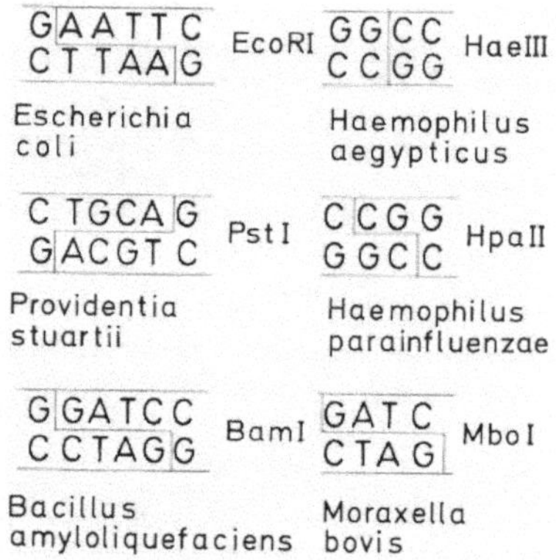

Abb. 13.11. Erkennungssequenzen und Schnittweise einiger Restriktionsendonukleasen

sie auch abgekürzt G/AATTC schreiben. Weitere Erkennungssequenzen und Schnittstellen für einige häufig benutzte Restriktionsenzyme sind in etwas einfacherer Form in Abb. 13.11 dargestellt.

Mit seinen Restriktionsendonukleasen kann jedes Bakterium eindringende DNA in Stücke zerschneiden und dann abbauen. Allerdings ist es unvermeidlich, daß das Bakterium selbst auch die Erkennungssequenzen seiner Restriktionsenzyme in der eigenen DNA hat. Diese muß gegen Selbstzerstörung geschützt werden. Das geschieht mit einer raffinierten Methode.

Jeder Restriktionsendonuklease-Aktivität in einem Bakterium entspricht eine DNA-Methylase-Aktivität, die sich auf dieselben Erkennungsstellen beschränkt. Das Bakterium markiert also alle Schnittstellen für die eigenen Restriktionsenzyme in der eigenen DNA mit Methylgruppen und kann sie dann nicht schneiden. Bei jeder DNA-Replikation muß also einer der beiden Stränge auch neu methyliert werden. Die Methylierung des anderen (alten) Strangs schützt inzwischen vor Abbau.

Dringt Phagen-DNA ein, so wird sie schneller abgebrochen als methyliert. Das System schützt also gegen Phagen. Wäre es perfekt, dann gäbe es dieses Kapitel nicht. Dann wären auch die wichtigsten methodischen Tricks der Gentechnologie nicht möglich. Wir werden Restriktionsenzymen später wieder begegnen, dann immer als Werkzeugen der Molekularbiologie.

14 Viren des Menschen

14.01 Vergleich mit Phagen

Prinzipiell unterscheiden sich die Viren von Eukaryontenzellen sehr wenig von Phagen. Sie sind nur schwieriger zu untersuchen. Wie die Phagen haben auch die Eukaryontenviren eine *hohe Wirtsspezifität*. Viren aus Rübenblättern infizieren keine Tabakblätter, und Viren aus Karpfen pflanzen sich nicht in Menschenzellen fort. Andererseits zeigen Eukaryontenviren nur *beschränkte Organspezifität*. Daß viele Viruserkrankungen bestimmte organgebundene Symptome hervorrufen, liegt vor allem an der Physiologie des Wirtsorganismus.

Die Zellen eines Vielzellers erhalten erst im Laufe der Embryonalentwicklung ihre artspezifischen Eigenschaften (22.05), besonders spezifische Membranstrukturen. Bei embryonalen Zellen ist die Spezifität, auch gegenüber Viren, sehr viel geringer (20.05).

Das wird auch klinisch ausgenutzt, indem man viele Viren des Menschen auf den Eihüllen (Chorio-allantois, Amnion oder Dottersack, 21.08) von bebrüteten Hühnereiern oder in neugeborenen Mäusen zur Vermehrung bringt. Gelingt das nicht, dann ist man auf eine Kultivierung der Viren in Zellen der Wirtsart oder nahe verwandter Arten angewiesen.

Ein technischer Fortschritt dabei ist die Entwicklung von *Gewebekulturen*. Man kann zum Beispiel Affennieren unter sterilen Bedingungen zerschneiden und durch leichte Verdauung mit Trypsin in Gewebestückchen zerlegen, die auf einem sehr kompliziertem Nährmedium wie Mikroorganismen gezüchtet werden können. Meist sind es die Fibroblasten des Bindegewebes, die auswachsen und Zellrasen (engl.: monolayers) bilden. Solche *Fibroblastenkulturen* können mit Viren aus menschlichen Zellen beimpft werden. In einigen Fällen entstehen durch Lyse Plaques in der Zellkultur, ganz analog den Plaques, die durch Phagen in Bakterienrasen erzeugt werden. Die Kultur von Eukaryontenzellen ist aber in jedem Fall schwieriger und langwieriger als die von Bakterien.

Die größten Unterschiede zwischen Phagen und anderen Viren rühren aber nicht von Eigenschaften der Viren her, sondern von den verschiedenen Reaktionen der Wirte. Entsprechend ihrer komplexeren Physiologie reagieren Vielzeller anders auf Viren als Einzeller. Ein Vielzeller ist weit mehr als eine große Menge Einzelzellen. Der Gesamtorganismus des Vielzellers wird durch Kontrollvorgänge zwischen Organen reguliert, bei denen verschiedene Zellpopulationen aufeinander einwirken.

Zu diesen Kontrollvorgängen gehört die *Immunreaktion* der Wirbeltiere (Kapitel 20), die der Erkennung und Bekämpfung körperfremder Makromoleküle (Antigene) dient. Die Immunreaktion ist vor allem gegen Proteine gerichtet. *Viren* mit ihrem Protein-Capsid *sind bessere Antigene als Bakterien*, die an der Außenseite die Polysaccharide der Zellwand oder der Schleimkapsel tragen. Immunreaktionen gegen Viren spielen deshalb eine größere Rolle im Organismus und in der medizinischen Praxis als Immunreaktionen gegen Bakterien.

Eine Eigenschaft des Immunsystems ist sein Gedächtnis. Hat ein Individuum einmal Antikörper gegen ein fremdes Anti-

Tabelle 14-1. Übersicht über die Viren der Säugetiere

RNA-Viren

A. Im Virion doppelsträngige RNA

1. *Reoviren:* Capsid 60–80 nm, ikosaedrisch, doppelschichtig, keine Hülle. Im Capsid mehrere doppelsträngige RNA-Moleküle. Infektion meist symptomlos.

B. Im Virion einsträngige RNA (⊖-Strang)

1. *Myxoviren:* Virion 80–120 nm, Capsid spiralig gewunden, Hülle mit Hämagglutinin und Neuraminidase. RNA in mehreren Molekülen. Grippe (Influenza).

2. *Paramyxoviren:* Virion 150 nm, Hülle mit Hämagglutinin und oft Neuraminidase, darin spiralig aufgewundenes Nukleocapsid. RNA in einem Molekül. Mumps, Masern, Sendai-Virus; Hühner: Newcastle Disease; Hund: Staupe; Rinderpest.

3. *Rhabdoviren:* Virion patronenförmig, 70–175 nm lang. Hülle. Darin spiralig gewundenes Nukleocapsid. Infizieren Tiere und Pflanzen. Vesikuläre Stomatitis, Tollwut.

4. *Arenaviren:* Virion 100–300 nm, Hülle verschieden gestaltet, darin spiralig aufgewundenes Nukleocapsid. RNA in zwei Molekülen. Lassa-Fieber, Lymphocytäre Choriomeningitis (LCM).

5. *Bunyaviren:* Virion 90–100 nm, mit Hülle. Drei RNA-Moleküle. Virale Encephalitis.

6. *Coronaviren:* Virion mit Hülle, spiralig aufgewundenes Nukleocapsid. Erkältung: Schnupfen.

C. Im Virion einsträngige RNA (⊕-Strang)

1. *Picornaviren:* Virion 20–30 nm, ikosaedrisch, keine Hülle. Bei Tieren und Pflanzen. Enteroviren: Poliomyelitis, Coxsackie-Viren (abakterielle Meningitis etc.), ECHO-Viren (Meningitis, Meningo-Encephalitis); Encephalomyocarditis (vor allem bei Tieren); Maul- und Klauenseuche (Rind, Schwein).

2. *Togaviren:* mit Hülle, Capsid ikosaedrisch; Encephalitis, Röteln (Rubella, engl.: German measles).

RNA-Tumorviren

1. *Retroviren* (*Oncornaviren*): Im Virion einsträngige RNA, alternatives DNA-Genom in der Zelle. Capsid mit Hülle. B-Typ Viren: Carcinome; C-Typ Viren: Sarkome, Lymphome, Leukämien.

DNA-Viren

A. Im Virion einsträngige DNA

1. *Parvoviren:* Capsid 20 nm, ikosaedrisch, keine Hülle. Die DNA ist in einem Teil der Viruspartikel der ⊕-Strang, in einem Teil der ⊖-Strang.

B. Im Virion doppelsträngige DNA

1. *Hepadnaviren:* Virion 42 nm, Hülle; Capsid 27 nm. Ein einziges Hüllenantigen (Glykoprotein). DNA zirkulär, teilweise einsträngig, ca. 3000 Basenpaare. Hepatitis B, möglicherweise Lebertumoren.

2. *Papovaviren:* Capsid 40–50 nm, ikosaedrisch, ohne Hülle. Tumorerzeugende Viren. Shope-Virus (Papillom beim Kaninchen), Polyoma-Virus (maligne Tumoren bei der Maus), Simian Virus (SV 40, Vacuolating Agent, bei Affen). Warzenvirus.

3. *Adenoviren:* Capsid 70–80 nm, ikosaedrisch, keine Hülle, Rezeptoren am Capsid. Erkrankungen des Respirationssystems bei Mensch, Affen, Rind, Mäusen, Hunden. Zum Teil tumorerzeugend.

4. *Herpesviren:* Capsid 100 nm, Virion mit Doppelhülle 180–250 nm. Capsomeren röhrenförmig. Zum Teil tumorerzeugend. Herpes simplex vor allem Hautläsionen, möglicherweise Cervixcarcinom. Herpes von Affen: Encephalitis bei Menschen. Varizellen-Zoster-Virus: Windpocken (engl.: chicken pox), Gürtelrose. Cytomegalie-Virus. Epstein-Barr-Virus. Viele tierpathogene Viren.

5. *Pockenviren:* Virion zylindrisch oder quaderförmig (je nach Hydrierung), 240–380 nm lang, 170–270 nm breit. Palisadenförmige Capsomere. Doppelhülle. Pockenvirus (Variola, engl.: smallpox). Vaccinia-Virus. Viele tierpathogene Viren.

---

gen gebildet, reagiert es schneller bei einer Zweitinfektion mit dem Antigen. Viele Viruskrankheiten treten daher bei der Erstinfektion auf und hinterlassen eine spezifische Immunität gegen das Virus. Darauf beruht es, daß viele Viruskrankheiten *Kinderkrankheiten* sind. Typische Kinder-

krankheiten sind ansteckende, endemisch auftretende Krankheiten, bei denen nicht immune Individuen mit ziemlich hoher Wahrscheinlichkeit schon früh im Leben infiziert werden. Daß die Immunität gegen Viren keinen absolut sicheren Schutz gegen Virusinfektionen darstellt und so-

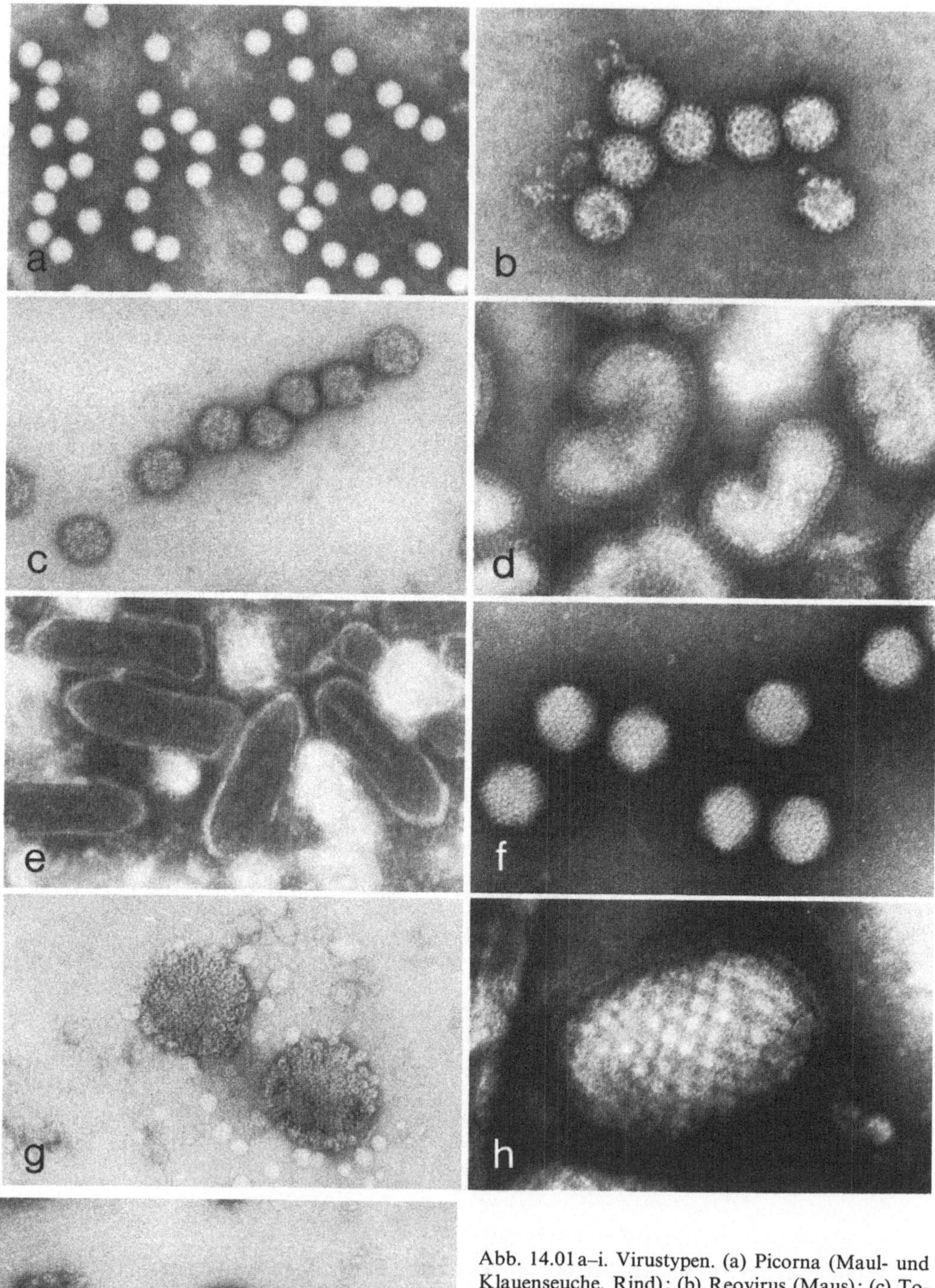

Abb. 14.01 a–i. Virustypen. (a) Picorna (Maul- und Klauenseuche, Rind); (b) Reovirus (Maus); (c) Togavirus (Sindbis-Virus); (d) Myxo (Pferdeinfluenza); (e) Rhabdo (Vesikuläre Stomatitis); (f) Adeno (Schaf); (g) Herpes (Rind); (h) Pocken (Ecthyma, Schaf); (i) Oncorna (Maus-Sarkom-Virus). Vergrößerung 120000×. (Aufn. Bundesforschungsanstalt für Viruskrankheiten der Tiere, Tübingen, F. Weiland)

gar schaden kann, ist in den letzten Jahren erkannt worden.

Die Immunreaktion wird im großen Umfang zur Vorbeugung (Prophylaxe) gegen Viruskrankheiten ausgenutzt. Bei der *Schutzimpfung* werden abgetötete oder nichtvirulente Viren injiziert oder oral verabreicht. Zum Abtöten wird Formalin benutzt, nichtvirulente Stämme werden durch Kultivierung in Fremdwirten oder durch Selektion von Mutanten erhalten. Die verabreichten Viren erzeugen keine oder milde Krankheitssymptome, rufen aber eine Immunreaktion hervor, die bei einer späteren Infektion mit virulenten Viren zur schnellen Aktivierung des Immunsystems führt. Eine Schutzimpfung mit dem antigenen Virus führt zu *aktiver Immunisierung*. *Passive Immunisierung*, die Verabreichung von Antikörpern aus immunisierten Individuen, hilft bei Viren wenig, weil sie sich in der Zelle vermehren. Passive Immunisierung wird vor allem bei akuter Vergiftung durch Bakterientoxine angewandt.

Eine ganz andere Reaktion gegen Virusinfektionen ist die Bildung von *Interferon*. Interferon wird in virusinfizierten Zellkulturen und im infizierten Organismus gebildet. Interferone sind Proteine mit Molekulargewichten von 25000 bis 30000. Sie wirken in den Wirtszellen, wo sie die Vermehrung von Viren verhindern. Interferon ist wirtsspezifisch. Jede Art bildet ihr eigenes Interferon. Dagegen ist das Interferon einer Art wirksam gegen ein breites Spektrum verschiedener Virusarten.

14.02 Morphologie und Klassifizierung

Viren sind keine Organismen. Es ist deshalb sinnlos, sie nach dem Linnéeschen System klassifizieren zu wollen. Es ist aber praktisch, sie in Gruppen ähnlicher Viren zusammenzufassen. Die Einteilung der Viren des Menschen und der höheren Tiere ist noch nicht abgeschlossen, aber langsam bildet sich ein allgemein anerkanntes System (Tabelle 14-1, Abb. 14.01).

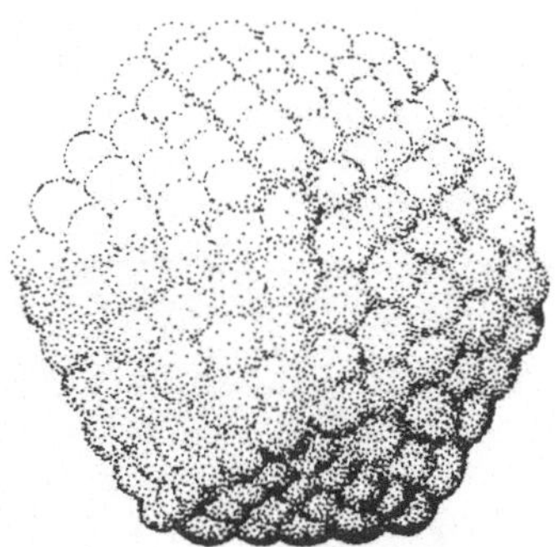

Abb. 14.02. Ikosaedrisches Capsid mit 252 Capsomeren

Wie bei Phagen werden auch bei den pathogenen Viren der höheren Tiere nach der *Art ihrer Nukleinsäure* DNA- und RNA-Viren unterschieden. Die RNA-Viren enthalten einsträngige RNA mit der Ausnahme der *Reoviren* des Respirations- und Verdauungstrakts, die *doppelsträngige RNA* enthalten.

Sicher ist die Aufteilung der pathogenen Viren in DNA- und RNA-Viren sinnvoll. Morphologisch überschneiden sich die beiden Gruppen aber auch. Besonders häufig haben die *Capside* von pathogenen Viren *kubische Symmetrie*. Die Proteinuntereinheiten (*Capsomeren*) sind oft als *Ikosaeder* angeordnet, regelmäßig gebaute Strukturen aus 20 gleichseitigen Dreiekken (Abb. 13.08, 14.02). Die Capsomeren können kugelförmig (z.B. Adenoviren) oder röhrenförmig (z.B. Herpesviren) sein und in ihrer Anzahl zwischen 42 (Picorna-Viren) und 252 (Adenoviren) schwanken. Entsprechend der Anzahl und Größe der Capsomeren variiert auch die Größe des Capsids (Abb. 14.01). Die kleinen Picornaviren haben einen Durchmesser von 20–30 nm, die Adenoviren mit 252 kugeligen Capsomeren messen 70–80 nm. Herpesviren mit 162 zylinderförmigen Capsomeren haben einen Durchmesser von 150–160 nm.

Bestimmend für die Größe eines Viruspartikels (Virions) ist vor allem die Länge der Nukleinsäure, die in das Capsid gepackt wird. Die pathogenen Viren haben Genome, die in der Zahl der Nukleotid-

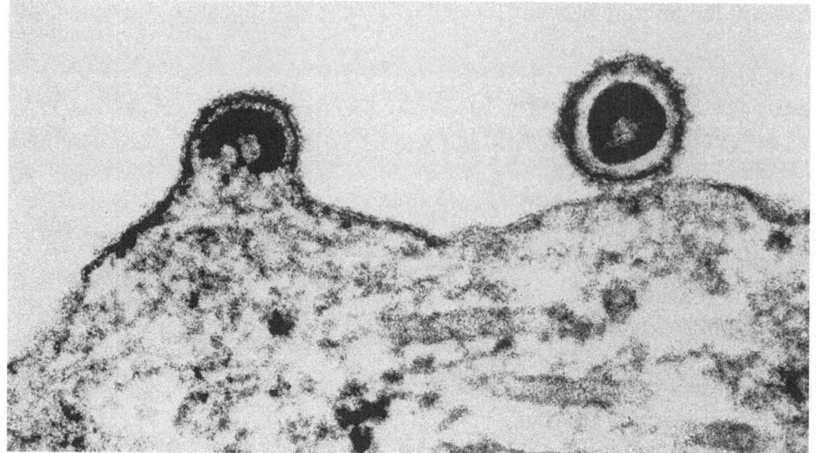

Abb. 14.03. C-Typ Oncorna-Viren beim Verlassen der Wirtszelle. Beachte die Veränderung der Zellmembran durch Einbau von viruscodierten Proteinen dort, wo sich das Virus einkapselt. Vergrößerung 160000 ×. (Aufn. J. Kartenbeck, Heidelberg)

paare denen der Phagen entsprechen. Die folgende Tabelle enthält einige Werte.

Tabelle 14-2. Genomgröße und Virion-Durchmesser einiger Viren

Virus	Gruppe	Durch-messer	Genom	Nukleotid-(paare)
Polio-mye-litis	Picorna	20 nm	RNA	$7,5 \times 10^3$ N
SV 40	Papova	45 nm	DNA	$1,1 \times 10^4$ NP
Reo-virus	Reo	65 nm	RNA	$3,4 \times 10^4$ NP(!)
HSV-I	Herpes	150 nm	DNA	$1,4 \times 10^5$ NP
Pocken	Pocken	200 nm	DNA	$5,3 \times 10^5$ NP

Die Pockenviren (engl.: Pox viruses) gehören zu den größten Viren. Sie sind etwa 250 nm lang. Pockenviren haben auch eine sehr komplexe unsymmetrische Struktur. Von den RNA-Viren haben die *Myxoviren* und die *Paramyxoviren*, Erreger von Grippe, Masern und Mumps, eine komplexe Struktur, in deren Zentrum eine Spirale aus RNA und Protein liegt. *Rhabdoviren* sind patronenförmige RNA-Viren, etwa 200 nm lang und 75 nm im Durchmesser. Zu ihnen gehören die Erreger der Tollwut (engl.: rabies) und der vesikulären Stomatitis.

Nukleinsäuren und Capsid sind die Grundbestandteile von Viruspartikeln. Diese Grundstruktur, das *Nukleocapsid*, ist bei vielen pathogenen Viren von einer *Hülle* umgeben, die eine echte Membran mit Lipid- und Proteinanteilen ist. Sie entsteht, wenn das Virus ohne Lyse der Wirtszelle durch Einkapselung in einen Teil der Kern- oder der Zellmembran und Abknospung von der Membran ausgeschieden wird (Abb. 14.03). Dabei ist die Hülle nicht einfach ein Stück Wirtszellmembran. In der Regel codiert die Virus-Nukleinsäure spezielle Proteine, die in die Zellmembran eingelagert werden. Nur dort, wo solche viruscodierte Membranflecken sind, kommt es zur Einkapselung und Abknospung von Viruspartikeln. Die Lipide der Hülle werden allerdings von der Wirtszelle gestellt.
Viren mit Membranhüllen sind anfällig gegen Fettlösungsmittel wie Äther, Chloroform oder Detergentien. Die Desinfektion gegen Viren mit lipidhaltiger Hülle ist deshalb sehr viel einfacher als die von Viren, die lediglich Protein-Capside besitzen.
Die immunologischen Eigenschaften von Viren und ihre Anwendung bei serologischen Tests werden wir noch erwähnen. Da sie leichter durchzuführen sind als Isolation und elektronenmikroskopische

Identifizierung des Virus, spielen sie diagnostisch eine große Rolle.

14.03 Der Vermehrungszyklus: Herpesviren

Die Vermehrung von DNA-Viren ist besonders an Herpesviren untersucht worden. Herpesviren sind komplex gebaut. Ihre DNA liegt an Proteine gebunden im Capsid vor. Das Capsid des Herpes-simplex-Virus (HSV) enthält sechs verschiedene Proteine, die röhrenförmige Capsomere bilden. Zwölf verschiedene Glykoproteine nehmen am Aufbau der Hülle teil. Insgesamt enthält das Virion etwa 40 verschiedene Proteine, die von der Virus-DNA codiert werden. Das HSV-Genom codiert etwa 70–80 Proteine, darunter Enzyme zur Virussynthese.

Herpes-simplex-Virus ist sehr häufig. Etwa 5% aller Menschen sind damit infiziert. Vom HSV existieren zwei serologisch verschiedene Typen. HSV I ist der Erreger von *Herpes labialis*, Pusteln am Rande des Mundes, die besonders nach Frosteinwirkung, Sonnenbestrahlung oder bei Fieber auftreten (engl.: fever blisters). Es ist auch für Gehirnentzündungen verantwortlich gemacht worden. HSV II erzeugt Pusteln der Genitalregion (*Herpes genitalis*) und wird auch als Erreger von Gebärmutterkrebs (Carcinom des Cervix) angesehen.

Auch andere Herpesviren können zu verschiedenen Symptomen führen. *Varizellen-Zoster-Virus* ist der Erreger von Windpocken. Einmal an Windpocken erkrankte Personen können Jahre später an *Herpes zoster*, der *Gürtelrose*, erkranken. Bei der Gürtelrose treten Herpespusteln auf der Hautregion auf, deren sensible Nerven einem sensiblen Ganglion entstammen. Im allgemeinen ist Herpes zoster zwar sehr unangenehm, aber nicht gefährlich, es sei denn, daß er sich in der Region des oberen Trigeminusastes ausbildet, zu der die Hornhaut des Auges gehört.

Herpesviren sind auch für die verschiedensten Tierarten pathogen und dabei in einigen Fällen eindeutig als Erreger von Krebskrankheiten identifiziert worden. Zu den krebsverursachenden (*onkogenen*) Herpesviren gehört der Erreger des Marekschen Tumors beim Huhn und der Erreger des Lucké-Adenocarcinom beim Leopardenfrosch.

Der Vermehrungszyklus des Herpes-simplex-Virus (Abb. 14.04) beginnt mit einer Erkennungsreaktion zwischen der Hülle des Virus und der Zellmembran der Wirtszelle. Anders als bei Phagen wird daraufhin das gesamte Virion, nicht nur die Nukleinsäure, aufgenommen. Wahrscheinlich wird das Virus in der Zelle verdaut und auf diese Weise die Nukleinsäure freigesetzt. Die Virus-DNA dient nun im Kern der Wirtszelle der RNA-Polymerase der Zelle als Matrize zur Synthese einer m-RNA. Wie bei Phagen gibt es bei HSV frühe und späte Gene. Die frühen Gene werden hundertmal so schnell transkribiert wie die späten, deren Transkription auch später beginnt.

Die frühen Gene codieren für DNase, DNA synthetisierende Enzyme und einige Proteine der Virionstruktur. Die DNA-Polymerase des Virus bevorzugt eine Matrize, die viel G-C-Paare enthält. Sie wird also vorzugsweise HSV-DNA reduplizieren, die mit einem G-C-Gehalt von 69% weit G-C-reicher ist als die der Wirtszelle (G-C-Gehalt 40%).

Mit dem Erscheinen von viruscodierten Proteinen werden die Wirtszellfunktionen unterdrückt, auch die Verarbeitung von ribosomaler RNA, die zwar synthetisiert, aber weder aus der langen RNA-Vorstufe herausgeschnitten noch ins Plasma transportiert wird. Der Beginn der Synthese von Virus-DNA stellt auch ein Signal für die Transkription der späten Gene dar. Die Virus-DNA wird noch in der Zelle vom Capsid und einer Glycoproteinhülle umgeben, die bei der Freisetzung des Virus durch den Membrananteil verdickt wird. Der ganze Vorgang dauert 10–48 Std.

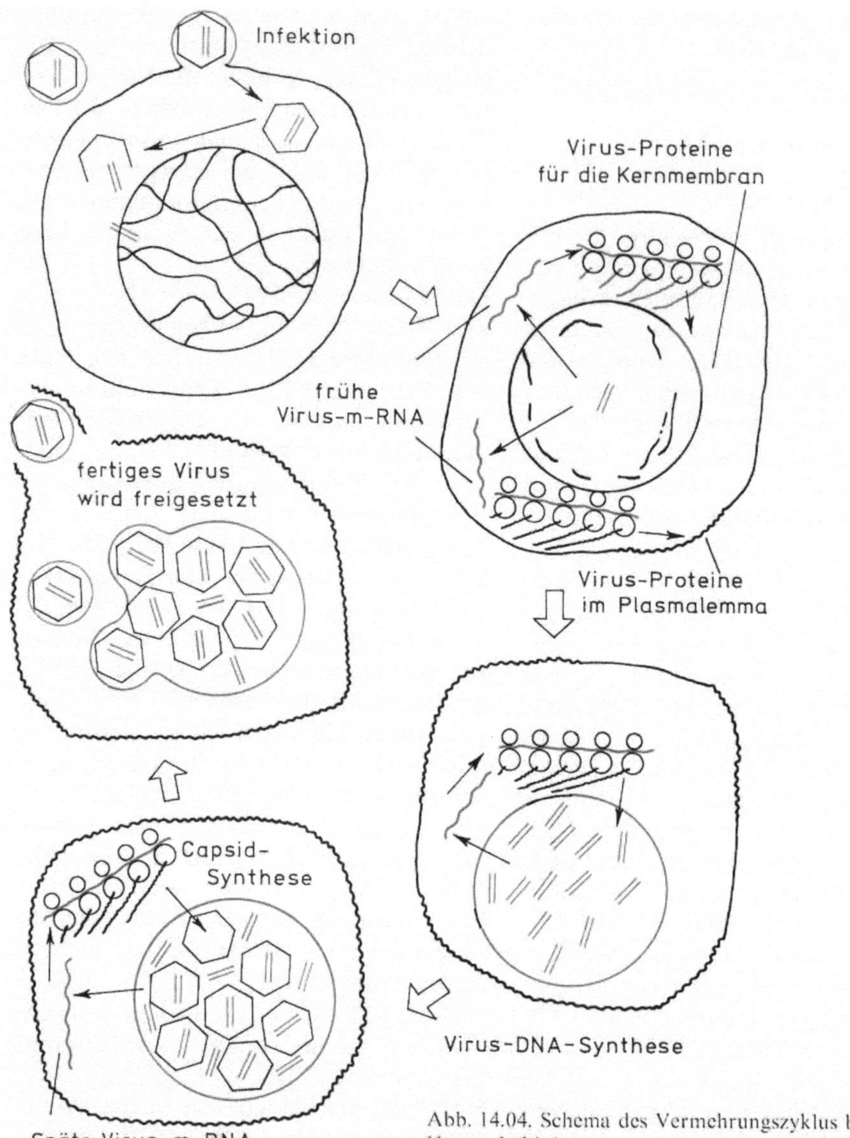

Abb. 14.04. Schema des Vermehrungszyklus bei einer akuten Herpes-Infektion

14.04 Der Vermehrungszyklus: RNA-Viren

Bei Viren, die einsträngige RNA im Virion mitbringen, ergibt sich wieder das Problem, das wir bereits im vorigen Kapitel diskutiert haben (13.10). Je nachdem, ob der eingebrachte Strang direkt die mRNA des Virus darstellt, also der ⊕-Strang ist, oder ob er die komplementäre Kopie zur mRNA und damit ein ⊖-Strang ist, werden verschiedene Anforderungen an den Replikationsvorgang in der Eukaryontenzelle gestellt. Eines der Hauptprobleme dabei ist, daß die Eukaryontenzelle kein Enzym zur Synthese von RNA an RNA enthält. Das entsprechende Enzym (eine RNA-Replikase) muß also von der Virus-RNA codiert werden. Im Falle der ⊖-Strang-Viren muß es auch bei der Infektion als ein Protein des Virions mitgebracht werden.

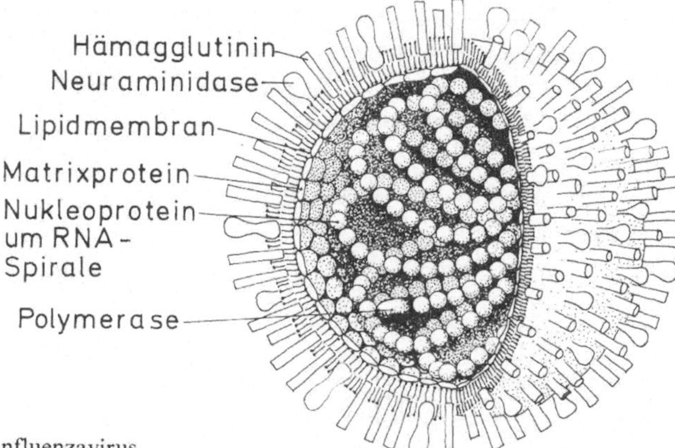

Abb. 14.05. Schema der Struktur eines Influenzavirus

Das *Influenza-(Grippe-)Virus* ist ein medizinisch wichtiges $\ominus$-Strang-Virus. Abbildung 14.05 ist eine schematische Darstellung seiner Struktur. Die RNA liegt spiralig aufgewunden, dicht mit einem Nukleoprotein besetzt, im Inneren des Virion. Die RNA enthält acht Gene, und es ist eine auffällige Eigenart des Grippevirus, daß diese acht Gene als acht einzelne RNA-Moleküle im Virion liegen. Umgeben ist diese dem Nukleocapsid entsprechende Spirale von einer Hülle, die aus einem Stück umgebauter Wirtszellmembran besteht, in das das Nukleocapsid beim Verlassen der Wirtszelle verpackt worden ist. Darin sind die Wirtszellproteine durch Virusproteine ersetzt. Innen ist die Lipidschicht mit einem „Matrixprotein" belegt, nach außen stehen zwei Sorten Proteine als Zacken (engl.: spikes) in der Lipidschicht. Diese Zackenproteine sind im elektronenmikroskopischen Bild des Virus deutlich zu erkennen (Abb. 14.01 d). Die meisten dieser Zacken sind Rezeptoren, mit denen sich das Virus an die Wirtszellmembran bindet. Da sie das Virus auch an Erythrocytenmembranen ankleben und dadurch Erythrocyten verklumpen, nennt man sie *Hämagglutinin*. Die andere Sorte Zackenproteine löst diese Glykoproteinbindung nach einiger Zeit wieder auf, sie wirkt als *Neuraminidase*. Da diese beiden Proteine als einzige aus der Virusmembran nach außen her-

vorstehen, sind sie die einzigen Teile des Virus, die bei einer Infektion als Antigene wirken und eine Immunreaktion hervorrufen. Entsprechend werden verschiedene Influenza-Virus-Stämme auch durch die immunologische Reaktion ihrer Hämagglutinin und Neuraminidase-Moleküle unterschieden, und eine Grippe-Impfung richtet sich gegen diese beiden Antigene. Der Replikationszyklus der Myxo- und Paramyxoviren ist im Grunde dem der Herpesviren sehr ähnlich. Der Hauptunterschied ist, daß die Myxoviren RNA-Viren sind. Die Infektion der Zelle beginnt hier mit der Anlagerung der Viren an die Wirtszellmembran. Bei den Myxoviren verschmilzt die Virushülle mit Wirtszellmembran. Nur das Capsid gelangt in die Zelle. Dort wird durch die viruscodierte Transcriptase, die mit dem Capsid in die Zelle gelangt ist, die Genom-RNA in m-RNA transkribiert. Bei der darauffolgenden Proteinsynthese entstehen Hüllproteine und Zackenproteine, die in die Wirtszellwand eingelagert werden. Während die Lipid- und Zuckeranteile der Virushülle der Wirtszelle entstammen, werden die Capsid-Proteine, die Transcriptase und die Replicase von der Virus-RNA codiert. Die Replicase stellt von der Genom-RNA weitere Kopien her, die in der Wirtszelle (im Kern) in das Capsid verpackt werden, dann zur Zelloberfläche gelangen, in die Hülle ver-

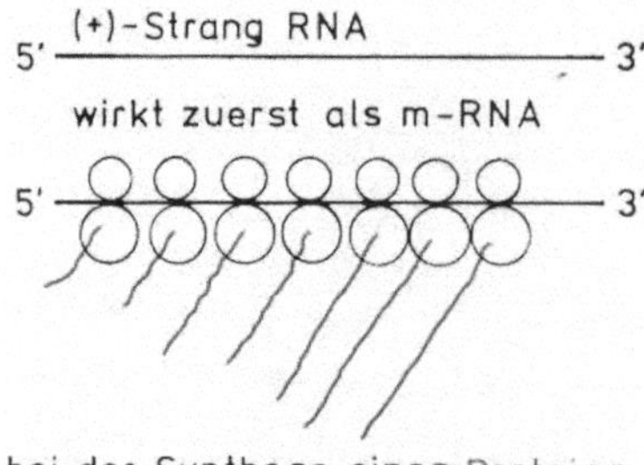

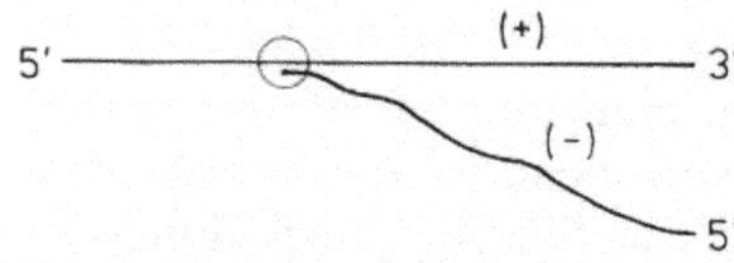

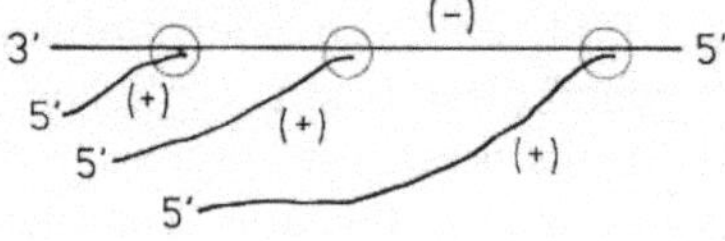

Abb. 14.06. Schema der RNA-Synthese bei Poliomyelitis-Virus

packt werden und von der Zellmembran abknospen.

Bei den winzigen *Poliomyelitis-Viren* (Picorna-Viren) enthält das Capsid ⊕-*Strang-RNA*. Der gesamte ⊕-Strang ist ein einziges m-RNA-Molekül. Natürlich codiert er für alle Virusproteine. Er wird aber auch in einem Stück in Protein umgesetzt. Bei dieser Proteinsynthese entstehen riesige Polysomen, bei denen bis zu 40 Ribosomen zugleich an der m-RNA sitzen. Erst das fertig synthetisierte Protein wird in die einzelnen Komponenten zerschnitten. Unter diesen Komponenten ist eine Polymerase, die den ⊖-Strang bildet, an dem weitere ⊕-Stränge synthetisiert werden (Abb. 14.06). Bei allen bisher besprochenen Viren wird, genau wie bei den RNA-Phagen, RNA nur in RNA transkribiert. DNA tritt im ganzen Vermehrungszyklus nicht auf.

Eine Gruppe von RNA-Viren, für die diese Regel nicht gilt, werden wir später als Retroviren (14.08) kennenlernen.

14.05 Viren als Krankheitserreger

Einige der Besonderheiten von Viren als Krankheitserreger haben wir schon kennengelernt.

Eine typische Virusinfektion beginnt mit dem Eindringen des Virus in die Wirtszellen. Die Verhornung der Haut schützt gegen Virusinfektionen. Viren werden deshalb vor allem über die Schleimhäute von Nase und Rachen aufgenommen. Einige Viren werden durch blutsaugende Arthropoden übertragen und gelangen direkt in den Blutkreislauf. Die anderen Viren vermehren sich zuerst, meist ohne sichtbare Schädigung des Gewebes, im Schleimhautepithel, gelangen dann in die Lymphocyten der Lymphfollikel und von da aus ins Blut. Mit dem Blut werden sie zu den übrigen Organen transportiert. Je nach dem Organ, in dem diese Virusinfektion zur Geltung kommt, treten dann bestimmte Viruskrankheiten auf. Schon vor Auftreten der typischen Symptome haben sich die Viren im Wirtsorganismus vermehrt. Wenn die Symptome auftreten, hat der Kranke meist schon längere Zeit Viren ausgeschieden. Es ist dann auch schon zu irreparabler Zellschädigung gekommen.

Eine besondere Infektionsmöglichkeit ist die Übertragung der Viren von der schwangeren Mutter auf den Fötus. Die Zellschädigung während der Entwicklung kann zu Mißbildungen führen. Wie alle Entwicklungsstörungen sind auch die Schädigungen durch Viren abhängig von dem Entwicklungsstadium des Fötus.

Im Blut zirkulierende Viren werden schnell durch Antikörper präzipitiert und sind daher nach kurzer Zeit nicht mehr nachweisbar. Innerhalb der Zelle sind Viren vor der Inaktivierung durch Antikörper geschützt. Die hüllentragenden Viren bauen viruscodierte Proteine in die Zellmembran ein. Es liegt dann eine Zelle mit sowohl körpereigenen wie körperfremden Membrandeterminanten vor. Solche Zellen können von den cytotoxischen T-Zellen des Immunsystems erkannt und abgetötet werden (20.03, 20.12).

Virusinfektionen können symptomlos sein, im Extremfall können sie tödlich verlaufen. Verschiedene Stämme eines einzigen Virustyps können verschieden gefährlich sein. Wir haben Epidemien und Pandemien erwähnt, als wir Bakterien besprochen haben (11.09). Heutzutage sind, mit wenigen Ausnahmen, Epidemien und Pandemien bei bakteriell verursachten Krankheiten von geringer Bedeutung im Vergleich zu Virus-Epidemien und Virus-Pandemien. Dabei gibt es große Unterschiede von einem Virus zum nächsten. So ist es im November 1977 gelungen, die Pocken weltweit auszurotten. Als die Weltgesundheitsorganisation (WHO) 1966 beschloß, 1967 mit einem Zehn-Jahres-Programm zur Ausrottung der Pocken zu beginnen, waren Pocken noch in mehr als dreißig Ländern in Südamerika, Afrika und Asien endemisch. Der Erfolg war möglich, weil Pockenviren nur von Mensch zu Mensch weitergegeben werden und kein Reservoir an Menschenpockenviren in irgendeiner Tierart besteht. Es kam also nur darauf an, die Weitergabe von Pocken zu unterbinden. Dazu mußten an Pocken erkrankte Personen isoliert werden, und in Gegenden, wo Pocken endemisch waren, mußte geimpft werden. Das klingt einfach, verlangte aber einen gewaltigen Aufwand an Technologie und Logistik.

Grippe ist epidemiologisch ein Gegenstück zu Pocken. Zwei biologische Eigenschaften des Grippevirus wirken zusammen, um die Bekämpfung zu erschweren. Eine dieser Eigenschaften ist, daß Grippeviren, die potentiell für den Menschen gefährlich sind, in vielen Tierarten vorkommen, die andere, daß das Grippe-Genom aus acht einzelnen Genen besteht. Damit wird Rekombination zwischen Viren, die gemeinsam eine Zelle infizieren, obligatorisch.

Abbildung 14.07 skizziert ein Experiment, das demonstriert, was wahrscheinlich regelmäßig in der Natur geschieht. Wir müssen dazu wissen, daß die beiden Membranantigene des Grippevirus, das Hämagglutinin und die Neuraminidase, serologisch charakterisiert und dann serienmäßig numeriert werden. Im Experiment wurde Influenza A mit Hämagglutinin Nr. 3 und Neuraminidase Nr. 2 (die „Hong-Kong-Grippe" H3N2) zusammen mit einem Influenza-A-Virus vom Schwein (Schweine-Hämagglutinin Hsw1, Neuraminidase N1) zur Infektion eines Schweins benutzt. Beide Viren infizierten zusammen Zellen in der Lunge des Schweins. Beim Verpacken des Virus wurden jedesmal je eine Kopie aller acht RNA-Gene eingekapselt, aber ohne Rücksicht auf ihre Herkunft. Damit wurden von diesem infizierten Schwein neben den beiden ursprünglichen Virustypen 254 Rekombinanten freigesetzt. Das Experiment könnte erklären, warum neben minimalen Änderungen an Grippeviren, die sicher durch Punktmutationen hervorgerufen werden und bei der serologischen Analyse als langsames Abdriften der Serotypen (engl.: antigenic drift) bemerkbar werden, gelegentlich ganz plötzlich völlig neue Antigen-Serotypen auftreten (engl.: antigenic shift). Das Resultat ist dann, daß eine Epidemie um sich greift, bevor Impfstoff gegen die neuen Serotypen hergestellt werden kann. Im Nachhinein hat man mit ziemlicher Sicherheit festgestellt, daß Schweine das Reservoir für einige ganz besonders böse Grippe-Pandemien gewesen sind. Das ganze Ausmaß des Problems wird aber erst deutlich, wenn man weiß, daß für den Menschen pathogene Grippe-Viren auch durch Vögel, darunter Zugvögel, weltweit verbreitet werden. Eine Isolation aller Grippe übertragenden Organismen ist damit ausgeschlossen. Möglicherweise werden uns Methoden

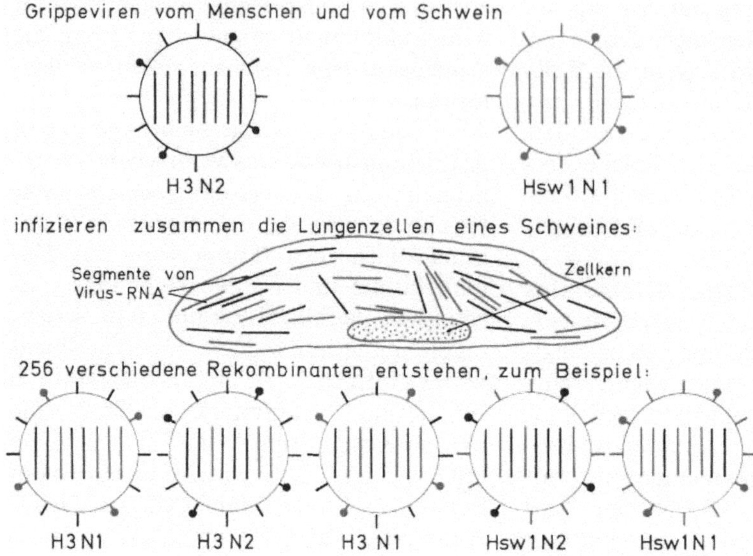

Abb. 14.07. Modellversuch zur Rekombination zwischen gemeinsam infizierenden Influenzaviren. H3 und Hsw 1 sind Hämagglutinin-Serotypen (symbolisiert durch Striche auf der Virusoberfläche), N1 und N2 sind Neuraminidase-Serotypen (symbolisiert durch Striche mit Köpfchen)

der Gentechnologie (Kap. 23) helfen, mit den Veränderungen der Viren Schritt halten zu können.

Das Ausmaß der Grippe-Epidemien ist verschieden, weil die verschiedenen Virustypen (genauer, die verschiedenen Subtypen von Typ A) verschieden virulent sind. Die Pandemie von 1918/19 hat weltweit mindestens 20 Millionen Menschenleben gefordert. In der dritten Oktoberwoche 1918 starben allein in Philadelphia 4600 Menschen an Grippe. Der Vergleich mit einem Weltkrieg ist keineswegs übertrieben.

14.06 Langsame Viren

Am Beispiel der Herpes-Viren haben wir bereits gesehen, daß neben den akuten Viruskrankheiten, die oft als Kinderkrankheiten auftreten, da sie bei der ersten Infektion zur Aktivierung des Immunsystems führen, auch spätere akute oder chronische Krankheiten auftreten, die durch die gleichen Viren verursacht werden. Bei einigen, zum Beispiel bei der Gürtelrose, bleiben Viren nach der Erstinfektion inaktiv in bestimmten Zellen. Sie sind damit für das Immunsystem nicht erreichbar und können später durch einen entsprechenden Umweltreiz aktiviert werden und die mit ihrem Lysezyklus verbundenen Symptome lokal hervorbringen. Andere spät wirkende Viren bleiben nicht völlig inaktiv und rufen daher chronisch neue Symptome hervor, die von ihrer verbleibenden Aktivität abhängen. Diese unterscheidet sich von Fall zu Fall. Drei Gruppen von Krankheiten scheinen besonders häufig mit solchen „langsamen Viren" assoziiert zu sein: *chronisch-degenerative Krankheiten*, besonders im Nervensystem (verfrühte Senilitätserscheinungen durch Gehirndegeneration), *Autoimmunkrankheiten* (Lyse körpereigener Gewebe durch das Immunsystem) und *Krebs* (Transformation normaler Zellen zu Zellen mit aufgehobener Wachstumskontrolle).

Zwei seltene degenerative Krankheiten des Nervensystems, *Kuru* bei den Fore (Eingeborenen von Neuguinea) und die *Creutzfeldt-Jakob-Krankheit*, zusammen mit vergleichbaren Krankheiten bei Schafen und beim Nerz, sind dadurch auffällig, daß sie als Viruskrankheiten übertragen werden können, ohne daß man bisher einen Erreger gefunden hat. Die Läsionen enthalten regelmäßig eine besondere Fraktion fädiger Proteinaggregate, die man unter dem Namen *Prionen* für die Erreger gehalten hat. Wie diese Prion-Proteine sich allerdings ohne Nukleinsäure fortpflanzen, ist nicht bekannt. Wäre dies wirklich der Fall, würden sie alle Grundlagen der Molekularbiologie ins Wanken bringen. Inzwischen hat man allerdings Gene in der Wirtszelle gefunden, die für Prionproteine codieren. Damit ist man der Aufklärung dieser Krankheiten näher gekommen..

Andere dieser Krankheiten lassen sich aus dem Zusammenspiel zwischen (oft teilweise inaktivierten) Viren und den Kontrollfunktionen des Organismus erklären.

Lymphocytische Choriomeningitis (LCM), eine tödliche Gehirnentzündung der Maus, ist ein gut untersuchtes Beispiel dafür. Das LCM-Virus verbleibt in den Zellen. Virusproteine werden in die Zellmembran eingebaut. Die veränderte Membran wird vom Immunsystem erkannt, und die Zellen werden abgetötet. Werden neugeborene Mäuse infiziert, deren Immunsystem noch nicht entwickelt ist (20.05), dann werden die virus-infizierten Zellen nicht als „Fremdzellen" erkannt. In diesem Fall überleben die Mäuse. Auch bei Immunsuppression, Unterdrückung des Immunsystems durch Bestrahlung oder Chemikalien, führt die LCM-Infektion nicht zum Tode. Die infizierten Zellen setzen aber laufend Viruspartikel frei (Abb. 14.08).

Die andauernde Freisetzung von Viren aus nicht lysierenden Zellen kann sekundär zu Krankheitssymptomen führen. Das ist auch bei LCM der Fall. Auch wenn das Immunsystem nicht die virushaltigen Zellen angreift, präzipitiert es die im Blut zirkulierenden Viren. Über längere Zeit werden also große Mengen Anti-

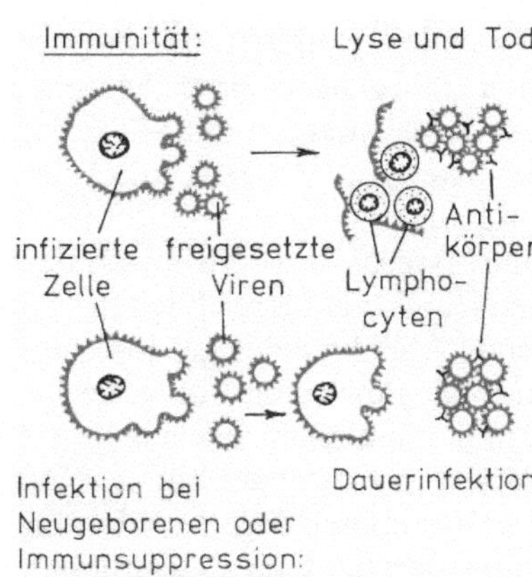

Abb. 14.08. Alternative Krankheitszustände nach Infektion mit LCM-Virus

körper-Virus-Präzipitat gebildet, die sich in den Nieren ansammeln und dort zu Glomerulonephritis führen. LCM-infizierte Mäuse, die nicht durch die akuten Symptome der Choriomeningitis sterben, überleben zwar länger, sterben aber immer noch früher als uninfizierte Mäuse.

Wichtig bei chronischen Virusinfektionen ist, daß die Krankheitssymptome in der Regel nicht auf der Lyse der Zelle durch die Viren beruhen. Zell-Lyse bei LCM ist ein sekundärer Effekt des Immunsystems. Immerhin werden im Falle der LCM-Infektion von der infizierten Zelle Viren freigesetzt. Nicht einmal das ist notwendigerweise der Fall bei chronischen Virusinfektionen.

Wenn die Virusinfektion nicht zur Lyse der Zelle führt, besonders, wenn nicht einmal wenige Viruspartikel durch Knospung der Membran freigesetzt werden, spricht man von *defekten Viren*. Offensichtlich sind solche Viren defekt in ihrem Fortpflanzungsmechanismus. Worin der Defekt in einzelnen Fällen begründet ist, ist meist unbekannt. Im Labor können defekte Viren genauer untersucht werden. Gelegentlich kann man die Viren durch experimentelle Tricks zur Zell-Lyse induzieren. Im Falle der *Subakuten Sklerotisierenden Panencephalitis* (SSPE) ist das gelungen. SSPE ist eine seltene, zum Tode führende Krankheit. Sie beginnt Monate oder Jahre nach einer Maserninfektion. Bei allen Patienten mit SSPE wird ein hoher Titer von Masernantikörpern im Blut aufgefunden. Die Symptome von SSPE sind typisch für chronisch-degenerative neurologische Krankheiten: fortschreitende Abnahme der geistigen Fähigkeiten und der Bewegungskontrolle.

Bringt man Gehirnzellen von SSPE-Patienten in Gewebekultur zur Fusion, also zur Verschmelzung der Membranen, mit uninfizierten Gewebekulturzellen, dann werden Masernviren freigesetzt.

Bei LCM führt die Virusinfektion nicht zur Lyse, nur noch zur langsamen Freisetzung von Viren, bei SSPE können Viren nur mit technischen Tricks aus der Zelle herausgelockt werden. Bei vielen chronischen Krankheiten sind die Viren derart defekt, daß die Zellen gar nicht zur Lyse gebracht werden können. Der Verdacht auf ein Virus als Ursache der Krankheit beruht dann darauf, daß man im elektronenmikroskopischen Bild der Zellen Viruspartikel erkennt, daß die Krankheit stets von einem hohen Antikörpertiter gegen eine Virusart begleitet ist, oder auch nur, daß die Krankheit immer nach einer akuten Viruskrankheit auftritt.

14.07 Krebs

Krebs ist ein Sammelname für Erkrankungen, bei denen die Regulation des Gewebewachstums gestört ist. Anstatt bis zu einer gewissen Größe anzuwachsen und dann das Wachstum einzustellen, wachsen Populationen von Krebszellen laufend weiter. Dabei kommt es nicht auf die Geschwindigkeit des Wachstums an, nur auf die mangelnde Kontrolle. Krebs ist also ein typisches Problem vielzelliger Organismen. Wir erwähnen es hier, weil die Umwandlung von normal wachsenden Zellen zu krebsartig wachsenden Zellen in vielen Fällen durch Viren verursacht wird.

Diese Umwandlung wird *Transformation* genannt. Sie hat wenig mit der Transformation von Bakterienzellen durch freie DNA zu tun, obwohl DNA bei beiden Prozessen eine Rolle spielt.

Die transformierten Zellen können dem Gewebe, aus dem sie entstanden sind, sehr ähnlich sein. Sie können langsam und lokalisiert wachsen und dabei eine schwellende Zellmasse, einen *Tumor* bilden. Bleibt dieser Tumor an seiner Ursprungsstelle lokalisiert, ohne aus dem ursprünglichen Gewebeverband herauszuwachsen, bezeichnet man ihn als *gutartigen (benignen) Tumor*.

Die Zellen eines *bösartigen (malignen) Tumors* haben oft viele ihrer ursprünglichen Zelleigenschaften verloren und ähneln mehr embryonalen Zellen als den Zellen, aus denen sie entstanden sind (Metaplasie, vgl. aber 19.13). Die wichtigste Charakteristik malignen Wachstums ist es, daß maligne Tumoren aus dem ursprünglichen Gewebeverband hinaus in Nachbargewebe wachsen, die sie infiltrieren und zerstören. Sie sind dadurch besonders gefährlich, daß sie (über Zellen, die vom Blutkreislauf mitgenommen werden) in entfernten Geweben Ableger *(Metastasen)* erzeugen, die am neuen Ort zu weiteren Tumoren auswachsen. Typische Krebskrankheiten sind maligne Entartungen von Zellpopulationen. Sie können in den verschiedensten Geweben entstehen. Als gemeinsame Ursache aller Krebskrankheiten kann man eine irreversible genetische Veränderung der Zelle ansehen. Worauf diese Veränderung beruht, ist schwierig zu entscheiden und sicher von Fall zu Fall verschieden (19.10).

Verschiedene Typen von Viren spielen als krebserregende, *onkogene Viren* eine Rolle.

Drei Typen von *DNA-Viren* sind onkogen. Menschenpathogene *Adenoviren* können bei Nagetieren, aber nicht beim Menschen, onkogen wirken. *Papovaviren*, DNA-Viren mit einem Capsid-Durchmesser von etwa 45 nm (Abb. 14.09), verursachen benigne Tumoren. Dazu gehören Papillome (Shope-Virus des Kaninchens) und beim Menschen Warzen. Ähnliche

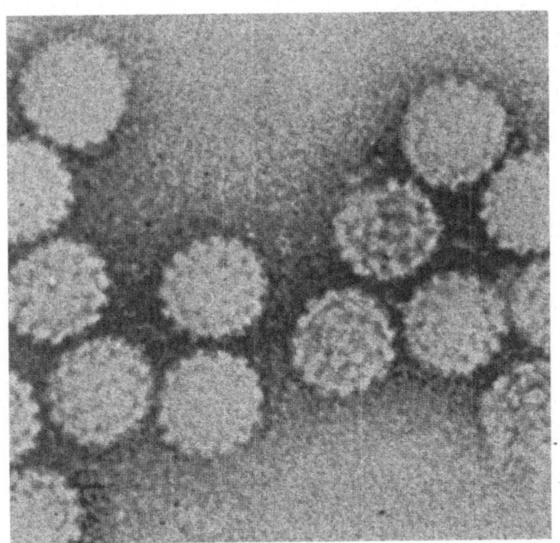

Abb. 14.09. Papilloma-Viren. Vergrößerung 200000×. (Aufn. H. Bujard)

Viren erzeugen maligne Tumoren bei Mäusen.

Herpesviren sind verschiedentlich als Krebserreger beim Menschen angesehen worden. Sicher erzeugen sie Tumoren bei Tieren. Das *Epstein-Barr-Virus*, das zuerst in Zellkulturen eines menschlichen Tumors, dem Burkitt-Lymphom, nachgewiesen worden ist, scheint mit dem Erreger der infektiösen Mononukleose identisch zu sein. Ob es in einem oder dem anderen Fall wirklich der Krankheitserreger ist, ist noch nicht bewiesen.

Für die *onkogenen DNA-Viren* gibt es Hinweise darauf, daß sie *in das Genom der Wirtszelle eingebaut werden* können. Dieser Einbau ist analog dem Prophagen-Zustand von Phagen. Sogar Transduktions-Experimente sind mit Herpesviren in Gewebekulturzellen durchgeführt worden.

Ganz besonders interessant ist in dieser Hinsicht aber eine Gruppe ganz eigenartiger Viren, die zur Zeit eingehend untersucht werden. Das sind die *Retroviren*.

14.08 Retroviren

Retroviren sind so oft mit Transformation ihrer Wirtszellen zu Krebszellen assoziiert, daß man das für eine ihrer charakteristischen Eigenschaften gehalten hat. Sie werden deshalb auch *RNA-Tumorviren* oder *Oncorna-Viren* (onkogene RNA-Viren) genannt. Die Rolle eines dieser Viren, des HTLV-III als Erreger von Erworbener Immundefizienz (engl. „acquired immune deficiency syndrome": AIDS) hat gezeigt, daß diese Charakterisierung zu eng gefaßt ist.

Anhand der *Morphologie des Viruspartikels* unterscheidet man drei Typen von Retroviren als *B-, C- und D-Typ*. Bei allen ist das Capsid von einer Hülle umgeben, die Glykoproteinzacken trägt (Abb. 14.01, 14.03). Das größere, randständige Capsid in einer Hülle, die dicht mit Zakken besetzt ist, unterscheidet die B-Typ-Viren von den kleineren C-Typ-Viren, deren Capsid in der Mitte der Hülle liegt. D-Typ-Viren, zu denen das AIDS-Virus gehört, haben ein beinahe linsenförmiges Capsid.

B-Typ-Viren erzeugen *Carcinome*, also Krebs von Epithelgeweben, die im Embryo ektodermal oder entodermal angelegt werden (21.05). *C-Typ-Viren* erzeugen *Leukämien*, *Lymphome* oder *Sarkome*, also Tumoren mesodermal angelegter Gewebe wie Muskeln, Knochen, Bindegewebe (Sarkome), Blutzellen (Leukämie) und Gewebslymphocyten (Lymphome). *Brustkrebs* (Adenocarcinom der Milchdrüsen) ist in vielen Fällen mit *B-Typ-Viren* korreliert. Diese Tumoren sind nicht allgemein ansteckend. Das Virus wird von der Mutter an den Fötus weitergegeben, im Falle des Bittnerschen Milchfaktors der Maus mit der Muttermilch an die säugenden Neugeborenen. Ein B-Typ-Virus ist von McGrath und Rich in menschlichen Brustcarcinomzellen nachgewiesen worden.

C-Typ-Viren sind seit 1908 bekannt. Damals wurde ein Leukämie verursachendes, übertragbares Virus bei Hühnern gefunden (*Avian Leukemia Virus*, ALV). Das *Rous Sarkom Virus* (RSV) ist 1911 entdeckt worden und wird seitdem in Hühnern und in Gewebekulturzellen weiter

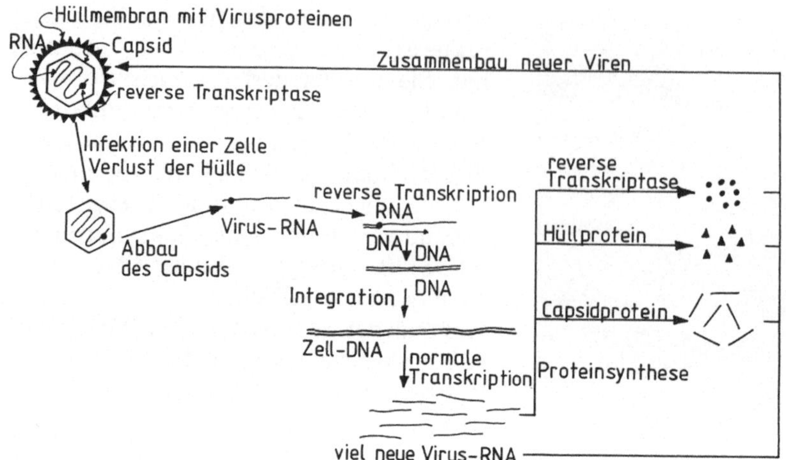

Abb. 14.10. Lebenszyklus eines Retrovirus

kultiviert. C-Typ-Viren verursachen ein Sarkom beim südamerikanischen Wollaffen, ein Lymphosarkom beim Gibbon, Leukämie bei Mäusen und bei Katzen. Beim Menschen sind C-Typ-Viren bei akuter myelocytischer Leukämie nachgewiesen worden.

Möglicherweise sind C-Typ-Viren übertragbar. Fälle von akuter myelocytischer Leukämie sind aber selten, und alle möglicherweise von C-Typ-Viren verursachten Tumoren machen beim Menschen nur etwa 15% aller Tumoren aus.

Wichtiger als die Morphologie der Retroviren ist ihre Molekularbiologie. Wird ihr RNA-Genom in die Wirtszelle eingebracht, dann wird nämlich von dieser RNA eine doppelsträngige DNA-Kopie hergestellt, die sich in das Genom der Wirtszelle einbauen und ein Stück davon werden kann (Abb. 14.10). Daher der Name „Retrovirus".

Als diese Umkehr des klassischen Informationsflusses (DNA auf RNA) 1970 erkannt wurde, verursachte sie viel Aufregung als Ausnahme vom „Zentralen Dogma" der Molekularbiologie, wonach der Informationsfluß immer nur von DNA nach RNA nach Protein gehen sollte. Inzwischen haben wir uns nicht nur an diese *reverse Transkription* gewöhnt, sie spielt eine zentrale Rolle in der *Gen-*

technologie (Kapitel 23), weil sie ermöglicht, aus isolierter mRNA im Reagenzglas eine komplementäre DNA (cDNA) herzustellen, die man als Grundlage für die Herstellung künstlicher Gene benutzen kann. Die Informationsübertragung bei der Transkription ist derart direkt, daß ihre Umkehrbarkeit eigentlich nur von der Existenz eines spezifischen Enzyms abhängt. Das ist die *RNA-abhängige DNA-Polymerase* oder kurz die *Reverse Transkriptase.*

Die reversen Transkriptasen haben Molekulargewichte um 70000 und verhalten sich wie viele Nukleinsäure-Polymerasen. Sie synthetisieren DNA aus Nukleosid-Triphosphaten an einer RNA-Matrize und beginnen damit am 3′-Ende der Matrize. Sie benötigen dazu ein Starter-Molekül, das sich an das 3′-Ende der Matrize anlagert und an dessen freiem 3′-Ende die Synthese beginnt. In der Zelle sind es tRNAs, die auf der Virus-RNA komplementäre Sequenzen finden und als Starter (engl. „primer") dienen.

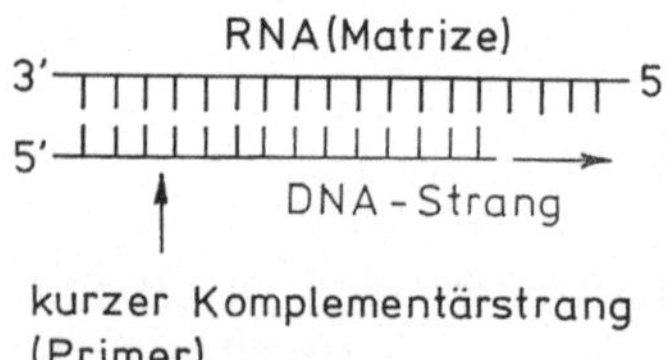

Dieser Mißbrauch zelleigener RNA deutet an, was für raffinierte Konstruktionen die Retrovirus-Genome sind. Sie gehören zu den Viren, die mit einem Minimum an Nukleinsäure (etwa 10000 Nukleotide) ausschließlich ein Maximum an Effizienz ihrer eigenen Reproduktion bezwecken. Dazu haben sie drei Gene, eins für das Capsidprotein (*gag*), eins für die reverse Transkriptase (*pol*) und eins für das Protein, das sie in ihre Hülle einbauen (*env*). Die reverse Transkriptase bringen sie im Capsid mit in die Zelle. Alle anderen für die Replikation notwendigen Moleküle requirieren sie von der Zelle.

Prinzipiell sind die Retroviren also nichts als höchsteffiziente Replikationsmaschinen. Wie können sie dann spezifische und verschiedene Effekte auf die Zelle haben, und vor allem, wie können sie die Zelle zur Krebszelle transformieren?

Die Verschiedenheit der Effekte von Retroviren zeigt sich an den drei verwandten Formen von HTLV, den menschlichen T-Zell-lymphotropischen Viren (engl. „human T-cell lymphotropic viruses"), die nach der Infektion besondere Affinität für eine bestimmte Sorte Lymphocyten, die T-Zellen (20.03) zeigen. HTLV-I ist der Erreger von T-Zell-Leukämie bei Erwachsenen, HTLV-II ist aus einem Patienten isoliert, aber noch nicht als Erreger nachgewiesen, HTLV-III (auch LAV, Lymph-Adenopathie-assoziiertes Virus, genannt) ist der Erreger von AIDS, der spezifisch Helfer-T-Zellen zerstört und damit die eine Seite der doppelten Kontrolle, die für jede spezifische Immunantwort notwendig ist (Abb. 20.21). Daß ein Virus die Wirtszelle zerstört, ist weniger überraschend, als daß ein verwandtes Virus dieselbe Zelle gerade zum Wachstum und unbegrenzten Überleben anregt. Die Lösung dieses Problems liegt in zusätzlichen Genen, den *Oncogenen*, die alle krebserregenden Retroviren mitführen und die sie wohl in einer Wirtszelle aufgelesen haben. Um die verschiedenen Aspekte dieses Vorgangs nicht zu sehr über diesen Text zu zerstreuen, werden wir später im Zusammenhang wieder darauf zurückkommen (19.10–19.12).

15 Vielzeller

15.01 Vielzeller sind Eukaryonten

Die Grenze zwischen Einzellern und Vielzellern ist nicht völlig identisch mit der zwischen Prokaryonten und Eukaryonten. Dennoch spielt der Unterschied zwischen diesen beiden Zelltypen die ausschlaggebende Rolle.

Prokaryonten (als Organismenreich *Monera*) sind typischerweise Einzeller. Es gibt zwar bei einigen Bakterien und vor allem bei Cyanobakterien („Blaugrünen Algen") Ansätze zur vielzelligen Organisation, aber diese geht nie auch nur annähernd so weit wie bei Eukaryonten. Die *Protisten* sind *eukaryontische Einzeller*. Die Eukaryontenzelle kann also als Organismus existieren. Auch unter den Protisten gibt es Ansätze zur Vielzelligkeit. *Zelluläre Schleimpilze* (Acrasiales) existieren vegetativ als einzelne Amöben, aggregieren aber bei der Sporenbildung zu Fruchtkörpern, bei denen eine deutliche Zelldifferenzierung in Stielzellen und Sporenzellen auftritt. Bei den Pilzen finden wir alle Übergänge zwischen Einzellern und recht komplizierten vielzelligen Strukturen. Offensichtlich ist die eukaryontische Zelle ein besserer Ausgangspunkt zur Ausbildung von Vielzellern. Alle komplexen Vielzeller mit spezialisierten Organsystemen sind Eukaryonten. Der Übergang vom Einzeller zum Vielzeller hat offensichtlich mehrmals unabhängig stattgefunden. Zumindest ist es sehr wahrscheinlich, daß die höheren Tiere und die höheren Pflanzen unabhängig voneinander und möglicherweise jeweils mehrfach aus verschiedenen Einzellern entstanden sind.

15.02 Warum Vielzeller?

Man kann sich die Entstehung vielzelliger Organismen so vorstellen, daß als erster Schritt Zellen nach der Teilung aneinander haften bleiben und eine *Kolonie* (einen Klon) gleichartiger Zellen bilden. Bei der Grünalgengattung *Gonium* (Phylum Chlorophyta) bilden je nach Art 4 bis 16 völlig gleichartige Zellen in einer gemeinsam abgeschiedenen durchsichtigen Matrixsubstanz eine flache Kolonie. Jede Zelle hat zwei Geißeln. Alle Geißeln sind nach derselben Seite hin gerichtet. Die gesamte Kolonie schwimmt effizienter als jede Einzelzelle. Diese Vergrößerung der Effizienz, selbst pro Einzelzelle, bei Zusammenarbeit zwischen Zellen ist wohl die ursprüngliche Triebkraft für das Entstehen von Vielzellern.

Beachtenswert bei diesem einfachen Beispiel ist aber, daß die Zellzahl pro Kolonie bei *Gonium* artspezifisch festgelegt ist. Damit ist die Gesamtkolonie schon mehr als ein zufälliger Zellhaufen. Einfachste gemeinsame überzelluläre Regelvorgänge treten auf.

Zur Vermehrung der Zellen tritt bei echten Vielzellern aber auch die *Differenzierung* der Einzelzellen. Wenn einmal der Zusammenhang im Zellverband genetisch festgeschrieben ist, so daß jede Zelle mit der Anwesenheit anderer Zellen rechnen kann, wird es möglich, daß die Zellen ihre Funktionen untereinander aufteilen. Primitiv wird das darin bestehen, daß jeder Zelltyp im Verband weniger tut als im Einzellerstadium, daß er also durch geregelte Unterdrückung einiger Funktionen spezialisiert wird. Bei höheren Vielzellern entstehen aber auch Zelltypen, die Funktionen haben, die erst im Zellverband sinnvoll werden. Die ausgewählten Funktionen, die die differenzierte Zelle behält, werden quantitativ verstärkt und qualitativ angeglichen.

Das Evolutionsprinzip, das wir hier sehen, wiederholt sich auf verschiedenen Ebenen: unabhängige Einheiten werden zu Teilen übergeordneter Strukturen, die ursprünglich aus gleichen oder ähnlichen Einheiten modulär aufgebaut sind. Die einzelnen Modulen (hier Zellen) können dann spezialisierte Funktionen übernehmen. Dadurch werden sie selbst abhängig von ihrer Integration im System, ohne das sie wegen ihrer Spezialisierung nicht mehr überleben können, aber das integrierte System ist zu Leistungen fähig, die eine ebensogroße Masse von unspezialisierten Einzelmodulen nie zustande brächte. Je höher das System entwickelt ist, desto mehr verlieren die Modulen ihre Eigenständigkeit und Unabhängigkeit. Schließlich wird es schwierig, sie überhaupt zu erkennen.

Unterhalb der Ebene der Vielzeller sehen wir das bei der Herkunft der Eukaryontenzelle aus der obligaten Kombination verschiedener Typen von Prokaryontenzellen: Mitochondrien (und übrigens auch Geißeln) sind so sehr obligate Zellbestandteile, daß es lange gedauert hat, bis man in diesen Organellen der Eukaryontenzelle die ursprünglichen Prokaryontenzellen erkannt hat, die einst gleichwertig und selbständig lebensfähig in einer symbiotischen Gemeinschaft zusammengekommen sind.

Oberhalb der Ebene der Vielzeller sehen wir dieses Organisationsprinzip bei verschiedenen Arten „Superorganismen". So sind einige Hohltiere (Phylum Cnidaria) eigentlich Kolonien von Einzeltieren, von denen einige praktisch zu Fangarmen, also Organen eines integrierten (Super-)Individuums degeneriert sind (Abb. 15.01). Wir sehen dieses Organisationsprinzip auch bei der sozialen Organisation von Individuen, am stärksten ausgeprägt bei Insektenstaaten, bei denen

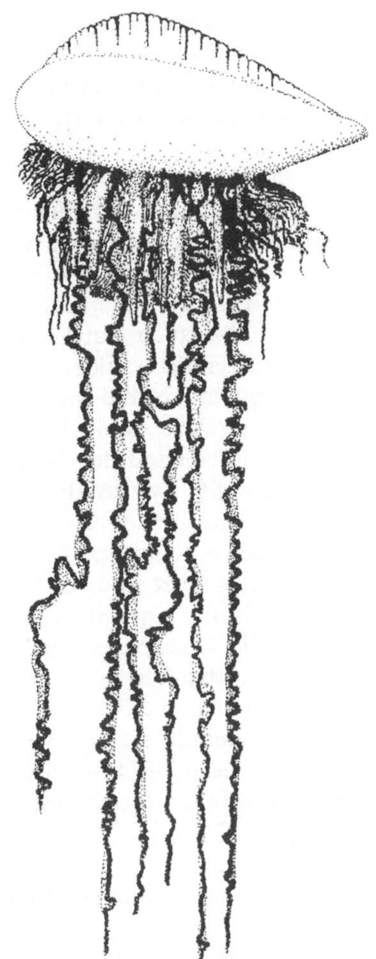

Abb. 15.01. Die Portugiesische Galeere (*Physalia*) ist eine Qualle, die mit einer gasgefüllten Blase an der Oberfläche warmer Meere schwimmt und verschieden lange Fangarme (Freßtentakel, Fangtentakel) nachschleppt. Eine genaue Analyse zeigt, daß es sich bei dieser Gruppe von Quallen eigentlich um hochintegrierte Kolonien von Einzelindividuen handelt. Jeder „Fangarm" entspricht einem Individuum

eine deutliche morphologische Differenzierung zwischen verschiedenen „Kasten" von Individuen auftritt. Sogar „Superstaaten" aus untereinander verbundenen Kolonien sind bei Ameisen gefunden worden. Der Vergrößerungsfaktor, der dabei erreicht werden kann, ist beeindruckend. Die „Superkolonie" einer japanischen Ameisenart bestand aus 45000 untereinander verbundenen Nestern mit zusammen 307 Millionen Individuen, die sich über ein Areal von 2,7 Quadratkilometer ausgebreitet hatten.

Der Zusammenschluß kleiner Modulen (hier nun wieder Zellen) zu einem großen Organismus bietet viele Vorteile über die Vergrößerung einzelner Zellen zu großen Einzellern. Dabei treten ganz einfache mechanische und geometrische Probleme auf, die wir gleich untersuchen werden. Wichtig ist aber auch, daß die Konstruktion aus Einzelzellen solche Zellen leicht ersetzbar macht, so daß die Überlebenszeit der Einzelzelle keine Beschränkung für die Überlebenszeit des Gesamtindividuums darstellt. Der modulare Aufbau aus Einzelzellen sprengt also die Grenzen, die einer Zelle in Komplexität, Größe und Lebensdauer gesetzt sind. Das System ist weit mehr als die Gesamtheit seiner Teile. Nicht nur die verschiedensten Interaktionen zwischen den Teilen kommen hinzu. Die Teile können auch nur im Systemverband ihre Vielfalt an Spezialisierungen entwickeln, die dann wiederum zu noch komplexeren Interaktionen führen.

15.03 Größe, Dimension und Struktur

Ein offensichtlicher Unterschied zwischen Einzellern und Vielzellern ist die Größe. Als grobe Grenzwerte für die Länge von Einzellern können wir den Bereich von 0,1 µm bis 1 cm angeben, für Vielzeller von 100 µm bis 10 m. Vielzelligkeit ist also eine effektive Methode, die Größe des Organismus weit über die Maximalgröße einer einzelnen Zelle auszudehnen.

Es gibt zwei Gründe, warum größere Organismen entstanden sind. Einer ist, daß eine Zunahme der Komplexität geradezu zwangsläufig eine Größenzunahme mit sich bringt. Größere Organismen können mehr verschiedene Komponenten haben. Arbeitsteilung und Kommunikation zwischen den Zellen eines Vielzellers sind Anzeichen für die größere Komplexität des vielzelligen Organismus. Die größere

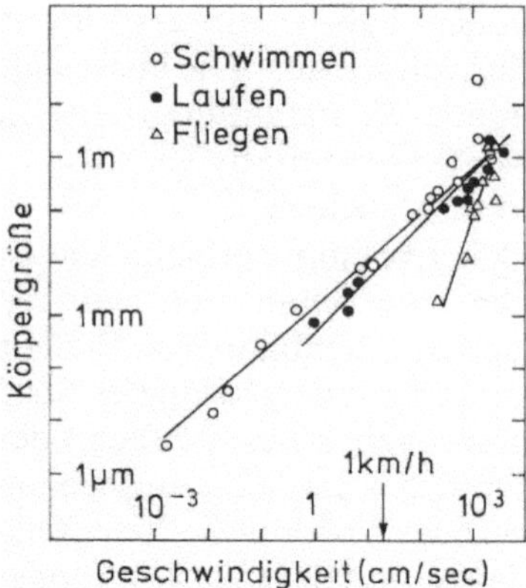

Abb. 15.02. Maximale Fortbewegungsgeschwindigkeit von Organismen in Abhängigkeit von der Körpergröße. (Nach Bonner, 1965)

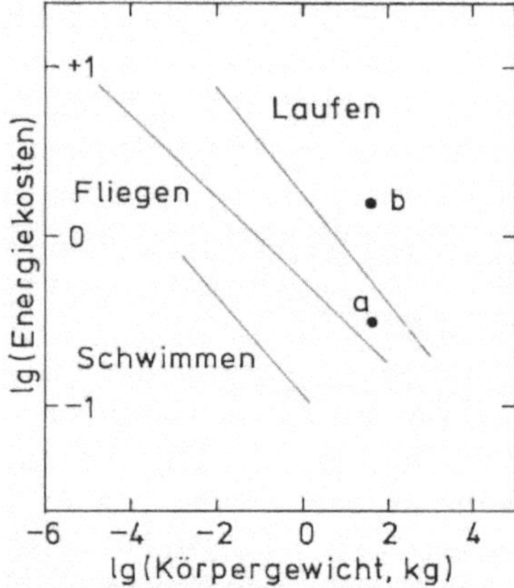

Abb. 15.03. Energiekosten für die Fortbewegung in Abhängigkeit von der Körpergröße. Nur zwei spezifische Meßpunkte sind angegeben: (a) Mensch, laufend, effizienter als der Durchschnitt; (b) Mensch, schwimmend, völlig unadaptiert. (Nach Tucker, 1975)

Komplexität bringt ein kompliziertes Regelsystem und damit eine *größere Stabilität* des Organismus gegenüber Umweltfaktoren mit sich (15.05). Zugleich sind die größeren vielzelligen Organismen auch *effizienter*. Sie leisten mehr (Abb. 15.02), und sie leisten es mit einem geringeren Energieaufwand (Abb. 15.03, 15.04) als kleine Organismen. Immer wieder in der Evolution der Organismen begegnen wir diesen Größenzunahmen. Eine Größenzunahme erfordert aber mehr als eine proportionale Ausweitung

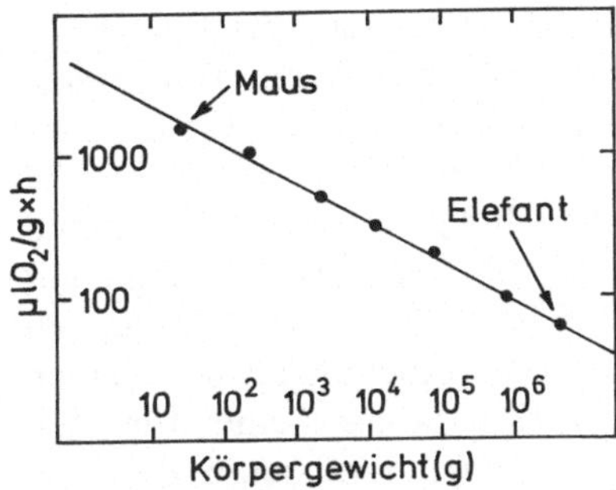

Abb. 15.04. Grundumsatz als Funktion der Körpergröße bei Säugetieren. Mit zunehmender Größe wird der Energieaufwand pro Gramm Körpergewicht geringer

aller Dimensionen. Eine Maßstabsveränderung erfordert bei jedem energieverwertenden System eine große Anzahl zusätzlicher Abänderungen, wenn die Funktion erhalten bleiben soll.

Formal kann man sich das am Verhältnis von Längen, Flächen und Volumen klarmachen. Vergrößert man die Längendimensionen irgendeines Körpers, dann steigen die Flächengrößen mit dem Quadrat, die Volumengrößen mit der dritten Potenz der Länge. Für Volumen und Oberfläche einer Kugel gilt zum Beispiel:

$$F = 4\pi r^2, \quad V = \tfrac{4}{3}\pi r^3.$$

Die Funktionen eines kugeligen *Körpers werden also sehr von seiner absoluten Größe abhängen.* Eine kugelige Zelle nimmt Sauerstoff über ihre *Oberfläche* auf und gibt Stoffwechselprodukte über die *Oberfläche* ab. Der Sauerstoffbedarf und die Produktion von Stoffwechselprodukten hängen aber von der *Masse* der Zelle ab, die mit dem *Volumen* ansteigt. Das Verhältnis von Oberfläche zu Volumen $F/V = 3/r$ nimmt mit steigendem Radius ab. Eine große kugelige Zelle hat weniger Oberfläche im Verhältnis zur Masse (Abb. 15.05). Sie muß entweder eine geringere Stoffwechselaktivität haben, oder sie kann nicht kugelig bleiben, wenn sie funktionsfähig bleiben will. Dasselbe gilt für Organe und Organismen.

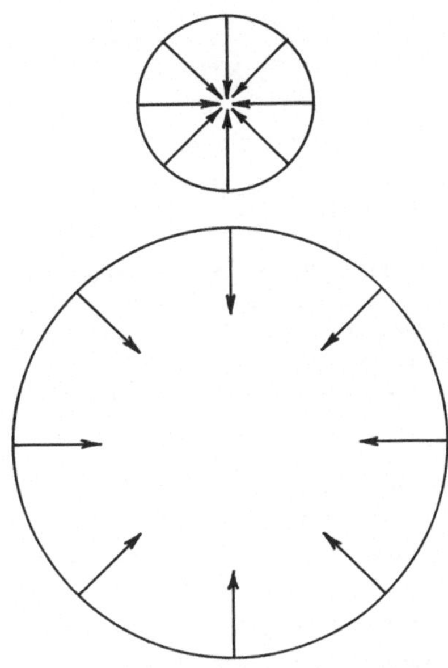

Abb. 15.05. Eine große kugelige Zelle hat relativ weniger Oberfläche als eine kleine. Transport über die Oberfläche, der für die kleine Zelle ausreicht, genügt der größeren nicht

Die Volumenabhängigkeit von Stoffwechselvorgängen bei der Flächenabhängigkeit von Transportvorgängen ist nur eines der Probleme bei der Dimensionsvergrößerung von Zellen und Organismen. Probleme der mechanischen Stabilität und der Bewegungsvorgänge zeigen ähnliche Verhältnisse.

Im Bereich bis 1 mm Durchmesser fallen diese Probleme kaum ins Gewicht. Diffusion und aktiver Transport sind in diesem Bereich hinreichend für den Materialaustausch, amöboide Bewegung oder Geißelbewegung sind effektiv bei Organismen dieser Größenordnung. Größere Zellen und größere Organismen benötigen spezielle Adaptionen. Je größer sie sind, desto stärker müssen sie abgeändert werden. Noch bis zur Größenordnung von Zentimetern können sich Organismen amöboid oder mit Cilien fortbewegen. In dieser Größenordnung ist es auch noch einigermaßen möglich, ohne kompliziertere Transportmechanismen auszukommen. Ohne zusätzliche Adaptionen unterliegen Organismen dieser Größenordnung aber

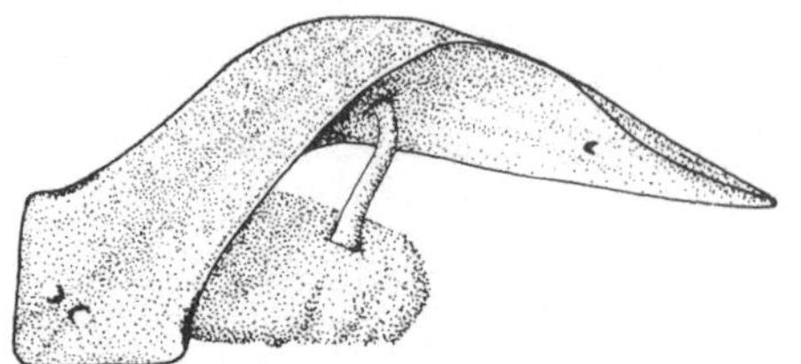

Abb. 15.06. Planarie. Aus dem Mund in der Körpermitte hat das Tier seinen Pharynx zur Nahrungsaufnahme ausgestreckt. Der Mund ist die einzige Öffnung des Verdauungssystems. Die Öffnung am Hinterende führt in das zwitterige Fortpflanzungssystem

strengen geometrischen Einschränkungen. Ein Beispiel dafür sind die *Strudelwürmer* (Klasse Turbellaria, *Phylum Platyhelminthes*), zu denen die Planarie gehört (Abb. 15.06). Strudelwürmer haben außer einem Exkretionssystem, das Stoffwechselprodukte ausschleust, keine speziellen Transportsysteme. Transport von Sauerstoff, zum Beispiel, geschieht bei ihnen durch Diffusion. Schon das allein erfordert eine relativ große Körperoberfläche. Sie können nicht kugelig sein, sie sind breit und flach (Platyhelminthes = Plattwürmer). Selbst dieser flache Körperbau garantiert ihnen nicht unter allen Umständen eine ausreichende Zufuhr an Sauerstoff. Turbellarien leben bevorzugt in sauerstoffreichen Gewässern. Planarien, zum Beispiel, sind typische Bewohner klarer, schnellfließender Bäche. Andererseits bietet der abgeflachte Körperbau genügend Kriechfläche, so daß sich selbst zentimetergroße Turbellarien auf den Cilien der Zellen ihrer Bauchseite entlang bewegen können. Der flache Körperbau hat zusätzliche Konsequenzen. Die größeren Turbellarien haben einen Darm, der stark verzweigt ist, um eine große Oberfläche zur Absorption der Nahrung zu bieten. Je mehr sie wachsen, desto umfangreicher und verzweigter wird der Darm. Man kann sich ausrechnen, wie groß eine Turbellarie werden kann, bevor sie einfach nicht mehr genug Platz für ihren Darm hat.
Die Strudelwürmer sind ein Grenzfall dessen, was man durch Umbau der Geome-

trie ohne grundlegende physiologische Neuerungen erreichen kann. Ihre nahen Verwandten, die Leberegel (Klasse Trematoda) und die Bandwürmer (Klasse Cestoda), haben ihre gesamte Physiologie auf eine parasitische Lebensweise umgestellt und alle anderen höheren Tiergruppen mit Arten, die zentimetergroß sind, haben entweder Zirkulationssysteme für den Sauerstofftransport, reduzieren den Gewebeanteil am Körpervolumen durch flüssigkeitsgefüllte Körperhöhlen (21.06) oder beides.
Turbellarien sind vielzellig. Es gibt einige Einzeller, die ähnliche Körpergrößen erreichen. Sie sind alle nur bei einer strengen Definition der Zelle als kernhaltige Struktur, die von einem Plasmalemma umgeben wird, Einzeller. Mit typischen Zellen haben sie wenig gemeinsam. Zwei Gruppen solcher Organismen sollen das demonstrieren.
Die *Myxomyceten* (syncytialen Schleimpilze) haben wir schon gelegentlich erwähnt. Myxomyceten sind weit verbreitet, aber ohne genauere Untersuchung merkt man nicht, wie bizarr sie sind. Sie bilden den schleimigen gelben Belag, den man häufig unter der Rinde morscher verfaulender Baumstämme findet. Legt man ein Stück Substrat mit dem Myxomyceten darauf in eine Kulturschale, dann kann man feststellen, daß die gesamte geäderte Masse, das *Plasmodium*, sich langsam fortbewegt. Das Plasmodium ist eine einzige riesige Amöbe, die einen Durchmesser von 10 cm haben kann (Abb. 15.07). Natürlich ist sie sehr flach und überzieht als dünne Cytoplasmaschicht das Substrat. Was sie von den meisten kleinen Amöben (auch von ihrem eigenen Amöbenstadium vor der Plasmodienbildung) unterscheidet, ist ihre Vielkernigkeit. Alle Einzeller dieser Größe sind vielkernig. Ein Schleimpilz-Plasmodium kann bis zu einer Milliarde gleichartiger Einzelkerne enthalten.
Vielkernig sind auch die riesigen Einzelzellen der *siphonalen Algen* (Ordnung Siphonales, Abteilung Chlorophyta). Da

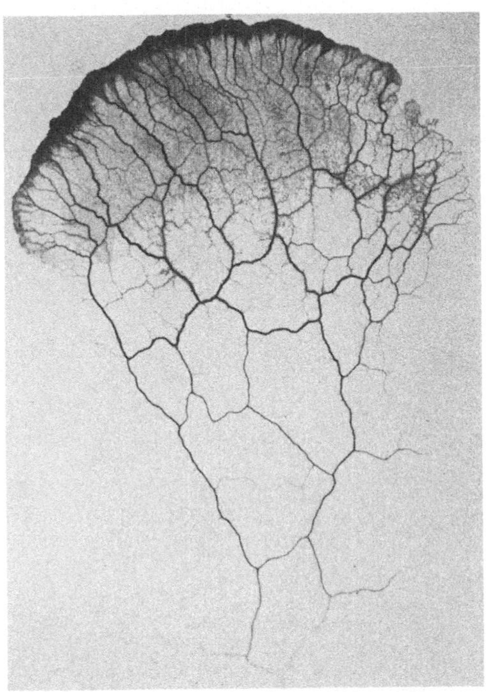

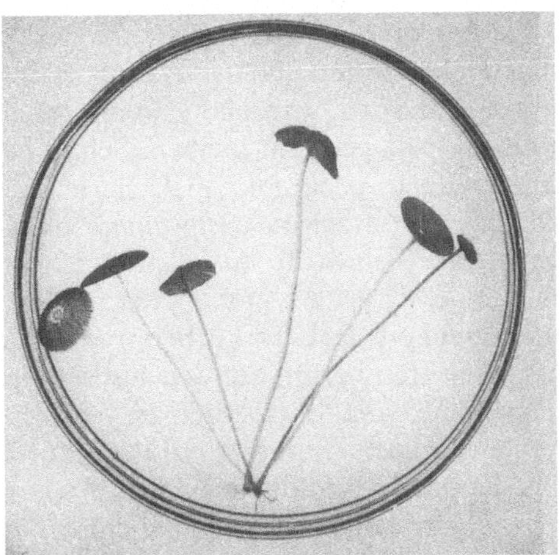

Abb. 15.08. Die Schirmchenalge, *Acetabularia mediterranea*, eine siphonale Grünalge aus dem Mittelmeer. Etwa $^2/_3$ natürliche Größe. (Aufn. W. Herth)

Abb. 15.07. *Physarum confertum*, ein Myxomycet. Das schleimige Plasmodium ist vorn (hier oben) flächig geschlossen und geht hinten in ein Netz freier „Adern" über. Gesamtlänge 5 cm, Fortbewegungsgeschwindigkeit maximal 6 mm/h. (R. Stiemerling, Bonn; Cytobiologie 1:399)

die feste pflanzliche Zellwand ihnen erlaubt, komplexe Formen anzunehmen, sieht man ihnen von außen nicht an, daß die bäumchen-, feder-, blasen- oder schirmförmigen Algen aus einer einzigen nicht unterteilten Zelle bestehen (Abb. 15.08). Erst wenn sie zur Fortpflanzung schreiten, werden einzelne Kerne von Plasmalemma umgeben, und es entstehen einkernige Zellen von normaler mikroskopischer Größe. Ganz analog übrigens bilden Myxomyceten bei der Fortpflanzung einkernige winzige Sporen.
Myxomyceten und siphonale Algen sind extreme und nicht sehr typische Fälle „einzelliger" Organisation. Zumindest die siphonalen Algen sind sekundär von vielzelligen Formen her zu ihrer sonderbaren Einzellenform gekommen. Wir erwähnen sie hier, um die Grenzen der Einzelligkeit aufzuzeigen. Außerdem haben Mitglieder beider Gruppen sich als geeignete Forschungsobjekte in der Zellbiologie erwiesen. Bei den *Myxomyceten* ist das *Physarum polycephalum*, dessen Millionen Kerne alle synchron den Synthese- und Teilungszyklus durchmachen, bei den *siphonalen Algen* ist es die Schirmchenalge *Acetabularia*, die ausnahmsweise nur einen einzigen Kern enthält, der am wurzelartigen Ende der Zelle sitzt und von dort aus den Zellstoffwechsel und die Bildung des Schirmchens beeinflußt.

15.04 Die Zelle im Zellverband

Echte Vielzeller unterscheiden sich von den wenigzelligen Verbänden, die bei Protisten vorkommen, und von den vielkernigen großen Einzellern durch eine Organisation, bei der verschieden spezialisierte Einzelzellen nur im Verband des Gesamtorganismus lebensfähig sind. Mit technischen Tricks kann man Zellen vielzelliger Organismen in Zellkulturen wachsen und sich vermehren lassen, aber schon die Schwierigkeit, die richtigen Bedingungen dazu zu finden, zeigt, daß die Einzelzellen eines vielzelligen Organismus für das Leben im Zellverband adaptiert sind.

Dazu gehört auch, daß sich die Zellen einer Tierart untereinander erkennen und zusammenfinden, während sie von Zellen anderer Arten getrennt bleiben. Schon bei ganz einfach gebauten Vielzellern läßt sich das schön zeigen. *Schwämme* tropischer Meere sind oft auffallend gefärbt. Es gibt gelbe, grüne, graue, rote, violette Arten, und ein Teil der Farbenpracht von Korallenriffen beruht auf den Farben der Schwämme, die dort wachsen. Nimmt man einen Schwamm und reibt ihn durch ein Sieb, dann zerfällt er in Einzelzellen. Diese Einzelzellen, soweit sie nicht schon im Schwammkörper amöboid waren, werden es, wenn sie aus dem Zellverband getrennt sind. Sie kriechen umher, bis sie auf weitere Schwammzellen stoßen, haften an ihnen, und solche Zellklumpen bilden einen neuen Schwamm. Diese Aggregation getrennter Zellen ist typisch für Vielzeller. Typisch ist auch die Spezifität der Aggregation. Reibt man verschiedenfarbige Schwämme verschiedener Arten durch ein Sieb und vermischt die Zellsuspension, dann sondern sich mit der Zeit die Zellen verschiedener Arten aus, indem nur Zellen derselben Art Aggregate bilden. Wie alle Erkennungsvorgänge zwischen Zellen beruht diese spezifische Aggregation von Schwammzellen auf Membraneigenschaften. Die Zusammengehörigkeit von Zellen des vielzelligen Organismus ist in die biochemischen (Glykoprotein-)Gruppen der Membranaußenseite eincodiert.

Nach ihrer Struktur werden Zellkontakte in zwei Gruppen eingeteilt. *Zonulae* sind leistenförmige Verbindungen zwischen Zellen, *Maculae* sind flächige Verbindungen. Auch die Enge des Kontaktes wird zur Unterscheidung herangezogen. Nähern sich die beiden Zellmembranen auf 20–30 nm, verbleibt aber ein deutlicher Spalt zwischen ihnen, dann spricht man von einer *Zonula* oder *Macula adhaerens*, nähern sich die Membranen so weit, daß der Interzellularraum völlig verschwindet, spricht man von einer *Zonula* oder *Macula occludens.*

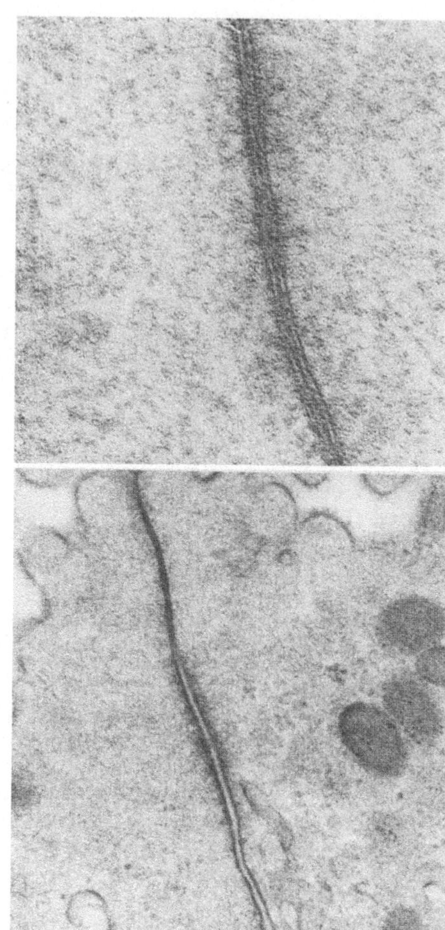

Abb. 15.09. Zellkontakt zwischen Oberflächenepithelzellen im Magen. Mensch. Unteres Bild: Zonula occludens und Zonula adhaerens, Vergrößerung 10000 × ; oberes Bild Ausschnitt, Zonula occludens, Vergrößerung 30000 ×. (Aufn. W.G. Forßmann)

Zonulae (Abb. 15.09) treten besonders bei Zellen im Epithelverband am Zellende nahe dem Lumen des Organs auf. Sie dienen dort wohl hauptsächlich als *Schlußleisten zum Verkitten der Zellen und der Abdichtung der Interzellularräume gegen das Lumen* (Abb. 6.03, 15.10).

Maculae haben recht verschiedene Strukturen, die sicher ein weites Spektrum von Funktionen widerspiegeln. Den Nexus, der Zellen elektrisch miteinander koppelt, haben wir schon kennengelernt (5.08). Besonders auffällig ist die *Macula adhaerens,*

Abb. 15.10. Schlußleisten zwischen Acinus-Zellen im Pankreas der Ratte. Aufblick auf die Zellmembran am oberen Rande der Zelle. Zellmembran links, Acinus-Lumen rechts im Bild Vergrößerung 40000×. (Gefrierbruchmethode. Aufn. J. Metz und W.G. Forßmann)

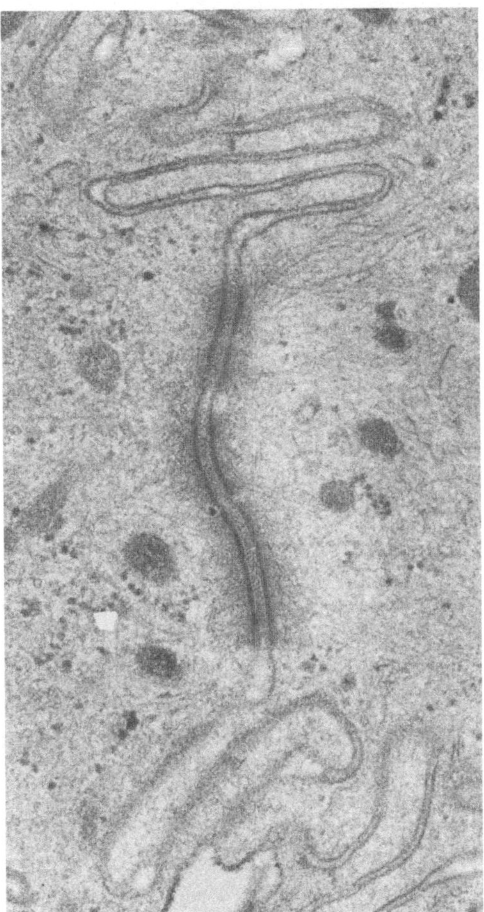

Abb. 15.11. Macula adhaerens: Desmosom. Zellkontakt zwischen Zellen im Magen, Mensch. In der Gegend des Desmosoms sind die Zellmembranen verdickt, der Interzellularraum ist strukturiert, an der cytoplasmatischen Seite sitzen Tonofibrillen an. Vergrößerung 25000×. (Aufn. W.G. Forßmann)

die in der Regel als *Desmosom* (Abb. 7.01, 15.11) auftritt. Desmosomen liegen flekkenartig zwischen den Zellmembranen. Am Desmosom sind die Membranen verstärkt und liegen einander genau parallel gegenüber, getrennt durch einen 23 nm weiten Spalt, der eine geordnete fibrilläre Struktur enthält. Auf den jeweiligen cytoplasmatischen Seiten der Membranen sitzen Tonofibrillen (7.12) an. Ein Desmosom dient wahrscheinlich als Membranversteifung zur Verankerung der cytoplasmatischen Fibrillen.

15.05 Die differenzierte Zelle

Die Zelle des Vielzellers muß ihren Platz im Gewebeverband finden und behalten. Dadurch gelangt sie in ein Milieu, das sehr viel konstanter und vor allem voraussagbar ist. Die Gewebezelle kann im allgemeinen viel von der adaptiven Versatilität aufgeben, die die Zelle des Einzellers charakterisiert. Wir haben besonders bei Bakterien Mechanismen kennengelernt, die dafür sorgen, daß im Inneren der Zelle ein relativ konstantes Fließgleichgewicht vorliegt (intrazelluläre Homöostase), unabhängig von den Außenbedingungen. Als extreme Überlebensstrategie können viele Einzeller resistente Sporen bilden. Die Gewebezelle ist viel geringeren Umweltschwankungen ausgesetzt. *Ein Resultat der Evolution der vielzelligen Organis-*

men ist es, daß das innere Milieu des Gesamtorganismus zunehmend konstanter wird (organismische Homöostase). Die Anzahl und Komplexität der organismischen Regulations- und Kontrollmechanismen hat ständig zugenommen. Am weitesten gehen in dieser Hinsicht Vögel und Säugetiere, die selbst die Körpertemperatur konstant halten (*Homöothermie*). Mit der Übernahme der Kontrollfunktionen durch den Gesamtorganismus sind die Einzelzellen immer weiter spezialisiert worden, und *die Funktion der Einzelzelle tritt im Laufe der Evolution immer mehr hinter der Funktion des Gesamtorganismus zurück*. Eine einzelne Nervenzelle ist nutzlos ohne ihre Verknüpfung im Nervensystem, eine quergestreifte Muskelzelle ist ein Teil des Bewegungssystems, das außer den Muskeln auch Skelett, Sehnen und Bänder einschließt.

Selbst biochemische Vorgänge spielen sich bei höheren Vielzellern auf der Organebene ab. Die höheren Tiere haben die zelluläre Verdauung der Nahrung mit Phagocytose und Lysosomen durch extrazelluläre Verdauung im Darm ersetzt. Die Arbeitsteilung geht dabei soweit, daß eine Zellpopulation die Verdauungsenzyme produziert (exokrine Pankreaszellen), eine andere die verdaute Nahrung absorbiert (Mucosa des Darmes). Es bedarf mehrerer verschiedener Zelltypen in verschiedenen Organen für einen Vorgang, den die einzelnen Protistenzellen allein durchführen. Auf sich allein gestellt, kann keiner dieser Zelltypen den gesamten Verdauungsvorgang durchführen.

Nichts zeigt klarer, wie untergeordnet die Rolle der Zelle beim Menschen ist, als die Tatsache, daß wir immer mehr Körperteile durch künstliche Prothesen ersetzen können, die alle die Gesamtleistung des Organs für den Organismus ersetzen, deren Material aber nie Zellstruktur hat.

Die Gewebezelle ist also nur eine Materialeinheit, sie hat eine oder wenige Hauptfunktionen, und ihr Stoffwechsel ist reduziert. Das extreme Beispiel für diese Art Zelle ist die Erythrocyte der Säugetiere, die im voll ausgereiften Zustand sogar den Zellkern verloren hat.

Daß Gewebezellen dennoch im allgemeinen sehr kompliziert gebaut sind, liegt an zwei Faktoren. Einmal werden die zellulären Kontrollmechanismen der Stoffwechselregulation, die bei Prokaryonten eine so wichtige Rolle spielen, durch Kontrollmechanismen für die Teilnahme der Zellen an Regelmechanismen ersetzt, die mit der Gesamtregulation des Organismus zu tun haben (systemische Regelmechanismen), zum anderen enthält jede Gewebezelle das Gesamtgenom der Art. Jede Gewebezelle enthält die genetische Information des gesamten Organismus und Mechanismen, die dafür sorgen, daß nur ein Teil dieser Information in der einzelnen Zelle ausgenutzt wird. *Differenzierung* ist der Prozeß, durch den diese Auswahl aus dem genetischen Programm des Organismus für die Einzelzelle vorgenommen wird. Ihr entspricht auf der Ebene des Gesamtorganismus die (Embryonal-) *Entwicklung* oder *Ontogenese*. Zellzyklus und Lebenszyklus sind für den Einzeller ein und dasselbe, beim Vielzeller tritt ein übergeordneter Lebenszyklus auf, der nur noch mittelbar durch die Zellzyklen der verschiedenen Zellpopulationen bedingt ist.

15.06 Sexualität, Soma und Keimbahn

Einerseits ist es richtig, die Zelle des höheren Vielzellers als Materialeinheit zu betrachten, die von der Evolution her historisch bedingt ist, andererseits hat der zelluläre Aufbau des Vielzellers einen grundlegenden Einfluß auf seinen Lebenszyklus.

Zellen sind kompliziert gebaut und enthalten ein komplexes Genom. Jede Zellteilung bringt möglicherweise Mutationen im Genom der Ausgangszelle in alle ihre Nachkommen ein. Bei Einzellern wirkt eine durchgreifende Selektion der Ansammlung schädlicher Mutationen entgegen. Mutation und Selektion werden bei Einzellern zur Überlebensstrategie der Population. Dabei erhält sich die Population durch Konkurrenz zwischen ihren Zellen. Bei Vielzellern ist solche Konkurrenz schädlich. Die Zellen müssen aufeinander abgestimmt sein. Auch im Körper des Vielzellers werden viele mutierte Zellen ausgemerzt werden, aber eine Verjüngung seiner Zellpopulation durch unbeschränkte Konkurrenz und Auslese zwischen den Zellen ist ausgeschlossen. Mutationen der Körperzellen werden dem Vielzeller zur Last. Verschiedene Mechanismen wirken dem genetischen Verfall der Zellen entgegen, aber keiner löst den Vielzeller aus seiner Abhängigkeit von der Genetik seiner Einzelzellen. Das ist der Grund dafür, daß Vielzeller nicht permanent als Vielzeller leben, sondern periodisch wieder vom Einzellen-Stadium her anfangen, einen neuen Körper aufzubauen.

In einigen Fällen, nämlich dort, wo ein haploider Organismus haploide Sporenzellen bildet, ist dieser Vorgang relativ einfach. In der Regel ist aber die Fortpflanzung über Einzelzellen mit sexuellen Vorgängen verbunden. Dann tritt außer der Reduktion zur Einzelzelle ein weiterer Mechanismus auf, der grundlegende Konsequenzen hat.

Zentral bei der sexuellen Fortpflanzung ist die Kombination zweier haploider Zellen zu einer diploiden. Das erfordert zwangsläufig einen Mechanismus zur Reduktion des diploiden zum haploiden Zustand, also einen meiotischen Mechanismus. Wie die Meiose verläuft, haben wir bereits gesehen (10.10, 10.11). Allein schon durch die Kombination zweier vollständiger Genome in einer Zelle unterscheiden sich richtige sexuelle Vorgänge grundlegend von den parasexuellen Vorgängen bei Prokaryonten.

Diploidie und Meiose erreichen zweierlei. *Die diploide Zelle ist gegen Mutationen in einzelnen Genen einigermaßen gesichert.* In vielen Fällen überkommt die Funktion der normalen Genkopie den Mangel, der

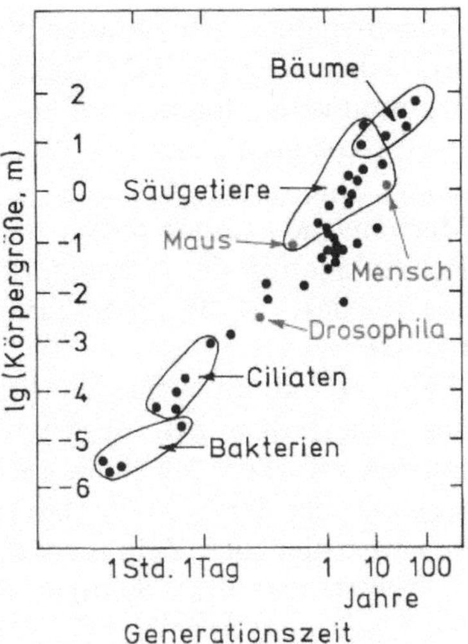

Abb. 15.12. Korrelation zwischen Körpergröße und Generationszeit

durch die Mutation in der anderen Kopie entstanden ist. Wichtiger als das ist aber die Rekombination des genetischen Materials in der Meiose.

Eine Folge der großen Effizienz der Vielzeller und ihrer Stabilität gegenüber Umweltbedingungen ist, daß sie eine lange Lebensdauer und lange Generationszeiten haben können (Abb. 15.12). Wären sie auf Mutation und Selektion bei der Ausbildung neuer Formen und Funktionen angewiesen, müßten sie entweder den Vorteil der langen Lebensdauer (und damit die Ausnutzung ihrer individuellen Stabilität gegenüber Umweltbedingungen) aufgeben, oder ihre Evolution würde stagnieren. Neuerungen durch Mutation und Selektion, die bei Bakterien innerhalb von Stunden oder Tagen auftreten, brauchen beim diploiden Vielzeller Jahrtausende bis Jahrmillionen.

Anstatt auf Mutationen in der Nachkommenschaft einzelner Individuen zu warten, holen sich Organismen mit sexueller Fortpflanzung bereits vorhandene Mutationen aus dem Gesamt-Genbestand der Population. Rekombination vorhandener Mutationen in neue Genkombinationen spielt bei ihnen eine ungleich wichtigere Rolle als Neumutationen. Wir werden alle diese

Fragen später noch genauer untersuchen und dabei sehen, daß die Rekombination bei diploiden Organismen mit sexueller Fortpflanzung sogar zuviel Neues bringen kann. Eine große Anzahl verschiedener Mechanismen sorgen dafür, daß die freie Rekombination des Genmaterials auf ein erträgliches Maß eingeschränkt wird (25.06).

Wenn periodisch vielzellige Organismen aus Einzelzellen neu aufgebaut werden müssen, erfordert das einen *Entwicklungsvorgang*, bei dem aus der Ausgangszelle alle verschiedenen Zelltypen des Vielzellers entstehen. Ein wichtiger Prozeß bei der *Individualentwicklung (Ontogenese)* des Organismus ist neben der Zunahme der Zellzahl *(Wachstum)* auch die *Differenzierung* anfangs ähnlicher Zellen für verschiedene spezialisierte Zelltypen. *Die Zellen, die der sexuellen Fortpflanzung dienen, nehmen an der Ausbildung der Körperstruktur nicht teil.* Sie werden früh in der Embryonalentwicklung als besondere Zellpopulation von den Körperzellen getrennt. Als *Keimzellen* dienen sie ausschließlich der sexuellen Fortpflanzung, während sich der vielzellige Organismus aus *Körperzellen (Somazellen)* aufbaut, die mit ihm sterben. Das hat genetische Konsequenzen. *Nur Mutationen in den Keimzellen nehmen an der Evolution der Art teil,* Mutationen der Somazellen gehen mit dem Tode des Organismus verloren.

Die genetische Kontinuität der Art ist auf die Keimzellen beschränkt. Die Generationen von Keimzellen bilden eine kontinuierliche *Keimbahn,* von der die Somazellen als zeitlich begrenzte Population abzweigen (Abb. 15.13). *Die Trennung von Soma und Keimbahn* in der Embryonalentwicklung ist zuerst von A. Weismann in ihrer Bedeutung erkannt worden. Überspitzt findet sie ihren Ausdruck in der Feststellung: „Das Huhn ist ein Trick des Eies, weitere Eier herzustellen." Damit wird der gewöhnlichen Betonung des Organismus als Ziel der Evolution und der Keimzellen als Fortpflanzungsmechanis-

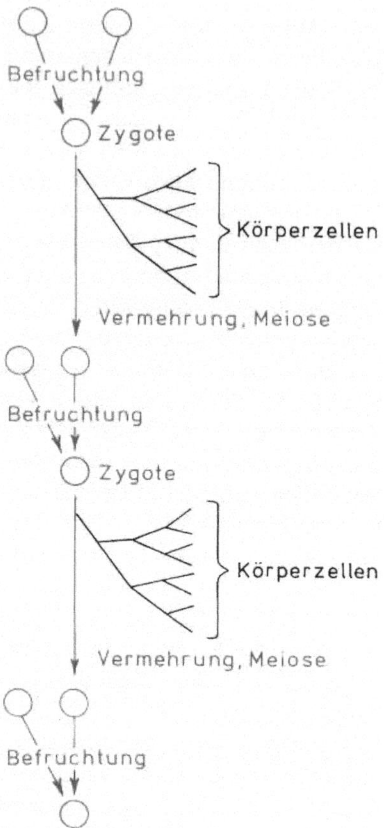

Abb. 15.13. Schematische Darstellung der Trennung von Soma und Keimbahn

mus die gegenseitige Ansicht gegenübergestellt. Hinter dieser Wortspielerei versteckt sich die Frage nach dem Grundvorgang bei Lebensvorgängen. Wir wissen heute, daß Huhn und Ei beides nur abhängige Strukturen sind. Treibende Kraft hinter beiden ist die identische Replikation der Gene, die in der Keimbahn weitergegeben werden (1.01).

15.07 Einfache Vielzeller

Der Evolutionsvorgang, durch den im Laufe von Jahrmillionen aus Zellverbänden von Einzellern echte Vielzeller entstanden sind, deren Organsysteme sich fortlaufend spezialisiert haben, kann aus der *vergleichenden Betrachtung lebender*

Tabelle 15-1. Das System der Tiere (stark vereinfacht, etwa die Hälfte der Stämme)

Reich Animalia (Tiere)

  Unterreich Parazoa
    Phylum Porifera (Schwämme)

  Unterreich Eumetazoa (echte Vielzeller)

    A. Radiata (primär radiärsymmetrisch)
       Phylum Cnidaria (Hohltiere)

    B. Bilateria (primär bilateralsymmetrisch)

      a) mesenchymaler Körperbau
        Phylum Platyhelminthes (Plattwürmer)
        Klasse Turbellaria (freilebend)
        Klasse Trematoda
        (Parasiten: Leberegel, Schistosomen)
        Klasse Cestoda (Bandwürmer)

      b) pseudocölomer Körperbau
        Phylum Aschelminthes
        Klasse Nematoda (Rundwürmer)
        Klasse Rotifera (Rädertierchen)

      c) cölomer Körperbau
        1. Protostome Coelomaten
          Phylum Annelida (Ringelwürmer)
          Phylum Mollusca (Weichtiere)
          Phylum Arthropoda (Gliederfüßler)
        2. Deuterostome Coelomaten
          Phylum Echinodermata (Stachel-
          häuter)
          Phylum Chordata (Chordaten)
          (Tabelle 27-1)

Tierstämme ziemlich lückenlos rekon-
struiert werden. Es ist zwar in der Evolution so, daß ein *besser adaptierter neuer
Organismus seinen weniger perfekten Ah-
nentyp ersetzt*, so daß heutzutage nur die
zur Zeit bestadaptierten Organismen existieren. Oft genug entsteht durch eine
grundlegende Umkonstruktion aber sehr
schnell ein neuer Organismentyp, der eine
neue Umwelt bewohnt und von der Ahnenform so weit verschieden ist, daß er
mit ihr nicht konkurriert. Dann bleibt die
Ahnenform neben der moderneren Tier-
gruppe bestehen und vervollkommnet den
primitiveren Bauplan, ohne ihn ganz aufzugeben. *Obwohl kaum eine heute lebende
Tierart die genaue Ahnenform einer anderen darstellt, lassen sich wenigstens die
Grundbaupläne heutiger Arten in eine Ahnenreihe einordnen, die einigermaßen vollständig ist.*

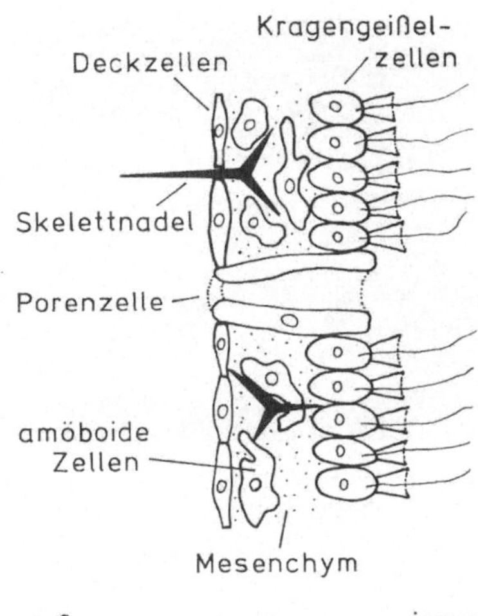

Abb. 15.14. Aufbau des Gewebes eines Schwammes

Ein ganz früher Seitenzweig der Evolution
der Tiere sind die *Schwämme* (*Phylum Po-
rifera*, Abb. 11.01, Tabelle 15-1), deren
Zellaggregation wir bereits kennengelernt
haben. Daß Schwämme ihren vielzelligen
Körper selbst aus einer Suspension von
Einzelzellen wieder zusammensetzen (*regenerieren*) können, ist einer der Gründe
dafür, daß es die Gruppe heutzutage noch
gibt. Wichtig ist auch, daß Schwammzellen zum großen Teil nicht irreversibel differenziert sind. Die meisten können sich
zu amöboiden Zellen umdifferenzieren,
die sich dann zu jedem der etwa zehn Zelltypen des Schwammkörpers weiterdiffe-
renzieren können.

Das Bauprinzip des Schwammkörpers ist
verblüffend einfach. Dünne Lagen von
Gewebe umgeben zentrale Hohlräume.
Das Gewebe ist dreischichtig (Abb. 15.14).
Nach außen hin weist eine Lage von
Deckzellen, zum inneren Hohlraum hin
eine Lage *begeißelter Zellen*. Zwischen
diesen beiden Zellagen ist eine ungeordnete Schicht verschiedener Zelltypen (ein
Mesenchym), von denen viele amöboid
sind. Eine Gruppe dieser amöboiden
Zellen bilden *Skelett-Teile*. Schwamm-
skelette können aus Kalknadeln, aus Sili-
katfasern (Glas) oder aus Proteinen
(Abb. 15.15) bestehen. Sie verleihen jeder

Abb. 15.15. Skelett eines Schwammes, etwa $^{1}/_{4}$ natürliche Größe. Die Körperform des Schwammes beruht auf der Skelettstruktur. Auch ohne lebendes Gewebe erkennt man die poröse Struktur mit vielen kleinen Einfuhröffnungen und wenigen großen Öffnungen, durch die Wasser ausströmt. (Aufn. M. Hermes)

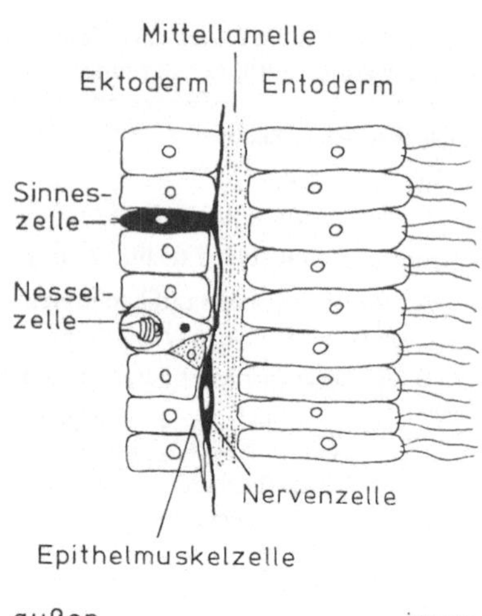

Abb. 15.16. Aufbau des Gewebes eines Hohltiers

Schwammart ihre charakteristische Körperform.

Der koordinierte Geißelschlag der inneren Zellage unterhält einen Wasserstrom, der durch viele winzige Poren in der Außenseite des Schwamms nach innen fließt und dann durch eine große Öffnung aus dem zentralen Hohlraum ausgestoßen wird (Abb. 15.15). Es gibt meterhohe Schwämme, bei denen der Wasserstrom an der Ausgangsöffnung eine Geschwindigkeit von 8 cm/sec hat und deren Tagesleistung 1 500 Liter beträgt. Diese Pumpleistung setzt sich aus den Strömen zusammen, die durch Millionen von Geißeln an der Innenwand des Schwammes erzeugt werden. Der Wasserstrom bringt Nahrungspartikel und Sauerstoff in den Schwammkörper und befördert Stoffwechselprodukte nach außen. Von der Ausbildung der Körperform, besonders des Skeletts, abgesehen, ist die Aufrechterhaltung des Wasserstroms die einzige koordinierte Leistung des Schwamms. Schwämme haben kein Nervensystem und offensichtlich nichts, was physiologisch einem Nervensystem entsprechen könnte.

Ganz anders sind die *Hohltiere* (Phylum Cnidaria oder Coelenterata) gebaut, obwohl auch sie eine doppelschichtige Körperwand (gelegentlich mit Mesenchym zwischen den Schichten) und einen zentralen Hohlraum mit einer Öffnung nach außen haben. Bei den Hohltieren werden die beiden Schichten der Körperwand (Abb. 15.16) in der Entwicklung anders angelegt als bei den Schwämmen, und zwar nach einem Muster, das für alle Tiere gilt (21.06). Hohltiere können recht komplizierte *Skelette* haben (Korallen). Viele haben keine Skelette. Sie erhalten ihre Körperform entweder durch gallertige Einlagerungen in die Körperwand (Quallen) oder dadurch, daß sie mit Cilien oder Geißeln Wasser in den Körperhohlraum einpumpen, der sich dann *hydrostatisch aufbläht* (Polypen, Seeanemonen, Abb. 15.17).

Gegen den Wasserdruck in der Körperhöhle wirken Muskelzellen in der Körperwand. Schon bei den Schwämmen kommen kontraktile Zellen vor, die den Wasserstrom an der Ausführöffnung regulieren können. Die kontraktilen Zellen der Hohltiere dienen zwar zusätzlich auch als Epithelzellen der äußeren und inneren Wandschicht, sie sind aber bei einigen Hohltieren schon in *Muskelbändern* geordnet angelegt und bilden bei allen *zwei Sätze gegeneinander wirkender Kontraktionssysteme*. Die kontraktilen Zellen

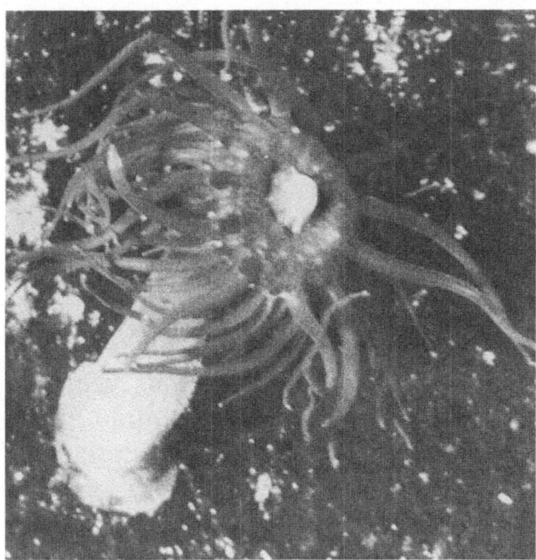

Abb. 15.17. Seeanemone. Der Mund als einzige Körperöffnung liegt mitten im Kranz der Tentakel

der äußeren Zell-Lage sind von oben nach unten gerichtet, die der inneren verlaufen ringförmig um den Körper. Durch Kontraktion des äußeren Systems werden Polypen kurz und dick, durch Kontraktion des inneren Systems lang und dünn. Die Kontraktionen sind fein aufeinander abgestimmt und erlauben es den Polypen zum Beispiel, sich nach einer Seite hin umzubiegen.

Diese Bewegungen werden durch ein *Nervensystem* koordiniert. Die Nervenzellen senden in alle Richtungen lange Fortsätze aus, die die Fortsätze anderer Nervenzellen berühren. Das Nervensystem durchspinnt die Körperwand wie ein Netz. Lokale Reizung des *Nervennetzes* an irgendeiner Stelle breitet sich von dort aus in allen Richtungen durch die Körper-

wand aus. Was den Hohltieren fehlt, ist ein Gehirn, also ein lokalisiertes Schaltzentrum im Nervensystem, das die verschiedenen lokalen Reizungen und Reaktionen zentral steuert. Selbst die kompliziertesten Hohltiere haben kein Gehirn ausgebildet. Der Grund dafür ist, daß alle Hohltiere einen *radial symmetrischen Körperbau* haben. Das Tier ist symmetrisch rund um den zentralen Hohlraum aufgebaut. Diese Konstruktion bietet keine Stelle, an der ein Nervenzentrum lokalisiert sein könnte. Komplizierte Hohltiere haben zwar das Nervennetz so vervollkommnet, daß sie z.B. Informationen von *Augen* und von *Statocysten* (Sinnesorgane, die ihnen die Position im Raume angeben) aufnehmen und verarbeiten können. Die radiale Symmetrie ohne zentral gelegenes Schaltzentrum bleibt dabei aber gewahrt.

Der Fortschritt des Nervensystems hängt eng mit der Ausbildung einer *bilateralsymmetrischen Körperform* zusammen, der *Wurmform* mit Vorder- und Hinterende und rechter und linker Seite. Würmer tragen vorn in der Bewegungsrichtung Sinnesorgane (Abb. 15.06), und die Ausbildung der Sinnesorgane führt zur Bildung eines Gehirns am Vorderende; das Vorderende wird schließlich als *Kopf* vom Rest des Körpers abgesetzt. Die gerichtete Bewegung gibt den Anstoß zur koordinierten Verbesserung von Sinnesorganen, Nervensystem und Bewegungssystem. Wird eines oder das andere System in der späteren Evolution reduziert, dann folgt eine entsprechende Reduktion der anderen Systeme.

16 Mendelsche Genetik

Die genetischen Mechanismen, die wir bei Prokaryonten kennengelernt haben, gelten im Prinzip auch für vielzellige Eukaryonten. Drei Faktoren sorgen aber dafür, daß die genetische Analyse hier sehr viel schwieriger wird. Das sind (1) sexuelle Fortpflanzung und die daraus resultierende Interaktion von zwei vollständigen Genomen in typischen Eukaryontenzellen, (2) die *vielzellige Organisation*, bei der die Wirkung einzelner Gene in der organismusweiten Regulation, besonders während der *Entwicklung (Ontogenese)* aus der befruchteten Eizelle, der *Zygote*, verwischt wird, (3) die unabhängige Evolution und entsprechende *Vergrößerung des Genoms*, das durch die indirekten und verflochtenen Genwirkungen einer direkten Prüfung durch die Umwelt entzogen wird (Kapitel 17).

Mendelsche Genetik ist eine formale Analyse der genetischen Basis sichtbarer Merkmale, die auf dem Aufspüren von Einzelgen-Effekten fußt. Die Möglichkeit, von den Merkmalen her Rückschlüsse auf die Gene zu ziehen, hat die gesamte moderne Genetik erst möglich gemacht. Vergessen wir aber nicht, daß gerade die „Komplikationen" und Grenzen dieser Art Analyse die eigentlich wichtige Genetik darstellen. Ein bestimmtes Gen zu finden, das eine Eigenschaft bedingt, verlangt entweder Glück oder Geschick. Der Normalfall der Mendelschen Genetik ist die Ausnahme in der wirklichen Biologie der Organismen.

16.01 Konsequenzen der Diploidie

In diploiden Zellen liegen zwei Kopien jedes Gens vor. Diese können identisch oder verschieden sein. Verschiedene Formen eines Gens werden *Allele* genannt. Allele entstehen durch *Mutation*. Das kann der Ersatz eines einzigen Basenpaares in der DNA sein, oder es kann sich um den Einbau eines riesigen Stückes DNA in die Grundstruktur des Gens handeln. Enthält die Zelle zwei gleiche Allele, dann ist sie *homozygot* (für dieses bestimmte Gen), sind die beiden Allele eines Gens in der Zelle verschieden, dann ist die Zelle *heterozygot*. Der *Genotyp* einer Zelle wird durch die *Allelkombinationen* bestimmt. Sind A, B und C drei Allele eines Gens, dann sind die möglichen Genotypen (für dieses bestimmte Gen) AA, AB, AC, BB usw.

Die sichtbaren oder meßbaren Merkmale einer Zelle oder eines Organismus bilden ihren *Phänotyp*, ihr Erscheinungsbild. Dort, wo Allele eines Gens einen merkbaren Einfluß auf den Phänotyp haben (blaue oder braune Augen, krank oder gesund), spricht man vom Phänotyp eines bestimmten Gens (Abb. 16.01).

Der Gesamt-Phänotyp einer diploiden Zelle oder gar eines Vielzellers ist aber alles andere als ein Mosaik aus unabhängigen Eigenschaften, die durch Einzelgene bedingt werden. *Wir können den Phänotyp beliebig in Einzel-Merkmale aufteilen.* Ob, wieviel und welche Gene wir damit in ihrer Wirkung erkennen, hängt vor allem von der *Wahl dieser Merkmale* ab. Länge oder Breite eines Kürbisses scheinen von einer großen Anzahl unentwirrbar zusammenwirkender Gene bedingt zu werden, der Quotient aus Länge und Breite wird als Phänotyp eines oder zweier Gene vererbt.

Bei heterozygoten Genotypen kann eins

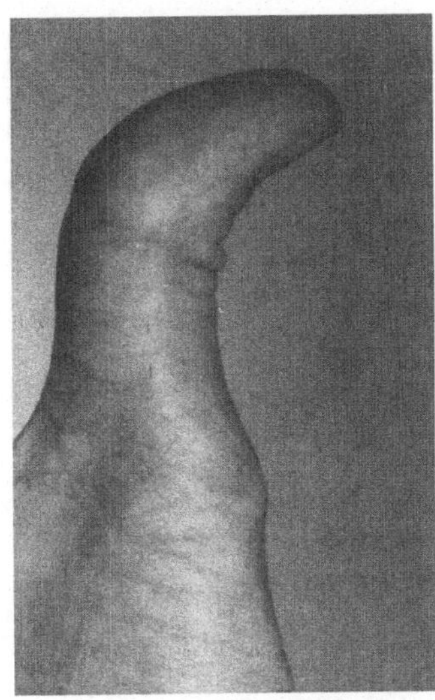

Abb. 16.01. Überbiegen des Daumens. Etwa 21% aller Europäer können das Endglied des Daumens sehr weit zurückbiegen. Dazu muß ein Gen *(dht)* homozygot rezessiv vorliegen

der Allele ausschlaggebend für den Phänotyp sein, zum Beispiel, wenn das andere kein funktionierendes Genprodukt liefert. Das ausschlaggebende Allel ist dann *dominant* über das andere, *rezessive. Beide Allele werden unverändert vererbt. Dominanz und Rezessivität betreffen ausschließlich die Wirkung der Allele auf den Phänotyp.* Entsprechend der Definition kann der Phänotyp eines homozygot dominanten Individuums nicht von dem eines heterozygoten unterschieden werden. Es können aber auch beide Allele eines heterozygoten Genotyps zum Phänotyp beitragen. Der Phänotyp der Heterozygoten ist dann entweder *intermediär* zwischen den phänotypischen Wirkungen der Allele (Homozygote rot bzw. weiß, Heterozygote rosa) oder *kodominant* (Homozygote mit Blutgruppen-Substanzen A bzw. B, Heterozygote mit A und B nebeneinander auf derselben Erythrocytenmembran).

Dominanz oder Rezessivität sind nicht nur abhängig von der Merkmalsdefinition (19.13), sondern auch immer nur relativ zu anderen Allelen bestimmbar. Allel A1 kann dominant über A2 im Genotyp A1A2 sein, aber rezessiv wirken, wenn es mit A3 zusammen den Genotyp A1A3 bildet.

Diese Terminologie ist eine logische Konsequenz des Formalismus der Mendelschen Genetik, der aus praktischen Gründen versucht, einem Merkmal ein Gen zuzuordnen. In den folgenden Kapiteln wird uns diese Terminologie durch häufigen Gebrauch geläufig. Wichtig ist in jedem Fall der biologische Mechanismus, der hinter diesen Wörtern steckt. Von Fall zu Fall kann derselbe genetische Endeffekt auf sehr verschiedenen Mechanismen beruhen. „Mutation" in der Mendelschen Genetik ist eine plötzliche Änderung des Phänotyps, die als Effekt eines neuentstandenen Allels weitervererbt wird. Die Analyse von DNA und Chromosomen bringt immer wieder neue Varianten von genetischen Primäreffekten zutage, die bei der formalen Analyse als Mutationen erkannt werden.

16.02 Konsequenzen der Vielzelligkeit

Auch die Terminologie, mit der die *Interaktionen verschiedener Gene* bei der Ausprägung des Phänotyps in der formalen Genetik berücksichtigt werden, ist logisch, wenn nicht gar trivial. So ist es nicht verwunderlich, daß ein Merkmal durch viele Gene, also *polygen* oder *multifaktoriell*, bedingt sein kann, und daß ein Gen viele Merkmale beeinflussen, also *pleiotrop* sein kann.

Mutiert nur eines von vielen Genen, die ein Merkmal beeinflussen, dann sieht es aus, als ob dieses eine Gen dieses Merkmal bedingt. Mutiert dann ein anderes dieser Gene, sieht es aus, als hätte man eine alternative Basis für die Genetik desselben Merkmals gefunden. Man spricht dann von *Heterogenie.* So gibt es Formen von Taubstummheit, die als rezessive Ein-Gen-Effekte vererbt werden; aber in verschiedenen Familien sind das verschiedene Gene.

Das eine Gen, das ausschlaggebend für das Merkmal zu sein scheint, ist oft eins, das früh in der Entwicklung des Merkmals eine Rolle spielt und Vorbedingungen für die Funktion anderer Gene schafft. So ein Gen wirkt *epistatisch* über Gene, die von seiner Funktion abhängen. Fällt zum Beispiel das Gen aus, dessen Produkt Tyrosin zu Phenylalanin oxidiert (oder eins der folgenden Gene für die Biosynthese des schwarzen Farbstoffs Melanin), so resultiert daraus Albinismus mit weißer Hautfarbe unabhängig von anderen Genen, die die Hautfarbe von hell bis schwarz abstufen würden, wenn sie das Material dazu hätten.

Die Analyse von Einzelgen-Effekten läßt aber auch deutlich erkennen, wie vielfältig Einzelgene ins Entwicklungsgeschehen eingreifen. Die meisten Erbkrankheiten sind nicht Abänderungen einzelner Merkmale. Der primäre Effekt des Gens ist oft weniger auffallend als die Folgen davon. Die spezifische Kombination von Symptomen, die von Mutationen in einem Gen abhängen, wird ein *Syndrom* genannt. Bei Erbkrankheiten ist das Syndrom also die Folge der Pleiotropie des Gens.

Das *Marfan-Syndrom* beruht auf einem dominanten Allel. Träger des Allels zeichnen sich durch allgemeine Verlängerung der Extremitäten im Verhältnis zum Rumpf aus. Die relative Verlängerung nimmt in distaler Richtung zu. Besonders verlängert sind also die Finger (Spinnenfingrigkeit, Arachnodaktylie, Abb. 16.02) und Zehen. Auch das Skelett des Thorax ist verändert (Hühnerbrust), und die Schädelform fällt durch zurückstehendes Kinn und hervorstehenden Hinterkopf auf. Die Muskulatur ist schwach ausgebildet, auch das Bindegewebe ist geschwächt. Plattfüße und Leistenbrüche sind oft die Folge schlecht ausgebildeten Bindegewebes. Unvollständig ausgebildete Fasern an der Augenlinse ziehen sie nach vorn und oben (Linsenluxation, Abb. 16.03). Das kann zu Entzündung des Auges, zu hohem Flüssigkeitsdruck

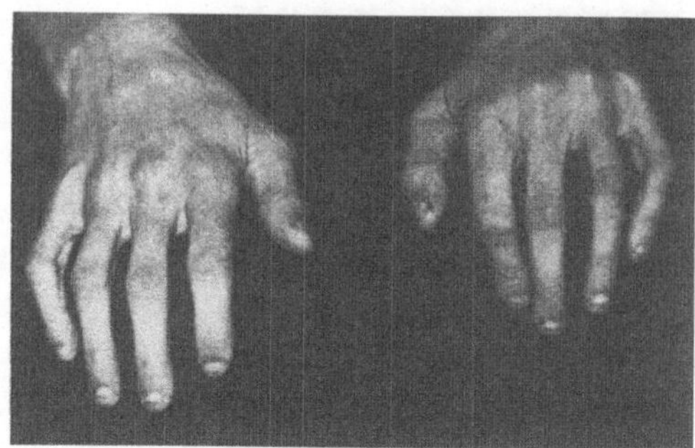

Abb. 16.02. Arachnodaktylie bei einem Patienten mit Marfan-Syndrom. (Aufn. W. Jaeger)

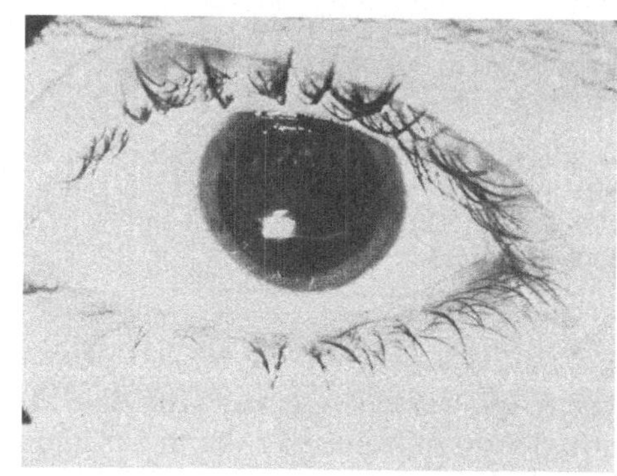

Abb. 16.03. Linsenluxation bei einem Patienten mit Marfan-Syndrom. (Der Unterrand der Linse geht durch den Glanzfleck auf der Pupille.) (Aufn. W. Jaeger)

im Auge und schließlich zu Erblindung führen. Herz- und Kreislaufleiden sind häufig. Der Tod tritt oft früh und plötzlich ein, wenn die schwache Aortenwand dem Druck nachgibt und ein Aortenaneurysma entsteht. Der Primäreffekt beim Marfan-Syndrom ist wahrscheinlich eine Veränderung des Kollagens im Bindegewebe.

Pleiotropie, Polygenie, Heterogenie, Epistase sowie *Penetranz* eines Genotyps (der Prozentsatz der Fälle, in dem die erwarteten phänotypischen Effekte gefunden werden) und *Expressivität* (der Ausprägungsgrad dieser Symptome) sind notwendige Ausdrücke, wenn wir versuchen, die formale Genetik von einzelnen Genen so weit wie möglich auf die komplexen

Interaktionen von Genen und Allelen im Phänotyp anzuwenden. Sie erklären nichts, sondern zeigen, wo die vereinfachende Analyse auf Schwierigkeiten stößt.

Wir können heute versuchen, die formalistische Genetik, die für ein Merkmal ein Gen sucht, durch eine detailliertere Betrachtung der biologischen Zusammenhänge zu ersetzen. Gerade dieser Ansatz, einem sichtbaren Merkmal rein rechnerisch eine hypothetische Erbeinheit zuzuordnen, war aber der Geniestreich, der uns den Zugang zur genetischen Analyse bis hin zur Molekulargenetik eröffnet hat. Ohne diesen Trick ist die moderne Biologie nicht denkbar. Er verdient eine kurze historische Betrachtung.

16.03 Gregor Mendel

Die Arbeit, die Gregor Mendel (1822–1884), damals Augustinerpater, später Abt des Klosters zu Brünn, am 8.2. und 8.3.1865 vor dem Naturforschenden Verein in Brünn vorgetragen und im folgenden Jahr mit dem Titel „Versuche über Pflanzenhybriden" veröffentlicht hat, ist heutzutage allgemein bekannt.

Wenn eines Tages die Geschichte der Naturwissenschaften in ihrer Gesamtheit ausgewertet wird, dann wird sich herausstellen, daß selten eine Arbeit so nahe an wissenschaftliche Perfektion herangekommen ist wie diese. Anläßlich der Hundertjahrfeier 1965 ist die Arbeit eingehend diskutiert worden. Seitdem gehört es zum guten Ton, Mendel ein paar mögliche Sünden und Fehler nachzuweisen. Der absolute Wertmaßstab für wissenschaftliche Arbeit ist die Antwort auf die Frage: Bringt sie eine Hypothese, die auf möglichst einfache Weise eine große Menge verschiedenster Beobachtungen zusammenhängend erklärt und damit detaillierte Voraussagen und die praktische Beherrschung des untersuchten Vorganges ermöglicht? Selten hat eine einzige Veröffentlichung das in diesem Maße getan.

Die Größe der Mendelschen Arbeit beruht auf drei Faktoren, die selten zusammenkommen: Gedanke, Methode und Glück.

Der *neue Gedanke* in Mendels Arbeit ist, daß die Vererbung auf *einzelnen unvermischbaren* („diskreten") *Einheiten* beruht. Diese Idee geht jeder oberflächlichen Beobachtung entgegen. Kontinuierlich variable und vermischend intermediäre Vererbung ist die Regel im Phänotyp höherer Organismen. Obwohl vor Mendels Zeit experimentelle Grundlagen zu seiner Theorie schon veröffentlicht vorlagen, hat niemand vor ihm den entscheidenden Gedankenschritt unternommen, diskrete Einheiten als Grundlage der Vererbung *allgemein* zu betrachten.

Zwei *methodische Punkte* verdienen an Mendels Arbeit hervorgehoben zu werden. Er hat sein Versuchsobjekt sorgfältig ausgewählt. Die Idee ist bei Mendel nicht eine Folge des Experiments. Das Experiment ist eine gezielte Bestätigung der Idee. Das zeigt sich schon an der *Auswahl des Materials* und der Vorbereitung des Experiments. Mendel hat nicht diskret variable Eigenschaften als Resultat des Experiments gefunden. Er hat von vornherein Erbsensorten mit diskret unterschiedlichen Eigenschaften ausgewählt und reine Zuchtlinien hergestellt. Das Experiment selbst diente nicht dem qualitativen Beweis der Grundidee, sondern ihrer quantitativen Darstellung.

Dieser zweite Punkt, *quantitative Auswertung* von Versuchsdaten, ist für die Biologie in Mendels Zeit ein ganz bedeutender Fortschritt. Heutzutage ist die Methodik quantitativer Datengewinnung und Datenverarbeitung derart selbstverständlich, daß sie oft genug das Denken ersetzt. Dieser Fortschritt beruht zum großen Teil darauf, daß mit dem Aufstieg der Mendelschen Genetik eine statistische Methodik zur Behandlung relativ kleiner Datenpopulationen benötigt wurde. Zumindest die Umformung der mathematischen Statistik in ein praktisch anwendbares Werkzeug für den Nichtmathematiker ist auf die Ansprüche der Genetiker in der ersten Hälfte dieses Jahrhunderts zurückzuführen.

Trotz aller Sorgfalt bei der Vorbereitung des Experiments hat auch *glücklicher Zufall* eine Rolle bei Mendels Arbeit gespielt. Das gilt für Einzelheiten seiner Experimente und für die Grundidee. Durch unbeirrte Auswahl der wichtigen Tatsachen und absichtliches Weglassen aller möglichen störenden Einflüsse hat Mendel den Kern seiner Hypothese sauber demonstriert. Keine Merkmale, die er an seinen Erbsenpflanzen untersuchte, werden durch eng gekoppelte Gene bestimmt, keines vererbte sich kodominant. Es ist aber ziemlich sicher, daß er Kopplung oder Kodominanz in seinen Experimenten entweder richtig erklärt oder als störenden Nebeneffekt ausgeklammert hätte. Glücklicher Zufall ist es hauptsächlich, daß der Vererbungsvorgang, den Mendel gedanklich und experimentell rein dargestellt hat, nicht eine Besonderheit gewisser Entwicklungsvorgänge von Erbsenpflanzen ist, sondern eine direkte Auswirkung der molekularen Grundvorgänge der Vererbung allgemein. Von Mendels Genie schließlich zeugt es, daß er das gewußt hat: „Indessen dürfte man vermuten, daß in wichtigen Punkten eine prinzipielle Verschiedenheit nicht vorkommen könnte, da die Einheit im Entwicklungsplane des organischen Lebens außer Frage steht."

16.04 Der Mendelsche Erbgang

Mendel begann seine Versuche mit der Auswahl reiner Zuchtlinien, also von Pflanzen, die einen der beiden möglichen Phänotype für ein Merkmal stabil vererbten.

Nach der gebräuchlichen genetischen Nomenklatur, die vor allem auf Arbeiten von W. Bateson und W. Johannsen zwischen 1902 und 1909 zurückgeht, sind solche Pflanzen *homozygot*. Sie enthalten das betreffende Gen in *zwei gleichen Allelen*. Jedes Pollenkorn und jede Eizelle enthält diese Allelform, und jede diploide Zelle enthält sie doppelt.

Reine Linien für je eines der beiden Allele stellen die Ausgangs- oder *Parentalgeneration* (P) dar. Mendel untersuchte sieben Merkmalspaare. Er hatte reine Zuchtlinien, die nur glatt runde oder nur kantige Samen (Erbsen) hervorbrachten, solche, bei denen die unreife Hülse gelb, solche, bei denen sie grün gefärbt war usw.

Alle Kreuzungen zwischen reinen Linien mit verschieden ausgeprägten Merkmalen ergaben einheitliche Nachkommen. *Die erste Nachkommen- oder Filialgeneration* (F_1) *zeigte Gleichheit im Phänotyp.* Dabei machte es keinen Unterschied, ob das eine oder das andere Allel durch Pollen oder durch die Eizelle in die Zellen der F_1-Generation eingebracht wurde. Reziproke Kreuzungen führten zum gleichen Ergebnis.

Genetisch mußten die Zellen der F_1-Pflanzen alle *heterozygot* sein. In allen mußten zwei verschiedene Allele vorliegen, eines von der Pflanze, deren Pollen benutzt wurde (entsprechend dem Vater), eines von der befruchteten Eizelle (entsprechend der Mutter). Genotypisch waren die Pflanzen heterozygot, ihr Phänotyp war einheitlich. Das bedeutet, daß in jedem Fall eines der Allele phänotypisch ausschlaggebend, also dominant, über das andere, das rezessive, war.

Das Allel für runde Samen ist dominant über das für kantige, das für graue Samenschale dominant über das für weiße, das für gelbe Kotyledonen dominant über das für grüne. Die Kotyledonen sind die beiden nährstoffreichen Keimblätter, die beim Auskeimen des Samens als erstes Blattpaar erscheinen. In der Erbse liegen sie als zwei trockene Halbkugeln im Samen. Sie sind der Hauptbestandteil von Erbsensuppe, die bekanntlich gelb oder grün aussehen kann. Dieser Unterschied beruht also auf einem einzigen Allelpaar.

Nach Mendels Theorie wird jeweils nur eines der Allele in den Geschlechtszellen an die nächste Generation weitergegeben.

Die physikalische Grundlage dieser Aufteilung, also die Meiose, ist erst 1888 von Th. Boveri beobachtet worden. Die Trennung der Allele bei der Keimzellenbildung ist eine zentrale Forderung in Mendels Theorie. Jede Pflanze der F_1-Generation produziert also zwei Arten Keimzellen, eine mit dem rezessiven, eine mit dem dominanten Allel. Beide treten mit gleicher Häufigkeit auf. Die Hälfte der Pollen und Eizellen ($0,5 = 50\%$) tragen das eine, die Hälfte das andere Allel.

Der Befruchtungsvorgang wird damit zum *Zufallsereignis* mit voraussagbaren Häufigkeiten. Bezeichnen wir das dominante Allel mit A, das rezessive mit a, dann erhalten wir folgende Möglichkeiten:

Pollen	0,5 A	0,5 a
0,5 A	0,25 AA	0,25 Aa
0,5 a	0,25 aA	0,25 aa

(Eizellen)

Die reziproken Heterozygoten können nicht unterschieden werden. Wir erwarten also in der *zweiten Filialgeneration* (F_2):

25% homozygot Dominante AA
50% Heterozygote   Aa
25% homozygot Rezessive aa

also *drei Genotypen mit den Häufigkeiten 1:2:1*. Im Phänotyp sind die Heterozygoten nicht von den dominant Homozygoten unterscheidbar. *Die F_2 sollte also die beiden Phänotypen der Parentalgeneration im Verhältnis 3 (Phänotyp des dominanten Allels):1 (Phänotyp des rezessiven Allels) aufweisen.*
Mendels Ergebnisse sind in der Tabelle 16-1 zusammengefaßt.
Diese quantitativ voraussagbare Aufspaltung der Merkmale in der F_2-Generation ist das Kernstück von Mendels Experimenten. *Sie zeigt, daß die beiden Allele*

Tabelle 16-1. Mendels Resultate, Aufspaltung der Phänotypen in der Generation F_2

Merkmalspaar	Ausgezählte Individuen	Verhältnis
Samen: rund — kantig	5474 — 1850	2,96:1
Kotyledonen: gelb — grün	6022 — 2001	3,01:1
Samenschale: grau — grün	705 — 224	3,15:1
Hülse: einfach gewölbt — eingeschnürt	882 — 229	2,95:1
Unreife Hülse: grün — gelb	428 — 152	2,82:1
Blüte: achsenständig — endständig	651 — 207	3,14:1
Blütenachse: lang — kurz	787 — 277	2,84:1

aus ihrer Kombination in den diploiden Zellen der F_1-Generation unbeeinflußt hervorgehen und zufällig auf die Keimzellen verteilt werden.
Ein weiteres Resultat der Mendelschen Experimente betrifft das Verhältnis verschiedener Gene zueinander. Kreuzte er Elternpflanzen, die sich in zwei Merkmalspaaren unterschieden, dann erhielt er in jedem Fall eine *unabhängige Aufspaltung* der Allele der beiden Gene. Auch hier war die F_1-Generation einheitlich im Phänotyp. Sie zeigte die Wirkungen beider dominanter Allele. Erst in der F_2 kam es zur Aufspaltung der Merkmale. Abb. 16.04 zeigt, wie die zufallsmäßige Zuordnung von zwei Allelen zweier Gene bei der F_2 zu einer phänotypischen Aufspaltung von $9:3:3:1$ führt.
Die Abbildung zeigt, wie umständlich die Genetik von diploiden Organismen wird, wenn auch nur zwei Gene gleichzeitig untersucht werden. Da aber Kreuzungsschemata eine große Rolle in der medizinischen Genetik spielen, sollte man sich nicht abschrecken lassen. Mit einiger Übung lernt man schnell, Stammbäume im Kopf auszurechnen.

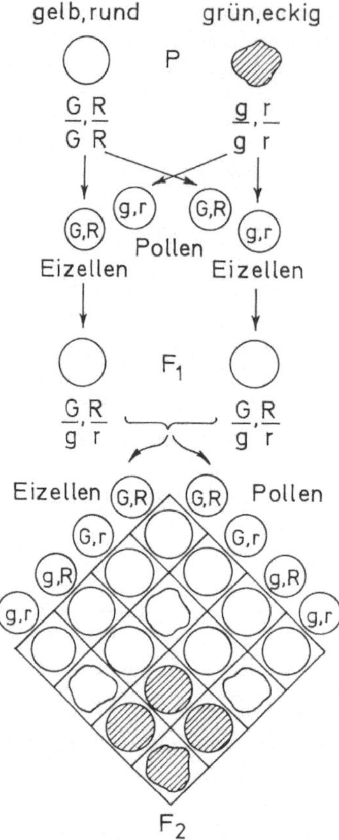

Abb. 16.04. Zweifaktorkreuzung. Die Kreuzung von Stämmen, die sich in den Allelen zweier (nicht gekoppelter) Gene unterscheiden, führt bei der F_2 zu einer Aufspaltung der Phänotypen im Verhältnis 9:3:3:1

Die Ergebnisse der Mendelschen Versuche wurden früher in drei Mendelsche Gesetze zusammengefaßt und auswendig gelernt. Diese drei Gesetze beschrieben die Gleichheit des Phänotyps in der F_1-Generation (Uniformitätsgesetz), die Aufspaltung der Allele bei der Gametenbildung (Spaltungsgesetz) und die Unabhängigkeit der Allele verschiedener Gene bei der Aufspaltung (Unabhängigkeitsregel). Glücklicherweise ist man von der gesetzmäßigen Festlegung der Mendelschen Ergebnisse inzwischen abgekommen. Es ist viel wichtiger, die genetischen Grundprinzipien zu verstehen, als sie auswendig zu lernen.

Die Mendelschen Regeln gelten nur unter ganz bestimmten Bedingungen. Wir wissen bereits, daß Gene auf demselben DNA-Molekül liegen können. In der Regel werden solche Gene nicht unabhängig weitergegeben, sondern die *gekoppelten* Allele bleiben zusammen, bis sie durch Rekombination zwischen homologen DNA-Molekülen, also Crossing-over, voneinander getrennt werden. Zwei der von Mendel untersuchten Gene liegen auf demselben Chromosom, allerdings so weit voneinander entfernt, daß ihre Kopplung praktisch kaum erkennbar ist. Crossover ist nicht auf die Zwischenräume zwischen Genen beschränkt. Es tritt bisweilen auch mitten im Gen auf. Dadurch kann es durchaus dazu kommen, *daß die Allele selbst verändert aus der Meiose hervorgehen*. Ein *intra-cistronisches Crossover* ist zwar relativ selten und noch viel seltener nachweisbar. Dennoch spielt es selbst in der medizinischen Genetik eine Rolle (17.11).
Auch *Dominanz und Rezessivität sind relative Begriffe*. Intermediäre Vererbung ist durchaus möglich. Eine Kreuzung von rot- und weißblütigen Wunderblumen (*Mirabilis jalapa*) führt zu rosablütigen Nachkommen. Biochemische Methoden zur Untersuchung von primären Genprodukten sind beim *Nachweis von Heterozygoten* häufig sehr erfolgreich.
Selbst Mendels postulierte Erbeinheiten, also die Faktoren, die in allelen Formen vorliegen und nach Mendelschem Schema vererbt werden, sind physikalisch-chemisch keine einheitliche Gruppe (12.04). Typischerweise sind es *Cistrons*, also DNA-Strecken, die für ein bestimmtes Genprodukt codieren. Es können aber bei genauer Analyse auch Gruppen gekoppelter Cistrons, ganze Chromosomen oder strukturelle Chromosomenaberrationen sein.
Diese Bemerkungen sollen nicht Mendels Verdienst schmälern. Ganz im Gegenteil. Aus der Masse verschiedener Erbeffekte den Grundvorgang isoliert zu haben, ist ein Verdienst, das bei der Kenntnis aller

möglichen Ausnahmen nur noch größer erscheint. Die einschränkenden Bemerkungen sollen davor warnen, Genetik zu starr und zu einheitlich zu betrachten. Das Einprägen einiger Vererbungsschemata kann nichts schaden, solange man darüber nicht die Grundlagen vergißt. Es kommt in der Biologie aber mehr darauf an, wirklich zu verstehen.

16.05 Gene und Chromosomen

Mendels Zeitgenossen haben den Wert seiner Arbeit nicht erkannt. Dafür gibt es verschiedene Gründe. Besonders hinderlich war sicher, daß Mendels Erbfaktoren abstrakte Erfindungen waren, die man zwar rechnerisch nachweisen, aber nicht sehen konnte.

Zwischen 1870 und 1890 fand in der Biologie eine Entwicklung statt, die zur Wiederentdeckung der Mendelschen Resultate führte. Damals wurden Chromosomen, Mitose und Meiose beschrieben, also sichtbare Strukturen und sichtbare Vorgänge, die eine materielle Grundlage des Vererbungsvorgangs bilden. E. Strasburger und O. Bütschli klärten Anfang der achtziger Jahre den Mitosevorgang auf. Der Name Mitose stammt von W. Flemming (1882), das Wort Chromosom von W. Waldeyer (1888). Die zellulären Vorgänge von Besamung und Befruchtung wurden von H. Fol beobachtet, der das Eindringen des Spermatozoons ins Seestern-Ei beschrieb, von O. Hertwig (1875), der die Kernverschmelzung bei der Befruchtung des Seeigeleis sah, und von E. Strasburger, der die Befruchtung bei Samenpflanzen untersuchte. 1883 postulierte W. Roux, daß die Chromosomen Träger des Erbmaterials sind, 1887 folgerte A. Weismann, daß in allen Organismen mit sexueller Fortpflanzung eine periodische Reduktion der Chromosomenzahlen stattfinden muß. Die Meiose ist zuerst von E. von Beneden und Th. Boveri (1888) beim Pferdespulwurm beschrieben worden, der nur zwei Chromosomen im haploiden Chromosomensatz hat.

Mendels Gesetze wurden im Jahre 1900 von H. de Vries, K.E. Correns und E. Tschermak wiederentdeckt und bestätigt. Der Fortschritt der Biologie zwischen 1865 und 1900 läßt sich schon allein daran messen, daß nun die Bedeutung der Mendelschen Resultate sofort voll gewürdigt wurde. Genetische Experimente begannen in verschiedenen Laboratorien, und bereits 1902 stellte W.S. Sutton die *Chromosomentheorie der Vererbung* auf, die Mendelsche Genetik und cytologische Chromosomenanalyse in Zusammenhang brachte. In den ersten zehn Jahren dieses Jahrhunderts folgte eine genetische Entdeckung der anderen.

Wie so oft in der Biologie beruhte ein geradezu explosiver Fortschritt auf der Auswahl des richtigen Versuchsobjekts und der korrelierten Arbeit vieler Laboratorien an diesem einen Organismus.

1910 begann T.H. Morgan mit der Taufliege, *Drosophila melanogaster*, zu arbeiten. Taufliegen sind weltweit verbreitete wenige Millimeter lange Fliegen mit einer großen Vorliebe für faulendes Obst. Es gibt viele verschiedene Arten in der Gattung Drosophila. Sie treten zeitweise in riesigen Schwärmen auf und vermehren sich sehr schnell, wenn die Umstände günstig sind. Im Labor lassen sich Tausende auf einmal das ganze Jahr über halten. Sie haben eine Generationszeit von 14 Tagen. Viele der Pflanzen und Tiere, an denen vor 1910 genetische Experimente gemacht wurden, haben Generationszeiten von einem Jahr. Die Drosophila-Genetik war 25mal so schnell wie die Erbsen-Genetik Mendels. Ein großer Vorteil von *Drosophila* ist ferner die haploide Chromosomenzahl, $n=4$. *Drosophila*-Chromosomen sind winzig und schwer zu handhaben, aber gerade bei *Drosophila* finden sich in gewissen Geweben veränderte, riesig vergrößerte Chromosomen, deren Studium viel zur Chromosomentheorie der Vererbung beigetragen hat.

Männchen und Weibchen sind bei *Drosophila melanogaster* leicht zu unterscheiden. Die Männchen sind kleiner und haben ein dunkles, abgerundetes Hinterende. Die etwas größeren Weibchen haben einen helleren Hinterleib mit mehr Querstreifen. Bei ihnen läuft der Hinterleib spitz zu. Es ist also kein Problem, frisch geschlüpfte Fliegen kurzzeitig mit Äther zu narkotisieren, nach Geschlecht und Phänotyp zu sortieren und bestimmte Paarungen anzusetzen. Die amerikanische Normalmilchflasche ist ein idealer Käfig für Taufliegen. Der Boden wird mit einem festen Brei bedeckt, der aus Grieß, Bananen, Syrup und Hefe zusammengebraut werden kann. Lebende Bäckerhefe wird darauf ausgestreut und dient den weißen Maden zum Futter. Die Maden wachsen schnell und häuten sich dabei dreimal. Die vierte Häutung führt zu Puppen, aus denen nach einigen Tagen eine neue Generation Fliegen schlüpft.

Wie intensiv die Arbeit mit *Drosophila* durchgeführt wurde, zeigt sich daran, daß bereits 1915 85 mutierende Gene bekannt waren. Viele dieser Gene werden nicht unabhängig, sondern gekoppelt vererbt. Vier Kopplungsgruppen entsprechen in der relativen Anzahl ihrer Gene etwa der relativen Länge der vier Chromosomen. Die Übereinstimmung von genetisch bestimmten Kopplungsgruppen mit der Chromosomenzahl ist an allen genetisch gut untersuchten Organismen nachgewiesen worden. Dazu gehören besonders Mais (*Zea mays*, $n=10$), die Erbse (*Pisum sativum*, $n=7$), und die Maus (*Mus musculus*, $n=20$).

16.06 Geschlechtsgebundener Erbgang

Von den vier Chromosomenpaaren bei *Drosophila* zeigt eines einen deutlichen Unterschied zwischen Männchen und Weibchen. Beim Weibchen liegen zwei lange stabförmige Chromosomen vor, die *X-Chromosomen*. Beim Männchen findet sich ein X-Chromosom und ein L-förmiges *Y-Chromosom*.

Bei der Meiose entstehen beim Männchen also zwei Arten Samenzellen, solche, die außer den drei *Autosomen* (Nr. 2 bis 4)

ein X-Chromosom enthalten, solche, die neben den Autosomen ein Y-Chromosom besitzen. Alle Eizellen haben denselben Chromosomensatz, nämlich drei Autosomen und ein X-Chromosom. Die Chromosomenkonstitution der Samenzelle bestimmt also bei *Drosophila* das Geschlecht der Nachkommen. Eizellen, die von X-tragenden Samenzellen befruchtet werden, werden zu weiblichen Tieren, Eizellen, die von Y-tragenden Samenzellen befruchtet werden, werden zu Männchen. Diese chromosomale Geschlechtsbestimmung hat genetische Folgen.

Die erste Fliege mit einem spontan veränderten Merkmal, die in Morgans Kulturen auftrat, war ein weißäugiges Männchen. In der Natur haben Taufliegen braunrote Augen. Das Allel für weiße Augen wird deshalb als *Mutante*, das für rote Augen als *Wildtyp*allel bezeichnet (vgl. 13.04). Diese Benennung hat sich eingebürgert. Sie wird oft auch da benutzt, wo Allele in gleicher Häufigkeit in der Natur vorkommen. Welches Allel dann den Wildtyp darstellt, ist Geschmackssache. Nach allgemeinem Gebrauch wird eine rezessive Mutante mit einem kleinen, eine dominante mit einem großen Buchstaben am Anfang des Gensymbols abgekürzt. Der Wildtyp erhält ein hochgesetztes Pluszeichen als Index am Gensymbol. Das weißäugige Männchen enthält also das (rezessive) Allel w, dessen dominantes Gegenstück mit w^+ bezeichnet wird.

Morgan kreuzte das weißäugige Männchen mit einem rotäugigen Weibchen. Entsprechend der Erwartung hatten alle Nachkommen rote Augen. Das Weiß-Allel ist also rezessiv. Das erstaunliche Resultat brachte erst die F_2. Unter 4252 Nachkommen fand sich kein einziges weißäugiges Weibchen. Dabei waren die Weibchen sogar häufiger als die Männchen (2459 : 1 793). Es lag nahe, daß diese geschlechtsgebundene Vererbung auf einem Gen beruhte, das auf einem der beiden Geschlechtschromosomen lag, aber es bedurfte weiterer Kreuzungsexperimente,

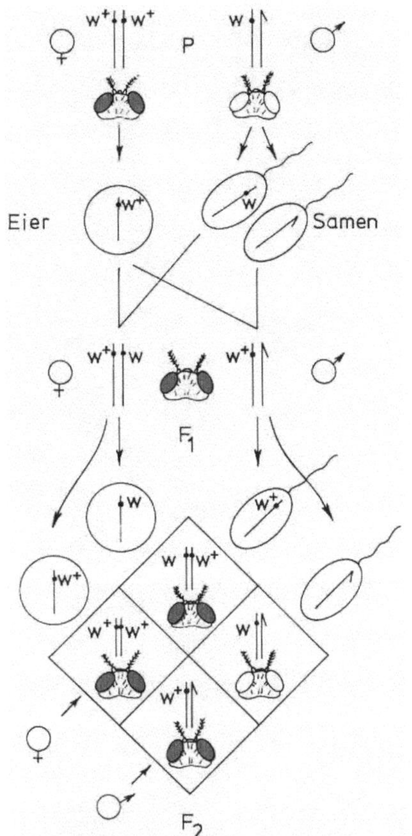

Abb. 16.05. Schema der geschlechtsgebundenen Vererbung bei *Drosophila*. Der Genotyp ist durch Chromosomensymbole, der Phänotyp durch Skizzen des Fliegenkopfes angedeutet

um zu zeigen, daß es nicht auf dem Y-Chromosom, sondern auf dem X-Chromosom lokalisiert ist. Das Y-Chromosom enthält kein homologes Allel (und überhaupt praktisch keine Gene. Es ist beinahe vollständig heterochromatisch). Abb. 16.05 illustriert die Vererbung eines geschlechtsgebunden rezessiven Allels. Geschlechtsgebundene Vererbung bedeutet bei *Drosophila* wie beim Menschen Vererbung von Genen auf dem X-Chromosom.

Eine Kreuzung des weißäugigen Männchens mit einer seiner rotäugigen Töchter ergab auch weißäugige Weibchen (mit welcher Häufigkeit sollten weißäugige Weibchen in dieser Kreuzung erwartet werden?). Bei einer Kreuzung zwischen einem weißäugigen Weibchen und einem rotäugigen Wildtyp-Männchen kam eine besonders auffallende Rot-Weiß-Verteilung zustande. Da dieser Vererbungsmodus eine Rolle in der Humangenetik spielt, sollte man diese Beispiele einmal durchrechnen.

Das Männchen kann für ein geschlechtsgebundenes Allel nie heterozygot sein. Sein Zustand wird *hemizygot* genannt. Da geschlechtsgebundene Allele beim Männchen nicht durch homologe Allele kompensiert werden, ähnelt der hemizygote Zustand partieller Haploidie. Auch das spielt eine Rolle in der Humangenetik.

16.07 Crossover und Kopplung

Crossover kennen wir bereits als Austausch zwischen DNA-Molekülen bei Bakterien und Viren. Rekombination in diesen Systemen bedeutete immer Molekülbruch und Reparaturmechanismen zwischen verschiedenen Molekülen. Bei Diploiden mit mehreren Chromosomen sind Rekombinationsvorgänge komplizierter.

Ohne jeden Bruch kommt es bei *Drosophila* zur Rekombination des Genmaterials, wenn die beiden Chromosomensätze in der Meiose getrennt werden. Mendels Unabhängigkeitsgesetz, das nur für Gene gilt, die auf verschiedenen Chromosomen (Kopplungsgruppen) liegen, ist im Grunde genommen nur eine Aussage über die Häufigkeit dieses meiotischen Rekombinationsvorgangs.

Wie bei Prokaryonten gibt es aber auch bei Eukaryonten Rekombinationsvorgänge zwischen homologen Chromosomen (Abb. 10.16, 10.18, 16.06). Dabei treten Brüche und Reparaturmechanismen auf, die aber diesmal nicht ein einzelnes DNA-Molekül, sondern ein Chromosomenstück betreffen. Wie wichtig dieser Unterschied ist, läßt sich im Augenblick nicht abschätzen. Auf jeden Fall muß es auch zum Bruch von DNA-Molekülen kommen.

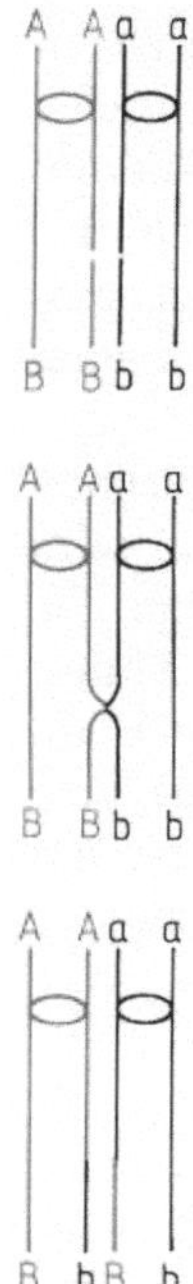

Abb. 16.06. Schematische Darstellung des Crossovers in der Meiose

Der Crossovervorgang bei Diploiden ist keineswegs völlig dem Zufall überlassen. Wir werden noch eingehend auf die Bedeutung von Rekombinationsvorgängen bei höheren Organismen zu sprechen kommen.

Im Prinzip läßt sich aber eine Wahrscheinlichkeitsüberlegung durchführen, die ganz der bei Prokaryonten entspricht. Die Crossoverhäufigkeit steigt mit der Entfernung zwischen Genen. Bei großen Entfernungen spielen multiple Crossover eine Rolle. Man kann also Gene bei der Taufliege genauso kartieren wie beim Phagen T_2.

Die Prinzipien der *Genkartierung* sind lange vor dem Beginn der Erforschung von Phagengenen an der Taufliege ausgearbeitet worden. Die Idee· geht auf T.H. Morgan zurück und ist von seinem Studenten A.H. Sturtevant experimentell ausgearbeitet worden. Die Methode gleicht der Methode, die wir am einfacheren Beispiel des Phagengenoms kennengelernt haben. Wir können uns hier das

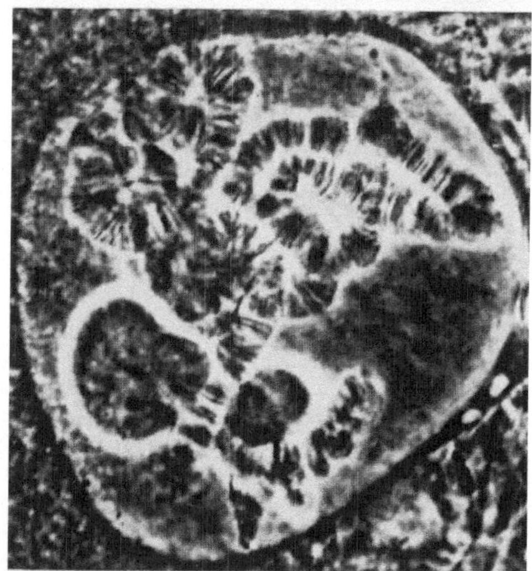

Abb. 16.07. Zellkern einer Speicheldrüsenzelle der Mücke *Chironomus* mit Riesenchromosomen. Lebendaufnahme.   Oben: Differential-Interferenz-Kontrast, unten: Phasenkontrast. (Aufn. G. Röderer, Stuttgart)

Durchrechnen eines experimentellen Ergebnisses ersparen.

Crossover findet sich auch beim Menschen. Es ist aber wegen der geringen Nachkommenzahl nur indirekt über Populationsanalysen zur Genkartierung anwendbar. Es gibt bessere Methoden, die Gene des Menschen zu kartieren. Wir

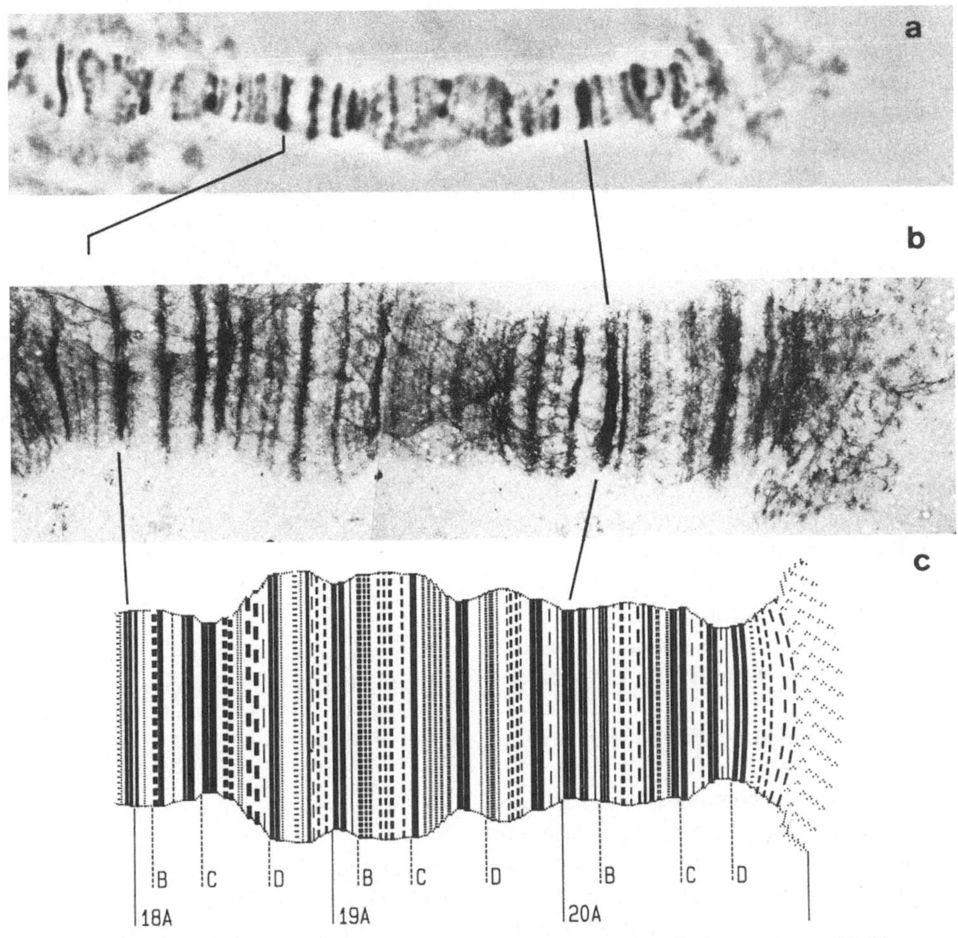

Abb. 16.08a–c. Bandenmuster am Endabschnitt des X-Chromosoms von *Drosophila hydei*. (a) Quetschpräparat im Lichtmikroskop, (b) im Elektronenmikroskop nach Oberflächenspreitung, (c) Chromosomenkarte. Vergrößerung 1700 ×. (Aufn. W.-E. Kalisch, Bochum)

wollen also nur das wichtigste Ergebnis von Crossoveranalysen bei Eukaryonten herausstellen: Auch bei Eukaryonten sind die Gene linear auf dem Chromosom angeordnet.

16.08 Endopolyploidie und Riesenchromosomen

Biologen haben eine Vorliebe dafür, ihre Untersuchungsobjekte anzuschauen. Erst 68 Jahre, nachdem Mendel die Existenz von Genen postuliert hatte, sah man zum ersten Male etwas, was ein Gen sein könnte. Dabei hatte Balbiani bereits 1881 die riesigen Chromosomen in den Speicheldrüsen von Fliegenlarven gesehen. Wie mit Mendels Daten konnte zu seiner Zeit niemand etwas mit der Beobachtung anfangen, und sie geriet in Vergessenheit. 1933 war die Zeit für die Wiederentdeckung der Riesenchromosomen reif. Sie wurden unabhängig von E. Heitz und H. Bauer und von T.S. Painter in ihrer Bedeutung erkannt.

Physiologisch sind Riesenchromosomen eine Kuriosität. Um die Aktivität von Genen in der Zelle zu erhöhen, wird das gesamte Chromosomenmaterial multipliziert, ohne daß es zur Zellteilung kommt. Da in den meisten solchen Fällen anscheinend nur wenige Gene wirklich ausgenutzt werden, ist das eine ziemliche Verschwendung. Der Mechanismus ist aber gar nicht so selten. Er kann in zwei Formen auftreten, als *Endopolyploidie* oder als Bildung von *Riesenchromosomen*. Bei der *Endopolyploidie* kommt es zur Chromosomenteilung ohne Kernteilung. Aus dem diploiden Kern wird ein tetraploider (4 n), ein oktoploider (8 n) etc. durch *Endomitose*. Solche *endopolyploiden Kerne* findet man in den Schleimzellen von Schnecken, in beinahe allen Drüsen von Krebsen und bei vielen anderen Tiergruppen, besonders in Drüsenzellen. Endopolyploidie ist häufig bei Pflanzen. In der Leber des Menschen und anderer Wirbeltierarten kommt ähnliches vor.

Bei der Bildung von *Riesenchromosomen* kommt es nicht einmal zur Chromosomenteilung.

Die Chromosomen synthetisieren in Verdoppelungsschritten etwa 2^9 bis 2^{13} Chromatiden. Durch somatische Paarung bleiben dabei die Chromatiden wie ein vielgliedriges Kabel („polytän", vielfädig) eng miteinander verbunden. Polytänchromosomen sind typisch für viele Zellen des Darmtraktes von Dipteren (Fliegen und Mücken) und seiner Anhangdrüsen, besonders der Speicheldrüsen (Abb. 16.07). Sie finden sich auch bei anderen Insektengruppen. Auch bei Pflanzen und Einzellern (Ciliaten) sind polytäne Chromosomen gefunden worden.

Polytäne Chromosomen sind nicht nur dicker als normale, sondern durch *Entspiralisierung* auch viel länger. Sie sind Interphase-Chromosomen, die wegen ihrer Verdickung nicht als unsichtbare Fäden im Kernraum verteilt sind, sondern deutlich sichtbare Chromatidenbündel bilden. Durch die genaue Paarung homologer Chromatiden in polytänen Riesenchromosomen (und die Paarung der beiden homologen Riesenchromosomen in der diploiden Zelle) entsteht ein Verstärkungseffekt, der die Chromosomenstruk-

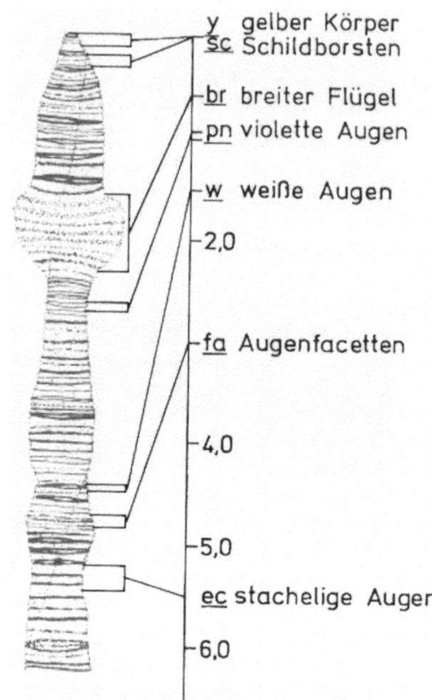

Abb. 16.09. Bandenmuster an einem Ende des Chromosoms 1 von *Drosophila melanogaster* im Vergleich zur Genkarte. Die Karteneinheiten der Genkarte entsprechen Prozent Crossover, die eingeklammerten Banden enthalten den Genort des betreffenden Gens. (Nach Bridges)

tur im Detail erkennen läßt. Am auffallendsten ist eine deutliche *Querbänderung* des Riesenchromosoms. Nach Abbau der somatischen Paarung durch eine Säurebehandlung und Spreiten der Polytänchromosomen auf einer wäßrigen Oberfläche können Einzelheiten des Bandenmusters im Elektronenmikroskop noch viel deutlicher dargestellt werden als bei den üblichen Quetschpräparaten im Lichtmikroskop. Damit kann man eine lineare „Bandenkarte" für den Chromosomensatz aufstellen (Abb. 16.08). Bei den Taufliegen sind im Genom bis zu 5000 Banden numeriert und kartiert worden. Genkarten aus Rekombinationsversuchen und Querbandenkarten lassen sich in ihrer linearen Folge aufeinander abstimmen (Abb. 16.09).

Jedes Mendelsche Gen hatte also bereits vor der Zeit der Molekulargenetik eine physikalische Basis, seinen *Genort* (engl. „gene locus"). Dieser Genort entspricht einer kartierbaren Stelle auf einem sichtbaren Chromosom. Bei den Riesenchromosomen konnte man diesen Genort als eine bestimmte Stelle im Bandenmuster zeigen. Das war nicht nur eine triumphale Bestätigung für jahrzehntelange Arbeit an der Hypothese, daß Chromosomen die physikalischen Träger von Genen sind, es eröffnete auch Möglichkeiten, die Schlüsse aus Kreuzungsversuchen, Strahlungsversuchen und schließlich molekularbiologischen Versuchen an einem sichtbaren Objekt nachzuprüfen. Zur Zeit untersucht man, was das Verhältnis von einzelnen Genen und einzelnen Banden oder Interbanden präzise ist.

17 Das Genom der Eukaryonten

17.01 Das Genom als Einheit

Mendelsche Genetik ist ursprünglich Züchtungsgenetik, bei der die Vererbung von *phänotypischen* Merkmalen verfolgt wird. Das „Gen" dabei ist im Grunde eine Recheneinheit. Seine physikalisch-chemische Grundlage hat man schließlich in der DNA gefunden. Allerdings haben wir schon gesehen, daß auf der DNA-Ebene ein „Gen" gar nicht so eindeutig definierbar ist (12.04). Phänotypisch erkennbaren Unterschieden, deren Vererbung durch Mendelsche Faktoren erklärt werden kann, entsprechen die verschiedensten Unterschiede in der DNA, vom Ersatz eines einzelnen Basenpaares bis zur integrierten Vererbung eines ganzen Chromosomensatzes. Selbst fehlende DNA, also eine *Deletion*, wird als Allel zu der im Chromosom vorhandenen DNA vererbt.

Dem Gen des Züchters, das ein Mendelscher Rechenfaktor ist, haben wir das *Cistron* (12.04) als Gen des Molekularbiologen gegenübergestellt. Praktisch ist beides oft dasselbe. Ebensooft reicht aber bei der genetischen Feinanalyse von Eukaryontengenen nicht einmal diese Unterscheidung aus. Das liegt daran, daß das Genom nicht aus einer Reihe von Cistrons besteht, die wie Perlen auf einer Kette aneinandergereiht sind. Bei Prokaryonten ist das annähernd der Fall. Bei Eukaryonten enthält das Genom nicht nur viel mehr Cistrons, es enthält auch sehr viel DNA, die nicht in Cistrons eingeteilt werden kann. Selbst die Cistron-Struktur ist komplizierter.

Das hat direkt mit der Komplexität diploider Vielzeller zu tun. Vielzelligkeit ist vorteilhaft für den Organismus (15.02). Aber der Organismus, der diesen Vorteil genießt, mußte dafür erst entstehen. Zellen kooperieren dabei, weil sie dadurch individuell mit weniger Aufwand mehr erreichen. Das funktioniert um so besser, je mehr die Einzelzelle dem Organismus untergeordnet ist. Sobald die Zelle aber auf den Organismus angewiesen ist, den sie mitbildet, dann kann ihre Unterordnung bis zur geplanten Selbstaufopferung getrieben werden. Vorbehaltlos vorteilhaft ist die Evolution komplexer Vielzeller nur für das Genom. Das Genom wird genauso wie die Zelle im Vielzeller in eine abgeschirmte Umgebung gebracht und der direkten Stück-für-Stück-Prüfung durch die Umwelt entzogen, der ein Bakteriengenom ausgesetzt ist. Im Gegensatz zur Zelle wird das Genom dadurch aber nicht der Organisation des Vielzellers untergeordnet. Das vollständige Genom ist für den Vielzeller unentbehrlich für sein Fortbestehen durch Vermehrung. Das „Machtverhältnis" zwischen Genom und Organismus ist nicht einmal ausgeglichen. Das Genom behält die Oberhand. Zelldifferenzierung kann nur dann irreversible Genomdifferenzierung als Mechanismus benutzen, wenn Kopien des Genoms in der Keimbahn unangetastet bleiben (20.09). Eine Unterordnung im somatischen Gewebe verlangt also eine entsprechende Privilegierung in der Keimbahn.

Andererseits kann die Genomgröße bei dieser geschützten Lage zunehmen. Sie muß das sogar, weil zu den Grundfunktionen aller Zellen auch noch die Codierung für alle Spezialfunktionen und Interaktionen hinzukommt. Die notwendige

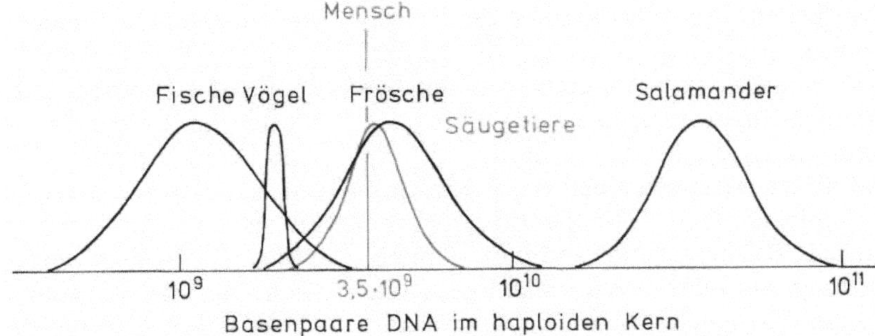

Abb. 17.01. DNA-Mengen im Zellkern bei verschiedenen Wirbeltiergruppen. Jede Art hat eine bestimmte Menge, die art-spezifischen Mengen sind in den einzelnen Gruppen um einen gruppen-spezifischen Mittelwert verteilt. Das Genom des Menschen hat einen durchschnittlichen DNA-Gehalt im Vergleich mit anderen Säugetieren

Wachstumsfreiheit des Genoms führt dazu, daß die Kontrolle über DNA-Sequenzen, die nichts zum Phänotyp beitragen, sehr nachlässig ist. Das Genom der Eukaryonten wuchert dementsprechend (Abb. 17.01) und ist voll von DNA-Sequenzen, die für den Organismus zwar nutzlos sind aber, anders als bei Prokaryonten, weder eliminiert noch repariert werden.

17.02 Molekulare Methoden erschließen das Genom

Die klassische Züchtungsgenetik hat von alledem natürlich im Phänotyp nichts gesehen. Die besondere Struktur des Eukaryontengenoms war nicht vorausgesagt. Ihre theoretische Erklärung hat Konsequenzen, die wir später noch weiter verfolgen werden (26.06). Die neuen Resultate sind erst durch eine Konstellation von raffinierten molekulargenetischen Methoden erzielt worden, mit denen plötzlich die DNA selbst, Basenpaar um Basenpaar, zum „Phänotyp" Mendelscher Genetik wurde. Was dadurch an genetischem Auflösungsvermögen gewonnen wurde, ging vorerst der funktionellen Analyse verloren. Es ist zur Zeit leichter, ein Gen zu finden und seine Struktur zu analysieren, als herauszufinden, welche Funktion das Genprodukt im Organismus hat. Diese Lücke wird aber schnell geschlossen werden.

Die wichtigsten Methoden, mit denen die Genomstruktur bis ins kleinste Detail aufgeklärt werden kann, sind: (1) Die Anwendung von *Restriktionsendonukleasen*, bakteriellen Enzymen, die DNA-Stränge an bestimmten enzym-spezifischen kurzen Basensequenzen „schneiden" (13.11). (2) Die *Klonierung* von DNA-Sequenzen, die in Viren oder Plasmide eingebaut, in Bakterienzellen eingeschleust und dort zusammen mit diesen „Vektoren" *beliebig oft repliziert* werden. DNA wird also mit Restriktionsenzymen so spezifisch in Stücke geschnitten, daß jede bestimmte Sequenz in Stücken gleicher Länge vorliegt. Diese werden elektrophoretisch getrennt. Durch Klonierung werden einzelne Stücke gereinigt und angereichert und können dann untersucht werden. Dabei spielen (3) schnelle und einfache Methoden zur *Sequenzanalyse* (Maxam und Gilbert, Sanger) die Hauptrolle. Die Aufklärung der ersten Nukleinsäure-Sequenz, einer tRNA, war eine technische Meisterleistung, die Jahre in Anspruch genommen hat. Inzwischen werden die Nukleotidsequenzen von DNA-Stücken, die einige zehn- oder hunderttausend Basenpaare lang sind, in vielen Labors routinemäßig aufgeklärt. Es wurde nötig, zentrale Einrichtungen zu schaffen, um diese Flut wichtiger Daten zu sammeln und zu bearbeiten. Als Nebeneffekt dieser Methodik ist es heute einfacher, die Aminosäuresequenz von Proteinen aus der Nukleotidsequenz ihrer Gene zu rekonstruieren, als sie direkt zu bestimmen. (4) Bei all diesen Analysen spielt die Eigenschaft komplementärer Nukleotidsequenzen, durch Basenpaarung spontan Doppelstränge zu bilden, eine wichtige Rolle. Diese *Nukleinsäurehybridisierung* erlaubt es, mit Einzelsträngen einmal isolierter DNA-Sequenzen die komplementären Einzelstränge aus einer Mischung verschiedenster Basenfolgen herauszufischen, also zum Beispiel mit einem Gen der Maus das homologe menschliche Gen aus den Millionen Sequenzen im menschlichen Gesamtgenom zu isolieren, oder mit einem isolierten Stück DNA im selben Genom nach weiteren homologen Sequenzen zu suchen. *Homologie* ist in der Biologie die *Ähnlichkeit verschiedener Strukuren auf Grund ihrer gemeinsamen Abstammung.* Bei der Sequenzanalyse läßt sich die Wahrscheinlichkeit, daß zwei Sequenzen wirklich Abkömmlinge einer gemeinsamen Ursequenz sind, statistisch präzise definieren. (5) Schließlich werden bei der Genomanalyse auch laufend die verfeinerten Methoden zur *Transkription* von DNA zu RNA und von RNA zu DNA (*reverse Transkription*) in vitro (im Reagenzglas) eingesetzt, sowie verschiedene Systeme für die *Translation* isolierter Nukleinsäuren in vitro.

17.03 DNA in Mitochondrien

Außer im Zellkern kommt DNA bei Eukaryonten auch in allen *Mitochondrien* und in den *Plastiden* der Pflanzen vor. Typische Plastiden sind die grünen, chlorophyllhaltigen *Chloroplasten.* Mitochondrien und Plastiden haben viele Gemeinsamkeiten, angefangen bei der doppelten Hüllstruktur mit komplexen, koordinierten Enzymsystemen in der inneren Membran. Beide Organellen sind offensichtlich bei der Evolution der Eukaryontenzelle

aus ursprünglich eigenständigen Prokaryontenzellen entstanden, die als Symbionten in anderen Zellen deren Energiestoffwechsel bereicherten. Inzwischen sind beide Organellen so in die Zellstruktur der Eukaryontenzelle integriert, daß sie nicht mehr isoliert vermehrt werden können. Das liegt daran, daß die meisten Gene für ihre Struktur jetzt in der Kern-DNA liegen. Die meisten Proteine dieser Organellen werden also im Cytoplasma synthetisiert und dann in die Organellen eingeschleust. Das bedeutet, daß im Laufe der Evolution Gene aus dem Mitochondriengenom in das Kerngenom abgewandert sind. Dieser etwas verblüffende Austausch von Genen zwischen zwei recht verschieden konstruierten Genomen in derselben Zelle ist offensichtlich ein sehr langsamer Vorgang, selbst bei evolutionären Zeitmaßstäben. Er dauert auch noch an. Der jetzige Zustand, bei dem etwa 100 Gene im Kern dafür sorgen, daß etwa ein Dutzend Polypeptide in den Mitochondrien selbst synthetisiert werden können, indem sie notwendige Bestandteile des Transkriptions- und Translations-Apparates liefern, ist ein typisches Beispiel für eine Konstruktionslösung, die nur durch ihre historische Entstehung erklärt werden kann. Auf dem Reißbrett hätte niemand so etwas entworfen.

Die *DNA der Mitochondrien* liegt als geschlossenes *ringförmiges Molekül* ohne chromosomale Proteine vor. Darin gleicht sie einem Bakterienchromosom. Sie ist aber viel kürzer. Beim Menschen enthält sie 16569 Basenpaare, ist also 5,63 μm lang (Abb. 17.02). Die Länge variiert von Art zu Art.

Die DNA menschlicher Mitochondrien codiert für 2 ribosomale RNA-Moleküle, 22 t-RNAs und 13 verschiedene Proteine, die etwa 20% der Proteine der inneren Mitochondrienmembran ausmachen. Bei allen Eukaryonten werden wenigstens die folgenden Proteine in den Mitochondrien selbst synthetisiert: die Untereinheiten I, II und III von Cytochromoxidase, Untereinheiten 6 und 8 des ATPase-Komple-

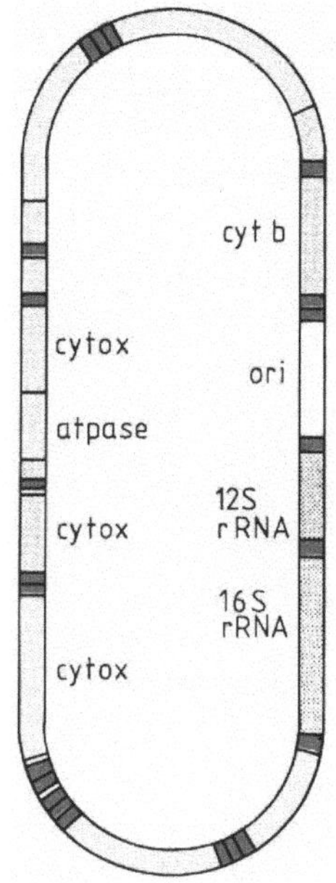

Abb. 17.02. Genkarte der mitochondrialen DNA des Menschen. Bis auf drei sehr kurze Stücke und „ori", den Startpunkt für die DNA-Replikation (weiß), codiert die gesamte DNA spezifische Produkte: 12S und 16S ribosomale RNA für die Struktur der Mitochondrienribosomen (schwarz schattiert), 22 tRNAs (rot) zum Ablesen mitochondrialer mRNA und 13 Proteine (rot schattiert), darunter Untereinheiten des Cytochrom bc_1-Komplexes (cyt b), der Cytochromoxidase (cytox) und des ATPase-Komplexes (atpase)

xes, und Cytochrom b vom bc_1-Komplex (Abb. 6.17).

Die Synthese eigener t-RNAs, und zwar so weniger, hat mit *eigenartigen Code-Zuordnungen* in den Mitochondrien zu tun: CUA codiert Threonin statt Leucin, AUA Methionin statt Isoleucin, UGA Tryptophan statt Kettenabbruch. Anscheinend kommen die Mitochondrien mit so wenig tRNAs aus, weil einige davon die Ablesung der dritten Position im Codon nicht so genau nehmen: Tryptophan wird sonst allein durch UGG codiert, hier durch UGG und UGA.

Die zum großen Teil vom Kern codierten Ribosomen ähneln denen von Bakterien. Es sind 73S-Partikel (die der Zelle sind 80S-Partikel). Ihre Proteinsynthese ist durch Chloramphenicol und Erythromycin hemmbar.

Lange bevor etwas über DNA in Mitochondrien bekannt war, sind ihre phänotypischen Effekte auf den Gesamtorganismus bereits als Fälle nicht-Mendelscher, *cytoplasmatischer Vererbung* aufgefallen.

17.04 Die Kern-DNA: GC-Gehalt

Mit 3,5 Milliarden Nukleotidpaaren, also einer wirklichen Gesamtlänge von 2 Metern DNA, ist das haploide Genom des Menschen einer solchen vollständigen Analyse praktisch nicht zugänglich. Es ist deshalb nützlich, diese Gesamt-DNA erst einmal grob zu fraktionieren, um damit festzustellen, was da ist, wieviel davon präzise analysiert werden muß und wieviel stichprobenweise charakterisiert werden kann.

Einen Anhaltspunkt für diese Fraktionierung gibt die statistische Verteilung der Basenpaare. Adenin-Thymin-Paare (AT) und Guanosin-Cytosin-Paare (GC) sind im menschlichen Genom global im Verhältnis 60:40 vorhanden (Tabelle 9-2), aber innerhalb des Genoms ist streckenweise das Verhältnis sehr verschieden. GC-Paare haben eine höhere spezifische Dichte und sind fester gebunden als AT-Paare. Durch vorsichtiges Schmelzen der Doppelhelix (8.05) oder durch Dichtegradienten-Zentrifugierung in der Ultrazentrifuge (10.02) können also längere DNA-Stücke mit deutlich höherem oder tieferem Gehalt entdeckt und abgetrennt werden. Dabei können „Dichte-" bzw. „Schmelzsatelliten"-Fraktionen gefunden werden, die zum Teil den hochrepetitiven Satelliten-DNAs (17.08) entsprechen. Auch die vielen Gene für ribosomale RNA (17.10) können aus den meisten Genomen an Hand ihres relativ höheren GC-Gehaltes abgetrennt werden. Darüber hinaus scheint das gesamte Genom eine Groß-Struktur auf der Basis wechselnden GC-Gehaltes zu haben, die wahrscheinlich in den Bandenmustern vorbehandelter Chromosomen (10.07) ihr cytologisches Äquivalent hat.

17.05 Renaturierung

DNA kann durch hohe Temperatur oder durch alkalische Lösungen denaturiert werden. Die Doppelhelices trennen sich dabei in komplementäre Einzelstränge. Unter den richtigen Bedingungen können sich komplementäre Sequenzen wieder spontan zu Doppelsträngen zusammenfinden *(renaturieren)*. Die Konzentration komplementärer Sequenzen, die Temperatur und die Salzkonzentration sind die wichtigsten Faktoren bei der Geschwindigkeit der Renaturierung.

Erhöhte Temperatur führt zu stärkerer thermischer Bewegung der Moleküle in der Lösung. Das hat zwei Effekte auf die Renaturierung der DNA. Ist die Temperatur nicht hoch genug, dann kommt es nicht zu genug Zusammenstößen zwischen komplementären Sequenzen, ist die Temperatur zu hoch, dann werden Basenpaarungen auseinander gerissen. Die optimale Renaturierung findet bei einer Temperatur von etwa 23° C unter dem durchschnittlichen Schmelzpunkt (T_m) der DNA statt. Richtig gepaarte, längere Basensequenzen werden bei dieser Temperatur nicht wieder getrennt, und die Temperatur ist hoch genug, damit genügend Zusammenstöße zwischen komplementären Sequenzen stattfinden. Höhere Salzkonzentration fördert die Basenpaarung.

Etwa 20–30 Basenpaare müssen sich exakt bilden, damit eine stabile Doppelhelix entstehen kann. Sind aber erst einmal zwei komplementäre Stränge so weit gepaart, dann beruht die weitere Basenpaarung nicht mehr auf Zufall. Der Rest der Basen findet sich dann sehr schnell, und das Molekül schließt sich wie ein Reißverschluß zur Doppelhelix (Abb. 17.03, 17.04).

Je höher die DNA-Konzentration ist, desto mehr komplementäre Sequenzen lie-

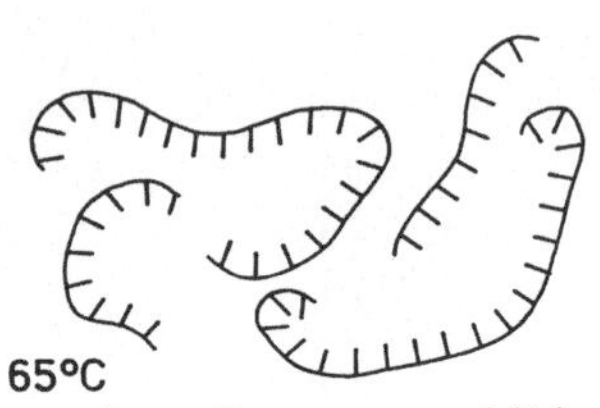

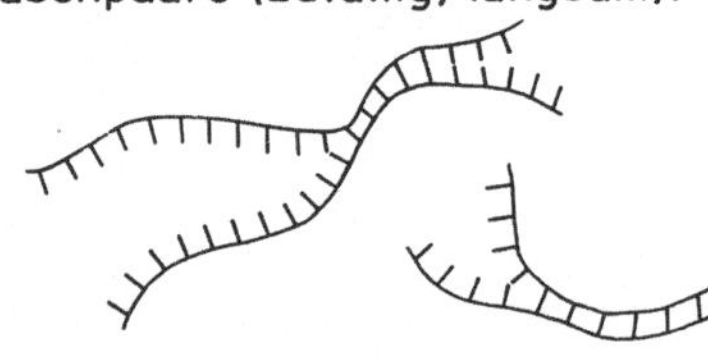

Abb. 17.03. Schema der Reaktionen beim Schmelzen (thermische Denaturierung) und bei der Renaturierung von DNA. Nur wenn komplementäre DNA-Sequenzen von etwa 30 Basenpaaren Länge sich zur Doppelhelix paaren, ist diese Doppelhelix stabil. Das schließt zufällige Basenpaarungen aus. Komplementäre Sequenzen, die eine stabile Doppelhelix formen, sind genetisch verwandt

gen vor, und desto schneller ist die Reaktion. *Das Produkt aus der Anfangskonzentration der Einzelstränge c_0 und der Zeit t ist konstant* für den gleichen Reaktionspunkt. Meist mißt man den c_0t-Wert, bei dem die Hälfte der komplementären Sequenzen doppelsträngig sind $(c_0t\,{}^1/_2)$. Das gilt natürlich nur für einen Vergleich *verschiedener Konzentrationen derselben DNA*. Gibt man zu einer Lösung von *E. coli*-DNA noch eine gleiche Menge Mäuse-DNA zu, dann steigt zwar die Konzentration der DNA, aber die Kon-

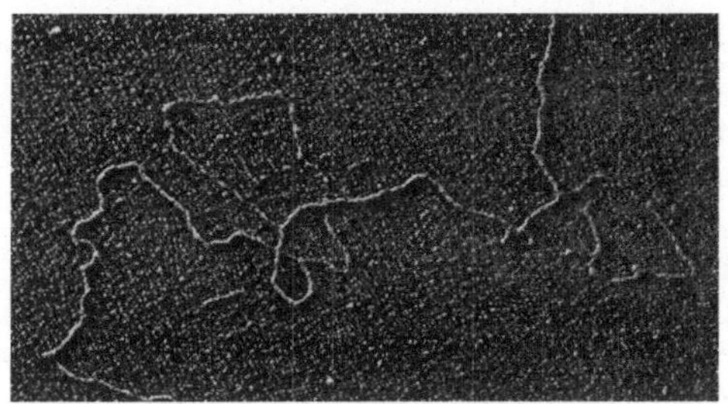

Abb. 17.04. Renaturierte DNA. Die komplementären Einzelstränge entstammen zwei verschiedenen Mutanten des Phagen T_4. Bei jeder fehlt ein anderes Stück des rII-Gens. Die komplementären Einzelstränge bilden eine Doppelhelix. Wo dem jeweiligen komplementären Strang ein Stück fehlt, bildet der ungepaarte Einzelstrang eine Schleife, die seitlich aus der Doppelhelix heraushängt. (Aufn. H. Bujard)

zentration *komplementärer E. coli*-Sequenzen bleibt gleich.

Setzt man nebeneinander zwei Reaktionsgefäße an, die beide die gleiche Konzentration einzelsträngige DNA enthalten, aber *E. coli*-DNA in einem und Mäuse-DNA im anderen, dann sind zwar die DNA-Konzentrationen gleich, aber da das Mausgenom tausendmal so viel DNA enthält wie *E. coli*, sollten bei der Maus-DNA tausendmal so viele verschiedene Sequenzen im Genom vorliegen wie bei *E. coli* und die Konzentration jeder komplementären Sequenz nur ein Tausendstel der Konzentration bei *E. coli* sein. Man sollte also erwarten, daß es bei der Mäuse-

DNA tausendmal so lange dauert, bis die Hälfte der komplementären Sequenzen wieder Doppelstränge gebildet hat. Wenn wir die Reaktion am Produkt aus Anfangskonzentration und Zeit bis zur Renaturierung der Hälfte messen, sollte dieses „$c_0 t^1/_2$" der Genomgröße proportional sein. Ist also bei E. coli nach 40 min die Hälfte der DNA wieder doppelsträngig, dann sollte unter den gleichen Bedingungen bei der Maus erst nach einigen Wochen die Hälfte der vielen verschiedenen DNA-Sequenzen einen richtigen komplementären Partner gefunden haben.

Macht man das Experiment, dann findet man etwas sehr Überraschendes (Abb. 17.05). Etwa 10% der Mäuse-DNA ist nach kürzester Zeit wieder doppelsträngig. Dann geht die Renaturierung langsam weiter, und die Hauptmenge der DNA ist wirklich erst nach Wochen zur Hälfte renaturiert. Wenn die Theorie stimmt, kann das nur bedeuten, daß bei etwa 10% der Mäuse-DNA Sequenzen in sehr viel höherer Konzentration vorliegen als beim Rest der DNA, und das können diese Sequenzen nur, wenn sie in jedem einzelnen Kern sehr viel öfter vorkommen als andere Sequenzen. Eine Überschlagsrechnung soll das zeigen.

10% der Maus-DNA sind nach 2,4 sec zur Hälfte renaturiert, die *E. coli*-DNA ist nach 40 min (2400 sec) zur Hälfte renatu-

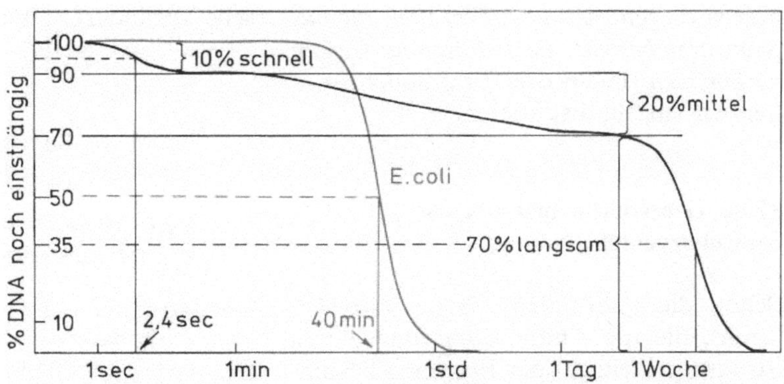

Abb. 17.05. Zeitlicher Ablauf der Renaturierung einzelsträngiger DNA von *E. coli* und von der Maus. Die Ausgangskonzentration der denaturierten DNA (Nukleotide/l) ist für beide DNA-Sorten dieselbe

riert. Die Anfangskonzentration der schnell renaturierenden Mausfraktion (10% der Gesamt-DNA) war nur $^1/_{10}$ der Konzentration der *E. coli*-DNA, die als eine einzige Fraktion renaturiert. Die Mausfraktion hat also einen $c_0 t^1/_2$-Wert, der $c_0 \times t^1/_2 = 10^{-1} \times 10^{-3} = 10^{-4}$ von dem $c_0 t^1/_2$ von *E. coli* ist. Das bedeutet, daß die Mausfraktion aus einer Sequenz bestehen muß, die ein Zehntausendstel so lang ist wie die von *E. coli*, damit sie bei gleicher DNA-Konzentration 10^4mal so oft vorliegen und 10^4mal so schnell renaturieren kann. Die Sequenz kann also nur etwa 350 Basenpaare lang sein.

Das Mausgenom enthält 4×10^9 Basenpaare. Zehn Prozent davon (4×10^8) bestehen aus einer wiederholten Sequenz, 350 Basenpaare lang. Diese Sequenz muß also im Genom der Maus $4 \times 10^8/3,5 \times 10^2 \approx 1 \times 10^6$mal wiederholt vorkommen.

Die Zahlen dieses Beispiels sind etwas vereinfacht. Der Gedankengang ist klar: Damit sich aus den vielen Sequenzen eines riesigen Genoms komplementäre Sequenzen in Sekunden zu Doppelsträngen zusammenfinden können, müssen sie sehr oft wiederholt im Genom vorliegen.

Allgemein findet man in den Genomen von Eukaryonten drei verschiedene Fraktionen: Eine sehr oft wiederholte, schnell renaturierende, in 10^5–10^6 Kopien pro Genom vorliegende Fraktion, *eine mittlere Fraktion,* deren Sequenzen 10^2–10^5mal wiederholt vorliegen, *und eine Fraktion, die aus Sequenzen besteht, die 1–10mal im Genom vorkommen.* Diese drei Fraktionen können wir einzeln diskutieren.

17.06 Genstruktur und mRNA bei Eukaryonten

Schon die „normalen" Gene, also Cistrons, die die Aminosäuresequenz von Strukturproteinen oder Enzymen bestimmen, sind bei Eukaryonten komplizierter aufgebaut als bei Prokaryonten. Eukaryontengene enthalten am *5′-Ende* außer

Signalsequenzen, die den Anfang der Transkriptionseinheit signalisieren (*Promotoren*) auch *Regulationssequenzen,* die die Zeit, Gewebsspezifität und Effizienz der Transkription regeln. Diese einleitenden Signale zur Transkription können über Hunderte von Basenpaaren vor dem Transkriptionsstartpunkt verteilt sein. Wie bei Prokaryonten entspricht der Transkriptionsstartpunkt nicht der ersten Aminosäure des Proteins. Erst einmal werden Signale transkribiert, die auf RNA-Ebene die Einleitung der Translation regeln. Dazu gehört eine Sequenz (GCGGAAGGAA oder ähnlich), die bei der Einfädelung der mRNA in das Ribosom mit dem 3′-Ende der 18S ribosomalen RNA Basenpaarungen eingeht. Erst dann beginnt die Information, die in Aminosäuren translatiert wird. Auch nach dem 3′-Ende der codierten Information, die durch eines der drei Terminations-Codons angezeigt wird, folgen noch (Hunderte) Basenpaare, die das Ende der Transkription signalisieren (Abb. 17.06). Anfang und Ende der Transkription sind bei Eukaryonten mit besonderen Modifizierungen der neuen RNA verbunden, die noch im Kern stattfinden. An das 5′-Ende (den Anfang) des Transkripts wird eine Gruppe von drei oder vier methylierten Nukleotiden angehängt, die mit 7-methyl-Guanosin beginnt, das über eine Triphosphatgruppe an seinem 5′-Ende (also „verkehrt herum") gebunden ist. Diese chemische Veränderung schützt die neu synthe-

3′-Ende vom Thyreoglobulin – Gen:
–<u>TGA</u>(60 Nukleotide)<u>AATAAA</u>(13 Nukleotide)GA

Glyceraldehyd–3–Phosphat Dehydrogenase:
–<u>TAA</u>(177 Nukleotide)<u>AATAAA</u>(16 Nukleotide)CA

Abb. 17.06. Struktur des 3′-Endes von Eukaryontengenen am Beispiel zweier Gene des Menschen. Nach dem Translationsstop-Codon (TGA bzw. TAA) folgen viele Basenpaare, die gegen Ende das Signal für die Anknüpfung der Adenosin-Monophosphat-Kette enthalten. Die Anknüpfstelle selbst folgt etwa 15 Basenpaare später. Nur eines der A's ist im Gen codiert

tisierte RNA vor 5′-Exonukleasen und ist für die Bindung ans Ribosom nötig. Man bezeichnet diese Gruppe methylierter Basen als „Kappe" (engl. „cap") der mRNA.

Am 3′-Ende des Transkripts wird eine etwa 200 Nukleotide lange Kette von Adenosinphosphaten („poly-A") angehängt. Diese Kette wird ohne Matritze synthetisiert. Im Gen ist sie also nicht zu sehen. Dort wird nur der Anknüpfpunkt durch eine Signalsequenz (AAUAAA) etwa 20 Nukleotide vorher codiert (Abb. 17.06).

Dieses Transkript ist aber oft noch nicht funktionsfähige mRNA. Bei vielen Eukaryontengenen (mehr bei Wirbeltieren als bei Insekten, kaum bei Hefe) ist die codierende Sequenz durch nicht-codierende Sequenzen unterbrochen, und zwar oft mitten in einem Codon. Diese zum größten Teil informationslosen Sequenzen, die in die codierende Sequenz eingestreut sind, nennt man *Introns*. Etwas unsinnigerweise hat man dann die einzelnen durch Introns getrennten Stücke der codierenden Sequenz „*Exons*" genannt. Sie liegen aber nicht außerhalb des Gens, sondern bilden zusammen den wichtigsten Teil davon. Exons sind etwa zwischen 90 und 150 Basenpaare lang, so daß die codierende Sequenz für ein größeres Protein

in der Regel auch in mehr Exons aufgeteilt ist. Bis 50 oder mehr Introns können in einem Gen gefunden werden. Die Länge der Introns variiert gewaltig, etwa zwischen 50 und 20000 Basenpaaren. Ein Eukaryontengen ist also ohne weiteres zehn bis dreißig mal so lang wie die eigentliche codierende Sequenz. Das längste bisher gefundene umfaßt 200000 Nukleotidpaare. 10000 Nukleotidpaare sind durchaus normal für ein Eukaryontengen. 50000 Gene dieser Länge nehmen aber nur gut 10% der gesamten DNA im Genom ein. Von sparsamer Konstruktion kann da keine Rede sein.

Bei der Transkription werden alle Introns und Exons hintereinanderweg transkribiert. Aus diesem *Primärtranskript,* das sofort an beiden Enden modifiziert wird, wird die eigentliche mRNA durch Ausschneiden der Introns und Verspleißen der Exons gebildet. Das erklärt die Existenz von *heterogener nukleärer RNA* (hnRNA) im Kern. Sie entspricht allen Zwischenstufen zwischen Primärtranskript und fertiger mRNA. Für die Translation liegt schließlich eine ununterbrochene codierende Sequenz in der mRNA im Cytoplasma vor (Abb. 17.07).

Dafür ist es natürlich notwendig, daß der Spleißvorgang (engl. „splicing") mit absoluter Präzision vor sich geht. Ein einzi-

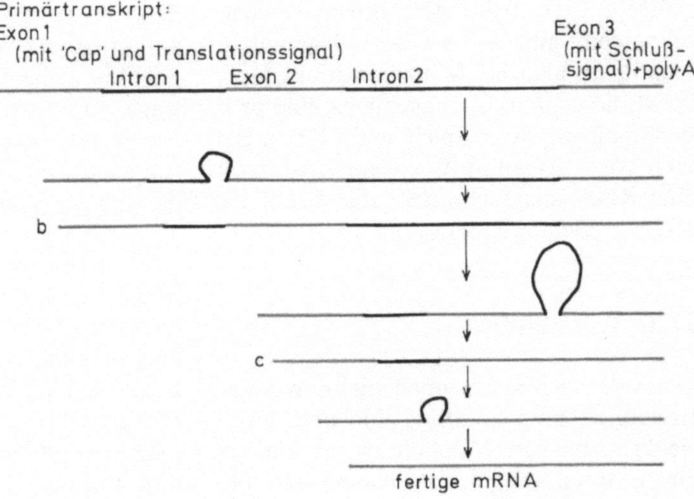

Abb. 17.07. Schema des Übergangs von einem Primärtranskript zur entsprechenden mRNA durch Ausschneiden der Introns und Verspleißen der Exons. Die mit b und c markierten Moleküle gehören der hnRNA an

ger Fehler kann das ganze Leseraster verändern. Wichtige Einzelheiten des Spleißvorgangs sind noch unbekannt. Wahrscheinlich wird dazu ein spezifisches Partikel aus RNA und Proteinen eingesetzt (engl. „spliceosome"), das mit Signalen in der Intronsequenz reagiert. Zu diesen Signalen gehören die Basenfolgen GU am Anfang und AG am Ende aller Introns. Wie wichtig sie sind, zeigt die Tatsache, daß eine Mutation am Anfang eines einzigen Introns im Gen für den Blutgerinnungsfaktor IX von GT (für das GU-Signal) zu TT ausreicht, um die Synthese des Faktors zu unterbinden und zu den klinischen Symptomen von Hämophilie B zu führen. Eine Mutation von GG zu AG kann ein „Intron-Ende"-Signal mitten in das Intron 1 vom β-Hämoglobin (17.11) einführen, so daß ein 17 Basenpaare langes Stück des Introns beim Spleißen übrigbleibt. Dadurch wird natürlich dahinter das Leseraster falsch und nur 20% richtiges β-Hämoglobin synthetisiert. Das führt zu den Symptomen einer *Thalassämie* (Unterproduktion oder Abwesenheit einer Hämoglobinkette) vom Betaplus-Typ (Beta-Mangel, aber Beta nachweisbar in kleinen Mengen).

Auch die Gene für tRNAs haben Introns, die aber leichter zu entfernen sind, weil die tRNA sich von selbst in ihre Tertiärstruktur faltet, von der die herausstehenden Introns nur noch abgetrimmt werden müssen. Eine dritte Art, Introns auszuschneiden, gibt es bei den Organellen-Genomen, also bei Mitochondrien. Dort spielt die genaue Intronsequenz eine größere Rolle als beim Spleißen im Kern. Bei Hefe wird aus dem Mitochondrien-Intron eine RNA ausgeschnitten, die direkt als RNA (!) den Spleißvorgang katalysiert.

17.07 Wozu Introns?

Ganz deutlich ist es noch nicht, wie Introns in Gene gekommen sind und wieso sie da verbleiben. Möglicherweise sind sie ein Urbestandteil von Genen, der bei

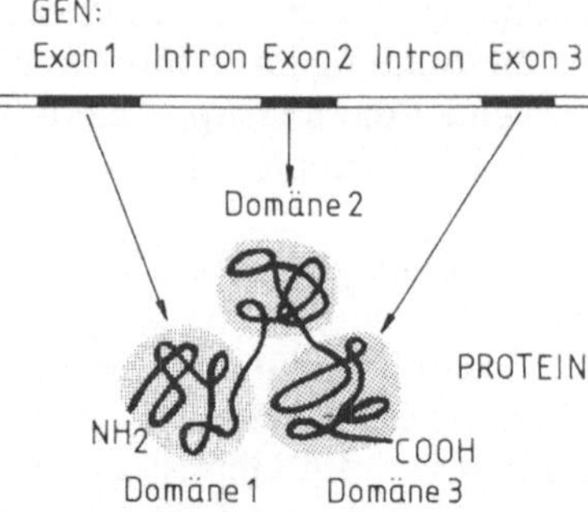

Abb. 17.08. Exons in einem Eukaryontengen, auch wenn sie in der fertigen mRNA direkt hintereinander liegen, entsprechen oft funktionellen „Domänen" in der *Tertiärstruktur* der Polypeptidkette. Im Gegensatz dazu sind „Untereinheiten" in der *Quartärstruktur* ganze Polypeptidketten

Bakterien unter starkem Selektionsdruck für ein effizientes Genom verlorengegangen ist.

Bei vielen Genen läßt sich zeigen, daß die Exons, also die Stücke der codierenden Sequenz, die durch Introns getrennt sind, einigermaßen genau „Domänen" in der Proteinstruktur entsprechen (Abb. 17.08). Bei Immunoglobulinen werden wir das sehen (20.09). Diese Domänen sind globuläre Teile der Tertiärstruktur, die ihre eigene Funktion im Gesamtprotein haben und wahrscheinlich auch ihre eigene Entstehungsgeschichte. Kompliziertere Proteine scheinen durch Verschmelzen von Genen für kleine „Urproteine" entstanden zu sein, die man jetzt noch als Domänen in der Tertiärstruktur und als Exons im Gen erkennt. Dafür spricht, daß die Lage von Introns in homologen Genen bei allen Organismen einigermaßen konstant ist, auch wenn Länge und Sequenz der Introns stark variieren. Das Gen für Triosephosphat-Isomerase hat dieselbe Intronstruktur beim Huhn und beim Mais. Introns scheinen in der Evolution wegfallen oder ein paar Basenpaare hin und her rücken zu können, aber nicht neu zu entstehen.

Die Beziehung zwischen Exons und Domänen wird besonders dadurch gestützt, daß verschiedene funktionell und gene-

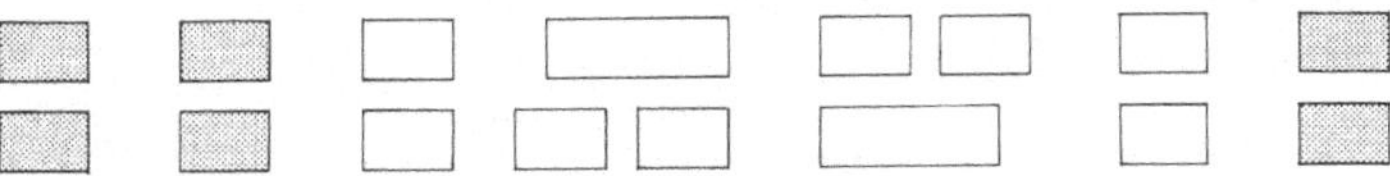

Abb. 17.09. Grob schematische Darstellung der Homologie von 8 Exons aus dem LDL-Gen mit 8 Exons aus dem EGF-Vorläufer-Gen. Dort, wo die Exon-Enden direkt übereinander gezeichnet sind, sitzen die Introns an genau der gleichen Stelle in beiden Genen, in den beiden anderen Fällen sind die Exon-Enden um einige Basenpaare verschoben. Je ein Intron beider Gene hat kein Gegenstück im anderen Gen. Die drei schattierten Exons sind Varianten ein und derselben Sequenz, die auch in anderen Genen vorkommt

tisch verwandte Proteine Domänen enthalten, die verschieden kombiniert sind. Der *LDL-Rezeptor*, zum Beispiel, ist ein Membranprotein, das proteingebundenes Cholesterin („Low density lipoprotein": LDL) aus dem Blut bindet und in „coated pits" endocytotisch aufnimmt. Aus dem *Vorläuferprotein des epidermalen Wachstumsfaktors* wird dieser Faktor („epidermal growth factor": EGF) ausgeschnitten und stimuliert die Zellteilung von Epidermiszellen. Die Exons Nummer 7 bis 14 des LDL-Rezeptor-Gens entsprechen 8 Exons des EGF-Vorläufer-Gens trotz kleiner Unterschiede so genau, daß es danach aussieht, als ob beide Gene eine Reihe von neun Exons insgesamt übernommen haben, von denen in jedem der beiden Gene zwei (verschiedene) durch Intronverlust verschmolzen sind (Abb. 17.09). Diese „Kasette" aus neun Exons ist selbst modulär aufgebaut: die ersten beiden und das letzte Exon sind Varianten einer Grunddomäne, die auch in den Blutgerinnungsfaktoren IX und X gefunden werden.

Schon seit längerer Zeit ist deutlich, daß die Evolution von ganzen *Familien verwandter Proteine* durch Vermehrung von Kopien eines Urgens innerhalb des Genoms und Anpassung der ursprünglich gleichen Genprodukte an verschiedene Funktionen erklärt werden kann. Beispiele dafür werden wir noch sehen. Diese Vorstellung muß nun für eine Reihe solcher Familien noch dadurch ergänzt werden, daß die Gene und Proteine nicht immer in ihrer ganzen Länge homolog sind, sondern nur Domänen oder Kasetten von Domänen gemeinsam haben. Damit entspricht die Evolution der Tausenden von verschiedenen Proteinen aus einigen „Urproteinen" anderen Evolutionsvorgängen, bei denen moduläre und ursprünglich identische Grundeinheiten mit nun differenzierten Funktionen eine Einheit höherer Ordnung aufbauen.

17.08 Satelliten-DNA

Mußten wir schon bei den „normalen" Genen von Eukaryonten eine ganze Reihe neuer (oder vielleicht uralter, beibehaltener und neu benutzter) Strukturdetails berücksichtigen, die zur Vergrößerung des Genoms beitragen, dann wird das am anderen Ende der Skala verschiedener DNA-Sequenzen noch überraschender. 10–40% der DNA im Genom sind nämlich allen Versuchen einer Erklärung zum Trotz ganz offensichtlich völlig funktionslos. Das zeigt sich auch daran, daß alle Arten von Mutationen, die darin auftreten, unkontrolliert weiter kopiert werden. Diese DNA besteht zum größten Teil aus millionenfach wiederholten kurzen Grundsequenzen, deren GC-Gehalt dann den großer Strecken DNA bestimmt. Deshalb können einige von ihnen an Hand des GC-Gehalts als Dichte- oder Schmelzsatelliten abgetrennt werden. Das gilt für drei solche „Satelliten-DNAs" des Menschen (Tabelle 17-1). Alle gehören

Tabelle 17-1. Satelliten-DNA des Menschen

Fraktion	Dichte	Anteil am Genom
Satellit I	1687 g/ml	1%
Satellit II	1693 g/ml	2%
Satellit III	1696 g/ml	1,5%
(Gesamt-DNA	1700 g/ml)	

wegen ihrer besonders hohen Wiederholungsrate zu den besonders schnell renaturierenden DNA-Fraktionen.

Die Grundsequenzen, die so oft wiederholt vorliegen, können sehr kurz sein. Bei vielen Krabbenarten wird die Sequenz AT (im Gegenstrang also TA) auf unglaublich langen Strecken wiederholt, beim Meerschweinchen CCCTAA. Abbildung 17.10 zeigt einen Ausschnitt aus einer Satelliten-Sequenz des Menschen, die anschaulich demonstriert, wie aus Verdoppelung, Mutation und weiterer Verdoppelung ein großer Satellit anwachsen kann. Der Mechanismus dafür scheint Verdoppelung durch „ungleiches Crossing-over" zu sein. Das kann bei jeder direkt hintereinander („in tandem") wiederholten Sequenz geschehen (Abb. 17.11), auch bei verdoppelten Genen, die dann allerdings viel eher natürlicher Selektion unterliegen können als kleine DNA-Stücke ohne phänotypischen Effekt (Abb. 17.12 bis 17.14).

Sind Satelliten erst einmal auf eine gewisse Größe angewachsen, dann steigen auch die Chancen, daß sie aus ihrer ursprünglichen Position teilweise auf andere Chromosomen gelangen. Dann beginnt das Verdoppelungsspiel mit ungleichem Crossing-Over selbst zwischen nicht-homologen Chromosomen, allerdings gebremst durch die dabei leicht auftretenden Chromosomen-Anomalien (25.06). Der menschliche Satellit II liegt in besonders großen Blöcken auf Chromosom 1 und 16, in geringerer Menge auf anderen Chromosomen und gar nicht oder in winzigen Schnipseln auf Chromosomen 3, 5,

ein kurzes Stück DNA

TTCCA

wird verdoppelt

TTCCATTCCA

ein Basenpaar mutiert

TTCCATTCGA

die neue Zehnersequenz wird verdoppelt

TTCCATTCGATTCCATTCGA

bei der nächsten Verdopplung werden drei benachbarte Basenpaare mitgenommen

(TTCCATTCGATTCCATTCGATGA)$_2$

und so entsteht schrittweise die folgende Sequenz:

```
TTATTCCATTAGATTCCATTCGAT
GATGATTCCATTCGATTCCATTTG
ATGATTGCATTCTATTTCATTTGA
TGATGATTCCATTCGAGTCCACTC
GATGATTCCATTCGAGTCCATTCA
TTGATTCCATCCGATTTCATTGGA
TGATGACTCCATTCGAGTCCATTC
GATGATTCCACTCGATTCCATTAG
ATGATTCCATTGGAGTCCATTTGA
TTGTTCCATTCGATTCCATTCGAT
TCCT
```

Abb. 17.10. Sequenz einer hoch-repetitiven DNA des Menschen. Nur ein Strang ist abgebildet. Wenn man annimmt, daß Mutationen unkontrolliert kopiert werden, läßt sich die Entstehungsgeschichte aus der Sequenz rekonstruieren. Alle Basen, die nicht der hypothetischen Ausgangssequenz angehören, sind rot gedruckt. (Sequenz pPD 17 von Deininger et al., J. Mol. Biol. *151*, 17; 1981)

8, 11, 12 und den Geschlechtschromosomen.

Für den Genetiker sind diese Satelliten so interessant, weil er in erster Näherung davon ausgehen kann, daß sie dem entsprechen, was sich an Fehlern bei der DNA-Synthese im Laufe der Zeit ansammelt, wenn natürliche Selektion nicht eingreifen kann. Alle üblichen vererbten Mutationen sind das Resultat aus dem Wechselspiel zwischen spontanen Fehlern und Kontrolle durch Selektion. Gene zeigen alle Effekte, die man an Satelliten-

Abb. 17.11. Ungleiches Crossing-over zwischen hintereinander wiederholten DNA-Sequenzen verändert die Wiederholungsfrequenz und kann zum Anwachsen von DNA-Satelliten im Genom führen

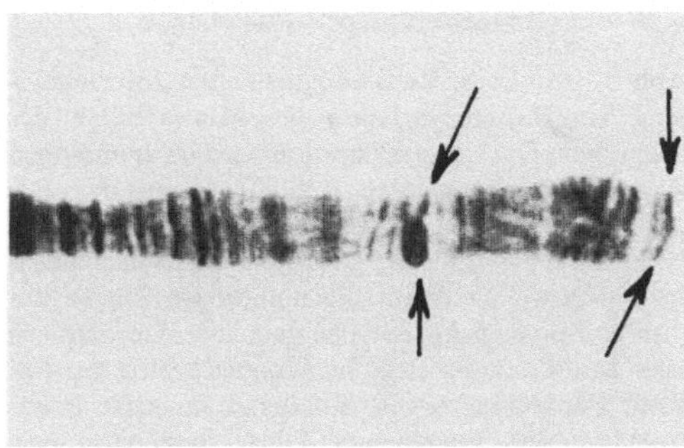

Abb. 17.12. Ausschnitt aus einem Riesenchromosom der Mücke *Chironomus plumosus*. Die Paarung der homologen Chromosomen läßt deutlich Heterozygotie für Duplikationen erkennen. In der Mitte enthält eine Bande die achtfache DNA-Menge der homologen. Die Funktion dieser Banden ist nicht bekannt. Sie zeigen, daß Duplikationen in der Natur recht häufig vorkommen. (Aufn. H.-G. Keyl, Bochum)

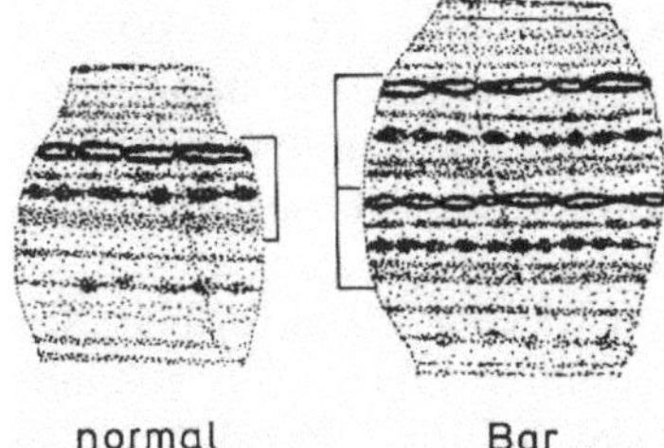

Abb. 17.13. Homologe Bereiche aus den Riesenchromosomen von zwei Taufliegen. Das rechte Tier ist homozygot für die Duplikation einer Reihe von Banden. Mit dieser Duplikation hat man ungleiches Crossing-over experimentell nachweisen können. Die „Bar"-Duplikation hat einen deutlichen phänotypischen Effekt auf die Anzahl der Augenfacetten

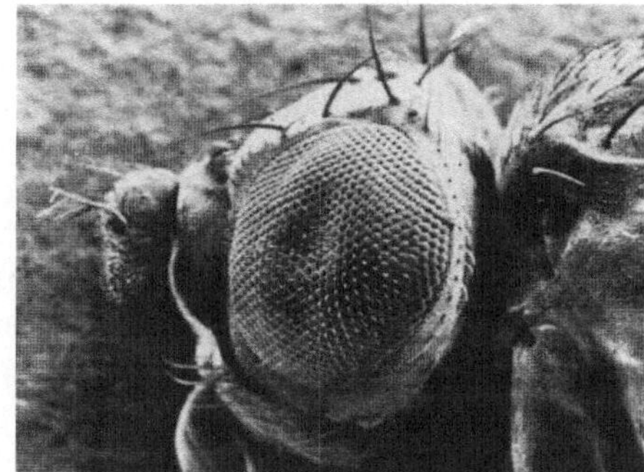

Abb. 17.14. Kopf von *Drosophila melanogaster*. Oben normales Weibchen, unten Weibchen homozygot für die *Bar*-Duplikation. (Rasterelektronenmikroskop; Aufn. R. Schill, Heidelberg)

Sequenzen sieht, aber wegen der Selektion auf ihre phänotypischen Funktionen ist ihre Evolution so stark gebremst und kontrolliert, daß sie beinahe wie geplant aussieht. Satelliten zeigen, gegen welches Chaos die Selektion angeht.

17.09 Minisatelliten

Die Analyse von Satelliten-DNA gibt uns also einen einmalig detaillierten Einblick in die Zufallskomponente der Evolution. Sie zeigt aber auch, wie eng bei sauberer

Kleinarbeit im Labor theoretische Grundfragen und handfeste Praxis miteinander verbunden sind. Das zeigen besonders die *Minisatelliten*.

Rekombinationsfehler sind offensichtlich der wichtigste Faktor beim Entstehen von Satelliten-DNA. Wo besonders viel Rekombination stattfindet, sollten auch häufiger Satelliten entstehen. Das dürfte die Erklärung für eine Gruppe von wiederholten Sequenzen sein, die zwischen 16 und 64 Nukleotidpaaren lang sind und nicht mehr als 40mal hintereinander wiederholt in die DNA-Sequenzen auf allen Chromosomen eingestreut vorliegen. Deshalb heißen sie Minisatelliten. So verschieden die wiederholten Sequenzen in jedem Minisatelliten an einer bestimmten Stelle eines Chromosoms auch sonst sind, alle enthalten eine Strecke von 10 Nukleotiden mit der gleichen Sequenz: GGGCAGGAXG, wobei X entweder G oder A ist. In der Regel werden diese Minisatelliten natürlich mit der gesamten DNA stabil vererbt. Sie haben nur alle eine besonders hohe Anfälligkeit gegen ungleiches Crossing-over, etwa 10^{-7} ungleiche Austausche per Nukleotidpaar und Gamet. Die durchschnittliche Austauschrate im Genom ist etwa 10^{-8} für *alle* Austausche und entsprechend niedriger für die fehlerhaften. Aus dem Blickwinkel des Evolutionisten scheint die DNA der Minisatelliten geradezu zu kochen. Daher der englische Ausdruck „Recombination hot spots". Der Grund dafür scheint in der gemeinsamen DNA-Sequenz zu liegen, die ein Signal für ein Rekombinationsenzym sein kann, so wie es die Sequenz GCTGGTGG von *E. coli* nachgewiesenermaßen ist.

Praktisch bedeutet das, daß mit großer Wahrscheinlichkeit bei zwei Individuen homologe Minisatelliten nicht die gleiche Länge haben. Die Mutter kann 35 Wiederholungen von einem Minisatelliten haben, der Vater 40 davon an der entsprechenden Stelle in seinem homologen Chromosom. Die Kinder sind dann heterozygot: eins der Chromosomen hat ei-

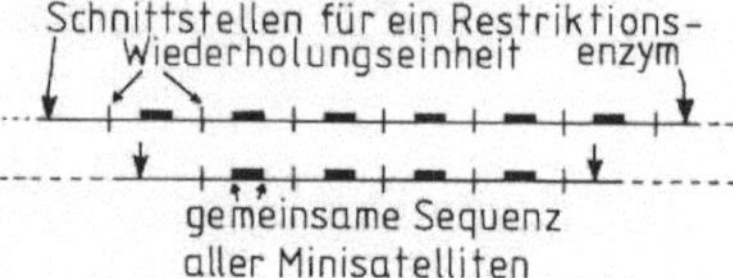

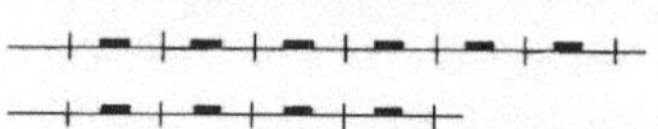

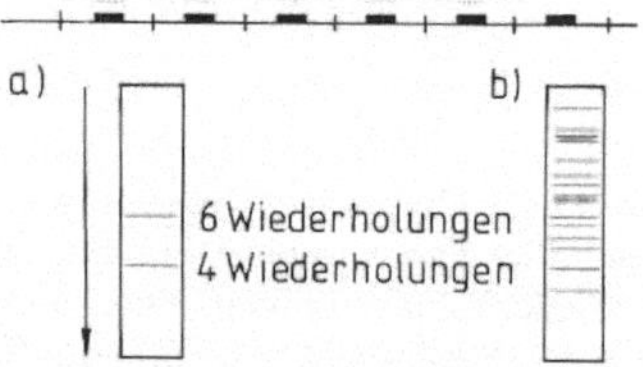

Abb. 17.15a u. b. Zwei Möglichkeiten zur Darstellung von Längenvariation bei Minisatelliten des Menschen. Die Längenvariation wird bei homologen Restriktions-Fragmenten sichtbar, wenn das Restriktionsenzym nicht im Satelliten selbst schneidet. Hybridisierung mit einer ganzen spezifischen Minisatelliten-Probe stellt nur die homologen Stücke dar (a); Hybridisierung mit der gemeinsamen Sequenz aller Minisatelliten stellt sie alle gleichzeitig dar (b). Rote Pünktchen zeigen, wo die radioaktive Probe (rot) mit der untersuchten DNA Basenpaarungen eingeht

nen längeren Minisatelliten als das homologe. Da in jedem Genom vielleicht 30 Minisatelliten vorliegen, kann man jeden Menschen an Hand der „Längenallele" für seine Minisatelliten so genau identifizieren wie an Hand seiner Fingerabdrücke. Im Gegensatz zur Vererbung von Fingerabdrücken ist die Vererbung von Minisatelliten aber einfachste Mendelsche Genetik:
DNA wird aus Lymphocyten isoliert und mit einem Restriktionsenzym (13.11) ge-

schnitten, dessen Erkennungssequenz nicht im Minisatelliten vorkommt. Die Minisatelliten werden dadurch im Ganzen ausgeschnitten. Die Restriktionsfragmente der DNA werden der Länge nach durch Elektrophorese getrennt. Die Fragmente, auf denen Minisatelliten liegen, können dann durch Hybridisierung mit radioaktiver DNA sichtbar gemacht werden. Dazu nimmt man künstlich synthetisierte lange Wiederholungen der gemeinsamen Zehnersequenz. 10 Basenpaare sind nicht lang genug für spezifische Hybridisierung, aber mit vielen Wiederholungen sollte man die meisten Minisatelliten bei aller Längenverschiedenheit im Register ihrer jeweils eingelagerten gemeinsamen Sequenzen treffen. Da jeder Minisatellit im Gel in ein oder, wenn Längenheterozygotie vorliegt, in zwei Banden erscheint, findet man etwa 50 markierte Banden. Auch ohne genaue Zuordnung einzelner Banden zu einzelnen Minisatelliten genügt diese Auftrennung, um Individuen eindeutig zu identifizieren. Für einen unanfechtbaren Vaterschaftsnachweis reicht der Vergleich solcher Bandenmuster von Mutter, Kind und möglichen Vätern. Alle Banden, die beim Kind nicht mit Banden im Muster der Mutter identisch sind, müssen im Bandenmuster des Vaters vorhanden sein.

Kaum waren sie entdeckt, haben die Minisatelliten die Ausweisung eines Kindes umstrittener Abstammung aus England verhindert. Zugleich eröffnen sie Genetikern einen neuen Zugang zur molekularen Analyse von Rekombinationsmechanismen und Evolutionisten einen Zugang zur Erforschung der Konsequenzen solcher Rekombination.

17.10 Repetitive Gene

Zwischen Genen, von denen nur eine Kopie im Genom vorliegt, und nicht transkribierten funktionslosen Satelliten-DNAs, die millionenfach wiederholt vorliegen können, liegt ein Spektrum von Sequenzen, das nach Funktion, Wiederho-

lungsfrequenz und evolutionärer Stabilität recht heterogen ist. Die Minisatelliten haben wir eben kennengelernt. Die meisten der „mittelrepetitiven" Sequenzen werden transkribiert, von vielen wissen wir noch nichts, einige sind notwendige Cistrons, besonders für Genprodukte, die in allen Zellen in großer Menge benötigt werden. Einige dieser Gene sind identifiziert worden. Hierher gehören zum Beispiel die Cistrons, die für r-RNA codieren. Sie sind immer in multiplen Kopien vorhanden (Abb. 8.11; 22.03). Beim Krallenfrosch (*Xenopus laevis*), der besonders gut untersucht worden ist, liegen davon je Genom etwa 450 Kopien vor. Die wiederholte Sequenz enthält die Gene für die 28S-RNA und für die 18S-RNA, also für die großen RNA-Moleküle der beiden Ribosomen-Untereinheiten. Wir haben schon erwähnt, daß die r-RNA-Gene im Nukleolusbildungszentrum der Satellitenchromosomen liegen.

Die Gene für die ribosomale 5S-RNA kommen bei *Xenopus* etwa 9 000mal im Genom vor, also sehr viel häufiger als die 18S- und 28S-Gene. Beide RNA-Arten werden auch völlig unabhängig voneinander synthetisiert.

Entsprechend häufig sind die t-RNA-Gene, von denen bei *Xenopus* 7 000–9 600 vorhanden sind. Sie sind bei vielen Arten über viele, wenn nicht alle, Chromosomen verteilt. Schließlich sind die t-RNA Gene keine einheitliche Gruppe, sondern eine Serie von etwa 60 verschiedenen, aber ähnlich gebauten Genen, von denen jedes wiederholt vorkommt.

Die bisher erwähnten repetitiven Gene codieren alle für RNA, die direkt als RNA im Zellstoffwechsel eingesetzt wird. Es gibt aber auch repetitive Gene für mRNA. Das sind in der Regel Gene für Protein, die in großer Menge in jeder Zelle gebraucht werden. So liegen zum Beispiel die Gene für die fünf Histon-Klassen (10.06) alle hintereinander in einer Reihe, und die gesamte Gruppe von fünf Genen liegt hintereinander wiederholt in vielen Kopien vor.

Inzwischen haben wir es als ein Grundprinzip biologischer Organisation erkannt, daß modulär wiederholte Strukturen (Gene, Zellen, Organe, Organismen) im Rahmen ihrer Grundstruktur differenzierte Funktionen annehmen und dadurch zur Komplexität und Flexibilität übergeordneter Strukturen beitragen. Bei den eben genannten Genen wird eine verschiedene Ausdifferenzierung ihrer Funktionen dadurch in Grenzen gehalten, daß ihre Vermehrung in erster Linie zur Erhöhung der Syntheserate ihrer Produkte ausgenutzt wird. Anders ist das bei Genen, die in relativ wenigen Kopien im Genom vorkommen. Bei solch allgemeinen Zellbestandteilen wie Aktin, Tubulin und Keratin, deren Gene alle als Multi-Gen-Familien vorkommen, ist eine deutliche Spezialisierung einzelner Genkopien, zum Beispiel in der Gewebespezifität ihrer Funktion, zu erkennen.

Viele *Enzyme* sind polymer aus zwei, vier oder mehr ähnlichen Untereinheiten aufgebaut (Quartärstruktur). Die Untereinheiten können von einem einzigen Gen codiert werden. Oft sind aber leicht verschiedene Kopien eines Gens daran beteiligt. Haben dann die beiden Genprodukte unterschiedliche Aktivitäten, dann können verschiedene Formen desselben Enzyms in einer Zelle oder in verschiedenen Organen zusammengesetzt werden. Solche *Isoenzyme* gibt es beim Menschen für Lactat-Dehydrogenase, Malatdehydrogenase, Amylase, Arginase, Kreatinkinase, Hexokinase, Pepsinogen, Ribonuklease, Desoxyribonuklease und viele andere Enzyme.

Lactatdehydrogenase (LDH) ist ein tetrameres Enzym. Die vier Ketten können von einem LDH-A-Gen oder einem LDH-B-Gen stammen. Mischt man A- und B-Formen des Enzyms zu gleichen Teilen im Reagenzglas, dann erhält man 5 Tetramer-Typen in charakteristischen Mengenverhältnissen, die sich elektrophoretisch nachweisen lassen: ein „4A" zu vier „3A, 1B" zu sechs „2A, 2B" zu vier „1A, 3B" zu einem „4B"-Tetramer.

Im Organismus wird die Synthese der beiden Ketten unabhängig voneinander kontrolliert. Damit können die katalytischen Unterschiede der 5 Typen je nach Bedarf flexibel ausgenutzt werden.

17.11 Multiple Gene für Hämoglobin

Am Hämoglobinmolekül haben wir die Quartärstruktur von Proteinen kennengelernt (3.07). Jedes Hämoglobinmolekül besteht aus zwei α- und zwei β-Ketten, die von verschiedenen Genen stammen. Das ist ganz analog der Situation bei Isoenzymen. Bei den Globinen ist die Evolution dieser Gene recht genau rekonstruierbar. Dabei hat die Genduplikation, die Myoglobin und Hämoglobin als zwei gewebespezifisch regulierte Proteine entstehen ließ, schon vor etwa 800 Millionen Jahren, die weitere Duplikation, die zu Hämoglobin α und β und dann zur Evolution der Quartärstruktur des Hämoglobins geführt hat, schon vor etwa 400 Millionen Jahren stattgefunden. Bemerkenswert ist, daß beide Duplikationen jeweils einen grundlegenden physiologischen Fortschritt ermöglicht haben. Umgekehrt betrachtet, bedeutet das wohl auch, daß eine Genduplikation sich nur dann auf Dauer in der Evolution durchsetzen kann, wenn sie in das physiologische Kontrollsystem des Organismus eingepaßt wird. Genduplikationen (wie alle Mutationen überhaupt) treten sehr viel häufiger auf, als sie im Genom auf Dauer verbleiben. Bei den Globingenen kann man das im Detail verfolgen.

Sowohl das α-Gen wie das β-Gen werden nämlich immer wieder einmal verdoppelt. Die neuen Gene werden beibehalten, wenn sie zur Feinkontrolle des Sauerstofftransportes beitragen, andernfalls gehen sie wieder verloren. Diese Feinkontrolle betrifft Unterschiede im Sauerstoffangebot in verschiedenen Entwicklungsstadien. Kaulquappen im Wasser benötigen ein Hämoglobin mit höherer Affinität für Sauerstoff als Frösche an der Luft. Ent-

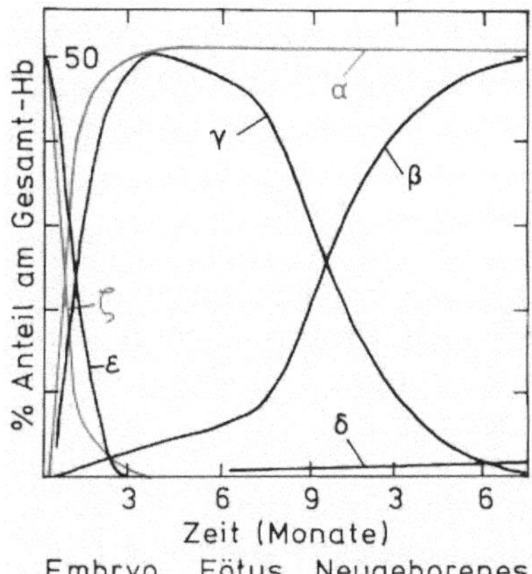

Abb. 17.16. Anteil der verschiedenen Hämoglobin-Ketten am Gesamthämoglobin während der Entwicklung des Menschen. Rot: α-ähnliche; schwarz: β-ähnliche Ketten

Tabelle 17-2. Reihenfolge und Aufbau der Hämoglobine bei der Entwicklung des Menschen

Embryo (bis 8. Woche)	
Hb Gower 1	$\zeta_2 \varepsilon_2$
Hb Gower 2	$\alpha_2 \varepsilon_2$
Hb Portland	$\zeta_2 \gamma_2$
Fötus	
Hb F	$\alpha_2 \gamma_2$
Erwachsener	
Hb A$_2$	$\alpha_2 \delta_2$
Hb A	$\alpha_2 \beta_2$

sprechend braucht ein menschlicher Fötus ein Hämoglobin mit größerer Affinität als das seiner Mutter.

Beim Menschen ist die Regelung recht komplex. Im Embryo bis zur achten Schwangerschaftswoche werden andere Hämoglobine synthetisiert als im Fötus, und um den Zeitpunkt der Geburt wird die Hämoglobinsynthese noch einmal umgestellt (Abb. 17.16, Tabelle 17-2). Alle diese Hämoglobine bestehen aus jeweils zwei α-ähnlichen und zwei β-ähnlichen Ketten. Die Gene für die α-ähnlichen Ketten [zeta (ζ) und zwei α-Gene] liegen auf Chromosom 16, die „Nicht-alpha-Globin-Gene" [epsilon (ε), zwei gamma (γ), delta (δ) und beta (β)] auf Chromosom 11 (Abb. 19.02, 17.17). Die Gene liegen auf den Chromosomen in der Reihenfolge, in der sie während der Entwicklung aktiviert werden. Der Mechanismus dieser Regulation ist zur Zeit Gegenstand intensiver Forschung. Aber schon die Gene selbst spiegeln ihre Evolution wieder. Zweifellos ist zum Beispiel die Duplikation α/ζ, die zu zwei unabhängig geregelten Genen geführt hat, älter als die, die zu zwei gemeinsam geregelten α-Genen geführt hat. Entsprechend sind die beiden γ-Gene sehr ähnlich in ihrer Sequenz (G hat Glycin, A hat Alanin in Position 136) und in ihrer Regelung. Sie entstammen einer Duplikation, die vor etwa 40 Millionen Jahren stattgefunden hat, so daß nur die höheren Affen, Menschenaffen und der Mensch verdoppelte γ-Globin-Gene besitzen.

An zwei Stellen in der Nicht-alpha-Region von Chromosom 11 liegen DNA-Sequenzen, die ganz offensichtlich β-Globin-Gene darstellen, die durch Mutation abgeändert und nicht mehr transkribierbar sind. Diese beiden „Pseudo-Beta"-

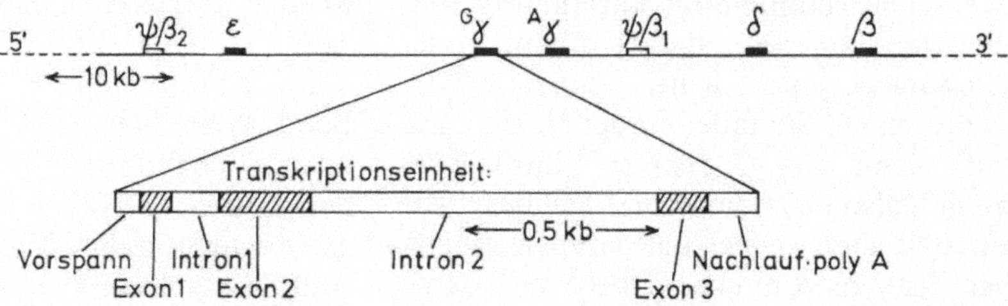

Abb. 17.17. Genkarte der „Nicht-alpha-Globin"-Region des Menschen. Die detaillierte Struktur der einzelnen Transkriptionseinheiten entspricht dem eingezeichneten Beispiel

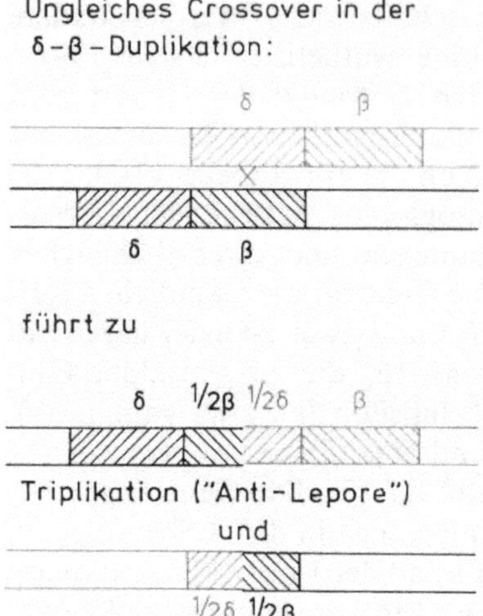

Abb. 17.18. Zur Entstehung der Lepore- und Anti-Lepore-Hämoglobine beim Menschen

Gene zeigen deutlich, daß nicht alle Duplikationen erhalten bleiben. Der Zufall entscheidet, ob neu entstandene Gene eine eigene Rolle bekommen und dann durch natürliche Selektion dieser Rolle immer mehr angepaßt werden, oder ob sie nicht passen und dann durch unkontrollierte Mutationen zerstört und deletiert werden.

Wir haben schon darauf hingewiesen, daß repetitive Sequenzen aller Art, von Satelliten-DNA bis zu duplizierten Chromosomenstücken (17.08), zu ungleichem Crossover führen können. Jede Duplikation ist deshalb automatisch instabil und erhöht die Duplikationsrate an der entsprechenden Stelle. Das gilt auch für die Hämoglobin-Gene. Gelegentlich werden beim Menschen Hämoglobin-Varianten gefunden, die beweisen, daß Umbauten der Globingene auch heute immer wieder vorkommen. Sie fallen in der Regel dann auf, wenn das Crossover „intracistronisch", also im codierenden Teil des Gens ist, und dann neue Kettentypen entstehen. Intracistronisches Crossover ist zwischen den δ- und β-Genen nachgewiesen worden (Hämoglobin Lepore u.a., Abb.

17.18) und zwischen Aγ und β, wobei δ verlorengeht (Hämoglobin Kenya).

17.12 „Springende" Gene

Bisher haben wir die Vielfalt genomischer Sequenzen noch einigermaßen in Ordnung bringen können. Sequenzen werden immer wieder einmal durch fehlerhafte Rekombination vermehrt. Haben diese Sequenzen eine bestimmte Funktion, dann werden sie selektiv kontrolliert: entweder werden die verdoppelten Kopien eliminiert oder sie werden funktionell eingesetzt. Haben die verdoppelten Sequenzen keine Funktion und entgehen damit der Selektion, dann können sie wild wuchern. Je mehr sie sich vermehren, desto mehr können sie zu fehlerhafter Rekombination und weiterer Evolution innerhalb des Genoms beitragen.

Nun gibt es aber zwei Mechanismen, mit denen DNA-Sequenzen innerhalb des Genoms vermehrt werden, die das einigermaßen ordentliche Bild noch einmal durcheinander bringen. Es sind dies *Transposition* und *reverse Transkription*. Beide erzeugen multiple Kopien von DNA-Stücken, die aber von vornherein nicht in tandem, sondern im Genom verstreut vorliegen. Sie dürften damit für das Entstehen der meisten mittel-repetitiven Sequenzen verantwortlich sein.

Transponierbare Elemente, *Transposons*, haben wir schon bei Bakterien kennengelernt (12.12). Eukaryontische Transposons scheinen allgemein vorzukommen. Sie sind bei Hefe, bei der Taufliege und bei einigen Pflanzen genau untersucht worden und werden inzwischen dazu ausgenutzt, fremde DNA-Stücke in das Genom einzuschmuggeln.

Beim Menschen ist Transposition noch nicht nachgewiesen worden, aber einige der mittel-repetitiven Sequenzen haben ganz eindeutig die Struktur von Transposons. Ein solches Element von 2300 Nukleotidpaaren Länge („THE-1"), das in etwa 10000 Kopien im Genom vorliegt,

beginnt und endet mit einer 350 Nukleotidpaare langen Sequenz. Solch eine
„lange endständige Wiederholung" (engl.
„long terminal repeat": LTR) ist typisch
für Transposons und hat sicher etwas mit
dem Ein- und Ausbau im Genom zu tun,
der zwar unabhängig von der Basenfolge
der Einbaustelle geschieht, der aber die
Enden des transponierbaren Elements erkennen muß. Typisch für transponierbare
Elemente ist auch, daß beim Einbauvor-
gang ein kurzes Stück der DNA, in die
sich das Element einbaut, verdoppelt
wird. Das menschliche Element THE-1
liegt immer zwischen wiederholten Strek-
ken von 5 Basenpaaren, aber an jeder
Stelle zwischen anderen.

Prinzipiell braucht ein Transposon nur
für das Enzymsystem für seine eigene
Transposition zu codieren. Eigentlich
dient es damit nur sich selbst und spielt
im Genom die Rolle eines überflüssigen,
harmlosen Parasiten. Wenn aber erst einmal im Genom etwas in Bewegung
kommt, hat das meist Folgen. Wir werden das noch bei Retroviren sehen
(19.11), die auch, aber im Detail anders,
das Genom parasitieren. Sie scheinen
wichtigere Konsequenzen für die Medizin
zu haben als Transposons. Deshalb genügen hier ein paar Hinweise auf die große
(auch praktische) Bedeutung von Transposons bei anderen Organismen.

Wie alle DNA-Sequenzen können auch
Transposons mutieren. Oft gehen Teile
davon bei der Transposition verloren.
Neben den etwa 10000 Kopien von THE-
1 liegen noch etwa 20000 Stücke, meist
einzelne LTRs davon, als „repetitive 0-
Elemente" im menschlichen Genom. Verlieren Transposons ihre codierende Sequenz zwischen den LTRs, dann liegen
sie unbeweglich im Genom fest, bis ein
funktionierendes Transposon desselben
Typs die Enzyme liefert, mit denen es
selbst, aber auch die inaktivierten Transposons ausgeschnitten werden. Dieses
aktive Transposon kann natürlich nur
durch ein anderes Genom, also bei der
Zygotenbildung, eingeschleust werden.

Abb. 17.19. Transposon-Aktivierung bei Pflanzen.
Der Einbau eines inaktiven Transposons in ein Gen
für die Synthese des roten Blütenfarbstoffs hat dieses
Gen teilweise inaktiviert, so daß die Pflanzen einheitlich hellrosa Blüten haben. Kreuzung solch einer
Pflanze mit einer, die ein aktives Transposon enthält,
ergibt den Hybriden, dessen Blüte hier abgebildet
ist. Während der Blütenentwicklung wird das inaktive Transposon immer wieder vom aktiven mitakti-
viert. Wird es aus dem Gen ausgeschnitten, dann
funktioniert das Gen in den Nachkommenzellen
(rote Flecken), wird eins der beiden Transposons eingebaut, dann wird das Gen wieder ausgeschaltet
(rosa bis weiße Flecken). Je kleiner die Flecken, desto später in der Blütenentwicklung hat die zugrun-
deliegende Transposition stattgefunden. Bei der Mitose kann ein Transposon auch durch mitotische Rekombination aus einer der beiden Tochterzellen verschwinden. Ist das das aktive, dann entsteht ein stabiler Sektor (rot, rosa oder weiß, je nach Zustand
des inaktiven Transposons). In einer frühen Tei-
lungsfolge ist erst das aktive Transposon verschwunden, anschließend die Heterozygotie für das inaktive
Transposon aufgelöst worden. Diese beiden mitotischen Rekombinationseffekte haben einen großen
rot-weißen „Zwillingssektor" (rechts) zur Folge. Selten ist ein Transposon so aktiv wie hier. Da entsprechendes auch in den Keimzellen vor sich geht, läßt
sich die Genetik der Nachkommenpflanzen nicht
voraussagen. (Aufn. H. v.d. Meijden, Amsterdam)

Kein Wunder also, daß Züchter (besonders bei Pflanzen) gelegentlich die er-
staunlichsten Dinge erleben, wenn sie
zwei Stämme miteinander kreuzen. Anstatt somatischer Konstanz des Genoms
und Mendelscher Spaltung bei der Fort-

pflanzung erhalten sie durch die Aktivierung von Transposons in einem Genom durch eine aktive Kopie davon im anderen schon im Hybriden selbst instabile Genome (Abb. 17.19). Die plötzliche Aktivierung von Transposons führt nämlich zu Chromosomenbrüchen, und Transposons, die sich in ein funktionierendes Gen einbauen, können das Gen reversibel oder irreversibel inaktivieren (*Mutagenese durch Insertion*).

DNA-Einbau nach *reverser Transkription* von RNA ist nicht auf Retroviren beschränkt. Normale Zell-RNA kann gelegentlich in die Maschinerie der reversen Transkription geraten und dann als DNA-Kopie ins Genom eingebaut werden. Wenn das mit mRNA geschieht, dann wird praktisch eine Genkopie ohne Regulationssequenzen, ohne Introns, aber mit poly-A-Anhang ins Genom eingebaut, die dort natürlich funktionslos ist und unkontrolliert langsam zur Unkenntlichkeit mutiert. Das ist der Ursprung von „verarbeiteten Pseudogenen" (engl. „processed pseudogenes").

Je häufiger eine RNA ist, desto wahrscheinlicher ist es, daß sie einmal „versehentlich" in DNA umgeschrieben und ins Genom eingebaut wird. Die „Alu-Familie" von mittel-repetitiven Elementen im menschlichen Genom, von der etwa 300 000 Kopien über alle Chromosomen verstreut vorliegen, ist eine (unvollständige und verdoppelte) DNA-Kopie der „7-S-RNA", die eine zentrale Rolle im „Signalerkennungspartikel" spielt, das Proteine durch die Membran des Endoplasmatischen Retikulums in dessen Lumen einzuschleusen hilft. Bei dieser „Alu-Sequenz" kommt noch hinzu, daß die meisten Kopien Signale, zum Beispiel einen Promotor für ihre eigene Transkription, enthalten, also nicht ganz funktionslos im Genom liegen, sondern in (wahrscheinlich funktionslose) RNA transkribiert werden. Dadurch erhöht sich die Chance für einen weiteren „versehentlichen" Einbau ins Genom.

Dieses Bild des Eukaryontengenoms ist zunächst einmal verwirrend komplex. Wir werden uns durch weitere Beispiele im Folgenden etwas mehr daran gewöhnen. Biologen, die in den siebziger Jahren eine Facette nach der anderen von dieser Komplexität in ihr Weltbild einbauen mußten, waren auch verwirrt. Inzwischen sehen sie, daß diese unerwartete Struktur des Eukaryontengenoms nicht alle bisherigen Gedanken über biologische Organisation über den Haufen wirft, sondern eigentlich — wenn diese Gedanken erst neu geordnet werden — die endgültige Bestätigung dafür ist.

18 Humangenetik

18.01 Die Aufgabe der Humangenetik

Die Genetik des Menschen unterscheidet sich in nichts von der anderer Organismen. In der *Praxis* ist eine eigene Humangenetik nötig, weil einerseits genetisches *Experimentieren* am Menschen selbst *unmöglich* ist, andererseits genetische *Analyse und Prognose,* so genau wie nur irgend möglich, in der medizinischen Praxis eine immer größere Rolle spielen.

Alle Eigenschaften des Menschen sind letztendlich genetisch beeinflußt, aber nicht alle können oder sollten auf genetischer Ebene behandelt werden. Direkte Umwelteinflüsse wie Trauma oder Infektionen werden direkt behandelt, auch wenn bei der Behandlung zunehmend genetische Erkenntnisse, zum Beispiel aus der Immungenetik, berücksichtigt werden. Bei genetischen Einflüssen müssen wir auch deutlich zwischen *somatischen* Effekten, wie dem Entstehen eines Tumors aus einer einzelnen mutierten Zelle, und *Keimbahneffekten,* wie einer ererbten Anlage zur Krebsbildung, unterscheiden. In jedem Fall ist die Behandlung zur Zeit noch ausschließlich somatisch. Die Möglichkeiten zur direkten Beeinflussung des Erbguts, die sich jetzt abzeichnen, müssen mit äußerster Vorsicht betrachtet werden. Ein Fehler dabei kann auf Generationen hin Schaden anrichten. Schon die selbstverständliche Behandlung vererbbarer *Symptome* hat den Nebeneffekt, daß Erbkrankheiten, die sonst durch natürliche Selektion begrenzt würden, nun weiter vererbt werden können (19.13). Damit zwingen die ethisch gebotene Behandlung und das Aufheben der natürlichen Selektion zur ethisch umstrittenen künstlichen Selektion durch Früherkennung von Erbleiden und Schwangerschaftsabbruch. Deutlicher als andere Gebiete der Medizin verlangt die Humangenetik mehr als technische Fertigkeit.

Das technisch-biologische Grundwissen ist aber Vorbedingung. Wir werden daher hier die genetischen Grundlagen noch einmal, spezifisch auf den Menschen angewandt, besprechen und dabei zugleich vieles schon Bekannte wiederholen und vertiefen.

18.02 Statistik mit kleinen Zahlen

Wir wollen allgemein wissen, was vererbt wird und wie es vererbt wird, und wir wollen spezifisch beim einzelnen Patienten den Zustand seines Erbgutes feststellen. Die allgemeinere Frage ist leichter als die spezielle. Das menschliche Genom wird langsam eines der bestkartierten überhaupt. Bei der Besprechung der Minisatelliten im vorigen Kapitel haben wir eine von vielen Methoden kennengelernt, mit denen man heute im großen Umfang Chromosomen markieren und damit Individuen genetisch charakterisieren kann.

Das ist wichtig, weil die genetische Weitergabe ein statistischer Prozeß ist. Solange wir noch nicht routinemäßig jedes Einzelgenom an jeder beliebigen Stelle untersuchen können, müssen wir immer wieder statistische Chancen aus den unzureichenden Befunden berechnen, die zugänglich sind.

Von den Kindern zweier Heterozygoter werden voraussichtlich ein Viertel den Phänotyp der homozygot Rezessiven haben. Bei einer Familie mit nur zwei Kindern ist es aber durchaus möglich, daß beide, eines oder keines der Kinder homozygot rezessiv sind. Die Möglichkeit, daß eines der Kinder homozygot rezessiv ist, ist aber sechsmal, die, daß keines der Kinder homozygot rezessiv ist, neunmal so wahrscheinlich wie die, daß beide homozygot rezessiv sind.

Diese Aussage beruht auf den Mendelschen Verteilungsregeln und einem einfachen, aber sehr wichtigen Gesetz der Statistik: Die Wahrscheinlichkeit, daß zwei voneinander unabhängige Ereignisse auftreten, entspricht dem Produkt der Wahrscheinlichkeiten für jedes der beiden Einzelereignisse.

Die genetische Konstitution eines Kindes hat keinen Einfluß auf die genetische Konstitution seiner Geschwister. Bei jeder Befruchtung findet eine neue statistische Zuordnung von Gameten statt. Die zufällige Festlegung des Genotyps des zweiten Kindes ist also unabhängig von der des ersten Kindes. Für jedes Kind zweier heterozygoter Eltern ist die Wahrscheinlichkeit, homozygot rezessiv zu sein, $^1/_4$, die Wahrscheinlichkeit, das dominante Allel zu erben, $^3/_4$. Daraus errechnen sich die folgenden Wahrscheinlichkeiten:

beide Kinder homozygot rezessiv:
$$^1/_4 \times {}^1/_4 = (^1/_4)^2 = {}^1/_{16},$$

beide Kinder mit dominantem Allel:
$$^3/_4 \times {}^3/_4 = (^3/_4)^2 = {}^9/_{16},$$

nur eins der Kinder homozygot rezessiv:
$$2 \times {}^3/_4 \times {}^1/_4 = {}^6/_{16}.$$

Der Faktor 2 im letzten Fall rührt daher, daß diese Kombination zwei mögliche Familientypen einschließt, den, in dem das erstgeborene und den, in dem das zweitgeborene Kind homozygot rezessiv ist. Beide Fälle haben die gleiche Wahrscheinlichkeit. Es ist also durchaus möglich, daß keines der Kinder heterozygoter Eltern homozygot für das rezessive Allel ist und damit anzeigt, daß beide Eltern heterozygot für das betreffende Gen sind. Selbst bei Familien mit vier Kindern wird nur

in 42% der Fälle das ideale 1:3-Verhältnis zu erwarten sein. Beinahe ein Drittel der Familien wird kein homozygot rezessives Kind enthalten. Zur Übung rechne man diese Zahlen nach und erkläre, wieso sich die Häufigkeit von Familien mit dem 1:3-Verhältnis der beiden Phänotypen als $4\,(^1/_4(^3/_4)^3)$ berechnen läßt.

Bei Mendels Experimenten mit Erbsen und bei Vererbungsversuchen mit Taufliegen entsprechen die Häufigkeiten der verschiedenen Phänotypen in der Nachkommenschaft recht genau den berechneten Wahrscheinlichkeiten. In der Humangenetik muß man einen deutlichen Unterschied zwischen der Wahrscheinlichkeit eines Genotyps und seiner wirklichen Häufigkeit bei den wenigen Kindern eines einzelnen Elternpaares machen.

18.03 Stammbaumanalyse

Die Abschätzung von Wahrscheinlichkeiten für das Auftreten bestimmter Genotypen bei den Nachkommen eines Elternpaares ist eine der wichtigsten Aufgaben der Humangenetik. Ein Elternpaar, in dessen Verwandtschaft ein mögliches Erbleiden vorkommt, oder ein Elternpaar, das bereits ein krankes Kind hat, wird erfahren wollen, wie groß die Wahrscheinlichkeit ist, daß ein weiteres Kind dieselben Symptome aufweist. Im einfachsten Fall wird ein ganz bestimmter Verdacht bestehen, der sich durch die Erstellung eines Stammbaums und einfache genetische Berechnungen nachprüfen läßt. Die typischen Erbgänge beim Menschen werden wir im folgenden besprechen.

Bei der Analyse eines Stammbaums sollte man aber nie vergessen, daß bei den geringen Nachkommenzahlen, mit denen man rechnen muß, jeder einzelne Fall einer Abweichung vom typischen Schema ins Gewicht fällt und zu falschen Voraussagen führen kann.

1. Das Fehlen sichtbarer Symptome im Phänotyp besagt nicht unbedingt, daß die genetische Voraussetzung für diese Symptome fehlt.

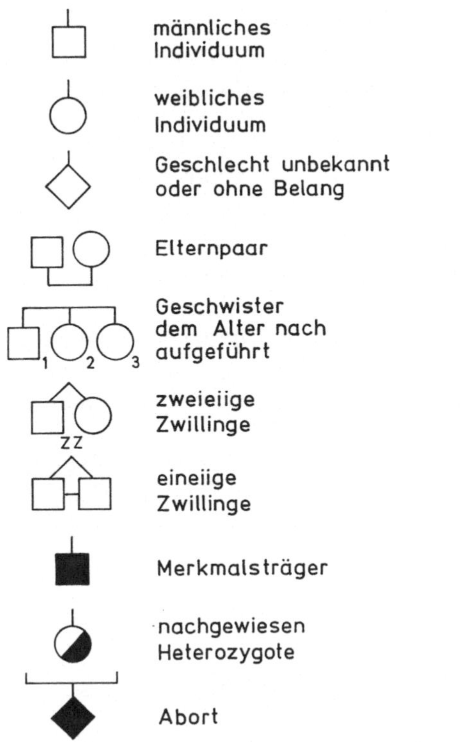

Abb. 18.01. Die wichtigsten Symbole zur Darstellung von Stammbäumen

2. Das Vorhandensein von Symptomen einer Erbkrankheit bedeutet nicht unbedingt, daß diese Symptome dem erwarteten Erbgang folgen oder überhaupt genetischen Ursprungs sind.
3. Eindeutig vererbte Eigenschaften beruhen nicht unbedingt auf entsprechenden Allelen einzelner Gene.
In jedem einzelnen Fall muß also zuerst einmal festgestellt werden, ob die untersuchten Symptome auch wirklich einen genetischen Ursprung haben und wie sie vererbt werden. Dazu muß der Familienbefund aufgenommen und ein Stammbaum erstellt werden.
Für die Darstellung des Stammbaumes werden allgemein gebräuchliche Symbole verwendet, bei deren Benutzung man so pedantisch wie möglich vorgehen sollte, um die meist ohnehin spärlichen Daten nicht zusätzlich zu verwirren (Abb. 18.01). Der Stammbaum faßt die Daten

zusammen, auf denen die genetische Analyse beruht. Er sollte also nach denselben Regeln erstellt werden, nach denen wissenschaftliche Daten im Labor gewonnen werden. Das betrifft besonders die Zuverlässigkeit und Vollständigkeit der Daten. Direkte Untersuchung ist zuverlässiger als die Aussage eines Familienangehörigen, und gesicherte negative Befunde sind genauso wichtig wie gesicherte positive.
In den folgenden Abschnitten sollen die häufigsten Erbgänge beim Menschen kurz diskutiert werden.

18.04 Autosomal dominanter Erbgang

Autosomal dominante Erbleiden werden typischerweise von einem heterozygoten Kranken ererbt. Homozygotie ist für alle Erbleiden selten. *Die Wahrscheinlichkeit, daß ein seltenes Allel durch Zufall homozygot auftritt, entspricht dem Quadrat seiner Häufigkeit in der Bevölkerung* (vgl. 25.03). Ein Allel, das einmal unter tausend Allelen des Gens auftritt, sollte also nur einmal bei einer Million Personen homozygot vorliegen. Das gilt für alle Allele. Hinzu kommt bei dominanten Allelen, daß sie auch heterozygot im Phänotyp zum Ausdruck kommen, was eine zufällige Heirat zweier Heterozygoter unwahrscheinlich macht. Homozygot sind viele dominante Erbleiden sehr viel schwerwiegender ausgeprägt als im heterozygoten Zustand, so daß die Wahrscheinlichkeit der Fortpflanzung Homozygoter oft sehr gering ist.
Bei der Paarung eines heterozygot Kranken mit einem gesunden Partner sollte die Hälfte der Kinder krank, die Hälfte gesund sein. Krankheit und Gesundheit verteilen sich bei autosomalen Erbleiden unabhängig vom Geschlecht, und alle gesunden Kinder haben bei dominantem Erbgang nur gesunde Nachkommen. Zu beachten ist dabei, daß nicht alle dominanten Erbleiden volle Penetranz haben, daß also die Gesundheit nicht unbedingt auf Abwesenheit des Allels schließen läßt. Etwa 1 500

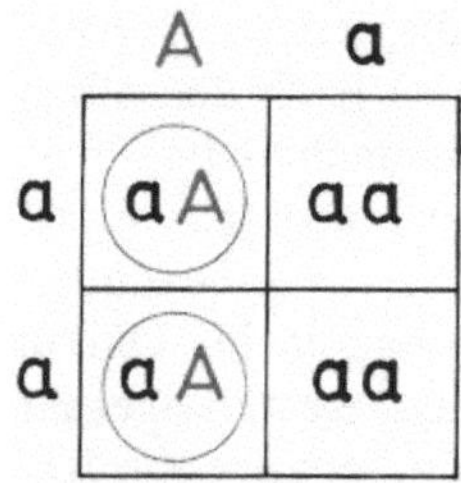

Erbleiden mit autosomal dominantem Erbgang sind bekannt.

Das Marfan-Syndrom haben wir schon erwähnt. Bereits 1904 hat Farabee autosomal dominanten Erbgang bei der *Kurzfingrigkeit* (*Brachydaktylie*), erblichem Fehlen der Mittelphalange, festgestellt. Abb. 18.02 gibt den Stammbaum einer Sippe wieder, in der die *Chorea Huntington* dominant vererbt wird. Chorea Huntington (erblicher Veitstanz) ist eine degenerative Erkrankung des Gehirns (besonders Nucleus caudatus und Putamen), zu deren Symptomen unkontrollierte zuckende Bewegungen gehören. Die Symptome treten im allgemeinen recht spät im Leben auf. Typischerweise beginnen sie im 5. Lebensjahrzehnt. Obwohl die Symptome bei Trägern des entsprechenden dominanten Allels unweigerlich auftreten und in der Regel zum frühzeitigen Tode führen, pflanzen sich viele Träger des Gens normal fort.

Der Stammbaum enthält neun Ehen, die dem oben diskutierten Schema entspre-

chen. Er zeigt deutlich, *daß das dominante Erbleiden zu gleichen Teilen an Söhne und Töchter vererbt wird. Alle Nachkommen* aus den vier Ehen *gesunder Kinder von kranken Eltern sind gesund.* Allerdings entspricht die relative Häufigkeit kranker und gesunder Kinder bei den Ehen der Kranken nicht dem erwarteten 1:1-Verhältnis. Das liegt in diesem Falle wohl daran, daß die Symptome erst spät im Leben auftreten und deshalb einige noch nicht Erkrankte als gesund gewertet worden oder vor Eintritt der Symptome gestorben sind.

Besonders typisch für einen autosomal dominanten Erbgang ist das *regelmäßige Auftreten der Krankheit in jeder der* sechs *Generationen.* Keine Generation wird übersprungen.

18.05 Autosomal rezessiver Erbgang

Erbleiden, die durch rezessive Allele bedingt sind, sind schwieriger zu analysieren, weil die Heterozygoten nicht am Phänotyp erkannt werden können. Im Stammbaum können jeweils *beide gesunden Eltern eines Kranken* als *Heterozygote* identifiziert werden. Allein schon wegen der Seltenheit der Allele für jede einzelne rezessiv vererbte Krankheit ist der *typische Grund* für das Auftreten dieser Krankheiten die *Paarung zweier Hetero-*

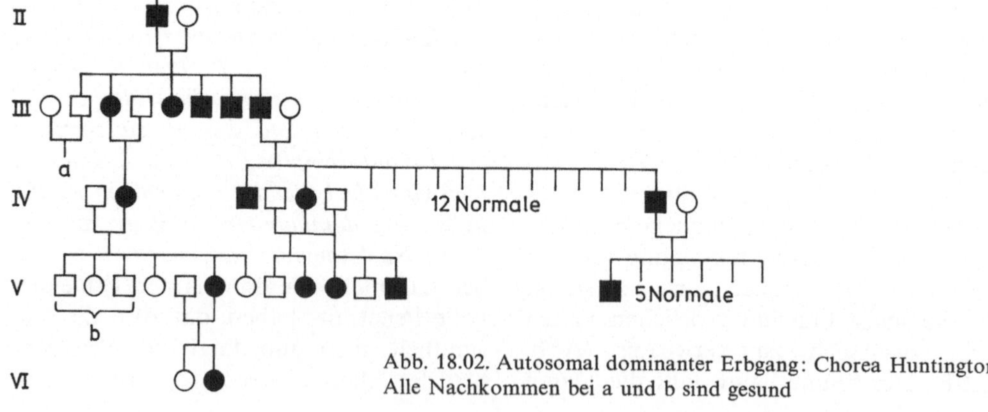

Abb. 18.02. Autosomal dominanter Erbgang: Chorea Huntington. Alle Nachkommen bei a und b sind gesund

zygoter. Die Genotypen und Phänotypen der Kinder entsprechen dann der Aufspaltung der F_2-Generation in Mendels Experimenten.

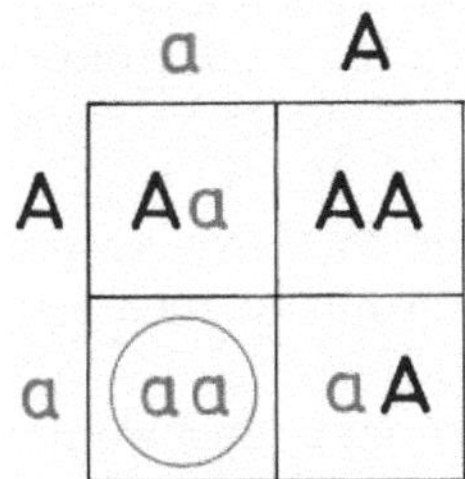

Es sind also $^1/_4$ der Kinder krank, $^3/_4$ gesund. Von den gesunden sind $^2/_3$ heterozygote Überträger des Krankheitsallels. Die Erkrankung ist unabhängig vom Geschlecht. Daß die Mendelschen Häufigkeiten bei geringen Nachkommenzahlen zu individuellen Wahrscheinlichkeitswerten werden, haben wir schon rechnerisch gezeigt. Gerade bei Erkrankungen, die auf rezessiven Allelen beruhen, sind solche Berechnungen wichtig. Dadurch, daß heterozygote Träger des Allels nicht erkannt werden, sind rezessiv ererbte Krankheiten schwer voraussagbar. Ein Stammbaum (Abb. 18.03) soll das demonstrieren.

Albinismus, das Fehlen der Pigmentierung in Haut, Haar und Augen, ist einer von vielen möglichen Gendefekten im Stoffwechsel der aromatischen Aminosäuren. Tyrosin ist das Ausgangsprodukt für die Synthese des schwarzen Pigments Melanin (Abb. 18.10). Albinismus wird rezessiv vererbt. Offensichtlich genügt ein normales Allel des betreffenden Gens für eine ausreichende Melaninsynthese. Typischerweise sind die Eltern eines Albino-Kindes beide normal pigmentiert. Die Geburt des Albino-Kindes weist sie als heterozygote Überträger des Albino-Allels aus. Da das Albino-Allel in der Bevölkerung sehr selten ist, kann es in der Familie *im heterozygoten Zustand über Generationen unerkannt weitergegeben werden.* Das sporadische Auftreten der Symptome kann nach einigen Generationen vergessen sein. Kommt es dann zufällig zu einer Heirat zweier Heterozygoter, dann können die Symptome überraschend wieder auftreten. Der Stammbaum zeigt den sehr unwahrscheinlichen Fall, in dem in einer Generation drei solche Heiraten stattgefunden haben. In diesem Fall haben eingehende Nachforschungen keine verwandtschaftlichen Beziehungen zwischen den Ehepartnern bei diesen drei Ehen nachweisen können. Typisch an diesem Stammbaum sind das *Überspringen von Generationen* und die *Erkrankung unabhängig vom Geschlecht.*

Die Häufigkeit von Erkrankten entspricht etwa der Erwartung. In den vier Familien, bei denen die Eltern sicher beide heterozygot sind, sind 5 Albino-Kinder und 15 normale. Diese Zahlen entsprechen dem Mendelschen 1:3-Verhältnis besser, als man erwarten könnte. Schließlich haben

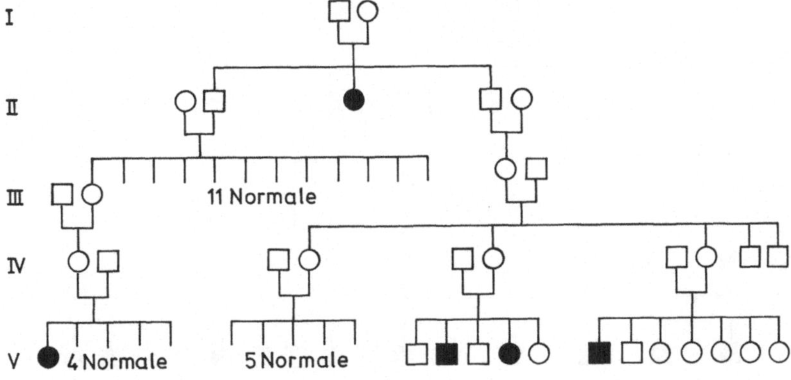

Abb. 18.03. Autosomal rezessiver Erbgang: Albinismus

wir die vier Familien deshalb ausgewählt, weil sie mindestens ein Albino-Kind enthalten. Es ist keineswegs unmöglich, daß auch die vierte Familie der vierten Generation eine Ehe zwischen Heterozygoten darstellt, bei der aber zufällig keines der fünf Kinder homozygot ist. Eine exakte, aber etwas komplizierte Berechnung des erwarteten Anteils von Albinos in den vier Familien, in denen wenigstens ein Albino enthalten ist, liefert wegen der bewußten Auswahl der Familien einen etwas höheren Wert als $^1/_4$. Sechs oder sieben Albino-Kinder (genau 6,595) sind noch wahrscheinlicher als fünf.

18.06 Verwandtenehen

Es ist sehr unwahrscheinlich, daß zufällig zwei heterozygote Überträger eines rezessiven Allels heiraten. Die meisten rezessiven (und dominanten) Allele für Erbkrankheiten sind zu selten dafür. Von den etwa 800 bekannten rezessiv vererbten Krankheiten kommt die häufigste mit einer Wahrscheinlichkeit 1:2000 vor (cystische Fibrose), die meisten sind sehr viel seltener (seltener als $1:10^6$). Rezessiv vererbte Krankheiten treten üblicherweise dann auf, wenn die Ehepartner miteinander verwandt sind. Die Wahrscheinlichkeit für Homozygotie ist dann um einige Größenordnungen höher als in der Gesamtbevölkerung.

Der Stammbaum (Abb. 18.04) demonstriert das für das Auftreten von *Alkaptonurie*. Wie Albinismus ist auch Alkaptonurie ein Gendefekt im Stoffwechsel der aromatischen Aminosäuren. In diesem Falle ist die Oxidation von Homogentisinsäure (Alkapton), einem Abbauprodukt von Tyrosin, blockiert. Homogentisinsäure wird dann im Urin ausgeschieden. Wie bei Albinismus ist auch hier der Gendefekt rezessiv.

Der Stammbaum zeigt eine ungewöhnliche Häufung von Homozygoten. Ganz ungewöhnlich ist für den Stammbaum eines rezessiv vererbten Gendefekts das Auftreten von Homozygoten in jeder von vier aufeinander folgenden Generationen. Anders als im vorigen Fall ist hier eine entfernte Verwandtschaft auch zu den angeheirateten Ehepartnern möglich, die nicht zur aufgeführten Sippe gehören. Der Stammbaum verzeichnet nämlich eine Sippe aus einem ländlichen Distrikt, in dem Alkaptonurie besonders häufig ist. Wir werden auf das Verhältnis von Allelhäufigkeiten und Populationsstruktur später noch zurückkommen (25.04). Gerade in kleinen Populationen sind Ehen zwischen nahen Verwandten besonders häufig. Der abgebildete Stammbaum zeigt eine auffallende Häufung davon. In der vierten Generation heiratet ein Homozygoter seine Cousine. Es überrascht nicht, daß sie heterozygot ist. Die mit A und B markierten Ehepartner sind besonders eng verwandt.

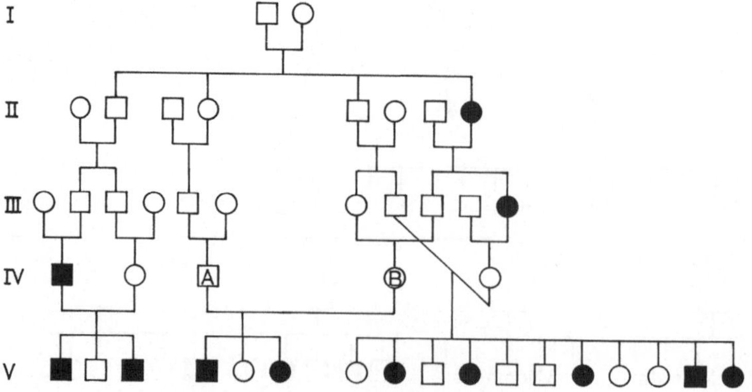

Abb. 18.04. Autosomal rezessiver Erbgang: Alkaptonurie

Die Eltern von B sind Vetter und Base des Vaters von A. Auch die dritte Familie der fünften Generation hat verwandte Eltern. Kein Wunder, daß mehr als die Hälfte der Kinder in der fünften Generation homozygot für das Alkaptonurie-Allel sind.

Wir werden später (24.06) ausrechnen, daß zwar die Häufigkeit jedes einzelnen Krankheitsallels sehr gering ist, daß es aber so viele mögliche rezessive Gendefekte gibt, daß jeder einzelne 100 oder mehr davon heterozygot überträgt. Bei Verwandtenehen werden solche rezessive Allele öfter homozygot auftreten. Auch wenn sie nicht alle einzeln zu deutlich definierten Symptomen führen, ist es keineswegs erstaunlich, daß bei Verwandtenehen nachteilige Symptome aller Art besonders häufig auftreten. Man braucht die genetische Basis dafür nicht zu verstehen, um die Beobachtung zu machen. Zweifellos beruht das gesellschaftliche und religiöse Tabu gegen Geschwisterehen auf der Häufigkeit, mit der solche Ehen zu kranken oder deformierten Kindern führen.

18.07 Geschlechtsgebundener Erbgang

Der geschlechtsgebundene Erbgang beim Menschen ist ganz analog dem von *Drosophila* (16.06). *Auf dem Y-Chromosom liegen keine Mendelschen Gene.*
Wir können erwarten, daß die Vererbung von *Allelen auf dem X-Chromosom* lokalisierter Gene *bei Frauen* den Regeln von Dominanz und Rezessivität folgt, daß aber *beim Mann* einem Allel auf dem X-Chromosom kein homologes Allel auf dem Y-Chromosom entspricht (Hemizygotie). *Alle X-gebundenen Allele werden sich also beim Mann im Phänotyp bemerkbar machen,* seien sie dominant oder rezessiv. *Dementsprechend wird die Häufigkeit von rezessiv X-gebundenen vererbten Krankheiten bei Männern der Häufigkeit des betreffenden Allels in der Bevölkerung entsprechen, während sie bei der Frau* (zwei

Allele gleichzeitig nötig), *dem Quadrat dieser Häufigkeit entspricht.* X-gebunden vererbte rezessive Merkmale treten also nur in seltenen Fällen bei Frauen auf. Ein typisches Merkmal mit X-gebundenen rezessivem Erbgang ist die Rot-Grün-Farbenblindheit (Protanopie). Die Augen von Homozygoten oder Hemizygoten für das entsprechende Allel haben eine verminderte Sensitivität für Rot, und es ist schwierig für sie, Rot von Gelb und Grün zu unterscheiden. Diese Form der Farbsehstörung tritt bei einigen Prozent aller Männer auf.

Nehmen wir an, daß drei Prozent aller Männer rot-grün-farbenblind sind. Die Allelhäufigkeit für das entsprechende Allel ist dann auch 3%. Man sollte erwarten, daß 3% von 3% aller Frauen, also nur etwa eine unter tausend, rot-grün-farbenblind sind. Dies entspricht auch der Beobachtung.

Im typischen Fall wird eine X-gebunden rezessiv vererbte Krankheit bei den Söhnen zweier gesunder Eltern auftreten, von denen die Mutter heterozygot ist.

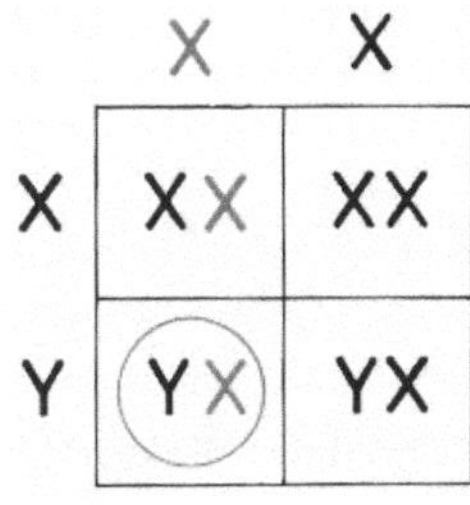

In diesem Fall wird *die Hälfte der Söhne hemizygot* für das Merkmal *sein und erkranken. Alle Töchter sind gesund. Die Hälfte der Töchter sind heterozygote Überträgerinnen des Allels.*
Töchter können ein rezessiv X-gebundenes Erbleiden nur dann aufweisen, wenn der Vater krank war. Der Stammbaum (Abb. 18.05) zeigt einen solchen (seltenen) Erbgang. In diesem Falle handelt es sich um eine *Bluterkrankheit, Hämophilie A.* Hämophilie A beruht auf einer Mutation

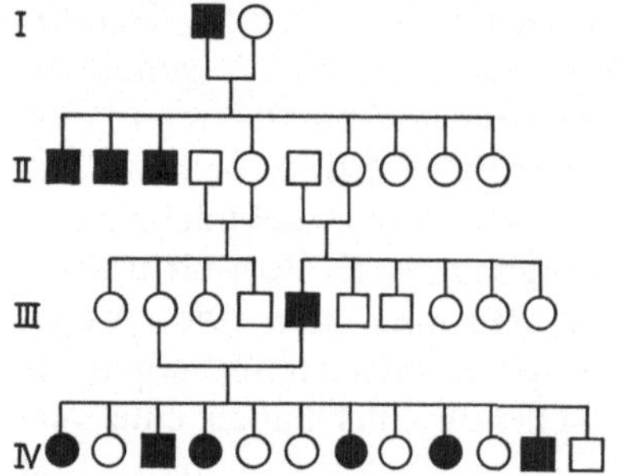

Abb. 18.05. X-chromosomal rezessiver Erbgang: Hämophilie A

im Gen für den Antihämophilie-Faktor (AHF), den Faktor VIII in der Kaskade ineinandergreifender Reaktionen, die zur Blutgerinnung führen (Abb. 18.06). Besonders gefährlich sind bei der Hämophilie innere Blutungen, und die Wahrscheinlichkeit für einen frühzeitigen Tod aufgrund innerer Blutungen ist erhöht.

Im hier behandelten Fall tritt die Krankheit in den ersten drei Generationen nur bei Männern auf. Die Familie der vierten Generation entstammt der Ehe zwischen einem kranken Mann und seiner heterozygoten Cousine. Die Weitergabe des Allels, wie sie in diesem Stammbaum dargestellt ist, hätte sich leicht vermeiden lassen. Ein hämophiles Kind stellt eine große Belastung für seine Eltern dar, und die abstrakten Symbole des Stammbaums erzählen eine erschütternde Geschichte.

Auch *dominante Mutationen X-gebundener Gene* sind bekannt. In diesem Fall sind *alle Töchter erkrankter Männer krank, alle Söhne erkrankter Männer gesund*. Ein Beispiel dafür ist *Vitamin-D-resistente Rachitis (Hypophosphatämie und Rachitis)*, bei der außer den Symptomen der Rachitis (Knochenverformung wegen beeinträchtigten Mineralstoffwechsels) ein verminderter Phosphatspiegel im Blut gefunden wird.

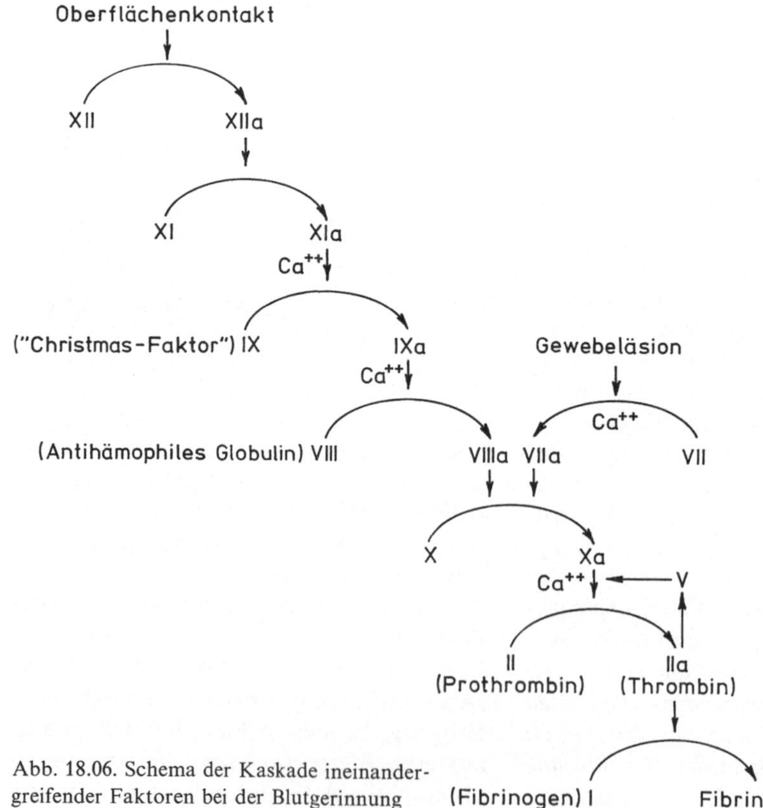

Abb. 18.06. Schema der Kaskade ineinandergreifender Faktoren bei der Blutgerinnung

18.08 Heterozygotentests

Die Wahrscheinlichkeitswerte bei der Erbprognose gestatten in vielen Fällen klare Empfehlungen. Hat ein Ehepaar bereits ein Kind, das homozygot für ein rezessives Erbleiden ist, dann kann man sicher sein, daß beide Eltern heterozygot sind und ein weiteres Kind mit einer Wahrscheinlichkeit von 0.25 homozygot und krank ist. In diesem Falle wird man von weiteren Kindern dringend abraten. Andererseits haben *gesunde Geschwister homozygoter Kranker* eine Wahrscheinlichkeit von $^2/_3$, heterozygot zu sein. Ist die Häufigkeit von Heterozygoten in der Bevölkerung $^1/_{100}$, dann ist die Wahrscheinlichkeit $^2/_3 \times \, ^1/_{100} = \, ^1/_{150}$, daß die Geschwister Homozygoter *heterozygot sind und einen heterozygoten Partner heiraten*. Bei einer Erkrankungswahrscheinlichkeit von $^1/_4$ für Kinder von Heterozygoten wird die Wahrscheinlichkeit für ein krankes Kind $^1/_{150} \times \, ^1/_4 = \, ^1/_{600}$ deutlich höher als in der allgemeinen Bevölkerung ($^1/_{100} \times \, ^1/_{100} \times \, ^1/_4 = 1:40\,000$), aber nicht hoch genug, daß man von einer Ehe abraten müßte. In diesem Fall wird man selbstverständlich von einer Verwandtenehe abraten und sich vergewissern, daß das gleiche Erbleiden nicht in der Familie des Ehepartners auftritt.

Tritt dasselbe Erbleiden auch nur bei entfernten Verwandten der beiden Partner auf, dann sollte man vor der Zeugung von Kindern warnen. Allerdings ist es möglich, daß man damit zwei erbgesunden Partnern davon abrät, Kinder zu zeugen. Gerade in solch einem Fall wäre es nützlich, wenn man genau feststellen könnte, ob die Partner wirklich heterozygot oder erbgesund sind. Die Erkennung von Heterozygoten erfolgt entweder direkt am Genprodukt oder durch die Analyse eng gekoppelter „Marker"-Gene.

Bei rezessiven Stoffwechselkrankheiten ist die Kompensation der Funktion des mutierten Allels durch das Normalallel oft nicht perfekt. *Afibrinogenämie* ist eine autosomal rezessive Bluterkrankheit, die auf einem defekten Allel für *Fibrinogen* (Abb. 18.06) beruht. Die Heterozygoten haben in diesem Fall deutlich weniger Fibrin (unter 250 mg%) als die homozygot Gesunden (über 250 mg%). Ihr Fibrinspiegel reicht zur normalen Blutgerinnung aus, ist aber eindeutig geringer als der von Gesunden.

Selten ist der Unterschied zwischen Heterozygoten und Gesunden so eindeutig. Oft sind die Meßwerte für Stoffwechselprodukte zwar in den beiden Populationen unterschieden, zeigen aber so viel Überlappung, daß der Unterschied im Einzelfall praktisch nicht auswertbar ist. Auch dann lassen sich die Heterozygoten bisweilen eindeutig nachweisen.

Zum Beispiel kann man die entsprechende Stoffwechselreaktion *durch Verabreichung von Ausgangsprodukten maximal belasten* und dann die Reaktion testen. Auf diese Weise können zum Beispiel Heterozygote für *Phenylketonurie* nachgewiesen werden. Phenylketonurie ist ein genetischer Block beim Stoffwechsel von Phenylalanin (also wieder bei den aromatischen Aminosäuren, Abb. 18.10), der schon im Säuglingsalter zu schweren Gehirnschädigungen und zu Schwachsinn führt. Bei homozygot Kranken sammelt sich Phenylalanin im Blut an. Auch bei Heterozygoten ist der Blutspiegel höher als bei Kontrollpersonen, aber der Unterschied ist nicht in jedem Fall eindeutig. Belastet man den Stoffwechsel durch eine hohe Phenylalanindosis, dann lassen sich die Heterozygoten mit 80% Sicherheit nachweisen.

Die Möglichkeit, Heterozygote auch dann nachweisen zu können, wenn das primäre Genprodukt nicht bekannt ist, eröffnet sich durch die Anwendung von Restriktionsendonukleasen zur Erkennung genetischer Polymorphismen auf DNA-Ebene. Wir haben die Technik bereits kennengelernt (17.09). Sie ist auch dann anwendbar, wenn *Restriktionsstellen* so *mutieren*, daß sie vom entsprechenden Enzym nicht mehr erkannt werden. Dann fehlt eine Schnittstelle in der DNA, und

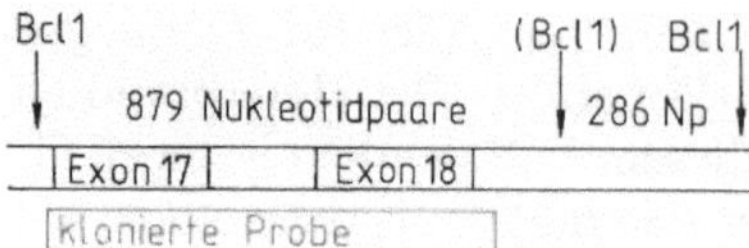

Abb. 18.07. Wird menschliche DNA mit dem Restriktionsenzym *Bcl-I* aus *Bacillus caldolyticus* geschnitten, dann lassen sich verschiedene Allele für das Gen des Blutgerinnungsfaktors VIII an Hand der unterschiedlichen Länge der ausgeschnittenen Stücke erkennen. Das beruht auf einer Mutation, die eine Schnittstelle für *Bcl-I* unkenntlich macht (in Klammern). Mit einer radioaktiven Probe, die Exons 17 und 18 umfaßt, wird dann ein Stück DNA von 1165 Basenpaaren Länge anstatt eines Stücks von 879 markiert. Bei Heterozygoten treten beide Stücke als markierte Banden im Gel auf. Eine andere Schnittstellenvariante im selben Gen, diesmal für *Taq-I* aus *Thermus aquaticus*, ist identisch mit einer Mutation, die den Faktor inaktiviert und zu Hämophilie A führt. Dann ist das Krankheitsbild immer mit (Homozygotie oder Hemizygotie) einer bestimmten DNA-Bande korreliert

das Restriktionsenzym schneidet ein längeres Stück anstatt zweier kürzerer aus. Nach Gelelektrophorese und Nachweis des Stückes mit einer klonierten DNA-Sonde für diese DNA-Region läßt sich die Genetik dieser Mutation am Gel ablesen (Abb. 18.07). Gelegentlich verändert die Mutation, die das Gen funktionslos macht, auch eine Schnittstelle. So einen Fall hat man beim Faktor VIII bei einer Hämophilie-Mutante gefunden. In diesem Fall werden Restriktionspolymorphismus und Krankheit identisch vererbt. Oft hilft es, irgendwo in der Nachbarschaft eines wichtigen Gens einen solchen Polymorphismus zu entdecken, um die Vererbung der Allele dann verfolgen zu können. Dann muß man aber im Einzelfall erst feststellen, welche Form des Restriktionspolymorphismus mit welchem Allel des markierten Gens vererbt wird, und man muß die Möglichkeit eines Crossovers zwischen Gen und Marker in Betracht ziehen.

Zur Zeit ist man dabei, systematisch solche Schnittstellen-Varianten im menschlichen Genom als „Restriktionsenzym-Stellen-Polymorphismen", RSP, zu kar-

tieren. Man möchte das ganze Genom mit solchen Varianten markieren, die mit großer Wahrscheinlichkeit bei verschiedenen Personen verschieden sind. Damit bekommt man ein Arsenal von möglichen Markern. Für Chorea Huntington, Muskeldystrophie vom Duchenne-Typ und für Retinoblastom (19.13) sind inzwischen eng gekoppelte Marker bekannt. Sie helfen natürlich auch, das Gen selbst auf der DNA zu finden und zu isolieren.

18.09 Kodominante Vererbung: Blutgruppen

Blutgruppenantigene sind eine Gruppe der antigenen Determinanten, die auf den Oberflächen aller Zellen vorkommen. Es sind antigene Determinanten der Erythrocytenmembran. Im Gegensatz zu den Membranantigenen anderer Zellen, die relativ spät in ihrer Bedeutung erkannt worden sind, ist das *AB0-Blutgruppensystem* sehr früh erkannt und untersucht worden. Das liegt daran, daß es zur Agglutination von Blutzellen bei der Bluttransfusion zwischen genetisch verschiedenen Individuen führt. Die systematische Untersuchung des AB0-Blutgruppensystems geht auf Landsteiner (1901) zurück, die genetische Deutung auf Bernstein (1925).

Die AB0-Blutgruppensubstanzen sind Glykoproteine der äußeren Schicht der Erythrocytenmembran. Ihre Struktur wird durch ein Gen I codiert, das in drei Allelen, I^A, I^B und I^0, vorliegen kann. Die Allele wirken *kodominant*: Heterozygote $I^A I^B$ tragen beide Antigentypen auf der Erythrocytenmembran (Blutgruppe AB). Das Allel I^0 produziert kein Antigen. Homozygoten $I^0 I^0$ fehlt also die AB0-Determinante (Blutgruppe 0). Soweit gleicht dieses Antigensystem jedem anderen. Was das AB0-System von anderen unterscheidet, ist das Vorkommen der AB0-Determinanten bei anderen Organismen, zum Beispiel bei Darmbakterien. Der Organismus wird also laufend zur Antikörperproduktion gegen das A und B Antigen gereizt. Wenn A oder B ein Bestandteil seiner eigenen Erythrocytenmembran ist, wird er tolerant gegen das Antigen sein und keinen Antikörper dagegen produzieren. Dementsprechend wird eine Person mit Blutgruppe 0 Antikörper gegen A und B im Serum haben, die α und β bezeichnet werden, aber einer Person mit Blutgruppe AB fehlen beide Antikörper.

Tabelle 18-1. AB0-Blutgruppen

Genotypen	Blutgruppe	Antigene auf Erythrocyten	Antikörper im Serum
$I^A I^A$ oder $I^A I^0$	A	A	β
$I^B I^B$ oder $I^B I^0$	B	B	α
$I^A I^B$	AB	A und B	keine
$I^0 I^0$	0	keine	α und β

Die Serumantikörper sind mehrwertig. Sie heften sich zugleich an die Antigene mehrerer Erythrocyten an. Dadurch verklumpen die Erythrocyten. Nach dem angegebenen Schema ist es klar, daß das Serum der Blutgruppe A mit dem Antikörper β die B-Erythrocyten verklumpt (Abb. 18.08). 0-Serum präzipitiert die Erythrocyten von A, B und AB-Personen, aber die 0-Erythrocyten tragen kein Antigen und werden deshalb von keinem Serum präzipitiert.

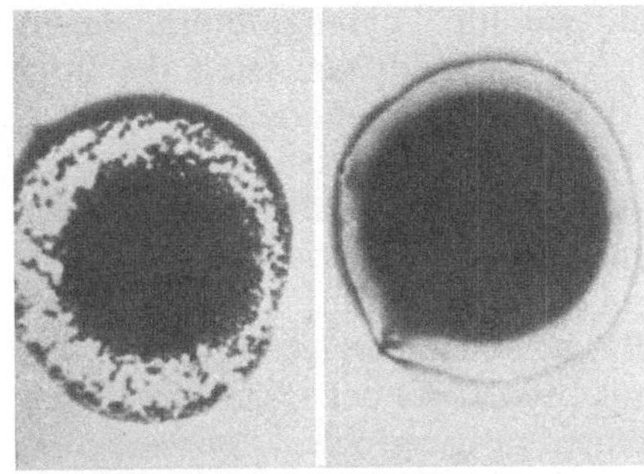

Abb. 18.08. Positives (links) und negatives (rechts) Ergebnis bei der Zugabe des Serums einer Person zu Erythrocyten einer anderen. (Aufn. H. Propping, Heidelberg)

Die Erythrocytenmembran trägt eine Anzahl weiterer Antigene, die zum Teil seltener sind. Antikörper gegen diese Antigene treten nicht spontan auf, werden aber zum Beispiel im Kaninchen produziert, dem man menschliche Erythrocyten injiziert. Zum Beispiel wird das *MN-System* durch ein Gen L codiert, das in zwei Allelen L^M und L^N auftritt. Auch diese Allele wirken kodominant.

Der *Rhesusfaktor* ist ein Erythrocyten-Antigen, das auch beim Rhesusaffen vorkommt. Auch Antikörper gegen den Rhesusfaktor agglutinieren Erythrocyten. Im Falle des Rhesusfaktors kann es zur Antikörperbildung gegen den Rhesusfaktor bei der rhesusnegativen (Rh$^-$) Mutter eines rhesuspositiven (Rh$^+$) Kindes kommen, da bei der Geburt fötale Erythrocyten in den Blutkreislauf der Mutter geraten können. Die Mutter wird dann Antikörper enthalten, die bei folgenden Schwangerschaften die Erythrocyten des Rh$^+$-Fötus präzipitieren. Dies führt beim Fötus zu einer in der Regel tödlichen Erythroblastosis.

Eine genauere Analyse der Genetik des Rhesusfaktors hat gezeigt, daß hier mehr vorliegt als ein Gen mit zwei Allelen. Es ist möglich, daß es sich bei dem „Rhesus-Gen" um eine Serie drei eng gekoppelter Gene (C, D und E) handelt, von denen jedes in mindestens zwei allelen Formen auftreten kann (c, C, d, D, e, E). Dann gäbe es acht Möglichkeiten für die Kombination dieser Allele auf demselben Chromosom und 36 diploide Genotypen.

18.10 Heterogenie

Interaktionen zwischen Genen und ihren Produkten spielen eine große Rolle in der Humangenetik. Diese Interaktionen können sehr subtile Folgen haben. Im einfachsten Fall bewirken sie aber, daß der Ausfall eines Genproduktes die ganze Interaktion zerstört und (epistatisch) zu den Symptomen führt. Ausfall verschiedener

Faktoren des Blutgerinnungssystems (Abb. 18.06) kann zu *Bluterkrankheiten* führen. Hämophilie A, eine Mutation des Faktors VIII, und Hämophilie B, eine Mutation des Faktors IX, werden durch Gene bedingt, die eng gekoppelt auf dem X-Chromosom liegen. Afibrinogenämie ist autosomal.

Von den phänotypisch gleichartigen *Mukopolysaccharidosen* ist Typ 1 (Pfaundler-Hurler) autosomal rezessiv, Typ 2 (Hunter) X-chromosomal rezessiv. *Elliptocytose*, eine morphologische Veränderung der Erythrocyten, kann durch Allele von zwei Genen bedingt sein, von denen eines mit dem Rhesus-System gekoppelt vererbt wird. *Ichthyosis* (Abb. 18.09), eine autosomal dominant vererbte Hautanomalie („Fischschuppenkrankheit") kann auf Mutationen in zwei verschiedenen Genen beruhen.

Ein Anzeichen für Heterogenie ist gesunde Nachkommenschaft aus einer Ehe zweier homozygot Rezessiver. Auf diese Weise hat es sich gezeigt, daß genetisch bedingte *Taubstummheit* auf zwei verschiedenen rezessiven Genen beruhen muß.

18.11 Genwirkketten

Viel komplizierter sind die Wirkungen von Mutationen in einzelnen Genen, die in einem *Netzwerk* von Wirkungen verbunden sind, bei dem der Ausfall einer Komponente nicht den ganzen Prozeß abbrechen läßt, sondern verschiedenartige Kompensationen und Nebeneffekte mit sich bringt.

Am Stoffwechsel der aromatischen Aminosäuren (Abb. 18.10), den wir schon bei Albinismus, Alkaptonurie und Phenylketonurie kennengelernt haben, läßt sich das gut demonstrieren. Ausgehend von Phenylalanin, einer *essentiellen Aminosäure*, die beim Menschen nicht im Stoffwechsel entstehen kann, sondern mit der Nahrung aufgenommen werden muß, besteht er aus einer Reihe voneinander abhängiger Reaktionen, die genetisch be-

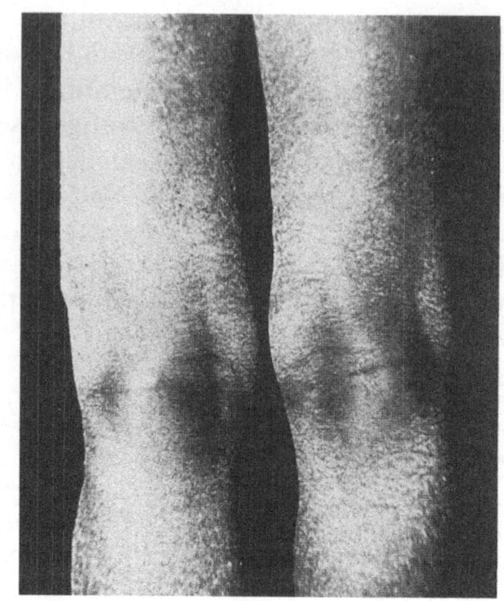

Abb. 18.09. Ichthyosis (Aufn. U. Schnyder)

trachtet eine verzweigte *Gen-Wirkkette* darstellen. Schon über die Zufuhr von Phenylalanin und Tyrosin in der Nahrung ist diese Kette durch die *Umwelt* beeinflußbar. Phenylalanin wird zu Tyrosin (para-hydroxy-Phenylalanin) umgesetzt. Die Reaktion wird von Phenylalanin-Hydroxylase katalysiert. *Tyrosin* ist eine Vorstufe für mehrere Substanzen, die als *Gewebshormone* und *Transmitter im Nervensystem* eine Rolle spielen. Dazu gehören Dihydroxyphenylalanin (Dopa), Dopamin, Noradrenalin und Adrenalin (=Epinephrin). Dopa ist auch eine Vorstufe der *Melaninbildung* und spielt damit eine Rolle bei der *Pigmentierung*.

Tyrosinreste im Thyreoglobulin, einem Protein der Schilddrüsen, sind die Vorläufer des *Schilddrüsenhormons Thyroxin*. Die Thyroxinsynthese erfordert eine Iodierung des Moleküls, hängt also von der *Jodzufuhr* ab und unterliegt damit einem direkten Umwelteinfluß. Thyroxin beeinflußt das Gesamtwachstum und den Gesamtstoffwechsel des Organismus, hat also einen ausgesprochen systemischen Effekt.

Auch der Abbau des Tyrosins (über Homogentisinsäure) hat einen Einfluß auf das Gleichgewicht dieser Reaktionen.

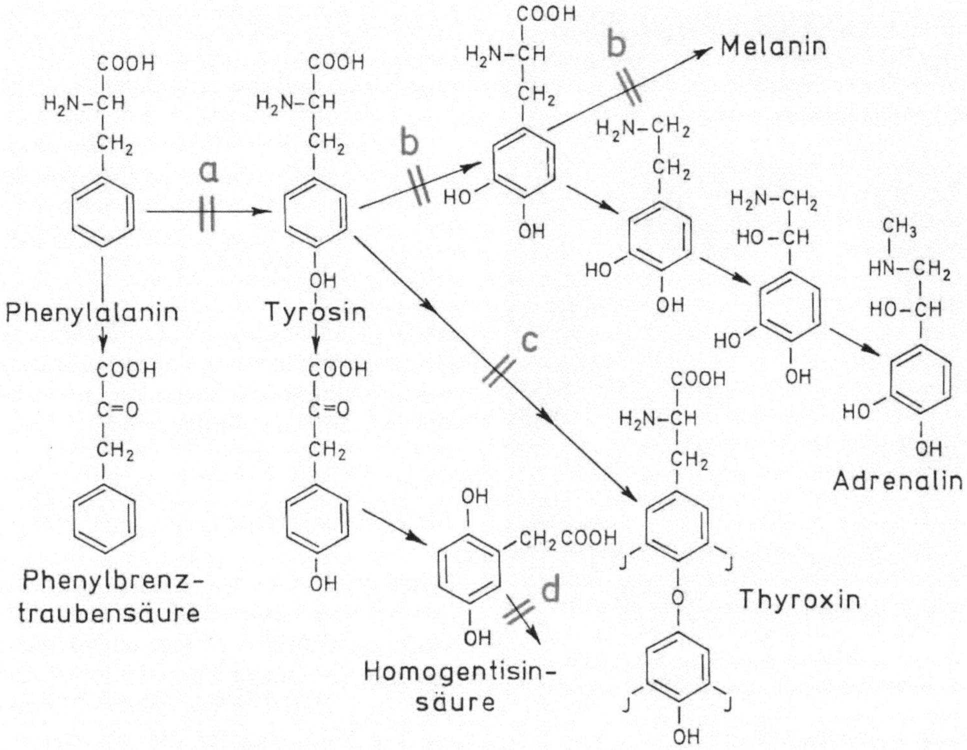

Phenylalanin

Tyrosin

Phenylbrenz-
traubensäure

Melanin

Adrenalin

Homogentisin-
säure

Thyroxin

Abb. 18.10. Stoffwechsel von Phenylalanin und Tyrosin, vereinfacht. Genetische Blockierungen sind (a) Phenylketonurie, (b) Albinismus, (c) Kretinismus mit Kropf, (d) Alkaptonurie

Alle Gene, die für die verschiedenen Enzyme dieses Stoffwechselschemas codieren, können mutieren, und eine ganze Anzahl von Mutanten im Tyrosinstoffwechsel sind beim Menschen bekannt. Einige davon haben wir schon erwähnt. In allen Fällen ist die Vererbung rezessiv. Ausfall einer der beiden Kopien des Gens in der diploiden Zelle wird durch das normale Allel des Gens ausgeglichen.

Vergleichen wir die verschiedenen Mutationen, dann fällt auf, daß sie verschieden schwere Symptome hervorrufen. Das Stoffwechselschema macht das verständlich. Der *Ausfall eines Enzyms* hat zwei direkte Folgen: *das Substrat sammelt sich an* und *die Produkte fehlen*. Beides kann den Phänotyp beeinflussen und damit beim Menschen zu Krankheitssymptomen führen. Dabei spielt es eine Rolle, an welcher Stelle im Stoffwechselgeschehen das Enzym eingreift.

18.12 Albinismus: Pleiotropie, Epistase, modifizierende Gene

Albinismus ist im Tierreich weit verbreitet und ist genetisch keineswegs so einfach erklärbar, wie es auf den ersten Blick erscheint. Das vollständige Fehlen von Pigment in Haut, Haaren und Augen ist eine extreme Form von Albinismus. Ein direkter Effekt davon ist eine erhöhte Sensitivität gegenüber sichtbarem und ultraviolettem Licht. Bei Säugetieren ist Albinismus mit ganz spezifischen neuralen Defekten korreliert, die auf einer *Fehlentwicklung des Nucleus geniculatus lateralis* beruhen. Das ist ein Schaltzentrum im Gehirn, in dem optische Reize vom Auge ins Großhirn umgeschaltet werden. Die Störung betrifft die Korrelation der Bilder vom rechten und linken Auge. Äußerlich sichtbar ist diese Störung des Sehvorgangs dadurch, daß die Augen durch Schielen die

Abb. 18.11. Homozygotie für ein temperatur-sensitives Albinogen mit pleiotropem Effekt auf den Nucleus geniculatus lateralis: Bluepoint-Khmer-Katze. (Aufn. L. Schuster, München)

Fehlschaltung auszugleichen suchen (Abb. 18.11). Der rührende Blick einer Siamesischen Katze ist, wie so manches, was uns an unseren Haustieren gefällt, ein genetischer Defekt. Beim Menschen scheint der gleiche Defekt mit Albinismus korreliert zu sein, aber die genaue Analyse der neuralen Verbindungen bei Albinos steht noch aus.

Diese beiden phänotypischen Eigenschaften, mangelnde Pigmentierung und Störung des Sehvorgangs, sind natürlich ein Fall von Pleiotropie. Nur fällt hier auf, daß zwei sehr spezifische Effekte durch dasselbe Allel bewirkt werden, die nicht ohne weiteres in Verbindung gebracht werden können.

Auch am Albino-Gen lassen sich Umwelteffekte gut demonstrieren. Einige Albino-Mutationen im Tierreich sind die besten Beispiele für *temperatur-sensitive Mutanten*, bei denen das Genprodukt seine Funktion beibehält, aber eine so schwache Tertiärstruktur hat, daß es bei erhöhter Temperatur schon im physiologischen Bereich denaturiert. Die siamesische Katze und das Himalaja-Kaninchen sind bekannte Beispiele. Bei ihnen sind alle Körperteile, die sich stärker abkühlen, Nasenspitze, Ohren und Pfoten, dunkel, der Rest des Fells ist weiß (Abb. 18.11). Rasiert man einem Himalaja-Kaninchen den Rücken und bindet ihm einen Eisbeutel auf die nackte Haut, dann wachsen darunter schwarze Haare nach. Übrigens haben auch die temperatur-sensitiven Albino-Mutanten die pleiotrope Wirkung auf den Gesichtssinn.

18.13 Phenylketonurie: Expressivität

Noch ein Gendefekt aus dem Tyrosinstoffwechsel soll erwähnt werden, weil er klinisch wichtig ist und einige weitere Aspekte der Genwirkung demonstriert.
Der Ausfall der *Phenylalanin-Hydroxylase* bei Homozygotie für ein rezessives Allel führt zur *Phenylketonurie* (PKU). Im Normalfall wird Phenylalanin zu Tyrosin umgesetzt und nicht abgebaut. Wird die Umwandlung von Phenylalanin blokkiert, dann sammelt sich Phenylalanin an und wird analog zum Abbau von Tyrosin durch Desaminierung zu *Phenylbrenztraubensäure* umgesetzt. Phenylalanin und Phenylbrenztraubensäure sammeln sich im Blut an und werden im Urin ausgeschieden.
Die klinischen Symptome der Phenylketonurie beruhen *sowohl auf Ansammlung der Vorstufen der Reaktion wie auf Fehlen der Reaktionsprodukte*. Weitaus schwerwiegender ist der erste Effekt. Phenylbrenztraubensäure gerät nämlich ins Gehirn, und die Säure selbst oder Stoffwechselprodukte davon vergiften die Zellen des Zentralnervensystems und schädigen das Gehirn während seiner Entwicklung. Eines der deutlichsten Symptome bei Phenylketonurie ist eine stark herabgesetzte Intelligenz.
Der *Intelligenzquotient* (IQ) ist das Verhältnis von geistigem Entwicklungsalter

zu Lebensalter von Kindern und Jugendlichen, gemessen an ihrer Fähigkeit, gewisse Tests zu bestehen. Er variiert bei Phenylketonurie-Patienten von unter 20% bis über 60%. Bei mehr als der Hälfte der Homozygoten liegt er unter 20 (man läßt das Prozentzeichen als selbstverständlich weg).

Dadurch, daß Tyrosin bei den Homozygoten nicht aus Phenylalanin entstehen kann, hat der Block der Phenylalanin-Hydroxylase auch einen Effekt auf die weiteren Produkte des Tyrosins. Dieser Effekt ist weniger stark ausgeprägt als der des Anstauens von Phenylbrenztraubensäure. Das liegt daran, daß Tyrosin auch direkt aus den Proteinen der Nahrung bezogen werden kann. Der Tyrosinmangel ist also nur eine relative Verminderung, abhängig von der Qualität der Nahrungsproteine. Ein deutlicher Tyrosin-Mangeleffekt bei Homozygoten für PKU ist eine verminderte Melaninproduktion. 62% der Homozygoten haben blaue Augen und blondes Haar. Darunter sind Patienten, die nachweislich die Allele für braune Augen und dunkle Haarfarbe besitzen. PKU kann also *epistatisch* über diese Gene sein. Wir haben gesehen, daß bei polygener Vererbung ein Ausfall des Hauptgens epistatisch über die modifizierenden Gene ist.

Der PKU-Effekt auf die Augenfarbe demonstriert eine andere Regel: *In Genwirkketten ist ein Ausfall früherer Enzyme epistatisch über die späteren Gene.* Wenn das erste Produkt einer biochemischen Kettenreaktion fehlt, ist es kein Wunder, daß die folgenden Reaktionen nicht stattfinden können.

Der Tyrosinmangel bei PKU bewirkt auch einen verminderten Adrenalinspiegel im Serum. Je weiter die Sekundäreffekte vom direkten Effekt des mutierten Allels entfernt sind, desto mehr können sie durch andere Gene und durch Umweltfaktoren modifiziert werden. Die vielen Symptome pleiotroper Gene sind also bei verschiedenen Individuen verschieden stark ausgeprägt. Man spricht von *varia-bler Expressivität* des Geneffekts. *Die Expressivität ist der Grad der Ausprägung des genetisch bedingten phänotypischen Zustands.* Expressivität kann quantitativ meßbar sein. Die Verminderung des Intelligenzquotienten auf 60% bis 20% des Durchschnittswertes bei Phenylketonurie ist ein Beispiel dafür.

Die Expressivität eines Gens kann durch modifizierende Gene und durch die Umwelt beeinflußt werden. Verabreicht man Kindern, bei denen Phenylketonurie nachgewiesen worden ist, von Anfang an eine strenge Diät, die wenig Phenylalanin enthält, dann entwickeln sich solche Kinder völlig normal. Die genetische Veranlagung zur Krankheit kommt nicht zum Ausdruck. Die Diät kann nach einigen Jahren sogar abgesetzt werden, ohne daß Gehirnschäden auftreten. Das Allel wirkt also auf die *Entwicklung* des Gehirns. Das Nervensystem, besonders auch das Gehirn, entwickelt sich beim Menschen nach der Geburt noch weiter, dann übrigens unter direkten Außeneinflüssen. Bei den Kindern von PKU-erkrankten Müttern, auch bei den genetisch gesunden, findet eine Schädigung der Gehirnentwicklung schon während der Fötalentwicklung statt.

18.14 Dominante Entwicklungsschäden: Expressivität

Dominant vererbte Entwicklungsstörungen unterscheiden sich im Grad der Ausprägung von rezessiv vererbten. Bei dominanten Erbkrankheiten ist der Effekt des mutierten Allels auch bei Heterozygoten äußerlich nachweisbar. Es findet also weniger oder keine Kompensation durch das Normalallel statt. Dominante Erbleiden beruhen dementsprechend auf dem Ausfall zentral wichtiger Moleküle. Das Marfan-Syndrom (16.02) scheint primär ein Defekt des Kollagens zu sein. Kollagen ist eines der wichtigsten Strukturmoleküle im Körper. Auch Mutationen von Kontrollfunktionen (z.B. der Entwicklung von

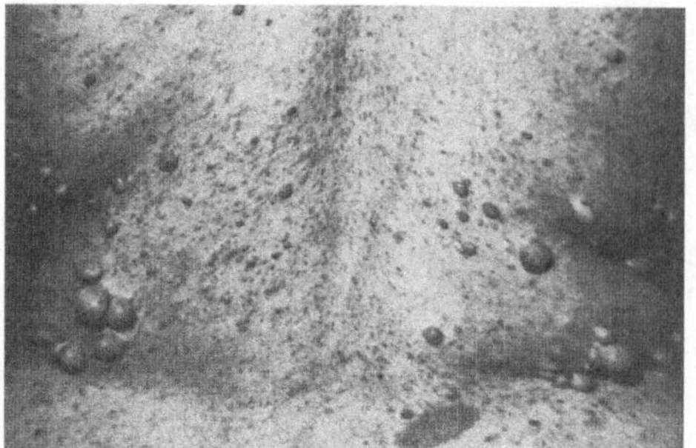

Abb. 18.12. Neurofibromatose. (Aufn. U. Schnyder)

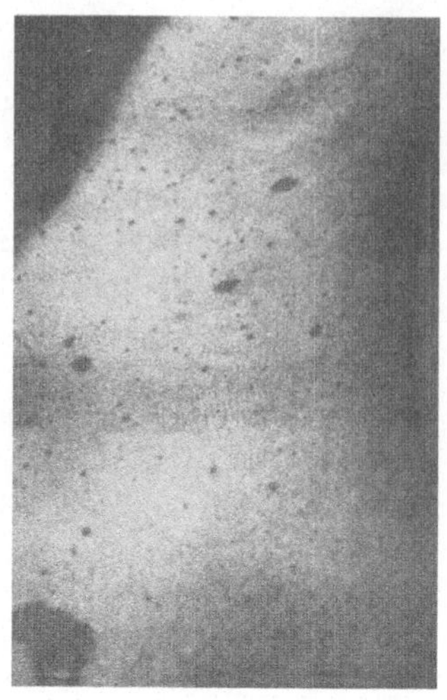

Abb. 18.13. Neurofibromatose, alternative Ausprägung: Milchkaffeeflecke. (Aufn. U. Schnyder)

Hormondrüsen) können dominant wirken.

Alle modifizierenden Einflüsse beim Entwicklungsvorgang, die wir bei rezessiven Mutationen kennengelernt haben, gelten auch für dominante. In der Regel sind sie hier noch deutlicher ausgeprägt. Pleiotropie ist bei dominanten Erbleiden häufig, und die Expressivität kann in weiten Grenzen variieren. Dabei können quantitative und qualitative Unterschiede auftreten.

Ein Beispiel für *qualitative Unterschiede in der Expressivität* eines dominanten Allels ist die *Neurofibromatose*. Sie manifestiert sich durch das Auftreten vieler kleiner Tumoren aus Bindegewebe und Nervengewebe, vor allem in der Haut (Abb. 18.12), aber auch im Gehirn. Alternativ kann das gleiche Allel auch andere Symptome hervorrufen und das unregelmäßige Auftreten brauner Flecken auf der Haut bewirken (Abb. 18.13). Solche Flekken, die „Café-au-lait"- oder „Milchkaffee-Flecke" genannt werden, können auch auf somatischen Mutationen beruhen. Wir haben schon darauf hingewiesen, daß die Haut besonders anfällig für somatische Mutationen ist. Findet man mehr als fünf solcher kaffeebrauner Flecken von mehr als 15 mm Durchmesser, dann handelt es sich mit großer Wahrscheinlichkeit um die milde Form von Neurofibromatose. Bei lokalisierten, genetisch bedingten Symptomen ist es immer möglich, daß somatische Mutationen vorliegen. Es ist wichtig, das bei der genetischen Beratung zu beachten.

Auch quantitativ variiert die Expressivität bei dominanten Erbleiden oft in sehr weiten Grenzen. In einigen Fällen kann die Expressivität null sein, das heißt, das dominante Allel kommt im Phänotyp nicht zum Ausdruck.

18.15 Phänokopien

Genetisch bedingte Merkmale (Symptome) können nicht nur durch die Umwelt beeinflußt werden, sie können auch ohne genetischen Defekt durch einen spezifischen Umwelteinfluß auf das Gen oder sein Produkt hervorgerufen werden. *Wenn die Symptome einer Erbkrankheit vorliegen, ohne daß die genetische Basis dafür gegeben ist, spricht man von einer Phänokopie.* Phenylbrenztraubensäure aus dem Blut der Mutter hat auf die Entwicklung genetisch normaler Föten bei PKU-Müttern denselben Effekt, wie die eigene Produktion von Phenylbrenztraubensäure bei PKU-Kindern gesunder Mütter. Jodmangel führt durch kompensatorische Überentwicklung der Schilddrüse zu Kropfbildung und durch mangelndes Schilddrüsenhormon zu Wachstumsstörungen. Die gleichen Symptome, *Kretinismus mit Kropf*, können durch Mutationen im Thyroxinstoffwechsel entstehen und werden dann unabhängig von der Umwelt vererbt. Vitamin-D-Mangel und genetisch bedingte *Vitamin-D-resistente hypophosphatämische Rachitis* führen zu den gleichen Symptomen, obwohl die primären Defekte völlig verschieden sind. In jedem Fall können die gleichen Symptome durch Umwelteinflüsse oder durch Mutationen entstehen.

Phänokopien geben oft Aufschlüsse darüber, in welchem Entwicklungsstadium ein bestimmtes Gen zur Wirkung kommt. Die Genetik des Entwicklungsvorgangs verschiedener Organismen ist dadurch untersucht worden, daß im Laufe der Entwicklung die Embryonen subletalen Temperaturschocks ausgesetzt worden sind. Kurzes Erhitzen der Embryonen in ganz bestimmten Entwicklungsstadien führt gelegentlich zu den ganz spezifischen Symptomen gewisser Mutationen. Der Zeitpunkt der Temperaturbehandlung ist dabei oft sehr kritisch, und es liegt nahe anzunehmen, daß das entsprechende Gen zu diesem Zeitpunkt in den Entwicklungsvorgang eingreift.

Ähnliches gilt für die Entwicklungsstörungen, die beim Menschen auftreten, wenn schwangere Frauen das Schlafmittel Contergan (Thalidomid) einnehmen. Einige der Symptome sind Phänokopien genetischer Effekte, und das Spektrum der Symptome scheint eng mit dem Termin der Contergan-Einnahme während der Schwangerschaft korreliert zu sein.

In der Forschung geben Phänokopien Aufschlüsse über die Genetik des Entwicklungsvorgangs. Bei der genetischen Familienberatung müssen sie beachtet werden, weil die Erbprognose natürlich bei einer Phänokopie sehr viel hoffnungsvoller ist als bei einem genetischen Defekt.

18.16 Letalfaktoren

Bei der Diskussion von Erbleiden haben wir öfter festgestellt, daß die Überlebenschancen von Erbkranken geringer sind als die von Gesunden. Dadurch entsteht eine natürliche Selektion (26.02), die bei solchen Erbleiden genau 100% beträgt, die immer vor dem Erreichen des fortpflanzungsfähigen Alters zum Tode führen. In der Humangenetik werden solche Allele *Letalfaktoren* genannt.

In der genetischen Forschung wird ein Letalfaktor oft enger definiert, nämlich als *ein Allel, das homozygot zum Absterben während der Entwicklung führt, während die Heterozygoten überleben.*

Ein Beispiel für einen Letalfaktor im engeren Sinne beim Menschen ist die *Incontinentia pigmenti* (Abb. 18.14), ein X-gekoppeltes dominantes Allel, das heterozy-

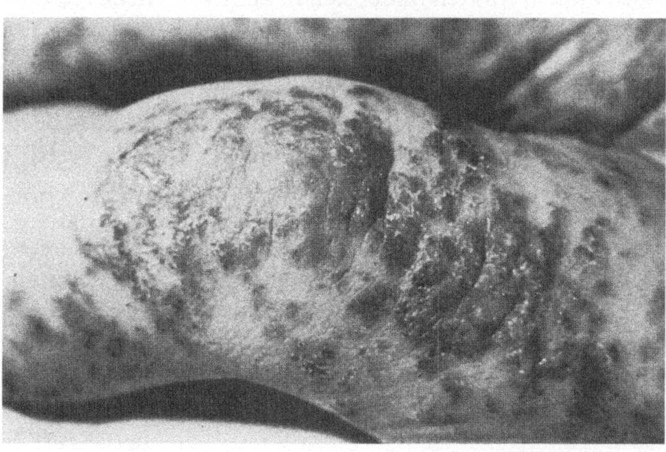

Abb. 18.14. Incontinentia pigmenti. (Aufn. U. Schnyder)

got zu einer fleckigen Verschorfung der Haut führt, hemizygot pränatal letal ist. Das Krankheitsbild ist also auf Frauen beschränkt, und die kranken Frauen haben erwartungsgemäß mehr Töchter. In der Humangenetik werden aber auch dominante Gene, die vor Erreichen der Geschlechtsreife zum Tode führen, und die vielen früh letalen Chromosomenanomalien, z.B. Trisomie D 13 und Trisomie E 18 (19.07), zu den Letalfaktoren gerechnet.

18.17 Multifaktorielle Vererbung

Je mehr Gene an der Ausprägung eines Merkmals beteiligt sind und je gleichwertiger ihr Einfluß auf das Merkmal ist, desto schwieriger wird die Identifizierung eines einzelnen Gens.

Eigenschaften, die genetisch bedingt sind, aber keinem Mendelschen Erbgang folgen, werden üblicherweise nach dem Modellschema einer *additiv polygenen Vererbung* analysiert. Dazu nehmen wir an, daß das Merkmal von einer unbekannten Anzahl von Genen bestimmt wird, von denen jedes ein „schwaches" oder funktionsloses Allel oder ein „starkes" Allel beitragen kann. Die Beiträge aller starken Allele sollen quantitativ gleich groß sein, und die Ausprägung des Merkmals soll sich additiv aus den Beiträgen aller „starken" Allele zusammensetzen (Abb. 18.15). Nach diesem Modell findet sich in der Population eine symmetrische Verteilung von Genotypen um einen Mittelwert, der den Genotypen mit 50% „starken" und 50% „schwachen" Genen entspricht. Diese Genotypen bedingen die *genetische Disposition* zur Ausprägung des Merkmals. Diese genetische Disposition folgt dann näherungsweise einer Gaußschen Normalverteilung, bei der die Häufigkeit H einer Disposition von der Stärke x durch die folgende Gleichung gegeben ist:

$$H(x) = H(\bar{x}) \exp\left(-\frac{(x - \bar{x})^2}{2\sigma^2} \right).$$

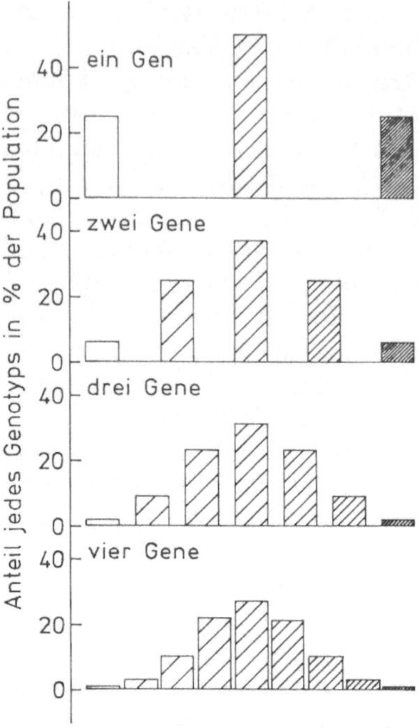

Abb. 18.15. Polygene Vererbung eines quantitativen Merkmals. Es wird angenommen, daß jedes Gen in zwei Allelen auftritt, von denen je eins das Merkmal verstärkt und eines es abschwächt. Die genetische Disposition zur Ausbildung des Merkmals ist proportional der Anzahl starker Allele im Genotyp. Schon bei vier Genen (acht Allelen) treten neun Abstufungen auf, die den Eindruck einer kontinuierlichen Variabilität erwecken. Dabei sind modifizierende Umwelteinflüsse (z.B. Sonnenbräune bei der Hautfarbe) noch nicht berücksichtigt worden

Diese Gleichung ist auf den ersten Blick ziemlich furchterregend. Auf das Wesentliche reduziert, beschreibt sie eine symmetrische „Glockenkurve", deren Gipfel bei der Durchschnittsdisposition $\bar{x}$ liegt, und deren Breite durch den beiderseitigen Abstand σ des Wendepunkts von der Mittellinie beschrieben wird.

Nimmt man nun zu der genetischen Disposition noch fördernde oder hindernde Umwelteffekte an, dann stellt das Modell einen guten Denkansatz zur Vererbung kontinuierlich variabler Eigenschaften dar. Meßbare Eigenschaften, wie Körpergröße und Blutdruck oder das Verhältnis der Kubikwurzel des Körpergewichts zur Körpergröße, lassen sich damit genetisch analysieren. Andere Eigenschaften lassen sich durch mehr oder weniger vernünftige Definitionen meßbar machen. Den Intelligenzquotienten als quantitative Größe zum Abschätzen der Intelligenz haben wir schon kennengelernt (18.13). Mit ähnlichen Methoden kann man auch so subjektiven Eigenschaften wie „Objektivität" und „Musikalität" quantitativ nahekommen und eine genetische Analyse durchführen. Solche Analysen sind wissenschaftlich zulässig, wenn man dabei nicht vergißt, daß die Definition eines quantitativen Äquivalents einer subjektiven Eigenschaft dem Belieben des Forschers anheimgestellt ist. Eine Genetik des Intelligenzquotienten ist nicht unbedingt eine Genetik dessen, was sich ein anderer unter „Intelligenz" vorstellt.

Um die multifaktorielle Genetik von Eigenschaften zu erklären, die nicht kontinuierlich variabel sind, müssen wir eine zusätzliche Annahme machen. Das ist zum Beispiel nötig für *multifaktoriell bedingte Erbkrankheiten,* bei denen nicht ein kontinuierliches Spektrum von leicht krank bis schwer krank gefunden wird, sondern eine alternative Verteilung gesund-krank.

In solchen Fällen können wir annehmen, daß ein *Schwellenwert* existiert, eine Dispositionsstärke, die zur Ausbildung der Krankheit führt (Abb. 18.16). Geringere Dispositionsstärke macht das Erkranken unwahrscheinlich, stärkere wahrscheinlicher. Die Stärke der Ausbildung des Merkmals wird in diesem Fall durch die Wahrscheinlichkeit ersetzt, mit der das Merkmal bei verschiedener Disposition auftritt (Abb. 18.17). Dabei spielt natürlich die Umwelt wieder eine Rolle. Bei der genetischen Beratung wird in solchen Fällen an Stelle einer Berechnung der Wahrscheinlichkeit aus dem Mendelschen Ansatz eine *empirische Wahrscheinlichkeit* angegeben, die auf der Untersuchung der Häufigkeit des Auftretens der Krankheit bei Verwandten von Kranken beruht.

Multifaktoriell bedingte Erbleiden sind häufiger und im allgemeinen von größerer

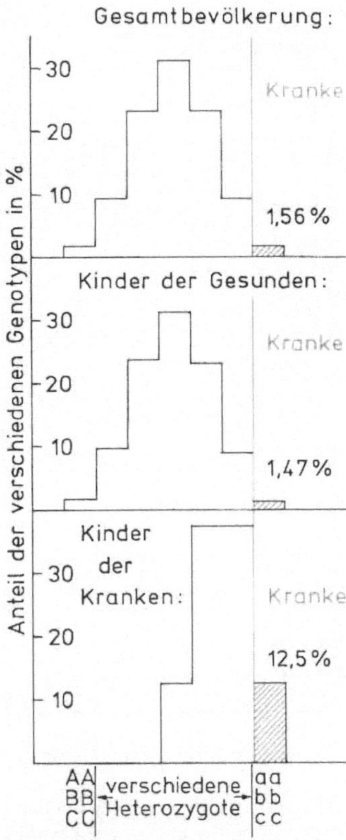

Abb. 18.16. Einfaches Modell für die Vererbung einer polygen bedingten Erbkrankheit. Es wird angenommen, daß drei Gene homozygot rezessiv vorliegen müssen, bevor die Krankheit sich manifestiert. Die Vererbbarkeit der Krankheit läßt sich durch einen Vergleich ihrer Häufigkeit bei Kindern mit einem kranken Elternteil und bei Kindern mit zwei gesunden Eltern feststellen

Bedeutung in der Population als monogen bedingte. Zu ihnen gehören die *Lippen-Kiefer-Gaumenspalte, Spina bifida, Klumpfuß, Pylorusstenose, angeborene Hüftluxation, Schizophrenie, Asthma, Heuschnupfen* und *Diabetes mellitus.* Bei dieser Liste fällt auf, daß es sich besonders um systemische Entwicklungsfehler, Geisteskrankheiten und Immunkrankheiten handelt. Diabetes mellitus haben wir bereits als eine möglicherweise virus-bedingte Krankheit kennengelernt. Virusbedingte Krankheiten können selbstverständlich eine erbliche Komponente haben. Am Beispiel der Krebsentstehung werden wir

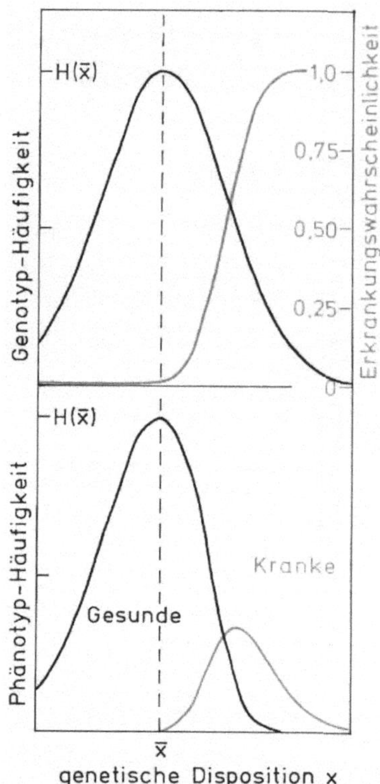

Abb. 18.17. Allgemeines Modell für die Vererbung einer polygen bedingten Erbkrankheit. Die Dispositionsstärke ist um einen Mittelwert normal verteilt. Mit steigender Disposition steigt die Wahrscheinlichkeit der Erkrankung. Links im Bild sind Personen, die auch bei schlechtesten Umweltbedingungen nicht erkranken, rechts im Bild Personen, die auch bei besten Umweltbedingungen erkranken. Dazwischen liegt ein (verschieden breiter) Bereich, in dem die Erkrankungswahrscheinlichkeit durch Umwelteinflüsse kontrolliert wird. In diesem Bereich kann die Erkrankungswahrscheinlichkeit herabgesetzt werden (richtige Diät, Vermeidung gewisser Drogen oder Verabreichung gewisser Drogen, Vermeidung schädlicher Reize oder ähnliches)

die Beziehung zwischen Viren, Genen und Umwelt etwas genauer kennenlernen (19.10).

Typisch für viele multifaktoriell bedingte Erbkrankheiten ist eine *ungleiche Vertei-*

lung zwischen den Geschlechtern. Pylorus-Stenose ist bei Knaben sechsmal häufiger als bei Mädchen, angeborene Hüftluxation bei Mädchen sechsmal häufiger als bei Knaben.

Bei multifaktorieller Vererbung ist oft schwer festzustellen, wie weit genetische und wie weit Umweltfaktoren an der Ausprägung des Merkmals teilnehmen. Der sinnlose Streit über die Erblichkeit der Intelligenz ist wohl einer der bekanntesten Fälle, aber nicht der wichtigste. Multifaktoriell bedingte Erbleiden, wie einige Formen von Diabetes, deren Symptome durch Umwelteffekte beeinflußt oder kopiert werden können, sind praktisch wichtiger.

Der Vergleich *genetisch identischer eineiiger Zwillinge* (EZ) mit *genetisch verschiedenen zweieiigen Zwillingen* (ZZ) spielt dabei eine große Rolle. Im Gegensatz zu ZZ, die aus zwei gleichzeitig ovulierten Eiern entstehen, die durch zwei verschiedene Spermien befruchtet werden, entstehen EZ aus einer Zygote, die in einem ganz frühen Entwicklungsstadium zwei Embryonalanlagen bildet.

EZ haben immer das gleiche Geschlecht. Sie sind in allen Erbanlagen identisch, auch in polygen bedingten. Eigenschaften wie Körpergröße oder das Fingerabdruckmuster sind also bei EZ sehr viel ähnlicher wie bei ZZ. Eigenschaften, in denen EZ übereinstimmen, nennt man *konkordant*, solche, in denen sie sich unterscheiden, *diskordant*.

Der unterschiedliche Grad der Konkordanz von Eigenschaften bei EZ und ZZ gibt Aufschluß darüber, wie weit genetische Faktoren bei ihrer Ausprägung eine Rolle spielen. Besonders aufschlußreich ist der Vergleich von EZ, die in der gleichen Umwelt aufgewachsen sind, mit solchen, bei denen die Umweltbedingungen voneinander abweichen.

19 Cytogenetik

19.01 Die Aufgabe der Cytogenetik

Cytogenetik ist die Analyse der Vererbung der Chromosomenstruktur, so wie sie im Lichtmikroskop sichtbar ist (Abb. 19.01). Hauptsächlich wird dabei mit *Metaphasechromosomen* gearbeitet. Dazu ist es nötig, Metaphasen anzureichern, die Zellen so aufzuarbeiten, daß die Chromosomen einzeln sichtbar sind, mit besonderen Färbemethoden individuelle Bandenmuster der Chromosomen darzustellen und schließlich im Lichtmikroskop zu analysieren. Das sind besondere Techniken, die besonders geschultes Personal benötigen, wenn sie routinemäßig eingesetzt werden.

Cytogenetik ist aber nicht nur eine besondere Methodik. Erbliche Veränderungen der Chromosomenstruktur („Chromosomenmutationen") oder der Chromosomenzahl („Genommutationen") haben Konsequenzen, die nichts mit dem Genbestand dieser Chromosomen zu tun haben müssen. Chromosomen sind Organellen zur geordneten Weitergabe des genetischen Materials in Meiose und Mitose. *Chromosomenmutationen*, selbst wenn sie nichts am Genbestand verändern, können diese *Weitergabe* beeinflussen. Direkte phänotypische Konsequenzen können Chromosomenmutationen dadurch haben, daß sie *Genregulation* oder *Gendosierung* im Kern durcheinanderbringen. *Verlust eines dominanten Allels* aus einem heterozygoten Genom bringt das rezessive Allel zum Tragen, aber schon eine *dritte* normale *Genkopie in einem diploiden Genom* kann in einigen Fällen zelluläre Regelvorgänge mit weittragenden Konsequenzen durcheinanderbringen. Das

kann auch dadurch geschehen, daß ein Gen von seiner normalen Lage in eine andere Umgebung im Genom gerät (*Positionseffekt*).

Wichtig dabei ist der Unterschied zwischen Chromosomenmutationen in somatischen Zellen, aus denen veränderte Zellklone in einem Individuum entstehen, und Chromosomenmutationen in der Keimbahn, die sich auf die Meiose auswirken können und über Generationen vererbt werden.

Mikroskopisch sichtbare Chromosomenmutationen oder Genommutationen in der Keimbahn haben in der Regel katastrophale Folgen. Die meisten Genommutationen haben Zygotenletalität zur Folge, werden also sofort natürlich auselektiert. Die wenigen, die nicht in der Zygote letal wirken, führen zu schweren Schädigungen. Es herrscht weitgehende, aber keineswegs allgemeine, Übereinstimmung, daß in vielen solchen Fällen eine Schwangerschaftsunterbrechung gerechtfertigt ist. Dafür ist eine cytogenetische *pränatale Diagnose* notwendig.

Da der Mensch morphologisch unterscheidbare *Geschlechtschromosomen* hat, spielt die Analyse dieser Chromosomen und veränderter Formen und Anzahlen davon im Genom eine besondere Rolle in der cytogenetischen Praxis.

19.02 Cytogenetische Methodik

Die cytogenetische Methodik ist in den fünfziger und sechziger Jahren so grundlegend verbessert worden, daß heute jedes einigermaßen gut eingearbeitete Labor

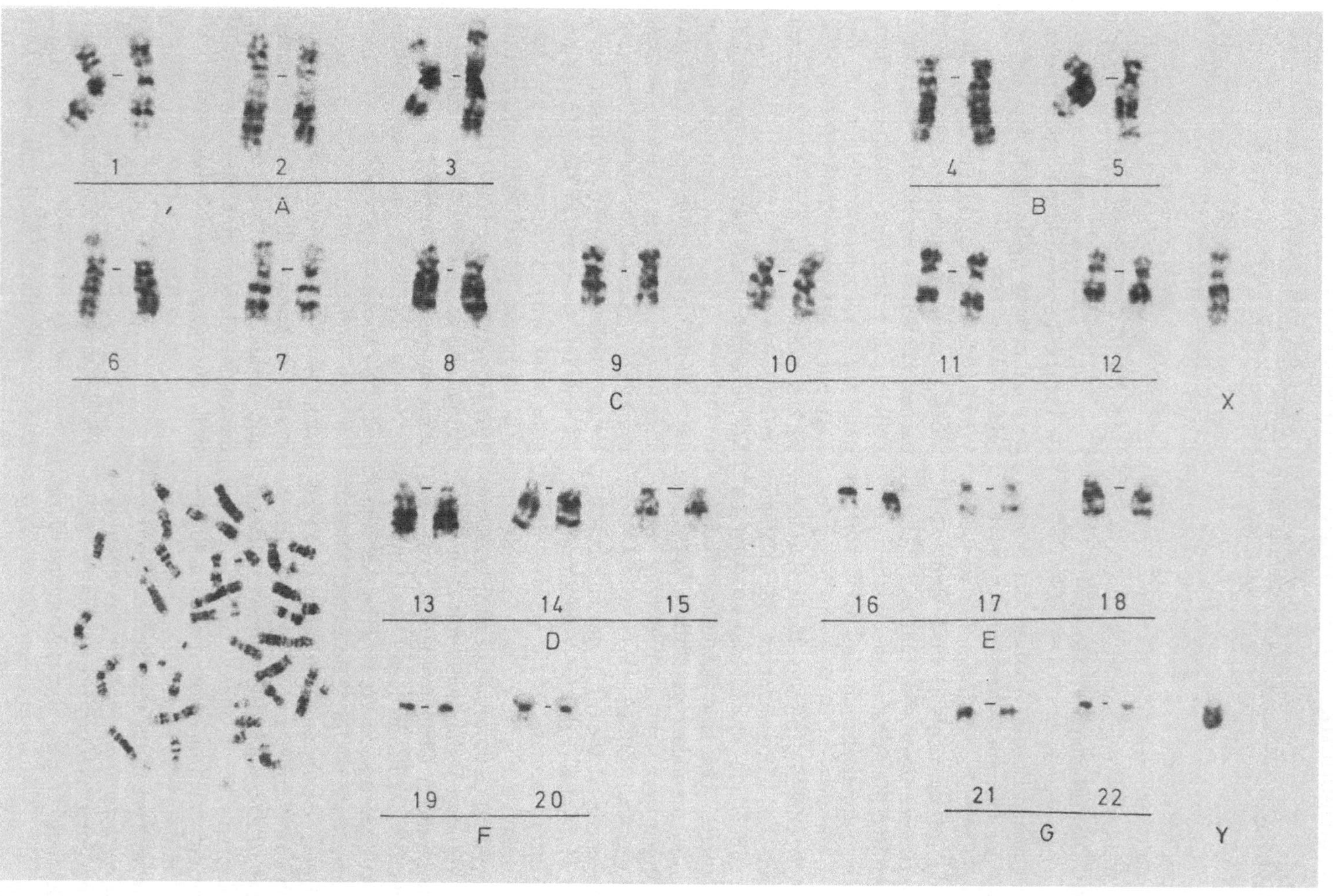

Abb. 19.01. Karyotyp des Menschen, Giemsa-Bänderung. Links: Aufnahme der gebänderten Metaphase direkt vom Präparat. (Aufn. T. Schroeder)

routinemäßig ausgezeichnete Chromosomenpräparationen herstellen kann. Keiner der einzelnen Arbeitsgänge ist dabei besonders genial, aber die Zusammenstellung zeigt eine technische Raffinesse, an deren Ausarbeitung eine große Anzahl Forscher beteiligt gewesen sind.

Man kann Chromosomen in jedem Gewebe finden, das eine hohe Mitoserate hat. Knochenmark ist beim Menschen das geeignete Gewebe dazu. Es ist möglich, eine Probe Zellen mit einer Injektionsspritze aus dem Sternum zu entnehmen und nach Fixierung und Färbung direkt zu beobachten. Aber abgesehen davon, daß die Sternalpunktion für den Patienten ziemlich schmerzhaft ist, können heute weit bessere Resultate nach *kurzzeitiger Kultivierung der Lymphocyten* aus dem peripheren Blut erzielt werden, auch wenn diese Methode aufwendiger ist.

Für die Zellkultur werden etwa 10 ml Venenblut steril entnommen und zur Gerinnungsverhütung mit einem Tropfen Heparin versetzt. Das Blut wird zentrifugiert, bis sich die Erythrocyten absetzen. Die Leukocyten bleiben im Serum oder lagern sich als fusselige weiße Schicht (engl.: buffy coat) auf die Erythrocyten. Das Serum und die Leukocyten können dann abpipettiert und in Gewebekultur gebracht werden.

Wie alle Medien für die Kultur von Gewebezellen, ist das Chromosomenmedium recht komplex. Es ist eine gepufferte isotonische Salzlösung, der alle essentiellen Aminosäuren und Vitamine zugesetzt werden. 70 ml dieses MEM-Nährmediums (MEM = minimal essential medium) werden mit 30 ml fötalem Kälberserum versetzt, das für das Zellwachstum notwendige makromolekulare Komponenten enthält. In der Regel setzt man dem Medium auch ein Antibiotikum zur Verhinderung von Bakterienwachstum zu. Selbstverständlich wird bei der Blutentnahme und bei der Zellkultur steril gearbeitet. Schließlich enthält das Chromosomenmedium als wichtige Komponente Phytohämagglutinin (PHA), ein *Lektin.*

Lektine sind makromolekulare Substanzen, die sich an spezielle Membranrezeptoren von Zellen ansetzen und diese Zellen zur Zellteilung bringen (4.07). Lektine werden gewöhnlich aus Pflanzen gewonnen.

Durch das PHA werden die Lymphocyten zur Teilung angeregt. Gewöhnlich läßt man sie 72 Std im Medium bei 37° C inkubieren. Die Zellen sind dann im zweiten Teilungszyklus, und die Ausbeute an Mitosen ist maximal. Zu diesem Zeitpunkt wird das Medium abzentrifugiert, und die Zellen werden für 10 min bei 37° C einer hypotonischen Salzlösung ausgesetzt. 0,56% KCl (0,075 M) hat sich als eine besonders schonende Lösung erwiesen, in der die Zellen und Zellkerne osmotisch aufquellen, was später eine bessere Verteilung der Chromosomen auf dem Objektträger garantiert.

Die Zellen werden dann in einer Lösung von 3 Teilen Methanol und einem Teil Eisessig (konzentrierte Essigsäure) fixiert. Da es sich um Einzelzellen handelt, genügt eine kurze Fixierung. Dreimal 10 min in jeweils neuer Lösung sind ausreichend. Trägt man Tropfen der Zellen in der Fixierflüssigkeit auf einen sauberen Objektträger auf und läßt das Fixiermittel eintrocknen, dann platzen die Zellen und schütten ihre Chromosomen auf den Objektträger, wo sie nebeneinander am Glas festkleben. Diese Chromosomen können dann für Bänderungstechniken (10.07) vorbehandelt und gefärbt oder direkt gefärbt werden.

In der Regel werden die Chromosomen nicht nur unter dem Mikroskop betrachtet und gezeichnet. Einige besonders gut getrennte und gefärbte Metaphasen werden auch photographiert. Aus einem Positivabzug des Bildes werden dann die Chromosomen einzeln ausgeschnitten und nach ihrer Morphologie geordnet, so daß man den Chromosomensatz leichter untersuchen kann. Das Bild der geordneten Chromosomen nennt man ein *Karyogramm* oder ein *Idiogramm* (Abb. 10.08, 10.09, 19.01, 19.06, 19.09).

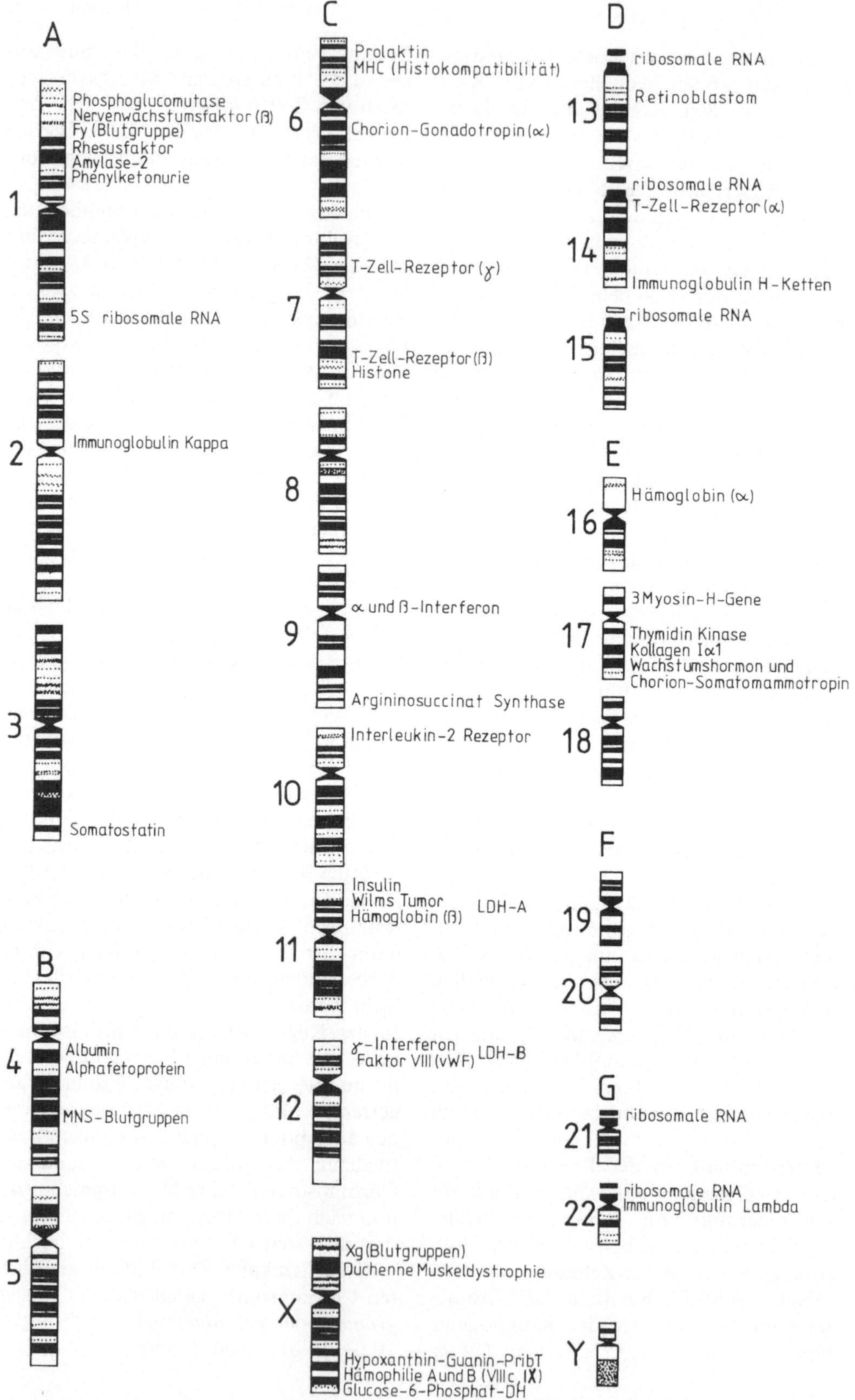

A
1 Phosphoglucomutase
Nervenwachstumsfaktor (ß)
Fy (Blutgruppe)
Rhesusfaktor
Amylase-2
Phenylketonurie
5S ribosomale RNA
2 Immunoglobulin Kappa
3 Somatostatin
B
4 Albumin
Alphafetoprotein
MNS-Blutgruppen
5
C
6 Prolaktin
MHC (Histokompatibilität)
Chorion-Gonadotropin (α)
7 T-Zell-Rezeptor (γ)
T-Zell-Rezeptor (ß)
Histone
8
9 α und ß-Interferon
Argininosuccinat Synthase
10 Interleukin-2 Rezeptor
11 Insulin
Wilms Tumor
Hämoglobin (ß)   LDH-A
12 γ-Interferon   LDH-B
Faktor VIII (vWF)
X Xg (Blutgruppen)
Duchenne Muskeldystrophie
Hypoxanthin-Guanin-PribT
Hämophilie A und B (VIIIc, IX)
Glucose-6-Phosphat-DH
D
13 ribosomale RNA
Retinoblastom
14 ribosomale RNA
T-Zell-Rezeptor (α)
Immunoglobulin H-Ketten
15 ribosomale RNA
E
16 Hämoglobin (α)
17 3 Myosin-H-Gene
Thymidin Kinase
Kollagen Iα1
Wachstumshormon und
Chorion-Somatomammotropin
18
F
19
20
G
21 ribosomale RNA
22 ribosomale RNA
Immunoglobulin Lambda
Y

19.03 Die Chromosomen des Menschen

Nach allgemeiner Übereinkunft ordnet man die Chromosomen der Größe nach und berücksichtigt dabei auch die Lage des Centromers.

Auch die *Chromosomen des Menschen* werden so geordnet. Die 46 Chromosomen des diploiden Satzes werden in 22 Autosomenpaare und die Geschlechtschromosomen eingeteilt.

Allein die Größe und Gestalt der Chromosomen läßt aber keine eindeutige Identifizierung zu. Man hat daher die Chromosomen des Menschen in *sieben Gruppen, A bis G,* eingeteilt. Jedes Chromosom läßt sich leicht einer Gruppe zuordnen. Innerhalb der Gruppe kann nur mit besonderen Methoden eindeutig entschieden werden, welches ein bestimmtes Chromosom ist. Die Einführung der Bänderungstechniken macht das jetzt bei den Chromosomen des Menschen möglich (Abb. 19.01, 19.02). Das Muster der Giemsa-Banden (G-Banden) und der Fluoreszenzbanden (Q-Banden) ist charakteristisch für jedes Chromosom.

Gruppe A (Chromosomenpaare 1–3): Dies sind die größten Chromosomen im Karyotyp, Nr. 1 und Nr. 3 sind metacentrisch, Nr. 2 ist submetacentrisch, das Centromer ist also nicht ganz genau in der Mitte.

Gruppe B (Chromosomenpaare 4 und 5) enthält zwei ziemlich große, deutlich submetacentrische Chromosomen.

Abb. 19.02. Die Chromosomen des Menschen. Detailliertes Bandenmuster auf Grund verschiedener Färbemethoden an besonders gestreckten Prophase-Chromosomen. Die annähernde Lage verschiedener Gene ist jeweils rechts vom Bandenmuster eingezeichnet. LDH ist Milchsäure-Dehydrogenase, vWF ist der von-Willebrandt-Faktor des Blutgerinnungssystems, der zusammen mit dem antihämophilen Globulin VIIIc (dem typischen X-chromosomalen Faktor) wirkt

Gruppe C (Chromosomenpaare 6–12): Diese Gruppe von sieben mittelgroßen, mehr oder weniger submetacentrischen Chromosomenpaaren ist bei gewöhnlicher Färbung nicht weiter einzuteilen. Das X-Chromosom gehört nach Größe und Gestalt dieser Gruppe an. Man wird also in der C-Gruppe bei der Frau 16, beim Manne 15 Chromosomen erwarten.

Gruppe D (Chromosomenpaare 13–15): Die D-Chromosomen sind acrocentrisch und können dadurch von den kleineren Chromosomen der E-Gruppe unterschieden werden. Die kurzen Arme aller drei D-Gruppen-Chromosomen tragen Satelliten. Satelliten sind durch dünne Einschnürungen abgetrennte knopfartige Enden (10.07). Sie dürfen nicht mit der Satelliten-DNA (17.08) verwechselt werden, die unglücklicherweise einen ähnlichen Namen hat. Im Gegensatz zum Centromer, das als primäre Einschnürung bezeichnet wird, nennt man die Einschnürungen von Satellitenchromosomen sekundäre Einschnürungen (engl. secondary constrictions). Sie entsprechen der Lage der r-RNA-Gene (Abb. 19.02). An den sekundären Einschnürungen werden also Nukleolen gebildet. Gelegentlich werden sie auch Nukleolen-Bildungszentren (engl.: nucleolar organizers) genannt. Es ist nicht zufällig, daß solche Einschnürungen beim Menschen (und auch sonst häufig) an den kurzen Armen acrocentrischer Chromosomen vorkommen. Beim Menschen gibt es fünf davon, an den Chromosomen D 13–15 und G 21 und 22. Fünf (im diploiden Satz zehn) Nukleolenbildungszentren sind eine Menge. In den Genomen vieler Arten liegen alle r-RNA-Gene beieinander auf einem Chromosom.

Gruppe E (Chromosomenpaare 16–18): Von den drei E-Chromosomen ist Nr. 16 metacentrisch, Nr. 17 und 18 sind submetacentrisch. Dadurch sind sie leicht von den D-Gruppen-Chromosomen zu unterscheiden.

Gruppe F (Chromosomenpaare 19 und 20): Beide F-Gruppen-Chromosomen sind metacentrisch. Sie sind sehr kurz.

Gruppe G (Chromosomenpaare 21 und 22): Diese winzigen acrocentrischen Chromosomen tragen Satelliten. Der Größe und Gestalt nach gehört das Y-Chromosom in die G-Gruppe. Diese Gruppe sollte also bei der Frau 4, beim Manne 5 Chromosomen enthalten. Übrigens kann man mit einiger Übung das stark heterochromatische (dunkelgefärbte) Y-Chromosom auch in einfach gefärbten Präparaten erkennen. Im G-Banden-Muster fällt es durch seine Dunkelheit auf. Es stellt praktisch eine einzige Bande dar. Im Fluoreszenzmuster strahlt das Y-Chromosom derart intensiv, daß es sofort aufgefunden werden kann (Abb. 10.09). Auch in der fluoreszenz-gefärbten Interphase ist das Y-Chromosom als leuchtender Fleck (F-Body) sichtbar.

19.04 Geschlechtsbestimmung

Bisher haben wir die Geschlechtschromosomen bei *Drosophila* und beim Menschen als äquivalent betrachtet. Bei beiden ist das Y-Chromosom heterochromatisch und trägt keine oder wenige Gene, während das X-Chromosom viele wichtige Gene trägt. Bei beiden Arten hat das Weibchen zwei X-Chromosomen, das Männchen ein X und ein Y. Die Übereinstimmung ist zufällig, und die beiden Mechanismen haben sich völlig unabhängig voneinander entwickelt.

Überhaupt variieren die Mechanismen der Geschlechtsbestimmung im Tierreich von rein umwelt-abhängigen, mit denen das Zahlenverhältnis der Geschlechter den lokalen Ansprüchen angepaßt wird, bis zu rein genetischen. Selbst innerhalb der Wirbeltiere findet man die verschiedensten Varianten. Primitive Formen der Geschlechtsbestimmung sind typisch für Fische. Es gibt zwittrige Fische und Arten, die im Laufe ihres Lebens ihr Geschlecht ändern, und es gibt Fische mit festgelegter genetischer Geschlechtsbestimmung.

Genetische Geschlechtsbestimmung beruht im einfachsten Fall auf zwei Allelen eines Gens, das auf einem Paar völlig homologer Autosomen sitzt. Weitere Gene für geschlechtsgekoppelte Merkmale, z.B. für Unterschiede in der Zeichnung und Färbung zwischen Männchen und Weibchen, werden mit den geschlechtsbestimmenden Genen auf demselben Chromosom gekoppelt. Es kann in diesem Fall noch vorkommen, daß durch Crossover männliche Zeichnungsallele mit dem Allel gekoppelt werden, das das weibliche Geschlecht bestimmt. Der erste Schritt zur Evolution nicht miteinander homologer Geschlechtschromosomen ist die *Unterbindung von Crossover zwischen den beiden Chromosomen, die die geschlechtsbestimmenden Allele tragen.*

Ist zwischen den beiden geschlechtsbestimmenden Chromosomen kein Crossover mehr möglich, dann macht jedes der beiden Chromosomen seine eigene Evolution unabhängig vom anderen durch. In vielen Fällen führt das zum Abbau des euchromatischen Teils eines der beiden Chromosomen. Bei *Drosophila* und beim Menschen ist das Y-Chromosom beinahe völlig heterochromatisch. Nur in extremen Fällen ist dieser Abbau so weit gegangen, daß die Geschlechtschromosomen unter dem Mikroskop unterschieden werden können. Es ist auch keineswegs obligatorisch, daß das Männchen die beiden verschiedenen Geschlechtschromosomen (X und Y) hat. Bei Salamandern und Vögeln (und Schmetterlingen und vielen anderen Tieren) ist das Weibchen *heterogametisch*, und das Männchen hat die beiden homologen Geschlechtschromosomen. Man bezeichnet dann die Geschlechtschromosomen des Männchens als ZZ, die des Weibchens als ZW.

19.05 Die Lyon-Hypothese

Bei einer drastischen Umformung der geschlechtsbestimmenden Chromosomen, bei der eins der beiden Chromosomen heterochromatisch wird, ist auch der Mechanismus der Geschlechtsbestimmung komplizierter als bei den Arten, bei denen er auf zwei Allelen eines Gens beruht. Dabei bestehen Unterschiede zwischen verschiedenen Systemen, z.B. dem von *Drosophila* und dem des Menschen.

Am deutlichsten sind solche Unterschiede bei Individuen mit zusätzlichen oder fehlenden Geschlechtschromosomen nachzuweisen. Eine Taufliege mit einem X-Chromosom allein (und einem normalen Autosomensatz) ist ein Männchen. Ein Mensch mit einem einzelnen X-Chromosom („XO"-Typ) ist eine Frau. Eine Taufliege, die einen normalen Autosomensatz und die Geschlechtschromosomen XXY enthält, ist ein Weibchen. Beim Menschen führt der XXY-Typ zum männlichen Phänotyp. Bei beiden Arten darf das X-Chromosom nicht fehlen. YO-(Autosomen + Y)-Individuen sterben unweigerlich als frühe Embryonen. Bei der großen Anzahl wichtiger Gene auf dem X-Chromosom beider Arten ist das nicht verwunderlich. Es scheint, daß bei *Drosophila* der diploide Autosomensatz durch zwei oder mehr X-Chromosomen ausbalanciert sein muß, damit ein Weibchen entsteht. *Beim Menschen bestimmt die Anwesenheit des Y-Chromosoms auch bei vielen gleichzeitig vorhandenen X-Chromosomen den männlichen Phänotyp.*

Offensichtlich spielt bei der Funktion der Geschlechtschromosomen (und bei der Funktion der Chromosomen überhaupt) ihre *Dosierung* eine Rolle. Es ist deshalb besonders auffällig, daß sich bei den Säugetieren ein kleines heterochromatisches Y-Chromosom auch bei einer abnormen Überdosierung von X-Chromosomen durchsetzen kann. Die Erklärung dafür beruht auf dem seltsamen *Verhalten der X-Chromosomen bei Säugern.*

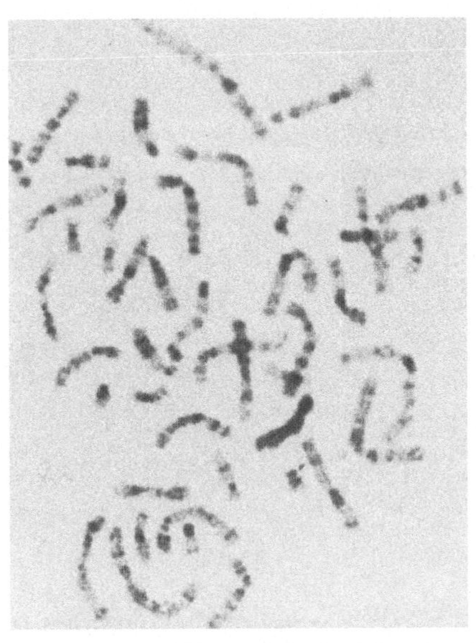

Abb. 19.03. Metaphase einer weiblichen Zelle aus der Amnionflüssigkeit. Angefärbt sind Chromosomensegmente, die ihre DNA spät in der S-Phase replizieren. Eines der beiden X-Chromosomen ist stark gefärbt. (Aus J.T. Epplen et al., 1975)

Es ist schon lange bekannt, daß X-gebundene rezessive Gene bei Säugetieren zu seltsamen phänotypischen Mustern führen. Das Paradebeispiel dafür ist ein Gen der Katze, bei dem ein rezessives Allel hemizygot oder homozygot gelbe Fellfarbe, ein anderes Allel schwarze Fellfarbe bedingt. Eine weibliche Katze, die heterozygot für beide Allele ist, zeigt weder Dominanz von gelb oder schwarz noch intermediäre Vererbung (kaffeebraun?), sondern trägt ein gelb-schwarz geflecktes Fell. Alle gelb-schwarz gefleckten Katzen sind Weibchen. Es scheint also, als ob die Zellen sich gruppenweise entscheiden, nur das eine oder das andere Allel zum Ausdruck zu bringen.

Dieser seltsamen Genwirkung entspricht das Verhalten des X-Chromosoms in der Mitose. Von den beiden X-Chromosomen des Weibchens hinkt eins bei der DNA-Synthese in der S-Phase nach (Abb. 19.03). *Wie heterochromatische Chromosomenabschnitte repliziert eines der beiden X-Chromosomen, aber immer nur eins,*

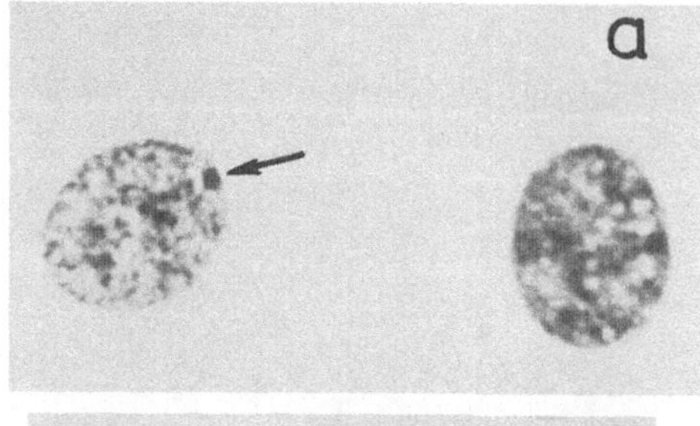

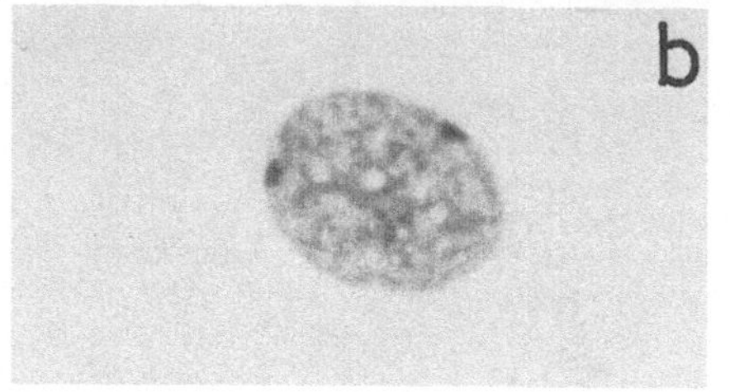

Abb. 19.04 a u. b. Barrsche Körperchen (a) Zellkerne einer normalen Frau; (b) Zellkern mit zwei Geschlechtschromatin-Körperchen. (Aufn. T. Schroeder)

seine DNA später als die euchromatischen Teile der Autosomen.
Schon 1949 hatte M.L. Barr in den Interphase-Kernen weiblicher Säugetiere ein Chromatinkörperchen gefunden, das in den Zellen von Männchen nicht vorkommt. Dieses heterochromatische Körperchen macht die Geschlechtsbestimmung an isolierten Zellen möglich. Es wird *Geschlechtschromatin* oder *Barrsches Körperchen* genannt (Abb. 19.04).
Schließlich haben wir schon erwähnt, daß bei Säugetieren Weibchen mit einem einzelnen X-Chromosom vorkommen. XO-Mäuse sind normale, fertile Weibchen. Ein X-Chromosom genügt also für die ausreichende Dosierung der Genprodukte X-gebundener Gene. Beim Manne ist diese Dosierung von X-gebundenen Genen (Hemizygotie) die Regel.
So nebeneinandergestellt, fordern diese Beobachtungen eine zusammenfassende Erklärung geradezu heraus. 1961 war es eine erstaunliche intellektuelle Leistung von Mary Lyon, aus den verschiedensten Beobachtungen die relevanten auszulesen und durch eine einfache Hypothese zu erklären. Die *Lyon-Hypothese* ist ein weiteres Beispiel dafür, wie ein einfacher Grundgedanke verschiedene isolierte Beobachtungen zusammenfaßt und sie zu einem experimentell nachprüfbaren Gedankenmodell verbindet.
Grundgedanke der Lyon-Hypothese ist, *daß in allen weiblichen Zellen eines der beiden X-Chromosomen zu einem funktionslosen heterochromatischen Körperchen inaktiviert wird.* Dieses inaktivierte X-Chromosom ist dann, klein und verklumpt, als Barrsches Körperchen auch in der Interphase sichtbar. *Bei der DNA-Synthese verhält sich das inaktivierte X-Chromosom wie Heterochromatin.* Es wird spät in der S-Phase repliziert.
Die Inaktivierung findet sehr früh in der Embryonalentwicklung statt. In diesem Stadium wird dann in jeder einzelnen somatischen Zelle das eine oder das andere X-Chromosom inaktiviert. Welches von beiden inaktiviert wird, entscheidet der Zufall, aber von da an bleibt das gleiche X-Chromosom in allen Nachkommen der Zelle heterochromatisch. Es entstehen also Areale von Zellen, die alle von einer embryonalen Zelle abstammen und jeweils nur die Gene eines, des nicht inaktivierten, X-Chromosoms zum Ausdruck bringen. Gene, die lokal über den Phänotyp kleiner Zellgruppen wirken, wie die Fellfarben- und Haarstrukturgene, werden beim Weibchen Mosaikmuster hervorrufen, wenn sie heterozygot vorliegen. *Dominanz-Effekte X-gebundener Gene kommen beim Weibchen nur durch die organismus-weite (systemische) Wirkung von Genen zustande.*
Da die Inaktivierung zu Heterochromatin beim X-Chromosom ein wahlweiser Entwicklungsvorgang ist, wird das inaktivierte X-Chromosom als *fakultatives Heterochromatin* bezeichnet. Im Gegensatz dazu sind Abschnitte des Genoms, die immer heterochromatisch vorliegen, *konstitutives Heterochromatin.*
Weder der Mechanismus der Inaktivierung noch der Mechanismus, der eines der X-Chromosomen aktiv erhält, sind aufgeklärt. Nur so viel ist sicher (und das

überrascht uns nicht mehr), daß ein Kontrollmechanismus dabei eine Rolle spielt. Dieser Kontrollmechanismus kann auf irgendeine Weise X-Chromosomen zählen. Sind mehr als zwei da, dann werden alle bis auf eins inaktiviert. Eine Frau mit zwei Barrschen Körperchen in jedem Zellkern hat also drei X-Chromosomen pro Zelle, ein Mann mit einem Barrschen Körperchen hat zwei X-Chromosomen und ein Y-Chromosom. Die Geschlechtsbestimmung bei Säugetieren ist also keine Ausnahme zu der Regel, daß normale Entwicklung auf sorgfältiger Dosierung von Genen beruht. Ganz im Gegenteil, sie ist eine eindrucksvolle Bestätigung dafür.

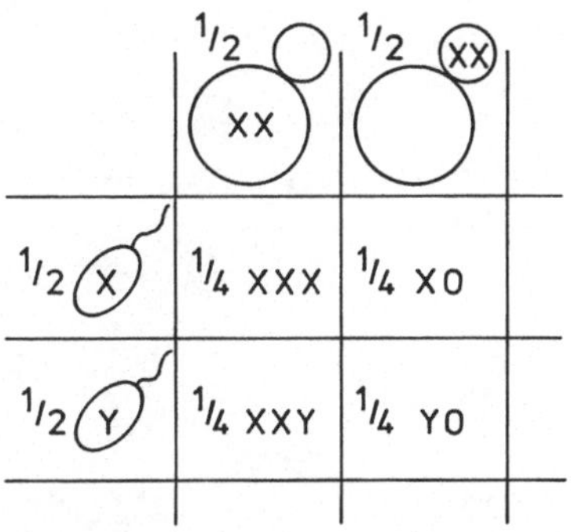

Abb. 19.05. Non-Disjunction der X-Chromosomen bei der Meiose. Entweder geraten beide X-Chromosomen in das Polkörperchen oder beide in die Eizelle. Nach Besamung mit normalen Spermien sollten vier abnorme Chromosomenkomplemente mit gleicher Häufigkeit entstehen. Die Verteilung der Autosomen soll normal sein und ist nicht berücksichtigt

19.06 Non-Disjunction

Wir haben bereits mehrmals erwähnt, daß gelegentlich überzählige Geschlechtschromosomen im Karyotyp vorliegen oder daß nur ein Geschlechtschromosom gefunden wird. Solche Fehlkombinationen entstehen dadurch, daß in seltenen Fällen bei der Mitose oder Meiose die beiden homologen Chromosomen, besonders die X-Chromosomen, nicht auf die beiden Tochterzellen verteilt werden, sondern zusammen in eine der beiden Tochterzellen gelangen. Die andere enthält dann kein X-Chromosom. Dieser Vorgang wird üblicherweise mit dem englischen Ausdruck *Non-Disjunction* (Nicht-Entkopplung) bezeichnet.
Meiotische Non-Disjunction ist selten, kommt aber *bei älteren Frauen häufiger* vor *als bei jüngeren.* Das liegt an dem jahrelangen Ruhestadium, das die Eizellen bei der Frau von der Geburt bis zur Ovulation durchmachen (22.03). Im Laufe der Zeit treten dabei Alterungserscheinungen im Chromatin auf, die sich bei der Wiederaufnahme der Meiose als Chromosomenaberrationen bemerkbar machen.
Das Schema (Abb. 19.05) zeigt an, welche Karyotypen durch meiotische Non-Dis-

junction entstehen. 0 steht für ein fehlendes Chromosom:

Der Y0-Karyotyp ist in jedem Falle letal.

Frauen mit drei X-Chromosomen (XXX-Typ) sind normal. Sie können im Einzelfall durch eine Karyotypanalyse identifiziert werden. Dabei ist das Auftreten von zwei Barrschen Körperchen in den Zellkernen ein deutlicher Hinweis auf ein überzähliges X-Chromosom. Etwa eine von 800 Frauen hat ein überzähliges X-Chromosom. Da zwei der drei X-Chromosomen inaktiviert werden und bei der XXX-Frau wie bei der typischen XX-Frau nur ein aktives X-Chromosom pro Zelle vorliegt, sollte man nur minimale Unterschiede erwarten. Statistisch ist bei XXX-Frauen Schwachsinn häufiger als bei der Normalpopulation. Die Entwicklung des Gehirns beansprucht einen großen Teil des Genoms. Wir werden immer wieder sehen, daß jede Anomalität des Chromosomensatzes, die mehrere Gene umfaßt, mit großer Wahrscheinlichkeit die Gehirnentwicklung beeinflußt, was auch sonst noch für zusätzliche Symptome im Einzelfall auftreten mögen. Soweit bekannt, sind die Keimzellen von

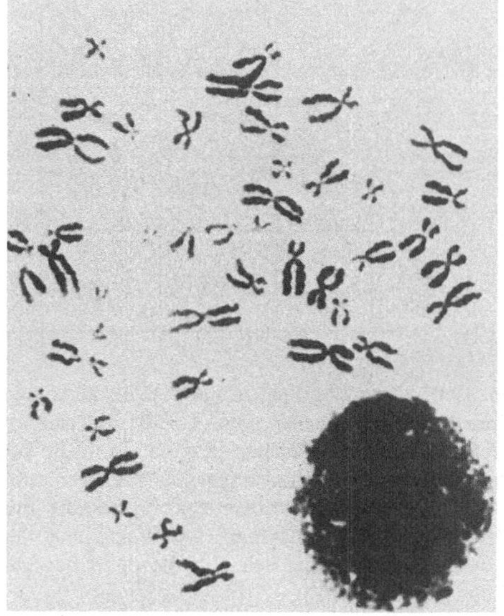

Abb. 19.06. Metaphasechromosomen und Karyogramm einer Frau mit Turner-Syndrom. (Aufn. T. Schroeder)

XXX-Frauen normal. Die Non-Disjunction wird nicht weiter vererbt.

Der X0-Karyotyp (Abb. 19.06) entspricht einer Frau ohne Barrsche Körperchen. Wie eine normale Frau hat sie ein aktives X-Chromosom pro Zelle. Im Gegensatz zur normalen Frau ist es das gleiche X-Chromosom in allen Zellen. Das entspricht dem Zustand beim Manne. Der X0-Karyotyp ist also nicht auffallend aberrant, abgesehen von den Keimzellen, in denen bei der normalen Frau zwei aktive X-Chromosomen vorliegen. Dennoch führt der X0-Zustand zu einer Serie von Symptomen, die schon vom äußeren Eindruck der Person her den Verdacht auf ein fehlendes X-Chromosom nahelegen und als *Turner-Syndrom* bezeichnet werden.

X0-Frauen sind *im Durchschnitt kleiner,* ihr Hals erscheint oft durch die Ausbildung einer Hautfalte, die auf beiden Seiten zu den Schultern zieht, verbreitert. Diese Hautfalte wird *Flügelfell* oder *Pterygium colli* genannt. Beim Turner-Syndrom *fehlt die Entwicklung der weiblichen Brust.* Der Abstand zwischen den Brustwarzen ist oft auffallend weit. Schamhaare fehlen und die Gonaden bleiben unentwickelt (*Gonaden-Dysgenesie*). Physiologisch entspricht dieser Unterentwicklung das Ausbleiben der Menstruation (*primäre Amenorrhoe*).

Eins von 3000 Neugeborenen ist vom X0-Typ. Es ist geschätzt worden, daß 2–2,5% aller Befruchtungen zum X0-Typ führen, daß von diesen aber weniger als 5% überleben. 20–30% aller spontanen Aborte weisen den X0-Karyotyp auf.

Der XXY-Karyotyp bedingt einen männlichen Phänotyp. In allen Körperzellen wird eines der X-Chromosomen inaktiviert und bildet ein Barrsches Körperchen. Das überzählige X-Chromosom führt zu den Symptomen des *Klinefelter-Syndroms*. Die XXY-Männer sind im Durchschnitt auffallend groß. Sie haben allgemein verfettete Proportionen. Die Entwicklung einer weiblichen Brust ist angedeutet (*Gynäkomastie*). Die Genitalien sind klein. Im Hoden wird kein aktives Keimgewebe gefunden (*Tubulussklerose*), und es werden keine Spermien erzeugt (*Aspermie*). Abschätzungen über die Häufigkeit des Klinefelter-Syndroms schwanken zwischen 1:500 und 1:800 aller lebend geborenen Männer.

Bei allen Geschlechtschromosomenanomalien ist die Ausprägung der Symptome von Fall zu Fall variabel. In vielen Fällen beruht die Anomalie nicht auf meiotischer, sondern auf *mitotischer Non-Disjunction,* also auf Chromosomenfehlverteilungen bei den Furchungsteilungen. Dadurch werden auch Mosaik-Fälle erklärt, bei denen nebeneinander im Körper zwei oder mehrere Zellpopulationen mit verschiedenen Geschlechtschromosomenmustern auftreten.

Nach bisher untersuchten Fällen beruhen die Symptome des Klinefelter-Syndroms typischerweise auf dem XXY-Karyotyp. Es sind aber 25 verschiedene Chromosomenanomalien gefunden worden, die zu ähnlichen Symptomen führen. Dazu gehört XXYY, XXXY, XXXYY, XXXXY und Mosaike wie XX/XXY und XY/XXY bis hin zu einem Sechsfachmosaik mit Populationen, deren Karyotypen von XXX bis XXXXXY variieren.

Je weiter der Karyotyp vom normalen Muster abweicht, desto schwerer sind die Symptome. Das gilt besonders für die XXX-Frauen, die in vielen Fällen völlig normal erscheinen. Ein oder zwei weitere X-Chromosomen führen zu zunehmend schwereren Symptomen, obwohl alle X-Chromosomen bis auf eines in jeder Körperzelle inaktiviert sind.

Non-Disjunction beim Y-Chromosom führt zum Phänotyp eines normalen Mannes mit dem *XYY-Karyotyp.* Dies ist die häufigste Chromosomenzahlvariante für Geburten nach normaler Schwangerschaftsdauer. XYY-Männer sind im Durchschnitt größer als XY-Männer (z.B. in einer Untersuchung 1,86 zu 1,71 m). Sonst führt der XYY-Karyotyp zu keinen nachweisbaren Symptomen.

Wir könnten den Fall übergehen, hätte er nicht Anfang der siebziger Jahre in der Öffentlichkeit Aufsehen erregt, als Berichte, nach denen dieser Karyotyp besonders häufig bei Gefängnisinsassen, besonders bei Gewaltverbrechern, gefunden würde, in die Tagespresse gerieten. Man sprach vom überzähligen Y-Chromosom als „Killer-Chromosom", das Männer mit dem XYY-Karyotyp zu Gewalttaten treibe. Es handelte sich dabei um eine Kombination von fragwürdiger Statistik und verfrühter Popularisierung. Der Fall demonstriert die Problematik der Forschung am Menschen. Noch 1974/75 wurde an der Harvard Universität vehement, aber mit sachlichen Argumenten auf beiden Seiten darüber diskutiert, ob eine wissenschaftliche Untersuchung über den Entwicklungsgang von XYY-Kindern weitergeführt werden dürfe.

19.07 Abweichende autosomale Chromosomenzahlen

Wir müssen an dieser Stelle wieder einmal etwas Terminologie betreiben.

Wenn die Chromosomen in Multiplen eines normalen haploiden Chromosomensatzes (beim Menschen $n = 22 + X$ oder $n = 22 + Y$) vorliegen, sprechen wir von *Euploidie.* Je nach der Anzahl normaler Chromosomensätze ist eine Zelle *haploid (n), diploid (2n), triploid (3n)* oder *tetraploid (4n).* Alle Ploidiestufen über der diploiden werden als *polyploid* bezeichnet. Weicht die Chromosomenzahl von einem exakten Multiplen des haploiden Satzes ab, spricht man von *Aneuploidie.* Typische Fälle von Aneuploidie betreffen einzelne überzählige oder fehlende Chromosomen. Ist ein Chromosom im diploiden Karyotyp nur einmal enthalten, spricht man von *Monosomie,* fehlt es ganz, von *Nullosomie,* liegt es dreimal vor, von *Trisomie.* X0 ist ein Fall von Monosomie, XXX ein Fall von Trisomie der Geschlechtschromosomen.

Triploidie und Tetraploidie kommen beim Menschen vor. Sie sind *immer letal* und werden bei spontanen Aborten gefunden. Triploid-diploide Mosaike, also Personen mit zwei Zellpopulationen verschiedener Ploidiestufe, überleben gelegentlich. Im Gegensatz zur allgemeinen Polyploidie aller Zellen ist *somatische Polyploidie (Polysomatie),* das Auftreten polyploider Zellen in gewissen Geweben, auch für den Menschen, die Regel. Bis zu 4% aller Leberzellen sind tetraploid. Hochpolyploid sind in der Regel die Megakaryocyten, die Vorläufer der Thrombocyten. Aneuploide Zygoten sterben in der Regel in der frühen Embryonalentwicklung. *Die folgenden*

Zustände sind immer letal: Nullosomie, autosomale Monosomie, Y0 und autosomale Polysomie höher als Trisomie. Andererseits haben wir gesehen, daß die folgenden aneuploiden Karyotypen gute Überlebenschancen haben: X0, XXX, XXY, XYY. Dazu kommt nun noch ein aneuploider Karyotyp, der recht häufig auftritt, die *Trisomie (G) 21*, bei der drei Kopien des kleinen acrocentrischen Chromosoms Nr. 21 vorliegen.

Es ist bedeutsam, daß Trisomien nur in seltenen Fällen bis nach der Geburt überleben. *Trisomie 21*, das *Down-Syndrom* („Mongolismus") tritt einmal unter 500 bis 600 Geburten auf, nur 50% der Patienten überleben das 10. Lebensjahr. *Trisomie (E) 18*, das *Edwards-Syndrom*, tritt einmal unter etwa 5000 Geburten auf, und die Hälfte der Patienten überlebt den zweiten Monat nicht. *Trisomie (D) 13*, das *Pätau-Syndrom*, tritt einmal unter etwa 8000 Geburten auf und ist meistens im ersten Lebensmonat letal. Dabei sind in allen drei Fällen alle normalen Chromosomen vorhanden, nur liegt jeweils eins in höherer Dosis vor. Das allein führt zu schweren Mißbildungen und zum frühen Tod. Völlig erklärbar ist dieser Gen-Dosis-Effekt noch nicht.

Das *Down-Syndrom (Trisomie 21)* ist so häufig und so auffallend, daß wohl jeder den typischen Habitus kennt. In der Regel tritt es als Einzelfall in der Familie auf und beruht auf einer meiotischen Non-Disjunction während der Meiose der Eizelle. Mit dem Alter der Mutter steigt die Wahrscheinlichkeit für eine Non-Disjunction und damit für das Auftreten von Trisomien bei den Kindern (Abb. 19.07). Der Anstieg ist besonders erheblich bei Müttern über 40. Bei Müttern über 45 ist die Wahrscheinlichkeit, daß ein Kind mit Down-Syndrom geboren wird 1:50.

Zu den *Symptomen des Down-Syndrom* gehören *herabgesetzte Intelligenz* und die charakteristische Kopfform mit breitem, *flachen Gesicht, schmalen Lidspalten* und einer Falte (*Epikanthus*) über dem Auge (Abb. 19.08). Der Gaumen ist verengt, die

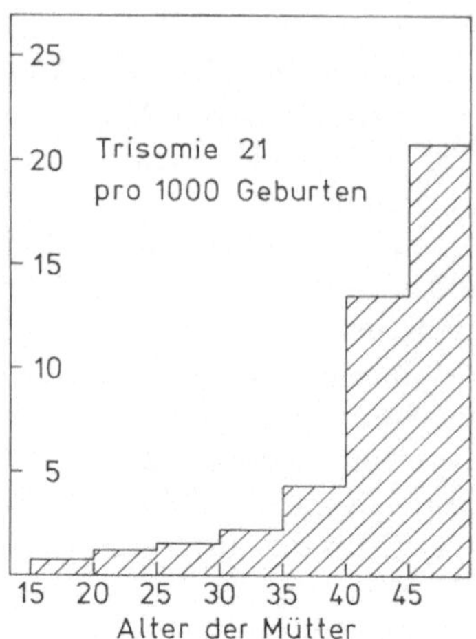

Abb. 19.07. Häufigkeit der Trisomie 21 in Abhängigkeit vom Alter der Mutter

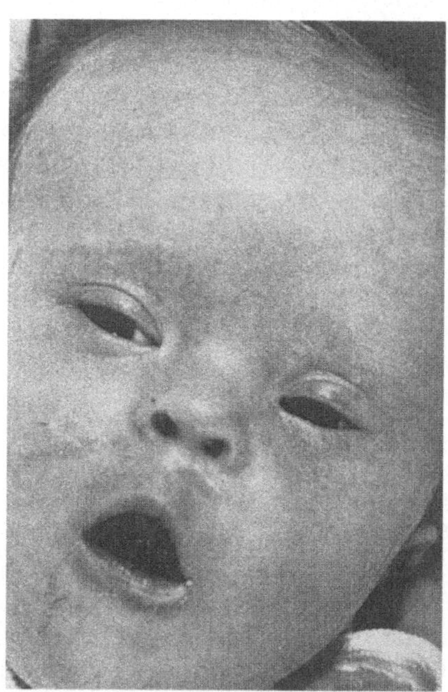

Abb. 19.08. Trisomie 21 (Down-Syndrom, Mongolismus). (Aufn. T. Schroeder)

Zunge breit und dick. Ein leicht geöffneter Mund, bei dem die Zunge die Unterlippe berührt, ist eine typische Gesichtshaltung. Die *Finger sind kurz und plump*, und das Handlinienmuster ist häufig durch eine Querfalte ersetzt, die geradlinig quer über die Handmitte verläuft (*Vierfingerfurche*). Zu den inneren Symptomen gehören

Verengungen *(Stenosen)* im Magen- und Darmbereich und vor allem *Herzfehler.* Die Patienten zeigen leicht Ermüdungserscheinungen, und die häufigste Todesursache sind Herzkrankheiten.

19.08 Strukturelle Chromosomenaberrationen

Unter strukturellen Chromosomenaberrationen versteht man im allgemeinen die Änderungen, die mikroskopisch sichtbar sind. Die Einführung der Bänderungstechniken in Verbindung mit automatischer Auswertung der Photographien von Metaphasechromosomen durch elektronische Datenverarbeitungsanlagen vergrößert das Auflösungsvermögen der mikroskopischen Chromosomenuntersuchung immer mehr. Dadurch wird die Grenze zwischen mikroskopisch nicht sichtbaren Mutationen und sichtbaren Chromosomenaberrationen immer weiter verschoben. Der Übergang ist kontinuierlich. Strukturelle Chromosomenaberrationen werden in vier Gruppen eingeteilt. Bei *Deletionen* fehlt ein Chromosomenstück, bei *Duplikationen* liegt eins verdoppelt vor, in der Regel in Serie wiederholt auf demselben Chromosom *(Tandem-Duplikation).* *Translokationen* sind Umstellungen von Chromosomenstücken im Chromosomensatz, bei denen Gene von einer Kopplungsgruppe in eine andere geraten. *Inversionen* sind Chromosomenabschnitte, die in veränderter Richtung in das Chromosom eingebaut worden sind. Strukturelle Aberrationen der Chromosomen beruhen beinahe ausnahmslos auf Brüchen in der Chromosomenstruktur, die zum Verlust eines Stückes (Deletion) führen können. Oft verheilt der Bruch, das heißt, die Bruchstelle wird repariert. Treten zwei Brüche im selben oder in verschiedenen Chromosomen auf, dann kann es zu verschiedenen falschen Reparaturen kommen, die zu Translokation oder Inversion führen. Duplikationsmechanismen haben wir schon besprochen (17.08).

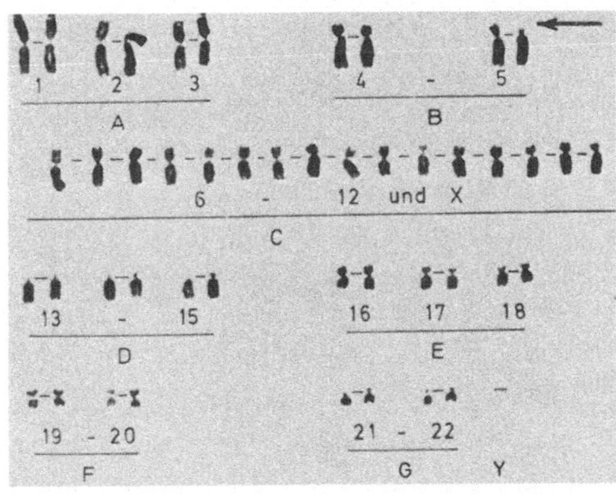

Abb. 19.09. Karyotyp eines Mädchens mit Cri-du-Chat-Syndrom. Beachte die heterozygot vorliegende Deletion im kurzen Arm von (B) 5. (Aufn. T. Schroeder)

Im Augenblick können wir uns auf Beispiele von Deletionen und Translokationen beschränken.
Deletionen sind wahrscheinlich sehr häufig. Ihr Effekt auf den Phänotyp kann minimal sein oder zu Mißbildungen und zum Tode führen. Außer der Position und Länge des fehlenden Stücks spielt dabei eine Rolle, ob es über die Zygote erworben worden ist, also in allen Zellen fehlt, oder ob es bei einer somatischen Deletion nur in bestimmten Zellen verlorengegangen ist. Deletionen können homozygot vorliegen, meistens werden aber heterozygote Deletionen beobachtet.
Ein recht gut definiertes Syndrom wird bei einer *Deletion im kurzen Arm des Chromosoms 5* gefunden (Abb. 19.09). Die Neugeborenen fallen durch ein breites rundes Gesicht mit relativ weitem Augenabstand auf. Besonders typisch ist der Schrei des Neugeborenen und des Säuglings, der eine sehr viel klarere Tonqualität als der des normalen Kindes hat und an den Schrei einer jungen Katze erinnert. Daher trägt dieses Syndrom den Namen *Cri-du-Chat-Syndrom (Katzenschrei-Syndrom).* Das körperliche und geistige Wachstum dieser Kinder bleibt merkbar hinter dem gleichaltriger Normalkinder zurück.

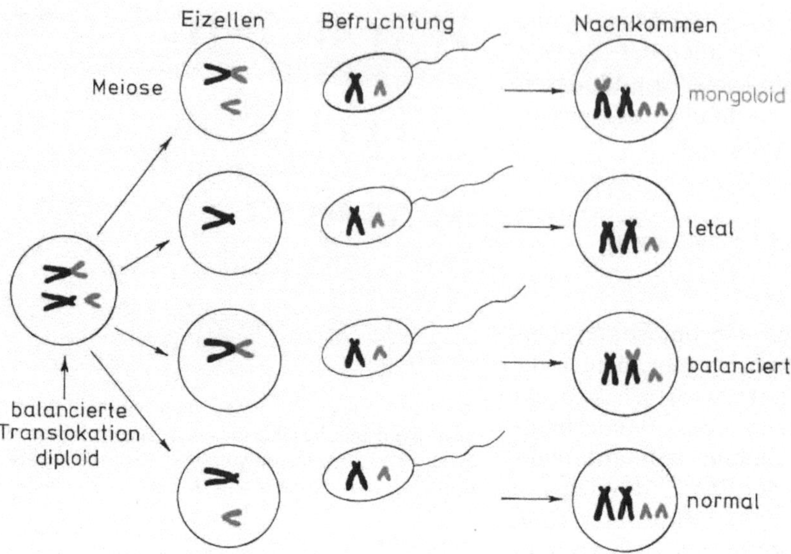

Abb. 19.10. Meiose und Zygotenbildung bei einer Frau mit G/D Translokation. Im balancierten Karyotyp ist trotz der Translokation das genetische Material in normaler Dosierung vorhanden

Bei *Translokationen* (und *Inversionen*) bleibt der volle Genbestand erhalten, er wird nur im Genom umgruppiert. Mögliche Konsequenzen werden wir in Abschnitt 19.10 sehen. Prinzipiell brauchen aber *keine phänotypischen Effekte* aufzutreten, während *Heterozygotie für Translokationen und Inversionen* unweigerlich zu *Störungen in der Meiose* führen, sobald Rekombination innerhalb der gepaarten translozierten oder invertierten Chromosomenabschnitte auftritt (25.06). Aus diesen meiotischen Störungen resultieren in der Regel derart unbalancierte Chromosomenverteilungen, daß Letalität eines großen Anteils der Keimzellen die Folge ist. Diese verminderte Fertilität hat eine große Bedeutung beim Entstehen neuer Arten (25.08). Wir werden sie deshalb später als einen Evolutionsmechanismus besprechen.

Als klinisch wichtiges Beispiel wollen wir hier nur die *Translokation von Chromosom 21 auf Chromosom 15* in den Keimzellen besprechen. Dabei wird ein beinahe vollständiges acrocentrisches Chromosom an ein beinahe vollständiges anderes transloziert. Nur Teile der winzigen kurzen Arme gehen verloren. Dieser Translokationstyp wird *centrische Fusion* genannt.

Das Resultat dieser Rekombination ist ein Chromosomensatz mit 45 Chromosomen, wobei ein D und ein G Chromosom durch ein neues metacentrisches ersetzt werden. In der Meiose paart sich das Translokationschromosom mit den beiden acrocentrischen Chromosomen. Dadurch entsteht ein *trivalentes Chromosom*. Es scheint, daß sich bei der Reduktionsteilung die längeren D-Komponenten immer gleichmäßig auf die Tochterzellen verteilen. Das Translokationschromosom wird also immer vom Chromosom 15 getrennt. Es kommen aber Fehlverteilungen des freien Chromosoms 21 vor (Abb. 19.10), die nach der Befruchtung bei einem Drittel der Kinder zu einer Trisomie 21 mit 46 Chromosomen führen sollten. Die wirkliche Häufigkeit dieser Translokations-Trisomie ist etwas geringer.

Unterschiedlich von der normalen Trisomie 21 wird die Translokationstrisomie von normalen Geschwistern des Patienten weitervererbt, und zwar von denen, die das Translokationschromosom in einem balancierten Karyotyp enthalten.

Das Down-Syndrom ist auch bei Patienten mit Translokationen des Chromosoms 21 auf G-Gruppen-Chromosomen gefunden worden, und zwar bei *21/21 und 21/22-Translokationen*. In jedem Fall führt allein die zusätzliche Anwesenheit eines Chromosoms 21, frei oder an ein anderes Chromosom transloziert, zu den Entwicklungsschäden, die den Down-Phänotyp kennzeichnen.

19.09 Pränatale Diagnostik

Die meisten lichtmikroskopisch sichtbaren Chromosomendefekte führen zu schweren Störungen der Embryonalentwicklung und zum spontanen Abort. Überlebende Kinder mit Chromosomendefekten leiden in der Regel unter schweren körperlichen und geistigen Behinderungen. Eltern, bei denen das Risiko, ein solches Kind zur Welt zu bringen, besonders hoch ist, ist deshalb daran gelegen, möglichst früh vor der Geburt mit Sicherheit zu wissen, ob sie ein gesundes oder ein krankes Kind erwarten. Methoden zur pränatalen Diagnose von Chromosomendefekten und anderen Erbleiden werden laufend verbessert.

Untersuchungsmaterial dazu ist das Fruchtwasser (Amnionflüssigkeit, 21.08), in dem sich der Fötus entwickelt. Lebende Zellen werden vom Fötus, zum Beispiel aus den Atemwegen, in dieses Fruchtwasser abgegeben. Die Konzentration dieser Zellen ist äußerst gering, und sie müssen daher zur Untersuchung angereichert und vermehrt werden. Die günstigste Zeit für die Untersuchung ist die 14. bis 16. Schwangerschaftswoche. Die Gesamtmenge der Amnionflüssigkeit beträgt dann 175–225 ml. Davon werden 10–25 ml mit einer Kanüle durch die Bauchwand entnommen *(Amniocentese)*. Die Entnahmestelle kann vorher im Ultraschallbild des Fötus im Uterus überprüft werden. Zellen werden durch Zentri-

fugation angereichert und in Gewebekultur vermehrt. Das braucht Zeit, und die Untersuchung nimmt zwei bis vier Wochen in Anspruch. Die endgültige Diagnose kann aber vor der zwanzigsten Schwangerschaftswoche vorliegen.

Die Zahl der Erbleiden, die pränatal diagnostiziert werden können, nimmt laufend zu. Dazu gehören in erster Linie *alle Chromosomendefekte,* die an Hand eines gebänderten Karyotyps festgestellt werden können. Hauptindikationen für die pränatale Diagnostik sind deshalb erhöhtes Alter der Mutter (Altersgrenze 40 Jahre, Abb. 19.07), Schwangerschaft nach der Geburt eines Kindes mit einem Chromosomendefekt oder eine balancierte Translokation (Abb. 19.10) bei einem Elternteil. Außerdem können zur Zeit etwa 75 verschiedene *Stoffwechselkrankheiten* pränatal diagnostiziert werden. An der Verbesserung vorhandener Tests und der Entwicklung von Tests für weitere häufige Stoffwechselkrankheiten wird gearbeitet.

Analyse von Amnionflüssigkeit kann auch Hinweise auf Entwicklungsschäden mit anderem Vererbungsmuster geben. Ein Protein, das nur in der fötalen Leber synthetisiert wird, ist Alpha-Fetoprotein (AFP). Bei bestimmten Entwicklungsdefekten (Spina bifida, Anencephalie) wird dieses Protein in höherer Konzentration an die Amnionflüssigkeit abgegeben. Hohe Konzentration von AFP ist deshalb ein Hinweis auf mögliche Entwicklungsschäden.

Das Risiko der Amniocentese liegt in der Möglichkeit der Induktion eines spontanen Aborts (etwa 1 % der Fälle) oder einer Immunreaktion der Mutter gegen den Fötus.

Das Risiko eines spontanen Aborts ist zur Zeit noch viel höher (2–5 %) bei *pränataler Diagnose an Chorion-Zotten* der Placenta (21.08, 21.09). Da bei dieser Methode die Aufzucht der Zellen entfällt, kann die Diagnose viel früher als bei der Amniocentese gestellt werden. Die Methode wird zur Zeit klinisch getestet.

19.10 Chromosomen und Krebs

Bei der Diskussion über krebserregende Viren (14.07) haben wir „Krebs" als Störung der Wachstumsregulation von Zellen kennengelernt. Viren können sich ins Genom einbauen und Krebs erregen, Krebs kann ohne erkennbaren Grund als „somatische Spontanmutation" entstehen, krebserregende Umwelteinflüsse sind weitgehend identisch mit denen, die Mutationen auslösen; beim Menschen, bei Mäusen und anderen Tieren können Gene kartiert werden, die für eine hohe Anfälligkeit für Krebserkrankungen verantwortlich sind, Chromosomenaberrationen sind häufig in krebstransformierten Zellklonen. Dieser Vielzahl von Faktoren, die zur Entstehung von Krebs beitragen, ist eins gemeinsam: die Störung des Zellwachstums kann in allen Fällen auf der Mutation bestimmter Gene in einzelnen somatischen Zellen beruhen. Es ist dann zu erwarten, daß das Gene sind, die das Zellwachstum (über die Regelung des mitotischen Zyklus) kontrollieren. Allerdings müßten das dann etwa 50 verschiedene Gene im menschlichen Genom sein, und die Möglichkeiten für Mutationen in diesen Genen sind ausgesprochen groß.

Immerhin bietet dieser Gedankengang einen Ansatz dazu, trotz der Mannigfaltigkeit der auslösenden Faktoren und der Mannigfaltigkeit der (gewebe-)spezifischen Reaktionen darauf, Krebs als einheitliches Phänomen anzusehen und entsprechend zu analysieren. Als (somatisch) genetische Veränderung wäre dann Krebs einer molekularbiologischen Analyse auf der DNA-Ebene zugänglich. Das scheint tatsächlich der Fall zu sein. Mit gebührender Vorsicht können wir den lange erwarteten prinzipiellen Durchbruch in der Krebsforschung nun endlich wirklich voraussehen. Chromosomenaberrationen spielen dabei eine Rolle. Hier ist deshalb die passende Stelle, die neuen Resultate kurz darzustellen. Dafür müssen wir auf vieles früher Behandelte zurückgreifen.

19.11 Oncogene

Retroviren, die sich als DNA-Kopien ins Genom einer normalen Zelle einbauen, transformieren diese Zelle zur Krebszelle. Deshalb heißen Retroviren auch Oncornaviren, oncogene (krebserregende) RNA-Viren. Beim Rous-Sarkom-Virus ist ein bestimmtes Gen, *src*, für diese Transformation verantwortlich. Das Genprodukt von *src* ist eine Tyrosin-Kinase, also ein Enzym, das Tyrosin-Seitenketten von Proteinen phosphoryliert. Dieses *src*-Gen ist also ein *Oncogen* im wahrsten Sinne des Wortes: ein Gen, das Krebs verursacht. Das Virus braucht dieses Gen nicht. Auch ohne *src* ist RSV ein völlig normales Retrovirus, aber kein Oncovirus mehr.

RSV ist eine Ausnahme. Auch andere Retroviren tragen Oncogene, aber in der Regel zu ihrem eigenen Schaden. Meist ersetzen diese Oncogene zumindest einen Teil der virus-eigenen *gag* (Capsid-Protein) und *env* (Hüllprotein) Gene. Damit können diese Viren nur mit Hilfe eines anderen, aktiven *Helfervirus* ihren lytischen Zyklus beenden und neue Zellen infizieren und transformieren.

Offensichtlich sind die Oncogene gar nicht typische Virus-Gene, sondern Gene der Wirtszelle, die zufällig in das Virusgenom geraten sind und dort mitgeschleppt werden. Wirklich läßt sich für jedes bekannte Oncogen eines Retrovirus ein homologes normales Gen in der Zelle finden. Um deutlich zu machen, welche der beiden Formen man meint, nennt man die Virus-Oncogene *v-onc* (z.B. *v-src*) und die homologen Zellgene *c-onc* (z.B. *c-src*). Diese normalen Zellgene transformieren die Zelle natürlich nicht, können das aber in bestimmten allelen Formen, zum Beispiel als *v-onc*-Allele. Sie sind deshalb keine wirklichen, sondern nur potentielle Oncogene, *Proto-oncogene*. Es läßt sich zeigen, daß sie auch in der Zelle zu aktiven Oncogenen mutieren können. Damit wird im Prinzip verständlich, wieso eine Gruppe Viren, mutagene Faktoren und in der Zelle kartierbare Gene an der Entstehung von Krebs beteiligt sein können. Sicher ist die Möglichkeit, Krebs erregen zu können, nicht die zelluläre Funktion dieser Proto-Oncogene. Wenn sie aber Gene für die normale Regulierung des Zellwachstums sind, erklärt das, wieso sie obligat im Zellgenom sitzen, obwohl sie potentiell so gefährlich sind.

Für einige Oncogene ist das deutlich. So ist *v-erb* (Erythroblastose bei Hühnern) homolog dem Gen für den Rezeptor des epidermalen Wachstumsfaktors EGF. Dieser Rezeptor in der Membran von Epithelzellen gestattet der Zelle, in die S-Phase der Mitose einzutreten, wenn er EGF bindet. Ein Oncogen, das bei Katzen Myosarkom verursacht, *v-fms*, ist homolog dem Gen für den Rezeptor des Koloniebildung-stimulierenden Faktors CFS-1 von Makrophagen, und *v-sis* (Sarkom bei Affen) ist homolog dem Gen für den von Thrombocyten produzierten Wachstumsfaktor PDGF-2 (nicht seinen Rezeptor). Auffallend ist, wieviele Proto-Oncogene Membranrezeptoren für Wachstumsfaktoren codieren, und zwar solche, die auf der cytoplasmatischen Seite der Membran Tyrosin-Kinase-Aktivität anstatt der häufigeren Serin- oder Threonin-Kinase haben. Vielleicht deutet das auf einen relativ einheitlichen Mechanismus der Zellzyklus-Kontrolle hin.

Wie wird ein Proto-Oncogen zum Oncogen, und warum ändert sich dabei so regelmäßig die Zellspezifität, zum Beispiel von Epidermis beim EGF-Rezeptor zu Vorstufen der Erythrocyten beim Genprodukt von *v-erb*? Auch das läßt sich erklären. Dazu müssen wir den Unterschied zwischen einem Oncogen im Retrovirus und einem in der Zelle durch Mutation des Proto-Oncogens entstandenen betrachten.

Beim Virus gerät das Oncogen unter die virale Transkriptionskontrolle. Oft wird ein Protein hergestellt, das mit Teilen des viralen Capsid-Proteins beginnt und dann einen großen Teil des Genprodukts vom Proto-Oncogen als Rest des Polypeptids enthält, ein „Fusionsprotein". Damit ist das Gen der zellulären Transkriptionskontrolle entzogen und wird in allen Zellen produziert, in die sich das Virus integriert. Die Zellspezifität des Virus, nicht die zelleigene Kontrolle, ist ausschlaggebend. Das homologe Proto-Oncogen der infizierten Zelle ist unter zellulärer Kontrolle abgestellt. Wenn am Virus-Oncogen etwas verändert ist, ist es meist das N-terminale Ende, das mit dem *gag*-Gen verschmolzen ist.

Das entspricht der Rezeptor-Domäne. Es ist also durchaus möglich, daß diese veränderten Rezeptoren nicht mehr durch Wachstumsfaktoren geregelt werden, sondern laufend, „konstitutiv", der Zelle das Signal zur Mitose geben.

19.12 Zelluläre Oncogene

Dieser Umweg bringt uns zurück zur Cytogenetik. Seit längerer Zeit ist bekannt, daß viele Tumoren, besonders die von Blutzellen, bei denen das leicht zu untersuchen ist, mit tumor-spezifischen Chromosomenaberrationen korreliert sind. Das klassische Beispiel ist das „Philadelphia-Chromosom" (Ph^1), eine Variante von Chromosom 22, die in allen leukämischen Zellen von mehr als 90% aller Patienten mit chronischer myeloider Leukämie gefunden wird. Dabei ist ein Stück vom langen Arm von Chromosom 22 mit einem winzigen Stück vom langen Arm von Chromosom 9 ausgetauscht (Translokation der Enden beider Chromosomen, Abb. 19.11). Diese Translokation, wie eine ganze Anzahl ähnlicher Translokationen, ist recht häufig. Es lassen sich auf den Chromosomen des Menschen etwa 50 besonders „zerbrechliche" Stellen kartieren, die immer wieder an solchen Translokationen beteiligt sind. In der direkten Nachbarschaft solcher Stellen liegen oft Proto-Oncogene, zum Beispiel *c-sis* im Chromosom 22 und *c-abl*, das dem Oncogen des Abelson-Leukämie-Virus

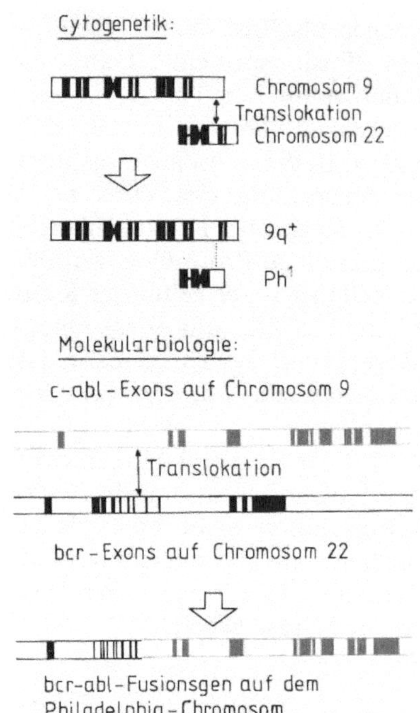

Abb. 19.11. Vergleich der cytogenetischen und der molekularbiologischen Befunde bei der Entstehung des Philadelphia-Chromosoms Ph¹ durch Translokation, bei der das Proto-Oncogen *c-abl* von Chromosom 9 unter die Kontrolle des *bcr*-Gens auf Chromosom 22 kommt und damit als zelluläres Oncogen zur Entstehung von Leukämie beiträgt

von Mäusen homolog ist, auf Chromosom 9. Dieses *c-abl* liegt direkt an der Bruchstelle, so daß es im Philadelphia-Chromosom ans Ende von Chromosom 22 gelangt und dort ein Fusionsgen mit einem Gen im *bcr* („breakpoint cluster region": Häufung von Bruchstellen) bildet. So wie *v-abl* im Abelson-Virus ein Fusionsprodukt mit dem Anfang vom *gag*-Protein bildet, so bildet *c-abl* im Philadelphia-Chromosom ein Fusionsprodukt mit dem *bcr*-Protein.

Mehrere ähnliche Fälle sind bekannt. Häufig spielen dabei die Gene für die Immunoglobulin-Ketten (20.09) eine Rolle als Acceptor-Stellen für ein Proto-Oncogen. In einem Fall beruht der Unterschied zwischen dem zellulären Oncogen und dem zellulären Proto-Oncogen aber allein auf der Mutation eines einzigen Basenpaares, ohne daß das Gen seine Lage verändert.

Immerhin sehen wir jetzt im Prinzip, wie Ordnung in die Konfusion um alle möglichen krebs-korrelierten und krebs-auslösenden Faktoren kommen kann. Das bedeutet noch lange keine neue Krebs-Therapie auf molekularer Ebene, aber je genauer wir das Problem einkreisen, desto besser können wir nach einer Lösung suchen. Der Aufschluß, den wir dabei über die Kontrolle der Mitose bekommen, wird wahrscheinlich früher zu medizinischen Anwendungen führen als die Einsichten ins Krebsproblem.

19.13 Retinoblastom und Wilms' Tumor

Eine Eigenschaft vieler Tumoren, die wir hier noch nicht erwähnt haben, ist die Blockierung der Ausdifferenzierung von Tumorzellen zu endgültig („terminal") differenzierten Zelltypen. Möglicherweise ist diese Differenzierung direkt mit der Blockierung von Zellteilungen gekoppelt. Zu den Tumoren, bei denen embryonale Zellen transformiert werden und sich nicht weiter ausdifferenzieren, gehört eine Gruppe von genetisch bedingten Tumoren, deren verworrene Genetik weitgehend durch eine Kombination von genetischen und cytogenetischen Methoden aufgeklärt worden ist.

Dazu gehört *Retinoblastom*, ein maligner Tumor von embryonalen Netzhautzellen, der bei Kindern im Alter von 1–3 Jahren auftritt. Die Symptome sind eine weiße Pupille, Entzündung des Auges und Blindheit („amaurotisches Katzenauge"). Daß es sich bei Retinoblastom um ein dominantes Erbleiden handelt, konnte erst festgestellt werden, als durch Enukleation des Auges die kranken Kinder gerettet werden konnten und Nachkommen hatten. Heute ist Retinoblastom durch diesen Eingriff in 90% der Fälle beim Patienten heilbar, der allerdings das Gen dann an die Hälfte der Nachkommen vererbt.

Retinoblastom hat eine „Penetranz" von 80%. In 20% der Fälle sind Träger des Allels symptomlos. Auch die „Expressivität" von Retinoblastom ist variabel. Der Tumor kann in einem oder in beiden Augen auftreten. Was hinter dieser Terminologie steckt, ist biologisch viel einfacher. Retinoblastom beruht auf dem Ausfall der Funktion eines Gens. Der Genort auf Chromosom 13 scheint besonders anfällig für somatische Umbauten zu sein. Die formal „dominanten" Träger des Allels sind heterozygote für ein rezessives, funktionsloses Allel, das sie in der Keimbahn ererbt haben. Relativ häufig werden einzelne Zellen homozygot für das ganze oder Teile von Chromosom 13. Die Zellen, die damit homozygot für das Retinoblastom-Allel werden, beginnen als Tumoren zu wachsen. Die Häufigkeit dieses *somatischen* Vorgangs bestimmt sowohl Penetranz wie Expressivität der dominant *ererbten Möglichkeit*, dabei ein rezessives Allel in homozygoten Zustand zu bringen.

Das zweite Allel, das aus heterozygot rezessiven homozygot rezessive Zellen macht, entsteht in der Regel als Kopie des ersten bei Chromosomenumbauten in der Meiose. Sowohl der Verlust des ganzen Chromosoms mit dem normalen Allel und gleichzeitige Verdopplung des Chromosoms mit dem rezessiven Allel wie auch somatische Rekombination, die zur teilweisen Homozygotie führt, sind nachgewiesen worden.

Ein Parallelfall ist *Wilms' Tumor*, ein maligner Tumor embryonalen Nierengewebes, auch ein Tumor von Kindern. Auch dabei wird ein rezessives Allel durch die Keimbahn übertragen, das mit relativ großer Wahrscheinlichkeit durch Chromosomenumbauten homozygot wird. Das Gen liegt auf Chromosom 11. In den Zellen des Tumors ist Chromosom 11 typischerweise an einer somatischen Translokation beteiligt, bei der das normale Allel verlorengegangen ist. Die Zellen sind also genau genommen nicht homozygot, sondern „hemizygot" für das

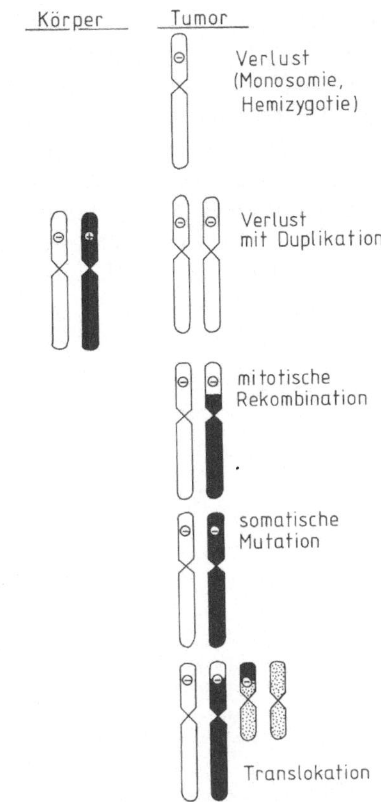

Abb. 19.12. Nachgewiesene chromosomale Mechanismen, durch die eine somatische Zelle mit ererbter Heterozygotie für ein rezessives tumor-bedingendes Gen homozygot oder hemizygot wird. Eine solche Zelle ist dann der Ausgangspunkt für die klonale Entstehung eines Tumors. Alle Tumorzellen zeigen den neuen Genotyp, alle anderen Körperzellen die ererbte Heterozygotie. Das Tumor-bedingende Allel ist mit (−) bezeichnet, da es den Ausfall einer normalen Genfunktion zu verursachen scheint

rezessive Allel. Die andere Kopie ist nicht mutiert, sondern ersatzlos weggefallen.

Auch *Hepatoblastom* (ein Tumor von embryonalen Leberzellen) und *Rhabdomyosarkom* (ein Tumor gestreifter Muskelzellen) gehören zu dieser Gruppe von Tumoren. Beim *Beckwith-Wiedemann-Syndrom* wird die Anlage zur Bildung mehrerer solcher Tumoren dominant vererbt. Während hier Chromosomenumbauten zum Ausfall eines Genprodukts und damit zu Krebs führen, sehen wir bei den bekannten Oncogenen in der Regel Überproduktion des Genprodukts. Wie beides in eine allgemeine Hypothese zur Tumor-Entstehung paßt, ist noch nicht klar.

Die Vielfalt der Methoden, die zu den neuen Resultaten zur Krebsgenetik beigetragen haben, ist im Vorhergehenden nur angedeutet. Bei diesen Untersuchungen sind cytogenetische Methoden mit klassischer Genetik, Molekulargenetik und den Methoden der Gentechnologie (Kapitel 23) kombiniert, bei denen wieder Bakterien- und Phagengenetik eine Rolle spielen. Wir können heute in der Biologie ernten, was von Hunderten von Biologen in den letzten Jahrzehnten in minutiöser Kleinarbeit an Resultaten und technischen Verbesserungen investiert worden ist.

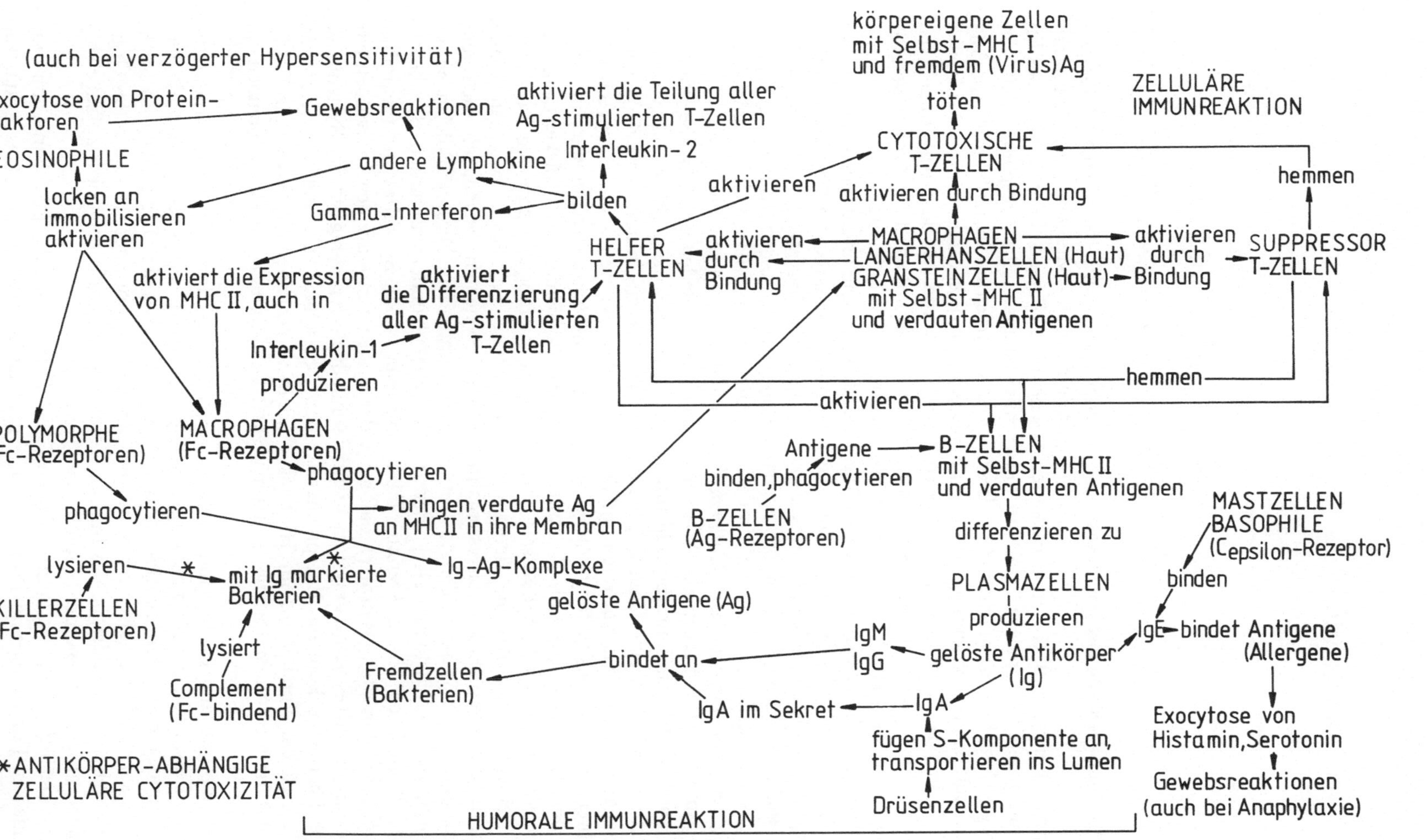

Abb. 20.01. Zusammenfassende Übersicht über die Immunreaktionen, die in Kapitel 20 besprochen werden

20 Das Immunsystem

20.01 Die Bedeutung des Immunsystems

Es ist bekannt, daß Kinderkrankheiten immun gegen eine spätere Infektion mit dem gleichen Erreger machen. Für diese Immunität ist die Erkrankung selbst nicht nötig. Bei der *Schutzimpfung* werden inaktive oder abgetötete Erreger, neuerdings auch nur charakteristische Membranmoleküle dieser Erreger, injiziert, die das Immunsystem aktivieren, ohne die Symptome der Krankheit zu verursachen. Wie wichtig das Immunsystem ist, zeigen die Fälle, in denen es nicht funktioniert. Patienten mit *angeborener Immundefizienz* sind so anfällig gegen alle Arten Infektionen, daß sie nur in abgeschirmten keimfreien Räumen eine längere Überlebenschance haben. Das Auftreten und die Verbreitung von virus-bedingter *erworbener Immundefizienz* („Acquired Immune Deficiency Syndrome": AIDS) seit Ende der siebziger Jahre hat die Bedeutung eines funktionierenden Immunsystems in letzter Zeit wieder drastisch demonstriert. Warmblütige Wirbeltiere sind derart ideale Brutstätten für Bakterien, Pilze und größere Parasiten (Würmer), daß sie ohne ein effektives Abwehrsystem nicht lange überleben können. Entsprechend wichtig ist ein Verständnis im Hinblick auf das Immunsystem für die medizinische Praxis.

Schutzimpfung gibt es allerdings schon, seitdem Edward Jenner 1798 die Impfung mit Kuhpocken als Schutz gegen Pockeninfektionen einführte, also lange bevor die biologischen Grundlagen des Immunsystems aufgeklärt wurden. Auch die hohe Spezifität von Immunreaktionen hat man in Forschung und Praxis schon lange ausgenutzt. Nicht zuletzt haben immunologische Methoden eine ganz entscheidende Rolle bei der Analyse des Immunsystems selbst gespielt. Daß eine Klasse Moleküle als Hilfsmittel zur Analyse eben dieser Klasse von Molekülen benutzt wurde, hat dazu beigetragen, daß die immunologische Grundlagenforschung jahrzehntelang für den Außenstehenden beinahe undurchdringlich verwirrend war. Aber diese Arbeit ist erfolgreich gewesen. In den letzten Jahren ist das Immunsystem zu einem Modell für die biologischen Grundlagen der System-Regelung im vielzelligen Organismus geworden. Seine Bedeutung für die Biologie geht weit über die praktische Anwendung in der Medizin hinaus. Erst die Analyse des Nervensystems im entsprechenden Detail wird unser Verständnis von vielzelligen Organismen noch stärker beeinflussen. Es ist möglich, daß sich dann noch deutlichere Parallelen zwischen diesen beiden Systemen zeigen, als sich jetzt schon andeuten. Diese Parallelen betreffen die Grundeigenschaften der beiden Systeme, so die Spezifität und Flexibilität der Systeme in einzelnen Individuen einschließlich der Fähigkeit der Systeme, einen einzelnen Organismus sich als „Selbst" erkennen zu lassen, die Fähigkeit, bestimmte Reize wahrzunehmen, die Wahrnehmungen zu verarbeiten und eine gezielte Reaktion auf diese Wahrnehmungen in Gang zu setzen, und schließlich die Fähigkeit, eine Erinnerung an solche einmaligen Episoden im Leben des Organismus in abrufbarer Form aufzubewahren.

Ein System, das das alles kann, muß ungeheuer kompliziert sein. Das ist das Immunsystem auch. Das Überraschende daran ist aber, daß es nicht noch viel komplizierter ist. Eigentlich sind es gar nicht viele zelluläre Vorgänge, die daran teilnehmen (Abb. 20.01). Komplex wird es dadurch, daß diese Vorgänge milliardenfach stattfinden und aufeinander einwirken. Offensichtlich sitzt das Immunsystem nicht abwartend im Körper, bis ein Reiz einen Teil davon aktiviert. Das Immunsystem arbeitet ununterbrochen, und die Außenreize leben in einem Innenleben fort wie im Nervensystem (20.06).

Nervensystem und Immunsystem sind untereinander auch auf verschiedene Weise verbunden. Es besteht zum Beispiel eine Wechselwirkung zwischen Thymus-Hormonen, die primär auf Zellreifung im Immunsystem einwirken, und den neural gesteuerten Hormonen des Hypothalamus-Hypophyse-Nebennieren-Systems.

Das Immunsystem kann, wenigstens bei Ratten, auf Reflexreaktionen trainiert werden, und selbst eine Beziehung zwischen Examensangst bei Medizinstudenten und ihren Immunreaktionen ist nachgewiesen worden.

20.02 Die Zellen des Immunsystems

Als Organ ist das Immunsystem durchaus der Leber oder dem Gehirn an Masse vergleichbar. Im Unterschied dazu ist es nur teilweise als *lymphatisches System* lokalisiert. Knochenmark, Thymus, Milz, Lymphknoten und verschiedene andere lymphatische Organe (Tonsillen, Peyersche Drüsenhaufen im Dünndarm) beherbergen Zellen des Lymphsystems, viele davon kommen aber frei in Blut, Lymphe und Geweben vor, und ein großer Teil davon zirkuliert regelmäßig zwischen Blut und lymphatischen Organen.

Alle Zellen des Immunsystems gehören zu den Blutzellen, die sich aus einer gemeinsamen Population von *hämatopoietischen Stammzellen* in der fötalen Leber und später im Knochenmark entwickeln (Tabelle 20-1). Aus dieser einheitlichen Stammzellpopulation entstehen morphologisch und physiologisch sehr verschiedene Zelltypen. Wie die Differenzierung in die verschiedenen Zelltypen geregelt wird, ist bisher erst in Umrissen bekannt. Alle Blutzellen, außer den roten Blutkörperchen, den *Erythrocyten*, werden als weiße Blutkörperchen (*Leukocyten*) bezeichnet. Dazu gehören die *Megakaryocyten*, die Teile ihres Cytoplasmas als Blutplättchen („Thrombocyten", obwohl es keine Zellen sind) abspalten. Thrombocyten leiten die Blutgerinnung ein. Eine Gruppe von Leukocyten mit verschiedenen Arten Lysosomen oder Sekretions-

Tabelle 20-1. Zelltypen, die aus der hämatopoietischen Stammzelle entstehen

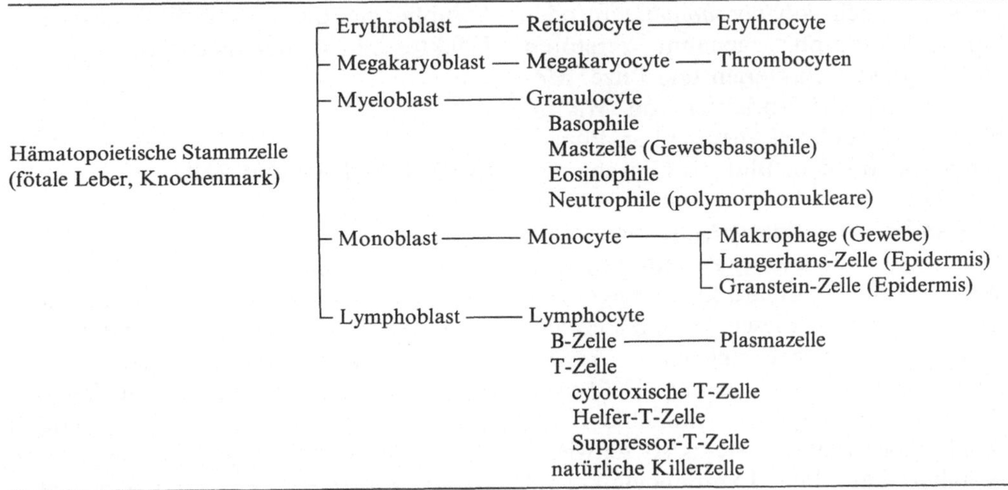

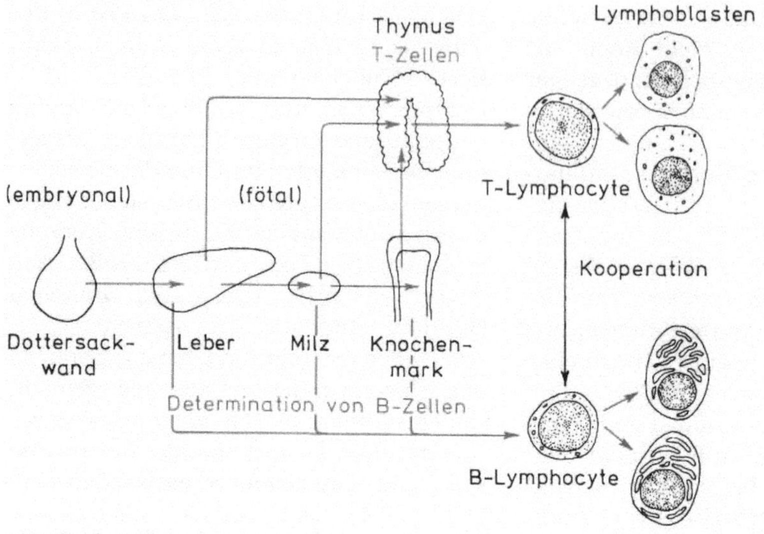

Abb. 20.02. Differenzierung der Zellen des Immunsystems

granula sind die *Granulocyten*, die nach der histologischen Anfärbbarkeit ihrer Einschlußkörper klassifiziert werden. *Eosinophile*, die Proteine ausscheiden, dienen der Abwehr von parasitischen Würmern und von einigen Tumorzellen. *Basophile* geben bei bestimmten Immunreaktionen Serotonin, Histamin und Heparin ab und tragen damit zu Entzündungssymptomen bei. Das tut auch eine nicht-zirkulierende Sorte von Gewebsbasophilen, die *Mastzellen*. *Neutrophile* Granulocyten, wegen der typischen Form ihres Zellkerns auch *polymorphonukleare* oder kurz „Polymorphe" genannt, zerstören als Phagocyten Bakterien und Pilze. *Monocyten* sind die Vorläufer von *Makrophagen*, der anderen Gruppe von Phagocyten, die aus dem Blut ins Gewebe einwandern.

Alle anderen Leukocyten, die morphologisch nicht voneinander zu unterscheiden sind, werden summarisch *Lymphocyten* genannt. Hinter dieser Sammelbezeichnung verbergen sich eine ganze Anzahl physiologisch verschiedener Zelltypen, deren morphologische Ähnlichkeit die Analyse des Immunsystems so schwierig gestaltet hat. Die Lymphocyten sind

nämlich die zentralen Zellen bei Immunreaktionen. Heute ist es möglich, verschiedene Gruppen von Lymphocyten an Hand ihrer spezifischen Membranproteine zu unterscheiden. Durch ihre relativ unspezifische Reaktion im Vergleich zu anderen Lymphocyten nimmt die *natürliche Killerzelle* eine Sonderstellung ein. Sie tötet virus-infizierte Zellen und einige Tumorzellen ohne die (antigen-spezifische) Feinkontrolle des Immunsystems und unterscheidet sich dadurch von der *cytotoxischen T-Zelle*, einer typischen Lymphocyte, die ein spezifisch geregelter Effektor im Immunsystem ist.

20.03 T-Zellen und B-Zellen

Grundsätzlich können wir zwei verschiedene Immunantworten unterscheiden. Bei der *zellulären Immunantwort* (engl. „cell mediated immune response") treten *cytotoxische T-Zellen* als Effektoren auf. Sie zerstören durch den Einbau von fremden Proteinen in die Membran veränderte körpereigene Zellen. Bei der *humoralen Immunantwort* werden von *B-Zellen* spezifische Proteine, *Antikörper*, ausgeschieden, die Fremdmoleküle in Lösung oder auf der Oberfläche von Zellen binden. Dadurch werden solche Fremdmoleküle (*Antigene*) entweder aus der Lösung ausgefällt, oder die Fremdzelle wird durch die Markierung mit Antikörpern für Phagocyten, Killerzellen oder die im Blut zirkulierenden Proteine des lytischen *Complement-Systems* erreichbar. Im Gegensatz zu cytotoxischen T-Zellen, die direkt und spezifisch Fremdantigene auf Zelloberflächen erkennen, erkennen Phagocyten und Killerzellen also nur die Antikörper, die nach einer spezifischen *humoralen* Reaktion auf der Oberfläche der Fremdzelle sitzen („*antikörper*abhängige zelluläre Cytotoxizität" im Gegensatz zur zellulären Immunantwort). Auf der humoralen Reaktion beruht auch die *Schutzimpfung*, zum Beispiel gegen Diphtherie oder Kinderlähmung.

Ob eine Lymphocyte eine B-Zelle oder eine T-Zelle wird, hängt von der Umgebung ab, in der sie sich entwickelt. T-Zellen werden im Thymus determiniert, einem Organ der Halsregion, das bei verschiedenen Tierarten sehr verschieden aussieht, aber überall nach der Entwicklung von T-Zellen im Alter zunehmend abgebaut wird. B-Zellen werden in der fötalen Leber und später im Knochenmark determiniert. Bei Vögeln entwickeln sie sich in einem speziellen Organ am Enddarm, der *Bursa Fabricii*. Auf den Anfangsbuchstaben von „Thymus" und „Bursa" beruhen die Namen der beiden Zelltypen.

Nicht alle T-Zellen sind cytotoxische T-Zellen, also Effektorzellen. Zwei andere Typen von Thymus-determinierten Lymphocyten spielen eine wichtige Rolle bei der *Regelung von Immunantworten*. Das sind die *Helfer-T-Zellen*, ohne die eine spezifische Immunantwort nicht möglich ist, und die *Suppressor-T-Zellen*, die eine Immunantwort verhindern. Diese beiden Zelltypen, die sich gegenseitig beeinflussen, sind für die Flexibilität der Immunantwort verantwortlich.

20.04 Antigene und Antikörper

Moleküle, die Immunreaktionen auslösen, werden *Antigene* genannt. Praktisch alle Proteine und die meisten Polysaccharide können als Antigene wirken, wenn sie in einen Körper kommen, der sie selbst nicht in genau derselben Form produziert. Im Experiment werden solche Moleküle injiziert, zum Beispiel, um dadurch die Produktion von Antikörpern zu stimulieren, die dann im Blut zirkulieren, aus dem man ein „Antiserum" gewinnen kann. Solche Antikörper sind spezifische Reagentien für das injizierte Antigen. Einige Anwendungen dafür haben wir bereits gesehen (7.06).

Antikörper sind Glykoproteine, *Immunoglobuline*. Alle Immunoglobuline haben dieselbe Grundstruktur (Abb. 20.09). Jeder *spezifische Antikörper* trägt aber *zwei identische Bindungstaschen*, deren genaue Struktur ihn von allen anderen Antikörpern unterscheidet. Die Spezifität von Antikörpern beruht auf der Struktur dieser Bindungsstellen. In jedem Körper kommem also Millionen verschiedener Antikörper vor, die sich hauptsächlich in der Struktur ihrer Bindungsstellen unterscheiden.

Dieser Erkennungsmechanismus bestimmt, zusammen mit einigen Besonderheiten der Regelmechanismen zwischen Erkennung und Immunantwort, welche Substanzen als Antigene wirken können. Eine Fremdzelle, ein Virus oder ein Bakterium werden nicht als solche erkannt, sondern an Hand bestimmter chemischer Gruppen, die für Antikörper zugänglich an ihrer Oberfläche liegen. Ein Virus wirkt deshalb durch die Capsidproteine oder durch die Virusproteine als Antigen, die es in seine Membranhülle eingebaut hat. Eine virus-infizierte Zelle wird durch die virus-codierten Glykoproteine in ihrer Membran erkannt. Ein Antikörper erkennt nicht einmal das ganze Protein, sondern nur die Konfiguration aus einigen Aminosäuren daran, die in die jeweilige Bindungstasche des Antikörpers paßt, ein *Epitop*. Ein bestimmtes Antigen kann also von verschiedenen Antikörpern an Hand von verschiedenen charakteristischen Epitopen erkannt werden. Injektion mit einem Protein wird die Synthese einer Reihe von Antikörpern stimulieren. Da jeder spezifische Antikörper von einem *Klon* von B-Zellen synthetisiert wird, nennt man das eine *multiklonale* oder *polyklonale* Antwort.

Durch einen — im Prinzip ganz einfachen — Trick, gelingt es, ganz spezifische Antikörper eines einzigen Bindungstyps in beliebiger Menge im Reagenzglas synthetisiert zu erhalten. Einzelne B-Zell-Klone haben eine kurze Überlebenszeit in Zellkultur. Sie sind dazu nicht brauchbar. Gelingt es aber, eine einzelne B-Zelle mit einer einzelnen Zelle eines Tumors aus lymphatischen Zellen zu verschmelzen, dann erhält man eine Hybridzelle, die von der Tumorzelle die Eigenschaft bekommt, unbegrenzt in Kultur teilbar zu bleiben. Sie wächst zu einem wuchernden Tumor, einem *Hybridom* aus einzelnen Hybridzellen, aus. Von der normalen B-Zelle erhält jede dieser Hybridom-Zellen die Eigenschaft, einen ganz bestimmten Antikörper mit seiner spezifischen Bindungsstelle zu synthetisieren. Nach Injektion einer Maus mit einem Antigen, Hybridisierung der B-Zellen, die dann gebildet werden, Selektion der erzielten Hybridom-Zellen und Aufzucht von Zellklonen aus einzelnen isolierten Hybridomzellen läßt sich dann durch Fällungsreaktionen im Überstand dieser *monoklonalen* Kulturen recht leicht feststellen, welche davon einen ganz spezifischen *monoklonalen Antikörper* gegen ein Epitop des ursprünglich injizierten Antigens synthetisieren. Zugleich mit der absoluten Spezifität, die man dadurch erreicht, ist man unabhängig davon, wiederholte Injektionen bei verschiedenen Versuchstieren vorzunehmen. In wenigen Jahren sind solche *monoklonalen Antikörper* eine beinahe unbegrenzte Quelle immer neuer *spezifischer Reagenzien* geworden, die eine enorme Bedeutung für die Forschung und inzwi-

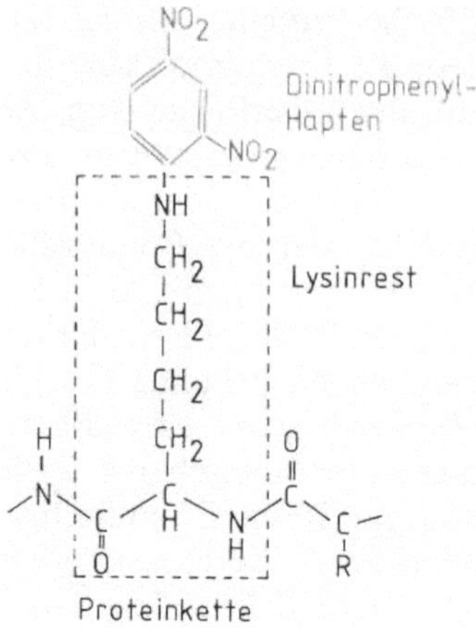

Abb. 20.03. Wenn Dinitrophenol als Hapten an Lysin-Seitenketten von Proteinen gekoppelt wird, stellt es eine charakteristische Antigen-Determinante dar

schen auch eine immer größere Bedeutung als *Diagnostika* haben.

Die Immunantwort wird nur ausgelöst, wenn eine Menge Antigen gebunden wird, so daß mehrere Antikörper (erst noch fest an der Oberfläche einer B-Zelle verankert) miteinander vernetzt und dann durch Endocytose aufgenommen werden. Kleine einzelne Moleküle können zwar Bindungstaschen absättigen, aber keine Antikörper miteinander vernetzen. Sie blockieren daher spezifische Antikörper, ohne eine Immunantwort auszulösen. Werden aber mehrere solcher kleinen Moleküle an ein größeres Trägerprotein gekoppelt, dann können sie dort als künstliche Epitope wirken. In der immunologischen Forschung hat man viel mit Dinitrophenol gearbeitet, das ein effektives Epitop bildet, wenn es an die Lysinreste von Proteinen gebunden ist (Abb. 20.03). Solch ein künstliches Epitop, das nur angeheftet an ein Trägerprotein antigen wirkt, nennt man ein *Hapten*.

Aus demselben Grund ist auch ein einzelnes Protein an der Oberfläche eines Virus oder eines Bakteriums kein wirksames Antigen. Nur Proteine, die in großer Menge an der Oberfläche von Viren oder Bakterien stehen, sind fähig, Antikörper zu vernetzen. Das ist aber typisch für Capsid- und Membranproteine.

Auch Antikörper kommen in membrangebundener Form an der Oberfläche von B-Zellen vor. Injiziert man menschliche B-Zellen oder freie menschliche Antikörper in eine Maus, dann wirken sie dort selbst als Antigene (7.06). Es werden dann in der Maus Anti-(Mensch-)Antikörper synthetisiert. Auf diese Weise sind auch die Oberflächenmoleküle verschiedener T-Zell-Populationen charakterisiert worden.

20.05 Klonale Selektion, Immungedächtnis, Immuntoleranz

Millionen verschiedener Antikörper unterscheiden sich in der Form ihrer Bindungsstellen. Man hat früher angenommen, daß diese spezifischen Bindungsstellen erst durch die Reaktion mit dem Antigen ihre passende Form erhalten. Das ist falsch. Es werden schon im Fötus ohne Rücksicht auf die zu erwartenden Antigene und ohne deren Beteiligung so viele verschiedene spezifische Antikörper synthetisiert, daß für jedes mögliche Antigen rein zufällig ein passender Antikörper vorliegt. Die Anpassung dieser Vielfalt an die individuellen Anforderungen des Organismus wird durch selektives Abtöten oder selektive Vermehrung von B-Zellen mit verschiedenen Antikörper-Spezifitäten geregelt (Abb. 20.04).

Das ist auf den ersten Blick ein übermäßig komplizierter und verschwenderischer Mechanismus. Er paßt aber genau in unser Bild der Informationsübertragung im Organismus: eine Rückübertragung erworbener Information (hier: über ein infizierendes Virus, ein Bakterium, einen Pilz oder einen Wurm) auf die Proteinsynthese ist nicht möglich. Es ist aber möglich, spontan einen Überfluß an Variabilität in die Struktur der DNA einzubauen und die individuellen Umweltreize später daraus das Notwendige selektieren zu lassen. Auf somatischer Ebene ist das eine

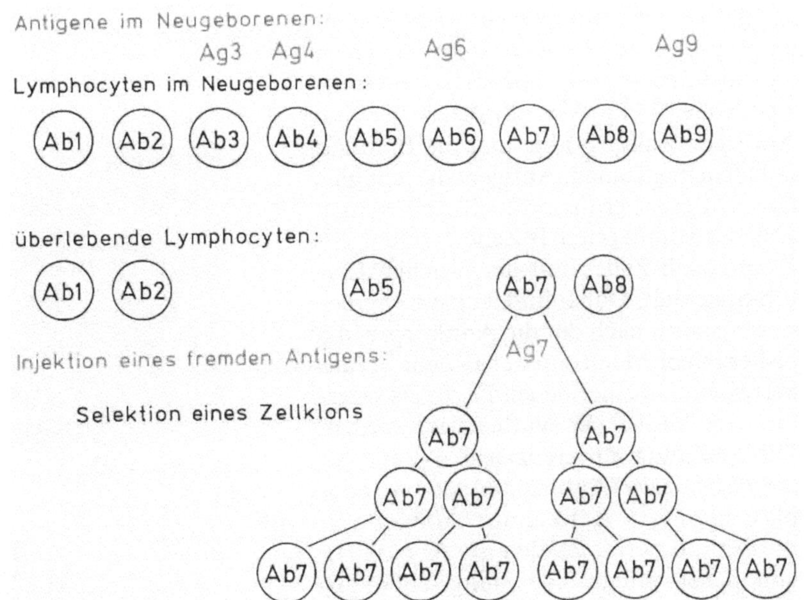

Abb. 20.04. Zwei Hypothesen über die Spezifität der Antikörper-Reaktion. Abtötung von Lymphocyten mit Antikörpern gegen körpereigene Antigene schützt den Körper vor Lyse seiner eigenen Gewebe und ist die Grundlage der Erkennung fremder Antigene; selektive Vermehrung von Lymphocyten mit einem Antikörper gegen ein eingedrungenes Antigen führt zur spezifischen Abwehr

genaue Parallele zur Anpassung der Keimbahn in der Evolution.

Zweierlei müssen wir also erklären: Den Mechanismus, durch den so viele verschiedene Bindungstaschen bei einer Klasse von sonst gleichartigen Molekülen spontan entstehen, und die Regelvorgänge, die diese chaotische Variabilität den wirklichen Ansprüchen des Organismus anpassen. Der zweite Aspekt ist zentral bei der Immunantwort. Wir wollen ihn deshalb zuerst besprechen.

Jede B-Zelle produziert Antikörper mit einer einzigen Bindungsspezifität. Eine unstimulierte B-Zelle trägt etwa 10000 dieser Antikörper als Oberflächenmoleküle. Millionen verschiedener B-Zellen zirkulieren in Blut und Lymphe und sitzen in den Lymphfollikeln der lymphatischen Organe. Ein Antigen kann von mehreren dieser Zellen erkannt und gebunden werden, nämlich von denen, die zufällig Bindungstaschen für Epitope an diesem Antigen haben. Die Bindung von Antigenen an die Oberflächen von B-Zellen stimuliert diese B-Zellen zur Teilung und Differenzierung (Abb. 20.05). Dabei spielt eine Erkennungsreaktion zwischen einer B-Zelle und einer *Helfer-T-Zelle*, die dieselbe Epitop-Spezifität erkennt, eine Rolle (20.12, Abb. 20.21).

Auf jeden Fall löst aber erst die Bindung mit dem passenden Antigen die endgültige Differenzierung von B-Zellen aus. Aus der stimulierten B-Zelle entsteht ein Klon von B-Zellen mit der gleichen Epitop-Spezifität. Dabei findet eine Differenzierung statt, nach der die Antikörper, die bisher in der Membran der B-Zelle verankert waren, in einer neuen Form als sezernierbare Antikörper synthetisiert werden. Die endgültig differenzierte B-Zelle ist die *Plasmazelle* (Abb. 20.06), deren endoplasmatisches Retikulum vollgestopft mit Antikörpermolekülen ist (Abb. 6.04), von denen einige Tage lang 2000 pro Sekunde synthetisiert und abgegeben werden.

Im Laufe der Zeit werden also in einem Individuum selektiv die B-Zellen als Zell-

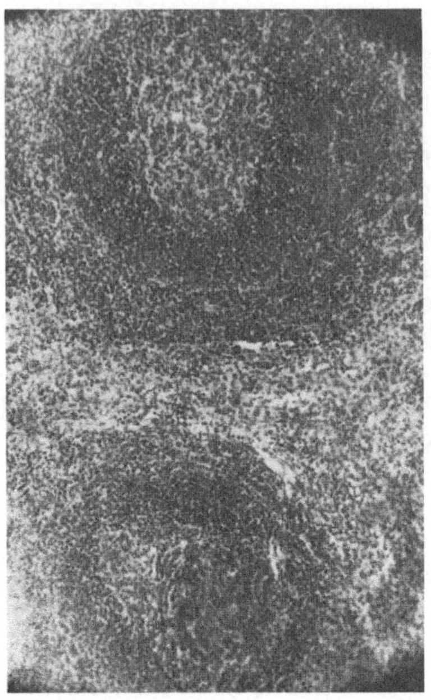

Abb. 20.05. Die ungeheure Vermehrungsrate stimulierter Lymphocyten ist mikroskopisch sichtbar. In lymphatischen Organen bilden sich Follikel aus, in denen große Mengen Zellen neu entstehen. Dieses Populationswachstum ist als Schwellung der Lymphknoten in der Nähe eines Infektionsherdes fühlbar. Milz, Meerschweinchen, Sekundärfollikel mit hellen Keimzentren. Lupenvergrößerung

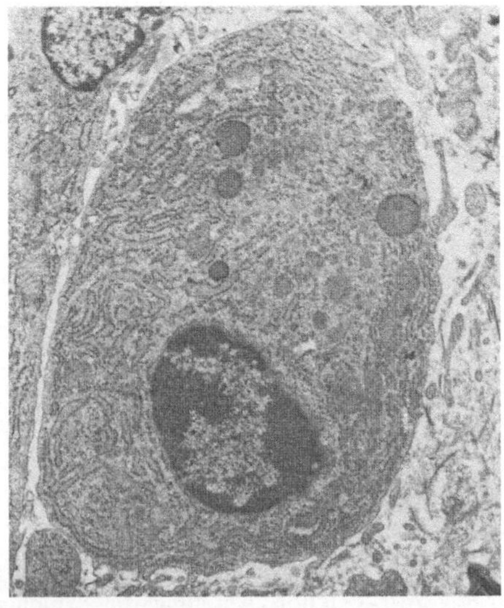

Abb. 20.06. Plasmazelle, Mensch. Vergrößerung 3000×. (Aufn. W.G. Forßmann)

klone vermehrt, die durch Antigen stimuliert worden sind. Wenn bei der Entwicklung von B-Zellen Millionen verschiedener Antikörper-Spezifitäten entstehen, erkennen viele davon natürlich auch körpereigene Proteine und Polysaccharide als Antigene. Damit der Körper nicht gegen sich selbst reagiert, werden Zellen, die körpereigene Moleküle binden, abgetötet. Das geschieht im Fötus und noch beim Neugeborenen. Alle Moleküle, die bis dahin als Antigene erkannt werden, werden deshalb auf Dauer einer Immunreaktion entzogen. Der Körper reagiert nicht gegen sich selbst, und als „Selbst" wird in diesem Falle alles erkannt, was bis zu einem bestimmten Zeitpunkt der Entwicklung mit dem Immunsystem reagiert. Injektion eines Fremdantigens bis kurz nach der Geburt würde den Körper also *immuntolerant* gegen dieses Antigen machen. Andererseits werden körpereigene Moleküle, die während dieser Zeit nicht mit dem Immunsystem reagieren, später als „fremd" eingestuft und lösen eine Immunreaktion aus. Das System kann also Fehler machen. Dann kommt es zu *Autoimmunkrankheiten*. Bei *Myasthenia gravis* werden Antikörper gegen den Acetylcholinrezeptor der eigenen Skelettmuskelfasern produziert. Diese Antikörper blockieren den Rezeptor und führen dadurch zu Muskelschwäche und möglicherweise zum Tod durch Ersticken.

Plasmazellen sind endgültig determinierte B-Zellen, Effektorzellen, die nach einigen Tagen Antikörperproduktion absterben. Nicht alle B-Zellen eines Klons werden aber endgültig ausdifferenziert. Einige verbleiben als *Gedächtniszellen* (engl. „memory cells"), die bei einer Zweitstimulation mit demselben Antigen sehr viel schneller auf dieses Antigen reagieren (Abb. 20.11). Mit Hilfe der Gedächtniszellen erinnert sich das Immunsystem an einmal erkannte Antigene. Das ist die Basis für die Immunität gegen Zweitinfektionen, nach der das Immunsystem benannt ist.

20.06 Ein Netzwerk von Idiotypen

Eine „normale" Ausnahme bei dem Schutz gegen Autoimmunität stellen (die variablen Bindungsstellen der) Antikörper selbst dar, die anfangs in zu geringer Konzentration vorliegen, um dabei eine Rolle zu spielen. Wird aber erst einmal ein Antikörper in großer Menge produziert, dann wird seine individuelle Antigen-Bindungsstelle als „Fremd"-Epitop erkannt. Es erscheinen Antikörper gegen eigene Antikörper (Abb. 20.07). Diese können so spezifisch sein, daß ein Antikörper gegen einen Anti-Insulin-Antikörper dem Insulin selbst so ähnelt, daß er dessen Funktion am Insulin-Rezeptor von Leberzellen übernehmen könnte.

Die Antigen-Bindungsstelle kann aber, genau wie ein Antigen, von verschiedenen

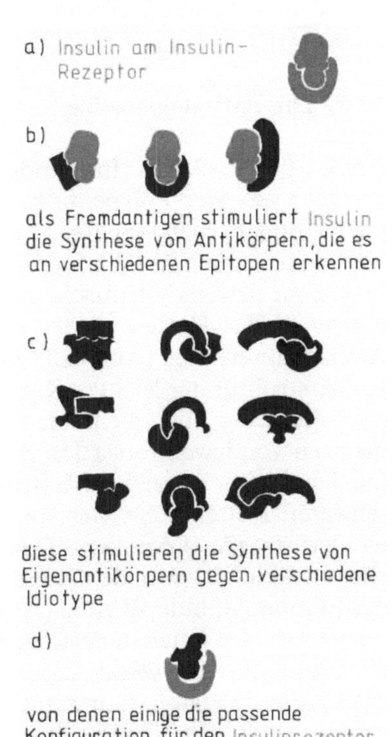

Abb. 20.07. Puzzle-Spiel-Analogie zur Idiotyp-Hypothese. Einzelne Antigen-Bindungsstellen sind als Puzzle-Stücke dargestellt, um zu zeigen, wie die Selektion passender Positiv-Negativ-Formen, einmal durch ein Antigen (z.B. Fremd-Insulin) angeregt, intern weiterlaufen kann

anderen Antigen-Bindungsstellen verschieden interpretiert werden. Sie zeigt potentiell mehrere Epitope, die man als Eigen-Epitope „Idiotypen" nennt. Solche Idiotypen können einer Reihe von Antikörpern gemeinsam sein (denen, die das gleiche V-Gen benutzen, 20.09). Die Konsequenz daraus ist, daß die erste Antikörper-Reaktion im Leben eine Kaskade weiterer Antikörper-Reaktionen auslöst, von denen unter anderem die erste Reaktion durch komplementäre Bindung abgestellt wird. Das Immunsystem beginnt dann, intern zu laufen. Ein weiterer Reiz von außen löst keinen isolierten Vorgang aus, sondern greift in dieses interne Spiel ein. Die Bedeutung dieses Netzwerks von Idiotypen, nicht nur für Antikörper und B-Zellen, sondern auch für die antigen-spezifischen T-Zell-Rezeptoren (20.11), wird erst langsam anerkannt.

20.07 Die Immunoglobuline

Antikörpermoleküle, Immunoglobuline, bestehen aus vier Polypeptidketten, zwei jeweils identischen leichten („light", L) Ketten, jede etwa 220 Aminosäuren lang, und zwei jeweils identischen schweren („heavy", H) Ketten, jede etwa 440 Aminosäuren lang (Abb. 20.08). In der Primärstruktur der leichten Ketten folgen zwei ähnliche, aber nicht identische Sequenzen von jeweils etwa 110 Aminosäuren aufeinander, die Primärstruktur der schweren Ketten zeigt vier solche aufeinanderfolgende Regionen. Dementsprechend erkennen wir in der Tertiärstruktur der Immunoglobulin-Ketten (Abb. 20.09) zwei bzw. vier aufeinanderfolgende ähnlich gefaltete *Domänen*, deren Grundstruktur durch zwei Faltblatt-Seiten bestimmt wird, die durch eine Disulfidbrücke verbunden sind (Abb. 20.10).
Die Spezität der Antikörper beruht darauf, daß jeder B-Zell-Klon individuelle Unterschiede in den Aminosäuresequenzen der N-terminalen „variablen Domänen" seiner L- und H-Ketten besitzt.

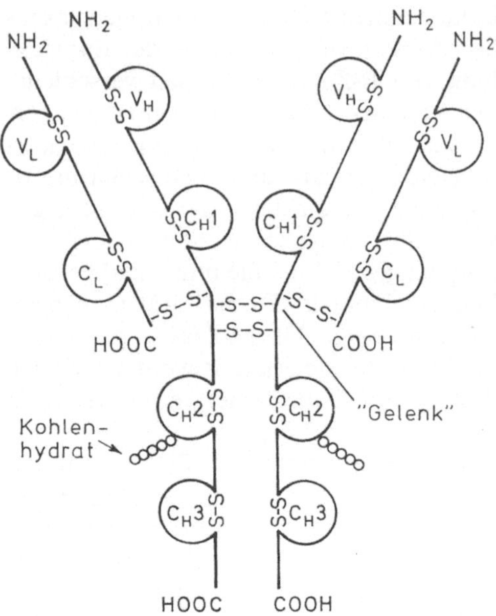

Abb. 20.08. Schematischer Aufbau eines Antikörpermoleküls. Das Molekül besteht aus zwei identischen schweren und zwei identischen leichten Ketten, die jeweils durch Disulfidbrücken miteinander verbunden sind. Jede schwere Kette besteht aus vier, jede leichte aus zwei Regionen mit ähnlicher Aminosäuresequenz. Jede dieser Regionen hat eine interne Disulfidbrücke. Am N-terminalen Ende befindet sich jeweils eine variable Region (v_H bei schweren, v_L bei leichten Ketten) auf die bei schweren Ketten drei, bei leichten Ketten eine konstante Region folgen ($c_H 1$-$c_H 3$ bzw. c_L). Die variablen Regionen von je zwei benachbarten Ketten bilden eine Antigen-Bindungsstelle. Complement wird an den $c_H 2$-Regionen gebunden, die Kohlenhydratanteile besitzen.

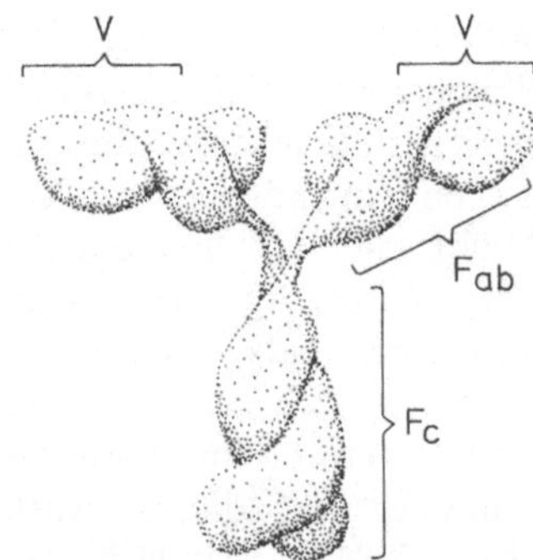

Abb. 20.09. Mögliche dreidimensionale Konfiguration eines Antikörpermoleküls. v sind die beiden Antigenbindungsstellen aus je zwei variablen Regionen. Enzymatisch kann das Molekül leicht in zwei Fraktionen gespalten werden: F_{ab}, die Antigene bindet, und F_c, die Complement bindet

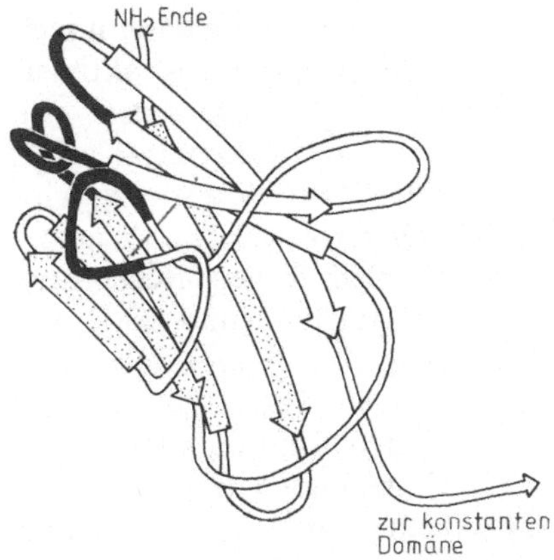

Abb. 20.10. Faltungsschema der Tertiärstruktur einer Immunoglobulin-Domäne am Beispiel der variablen Domäne einer leichten Kette (V_L). Alle Immunoglobulin-Domänen erhalten ihre Stabilität durch zwei antiparallele Faltblattregionen (obere: drei weiße Pfeile, untere: vier gepünktelte Pfeile), die durch eine interne Disulfidbrücke (roter Strich) verbunden sind. Die schwarz markierten Kettenstücke stellen die drei hypervariablen Regionen der variablen Domäne dar, die zusammen mit denen einer schweren Kette jeweils eine spezifische Antigen-Bindungstasche bilden. Die hier gezeigte Domäne entspricht einem der beiden „Klumpen" rechts und links oben vorn in Abb. 20.09

Diese Unterschiede beschränken sich jeweils auf drei „hypervariable" Regionen in der Sequenz, die nicht an der Faltblattstruktur teilnehmen, sondern zusammen jeweils die Hälfte einer Antigenbindungsstelle an der Außenseite der variablen Domäne bilden. L- und H-Ketten zusammen bestimmen die gesamte Antigenbindungsstelle.

L-Ketten bestehen also aus zwei Domänen, einer variablen (V_L) und einer konstanten (C_L), H-Ketten aus vier (oder fünf): V_H, C_{H1}, C_{H2}, C_{H3}, C_{H4}). Abb. 20.08 zeigt, wie die vier Ketten im Immunglobulin-Molekül untereinander durch Disulfid-Brücken verbunden sind. Dadurch entsteht eine Y-förmige Molekülstruktur, die für das Funktionieren der Immunoglobuline ausschlaggebend ist. Am einen Ende bilden die variablen Domänen je einer L- und H-Kette zusammen zwei identische Antigen-Bindungsstellen („F_{ab}", die antigenbindende Fraktion).

Antikörper sind also *zweiwertig* und können durch Antigenbindung miteinander vernetzt werden. Dabei hilft, daß die beiden Arme des Moleküls mit den Antigen-Bindungsstellen um eine *Gelenkregion* (engl. „hinge") in jeder H-Kette frei beweglich sind. Das andere Ende des Immunoglobulin-Moleküls („F_c", die Complement-bindende Fraktion) wird allein durch die beiden H-Ketten gebildet, hat also nichts mit der Antigen-Spezifität zu tun, sondern dient der Übersetzung des Antigen-Stimulus in die Immunantwort.

20.08 Antikörper-Klassen

An Hand ihrer konstanten Regionen kann man zwei Sorten leichte Ketten unterscheiden, die an zwei verschiedenen Genorten synthetisiert werden: Lambda- und Kappa-Ketten. Jeder Antikörper enthält entweder zwei identische Lambda- oder zwei identische Kappaketten.

Durch einen raffinierten molekularen Mechanismus ist es einem Klon von B-Zellen möglich, seine Antigen-Spezifität beizubehalten, aber verschiedene *Klassen von H-Ketten* zu synthetisieren, die dann natürlich alle dieselbe variable Region haben und sich nur in den drei (oder vier) konstanten Domänen unterscheiden. Damit kann eine bestimmte Antigen-Spezifität einer bestimmten Immunreaktion zugeordnet werden.

Tabelle 20-2. Klassifizierung von Antikörpern

1. *Klassen* (Grundstruktur der konstanten Regionen der schweren Ketten): IgM, IgG, IgA, IgD, IgE

2. *Unterklassen* (alternative Gene für IgG-schwere Ketten, allele Formen der konstanten Regionen): IgG_1 bis IgG_4; IgA_1, IgA_2

3. *Typen* (Grundstruktur der leichten Ketten): κ, λ

4. *Untertypen* (stabile allele Mutanten der konstanten Regionen der leichten Ketten): $\lambda(Oz^-)$, $\lambda(Oz^+)$ etc.

5. *Untergruppen* (alternative Gene für die variable Region): $v_{\kappa I}$, $v_{\kappa II}$, $v_{\kappa III}$ etc.

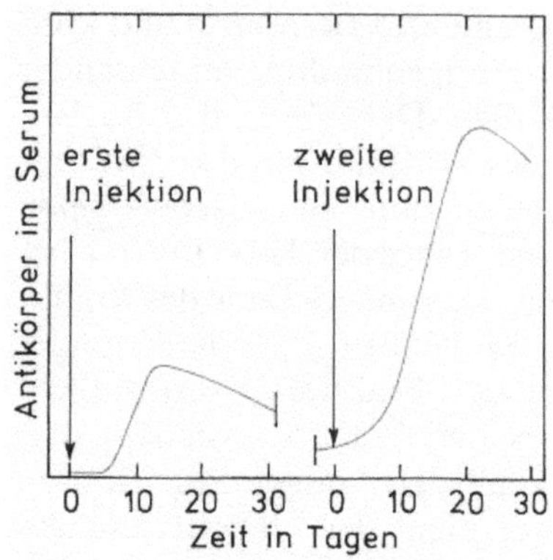

Abb. 20.11. Schnelle Zunahme des Antikörpertiters bei einer Zweitinfektion mit dem gleichen Antigen. Bei der Erstinfektion wird hauptsächlich IgM gebildet, bei der Zweitinfektion IgG

Fünf *Klassen von Immunoglobulinen* entsprechen diesen H-Ketten-Klassen. Innerhalb der Klassen können die Moleküle auch noch in membran-gebundener oder frei sezernierter Form synthetisiert werden.

Die Oberfläche von unstimulierten B-Zellen ist durch *Immunoglobulin M* (IgM) mit H-Ketten vom My-Typ (μ) und mit *IgD* (Delta-Ketten, δ) der gleichen Spezifität markiert. Binden diese ein passendes Antigen, dann wird bei der *Primärantwort* hauptsächlich die lösliche Form von IgM abgeschieden. In den Gedächtniszellen, die bei der *Sekundärantwort* aktiviert werden, findet ein *Klassenwechsel* von IgM und IgD nach *IgG* (Gamma-Ketten, γ) statt. Bei der Sekundärantwort wird IgG abgeschieden (Abb. 20.11). Phagocyten und Killerzellen tragen Rezeptoren für das F_c-Ende von IgG (und IgM). Ein Bakterium, das IgM oder IgG durch eine Reaktion zwischen seinen Oberflächenmolekülen und den Bindungsstellen von IgG oder IgM gebunden hat, ist damit an der Oberfläche mit den freien schweren Ketten dieser Moleküle übersät und dadurch zum Abbau durch Phagocyten verurteilt. Alternativ binden diese hervorstehenden F_c-Enden der gebundenen Antikörper die Komponente C-1 des Complement-Systems und leiten damit eine Kaskade von Proteinreaktionen ein, die schließlich dazu führt, daß je 12 Moleküle des Complement-Proteins C9 eine hydrophile Pore in der markierten Membran bilden, so daß die Membran durchlässig wird und ihre Funktion verliert (Abb. 20.12).

IgG ist die einzige Antikörperklasse, die durch die Plazenta von der Mutter an den Fötus abgegeben werden kann. Die Plazenta besitzt Rezeptoren für IgG, die eine Endocytose und einen Transport von IgG

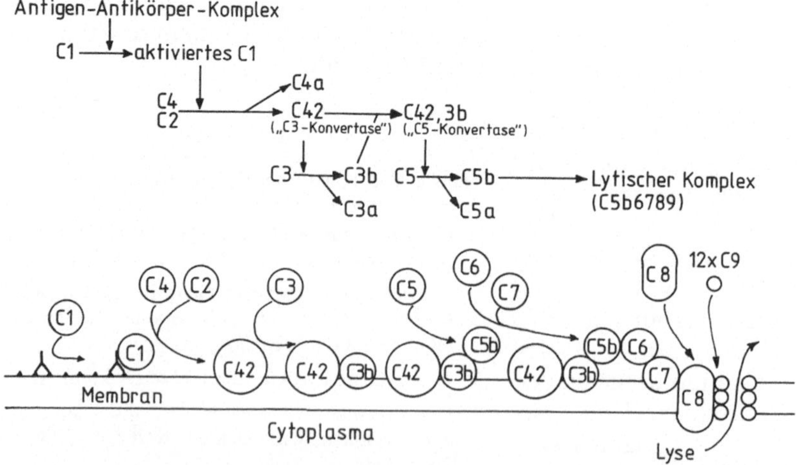

Abb. 20.12. Schema der Complementreaktion, oben als Kaskade von Interaktionen zwischen den im Blut zirkulierenden Proteinfaktoren C1 bis C9, unten die Lokalisierung dieser Reaktionen am Plasmalemma einer Zelle, bei der IgG mit Fremdantigenen (schwarze Dreiecke) reagiert hat

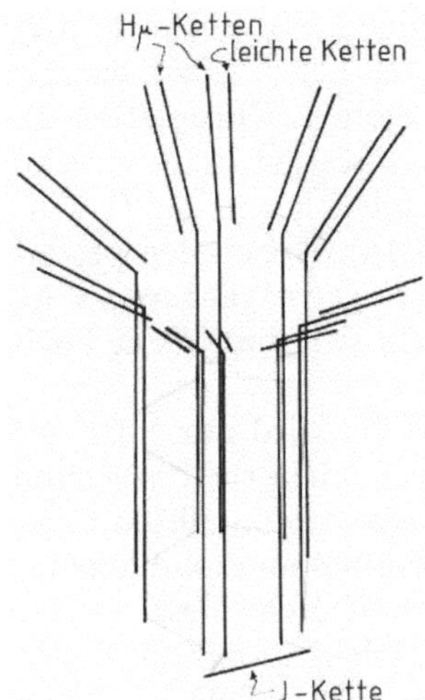

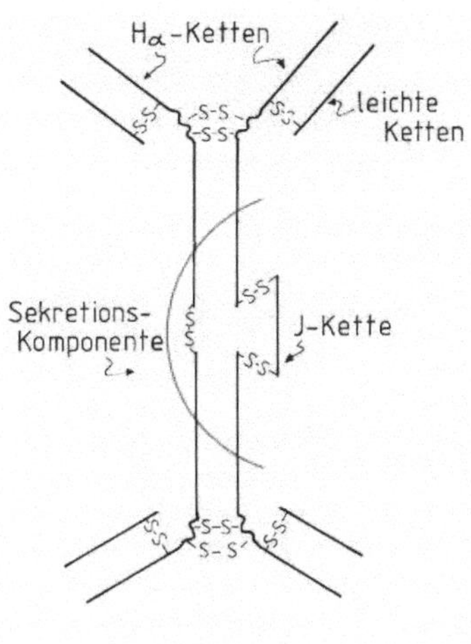

Abb. 20.13. Lösliche Form von IgM. 5 Immunoglo-bulin-Moleküle bilden eine gemeinsame Struktur, in der sie durch Disulfidbrücken untereinander und mit einer J-Kette zusammengehalten werden. Rot: Di-sulfidbrücken zwischen Polypeptidketten. Die inter-nen Disulfidbrücken der Domänen sind nicht darge-stellt

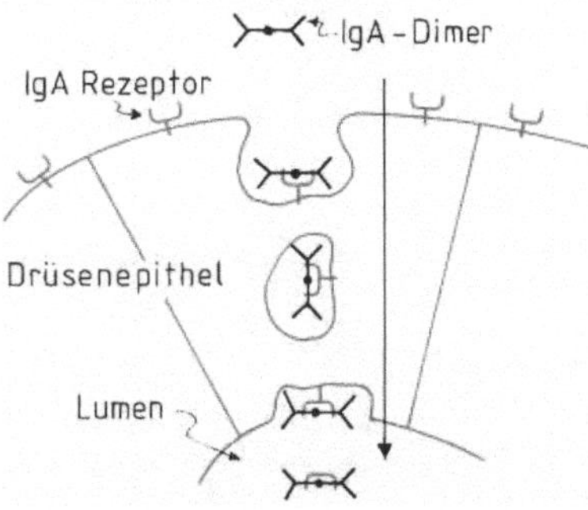

Abb. 20.14. Oben: Schema eine IgA-Dimers. Nur die Disulfidbrücken zwischen Polypeptidketten sind ein-gezeichnet. Unten: Die Sekretionskomponente von IgA wird beim endocytotischen Transport des Di-mers im Drüsenlumen vom Rezeptor beigesteuert

durch die Placenta in Endocytose-Vesi-keln bewirken.

Während die lösliche Form von IgG aus den einfachen (Vier-Ketten-)Monomeren besteht, sind in der löslichen Form von IgM fünf identische Antikörpermoleküle durch Disulfidbrücken und eine zusätz-liche J („Junction")-Kette verbunden (Abb. 20.13).

Auch die lösliche Form von IgA (Alpha-Ketten, α) ist komplizierter aufgebaut. Zwei identische Antikörper werden durch eine J-Kette zusammengehalten (Abb. 20.14, oben). IgA ist der Antikörper in Sekreten wie Tränen, Milch oder Spei-chel. Die Epithelien der entsprechenden Drüsen tragen auf der Außenseite Rezep-toren für die konstante Region der α-Kette. Sie binden IgA und transportieren es in Endocytose-Vesikeln durch die Epi-thelzellen ins Lumen. Dabei nimmt das IgA einen Teil des IgA-Rezeptors von der Oberfläche der Drüsenzelle als *Sekre-tionskomponente* mit (Abb. 20.14, unten). *IgE* (Epsilon-Ketten, ε) vermittelt die *Ak-tivierung von Mastzellen und Basophilen*

auf eine ganz besondere Weise (Abb. 20.15). Diese basophilen Granulocyten tragen auf ihrer Oberfläche einige hun-derttausend Rezeptoren für die konstante Region der ε-Kette. Sie fangen sich also die gelöste Form von IgE-Molekülen aller Spezifitäten und bauen sie in ihre Mem-bran ein, so daß die Antigen-Bindungs-stellen wie in der B-Zelle nach außen zei-gen. Durch den Rezeptor wird das eigent-lich lösliche IgE in der Basophilen-Mem-bran verankert. Erst dieses eingefangene IgE macht die Basophilen antigen-sensi-tiv, und erst wenn diese IgE-Moleküle an der Oberfläche von Basophilen durch An-tigen-Bindung vernetzt werden, wird die Exocytose der basophilen Granula in Gang gesetzt.

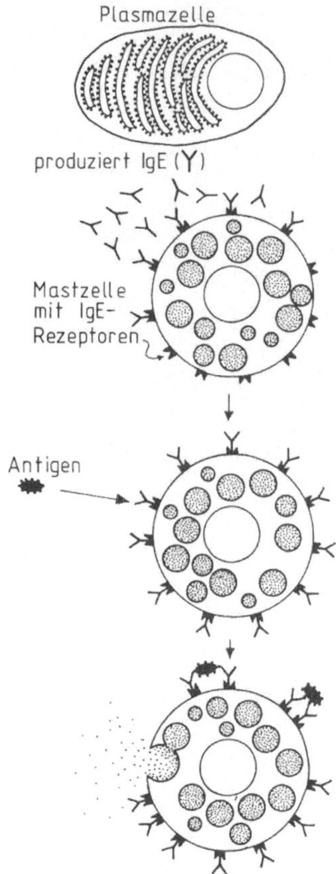

Abb. 20.15. Mastzellen und Basophile erhalten ihre Antigen-Spezifität sekundär in der Form von IgE-Molekülen, für die sie Rezeptoren haben. Damit ersparen sie sich die klonale Selektion und können durch die vorselektierten B-Zellen spezifisch programmiert werden

20.09 Die Genetik der Immunoglobuline

Obwohl sich die Individualität des Immunsystems erst aus den Interaktionen zwischen verschiedenen Zelltypen im Körper ausbildet, sind die Grundlagen dafür doch schon im Genom vorprogrammiert. Das betrifft besonders die Entstehung der Millionen verschiedener B-Zell-Klone, aus denen später durch klonale Selektion das individuelle Repertoire entsteht. Die Millionen verschiedener Antikörper werden nicht durch Millionen einzeln vererbter Gene codiert. Anstatt von Millionen von Genen finden

wir nur einige hundert Genstücke an drei jeweils sehr umfangreichen Genorten, einen für leichte κ-Ketten (Chromosom 2), einen für leichte λ-Ketten (Chromosom 22) und einen für alle Klassen von H-Ketten (Chromosom 14). Neben den besonders komplexen Regelvorgängen an jedem Genort, regeln sich diese Gene auch untereinander.

In jedem B-Zell-Klon wird nur einer der vier (zweimal zwei) Genorte für leichte Ketten und einer der beiden allelen Genorte für schwere Ketten im diploiden Genom transkribiert. Durch diesen *Allel-Ausschluß* (engl. „allelic exclusion") wird sichergestellt, daß jede B-Zelle nur eine Antikörperspezifität produziert.

Jeder Immunoglobulin-Genort enthält am 5'-Ende eine Reihe „Gene" für die variable Domäne des Proteins allein. Grob geschätzt sind es etwa 80 bis 100 V_H-Gene, etwa 200 bis 300 V_κ-Gene, viel weniger V_λ-Gene, alle ähnlich, aber leicht verschieden. Jeweils mehrere 10000 Nukleotidpaare in der 3'-Richtung von den V-Genen entfernt folgen die Gene für die konstante Region. Nur ein Gen codiert für C_κ, sechs Gene für C_λ. Die acht C_H-Gene entsprechen Antikörperklassen und -Unterklassen (Tabelle 20-2). Die C-Gene codieren jeweils für alle drei Domänen (vier bei μ und ε). Die V-Gene an allen Genorten codieren übrigens nur die ersten 95 Aminosäuren der variablen Domänen. Die restlichen ca. 15 Aminosäuren werden durch eine Reihe J-Sequenzen codiert (Junction, Verbindung, nicht mit dem J-Protein zu verwechseln, das IgM und IgA-Moleküle zusammenhält).

Diese kurzen J-Gene (oder Genstücke) liegen zwischen den V- und den C-Genen. 5 davon liegen vor C_κ, jeweils 6 vor jedem einzelnen der 6 C_λ-Gene, und 4 J_H-Sequenzen liegen in einer Gruppe vor allen 8 C_H-Genen (Abb. 20.16). Am Genort für schwere Ketten liegen darüber hinaus noch eine Reihe ganz kurzer D-Sequenzen zwischen den V- und den J-Genen. Diese D-Gene (Diversity, Mannigfaltigkeit), die nur 10 bis 20 Nukleotidpaare

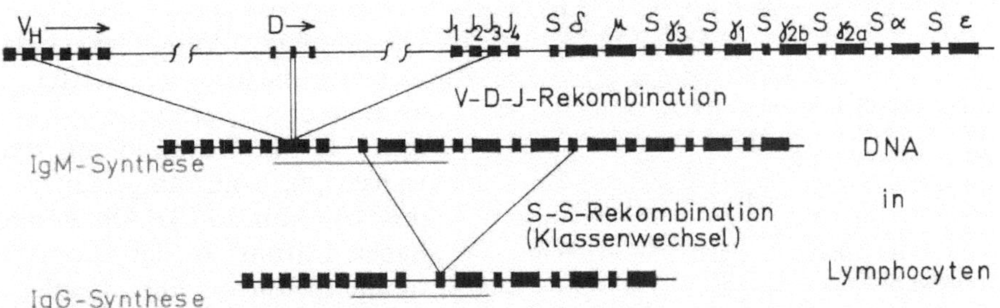

Abb. 20.16. Schematische Darstellung der Genregion für schwere Immunoglobulin-Ketten in den Keimzellen (oben), ihres Umbaus in frühen B-Zellen durch V-D-J-Rekombination, die für zellspezifische Gene für variable Domänen sorgt (Mitte), und ihres späteren Umbaus in Gedächtnis-B-Zellen, durch den bei gleichbleibender Antigenspezifität die Immunoglobulin-Klasse und damit die Art der Immunantwort geregelt wird. Mit S sind DNA-Signale markiert, zwischen denen beim Klassenwechsel Rekombination stattfindet

lang sind, codieren für alternative Versionen der Aminosäuren um Position 96 der variablen Region der schweren Ketten.

Diese komplexen Genorte werden so nicht transkribiert. Während der Differenzierung der B-Zellen wird erst durch irreversiblen Umbau der DNA selbst in jeder B-Zelle eines der vielen V-Gene an eines der J-Gene gekoppelt, und dieses zellspezifische V-J-Gen (V-D-J bei schweren Ketten) wird vor eines der C-Gene eingesetzt, wobei die dazwischenliegende DNA jeweils ausgeschnitten wird. Für jede zellspezifische Kette wird also aus einem Angebot von Genstücken erst ein fertiges Gen zusammengestückelt, wobei die volle kombinatorische Vielfalt ausgenutzt werden kann.

Bei Klassenwechsel in den Gedächtniszellen, meist von IgM zu IgD, wird in der C_H-Region noch einmal DNA selbst verspleißt. Das bereits vorhandene spezifische V-D-J-Gen der Zelle, das bisher an den Anfang der C-Region, etwa 8 000 Basenpaare vor C_μ, eingespleißt war, kann nun vor eines der C_γ-Gene (seltener vor C_ε oder C_α) angekoppelt werden. Dabei geht wieder DNA, auf jeden Fall die für C_μ und C_δ, irreversibel für diesen Zellklon verloren.

Wir haben hier also den seltenen Ausnahmefall, daß bei der Differenzierung eines spezifischen somatischen Zelltyps, der B-Zelle, das Genom irreversibel umgebaut wird. Jedem B-Zell-Klon werden die Gene für die Immunoglobulin-Ketten auf DNA-Ebene individuell zugeschnitten. Gerade die B-Zellen enthalten also nicht mehr die gesamte Information für die Variabilität der Antikörper. Diese wird durch die Keimzellen an die Nachkommen weitergegeben.

Die ungeheure Vielfalt an kombinatorischen Möglichkeiten bei der Zusammenstellung der variablen Regionen einzelner H- und L-Ketten und bei der Kombination jeweils einer spezifischen H- mit einer spezifischen L-Kette zur Bildung der Antigen-Bindungsstelle ist damit aber noch nicht erschöpft. Zwei weitere Mechanismen tragen dazu bei. Einmal ist die Rekombinationsstelle zwischen den V- und den J-Stücken nicht präzise festgelegt. Durch verschiedenes Verspleißen derselben Segmente kann die Aminosäure in Position 96 der variablen Region verändert werden (Abb. 20.17). Diese Position liegt in einer „hypervariablen" Region, die zur Antigenbindungsstelle beiträgt. Auch die D-Segmente der schweren Ketten werden ungenau eingebaut, so daß die Abstände zwischen V- und J-Sequenzen in den fertigen Genen durch den Beitrag der D-Sequenz variieren können. Schließlich sind gerade die drei „hypervariablen" Regionen der Immunoglobulin-

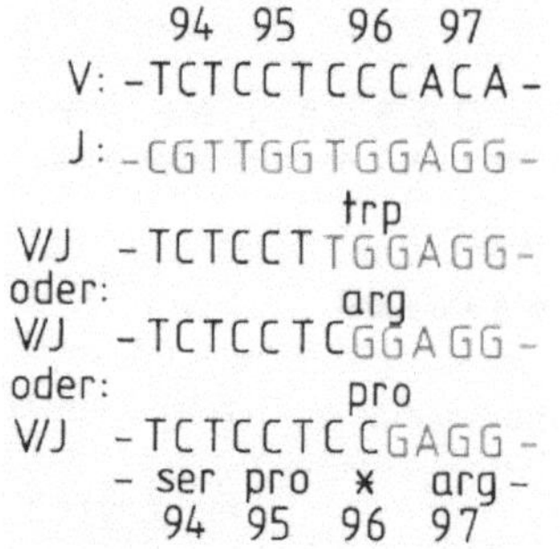

Abb. 20.17. Verschiedene Möglichkeiten, dieselben V- und J-Gensegmente miteinander zu verspleißen. Codons 94–97 aus den DNA-Sequenzen der fertigen Gene für eine Kappa-Kette sind unter den Ausgangssequenzen (V und J) aus der Keimbahn eingezeichnet. Die Verschiebung des Spleißpunktes um jeweils ein Nukleotid verändert die Codierung der Aminosäure 96 in der 3. hypervariablen Region der V-Domäne, ohne daß sich dabei das Leseraster verändert

V-Gene auch noch besonders anfällig für somatische Mutationen.

Alle Mechanismen zusammen reichen voll aus, um aus den ererbten Genen an drei Genorten mit je zwei Allelen einiger hundert Genstücke rein zufällig bis zu zehn Milliarden Antigenbindungsstellen zusammenzustellen. Das ist weit mehr, als wirklich gebraucht oder auch nur in den ursprünglichen B-Zellen eines Individuums realisiert wird.

20.10 Verspleißen des Primärtranskripts

Die Immunoglobulin-Gene, besonders die Gene für die schweren Ketten, verlangen auch besonders geregelte Spleißmechanismen bei der Umwandlung des Primärtranskripts vom umgebauten Gen zur mRNA (Abb. 20.18). Alle V- und C-Gene haben Introns. In der variablen Region trennt ein Intron eine „Leader"-Sequenz (L in Abb. 20.18), die beim Transport der neu synthetisierten Kette in das Endoplasmatische Retikulum hilft und dann abgeschnitten wird, vom eigentlichen V-Gen. Die C-Gene für die schweren Ketten sind in drei bis sechs Exons aufgeteilt, die den verschiedenen konstanten Domänen (und dem Gelenkstück zwischen C_{H1} und C_{H2}) entsprechen.

Ein langes Intron liegt zwischen den VDJ-Abschnitten der fertigen Gene und den C-Exons. Bemerkenswert ist aber besonders, daß die Gene für die schweren Ketten alternative 3′-Enden haben, eins für die membrangebundene Form, das eine Kette hydrophober Aminosäuren an das COOH-Ende anfügt, ein alternatives für das hydrophile Ende der löslichen Antikörper. Diese Form ist für IgM in den ersten vier Exons des C_μ-Abschnitts codiert, die auch ein entsprechendes Stopsignal für die Synthese der löslichen IgM-

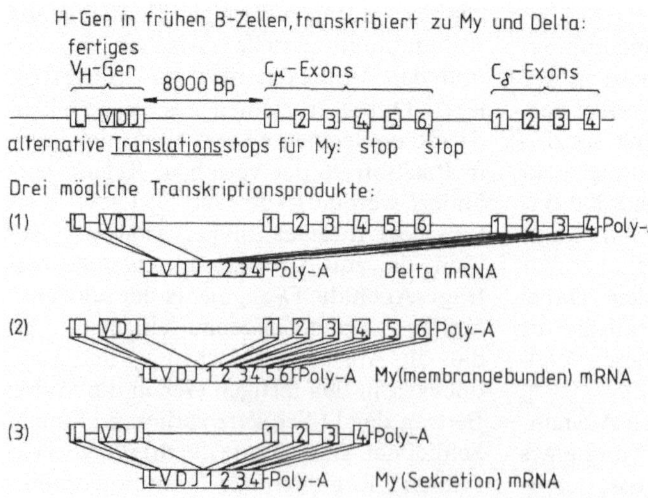

Abb. 20.18. Schema der Exon-Intron-Struktur am Anfang eines funktionellen Gens für schwere Immunoglobulin-Ketten nach dem ersten DNA-Umbau (VDJ-Rekombination, s. Abb. 20.16). Relative Längen von Exons und Introns nicht maßstabsgerecht. Darunter drei Möglichkeiten, das Primärtranskript dieses Gens zu verschiedenen mRNAs zu verspleißen. Beachte, daß bei (2) das Ende von Exon 4 mit dem Translations-Stopsignal zusammen mit dem folgenden Intron ausgeschnitten wird, so daß die Proteinsynthese durchlaufen kann, während bei (3) das ganze Exon 4 in die mRNA übernommen wird

Ketten enthalten. Die Sequenz für das alternative hydrophobe Ende liegt in den zwei kleinen Exons 5 und 6 des C_μ-Abschnitts. Wird mRNA für die membrangebundene Form des Proteins zurechtgespleißt, dann wird dabei das „hydrophile" Ende von Exon 4 einschließlich seines Translationsstopcodons als Teil des folgenden Introns weggespleißt. Dieselbe Sequenz (für das hydrophile Ende der löslichen Form der Kette) kann also in der prä-mRNA als Exon oder als Teil eines Introns verspleißt werden.

In noch größerem Maße gibt es solche alternativen Spleißvorgänge bei der gesamten C_μ plus C_δ-DNA, die als ein durchlaufendes Primärtranskript abgelesen wird. Durch alternatives Spleißen kann aus diesem Transkript mRNA für beide Klassen hergestellt werden, wobei bei der Reifung von IgD-mRNA das gesamte C_μ-Gen als Intron herausfällt. Dieser Prozeß erklärt auch, wie eine frühe B-Zelle gleichzeitig IgM und IgD derselben Spezifität synthetisieren kann. Zellen, die gleichzeitig IgM und entweder IgG oder IgA synthetisieren, scheinen sogar die gesamte C_H-Region als Primärtranskript abzulesen und daraus beim Spleißen alternative C-Regionen an das vorn im Primärtranskript liegende VDJ-Gen für die variable Domäne anzuhängen. Das geschieht natürlich nur in frühen B-Zellen, die die C_H-Region noch nicht durch Deletion auf der DNA-Ebene (Klassenwechsel) vereinfacht haben.

So kurz zusammengefaßt wie hier, erscheinen die somatischen DNA-Umbauten und das vielfältige Verspleißen der RNA-Transkripte verwirrend und kompliziert. Für den Biologen, der seit Jahren praktisch jede Woche von Fortschritten bei der Analyse des Immunsystems erfährt, sind sie genau das Gegenteil. Ein Detail nach dem anderen paßt in das große Puzzle, und das Gesamtbild wird immer klarer. Die praktische Bedeutung dieser Resultate braucht nicht betont zu werden. Aber auch die theoretische Bedeutung ist enorm. Das Prinzip, unvermeidliche Ko-

pier- und Rekombinationsfehler zu einem riesigen Zufallsgenerator im Genom auszubauen, der teils gezielt geregelt, teils augenblicklicher Selektion ausgesetzt wird, und damit ein lebenswichtiges hocheffizientes Kontrollsystem zu schaffen, war eine Überraschung. Man hatte von den Antigenen, also von Umwelteinflüssen, eine viel aktivere Rolle bei der Entstehung der Immun-Spezifität erwartet. Die Parallele zwischen dem, was hier in jedem Individuum somatisch entsteht, und den Evolutionsmechanismen, die ganz ähnlich in der Keimbahn wirken, ist frappierend. Immer deutlicher sehen wir die Biologie, wie sie ist, nicht, wie wir sie gerne hätten.

20.11 Die Immunoglobulin-Gen-Superfamilie

Das Erstaunlichste am Immunsystem ist vielleicht, daß die ganze Komplexität des Systems eigentlich aus der Evolution eines einzigen „Ur-Gens" hergeleitet werden kann, das zudem noch deutliche Spuren seiner evolutionären Geschichte im Genom hinterlassen hat.

Dieses Urgen entspricht der DNA-Sequenz für die etwa 110 Aminosäuren einer einzelnen Immunoglobulin-Domäne. Zentral für die besondere Rolle dieser Domäne ist ihre Tertiärstruktur: auf der einen Seite eine feste Grundstruktur aus Faltblättern, auf der anderen Seite unendliche Möglichkeiten zur Variabilität einer „allgemeinen" Bindungsstelle (Abb. 20.10). Mit dieser Variabilität verschwimmt der Unterschied zwischen Rezeptor- und Boten-Rolle des Proteins. Dieselbe Antigen-Bindungsstelle fungiert als beides, je nach Situation. Antikörper sind nicht nur Rezeptoren für Antigene, sie reagieren auch mit anderen Antikörpern (Abb. 20.06). Varianten ein und desselben Proteins können miteinander „reden". Dadurch ist es möglich gewesen, daß sich dieses komplexe Kommunikations-System aus einem einzigen kleinen

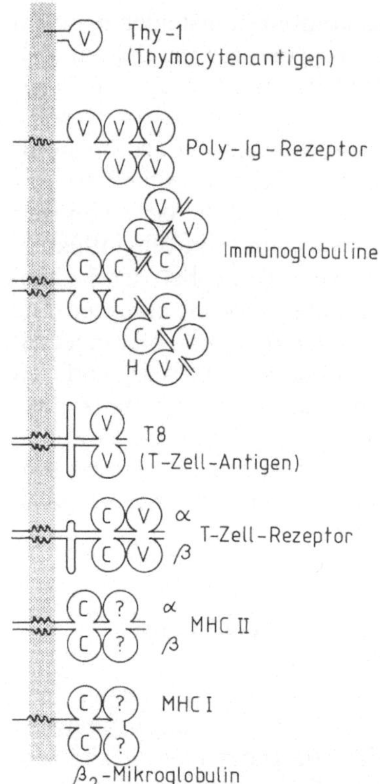

Abb. 20.19. Schematische Darstellung einiger Moleküle aus der Immunoglobulin-Gen-Superfamilie und ihrer Beziehung zum Plasmalemma (schattiert). C und V geben die Homologie der Domänen mit den konstanten oder variablen Domänen von Immunoglobulinen an. Als Beispiel eines Immunoglobulins ist die Domänenstruktur der membrangebundenen Form von IgG eingezeichnet

Grundmolekül entwickelt hat. Mit diesem Leitgedanken wird es leichter, der Komplexität der Immunoglobuline nun noch die der T-Zellen-Moleküle gegenüberzustellen.

Die Immunoglobulin-Gene formen eine Familie verwandter Gene. Andere (nicht alle) Moleküle im Immunsystem formen weitere solche Familien, die wieder mit den Immunoglobulin-Genen verwandt sind. Wir sprechen von einer Immunoglobulin-Gen-Superfamilie mit hierarchisch geordneten Ähnlichkeiten (Abb. 20.19, 20.20).

Die *Rezeptoren der T-Zellen* bestehen aus zwei Untereinheiten (Abb. 20.19). Jede Untereinheit hat zwei Domänen, von denen die N-terminale der V-Region der Antikörper entspricht, die C-terminale einer C-Domäne, gefolgt von einem Gelenkstück und einer Membranverankerung. Die Genregionen für die T-Zell-Rezeptoren sind ähnlich komplex wie die für die Immunoglobulin-Ketten. Auch sie werden somatisch aus V-, D-, J- und C-Segmenten zu spezifischen funktionellen Genen für jeden Klon zusammengespleißt, wobei der Spleißmechanismus eher mehr Freiheiten zuläßt als bei den schweren Ketten. Dafür gibt es am Genort für T_α-Untereinheiten (Chromosom 14) nur etwa 15 V_α-Segmente, am Genort

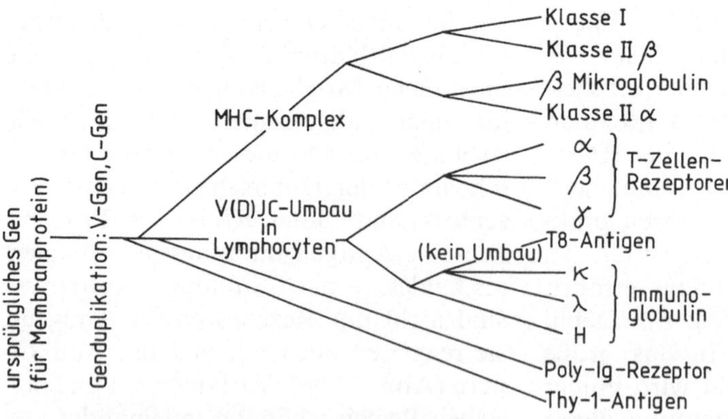

Abb. 20.20. Evolution der Gene für einige Proteine aus der Immunoglobulin-Superfamilie. Die Rekonstruktion beruht auf dem Vergleich der Nukleotidsequenzen. Beachte, daß die Verwandtschaft des Gens

für das T8-Protein bestimmter T-Zellen mit den Immunoglobulin-Genen auf einen sekundären Verlust der Strukturen für die somatische Rekombination deutet

für T_β-Untereinheiten (Chromosom 7) nur etwa 50 V_β-Gene; bei den T-Zell-Rezeptor-Genen ist keine somatische Hypermutabilität gefunden worden.

Die auffallendste Eigenschaft von T-Zell-Rezeptoren ist, daß sie obligat Zell-Interaktionen vermitteln. Sie nehmen Antigene nur wahr, wenn die Antigene von Körperzellen (Makrophagen, B-Zellen) „präsentiert" werden. Diese Körperzellen erkennen sie an körpereigenen Membranproteinen, die als „Histokompatibilitäts-Antigene" bekannt sind, weil sie durch ihre Rolle bei der Abstoßung von Gewebe-Transplantaten entdeckt worden sind. Auch diese Histokompatibilitäts-Antigene enthalten Domänen vom Immunoglobulin-Typ.

20.12 Histokompatibilität

Die Abstoßung verpflanzten Gewebes zwischen Individuen, die nicht genetisch identisch (also eineiige Zwillinge) sind, ist medizinisch von großer Bedeutung. Eine große Anzahl von Genen codieren für Membran-Antigene, die so variabel sind, daß sie bei einer Gewebeverpflanzung zwischen Individuen mit großer Wahrscheinlichkeit als Fremd-Antigene erkannt werden. Dazu gehören zum Beispiel die Blutgruppen und der Rhesus-Faktor, die bei Bluttransfusionen beachtet werden müssen. Im Grunde werden Gewebe nur dann angenommen, wenn Gewebe-Donor und Gewebe-Empfänger für all diese Gene gleiche Allele haben. In der Praxis der Haut- und Organverpflanzung spielen aber vor allem die Allele mehrerer solcher Gene an einem umfangreichen Genort, dem HLA-Komplex auf Chromosom 6, eine Rolle. Diese Gene stellen den „hauptsächlichen Histokompatibilitäts-Komplex" (engl. „major histocompatibility complex": MHC) des Menschen dar. Ohne die Existenz eines homologen MHC bei der Maus, bei der die Genetik dieses Komplexes in aufwendigen Untersuchungen analysiert worden ist, wäre die Analyse des menschlichen MHC noch schwieriger gewesen, als sie es ohnehin schon war. Gerade weil wir uns in diesem Kapitel so weit wie möglich auf die Immunologie des Menschen konzentrieren, muß darauf hingewiesen werden, daß Tierversuche, vor allem an der Maus, unentbehrlich als Wegweiser für die Analyse der Immunologie des Menschen waren und noch sind.

Vier (selbst noch einmal komplexe) Histokompatibilitäts-Gene (von nun an: MHC-Gene) liegen neben anderen Genen, zum Beispiel für Komponenten des Complement-Systems, am MHC in der Reihenfolge: MHC-D, -B, -C und -A. Für jedes dieser Gene sind beim Menschen mehr als dreißig Allele bekannt. Das sind stabile Keimbahn-Allele, die vererbt werden. Somatische DNA-Umbauten gibt es am MHC nicht. Da die vier Gene eng gekoppelt sind, hat jedes Individuum im diploiden Genom zwei komplexe „Haplotypen". So ein Haplotyp (Multi-Gen-Allel) kann dann etwa *„Dw2,B7,Cw3,A3"* sein. Der zweite Haplotyp im selben Individuum hat häufig kein einziges der vier Allele mit dem ersten gemeinsam.

Damit sind die Haplotypen am MHC übrigens hervorragende Markierungen für die Vererbung von Chromosom 6. Es hat sich dabei herausgestellt, daß einige Erbkrankheiten entweder direkt kausal oder wegen enger genetischer Kopplung mit dem MHC mit bestimmten MHC-Allelen korreliert auftreten. Die engste Korrelation besteht zwischen Haplotypen mit dem Allel *B27* und einer Entzündungskrankheit der Wirbelsäule (ankylosierende Spondylitis). 90% der Patienten, aber nur 8% der Kontrollpersonen ohne das Krankheitsbild haben ein *B27*-Allel. Das Allel *B13* ist mit dem Auftreten von Psoriasis, einer erblichen Hautverschorfung, korreliert, *Dw3* mit Gluten-sensitiver Enteropathie, bei der eine allergische Reaktion (20.14) gegen Gluten-Proteine in Weizenprodukten zur Zerstörung von Darmzellen führt. Aus verschiedenen

Gründen war der MHC also schon medizinisch interessant, bevor man wußte, wozu ein solches variables Gensystem dient, dessen natürliche Aufgabe sicher nicht die Abstoßung chirurgisch verpflanzten Gewebes ist.

Die MHC-Antigene sind Membranglykoproteine, die den T-Zellen Information über körpereigene Zellen vermitteln. Davon gibt es zwei Klassen. *MHC-Klasse I* (Gene MHC-B, -C und -A) sind Glykoproteine mit zwei oder drei ‚Ig-ähnlichen Domänen plus Membranverankerung. Jedes dieser Moleküle ist an der Membran stets mit einem Molekül von *Beta-2-Mikroglobulin* assoziiert (Abb. 20.19). *β*-2-Mikroglobulin hat die Struktur einer IgC-Domäne. Das Gen dafür liegt aber nicht am MHC, sondern auf Chromosom 15. Etwa 500 000 solcher MHC-I-Antigene liegen auf der Oberfläche praktisch *aller Körperzellen*. Im Verband mit Fremdantigenen signalisieren sie *cytotoxischen T-Zellen*, daß die Körperzelle verändert ist und abgetötet werden kann.

Der T-Zell-Rezeptor mit einer Spezifität für MHC-I plus Antigen gibt das Signal über das allgemeine T-Zell-Membranprotein „T3" an die Zelle weiter. T3 gehört nicht der Immunoglobulin-Superfamilie an. Im Experiment kann man Zellen produzieren, die Anti-T3-Antikörper als Membranproteine tragen. Solche Zellen umgehen die spezifischen Antigen-Rezeptoren der cytotoxischen T-Zellen, aktivieren T3 direkt und werden deshalb von *allen* cytotoxischen T-Zellen attackiert. Hier deutet sich eine Möglichkeit zur gezielten Manipulation des Immunsystems an (gezielte Abtötung von Tumorzellen?).

MHC-Klasse II (Gen MHC-D) besteht aus zwei Ketten, alpha und beta, die jeweils zwei Domänen, variabel und konstant, eines Immunoglobulins ähneln (plus, in beiden Fällen, Membranverankerung, Abb. 20.19). Die Klasse-II-Antigene kommen *nur auf bestimmten Zelltypen* vor: auf den meisten B-Zellen, auf einigen T-Zellen, einigen unstimulierten Makrophagen und *allen antigen-präsen-*

tierenden Makrophagen. Dem entspricht ihre Rolle bei der *Aktivierung der Helfer-T-Zellen* (Abb. 20.21). Helfer-T-Zellen erkennen Antigene nur in Verbindung mit MHC-Klasse II-Antigenen. Zellen, die Antigene an Helfer-T-Zellen präsentieren, müssen diese Antigene erst phagocytieren, teilweise verdauen und sie dann in Verbindung mit dem Klasse-II-Molekül praktisch als einzelne Epitope wieder an ihre Oberfläche bringen. Das gilt auch für B-Zellen und erklärt, wie eine B-Zelle und die Helfer-Zelle bei der Kooperation die gleichen Epitope binden: die B-Zelle bindet zuerst das für ihren Antikörper spezifische Epitop und präsentiert dieses (und andere?) Epitope des in Stücke zerlegten Antigens dann später an ihrer Oberfläche zur Bindung durch Helfer-T-Zellen.

Es ist noch nicht klar, inwieweit der Unterschied zwischen Helfer- und Suppressor-T-Zellen in der Struktur ihrer Rezeptoren liegt. Es ist möglich, daß von den drei T-Zell-Rezeptor-Genorten (alpha, beta, gamma) die am Gamma-Gen synthetisierten Ketten spezifisch für cytotoxische T-Zellen sind.

20.13 Andere Signalmoleküle

Bei den Reaktionen der verschiedenen Lymphocyten-Typen untereinander spielen eine ganze Reihe von Proteinfaktoren eine Rolle. Welche Zellen diese Faktoren produzieren, welche auf sie ansprechen und was die Reaktionen im einzelnen sind, wird in vielen Fällen erst jetzt deutlich, seit es möglich ist, einzelne Gene für diese Faktoren zu isolieren, daran diese Faktoren in großer Menge einzeln synthetisieren zu lassen und mit größeren Mengen reiner einzelner Faktoren zu experimentieren.

Diese Faktoren, die *Lymphokine*, sind bisher am besten an Helfer-T-Zellen untersucht worden. Stimulierte Helfer-T-Zellen synthetisieren eine Reihe von Lymphokinen, darunter *Gamma-Interferon* (IFR-γ), das unter anderem den Einbau

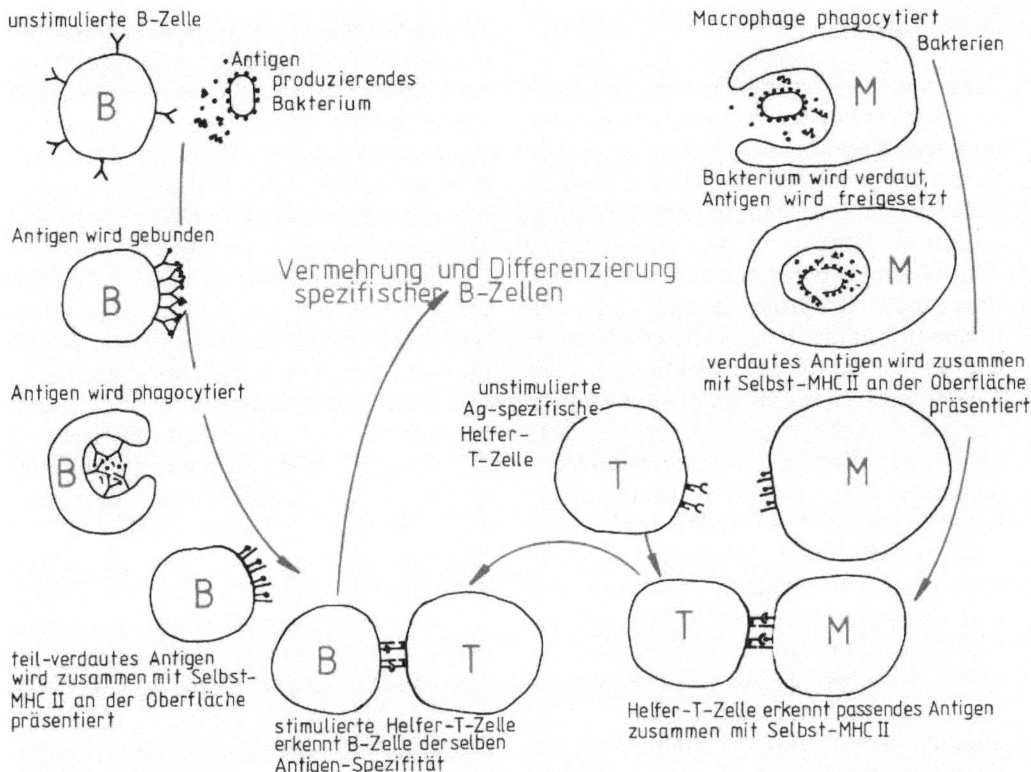

Abb. 20.21. Doppelte Prüfung eines Fremd-Antigens durch B-Zellen (B, links) und Helfer-T-Zellen (T, Mitte). Da Helfer-T-Zellen Fremdantigene nur zusammen mit körpereigenem MHC-II erkennen, muß es ihnen durch Makrophagen (M, rechts) präsentiert werden. Entsprechend erkennen die nun stimulierten und vermehrten Helfer-T-Zellen „ihr" Antigen auf B-Zellen nur, wenn die B-Zellen es mit MHC-II präsentieren

von MHC-II-Antigenen in die Membran der Zellen fördert, die diese Antigene synthetisieren können, und solche Zellen damit zum Präsentieren von Antigen an Helfer-Zellen stimuliert. Damit wird also der Stimulierungskreislauf zwischen Helfer-T-Zellen und Makrophagen geschlossen, und es entsteht ein System, das sich selbst aufschaukeln kann. Das Verständnis solcher Regelmechanismen ist für die medizinische Praxis wichtig, in der es oft darauf ankommt, Immunreaktionen so gezielt und so natürlich wie möglich zu stimulieren oder zu unterdrücken.

Makrophagen selbst produzieren *Interleukin-1* (IL-1), für das wiederum Helfer-T-Zellen Rezeptoren haben. Durch IL-1 werden Helfer-T-Zellen angeregt, *Interleukin-2* (IL-2) zu produzieren, für das alle T-Zellen Rezeptoren tragen. Durch IL-2 fördern Helfer-T-Zellen also unspezifisch die Vermehrung aller bereits spezifisch durch Antigen aktivierten T-Zellen, auch ihrer eigenen.

Ein weiteres von T-Zellen ausgeschiedenes Lymphokin ist MIF („macrophage migration inhibition factor"). Durch MIF wird die amöboide Bewegung von Makrophagen gestoppt. Dadurch sammeln sich Makrophagen in der Umgebung aktivierter T-Zellen an und tragen so zu einer lokalen Immunreaktion bei.

Schließlich haben andere Lymphokine auch Effekte auf nicht-lymphoide Zellen. Sie fördern oder hemmen zum Beispiel Vasodilatation und die Kontraktion von glatter Muskulatur.

20.14 Allergie

Bei einem derart komplizierten System ist es nicht verwunderlich, wenn trotz aller internen Regelung gar nicht so selten Fehler gemacht werden. Die Schwachstelle im Immunsystem scheint die Erkennung und „Bewertung" von Antigenen zu sein. Wenn körpereigene Proteine als Antigene erkannt werden, kommt es zu Autoimmunkrankheiten. Andererseits werden Parasiten darauf selektioniert, das Erkennungssystem zu unterwandern. Sie leben unerreichbar dafür *in* Zellen (Abb. 11.04), sie reduzieren die antigenen Determinanten auf ihrer Oberfläche, einige wechseln sie sogar so oft, daß das Immunsystem nicht mehr folgen kann. Aber auch die körpereigene Reaktion auf Fremdantigene ist oft nicht angemessen. Eine besondere Rolle dabei spielen die MHC-II-Moleküle, die beim Präsentieren von Antigen-Determinanten für die Modulation der Stärke der Immunantwort ausschlaggebend sind. Sie sind ursprünglich als *„Immunrespons-Gene"* (Ir-Gene) bei Inzuchtstämmen von Mäusen entdeckt worden. Weil MHC-Antigene dort homozygot vorliegen, ließ es sich zeigen, daß verschiedene Allele von MHC-II-Genen Unterschiede in der Stärke der Immunantwort auf bestimmte Antigene bedingen.

Überproportional starke Immunreaktionen (*Hypersensitivität*) gegen gewöhnliche — und damit in der Regel nicht antigen wirksame — Stoffe, werden *Allergien* genannt, die entsprechenden Antigene *Allergene*. Allergische Reaktionen werden nach dem zeitlichen Abstand zwischen Reizung und Antwort in zwei Gruppen eingeteilt: Verzögerte Hypersensitivität, die nach etwa 48 Stunden zur vollen Reaktion führt, und sofortige Hypersensitivität, die in Sekunden oder Minuten eine Reaktion auslöst. Der Unterschied beruht auf den jeweils aktivierten Zellen.

Verzögerte Hypersensitivität (engl. „delayed hypersensitivity"), zum Beispiel die Kontakt-Dermatitis, Hautentzündung als Reaktion auf den Kontakt mit einem Kosmetikum, einem Schmuckstück oder einem gewöhnlich völlig ungiftigen Pflanzenblatt, wird durch das *Makrophagen-T-Zell-System* bewirkt. Lymphokine der T-Zellen verursachen Vasodilatation und Durchlässigkeit kleiner Blutgefäße sowie das Einwandern weiterer Makrophagen. Dadurch entstehen die typischen Entzündungs-Symptome: Röte, Wärme, Schwellung. Ganz ähnlich sind übrigens die Symptome beim *Tuberkulin-Test*. Durch die Injektion von Tuberkulin, einem Extrakt aus Tuberkulose-Bakterien, werden Gedächtnis-T-Helfer-Zellen aktiviert und zeigen damit an, daß bereits eine Immunisierung (nach Tuberkulose oder einer Schutzimpfung dagegen) besteht.

Sofortige Hypersensitivität (engl. „immediate hypersensitivity") oder *Anaphylaxie* beruht auf der *Aktivierung von Basophilen und Mastzellen*, die spezifisches IgE gegen das Allergen tragen (Abb. 20.15). Diese Zellen scheiden dann Histamin, Serotonin und Heparin ab. Außerdem werden von den Basophilen und anderen Leukocyten *Prostaglandine* und *Leukotriëne* gebildet, wenn im Lauf der Reaktion Zellmembranen zerstört werden und die Fettsäure *Arachidonsäure* als Vorstufe dieser Lipidfaktoren freigesetzt wird. Die Leukotriene sind hauptsächlich verantwortlich für die langdauernde Kontraktion der glatten Muskulatur der Atemwege und damit für die Atemnot, die für viele anaphylaktische Reaktionen (Asthma) typisch ist.

Allergien sind offensichtlich Fehlreaktionen des Immunsystems. Allerdings ist es keineswegs deutlich, warum einige Substanzen so besonders häufig allergen wirken, warum zum Beispiel eine Art Pollen regelmäßig Allergien bei einer großen Anzahl Menschen auslöst, während Pollen einer anderen Pflanze, die genauso häufig vorkommt, praktisch nie als Allergen wirken. Fehlreaktionen des Immunsystems spielen in der medizinischen Praxis eine große Rolle. Darüber sollten wir nicht vergessen, daß ohne Immunsystem die Evolution höherer Tiere und die des Menschen nicht hätten stattfinden können. Das Immunsystem ist lebenswichtig.

21 Die Entwicklung der Tiere

21.01 Der Lebenszyklus des Vielzellers

Vielzeller, die sich geschlechtlich fortpflanzen, beginnen ihr individuelles Leben als befruchtete Eizelle (Zygote). Dieser Engpaß in ihrem Lebenszyklus hat eine grundlegende Bedeutung. Mit der Bildung der Zygote wird ein neues genetisches Programm entwickelt. Alle Mutationen, Entwicklungsfehler und Schäden, die die Elterngeneration in ihren Körperzellen im Laufe des Lebens angesammelt hat, gehen mit dem Tode der Elterngeneration zugrunde, und ein neuer vielzelliger Körper entsteht aus einer neuen Zelle. Die Vorteile der Vielzelligkeit werden durch eine Alterung des Körpers erkauft, die auch eine Ansammlung genetischer Fehler mit sich bringt. Sexuelle Fortpflanzung wird deshalb bei Vielzellern nicht aufgegeben, so viele asexuelle Mechanismen sich auch entwickelt haben, die schneller sind und den Entwicklungsvorgang verkürzen, der den Organismus zeitweilig besonders anfällig gegen Umwelteinflüsse macht. Gerade diese Anfälligkeit des Organismus während seiner frühen Entwicklung wird aber in der Regel zur Auswahl gut angepaßter Genotypen ausgenutzt. Die Absterberate früher Entwicklungsstadien ist immer besonders hoch. Während der Entwicklung werden die wenigen Individuen ausgelesen, die dann ein relativ langes Leben mit großer Stabilität gegenüber Umwelteinflüssen und mit geringerer Absterbewahrscheinlichkeit haben.

Das Stadium großer Stabilität ist aber nur vorübergehend. Bei fast allen vielzelligen Organismen ist der Tod des Organismus in seinem genetischen Programm eingeplant. Viele Mikroorganismen sind potentiell unsterblich, gerade weil sie eine geringe Überlebenschance haben. Höhere Organismen, deren Überlebenschancen als Erwachsene um einige Zehnerpotenzen besser sind, haben den natürlichen Tod als Sicherheit gegen ein Überaltern der Population in den normalen physiologischen Ablauf des Lebens eingeplant. Bei höheren Organismen stellen die Erwachsenen eine Konkurrenz für die nachfolgenden Generationen dar, die biologisch gesteuert werden muß. Der regelmäßige Ablauf der Generationen ist unbedingt notwendig für die Auswahl und Erhaltung des genetischen Materials der Art.

Durch die Fortschritte der Medizin ist die durch Umwelteinflüsse bedingte Absterberate der Menschen stetig zurückgegangen (Abb. 21.01). Immer mehr Menschen sterben einen „natürlichen" Tod. Das hat schon jetzt die Gefahr der Überalterung stabiler Populationen zur Folge. Die Bestrebung, den Mechanismus des natürlichen Todes aufzuklären und den natürlichen Tod so weit wie möglich herauszuzögern, lassen diese Gefahr weiter steigen.

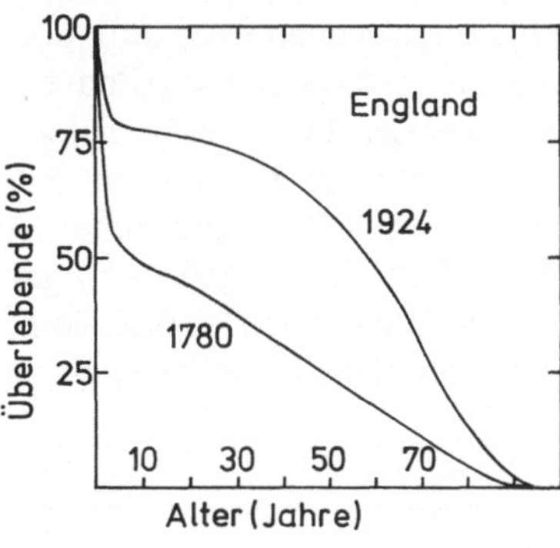

Abb. 21.01. Überlebenskurve für Engländer 1780 und 1924

Man sollte hier deutlich zwischen zwei Forschungszielen unterscheiden. Die Erforschung von Altersvorgängen mit dem Ziel, die Gesundheit des alternden Menschen so weit wie möglich zu erhalten, ist nicht unbedingt das gleiche wie die Erforschung des natürlichen Todes, mit dem Ziel, die Lebenserwartung zu verlängern.

21.02 Das Grundmuster der Entwicklung

Der Ablauf der Entwicklungsprozesse, durch die die einzellige Zygote zum vielzelligen Organismus wird, folgt bei allen Tierarten einem gleichen Grundschema. Dieses Schema wird vielfältig abgeändert. Gerade die Frühentwicklung der Säugetiere, also auch die des Menschen, ist stark modifiziert. Wie es dazu kommt, werden wir noch genauer untersuchen. Vorerst wollen wir aber das Grundschema der Frühentwicklung darstellen und dabei auch die entwicklungsgeschichtliche (embryologische) Grundlage der verschiedenen Baupläne im Tierreich kennenlernen. In diesem Kapitel wollen wir dabei beschreibend vorgehen. Die Mechanismen der Entwicklungsvorgänge werden wir im folgenden Kapitel untersuchen.
Die Entwicklung des Vielzellers beginnt sichtbar mit der *Furchung* (Abb. 21.02). Aus der einen Zelle, der *Zygote*, wird alsbald ein Zellhaufen. Der Hauptvorgang bei der Furchung ist Zellteilung. Eine Teilung folgt ohne Unterbrechung der anderen. Entsprechend verläuft der Zellzyklus mit kurzer G_1- und G_2-Phase von Mitose zu Mitose. Die Verkürzung der Interphase geht auf Kosten von Synthese und Wachstum. Der vielzellige Verband ist nach vielen Teilungen noch genauso groß wie die einzellige Zygote. Seine Trockenmasse ist sogar geringer, da eingelagerte

Abb. 21.02. Frühentwicklung des Seeigels *Strongylocentrotus purpuratus*. (Aufn. M. Hermes)

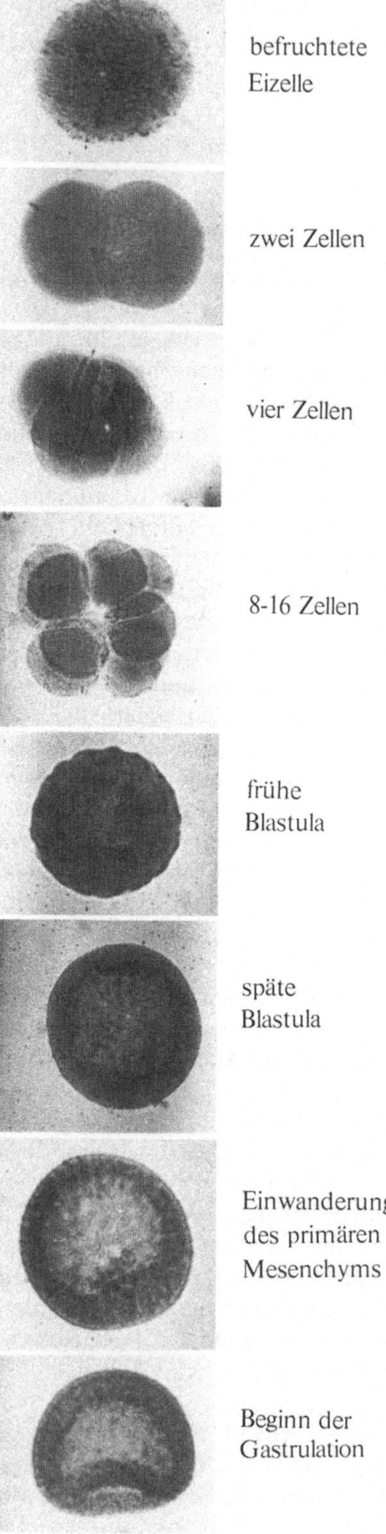

Speichersubstanzen zur Energiegewinnung abgebaut werden. Jede Größenzunahme in der Frühentwicklung beruht auf der Aufnahme von Wasser. Oft verlaufen die Furchungsteilungen wenigstens am Anfang synchron. Dann können *Zwei-, Vier-, Acht-* und *Sechzehnzellstadien* erkannt werden. Selten wird die Synchronie mehr als vier bis fünf Teilungszyklen gewahrt. Ein solider Zellhaufen mit vielen Zellen, etwa ab dem 32-Zellenstadium, wird *Morula* genannt.

Sehr bald bildet sich im Inneren des frühen Embryos ein Hohlraum aus, um den die Furchungszellen in einschichtiger oder mehrschichtiger Lage angeordnet sind. Dieser Hohlraum ist die primäre Leibeshöhle, das *Blastocoel*. Ein vielzelliger Embryo mit Blastocoel wird *Blastula* genannt. Spätestens im Blastulastadium verliert sich auch die Kugelsymmetrie des Embryos. Durch verschiedene Pigmentierung oder verschiedene Zellgrößen lassen sich an der Blastula zwei Pole, der *animale* und der *vegetative* Pol, unterscheiden.

Vielen Eizellen sind Reservestoffe eingelagert. Oft befinden sich diese Reservestoffe in membrangebundenen Organellen, den *Dotterplättchen* (Abb. 21.03). Dotter ist reich an Proteinen und Lipiden. Die Einlagerung von Dotterplättchen behindert aber die Zellteilung. Dotterreiche Zellen teilen sich langsamer. Da der Dotter meist nicht gleichmäßig im Ei verteilt ist, sondern gehäuft am vegetativen Pol der Zygote vorkommt, verlaufen die Zellteilungen am vegetativen Pol langsamer als am animalen Pol. In der Blastula ist dann der Hohlraum des Blastocoels zum animalen Pol hin verschoben. Über ihm liegen die kleineren Zellen des animalen Pols, die sich schneller teilen, unter ihm die größeren dotterreichen Zellen des vegetativen Pols.

Mit dem Blastulastadium ist ein vielzelliger Embryo mit einer dreidimensionalen Grundgestalt entstanden, die jetzt zur Grundform des Organismus umgebaut wird. Am Ende des Blastulastadiums beginnen einige grundlegend neue Prozesse, die unter dem Namen *Gastrulation* zusammengefaßt werden.

Mit der *Gastrulation* beginnt der Embryo im größeren Umfang eigene m-RNA-Synthese. Bisher hat er hauptsächlich m-RNA benutzt, die ihm in der Eizelle mitgegeben wurde. Diese m-RNA ist natürlich ausschließlich vom mütterlichen Genom codiert worden. Die neue m-RNA stammt vom Genom des Embryos. Dementsprechend zeigt die Entwicklung bis zum Beginn der Gastrulation auch kaum väterliche Eigenschaften. Bei Kreuzungen verschiedener Arten entwickelt sich der Embryo bis zum Beginn der Gastrulation wie ein Ei der mütterlichen Art.

Der Beginn der neuen m-RNA-Synthese führt auch zur *Differenzierung* verschiedener Zelltypen. Die bisherigen Differenzierungen, zum Beispiel die zwischen animalen und vegetativen Zellen, beruhen auf einer ungleichen Verteilung von cytoplasmatischen Einschlüssen und sind bereits im Ei vorgebildet. Durch die Aufteilung der Zygote sind nur verschiedene Plasmabereiche in verschiedene Zellen der Blastula gelangt. Mit dem Beginn der Transkription in der Gastrula fängt nun die genetisch bedingte Differenzierung der Transkriptionsvorgänge in verschiedenen Zellen an. Daß dabei ein Einfluß der verschieden verteilten Plasmafaktoren auf die Transkription eine Rolle spielt, ist sehr wahrscheinlich.

21.03 Morphogenetische Bewegungen

Das auffallendste an der Gastrulation sind aber Bewegungen der Zellen gegeneinander. Durch diese Zellbewegungen kommt es zur Umlagerung der Zellen im Embryo. Auf diese Weise wird die Körperform des vielzelligen Organismus angelegt. Diese Zellbewegungen heißen deshalb gestaltbildende oder morphogenetische Bewegungen.

Die Blastula war eine geschlossene Hohlkugel aus einer bisweilen mehrschichtigen Lage von Zellen. Durch die Gastrula-

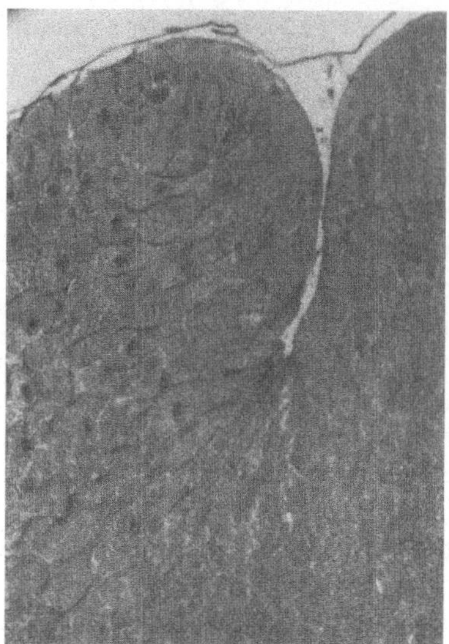

Abb. 21.03. Gastrulation bei dem Salamander *Pleurodeles*. Das Entoderm ist voller Dotterplättchen (rechts) und unbeweglich. Es wird vom Ektoderm überwachsen (Abb. 21.04). Die Mesodermzellen wandern um den Urmundrand (links oben) aktiv ein und verformen sich dabei (flaschenförmige Zellen am Übergang Mesoderm/Entoderm)

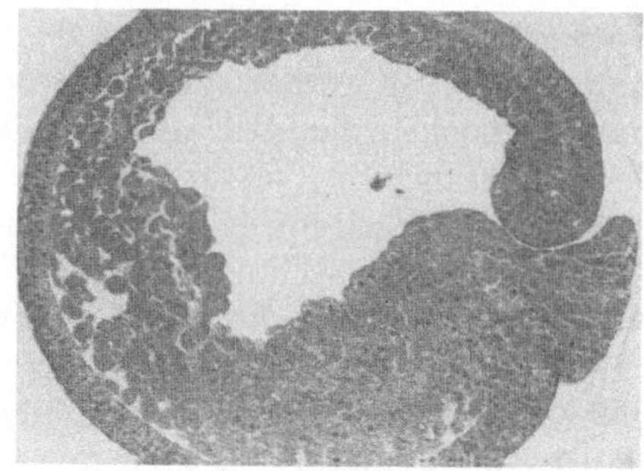

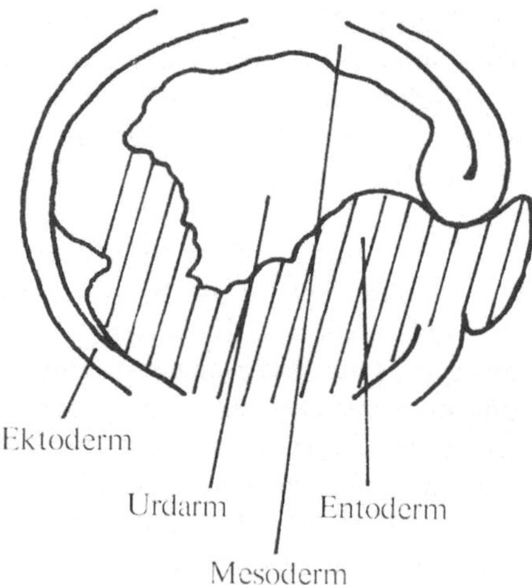

Abb. 21.04. Gastrulation bei dem Salamander *Pleurodeles*, Endstadium. Die Mesodermzellen sind um den Urmundrand unter das Ektoderm eingewandert, bis sie am Vorderende des Embryos (links) auf das Entoderm gestoßen sind. Der Urmundrand hat sich zum Kreis geschlossen, und damit beginnen Mesodermzellen eben gerade auch von unten das Entoderm zu unterwandern, das als „Dotterpfropf" rechts in der Urmundöffnung steckt. Durch die Einwanderung des Mesoderms ist das Blastocoel verdrängt worden und bildet nur noch links im Bild eine Spalte zwischen Ektoderm, Entoderm und Mesoderm

tionsbewegungen entsteht eine doppelwandige Hohlkugel mit einer Öffnung am vegetativen Pol, die *Gastrula*. Im einfachsten Falle stülpen sich die Zellen des vegetativen Pols nach innen in das Blastocoel, bis sie gegen die Innenseite der Zellen des animalen Pols stoßen. Eine solche Gastrulation durch *Invagination* ist besonders schön bei dem Lanzettfischchen (*Branchiostoma*, früher *Amphioxus*) zu sehen, einem skelettlosen Verwandten der Wirbeltiere, der im sandigen Meeresboden lebt.

Bei anderen Tierarten ist der Gastrulationsvorgang komplizierter (Abb. 21.03, 21.04, 21.18, 22.10). Immer kommt es aber zur Einwanderung einer Zellschicht in das Blastocoel, das während dieses Vorgangs erst zum engen Zwischenraum zwischen den beiden Zellschichten wird, dann oft völlig verloren geht, wenn die beiden Zellschichten sich berühren.

Die äußere Wand der Gastrula, das *Ektoderm*, bildet die Körperwand des späteren Organismus, die innere Wand, das *Entoderm*, bildet den Darm, der jetzt noch *Urdarm, Archenteron*, genannt wird. Das Lumen des Archenterons ist der zentrale Hohlraum der Gastrula. Es ist nach außen hin offen an der Einstülpungsstelle des Entoderms. Diese Öffnung ist der *Urmund*, der *Blastopor*. Der Urmund kann später zum Mund werden (*protostomer*

Bauplan) oder, wie beim Menschen, zum After *(deuterostomer Bauplan)*. Die jeweilige entgegengesetzte Öffnung entsteht durch Verschmelzung von Ektoderm und Entoderm und Durchbruch des Archenteronlumens nach außen. Der Embryo hat dann einen Bauplan, der einer Röhre (Entoderm: Archenteron) in einer anderen Röhre (Ektoderm: Körperwand) entspricht.

21.04 Mesoderm und Coelom

Die Darstellung des Embryos als Doppelröhre aus zwei Zellagen, Ektoderm und Entoderm, trifft nur für kurze Zeit zu. Meistens wird bereits vor dem Durchbruch des Archenterons auf der Seite gegenüber dem Blastopor eine dritte Zell-Lage (ein drittes *Keimblatt*) angelegt, das *Mesoderm*. Das Mesoderm kommt zwischen Ektoderm und Entoderm zu liegen, also in dem Raum, der vom Blastocoel verblieben ist. Die Zellen des Mesoderms rekrutieren sich meist vom Entoderm oder auch vom Ektoderm (Abb. 21.05, 21.18). Erst nach der Ausbildung des Mesoderms kann man also Ektoderm und Entoderm präzise definieren. Wie es viele Möglichkeiten der Entodermbildung während der Gastrulation gibt, so gibt es auch verschiedene Möglichkeiten der Mesodermbildung. Das Mesoderm kann vom Entoderm des Urdarms *abknospen*, es kann vom Ektoderm des Blastoporrandes her *einwandern*, es kann durch *Teilung von Urmesodermzellen* entstehen, es kann durch *Einwanderung einzelner Zellen* zwischen Ektoderm und Entoderm entstehen. In jedem Fall kommt das Mesoderm zwischen Ektoderm und Entoderm zu liegen und bildet einen großen Teil der Organe zwischen dem Darm und der Körperwand.

Bei den höheren Tierstämmen (den Coelomaten, Tabelle 15-1) liegt das Mesoderm schließlich in zwei Schichten außen unter dem Ektoderm der Körperwand und innen über dem Entoderm des Dar-

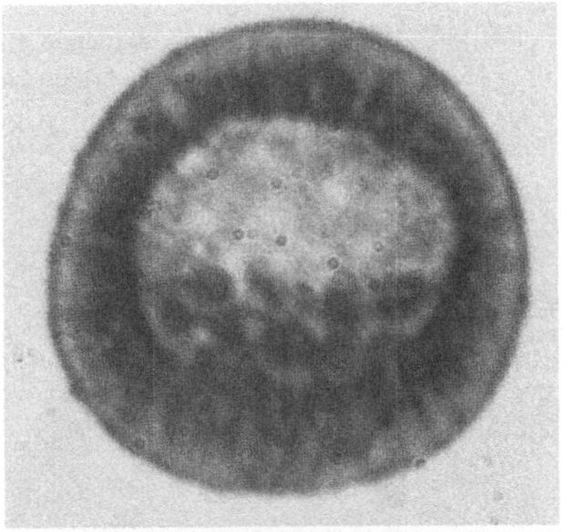

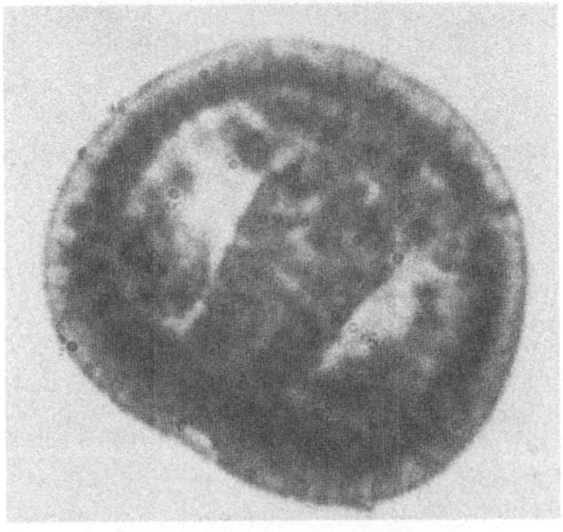

Abb. 21.05. Mesodermbildung bei dem Seeigel *Echinus esculentus*. Zwei Stadien: zuerst wandert von den Zellen am vegetativen Pol der Blastula primäres Mesoderm als Einzelzellen ein. Dann findet Gastrulation durch Invagination des Entoderms statt. In der Gastrula (unteres Bild) liegt das primäre Mesoderm unten um das invaginierte Entoderm, sekundäres Mesoderm wandert oben aus dem invaginierten Entoderm aus. (Aufn. M. Hermes)

mes. Zwischen diesem äußeren Mesoderm *(parietales Mesoderm* oder *Somatopleura)* und dem inneren Mesoderm *(viscerales Mesoderm* oder *Splanchnopleura)* bildet sich ein Hohlraum aus, die *sekundäre Leibeshöhle*, das *Coelom* (Abb. 21.06, 21.07). Die mesodermalen Organe (Dermis der Haut, Skelett, Muskeln, Nieren, Gonaden) bilden sich zwischen dem Ektoderm der Körperwand und der mesodermalen Auskleidung der Leibeshöhle aus. Sie liegen ursprünglich außerhalb der Leibeshöhle und bleiben immer von einer Schicht parietalen Mesoderms überdeckt, wenn sie später in die Leibeshöhle hineinwachsen. Auch beim Erwachsenen ist die

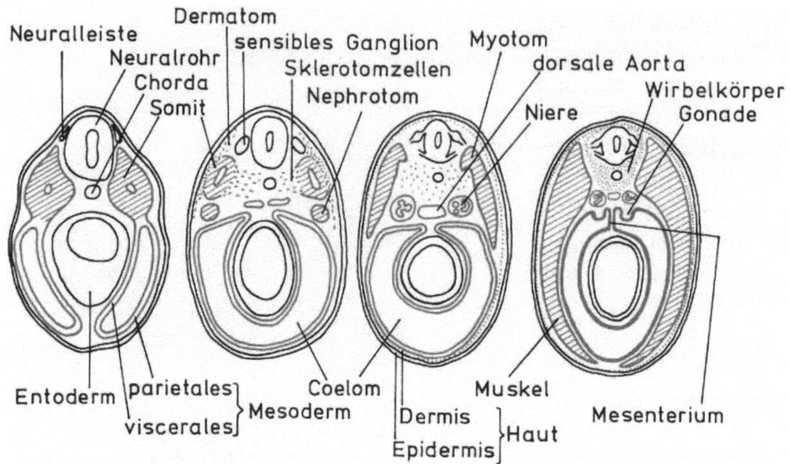

Abb. 21.06. Querschnitte durch einen Wirbeltierembryo während der Differenzierung des Mesoderms

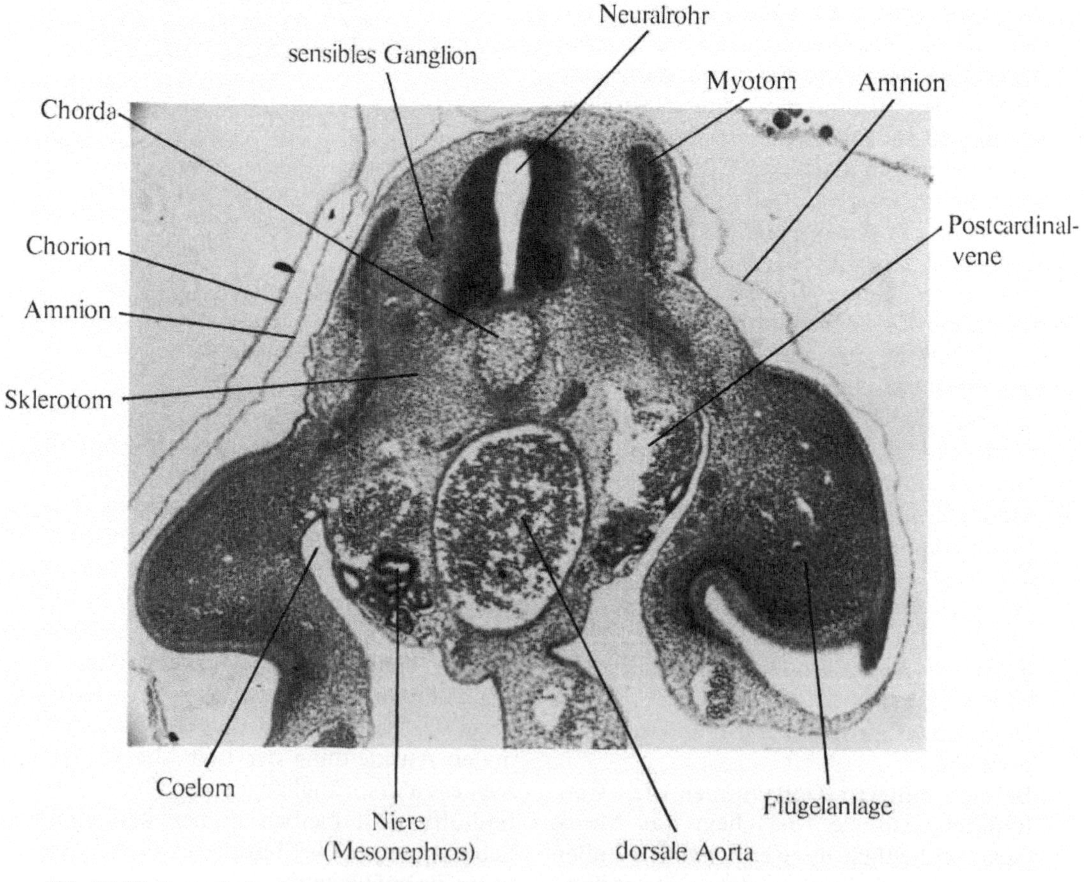

Abb. 21.07. Querschnitt durch den Embryo einer Ente am Ende des zweiten Entwicklungstages. Dieser Querschnitt entspricht etwa dem dritten Stadium der vorigen Abbildung

Coelomwand immer von Mesoderm, dem *Peritoneum*, ausgekleidet.

Ursprünglich ist das Coelom symmetrisch als eine Reihe rechter und linker Coelomsäckchen angelegt worden. Die rechten und linken Coelomräume stoßen in der Körpermitte über und unter dem Darm zusammen und bilden dadurch eine mittlere Längswand, in der der Darm verläuft. Beim Menschen ist dieses Muster schon in der frühen Embryonalentwicklung verwischt. Nur dorsal vom Darm ist die Leibeshöhle noch durch ein *Mesenterium* (Abb. 21.06) in rechte und linke Hälften geteilt. Mit dem Längenwachstum und der Biegung des Darms wird auch das Mesenterium gefältet. Die verschiedenen Teile des gefalteten Mesenteriums bilden die dünnen Membranen zwischen den verschiedenen Abschnitten des Darms und der hinteren Coelomwand. Das Mesenterium in der Gegend des Darms (*Mesogastrium*) wächst besonders breit aus und liegt als *Omentum majus* schürzenartig über den Dünndarmschlingen und dem transversen Abschnitt des Enddarms.

21.05 Die Derivate der drei Keimblätter

Durch Faltung, verschieden schnelles Wachstum, Auswanderung von Zellen und Differenzierung der verschiedenen Zelltypen bilden sich aus den Anlagen der drei Keimblätter die Organsysteme des erwachsenen Organismus.

Sehr früh in der Entwicklung des Wirbeltierembryos teilt sich das Mesoderm in verschiedene Bereiche auf. Seitlich entstehen die *parietale und viscerale Coelomwand*. Dorsal, in der Mitte über dem Urdarm sondert sich eine stabförmige durchgehende Mesodermleiste von den anderen Mesodermzellen. Diese Leiste bildet als *Chorda dorsalis* das ursprüngliche Stützorgan, das in der Evolution der Wirbeltiere zunehmend von der Wirbelsäule verdrängt wird. Auch beim menschlichen Embryo wird aber zuerst eine Chorda dorsalis angelegt. Rechts und links von

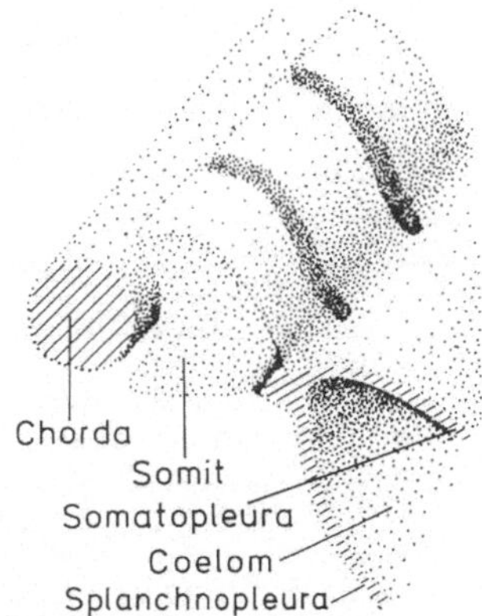

Abb. 21.08. Räumliche Darstellung von Chorda, Somiten und Coelom bei Beginn der Differenzierung des Mesoderms (erstes Stadium in Abb. 21.06)

der Chorda dorsalis bildet das Mesoderm die Anlagen der *Nieren* und *Gonaden*, die direkt an der visceralen Coelomauskleidung liegen. Zwischen ihnen wird das *Gefäßsystem* angelegt. Darüber bilden sich symmetrisch rechts und links von der Chorda einzelne Mesodermpakete, die *Somite* (Abb. 21.08, 21.16). Diese Somite stellen dickwandige Mesodermbläschen dar. Sie wachsen zunehmend zwischen parietalem Mesoderm und Ektoderm aus. Aus ihnen entstehen nach außen hin der mesodermale Anteil der Haut, die *Dermis*, nach innen hin *Muskel* und *Skelett* (Dermatom, Myotom, Sklerotom).

Die Somite sind segmental hintereinander angeordnet. Der menschliche Körper wird also genauso *segmental* angelegt wie der eines Regenwurms. Bei primitiven Wirbeltieren, zum Beispiel bei Fischen, ist die Segmentierung noch deutlich in der Anordnung der Muskeln in der Körperwand zu erkennen. Durch den Umbau des Bewegungsapparates, vom Schwimmen durch seitliche Bewegungen der Körperwand zum Laufen auf vier Extremitäten, ist das Segmentmuster in der Schulter- und Beckengegend verwischt worden. Trotzdem lassen sich durch vergleichend anatomische und durch embryologische Untersuchungen die meisten Muskeln des

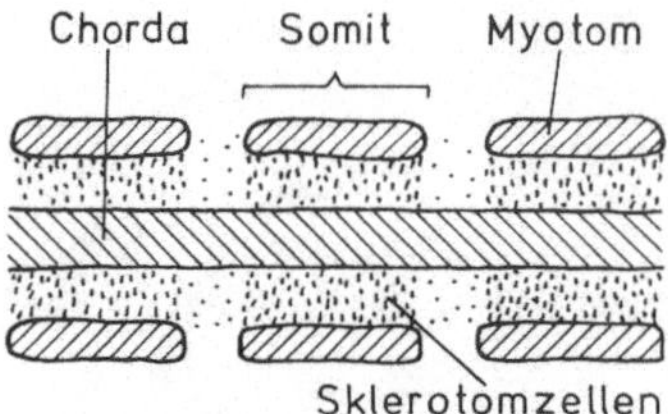

Sklerotomzellen wandern nach vorn und hinten aus:

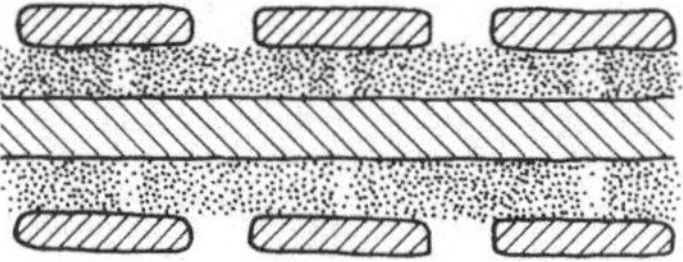

je zwei Sklerotomhälften bilden die Anlage eines Wirbelkörpers:

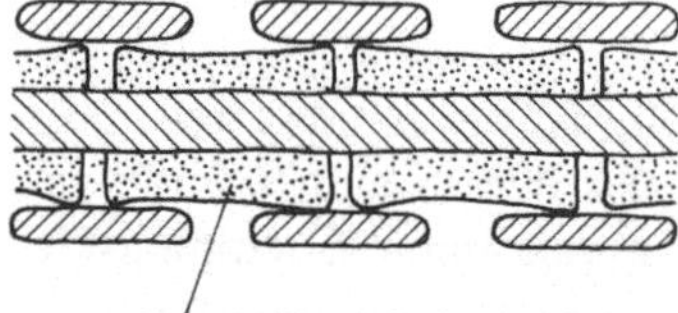

bei Säugern ersetzt der Wirbelkörper die Chorda beinahe vollständig:

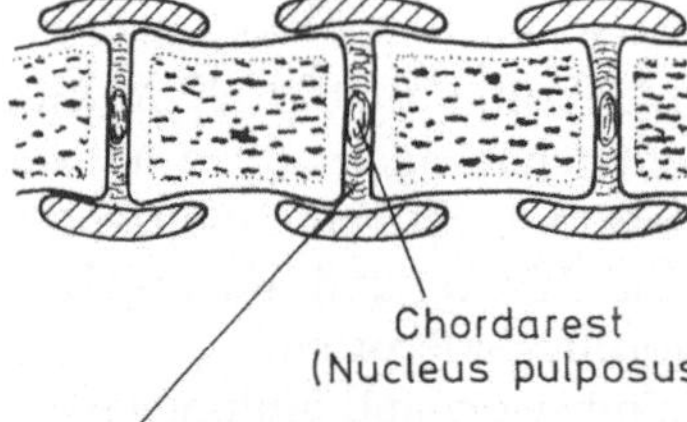

Abb. 21.09. Entwicklung der Wirbel aus jeweils zwei Halb-Sklerotomen, so daß die Muskeln schließlich jeweils zwei Wirbel verbinden

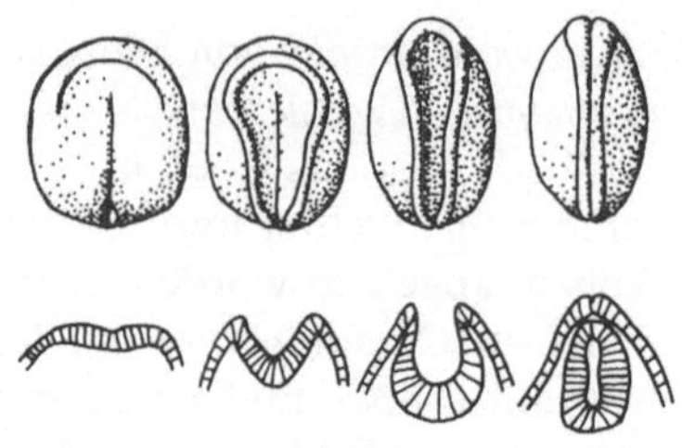

Abb. 21.10. Neurulation: Bildung des Neuralrohrs bei einem Froschembryo. Oben: Aufblick von der Rückenseite, darunter Querschnitt. Die Neurulation folgt direkt auf die Gastrulation. Im linken Bild ist am Hinterende (unten) noch der Rest des Urmunds sichtbar

Bewegungsapparates genau bezeichneten Somiten zuordnen.

Die *Wirbel* des Skeletts entstehen jeder aus dem hinteren Anteil der skelettbildenden Zellen eines Somits und dem vorderen Anteil der skelettbildenden Zellen des nächsten Somits. Auf diese Weise liegt jeder Wirbel zwischen zwei Muskelsegmenten (Abb. 21.09).

Sehr früh in der Entwicklung des Wirbeltierembryos teilt sich auch das *Ektoderm* in zwei verschiedene Anteile, das Ektoderm der Haut und das Ektoderm des Nervensystems. Das *Nervensystem* entsteht dorsal durch eine Verdickung und Aufwölbung der Ektodermzellen *(Neuralplatte)*. Die Neuralplatte senkt sich in der Mitte ein und wölbt sich an den Seiten empor. Im Endstadium der *Neurulation* schließt sich die *Neuralplatte* zum *Neuralrohr*, das unter das Hautektoderm einsinkt (Abb. 21.10). Das *Gehirn* entsteht aus dem Vorderende des Neuralrohrs durch verschieden schnelles Wachstum verschiedener Abschnitte, die dadurch bläschenartig aufschwellen. Von vorn nach hinten sind das Vorderhirn (*Prosencephalon*) mit *Telencephalon* (Großhirn) und *Diencephalon* (Zwischenhirn), das *Mesencephalon* (Mittelhirn) und das *Rhombencephalon* (Rautenhirn) (Abb. 21.16). Das starke Wachstum des Gehirns bedingt bald, daß sich das Neuralrohr faltet. Dadurch werden Telencephalon und Diencephalon gegen das Mesencephalon eingeknickt (Mittelhirnbeuge). In der Mitte des Rhombencephalon biegt sich das Neuralrohr in der Brückenbeuge wieder zurück (Abb. 21.11, 21.12).

Zu den besonders auffallenden Ausbuchtungen des Neuralrohrs gehören die *Au-*

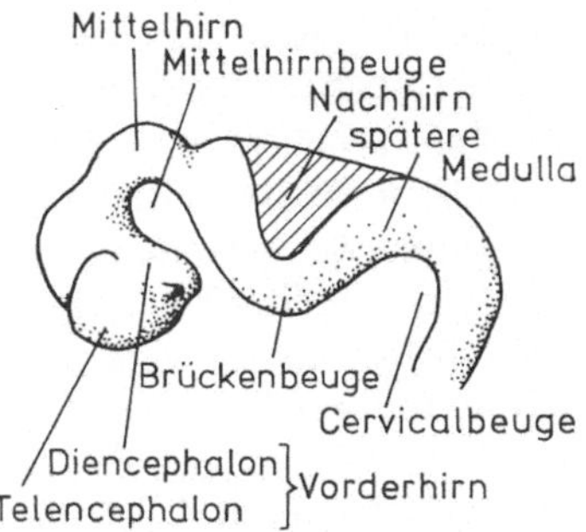

Abb. 21.11. Umbildung des Vorderendes des Neuralrohrs zum Gehirn durch differentielles Wachstum

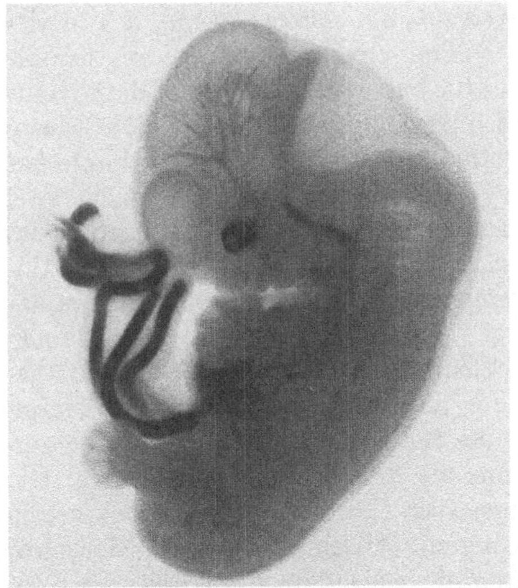

Abb. 21.12. Mensch, Embryo, 15 mm Scheitel-Steiß-Länge. Das Gehirn ist weiter entwickelt als in der vorigen Abbildung. (Aufn. R. Bachmann)

genanlagen, die seitlich am Diencephalon entstehen (Abb. 22.12, 22.13).

Wenn sich die Neuralplatte zum Neuralrohr schließt und von dem Hautektoderm abtrennt, bleiben zwischen Neuralrohr und Hautektoderm rechts und links Leisten ektodermaler Zellen zurück, die *Neuralleisten.* Die Neuralleisten liefern Zellmaterial für verschiedene Organe. Unter anderem entstehen aus ihnen die *sensiblen Ganglien* des zentralen Nervensystems.

Das *Hautektoderm* bildet die *Epidermis* der Haut und die *Hautdrüsen,* darunter auch die Milchdrüsen. Hornbildungen der Haut (Haare, Federn, Nägel, Schuppen) sind ektodermaler Herkunft. Auch der Zahnschmelz stammt von ektodermalen Zellen der Mundhöhle. Sowohl am Mund wie am After setzt sich das Ektoderm ein Stück weit nach innen fort *(Stomodaeum* und *Proctodaeum).*

Der *Darm* und seine Anhangsorgane sind *entodermaler Herkunft.* Dazu gehören *Speicheldrüsen, Pankreas* und *Leber.* Auch die *Lungen* und die *Harnblase* entstehen als entodermale Ausstülpungen der Darmanlage.

Bei dieser knappen Aufzählung der Derivate der drei Keimblätter sollte man beachten, daß jeweils die charakteristischen Zelltypen, das *Parenchym* des Organs, dem genannten Keimblatt entstammen. Darüber hinaus haben mesodermales Mesenchym und Bindegewebe als *Stroma* an der Ausbildung aller Organe einen Anteil. Wie wir im folgenden Kapitel sehen werden, hat dieser Anteil mehr als nur eine mechanische Stützfunktion.

21.06 Evolution des Mesoderms

Das Entwicklungsmuster, das wir hier skizzenhaft dargestellt haben, ist ein sehr konservativer Prozeß. Zumindest Teile davon lassen sich bei der Entwicklung aller vielzelligen Tiere nachweisen. Höhere und spezialisiertere Tiergruppen haben jeweils dem Grundmuster neue Schritte hinzugefügt. Am Ablauf der Embryonalentwicklung läßt sich also die Evolution der Tierstämme recht gut verfolgen.

Verschiedene einfacher gebaute Tierstämme zeigen eine stufenweise Abfolge der Evolution des Mesoderms bis hin zur Ausbildung einer sekundären Leibeshöhle, wie sie bei den meisten höheren Tieren wenigstens vorübergehend angelegt wird (Tabelle 15-1).

Die *Hohltiere* (Phylum *Cnidaria*) haben eine eigenartige Entwicklung, bei der eine Larvenform, die *Planula,* auftritt, deren Entoderm das bewimperte Ektoderm so-

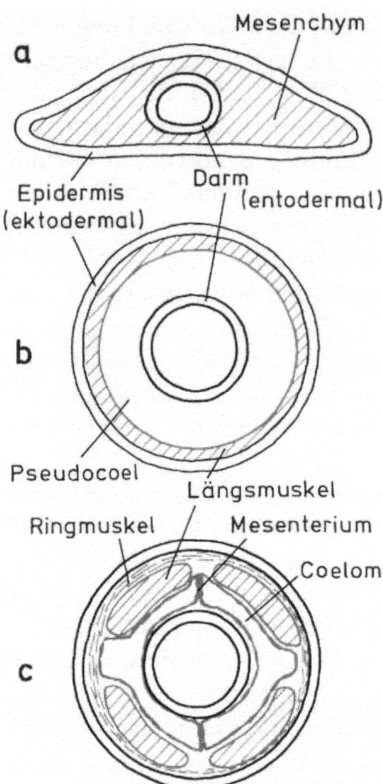

Abb. 21.13a–c. Evolution des Mesoderms. Mesenchymaler Körperbau (Plattwürmer), Pseudocoel (Rundwürmer), Coelom (Ringelwürmer). Pseudocoel und echtes Coelom sind wahrscheinlich alternative Weiterentwicklungen des mesenchymalen Körpers

lide ausfüllt. Ektoderm und Entoderm sind aber immer vorhanden. Das erwachsene Tier sieht einer Gastrula ähnlicher als die Larve. Hohltiere treten in zwei Körperformen auf, die sich im Lebenszyklus abwechseln können. Sie sind entweder seßhafte Polypen (Süßwasserpolyp *Hydra*, Korallen) oder schwimmende Medusen (Quallen). Bei beiden Formen bildet sich nur eine Körperöffnung aus, die dem Blastopor entspricht (Abb. 15.17). Ihre Leibeshöhle ist immer der *Gastralraum*, also das *Lumen des Entoderms*.
Bei *Plattwürmern* (Phylum *Platyhelminthes*) tritt ein richtiges Mesoderm auf, das als loses *Mesenchym* den Raum zwischen Ektoderm und Entoderm ausfüllt (Abb. 21.13a). Der Mund als Ein- und Ausgang zum entodermalen Darm ist die einzige Körperöffnung (Abb. 15.06).

Die *Rundwürmer* (Phylum *Aschelminthes*) besitzen eine flüssigkeitsgefüllte Leibeshöhle zwischen Ektoderm und Entoderm. Dieses *Pseudocoel* ist kein echtes Coelom, weil es nicht vom Mesoderm umschlossen ist. Die mesodermalen Organe (vor allem Muskeln) sitzen *nur unter dem Ektoderm*. Der entodermale *Darm* liegt *ohne Mesoderm-Umkleidung* frei in der Leibeshöhle (Abb. 21.13b). Zu den Rundwürmern gehören auch medizinisch wichtige Parasiten des Menschen wie Spulwürmer, Hakenwürmer und Trichinen.
Die *Ringelwürmer* (Phylum *Annelida*), zu denen Regenwürmer und Blutegel gehören, zeigen ein *echtes Coelom*, das in vielen Fällen eine regelmäßige segmentale Struktur hat. Jedes Segment enthält rechts und links je eine gut ausgebildete Mesodermtasche (Abb. 21.13c). Dadurch hat die Körperhöhle in jedem Segment zwei Kammern. Die präzise Kammerung des Coeloms wird aber schon bei vielen Ringelwürmern aufgegeben. Das Coelom anderer Tierstämme weist viele Varianten der Grundform auf. Wir haben schon gesehen, daß beim Menschen die Trennwände der rechten und linken Coelomräume als Mesenterien fortbestehen. Die längsweise Gliederung des Coeloms in segmentale Abschnitte ist beim Menschen durch die sekundäre Einteilung der Coelomhöhle in drei Räume ersetzt worden, die *Perikardhöhle*, in der das Herz liegt, die *Pleurahöhlen* mit den Lungen und die *Bauchhöhle* kaudal vom Zwerchfell.

21.07 Alternative Entwicklungstypen

Hohltiere haben kein Mesoderm, bei Plattwürmern füllt das Mesoderm den Raum zwischen Entoderm und Ektoderm als loses Mesenchym. Die höheren Tierstämme bilden zwischen Ektoderm und Entoderm eine Leibeshöhle aus, entweder als Pseudocoel oder als Coelom. Nur die Tiergruppen mit echtem Coelom schaffen es, in ihrer Evolution über die Organisationshöhe der bilateral-symmetrischen

Wurmform zu noch effizienteren Körperformen zu kommen. Die Ausbildung von Beinen und Flügeln zur Fortbewegung spielt dabei die Hauptrolle.

Aber selbst bei den coelomaten Tierstämmen wird dabei das Muster der Frühentwicklung noch weiter umgebaut. Dabei tritt eine *grundlegende Alternative* auf, die das *Furchungsmuster*, das *Schicksal des Urmundes* und den *Mechanismus der Coelombildung* betrifft.

Furchungsmuster lassen sich nach drei Kriterien klassifizieren:

1. Sehen die frühen Furchungszellen einander ähnlich, besonders auch in der Größe, dann spricht man von *äqualer* Teilung. Wird von Anfang an das Cytoplasma der Zygote ungleich verteilt, so daß ungleich große und verschieden aussehende Zellen entstehen, spricht man von *inäqualer* Teilung.

2. Damit verbunden ist die Einschränkung der *Entwicklungspotenzen* der Furchungszellen. Die Entwicklungspotenz kann experimentell festgestellt werden. Trennt man die beiden Zellen nach der ersten Teilung der Zygote, dann entstehen zwei halbe Embryonen, wenn die erste Teilung bereits die Entwicklungspotenzen der Zellen festgelegt *(determiniert)* hat. Sind diese Potenzen noch nicht determiniert, dann *reguliert* jede Zelle ihre Entwicklung, und es entstehen zwei vollständige Embryonen. Im ersten Falle spricht man von *determinierter Furchung*, im zweiten Fall von *undeterminierter*. Determinierte Furchung führt zu einem *Mosaik-Embryo*, bei dem jedes Teil sich unabhängig von jedem anderen entwickelt, undeterminierte zu einem *Regulations-Embryo*, bei dem während der Entwicklung die verschiedenen Gewebe untereinander in Kommunikation stehen und die Entwicklung des Gesamtembryos geregelter Kontrolle unterliegt.

3. Auch die *Morphologie der Furchung* erlaubt eine alternative Klassifizierung (Abb. 21.14). Das läßt sich am besten am Übergang vom Vier-Zellen-Stadium zum Acht-Zellen-Stadium zeigen. In jedem

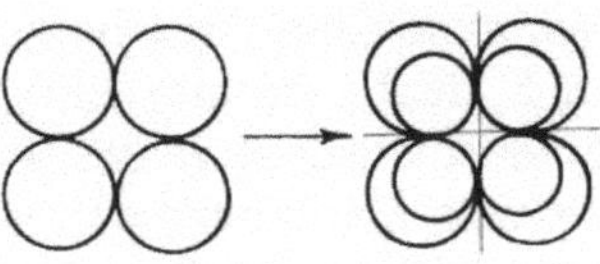

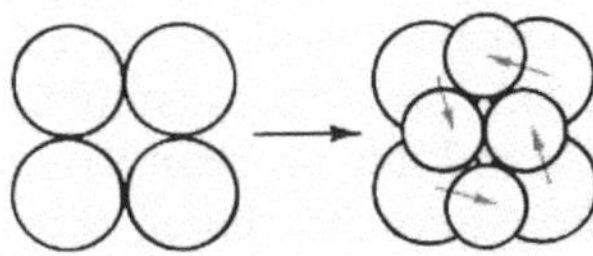

Abb. 21.14. Radiales und spirales Furchungsmuster

Fall werden von den vier Ausgangszellen, die in einer Ebene liegen, die vier Tochterzellen in eine parallele Ebene (alle nach „oben") abgegeben. Bei *radialer Furchung* liegen die Teilungsspindeln senkrecht zur Ebene der Ausgangszellen. Jede Ausgangszelle gibt ihre Tochterzelle genau nach oben ab. Von oben gesehen lassen sich durch den Embryo radiale Symmetrieebenen legen, die bei der weiteren Furchung erhalten bleiben. Bei *Spiralfurchung* liegen die mitotischen Spindeln nicht senkrecht zur Ebene der Ausgangszellen. Dadurch werden die Tochterzellen seitlich nach oben abgegeben und kommen jeweils über dem Spalt zwischen zwei Ausgangszellen zu liegen. Bei weiteren Teilungen entsteht dann eine spiralige Anordnung der Zellen im frühen Embryo.

Auf die Alternative bei der *Entwicklung des Urmundes* haben wir schon hingewiesen. Entweder wird er zum Mund des späteren Organismus *(protostome Entwicklung)* oder zum After *(deuterostome Entwicklung)*. Das bedeutet eine völlige Umorientierung der gesamten Körperanlage, die sich auch an der dorsalen und ventralen Lage der Organsysteme erkennen läßt. Alle Tierstämme ohne echtes Coelom zeigen das protostome Entwicklungsmuster, erst nach der Entstehung des echten Coeloms muß das deuterostome Muster entstanden sein.

Während die Einteilung in protostome und deuterostome Entwicklungsmuster eindeutig ist, zeigt die *Mesodermbildung* so viele Varianten, daß die Alternativen der Coelombildung nur in seltenen Fällen klar erkennbar sind. Das Coelom kann entweder ganz formal durch *Abknospung* je einer Coelomtasche rechts und links in jedem Segment entstehen. Wie bei vielen Entwicklungsvorgängen beginnen dazu die Mesodermzellen, die noch im Entoderm liegen, mit häufigen Teilungen, ohne ihren Gewebeverband aufzugeben. Das Mesoderm beult sich aus dem Urdarm aus, hängt schließlich als Bläschen am Urdarm und knospt endlich völlig ab. Mesoderm und Coelom entstehen im selben Entwicklungsvorgang. Wegen ihres Ursprungs vom Entoderm spricht man von *enterocoeler Coelombildung.*

Anders entsteht das Coelom bei *schizocoeler Coelombildung.* Hier füllt das Mesoderm anfangs den Raum zwischen Ektoderm und Entoderm völlig aus. Das Coelom entsteht durch Spaltbildung in dieser anfangs soliden Zellmasse. Die Alternative von Ausknospung (engl.: budding) und Spaltbildung (engl.: cavitation) bei der Ausbildung embryonaler Strukturen werden wir bei der Amnionbildung wieder antreffen.

Die alternativen Entwicklungsweisen erlauben es, die Tierkreise, bei denen ein echtes Coelom gebildet wird, in zwei große Gruppen einzuteilen. Als Faustregel dazu gilt, daß *Tiere mit schizocoeler Coelombildung auch spirale, inäquale und determinierte Furchung* haben. *Tiere mit enterocoeler Coelombildung haben radiale, äquale und undeterminierte Furchung.* Die Korrelation wird dadurch erschwert, daß sekundäre Veränderungen des Musters in sehr vielen Fällen das Grundmuster überlagern. Die Verhältnisse beim Menschen werden wir noch als besonders kompliziertes Beispiel untersuchen.

Zu den *Spiraliern (Schizocoelen)* gehören die Ringelwürmer (Phylum Annelida), die Weichtiere (Phylum Mollusca) und die Gliederfüßler (Phylum Arthropoda). Gerade bei den Arthropoden, besonders bei Insekten und Spinnen, ist das Furchungsmuster aber so weit abgeändert, daß sich nur aus ihren sonstigen Verwandtschaftsverhältnissen auf das ursprüngliche Muster zurückschließen läßt.

Stämme mit radialer Furchung (*Deuterostome, Enterocoele*) sind Stachelhäuter (Phylum Echinodermata, Abb. 21.02), und Chordatiere (Phylum Chordata), zu denen der Mensch gehört.

Daß wir gerade mit Seegurken und Seeigeln das Entwicklungsmuster gemeinsam haben, soll uns nicht stören. Die embryonalen Entwicklungsmuster stehen schon seit mehr als 600 Millionen Jahren fest, und die ersten Fossilien aus dem Kambrium zeigen bereits die Endstufe dieser Evolution. Die größeren Tierstämme sind entstanden, als die gesamte Tierwelt noch sehr viel weniger komplex war als heute. Damals gab es weder Insekten noch Wirbeltiere. Die Evolution der verschiedenen höheren Tiere ist ein Vorgang, der der Aufspaltung der Grundbaupläne der verschiedenen Stämme zeitlich folgt. Die Chordaten sind ursprünglich sehr primitive Meerestiere, deren Hauptcharakteristik neben der Chorda dorsalis als Stützelement und dem dorsal gelegenen röhrenförmigen Nervensystem besonders der siebartig durchlöcherte Vorderdarm war, der es erlaubte, Futterpartikel aus dem Seewasser zu filtern, das durch die Schlitze in der Darmwand nach außen lief und dabei Sauerstoff an die Blutgefäße der Darmwand abgab (27.06). Diese sinnreiche Kombination von Darm und Kieme ist so sehr auf das Wasserleben abgestimmt, daß man schwerlich hätte voraussagen können, daß gerade dieser Tierstamm die erfolgreichsten Landtiere hervorbringen würde. Wie es dazu kam, ist durch Fossilien gut dokumentiert. Doch nur die embryologischen Aspekte sollen uns hier interessieren, weil sie das völlig anomale Entwicklungsmuster des Menschen erklären.

Immerhin können wir beim Menschen eines sehr leicht demonstrieren. Seine Furchung ist undeterminiert. Kommt es während der Frühentwicklung zufällig zu Teilungen des Embryos, dann entstehen keine Halbembryonen, sondern die Halbkeime regulieren ihre Entwicklung, und es werden zwei völlig normale Menschen, also *eineiige Zwillinge* (18.17) geboren. Schnecken und Blutegel können das nicht.

21.08 Das amniotische Ei

Ein Faktor, der das Furchungsmuster grundlegend verändern kann, ist Dotterreichtum im Ei. Eier mit wenig Dotter entwickeln sich schnell zu *Larven*, die sich selbst ernähren können. Eier mit viel Dotter entwickeln sich länger, und beim Schlüpfen sind die Tiere sehr viel weiter entwickelt. Bei verschiedenen Tieren wird so viel Dotter in der Eizelle abgelagert, daß die Furchung nicht mehr das ganze Ei in Einzelzellen aufteilen kann. Nur eine winzige Scheibe klaren Cytoplasmas auf dem Dotter teilt sich dann in Zellen auf. Ganz ohne Bezug auf das ursprüngliche Furchungsmuster wird das Furchungsmuster dotterreicher Eier zum *diskoidalen* Muster, bei dem der scheibenförmige Embryo oben auf der Dottermasse liegt. Dadurch wird auch die Mechanik der Gastrulation geändert. Der Embryo ist anfangs an der Bauchseite weit offen und das Entoderm wächst langsam über die Dottermasse hinunter (*Epibolie*). Der Dotter kommt in einen entodermalen Sack zu liegen, den *Dottersack*, der durch Verbrauch des Dotters langsam kleiner wird. Oft genug tragen aber Haie oder Schildkröten beim Schlüpfen noch Reste des Dottersacks am Bauch.

Dieser Dottersack, dessen entodermale Wand reich mit Gefäßen versorgt ist, die Nährstoffe aus dem abgebauten Dotter in den Embryo bringen, wird von vielen Arten dazu ausgenutzt, die Embryonen innerhalb der Mutter zur Entwicklung zu bringen. Er erlaubt nämlich auch den Transport von Nährstoffen aus der Wand des mütterlichen Eileiters in die Dottersackwand. Bei einigen Haien, Salamandern und Eidechsen wird das dotterreiche Ei im Eileiter gehalten, dessen unterer Teil als *Uterus* die Embryonen enthält, und die Jungen werden lebend geboren.

Aus dem dotterreichen Ei der frühen Wirbeltiere ist auch die Eiform entstanden, die den Wirbeltieren das Landleben ermöglicht hat.

Wie sehr das wasseradaptierte Ei die Landwirbeltiere von endgültiger Adaption an das Landleben zurückgehalten hat, kann man noch heute bei den Amphibien sehen. Selbst Krötenarten, die in der Wüste leben, müssen auf einen gelegentlichen Regen warten, um dann die Eier in Pfützen abzulegen.

Die Probleme, die gelöst werden mußten, damit die gesamte Embryonalentwicklung auf dem Lande verlaufen konnte, sind vielfältig.

1. Das Ei muß von einer *Schale* umgeben werden, die luftdurchlässig ist, aber die Verdunstungsrate herabsetzt. In dieser Schale muß sich der Embryo frei entwickeln können, ohne daß ihn die Dottermasse platt gegen die Wand drückt.

2. Alle *Nahrung* bis zum Schlüpfen muß im Ei abgelagert werden. Das verlangt

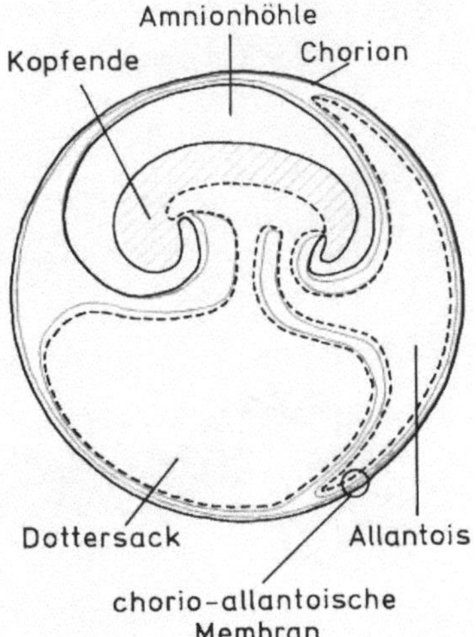

Abb. 21.15. Schema des amniotischen Eies. Ektoderm durchgehend schwarz, Entoderm gestrichelt, Mesoderm rot

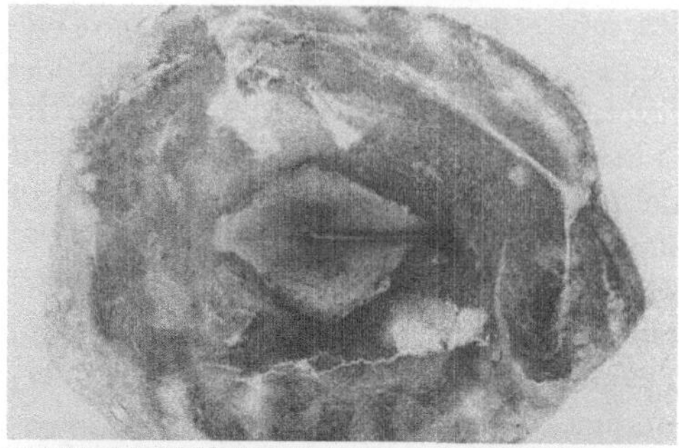

18 Stunden: Gastrulation, vgl. mit Abb. 21.18. Primitivstreifen rechts, Primitivknoten Mitte

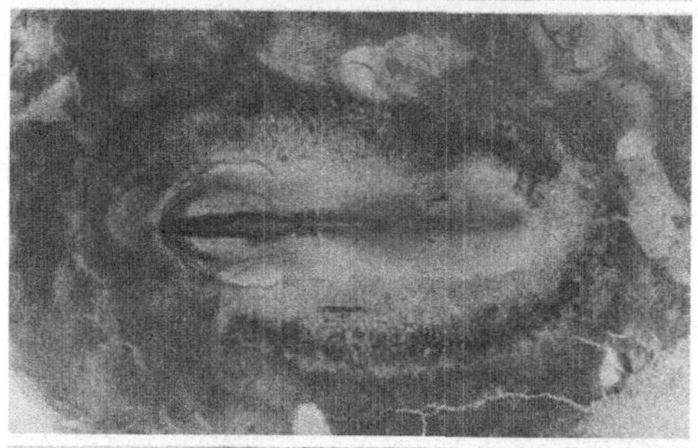

21 Stunden: Neurulation, erste Somite. Um den Vorderkörper beginnt sich die Amnionfalte zu heben. In den folgenden Bildern ist das Amnion aufgeschnitten

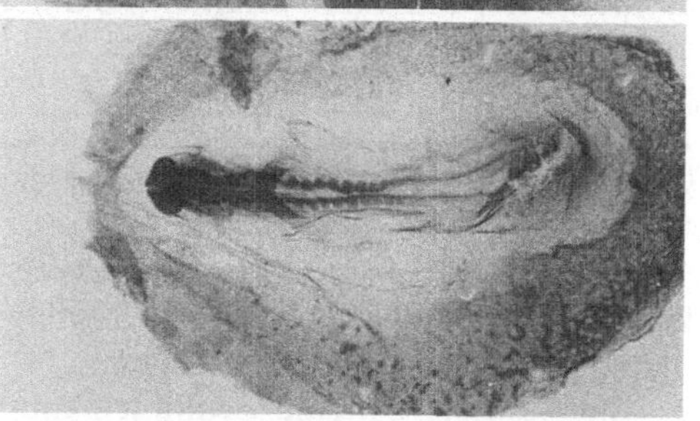

25 Stunden: Die Zahl der Somite hat zugenommen. Während die Neuralfalte sich hinten noch nicht geschlossen hat, differenziert sie sich vorn in drei Bläschen: Prosencephalon, Mesencephalon, Rhombencephalon. Die symmetrische Anlage des Herzens unter dem Embryo zeigt sich durch die beiden breiten Venenansätze (Sinus venosus) an. Blutbildung in Lakunen in der extraembryonalen Dottersackwand

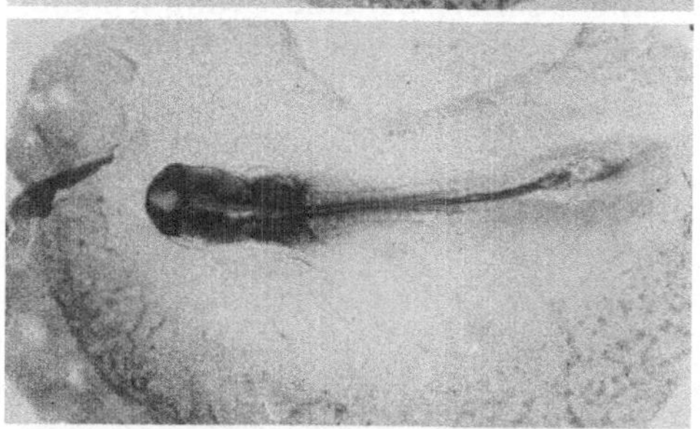

28 Stunden: Weitere Differenzierung des Gehirns. Das Prosencephalon beginnt sich in Telencephalon und Diencephalon zu teilen, die Augenanlagen knospen aus

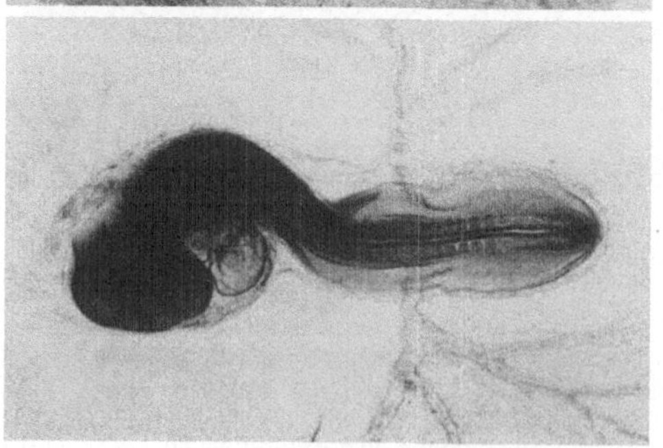

42 Stunden: Am Hinterende des Embryos entstehen immer noch neue Somite, vorn biegt er sich durch überproportionales Wachstum des Gehirns (vgl. Abb. 21.12) und des Herzens. Zwei symmetrisch angelegte Dottervenen (Umbilicalvenen) versorgen den Embryo aus der Dottersackwand

Abb. 21.16. Entwicklung des Hühnchens. Angefärbte Totalpräparate von Embryonen, alle im gleichen Maßstab

eine ganz besonders große Menge Dotter. Das Furchungsmuster wird dadurch zwangsweise diskoidal.

3. Der Stoffwechsel dieser riesigen Dottermenge über eine lange Zeit hin führt zur Ansammlung großer Mengen von *Exkretionsprodukten*, die im Ei abgelagert werden müssen.

Die Lösung dieser Probleme hat zum Übergang von Amphibien zu Reptilien und damit zur endgültigen Anpassung an das Landleben geführt. Das Reptilienei, das auch zum Vogelei und zum Säugerei geführt hat, unterscheidet sich vom Amphibienei durch die Ausbildung *extraembryonaler Eihüllen*. Von einer dieser Eihüllen, dem Amnion, erhält es seinen Namen.

Beim *amniotischen Ei* (Abb. 21.15) entstehen extraembryonale Räume durch Auswachsen und Auffaltung von Entoderm und Ektoderm. Zusammen mit dem Entoderm wächst jeweils das viscerale Mesoderm mit aus, zusammen mit dem Ektoderm das parietale Mesoderm. Das Coelom zwischen diesen Mesodermblättern setzt sich beim amniotischen Embryo also als *extraembryonales Coelom* in die Räume zwischen den Eihüllen fort.

Einen der extraembryonalen Räume, den *Dottersack*, kennen wir schon von primitiven Wirbeltieren mit dotterreichen Eiern. Er stellt eine Fortsetzung des Darmlumens außerhalb des Embryos dar, in der der Dotter liegt. Seine Wand besteht aus Entoderm und visceralem Mesoderm.

In der Gegend der Harnblase wächst ein weiterer extraembryonaler Raum aus dem Entoderm des Embryos heraus, die *Allantois*. Sie dient der Aufnahme der Exkretionsprodukte des Embryos. Während im Laufe der Entwicklung der Dottersack durch Abbau des Dotters zunehmend kleiner wird, nimmt die Allantois an Größe zu. Da der Embryo mit zunehmender Entwicklung immer mehr Sauerstoff zur Atmung beansprucht, ist es nicht erstaunlich, daß den Blutgefäßen in der Wand der Allantois die Hauptaufgabe beim Gasaustausch zukommt. Die wach-

sende Allantois breitet sich unter der Eischale aus und dient auch als Atemorgan. Zwei weitere extraembryonale Hüllen entstehen aus dem Ektoderm des Embryos und dem parietalen Blatt des Mesoderms. Durch die diskoidale Furchung entsteht ein Embryo, der an der Bauchseite zum Dotter hin weit offen ist. Der ektodermale Rand des Embryos wächst weit über die Dotterkugel hinaus und beginnt dann, sich um den Embryo als Falte emporzuheben (Abb. 21.07, 21.16). Diese Falte, die *Amnionfalte*, umgibt den ganzen Embryo und steigt rundherum über seinen Rücken hoch. Am Faltenrand liegt das Ektoderm, das vom Embryo herkommt, und geht in das Ektoderm über, das über die Dotterkugel auswächst. Wenn sich die Amnionfalten über dem Embryo treffen, verschmelzen sie, so daß der Embryo in einer völlig abgeschlossenen Blase, dem *Amnion*, zu liegen kommt, deren Innenseite ektodermal ist. Die flüssigkeitsgefüllte Amnionblase stellt eine mechanische Pufferung dar, ein Flüssigkeitskissen, in dem der Embryo sich frei entwickeln kann. Der äußere Anteil der ektodermalen Falte trennt sich bei der Verschmelzung vom inneren Anteil. Dadurch liegt der gesamte Embryo mit allen seinen Anhängen in einer ektodermalen Hülle, die außen um das Amnion führt und am unteren Rand über Allantois und Dottersack auswächst. Diese abgeschlossene ektodermale Kugel, die durch die Verschmelzung der Ränder der Amnionfalte vom anderen Ektoderm getrennt worden ist, ist das *Chorion*.

Einfache Wachstums- und Faltungsprozesse benutzen also die Keimblätter des Embryos, um die nötigen extraembryonalen Strukturen herzustellen.

21.09 Das Ei der Säugetiere

Das amniotische Ei hat den Reptilien die Adaption ans Landleben erlaubt. Die weiteren physiologischen und morphologischen Adaptionen, besonders eine Verfestigung der Haut, ein Umbau der Extremitäten und eine endgültige Umstellung des Kreislaufs von Kiemenatmung auf Lungenatmung, sind bald gefolgt. Dadurch sind Tiere entstanden, die so viel besser konstruiert waren als viele ihrer Konkurrenten, daß sie sich schnell über die Landflächen ausgebreitet haben und auch im Meer konkurrenzfähig wurden (Meeresschildkröten, Meer-Saurier, Wale).

Diesen hochentwickelten Tieren wurde das amniotische Ei, das ursprünglich der Schrittmacher ihrer Evolution war, zur Last. Ein amniotisches Ei ist groß, zerbrechlich und hilflos, und es stellt für alle Organismen vom Schimmelpilz bis zum Waschbären ein ideales Nahrungsmittel dar; Tiere, die amniotische Eier legen, müssen viel Energie auf die Synthese und Pflege des Eies verwenden. Meeresschildkröten machen Tausende von Kilometern lange Wanderungen, um ihre land-adaptierten Eier am Strand abzulagern, und Vögel verwenden einen großen Teil ihrer Energie auf das komplizierte Verhalten, das dem Schutz und der Entwicklung der wenigen dotterreichen Eier dient.

Gerade die erfolgreichsten Amnioten, die Säugetiere, haben also das amniotische Ei wieder abgewandelt, lassen die Entwicklung im Uterus ablaufen und bringen lebende Junge zur Welt.

Diese lange Geschichte, die hier in kurzem Abriß dargestellt ist, muß man kennen, um die sonst völlig unverständlichen Vorgänge bei der Entwicklung des Säugereies zu verstehen.

Das Säugerei, das sich im Uterus entwickelt und von der Mutter ernährt wird, hat nämlich beinahe keinen Dotter. Die Furchung ist also total; das ganze Ei teilt sich in Furchungszellen, und das radiale, äquale, undeterminierte Muster ist beim Menschen so gut ausgeprägt wie beim Seeigel. Nur entsteht aus dieser Furchung keine normale Blastula, sondern ein amniotisches Muster mit extraembryonalen Membranen und einer Gastrulation, die genauso verläuft wie beim Huhn.

Das Menschenei wird noch im Eileiter befruchtet. Nach der Befruchtung beendet das Ei die zweite Reifeteilung. Erst dann verschmelzen die beiden haploiden Vorkerne im befruchteten Ei zum diploiden Zygotenkern. Etwa 30 Std nach der Befruchtung ist die erste Furchungsteilung beendet. Die weiteren Furchungsteilungen benötigen jede etwa 8 Std. Vier Tage nach der Befruchtung ist das Morulastadium erreicht.

Während dieser Furchungsteilung wandert die Zygote den Eileiter hinunter. Die anfänglichen Teilungen sind völlig äqual. Alle Morulazellen sehen gleich aus. Ihre Teilungsrate ist aber sehr bald nicht mehr synchron. Es entstehen 12- und 16-Zellen-Stadien. Schon in diesen Stadien sondern sich die Zellen des Embryos in eine *innere Zellmasse* (Embryoblast), die von einer *äußeren Zellschicht* (Trophoblast) umgeben ist. Diese Trennung ist nicht der Gastrulation vergleichbar, sondern sie trennt die innere Zellmasse, aus der der eigentliche Embryo entsteht, von der äußeren Zellschicht, die den extraembryonalen *Trophoblasten* bildet. Aus dem Trophoblasten entstehen die ektodermalen und mesodermalen Anteile der Plazenta, also entspricht der Trophoblast dem Chorion, das beim Säuger unabhängig vom Amnion entsteht.

Am fünften Entwicklungstag löst sich die Zona pellucida (22.03), die bisher den Embryo umgeben hat, auf. Zugleich dringt Flüssigkeit in die äußere Zellschicht ein, die sich dadurch von der inneren Zellmasse abhebt. Der eigentliche Embryo, die innere Zellmasse, hängt jetzt nur noch an einer Seite, der künftigen Rückenseite, an der äußeren. Zellschicht (Abb. 21.17). Dieses bläschenartige Stadium wird *Blastocyste* genannt. Am fünften und sechsten Tag heftet sich die Blastocyste an die Uterusschleimhaut an und beginnt, in die Uterusschleimhaut einzudringen *(Implantation)*.

Während der Implantation ändert sich die innere Zellmasse. Sie wird scheibenförmig und zweiblättrig dadurch, daß sich eine Zellschicht, der *Hypoblast*, unter die innere Zellmasse, den Epiblast, legt (Ga-

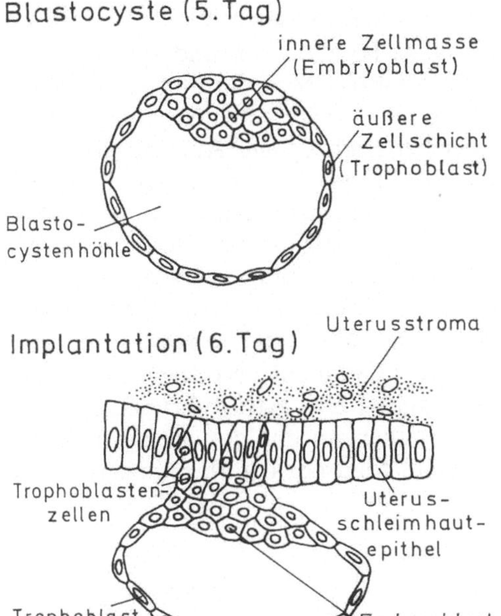

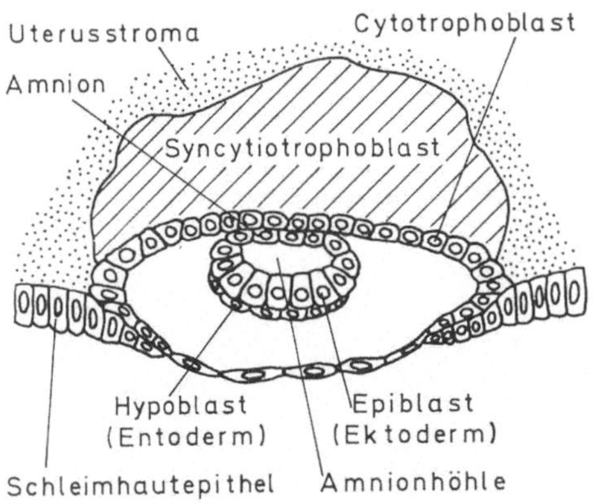

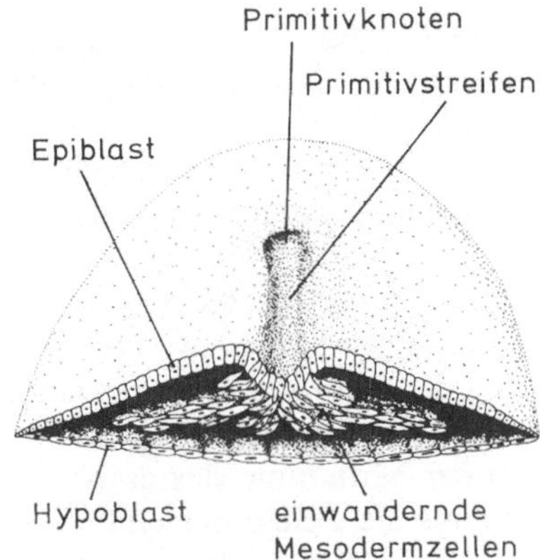

Abb. 21.18. Mesodermbildung bei amniotischen Embryonen. Bei Reptilien und Vögeln liegt unter dem Hypoblasten die Dottermasse, bei Säugern die leere Blastocystenhöhle. Bei Säugern setzt sich der Epiblast schon in das Amnion über dem Embryo fort, bei Reptilien und Vögeln wird das Amnion erst sehr viel später gebildet

Abb. 21.17. Frühentwicklung des Säugetiereies

strulation durch Delamination). Der Hypoblast entspricht dem Entoderm. Anfangs liegt er nur unter der inneren Zellmasse. Später wächst er an der Innenseite der Trophoblastenwand herunter, bis er den Flüssigkeitsraum der Blastocyste umschließt. Dieser Raum wird dadurch zum Dottersack. Beim Säugerembryo enthält der Dottersack natürlich keinerlei Dotter.

Die innere Zellmasse liegt jetzt als flache Scheibe zwischen dem entodermalen Hypoblast und dem Trophoblasten. In dieser Scheibe bilden sich Spalträume zwischen den Zellen aus. Diese Spalträume fließen zusammen und teilen den ektodermalen Anteil der inneren Zellmasse in zwei Zell-Lagen, das embryonale Ektoderm über dem Hypoblasten und das Amnionektoderm unter dem Trophoblasten. Der Spalt zwischen diesen beiden Zell-Lagen wird zur Amnionhöhle.

Am 10.–13. Tag fallen besonders die Veränderungen des Trophoblasten auf. Der Trophoblast wird schon zur Zeit der Implantation zweischichtig. Die innere Schicht, der *Cytotrophoblast*, behält seinen zellulären Aufbau, während nach außen hin eine vielkernige Lage ohne Zellgrenzen, der *Syncytiotrophoblast*, entsteht. Der Syncytiotrophoblast wird also nach außen hin gebildet und spielt eine wichtige Rolle bei der Ausbildung der *Plazenta*. Nach innen gibt der Cytotrophoblast Zellen ab, die zwischen dem Trophoblast und der endodermalen Auskleidung der Dottersackhöhle zu liegen kommen. Diese Zellen bilden das extraembryonale Mesoderm, in dem durch Spaltbildung (!) das extraembryonale Coelom entsteht.

Erst nachdem auf diese völlig ungewöhnliche Weise bereits die wichtigsten extraembryonalen Räume entstanden sind, beginnt der menschliche Embryo in der dritten Entwicklungswoche mit der Bildung des embryonalen Mesoderms (zweiter Teil der Gastrulation). Dazu wandern von der Mittellinie des embryonalen Ektoderms die Zellen des embryonalen Mesoderms in den Spalt zwischen Ektoderm (Epiblast) und Entoderm (Hypoblast) ein (Abb. 21.18). Dieses Gastrulationsmuster, Entodermbildung durch Delamination eines Hypoblasten und spätere Einwanderung des Mesoderms aus dem Ektoderm, entspricht ganz dem anderer amniotischer Embryonen (Abb. 21.16).

Den entodermalen Anteil der Plazenta könnten im Prinzip Dottersack oder Allantois stellen. Bei verschiedenen Säugern ist die Placentabildung auch dementsprechend verschieden. Beim Menschen wächst die Allantois zum Chorion vor und bildet damit den entodermalen Anteil der Plazenta. Das extraembryonale Entoderm ist aber morphologisch und funktionell beim Menschen stark reduziert.

22 Der Mechanismus der Entwicklung

In diesem Kapitel sollen einige grundlegende Mechanismen der Ontogenese kurz besprochen werden. Diese Mechanismen erklären vieles im Prinzip, wenig im Detail. Die Entwicklungsmechanismen, vor allem die Entwicklung des Gehirns, sind trotz jahrzehntelanger intensiver Arbeit erst in groben Zügen aufgeklärt. Dies ändert sich zur Zeit. An einzelnen Modellsystemen, vor allem bei der Taufliege und bei einem Rundwurm, *Caenorhabditis elegans*, ist man in den letzten Jahren dem wirklichen Verständnis von Entwicklungsvorgängen sehr viel näher gekommen. Dabei haben natürlich wieder molekularbiologische Methoden, aber keineswegs diese allein, die ausschlagende Rolle gespielt. Gerade die Eigenschaften, die diese beiden Organismen zu idealen Modellsystemen machen, vor allem die relativ inflexible, fest vorprogrammierte Entwicklung, machen diese Resultate vorerst für uns hier zu speziell. Der Mediziner lernt mehr aus der Flexibilität der Entwicklung des Immunsystems. Aber auch da ist der experimentelle Vorteil, nämlich die weitgehende freie Beweglichkeit der Zellen, gerade die Ausnahme. Für normale Gewebe spielt die genaue Geometrie der Lagebeziehungen zwischen Zellen eine viel größere Rolle (22.06). Dennoch sieht man am Immunsystem deutlich, wie Gencodierung in die Entwicklung eines integrierten vielzelligen Verbands aus einer einzigen Art Stammzelle umgesetzt wird. Selbst lokale Induktionsvorgänge, zum Beispiel die Induktion von T-Zellen im Thymus, haben wir dabei kennengelernt. Bisweilen können wir das dort schon bis hin zur Rolle bestimmter Signalmoleküle analysieren. Solche Details fehlen in der folgenden Darstellung.

22.01 Das Entwicklungsprogramm im Zellkern

Eine Grundfrage der Entwicklungsphysiologie war seit jeher, wie weit das Entwicklungsprogramm vom Zellkern und wie weit es vom Cytoplasma beeinflußt wird. Der Genetiker, der genetische Defekte in jedem Entwicklungsstadium nachweisen kann, ist versucht, den Entwicklungsprozeß als den Ablauf eines Programmes anzusehen, das auf der zeitlichen Abfolge verschiedener Genaktivitäten im Zellkern beruht. Eine Korrelation zwischen der Aktivierung bestimmter Gene oder dem Auftreten bestimmter Genprodukte und dem Ablauf von Entwicklungsvorgängen läßt sich auch wirklich demonstrieren.

Damit ist die Grundfrage aber noch nicht beantwortet. Es kommt nun darauf an festzustellen, wie der Ablauf des genetischen Programms geregelt wird. Wenn wir vom Einfluß des Kernes in der Entwicklung sprechen, meinen wir damit alle Kerne aller Zellen der verschiedenen Gewebe.

Es liegt nahe anzunehmen, daß der Ablauf des genetischen Programms ein irreversibler Vorgang ist, bei dem die Information in den Kernen langsam abgelesen und dann ausgeschieden wird, so daß ein Kern im Entoderm zum Beispiel nur noch die Information zur Ausbildung entodermaler Strukturen hat, und wenn er erst einmal speziell zum Kern einer Mucosa-Zelle im Darm geworden ist, dann enthält er nur noch die genetische Information für die Synthesemechanismen dieses einen Zelltyps. Dieses einfache Schema stimmt aber nicht. Eine solche

Entwicklung gilt höchstens für die Trennung von Keimbahn-Kernen und somatischen Kernen (15.06). Die Bildung der ersten Kerne der somatischen Zellen schließt bei einigen Insekten und Rundwürmern sogar den Verlust von Chromosomen ein *(Chromosomen-Eliminierung)*. In der Regel enthalten aber alle Kerne somatischer Zellen die gesamte genetische Information, und es ist nur eine Frage experimenteller Technik, die Transkription dieser Information wieder in Gang zu setzen.

R. Briggs und T.J. King haben 1952 eine Technik entwickelt, die den endgültigen Nachweis für das Fortbestehen der genetischen Information in den Kernen differenzierter Zellen erbracht hat. Sie haben die Zellkerne somatischer Zellen in entkernte Eizellen verpflanzt (Kerntransplantation). Die Operation ist keineswegs einfach, und es gibt nur wenige Biologen in der Welt, die nach langer Übung routinemäßig Kerne verpflanzen können. Das Prinzip ist aber leicht zu verstehen (Abb. 22.01).

Briggs und King haben mit Froscheiern gearbeitet, bei denen kurz vor der Befruchtung der Eikern nahe an der Oberfläche liegt, wo er erst nach dem Eindringen des Spermas die zweite Reifeteilung beendet. Mit einer dünnen Glasnadel läßt sich der Eikern aus dem unbefruchteten Ei entfernen. Dann bleibt das Eicytoplasma ohne Kern zurück. In dieses entkernte Ei wird dann ein diploider somatischer Zellkern, zum Beispiel aus einer Gastrula, injiziert. Die Operation ersetzt die Befruchtung. Der operative Anstich mit der Glasnadel aktiviert das Ei zur Entwicklung, und es liegt nach der Operation ein diploider Kern in der Eizelle vor.

Ein Teil der behandelten Eizellen entwickelt sich auch ganz normal zu Kaulquappen und Fröschen. Man kann auf diese Weise eine Menge Zellen aus einer einzigen Blastula einzeln in entkernte Eier einpflanzen (Abb. 22.02). Die Frösche, die sich dann entwickeln, sind genetisch identisch: sie sehen alle gleich aus und tolerie-

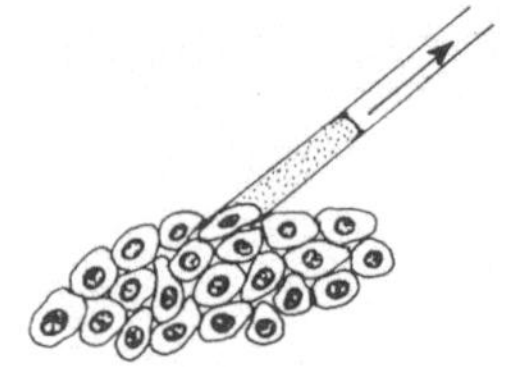

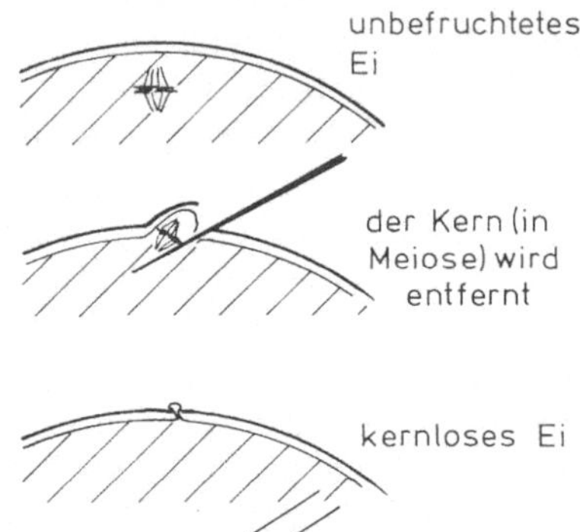

Abb. 22.01. Transplantation eines diploiden Kerns in ein kernloses Ei

ren untereinander Gewebetransplantationen. Sie sind also ein Klon. Die Möglichkeit, beliebig viele genetisch identische Kopien von höheren Tieren, vielleicht sogar von einem Menschen, herstellen zu können, hat die Gemüter sehr erregt. Klonieren oder „Cloning" höherer Organismen darf übrigens nicht mit einer anderen Art „Cloning", nämlich dem von einzelnen Genen in Bakterien (Kap. 23), verwechselt werden.

1980 ist es Illmensee gelungen, Kerntransplantationen bei Mäusen durchzuführen. Die technischen Schwierigkeiten, die das winzige dotterarme Säugerei bietet, sind natürlich gewaltig. Resultate sind aber inzwischen schon oft genug erzielt worden, so daß wir einiges über den Zustand der Zellkerne im frühen Säugerembryo (Abb. 21.17) wissen. So hat es sich herausgestellt, daß die Kerne der inneren Zell-

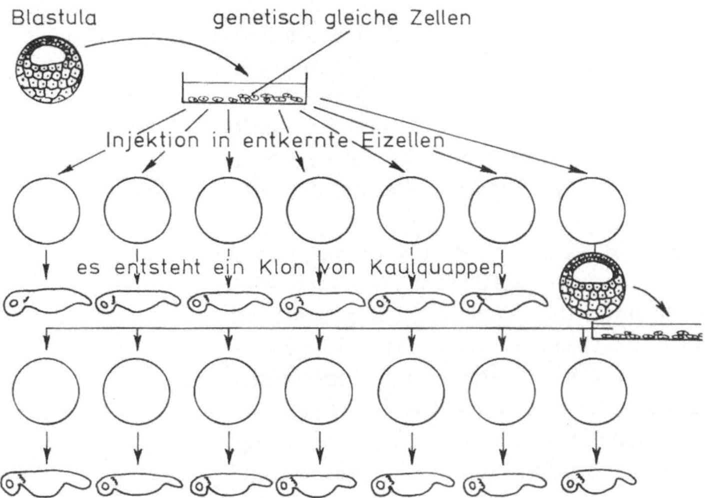

Abb. 22.02. Cloning durch Kerntransplantation bei Fröschen

masse den Eikern voll ersetzen können („totipotent" sind) und die Entwicklung einer normalen fertilen Maus zulassen, während gleichaltrige Kerne des Trophoblastenektoderms die Fähigkeit dazu verloren haben. Generell scheint es so, daß wenigstens bis zum 7. Entwicklungstag alle embryonalen Gewebe Kerne enthalten, die den Zygotenkern ersetzen können, während die Kerne der extraembryonalen Gewebe das nicht können. Welcher Art diese Veränderung ist und wieweit die embryonalen Gewebe weiterhin totipotente Kerne enthalten, wissen wir noch nicht. Immerhin zeigen sowohl die Frosch-Experimente wie die Maus-Experimente, daß Gewebedifferenzierung keineswegs obligatorisch mit Änderungen im DNA-Bestand des Kernes einhergehen muß. Auch so etwas gibt es (20.09), aber Regelung der Transkription der DNA ist zweifellos wichtiger für Entwicklungsprozesse als Änderung des DNA-Bestandes.

22.02 Der Einfluß des Cytoplasmas

Wenn jeder Kern die gesamte Information für die Embryonalentwicklung enthält und unter dem Einfluß des Eicytoplasmas das genetische Entwicklungsprogramm auch in Kernen differenzierter Zellen wieder gestartet wird, dann müssen wir den Entwicklungsvorgang so erklären, daß zwar das ganze Programm im Zellkern festgelegt ist, daß der zeitliche Ablauf aber durch Wechselwirkungen zwischen Kern und Cytoplasma bestimmt wird. Vom Cytoplasma der Eizelle enthält der Kern das Signal zum Beginn der Entwicklung. Produkte der Genaktivität im Kern verändern dann das Cytoplasma, und das veränderte Cytoplasma ruft aus dem Kern neue Informationen ab. Wir müssen dieses Schema später noch um organismische Kontrollmechanismen auf überzellulärer Ebene erweitern, die wir unter dem Stichwort embryonale Induktion besprechen wollen. Im Prinzip dürfte es dann richtig sein.

Diese Rolle des Cytoplasmas hat interessante Konsequenzen. Das Eicytoplasma scheint unabdinglich notwendig für die normale Entwicklung zu sein. Während bei Pflanzen aus einzelnen somatischen Zellen unter geeigneten Umständen ganze normale Pflanzen herangezüchtet werden können, ist das bei Tieren bisher nicht gelungen und wohl auch theoretisch nicht möglich. Das Eicytoplasma bildet chemisch und in seiner dreidimensionalen Struktur die Grundlage für den Embryo. Bei aller genetischen Äquivalenz der weiblichen und männlichen Gameten steuert die Mutter eben doch mehr Information zur Bildung des Embryos bei als der Vater.

Die Sache wird noch komplizierter, wenn wir bedenken, daß das Eicytoplasma selbst unter der genetischen Kontrolle eines Zellkerns synthetisiert wird. Die Konstitution des Eicytoplasmas entspricht also dem Genotyp der Mutter. Das läßt sich auch deutlich in der Frühentwicklung nachweisen, besonders bis zum Beginn der Gastrulation, bei dem die Transkription im normalen Umfang beginnt (21.02). Zum Beispiel folgt die Frühentwicklung von Hybriden zwischen verschiedenen Arten anfangs ganz dem mütterlichen Schema. Erst mit dem Beginn der Gastrulation macht sich der Einfluß der väterlichen Art bemerkbar.

Besonders deutlich ist dieser *mütterliche Einfluß* (engl.: *maternal effect*) bei determinierten Embryonen (21.07), bei denen durch ungleiche Verteilung verschiedener Fraktionen des Eicytoplasmas die verschiedenen Furchungszellen auf einen bestimmten Entwicklungsgang festgelegt werden. Bei der Süßwasserschnecke *Lymnaea* wird die Richtung der Spiralfurchung genetisch, und zwar durch den Genotyp der Mutter, festgelegt. Der Furchungsrichtung entspricht später die Drehrichtung des Schneckenhauses (Abb. 22.03). Dabei ist Rechtsdrehung (dextral), dominant über Linksdrehung (sinistral). Eine Kreuzung zwischen einem homozygot sinistralen Weibchen (dd) und einem homozygot dextralen Männchen (DD) führt also zu heterozygoten Nachkommen (D/d), die aber alle dem Genotyp der Mutter entsprechend linksgewundene Schalen haben.

Dem Eicytoplasma kommt also eine wichtige Rolle bei der Entwicklung zu, und wir müssen uns etwas genauer mit der Synthese des Eies, der *Oogenese*, beschäftigen.

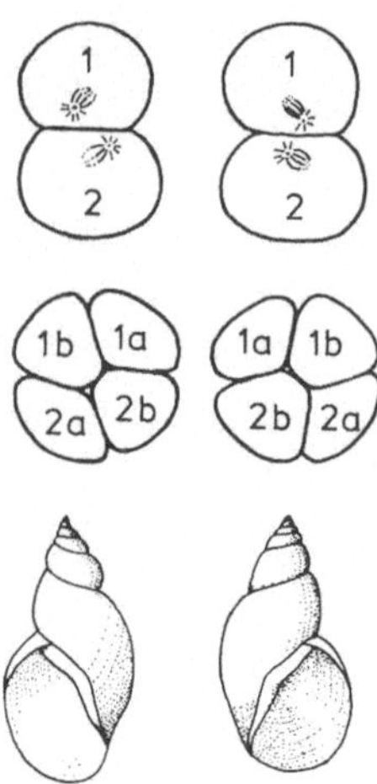

Abb. 22.03. Furchungsrichtung und Windungsrichtung des Schneckenhauses bei der Schnecke *Lymnaea*

22.03 Oogenese

Das Ei nimmt unter allen Zellen eine Sonderstellung ein. Es enthält Informationen über die dreidimensionale Struktur des Embryos, und es enthält Nährstoffe für den Embryo. Die Eizelle ist immer groß, einige Eizellen gehören zu den größten Zellen überhaupt. Weil die Eizelle aber auch spezifische genetische Informationen weitergeben muß, darf sie nicht, wie viele ähnlich große Zellen, vielkernig werden.

Tabelle 22-1. Zeitplan der Oogenese beim Menschen

a) Fötalentwicklung
   6. Woche: 2000 amöboide Oogonien wandern vom Dottersack in die Anlage des Ovars
   bis 3. Monat: Mitosen
   4. Monat: Beginn der Meiose, Zygotän
   7. Monat: Pachytän und Diplotän, weitere Meiosen beginnen noch
   9. Monat: Diktyotän als Dauerzustand etwa 500000 Primärfollikel
b) ab Pubertät
   10–50 Zellen pro Monat führen die Meiose fort, eine ovuliert
   nach Ovulation: Meiose I, Abgabe eines Polkörperchens Stillstand in Metaphase II
   nach Besamung: Anaphase II, 2. Polkörperchen
   12 Std Pronuclei, dann Kernverschmelzung

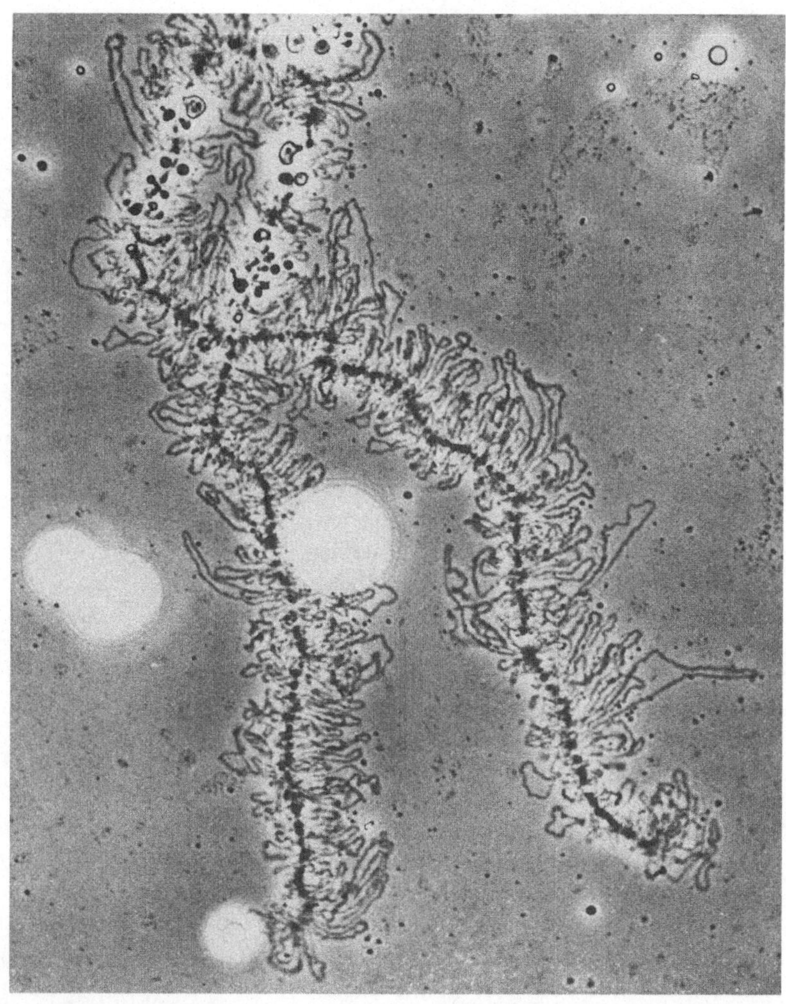

Abb. 22.04. Lampenbürstenchromosomen aus einer Oocyte vom Kamm-Molch (*Triturus cristatus*). Phasenkontrast. Vergrößerung 740 ×. Die runden weißen Flecken sind amplifizierte Nukleolen, die zufällig auf dem Chromosomenpaar liegen. (Aufn. U. Scheer)

Die Oogenese muß also zwei entgegengesetzte Probleme in Einklang miteinander bringen. Sie muß ihre genetische Information maximal ausnutzen, muß sie aber zur gleichen Zeit schonen. Darauf beruht es, daß das Wachstum der Eizelle sich grundsätzlich vom Wachstum aller anderen Zellen unterscheidet.

Zellteilung, Mitose und Meiose sind in der Oogenese streng vom Zellwachstum getrennt. Nach einer mitotischen Vermehrung in der Teilungsphase unterbricht die Oocyte I die erste meiotische Teilung in der Prophase und beginnt ihre *Wachstumsphase*. Beim Menschen beginnt die Teilungsphase in der sechsten Embryonalwoche, wenn etwa 2 000 amöboide Oogonien aus der Dottersackwand in das Ovar einwandern. Im dritten Embryonalmonat beginnen die ersten Meiosen, die bis zum Zeitpunkt der Geburt das späte Zygotän- oder das Diplotänstadium erreicht haben. Inzwischen ist die Anzahl der Oocyten auf etwa eine halbe Million angestiegen. Die Wachstumsphase beginnt mit der teilweisen Entspiralisierung der Diplotänchromosomen („*Diktyotän*") und dauert an, bis in jedem Ovulationszyklus nach der

Pubertät das Wachstum einiger Oocyten beschleunigt und die Meiose wieder aufgenommen wird (Tabelle 22-1).

Der Zeitpunkt der Wachstumsphase ist ideal gewählt. Die Chromosomen sind bereits in Vorbereitung auf die Meiose verdoppelt, und die Oocyte ist praktisch tetraploid (je zwei Chromosomen mit je zwei Chromatiden, gepaart als Tetrade). Das ist die höchste Chromosomenzahl, die mit normaler Meiose vereinbar ist. Alle vier Chromatiden sind während der Wachstumsphase synthetisch aktiv, und diese Aktivität dauert Wochen bis Monate an. Dennoch reicht auch diese Transkriptionsaktivität nicht zur Synthese des Eimaterials aus. Bei einigen Froscharten, zum Beispiel, dauert die Wachstumsphase 3 Jahre, und die Eizelle wächst in dieser Zeit auf das 27000fache ihres Anfangsvolumens. Die Eizelle des Huhns vergrößert sich in 2 Wochen auf das 200fache. Selbst die sehr dotterarme Eizelle des Menschen vergrößert ihr Volumen in der Wachstumsphase auf das 40fache des Ausgangsvolumens.

Zusätzlich zu den Produkten ihrer Eigensynthese erhält beinahe jede Eizelle vorgefertigte Komponenten von außerhalb. Bei dotterreichen Eiern werden die Dotterproteine zum großen Teil in der Leber synthetisiert und von dort in die Eizelle transportiert. Das Eiweiß, das dem Hühnerei angelagert wird, ist ein Produkt der Eileiterzellen. Zur Synthese von Produkten für die Eizelle oder zur Hilfe beim Transport von Materialien in die Eizelle sind viele Eizellen von einer Lage von *Follikelzellen* umgeben.

Diese doppelte Aktivität, maximale Synthese im Ei und Einfuhr vorgefertigter Komponenten von außen, läßt sich auch morphologisch demonstrieren. Zum Beispiel sind die Chromosomen der Oocyte in der Wachstumsphase weitgehend entspiralisiert und sehr groß. Von der Hauptachse der Chromosomen treten seitlich überall DNA-Schlaufen aus, an denen RNA synthetisiert wird. Damit ähneln die Chromosomen vieler Oocyten im mikro-

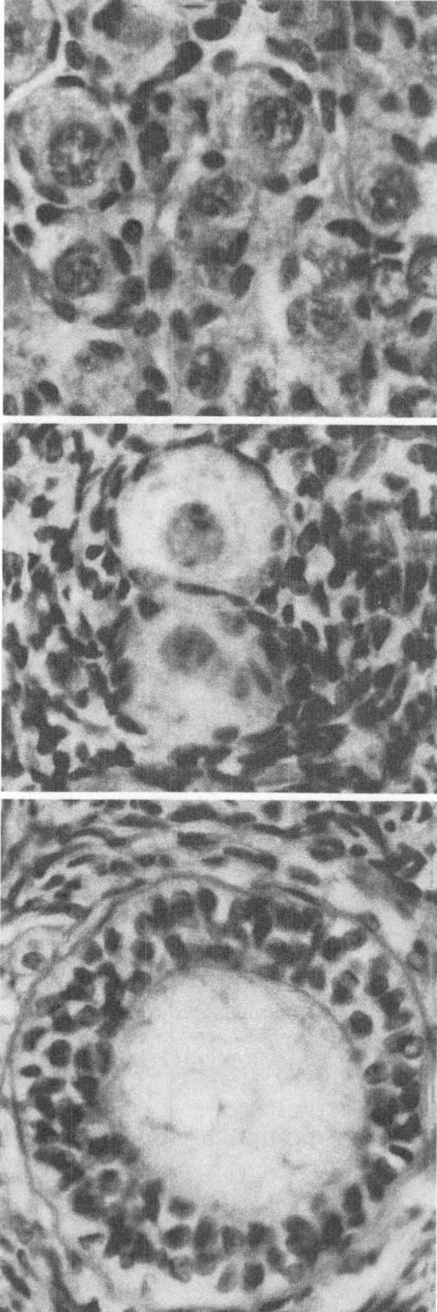

Abb. 22.05. Eientwicklung (Mensch). Oben: Bildung von Primärfollikeln im Ovar eines Fötus im 5. Monat. Mitte: Primärfollikel, noch von einer Lage flacher Follikelzellen umgeben, im bindegewebigen Stroma des Ovars. Unten: Früher Sekundärfollikel, mehrschichtig, rundliche Zellen. Vergrößerung 400×. (Aufn. R. Bachmann)

skopischen Bild einer Flaschenbürste (Abb. 22.04). Solche Chromosomen werden *Lampenbürstenchromosomen* genannt.

Jedesmal, wenn Proteinsynthese stattfindet, muß zusätzlich zur m-RNA auch eine große Menge ribosomaler RNA hergestellt werden. Für diese Synthese ist schon dadurch gesorgt, daß die Gene für r-RNA in allen Zellen serienmäßig wiederholt, oft einige hundert Mal, vorliegen. Sie bilden die Region des Nukleolen-Bildungszentrums an einem oder mehreren Chromosomen (10.07, 19.03). Die Oocyte synthetisiert ribosomale RNA nicht nur für Ribosomen zur eigenen Proteinsynthese. Sie hinterlegt auch r-RNA für die Ribosomen des frühen Embryos bis zur Gastrulation. Dafür reichen selbst die mehreren hundert Kopien der r-RNA-Gene im normalen Chromosomensatz nicht aus. In vielen Oocyten werden diese *Gene selektiv aus dem Chromosom heraus redupliziert.* Das ist ein besonders raffinierter Mechanismus, die Anzahl der benötigten Gene heraufzusetzen, ohne die Chromosomenstruktur anzutasten. Hunderte oder Tausende von Kopien der ribosomalen RNA-Genregion schwimmen also frei im riesig angeschwollenen Kern (dem „Keimbläschen", engl.: germinal vesicle) der wachsenden Oocyte umher, und jede dieser Regionen bildet einen zusätzlichen freien Nukleolus. Besonders auffallend sind diese *extrachromosomalen Nukleolen* in den Oocytenkernen von Fischen und Amphibien. Die selektive Synthese der DNA einzelner Genregionen wird DNA-Amplifizierung (engl.: gene amplification) genannt.

Auch der Transport von fertigen Syntheseprodukten in das Ei durch die *Follikel-*

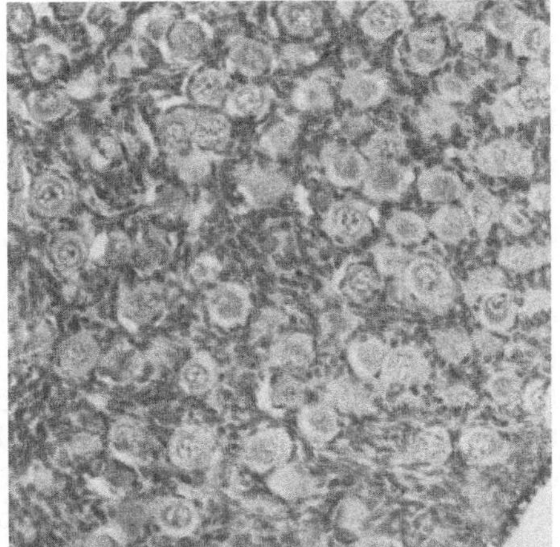

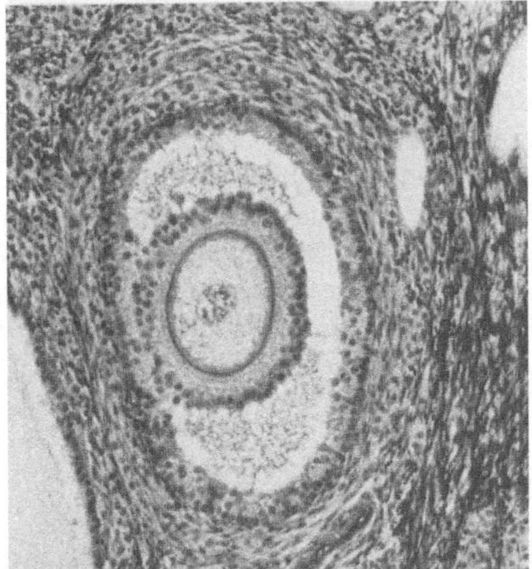

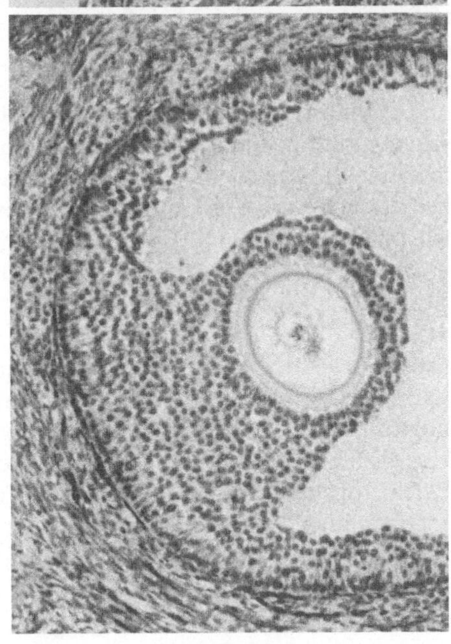

Abb. 22.06. Eientwicklung (Katze). Oben: Primärfollikel. Mitte: Im Sekundärfollikel bildet sich ein Hohlraum, das Antrum, aus, den eine proteinhaltige Flüssigkeit (hier geronnen) füllt. Dadurch sitzt das Ei seitlich im Follikel in einem Hügel aus Follikelzellen, dem Cumulus oviger (unten). Vergrößerung 100×. (Aufn. R. Bachmann)

zellen führt zu mikroskopisch sichtbaren Strukturen. Beim Menschen liegt anfangs eine einzige Lage Follikelzellen um das Ei (Abb. 22.05), im reifen Follikel sind es mehrere Lagen. Die Follikelzellen sind immer mit der Eizelle im Kontakt, auch bei älteren Eizellen, bei denen sich zwischen dem Plasmalemma der Eizelle und den Follikelzellen ein Spalt ausbildet. Die Follikelzellen senden gegen das Ei hin Microvilli aus, die Microvilli der Eioberfläche berühren. An der Eioberfläche bilden sich Pinocytose-Vesikel.

Im Lichtmikroskop erscheinen die Follikelzellen als „Strahlenkrone" (*Corona radiata*, Abb. 22.06) um das Ei. Die Microvilli sind nicht einzeln erkennbar. Sie bilden eine fein radiär gestreifte Zone um die Eioberfläche, die *Zona radiata*. Gegen das Ende der Eireifung sondern die Follikelzellen um das Plasmalemma des Eies eine Lage von Mucopolysacchariden und Protein ab, die *Eimembran* oder *Dottermembran*. Dadurch wird die *Zona radiata* zur hellen klaren *Zona pellucida*.

22.04 Befruchtung

Parthenogenese. Im Prinzip enthält die reife Oocyte genügend Information für die Entwicklung des Embryos. Sie hat die Reduktionsteilungen noch nicht beendet und enthält selbst nach der ersten meiotischen Teilung noch ein diploides Chromosomenkomplement. Trotzdem entwickelt sie sich nur in seltenen Ausnahmefällen ohne Befruchtung. Eine Entwicklung unbefruchteter Eier, die *Parthenogenese*, ist die Regel für einige Tiergruppen, besonders solche, die der Größe und Lebensweise nach mit Protisten vergleichbar sind und nur bei entsprechend schneller Fortpflanzung in ihrem Lebensraum konkurrenzfähig sind (z.B. Rädertierchen). Parthenogenese wechselt bei diesen Tiergruppen in vielen Fällen mit normaler sexueller Fortpflanzung ab. Dadurch kommt es wenigstens gelegentlich zu genetischen Rekombinationsvorgängen.

Höhere Tiergruppen mit komplexeren Entwicklungszyklen und längerer Generationszeit geben praktisch nie die Vorteile sexueller Fortpflanzung auf. Seltene Ausnahmen wie die parthenogenetischen Truthühner in Beltsville (USA) sind Kuriositäten. Bei Bienen entstehen die Männchen (Drohnen) aus unbefruchteten Eiern. Ihre somatischen Zellen werden diploid, die Meiose in den haploiden Keimzellen ist reduziert.

Berichte über parthenogenetische Fortpflanzung bei Säugetieren sind alle unbestätigt. Es gibt einen Inzuchtstamm der Maus, bei dem spontan viele Eier eine parthenogenetische Entwicklung beginnen. Solche parthenogenetischen Embryonen sterben ausnahmslos im Blastocystenstadium ab.

Die Spermatocyte. Es gibt kaum zwei verschiedenere Zellen als Ei und Spermium. Während das Ei groß und meistens unbeweglich ist und eine große Menge Cytoplasma enthält, das Information über die dreidimensionale Struktur des Embryos einschließt, ist das Spermium auf drei ganz spezifische Aufgaben reduziert: Bewegung hin zum Ei, Oberflächenreaktion und Eindringen in das Ei und Einbringen eines haploiden Kerns. Dazu wird aus der *Spermatide*, die nach einer unglaublich aktiven Teilungsphase und einer schnellen Meiose entsteht, im Laufe von Stunden eine der spezialisiertesten Zellen im Körper (Tabelle 22-2). Beinahe keine der Zellorganellen bleibt im Verlaufe der Spermiogenese unmodifiziert (Abb. 22.07).

Das reife *Spermium* des Menschen ist in einen Kopfteil, ein kurzes Mittelstück und einen langen Schwanzfaden gegliedert. Im Kopfteil liegen die Organellen für die Befruchtungsreaktion, der Schwanz enthält die Axialstrukturen eines typischen Geißelapparates, und im Mittelstück windet sich um die Geißelkomponenten eine dicht gepackte Spirale, die aus hintereinander verschmolzenen Mitochondrien besteht. Die Geißel-Tubuli entspringen an einem typischen Centriol, das, wie

Tabelle 22-2. Spermatogenese (Maus, Chinesischer Hamster)

Spermatogonien-Stammzellen,
Teilung entweder in zwei Stammzellen oder in
2 Spermatogonien A_1
Mitose
4 Spermatogonien A_2
Mitose
8 Spermatogonien A_3
Mitose
16 Spermatogonien A_4
Mitose
32 Intermediär-Spermatogonien
Mitose
64 Spermatogonien B
Mitose
128 Spermatocyten I
(primäre oder Ruhe-Spermatocyte)
Meiose I
256 Spermatocyten II
Meiose II
512 Spermatiden
Spermiogenese:
Differenzierung der Spermatiden
zu reifen Spermien
Jeder Zellzyklus dauert bei der Maus ca. 28 Std,
bei der Ratte ca. 42 Std
Die gesamte Spermatogenese beim Chinesi-
schen Hamster dauert 50–60 Tage

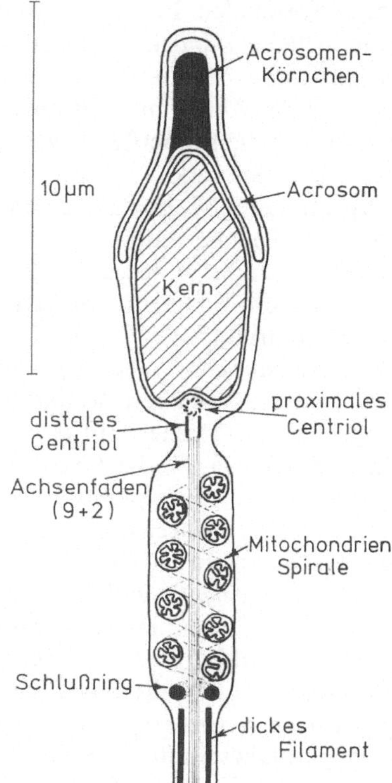

Abb. 22.07. Schema des Aufbaus eines Säugetier-spermiums

üblich, im rechten Winkel zu einem weiteren Centriol liegt. Dieses proximale Centriol liegt dicht an der Kernmembran im Kopfteil.

Selbst der *Spermienkern* ist modifiziert. Wie alle Spermienstrukturen ist er kompakt und der Stromlinienform des Kopfes angepaßt. Für die geradezu kristalline Packung des Chromatins im Spermienkern sind besondere basische Proteine, die *Protamine*, verantwortlich, die die Histone bei der Spermiogenese ersetzen. Protamine sind besonders reich an Arginin und sind sehr kleine Proteine (Molekulargewicht um 4000).

Zusätzlich zum Kern enthält der Spermienkopf ein stark modifiziertes, riesiges Lysosom, das *Acrosom.* Das Acrosom wird von einem besonders umfangreichen Dictyosom gebildet. Seine Enzyme sind zu einem *Acrosomenkörnchen* (engl.: acrosomal granule) verdichtet. Das Acrosom legt sich bei der Reifung des Spermiums wie eine Kappe über den Spermienkern, so daß das Acrosomenkörnchen am Vorderende des Spermienkopfes zu liegen kommt.

Befruchtung. Die Befruchtungsreaktion ist bei marinen Wirbellosen sehr viel besser untersucht worden als beim Menschen. Es ist bei Säugetieren immer schwierig, genügend viele unbefruchtete Eier physiologisch intakt zum Experimentieren zu erhalten.

Das Acrosom spielt eine zentrale Rolle bei der Reaktion zwischen Spermium und Eioberfläche. Wenn das Spermium auf die Oberfläche des Eies trifft, wird der Inhalt des Acrosoms durch Exocytose entleert.

Die acrosomalen Enzyme verdauen die Zona pellucida und lösen Reaktionen im Plasmalemma des Eies aus. In vielen Fällen wird das Acrosom auch noch mechanisch gegen die Eioberfläche vorgedrückt. Bei der Seegurke, *Thyone briareus* (Phylum Echinodermata), geschieht das durch die Polymerisation von Aktinmolekülen, durch die in 30 sec ein 90 µm langes Acrosom-Filament entsteht, das in das Ei eindringt. *Durch Verschmelzen der Spermamembran mit dem Eiplasmalemma* scheint der Spermakern in das Ei zu gelangen. Das Ei reagiert mit einer *Oberflächenveränderung, die das Eindringen weiterer Spermien (Polyspermie) verhindert.* Diese Oberflächenreaktion ist beim Seeigelei sehr schön zu beobachten. Dort werden *corticale Granula*, die unter der Eioberfläche liegen, exocytotisch entleert. Ihr Inhalt bildet eine *Befruchtungsmembran* (Abb. 21.02), die das Ei gegen das Eindringen weiterer Spermien sichert.

Der Spermakern muß im Ei erst aus seiner kristallinen Transportform zu einem funktionellen Kern umgebildet werden. Inzwischen vollendet der Eikern die Meiose. Beim Menschen liegen die beiden *haploiden Vorkerne* 12 Std lang getrennt im Ei und wandern aufeinander zu, bevor sie zum Zygotenkern verschmelzen (Abb. 22.08).

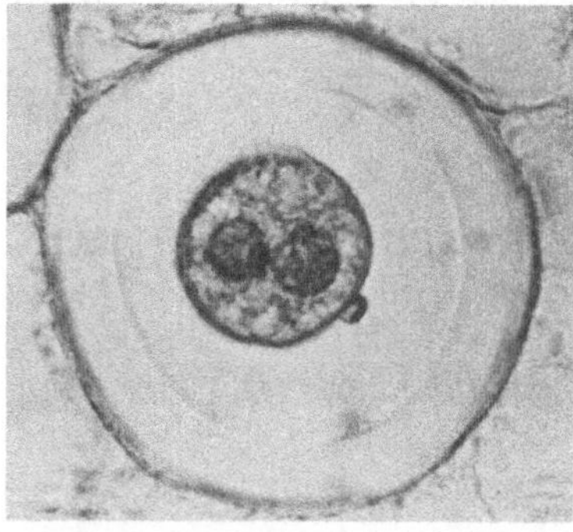

Abb. 22.08. Vorkerne im Ei des Spulwurms *Ascaris megalocephala* kurz vor der Verschmelzung zum Zygotenkern. Außen an der Eizelle sitzt noch ein Polkörperchen, in das bei der Meiose ein haploider Chromosomensatz abgegeben worden ist. Vergrößerung 400×. (Aufn. R. Bachmann)

22.05 Embryonale Regulation

Die Entwicklung des Eies hängt also vom Ablauf eines genetischen Programmes ab, das aus dem Kern durch das Cytoplasma abgerufen wird. Zumindest die Differenzierung der Zellen in der Frühentwicklung kann auf diese Weise erklärt werden. Durch inäquale Teilungen geraten spezifische Substanzen der Eizelle in verschiedene Teilungszellen (Blastomeren) und bewirken dort die Transkription verschiedener Gene. Dieses Modell erklärt die Beobachtungen an Eiern mit inäqualer (besonders spiraler) Furchung, bei denen die verschiedenen Zellen von Anfang an irreversibel differenziert werden, also einem determinierten Entwicklungsgang folgen (Mosaikentwicklung). Zweifellos reicht das Modell aber nicht aus, die regulative Entwicklung zu erklären. Wenn die Trennung der Blastomeren zu Regulationsmechanismen führt, die aus einem halben Embryo einen vollständigen Organismus entstehen lassen, dann muß die isolierte Hälfte des Embryos mehr Information haben, als sie zur normalen Differenzierung braucht. Jede Zelle muß außer ihrem eigenen Entwicklungsprogramm auch Information über den Ablauf der Entwicklung in benachbarten Zellen haben.

Embryologen bezeichnen das normale Schicksal einer Zelle oder eines Gewebes in der Entwicklung als die *prospektive Bedeutung.* Was die Zelle oder das Gewebe unter allen möglichen Umständen tun kann, wird als *prospektive Potenz* bezeichnet. *Bei streng determinierter Entwicklung sind prospektive Bedeutung und prospektive Potenz dasselbe.* Die Zelle kann unter keinen Umständen einen anderen Entwicklungsgang einschlagen als den, den sie im Normalfall im Embryo durchläuft. *Bei regulativer Entwicklung ist die prospektive Potenz größer als die prospektive Bedeutung.* Die Zelle hat einen normalen Entwicklungsgang, sie kann aber unter Umständen mehr oder anderes leisten.

Als Faustregel kann man sich folgendes merken: Streng determinierte Entwicklung ohne jede Regulationsmöglichkeit ist selten. Andererseits wird die prospektive Potenz der Zellen auch im regulativen Entwicklungsgang zunehmend eingeschränkt. Besonders die Bildung der Keimblätter bewirkt eine Einschränkung der prospektiven Potenz. Während ein mesodermaler Zelltyp noch lange, oft noch im erwachsenen Organismus, einen anderen mesodermalen Zelltyp bilden kann, ist die Umdifferenzierung von Mesoderm zu Ektoderm oder Entoderm unmöglich.

Diese Einschränkung betrifft unter anderem auch die Bildung von Tumoren (14.07). Tumorzellen verlieren oft ihre speziellen Funktionen und ihre spezielle Morphologie. Sie sehen aus wie embryonale Zellen. Von embryonalen Zellen unterscheiden sie sich aber dadurch, daß sie sich nicht in verschiedenartige Zelltypen ausdifferenzieren können. Sie sind immer eine einheitliche Zellpopulation. Eine Ausnahme machen dabei nur Tumoren undifferenzierter Gewebe, besonders *Tumoren der Keimzellen*, bei denen sogar eine recht spezifische Zelldifferenzierung stattfinden kann, die zur Bildung von *Teratomen* führt.

Interessanter als die Bestimmung des Verhältnisses zwischen prospektiver Bedeutung und prospektiver Potenz eines Gewebes ist aber die Untersuchung der Kommunikations- und Regulationssysteme, die einer Zelle Aufschluß darüber geben, welchen Entwicklungsgang sie einschlagen soll.

Die allgemeine Antwort auf diese Frage ist ebenso alt wie unbefriedigend. Formal kann nämlich die regulative Entwicklung durch *Gradienten von diffundierenden Substanzen* im Embryo erklärt werden. Nur hat in den letzten fünfzig Jahren niemand eine solche Substanz isolieren und charakterisieren können. Das Problem der morphologischen Gradienten ist aber gerade in letzter Zeit wieder Gegenstand biochemischer Forschung geworden, und es ist möglich, daß die enormen technischen Schwierigkeiten, die das Problem mit sich bringt, bald überwunden werden.

Dabei ist es gar nicht schwer, Gradienten in frühen Embryonen nachzuweisen. Versuche dazu sind besonders an Seeigelembryonen durchgeführt worden, die seit jeher das experimentelle Paradebeispiel für den regulativen Entwicklungsgang sind.

Schon das unbefruchtete Seeigelei zeigt eine deutlich polare Ausrichtung vom animalen zum vegetativen Pol. Der vegetative Pol ist bei allen typischen Eizellen reicher an Dotter als der animale Pol. In der Blastula sind die Zellen des vegetativen Pols größer als die des animalen Pols, und aus ihnen werden bei der Gastrulation die Zellen des Entoderms (Abb. 21.02). Die Unterschiede zwischen vegetativem und animalischem Pol sind graduell. In der Blastula sind die Zellen in der Mitte zwischen beiden Polen intermediär. Eine scharfe Abgrenzung zwischen vegetativer und animalischer Hälfte des Eies gibt es nicht. Diesen graduellen Übergang zwischen animalischer und vegetativer Hälfte kann man deutlicher darstellen, wenn man den lebenden Embryo mit Janus-Grün anfärbt, einer graugrünen Farbe, die in den Mitochondrien bei Sauerstoffmangel zuerst zu rotem Diäthylsafranin, dann zu einem farblosen Produkt reduziert wird. Die Reduktion ist am intensivsten am animalen Pol und nimmt zum vegetativen Pol hin ab.

Zerschneidet man Seeigel-Blastulae vom animalen zum vegetativen Pol in zwei Hälften, dann regulieren diese Hälften besser zu ganzen Embryonen als isolierte animale oder vegetative Hälften (Abb. 22.09). Kombiniert man aber eine Kappe von Zellen vom animalen Pol mit einer Kappe von Zellen vom vegetativen Pol zu einem Halbembryo, dann erhält man nahezu perfekte Regulation. Es scheint also bei der Regulation auf ein Gleichgewicht zwischen einer animalisierenden Substanz und einer vegetalisierenden Substanz anzukommen. Jede dieser Substanzen hat an ihrem Pol die höchste Konzentration. Ohne chirurgischen Eingriff kann

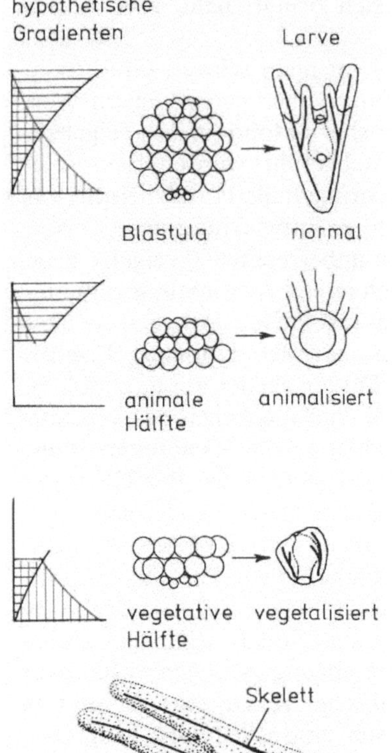

Abb. 22.09. Differenzierung animaler und vegetativer Hälften von Seeigel-Blastulae. Die Ergebnisse lassen sich durch Gradienten diffundierender Substanzen (links) erklären. Jede Hälfte hat einen Überschuß einer der beiden Substanzen. (Nach Hörstadius)

man das Gleichgewicht zwischen animalem und vegetativem Einfluß auch chemisch beeinflussen. Lithiumionen im Medium oder die Beeinflussung der Atmungskettenreaktionen durch Natriumazid oder Dinitrophenol wirken vegetalisierend, verschiedene saure Farbstoffe und anionische Detergentien wirken animalisierend. Die Entwicklung des Embryos wird durch diese Agentien so beeinflußt, daß der jeweilige Anteil an Organen der animalen oder vegetativen Hälfte vergrößert wird. Animalisierte Seeigelembryonen haben einen reduzierten Darm, aber einen vergrößerten Cilienschopf auf der ektodermalen Oberfläche; vegetalisierte Embryonen können ein derart gestörtes Verhältnis zwischen Ektoderm und Entoderm haben, daß das Entoderm nicht in das Ektoderm paßt und nach außen anstatt nach innen gastruliert wird (Exogastrulation).

Gradienten — wahrscheinlich von diffundierenden Stoffen — kontrollieren also die richtige Proportionierung der verschiedenen Keimblätter und Organanlagen in der frühen Entwicklung des Embryos bis hin zur Gastrulation.

22.06 Embryonale Induktion

Auch bei den späteren Entwicklungsvorgängen spielen solche Gradienten eine Rolle. Nur sind sie hier nicht so leicht nachzuweisen, weil die Geometrie der Organe zunehmend komplizierter wird und weil sehr viele ineinandergreifende Regulationsvorgänge nebeneinander stattfinden. Dafür wird der Regulationsvorgang im Prinzip einfacher. Ein undifferenziertes Gewebe wird durch ein benachbartes Gewebe zu einem bestimmten Differenzierungsvorgang veranlaßt. Diesen Vorgang nennt man *embryonale Induktion*. Die Bedeutung des Vorgangs ist offensichtlich. Nur wenn ein ganz bestimmtes *induzierbares (kompetentes)* Gewebe in direkten Kontakt mit dem *induzierenden Gewebe* kommt, findet die Induktion statt. Bei den vielen morphogenetischen Bewegungen, den Faltungen und Zellwanderungen, die im Embryo stattfinden, wird die Entwicklung benachbarter Organe durch Induktionsvorgänge aufeinander abgestimmt. Diese Synchronisation ist so effizient, daß sich zum Beispiel Amphibienembryonen bei hoher Temperatur fünfmal so schnell entwickeln können wie bei tiefer Temperatur, ohne daß es zu zeitlichen Verschiebungen in der Entwicklung einzelner Organe zueinander kommt. Im Normalfall läuft das Entwicklungsprogramm sehr präzise ab. Wenn es aber ganz selten einmal zu einem Fehler bei

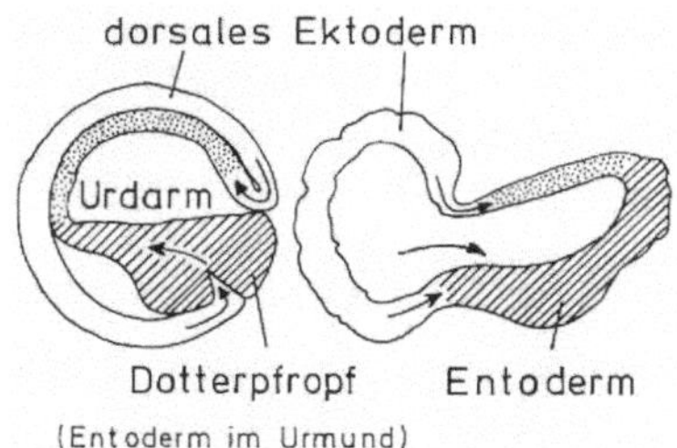

Abb. 22.10. Schema der Gastrulationsbewegungen bei normaler Gastrulation und bei Exogastrulation des Amphibienembryos. Chorda-Mesoderm punktiert, Entoderm schraffiert

einem Induktionsvorgang kommt, dann läuft das Entwicklungsprogramm unrettbar falsch weiter. Das Resultat ist dann, daß ganze Organe fehlen, doppelt angelegte Organe nur einmal angelegt werden oder Organanlagen sich verdoppeln. Die Anlage eines einzelnen Auges in der Mitte der Stirn (*Zyklopie*) ist eine der seltenen Induktionsmißbildungen beim Menschen, die nicht embryonal letal ist.

Die experimentelle Untersuchung von Induktionsvorgängen beruht auf dem gezielten Hervorrufen solcher Entwicklungsfehler. Ein einfaches Experiment soll das illustrieren.

Exogastrulation kann bei Amphibienembryonen hervorgerufen werden, wenn man die äußere Eimembran von einer frühen Gastrula entfernt und den Embryo in eine hypotonische Lösung einbringt. Die Gewebe schwellen dann leicht auf, und anstatt um den Urmundrand in das Blastocoel einzuwandern (Abb. 21.04), wandern Mesoderm und Entoderm nach außen und bilden einen Sack aus Entoderm, in dem das Mesoderm zu liegen kommt (Abb. 22.10). Das Ektoderm bildet dann ein leeres Bläschen. In solchen Embryonen differenziert sich das Mesoderm weiter, aber das Ektoderm bleibt undifferenziert. In keinem Fall kommt es zur Bildung von Neuralplatte und Neuralrohr.

Der Grund dafür ist, daß die Differenzierung des dorsalen Ektoderms in neurales Ektoderm, die Verdickung der Zellschicht, *ihre Einfaltung zur Neuralrinne und die Bildung des Neuralrohrs abhängig von einer Induktion durch das Mesoderm der Chorda dorsalis sind.* Bei normaler Gastrulation wandert das Mesoderm unter das dorsale Ektoderm ein und differenziert sich in der Mitte zur Chorda dorsalis, rechts und links zu den beiden Mesodermflügeln, die sich zwischen Ektoderm und Entoderm schieben. Wenn dann die Chorda im darüberliegenden Ektoderm das Neuralrohr induziert, werden die spätere Skelettachse (Chorda) und das spätere Rückenmark (Neuralrohr) in Länge und Lage aufeinander abgestimmt.

Diese Induktion der embryonalen Längsachse ist ein zentraler Vorgang bei der Ausbildung der Körperform. Sie wird viel dramatischer demonstriert, wenn sie nicht durch Exogastrulation unterbunden wird, sondern *wenn durch Verpflanzung von fremdem Chordamesoderm unter das Bauchektoderm eine zweite Körperachse induziert wird* (Abb. 22.11). Das ist das klassische Experiment von Spemann, der die Region der oberen Urmundlippe von einer frühen Gastrula in das Blastocoel einer anderen Gastrula verpflanzte. Durch die Gastrulationsbewegung wird das implantierte Gewebe gegen das Ektoderm der embryonalen Bauchseite gedrückt und induziert dort die Bildung eines vollständigen zweiten Embryos, der mit dem ursprünglichen Bauch an Bauch liegt.

Die obere Urmundlippe, Spemanns „*primärer Organisator*", kann einen ganzen Embryo induzieren. Sie bildet Gewebe, die verschiedene Induktionssubstanzen erzeugen. Proteinfraktionen mit spezifischen Induktionsleistungen sind inzwischen isoliert worden. Sie zeigen, daß entlang der Körperachse Induktionsgradienten verlaufen, die für die längsweise Differenzierung des Neuralrohrs in die verschiedenen Hirnregionen und das Rückenmark verantwortlich sind. Eine Ausfaltung einer Gehirnregion (des Zwischenhirns) wird dann zum Beispiel zum neuralen Teil der Augenanlage (Abb. 22.12).

Transplantation der Urmundlippe

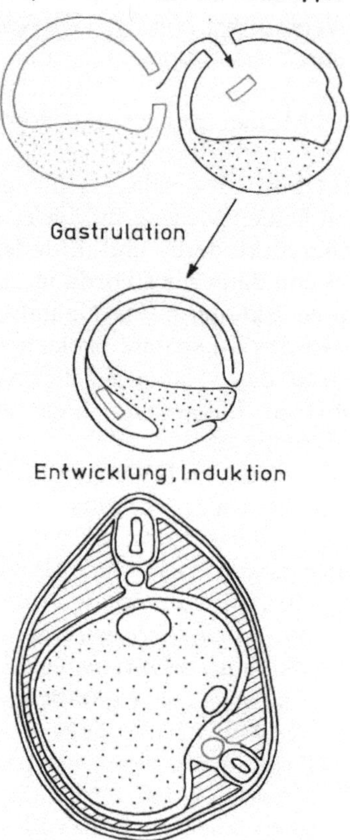

Abb. 22.11. Induktion einer zweiten Körperachse durch Transplantation der oberen Urmundlippe unter das Bauchektoderm einer Amphibiengastrula

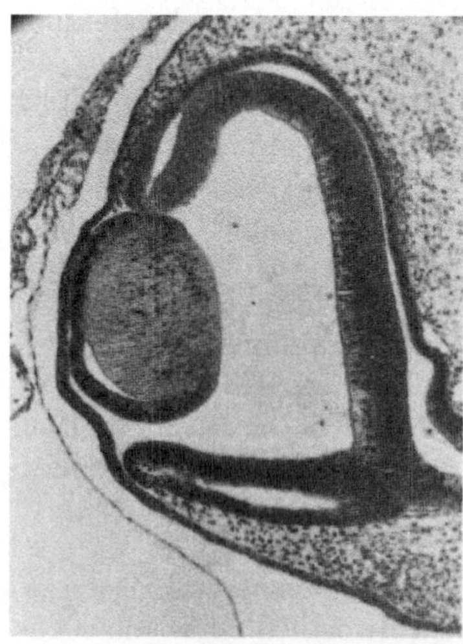

Abb. 22.12. Augenanlage beim Entenembryo. Ende des zweiten Entwicklungstages. Links vom Embryo Amnion und Chorion. (Aufn. M. Hermes)

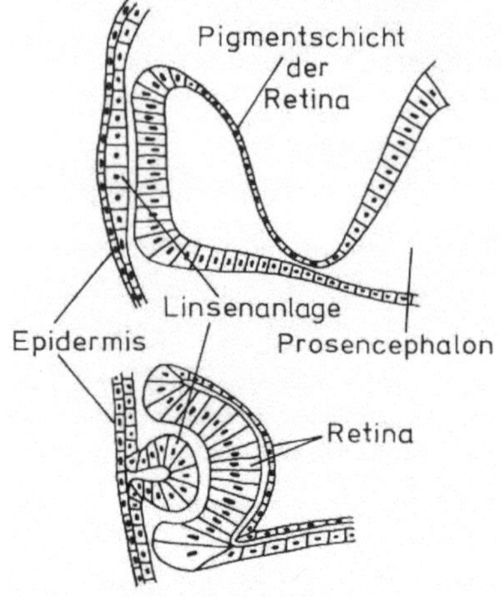

Weiterentwicklung der Linse:

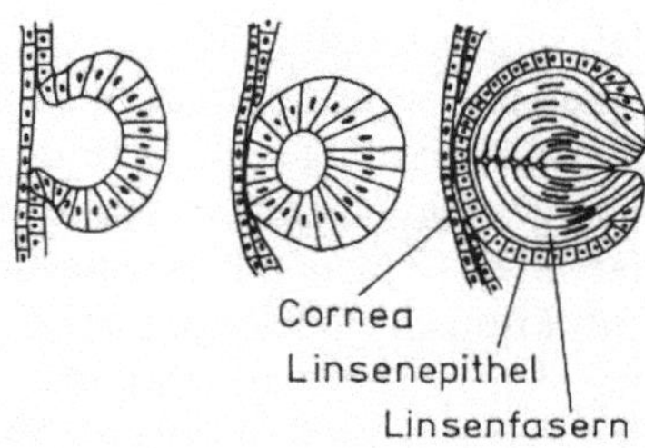

Abb. 22.13. Entwicklung des Auges bei einem Salamander. Vom Entenembryo unterscheidet sich dieses Bild hauptsächlich durch die geringere Anzahl sehr viel größerer Zellen

Dieses Augenbläschen induziert das darüberliegende Ektoderm dazu, sich zur Linsenanlage einzufalten. Auf diese Weise werden durch eine Hierarchie aufeinanderfolgender Induktionsvorgänge der zeitliche Ablauf und die räumliche Ordnung bei der Ausbildung der Körperform und der Organbildung gewährleistet (Abb. 22.13).

Die Wirkungsweise der Induktionssubstanzen ist unbekannt. Es ist nicht ausgeschlossen, daß sie direkt am Genom angreifen und die organspezifische Transkription von Genen in Gang bringen.

22.07 Organbildung

Induktionsvorgänge sind derart häufig bei der Organbildung, daß man eine Regel

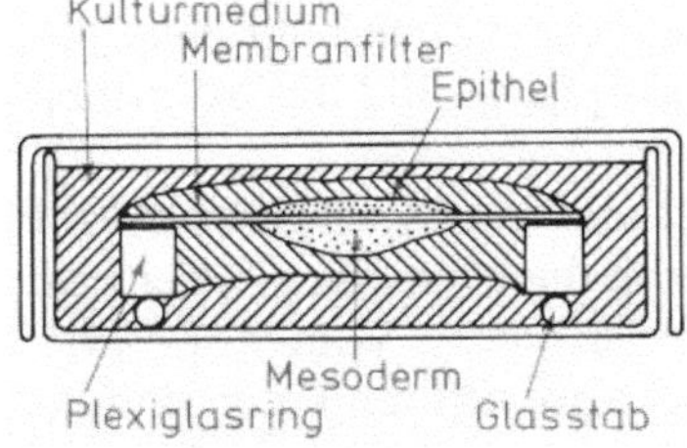

Abb. 22.14. Experimenteller Ansatz zum Nachweis von Induktion ohne Zellkontakt. Die beiden Gewebe werden auf verschiedenen Seiten eines Membranfilters in geronnenem Serum befestigt. Die Methode wird routinemäßig zu Induktionstesten angewandt.

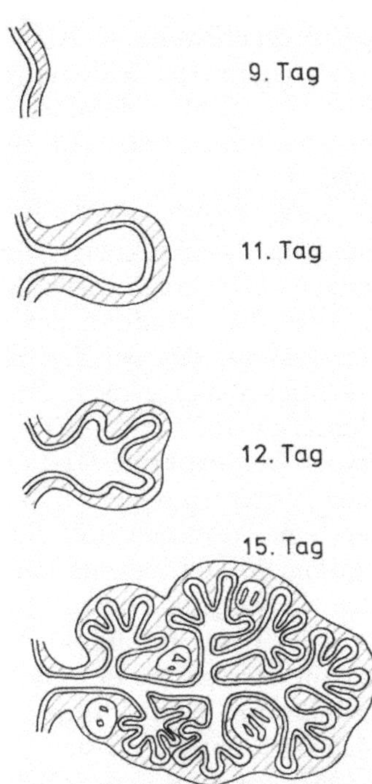

Abb. 22.15. Schema der Pankreasentwicklung bei der Maus

darüber aufstellen kann: *Das funktionelle Gewebe eines Organs, sein Parenchym, wird durch das Mesoderm induziert, das später sein Bindegewebsgerüst, sein Stroma, bildet.*
Man kann diese Induktion bei der explantierten Organanlage in Gewebekultur untersuchen. Ohne Mesodermanteil differenziert sich die epitheliale Parenchymanlage nicht, wird Mesoderm dazu gegeben, kommt es zur spezifischen Induktion von Strukturen des richtigen Organs. Dabei ist Zellkontakt zwischen den beiden Geweben nicht nötig. Mesoderm und Epithel können durch ein Membranfilter getrennt sein, das zwar große Moleküle, aber keine Zellen oder Zellfortsätze durchläßt. Auch dann wird das Epithel zur Differenzierung induziert (Abb. 22.14).
Solche Induktionsvorgänge sind nachgewiesen worden für Niere, Pankreas, Speicheldrüse, Haut, Schilddrüse und Thymus. Einzelheiten sind dabei verschieden. So kann Speicheldrüsenendoderm nur durch Speicheldrüsenmesoderm zur Differenzierung induziert werden, während das Epithel der Pankreasanlage durch Mesoderm jeder Herkunft zur Differenzierung induziert wird.
Die Pankreasentwicklung bei der Maus ist sehr eingehend untersucht worden. Das Pankreasepithel ist entodermalen Ursprungs. Es entsteht als Teil des Urdarmentoderms. Am neunten Trächtigkeitstag ist die spätere Lage des Organs als beginnende Ausstülpung des Entoderms zum ersten Mal erkennbar (Abb. 22.15). Das Epithel stülpt sich dann als Bläschen (Pankreasknospe) dorsal vom Darm aus. Seine Verbindung zum Darm schnürt sich ein und bildet so den späteren Ausführgang der Drüse (11. Tag). Von der ursprünglichen Pankreasknospe zweigen sekundäre Knospen ab, die sich weiter verzweigen. An den Enden dieser Verzweigungen bilden sich die *Acini des exokrinen Gewebeanteils* aus. Das sind Zellgruppen, in denen später die Verdauungsenzyme synthetisiert werden, die durch Exocytose in den Ausführgang gelangen (Abb. 6.03). Zwischen diese Acini lagern sich Inseln von Zellen ein, die nicht an Ausführgänge angrenzen. Diese Inseln werden zum endokrinen Teil des Pankreas, den *Langerhansschen Inseln*, deren A-Zellen Glukagon und deren B-Zellen Insulin synthetisieren. Am 15. Trächtigkeitstag hören einige dieser Zellen bereits mit der Teilung auf und beginnen mit der Synthese zell-

spezifischer Produkte. Am 20. Trächtigkeitstag hören die Zellteilungen auch peripher auf, und Zelldifferenzierung und Proteinsynthese finden im gesamten Pankreas statt.

Bis auf den zeitlichen Verlauf ist die Entwicklung des Pankreas beim Menschen ähnlich. Die Tragzeit der Maus beträgt 22 Tage. Das Stadium der großen Pankreasknospe, das bei der Maus am 10. Trächtigkeitstag erreicht ist, fällt beim Menschen auf den 30. Tag (5 mm-Embryo). Der exokrine Teil des Pankreas beim Menschen setzt sich aus zwei Knospen, einer dorsalen und einer ventralen, zusammen. Die ventrale Knospe, die mit dem Gallengang verbunden ist, wandert zwischen dem 30. und 40. Entwicklungstag zur Dorsalseite des Darmes und verschmilzt mit dem dorsalen Anteil. Beim Menschen entwickelt sich der Inselapparat erst im 3. Fötalmonat. Die Insulinsekretion setzt etwa im 5. Monat ein.

Bei der Maus kann man bereits am 9. Trächtigkeitstag Stücke des Darmepithels mit Mesoderm zusammen in Gewebekultur verpflanzen und erhält je nach Ursprungsort des Epithels eine Differenzierung in Magen, Darm oder Pankreas. Das Mesoderm braucht nicht aus der Magengegend zu stammen. Auch der Mesodermanteil anderer Organe induziert spezifische Magen-, Darm- oder Pankreasdifferenzierung. Die Spezifität der Induktion liegt also im kompetenten Entoderm, nicht im induzierenden Mesoderm. Das induzierende Gewebe muß vom 9.–15. Entwicklungstag da sein. Danach kann man es entfernen, ohne die weitere Entwicklung des Parenchyms zu stören.

Am Ende dieser Induktionsperiode liegen bereits kleine Mengen aller Syntheseprodukte des Pankreas vor. Die weitere Entwicklung kann als *molekulare Differenzierung* des Organs bezeichnet werden. Die Zunahme der organspezifischen Proteinsynthese geht aber natürlich parallel mit einer Synthese der Zellorganellen für Proteinsynthese und Lagerung. Rauhes Endoplasmatisches Retikulum und Zy-

mogengranula beherrschen bald das elektronenmikroskopische Bild der exokrinen Pankreaszellen (Abb. 6.04).

Interessant ist, daß die Synthese aller acht pankreasspezifischen Enzyme jeweils in drei Stufen vor sich geht. Vom 9.–14. Entwicklungstag, also während der Induktionsperiode, liegen konstant 10^3–10^5 Moleküle pro Zelle vor. Am 14. oder 15. Tag beginnt ein neuer Anstieg, bis am 21. Entwicklungstag die Enzymkonzentration pro Zelle das Zehntausendfache der Ausgangskonzentration beträgt. Nach der Geburt unterliegt dann die Syntheserate der einzelnen Enzyme einer individuellen Modulation. Auch bei der Insulinsynthese im endokrinen Pankreas sind diese *drei Stufen, Erstsynthese, Anstieg* und *Modulation*, gefunden worden.

Die Kinetik der Anstiegsphase ist nicht ganz synchron für alle acht Enzyme. Es ist möglich, daß die *Gene für diese Enzyme gruppenweise geregelt werden*. Es ist auch möglich, daß die genetische Regulation aller acht Enzyme wenigstens einen gemeinsamen Anfangspunkt hat. Über die genetischen Regulationsmechanismen bei Eukaryonten ist noch recht wenig bekannt.

22.08 Regeneration

Der Körper des erwachsenen Vielzellers ist kein fertiges Endprodukt der Entwicklung. Auch entwicklungsphysiologisch ist er im Fließgleichgewicht, das von vorgeplanter Dauer ist und in Alterung und Tod einmündet. Zwischen den dramatischen Form- und Funktionsänderungen der Embryonalentwicklung und den Alterserscheinungen ist eine Phase relativ langsamer Entwicklung eingeschoben, die normalerweise dem fortpflanzungsfähigen Alter entspricht.

In dieser Periode wirken Entwicklungsvorgänge dem normalen Gewebeverschleiß entgegen. In Geweben mit hoher Abnutzungsrate, besonders den Geweben der Körperoberfläche (Integument), findet ständiger *Zellersatz* statt. In anderen Geweben gleichen sich die Zellen in Menge, Gestalt und Leistung der Beanspruchung an. Auch nicht periodischer, aber statistisch voraussehbarer Gewebeverlust kann zu Ersatz führen. Welche verlorenen Gewebe und Organe ersetzt werden können, hängt von drei Faktoren ab. *Organismen mit regulativer Embryonalentwicklung sind auch eher zur Regeneration verlorener Organe fähig als Organismen mit determinativer Embryonalentwicklung; einfach gebaute Tiere regenerieren mehr als komplex gebaute Tiere, und Tiere, die besonders häufig verletzt werden, regenerieren mehr als Tiere, die seltener Organe verlieren.* Festsitzende Tiere, solange sie sich nicht hermetisch in feste Schalen abriegeln können (Muscheln, Seepocken), sind besonders verletzbar. Wie sehr Schwämme zur Regeneration fähig sind, haben wir schon gesehen (15.04). Auch die Polypen der Hohltiere regenerieren aus kleinsten Körperresten die gesamte Körperform. Wurmförmige Tiere aller Art müssen damit rechnen, ihr Hinterende zu verlieren. Manche von ihnen machen aus der Not eine Tugend und geben ihr Hinterende bei der geringsten Provokation freiwillig auf, indem sie es aktiv abwerfen *(Autotomie)*. Während der Feind mit dem erbeuteten Hinterende kämpft, macht sich das Vorderende aus dem Staube. Das können sogar Eidechsen, die eine vorgegebene Bruchstelle zum Abwerfen des Schwanzes haben, und es ist ein Ding der Unmöglichkeit, gewisse Eidechsenarten und gewisse Meereswürmer in einem Stück zu fangen.

Der primitive Regenerationsmechanismus, der in allen diesen Fällen, mit Ausnahme der Eidechsen, zur Wirkung kommt, besteht darin, daß eine *Population undifferenzierter Zellen* im Körper bestehen bleibt, die bei Bedarf die verlorengegangenen Gewebe ersetzen kann.

Ähnliches gilt für den laufenden Zellersatz bei Geweben mit hoher Abnutzungsrate. In solchen Geweben verbleibt eine Population von *Stammzellen*, die zwar nur bestimmte Zelltypen des einen Gewebes ersetzen können, die aber nie aufgebraucht werden, weil sie sich *differentiell teilen*. Die Stammzelle teilt sich in eine Zelle, die sich ausdifferenziert, und in eine, die Stammzelle verbleibt. Bei den Blutzellen haben wir das schon gesehen (20.02). Ähnliches gilt für Epithelien mit hoher Abnutzungsrate (Mucosa des Darmes, Epidermis der Haut). Die *Epidermis* regeneriert sich aus einer Keimschicht, dem *Stratum germinativum*, das Zellen abgibt, die Keratin produzieren, zunehmend verhornen und schließlich als tote verhornte Zellen abgestoßen oder abgeschürft werden (3.05).

Die laufende Verjüngung dieser Gewebe bringt ihre Probleme. Durch die hohe Teilungsrate sammeln sich in ihnen somati-

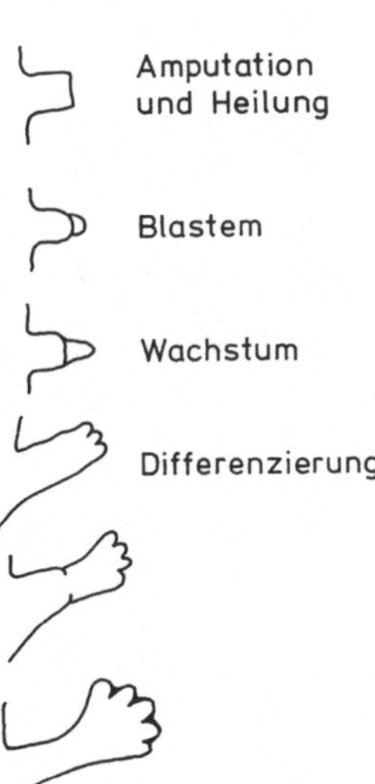

Abb. 22.16. Regeneration eines Hinterbeins bei einem Molch

sche Mutationen an, und keine anderen Organe sind derart anfällig gegenüber mutagenen Agentien, besonders auch Strahlen, wie Darm, Blut und Haut. Gerade die Gewebe mit der größten Zellverjüngungsrate sind daher als erste genetisch überaltert.

In der Mehrzahl der Gewebe sind daher die Zellpopulationen recht stabil. Einige Gewebe regenerieren verlorene Zellen ziemlich leicht. Besonders die *Leber* kann nach mechanischer oder, was häufiger vorkommt, chemischer Schädigung Zellen regenerieren. Andere Gewebe passen sich langsam der Belastung an. Chronische Belastung führt zu *Hypertrophie* (die Zellen werden größer und enthalten mehr Organellen) oder zu *Hyperplasie* (die Zellzahl nimmt zu). Chronische Unterbelastung führt zu *Atrophie*, bei der Zellen nicht proportional zum Verlust ersetzt werden und die vorhandenen Zellen sich verkleinern.

Allen diesen Vorgängen ist gemeinsam, daß die *Zelldifferenzierung irreversibel* ist. Zellersatz beruht entweder auf der Differenzierung von Stammzellen oder auf der Teilung differenzierter Zellen in gleichartige differenzierte. Atrophie beruht nicht auf einer Umkehr des Differenzierungsprozesses, sondern auf dem Mangel an Zellnachschub.

Nicht alle Differenzierungsvorgänge sind aber irreversibel. Gelegentlich, selbst bei Wirbeltieren, kann sich eine voll differenzierte Zelle *entdifferenzieren*. Das ist zum Teil der Fall bei der Regeneration des Eidechsenschwanzes und noch viel mehr bei verschiedenen Regenerationsvorgängen von Salamandern (Abb. 22.16). In diesen Fällen beginnen nach Verheilen der Wunde Zellen des Organstumpfs ihre charakteristische differenzierte Struktur zu verlieren. Über der Wunde bildet sich ein *Blastem* aus undifferenzierten Zellen, und aus Stammzellen und entdifferenzierten Zellen gemeinsam bildet sich das verlorene Organ wieder.

Mit zunehmendem Alter nimmt auch die Regenerationsfähigkeit des Gewebes ab. Selbst in Gewebekultur scheinen normale Zellen nur eine begrenzte Teilungsfähigkeit zu haben. Altern ist im Entwicklungsprogramm eingeplant. Es ist kein Zufallsvorgang. Viel mehr wissen wir darüber noch nicht.

23 Gentechnologie

23.01 Überblick

In den siebziger Jahren haben ein paar methodische Neuerungen der Molekularbiologie bis dahin ungeahnte Möglichkeiten eröffnet. Wir haben diese Methoden bereits in Kapitel 17.02 kurz zusammengefaßt. Sie erlauben es, eine bestimmte DNA-Sequenz, auch ein Gen für ein bestimmtes Protein, gezielt aus den Millionen gleichlanger Sequenzen im ganzen Genom herauszuholen, selektiv zu vermehren und damit Material zu bekommen, an dem man die Genstruktur erforschen und experimentell die Transkriptionsregelung dieses einen Gens untersuchen kann. Das Genprodukt kann dann in großer Menge sogar in Zellen synthetisiert werden, in denen das Gen ursprünglich gar nicht vorkommt. Schließlich kann man auf diese Weise ein Gen selbst in seiner natürlichen Umgebung manipulieren und austauschen. Den Resultaten solcher Untersuchungen sind wir in den vorhergehenden Kapiteln immer wieder begegnet, auch wenn die Methodik nicht jedesmal dabei erwähnt worden ist.

Diese Methoden helfen aber nicht nur der Grundlagenforschung. Sie sind direkt praktisch anwendbar. Die naheliegende Anwendung dafür ist die industrielle Synthese bestimmter Proteine in Zellen, die man leicht handhaben kann. Dabei denkt man zuerst an *E. coli*.

Wir haben aus den vorhergehenden Kapiteln genug gelernt, um die Möglichkeiten und Probleme dabei zu erkennen. *E. coli* ist ein Prokaryont. Wie bekommen wir ein Eukaryontengen so in einen Prokaryonten, daß es dort kopiert, transkribiert und translatiert wird? *E. coli* kann ja zum Beispiel nicht die Introns aus einem Primärtranskript ausschneiden.

Die Lösung einiger dieser Probleme soll in den folgenden Abschnitten an einigen wenigen Beispielen demonstriert werden, soweit sie biologisch interessant sind. Auf die Technologie, mit der die Reagenzglasmethoden in industrielle Produktionsverfahren umgesetzt werden, brauchen wir hier nicht einzugeben.

Zwei Wege zeichnen sich dabei ab. Der nächstliegende war, die Eukaryontengene soweit wie möglich auf die Anforderungen von Prokaryonten zuzuschneiden. Etwas schwieriger, aber auf längere Zeit wichtiger, ist es, diese Gentechnologie („Genetic Engineering") auf Eukaryontenzellen umzustellen. Dabei spielt zunächst Hefe eine große Rolle als einfacher Eukaryont, der ja schon lange in der industriellen Mikrobiologie eingesetzt wird. Inzwischen zeigen sich aber auch Wege, wie man Zellen höherer Organismen, selbst menschliche Zellen, zu solchen Produktionsverfahren ausnutzen kann. Das tut man ja auch bei der Gewinnung monoklonaler Antikörper (20.04), bei der zwar nicht Gene direkt manipuliert werden, die aber einen wichtigen Beitrag zur Gentechnologie leistet.

Bei alledem handelt es sich vorerst um Proteinsynthese mit Hilfe von Zellkulturen. Sie ist meist einfacher, produktiver und billiger als die Isolierung dieser Proteine aus den Geweben, in denen sie natürlich vorkommen. Die rein chemische Synthese dieser Proteine ist oft praktisch nicht möglich. Der Umweg über das Gen hat den Vorteil, daß man die Aminosäuresequenz des Proteins nicht einmal zu kennen braucht. Man kann sich die nötige Information insgesamt und in einer für Zellen ablesbaren Form direkt aus Zellen holen. Die Lösung technischer Probleme ist dann oft mit der Grundlagenforschung so eng verwoben, wie das sonst selten der Fall ist. Man lernt viel über die Gene und die Zellen, in denen sie eingesetzt werden, wenn man darauf abzielt, die Zelle zur Produktion eines bestimmten Genprodukts zu bringen.

Diese technische Fertigkeit im Umgang mit Erbgut hat aber potentiell viel weitergehende Konsequenzen als die billige Herstellung von Proteinen. Letztendlich sollte es möglich sein, diese Methodik auch direkt zur Manipulation des Erbguts höherer Organismen einzusetzen. Die Heilung von Erbkrankheiten durch Ersatz eines defekten Allels durch ein normales Allel ist die offensichtlichste Anwendung dieser Art. Technisch wird sie bald möglich sein. Auf die ethischen Fragen, die ein solcher Eingriff mit sich bringt, brauchen wir hier nicht einzugehen.

Die Diskussion dieser ethischen Probleme verlangt allerhand Fachwissen. Das liegt allein schon daran, daß die Gentechnologie souverän Methoden und Prinzipien aus der gesamten Biologie nebeneinander und durcheinander einsetzt. Für einen Außenstehenden ist es dann oft schwierig festzustellen, was nun eigentlich längst akzeptierte Technologie ist und wo sich wirkliche Probleme einschleichen. Die kurze Behandlung einiger biologischer Aspekte in den folgenden Abschnitten ist deshalb zugleich eine Wiederholungsübung für alles bisher Gelernte.

23.02 Molekulares Klonieren in E. coli

Seit der Mitte der siebziger Jahre ist es möglich geworden, gezielt einzelne Gene irgendwelcher Herkunft, also auch Gene des Menschen, in das Bakterium *E. coli* so einzubringen, daß sie im Bakterium kopiert und mit dem Bakterium vermehrt

werden. Zusätzlich ist es möglich, daß solche fremden Gene dann im Bakterium transkribiert und translatiert werden. Man sagt dann, das Gen wird von den Bakterien „exprimiert". Wenn es gelingt, ein Gen so in ein Bakterium einzubauen, daß jeder Nachkomme dieses Bakteriums auch nur eine Kopie davon erhält, dann kann man einen Klon solcher Bakterien in kurzer Zeit bis zur Dichte von 10^9 pro ml heranzüchten (11.12) und daraus Milliarden Kopien des eingebauten Gens isolieren. Die beliebige Anreicherung einer DNA-Sequenz ist der erste Schritt dieser neuen Gentechnologie. Diese Technologie wird danach auch (molekulares) Klonieren (engl.: Cloning) genannt. Diese Bezeichnung führt leicht zu Verwechslungen mit anderen Formen der Klonierung, besonders mit der Klonierung höherer Tierarten durch Kernverpflanzung (22.01). In beiden Fällen werden genetisch identische Kopien durch asexuelle Vermehrung hergestellt, aber Methoden und Ziele sind jeweils völlig verschieden.

Ziel der molekularen Klonierung ist es, beliebige DNA-Sequenzen so in Bakterien einzubringen, daß sie mit mikrobiologischen Methoden gehandhabt werden können. Dazu gehört die leichte und fehlerfreie Vervielfältigung jeder beliebigen, auch synthetisch hergestellten oder chemisch veränderten Gensequenz, die Möglichkeit, kleine Stücke komplizierter Genome einzeln untersuchen zu können, und die Möglichkeit, Genprodukte höherer Organismen, wie Enzyme oder Hormone, in Bakterien zu synthetisieren.

Die Bedeutung dieser Technologie wird durch einige Beispiele verdeutlicht: (1) Das Peptidhormon Insulin wird zu therapeutischen Zwecken aus Schlachtvieh isoliert. Insulin von Rindern und Schweinen wirkt auch im Menschen. Es wird dennoch auf lange Sicht einfacher werden, das originale menschliche Insulin nach Bedarf aus Bakterien zu gewinnen. (2) Menschliches Wachstumshormon, auch ein Peptidhormon, ist so artspezifisch, daß es nicht durch das einer Tierart ersetzt werden kann. Seine einzige Quelle waren menschliche Kadaver. Die verfügbare Menge war daher begrenzt, und Wachstumshormon zur Behandlung von Zwergwuchs auf Grund von Wachstumshormonmangel wurde äußerst sparsam verteilt. Inzwischen ist die DNA-Sequenz für dieses Hormon in *E. coli*-Stämme eingebaut worden, und Gramm-Mengen hochreiner Substanz können bereits aus kleinen Fermentatoren gewonnen werden. Bis vor wenigen Jahren war das unvorstellbar. (3) Zur vorbeugenden Immunisierung gegen Viruskrankheiten impft man bisher mit abgetöteten Viren oder harmlosen Virus-Mutanten. In jedem Fall wird das wirksame Antigen (das Hüllprotein des Virus) vom Virus selbst hergestellt. Es müssen also infektiöse Viren im Labor zur Gewinnung des Impfstoffes auf lebenden Zellen herangezüchtet werden. Neuerdings lassen sich Gene für die antigenisch wirksamen Hüllproteine in Bakterien exprimieren. Damit kann das Antigen allein in großer Menge hergestellt werden, ohne daß dabei das vollständige Virus-Genom gebraucht wird. (4) Auch für die Gewinnung spezifischer Diagnostika ergeben sich neue Möglichkeiten. Viele Krankheitserreger werden immunologisch anhand ihrer antigenisch wirksamen Oberflächenstrukturen identifiziert. Das wird jetzt durch die Möglichkeit der routinemäßigen Massenherstellung der spezifischen Antikörper erleichtert.

Die methodischen Probleme bei der Gentechnologie betreffen vier Vorgänge: ein Gen angereichert zu erhalten, das Gen in einen Bakterienstamm so einzubauen, daß es repliziert wird, den entsprechenden Bakterienstamm aus anderen herauszufinden und schließlich die Expression des Gens so zu kontrollieren, daß ein brauchbares Produkt in hinreichender Menge gewonnen werden kann. Einige der Schritte sind recht einfach geworden, andere machen von Fall zu Fall noch recht große Schwierigkeiten.

23.03 Die Isolierung von Genen

Es gibt drei Wege, bestimmte Gene zum Klonieren zu erhalten: (1) Bei kleinen Peptiden mit bekannter Aminosäuresequenz kann mit dem genetischen Code eine Basenfolge konstruiert werden, die den Code für das Peptid darstellt. Diese Basenfolge kann dann chemisch synthetisiert werden. Bei größeren Peptiden (ab ca. 20 Aminosäuren) wird das sehr schwierig, und wenn die Aminosäuresequenz nicht bekannt ist, ist dieser Weg von vornherein ausgeschlossen. In der Regel werden Gene deshalb entweder (2) aus der DNA des Genoms ausgeschnitten oder (3) aus m-RNA mit reverser Transkriptase in DNA umgeschrieben. In beiden Fällen wird aus Mischungen von Genen kloniert, und es entsteht eine Mischung von Bakterien, die verschiedene DNA-Sequenzen enthalten. Der Klon mit der gewünschten Sequenz muß dann erst selektioniert und in Reinkultur gebracht werden.

Solche Selektion ist besonders dann nötig, wenn das gesamte Genom eines höheren Organismus in Stücke von jeweils ein paar tausend Basenpaaren geschnitten worden ist, die dann jedes in ein verschiedenes Bakterium eingebracht worden sind. Das menschliche Genom, das der Taufliege und einige andere sind auf diese Weise in Millionen kleinen Stücken über Millionen von Bakterien verteilt worden. Sie liegen dann in dieser Form als *Genombibliotheken* (engl.: genomic library) vor, aus denen durch geeignete Selektionsmethoden Bakterienklone mit jedem beliebigen Gen ausgesucht und vermehrt werden können.

Für viele Zwecke ist es aber möglich, das gewünschte Gen schon vor dem Klonieren anzureichern. Einige Gene werden in bestimmten Geweben so stark transkribiert, daß ein großer Teil der gesamten m-RNA von einem oder wenigen Genen stammt. Das gilt zum Beispiel für Reticulocyten, die Hämoglobin synthetisieren, und für den hormonell stimulierten Eileiter des Huhns, in dem die Eiweiß-Proteine synthetisiert werden. Das gilt auch für gewisse Tumoren, die das Produkt der (Krebs)-transformierten Ausgangszelle in großer Menge weiter produzieren, zum Beispiel für Tumoren des Immunsystems. Schließlich gilt es für gewisse Zellkulturen, die ein Produkt synthetisieren oder dazu angeregt werden können. In diesen Fällen läßt sich die m-RNA für das jeweilige Produkt angereichert isolieren. Mit reverser Transkriptase kann die m-RNA-Sequenz in eine DNA-Sequenz umkopiert werden. Diese DNA-Sequenz ist komplementär zu der der m-RNA. Sie wird cDNA (= complementary DNA) genannt. Sie kann als Ausgangsprodukt zur Klonierung dienen. Das hat dann auch den Vorteil, daß die m-RNA nur noch die Informationssequenz für das Genprodukt enthält. Die an m-RNA synthetisierte DNA enthält also. keine Introns (17.06). Sie ist damit ein künstliches, aber besseres Gen für den Syntheseapparat eines Bakteriums als das vollständige eukaryontische Gen selbst.

23.04 Restriktionsendonukleasen

Der entscheidende Schritt zur heutigen Gentechnologie bestand in der Anwendung bakterieller Restriktionsendonukleasen zum gezielten Zerschneiden von DNA.

Wir haben diese Enzyme als Abwehrmechanismen von Bakterien gegen eindringende Virus-DNA kennengelernt (13.11) und gesehen, daß sie eine symmetrisch aufgebaute kurze Sequenz erkennen und durch beide DNA-Stränge schneiden. Dabei haben wir noch nicht besonders beachtet, daß dieser Schnitt zwar immer symmetrisch zur Sequenzmitte liegt, aber nicht bei allen Restriktionsendonukleasen genau in der Mitte. EcoRI, zum Beispiel, schneidet die Sequenz G'AATTC, wobei der Apostroph die Schnittstelle anzeigt (Abb. 13.10, 13.11). Die Schnittstelle im komplementären Gegenstrang sieht ge-

nauso aus, liegt dann aber vier Nukleotide weiter rechts. Nach dem Schnitt stecken also 4-Nukleotide-lange einsträngige Enden aus allen Teilstücken der DNA hervor. Die sind immer abwechselnd in einem oder im anderen Strang. Das „rechte" Ende eines mit EcoRI geschnittenen Stücks DNA kann also mit dem „linken" Ende (irgend-)eines mit demselben Enzym geschnittenen Stücks Basenpaarungen eingehen und dann durch DNA-Ligase so repariert werden, wie wir das in Abb. 10.01 bei der DNA-Reparatur gesehen haben. Damit ergibt sich die Möglichkeit, ein mit EcoRI gewonnenes Stück DNA in ein mit demselben Enzym geschnittenes anderes Stück einzusetzen. Die Abb. 23.01 und 23.02 demonstrieren dies.

Um ein Gen in ein Bakterium zu bekommen, kann man es in ein Bakterien-Plasmid (12.12) einsetzen. Abbildung 23.01 zeigt ein solches Plasmid und die 22 Stücke, in die es durch das Restriktionsenzym Hae III geschnitten wird. Man erkennt daran, wie zufällig die Schnittsequenz (GGCC) im Plasmid vorkommt. Die längere EcoRI-Sequenz GAATTC kommt in diesem Plasmid überhaupt nur zweimal vor, die für Hind III (A'AGCTT) nur einmal. Alle drei letztgenannten Schnittstellen liegen zufällig im selben Hae III-Fragment des Plasmids p2/5 (Abb. 23.02). Wird das Plasmid mit EcoRI aufgeschnitten, dann geht das kleine Stück zwischen den beiden Schnittstellen verloren, und man könnte das Plasmid an den beiden freien Enden wieder zusammen-ligieren oder ein beliebiges EcoRI-Stück zwischen die beiden Enden einbringen und dadurch das Plasmid zu einem entsprechend größeren kreisförmigen Stück DNA machen. Abbildung 23.02 zeigt, daß ein neues Plasmid p2/5/305 auf beinahe diese Weise entstanden ist. Ein Stück vom *lac*-Operon von *E. coli* (12.02) ist zwischen die linke EcoRI-Stelle und die Hind III-Stelle eingebaut worden und ersetzt die herausgefallenen 41 Basenpaare des Plasmids.

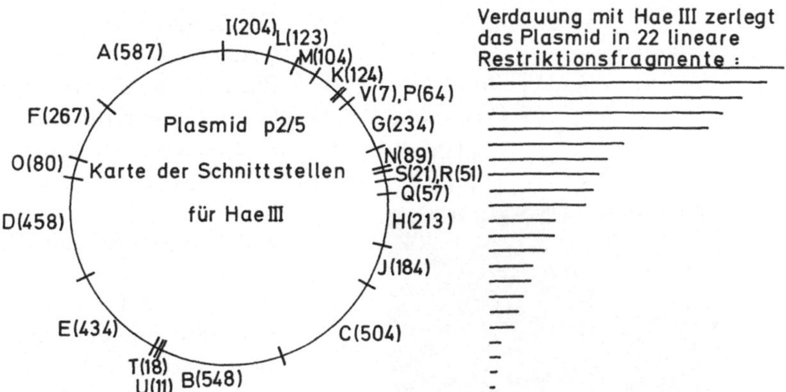

Abb. 23.01. Anatomie eines Klonierungsvektors. Das Plasmid p2/5 wird durch Hae III in 22 Stücke geschnitten, die elektrophoretisch der Größe nach getrennt und dargestellt werden können. Beachte die statistische Verteilung der Schnittstellen

Das Experiment zeigt, daß nicht unbedingt die richtigen freien Enden da sein müssen, damit man ein Stück DNA einpassen kann. Unter den richtigen Umständen können auch „glatte Enden" ohne überstehende Einzelstränge verbunden werden, und man kann die Enden auch chemisch modifizieren, um sie seinen Ansprüchen anzupassen (Abb. 23.04). Das Beispiel ist so genau illustriert, weil ein Vergleich der Schnittstellen-Karten (Abb. 23.01, 23.02) mit den elektrophoretischen Auftrennungen der verschiedenen Plasmide nach verschiedenen Enzymbehandlungen (Abb. 23.03) einmal verdeutlicht, wie man solche Gele „lesen" kann.

Das eine Beispiel zeigt, wie man künstlich „rekombinante DNA" erhalten kann. In der Gentechnologie meint man damit

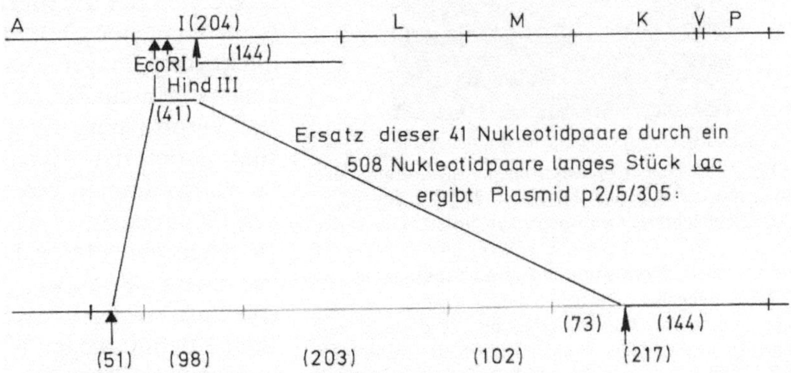

Abb. 23.02. Das Plasmid p2/5 hat nur zwei Schnittstellen für EcoR I (GAATTC) und eine für Hind III (AAGCTT) gegenüber 22 für Hae III (GGCC). Diese drei Stellen liegen innerhalb von 41 Nukleotidpaaren des Hae-Fragmentes I, das 204 Nukleotidpaare lang ist. Bei der Klonierung eines Stückes vom *lac*-Operon werden die 41 NP zwischen der linken Eco-Stelle und der Hind-Stelle durch 508 NP Fremd-DNA ersetzt. Dadurch geht eine Eco-Stelle verloren, es werden vier neue Hae-Stellen eingeführt, und das neue Plasmid p2/5/305 ist 467 NP länger als p2/5

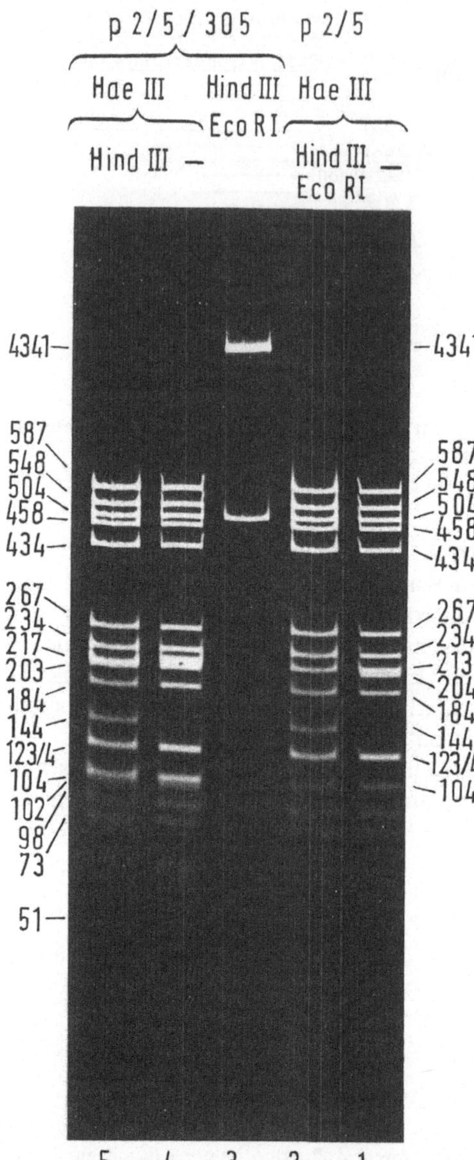

Abb. 23.03. Elektrophoretische Auftrennung der Restriktionsfragmente der Plasmide p2/5 und p2/5/305. Laufrichtung von oben nach unten. Die DNA ist mit Ethidium-Bromid angefärbt und fluoresziert im UV-Licht. Rechts und links sind Fragmentlängen in NP angegeben. Probe 1: die 22 Hae-Fragmente von p2/5. Probe 2: Zusätzliche Verdauung mit HindIII und EcoR I zerstört Fragment I (204 NP). Das größte Teilstück ist 144 NP lang, die anderen drei sind sehr kurz. Probe 3: Hind III und EcoR I schneiden aus p2/5/305 die klonierte *lac*-DNA (508 NP) wieder aus. Auf diese Weise wird ein kloniertes Stück nach der Vermehrung zurückgewonnen. Spalten 4 und 5: die Hae-Muster von p2/5/305 enthalten Fragmente der eingebauten *lac*-DNA

DNA, die Sequenzen aus verschiedenen Organismen in sich vereinigt. Da das Plasmid in *E. coli* vermehrungsfähig ist, kann diese Konstruktion dann kloniert und beliebig vermehrt werden.

23.05 Vektoren zum Klonieren

Bei der molekularen Klonierung kommt es darauf an, die Fremd-DNA, die kloniert werden soll, in eine DNA einzubauen, die in *E. coli* vermehrungsfähig ist. Zwei Sorten DNA bieten sich dazu an: Phagen oder Plasmide von *E. coli*.
Der Phage λ (Lambda) hat fünf Erkennungssequenzen für EcoRI. Durch genetische Manipulationen lassen sich Stämme von λ herstellen, bei denen einige dieser Sequenzen ersetzt oder durch Basen-Mutationen so verändert worden sind, daß nach EcoRI-Verdauung das rechte und das linke Ende des Phagen intakt von der Mitte abgetrennt werden. Diese beiden Enden enthalten alle Gene, die zur lytischen Vermehrung des Phagen notwendig sind. Das herausgeschnittene Mittelstück kann durch Fremd-DNA ersetzt werden, die dann zusammen mit dem Phagen vermehrt wird. Wichtig dabei ist, daß die Gesamtlänge der Phagen-DNA sich nicht wesentlich ändert, denn nur DNA von der richtigen Länge kann so in die Phagenköpfe verpackt werden, daß infektiöse Phagen entstehen. Solange keine Eigenschaften zerstört werden, die zur Vermehrung des Phagen notwendig sind, kann der Phage recht eingehend zu einem immer besseren Klonierungsvektor umgebaut werden, und es gibt inzwischen eine Reihe Derivate von λ für besondere Aufgaben. Werden zum Beispiel anstatt der EcoRI-Schnittstellen die Bam I-Schnittstellen (G'GATCC) ausgenutzt, dann kann die Fremd-DNA sowohl durch Bam I wie durch Mbo I ('GATC) geschnitten werden. Da Mbo I eine Vierersequenz erkennt, erlaubt es die Isolierung von viel mehr, wenn auch im Durchschnitt kleineren Stücken.

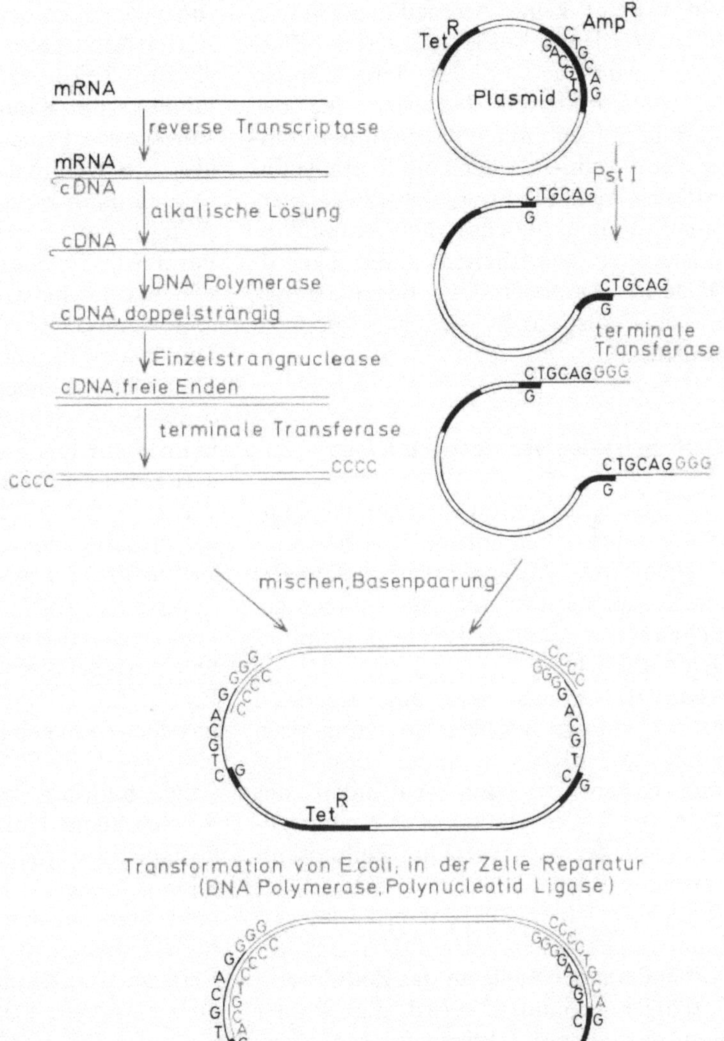

Abb. 23.04. Schematisches Protokoll
eines Klonierungsexperiments

Die aus λ gewonnenen „künstlichen" Phagen-Vektoren nennt man *Charon-Phagen*, nach dem Fährmann der griechischen Mythologie, der die toten Seelen in die Unterwelt befördert.
Resistenzplasmide (12.12) als Klonierungsvektoren erlauben es, Bakterien, die das Plasmid enthalten, anhand der Antibiotica-Resistenz zu selektieren, die ihnen das Plasmid verleiht. Eine Reihe von Plasmiden sind dazu benutzt worden. Wie der λ-Phage, so werden auch die Plasmid-

Vektoren immer weiter ihren bestimmten Zwecken angepaßt.
Eines dieser Plasmide soll als Beispiel dienen (Abb. 23.04). Neben Genen für seine Replikation enthält es zwei Antibiotica-Resistenzgene, eines für Tetracyclin, eines für Ampicillin. Im Ampicillin-Gen befindet sich eine Schnittstelle für Pst I (CTGCA'G), die einzige im ganzen Plasmid. In diese Schnittstelle kann Fremd-DNA eingebaut werden. Dadurch wird das Ampicillin-Gen zerteilt, und das Plas-

mid verleiht keine Ampicillin-Resistenz mehr. Werden Bakterien mit diesem Plasmid transformiert (12.09), dann können die transformierten Bakterien, die das Plasmid aufgenommen haben, anhand ihrer Tetracyclin-Resistenz auf Tetracyclinhaltigem Agar-Medium selektioniert werden. Kolonien, die zusätzlich Ampicillinresistent sind, enthalten keine Fremd-DNA im Ampicillin-Gen des Plasmids, brauchen also nicht weiter getestet zu werden.

23.06 Selektion des richtigen Klons

Die größten Schwierigkeiten bei der Gen-Klonierung können auftreten, wenn unter möglicherweise Millionen von verschiedenen Klonen der eine oder die wenigen gefunden werden sollen, die ein bestimmtes Gen enthalten.

Wenn cDNA aus *einer* angereicherten mRNA kloniert worden ist, dann kann radioaktive mRNA in einem Hybridisierungs-Experiment zum Auffinden der DNA verwendet werden. Aus einem Abdruck von der Agarplatte auf Zellulosenitratfolie werden Kolonien direkt auf der Folie angezüchtet. Die Bakterien werden dann aufgebrochen, ihre DNA denaturiert und auf der Stelle an das Zellulosenitratpapier gebunden. Wird das Papier dann mit der radioaktiven mRNA überflutet, dann renaturieren die mRNA-Moleküle durch Basenpaarungen mit den komplementären DNA-Einzelsträngen. Radioaktive RNA wird also dort gebunden, wo zuvor Kolonien gewachsen waren, die die entsprechende cDNA enthielten. Diese Stellen können mit photographischem Film autoradiographisch nachgewiesen werden.

Entsprechend kann ein Bakterienklon, der von dem eingebauten Fremdgen das Proteinprodukt synthetisiert, mit markierten Antikörpern gegen das Genprodukt gefunden werden.

Hat man cDNA einer *Mischung von mRNA-Molekülen* kloniert, wird die Suche nach einem bestimmten Klon komplizierter. Man kann dann zum Beispiel das gleiche Zell-Lysat, aus dem man die mRNA zum Klonieren erhalten hat, als Vorlage zur Proteinsynthese im Reagenzglas einsetzen. Von allen diesen mRNAs werden dann radioaktive Proteine hergestellt. Dieses Experiment wird in vielen Parallelansätzen durchgeführt. Jedem davon wird ein Überschuß denaturierte cDNA aus einem der Klone zugesetzt. Damit wird in jedem Ansatz eine mRNA an die jeweils zugesetzte DNA durch Hybridisierung gebunden. In jedem Ansatz kann dann das eine Protein nicht mehr hergestellt werden, für das das Gen auf der zugesetzten klonierten cDNA liegt. Mit spezifischen Antikörpern wird das gesuchte Protein aus jeder Lösung ausgefällt. In den Ansätzen, wo die Antikörper kein neusynthetisiertes radioaktives Protein ausfällen, ist die mRNA für dieses Protein durch einen Überschuß an cDNA aus dem Klon gebunden. Dieser Klon enthält das Gen für das gesuchte Protein (engl.: hybrid arrested translation).

So eine Suche kann recht aufwendig und kostspielig werden. Hat man aber einen Klon gefunden, der das gesuchte Gen enthält, dann hat man von da ab eine praktisch unbegrenzte Menge des Gens zur Verfügung. „Klonierung" jeglicher Art, vom einzelnen Gen bis zum komplexen diploiden Genom (22.01) hat den Effekt, daß man das Ausgangsmaterial beliebig vermehren kann. Der einzelne klonierbare Organismus kann so selten sein wie er will: Hat man einen einzigen Klon erst einmal gestartet, dann wird der entsprechende Organismus von da an leicht erhältlich.

23.07 Proteinsynthese mit klonierten Genen

Die Synthese eines eukaryontischen Proteins ist so verschieden von Proteinsynthese in *E. coli*, daß es nicht zu erwarten ist, daß ein eukaryontisches Gen in *E.*

coli richtig exprimiert wird. Allerdings ist die Regulation zumindest einzelner Operons von *E. coli* inzwischen so genau bekannt, daß man sie recht gezielt zur Expression fremder Gene einsetzen kann. Zum Beispiel können die Signale für den richtigen Anfang der Transkription und Translation eines Bakteriengens ausgenutzt werden, wenn das Eukaryonten-Gen anstelle der kodierenden Sequenz des Bakteriengens im richtigen Leseraster eingesetzt wird.

Zu diesem Zweck sind Plasmide entwickelt worden, die zum Beispiel den Kontroll-Abschnitt des *lac*-Operons (12.02) enthalten. Damit kann die Bakterien-RNA-Polymerase anhand des *lac*-Promotors den richtigen Anfang für die spezifische mRNA-Synthese finden, und die bekommt ein prokaryontisches Transkriptionssignal für die richtige Bindung an ein Bakterienribosom.

Als eukaryontisches Gen wird dabei eine cDNA-Kopie der fertigen mRNA eingesetzt. Damit werden nur die Protein-codierenden Sequenzen des Gens transkribiert, und es entsteht eine fertige mRNA, die nicht gespleißt werden muß. *E. coli* kann ja nicht ein eukaryontisches primäres Transkript zu funktioneller mRNA zusammenspleißen.

Selbst wenn Transkription und Translation des Fremd-Gens in *E. coli* richtig ablaufen und das entsprechende Fremd-Protein entsteht, besteht die Gefahr, daß dieses Protein in der Bakterienzelle abgebaut wird. Das betrifft besonders kleinere Peptide. Zwei Tricks sind angewandt worden, das zu verhindern. So hat man die DNA-Sequenz für das Peptidhormon Somatostatin (14 Aminosäuren) weit hinten in die codierende Sequenz für die β-Galactosidase von *E. coli* (1023 Aminosäuren) eingebaut, mit dem Codon ATG (Methionin) vor dem für das erste Alanin des Hormons. Aus dem Bakterium ist dann ein „Fusionsprotein" aus einem großen Teil der β-Galactosidase und dem ganzen Somatostatin isoliert worden, das durch eine spezielle chemische Reaktion auf der C-terminalen Seite aller Methionin-Reste gespalten werden kann, wobei Somatostatin eines der Spaltprodukte ist.

Ein anderer Trick ist der, dem Fremdprotein eine Signalsequenz anzusetzen, an der das Bakterium seine eigenen extrazellulären Enzyme erkennt. Dann wird das neu synthetisierte Fremdprotein aus dem Bakterium ins Kulturmedium ausgeschleust.

Die Synthese eukaryontischer Proteine in Bakterien hat mit der Synthese des kleinen Peptidhormons Somatostatin 1977 begonnen. Insulin, Wachstumshormon und Interferone sind bis 1980 gefolgt. Die Möglichkeit einer völlig neuen Art der Synthese von Medikamenten läßt diesen Zweig der Gentechnologie zusehends zur Industrie werden.

Die Grenzen der Gentechnologie mit *E. coli* liegen vor allem darin, daß *E. coli* zwar die Polypeptide herstellt, aber keine Information zur zellspezifischen Modifizierung dieser Proteine hat, wie sie im Endoplasmatischen Retikulum und im Golgi-Apparat vorliegt. So wird bei der Synthese des Blutgerinnungsfaktors IX in Leberzellen das Polypeptid dadurch modifiziert, daß 12 Glutaminsäurereste und ein Asparaginsäurerest carboxyliert werden und daß Kohlenhydratreste an das Protein angesetzt werden. Das Polypeptid allein ist nicht wirksam und damit auch nicht als Medikament bei Hämophilie B einsetzbar. Andererseits besteht gerade für die Blutgerinnungsfaktoren ein großer Bedarf, weil die Behandlung mit ganzem Serum von Blutspendern auch die Viren von infizierten Spendern mitübertragen kann. Über diesen Weg der Infektion mit Hepatitis B und mit AIDS hat man gerade in letzter Zeit viel gehört. In diesem Fall muß man also Leberzellen (in der Form von beliebig vermehrbaren Leberkrebs-, also Hepatoma-Zellen) bei der Gewinnung des aktiven Faktors einsetzen. Das verlangt, daß das entsprechende Gen in der Eukaryontenzelle kloniert und dort zur gewebespezifischen Exprimierung gebracht wird.

23.08 Genklonieren in Eucyten

Mit drei verschiedenen Methoden hat man erfolgreich Fremdgene in Zellen höherer Organismen, vor allem in Gewebekultur-Zellen, eingeschleust. Man kann dazu direkt mit DNA transformieren, die mit Calciumphosphat ausgefällt worden ist, man kann die Gene mit einer entsprechend feinen Glaskanüle direkt in den Zellkern injizieren, und man kann Viren als Vektoren nehmen. Das Virus, mit dem die meisten solchen Experimente durchgeführt worden sind, ist Simian Virus (SV 40), ein kleines doppelsträngiges DNA-Virus. Alle drei Methoden haben ihre Probleme. Transformation mit SV 40 führt zu einem lytischen Zyklus und tötet die Zellen schließlich ab. Das wird umgangen, indem aus dem SV 40-Genom größere Stücke herausgenommen werden, zum Beispiel das Hüll-Protein-Gen. An dessen Stelle wird nicht nur das Gen eingebaut, das übertragen werden soll, sondern auch noch Teile eines bakteriellen Plasmids, die eine Vermehrung des künstlich zusammengesetzten Genoms in *E. coli* zulassen. Wie weit allerdings ein Vektor aus einem Tumorvirus auf die Dauer brauchbar ist — und sei er noch so abgeändert — läßt sich jetzt noch nicht abschätzen.

Direkte Injektion von DNA in den Zellkern ist innerhalb der letzten Jahre in einigen Labors zu einer brauchbaren Technik geworden. Sie führt, wenn sie gelingt, recht häufig zum Einbau der DNA.

Bei der direkten Transformation von Gewebekulturzellen mit Calciumphosphatgefällter DNA ist die Selektion der wenigen wirklich transformierten Zellen unter Hunderttausenden von nicht-transformierten das Hauptproblem. Ein derart elegantes Selektionssystem, wie es Antibiotica-Resistenzen bei Bakterien sind, wird für Eucyten erst entwickelt. Inzwischen benutzt man ein Selektionssystem, das für Zellfusionen entwickelt worden ist. Es basiert auf einem Kulturmedium, das nach seinen drei wichtigen Bestandtei-

len das HAT-Medium genannt wird. Dabei steht A für Aminopterin, durch das die normale Nukleotidsynthese blockiert wird. Dadurch werden die Zellen auf zugegebene Nukleotide oder deren Vorstufen angewiesen. Im HAT-Medium gibt man als Vorstufen Hypoxanthin (H) und Thymidin (T) zu, für deren Nutzung jeweils ein Enzym gebraucht wird: Hypoxanthin-Guanin-Phosphoribosyl-Transferase (HGPRT) und Thymidin-Kinase (TK).

$$\text{Hypoxanthin} \xrightarrow{\text{HGPRT}} \text{Nukleotide} \longrightarrow \text{DNA}$$
$$\text{Aminopterin} \;\;||\; \text{Thymidin} \xrightarrow{\text{TK}}$$

Man arbeitet mit Zellkulturen, in denen das eine oder andere Enzym nicht funktioniert, und selektioniert für Zellen, die das jeweilige Enzym durch Transformation aufgenommen haben. Nur diese können sich dann auf HAT-Medium teilen. Auf diese Weise ist das Thymidin-Kinase-Gen des Herpes-simplex-Virus durch direkte Transformation in Mäusezellen gebracht worden, und die stabil transformierten Zellen sind ausselektiert worden. Es sah so aus, als ob man bis zur Erstellung geeigneter Selektionsmethoden auf Transformation mit Thymidin-Kinase oder HGPRT angewiesen wäre. Dann hat sich aber herausgestellt, daß andere Gene, die zusammen mit dem TK-Gen angeboten werden, mittransformieren. Auf HAT-Medium selektierte, TK-tragende Zellen hatten auch das gleichzeitig angebotene Kaninchen-Hämoglobin mit eingebaut. Die Transformation ist also nicht beschränkt.

23.09 Gentherapie

Der Einsatz gentechnologischer Methoden zur Gentherapie, also zum Ersatz defekter Allele durch normale, stößt sofort auf alle Probleme, die beim Übergang von Zellbiologie zur Biologie vielzelliger Organismen auftreten. Das Gen muß in viele, wenn nicht alle Zellen des Organismus eingebracht werden, und es muß dort nicht unkontrolliert, sondern präzise gewebespezifisch und richtig dosiert exprimiert werden.

Injektion isolierter Gene in die Eizellenkerne von Mäusen hat wirklich in einigen Fällen dazu geführt, daß sich Kopien des injizierten Gens in das Eizellengenom eingebaut haben, von da aus an alle Körperzellen bei der Entwicklung des Embryos weitergegeben worden sind und dann auch gewebespezifisch exprimiert wurden. Das Bild solcher „transgenischen" Mäuse, die durch eine Überdosierung von Wachstumshormonen durch Gene, die in die Eizelle injiziert wurden waren, zu Riesenwuchs angeregt wurden, ist durch die Weltpresse gegangen. Es ist erstaunlich, wie oft solche Experimente funktionieren. Offensichtlich können die Kontrollsysteme der Zelle auch Gene finden, die nicht an der richtigen Stelle im Chromosom liegen, und offensichtlich sind die Kontrollstellen am Gen selbst auf einen relativ handlichen Abschnitt von einigen hundert Basenpaaren 5′ vom Beginn der codierenden Sequenz begrenzt.

Dadurch eröffnen sich erst einmal Möglichkeiten, diese zellspezifische Genkontrolle experimentell zu untersuchen. Für eine klinische Anwendung beim Menschen sind die Methoden schon allein technisch noch nicht ausgereift. Eine solche klinische Anwendung wird wohl zuerst Blutzellen und Immunsystem betreffen, weil hier Gene in Knochenmarkstammzellen eingebracht werden können (20.02) und damit die technischen Probleme etwas begrenzter sind. Erste Versuche, auf diese Weise Hämoglobinopathien zu heilen, zum Beispiel Thalassämie β (Ausfall oder Unterproduktion von β-Hämoglobin), sind fehlgeschlagen. Gerade die zellspezifische Kontrolle der Hämoglobine, bei denen auch die Regelung zwischen der α- und der β-Serie stimmen muß (17.11), scheint besonders kompliziert zu sein und nicht ohne weiteres auf ein „blind" eingebautes Gen übertragbar. Dennoch wird die Therapie von Blutzellen-Defekten über das Knochenmark wohl der Einstieg der Gentechnologie in die direkte therapeutische Anwendung sein.

24 Evolution: Genetische Variation

24.01 Molekulare Grundlagen

Die dreizehn Jahre zwischen der Aufklärung der Doppelhelixstruktur der DNA und der Entschlüsselung des genetischen Codes können in ihrer Bedeutung für die Geschichte der Biologie nicht überschätzt werden. In diesen wenigen Jahren sind die beiden grundlegenden biologischen Prozesse, die sich an Nukleinsäuren abspielen, deutlich geworden. Das Watson-Crick-Modell der DNA als Doppelmolekül mit komplementär einander bedingenden Basenfolgen zeigte, wie Nukleinsäuren die Synthese von Kopien ihrer selbst steuern und damit *ihre Information* vor dem thermischen Zerfall aller komplexen Strukturen bewahren können. Die Aufklärung des genetischen Codes ließ uns verstehen, wie die Information vom Nukleinsäuremolekül in der Proteinsynthese auf eine chemisch ganz andere Gruppe von Makromolekülen und von einer eindimensionalen, linearen Verschlüsselung in eine dreidimensionale Form übertragen werden kann.

Die Selbstreplikation der Nukleinsäuren ist die eigentliche Grundlage aller Lebensvorgänge und ihre treibende Kraft. Die Übertragung der Nukleinsäure-Information auf Proteine koppelt die Proteine an diesen Motor. *Indirekt* können nun auch von Proteinen identische Kopien hergestellt werden, dann von Strukturen, die aus Proteinen bestehen, von den Funktionen, die diese Strukturen haben, und schließlich von den Artefakten, die aus diesen Funktionen entstehen: Das Nest eines Vogels ist genauso artspezifisch wie sein Federkleid. Es ist ein vererbtes Artmerkmal. Auch der Gesang eines Vogels ist artspezifisch, selbst wenn er erlernt werden muß. Mit Lernen und Nachahmen lösen sich die „Artefakte" vom einzelnen Individuum. Nur noch Fähigkeit und Motivation zur Kopie werden vererbt. Wie Viren im Genom, so spuken Ideen im Nervensystem, können von einem Individuum zum anderen springen und konkurrieren um einen Platz im Gedächtnis, so wie Viren um eine Stelle im Genom konkurrieren.

Je weiter wir von der direkten Übertragung von Information von einem Stück DNA auf ein dadurch codiertes Proteinmolekül kommen, desto komplexer, flexibler und undeutlicher wird auch die Verbindung zwischen den molekularen Grundvorgängen und der abhängigen Überstruktur. Bei der Fortpflanzung des Menschen können wir die DNA-Information, die dem Vorgang zugrunde liegt, noch recht gut als Genom in den Keimzellen erkennen. Wenn eine *Tierart* (nicht ein einzelnes Tier) sich fortpflanzt, ist das schon schwieriger. Wenn der charakteristische Ruf des Kuckucks sich (nicht nur durch Kuckucke, sondern auch in Kuckucksuhren und einem Händelschen Orgelkonzert) fortpflanzt, scheint es beinahe unmöglich zu sein, da noch eine Beziehung zur Chemie der Nukleinsäuren zu finden. In einer Weise sind aber alle diese Fortpflanzungsprozesse einander ähnlich: sie sind alle abgeleitet und indirekt. Bräche je die DNA-Replikation ab, dann wäre das alles dem thermischen Zerfall ausgeliefert, es sei denn, die Information spränge noch rechtzeitig auf ein anderes Replikationssystem über, so wie die ausgestorbene ägyptische Sprache von zerfallendem Papyrus und zerbröckelndem

Stein wenigstens teilweise den Sprung in heutige Lexika und elektronische Datenträger geschafft hat. Aber noch gibt es nichts außerhalb des Systems, das von den Nukleinsäuren getragen wird, das die Fähigkeit hätte, von lebenden Organismen unabhängig seine Selbstreplikation aus vielfältigen Bauteilen durch Informationsübertragung zu bewirken.

Die Beliebigkeit und Vielfältigkeit der Bauteile spielt dabei eine entscheidende Rolle. Anders als beim Kristallwachstum, anders selbst als bei Protein-Interaktionen im Organismus, liegt die Zuordnung von Aminosäuren zu Nukleotid-Codons nicht in der chemischen Struktur der Tripletts fest. Die Universalität der *zufälligen* Code-Zuordnungen hat die Hypothese von der Einmaligkeit des Lebens und der Verwandtschaft aller Lebewesen auf Grund gemeinsamer Abstammung von der einfachsten zur wissenschaftlich einzig möglichen gemacht.

Das Losungswort Anfang der sechziger Jahre war: „Was für *E. coli* gilt, gilt auch für den Elefanten." Damit wurde absichtlich überspitzt zum Ausdruck gebracht, wie sehr die neuen Resultate zur Vereinheitlichung der Biologie beigetragen haben. Daß damit der andere Aspekt der Biologie, nämlich die Vielfalt der Lebenserscheinungen und der Organismen, völlig neu durchdacht werden mußte, ist erst im Laufe der folgenden zehn Jahre deutlich geworden. Mit der Aufklärung der Prinzipien der Molekularbiologie hat die Evolutionslehre als zentrales Thema der Biologie ihre endgültige Bestätigung erhalten. Zugleich wurde es nun notwendig, diese Theorie unter dem Aspekt ihrer molekularen Grundlage neu zu überdenken. Dieser Prozeß ist erst angelaufen. Wir sind noch dabei, die vielen längst gesichteten Befunde neu zu ordnen und die neuen Fragestellungen zu formulieren. Die endgültige Evolutionstheorie zeichnet sich erst ab. Wie sie auch aussehen wird, eines ist sicher: sie wird eine moderne, sorgfältig ausgearbeitete Version der Theorie sein, die im Grundgedanken und in erstaunlich vielen Einzelheiten bereits 1859 von Charles Darwin vorgelegt wurde.

24.02 Darwinismus

Charles Darwin (1809–1882) und Alfred Russel Wallace (1823–1913) haben gleichzeitig und unabhängig voneinander die gleiche Hypothese zur Erklärung der biologischen Evolution vorgelegt, auf der die heutige Evolutionslehre fußt. Es ging damals um die Frage, ob Arten feste, unwandelbare Einheiten sind oder aus anderen Arten entstehen und zu neuen Arten führen können, also um die Frage, ob es biologische Evolution überhaupt gibt. Ungeachtet der vielen heftigen Diskussionen um Einzelheiten, die auch nun wieder sehr aktuell sind, haben Darwin und Wallace dem Evolutionsgedanken selbst zum Durchbruch verholfen. Ihre Theorie, besonders in der Darwinschen Darstellung, konnte nicht übersehen werden. Sie beruhte auf eingehender Sachkenntnis, war einfach und klar formuliert und sorgfältig dokumentiert.

Darwins Gedanken sind eine Zusammenfassung verschiedener Eindrücke. Von 1831 bis 1835 hatte er an einer Forschungsreise auf dem Schiff „Beagle" teilgenommen und dabei die Organismen verschiedener Gebiete der Welt beobachten können. Ganz besonders wichtig dabei waren Untersuchungen der Fauna der Galápagos-Inseln, die etwa 950 km vor der Küste von Ecuador isoliert im Pazifik liegen und deren Tierwelt aus wenigen Arten entstanden ist, die seltene Zufälle vom südamerikanischen Festland her angetrieben haben. Auf derselben Forschungsreise hatte Darwin besonders in Südamerika Gelegenheit, die fossilen Reste ausgestorbener Faunen zu untersuchen.

Die theoretische Basis der Darwinschen Gedanken entstammt den Überlegungen von T.R. Malthus (1766–1834), daß Bevölkerungsziffern exponentiell ansteigen sollten, wenn alle Individuen jeder Generation zur Fortpflanzung kommen. Eine Konstanz der Bevölkerungszahlen beruht nach Malthus darauf, daß begrenzende Ressourcen, besonders Nahrungsmittel, dazu führen, daß ein großer Teil der Bevölkerung vor dem fortpflanzungsfähigen Alter abstirbt. Die Synthese aus Beobachtung und Theorie hat Darwin schließlich am Modell der künstlichen Zuchtwahl dokumentiert, bei der gezielte Auswahl der zur Fortpflanzung gelangenden Individuen zu einer Abänderung von Arten führt.

Das folgende Zitat aus Darwins Buch „On the Origin of Species by Means of Natural Selection Or the Preservation of Favored Races in the Struggle for Life" (1859) faßt das Darwinsche Argument zusammen: „Da mehr Individuen erzeugt werden, als möglicherweise überleben können, muß es in jedem Fall einen Kampf ums Dasein geben, entweder ein Individuum gegen ein anderes derselben Art oder gegen Individuen anderer Arten oder gegen die äußeren Lebensbedingungen... Kann man es dann für unwahrscheinlich halten, wenn man sieht, daß dem Menschen nützende Variationen zweifellos vorgekommen sind, daß andere Variationen, die auf irgendeine Weise jedem Wesen in der großen und vielfältigen Schlacht des Lebens helfen, gelegentlich im Laufe von Tausenden von Generationen vorkommen sollen? Wenn diese vorkommen, können wir bezweifeln (denken wir daran, daß mehr Individuen geboren werden, als möglicherweise überleben können), daß Individuen, die irgendeinen Vorteil vor anderen haben, sei er noch so gering, die beste Chance dafür haben, zu überleben und ihre Art fortzupflanzen? Andererseits können wir sicher sein, daß jede Variation, die nur im geringsten Grade schädlich ist, rücksichtslos ausgemerzt würde. Dieses Erhalten günstiger Variationen und das Verwerfen schädlicher Variationen nenne ich Natürliche Selektion".

24.03 Alternative Evolutionstheorien

Darwin hat so viel Belegmaterial für seine Theorie geliefert, und in den Jahrzehnten nach der Veröffentlichung seines Buchs ist das Evolutionsprinzip so erfolgreich zur Erklärung der verschiedensten biologischen Phänomene herangezogen worden, daß unter Naturwissenschaftlern bald die biologische Evolution als historische Tatsache akzeptiert wurde.

Die hierarchisch gestufte Ähnlichkeit der Organismen und die Existenz von Fossilien ausgestorbener Tier- und Pflanzenarten hatten schon vor Darwin evolutionäre Erklärungen herausgefordert. Nach ihm waren es besonders die vergleichende Anatomie der Wirbeltiere und die Embryologie, in denen ein evolutionärer Ansatz bis dahin Unverständliches erklärte. Dieser Ansatz erlaubte es, die historische Entstehung eines Organs in die Betrachtung seiner jetzigen Konstruktion und Funktion einzubeziehen. Unverständlich komplizierte oder „ungeschickte" Konstruktionen wurden dadurch plötzlich verständlich.

Bis in die fünfziger Jahre hat man imposante Listen von „Beweisen für die Evolution" zusammengestellt. Als Beweis galt eine Beobachtung, die nur durch die Evolutionstheorie verständlich wurde oder dadurch eleganter erklärt werden konnte. Heute sehen wir den Evolutionsprozeß als notwendige Folge der Selbstreplikation der Nukleinsäuren und brauchen diese „Beweise" nicht mehr. Die Aussagekraft der Theorie ist dadurch noch stärker fundiert, noch weitreichender und experimentell besser prüfbar geworden.

Während der Evolutionsvorgang ein fester Bestandteil biologischen Denkens wurde, ist man über den von Darwin vorgeschlagenen *Mechanismus der Evolution* lange Zeit keineswegs einig gewesen. Zunächst fehlte die notwendige genetische Kenntnis. Als sie dann ab 1900 gewonnen wurde, ist sie erst falsch interpretiert worden. Zwischen 1900 und 1940 waren alternative Evolutionsmechanismen mehr oder weniger ernstlich im Gespräch.

Der *Vitalismus* behauptete, daß eine nur lebendigen Systemen innewohnende Kraft (*Vis vitalis* oder *Entelechie*) zielgerichtet die Evolution vorantreibt. Evolution wäre damit ein *vorbestimmter Prozeß*. Da diese Kraft wissenschaftlicher Forschung nicht zugänglich sein sollte, ist der Vitalismus nie eine wissenschaftliche Hypothese gewesen. Sein stilles Verschwinden angesichts wissenschaftlichen Fortschritts hat ihn nachträglich als Hilfskonstruktion einer Generation von Biologen entlarvt, die die Komplexität biologischer Systeme so gut verstanden, daß sie an der Wirksamkeit der primitiven mechanistischen Methoden ihrer Zeit zu deren Aufklärung zweifelten. Wir haben es heute leicht, rückschauend zu sehen, wie effektiv *einige* dieser Methoden waren.

Der *Lamarckismus* (nach J.B.A.P. Monet, Chevalier de Lamarck, 1744–1829) behauptet, daß vererbbare Eigenschaften nicht zufällig, sondern durch die jeweilige Anpassung der Individuen in deren Erbgut entstünden. Evolution wäre damit ein *ausgerichteter Prozeß*. Wir wissen heute, daß die Richtung des Informationsflusses zwischen Makromolekülen einen solchen Mechanismus ausschließt. Weltanschauliche Gründe, besonders die Hoffnung auf die Erblichkeit individueller Besserungsmaßnahmen, seien es Gesundheitsvorsorge oder Bildung, haben den Lamarckismus lange überleben lassen.

Der *Mutationismus* behauptet, daß normale genetische Variabilität zu gering ist, um zusammen mit Selektion zu „wirklich Neuem" zu führen. Das ginge nur, wenn besonders durchgreifende Änderungen im Erbgut, „Makromutationen", in einem Schritt einen neuen Typus (zum Beispiel eine neue Art) schüfen. Selektion könnte nur die fertigen Strukturen bestehen lassen, ausmerzen oder anpassen. Der eigentliche schöpferische Mechanismus wäre die zufällige Mutation. „Makromu-

Abb. 24.01. Beispiel für eine Makromutation bei der Marguerite (Chrysanthemum leukanthemum). Das normale Blütenköpfchen ist von Hüllblättern umgeben. Hier kommen aus den Achseln der 36 Hüllblätter noch einmal völlig normale Köpfchen auf langen Stielen. Anscheinend wird ein Differenzierungsprogramm zweimal hintereinander eingeschaltet. Solche Blütenstände treten bei vielen Korbblütlern entweder als nicht erbliche Modifikation oder als erbliche Mutation auf, scheinen sich aber nirgendwo in der Natur bei einer Art als Normalfall durchgesetzt zu haben. Züchtungsexperimente zeigen, daß das im Prinzip möglich ist. Die genetische Basis für eine grundlegende Umformung des Blütenstands in einem Schritt ist also latent vorhanden. (F.J. Widder, Ber. Dtsch. Bot. Ges. 46:278)

tationen" treten durchaus auf (Abb. 24.01). Sie spielten eine große Rolle in der Biologie der Jahrhundertwende, gerade als die Mendelschen Regeln wiederentdeckt wurden. Dadurch sind viele der damaligen Genetiker Mutationisten und Anti-Darwinisten geworden. Das hat die Abstimmung zwischen Mendelscher Genetik und Darwinscher Selektionstheorie um Jahrzehnte verzögert.

Worum es sich bei den „Makromutationen" handelt, ist erst heute mit molekularen Methoden einer genauen Untersuchung zugänglich. Einige zumindest sind Chromosomenumbauten. Wie weit sie eine Rolle in der Evolution spielen, ist wieder eine aktuelle Frage.

24.04 Die Synthetische Theorie

Rückblickend ist es erstaunlich, daß viele der Genetiker am Anfang des Jahrhunderts scharf antidarwinistisch waren. In den dreißiger Jahren hat ja gerade die Mendelsche Genetik Aufklärung über die fehlende Komponente im Darwinismus, die genetische Variabilität, gebracht. Es wurde möglich, den Darwinschen Ansatz quantitativ durchzurechnen und zu zeigen, daß Darwins Hypothese zusammen mit Resultaten über die Variabilität von Genen in Populationen voll und ganz ausreicht, um Evolutionseffekte zu erklären. Das Resultat ist die „Synthetische Theorie" der Evolution als Synthese von Mendelscher Genetik und Darwinscher Selektionstheorie.

Die Synthetische Theorie lieferte zum ersten Mal eine widerspruchsfreie, testbare Erklärung für alle Aspekte der Evolutionslehre. Man war sich sicher, nach dem Durcheinander widerstreitender Ideen endlich den richtigen Ansatz gefunden zu haben. Daß wir nun zur Zeit doch wieder nach der endgültigen Synthese alles relevanten Wissens zur Evolutionslehre suchen, liegt an der Explosion von Resultaten aus der Molekularbiologie. Diese müssen mit der Synthetischen Theorie abgeglichen werden. Daß das eine weitgehende Neuformulierung der Theorie bedeutet, habe ich schon angedeutet. Es geht dabei um mehr als nur formale Abgleichung. Molekulare Daten haben deutlich gemacht, daß wir ein paar wichtige Punkte, auch außerhalb der Molekularbiologie, nicht genau genug betrachtet hatten.

Dabei ist gerade die Erkenntnis, auf der auch die aktuellsten Probleme der Evolutionslehre beruhen, ein zentraler Baustein der Synthetischen Theorie. Darwin hatte erbliche Unterschiede zwischen Individuen einer Art angenommen. Die Synthetische Theorie baut auf dem Nachweis genetischer Variabilität innerhalb der Art und der quantitativen Erfassung dieser Variabilität auf. Man ging von der Frage aus, ob genügend erbliche Variabilität vorliegt, um Evolutionsvorgänge quantitativ zu erklären. Der Umfang, in dem man solche Variabilität fand, zwingt uns jetzt zur Frage, wie Organismen einem völligen genetischen Chaos entgehen. Suchte man zu Darwins Zeiten nach Mechanismen, die bei der anscheinenden Konstanz der Arten einen evolutionären Wandel bewirken, so suchen wir heute nach Mechanismen, die trotz der Variabilität aller biologischen Einheiten doch so erstaunlich viel Ordnung und Stabilität garantieren.

24.05 Genetischer Polymorphismus

Die erblichen Unterschiede im Aussehen verschiedener Menschen sind jedermann geläufig. Dennoch war jahrzehntelange Forschung nötig, bis schließlich eine biochemische Methodik, nämlich die Gel-Elektrophorese von Proteinen, allen Biologen deutlich machte, daß erbliche Unterschiede zwischen Individuen bei praktisch allen Organismenarten die Regel sind. Vorher hatte man intuitiv angenommen, daß die Ähnlichkeiten zwischen Individuen einer Art darauf beruhen, daß alle Individuen genetisch identisch seien. Einige Fälle genetischer Variabilität, die sich nicht übersehen ließen, wurden in der Biologie als Besonderheiten studiert. Dabei handelt es sich vor allem um Varianten im Farb- und Zeichnungsmuster, zum Beispiel beim Marienkäfer *Adalia bipunctata* und bei Schnirkelschnecken der Gattung *Cepaea* (Abb. 24.02).

Als *Polymorphismus* bezeichnet man allgemein das Auftreten zweier oder mehrer unterschiedlicher Formen (Phänotypen) im selben Lebensstadium einer Art. Man schließt also die Aufeinanderfolge von Larve und Erwachsenem als besonderen Entwicklungsvorgang aus. Alle anderen Unterschiede, wie den zwischen Geschlechtern (*Sexualdimorphismus*), auch dort, wo er durch die Umwelt bedingt wird, oder den zwischen Frühjahrs- und Sommerformen des Landkärtchenschmetterlings (*Saison-Dimorphismus*, Abb. 24.03), faßt man üblicherweise mit erblichen Unterschieden zwischen Indivi-

Abb. 24.02. Genetischer Polymorphismus bei der Schnirkelschnecke *Cepaea hortensis*. Die Häuschen sind entweder gelb oder rosa und haben keine oder 1 bis 5 braune Längsstreifen. Oft kommen verschiedene Muster in einer lokalen Population vor. (Aufn. M. Hermes)

Abb. 24.03. Saisondimorphismus beim Landkärtchenschmetterling *Araschnia levana*. Oben: Frühjahrsgeneration; unten: Sommergeneration. Größe und Form der Flügel sind bei beiden gleich. Erst 1888 wurde entdeckt, daß diese zwei häufigen „Arten" alternierende Generationen einer Art sind

duen als „Polymorphismus" zusammen. Hier wollen wir vorerst allein genetisch bedingte Polymorphismen behandeln. Jede Form muß ihre Besonderheiten also vererben.

Praktisch ist es oft schwierig, gerade bei auffallenden Polymorphismen, die für das Überleben der verschiedenen Formen bedeutende Konsequenzen haben, den Nachweis ihrer Erblichkeit zu erbringen. Die Geduld, mit der eine ganze Reihe von Zoologen polymorphe Schnecken gezüchtet haben, hat glücklicherweise zu einigen bahnbrechenden Resultaten geführt, denn da läßt sich deutlich zeigen, wie die verschiedenen Zeichnungsmuster der Art helfen, in einer periodisch wechselnden Umwelt jederzeit ein paar Formen zu haben, die gegen den Hintergrund von Freßfeinden nicht gesehen werden. Je leichter es ist, einen erblichen Polymorphismus nachzuweisen, desto schwieriger ist es, dessen biologische Rolle aufzuklären. So ergänzen sich zwei verschiedene Ansätze. Um statistisch auswertbare Daten über genetische Unterschiede zwischen Individuen zu erhalten, benutzt man heute biochemische Methoden, die so nah wie nur möglich an die untersuchten Gene selbst heranführen. Das sind Polyacrylamid-Gelelektrophorese von Proteinen, also von Genprodukten, und Restriktions-Analyse der DNA selbst.

Bei der Gelelektrophorese kann man mit ungereinigten Proteinlösungen, also mit Blut, Serum, oder einer ganzen in Pufferlösung zerriebenen Taufliege beginnen. Im elektrischen Feld werden die löslichen Proteine nach ihrer Ladung getrennt. Erreichen die am stärksten geladenen Proteine das Ende des Gels, wird die Elektrophorese gestoppt. Alle anderen Proteine liegen dann in ziemlich scharf definierten Banden entlang des Gels. Meist sind es so viele verschiedene, daß eine Anfärbung aller Proteine mit einem unspezifischen Farbstoff eine nicht entwirrbare Masse von Banden aufzeigt. Man kann aber nach der Elektrophorese direkt auf der Trägersubstanz eine Enzymreaktion ablaufen lassen, die ein gefärbtes Produkt liefert. Dann werden allein die Banden auf dem Gel sichtbar, die die entsprechende Enzymaktivität haben. Das sind die Produkte eines oder weniger Gene (Abb. 24.04). Dieser Unterschied läßt sich nur durch genetische Analyse der Verer-

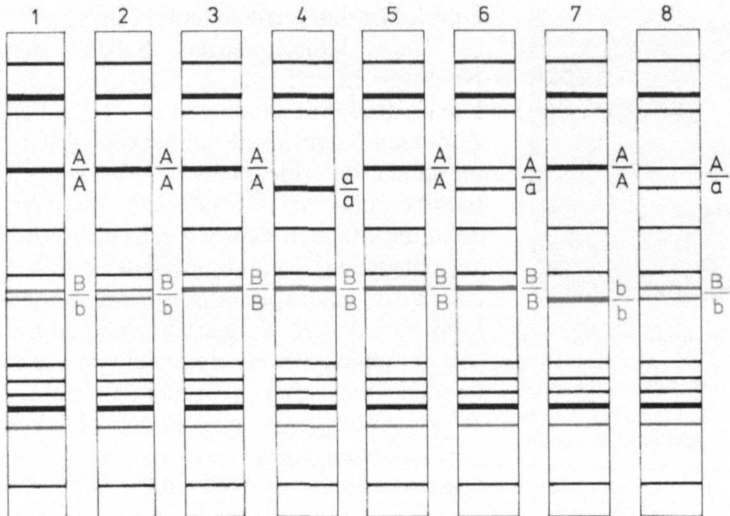

Abb. 24.04. Populationsgenetik durch Elektrophorese der Genprodukte. Proteinextrakte aus acht Individuen einer Population sind gleichzeitig nebeneinander elektrophoretisch fraktioniert worden. Dabei sind 13 Proteine voneinander getrennt worden. Zwei davon (rot) haben eine bestimmte nachweisbare Enzymaktivität. Die Funktion der anderen ist unbekannt. 2 von 13 (15%) der entsprechenden Gene sind polymorph (A, a; B, b), 5 der 104 in der Population untersuchten Gene liegen heterozygot vor (4,8%). Die Allelhäufigkeiten sind $q(A) = 0,75$; $q(a) = 0,25$; $q(B) = 0,69$; $q(b) = 0,31$. In einem wirklichen Experiment werden sehr viel mehr Individuen untersucht. Die Anfärbung aller getrennten Proteinbanden und die Reaktion auf einzelne Enzyme müssen in verschiedenen Gelen durchgeführt werden

bung eines solchen Musters feststellen. Man unterscheidet dann *Alloenzyme* oder *Allozyme*, die allele Formen desselben Gens repräsentieren, von *Isoenzymen* oder *Isozymen*, die von verschiedenen Genen stammen, aber dieselbe Enzymaktivität haben. Die Isoenzyme haben wir bereits als multiple Gene kennengelernt, die in der Regel durch Duplikation eines ursprünglich einzelnen Gens innerhalb eines Genoms entstehen und später verschieden adaptierte Funktionen bekommen können (17.10).

Zur Feststellung des genetischen Polymorphismus trägt man auf demselben Gel nebeneinander Extrakte aus vielen Individuen auf. Liegt dann ein Enzym in mehreren allelen Formen vor, bei denen nicht mehr als die Ladung einer Aminosäurenseitenkette verändert zu sein braucht, dann fallen diese Proteine sofort durch größeren oder geringeren Abstand vom Startpunkt auf. Mit dieser Methode kann man bei einer großen Anzahl Individuen

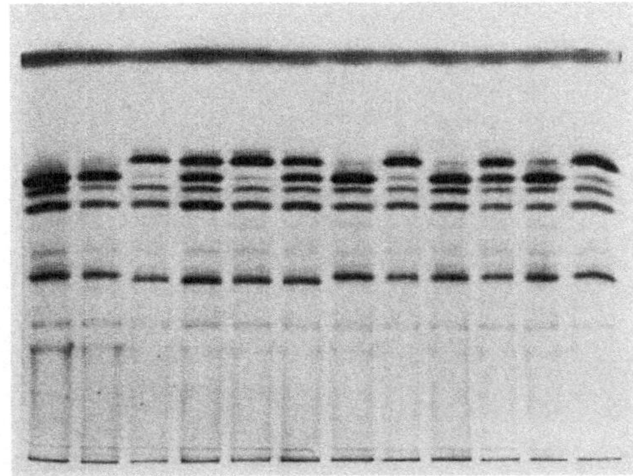

Abb. 24.05. Populationsanalyse durch Gelektrophorese. Extrakte aus 12 Pflanzen einer Population sind elektrophoretisch aufgetrennt und dann mit Naphthyl-Acetat als Substrat auf Esterase-Aktivität getestet worden. Viele Banden zeigen Aktivität verschiedener Stärke. Die beiden obersten sehr starken Banden entsprechen Allelen eines Gens. Pflanzen 4, 6 und 10 (von links) sind heterozygot. (Aufn. A. König)

schnell feststellen, wie viele Allele eines Gens in der Population vorliegen, und wie viele Individuen homozygot oder heterozygot sind (Abb. 24.05).

Direkt in der DNA nach Varianten für Restriktionsenzym-Schnittstellen zu suchen, ist beim Menschen inzwischen wegen der Möglichkeit, mit solchen Varianten gekoppelte Gene für Erbkrankheiten verfolgen zu können, eine wichtige Methode (17.09, 18.08). Nebenbei liefern diese Untersuchungen eine Menge Daten zur Populations-Variabilität. Die biologische Bedeutung einer solchen Variante ist aber in der Regel völlig unbekannt. Im folgenden werden wir uns auf Polymorphismen bei Proteinen beschränken.

24.06 Proteinpolymorphismus beim Menschen

Die Hämoglobin-β-Kette des Menschen besteht aus 146 Aminosäuren, die durch 438 Basen codiert werden. Jede dieser Basen kann durch drei andere ersetzt werden. Damit sind für dieses Gen allein 1314 Allele mit einfacher Basensubstitution möglich. 21,5%, also 287 davon, sollten einen Ladungsaustausch in einer Seitenkette mit sich bringen und elektrophoretisch nachweisbar sein. Zur Zeit sind bereits mehr als 60 solcher Allele dieses Gens gefunden worden. Die wenigsten davon sind Neumutationen in der vorangegangenen Generation. Es handelt sich also um echten Polymorphismus. Ähnliche Resultate liegen für andere Proteine vor. Von 71 beim Menschen untersuchten Genen zeigen 20 Polymorphismus. Wir können also annehmen, *daß 28% aller Genorte polymorph in der Population vorliegen.*
Die Häufigkeiten der einzelnen Allele sind oft recht gering. Man spricht von *häufigen Allelen,* wenn sie mehr als 1% des gesamten Allelbestandes ausmachen ($q \geqq 0,01$). *Seltene Allele* ($q < 0,01$) sind in der Regel um mehrere Größenordnungen seltener. Immerhin fallen sie ins Gewicht. Etwa 0,3% der Bevölkerung trägt eines der seltenen Allele für jedes Gen. Da wir die Anzahl der Gene beim Menschen auf etwa 50 000 abgeschätzt haben, würde das

bedeuten, *daß jeder einzelne etwa 150 dieser sehr seltenen Allele im Genom führt.* Berücksichtigen wir die Häufigkeit aller Allele der 71 bisher untersuchten Gene, dann können wir errechnen, daß im Durchschnitt 6,7% der Gene heterozygot vorliegen. Diese Abschätzung ist deshalb zu niedrig, weil sie sich auf elektrophoretisch darstellbare Allele beschränkt. 10% heterozygote Gene pro Individuum sind ein besserer, immer noch konservativer Schätzwert.
Wir können nun die *genetische Variabilität der Population* abschätzen. Wenn wir von neun gut untersuchten Enzymen die Häufigkeit des jeweils häufigsten Phänotyps bestimmen und diese neun Häufigkeiten miteinander multiplizieren, erhalten wir die erwartete Häufigkeit von Individuen, die an allen neun Genorten den häufigsten Phänotyp tragen. Das sind weniger als 1% der Population. Bei 50 000 Genen können wir ohne weiteres annehmen, daß jedes Individuum von jedem anderen genetisch unterschieden ist. Im Grunde genommen überrascht dieses Resultat nicht besonders. Es bestätigt, was wir vom Phänotyp her wissen. Eine phänotypische Charakteristik wie das Muster der Fingerabdrücke, das zwar durch viele Gene beeinflußt wird, aber beinahe unabhängig von individuellen Umwelteinflüssen ist, ist individuell verschieden. Die Tragweite der Beobachtung wird erst klar, wenn wir beachten, daß mehr als die Hälfte der eben ausgezählten Enzym-Phänotypen deutliche Unterschiede in der Aktivität eines oder mehrerer Enzyme im Vergleich mit dem häufigsten Phänotyp aufweisen. Der Stoffwechsel jedes einzelnen ist also genetisch verschieden. *Die auffälligen Stoffwechselkrankheiten, die deutliche Abweichungen von der Normalverteilung sind, stellen also nur die Extreme einer allgemeinen genetischen Variabilität dar, und die Abweichungen zwischen Individualwerten für Stoffwechselgrößen haben genauso eine genetische Komponente wie die morphologische Variabilität.*

24.07 Charakterisierung der genetischen Variabilität

Beim Menschen sind also etwa 28% der Gene polymorph, und etwa 10% aller Gene eines Menschen liegen im heterozygoten Zustand vor. Ähnliche Größenordnungen scheinen allgemein zu gelten. Die beim Menschen geschätzten Werte für polymorphe Gene sind sogar geringer als die anderer Arten. Bei Tieren sind 15–60% der Gene polymorph, und in jedem Individuum sind 3–20% der Gene heterozygot. Bei wirbellosen Tieren scheint es mehr polymorphe Genorte zu geben als bei Wirbeltieren. Eine sorgfältige Abschätzung der entsprechenden Werte bei verschiedenen *Drosophila*-Arten, die sich auf die elektrophoretische Analyse von 36 Enzymgenen stützt, kommt zu den folgenden Werten (s. Tabelle 24-1).

Tabelle 24-1. Genetische Variabilität von vier Drosophila-Arten

Art	Genome untersucht	Polymorphe Genorte	Heterozygote Genorte pro Individuum
D. willistoni	4983	73,8%	17,9%
D. tropicalis	1731	64,7%	15,2%
D. equinoxialis	2356	79,2%	16,5%
D. nebulosa	412	71,7%	19,5%

Daten von Ayala, Amer. Sci. **62**, 692 (1974)

Dabei wurden nur solche Gene als polymorph gewertet, bei denen die Häufigkeit des zweithäufigsten Allels mindestens 1% ist, also seltene Allele ausgeschlossen.
Mit dieser Verallgemeinerung haben wir ein wichtiges Resultat erhalten. Wir haben die genetische Variabilität quantitativ charakterisiert. Darwin spricht von nützlichen Variationen, die gelegentlich im Laufe von Tausenden von Generationen vorkommen. Es ist verständlich, daß die Wirksamkeit einer solchen Variabilität bezweifelt worden ist. Wir sehen jetzt, daß die genetische Variabilität jedes Individuum von jedem anderen unterscheidet, und daß jede Generation ein weites Spektrum an genetischer Variabilität enthält.

Diese Charakterisierung kann den Eindruck erwecken, als bestünde die genetische Variabilität innerhalb einer Art nur aus der Koexistenz verschiedener alleler Formen von Genen. Die Unterschiede zwischen Arten könnten dann immer noch prinzipiell anders sein. Die eine Art könnte 45000 variable Gene besitzen, die andere 60000. Die eben beschriebene Variabilität, so groß sie auch ist, könnte immer noch ein Spektrum von Varianten in einem art-spezifischen Gensatz sein, der sich prinzipiell vom Gensatz einer anderen Art unterscheidet.

Da wir wissen, daß innerhalb einer Art die Gesamtmenge der DNA im Genom etwa konstant ist, während sie zwischen Arten, auch zwischen nahe verwandten Arten, beträchtlich variieren kann, ist eine solche Möglichkeit nicht ausgeschlossen. Diese Mengenunterschiede betreffen aber in den wenigen gut untersuchten Fällen vor allem repetitive DNA, der man nicht ohne weiteres eine Funktion bei der genetischen Verschiedenheit zwischen Arten zusprechen kann. Es sind aber alle möglichen genetischen Unterschiede, die zwischen Genomen von Arten bestehen können, schon als Varianten im Genom einer Art gefunden worden, die meisten sogar beim Menschen (Kapitel 17). Dazu gehören Genduplikationen, Unterschiede in der Anzahl repetitiver Gene, verschiedene Mengen von Satelliten-DNA und Unterschiede in der Regulation homologer Gene. Soweit wir wissen, besteht kein grundsätzlicher qualitativer Unterschied zwischen der genetischen Variabilität innerhalb von Arten und der zwischen Arten. Die genetische Variabilität innerhalb einer Art ist nicht nur quantitativ, sondern auch qualitativ ausreichend, um die Entstehung neuer Arten durch Selektion zu erklären.

24.08 Das biologische Artkonzept

Mit der Charakterisierung der innerartlichen genetischen Variabilität ist zwar die genetische Komponente des Darwinschen Evolutionsmechanismus aufgeklärt worden, zugleich ist aber die biologische Art als natürliche Einheit zu einem Problem geworden. Wenn jedes Individuum verschieden ist, wie können wir da noch diskontinuierliche Variabilität finden und in der Regel ein Individuum vom Aussehen her recht eindeutig einer Art zuordnen? Alle Individuen einer Art müssen etwas Gemeinsames besitzen, das für ihre Ähnlichkeit untereinander und für ihre gemeinsamen Unterschiede gegenüber anderen Arten sorgt.

Die Lösung, die die Synthetische Theorie für dieses Problem anbietet, ist das „biologische" Artkonzept. Eine Art besteht aus allen Individuen, die ihr genetisches Material potentiell austauschen können. „Potentiell" schließt dabei triviale Ausnahmen aus. Zum Beispiel ist ein direkter Genaustausch nur zwischen Individuen verschiedenen Geschlechts möglich. Alle Individuen einer Art enthalten also Gene und Allele von Genen, die im Laufe der Zeit miteinander in den verschiedensten Kombinationen zusammenkommen können. Das gemeinsame Genmaterial einer Art ist dieser *Genpool*, von dem jedes Individuum nur einen Teil in seinem diploiden Genbestand führt. Die Homogenität der Art wird in erster Linie dadurch gewährleistet, daß innerhalb dieser Art eine andauernde Um- und Neu-Kombination dieser Gene und Allele stattfindet, die einem Zersplittern der Art entgegenwirkt.

Der rigorose Test für die Artzugehörigkeit eines Individuums ist seine Kreuzbarkeit mit anderen Individuen der Art. In der Praxis bestimmt man die Artzugehörigkeit natürlich noch immer an Hand des Erscheinungsbildes, aber umfangreichere Kreuzungstests sind auf Grund dieses Artkonzepts sinnvoll geworden und sind dann auch an ausgewählten Beispielen durchgeführt worden.

Dabei hat sich mehrmals gezeigt, daß morphologisch definierte Arten aus mehreren nicht miteinander kreuzbaren „biologischen" Arten bestehen können, die man vom Aussehen her nicht unterscheiden kann (*Geschwisterarten*, engl. „sibling species"). Mit dem biologischen Artkonzept kommt man also bei der Zuordnung von Organismen zu Arten nicht immer zum selben Ergebnis wie mit dem morphologischen. Das würde nur von Fall zu Fall Korrekturen in der Systematik verlangen und keine prinzipiellen Probleme mit sich bringen, wenn das biologische Artkonzept zu widerspruchsfreien Resultaten führte, was erstaunlicherweise oft nicht der Fall ist.

Der Unterschied zwischen Kreuzbarkeit und Intersterilität ist keineswegs so eindeutig, wie man erwarten möchte. Auch die genetischen Mechanismen, die zur Hybridensterilität führen, variieren schon innerhalb von Arten. Es gibt Gruppen von Tieren und Pflanzen, in denen der Kreuzbarkeitstest praktisch unbrauchbar ist. Besonders schwerwiegend ist, daß man sich nicht auf eine Bedingung verlas-

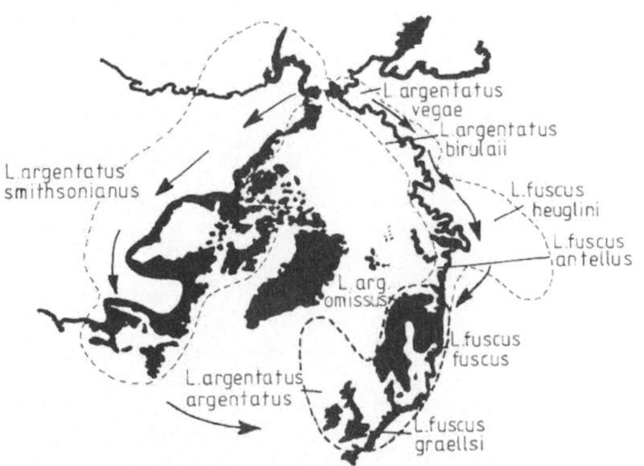

Abb. 24.06. Verbreitung verschiedener Unterarten der Silbermöwe (*Larus argentatus*) und der Heringsmöwe (*Larus fuscus*) in den Polarregionen von Amerika, Asien und Europa. Die Bildung der Unterarten hat bei der Ausbreitung der Möwen von einem Zentrum in Alaska/Nordostrußland nach der letzten Eiszeit stattgefunden. Aneinanderstoßende Populationen kreuzen miteinander, so daß die Artgrenze in Sibirien willkürlich ist. In Nordeuropa treffen die Enden der Verbreitungskette aufeinander (dickere Umrandung). Hier sind die Populationen der beiden Arten deutlich reproduktiv voneinander geschieden

sen kann, die für den biologischen Artbegriff notwendig ist: Wenn Population A mit Population B kreuzbar ist und Population B mit C, dann müssen auch Individuen aus A und C miteinander kreuzbar sein. Oft genug sind dann aber A und C *nicht* miteinander kreuzbar (Abb. 24.06). Man erklärt diese Fälle damit, daß die entsprechenden Arten gerade dabei seien, sich in mehrere neue Arten aufzuspalten. Allerdings wird die Anzahl solcher Fälle so groß, daß wir Arten prinzipiell als Augenblickserscheinungen in einem ununterbrochenen Wandel betrachten müssen. Wie Wolken am Himmel, die man im Augenblick zum Teil ganz eindeutig als abgegrenzte Individuen erkennen kann, die aber bei längerem Hinschauen ein immer anderes Bild zeigen, so sind wohl auch die Arten, die wir heute so deutlich abgegrenzt als Einheiten erkennen, nur augenblickliche Erscheinungsformen in einem endlosen dynamischen Wandel.

Wir haben in diesem Kapitel gesehen, daß die Ordnung der biologischen Welt in deutlich gesonderte und hierarchisch gestaffelte Einheiten, Arten, kein gesichertes Faktum ist, von dem wir bei weiteren Überlegungen ausgehen können. Im Gegenteil: wir sehen zur Zeit, daß nicht Ordnung, sondern Variabilität aller Einheiten die Grundlage ist, von der wir ausgehen müssen. Natürlich erkennen wir auch weiterhin die Ordnung im biologischen System. Nur ist sie jetzt keine Basis mehr für Erklärungen, sondern selbst ein Problem, das erklärt werden muß.

25 Die Dynamik der genetischen Variation

Im vorigen Kapitel haben wir die genetische Variabilität in Populationen gemessen und dabei gesehen, daß weit mehr Variabilität gefunden werden kann, als man noch vor 20 Jahren erwartet hatte. Auf den ersten Blick scheint diese Variabilität geradezu chaotisch zu sein. Sie entspricht gar nicht dem geordneten Bild der Natur, das wir zu erkennen glauben. Wenn Selektion das ordnende Prinzip in der Evolution ist, warum hat sie dann nicht schon längst aus dieser Variabilität das „Beste" ausgelesen und erhält es nun gegen den statistischen Verfall durch Mutationen?

Wir werden sehen, daß die Rolle der Selektion viel komplizierter ist, als diese Frage andeutet. Die genetische Variabilität in Populationen ist kein reines Zufallsprodukt, keine Ansammlung statistisch auftretender Kopierfehler bei der DNA-Reproduktion, sondern sie ist selbst unter selektiver Kontrolle. Das macht es schwierig, erst Variabilität als Rohmaterial für Selektion, dann Selektion als Mechanismus, der dieses Rohmaterial zur Schaffung von Neuem benutzt, zu betrachten. Beide Prozesse sind beinahe unauflösbar miteinander verquickt. Dennoch wollen wir hier so vorgehen.

Im vorigen Kapitel haben wir die genetische Variabilität in Populationen statisch betrachtet. Wir haben ihr Ausmaß zu einem bestimmten Zeitpunkt festgestellt. In diesem Kapitel wollen wir die Dynamik dieser Variabilität untersuchen, also Faktoren, die sie strukturieren, einschränken oder vergrößern. Selektion wird dabei immer eine Rolle spielen, aber erst im folgenden Kapitel werden wir Selektion selbst genauer analysieren.

25.01 Mutation

Die ungeheure Anzahl verschiedener Allele, die sich im Genpool einer Population finden, ist durch Mutation entstanden. Im engsten Sinne ist eine Mutation der Austausch eines Basenpaares durch ein anderes, eine *Punktmutation* (9.04, 12.05–12.07). In der Regel werden Mutationen aber nicht direkt an der DNA gefunden, sondern als erbliche Veränderungen im Phänotyp. Was dann auf DNA-Ebene die endgültige Ursache dafür, d.h. für die eigentliche Mutation, ist, läßt sich nicht sagen. Damit wird auch die *Bestimmung der Mutationsrate* für Mutationen, die am Phänotyp erkannt werden, zum Beispiel für Erbkrankheiten, prinzipiell unpräzise sein. Es ist also kein überraschendes Ergebnis, wenn Mutationsraten für Erbkrankheiten von 5×10^{-7} pro Gen und Genom (Muskeldystrophie vom fasciscapulohumeralen Typ) bis 5×10^{-5} (Muskeldystrophie, Becker-Typ) variieren. Das hängt vor allem von der Definition der Symptome ab.

Weil die Hämoglobine molekular so leicht zugänglich sind, sind Mutationen bei Hämoglobinopathien besonders genau untersucht worden. Nehmen wir als Beispiel die β^+-Thalassämien. Dabei ist die primäre Krankheitsursache ein Mangel an β-Hämoglobin bis hin zu seiner völligen Abwesenheit (β^0-Thalassämie). Auf den ersten Blick scheint das eine recht präzise Definition zu sein. Molekular kann es sich dabei aber um Punktmutationen in Introns handeln, die den Spleiß-Vorgang beeinträchtigen, die überhaupt neue Spleiß-Signale einführen und damit unbrauchbare mRNA zusammenspleißen lassen (17.06), oder um Punktmutationen in den Regulationssequenzen 5′ vom Ende der codierenden Sequenz, die die Regulation der Synthese normaler RNA verhindern. Die Möglichkeiten sind bei β^0-Thalassämie noch vielseitiger. Dabei handelt es sich immer um dasselbe Gen. All diese Mutationen zusammen werden bei der Mutationsrate für Thalassämie berücksichtigt. Solche Mutationsraten sind also eigentlich biologisch uninteressant und eher empirische Werte für die Praxis der genetischen Beratung. Im Prinzip sind Mutationen sehr seltene Fehler bei der DNA-Replikation, die den Kontroll- und Reparaturmechanismen entgehen. Auch dieser letzte Punkt ist wichtig, denn Mutationen in diesen Kontrollmechanismen erhöhen damit automatisch die spontane Mutationsrate (10.01).

Viele physikalische und chemische Faktoren beeinflussen die DNA direkt oder indirekt und erhöhen damit die Mutationsrate. *Agentien, die Mutationen induzieren und damit die Mutationsrate über die spontane Rate anheben, nennt man mutagen.* Es gibt davon eine große Anzahl der verschiedensten Arten. Einige von ihnen wirken allgemein mutagen, andere vielleicht indirekt und daher nur bei gewissen Arten. Einige mutagene Agentien sind zwar sehr effektiv, wenn sie die DNA erreichen, kommen aber so selten an die Keimzellen-DNA, daß sie praktisch harmlos sind. Dazu gehört zum Beispiel Ultraviolettstrahlung. Wir haben die Wirkung von UV auf Bakterien-DNA bereits untersucht (10.01). UV ist ein sehr effektives mutagenes Agens. Die Strahlung dringt aber nicht tief genug in die Gewebe ein, um bei größeren Vielzellern viel Schaden anrichten zu können. Häufiges Sonnenbaden an tropischen Stränden erzeugt *somatische Mutationen* in der Haut und kann zu Hautkrebs führen, hat aber keinen schädigenden Einfluß auf die Keimzellen. Tabelle 25-1 gibt eine Übersicht über die verschiedenen Gruppen mutagener Agentien.

Tabelle 25-1. Mutagene Agentien

1. Strahlung	
a) ionisierend	Röntgenstrahlen
b) nicht ionisierend	Ultraviolett
2. Temperaturschock, heiß oder kalt, hohe Temperatur	
3. Chemikalien	
a) Nukleinsäure-Basen-Analoge	Coffein
DNA angreifende Agentien	Formalin
b) alkylierende Chemikalien	Stickstoff-Lost
c) Acridin-Farbstoffe	Acridin-Orange
d) Carcinogene	Benzpyren
e) anorganische Salze	Kupfersulfat
f) anorganische Säuren	Borsäure
g) organische Säuren	Ameisensäure
h) verschiedene	Colchizin, Urethan

Von einigen der chemischen Substanzen ist der Mechanismus der Mutagenese bekannt, und es lassen sich Voraussagen darüber machen, welche weiteren verwandten Moleküle mutagen sein können. Bei anderen läßt sich der Mechanismus nicht genau festlegen. *Da viele therapeutisch wichtige Substanzen und synthetische Nahrungsmittelzusätze möglicherweise mutagen sind, ist es wichtig, die mutagene Wirkung unbekannter Substanzen vor ihrer allgemeinen Zulassung zu untersuchen.* Dabei kommt es darauf an, nicht nur generell festzustellen, ob eine Substanz mutagen ist oder nicht, sondern auch, ob die Substanz *beim Säuger* mutagen ist und *wie der mutagene Effekt von der Dosis abhängt.* Solche Untersuchungen sind aufwendig, und die Extrapolation auf den Menschen enthält immer ein gewisses Risiko. Sie werden besonders wichtig in Grenzfällen, wo mutagener Effekt und therapeutische Wirkung einer Substanz gegeneinander abgewogen werden müssen.

Man kann leicht in Vorversuchen feststellen, ob die Substanz bei Bakterien mutagen ist. Resultate von Versuchen am Brotschimmel (*Neurospora*) und an *Drosophila* sind wegen der großen Unterschiede im Stoffwechsel nur mit Vorsicht auf den Menschen übertragbar, obwohl beide Eukaryonten sind. Am verläßlichsten sind noch Versuche an der Maus. Zum Beispiel kann man mit einem Mutagen behandelte Männchen mit unbehandelten Weibchen eines Teststammes verpaaren, der homozygot für sieben rezessive Allele ist, die alle leicht erkennbare äußerliche Merkmale, z.B. die Fellfarbe, beeinflussen. Induzierte dominante Mutationen werden dann in der ersten Nachkommengeneration sichtbar. Immerhin verlangt diese Methode die Aufzucht von Tausenden von Mäusen. Ein wichtiger Punkt bei dieser Methode ist, daß die untersuchten Tiere selbst nicht mit der Testsubstanz behandelt worden sind, sondern ihre Väter. Behandelt man die Mütter, dann kann man nicht ausschließen, daß die Testsubstanz vielleicht direkt auf den Embryo gewirkt hat und nicht über die Keimzellen. Phänokopien können auch beim Menschen chemisch induziert werden (18.15).

Kein Mutagen erzeugt spezifische Mutationen. Es ist nicht möglich, gezielt „nützliche" Mutationen hervorzurufen. Die Informationsspeicherung in der DNA beruht auf der Basenabfolge. Um gezielt diese Information zu beeinflussen, muß eine längere Basensequenz erkannt werden. Das geschieht zum Beispiel, wenn sich RNA-Polymerase an einer Promotorsequenz ansetzt oder wenn der lac-Repressor die lac-Operatorsequenz erkennt. Mutagene haben weit geringere Spezifität. Strahlungsschäden durch UV treten vor allem an der Sequenz T-T auf, gewisse mutagene Moleküle lagern sich vorwiegend zwischen zwei aufeinanderfolgenden G-Basen ein. Jede mögliche Zweiersequenz ist in der DNA so häufig, daß die entsprechenden Mutationen statistisch über das ganze Genom verteilt sein sollten. *Mutagene Agentien erhöhen die Mutationsrate aller Gene.*

25.02 Mutationsauslösung durch Strahlen

Der mutagene Effekt von Strahlen verschiedener Wellenlänge beruht auf der eingestrahlten Energie und auf der Wahrscheinlichkeit, daß sie ein DNA-Molekül erreichen. Wir haben bereits gesehen, daß UV-Strahlung bei Bakterien stark mutagen wirkt, aber bei *Drosophila* und beim Menschen kaum zu den Keimzellen vordringt. α- und β-Strahlen sind effektiv bei *Drosophila*, zeigen aber beim Menschen nur geringe mutagene Wirkung. *Röntgenstrahlen sind überall stark mutagen.*

Die mutagenen Effekte der Strahlung beruhen hauptsächlich auf Ionisation. Zur Messung der *Strahlendosis* muß also die Ionisation pro Masseneinheit bestimmt werden. Die Einheit dafür ist das *Röntgen* (r).

1 r erzeugt 1,8 Ionisationen pro μm^3 Gewebe oder $1,8 \times 10^{12}$ Ionisationen pro cm^3. Das Röntgen ist die Einheit der Ionendosis. Um effektiv zu sein, muß die Strahlungsenergie absorbiert werden. Die absorbierte Energie wird in der Einheit der Energiedosis (rad) gemessen

1 rad = 100 erg/g absorbiert
1 rad = 1,15 r.

Die mutagene Wirkung von Strahlen ist direkt proportional zur Dosis. Das gilt für alle ionisierenden Strahlen und für alle Gewebe. *Es gibt keinen Schwellenwert, also keine Strahlendosis, die nicht mutagen ist.* Punktmutationen werden durch *eine* Ionisation, einen *Treffer*, verursacht (Abb. 25.01).

Chromosomenaberrationen, die auf zwei gleichzeitigen Bruchereignissen beruhen, haben eine andere Dosisabhängigkeit. Die Chance, daß zwei statistische Ereignisse gleichzeitig auftreten, entspricht dem Produkt der Einzelchancen. *Chromosomenaberrationen, die auf zwei Bruchereignissen beruhen, nehmen also mit dem Quadrat der Strahlendosis zu.* Die Dosisabhängigkeit von Mutationsereignissen läßt deshalb Rückschlüsse auf den auslösenden Mechanismus zu (Abb. 25.01).

Strahlendosen sind additiv. Chronische schwache Bestrahlung verursacht genauso viele Punktmutationen wie akute pro-

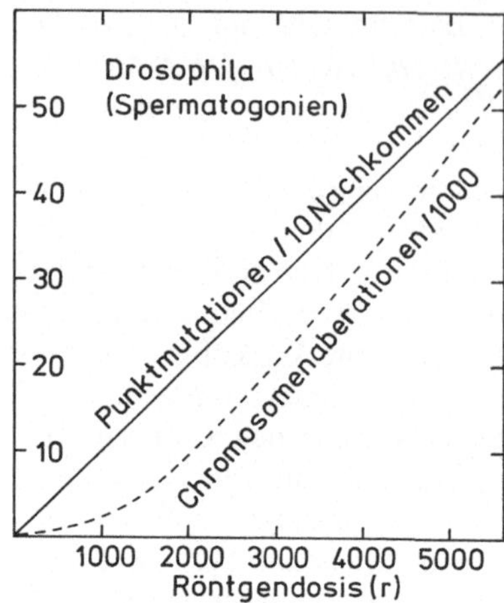

Abb. 25.01. Induktion von Punktmutationen und Chromosomenaberrationen durch Röntgenstrahlen bei *Drosophila melanogaster*-Spermatogonien. Beachte die verschiedenen Skalen

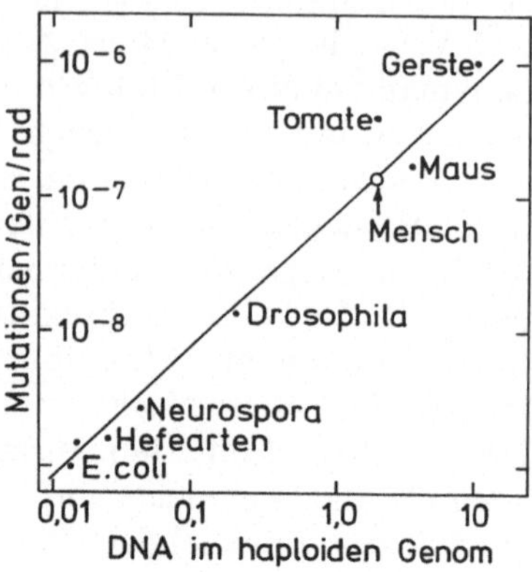

Abb. 25.02. Strahlensensitivität verschiedener Organismen in Abhängigkeit von der DNA-Menge im Genom. Mit diesen Werten läßt sich aus der DNA-Menge des Menschen seine Strahlensensitivität abschätzen. (Ergänzt und korrigiert nach Abrahamson et al., 1973)

portional stärkere Bestrahlung. Für Säugerzellen gilt die letzte Feststellung nicht ganz. Hier ist akute Bestrahlung gefährlicher als eine chronische schwache Dosis. Möglicherweise sind Reparaturmechanismen, die gelegentliche Mutationen ausbessern können, bei akuter hoher Mutationsrate überlastet.

Genaue quantitative Untersuchungen liegen über die *Strahlensensitivität* von *Drosophila* vor. Bei der Bestrahlung von Spermatozoen erhält man ziemlich genau

1 Genmutation/1000 Nachkommen pro r.

Die *spontane* Mutationsrate bei *Drosophila* beträgt etwa 20–80 Punktmutationen/1000 Nachkommen.

Indem man die durch Strahlung verursachte Mutationsrate zur spontanen Mutationsrate in Beziehung setzt, erhält man einen Anhaltspunkt für die Gefährlichkeit verschiedener Strahlendosen. Die Kennzahl dafür ist die *Verdoppelungsdosis. Das ist die Strahlendosis, die dieselbe Anzahl Mutationen hervorruft, wie spontan entstehen, die also die Mutationsrate gegenüber der spontanen verdoppelt.* Bei *Drosophila* beträgt die Verdoppelungsdosis etwa 50 r.

Die *Verdoppelungsdosis für den Menschen* ist nicht so leicht zu bestimmen. Am Menschen lassen sich keine kontrollierten Experimente zur Erhöhung der Mutationsrate durchführen. Nun hat man festgestellt, daß die große Variation in der Strahlensensitivität, gemessen als Punktmutationen $Gen^{-1}r^{-1}$, direkt mit dem DNA-Gehalt des Genoms korreliert ist (Abb. 25.02). Man kann also mit einiger Sicherheit Daten von der Maus (4×10^{-12}g DNA im haploiden Genom) auf den Menschen ($3,5 \times 10^{-12}$ g DNA) übertragen. Durch Kombination von Bestimmungen der Strahlensensitivität der Maus und der Mutationsrate von Maus und Mensch läßt sich abschätzen, daß beim Säuger die spontane Mutationsrate etwa zehnmal so hoch ist wie die von *Drosophila*, aber auch die Strahlensensitivität um eine Größenordnung höher liegt ($2,5 \times 10^{-7}$/r gegen $1,2 \times 10^{-8}$/r). Daraus errechnet sich die Verdoppelungsdosis als

$$\frac{2 \times 10^{-5}/\text{Gen spontan}}{2,5 \times 10^{-7}/\text{Gen/r}} = \frac{2}{2,5} \times 10^2 \, \text{r} = 80 \, \text{r}.$$

Die Abschätzung der Spontanrate ist dabei eher zu hoch. Die wirkliche Verdoppelungsdosis liegt wohl wie bei *Drosophila*

zwischen 10 und 80 r. Die Verdoppelungsdosis bei chronischer Bestrahlung ist etwa viermal so hoch, also zwischen 40 und 320 r. Wir merken uns:
Die Verdoppelungsdosis beim Menschen beträgt für akute Bestrahlung etwa 50 r, für chronische Bestrahlung etwa 200 r.
Aus natürlichen Strahlungsquellen erhalten wir etwa 3,4 r/Person und Generation. Das erklärt also etwa 1,5% der Spontanrate. Seitdem man die mutationsauslösende Wirkung von Strahlen erkannt hat, schränkt man die unnötige Strahlenbelastung soweit wie möglich ein. Die Hauptquelle von zusätzlicher Strahlenbelastung zur Zeit ist die medizinische Praxis.

Mutation ist also die Quelle neuer Allele im Genpool einer Population. Die Möglichkeit, die Mutationsrate zu erhöhen, spielt in der Züchtung, der gewollten Evolution, eine Rolle und in der menschlichen Populationsgenetik, der kontrollierten Evolution. Bei der Betrachtung der natürlichen Evolution spielen Mutationen keine Rolle: die Anzahl bereits vorhandener Allele ist so groß, daß Mutation weder ein begrenzender noch ein lenkender Faktor ist. Wir werden das gleich noch einmal quantitativ durchrechnen (25.05). Die landläufige Feststellung, Evolution entstünde durch Mutation und Selektion, ist damit so unvollständig, nichtssagend und irreführend, daß man sie vermeiden sollte. Schauen wir uns an, was dabei wirklich ausschlaggebend ist.

25.03 Das Hardy-Weinberg-Gleichgewicht

Schon bald nach der Wiederentdeckung der Mendelschen Gesetze haben im Jahre 1908 der Engländer G.H. Hardy und der Württemberger Arzt W. Weinberg unabhängig voneinander gesehen, welche Konsequenzen Mendels Interpretation der Erbfaktoren als unabhängig vererbte „Teilchen" für die Genetik von Populationen mit sich bringt. Bisher haben wir das Wort „Population" ziemlich unbestimmt als Gruppe von Individuen behandelt. Nun müssen wir etwas genauer werden. Im folgenden ist eine Population eine Gruppe von Individuen, die an einer Stelle zusammen vorkommen. Solch eine Population ist *panmiktisch*, alle Individuen sind gleichermaßen an der Durchmischung des Genpools beteiligt. Da bei der panmiktischen Population die Chance, daß zwei Individuen verschiedenen Geschlechts miteinander Nachkommen zeugen, statistisch sein soll, müssen außer freier Kreuzbarkeit auch zufälliges Aufeinandertreffen und keine Bevorzugung eines bestimmten Genotyps als Partner garantiert sein. Damit ist die panmiktische Population eine recht abstrakte Konstruktion, aber praktisch lassen sich Arten in der Natur einigermaßen gut in panmiktische Populationen aufteilen. Das führt manchmal zu Überraschungen. Da das freie Kreuzen zwischen Blumen auf einer Wiese vom Einzugsgebiet einzelner bestäubender Insekten abhängt, kann eine Wiese aus einer großen Anzahl überlappender panmiktischer Populationen einer einzigen Pflanzenart bestehen. Andererseits gibt es Tiere, bei denen praktisch alle Individuen der ganzen Art zur Fortpflanzung an einer Stelle zusammenkommen. In diesen Fällen kann panmiktische Population und biologische Art dasselbe sein.
Hardy und Weinberg haben sich mit der Genetik *einzelner Gene* in panmiktischen Populationen befaßt und damit die Grundlagen der *mathematischen Populationsgenetik* geschaffen. Es geht dabei darum, daß viele Gene in mehreren oder gar vielen Allelen im Genpool der Population vorliegen können. Aus diesem Grundbestand erhält jedes diploide Individuum bei der Befruchtung genau zwei Allele für jedes Gen. Das können zwei gleiche Allele sein (Homozygotie für dieses Gen) oder zwei verschiedene (Heterozygotie). Achten wir im folgenden wieder darauf, zwischen *Genotypen* und *Allelen*

sauber zu unterscheiden. Ein Genotyp ist eine Allelkombination.

Nehmen wir den einfachsten Fall. In einer Population sollen von einem Gen nur zwei Allele vorkommen, ein dominantes, A, und ein rezessives, a. Dann können für dieses Gen nur drei Genotypen auftreten, die homozygot Dominanten AA, die Heterozygoten Aa und die homozygot Rezessiven aa. Eine solche Population könnte folgendermaßen aussehen:

AA aa AA Aa AA
Aa aA aa aa AA
aA Aa AA AA AA
Aa aA aA aA AA
aa aA AA Aa Aa ..

Offensichtlich sind die Häufigkeiten der beiden Allele in dieser Population verschieden. 60% aller einzelnen Allele sind dominant und nur 40% rezessiv. Die Allelhäufigkeiten sind leichter zu berechnen, wenn wir sie in Bruchteilen von 1 ausdrücken. Die Häufigkeit des dominanten Allels A ist $p=0{,}6$, die des rezessiven Allels ist $q=0{,}4$. Weil nur 2 Allele vorhanden sind, ist

$$p+q=1.$$

Wenn in der Population haploide Keimzellen gebildet werden, sollten 60% davon das dominante, 40% das rezessive Allel enthalten. Die Chance dafür, daß ein Individuum aus einem Ei mit dem *dominanten* Allel entsteht, ist $p=0{,}6$, daß das Ei das *rezessive* Allel enthält, $q=0{,}4$. Entsprechend sind die Chancen für die Besamung durch Spermien mit dominanten oder rezessiven Allelen 0,6 bzw. 0,4. Rein statistisch können wir nun errechnen, wieviele Individuen der nächsten Generation homozygot Dominante, AA, sein sollten. Da die Häufigkeit von Eizellen mit dem dominanten Allel $p=0{,}6$ ist und von diesen 60% wieder nur 60% von A-tragenden Spermien besamt werden, sollte der Anteil von homozygot Dominanten an der folgenden Generation $p \times p = p^2$, also $(0{,}6)^2 = 0{,}36$ sein. Entsprechend können

wir die erwarteten Häufigkeiten der anderen Genotypen berechnen:

Spermien	p(A)	q(a)
Eier p(A)	p^2(AA)	pq(Aa)
q(a)	pq(aA)	q^2(aa)

In den Zellen der Heterozygoten können wir nicht unterscheiden, welches Allel aus dem Ei, welches aus der Samenzelle stammt. Wir können sie also zusammenfassen und erhalten die folgenden Genotyphäufigkeiten:

AA	Aa	aa	gesamt
p^2	$2pq$	q^2	1
0,36	0,48	0,16	1,00

Vergleichen wir nun diese Häufigkeiten mit denen der Elterngeneration, dann sehen wir, daß dort genau dieselben Genotyphäufigkeiten vorliegen. Auch ohne eine vollständige mathematische Herleitung sehen wir, *daß bei rein statistischer Weitergabe von Allelen die Allel- und Genotyphäufigkeiten konstant bleiben.* Die Genotyphäufigkeiten sind also im zahlenmäßigen Gleichgewicht, das nach den Entdeckern dieser Beziehung das *Hardy-Weinberg-Gleichgewicht* genannt wird.

Eine praktische Konsequenz der Hardy-Weinberg-Gleichung

$$p^2 + 2pq + q^2 = 1$$

ist die Tatsache, *daß seltene rezessive Allele nur sehr selten im Phänotyp zur Geltung kommen, aber laufend im heterozygoten Zustand in der Population weitergegeben werden.* Da auf diese Weise sehr viele rezessive Erbleiden im Genpool menschlicher Populationen vorliegen, lohnt sich eine quantitative Überlegung. Es sei die Häufigkeit p des dominanten Normalallels 99,9% oder 0,999, und die Häufigkeit q des rezessiven Allels für ein Erbleiden entsprechend 0,1% oder 0,001. Dann verteilen sich die Genotyphäufigkeiten folgendermaßen:

homozygot Gesunde $\quad p^2 = 0{,}998001$
Überträger $\qquad\quad 2pq = 0{,}001998$
Erbkranke $\qquad\qquad q^2 = 0{,}000001$
$$\overline{\qquad\qquad\qquad\qquad 1{,}000000}$$

Selbst wenn also in einer Millionenstadt nur ein einziger Kranker registriert wird, leben in derselben Population 2000 heterozygote Überträger des Krankheitsallels.

Tabelle 25-2 zeigt, wie aus der Häufigkeit der Phänotypen in einer Population Allel- und Genotyp-Häufigkeiten berechnet werden.

Tabelle 25-2. Bestimmung von Allelhäufigkeiten mit der Hardy-Weinberg-Gleichung. Beispiel: Überbeugen des Daumens, rezessiv (Abb. 16.01)

Phänotyp	Genotyp	Anzahl	Häufigkeit	Formel
Überbeuger	dht/dht	52	0,2039	q^2
nicht Überbeuger	dht^+/dht dht^+/dht^+ }	203	0,7960	{ $2pq$ $+p^2$
Gesamt	$N=$	255	0,9999	

Daraus läßt sich berechnen:

a) Häufigkeit des rezessiven Allels dht:
$q=\sqrt{q^2}=\sqrt{0{,}2039}=0{,}4515$ (45%).

b) Häufigkeit des dominanten Allels dht^+:
$p=1-q=1-0{,}4515=0{,}5485$ (55%).

c) Häufigkeit der homozygot Dominanten dht^+/dht^+:
$p^2=(0{,}5485)^2=0{,}3008.$

d) geschätzte Anzahl der homozygot Dominanten
$Np^2=255\times0{,}3008=77.$

e) Häufigkeit der Heterozygoten dht^+/dht:
$2pq=2\times0{,}5485\times0{,}4515=0{,}4952.$

f) geschätzte Anzahl der Heterozygoten
$N2pq=255\times0{,}4952=126.$

Die Tatsache, daß auch ohne, ja gerade ohne Selektion einmal vorhandene genetische Variabilität unverändert weitergegeben wird, ist so grundlegend für evolutionäre Überlegungen, daß noch ein weiteres

Beispiel diesen Gleichgewichtszustand illustrieren soll.

In einer Kolonie von 7000 weißen Mäusen (homozygot rezessiv für Fellfarbe) werden einmal 30 durch graue (homozygot dominant) ersetzt und die Kolonie dann ohne jede Selektion jahrelang konstant auf der Zahl 7000 gehalten. Wieviel graue und wieviel weiße Mäuse erwarten wir schließlich in dieser Kolonie? Die Antwort, etwa 60 graue und 6940 weiße, sollte wenigstens im Nachhinein einleuchtend sein, auch ohne sorgfältiges Nachrechnen. Das Besondere an diesem Beispiel ist, daß wir von einem extrem unstabilen Gleichgewicht von *Genotyp*-Häufigkeiten ausgehen und bereits ab der folgenden Generation Genotyphäufigkeiten im Hardy-Weinberg-Gleichgewicht finden, wobei einer der Genotypen (welcher?) praktisch verschwindet. Willkürliche Ordnung wird durch berechenbare Unordnung ersetzt.

25.04 Nicht-statistische Verteilung und Fluktuation

Das Hardy-Weinberg-Gleichgewicht beruht auf *statistischen* Überlegungen. Es gilt nur unter zwei Bedingungen. *Alle Verteilungen und Zuordnungen müssen auf Zufall beruhen, und es muß sich um große Populationen handeln.* In Physik und Chemie wenden wir laufend statistische Gesetze an, ohne uns jeweils die statistische Grundlage klarmachen zu müssen. Es sind genügend Moleküle im kleinsten meßbaren Volumen (1.03). In der Biologie müssen wir vorsichtiger sein. Am Beispiel des Hardy-Weinberg-Gleichgewichts können wir die Grenzen der statistischen Betrachtungsweise erkennen. Bei natürlichen Populationen ist oft weder eine Zufallsverteilung der Paarungen noch eine hinreichende Populationsgröße gegeben.

Abweichungen von Zufallsereignissen sind bei menschlichen Populationen häufig. Elternpaare finden sich meistens nicht durch Zufall. Gesellschaftliche, religiöse und geographische Gründe spielen eine große Rolle. Ein extremer Fall ist die relative Häufigkeit von Verwandtenehen in einigen Populationen. Verwandtenehen verhindern die Zufallsverteilung von Allelen (18.06). Selbst religiöse und geographische Faktoren beeinflussen die Häufigkeit von Erbkrankheiten. Gewisse Erbleiden treten bei Personen jüdischer Abstammung häufiger auf als bei Nichtjuden (Tay-Sachs-Krankheit) oder bei Italienern häufiger als bei Nordeuropäern (Thalassämie). Daß es sich dabei um soziologische Faktoren und nicht um Selektion durch die jeweilige Umwelt handelt, zeigt sich dort, wo die entsprechenden Häufigkeiten auch bei den jeweiligen Bevölkerungsgruppen in Auswandererpopulationen, z.B. in den Vereinigten Staaten, auftreten.

Kleine Populationen zeigen oft erstaunliche Abweichungen von statistisch erwarteten Häufigkeiten. Man hat die Populationen kleiner isolierter Dörfer in den Bergen um das Parma-Tal am Rande der Po-Ebene mit der Population der großen Städte im Tal vergleichen. Dabei hat sich gezeigt, daß einzelne Allele von Dorf zu Dorf mit großen Häufigkeitsunterschieden auftreten. Das ist leicht verständlich. Tritt ein Allel mit der Häufigkeit 1:1000 auf, dann verlieren sich die etwa 600 Kopien davon in einer Stadt von 300000 Einwohnern statistisch in der Menge. Ob es 590 oder 610 Allele sind, spielt dabei keine große Rolle. Ihre Anzahl wird von Generation zu Generation um den Durchschnittswert von 600 schwanken. In Dörfern mit 500 Einwohnern erwarten wir im Durchschnitt eins der Allele. Hier macht es einen großen Unterschied, ob zufällig drei Kopien des Allels oder keine vorkommen. Ob ein Träger des Allels als Kind einen tödlichen Unfall hat oder ob er zweimal heiratet und 10 seiner Kinder sein Allel weitergibt, kann darüber entscheiden, ob das Allel in wenigen Generationen ganz verschwindet oder sich durch die Population ausbreitet. Bei kleinen Po-

pulationen spielt die *Änderung von Allelhäufigkeiten durch kumulative (stochastische) Effekte der statistischen Fluktuation* (kurz und englisch: „genetic drift") eine entscheidende Rolle.

Zunehmende Mobilität verringert beim Menschen heute allerdings den Einfluß solcher Zufallseffekte. Bei der Evolution von Tieren und Pflanzen haben sie dagegen eine große Bedeutung. Die Gründung neuer Populationen durch wenige verstreute Einwanderer ist am besten bei der Besiedelung isolierter ozeanischer Inseln zu beobachten. Die zufällig von wenigen Einwanderern mitgebrachten Allele bilden dann den Grundstock der Art in der neuen Umgebung *(Gründerprinzip)*.

Ein Hardy-Weinberg-Gleichgewicht liegt bei großen Populationen vor, bei denen zufällige Partnerwahl angenommen werden kann, solange Ein- und Abwanderung, Mutation und Selektion keine Rolle spielen. In vielen Fällen treffen diese Bedingungen annähernd zu, besonders weil Ein- und Abwanderung und Mutation und Selektion sich gegenseitig ausgleichen.

25.05 Rekombination

Der Faktor, der dafür sorgt, daß ein Hardy-Weinberg-Gleichgewicht erreicht und erhalten wird, ist genetische Rekombination. Bei der Betrachtung eines Gens handelt es sich dabei erst einmal nur um den Anteil der Rekombination, der durch die zufällige Zuordnung von Chromosomen auf die Keimzellen in der Meiose und die zufällige Verschmelzung von Keimzellen bei der Befruchtung zurückgeht. Rekombination zwischen Chromosomen beim Crossing-Over sorgt dafür, daß auch zwischen gekoppelten Genen letztendlich, wenn auch langsamer, in der Population ein Zufallsgleichgewicht entsteht. Bei der enormen genetischen Variabilität, die in den meisten Populationen vorliegt, spielt gegenüber der *Entstehung neuer Genotypen* durch *Rekombination* die *Entstehung neuer Allele* durch *Mutation* eine minimale Rolle. Hierin unterscheiden sich Populationen diploider Vielzeller grundsätzlich von Bakterienpopulationen.

Bei einer durchschnittlichen Mutationsrate von 10^{-5} pro Gen und Generation sollte bei etwa 50000 Genen jedes diploide menschliche Genom im Durchschnitt nur eine Neumutation enthalten. Das entspräche der Variabilität bei asexueller Fortpflanzung (Klonierung von Individuen). Was im Vergleich dazu an neuen Allelen durch Meiose und Befruchtung in einem diploiden Genotyp zusammengefügt wird, ist erstaunlich. Da etwa 10% aller Gene heterozygot vorliegen, ist es sicher, daß in allen 22 Kopplungsgruppen jedes Menschen wenigstens ein Gen heterozygot ist. Damit wird die Chance, daß ein Kind den gleichen Typ wie die Eltern hat, auch wenn die Eltern genetisch identisch sein sollten, kleiner als

$$\left(\tfrac{1}{2}\right)^{22} = 1:2^{22} = 1:4194304.$$

Wir haben im vorigen Abschnitt gesehen, daß Rekombination die Genotyphäufigkeiten für einzelne Gene konstant hält. Das gilt auch für Genotyphäufigkeiten, wenn wir mehrere Gene mit mehreren Allelen betrachten. Wenn wir allerdings immer mehr Gene berücksichtigen, kommen wir schließlich zu einer solch astronomischen Zahl möglicher Genotypen, daß selbst die größte Population nicht mehr ausreicht, um für jeden möglichen Genotyp auch noch ein Individuum zu finden. Die Konstanz der Häufigkeiten von Einzelgen-Genotypen ist durchaus vereinbar mit der Feststellung, daß jedes Individuum seinen eigenen Genotyp für das gesamte Genom hat. Es treten also wirklich durch Rekombination in jeder Generation Gesamt-Genotypen auf, die auch einmal ihre statistische Chance erhalten, eine Generation lang zu bestehen und dann wieder zu verschwinden. Die quantitative Messung von genetischer Variabilität in Populationen zusammen mit Berechnungen zur Dynamik dieser Variabilität liefert uns also ein chaoti-

sches Bild. Kein Organismus mit sexueller Fortpflanzung pflanzt „sich" fort. Eigenschaften, die direkt auf der Wirkung einzelner oder weniger Gene beruhen, können wir mit voraussagbarer Häufigkeit bei den Nachkommen wieder erwarten. Dagegen sollten Eigenschaften, die auf der Wechselwirkung mehrerer oder vieler Gene und ihrer Allele beruhen, wie eine charakteristische Gesichtsform oder musikalische Begabung, innerhalb einer Generation in einem Mittelmaß verschwinden, aus dem sie nur wie durch ein Wunder je in einem Individuum aufgetaucht sind.

Nun bedarf es komplizierter genetischer Methoden, um nachzuweisen, daß irgendwelche Begabungen wirklich vererbt werden, aber daß charakteristische Gesichtsformen durchaus zumindest eine Generation lang weitergegeben werden können, weiß jeder.

Wir sehen nun, inwiefern die heutige Evolutionsforschung so völlig andere Probleme sieht als die zur Zeit Darwins. Damals war die konstante Vererbung komplexer Eigenschaften bis hin zu den gemeinsamen Merkmalen von Arten eine fest fundierte Erfahrungstatsache. Heute ist sie ein Problem, das selbst dort, wo wir die biologischen Mechanismen verstehen, ein Umkrempeln aller unserer theoretischen Argumente fordert.

Mehrere Faktoren spielen bei der stabilen Vererbung komplexer Eigenschaften eine Rolle. Zwei davon betreffen die Individualentwicklung, in der die ererbte genetische Information in die komplexen Eigenschaften des Organismus umgesetzt wird. Zum einen können wir nicht, wie wir das bisher getan haben, alle Gene als gleichwertige statistische Einheiten betrachten. *Gene funktionieren in einem hierarchischen System.* Variabilität in Genen, die die Grundlagen für die Wirkung anderer Gene schaffen, wird sich deutlicher auf komplexe Eigenschaften auswirken als die von Genen, die später in der Entwicklung kleine Details regeln. Zum anderen ist die *Interaktion zwischen*

Genen oft *indirekt*. Gene beeinflussen viel seltener andere Gene, als daß Genprodukte andere Genprodukte beeinflussen. Wir haben diese übergeordneten Wechselwirkungen als „epigenetische" Effekte in der Entwicklung kennengelernt und bei der Entwicklung des Immunsystems etwas genauer untersucht. An Stelle einer komplizierten Analyse können wir eine einfache Illustration setzen: wenn ein Gen oder wenige Gene in der frühen Entwicklung ein breites Gesicht anlegen, dann wird die endgültige Gesichtsform einigermaßen unabhängig von der Variabilität aller später wirkenden Gene. Die genaue Form der Nase mag von noch so vielen Genen beeinflußt werden, in einem breiten Gesicht wird sie doch breiter angelegt.

Diese Selbstregelung der Individualentwicklung führt zu einer *Kanalisierung* des Entwicklungsweges, einer Pufferung gegen Ungenauigkeiten der Entwicklung, auch solcher, die von Genen vorprogrammiert sind. Zum Beispiel hat der Mensch zwei Augen, obwohl eine genetische Variabilität, die die Zahl der Augen beeinflußt, existiert. Aber nur in extremen Fällen wird die Pufferkapazität der Entwicklungskanalisierung überschritten. Dann wird ein zentral gelegenes Auge gebildet, nicht anderthalb Augenanlagen. Das Gen übrigens, das zufällig das System dazu zwingt, seine Regelgrenze zu überschreiten, scheint dann eine „Makromutation" durchgemacht zu haben.

Neben diesen entwicklungsbezogenen Faktoren spielt aber die Rekombination selbst eine Rolle bei der Erhaltung komplexer Eigenschaften. *In keinem Fall ist die Rekombination derart unkontrolliert statistisch, wie das die bisherigen Überlegungen angenommen haben. Die Rekombinationsrate ist* selbst genetisch beeinflußbar und damit *der Selektion zugänglich*. Auf diese Weise kann Selektion kontrollieren, wieviel Variation vorliegt. In vielen Fällen wirkt Selektion darauf hin, die Rekombinationsrate zu vermindern und damit auch den notwendigen Selektionsef-

fekt. Selektion kostet immer verlorene Genotypen. In den möglichen Grenzen zielt *Selektion* damit automatisch *auf eine Verminderung der Selektion*.

25.06 Chromosomale Mechanismen schränken die Rekombination ein

Die molekularen Mechanismen, die die Rekombinationsrate an verschiedenen Stellen der DNA erhöhen oder vermindern, werden erst teilweise verstanden. Dagegen haben wir ein recht gutes Verständnis der chromosomalen Mechanis-

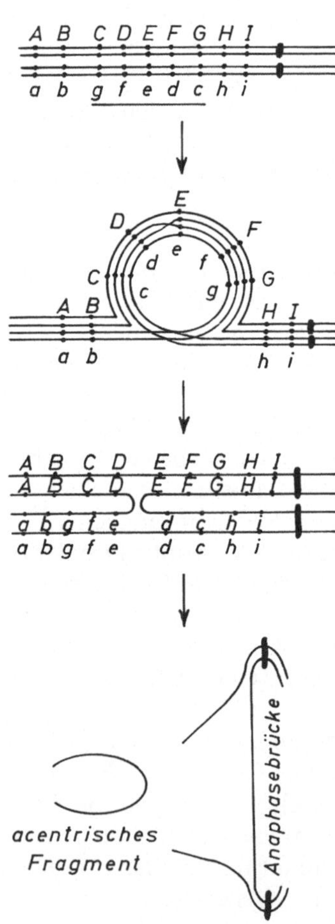

Abb. 25.03. Meiose mit Crossover bei einer heterozygot vorliegenden paracentrischen Inversion. Nur die beiden Ausgangschromosomen kommen normal durch die Meiose. Die Crossover-Chromosomen werden zerstört

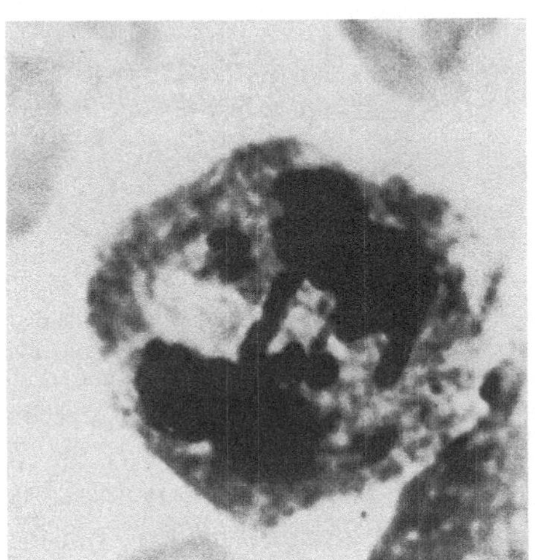

Abb. 25.04. Cytologisches Bild einer Anaphase-Zelle mit Anaphase-Brücke und acentrischem Fragment. (Aufn. T. Schroeder)

men, die Rekombination in größeren Chromosomenabschnitten unterbinden und damit ein größeres Stück eines Chromosoms und alle Allele, die darauf liegen, zu einem Erbfaktor, also einem Mendelschen Gen, machen. Auch die Bedeutung dieser Mechanismen für die Evolution, besonders für die Artbildung und Arterhaltung, verstehen wir recht gut. Die Einzelheiten dieser Mechanismen können sehr kompliziert werden. Wir wollen des-

halb zwei typische solche Prozesse hier nur kurz an Hand von Abbildungen demonstrieren.

Liegt eine *paracentrische Inversion* (eine Inversion, die das Centromer nicht mit einschließt) heterozygot vor, dann kommt es bei der meiotischen Paarung der homologen Chromosomen zu einer Schleifenbildung (Abb. 25.03). Ein Crossover innerhalb der *Inversionsschleife* führt bei der Trennung der Chromatiden dazu, daß neben den Ausgangschromosomen (normal, Inversion) zwei abnorme Chromosomen entstehen. Eins davon hat gar kein Centromer und wird bei der Anaphase als *acentrisches Fragment* zurückgelassen. Das andere hat zwei Centromere, wird also gleichzeitig nach beiden Polen gezogen. Es bildet sich dann eine *Anaphasebrücke* aus, die schließlich zerreißt (Abb. 25.04). Damit werden die Crossoverprodukte eliminiert. *Eine paracentrische Inversion wird als Einheit vererbt.*

Auch bei der somatischen Paarung der Riesenchromosomen treten Inversionsschleifen auf (Abb. 25.05). Sie lassen bei *Drosophila* deutlich sehen, wie häufig Inversionen in Populationen auftreten.

Auch *reziproke Translokationen* vermindern die Rekombination (Abb. 25.06). Haben zwei Chromosomen Teile ausge-

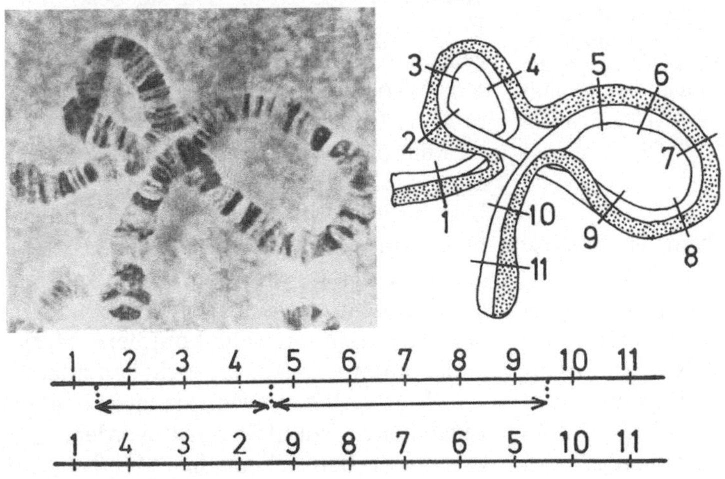

Abb. 25.05. Polymorphismen für Inversionen lassen sich bei *Drosophila* leicht an Hand der somatischen Paarung der Riesenchromosomen demonstrieren: Heterozygotie für zwei hintereinanderliegende Inversionen in einem Riesenchromosomenpaar von *D. subobscura*. (Aufn. D. Sperlich)

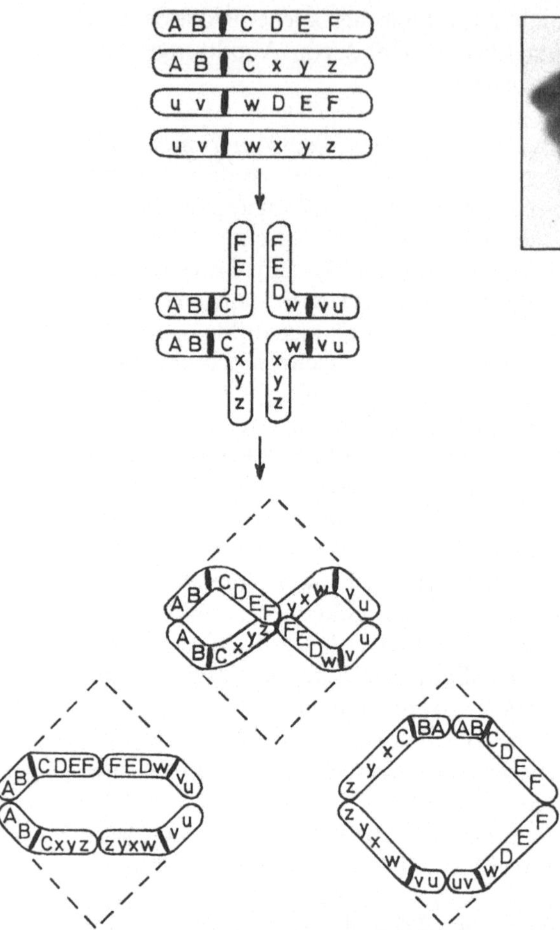

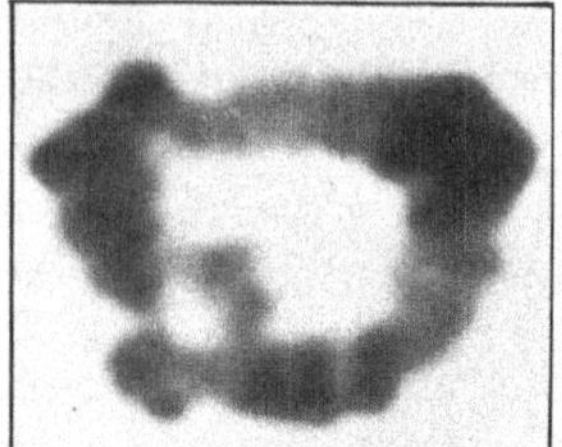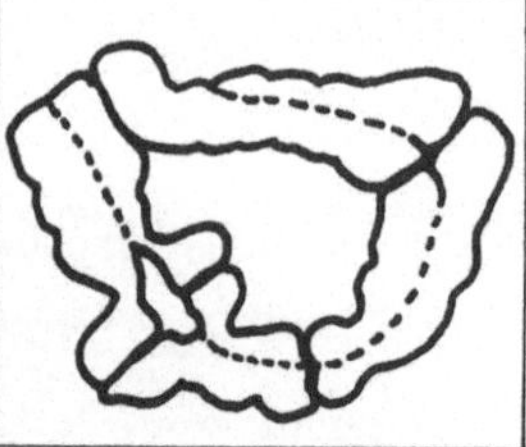

Abb. 25.07. Cytologisches Bild eines Ring-Quadrivalents, das in der Diakinese der Meiose I auftritt, wenn reziproke Translokationen im Chromosomensatz vorkommen. (Maus, nach Röntgenbestrahlung; Aufn. R. Rathenberg)

ist genau die, bei der die beiden Translokationschromosomen von den beiden normalen getrennt werden. Damit wird ein Genaustausch unterbunden.

25.07 Supergene

In Populationen treten solche Umbauten immer wieder auf. Wenn sie in der Keimbahn stattfinden, reduzieren sie die Rekombination im Bereich des Umbaus und halten damit die einmal zusammenliegenden Allele ganzer Blöcke von Genen zusammen. Solche Blöcke von Genen, die als Einheit vererbt werden, spielen bei der *Erhaltung von adaptiv nützlichen Genkombinationen* eine Rolle. Da sie bestimmte Formen eines ganzen Syndroms von Eigenschaften bedingen, wird diese Eigenschaftskombination auch von der Selektion als Einheit beurteilt. Genetisch und im Phänotyp wirken sie zusammen als ein *Supergen*.

Durch diesen Mechanismus wird eine Beobachtung wenigstens teilweise erklärt, die beim Verständnis von Evolutionsvorgängen oft große Schwierigkeiten macht. Häufig finden wir sehr komplexe Merkmalskombinationen, die jeglichen adaptiven Wert verlieren, wenn sie nicht in allen Einzelheiten stabil vererbt werden. Ein bekanntes Beispiel ist die *Mimikry*, bei der Form, Farbe und Verhalten einer Art zusammenspielen, um die Eigenschaften einer anderen Art oder die des Hinter-

Abb. 25.06. Meiose nach reziproker Translokation zwischen nicht-homologen Chromosomen. Der Einfachheit halber sind die Chromatiden nicht einzeln gezeichnet, und es wird kein Crossover angenommen. Von den drei möglichen Verteilungen der Chromosomen in der Anaphase I führt nur die mittlere zu einem balancierten Chromosomensatz, genau dem, der vor Beginn der Meiose vorlag

tauscht, dann paaren sich in der Meiose die homologen Stücke. Vier teilweise homologe Chromosomen treten zu einem *Quadrivalent* zusammen. Zieht sich in der Diakinese diese Paarungsfigur auseinander, dann kommt es zur Bildung eines *quadrivalenten Ringes* (Abb. 25.07). Je nach seiner Orientierung können je zwei beliebige Partner in die Tochterzellen gelangen. Aber nur eine Kombination führt zu Zellen mit normalem Genbestand. Das

grundes so genau nachzuahmen, daß das Tier nicht als Beute erkannt wird. Jeder kennt Beispiele dafür, wie unglaublich raffiniert viele dieser Nachahmungen sind. Bei solch komplexen Eigenschaften ist jede Rekombination zwischen den Einzelkomponenten nachteilig.

Ein zusätzliches genetisches Problem tritt bei einigen tropischen Schmetterlingsarten auf, bei denen die Männchen nicht mimetisch sind, während die Weibchen in verschiedenen Unterteilen des Verbreitungsgebiets verschiedene andere Arten imitieren. Dann können wir sicher sein, daß innerhalb der Art genetische Variabilität besteht, die das ganze System verschiedener Nachahmungen zum Zusammenbruch bringen kann, wenn es zur Rekombination kommt. Die wenigen genetischen Experimente mit solchen Arten haben gezeigt, daß die entsprechenden Allele von Einzelgenen, die bei den verschiedenen mimetischen Formen zusammenbleiben müssen, in Supergenen zusammengefaßt sind und als Einheit vererbt werden.

Bedenkt man, wie wichtig das Problem der genetischen Integration von komplexen Merkmalen ist, überrascht es, daß zur Zeit kein Genetiker an einem dieser unglaublich lohnenden Objekte zu arbeiten scheint.

25.08 Chromosomale Isolationsmechanismen

Diese selben Mechanismen zur Einschränkung der Rekombination haben aber auch einen anderen Aspekt. Wenn die integrierten Genotypen dadurch erhalten werden, daß die Rekombinanten entweder schon als Einzelzellen absterben oder zu teilweise oder ganz sterilen Individuen aufwachsen, dann führt Paarung zwischen verschiedenen Chromosomentypen unweigerlich zu einer verminderten Nachkommenzahl unabhängig von der phänotyischen Qualität der Heterozygoten. *Selektion gegen Heterozygote ist* also *direkt in das genetische System* durch Chromosomenumbauten *einprogrammiert*. Die Homozygoten werden relativ zu den Heterozygoten häufiger, und Homozygote, die es auf irgendeine Weise vermeiden können, außerhalb ihres Chromosomentyps Partner zu finden, werden selektiv im Vorteil sein.

Diese chromosomalen Mechanismen fördern daher die genetische Trennung der beiden Unterpopulationen, selbst wenn diese die gleichen Allele haben, also außer in ihrer Chromosomen*struktur* keine Unterschiede zeigen. Sie wirken als *genetische Isolationsmechanismen*. Völlig unabhängig von irgendwelcher Wirkung auf den Phänotyp fördern solche Chromosomenumbauten also die Bildung von Arten und die Aufrechterhaltung von Artunterschieden.

Es ist daher nicht verwunderlich, wenn wir sehen, daß nahe verwandte Arten sich sehr oft durch Chromosomenumbauten unterscheiden. Besonders dort, wo Artunterschiede nur durch das Fehlschlagen von Kreuzungsexperimenten nachgewiesen werden können, also bei „Geschwisterarten", sind solche chromosomalen Unterschiede häufig. Chromosomenunterschiede haben daher eine Menge Information zur Artbildung geliefert. In einigen Fällen läßt sich sogar aus der Reihenfolge überlappender Inversionen der Stammbaum von Arten rekonstruieren.

Auch *Unterschiede in der Form und Anzahl der Chromosomen* zwischen nahe verwandten Arten lassen sich oft auf diese Weise erklären. *Pericentrische Inversionen*, also Inversionen, die das Centromer einschließen, können zur Verschiebung der Lage des Centromers führen und aus metacentrischen acrocentrische Chromosomen machen (Abb. 25.08). Zur *Veränderung der Chromosomenzahlen* kommt es durch centrische Fusion (19.08). Dabei verschmelzen zwei acrocentrische Chromosomen zu einem metacentrischen unter Verlust heterochromatischer Enden am Centromer (Abb. 25.09). Im homozygoten Zustand ist das ein stabiler Genotyp,

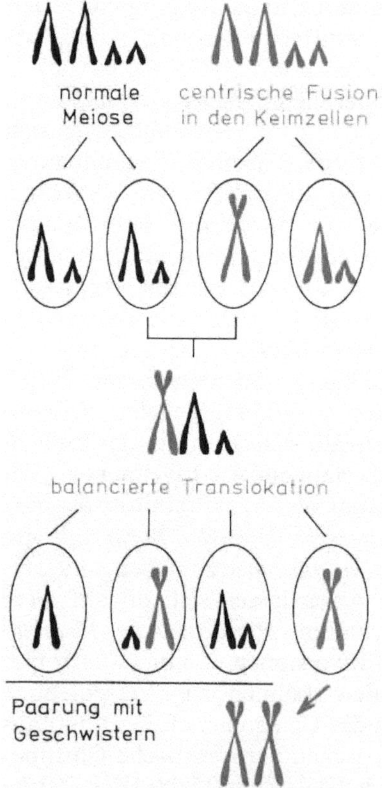

Abb. 25.08a u. b. Schema einer pericentrischen Inversion (a, die Lage des Centromers ist mit C markiert) und einer centrischen Fusion (b)

der bei einer Kreuzung mit der Ausgangsform zu heterozygoten (balancierten) Chromosomensätzen führt, deren Meiose wir bereits kennengelernt haben (19.08).

Homozygote centrische Fusionen spielen als *Robertsonsche Translokationen* eine Rolle bei der Bildung neuer Arten (Abb. 25.09).

Die eigentliche Chromosomenzahl spielt übrigens eine untergeordnete Rolle. Nahe verwandte Arten haben oft sehr verschiedene Chromosomenzahlen. Der Mensch hat 23 Chromosomen im haploiden Satz, Schimpanse, Gorilla und Orang-Utan haben 24, von den neun Gibbon-Arten haben sieben 22 und je eine 25 und 26. Oft haben primitivere Arten höhere Chromosomenzahlen, spezialisiertere Arten geringere. Wie im DNA-Gehalt liegt der

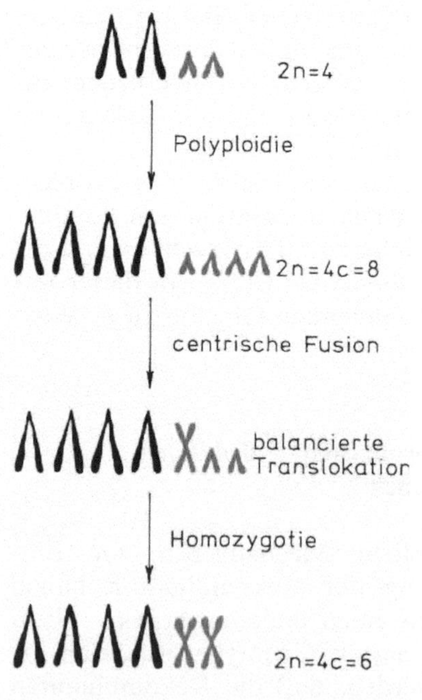

Abb. 25.09. Robertsonsche Translokation. Centrische Fusion, die beim Menschen nur gelegentlich vorkommt (Abb. 18.10), kann sich bei einigen Populationen durchsetzen und führt zu einer Verminderung der Chromosomenzahl bei gleichem Genbestand. Links: Homozygotie für die Translokation tritt nur unter bestimmten Umständen auf, zum Bei-

spiel bei Inzucht in kleinen Populationen. Rechts: Robertsonsche Translokation tritt besonders zwischen homologen acrocentrischen Chromosomen bei polyploiden Arten auf. Dann wird aus dem deutlich polyploiden Chromosomensatz ein neuer diploider mit doppeltem Genbestand (Diploidisierung)

Abb. 25.10. Artbildung durch Polyploidie. Die beiden Laubfrösche gehören zwei verschiedenen Arten an, obwohl sie morphologisch nicht unterschieden werden können. Der vordere (*Hyla chrysoscelis*) ist diploid, der hintere (*Hyla versicolor*) ist tetraploid. Kreuzung zwischen beiden führt zu sterilen Triploiden. (Aufn. M. Hermes)

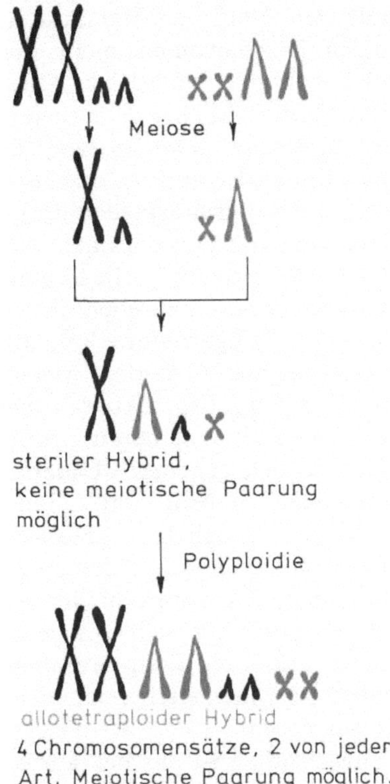

Abb. 25.11. Allotetraploidie. Arthybriden haben zwei verschiedene Chromosomensätze, zwischen denen eine meiotische Paarung unmöglich ist. Polyploidisierung schafft jedem Chromosom einen homologen Partner und führt zu einem fertilen Hybriden, der mit den beiden Ausgangsarten nicht mehr kreuzbar ist

Mensch auch in der Chromosomenzahl knapp unter dem Durchschnittswert für Säugetiere. Die haploiden Chromosomenzahlen bei Säugetieren variieren von 46 bei einem brasilianischen Nagetier bis zu 6 beim Männchen einer kleinen indischen Hirschart (4 Autosomen, Y_1, Y_2, das Weibchen hat 4 Autosomen, X, Y_1, Y_2).

Gelegentlich, bei Tieren recht selten, spielt *Polyploidie* eine Rolle bei den chromosomalen Unterschieden zwischen Arten (Abb. 25.10). *Verdoppelung des ganzen Chromosomensatzes zu einem tetraploiden Genom* hat schwerwiegende physiologische Konsequenzen. *Beim Menschen ist sie immer letal.* 6% der spontanen Aborte beim Menschen sind tetraploid, 20% sind triploid. Der Vorgang selbst, meist als Fehler bei der Meiose, ist also häufig. Während Kreuzung von tetraploiden Tieren untereinander gelegentlich fertil ist (es gibt in der Regel Komplikationen bei der Paarung und Trennung von *Quadrivalenten*), führt die Kreuzung von Tetraploiden und Diploiden bestenfalls zu Triploiden, bei denen eine normale Meiose nicht stattfinden kann.

Bei Pflanzen kommt es häufig vor, daß *Arthybriden ihre Chromosomenzahlen verdoppeln.* Da dann jedes Chromosom einen gleichen Partner im Genom hat, entsteht spontan eine neue fertile Art, die nicht mit den Ausgangsarten kreuzbar ist (Abb. 25.11). Solche *allopolyploiden* Pflanzen spielen eine große Rolle in der Pflanzenzüchtung.

25.09 Andere Isolationsmechanismen

Die chromosomalen Mechanismen, die wir eben kennengelernt haben, beeinträchtigen oder unterbinden den freien Austausch von Genen zwischen Populationen. Sie trennen den Genpool und beeinträchtigen den *Genfluß* durch Populationen, in denen Chromosomenumbauten auftreten. Natürlich sind diese chromosomalen Mechanismen nicht der einzige oder gar der wichtigste Mechanismus dazu. Mit ziemlicher Sicherheit ist das die *geographische Isolation* von Populationen. Einige Evolutionsforscher gehen so weit, daß sie grundsätzlich geographische Trennung von Populationen, die dann *allopatrisch* sind, als Vorbedingung zur Bildung neuer Arten ansehen. Erst wenn solche lange Zeit getrennte Populationen aus irgendwelchen Gründen wieder zusammenkommen, also sekundär *sympatrisch* werden, stellt sich heraus, ob sie inzwischen so viele genetische Unterschiede angesammelt haben, daß Genaustausch nicht mehr möglich ist, daß sie also verschiedene Arten geworden sind. Sind sie das nicht, dann werden die genetischen Unterschiede, die sich in beiden Populationen seit ihrer Trennung angesammelt haben, zu einem reicheren neuen Genpool verschmelzen.

Ganz deutlich ist das bei den verschiedenen *Rassen des Menschen*, bei denen sich in jahrtausende- oder jahrzehntausendelanger Isolation deutlich sichtbare genetische Unterschiede ausgebildet haben. Bei aller individuellen Verschiedenheit sind doch rassenspezifische genetische Unterschiede zu erkennen. Jede Rasse hat ihren eigenen Genpool, der sich ein wenig von dem aller anderen Rassen unterscheidet. Die zunehmende Vermischung der Rassen, seitdem Entdeckungsreisen, Kolonisation und immer effizientere Verkehrsmittel die geographische Trennung zwischen ihnen aufgehoben haben, hat gezeigt, daß alle Menschen noch immer einer Art angehören, deren gemeinsamer Genpool nun einem einigermaßen genau voraussagbaren Häufigkeitsgleichgewicht zustrebt.

Ein Gegenbeispiel sind die Möwenarten, die wir schon im vorigen Kapitel zitiert haben (Abb. 24.06). Bei ihnen ist die geographische Trennung nur relativ. Theoretisch ist entlang des gesamten Verbreitungsgebietes Genfluß möglich, aber Genfluß auf solch lange Strecken hat die Kinetik von Diffusionsvorgängen mit sehr großen Zeitkonstanten, so daß die Populationen an den Enden des Verbreitungsgebiets effektiv genetisch isoliert zu eigenständigen Arten geworden sind. Was in jedem einzelnen Fall geschieht, läßt sich nicht voraussagen, aber der Status von geographisch getrennten Populationen läßt sich jederzeit durch Kreuzungsexperimente empirisch feststellen.

Zwischen Populationen, die kaum oder gar nicht mehr erfolgreich kreuzbar sind, führt Kreuzung zum Verlust der Gameten und damit zu verringerter Fitness, wie wir sie im folgenden Kapitel definieren werden. Individuen, die eine zwischenartliche Paarung gar nicht erst versuchen, sind damit selektiv im Vorteil. Wir finden daher regelmäßig in die Mechanismen, die zur Auffindung des Partners dienen, solche eingebaut, die präzise zwischen Partnern der eigenen Art und den nächstähnlichen Arten unterscheiden. *Artunterschiede* werden daher sehr oft gerade *im Balzverhalten* besonders betont. Während bei der oben besprochenen Mimikry die Merkmale, die der Beuteerkennung *aller möglichen* Freßfeinde dienen, wegretuschiert werden müssen, so daß ein erstaunlich detailliertes Täuschungsmuster entsteht, genügen für die Partnerwahl ein paar *spezifische Schlüsselreize*, die gegen Fehlinterpretation oft so abgesichert werden, daß sie in Serie hintereinander abgerufen werden müssen. Hier wird also mit beliebigen Signalen (Farbe, Verhalten, Duft, Ruf etc.) *symbolisch* signalisiert.

Ein Beispiel liefert das Paarungsverhalten vieler Froschlurche.

Die Männchen versammeln sich am Laichgewässer und quaken. Der Balzruf ist so spezifisch, daß ein Weibchen den Ruf ihrer Art selbst aus einem Gemisch verschiedener Rufe herausfiltern kann.

Folgt sie diesem Ruf, gelangt sie in die Nähe eines Männchens. Ihre Größe und ihre Schwimmbewegungen reichen als Schlüsselreiz für das Männchen, sie zu umklammern (Abb. 25.12). Das ist ein recht unspezifischer Schlüsselreiz, denn

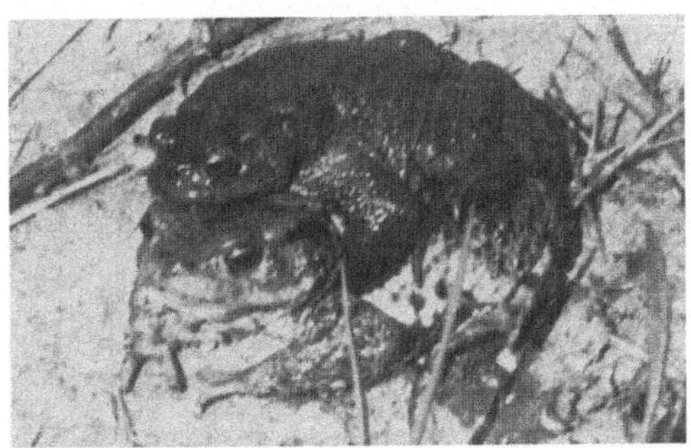

Abb. 25.12. Umklammerung (Amplexus) bei der Erdkröte. Im Gegensatz zu den meisten Fröschen und Kröten lockt das Männchen der Erdkröte sein Weibchen nicht durch Quakrufe an. Beide Geschlechter wandern im Frühjahr zum Wasser. Trifft ein Männchen unterwegs ein Weibchen, springt er auf und läßt sich den Rest des Weges tragen. (Aufn. M. Hermes)

Froschmännchen umklammern gar nicht so selten vorbeitreibende Holzstücke oder vorbeischwimmende Fische derselben Größe und sogar häufig andere vorbeischwimmende Männchen. Die haben dann allerdings einen spezifischen Ruf, um anzuzeigen, daß ihnen das nicht paßt. Die Umklammerung eines Weibchens durch das Männchen löst beim Weibchen schließlich erst die Ovulation und das Eiablageverhalten aus, das dem Männchen wiederum präzise angibt, wann es die Besamung vornehmen muß. Bei diesen symbolischen Signalen kommt es nur auf zweierlei an: sie müssen verstanden werden, und sie müssen sich von den entsprechenden Signalen anderer Arten unterscheiden. Das genaue Signal spielt keine Rolle. Die Vielfalt verschiedener Schlüsselreize im Balzverhalten verschiedener Tierarten ist erstaunlich.

Alle symbolischen Signalsysteme bergen übrigens die Gefahr, daß sie von Dritten zu unlauteren Zwecken ausgenutzt werden. Das sehen wir bei der Art Mimikry, bei der es nicht auf genaue Nachahmung, sondern auf Nachahmung eines Schlüsselreizes ankommt: gelbschwarze Farbmuster scheinen im ganzen Tierreich ein Signal für die Giftigkeit des Trägers zu sein, eine Art universelles Warnsignal. Einige völlig harmlose Tierarten geben dieses Signal von sich, was aber nur so lange funktioniert, wie nur die meisten Signale auch wirklich echt sind. Einschleichen in das Signalsystem der Partnersuche ist gar nicht so selten bei Beutefängern und dient auch bisweilen komplizierteren Zwecken.

26 Selektion und Adaption

Im vorigen Kapitel haben wir gesehen, daß die genetische Variabilität in Populationen, die das Rohmaterial für Evolutionsvorgänge darstellt, selbst eine Struktur und Dynamik hat. Diese Strukturierung der Variabilität wird durch Selektion beeinflußt: Supergene, die von der Rekombination ausgeschlossen sind, können nur dann außer Erbeinheiten auch funktionelle Einheiten im Dienst einer speziellen Adaption sein, wenn sie einer entsprechenden Auslese bei ihrer Entstehung unterworfen waren. Selbst zwischen den rein statistisch erscheinenden Drift-Effekten und natürlicher Auslese ist kein derart eindeutiger Unterschied, wie wir ihn angenommen haben. Unterschiede in der relativen Anzahl der Geschlechter und die Schwankung der individuellen Nachkommenzahl um den Populationsmittelwert wirken sich deutlich auf die genetische Drift aus. Sie stehen auch unter selektiver Kontrolle, soweit sie genetisch bestimmt sind.

Das Zusammenspiel verschiedener Faktoren wird in diesem Kapitel, in dem es um die Selektion, die (natürliche) Auslese, geht, noch komplizierter. Am theoretischen Verständnis dieser Zusammenhänge wird zur Zeit viel gearbeitet. Wir werden in diesem Kapitel mehr von den Gedankengängen sehen, die zu den heutigen Fragestellungen geführt haben, als vom Gedankengang, der alle Einzelresultate schließlich zusammenhängend darstellt.

26.01 Selektion ist eine Konsequenz der Selbstreplikation

Darwins Definition, daß Selektion zwischen genetisch verschiedenen Individuen darauf beruht, daß genetisch besser adaptierte Individuen relativ zu anderen mehr Nachkommen hinterlassen, ist beinahe schon zu eng gefaßt. Heute gehen wir davon aus, daß der Genotyp die relative Nachkommenzahl beeinflußt, daß also einige Genotypen auf Kosten von anderen von Generation zu Generation in der Population häufiger werden können.

Der Unterschied zu Darwins Definition besteht darin, daß wir „bessere Adaption", deutlicher als er es getan hat, allein mit Fortpflanzungserfolg gleichsetzen. „Fitness" und „Auslese" sind zwei Maße für denselben Effekt. Das könnte wie ein Zirkelschluß aussehen: Wer fit ist, hinterläßt mehr Nachkommen. Wer ist fit? Wer mehr Nachkommen hinterläßt. Diese Formulierung geht aber am Kern des Problems vorbei, und der ist die Selbstreplikation.

Biologische Systeme haben sich aus der Fähigkeit der Nukleinsäuren zur Steuerung ihrer eigenen Replikation entwickelt. Das Grundprinzip dabei ist nicht Evolution, sondern Stabilität, *Bestehenbleiben komplexer Strukturen* gegenüber dem statistischen Zerfall *durch* die *Weitergabe der Information über diese Strukturen*. Wären alle replizierenden Einheiten gleich, dann gäbe es keine Evolution. Die Komplexität der replizierenden Systeme ist aber so groß, daß laufend statistische Veränderungen vor oder während der Replikation auftreten, die dann selbst weiter repliziert werden. Bei begrenzten

Ressourcen, ursprünglich allein Vorstufen zur Neusynthese während der Replikation, entsteht eine Konkurrenz zwischen verschiedenen replizierenden Strukturen um ihr Fortbestehen auf Kosten anderer. Das ist eine automatische Konsequenz. Wer die Fähigkeit verliert, sich identisch zu replizieren, fällt aus, wer sich effizienter repliziert, bleibt länger bestehen. Bestehenbleiben ist das Ziel, Evolution der unausbleibliche Nebeneffekt.

In diesem System wird Bestehenbleiben zum einzigen Wertmaßstab. Daß zu dieser Fitness auch körperliche „Fitness" im landläufigen Sinne beiträgt, ist erst einmal nebensächlich. Die Stärksten und Besten sterben aus, wenn sie steril sind. Im Einzelfall werden wir durchaus Komponenten erkennen, die zur Fitness beitragen, aber die einzige allgemeine Regel für alle Organismen ist, daß Fitness letztendlich nur am Bestehenbleiben durch Nachkommenschaft gemessen wird.

Wir müssen also davon ausgehen, daß Evolution notwendigerweise geschieht. Sie ist nicht geplant und von außen gelenkt, und sie hat kein globales Ziel. Sie führt automatisch zu immer komplexeren Strukturen mit einem gewissen Grad von Eigenständigkeit als Individuen, und *rückblickend* scheint sie eine Richtung oder Richtungen zu haben.

All das müssen wir jetzt genauer anschauen. Der Grundgedanke, die „Spielregel" bleibt dabei, daß es notwendigerweise das „Ziel" einer replizierenden Einheit ist, durch Replikation bestehen zu bleiben. Daß Evolution ein Nebenprodukt davon ist, ist erst in den letzten Jahren eindeutig erkannt worden. Implizit finden wir den Gedanken schon bei Darwin. Die Molekularbiologie hat zu einer deutlichen Formulierung dieses Prinzips geführt.

26.02 Selektion und Fitness

Zur quantitativen Analyse von Selektionseffekten gehen wir wieder vom einfachsten Fall aus, von einem Gen, das in der Population in zwei Allelen vorliegt.

Unserer Definition gemäß errechnen wir die Fitness eines Genotyps aus seinem Fortpflanzungserfolg relativ zu anderen Genotypen. Dabei erhält der produktivste Genotyp einen relativen Fitness-Wert von $W = 1$. Proportional der verminderten Nachkommenrate erhalten die anderen Genotypen Fitnesswerte zwischen 0 und 1. Die Werte werden so festgelegt, daß die Genotyphäufigkeit mal der relativen Fitness die Häufigkeit der Nachkommen mit diesem Genotyp ergibt. *Da Fitness und Selektion zusammen definiert werden, sind sie nicht unabhängig voneinander bestimmbar.* Der *Selektionswert (Selektionskoeffizient)* ist definiert als

$$S = 1 - W.$$

An einem Beispiel können wir die Berechnung von Selektionskoeffizienten vorführen. *Chondrodystrophischer Zwergwuchs* (Achondroplasie) ist eine autosomal dominante Veränderung des Knorpelgewebes. 108 Heterozygote (Aa) für dieses Gen hatten 27 Kinder. Ihre Nachkommenrate ist damit 0,25. 457 normale Geschwister (aa) hatten 582 Kinder und damit eine Nachkommenrate von 1,27. Daraus erhalten wir die folgenden Werte:

	Fitness	Selektionskoeffizient
Homozygot Rezessive	$W_{aa} = 1$	$S_{aa} = 0$
Heterozygote	$W_{Aa} = {}^{0,25}/_{1,27}$ $= 0,20$	$S_{Aa} = (1 - 0,20)$ $= 0,80$

Es werden also 80% der Gene der Heterozygoten durch Selektion verloren. Ihre Fitness ist nur 20%.

Wir können nun den Einfluß der Selektion auf ein Hardy-Weinberg-Gleichgewicht (25.03) quantitativ bestimmen. Nehmen wir der Einfachheit halber an, es fände nur Selektion gegen homozygot

Rezessive statt, dann erhalten wir die folgenden Werte

	A/A	A/a	a/a	Total
Ausgangshäufig- keit	p^2	$2pq$	q^2	1
Selektionswert S	0	0	S	
Fitness W	1	1	$1-S$	
Nachkommen- häufigkeit	p^2	$2pq$	$(1-S)q^2$	$1-Sq^2$

Da alle Gene der homozygot Rezessiven, die Hälfte der Heterozygoten und keine der homozygot Dominanten das rezessive Allel zur nächsten Generation beisteuern, in der die Sq^2 ausselektierten homozygot Rezessiven nicht mehr gezählt werden, ist die Genhäufigkeit des rezessiven Allels in der Nachkommengeneration

$$q_2 = \frac{(1-S)q_1^2 + p\,q_1}{1 - S\,q_1^2}.$$

Die Berechnung für weitere Generationen und andere Selektionsbedingungen überlassen wir der höheren Mathematik und elektronischen Rechenanlagen. Abbildung 26.01 gibt ein Beispiel für die berechneten Änderungen von Allel- und Genotyphäufigkeiten in einer Population unter verschiedenen Selektionsbedingungen.

Drei Grenzfälle für das Schicksal einzelner Allele in Populationen sind (1) Aussterben, (2) Fixierung als einziges Allel am Genort, (3) konstante Häufigkeit innerhalb einer Serie multipler Allele (stabiler genetischer Polymorphismus, 24.05). Mit der Erkenntnis, daß genetischer Polymorphismus eher die Regel als die Ausnahme in Populationen ist, wurde es interessant herauszufinden, *unter welchen Bedingungen Selektion auf Genotypen zu stabilem genetischem Polymorphismus führen kann.* Dafür gibt es drei Möglichkeiten.

1. Heterozygote haben die höchste Fitness. Selbst Allele, die in homozygoter Kombination letal wirken, können heterozygot

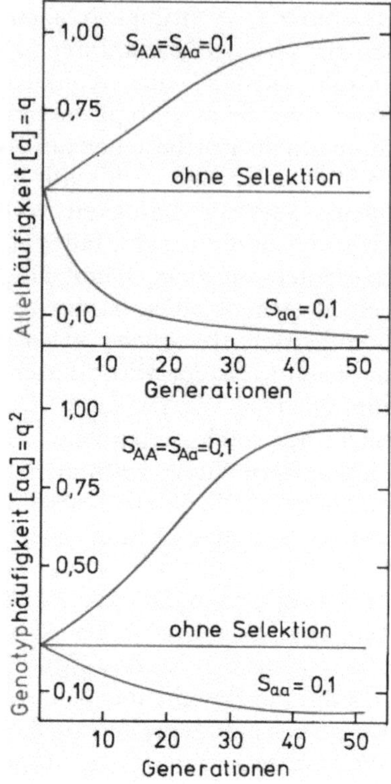

Abb. 26.01. Berechnete Änderungen von Allel- und Genotyphäufigkeiten bei Selektion gegen dominante Phänotypen (AA, Aa) oder gegen homozygot Rezessive (aa)

eine hohe Fitness haben. Die Heterozygoten stellen dann ein Reservoir für das Allel dar und erhalten es in der Population. Wir werden als Beispiel dafür Sichelzellen-Anämie beim Menschen sehen.

2. Die Fitness wechselt regelmäßig. Fitness ist keine absolute Eigenschaft eines Allels oder Genotyps, sondern sehr von bestimmten Umständen abhängig. Insektenpopulationen können mehrere Generationen pro Jahr haben. Sommergenerationen werden dann regelmäßig andere Umweltbedingungen vorfinden als Frühjahrsgenerationen. Bei der Taufliege hat man zeigen können, daß Allele, die im Frühjahr einen Selektionsvorteil haben, im Herbst ausselektiert werden. Da Selektion von Generation zu Generation anders wirkt, spielt sich ein Gleichgewicht zwischen verschiedenen Genotypen ein, um das die Genotyphäufigkeiten im Jahreszyklus schwanken.

3. Allelverlust durch Selektion wird gerade durch Neumutation ausgeglichen. Wegen der Größenordnung der Mutationsrate ist ein solches Gleichgewicht eigentlich nur bei sehr seltenen Allelen mit geringer Fitness nachweisbar. Für diese Fälle, zu denen viele Erbkrankheiten gehören, läßt sich die Mutationsrate μ indirekt bestimmen als

$$\mu = Sp.$$

Dabei ist p die Allelhäufigkeit und S der Selektionswert für das Allel (als heterozygoter Genotyp). Bei sehr seltenen dominanten Allelen entspricht p etwa der Häufigkeit der Heterozygoten.

Selektion kann also Polymorphismen erhalten. Trotzdem werden wir den Wert dieses quantitativen Ansatzes stark einschränken müssen. Deshalb sollen hier erst zwei klassische Beispiele folgen, in denen Selektionseffekte auf Einzelgen-Genotypen eindeutig nachgewiesen sind.

26.03 Sichelzellenanämie

Die sechste Aminosäure in der Sequenz der β-Kette des Hämoglobins ist normalerweise Glutaminsäure. Gelegentlich ist sie durch das hydrophobe Valin ersetzt. Auf molekularer Ebene ist die Mutation kodominant. Bei Heterozygoten ist 60–65% des Hämoglobins typisches HbA_1, 35–40% HbS mit der Aminosäuresubstitution in der β-Kette. Klinisch ist die Mutation rezessiv. Das Blut der Homozygoten enthält 90% HbS und 10% HbF. Die reduzierte Form von HbS ist weniger löslich als HbA, und Hämoglobin mit der mutierten β-Kette lagert sich in den Erythrocyten bei Sauerstoffmangel zu kristallartigen Strukturen zusammen, die die Zellmembran verformen und den Erythrocyten eine längliche Form verleihen (Abb. 26.02). Solche *Sichelzellen* bilden sich besonders in den Kapillaren und kön-

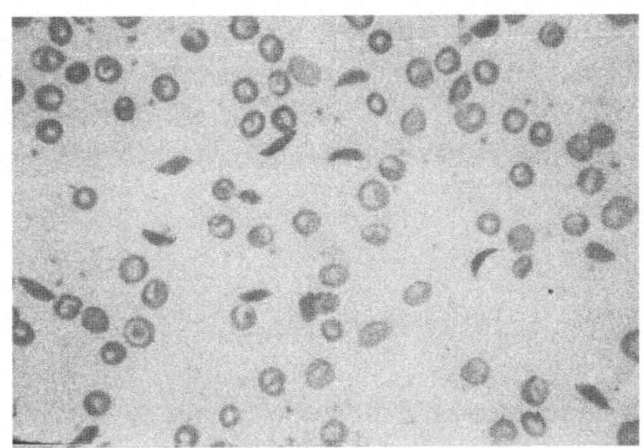

Abb. 26.02. Sichelzellen. (Aufn. H. Propping, Heidelberg)

nen zur Verstopfung der Kapillaren führen. Sichelzellen haben auch eine kürzere Lebensdauer als normale Erythrocyten. Unter Streß kommt es zu akuter Anämie und chronischen Folgen wie Gelbsucht, Milzinfarkten, Milzdegeneration, Gelenkschmerzen, Geschwüren an den Beinen, Gehirnschäden und Entwicklungsstörungen. Die Homozygoten sterben oft vor Erreichen der Pubertät. Ein einziger Basenaustausch (GAG zu GUG) macht aus dem Normalgen ein rezessives postnatales Letalgen.

Trotzdem gibt es Gegenden, besonders im tropischen Afrika, wo die Allelhäufigkeit des Sichelzellallels zwischen 15 und 20% liegt. Der Grund dafür ist, daß die heterozygoten Überträger des Allels eine höhere Fitness als die Homozygoten für das Normalallel haben.

Ausschlaggebend dabei ist die relative Resistenz der Heterozygoten gegen Infektion mit einem Typ von Malaria, der durch einen einzelligen Parasiten, *Plasmodium falciparum* (Klasse Sporozoa, Abb. 11.04), verursacht wird. Träger des Sichelzellen-Allels, auch Heterozygote, werden weniger oft infiziert, und die Infektion verläuft bei ihnen leichter und mit geringerer Letalität als bei Normalen. Es findet also Selektion gegen beide Klassen Homozygote statt, bei den einen (HbS/HbS) vermindert die Anämie die Fitness, bei den anderen (HbA/HbA) die Malaria. Die Heterozygoten (HbS/HbA) haben die höchste Fitness. Der Polymorphismus ist nur dort stabil, wo *falciparum*-Malaria häufig ist, und die Verbreitungskarten der Malaria und der Allelhäufigkeit für das Sichelzellengen sind beinahe deckungsgleich.

26.04 Industriemelanismus

Im Gegensatz zur Blockierung der Melaninsynthese bei Albinismus kommt es gelegentlich zu Mutationen in der Kontrolle der Melaninsynthese, und es entstehen Tiere, die weitgehend schwarz gefärbt sind. Solche *melanistischen* Formen gibt es auch bei Nachtfaltern. Nun ist die Flügelzeichnung bei Nachtfaltern adaptiv. Ein Falter, der tagsüber an der flechtenbewachsenen Rinde eines Baumes ruhig sitzt, fällt weniger auf, wenn die Flügel ein feinscheckiges Muster haben, schwarze Falter werden von Singvögeln leichter erkannt und öfter gefressen. Vor 1850 waren solche Mutanten seltene Preisstücke in den Schaukästen von Schmetterlingssammlern. Die Entwicklung der Industrie im 19. Jahrhundert führte im Laufe weniger Jahre zu einer derartigen Luftverschmutzung, daß sich ganze Landstriche durch Rußablagerungen schwarz gefärbt haben. In England führte das bereits 1844 zu erfolgloser Gesetzgebung. Schon 1859 wurde bemerkt, daß der Flechtenbewuchs an Baumstämmen nachließ, weil die Flechten aufgrund der Luftverschmutzung abstarben.

Auf einfarbig schwarzem Untergrund fallen aber die graugesprenkelten Nachtfalter auf. Die melanistischen Mutanten sind bevorzugt. In kurzer Zeit begannen sich melanistische Mutanten verschiedener Insektenarten auszubreiten. 1961 waren in einigen Gegenden um Manchester und Liverpool 95% aller Exemplare des Birkenfalters (*Biston betularia*) melanistisch (Abb. 26.03). Seitdem hat die Luftverschmutzung wieder abgenommen, der Flechtenbewuchs nimmt langsam wieder zu, und hell gesprenkelte Falter werden wieder häufiger.

Abb. 26.03. Drei Mutanten des Birkenfalters (*Biston betularia*), oben der Wildtyp, unten die vollständig melanistische Form. (Sammlung R. Bläsius; Aufn. M. Hermes)

Dieser dramatische Evolutionsvorgang ist sehr genau untersucht worden. Er läßt sich qualitativ erklären. Bei der quantitativen Berechnung gibt es einige Unstimmigkeiten.

Bemerkenswert zum Beispiel ist, daß die Verbreitung der hellen und dunklen Formen bei verschiedenen Falterarten der Verteilung der verschmutzten Gegenden verschieden genau folgt. Dabei spielen Populationsstruktur und Genfluß eine Rolle. *Biston betularia* ist eine relativ seltene Art, die auf Partnersuche weit umherfliegt. Eine andere Art, *Gonodontis bidentata*, ist sehr häufig und fliegt nur kurze Strecken. Damit ist der Genfluß bei *Gonodontis* geringer, und es bilden sich schärfere Grenzen zwischen Populationen mit verschiedener Fitness aus.

26.05 Systemeigenschaften erschweren die Verallgemeinerung

Mit einem sauberen quantitativen Ansatz zur Analyse von Selektionseffekten glaubte man das Rüstzeug in der Hand zu haben, einen genetischen Polymorphismus nach dem anderen qualitativ und quantitativ erklären zu können. Als in den letzten 20 Jahren Gelelektrophorese von Enzymen massenweise Daten über Allelhäufigkeiten in Populationen zu liefern begann, stellte es sich aber bald heraus, daß beinahe alle Allelhäufigkeiten genausogut durch rein statistische Drift-Effekte erklärt werden können. Es schien, als ob verschiedene Enzymallele sich in Populationen allein auf Grund der Statistik von kleinen Zahlen hielten und ihre Häufigkeiten nicht durch Selektion beeinflußt würden. Sind dann ausbalancierte Selektionseffekte, wie wir sie beim Sichelzell-Hämoglobin nachweisen können, nur seltene Ausnahmen?

Gene funktionieren nicht unabhängig im Stoffwechsel. Chemische Gleichgewichte zwischen Genprodukten und Regelprozesse im Stoffwechsel gleichen kleine Unterschiede in der katalytischen Effizienz, der Aktivität, von Enzymen aus. Die Enzymsynthese selbst wird durch andere Gene und deren Produkte geregelt. Homöostatische Effekte puffern den Stoffwechsel nicht nur gegen Einwirkungen von außen, sie stabilisieren ihn sogar in großem Umfang gegen genetische Variation im Genom. Solange ein Gen überhaupt für ein funktionierendes Enzym codiert, schlagen Variationen in der Enzymaktivität nicht unbedingt auf den Phänotyp durch. Wir sehen, daß der Phänotyp, der doch letztendlich genetisch bedingt wird, in gewissem Umfang von diesen Genen unabhängig geworden ist. Das ist ein Effekt, den ein komplexes System mit sich bringt; er ist nicht leicht zu verstehen, aber von großer Bedeutung für die Evolution.

Aber das ist nicht das ganze Problem. Die Tatsache, daß Fitness keine Konstante, sondern von vielen Faktoren abhängig ist, spielt auch eine Rolle. Wird plötzlich durch eine Stress-Situation von einem Gen besondere Funktionsfähigkeit verlangt, dann können große Unterschiede in der relativen Fitness verschiedener Allele dieses Gens zutage kommen.

Zwei Allele (F und S) des Gens für Alkohol-Dehydrogenase bei *Drosophila*, die einen einzigen Aminosäureunterschied im Protein bedingen, sind wohl das bestuntersuchte Beispiel für Selektionseffekte unter Stress auf einen Enzympolymorphismus. *Drosophila*-Maden leben in der Natur von Hefe, die sie in verfaulenden Früchten finden. Durch Gärungsprozesse kann der Alkoholgehalt in einer solchen Frucht recht hoch werden. Dann entsteht eine Stress-Situation, in der Alkoholdehydrogenase-Aktivität zur Überlebensfrage wird. Das Enzym vom F-Allel hat in der Regel eine höhere Aktivität als das S-Enzym. FS und FF-Genotypen sind bei hohem Alkoholgehalt des Mediums selektiv im Vorteil. Dieser Selektionsvorteil wird aber zum Teil durch hohe Temperatur wettgemacht. Das ADH-S-Enzym ist temperatur-stabiler. Schon in Kulturflaschen unter kontrollierten Bedingungen wird Selektion auf Alkohol-Dehydrogenase-Genotypen bei *Drosophila* kompliziert. In einer faulenden Birne im Garten spielen so viele Faktoren mit, die sich auch noch von Stunde zu Stunde verändern können, daß Voraussagen über das Überleben der verschiedenen Genotypen unmöglich werden. Zufallseffekte und Selektionseffekte sind unentwirrbar geworden.

Wir sehen also, daß unsere statistische Theorie schon bei der Anwendung auf Einzelgene irrelevant werden kann. Die Komplikationen, die noch dazu kommen, wenn wir sie auf mehrere Gene und deren Interaktionen ausdehnen, brauchen wir hier nicht zu behandeln.

Das macht die Theorie nicht wertlos. In Einzelfällen, zum Beispiel bei der Sichelzellanämie, läßt sie uns einen genetischen Polymorphismus erklären. Das wichtige Resultat dabei ist die Anwendbarkeit selbst. Sie zeigt, daß in diesen Fällen Selektion stark und konstant genug ist, um die vielen möglichen Zufallseffekte zu überspielen. Es gibt andere mathematische Theorien, die allein von statistischen Zufallseffekten ohne Selektion ausgehen. Wo allein diese Theorien auf einen Spezialfall anwendbar sind, zeigen sie uns, daß keine starke, gerichtete Selektion herrscht. Aber in den vielen Fällen, in denen Selektion und Zufallseffekte zusammenspielen, sagt uns auch eine theoretische Analyse nur, daß wir nicht voraussagen können, was geschieht.

Die Anwendung dieser alternativen Ansätze, des rein *deterministischen* (Selektion bestimmt jede Eigenschaft bis ins kleinste Detail) und des rein *statistischen* (Zufallseffekte und genetische Drift bestimmen, was geschieht), hat gezeigt, daß Enzymallele im Normalfall weitgehend der Selektion entzogen sind. Wir erklären das als ein Resultat der Systemeigenschaften des Stoffwechsels. Es ist aus dieser Sicht kein überraschendes Resultat, sondern eine direkte Konsequenz der Evolution von Systemen. Organismen sind in der Evolution immer komplexer geworden, weil sie dadurch mehr Flexibilität gegenüber Umwelteinflüssen bekommen und weil ein komplexeres System effizienter mit begrenzten Ressourcen umgehen kann. Das bedeutet, daß ein steter Evolutionsdruck zur Ausbildung von komplexen Systemen besteht, gerade weil dadurch Selektion, besonders auf die Einzelkomponenten des Systems (hier die Enzyme im Stoffwechsel), gemildert und abgebaut wird. Selektionseffekte auf höheren Organisationsebenen sind also wichtig. Sie kommen als eigenständige Effekte zur Selektion auf Komponenten (Einzelgene, Einzelmerkmale) hinzu und sind nicht aus diesen Einzeleffekten vorhersagbar.

26.06 Selektion auf Individuen, Arten und Gene

Die Überlegungen des vorigen Abschnitts machen die Sache nicht leichter, besonders wenn wir bedenken, daß es in lebenden Systemen nicht nur eine Art Komponenten und nicht nur eine Art Systeme gibt. Wir haben Moleküle, Zellen, Organe, Individuen, Populationen, Arten, Ökosysteme. Jedes höhere System übernimmt die Systemeigenschaften des nächsttieferen und fügt seine eigenen hinzu. Selektion auf jedes System wirkt indirekt auf alle Komponenten aller Untersysteme zurück. Kein Wunder, daß in der Evolutionsforschung der letzten Jahre viel darüber diskutiert worden ist, ob es nicht eine Organisationsebene gibt, die man als „Grundeinheit der Selektion" ansehen kann, um einen einigermaßen soliden Standplatz zu bekommen, von dem aus man Evolutionsvorgänge analysieren kann.

In diesem Abschnitt möchte ich aus dieser Diskussion einen Gedankengang herausschälen, der eine mögliche Lösung anzeigt. Vorab möchte ich dabei betonen, daß eine solche Vereinfachung vielleicht im Prinzip am Problem vorbeigeht. Es lohnt sich aber immer, erst einmal nach einer einfachen Lösung zu suchen. Die Komplikationen kommen schon von selbst.

Gehen wir davon aus, daß Selektion in erster Linie auf Individuen wirkt. Ganz analog zur Fitness eines Einzelgen-Genotyps können wir eine individuelle Fitness aus der Nachkommenzahl eines Individuums berechnen, bei sexueller Fortpflanzung aus der Zahl der Kinder, bei deren Zeugung ein Individuum eine Keimzelle beigetragen hat. Gerade diese sexuelle Fortpflanzung bringt aber Probleme mit sich. Kein Individuum pflanzt „sich" sexuell fort. Selektion auf Individuen sollte ausschließlich zu Konkurrenz zwischen Individuen führen und konsequenterweise zu asexueller Fortpflanzung. Hohe Fitness, wenn sie direkt an *identische* Kopien eines Individuums weitergegeben wird, sollte sich automatisch durchsetzen. Sexuelle Fortpflanzung läßt sich durch Selektion auf Individuen nicht erklären. Trotzdem ist sie die Regel.

Wir haben sexuelle Fortpflanzung üblicherweise damit erklärt, daß sie im Dienste der *Art* steht. Sexuelle Fortpflanzung sorgt für genetische Variabilität, die es *der Art* ermöglicht, flexibel auf Veränderungen in der Umwelt zu reagieren. Diese Erklärung ist so plausibel, daß es lange gedauert hat, bis man merkte, daß sie so ohne weiteres nicht richtig sein kann. Selektion beruht auf augenblicklicher Fitness. Wer jetzt mehr Nachkommen hat, ist in der nächsten Generation stärker vertreten, selbst wenn gerade diese Nachkommenschwemme zum Aussterben der ganzen Population in wenigen Generationen beiträgt. Die Erklärung, daß sexuelle Fortpflanzung auf Dauer der Art dient, läßt sich also nicht in einen Mechanismus umschreiben, durch den sexuelle Fortpflanzung entstehen und bestehen bleiben kann. Darüber hinaus ist es schwer zu verstehen, wie eine Art sich dadurch *erhalten* kann, daß sie sich adaptiv *verändert*.

Konsequenterweise müssen wir also Individuum und Art als „Hilfskonstruktionen" betrachten, die der Reproduktion anderer Evolutionseinheiten eine Generation lang bzw. einige Millionen Jahre lang weiterhelfen. Das bringt uns zurück zur DNA selbst. Nur Nukleinsäuren können sich identisch selbst replizieren, und auf dieser Selbstreplikation beruhen alle Lebensvorgänge. Bringt es uns weiter, wenn wir Individuen und Arten als Hilfskonstruktionen zur Weitergabe von DNA auffassen?

Nun gilt für das Gesamtgenom von Individuen genau das, was für Individuen selbst gilt. Auch das Genom repliziert sich nicht selbst. Gerade Genome werden bei der sexuellen Fortpflanzung aufgebrochen und neu kombiniert. Wirklich identisch replizierende Einheiten sind Unterteile von Genomen, relativ kurze DNA-Sequenzen, die wir näherungsweise mit Genen gleichsetzen wollen, obwohl selbst Rekombination innerhalb von Genen auftritt. Dennoch sind Allele von Genen das Beständigste von vergleichbarer Komplexität, das wir kennen. Einige Allele sind Jahrmillionen unverändert weitergegeben worden und einige Gene (wenn wir allele Variation nicht berücksichtigen) Hunderte von Jahrmillionen.

Ein Individuum reproduziert nicht sich selbst, sondern es gibt seine Gene weiter. Sexuelle Fortpflanzung erhält diese Gene und bringt sie zugleich in eine Reihe verschiedener, aber ähnlicher Genkombinationen ein. Das ist eine evolutionäre „Strategie", die zwar mit der Zukunft rechnet, die sich aber in der Gegenwart ausbilden kann. Gene, die es schaffen, in verschiedenen Genotypen aufzutreten, entziehen sich damit der Selektion. Sie nehmen in Kauf, daß einige dieser Genotypen eine geringe Fitness haben. Worauf es ankommt, ist die *Gesamtfitness aller Kopien* des Gens. Ob asexuelle oder sexuelle Fortpflanzung sich in der Evolution durchsetzen, wird dann zu einer Abrechnung zwischen Gewinn und Verlust zweier konkurrierender Strategien.

Das Wort „Strategie" ist aus der mathematischen Theorie von Spielen in die Evolutionslehre gekommen. Wir betrachten verschiedene Alternativen in der Evolution als Methoden, die konkurrierende Spieler anwenden, um ein Spiel, das um das Bestehenbleiben geht, zu gewinnen. Gewinn wird in Fitness gemessen. Ein Individuum, das sich asexuell fortpflanzt, setzt alles auf den einen Genotyp, der bisher gewonnen hat. Ein Individuum, das sich sexuell fortpflanzt, berücksichtigt den bisherigen Gewinn, streut aber sein Risiko auch über ähnliche Genotypen. Mechanismen, die die Rekombination einschränken oder befördern, beeinflussen die Breite dieser Streuung. Da nach jeder Spielrunde (lies Generation) ausgezahlt wird, kann Selektion wirklich zwischen sexueller und asexueller Fortpflanzung auf der Basis augenblicklicher Fitness entscheiden und sogar die Rekombinationsbreite bei sexueller Fortpflanzung laufend anpassen. Das Individuum spielt dabei nicht so sehr für sich wie für seine Gene.

Diese letzte Konsequenz ist so schwer zu akzeptieren, weil bis vor 90 Jahren kein

Mensch von der Existenz dieser Gene wußte. Und doch ist das Verhalten (im weitesten Sinne) etwa von Fröschen oder Begonien mehr auf den Bestand ihrer Gene als ihrer selbst zugeschnitten. Dies gilt besonders für die Fortpflanzung, von der Molekularbiologie über die Cytologie bis hin zu Balzverhalten, Nachkommenzahlen und Elternverhalten. Sie stellt ein *Gleichgewicht* dar *zwischen Präzision der Weitergabe und den Chancen für das Bestehenbleiben*, zwei Zielen, von denen jeweils das eine nur auf Kosten des anderen verbessert werden kann. Am Beispiel des „Altruismus" sozialer Insekten werden wir illustrieren, wie sonst unerklärliche Verhaltensmuster unter genetischer Kontrolle verständlich werden, wenn wir sie aus der Perspektive der Gene betrachten. Auf einer ganz anderen Ebene haben wir das schon am Genom der Eukaryonten (17.01) gesehen, das ganz eindeutig nicht auf die Rolle zugeschnitten ist, die man ihm so lange zugeschrieben hat, nämlich dem Organismus bei der Fortpflanzung zu dienen. Das tut das Genom zwar, schaut man aber auf die relative Unabhängigkeit von Genom und Organismus, dann trifft man den Sachverhalt besser, wenn man den Organismus als Hilfskonstruktion des Genoms zu seiner eigenen Weitergabe in größtmöglicher Unabhängigkeit von der Umwelt betrachtet. Genome wiederum haben eine mehr oder weniger integrierte Gesamtstruktur, aber diese setzt nur recht grobe Rahmenbedingungen für ein inner-genomisches Tauziehen um Kooperation oder Konkurrenz zwischen einzelnen DNA-Sequenzen, also „Genen" im weitesten Sinne. Von einer Unterordnung der Gene unter die Genomstruktur in der Art, wie Zellen unter die Gesamtorganisation des Organismus untergeordnet sind, kann keine Rede sein.

26.07 Konsequenzen der Genselektionshypothese

Der Gedankengang, der in diesen Abschnitten nachvollzogen wird, stellt den Anfang einer Neuordnung der Evolutionstheorie dar, nicht das abgerundete Resultat. Daß er dennoch „lehrbuchreif" ist, hängt weniger von den molekulargenetischen Resultaten ab, die ein neues Überdenken der Theorie erzwingen, als von der weiten und oft irreführenden Popularisierung dieser Überlegungen innerhalb und außerhalb der Wissenschaft. Schlagworte wie „Gene sind egoistisch" oder „das Individuum ist ein Spielball seiner Gene" erwecken den Eindruck, als ob es sich hier nicht vorwiegend um Neuinterpretation bekannter Tatsachen, sondern um neue Tatsachen handelt, die zwingende Konsequenzen für individuelles Verhalten und seine rechtliche und ethische Beurteilung haben. Aus unseren Überlegungen folgt nun aber gerade *nicht*, daß genetische Faktoren einen direkteren Einfluß auf unser Verhalten haben, als wir dachten. Im Gegenteil. Jede Zunahme an Komplexität biologischer Organisation hat das Genom mehr von einer direkten Auseinandersetzung mit der Umwelt isoliert (26.05). Gene programmieren den Organismus indirekt und flexibel, so daß derselbe Genotyp durch bedingte Reaktionen in der Entwicklung jeder zu erwartenden Umwelt ein passendes Gesicht in der Form eines individuell adaptierten Phänotyps zeigen kann. Dahinter versteckt können die Gene unverändert bestehenbleiben.

Wir sehen diese deutliche, aber nicht zwangsweise Programmierung an längst bekannten Eigenschaften wie Kinderliebe (eigene mehr als fremde, fremde Kinder mehr als fremde Erwachsene, es sei denn potentielle Fortpflanzungspartner, etc.). Weder haben wir diese Verhaltensmuster in den letzten Jahren entdeckt, noch werden sie durch diese biologische Erklärung neu bewertet. Sie könnten uns aber helfen, Konflikte zwischen gefühlsmäßiger Reaktion und überlegtem Handeln besser zu durchschauen und zu handhaben, und zwar als Einzelpersonen wie auch in der Gesellschaft.

Hier deutet sich eine theoretische Einbeziehung der Soziologie in die Biologie bis hin zur Molekularbiologie an, die in den letzten Jahren unter dem Namen „Soziobiologie" propagiert und kontrovers diskutiert worden ist. Bei dieser Diskussion haben Kompetenzstreitigkeiten die Abgrenzung extremer Standpunkte zur Folge gehabt, voreilige Publizität hat die Konsequenzen einer noch nicht bestehenden Theorie ideologisch dramatisiert, und respektable Wissenschaftler sind bei gutgemeinten Rettungsversuchen hart an die Grenzen zulässiger Argumentation gestoßen. Das zeigt, wie wichtig, brisant und schwierig dieses neue Fach ist.

26.08 Altruismus

Es ist gar nicht selten, daß Individuen Verhaltensweisen zeigen, von denen sie selbst keinen Nutzen haben, die aber anderen Individuen helfen. Anscheinend oder nachweislich opfern sie ihre individuelle Fitness der anderer Individuen. Auch hier sind wir bisher davon ausgegangen, daß solche Verhaltensweisen der Art dienen, ohne damit zu erklären, wie sie durch Selektion zwischen Individuen entstehen können.

Am deutlichsten sind solche Effekte bei sozialen Insekten wie Bienen, Ameisen oder Termiten. In den Staaten sozialer Insekten ist oft die Mehrheit aller Mitglieder steril und arbeitet im Dienst der Fortpflanzung von wenigen Geschlechtstieren. Daß die Einteilung in Geschlechtstiere und Arbeiter in der Individualentwicklung festgelegt wird und ein Individuum keine freie Wahl hat, ist dabei unwichtig. Wie kann sich ein solches System, so effektiv es schließlich auch ist, überhaupt ausbilden? Mit Konkurrenz zwischen Individuen ist es nicht vereinbar.

Wichtig für die Erklärung des Sozialverhaltens von Insekten ist die Tatsache, daß alle Mitglieder des Insektenstaates eng miteinander verwandt sind. In der Regel sind es die Kinder des einen weiblichen Geschlechtstieres, der Königin. Sie haben also mit der Königin und mit anderen Mitgliedern des Staates viele Allele gemeinsam. Wenn wir davon ausgehen, daß Individuen darauf programmiert sind, ihre Allele weiterzugeben, bedeutet das nicht, daß es sich um die Kopien dieser Allele in ihren eigenen Genomen handeln muß. Es kann durchaus sein, daß Kooperation mit nahen Verwandten insgesamt die Fitness der eigenen Allele (der eigenen Kopien davon und der Kopien im Genom der Verwandten) erhöht. Dazu muß das Individuum natürlich wissen, wo diese Allele sind. Der Verwandtschaftsgrad ist der einfachste Maßstab dafür, aber nur, wenn Individuen den Grad ihrer Verwandtschaft mit anderen Individuen erkennen können. Die Stabilität von solchen Kooperationen wird also vom Risiko für die eigene Fitness, vom Verwandtschaftsgrad und vom Erkennen des Verwandtschaftsgrades abhängen. Das sind nachprüfbare Voraussetzungen, die zu einigen überraschenden Ergebnissen führen. Der Bienenstaat ist ein Beispiel dafür.

Die Bienenkönigin ist ein befruchtetes diploides Weibchen, das zwei Sorten Eier legen kann, befruchtete, aus denen Weibchen werden, entweder Arbeiterinnen oder neue Königinnen, und unbefruchtete, aus denen Männchen, Drohnen, werden. Die Gene der Arbeiterinnen kommen zur Hälfte vom Vater. In diesen Genen gleichen sich alle Arbeiterinnen im Nest. Darüber hinaus kommt die Hälfte von der Königin. Davon haben die Arbeiterinnen also nur die Hälfte (der heterozygoten) gemeinsam. Insgesamt ist der Verwandtschaftsgrad (der Prozentsatz gemeinsamer Allele) zwischen Arbeiterinnen also $\frac{1}{2} + (\frac{1}{2} \times \frac{1}{2}) = \frac{3}{4}$, und damit höher als der Verwandtschaftsgrad von $\frac{1}{2}$, den sie als Sexualtiere mit ihren Töchtern haben würden. Das haploid/diploide System der Geschlechtsbestimmung macht es also möglich, daß Arbeiterinnen mehr für das Fortbestehen *ihrer Allele* tun, indem sie bei der Aufzucht ihrer jüngeren Schwestern helfen, als wenn sie dieselbe Energie in die Aufzucht von Töchtern investieren.

Eine Reihe weiterer Verhaltensweisen, die auf den ersten Blick unverständlich sind, können auf der Basis von Genen als Evolutionseinheiten erklärt werden. Anstatt einige davon aufzuzählen, möchte ich eine einschränkende Bemerkung machen. Ein altruistisches Verhaltensmuster kann stabil sein, weil es die Fitness aller Genkopien, die mit denen im handelnden Individuum gleich sind (engl. „inclusive fitness") erhöht. Das besagt noch nicht, daß dieses Verhaltensmuster entstehen *mußte*. Nur in zwei verschiedenen Insektengruppen finden wir die extreme Form der Staatenbildung, bei den Hymenopteren (Bienen, Wespen, Hummeln), wo es oft unabhängig voneinander entstanden ist, und bei den Termiten. Es muß also in diesen beiden Gruppen zusätzliche genetische Voraussetzungen geben, die gerade diesen möglichen Evolutionsvorgang auch besonders wahrscheinlich machen. Wenn wir eine Fitness-gegen-Kosten-Abrechnung machen, dann ist das analog der Berechnung eines chemischen Gleichgewichtes. Solch ein Gleichgewicht ist möglich und stabil, aber ohne Katalyse praktisch oft nicht zu erreichen. Daß ein Verhaltensmuster stabil gegen genetisch bedingte Alternativen ist, sagt noch nicht, daß es entstehen *mußte*.

26.09 Das Problem der Adaption

Wir setzen Fitness heute konsequent mit relativer Reproduktionsrate gleich und folgern, daß *alle* Mechanismen, die zum Fortbestehen einer Art (eines Gens, einer Eigenschaft) beitragen, die Fitness beeinflussen. In der klassischen Evolutionslehre hat man immer wieder versucht, Darwinsche Fitness oder wenigstens ihre Komponenten direkt und unabhängig von der Reproduktionsrate vorauszusagen. Ein natürlicher Ausgangspunkt dafür scheint die *Adaption* von Organismen zu sein, ihre Angepaßtheit an ihre Umwelt. Die Morphologie und Physiologie von Organismen ist ganz offensichtlich eine Antwort auf spezifische Umweltansprüche. Organismen, die nicht angepaßt sind, sterben aus. Wie spezifisch und hervorragend Organismen an ihre Umwelt angepaßt sind, läßt sich durch beliebig viele Beispiele illustrieren.

Es ist deshalb gar nicht leicht zu verstehen, warum gerade Adaption zur Zeit einer der umstrittensten Begriffe in der Evolutionslehre ist. Hauptsächlich liegt das an der (aus heutiger Sicht) unglaublichen Naivität, mit der man mit dem Begriff „Adaption" umgegangen ist. Am wenigsten stört dabei, daß mit „Adaption" oder „Adaptation" nebeneinanderher drei verschiedene Dinge bezeichnet werden: (1) der Vorgang des Anpassens, (2) der Zustand des Angepaßt-Seins, (3) eine Teilstruktur (ein Organ, eine Verhaltensweise), die dem Angepaßtsein dient. Adaption von Reptilien an den Luftraum hat zur Evolution der Vögel als Adaption an den Luftraum geführt, wobei der Flügel eine Adaption im Dienste des Fliegens darstellt. Warum nicht?

Die wirklichen Probleme liegen tiefer. Die vielen verblüffenden Beispiele anscheinend perfekter Adaption haben den Eindruck geweckt, daß alle Organismen in allen ihren Eigenschaften perfekt adaptiert sind. Anstatt nach Möglichkeiten zu suchen, wie man diese Hypothese experimentell prüfen kann, hat man sie als feststehende Tatsache betrachtet. Für jede beliebige Eigenschaft jedes Organismus hat man sich automatisch gefragt, „wofür sie gut ist". Man dachte sogar, daß diese Frage der eigentliche Prüfstein der Evolutionstheorie ist. Eine Eigenschaft, die nicht als Adaption erklärbar ist und deren Zweck man nicht erkennen kann, sollte die Darwinsche Theorie widerlegen. Ein klassisches Beispiel dieser Art sind die auffallenden Farbmuster auf den Gehäusen von Meeresschnecken. Beim lebenden Tier sind diese Muster teils unter

Hautfalten verborgen, teils so mit Algen und Kleingetier bewachsen, daß sie nicht gesehen werden können. Ein ähnliches Problem sah man bei Pflanzen, die sich durch Gift oder Dornen gegen Freßfeinde wehren. In jedem Fall kann man aber Freßfeinde finden, die gerade auf eine solche Pflanze spezialisiert sind.

Viel größere Probleme als diese auffallenden, aber anscheinend nicht adaptiven Eigenschaften machte jedoch die Erklärung der deutlich adaptiven. In der Regel ist es nämlich möglich, für eine bestimmte Eigenschaft nicht nur *eine* plausible adaptive Erklärung zu finden, sondern mehrere, die jede allein völlig ausreichte. So hat es beispielsweise eine Auseinandersetzung darüber gegeben, ob die eigenartige Eigenschaft vieler Säugetiere, die Hoden aus ihrer ursprünglichen Lage in der Nähe der Nieren in einen exponierten Hodensack zu verlegen, den Vorteil hat, daß sie dort gekühlt werden, oder ob der Hodensack als Signalstruktur beim Sexualverhalten entstanden ist. Beide Funktionen lassen sich experimentell nachweisen.

Diese Art Argumentation wird dadurch ad absurdum geführt, daß es oft genauso leicht ist, eine Eigenschaft zu erklären wie die Alternative dazu. Gäbe es den Hodensack nicht, würde jemand, der solch eine Struktur für möglich oder gar vorteilhaft hielte, nicht ernst genommen. Bestenfalls würde man ihm erklären, warum es unvorstellbar ist, ein derart wichtiges Organ in eine derart exponierte Lage zu bringen. Nicht logisches Denken, sondern der Schock des Resultats, daß viele molekulare Eigenschaften keinerlei nachweisbaren adaptiven Wert haben, hat uns klar gemacht, daß das meiste, was bisher über Adaption geschrieben worden ist, aus unüberprüfbaren Antworten auf eine unbegründete Frage besteht.

Die zentrale Rolle der Adaption wird dadurch natürlich nicht berührt. Nur haben wir über den vielen faszinierenden Beispielen die biologische Problematik noch nicht voll verstanden.

26.10 Adaption, Spezialisierung, Konkurrenz

In gewissem Sinn ist jeder Organismus ein Abbild seiner Umwelt. Man kann einer Pflanze ansehen, ob sie im Schatten oder in der Sonne, im Trockenen oder im Nassen wächst. Laborexperimente können noch detailliertere Aufschlüsse über die Ansprüche eines Organismus an seine Umwelt geben. Diese „Ansprüche des Organismus an seine Umwelt" sind aber auch Antworten des Organismus auf Ansprüche, die die Umwelt stellt. Ganz deutlich ist jede Art an bestimmte Umweltbedingungen adaptiert.

Das bedeutet aber, daß *Adaption immer auch Spezialisierung* einschließt. Weitaus die meisten Süßwassertiere sterben in kurzer Zeit, wenn sie in Seewasser gebracht werden, Meerestiere überleben nicht im Süßwasser. Schattenpflanzen verbrennen in der Sonne, Sonnenpflanzen verkümmern im Schatten. Adaptionen können verschieden breit sein. Einige wenige Fische können in Seewasser und Süßwasser überleben, einige Pflanzen wachsen in beinahe jedem Boden, andere haben so spezifische Ansprüche, daß sie außerhalb ihres natürlichen Standortes praktisch nicht erfolgreich angepflanzt werden können. Dennoch ist jeder Organismus auf einen kleinen Ausschnitt der bewohnbaren Umwelt spezialisiert und an diesen Abschnitt adaptiert.

Für diesen Ausschnitt hat man den Ausdruck „ökologische Nische" geprägt. Das bedeutet aber nicht, daß es sich um einen bestimmten Platz oder eine Reihe von Plätzen handelt, an denen die Art vorkommen kann. Die „ökologische Nische" ist ein Ausschnitt aus dem gesamten Repertoire aller möglichen Umweltbedingungen. Sie ist also nicht eine Eigenschaft der Umwelt, sondern eine Eigenschaft des Organismus: die Beschränkung, die er sich durch Adaption auferlegt hat. So gebräuchlich wie der Ausdruck „ökologische Nische" ist, so überflüssig und irreführend ist er. Alle Fragen, die man an ökologische Nischen stellt, sind einfacher zu beantworten, wenn man sie direkter stellt, einige erübrigen sich von allein. Das „Gesetz", daß zwei verschiedene Arten nicht dieselbe Nische besetzen können, wird dann zu der Tatsache, daß zwei verschiedene Arten nicht identisch sind.

Bleiben wir also dabei, daß alle Organismen sich durch Adaption spezialisieren, also beschränken. Zwangsweise schränkt eine Art, die sich speziell adaptiert, ihren Lebensraum und ihre Individuenzahlen ein und erhöht damit die Wahrscheinlichkeit, auszusterben. Dieser verblüffende Aspekt der Adaption ist keineswegs eine logische Spiegelfechterei. Schauen wir durch die Listen der vom Aussterben bedrohten Tier- und Pflanzenarten, dann finden wir einen besonders hohen Anteil an hochspezialisierten, perfekt adaptierten Arten. Wir müssen uns also zuerst einmal fragen, warum sich Arten überhaupt spezialisieren, anstatt jedem Druck zur Spezialisierung entgegen zu wirken und zu versuchen, die ganze Welt zu erobern.

Die Antwort auf diese Frage zeigt uns deutlicher als alles andere, daß Evolution durch augenblickliche Fitnessabrechnungen bestimmt wird und nicht durch irgendeinen Gesamtplan. Kein anderes biologisches Phänomen scheint auf den ersten Blick so eindeutig Zielstrebigkeit und Zweckbedingtheit zu demonstrieren wie spezielle Adaption, und kein anderes Phänomen stellt sich bei näherem Hinsehen deutlicher als zufallsbedingt und durch augenblickliche Selektion gesteuert heraus.

Zweifelsohne passen sich Arten an ihre Umwelt an und sind „Abbilder ihrer Umwelt". Ein zentraler Faktor dabei ist aber das Verhältnis von Arten untereinander unabhängig von der Umwelt. Dabei spielt wirklich die Art eine Rolle als Evolutionseinheit, auch wenn Überleben und Fortpflanzung auf der Ebene des Individuums abgerechnet werden. Selektion auf Individuen hat nämlich verschiedene Konse-

quenzen für Individuen, zwischen denen Genaustausch besteht, und solche, die genetisch isoliert sind.

Das neue Prinzip dabei ist *Konkurrenz um begrenzte Ressourcen* wie Nahrung und Lebensraum. Konkurrenz zwischen Individuen einer Art wird immer wieder dadurch gemildert, daß diese Gene austauschen und ihre Nachkommen damit untereinander verbunden sind. Das Resultat solcher Konkurrenz zwischen Individuen wird auf diese Weise an die gesamte Art weitergegeben. Die Art kann sich adaptiv verändern, sie wird dadurch nicht aussterben. Bei Konkurrenz zwischen Individuen zweier verschiedener Arten findet dieser Ausgleich nicht statt. Was eine Art verliert, gewinnt die andere, eine Art kann zunehmen, die andere aussterben. Je weniger zwei ähnliche Arten miteinander konkurrieren, desto größer ist die Wahrscheinlichkeit, daß beide Arten nebeneinander bestehenbleiben.

Nun werden die jeweils einander ähnlichsten Individuen beider Arten am stärksten miteinander konkurrieren. Man kann sich deshalb vorstellen, daß *irgendwelche* Unterschiede in der Ressourcenausnutzung zwischen zwei konkurrierenden Arten einer Selektion als Angriffspunkt dienen, die diese Unterschiede vergrößert, indem die einander ähnlichsten Individuen beider Arten durch ihre Konkurrenz an Fitness einbüßen. Wichtig dabei ist, daß solche Unterschiede wenigstens im Ansatz bestehen müssen, daß es aber die verschiedensten Möglichkeiten zur Aufteilung von Ressourcen gibt. Die Selektion wird um so schwächer werden, je weniger Überlappung zwischen der Ressourcennutzung der beiden Arten verbleibt. Wir haben wieder den Fall von Selektion auf geringere Selektion (vgl. 25.09).

Beispiele dafür sind etwa Frösche, die im selben Teich laichen und sich die Laichzeit einteilen, oder Raupen, die sich auf verschiedene Futterpflanzen spezialisieren, aber auch Vogelarten, die sich durch Unterschiede in der Schnabelform auf

Futterkörner verschiedener Größe spezialisieren.
Im Endeffekt sieht das so aus, als hätten
sich die ähnlichen Arten friedlich abge-
sprochen, die Ressourcen redlich zu teilen. In Wirklichkeit handelt es sich um
das Resultat eigennützigster Konkurrenz
zwischen Individuen, denen dabei auch
ihre Artzugehörigkeit gleich sein kann.
Ob es dabei zum Aussterben der einen
Art kommt oder zum stabilen Gleichgewicht und auf welcher Ressourcentrennung das Gleichgewicht beruht, hängt
völlig vom Zufall ab. Bestehen bleiben
nur die stabilen Systeme. Kein Wunder,
daß wir in jedem stabilen System koexi-
stierender ähnlicher Arten irgendeine
Form von Ressourcentrennung finden.

26.11 Mannigfaltigkeit

Diese Betrachtung erklärt auch, warum
es so viele Arten gibt und darüber hinaus
auch noch so viele ähnliche. Wie mannig-
faltig ein Ökosystem wird, hängt von verschiedenen Faktoren ab, besonders von
der Konstanz der Umweltfaktoren. Ändern sich die Selektionsfaktoren (Klima,
Nahrungsangebot etc.) unregelmäßig,
dann wirken sie einer Spezialisierung der
Organismen entgegen; ändern sie sich im
Jahreszyklus, dann fördern sie die Ressourcentrennung in der Zeit; ändern sie
sich nicht, dann können sich besonders
viele Mechanismen der Ressourcentrennung ausbilden.
Die Artenmannigfaltigkeit eines Ökosystems hängt natürlich auch von seinem
Alter ab und von seiner räumlichen Isolation. Bei isolierten Ökosystemen wird
langsame Artbildung am Ort mehr zur
Vielfalt beitragen, bei nicht isolierten
wird Einwanderung von Arten aus der
Nachbarschaft eine Rolle spielen. Das hat
dann auch wieder einen Einfluß auf die
Stabilität eines solchen Systems. Gerade
bei isolierten Ökosystemen ist die Chance
groß, daß eine Art, die dort einwandert
(oder vom Menschen ausgesetzt wird),

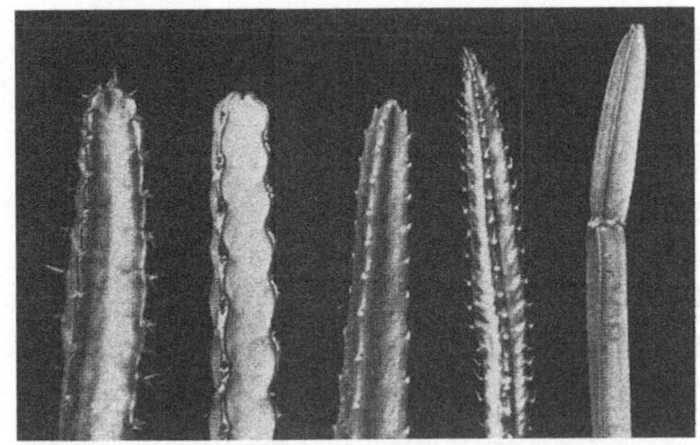

Abb. 26.04. Konvergente Evolution zur Stamm-
Sukkulenz bei Wüstenpflanzen. Die Pflanzen gehören fünf verschiedenen Familien an. Von links nach
rechts: Kaktus, Wolfsmilchgewächs, Asclepiadacee,
Korbblütler, Weingewächs. (Aufn. W. Rauh, Heidelberg)

das Gleichgewicht zwischen Arten stört
oder zusammenbrechen läßt.
Das Wechselspiel zwischen Umwelt und
Genetik bei der Ausbildung lokaler Ökosysteme zeigt sich besonders schön, wenn
wir Ökosysteme vergleichen, die sich an
weit auseinanderliegenden Orten mit ähnlichen Umweltbedingungen ausgebildet
haben. Wir finden dann häufig die gleichen Typen von Adaptionen, ohne daß
sie durch nahe verwandte Arten vertreten
sein müssen. Die typischen Schlingpflan-
zen verschiedener Waldsysteme entstammen nicht nur verschiedensten Pflanzen-
familien, sie haben oft auch verschiedene
Organe zu Ranken umgebildet. Die suk-
kulenten Pflanzen in Wüstengebieten sehen auf den ersten Blick alle wie Kakteen
aus (Abb. 26.04). Hinter dieser gemeinsamen Adaption verstecken sich die verschiedensten Ausgangstypen. Alle einigermaßen großen, gut schwimmenden
Wassertiere ähneln Fischen, auch Wale,
und Wale sind Säugetiere. Dagegen gibt
es Fische, die ganz und gar nicht wie „typische" Fische aussehen, sondern einen
ganz anderen adaptiven Typ vertreten.
Man hat solche „konvergente Evolution", also das Entstehen sehr ähnlich
adaptierter und damit auch sehr ähnlich
aussehender Arten aus ganz verschiedenen Ahnenformen, oft so interpretiert,
daß jedes System eine Anzahl „ökolo-

gischer Nischen" enthält, und daß es mehr oder weniger zufällig ist, welche Art die Nische zuerst findet und besetzt. Diese Interpretation der ökologischen Nische als etwas, das außerhalb eines Organismus leerstehen und auf ihn warten kann, streitet sich aber mit der oben zitierten. Worauf es ankommt ist, daß die Struktur der Umwelt jeweils bestimmte Ressourcennutzungen besonders nahelegt, so daß auch bei verschiedenem Artenangebot diese Ressourcennutzung gefunden wird und zu den passenden Adaptionen im Rahmen der genetischen Möglichkeiten der (zufällig) vorhandenen Arten zwingt.

Wir haben in diesem Kapitel Selektion, Fitness und Adaption ziemlich theoretisch behandelt und dabei auf die vielen faszinierenden Beispiele verzichtet, die zeigen, was für unwahrscheinliche und erstaunliche Konsequenzen Selektion haben kann. Dies geschah absichtlich. Naturfilme und Bildbände über Tiere und Pflanzen überbieten sich heute darin, möglichst eindrucksvolle Beispiele möglichst schön darzustellen. Hoffen wir, daß soviel wie möglich von dieser Mannigfaltigkeit erhalten bleibt.

Ich habe mir auch Mühe gegeben, die „soziobiologischen" Konsequenzen und Analogien dieser neuen Evolutionstheorie nicht zu erwähnen. Sie sind so emotionsgeladen, daß eine kurze Andeutung mehr schaden als nutzen kann. Wenn es um den Menschen geht, hat die Logik auch in der Wissenschaft einen schweren Stand. Vielleicht ist der eine oder andere Leser aber gerade an diesen Konsequenzen interessiert. Für solche Leser möchte ich eine soziobiologische Frage zur Diskussion stellen, die sich aus dem Gedankengang dieses Kapitels ergibt: „Lassen sich die segensreichen Errungenschaften der Medizin für die Art ‚Mensch' ausschließlich aus den eigennützigen Motiven einzelner Individuen erklären, die ohne Rücksicht auf die weitreichenden Konsequenzen allein ihr Wohlsein und damit den Fortbestand ihrer Gene sicherstellen wollen?"

27 Die historische Evolution

27.01 Die Bedeutung der Abstammungsgeschichte

Die Aufklärung der molekularen Grundlagen von Reproduktion, Mutation, Rekombination und Entwicklung zwingt uns, alle Konzepte der Evolutionslehre neu zu überprüfen. Dadurch hat die Evolutionstheorie bereits eine neue Grundlage erhalten. Zugleich hat diese Überprüfung deutliche Schwächen in der bisherigen Beweisführung bloßgestellt. Man hat sich darum gerade in der letzten Zeit wieder Gedanken über die erkenntnistheoretischen Grundlagen des Faches gemacht.

Naturwissenschaftliche Forschung beschränkt sich grundsätzlich auf allgemeine Prinzipien, die nur an wiederholbaren, statistisch häufigen Prozessen nachprüfbar sind. Wir wollen diese Prinzipien verstehen, um ihnen nicht ausgeliefert zu sein, sondern sie gezielt anwenden zu können.

Die Evolution der Organismen insgesamt ist ein einmaliger historischer Vorgang. Setzte die Evolution sich allein aus vielen unabhängigen, oft wiederholten Teilprozessen zusammen, dann könnten wir unsere hypothetisch-deduktive Methode ohne Schwierigkeiten darauf anwenden. Wäre dagegen die Evolution insgesamt ein einziger, integrierter Vorgang, zum Beispiel dadurch, daß sie ein vorgegebenes Ziel anstrebte, dann könnten wir wenigstens „induktiv" vorgehen, den bisherigen Trend bestimmen und ihn in die Zukunft extrapolieren. Das sorglose Durcheinander von deduktiven und induktiven Ansätzen in der klassischen Evolutionsforschung ist eigentlich erst in den letzten Jahren deutlich geworden.

Die Evolution der Organismen setzt sich wirklich aus einer unendlich großen Anzahl von Teilprozessen zusammen, die aber nur zum Teil unabhängig voneinander sind. Wir können allgemeine Mechanismen für die Teilvorgänge finden, aber wie diese Mechanismen im Einzelfall wirken, hängt von der Vorgeschichte ab. Jeder Organismus ist ein Produkt seiner Abstammungsgeschichte und einer Umwelt, die er zum Teil mitgestaltet.

Zu oft ist man davon ausgegangen, daß das, was stattgefunden hat, stattfinden mußte. Natürlich *konnte* es stattfinden. Die Evolution hätte aber auch anders verlaufen können. Ohne die Möglichkeit, langzeitige Evolutionsvorgänge im Labor zu wiederholen, sind Spekulationen über diese anderen Möglichkeiten schwierig. Am einfachsten ist es noch, wenn wir lebende Organismen als Produkte ihrer Abstammungsgeschichte untersuchen (27.05–27.08). Lebende Organismen können wir experimentell untersuchen. Bei den fossilen Resten von Organismen vergangener Perioden können wir das nicht. Nun haben wir aber Fossilien, und zwar in riesigen Mengen. Oft sind diese Fossilien so gut erhalten, daß wir kleinste Details erkennen und detaillierte Rückschlüsse auf die Biologie der Organismen machen können. Viele fossile Arten sind stellenweise so zahlreich, daß Populationsuntersuchungen, selbst Analysen der Allelhäufigkeiten einzelner Gene, die wir von lebenden Organismen her kennen, möglich sind. Organismen sind beim Kopulieren und beim Gebären abgetötet und zu Fossilien geworden, bei einigen sind

Parasiten und Darminhalt zu sehen, einige haben Spuren, Kot oder Fraßspuren hinterlassen, von einigen sind Wohnröhren fossil erhalten. Das Material ist ungeheuer reichhaltig und faszinierend. Es ist deshalb leicht, über dem, was erhalten ist, das zu vergessen, was nicht erhalten ist. Zu den Gefahren, die die historische Analyse mit der Überbetonung des Wirklichen vor dem Möglichen bringt, kommt also noch das Problem, daß gerade die Reichhaltigkeit des Materials eine Vollständigkeit und Ausgewogenheit vorspiegelt, die in Wirklichkeit gar nicht besteht. Gibt schon die Analyse von experimentell analysierbaren Evolutionseffekten genügend Anlaß zu alternativen und einander widersprechenden Interpretationen, dann wird das Problem noch unendlich viel größer bei der Analyse des Fossilienmaterials.

Zweifellos spielt das Fossilienmaterial in der heutigen Evolutionsforschung eine immer geringere Rolle. Es zeigt uns aber einen großen Ausschnitt aus dem, was wirklich geschehen ist. Wenn wir uns auf diesen dokumentierenden Charakter beschränken, erhalten wir daraus wichtige Information über Zeitkonstanten in der Evolution, die wir aus den Evolutionsmechanismen selbst nicht voraussagen können.

Wir sehen im Experiment, daß Selektion innerhalb weniger Jahre die Morphologie einer Population verändern kann, aber wir sehen nicht, wie lange und wie stark Selektion in der Natur in einer Richtung wirken kann. Ändern sich Arten in der Regel langsam und stetig über längere Zeiträume, so daß es schwierig ist, genau festzulegen, wann eine Art in die andere übergeht („phyletische Evolution"), oder entstehen Arten oft unter besonderen Umständen in ganz kurzer Zeit und bleiben dann sehr lange unverändert bestehen, bis wieder eine genetische oder eine Umweltkrise zu schneller Artbildung führt („Unterbrochenes Gleichgewicht", engl. „punctuated equilibrium")? Hat die Entstehung von Arten die weitere Artbildung dadurch eingeschränkt, daß für jede mögliche Art bereits ein gut adaptierter Konkurrent vorhanden ist, oder hat die Entstehung von Arten die weitere Artbildung dadurch gefördert, daß die jeweiligen Arten neue Umweltfaktoren geschaffen haben oder (für Parasiten) sind? All dies ist möglich. Was wir auch finden, wir können es erklären. Gerade deshalb würden wir aber gerne wissen, wie sich das Zusammenspiel aller möglichen Faktoren über längere Zeit hin auswirkt. Nach strengen Maßstäben ist auch das eher Neugier als Naturwissenschaft. Es gibt keinen Grund, warum die bisherigen Zeitkonstanten unter den jetzigen Umständen beibehalten werden sollten. Die Einmischung des Menschen in die Evolution schafft heute völlig andere Voraussetzungen. Wir können den Verlauf der Evolution keine hundert Jahre in die Zukunft extrapolieren. Wir lernen aus der Abstammungsgeschichte nichts, was wir nicht erst hier und heute experimentell untersucht haben. Sie gibt uns allein den zeitlichen Rahmen für die Evolution bis heute. Selbst und gerade die historische Analyse der Evolution des Menschen lenkt eher von wichtigeren Problemen ab, als daß sie zu ihrer Lösung beiträgt. Solange wir das zugeben und uns nicht aufs Glatteis historischer Kausalanalyse begeben, können wir uns vom Interesse der Öffentlichkeit an dieser „Ahnenforschung im Großen" tragen lassen und dabei ein paar nützliche Zeitkonstanten auflesen, die uns unsere Kurzzeitforschung nicht liefert.

27.02 Messung der Evolutionsrate

Jede Abschätzung der *Geschwindigkeit von Evolutionsprozessen* in der Natur hängt von einer zuverlässigen *Datierung des Fossilienmaterials* ab. Die wichtigste Methodik dafür ist die *Bestimmung radioaktiver Zerfallsprodukte*. Der Zerfall des *Kohlenstoffisotops* ^{14}C hat eine Halbwertszeit von 5770 Jahren. In der Atmosphäre ist das Verhältnis $^{14}C/^{12}C = 10^{-6}$. Entsprechend diesem Verhältnis wird ^{14}C auch in kohlenstoffhaltige Strukturen eingebaut. Nach dem Tode findet kein Einbau mehr statt. Alle 5770 Jahre sinkt dann der Anteil von ^{14}C auf die Hälfte des jeweiligen Ausgangswerts. Diese Datierungsmethode ist also für Zeitspannen in der Größenordnung von 10^4 Jahren anwendbar. Andere Isotope werden für längere Zeiträume angewandt. Bei der *Kalium-Argon-Methode* rechnet man mit der Halbwertszeit von $1,3 \times 10^9$ Jahren für ^{40}K.

Mit solchen Methoden können Evolutionsvorgänge datiert werden, zum Beispiel die Trennung der Vorfahrenlinien für moderne Säugetiere und moderne Reptilien. Solche Daten dienen aber nicht nur zur direkten Bestimmung der Zeitskala von Evolutionsprozessen. Man kann sie auch dazu benutzen, relative Zeitskalen zu eichen. Eine besondere Rolle spielen dabei molekulare Vorgänge, die über längere Zeiträume mit statistischer Stetigkeit ablaufen. Wir haben das bereits bei der Austauschrate von Aminosäuren in Proteinen gesehen (10.06). Das gilt auch für die Austauschrate von Basenpaaren in der DNA. Die direkte Analyse von Basensequenzen läßt uns auch Austausche sehen, die keinen Einfluß auf die Proteinsequenzen haben, also vor allem Austausche in der dritten Codon-position, aber auch Änderungen in der Basensequenz von DNA, die überhaupt nicht in Proteine umgeschrieben wird.

Die Genauigkeit solcher „molekularer Uhren" wird immer noch heftig diskutiert. Weil es sich um statistische Vorgänge handelt, hängt die Genauigkeit natürlich von der Datenbasis ab. Je länger die Sequenz und je größer die Zeitspanne, die wir untersuchen, desto verläßlicher sollten die Resultate sein. So viele nicht-statistische Faktoren beeinflussen aber die Evolution von Molekülsequenzen, daß es erstaunlich ist, daß die statistische Komponente überhaupt brauchbar ist. Es

wird ja nicht die Mutationsrate gemessen, sondern die Rate, mit der Mutationen der Korrektur entgehen, nicht ausselektiert werden und schließlich in ganzen Populationen oder Arten zum normalen Bestandteil der Sequenz werden. Noch völlig umstritten ist zum Beispiel, ob die Generationszeit oder die durchschnittliche Zellzyklus-Zeit einen meßbaren Einfluß auf die Geschwindigkeit der molekularen Uhr hat. Das könnte erklären, warum die „DNA-Uhr" beim Menschen langsamer zu laufen scheint als bei Nagetieren. Molekulare Uhren sind ausgesprochen nützlich, aber sie sind immer nur so gut wie ihre empirische Eichung.

27.03 Natürliche Evolutionsraten sind weder schnell noch konstant

Einige Evolutionsprozesse sind so genau durch Fossilien belegt, daß wir sie auch zu quantitativen Berechnungen benutzen können. Dazu gehört die *Evolution der Pferde*, die vor etwa 50 Millionen Jahren mit Tieren von etwa 27 cm Schulterhöhe begann, die drei Zehen am Hinterbein und vier am Vorderbein hatten. In verschiedenen Abstammungslinien ist es dann zur Größenzunahme, zur Rückbildung aller Zehen bis auf die mittlere, zur Vergrößerung der Kauflächen der Zähne und den anderen Adaptionen gekommen, die typisch für heutige Pferde sind (Abb. 27.01).

Schon allein die Größenzunahme dabei ist erstaunlich. Die Ausgangsform hatte eine Schulterhöhe von 27 cm, heutige Wildpferde haben eine Schulterhöhe von 147 cm. Zusammenfassend betrachtet ist das ein dramatischer Vorgang, aber die mittlere Evolutionsrate dabei beträgt nur 2,4 cm pro Millionen Jahre. Die heutigen Pferderassen sind Zuchtformen des Wildpferdes mit 150–165 cm Schulterhöhe. Ein Züchter in Argentinien hat das größte und das kleinste Pferd gezüchtet. Das kleinste hat eine Schulterhöhe von 37 cm und wiegt 12 kg, das größte hat

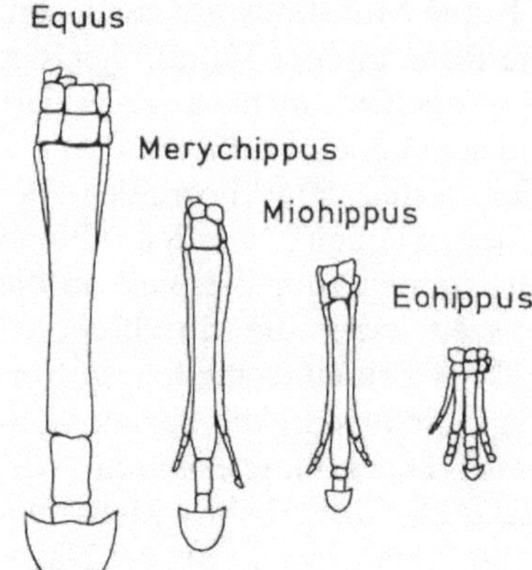

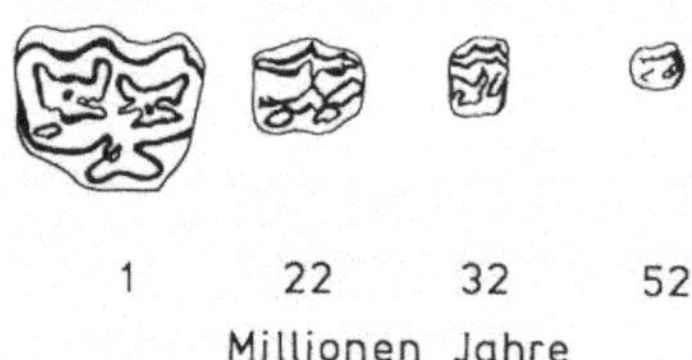

Abb. 27.01. Vier Stadien in der Evolution der Pferde. Oben die Vorderhand, unten die Kaufläche des zweiten Molaren mit dem Schmelzmuster

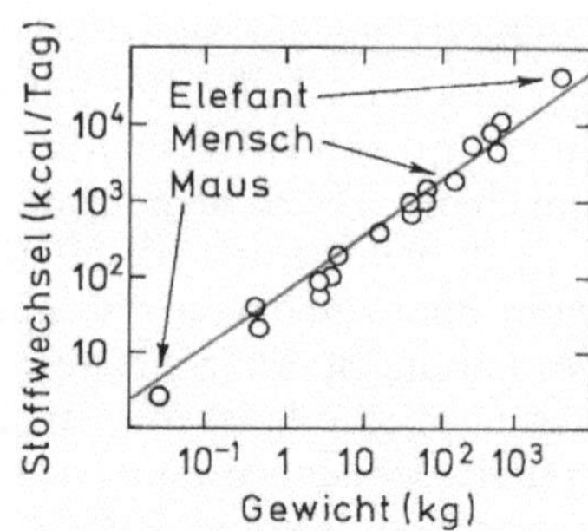

Abb. 27.02. Allometrische Beziehung zwischen Körpergewicht und Stoffwechsel bei Säugetieren. Die Allometriekonstante b (Steigung der Geraden) ist 0.73

eine Schulterhöhe von 232 cm und wiegt 2678 kg. Diese Werte zeigen, was gezielte strenge Selektion aus dem Genpool der heutigen Pferde herausholen kann. Die künstliche Evolutionsrate ist etwa 10^4 mal so hoch wie die natürliche.

Dafür gibt es mehrere Gründe. In der Natur, und selbst bei künstlicher Zuchtwahl, wird nie auf eine einzige Eigenschaft unter Ausschluß aller anderen selektiert. Wenn Körpergröße einen Selektionsvorteil bietet, könnte sie durch eine Beeinflussung des Hormonsystems schnell zunehmen. Das hätte aber derartige Effekte auf praktisch alle physiologischen Funktionen, daß es zu „stabilisierender Selektion" führen würde (die Größten wären steril oder letal), die dann zwangsweise der Selektion auf Größe entgegenwirken würde. Die genetische und physiologische Integration im Organismus wirkt prinzipiell erst einmal jeder Änderung entgegen. Das bedeutet allerdings auch,

daß bei Selektion auf eine Eigenschaft alle korrelierten Eigenschaften einigermaßen normal mitverändert werden. Selektion auf Schulterhöhe beim Pferd führt eher zu großen, normalproportionierten Pferden als zu kleinen Pferden mit unverhältnismäßig langen Beinen.

Quantitativ läßt sich der Einfluß dieser Korrelationen auf die Evolution morphologischer und physiologischer Eigenschaften deutlich bei jedem Vergleich verwandter Arten nachweisen. Die relative Änderung irgendeiner Größe ist in der Regel direkt mit der relativen Änderung aller anderen Meßgrößen korreliert. Das wird durch die *allometrische Gleichung*

$$\log\left(\frac{y_2}{y_1}\right) = b \log\left(\frac{x_2}{x_1}\right)$$

beschrieben.

Dabei ist b die *allometrische Konstante* (Abb. 27.11). Abbildung 27.02 ist ein Beispiel für eine allometrische Beziehung zwischen einer physiologischen und einer morphologischen Meßgröße.

Künstliche Selektion auf mehrere Eigenschaften gleichzeitig hat gezeigt, daß Selektionsprozesse gegeneinander oder miteinander wirken können. Einige Eigenschaftskombinationen sind leichter herauszuzüchten als andere. In der Natur wird das die Evolutionsrichtung beeinflussen.

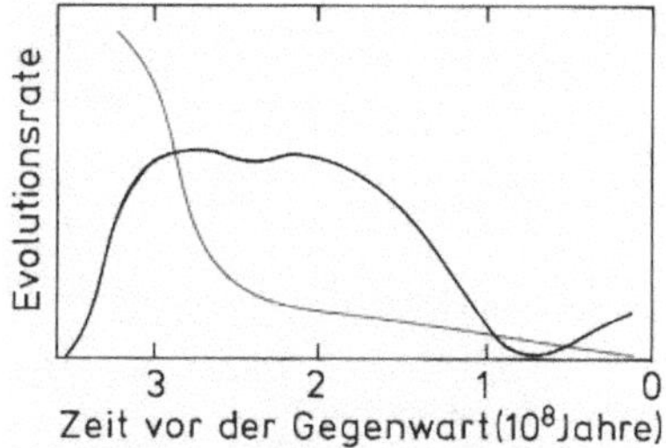

Abb. 27.03. Evolutionsraten bei der Evolution der Lungenfische (stark vereinfacht). Rot: Anzahl der morphologischen Eigenschaften, die sich pro Zeiteinheit ändern (nach T.S. Westoll). Schwarz: Änderung der Zellgröße pro Zeiteinheit. (Nach K.S. Thomson)

Tabelle 27-1. Das System der Chordaten

Phylum Chordata
  Unterstamm Urochordata (Tunikaten)
  Unterstamm Cephalochordata (Lanzettfische)
  Unterstamm Vertebrata (Wirbeltiere)
    Klasse Agnatha (Kieferlose Fische):
      Neunaugen, Schleimaale
    Klasse Chondrichthyes (Knorpelfische):
      Haie, Rochen
    Klasse Osteichthyes (Knochenfische)
      Unterklasse Acanthopterygii (Stachel-
      flosser):
        typische höhere Fische
      Unterklasse Sarcopterygii (Choanenfische):
        Lungenfische, Quastenflosser
    Klasse Amphibia:
      Frösche, Kröten, Salamander
    Klasse Reptilia:
      Schildkröten, Eidechsen, Schlangen,
      Krokodile, Saurier
    Klasse Aves:
      Vögel
    Klasse Mammalia (Säugetiere)
      Unterklasse Protheria
      (eierlegende Säugetiere):
        Schnabeltier, Schnabeligel
      Unterklasse Metatheria (Beuteltiere):
        Känguruh, Opossum, Koalabär
      Unterklasse Eutheria
      (Säugetiere mit Plazenta)

Überhaupt gibt die Darstellung von Evolutionsprozessen in schön geordneten Serien den falschen Eindruck, solche Prozesse gingen zielstrebig mit konstanter Geschwindigkeit vor sich. Das ist ganz falsch. Die *Lungenfische* zum Beispiel sind Endstadien einer Evolution, die mehr als 3×10^8 Jahre gedauert hat. In den ersten 30 Millionen Jahren haben sich ein Drittel der morphologischen Merkmale typischer Lungenfische gebildet, die übrigen zwei Drittel haben ihren Endzustand in den folgenden 270 Millionen Jahren erreicht. Dabei war die morphologische Evolution schon beinahe abgeschlossen, als sich durch ungeheure Vermehrung des Zellvolumens und der DNA-Menge im Kern die cytologischen Besonderheiten der Lungenfische ausbildeten (Abb. 27.03).
Es gibt Arten, die praktisch unverändert seit hundert Millionen Jahren existieren, andere Arten, deren Vorfahren noch vor wenigen Millionen Jahren völlig anders aussahen.

27.04 Qualitative Änderungen

Regelmäßigkeiten im Evolutionsprozeß, wie sie von der allometrischen Gleichung beschrieben werden, betreffen nicht nur quantitative Prozesse. Auch *qualitative Änderungen im Bauplan* einer Organismengruppe folgen diesem Muster. Lang-

sam wird ein funktionsfähiger Bauplan durch quantitative Änderungen der Proportionen in einen anderen Bauplan abgeändert. Alle Zwischenstufen müssen nicht nur funktionsfähig sein, sie müssen auch konkurrenzfähig bleiben. Um es grob auszudrücken, eine Organismengruppe darf in ihrer Evolution nie „wegen Umbau geschlossen" sein. In der Individualentwicklung ist das noch gelegentlich möglich, wie wenn eine Raupe sich verpuppt, bevor sie als Schmetterling schlüpft.
Wie unter solch einschränkenden Bedingungen überhaupt etwas grundsätzlich Neues in der Evolution entstehen kann, wollen wir jetzt an einem Beispiel etwas genauer untersuchen. Wir wollen dazu einen kleinen Ausschnitt aus der Evolution der Wirbeltiere herausgreifen. Gerade die Wirbeltiere sind besonders gut erforscht.

Das liegt nicht nur daran, daß wir als Wirbeltiere interessiert sind, wie unser Körper entstanden ist. Die Wirbeltiere haben sich auch relativ spät in der Evolution herausgebildet, und ihre Evolution ist daher erstaunlich gut durch Fossilien belegt. Die Geschichte der Wirbeltiere ist eine der Geschichten, die ein Biologe gerne stolz und ausführlich zitiert. Um den Umfang dieses Buches nicht zu verdoppeln, müssen wir einen kleinen Teil davon gekürzt und vereinfacht darstellen.

27.05 Die Kiemenarterien der Fische

Alle wichtigen Tierstämme sind im Meer entstanden, und alle haben sehr bescheiden begonnen. Auch der *Stamm Chordata*, von dem die Wirbeltiere einen Unterstamm bilden, macht davon keine Ausnahme. Noch heute gibt es Chordaten, die den Grundbauplan der Gruppe demonstrieren. Der funktionelle Trick, der die Chordaten von den anderen Stämmen unterscheidet, ist eine geschickte *Verbindung von Nahrungsaufnahme und Atmung*. Primitive Chordaten pumpen Wasser in den Vorderdarm. In der Wand des Vorderdarms sind Schlitze, durch die das Wasser ausgeschieden wird. Die Nahrungspartikel werden dabei ausgefiltert und im Darm weitertransportiert (Abb. 27.04). Muscheln machen mit völlig anderer Anatomie etwas ganz Ähnliches, und selbst Schwämme sind in ihrer Lebensweise nicht sehr von der der primitiven Chordaten unterschieden. Für die Schwämme ist dieser Filtermechanismus das Ende ihrer Leistungsfähigkeit. Chordaten sind sehr viel komplizierter konstruiert. Sie haben Ektoderm, Entoderm und Mesoderm und ein umfangreiches Coelom. Solch ein Bauplan bietet viel mehr Möglichkeiten zur Evolution von Organsystemen. Auch die primitiven Chordaten haben einen Blutkreislauf. Dieser Blutkreislauf wird im Laufe ihrer Evolution immer mehr standardisiert.

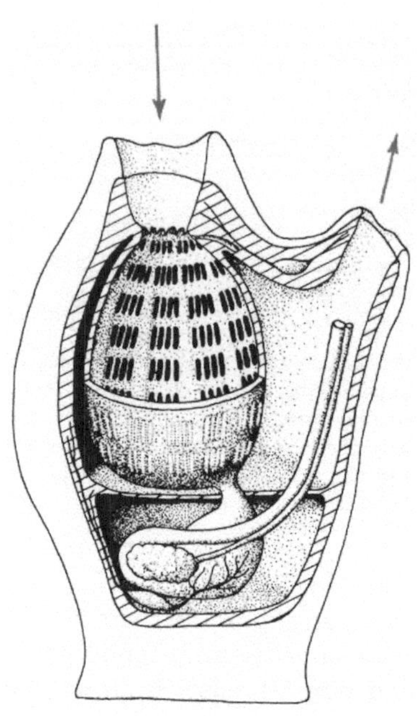

Abb. 27.04. Schematischer Längsschnitt durch die Tunikate *Ascidia atra*, einen primitiven Chordaten. Das Tier hat um seinen Körper (schraffiert) einen festen Mantel (Tunica) abgesondert. Wasser strömt durch den Mundsiphon in den Kiemendarm, von dort durch viele Kiemenschlitze in den oberen Körperraum (Atrium) und durch den Aftersiphon nach außen. Nahrungspartikel werden im Kiemendarm zurückbehalten und in den Magen befördert. Magen, Gonade und Herz liegen in einem eigenen Coelomraum. Der Enddarm und der Ausführgang der Gonade öffnen sich in den Aftersiphon. Die Chorda dorsalis und das Nervensystem sind bei erwachsenen Tunikaten stark reduziert, das letztere zu einem Ganglion zwischen den beiden Siphonen

Dabei findet die Sauerstoffaufnahme an einer Stelle statt, die sich geradezu dafür anbietet.

Der Vorderdarm erhält durch die Kiemenschlitze eine korbartige Struktur. Das Gewebe zwischen den Kiemenschlitzen bildet die *Kiemenspangen*. Durch diese Kiemenspangen wird Blut gepumpt, das aus dem Wasser, das vom Vorderdarm durch die Kiemenschlitze nach außen · strömt, Sauerstoff erhält.

Die Aufteilung in viele kleine Gefäße, von denen jedes durch eine Kiemenspange läuft, macht es nötig, daß das Blut unter Druck durch die Kiemenspangen ge-

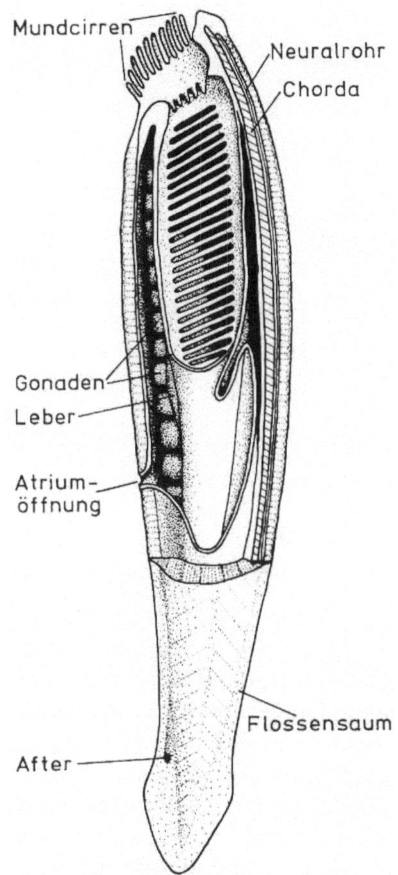

Abb. 27.05. Schematischer Längsschnitt durch ein Lanzettfischchen (*Branchiostoma*). Chorda und Neuralrohr sind voll ausgebildet. Die Chorda bildet eine elastische Verstärkung, gegen die die Muskulatur der Körperwand wirkt. Der Mund führt in den Kiemendarm (aufgeschnitten), der von einem Atriumraum zum Abtransport des Atemwassers umgeben ist. Gewöhnlich sitzt das Tier bis beinahe zum Vorderende im sandigen Meeresboden vergraben. Aufgestört kann es mit seitlichen Schlängelbewegungen schwimmen

pumpt wird. Beim *Lanzettfischchen* (*Branchiostoma,* besser bekannt als *Amphioxus,* Abb. 27.05) sind die Wände vieler Gefäße an der Pumparbeit beteiligt. Unter anderem ist jedes der Gefäße in den Kiemenspangen selbst eine Pumpe. Das Lanzettfischchen ist noch kein Wirbeltier. Schon die einfachsten Wirbeltiere verbessern das System. Die Zahl der Kiemenschlitze nimmt ab, und ihre Effizienz nimmt zu. Dazu bildet sich in den Kie-

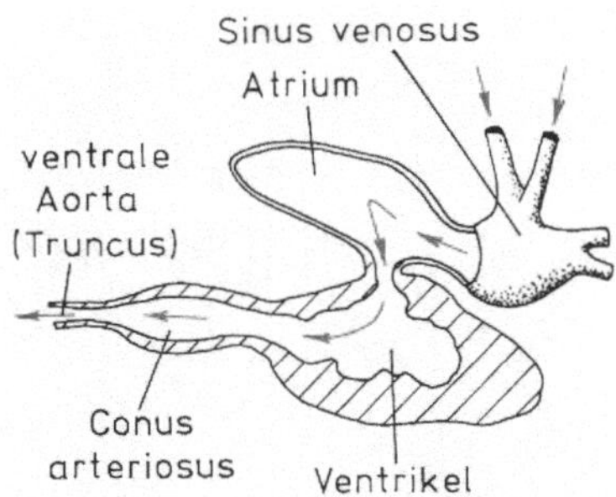

Abb. 27.06. Schematischer Längsschnitt durch das Fisch-Herz

menspangen ein *Kapillarnetz* aus. Die Gefäße, die anfangs direkt durch die Kiemenspangen führten, werden dadurch aufgeteilt. Von der Bauchseite her wird durch eine *afferente Kiemenarterie* Blut in das Kapillarnetz der Kiemenspangen gebracht, auf der Rückenseite wird sauerstoffreiches Blut durch eine *efferente Kiemenarterie* abgeführt.

Mit der Einführung der Kiemenkapillaren wird auch ein entsprechend starker Pumpmechanismus benötigt. Die Pumpe ist als *ventrales Herz* dem Kiemenkreislauf vorgeschaltet. Das Herz der Fische ist eine ganz einfach gebaute lineare Struktur (Abb. 27.06). Venöses Blut, das aus dem Körperkreislauf zurückfließt, wird in einem dünnwandigen *Sinus venosus* gesammelt. Von dort fließt es in ein zweikammeriges Herz, zuerst in die *Vorkammer (Atrium)*, dann in die *Hauptkammer (Ventrikel)*. Atrium und Ventrikel sind Pumpen. Der Rücklauf des Blutes wird durch *Ventile (Herzklappen)* zwischen Sinus venosus und Atrium und zwischen Atrium und Ventrikel verhindert. Das Blut wird also unter hohem Druck aus dem Ventrikel durch eine trichterförmige Verengung, den *Bulbus* (oder *Conus*) *arteriosus* geschickt. Der Bulbus und der darauffolgende ventrale Aortenstamm (*Truncus arteriosus*) können auch kontraktil sein.

Der Truncus arteriosus bildet das Anfangsstück der *ventralen Aorta*, von der die afferenten Kiemenarterien in die Kiemenspangen führen. Dorsal wird das

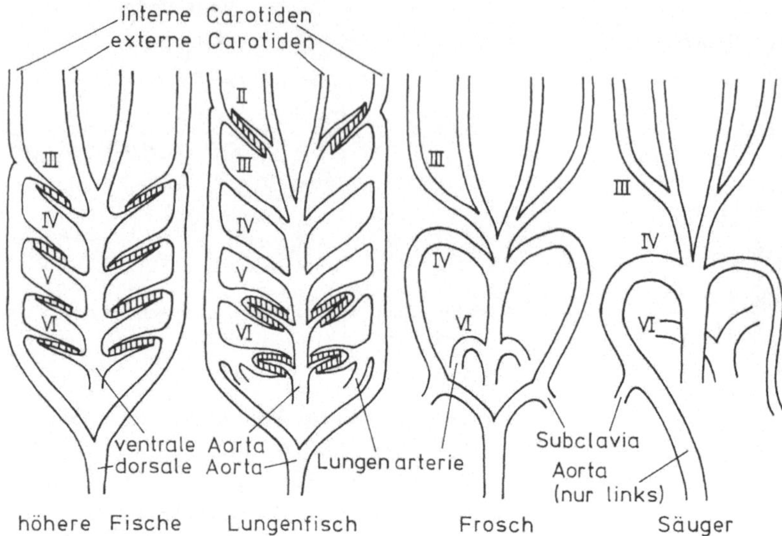

Abb. 27.07. Grob schematische Darstellung der Kiemenarterien und ihrer Homologie zu Lungenarterien und Aorta

sauerstoffreiche Blut der efferenten Kiemenarterien von je einer *rechten und linken Aortenwurzel* gesammelt und der *dorsalen Aorta* zugeführt, die den Rest des Körpers versorgt (Abb. 27.07).

Dieses Gefäßsystem ist einfach, elegant und effektiv. Für ein wasserbewohnendes Tier läßt es sich nicht verbessern. Es finden bei den Fischen einige grundlegende Umbauten der Kopfregion statt, aber die Kiemenarterien werden davon wenig berührt. Die wichtigste Neuerung ist die Ausbildung von *Kiefern* aus dem Stützskelett der vordersten Kiemenspange. Die Umstellung vom *Filtersystem* der primitiven Chordaten zur *Aufnahme fester Nahrung* bei den meisten Fischen hat zu vielen Ansätzen geführt, das Atmungssystem und die Nahrungsaufnahme voneinander zu trennen. Einige davon sind eindrucksvoll, aber keiner hat sich allgemein durchgesetzt. Am Ende bleibt das System wie es ist. Wenn ein Hai blutige Fetzen Fleisch aus seinem Opfer reißt, dann stößt er Wolken von Blut und Gewebestückchen aus den Kiemenspalten.

Bei der Evolution der Fische wird die Zahl der Kiemenspalten und damit der Kiemenarterien zuerst auf sechs rechts und links festgelegt, dann werden die beiden ersten bald abgebaut. Das liegt daran, daß die *erste Kiemenspalte* (Spritzloch, engl.: spiracle) von der Seite des Körpers hoch hinter die Augen verschoben wird. Dort erfüllt sie verschiedene Funktionen. Sie bleibt immer erhalten und ist auch beim Menschen als Kanal des äußeren und Mittel-Ohres vorhanden.

Trotz der Rückbildung der efferenten Arterien des ersten und zweiten Kiemenbogens bleiben die *dorsalen Aortenwurzeln* bis zum Kopf hin erhalten. Sie bringen nämlich als *interne Carotiden* sauerstoffreiches Blut zum Kopf (Abb. 27.07).

27.06 Von den Kiemen zu den Lungen

Der Kiemenkreislauf der Fische ist perfekt konstruiert. Nur lang anhaltender, starker Selektionsdruck konnte dieses einfache, symmetrische System zu dem ziemlich unglücklichen System umbauen, mit dem die Landwirbeltiere und der Mensch auskommen müssen. Die anatomischen Varianten und die angeborenen Fehler, die bei dem Herz und den großen Arterien auftreten, sind direkte Folgen dieses Umbaus.

Über den Ursprung der Lunge wollen wir wenig sagen. Wie der erste Kiemenspalt ist sie eine anatomische Gegebenheit, die hier und da für die verschiedensten Funktionen abgewandelt worden ist. Eine spezialisierte Gruppe von Süßwasserfischen hat die ursprüngliche „Schwimmblase" endgültig zum Atemorgan umgebaut. Wie bei der Kieme ist es auch bei der Lunge ein Problem gewesen, wie Nahrungsaufnahme und Luftaufnahme voneinander getrennt werden können. Bei landlebenden Tieren wurde das Problem akut und dementsprechend einigermaßen gelöst. Ganz getrennt sind Atemweg und Nahrungsaufnahme noch nicht, was jeder weiß, der jemals Kaffee in die „falsche Kehle" bekommen hat.

Die Lunge war also da, als sie gebraucht wurde. Sie mußte nur an den Blutkreislauf angeschlossen werden. Dazu hat sich vom 6. (hintersten) Kiemenbogen eine Abzweigung gebildet, die Blut zur Lunge bringt. Damit hatte der 6. Kiemenbogen eine Gabelung bekommen. Ein Teil des Blutes ging in die Lunge, ein Teil zur dorsalen Aortenwurzel (Abb. 27.07). Je wichtiger die Lunge wurde, desto mehr wurde die Abzweigung zur Lunge ausgebaut und die Verbindung zur Aorta abgebaut. Das Endstadium ist eine *Lungenarterie*, die direkt vom Herzen zur Lunge führt. Erstaunlicherweise ist aber der efferente Teil des sechsten Kiemenbogens nie aus dem Entwicklungsprogramm gestrichen worden. Als *Ductus aorticus* (Ductus arteriosus, Ductus Botalli) wird er beim Menschen vor der Geburt dazu benutzt, den Lungenkreislauf kurzzuschließen. Nach der Geburt sollte er so schnell wie möglich atrophieren. Meist tut er das auch. Es ist bezeichnend, daß pathologisches Persistieren des Ductus aorticus *polygen* vererbt wird (18.17).

Bei den Lungenfischen existieren Lungen und Kiemen nebeneinander, bei den Amphibien werden in der Regel während des Larvenstadiums drei Kiemenpaare benutzt, die an den Kiemenbögen Nr. 3, 4 und 5 sitzen. Nr. 1 und 2 sind schon bei den Fischen verlorengegangen. Kiemenbogen Nr. 5 ist auch bei erwachsenen Salamandern noch vorhanden. Er verdoppelt aber die Funktion des 4. Kiemenbogens, nämlich Blut aus dem Herzen zur dorsalen Aortenwurzel zu bringen, und geht bald verloren. Der *6. Kiemenbogen* bleibt als *Lungenarterie* erhalten. Der *3. Kiemenbogen* ist der vorderste. Er übernimmt jetzt als *interne Carotide* die Aufgabe, Blut zum Kopf zu bringen. Dazu wird die dorsale Aortenwurzel zwischen 3. und 4. Kiemenbogen abgebaut (Abb. 27.09.) Der vordere Teil der dorsalen Aortenwurzel wird mit Kiemenbogen Nr. 3 zur Carotis interna, der hintere Teil der dorsalen Aorta wird mit dem *Kiemenbogen Nr. 4* zur endgültigen *Aorta*. Damit sind Kiemenbögen 3 (Carotidenbogen), 4 (Aortenbogen) und 6 (Pulmonarbogen) voneinander getrennt und haben ihre eigenen Aufgaben.

27.07 Die Evolution des Herzens

Die Umgestaltung der sechs parallelen Kiemenbogenpaare zu drei Paaren mit speziellen Aufgaben macht im Augenblick mehr Probleme, als sie löst. Das Herz der Fische ist eine lineare Struktur, die sauerstoffarmes Blut aus den Venen einsammelt (Sinus venosus) und unter Druck in die ventrale Aorta und damit in den Kiemenkreislauf schickt, wo es Sauerstoff aufnehmen kann (Abb. 27.06).

Durch den Abbau der Kiemen und die Umstellung auf Lungen kommt sauerstoffreiches Blut aus den Lungen ins Herz, wird dort mit sauerstoffarmem Blut vermischt, und dann soll dieselbe Arterie (Truncus arteriosus und ventrale Aorta) sauerstoffreiches Blut zum Kopf durch den 3. Kiemenbogen und zum Körper durch den 4. Kiemenbogen und sauerstoffarmes Blut zu den Lungen durch den 6. Kiemenbogen bringen. Ohne einen Umbau des Herzens ist das kaum möglich. Bei den Amphibien ist der Umbau noch minimal (Abb. 27.08).

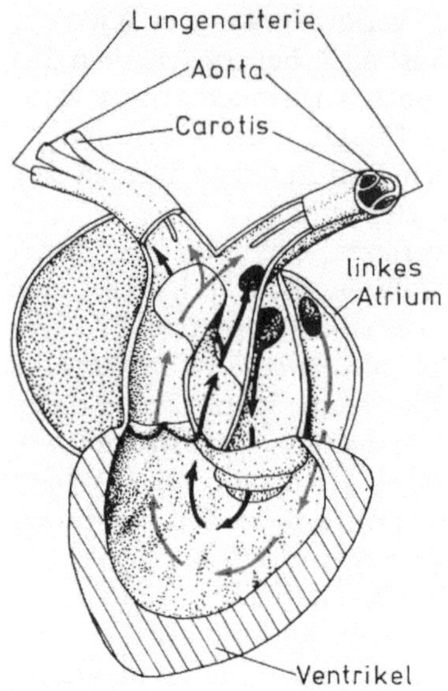

Abb.27.08. Frosch-Herz, leicht schematisiert. Venöses Blut (schwarze Pfeile) fließt in das rechte Atrium
(hinter dem Conus arteriosus) und von dort durch
den Ventrikel in den Conus arteriosus. Hier wird
es durch eine Spiralklappe in die Lungenarterien
geleitet. Blut von den Lungen (rote Pfeile) fließt
in das linke Atrium (zum großen Teil vom rechten
Atrium verdeckt) und von dort durch den Ventrikel
in den Conus arteriosus. Hier wird es auf der anderen Seite der Spiralklappe nach oben (zur Carotis)
abgelenkt. Die Aorta (zwischen Lungenarterie und
Carotis) erhält hauptsächlich Blut aus dem linken
Atrium. Bei der Trennung der Ventrikel (höhere
Reptilien, Vögel und Säuger) wächst auch die Spiralklappe im Conus bis zur völligen Trennung der Lungenarterien von Aorta und Carotis aus

Die wichtigste Neuerung bei den Amphibien ist die *Trennung des Atriums in zwei
Vorkammern*. Die rechte Vorkammer entspricht dem alten Atrium. Sie empfängt
venöses Blut vom Körper durch den Sinus
venosus. Die linke Vorkammer empfängt
Blut von den Lungen durch die Lungenve-
nen. Das Blut vom rechten und vom linken Atrium geht durch den einen Ventrikel und den einen Truncus arteriosus in
die ventrale Aorta. Hydrodynamik und
Klappen im Truncus arteriosus sorgen dafür, daß das Blut einigermaßen unver-
mischt bleibt. Das sauerstoffreichste Blut
(vom linken Atrium) geht durch die ventrale Aorta in den dritten Kiemenbogen,

also in die Carotiden und zum Kopf. Die
Verlängerung der *ventralen Aorta* nach
vorn dient als *externe Carotide*. Einigermaßen sauerstoffreiches Blut geht durch
den vierten Kiemenbogen, den Aortenbogen, zum Körper. Sauerstoffarmes Blut
geht durch den sechsten Kiemenbogen,
den Pulmonarbogen, zur Lunge. Dieses
System funktioniert bei den Amphibien
nur deshalb, weil bei ihnen eine Abzweigung der Lungenarterie zur *Haut* führt,
die als wichtiges *Atmungsorgan* mithilft,
so daß das venöse Blut im rechten Atrium
keineswegs so sauerstoffarm ist, wie es
bisher den Anschein hatte.
Diese *Hautatmung* spielt bei Landwirbel-
tieren eine geringere Rolle. Bei ihnen
führt auch keine spezielle Arterie von der
Lungenarterie zur Haut. *Bei den höheren
Reptilien (Krokodilen), den Säugern und
den Vögeln* kommt es dafür *zur vollständigen Trennung des Herzens*. Ein *rechter
Ventrikel* erhält venöses, sauerstoffarmes
Blut vom *rechten Atrium*, ein *linker Ventrikel* erhält sauerstoffreiches Blut von der
Lunge durch das *linke Atrium*.
Mit der Trennung der Ventrikel spaltet
sich auch der Truncus arteriosus in mehrere Stämme auf, letztlich in zwei, einen
vom rechten Ventrikel für die Lungenarterien, einen gemeinsamen für Aorten und
Carotiden vom linken Ventrikel. Vögel
und Säuger vereinfachen diesen Plan noch
dadurch, daß sie von den dorsalen Aortenwurzeln und den 4. Kiemenbögen nur
einen behalten, die Vögel den rechten, die
Säuger den linken. Das ist zwar physiologisch verständlich, aber die Anatomie
wird jetzt etwas kompliziert (Abb. 27.07).
Von jeder Aortenwurzel entspringt nämlich ursprünglich eine Arterie für die Vor-
derextremität (*Arteria subclavia*). Wenn
nun ein Aortenbogen wegfällt, müssen die
beiden Armarterien an den verbleibenden
Bogen angeschlossen werden. Wie das im
einzelnen geschieht, ist variabel. Gelegentlich, so in der Regel beim Menschen
rechts, haben die Carotiden und die Subclavia einen gemeinsamen Ursprung an
der Aorta. Diese Arterie, die ein ver-

mischter teilweiser Nachfahre von Stükken der dorsalen Aorta, ventralen Aorta und des dritten Kiemenbogens ist, wird mit Recht die Namenlose (*Arteria anonyma*) genannt.

27.08 Entwicklung und Evolution

Die Evolution der Vielzeller ist zum größten Teil eine Evolution ihrer Entwicklung. Die Wirbeltiere demonstrieren das besonders schön. Der Embryo des Menschen legt Kiemenspalten und Kiemenbögen an, die dann später in der Entwicklung umgebaut oder abgebaut werden (Abb. 27.09). Das ist verständlich. Der Anfang des Entwicklungsprogramms ist übernommen worden, das Ende ist abgeändert. Oberflächlich sieht das so aus, als würde in der Embryonalentwicklung (Ontogenie) die Evolution der Art (Phylogenie) wiederholt. Der menschliche Embryo durchläuft ein „Fischstadium".
Ernst Haeckel hat dieser Beobachtung im letzten Jahrhundert den pompösen Namen *„biogenetisches Grundgesetz"* gegeben. Das klingt, als stecke mehr dahinter als uns heute offensichtlich ist.

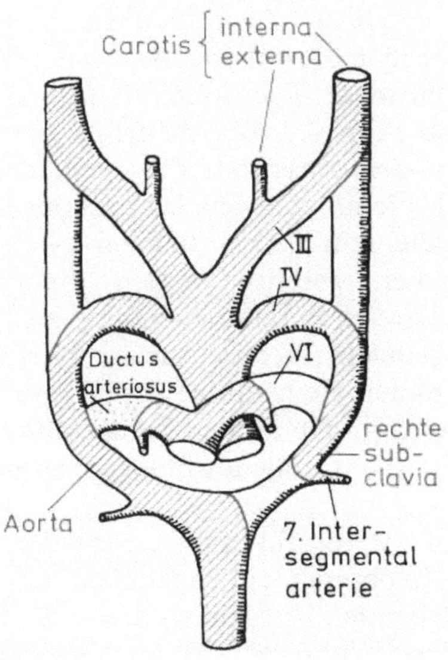

Abb. 27.09. Maximale Entwicklung des Kiemenkreislaufs beim menschlichen Embryo. Rot darein eingezeichnet sind Gefäße, die bei der weiteren Entwicklung erhalten bleiben. Die Gefäße sind hier von der Rückenseite her gezeichnet

Die gelegentliche Wiederholung von Evolutionsvorgängen in der Embryonalentwicklung hat zwei Gründe. Einmal ist das Grundschema der Embryonalentwicklung polygen bedingt. Polygene Merkmale sind schwer auszuselektieren. Es ist besonders kompliziert, einen Teil eines lebensnotwendigen Grundvorganges loszuwerden. Viel einfacher ist es, dem konservativen Entwicklungsprogramm neue Prozesse anzuhängen, die unnötige klassische Strukturen nachträglich abbauen. Es werden auf diese Weise immer ein paar *Rudimente* ehemals wichtiger Strukturen im Entwicklungsplan übrigbleiben. Wie sehr auch ein Organismus auf eine spezielle Lebensweise hin adaptiert ist, der konservative, polygen bedingte Entwicklungsplan läßt immer noch seine Herkunft erkennen. Organe wie der Flügel einer Taube und der Arm eines Menschen sind deutlich *homolog. Sie entsprechen einander in ihrer phylogenetischen Herkunft und in ihrer Entwicklung.* Darin unterscheiden sie sich von der Schwanzflosse eines Wals und der Schwanzflosse eines Hais, die sich nur deshalb ähneln, weil sie *auf die gleiche Funktion hin zugeschnitten* sind. *In ihrer Evolution und in ihrer Embryonalentwicklung sind sie verschieden.* Sie sind *analoge* Strukturen genau wie Vogelflügel und Käferflügel.
Andererseits werden primitive Strukturen auch deshalb in der Entwicklung vorübergehend angelegt, weil sie in der Embryonalentwicklung funktionell sein können. Ein Beispiel dafür ist die efferente sechste Kiemenarterie, der *Ductus aorticus* (arteriosus). Im Kreislauf des Fötus erfüllt er eine wichtige Funktion.
Wie wenig sich die Evolution nach dem „biogenetischen Grundgesetz" richtet, haben wir schon bei der Frühentwicklung der Säugetiere gesehen. Bis zur Gastrulation ist das Entwicklungsprogramm rigoros abgeändert. Erst nachdem eine Charakteristik der Reptilien, das Amnion, angelegt ist, kommt das berühmte Fischstadium des Menschen (21.09).

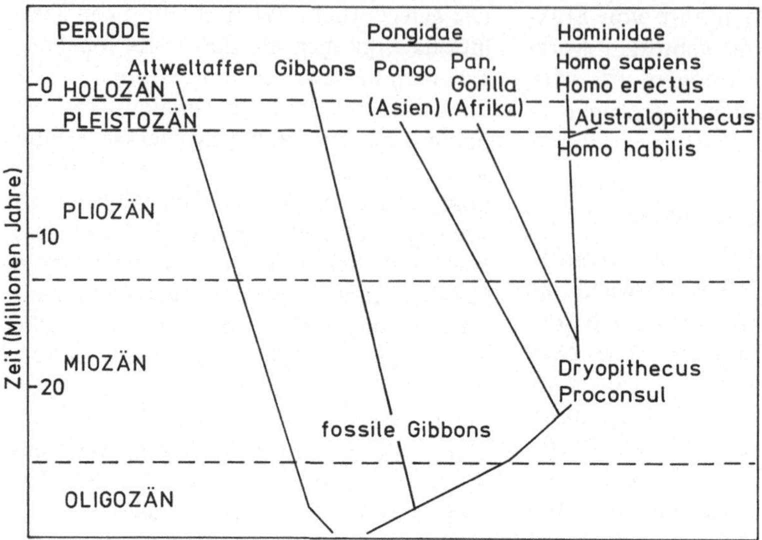

Abb. 27.10. Stammbaum des Menschen, stark vereinfacht. *Dryopithecus* und *Proconsul* sind ausgestorbene Menschenaffengattungen, *Pongo* ist der Orang-Utan, *Pan* der Schimpanse

27.09 Die Evolution des Menschen

Viele der Fragen, die in Zusammenhang mit der Evolution des Menschen gestellt werden, sind entweder unbeantwortbar oder eher von kulturellem als wissenschaftlichem Interesse. Zu den unbeantwortbaren gehören Fragen nach dem genauen Selektionsmechanismus, der zur Menschwerdung geführt hat. Daß diese historische Kausalanalyse prinzipiell nicht einer (völligen und einwandfreien) naturwissenschaftlichen Deutung zugänglich ist, habe ich bereits in der Einleitung zu diesem Kapitel dargelegt. Nur wiederholbare Vorgänge sind experimentell zugänglich, nur die experimentelle Überprüfung von Voraussagen aus einer Hypothese führt zu naturwissenschaftlich gesicherten Resultaten. Die plausibelste Erklärung ist nicht immer die richtige, besonders wenn sie vom Resultat ausgeht, und unwahrscheinliche Erklärungen sind unter diesen Umständen nicht akzeptabel. Auch die rein historische Beschreibung, was wann und wo geschehen ist, ist wissenschaftlich uninteressant, wenn die Beobachtung nicht zu Hypothesen und Experimenten führt.

Das will nicht heißen, daß wir unserem Interesse an einer historischen Konstruktion der Menschwerdung nicht folgen sollten. Erstaunlicherweise ist das Fossilienmaterial dazu keineswegs schlecht und wird immer umfangreicher. Die abfällige Bemerkung, daß mehr Forscher an der Fossilgeschichte des Menschen arbeiten als Fossilien dazu vorhanden sind, gilt sicher nicht mehr. Die skizzenhafte Darstellung in Abb. 27.10 läßt nichts vom Reichtum des Fossilmaterials merken, aber auch nichts von den Diskussionen, die beinahe um jeden fossilen Menschenknochen geführt werden. Selbst diese sehr grobe Zusammenfassung stellt keinen allgemeinen Konsens dar, weder in der genauen Reihenfolge der Abzweigungen noch in den groben Zeitangaben. Immerhin, die Größenordnungen stimmen.

Biologisch interessant und in gewissem Umfang Experimenten zugänglich sind die jetzt lebenden Endstadien dieser Evolution. Der Vergleich heute lebender Menschen mit heute lebenden Menschen- und anderen Affen, vom molekularen Aufbau der DNA bis zum Verhalten, hat einige verblüffende Resultate geliefert.

Für die Evolutionsforschung ist es besonders aus praktischer Sicht wichtig, daß das Interesse der Öffentlichkeit an der Evolution des Menschen für genügend finanzielle Unterstützung der Forschung sorgt, daß grundsätzliche methodische Probleme der Evolutionsforschung an lebenden Organismen hier unter schärfster kritischer Analyse wirklich im notwendigen Detail durchgeführt werden können. Was bei der Evolution des Menschen als unzureichende und nicht hinreichend präzise Information gewertet wird, ist für jemand, der an der Evolution anderer Organismen arbeitet, ein beneidenswert vollständiges Bild.

Noch vor hundert Jahren war die Aussage, daß der Mensch vom Affen abstammt, schockierend, noch lange hat man sie dadurch abgeschwächt, daß es ja keiner der noch lebenden Menschenaffen war, der in der direkten Ahnenreihe steht. Daß das einen bedeutenden Unterschied machen sollte, zeigt, wie irrational die Argumentation werden kann. Heute ist der Mensch eindeutig in eine gemeinsame Abstammungslinie mit den afrikanischen Menschenaffen gestellt, und zwar so eng, daß es noch nicht völlig bewiesen ist, ob er nun dem Schimpansen näher steht (wie es wahrscheinlich ist) oder dem Gorilla. Die biologischen Ähnlichkeiten sind derart frappierend, daß es schwierig ist, die biologischen Unterschiede deutlich zu machen. Diese bestehen natürlich, aber erst die vergleichende Analyse der Gehirne wird sie eindeutig zutage bringen, und dazu müssen wir erst mehr über das Gehirn lernen. Die anderen biologischen Merkmale, an die man sich mangels wichtigerer klammert, sind deutlich zweitrangig.

Daß bei der Gehirnentwicklung eine grundsätzliche Umstellung stattgefunden hat, läßt sich auch am Fossilmaterial zeigen, weniger an den absoluten Gehirnvolumen aus Schädelausgüssen als an den Korrelationen zwischen Gehirnvolumen und anderen biologischen Parametern, die wir als allometrische Korrelationen

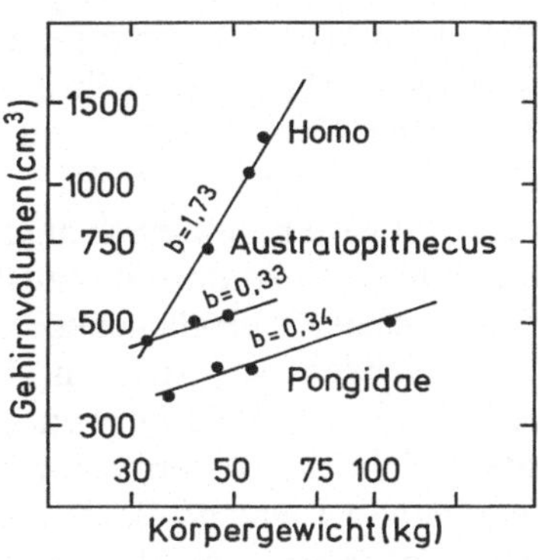

Abb. 27.11. Allometrische Beziehung zwischen Körpergewicht und Gehirnvolumen bei den Erwachsenen verschiedener Menschenaffen- und Menschenarten. Die Daten für ausgestorbene Menschenarten sind Abschätzungen, die selbst auf allometrischen Berechnungen beruhen. (Nach Pilbeam und Gould, 1975)

(27.03) darstellen können (Abb. 27.11). Dabei zeigt sich ganz klar, daß die relative Zuwachsrate des Gehirns bei der Evolution des Menschen bedeutend höher ist als bei den Menschenaffen und selbst bei den Australopithecinen, einer ausgestorbenen Menschengattung Afrikas. Diese zahlenmäßige Korrelation muß nun durch eine Analyse des zugrundeliegenden Mechanismus ergänzt werden, die im Prinzip möglich, aber zur Zeit noch nicht erreichbar ist.

Die molekulare Analyse der Genome hat bisher noch keinen Hinweis auf die genetische Basis dieser Unterschiede gegeben. Das zeigt, wo trotz allen Fortschritts noch die ungelösten Probleme stecken, nämlich beim Verständnis der Rolle des Genoms bei überzellulären Entwicklungsvorgängen.

Unter den modernen Tierarten ist der Schimpanse (*Pan troglodytes*, Familie Pongidae) dem Menschen am nächsten verwandt. Die Ahnenreihen der beiden Arten haben sich vor etwa 5 Millionen Jahren getrennt. Keine zwei Organismenarten sind so genau und mit so vielen Methoden verglichen worden wie Mensch und Schimpanse.

Genetisch sind die beiden Arten sehr ähnlich. Mehrere ihrer homologen Proteine haben identische Sequenzen, darunter die normalen Allele der Fibrinopeptide A und B, des Cytochrom C und der Hämoglobine α, β und γ. In der δ-Kette und im Myoglobin unterscheiden sie sich durch je einen Aminosäureaustausch. Bei allen bisher verglichenen Sequenzen unterscheiden sie sich in 0,72% der Aminosäuren. Relativ wenige Proteine sind bei beiden Arten völlig sequenziert worden, aber eine große Anzahl homologer Proteine ist elektrophoretisch verglichen worden. Damit werden nur Unterschiede in geladenen Seitengruppen erfaßt. Eine entsprechende Umrechnung führt zu einem durchschnittlichen Unterschied in 0,82% der Aminosäurereste, also einem ganz ähnlichen Wert. Mehr als 99% der Aminosäuren in den Proteinen beider Arten scheinen identisch zu sein.

Eine pauschale Aussage über das genetische Material beider Arten läßt sich machen, wenn die homologen DNA-Sequenzen in Hybridmolekülen zusammengebracht werden, die jeweils einen Strang vom Menschen und einen komplementären Strang vom Schimpansen enthalten (zur Technik: 17.05). Gelegentliche unterschiedliche Nukleotide in den beiden DNAs führen dazu, daß sich nicht-komplementäre Basen gegenüberstehen. Dadurch sinkt der Schmelzpunkt einer solchen Hybrid-DNA im Vergleich mit dem der normalen DNAs beider Arten. Die Schimpanse-Mensch-DNA-Hybrid-Moleküle haben einen Schmelzpunkt, der darauf hindeutet, daß die Nukleotidunterschiede etwa viermal so häufig sind, wie man aufgrund der Aminosäureunterschiede voraussagen sollte. Das ist nicht besonders überraschend. Einmal können die gleichen Aminosäuren durch verschiedene Codons bestimmt werden, zum anderen können Unterschiede in den DNA-Regionen bestehen, die nicht für Proteine codieren.

Abschätzungen über die Zeitpunkte, an denen sich die Ahnenreihen der verschiedenen Menschenaffen und des Menschen getrennt haben, sind natürlich auch mit molekularen Methoden versucht worden. Gehen wir von einer Eichung aus, bei der 1 °C Erniedrigung des Schmelzpunktes von DNA-Hybriden zwischen ausschließlich nicht repetitiven Sequenzen etwa 4,5 Millionen Jahren evolutionärer Trennung entsprechen, dann haben sich die Vorfahrenlinien der afrikanischen Menschenaffen von der des Orang Utans vor etwa 16 Millionen Jahren getrennt, die von Gorilla und Mensch vor etwa 10 Millionen Jahren, die von Schimpanse und Mensch vor etwa 7 Millionen Jahren. Abschätzungen auf Grund von einem Stück mitochondrialer DNA geben ganz andere Zahlen: Orang 11 Millionen Jahre, Gorilla 3,67, Schimpanse 2,65. Das sind die derzeitigen Extreme, die sich wohl noch einander nähern werden. Wie vieles bei der Evolutionsforschung des Menschen sagen sie mehr über den derzeitigen Stand der Methodik als über die biologische Stellung des Menschen aus. Die Information wird sich einstellen. Sollte sie so ernüchternd werden wie alle bisherigen Resultate dazu, können wir sie um so geduldiger erwarten.

Sachverzeichnis

Die *kursiv* gesetzten Seitenzahlen weisen auf die für das jeweilige Stichwort wichtigsten Textstellen hin, **halbfette** Ziffern beziehen sich auf die Abbildungen.